Thieme

Allgemeinmedizin

Der Mentor für die Facharztprüfung und für die allgemeinmedizinische ambulante Versorgung

Herausgegeben von
Hans-Dieter Klimm
Frank Peters-Klimm

begründet von
Hans-Ulrich Comberg
und Hans-Dieter Klimm

Mit Beiträgen von
Jörg Barlet
Stefan Bilger
Antje Blank
Nicola Buhlinger-Göpfarth
David Czock
Christiane Eicher
Peter Engeser
Elisabeth Flum
Tobias Freund
Walter E. Haefeli
Nicolas Hohmann
Stefanie Joos
Sven Karstens
Hans-Dieter Klimm
Susanne Klimm
Katja Krug
Thomas Kühlein
Anette Lampert
Thomas Ledig
Claudia Lutz
Antje Miksch
Gerd Mikus
Uwe Müller-Bühl
Karl-Christian Münter
Dominik Ose
Frank Peters-Klimm
Rainer Schäfert
Niklas Schurig
Hanna M. Seidling
Alexander F. J. Send
Jost Steinhäuser
Gert Ulrich
Ingeborg Walter-Sack
Victoria Ziesenitz

5., vollständig überarbeitete und erweiterte Auflage

41 Abbildungen

Georg Thieme Verlag
Stuttgart • New York

Bibliografische Information der Deutschen Nationalbibliothek
Die Deutsche Nationalbibliothek verzeichnet diese Publikation in der Deutschen Nationalbibliografie; detaillierte bibliografische Daten sind im Internet über dnb.d-nb.de abrufbar.

1. Auflage 1996
2. Auflage 1999
3. Auflage 2001
4. Auflage 2004
1. lettische Auflage 2000

Wichtiger Hinweis: Wie jede Wissenschaft ist die Medizin ständigen Entwicklungen unterworfen. Forschung und klinische Erfahrung erweitern unsere Erkenntnisse, insbesondere was Behandlung und medikamentöse Therapie anbelangt. Soweit in diesem Werk eine Dosierung oder eine Applikation erwähnt wird, darf der Leser zwar darauf vertrauen, dass Autoren, Herausgeber und Verlag große Sorgfalt darauf verwandt haben, dass diese Angabe **dem Wissensstand bei Fertigstellung des Werkes** entspricht.
Für Angaben über Dosierungsanweisungen und Applikationsformen kann vom Verlag jedoch keine Gewähr übernommen werden. **Jeder Benutzer ist angehalten**, durch sorgfältige Prüfung der Beipackzettel der verwendeten Präparate und gegebenenfalls nach Konsultation eines Spezialisten festzustellen, ob die dort gegebene Empfehlung für Dosierungen oder die Beachtung von Kontraindikationen gegenüber der Angabe in diesem Buch abweicht. Eine solche Prüfung ist besonders wichtig bei selten verwendeten Präparaten oder solchen, die neu auf den Markt gebracht worden sind. **Jede Dosierung oder Applikation erfolgt auf eigene Gefahr des Benutzers.** Autoren und Verlag appellieren an jeden Benutzer, ihm etwa auffallende Ungenauigkeiten dem Verlag mitzuteilen.

Rüdigerstr. 14
70469 Stuttgart
www.thieme.de

Printed in Germany

Zeichnungen: BITmap, Mannheim
Redaktion: Martin Kortenhaus, Illertissen
Umschlaggestaltung: Thieme Verlagsgruppe
Umschlagfoto: WavebreakmediaMicro, fotolia
Satz: Druckhaus Götz, Ludwigsburg
Druck: Westermann Druck Zwickau GmbH, Zwickau

DOI 10.1055/b-004-129719

ISBN 978-3-13-240181-5 1 2 3 4 5 6

Auch erhältlich als E-Book:
eISBN (PDF) 978-3-13-240182-2
eISBN (epub) 978-3-13-240183-9

Abkürzungsverzeichnis

ABI Ankle-Brachial-Index
ABI aortokoronarer Bypass
ACC American College of Cardiology
ACE Angiotensin-Converting Enzym
ACPA anti citrullinated peptide/protein antibodies
ACR American College of Rheumatology
ACS acute coronary syndrome (akutes Koronarsyndrom)
ACT activated clotting time
ACTH adrenokortikotropes Hormon
ACVB aortokoronarer Venenbypass
ADH antidiuretisches Hormon
ADHS Aufmerksamkeitsdefizit-/Hyperaktivitätsstörung
AECOPD akut exazerbierte COPD
AHA American Heart Association
AHB Anschlussheilbehandlung
AIDS aquired immuno deficiency syndrome
AkdÄ Arzneimittelkommission der deutschen Ärzteschaft
ALL akute lymphatische Leukämie
ALT Alaninaminotransferase
AMA antimitochondriale Antikörper
AMG Arzneimittelgesetz
AML akute myeloische Leukämie
AN Anorexia nervosa
ANA antinukleäre Antikörper
ANCA „anti-neutrophile cytoplasmatic antibodies"
AOK Allgemeine Ortskrankenkasse
AP Angina pectoris
APA American Psychiatric Association
APC aktiviertes Protein C
APS Antiphospholipidsyndrom
aPTT aktivierte partielle Thromboplastinzeit
AQUA Institut für angewandte Qualitätsförderung und Forschung im Gesundheitswesen
ARB Angiotensin-Rezeptorblocker
ASL Antistreptolysin
ASS Azetylsalizylsäure
AT Autogenes Training
AT1-Rezeptor Angiotensin-Rezeptor Typ 1
ATS American Thoracic Society
AU Arbeitsunfähigkeit
AUDIT Alcohol Use Disorders Identification Test
AVNRT AV-nodale Reentry-Tachykardie
AVRT atrioventrikuläre Reentrytachykardie bei akzessorischer Leitungsbahn
AWMF Arbeitsgemeinschaft der wissenschaftlichen medizinischen Fachgesellschaften
ÄZQ Ärztliche Zentralstelle für Qualitätssicherung
BAA Bauchaortenaneurysma
BAG Berufsausübungsgemeinschaft
BÄK Bundesärztekammer
BB Blutbild
BCG Bacillus Calmette-Guerin
BERA Brainstem-evoked response audiometry
BES Binge-Eating-Störung
BfArM Bundesinstitut für Arzneimittel und Medizinprodukte
BGA Blutgasanalyse
BGB Bürgerliches Gesetzbuch
BKK Betriebskrankenkasse
BLS basic life support
BMI Body Mass Index
BN Bulimia nervosa
BNP brain natriuretic peptide
BNS Blitz-Nick-Salaam
BPH benigne Prostatahyperplasie
BPS benignes Prostatasyndrom
BRCA breast cancer gene
BSG Blutkörperchensenkungsgeschwindigkeit
BWS Brustwirbelsäule
CABG coronary artery bypass graft = aortokoronare Bypass-Operation
CAGE Screening-Test auf alkoholbezogene Störung (Cut down, Anger, Guilty, Eyeopener)
CCP zyklisches zitrulliniertes Peptid
CCS Canadian Cardiovascular Society
CCT kraniale(s) Computertomografie/-tomogramm
CDC Center for Diseases Control and Prevention
CDT Carbohydrate Deficient Transferrin
CEA carotid endarterectomy, karzinoembryonales Antigen
CED chronisch entzündliche Darmerkrankung
CFS Chronic Fatigue Syndrome
cGMP cyclisches Guanosin-Mono-Phosphat
CK Creatinkinase

CLL	chronisch lymphatische Leukämie
CML	chronisch myeloische Leukämie
CMR	Crude Mortality Rate
CMV	Zytomegalievirus
CNI	chronische Niereninsuffizienz
COPD	chronic obstructive pulmonary disease
COX	Zyklooxygenase
CPK	Kreatinphosphokinase
CP-Score	Child-Pugh-Score
CREST	calcinosis, Raynaud's phenomenon, esophageal dysmotility, sclerodactyly, teleangiectasia
CRH	corticotropin releasing hormone
CRP	C-reaktives Protein
CRPS	complexe regional pain syndrome
CRT	cardiac resynchronization therapy, kardiale Resynchronisationstherapie
CT	Computertomografie/-tomogramm
CVI	chronisch venöse Insuffizienz
CWP	chronic widespread pain
CYP	Cytochrom P450
DD	Differenzialdiagnose
DDG	Deutsche Diabetes-Gesellschaft
DEGAM	Deutsche Gesellschaft für Allgemein- und Familienmedizin
DGAV	Deutsche Gesellschaft für Allgemein- und Viszeralchirurgie
DGE	Deutsche Gesellschaft für Ernährung
DGHM	Deutsche Gesellschaft für Hygiene und Mikrobiologie
DGIM	Deutsche Gesellschaft für Innere Medizin
DGK	Deutsche Gesellschaft für Kardiologie
DGN	Deutsche Gesellschaft für Neurologie
DGSP	Deutsche Gesellschaft für Sportmedizin und Prävention
DGVS	Deutsche Gesellschaft für Gastroenterologie, Verdauungs- und Stoffwechselkrankheiten
DIMDI	Deutsches Institut für Medizinische Dokumentation und Information
DKG	Deutsche Krankenhausgesellschaft
DMARD	disease modifying antirheumatic drugs
DMP	Disease Management Programm
DNA	desoxyribonucleinacid
DNOAP	diabetisch-neuropathische Osteoarthropathie
DOSB	Deutscher Olympischer Sportbund
DSM	Diagnostic and Statistical Manual of Mental Disorders
DVGS	Deutscher Verband für Gesundheitssport und Sporttherapie
DXA	dual-energy-x-ray-absorptiometry
EBM	einheitlicher Bewertungsmaßstab
EBV	Epstein-Barr-Virus
ECHO	enteric cytopathogenic human orphan
EEG	Elektroenzephalogramm
EG	Empfehlungsgrad
EGFR	epidermal growth factor receptor
EHEC	enterohämorrhagische E. coli
EKG	Elektrokardiogramm
EL	Evidenzlevel
ELISA	enzym-linked immunosorbent assay
EMG	Elektromyografie
ENS	enterisches Nervensystem
ERCP	endoskopische retrograde Cholangiopankreatikografie
ESC	Europäische Gesellschaft für Kardiologie
ESWL	extrakorporale Stoßwellenlithotripsie
EULAR	European League Against Rheumatism
FEV_1	exspiratorische Einsekundenkapazität oder forciertes exspiratorisches Volumen
FMS	Fibromyalgiesyndrom
FOBT	fäkaler okkulter Bluttest
FSME	Frühsommermeningoenzephalitis
FSS	funktionelles somatisches Syndrom
GABA	Gamma-Amino-Buttersäure
GAD	Glutamatdecarboxylase-Autoantikörper
GBA	Gemeinsamer Bundesausschuss
GCS	Glasgow Coma Scale
GERD	gastroesophageal reflux disease
GFR	glomeruläre Filtrationsrate
GGT	Gamma-Glutamyl-Transferase
GIT	Gastrointestinaltrakt
GKV	Gesetzliche Krankenversicherung
GM-CSF	Granulozyten-Makrophagen koloniestimuliernder Faktor
GOÄ	Gebührenordnung für Ärzte
GOLD	Global Initiative for chronic obstructive Lung Disease
GOT	Glutamat-Oxalacetat-Transaminase
GPT	Glutamat-Pyruvat-Transaminase
GUV	gesetzliche Unfallversicherung
HAART	hochaktive antiretrovirale Therapie
HÄQM	hausärztliches Qualitätsmanagement
HAV	Hepatitis-A-Virus
HBO	hyperbare Oxygenation
HBV	Hepatitis-B-Virus
HCG	humanes Choriongonadotropin
HCV	Hepatitis-C-Virus
HDL	high density lipoproteins

HDV	Hepatitis-D-Virus
HER2	human epidermal growth factor receptor 2
HF	Herzfrequenz
HHNA	Hypothalamus-Hypophysen-Nebennierenrinden-Achse
HHV	humanes Herpesvirus
HIV	human immunodeficiency virus
HLA	human leucocyte antigen
HNO	Hals-Nasen-Ohren
HNPCC	hereditary nonpolyposis colorectal cancer
HPA	hypothalamic-pituitary-adrenal
HPV	human papilloma virus
HSV	Herpes-simplex-Virus
HUS	hämolytisch-urämisches Syndrom
HWS	Halswirbelsäule
HWZ	Halbwertszeit
i. m.	intramuskulär
i. v.	intravenös
IA-2	Autoantikörper gegen Tyrosinphosphatase
IAA	Insulinautoantikörper
IASP	International Association of the Study of Pain
ICA	Inselzellantikörper
ICD	implantable cardioverter defibrillator, international classification (code) of diseases
ICF	International Classification of Functioning, Disablility and Health
ICPC	International Classification of Primary Care
ICS	inhalatives Corticosteroid
IFG	impaired fasting glucose
IGT	impaired glucose tolerance
IHS	International Headache Society
INH	Isoniazid
INR	International Normalized Ratio
ISG	Iliosakralgelenk
ISO	International Organization for Standardization
KBV	Kassenärztliche Bundesvereinigung
KHK	Koronare Herzkrankheit
KKP	Klinischer Konsenspunkt
KVT	kognitive Verhaltenstherapie
LABA	langwirksames Beta-2-Sympathomimetikum (Long-Acting Beta2-Agonist)
LAD	left anterior descending artery = Ramus interventricularis anterior (RIVA)
LADA	late onset autoimmunity diabetes in the adult
LAMA	langwirksames Anticholinergikum (Long Acting Antimuscarinic Agent)
LDH	Laktatdehydrogenase
LDL	low density lipoproteins
LHRH	luteinizing hormone releasing hormone
LMWH	low molecular weight Heparin
LSB	Linksschenkelblock
LVEF	linksventrikuläre Auswurffraktion
LWS	Lendenwirbelsäule
MAO	Monoaminooxidase
MCV	mittleres korpuskuläres Volumen
MDK	medizinischer Dienst der Krankenversicherer
MDRD	modification of diet in renal disease
MFA	Medizinische Fachangestellte
MMR	Masern-Mumps-Röteln
MMRV	Masern-Mumps-Röteln-Varizellen
MRT	Magnetresonanztomograf(ie)
MVZ	Medizinisches Versorgungszentrum
NäPa	Nicht-ärztliche Praxisassistentin
NFS	Nicht-spezifische, funktionelle und somatoforme Körperbeschwerden
NOAK	neue orale Antikoagulanzien
NSAR	nichtsteroidale Antirheumatika
NSTEMI	non-ST-elevation myocardial infarction
NVL	Nationale Versorgungsleitlinie
NYHA	New York Heart Association
OPT	optimale Pharmakotherapie
OSAS	obstruktives Schlafapnoesyndrom
PAR	Protease-aktivierter Rezeptor
PAVK	periphere arterielle Verschlusskrankheit
PCI	percutaneous coronary intervention (perkutane Koronarintervention)
PCR	polymerase chain reaction
PDE	Phosphodiesterase
PEG	perkutane endoskopische Gastrostomie
PET	Positronenemissionstomografie
PKV	Private Krankenversicherung
PNP	Polyneuropathie
PP	Plasmaprotein
PPI	Protonenpumpeninhibitor
PSA	prostataspezifisches Antigen
PTBS	posttraumatische Belastungsstörung
PTCA	perkutane transluminare koronare Angioplastie (Ballonkatheterdilatation)
PTT	partielle Thromboplastinzeit (= APTT)
QEP	Qualität und Entwicklung in Praxen (Qualitätsmanagementsystem der Kassenärztlichen Bundesvereinigung)
QM	Qualitätsmanagement

RA	rheumatoide Arthritis
RAAS	Renin-Angiotensin-Aldosteron-System
RABA	raschwirksames Beta-2-Sympathomimetikum (Rapid Acting Beta2-Agonist)
RDS	Reizdarmsyndrom
RF	Rheumafaktor
RNA	Ribonucleinsäure
RPI	Retikulozytenproduktionsindex zur Beurteilung der adäquaten Erythropoese = [Retikulozytenzahl (%) × tatsächlicher HK (l/l)]/Shift × 0,45; Shift abhängig vom Hämatokrit (1–2,5)
RR	Blutdruck nach Riva-Rocci
SCLC	small cell lung cancer
SGB	Sozialgesetzbuch
SHT	Schädel-Hirn-Trauma
SIBO	Small Intestinal Bacterial Overgrowth
SLE	systemischer Lupus erythematodes
SMR	Standardized Mortality Rate
SNRI	Selektiver Serotonin-Noradrenalin-Rückaufnahme-Inhibitor
SSRI	selektive Serotoninwiederaufnahmehemmer
STD	sexually transmitted diseases
STIKO	ständige Impfkommission
SVES	supraventrikuläre Extrasystole
T3	Triiodthyronin
T4	Tetraiodthyronin (Thyroxin)
TCM	traditionelle chinesische Medizin
TDM	therapeutisches Drug-Monitoring
TEA	Thrombendarteriektomie
TENS	transkutane elektrische Nervenstimulation
TIA	transitorische (transiente) ischämische Attacke
TMD	temporomandibuläre Dysfunktion
TNF	Tumornekrosefaktor
TNM	TNM-System: Tumorgröße (T), Lymphknotenmetastasen (N), Fernmetastasen (M)
TPHA	Treponema-pallidum-Hämagglutinationstest
TRH	Thyrotropin-Releasing-Hormon
TSH	Thyreoidea-stimulierendes Hormon
TTS	transdermales therapeutisches System
TVT	tiefe Beinvenenthrombose
TZA	trizyklisches Antidepressivum
UAW	unerwünschte Arzneimittelwirkung
UFH	unfraktioniertes Heparin
UICC	Union International Contre Cancer
VAS	visuelle Analogskala (Schmerzdokumentation)
VERAH	Versorgungsassistentin in der Hausarztpraxis
VF	Kammerflimmern
VRS	verbale Ratingskala
VT	Verhaltenstherapie
WHO	World Health Organisation
ZNS	zentrales Nervensystem

Vorwort

Vor gut 20 Jahren erschien erstmals das Buch: „Allgemeinmedizin“ von Comberg und Klimm und hatte in der Zwischenzeit 4 Auflagen zur Folge.

Der stete Wandel hinsichtlich Methoden der Diagnostik, der Therapie und der Organisation der Versorgung drängte eine Überarbeitung förmlich auf. Das Berufsbild des Hausarztes bleibt von diesem Wandel nicht unberührt, dennoch bleibt die Tatsache, dass der Hausarzt derjenige von allen Ärzten im Versorgungssystem ist, der den Lebensbereichen der Patienten am nächsten kommt.

Bei aller Varianz und allem Anpassungsdruck an die Gegenwart wie Zukunft verkörpert das Fach Allgemeinmedizin die umfassende Grundversorgung in Form von Akut- und Langzeitbetreuung, sowohl diagnostisch wie therapeutisch, aller in der Hausarztpraxis anfallenden somatischen und psychischen Störungen wie Erkrankungen sowie die ärztliche Betreuung Gesunder.

Seit der 1. Auflage hat sich auf dem Gebiet der Lehre im Fach Allgemeinmedizin auch viel getan. Während zum Zeitpunkt der ersten Auflage fast „nur“ Lehrbeauftragte das Fach Allgemeinmedizin an den einzelnen Fakultäten vertraten, ist heute das Fach an vielen deutschen Hochschulen mit eigenständigen Abteilungen und mit immer mehr eigenständiger Forschung etabliert. Hierbei fließen die Ergebnisse dieser Lehr- und Forschungsaktivitäten zunehmend auch in den Praxisalltag ein.

Während es zum Zeitpunkt der 1. Auflage und in der Folge immer wieder ein „Gerangel“ gab um die Weiterbildungszeiten im Fach Allgemeinmedizin, ist dies jetzt seit 5 Jahren in der Weiterbildungsordnung fest verankert. Sogenannte „Kompetenzzentren Allgemeinmedizin“ tragen mit der Verbundweiterbildung dazu bei, der jüngeren Generation Ängste zu nehmen und Lust auf Hausarztmedizin zu machen. Die 5. Auflage ist dem didaktischen Konzept treu geblieben, musste aber gründlich überarbeitet und ergänzt werden. In den allgemeinen, aber bedeutenden Teilen I und II wurden entsprechend der Entwicklung Schwerpunkte (z. B. hinsichtlich Leitlinien, DMP und Prävention) neu gesetzt. Teil III (Differenzialdiagnosen) und Teil V (ausgewählte Krankheitsbilder) sind vollständig aktualisiert und um wichtige Kapitel (z. B. Anämie, Sprue) ergänzt worden. Um den Entwicklungen in der Therapie Rechnung zu tragen, wurde ein eigenständiger Teil IV eingeführt. Wo immer möglich und sinnvoll, wurde der Bezug zu verfügbaren Leitlinien mit den wichtigen Evidenzgraden bzw. Empfehlungen hergestellt. Angesichts der Fülle der verfügbaren Informationen und der Begrenztheit von Platz und Zeit, mussten Autoren und Herausgeber die Aufgabe eines bestmöglichen Kompromisses unter der Zielsetzung, sich auf das Wesentliche für die Praxis zu konzentrieren, bewerkstelligen. Verweise auf Leitlinien sollen es dem Leser leichter machen, sich mit der zugrunde liegenden kondensierten Evidenz auseinanderzusetzen.

Neu ist, dass der primäre Mitherausgeber Hans-Ulrich Comberg, Universität Hamburg, der eigentliche Ideenspender und Entwickler des didaktischen Konzeptes, aus persönlichen Gründen ausscheidet, was wir sehr bedauert haben. Ihm gebührt besonderer Dank und Anerkennung. In seinem Sinne wird der neue Mitherausgeber Frank Peters-Klimm seine Mitarbeit an diesem Werk aufnehmen und es weiter entwickeln.

Einige Autoren, insbesondere aus Hamburg, sind nach jahrelanger Mitarbeit aus Altersgründen ausgeschieden. Ihnen gilt unser besonderer herzlicher Dank!

Es konnten neue Autoren, schwerpunktmäßig von der Universität Heidelberg, aus dem Fach Allgemeinmedizin und anderen Gebieten, aber auch aus anderen Gesundheitsberufen und Wissenschaften gewonnen werden. Getreu der Erkenntnis des Nutzens einer multiprofessionellen Kooperation bildet sich diese auch in dieser Auflage vermehrt ab.

Die Allgemeinmedizin der Zukunft erfordert einen breit ausgebildeten Hausarzt/Hausärztin mit einem großen Überblickswissen und breit gefächerten praktischen und menschlichen Fähigkeiten. Bei dem Weg hin zum Facharzt/zur Fachärztin für Allgemeinmedizin in der Weiterbildung, ebenso wie später auch in der praktischen Tätigkeit, soll das ihm/ihr vorliegende Buch eine Hilfe sein.

Unser herzlicher Dank gilt den Mitarbeiterinnen vom Thieme-Verlag, insbesondere Dr. Anne Frohn und Susanne Ristea, für die Motivation zu diesem Buch, für die zahlreichen kritisch konstruktiven Vorschläge und Hilfen bei der Erstellung und Erarbeitung des gesamten Konzeptes sowie einzelner Beiträge, sowie Dr. Britta Jung und Dr. Claudia Fischer, die das Projekt zwischenzeitlich nahtlos übernommen haben.

Dank gilt auch Frau Astrid Scharer für ihren engagierten Einsatz und ihre Unterstützung während des Buchentstehungsprozesses.

Es bleibt zu hoffen und zu wünschen, dass dieses Buch eine wertvolle Hilfe sein kann für alle Kolleginnen und Kollegen, für das Fachgespräch ebenso wie bei der Bewältigung alltäglicher praxisrelevanter Probleme. Anregungen zur weiteren Verbesserung sind willkommen!

Heidelberg/Kuppenheim 2016
Prof. Dr. med. Hans-Dieter Klimm
Prof. Dr. med. Frank Peters-Klimm

Geleitwort

Der anhaltende medizinische Fortschritt und die dadurch für viele Erkrankungen möglich gewordenen Behandlungserfolge erfordern notwendigerweise eine Spezialisierung. Der durch die Beschränkung von immer mehr Ärzten auf wenige Krankheiten oder ein Organsystem mögliche Nutzen für Patienten wird nur eintreten, wenn es einen Lotsen und kontinuierlichen Begleiter gibt. Im Kontext der allgemeinärztlichen Versorgung gilt es, sich auf immer wieder neue Situationen einzustellen und sich immer wieder neu auf Patienten einzulassen, um Orientierung zu geben und um gemeinsam mit dem Patienten und seinem Umfeld zu situationsgerechten Entscheidungen zu kommen. Ein wesentlicher Bestandteil der ärztlichen Aus-, Weiter- und Fortbildung besteht also darin, zunächst die Vielzahl evidenzbasierter diagnostischer und therapeutischer Verfahren zu verstehen, richtig einzuordnen und (ggf. auch durch Vermittlung, also Überweisung) anzuwenden. Dies schließt das ganze Spektrum der „Prävention" ein, der in diesem Buch mit der Darstellung der quartären Prävention (Schutz vor zu viel Medizin) neu gefasst ist. Dies gilt umso mehr im Zeitalter der chronischen Erkrankungen und Multimorbidität. Es geht nicht darum, alles zu tun, was möglich ist, sondern das, was für den individuellen Patienten in der Zusammenschau angemessen ist. Der Gynäkologe und Lexikograf Willibald Pschyrembel brachte es mit dem Ausspruch: „Man muss viel wissen, um wenig zu tun" auf den Punkt. Ärztinnen und Ärzte mit Weiterbildungsziel Allgemeinmedizin stellen sich damit einer anspruchsvollen, intellektuell spannenden und wichtigen Aufgabe. Möge dieses Buch sie auf dem Weg zum kompetenten Generalisten und zu empathischen Ärztinnen und Ärzten unterstützen und begleiten.

Greifswald, im Sommer 2016
Prof. Dr. med. Jean-François Chenot, MPH
Facharzt für Allgemeinmedizin
Sprecher der Sektion Weiterbildung der
Deutschen Gesellschaft für Allgemeinmedizin
und Familienmedizin

Geleitwort

Panta rhei (altgriechisch πάντα ῥεῖ „alles fließt") – dieser griechische Aphorismus ist für den stetigen Wandel unseres Gesundheitssystems und damit auch für das Fach Allgemeinmedizin zutreffend. Das in der Mehrheit von (z. T. ehemaligen) Mitarbeitern und Lehrbeauftragten der Abteilung Allgemeinmedizin und Versorgungsforschung des Universitätsklinikums Heidelberg geschriebene Buch hat Beständiges und Gültiges bewahrt und Neues aufgenommen. Nicht nur medizinisches Wissen – so auch für unser Fach Relevantes – sondern auch die Umsetzung in der Praxis, im Team und in der Beratung von Patienten verändert sich, ebenso wie Weiterbildung, Praxismanagement und Qualitätsmanagement.

Im vorliegenden Buch werden in den Teilen I (Allgemeiner Teil) und II (Prävention) wichtige Grundlagen zum Verständnis spezifisch hausärztlicher Arbeitskonzepte geschaffen. Das Kompetenz- und Rollenprofil eines Hausarztes ist weit mehr als nur „Umsetzer von Leitlinienempfehlungen", jedenfalls tragen die propädeutischen Teile dazu bei, die Anforderungen expliziter zu beschreiben und mögen dadurch Orientierung geben. Als gute Beispiele seien jedoch die Kapitel zur *Weiterbildung*, zur *Qualitätssicherung* und zur Einführung in die *Evidenzbasierte Medizin* bzw. *Leitlinien* genannt: Die seriösen Ansätze zur Verbundweiterbildung und die damit verknüpfte finanzielle Förderung sind ein Baustein, die Attraktivität des Faches für den ärztlichen Nachwuchs sicht- und fühlbar zu machen und dabei gleichzeitig im Hinblick auf das hausärztliche Anforderungsprofil Ängste zu nehmen. Qualitätsmanagement kann, sinnvoll und authentisch umgesetzt, Betriebsprozesse und -klima verbessern. Last but not least: Hauptmerkmal in der neuen Auflage ist die transparent gemachte inhaltliche Durchdringung von Leitlinienempfehlungen in den einzelnen klinischen Kapiteln (Teile III–V).

War in der Vorauflage zu Disease-Management-Programmen (DMPs) noch in Andeutungen geschrieben worden, sind sie heute fest in der Versorgungslandschaft integriert. Was sie damals waren, ist möglicherweise heute praxisbasiertes Case Management für Patienten mit besonders intensivem Behandlungsbedarf, wofür wir schon jetzt einzelne erfolgreiche Implementierungen kennen.

Die Herausgeber sind sich damit dem Ziel treu geblieben, Mentor für Ärzte zu sein, die sich für das Weiterbildungsziel „Allgemeinmedizin" entscheiden. Dabei gehen Umfang und Aktualität über die Zielgruppe der Ärzte in Weiterbildung hinaus. Somit kann und möge dieses Buch dem Interessierten allgemeine Orientierung und Vertiefung, gezielte Hilfe zur Prüfungsvorbereitung als auch Nachschlagewerk in täglicher Praxis sein.

Ich wünsche Ihnen viel Freude und Erkenntnisgewinn beim Lesen dieses Bandes.

Heidelberg, September 2016
Prof. Dr. med. Dipl. soz. Joachim Szecsenyi, MSc
Ärztlicher Direktor Abteilung
Allgemeinmedizin und Versorgungsforschung
am Universitätsklinikum Heidelberg

Anschriften

Herausgeber

Prof. Dr. med. Hans-Dieter **Klimm**
Hausärztliche Gemeinschaftspraxis
Ringstr. 20f
76456 Kuppenheim

Prof. Dr. med. Frank **Peters-Klimm**
Universitätsklinikum Heidelberg
Abteilung Allgemeinmedizin und
Versorgungsforschung
Marsilius-Arkaden, Turm West,
Im Neuenheimer Feld 130.3
69120 Heidelberg

Mitarbeiter

Dr. med. Jörg **Barlet**
Am Altenberg 11
74915 Waibstadt

Dr. med. Stefan **Bilger**
Handschuhsheimer Landstr. 11
69221 Dossenheim

Dr. med. Antje **Blank**
Universitätskinikum Heidelberg
Abteilung Klinische Pharmakologie und
Pharmakoepidemiologie
Im Neuenheimer Feld 410
69120 Heidelberg

Dr. med. Nicola **Buhlinger-Göpfarth**
Abteilung Allgemeinmedizin und
Versorgungsforschung
St.-Hubertusstr. 4
75181 Pforzheim

apl. Prof. Dr. med. David **Czock**
Universitätsklinikum Heidelberg
Abteilung Klinische Pharmakologie und
Pharmakoepidemiologie
Im Neuenheimer Feld 410
69120 Heidelberg

Dr. med. Christiane **Eicher**
Gemeinschaftspraxis
Pfistererhofweg 4
69214 Eppelheim

Dr. med. Peter **Engeser**
Hohenzollernstr. 36
75177 Pforzheim

Dr. med. Elisabeth **Flum**
Universitätsklinikum Heidelberg
Abteilung Allgemeinmedizin und
Versorgungsforschung
Marsilius-Arkaden, Turm West,
Im Neuenheimer Feld 130.3
69120 Heidelberg

Dr. med. Tobias **Freund**
Universitätsklinikum Heidelberg
Abteilung Allgemeinmedizin und
Versorgungsforschung
Marsilius-Arkaden, Turm West,
Im Neuenheimer Feld 130.3
69120 Heidelberg

Prof. Dr. med. Walter E. **Haefeli**
Universitätsklinikum Heidelberg
Abteilung Klinische Pharmakologie und
Pharmakoepidemiologie
Im Neuenheimer Feld 410
69120 Heidelberg

Dr. med. Nicolas **Hohmann**
Universitätskinikum Heidelberg
Abteilung Klinische Pharmakologie und
Pharmakoepidemiologie
Im Neuenheimer Feld 410
69120 Heidelberg

Prof. Dr. med. Stefanie **Joos**
Universitätsklinikum Tübingen
Institut für Allgemeinmedizin und
Interprofessionelle Versorgung
Österbergstr. 9
72074 Tübingen

Prof. Dr. Sven **Karstens**, M. Sc.
Hochschule Trier
Therapiewissenschaften
Schneidershof
54293 Trier

Dr. med. Susanne **Klimm**
Hausärztliche Gemeinschaftspraxis
Ringstr. 20f
76456 Kuppenheim

Dr. sc. hum. Katja **Krug**
Universitätsklinikum Heidelberg
Abteilung Allgemeinmedizin und
Versorgungsforschung
Marsilius-Arkaden, Turm West,
Im Neuenheimer Feld 130.3
69120 Heidelberg

Prof. Dr. med. Thomas **Kühlein**
Universitätsklinikum Erlangen
Allgemeinmedizinisches Institut
Universitätsstr. 29
91054 Erlangen

Anette **Lampert**
Universitätsklinikum Heidelberg
Abteilung Klinische Pharmakologie und
Pharmakoepidemiologie
Im Neuenheimer Feld 410
69120 Heidelberg

Dr. med. Thomas **Ledig**
Hausarztpraxis Hirschlanden
Rathausplatz 4
71254 Ditzingen

Claudia **Lutz**
Universitätsklinikum Heidelberg
Chirurgische Klinik
Im Neuenheimer Feld 110
69120 Heidelberg

PD Dr. med. Antje **Miksch**
Pädagogische Hochschule Heidelberg
BA Prävention und Gesundheitsförderung
Im Neuenheimer Feld 561
69120 Heidelberg

Prof. Dr. med. Gerd **Mikus**
Universitätskinikum Heidelberg
Abteilung Klinische Pharmakologie u.
Pharmakoepidemiologie
Im Neuenheimer Feld 410
69120 Heidelberg

Prof. Dr. med. Uwe **Müller-Bühl**
Universitätsklinikum Heidelberg
Abteilung Allgemeinmedizin und
Versorgungsforschung
Marsilius-Arkaden, Turm West,
Im Neuenheimer Feld 130.3
69120 Heidelberg

Dr. med. Karl-Christian **Münter**
Gemeinschaftspraxis Bramfeld
Akademische Lehr- und Forschungspraxis
der Universität Hamburg
Bramfelder Chaussee 200
22177 Hamburg

PD Dr. Dominik **Ose**, MPH
University of Utah
Department of Population Health Sciences
Health System Innovation and Research Program
Williams Building, 295 Chipeta Way
Salt Lake City, UT84108
USA

PD Dr. med. Rainer **Schäfert**
Universitätsklinikum Heidelberg
Klinik für Allgemeine Innere Medizin und
Psychosomatik
Im Neuenheimer Feld 410
69120 Heidelberg

Dr. med. Niklas **Schurig**
Gemeinschaftspraxis
Stiepak-Nawrot-Schurig
Engelstr. 41
76437 Rastatt

Dr. sc. hum. Hanna M. **Seidling**
Universitätsklinikum Heidelberg
Abteilung Klinische Pharmakologie und
Pharmakoepidemiologie
Im Neuenheimer Feld 410
69120 Heidelberg

Dr. sc. hum. Alexander Francesco Josef **Send**
Universitätsklinikum Heidelberg
Abteilung Klinische Pharmakologie und
Pharmakoepidemiologie
Im Neuenheimer Feld 410
69120 Heidelberg

Prof. Dr. med. Jost **Steinhäuser**
Universitätsklinikum Schleswig-Holstein,
Campus Lübeck
Institut für Allgemeinmedizin
Ratzeburger Allee 160
23562 Lübeck

Dr. phil. M.A. Gert **Ulrich**, M. A.
Universitätsklinikum Heidelberg
Abteilung für Allgemeinmedizin und
Versorgungsforschung
Marsilius-Arkaden Turm West,
Im Neuenheimer Feld 130.3
69120 Heidelberg

Prof. Dr. med. Ingeborg **Walter-Sack**
Universitätskinikum Heidelberg
Abteilung Klinische Pharmakologie und
Pharmakoepidemiologie
Im Neuenheimer Feld 410
69120 Heidelberg

Dr. med. Victoria **Ziesenitz**
Universitätsklinikum Heidelberg
Zentrum für Kinder- und Jugendmedizin
Klinik für pädiatrische Kardiologie
und angeborene Herzfehler
Im Neuenheimer Feld 430
69120 Heidelberg

Inhaltsverzeichnis

Allgemeiner Teil

Therapie in der Praxis

Ausgewählte Krankheitsbilder

Teil 1

Allgemeiner Teil

I

1 Definition der Allgemeinmedizin (Deutsche Gesellschaft für Allgemeinmedizin und Familienmedizin)

H.-D. Klimm

1.1 Entstehung des Fachs Allgemeinmedizin

Unter dem Eindruck zunehmender Spezialisierung und permanenter Fragmentierung der Gesundheitsversorgung entwickelte sich in den 1960er und 1970er Jahren immer wieder die Einsicht, einen „Arzttyp" zu entwickeln und zu etablieren, der wieder den Menschen als Ganzes begreift, als erster Ansprechpartner bei den meisten somatischen, psychosomatischen und psychosozialen Gesundheitsproblemen agiert, den Patienten lebenslang begleitet, notwendige Therapien einzelner Erkrankungen organisiert und koordiniert und familiäre, soziale und ökologische und ökonomische Aspekte mit einbezieht – kurz, eine Person, die patientenzentrierte Medizin betreibt und sich als Spezialist für den ganzen Menschen versteht.

Seit dem Deutschen Ärztetag 1965 (in Norderney) gibt es den Arzt für Allgemeinmedizin mit festgelegter Weiterbildungszeit, und das Fach Allgemeinmedizin gilt seither als gleichwertiges Fachgebiet im Kontext der bereits bestehenden Fächer.

Seit dem 12.02.1966 gibt es die Deutsche Gesellschaft für Allgemeinmedizin und Familienmedizin (DEGAM), eine gemeinnützige Fachgesellschaft, die die fachlichen und wissenschaftlichen Interessen der Allgemeinmedizin und somit der Hausärzte in Deutschland vertritt.

1.2 Fachdefinitionen

1979 wurde das Fach definiert:

„Allgemeinmedizin ist die Akut- und Langzeitbetreuung und Behandlung von gesunden und kranken Menschen mit körperlichen und seelischen Gesundheitsstörungen, unabhängig vom Alter und Geschlecht unter besonderer Berücksichtigung der Gesamtpersönlichkeit, der Familie und der sozialen Umwelt." [2]

Am 21.09.2002 hat die DEGAM auf der Jahreshauptversammlung folgende Fachdefinitionen erarbeitet:

- Der Arbeitsbereich der Allgemeinmedizin beinhaltet die Grundversorgung aller Patienten mit körperlichen und seelischen Gesundheitsstörungen in der Notfall-, Akut- und Langzeitversorgung sowie wesentliche Bereiche der Prävention und Rehabilitation. Allgemeinärzte sind darauf spezialisiert, als erster ärztlicher Ansprechpartner bei allen Gesundheitsproblemen zu helfen.
- Die Arbeitsweise der Allgemeinmedizin berücksichtigt somatische, psychosoziale, soziokulturelle und ökologische Aspekte. Bei der Interpretation von Symptomen und Befunden ist es von besonderer Bedeutung, den Patienten, sein Krankheitskonzept, sein Umfeld und seine Geschichte zu würdigen (hermeneutisches Fallverständnis).
- Die Arbeitsgrundlagen der Allgemeinmedizin sind eine auf Dauer angelegte Arzt-Patient-Beziehung und die erlebte Anamnese, die auf einer breiten Zuständigkeit und Kontinuität in der Versorgung beruhen. Zu den Arbeitsgrundlagen gehört auch der Umgang mit den epidemiologischen Besonderheiten des unausgelesenen Patientenkollektivs mit den daraus folgenden speziellen Bedingungen der Entscheidungsfindung (abwartendes Offenhalten des Falles, Berücksichtigung abwendbar gefährlicher Verläufe).
- Das Arbeitsziel der Allgemeinmedizin ist eine qualitativ hochstehende Versorgung, die den Schutz des Patienten, aber auch der Gesellschaft vor Fehl-, Unter- oder Überversorgung einschließt.
- Der Arbeitsauftrag der Allgemeinmedizin beinhaltet:
  - die primärärztliche Filter- und Steuerfunktion, insbesondere die angemessene und gegenüber Patienten und Gesellschaft verantwortliche Stufendiagnostik und Therapie unter Einbeziehung von Fachspezialisten
  - die haus- und familienärztliche Funktion, insbesondere die Betreuung des Patienten im Kontext zu einer Familie oder sozialen Ge-

meinschaft, auch im häuslichen Umfeld (Hausbesuch)

- die Gesundheitsbildungsfunktion, insbesondere Gesundheitsberatung und Gesundheitsförderung für den Einzelnen wie auch in der Gemeinschaft
- die Koordination- und Integrationsfunktion, insbesondere die gezielte Zuweisung zu Spezialisten, die federführende Koordinierung zwischen den Versorgungsebenen, das Zusammenführen und Bewerten aller Ergebnisse und deren kontinuierliche Dokumentation, sowie die Vermittlung von Hilfe und Pflege des Patienten in seinem Umfeld

1.3 Familienmedizin

Die Familienmedizin ist Teil der Allgemeinmedizin. Sie umfasst die hausärztliche Behandlung und gesundheitliche Betreuung von Familien oder familienähnlichen Gruppen in somatischer, psychischer und sozialer Hinsicht. Wesentliche Voraussetzung ist die Kenntnis der Beziehungen der Familienmitglieder untereinander und zu ihrer Umwelt [1]. Die Weiterentwicklung der Definition ist im Fluss [3].

1.4 Literatur

[1] Deutsche Gesellschaft für Allgemeinmedizin und Familienmedizin. Im Internet: www.degam.de; Stand: 12.10.2015

[2] Deutsche Gesellschaft für Allgemeinmedizin (DEGAM). DEGAM-Entschließung 1982–1990: 218

[3] Institut für Allgemeinmedizin. Familienmedizin in der Hausarztpraxis. Im Internet: www.familien-medizin.org; Stand: 12.10.2015

2 Definition der Allgemeinmedizin (Bundesärztekammer)

H.-D. Klimm

Von der Bundesärztekammer wird das Fachgebiet Allgemeinmedizin folgendermaßen definiert (Stand 2014):

„Das Gebiet Allgemeinmedizin umfasst die lebensbegleitende hausärztliche Behandlung und Betreuung von Menschen jeden Alters bei jeder Art von Gesundheitsstörung [...] unter Berücksichtigung der biologischen, psychischen und sozialen Dimensionen der gesundheitlichen Leiden, Probleme oder Gefährdungen. Das Gebiet umfasst auch die patientenzentrierte Integration der medizinischen, psychischen und sozialen Hilfen [...] sowie die medizinische Kompetenz zur Entscheidung über das Hinzuziehen anderer Ärzte und Angehöriger von Fachberufen im Gesundheitswesen." [1]

Dazu gehört auch die Betreuung von akut und chronisch Erkrankten, die Vorsorge und Gesundheitsberatung, die Früherkennung von Krankheiten, die Einleitung von Rehabilitationsmaßnahmen, die Zusammenarbeit mit allen Personen und Institutionen, die für die gesundheitliche Betreuung der Patienten Bedeutung haben, die Unterstützung gemeindenaher gesundheitsfördernder Aktivitäten und die Zusammenführung aller medizinisch wichtigen Daten des Patienten.

2.1 Literatur

[1] Bundesärztekammer. Definition Gebiet Allgemeinmedizin. Im Internet: www.bundesaerztekammer.de/aerztetag/beschlussprotokolle-ab-1996/113-daet-2010/top-iii/4-definition-gebiet-allgemeinmedizin/; Stand: 24.08.2016

3 Weiterbildung zum Facharzt für Allgemeinmedizin

3.1 Zielsetzung

J. Steinhäuser, E. Flum, T. Ledig

Die Weiterbildung Allgemeinmedizin dient der Spezialisierung des approbierten Arztes für die Erlangung der Facharztkompetenz. Sie erfordert den Erwerb zusätzlichen – über das Staatsexamensniveau hinausgehenden – Wissens und breiter medizinischer Erfahrung, das Erlernen weiterer praktischer Kompetenzen und Übung im Umgang mit hausarzttypischen Behandlungsproblemen und -situationen in allen Bereichen der Kuration, der Prävention und der Langzeitbetreuung, z. B. chronisch kranker und multimorbider Patienten.

3.2 Weiterbildung

J. Steinhäuser, E. Flum, T. Ledig

Die Grundlagen des Weiterbildungsgangs sind in der Musterweiterbildungsordnung der Bundesärztekammer niedergelegt, Inhalte und Struktur werden im föderalen System durch die einzelnen Landesärztekammern verbindlich ausgestaltet. Bei einem Wechsel des Bundeslandes im Verlauf der Weiterbildung können dadurch in Einzelfällen Probleme entstehen. Hier empfiehlt sich, frühzeitig persönlichen Kontakt mit den Kompetenzbereichen Weiterbildung der Ziel-Ärztekammer aufzunehmen, um Fragen der Anrechenbarkeit vorab zu klären. Nahezu alle Ärztekammern bieten auf ihrer Internetpräsenz die lokal gültigen Logbücher und Weiterbildungskataloge zum Download an.

Die Führung eines solchen Logbuchs oder Benutzung einer internetbasierten Weiterbildungsplattform ist zwingend. Bescheinigungen über die Erfüllung der geforderten Weiterbildungsinhalte sind bei der Anmeldung zum Fachgespräch (Anerkennung der Facharztbezeichnung) vorzulegen.

Die Weiterbildungszeit umfasst stationäre und ambulante Abschnitte, die weitgehend flexibel abgeleistet werden können. Kerninhalte in praktisch allen regionalen Weiterbildungsordnungen sind:

- eine Zeit von mindestens 18–24 Monaten in Innerer Medizin (stationär, in manchen Bundesländern auch ambulant) und
- eine ambulante Weiterbildungsphase von 24 Monaten in einer oder mehreren Praxen der hausärztlichen Versorgung

Falls es lokal keine weiteren verpflichtenden Auflagen (z. B. Rotation in der Chirurgie) gibt, kann die übrige Zeit der insgesamt 60 Monate dauernden Weiterbildung weitgehend frei gewählt werden. Dabei muss das gewählte Fach dem Bereich der „unmittelbaren Patientenversorgung" angehören und es sind Mindestzeiten für die Anerkennung einer Rotation zu beachten. Zusätzlich ist ein mindestens 80 Stunden umfassender Kurs in psychosomatischer Grundversorgung zu absolvieren.

3.3 Bedeutung der Weiterbildung Allgemeinmedizin

J. Steinhäuser, E. Flum, T. Ledig

Es geht in der Weiterbildung neben dem Erwerb (fach)spezieller medizinischer Kenntnisse und Fertigkeiten vor allem um die Integration von Wissen und Erfahrung. Ziel ist das Erlernen der besonderen Arbeitsweise in der Allgemeinmedizin, die sich durch eine ganzheitliche Versorgung im Rahmen einer auf Dauer angelegten Arzt-Patient-Beziehung unter dem Gesichtspunkt einer qualitativ hochwertigen primärmedizinischen Versorgung auszeichnet. Weiterbildung beinhaltet die Rollenfindung entsprechend des Rollenmodells des CanMEDS-Frameworks [3] sowie die Identitätsbildung als Hausarzt. Zu den CanMEDS-Rollen gehören:

- fachspezifische, medizinische Expertise
- Kommunikation
- Zusammenarbeit
- Management
- Vertretung des Patienten (Versorgungslenkung und Gesundheitsförderung)
- Lernen und Lehren
- Professionalität

▶ **Stationäre Weiterbildung.** Im Rahmen der stationären Weiterbildungsabschnitte besteht die Gefahr, das Ziel der hausärztlichen Identitätsfindung aus dem Fokus zu verlieren. Viele Krankenhausärzte kennen die Bedingungen der ambulanten Patientenversorgung nur unzureichend; Arbeitsweisen und -ziele, diagnostische und therapeutische

Vorgehensweisen in der stationären Krankenversorgung differieren erheblich vom primärärztlichen Bereich. Aspekte der Prävention und der Langzeitbetreuung sind naturgemäß nicht oder nur in Randbereichen abgebildet.

▸ **Weiterbildung in der Hausarztpraxis.** Damit erhält der Weiterbildungsabschnitt in der Hausarztpraxis eine zentrale Bedeutung. Neben dem spezifischen Vorgehen in der Allgemeinmedizin unter Beachtung der im ambulanten Sektor vorherrschenden Prävalenz der jeweiligen Erkrankung hat die ambulante Weiterbildungsphase auch die wichtige Funktion, sozial- und familienmedizinische Kompetenzen sowie Praxismanagement und -organisation in allen seinen Facetten zu erlernen. Darüber hinaus sollen Aspekte wie das Entwickeln einer professionellen Haltung und Förderung der eigenen Arbeitszufriedenheit (einschließlich einer bewussten Burn-out-Prophylaxe) vermittelt werden.

3.4 Ablauf der Weiterbildung

J. Steinhäuser, E. Flum, T. Ledig

Der Ablauf sollte strukturiert organisiert sein, d. h. die Erlangung der erforderlichen Kompetenzen orientiert sich an einem logischen, zeitlich aufeinander aufbauenden Rahmen von Wissen, Fertigkeiten und Erfahrungen. In der Allgemeinmedizin ist das Lernen jedoch oft fallbasiert und kann nicht immer aufeinander aufgebaut werden. Der Weiterbildungsgang orientiert sich an der praktischen Arbeit. Wichtig für den Abschnitt in der Praxis sind tägliche informelle, medizinisch-ärztliche Besprechungen und klare Vorgaben für Ärzte in Weiterbildung (z. B. Rücksprachevereinbarungen, Vorgehen bei Unklarheiten). Regelmäßige Feedback-Gespräche z. B. in monatlichem Abstand, sollten darüber hinaus den Weiterbildungsverlauf reflektieren, Fortschritte wie Defizite identifizieren und die weiteren Ziele festlegen.

▸ **Kompetenzbasiertes Curriculum Allgemeinmedizin.** Als didaktische Hilfe hierzu wurde in den letzten Jahren das „Kompetenzbasierte Curriculum Allgemeinmedizin“ federführend vonseiten der DEGAM entwickelt. Dieses Curriculum basiert auf den CanMed-Rollen (Kap. 3.3) und soll als roter Faden und Portfolio die Weiterbildung begleiten. In der Novelle der Musterweiterbildungsordnung, an der seit 2013 gearbeitet wird, soll es im Gegensatz zu der aktuellen Musterweiterbildungsordnung einen deutlich stärkeren kompetenzbasierten Bezug geben.

▸ **Verbundweiterbildung.** Als Ergänzung zur individuell organisierten Weiterbildung hat sich seit ca. 10 Jahren die Verbundweiterbildung in vielen Regionen als Erfolgsmodell durchgesetzt. In dieser Form organisieren regionale und überregionale Initiativen Verbünde aus Krankenhäusern und niedergelassenen Weiterbildungsbefugten. Ziele der Verbundweiterbildungsprogramme sind:

- strukturierte und nahtlose Absolvierung der Weiterbildungsabschnitte ohne (Neu-)Bewerbungen vor jeder Rotation
- Bindung der Ärzte in Weiterbildung an die Region

Das zwischenzeitlich entwickelte DEGAM-Konzept der Verbundweiterbildung*plus* strebt darüber hinaus zusätzliche Aspekte an, z. B.:

- spezifisch-allgemeinmedizinische und fachlich-inhaltliche Begleitung longitudinal über die gesamte Weiterbildungsdauer (z. B. im Rahmen von Begleitseminaren oder Schulungstagen)
- Austausch und regionale Vernetzung der Ärzte in Weiterbildung
- individuelle Beratung der Ärzte in Weiterbildung durch Mentoren
- Förderung der hausärztlichen Identitätsbildung

3.5 Miller-Pyramide (klinische Kompetenz)

H.-D. Klimm

Bei der Vielzahl von Beschwerden in der hausärztlichen Praxis ist es während der Weiterbildungszeit in der Praxis nicht nur eine Pflicht Inhalte zu vermitteln, sondern auch die Werkzeuge zu bearbeiten und zu vermitteln, die zur Bewältigung der Probleme vonnöten sind. Die spezifischen Lernziele hierbei sollten sich – strukturiert anhand der Miller-Pyramide – vor allem an folgenden Schwerpunkten orientieren:

- Transparenz allgemeinmedizinischer Entscheidungsfindungen
- Erkennen des Zusammenspiels von Evidenz, Erfahrung und Patientenwillen

reflektierte Arzt-Patient-Beziehung in Diagnostik und Therapie

3.6 Erlangung der Weiterbildungsbefugnis

J. Steinhäuser, E. Flum, T. Ledig

► **Strukturelle Voraussetzungen.** Aufgrund der föderalen Strukturen unterscheiden sich die Kriterien zur Erlangung der Weiterbildungsbefugnis zwischen den Bundesländern. Grundsätzlich ist die Befugniserteilung an vorwiegend strukturelle Voraussetzungen gebunden:

- Erfahrung (d. h. vorgegebene Anzahl an Berufsjahren in dem Fach)
- ausreichende Ausstattung des Weiterbildungsortes (Praxis), insbesondere ausreichende Anzahl von Sprechzimmern, apparative Ausstattung, definierter Umfang von Tätigkeiten, diagnostische Mittel (EKG, Ergometrie, Langzeit-Blutdruckmessung, Spirometrie, Ultraschallgerät u. a.)
- ausreichende Mindestzahl behandelter Patienten im Quartal, repräsentative Altersverteilung, Durchführung von Hausbesuchen, psychosomatische Grundversorgung
- Vorhaltung von Literatur bzw. Zugang zu elektronischen Medien
- Teilnahme an qualitätssichernden Maßnahmen

Die Anforderungen können graduiert sein, und die Befugnis kann je nach Tätigkeitsumfang für 6, 12, 18 oder 24 Monate erteilt werden. Die maximale Dauer der Befugnis beträgt 36 Monate.

► **Didaktische Qualifikation.** Im Gegensatz zu anderen europäischen Ländern ist die Befugnis in Deutschland nicht an den Erwerb didaktischer Qualifikationen gebunden. Dies wird aktuell zunehmend als Defizit gesehen. Einige Weiterbildungsverbünde bieten daher inzwischen didaktische Schulungen für Weiterbildungsbefugte im ambulanten und stationären Bereich, sog. Train-the-Trainer-Kurse, an; im Rahmen der Verbundweiterbildung*plus* Baden-Württemberg ist beispielsweise eine solche didaktische Qualifikation Grundlage einer finanziellen Förderung einer Krankenkasse.

3.7 Honorierung des Arztes in Weiterbildung

H.-D. Klimm

Die deutsche Krankenhausgesellschaft (DKG), die Kassenärztliche Bundesvereinigung (KBV) sowie der Spitzenverband des Bundes der Krankenkassen (GKV-Spitzenverband) haben im Einvernehmen mit dem Verband der privaten Krankenversicherung (PKV-Verband) sowie mit der Bundesärztekammer (BÄK) vereinbart, die Weiterbildung in der Allgemeinmedizin, sowohl in der ambulanten wie in der stationären Versorgung, zu fördern.

Weiterbildungsberechtigte erhalten von der Kassenärztlichen Vereinigung und den Krankenkassen für die Weiterbildung in der ambulanten hausärztlichen Versorgung einen Zuschuss zum Gehalt des Weiterbildungsassistenten in Höhe von derzeit monatlich 4 800 Euro (bezogen auf eine Vollzeitstelle). Die als Gehaltszuschuss bestimmten Fördergelder werden an den zuständigen Weiterbildenden ausbezahlt. Dieser entlohnt seinerseits den Weiterbildungsassistenten.

3.8 Fachgespräch

J. Steinhäuser, E. Flum, T. Ledig

Das Fachgespräch ist der formale Abschluss beim Erwerb der Facharztkompetenz. In einem mindestens 30- und maximal 45-minütigen kollegialen Fachgespräch sollen 2 erfahrene Hausärzte (und ein fachfremder Prüfungsvorsitzender) die Facharztreife bestätigen. In der Regel verschaffen sich die Prüfer am Beispiel vorgestellter Fälle einen Eindruck über das Wissen und die Vorgehensweise des Facharztanwärters. Ergänzend können Fertigkeiten wie z. B. die Beurteilung von EKGs, von Sonografie-Aufnahmen, von Impfpässen oder anderer Medien überprüft werden. Zentral ist auch die Überprüfung der Kenntnis diagnostischer Scores, von aktuellen Therapiestandards und von fachspezifischen Leitlinien.

Die Vorbereitung zum Fachgespräch ist eine gute Gelegenheit, viele Themen zu wiederholen. Das Lernen und Üben der Prüfung in Gruppen hat sich bewährt.

Die Bestehensrate liegt bei 90–95 %. Das Fachgespräch kann wiederholt werden. Bei Nichtbestehen kann die erneute Zulassung zum Fachgespräch an Auflagen bis hin zu einer Verlängerung der praktischen Weiterbildungszeit geknüpft werden. Eine Benotung findet nicht statt.

3.9 Literatur

[1] Kompetenzzentrum Allgemeinmedizin Baden-Württemberg, Deutsche Gesellschaft für Allgemeinmedizin und Familienmedizin (DEGAM), Junge Allgemeinmedizin Deutschland (JADe), Hausärzteverband. Kompetenzbasiertes Curriculum Allgemeinmedizin. Im Internet: www.kompetenzzentrum-allgemeinmedizin.de/downloads/curriculum/Kompetenzbasiertes-Curriculum-2012-03.pdf; Stand: 12.10.2015

[2] Miller GE. The assessment of clinical skills/competence/performance. Acad Med 1990; 65(9 Suppl): S 63–67

[3] Royal College of physicians and surgeons of Canada. The CanMEDS Framework. Im Internet: www.royalcollege.ca/portal/page/portal/rc/canmeds/framework; Stand: 12.10.2015

4 Stellung der Allgemeinmedizin in der ärztlichen Versorgung in der BRD

H.-D. Klimm

4.1 Allgemeinärzte und berufstätige Ärzte

Ende 2014 gab es in der BRD 365 247 berufstätige Ärzte. 43 206 dieser Ärzte waren Allgemeinmediziner (▶ Abb. 4.1). Die Zahl der Facharztanerkennungen lag in den letzten Jahren bei insgesamt 11 000–12 000 jährlich, wovon die Facharztanerkennungen in der Allgemeinmedizin etwa 10 % ausmachten (▶ Abb. 4.2).

4.2 Allgemeinärzte in der ambulanten Versorgung

Bei den Vertragsärzten und Psychotherapeuten macht die Gruppe der Allgemeinärzte einen Anteil von knapp 30 % aus (▶ Tab. 4.1).

Tab. 4.1 Vertragsärzte und Psychotherapeuten nach Arztgruppen zum 31.12.2014.

Arztgruppe	Anzahl
Vertragsärzte und Psychotherapeuten	143 635
Allgemeinärzte/Praktische Ärzte	40 632
Internisten	25 654
Psychologen/Psychotherapeuten	21 312
Kinderärzte	7 358

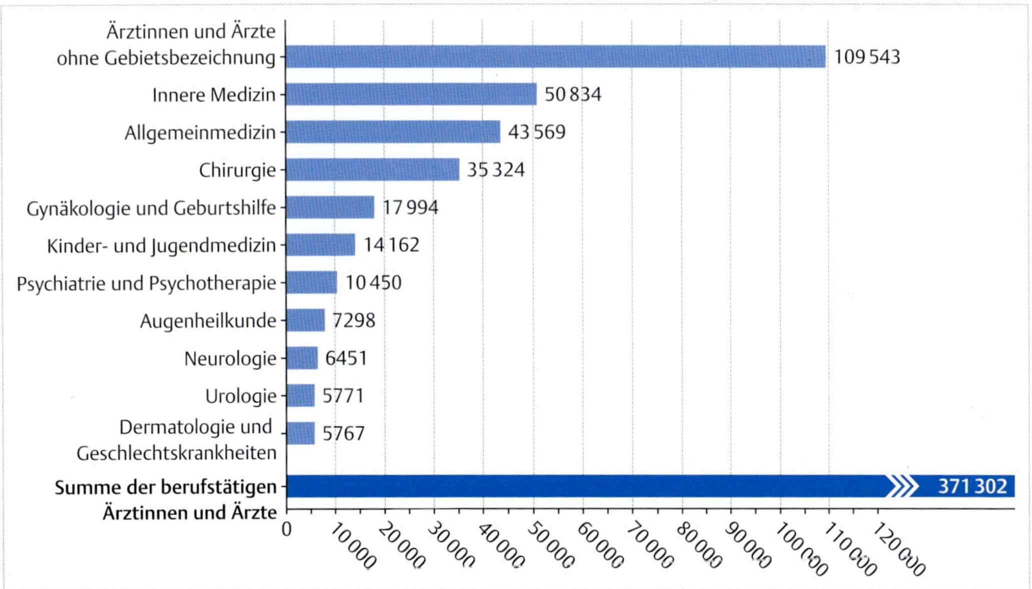

Abb. 4.1 Berufstätige Ärztinnen und Ärzte nach Arztgruppen (Stand: 31.12.2014). [1].

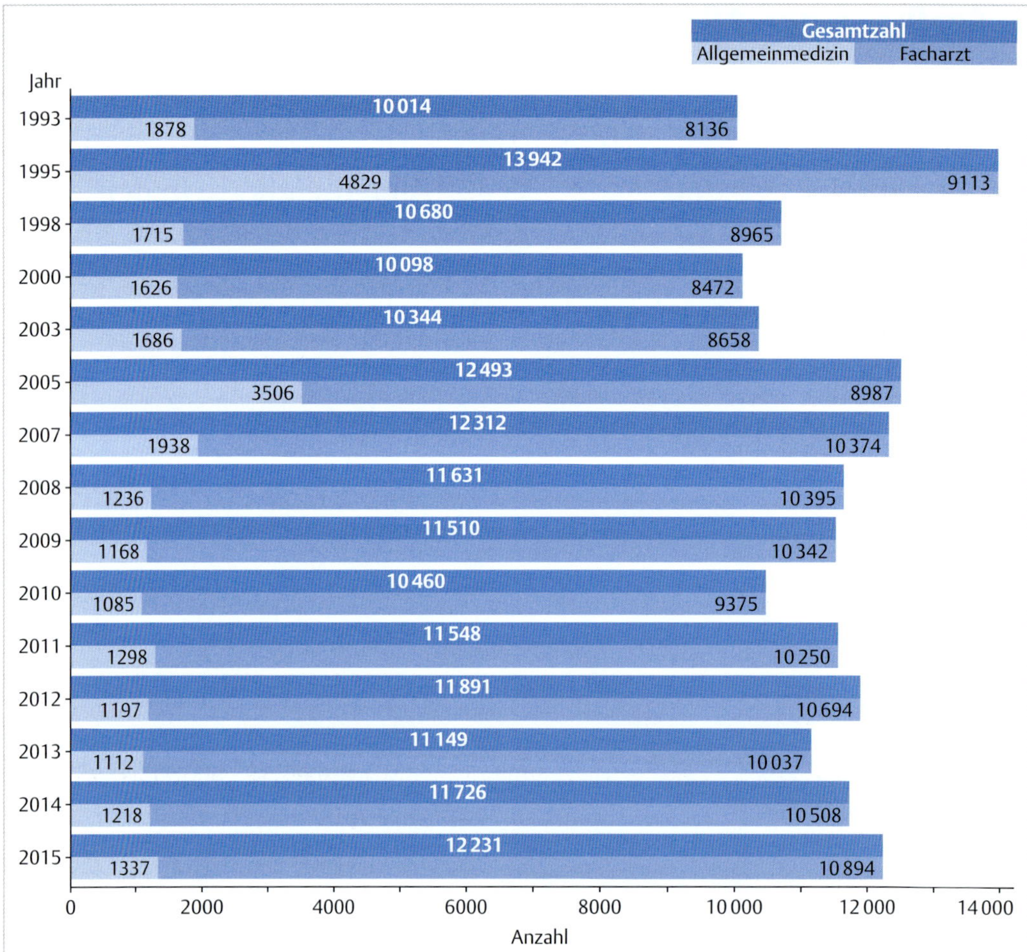

Abb. 4.2 Entwicklung der Zahl der Facharztanerkennungen. Dunkelblau: Gesamtzahl, hellblau: Allgemeinmedizin/ innere und Allgemeinmedizin (Hausarzt), Weiß: Facharztanerkennung ohne Allgemeinmedizin. [1].

▶ **Frauenanteil.** In der Gruppe der niedergelassenen Ärzte nimmt der Anteil der Frauen immer mehr zu: Vor 35 Jahren lag ihr Anteil noch bei 18 %, im Jahr 2013 bereits bei 38 %. Bei den Hausärzten beträgt der Frauenanteil 41,2 %.

▶ **Altersstruktur.** Die Altersstruktur der Vertragsärzte einschließlich Partnerärzten ist in ▶ Abb. 4.3 wiedergegeben.

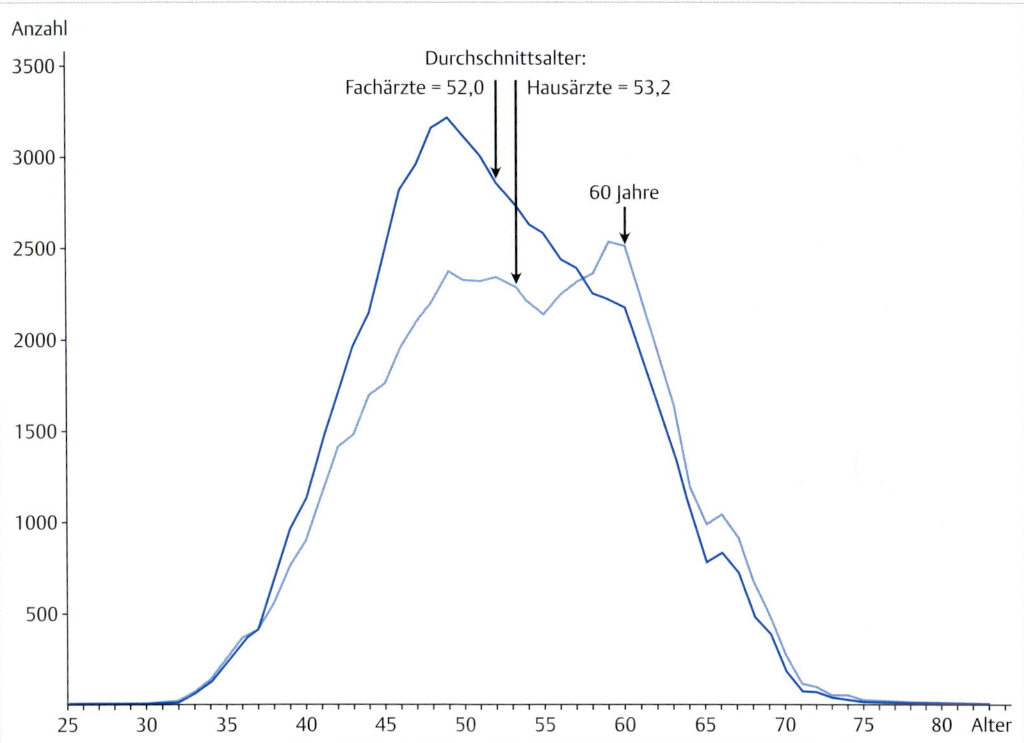

Abb. 4.3 Altersstruktur der Vertragsärzte am 31.12.2010. 18,4 % aller Fachärzte sind 60 Jahre und älter, bei den Hausärzten sind es 24,9 %. [2].

4.3 Literatur

[1] Bundesärztekammer: Ergebnisse der Ärztestatistik zum 31. Dezember 2015. Im Internet: www.bundesaerztekammer.de/ueber-uns/aerztestatistik/aerztestatistik-2015/; Stand: 30.06.2016

[2] Kassenärztliche Bundesvereinigung: Statistische Informationen aus dem Bundesarztregister, Bundesgebiet insgesamt, Stand 31.12.2015. Im Internet: www.kbv.de/media/sp/2015_12_31.pdf; Stand: 30.06.2016

I

5 Arbeitsbereiche

F. Peters-Klimm

Die Allgemeinmedizin ist eine der großen tragenden Säulen des gesamten Medizinsystems, ohne die eine medizinische Versorgung der Bevölkerung nicht denkbar und durchführbar wäre:

- 96 % aller Behandlungsfälle in der BRD laufen ambulant ab, 4 % in Kliniken (Behandlungsfälle pro Quartal vs. Krankenhausaufnahmen)
- 45 % der Behandlungsfälle werden in allgemeinmedizinischen Praxen durchgeführt
- Allgemeinärzte übernehmen etwa 90 % aller Hausbesuche und verschreiben 60 % aller Arzneimittel.
- Mit zunehmendem Alter der Patienten werden die Arzt-Patienten-Kontakte häufiger:
  - Von den über 65-Jährigen sind rund ⅔ in ständiger hausärztlicher Behandlung.
  - Über die Hälfte aller Patienten ab 80 Jahre werden zu Hause durch Allgemeinärzte versorgt und 60 % aller älteren Menschen mit psychischen Störungen in Allgemeinpraxen beraten und behandelt.

Der Allgemeinarzt ist in seiner Eigenschaft als Primärarzt erster Ansprechpartner der gesamten Bevölkerung bei allen somatischen und psychischen Erkrankungen und Befindensstörungen sowie Berater im großen Bereich der gesundheitsfördernden Maßnahmen und sozialmedizinischen Fragen.

5.1 Fächerübergreifende und -integrierende Grundversorgung

Bei allen somatischen und psychischen Erkrankungen und Befindensstörungen übernimmt der Allgemeinarzt so weit wie möglich die Diagnostik und Therapie, die den Grundsätzen der einzelnen Spezialfächer folgt. Die hausärztliche Grundversorgung beschränkt sich nicht (wie ein „Gatekeeper") auf Eingangsdiagnostik und Überweisung, sondern umfasst:

- krankheitsbezogene primärärztliche Funktionen: Erstversorgung und Langzeitbehandlung, Fortführung der Therapie sowie diagnostischer und therapeutischer Überwachung nach gebietsärztlicher Behandlung oder Krankenhausentlassung. Dabei sind Abweichungen von vorgegebenen Standards oft nötig; dafür sind Basiswissen und -methoden aus allen Spezialfächern erforderlich (Kap. 27)
- patientenbezogene Funktionen: hausärztliche, familienärztliche, soziale Integrationsfunktionen sowie Gesundheitsberatung zur Prävention, Gesundheitsselbsthilfe und Mobilisierung eigener salutogener Ressourcen (Kap. 26)
- systembezogene Funktionen: Koordination der unverzichtbaren Selbsthilfe und familiären Laienhilfe mit den professionellen Leistungen

Die hausärztliche Grundversorgung verbessert die Effizienz des gesamten Systems, wenn das Zusammenspiel der 3 o. g. Funktionen mit dem Patienten und den Gebietsärzten gelingt. Eine der Situation angemessene, nicht Unter-, Fehl- oder Überversorgung, ist das Ziel der Versorgung.

5.2 Akut- und Notfallversorgung

5.2.1 Notfälle

Die Versorgung von Notfällen ist – gemessen am gesamten Tätigkeitsspektrum – eine nicht allzu häufige Aufgabe der Allgemeinmedizin. In ländlichen Gegenden ist der Allgemeinarzt auch heute noch fast immer der erste Ansprechpartner bei Notfällen aller Art (auch Verkehrsunfälle). In den Städten werden Notfallfunktionen in der Regel von Notärzten übernommen.

▸ **Definition.** Ein Notfall ist eine akute Erkrankung mit der drohenden Gefahr der Schädigung vitaler Funktionen, die der schnellstmöglichen Therapie bedürfen („abwendbar gefährlicher Verlauf").

Es gibt 2 Arten von Notfällen:

- den **„objektiven Notfall"** – aus medizinisch-fachlicher Sicht (z. B. Polytrauma. Herzinfarkt)
- den **„subjektiven Notfall"** – aus Laien- oder Patientensicht (z. B. harmloser psychischer Erregungszustand, leicht stillbares Nasenbluten)

Die Einordnung der Schwere eines „Notfalls" erfordert Fingerspitzengefühl, hierfür müssen praxisinterne Regelungen getroffen werden, inwieweit die MFA eine „Triage" vornehmen darf und ab wann eine ärztliche Beurteilung erfolgen muss. Im Zweifelsfall soll jeder „Notfall“ *zunächst* mit der gleichen Dringlichkeit angegangen werden.

Merke

Ein Notfall ist eine akute Erkrankung mit der drohenden Gefahr der Schädigung vitaler Funktionen, die der schnellstmöglichen Therapie bedürfen („abwendbar gefährlicher Verlauf“).

► **Häufigkeit.** Es gibt keine genauen Zahlen hinsichtlich der Häufigkeit von „Notfällen“. Sie dürften u. a. vom Praxisspektrum, der eigenen Versorgungskultur in der Praxis und den lokalen Versorgungsangeboten abhängen. Für einen gelungenen Praxisablauf ist es aber essenziell, sich organisatorisch auf „Notfälle“ einzurichten, z. B. Pufferzeiten einzuplanen oder anderen, wartenden Patienten mit nicht dringlichen Terminen umgehend einen neuen Termin anbieten zu lassen.

► **Kontaktaufnahme.** Bei der Übermittlung eines Notfalls aus der Praxis sollte man folgende Angaben machen (die 5 lebensrettenden W's beim Notruf):
- **Wo:** Ort des Notfalls?
- **Was:** Was geschah (z. B. Herzstillstand, Bewusstlosigkeit)
- **Wie:** Wie viele Verletzte?
- **Welche:** Welche Verletzung?
- **Warten:** Rückfragen der Leitstelle abwarten

► **Techniken.** Neben den allgemeinen diagnostischen und therapeutischen Fähigkeiten sollte man beim Notfalleinsatz die folgenden Techniken beherrschen (zur hausärztlichen Notfallfunktion ist kein Fachkundenachweis nötig):
- kardiopulmonale Reanimation („basic life support“)
- Blutstillung
- Legen venöser Zugänge
- Schockbekämpfung
- Lagerungstechniken

► **Notfallkoffer.** Es ist anzuraten, neben der Arzttasche im Auto einen Notfallkoffer mitzuführen. Seine Ausstattung unterliegt keinen Vorschriften und sollte individuell (z. B. nach Häufigkeit und erwarteter Schwere der Notfälle in Stadtpraxis vs. Landpraxis und der eigenen Kompetenz hinsichtlich der Fertigkeiten und Qualifikationen) gestaltet werden (Mindestausstattung: Stethoskop, Blutdruckmessgerät, Pupillenleuchte, Stauschlauch, Verweilkanülen, Handbeatmungsbeutel, Guedel-Tuben-Absaugpumpe, steriles Pflaster, Verbandsschere, Einmalhandschuhe, Desinfektionsspray, sterile Einmalspritzen, Infusionssysteme, Notfallmedikamente [ASS, Adrenalin, Atropin, Diazepam, Furosemid, Glukose, Heparin, Prednisolon]).

► **Unterstützung und Transport.** Zur Unterstützung und zum Transport ins Krankenhaus stehen dem Allgemeinarzt normalerweise folgende Hilfen zur Verfügung:
- Krankentransportwagen (KTW): Krankenwagen zum Transport von Nichtnotfällen
- Rettungswagen (RTW): Krankenwagen mit Geräten zur Aufrechterhaltung der Vitalfunktionen, jedoch ohne Notarzt
- Notarztwagen (NAW): wie Rettungswagen, jedoch mit Notarzt
- Rettungstransporthubschrauber (RTH): sollte schweren, schlecht zugänglichen Unfällen (z. B. Autobahnunfall) und weiten Transportwegen vorbehalten bleiben

Es arbeiten ca. 50 000 hauptberuflich Beschäftigte im deutschen Rettungsdienst.

Einige Notdienste verfügen über verschieden ausgestattete „Rendezvous-Systeme“, wobei Notarzt und RTW getrennt anfahren und sich am Unglücksort treffen.

Durch oft jahrelanges Kennen der Vorgeschichte und der Vorbefunde hat der Allgemeinarzt gegenüber dem Notarzt den Vorteil, dass er zumeist
- Akutdiagnosen leichter stellen und damit gezielter therapieren und einweisen kann (z. B. rechtsseitige Oberbauchbeschwerden bei bekannten Gallensteinen)
- bei unheilbar Kranken unsinnige Einweisungen vermeiden kann (z. B. rechtsseitige Oberbauchbeschwerden bei bekannten Leberfiliae)

5.2.2 Ärztlicher Bereitschaftsdienst bzw. Notdienst

Außerhalb der üblichen Praxiszeiten sind niedergelassene Ärzte verpflichtet, die Notfallversorgung der Bevölkerung aufrechtzuerhalten. Er ist ein allgemeiner ärztlicher Notfalldienst für ärztliche Hilfe in *nicht lebensbedrohlichen Situationen*, an dem sich Ärztinnen und Ärzte aller Fachgruppen aufgrund ihrer Verpflichtungen aus der Berufsordnung bzw. der Zulassung und den Heilberufsgesetzen der Länder beteiligen. Der Sicherstellungsauftrag, den die Kassenärztlichen Vereinigungen im SGB V bezüglich der GKV-Versicherten übertragen bekommen haben, beinhaltet ebenfalls eine Notfallversorgung. In vielen Ländern organisieren daher die beiden Körperschaften Ärztekammer und Kassenärztliche Vereinigung einen gemeinsamen Notfalldienst, dessen Bedingungen in einer gemeinsamen Notfalldienstordnung niedergelegt sind. In vielen Bundesländern wurden in jüngster Zeit Notfalldienstreformen durchgeführt, die im Wesentlichen in der Zusammenlegung kleinerer Bezirke zu größeren Bereichen und (unter Umständen) in der Positionierung in oder an ein regionales Krankenhaus bestehen. Hierdurch soll die Effizienz gesteigert werden, sicher wird aber die Dienstbelastung der Ärzte verringert. In vielen Bundesländern gilt die bundeseinheitliche Notfalldienst-Rufnummer 116 117 für einen flächendeckenden KV-gestützten Notfall- bzw. Bereitschaftsdienst, in dem oft eine telefonische Triage durch geschultes Personal durchgeführt wird.

▶ **Inanspruchnahme.** Genaue Zahlen sind nicht verfügbar, aber es werden ca. 4 Millionen Patienten pro Jahr im ärztlichen Bereitschaftsdienst behandelt. Eine Versichertenbefragung im Auftrag der Kassenärztlichen Bundesvereinigung an mehr als 5 000 Bürgern zeigt (▶ Abb. 5.1), dass ärztlicher Notdienst und Hausärzte seltener, Krankenhäuser bzw. Ambulanzen und Notärzte bzw. Rettungsdienste häufiger in Anspruch genommen werden. Manche Patienten waren aber vielleicht tatsächlich in einer Bereitschaftsdienstpraxis am Krankenhaus.

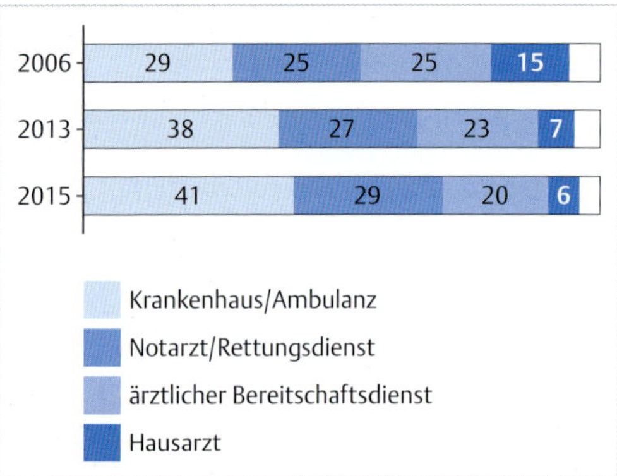

Abb. 5.1 Ärztliche Hilfe nachts oder am Wochenende. KBV-Versichertenbefragung an 5 654 Bürgern [5].

▶ **Kosten.** Die Bereitschaftsdienstreform 2012 in Baden Württemberg hat z. B. die Zahl der Dienstbereiche von 344 auf 66 reduziert, wodurch sich künftig deutlich mehr Ärzte die Dienstbelastung bei höherer Bezahlung teilen. Die Gesamtkosten pro Jahr haben sich dadurch auf ca. 96 Millionen Euro in etwa verdoppelt. Die steigenden Kosten werden hauptsächlich durch eine solidarische Umlage auf jeden niedergelassenen Arzt finanziert. Auf diese Weise wird ein hemmender Faktor für eine künftige Niederlassung als Allgemeinmedizinerin erfolgreich minimiert.

5.3 Koordinations- und Verteilerfunktion

Sowohl bei der Diagnostik als auch bei der Therapie sollte der Allgemeinarzt alle nötigen Leistungen des Medizinsystems (Gebietsärzte, Krankenhäuser, ambulante Pflegedienste, medizinische und nicht medizinische (Fach-)Berufe, Hilfsorganisationen und Wohlfahrtsverbände, soziale Einrichtungen, teilstationäre Einrichtungen der Tages- und Nachtpflege, Selbsthilfegruppen) koordinieren.

Dies ist

- patientenorientiert (gezielte, schnelle und adäquate Diagnostik und Therapie)
- kostengünstig (Vermeidung unnötiger Mehrfachdiagnostik und -therapie)
- sicherheitserhöhend (Vermeidung potenzieller Gefahren für den Patienten durch schädigende Mehrfachdiagnostik und Mehrfachtherapie)

Hierzu ist eine genaue Kenntnis der verfügbaren Institutionen, Hilfen und der gesetzlichen Bestimmungen notwendig, die oft nur durch langjährige praktische Tätigkeit erworben werden kann.

Sowohl beim Hausbesuch als auch bei jeder Konsultation in der Sprechstunde muss entschieden werden, ob eine Eigenbehandlung (sowohl Diagnostik als auch Therapie) oder die Zuhilfenahme anderer medizinischer Einrichtungen nötig ist. Dies hängt von der Schwere der Erkrankung ab, aber auch davon, wie vertraut der Allgemeinarzt mit dem Krankheitsbild ist und über welche individuellen Fähigkeiten er verfügt. Dazu ist ein hohes Maß an positiver Selbstkritik ohne Selbstunterschätzung gefordert. Andererseits sollen unnötige Überweisungen unterbleiben, da sie einer wirtschaftlichen Behandlungsweise widersprechen und gar nicht selten Patienten verunsichern und stigmatisieren. Folgende medizinische Einrichtungen stehen dem Allgemeinarzt zur Verfügung:

- niedergelassene Fachkollegen
- Krankenhaus-Spezialambulanzen
- Krankenhäuser zur stationären Behandlung
- Rehabilitationseinrichtungen
- spezielle Therapie: palliativ, Wundversorgung, Stomaversorgung
- physikalische Therapieeinrichtungen
- Selbsthilfegruppen

Es ist wichtig, dass der Allgemeinarzt die fachliche Ausrichtung und das Leistungsspektrum der einzelnen medizinischen Einrichtungen kennt, um so die optimale Versorgung für den Patienten sicherzustellen (z. B. keine Einweisung eines akuten Gefäßverschlusses in eine chirurgische Klinik ohne Gefäßchirurgie, da so wertvolle Zeit verloren geht oder bei Verdacht auf Herzinfarkt in eine Klinik ohne Herzkatheterplatz).

Überweisungen, Einweisungen, Verordnungen sollten – soweit möglich – einen exakt definierten Auftrag und relevante wichtige Vorinformationen (z. B. Fotokopien von Vorbefunden) beinhalten. Im Gegenzug darf der Allgemeinarzt erwarten, dass der Patient nach Abschluss der erbetenen Diagnostik und Therapie mit entsprechenden Befunden und Therapievorschlägen zurücküberwiesen wird.

Allerdings setzt dies die Annahme des Hausarztsystems durch den Patienten sowie eine gute Zusammenarbeit zwischen Allgemein- und Gebietsarzt voraus (z. B. gegenseitige Information, kollegiales Verhalten).

Die Koordinationsfunktion beinhaltet aus familienmedizinischer Sicht auch den koordinierenden Einsatz der Familienmitglieder bei diagnostischen und – häufiger – bei therapeutischen Problemen.

Aus der Vielzahl der Befunde (z. B. Arztbrief Gebietsarzt ambulant, Krankenhaus, Rehaeinrichtung, Amtsarzt, Rentenvesricherung, Physio-/Logo-Ergotherapeut) über die Zeit wird nicht nur die Koordinations-, sondern auch die Integrationsfunktion des akuten und Langzeitversorgungsgeschehens ersichtlich, bei der, je nach Umstand, verschiedenste Maßnahmen, Tätigkeiten und Rollen auf den Hausarzt zukommen. Dies gelingt umso besser, desto nachhaltiger der Hausarzt in die Belange des Patienten eingebunden ist.

5.4 Versorgung alter Patienten

Die Geriatrie ist ein Zweig der Allgemeinmedizin. Jeder 2.–3. Patient einer Hausarztpraxis ist 65 Jahre oder älter und rund die Hälfte der Hausarzttätigkeit (mit Hausbesuchen) entfällt auf diese Altersgruppe. Sie umfasst gemäß Definition der WHO die allgemeinärztliche Behandlung und gesundheitliche Betreuung von alternden (50–60 Jahre), älteren (61–75 Jahre), alten (76–90 Jahre), sehr alten (91–100) und langlebigen (über 100 Jahre) Menschen. Wesentliche Voraussetzung ist hierbei die Kenntnis altersbedingter Funktionsstörungen und Krankheiten im Alter, deren Prävention und Therapie unter Einbezug des familiären und psychosozialen Umfelds.

▸ **Entwicklungsaufgaben.** In psychosozialer Hinsicht ergeben sich für das Alter die Entwicklungsaufgaben

- Annahme des eigenen Lebens
- mit schwindenden Körperkräften haushalten
- eine Haltung zur eigenen Endlichkeit entwickeln

▸ **Präventive Maßnahmen.** Die Aufgabe, den Übergang in neue Lebensphasen – und dabei oft die vielfältigen Verluste – zu begreifen und anzunehmen, bereitet vielen Menschen Schwierigkeiten. Nicht selten reagieren viele auch mit Resignation und Depression. Entsprechend kommt präventiven Maßnahmen im Alter gerade auch im Hinblick auf die psychischen und sozialen Auswirkungen von Einschränkungen, Behinderungen und Krankheit eine große Bedeutung zu. Hier steht dem Hausarzt ein ganzes Arsenal an Möglichkeiten zur Verfügung, den Patienten zu unterstützen (z. B. Beratung, Kap. 26.4, permanenter Dialog, Kap. 26.2; Reha- oder Funktionsgymnastik, Rehabilitation, also sekundäre und tertiäre Prävention, Kap. 19, Kap. 20), die nicht zuletzt auch die soziale Teilhabe als Determinante von Gesundheit berücksichtigt.

▸ **Funktionsdefizite erkennen.** Das Aufdecken von Funktionsdefiziten (z. B. Hör- oder Sehstörung, Harninkontinenz, Selbstpflegedefizit, Sturzneigung, geistiger Abbau bis hin zur Demenz) und das entsprechende Gegensteuern unter Einsatz von z. B. Arznei-, Heil- und Hilfsmitteln oder Pflegedienst ist Alltag und sollte systematisiert betrieben werden (z. B. durch ein geriatrisches (Basis-)Assessment).

► **Differenzialdiagnostische Überlegungen.** Diagnostisch ist im Alter zu beachten, dass wichtige Symptome (wie z. B. Fieber bei Infektionen, Abwehrspannung bei akuten abdominellen Prozessen oder Dysurie bei Harnwegsinfekt) vermindert sein können oder ganz fehlen. Wichtige differenzialdiagnostische Überlegungen bei akuter Verschlechterung im Alter sind:

- Medikamentennebenwirkungen (Kap. 27.13, Nebenwirkungen durch selbst oder vom Gebietsarzt verordnete Medikamente)
- verändertes Trink- oder Essverhalten (Dehydratation?)
- verschleierte Suchtproblematik (z. B. Alkohol, Kap. 34.8, oder Benzodiazepine)
- Zustand nach Sturz (z. B. Fraktur?)
- zerebrale Durchblutungsstörung
- psychosozial bedingte Beeinträchtigung, die dem Patient nicht bewusst ist (z. B. Konflikte mit Nahestehenden, Änderung der Lebensumstände, Tod Nahestehender)
- „stumme" oder „atypische" Verlaufsformen eines Myokardinfarkts, einer Pneumonie, einer Depression oder anderen

► **Versorgung.** Sehr wichtig insbesondere in der Versorgung alter Patienten ist:

- Der therapeutische Nutzen einer Krankenhauseinweisung ist gegenüber dem Schaden einer psychischen Destabilisierung durch die Umgebungsveränderung abzuwägen. Chirurgische Fragestellungen (z. B. Fraktur, unklares Abdomen) sollten ohne Zeitverzögerung eingewiesen werden, da die Komplikationsrate mit der präoperativen Zeitspanne korreliert.
- Die Betreuung sollte Konstanz, Regelmäßigkeit und Transparenz mit wiederholtem Erläutern aufweisen.
- Die Präferenzen des Patienten sollten berücksichtigt werden. Hierbei sollten nicht nur der Vorgang einer medizinischen Maßnahme erklärt werden, sondern der Sinn für die persönliche Lebensgestaltung deutlich (z. B. Ablauf, Folgen und Nutzen einer Versorgung mit einer Endoprothese) und ausreichend ausführlich und ggf. wiederholt diskutiert werden.
- Die Multimorbidität muss in der Therapie berücksichtigt werden (Kap. 27.7). Multimorbide ältere Patienten leiden gleichermaßen unter einer schlechteren Lebens- und Versorgungsqualität. Sie haben ein höheres Risiko für Arzneimittelnebenwirkungen, haben eingeschränkte Möglichkeiten zum Selbstmanagement ihrer multiplen Erkrankungen und häufiger Einschränkungen in Bereichen selbstbestimmten Lebens.
- Die subjektive Krankheitsverarbeitung kann von der ausgeprägten Krankheitsfurcht bis zum Bagatellisieren von Symptomen schwerwiegender Krankheiten variieren. Bei Bagatellisierung ist aktives und wiederholtes Vorschlagen der Abklärung wichtig, denn die häufigsten Erkrankungen im Alter (Herz-Kreislauf-Erkrankungen, Erkrankungen des Bewegungsapparats, Hör- und Sehstörungen, Inkontinenz, zerebrale Leistungsminderung und Depression) bedingen ein positiv beeinflussbares Funktionsdefizit.
- Es gilt, individuell herauszufinden, welche Art von Zuwendung angemessen ist: Gezielte Therapien führen oft zu erstaunlichen Verbesserungen, eine zu intensive Zuwendung („Überpflegen") kann andererseits Passivität fördern und Selbstheilungskräfte mindern.

Merke

Das Finden eines sinnvollen Mittelwegs zwischen Therapiemöglichkeit und „Übertherapie" kann schwierig sein, Kenntnis der Persönlichkeit des Patienten und erlebte Anamnese über Jahre ist hierbei sehr hilfreich.

Trotz aller Möglichkeiten der Unterstützung durch den Hausarzt können zunehmende Inanspruchnahmen, die mit der Vereinsamung, Resignation und Unzufriedenheit von Patienten zu tun haben, nur zum Teil aufgefangen werden.

5.5 Case-Management

► **Definition.** Case-Management ist ein Begriff, der aus der Sozialarbeit stammt und eine intensivierte Einzelfallbetreuung ausgewählter Individuen meint. Im Kern besteht das Konzept aus einem Zyklus von individualisierter Bedarfserhebung und Versorgungsplanung mit anschließendem Monitoring der resultierenden Ergebnisse und der Möglichkeit zur erneuten Anpassung der Planung (► Abb. 5.2).

► **Tägliche Arbeit des Hausarztes.** Im Grunde zeigt der Zyklus auch die tägliche Arbeit des Hausarztes auf, der in einer auf Langzeitbetreuung ausgelegten Arzt-Patient-Beziehung in variierender

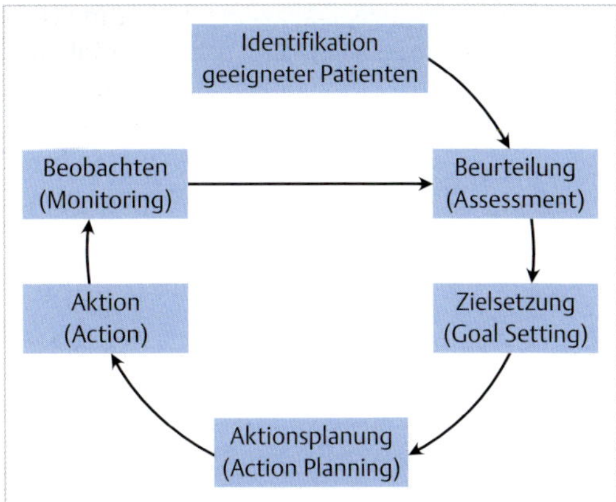

Abb. 5.2 Grundprinzip verschiedener Case-Management-Ansätze. [3], [6].

Art und Weise sich um bio-psycho-soziale Aspekte des Patienten kümmert. Insofern stellt der Case-Management-Zyklus – generisch betrachtet – die tägliche Arbeit des hausärztlichen Daseins dar. Im engeren und eigentlichen Sinn ist für praxisbasiertes Case-Management aber eine den Arzt entlastende Delegation von Teilaufgaben an nichtärztliche Mitarbeiter charakteristisch.

► **Anwendung bei geriatrischen Patienten.** Angesichts der Herausforderung einer stetig älter werdenden Gesellschaft und damit bedingenden wachsenden Zahl chronisch und multipel erkrankter Patienten steigt auch die Versorgungslast durch diese Patientengruppe. Zudem fehlt es vielfach in der medizinischen Versorgung durch unterschiedlichste Leistungserbringer aus verschiedenen Sektoren an Kontinuität und interprofessioneller Kommunikation. Nicht zuletzt finden sich bei diesen Patienten häufiger potenziell vermeidbare Krankenhausaufenthalte, die gleichermaßen hohe Versorgungskosten und ein Risiko für den Verlust selbstbestimmten Lebens bedeuten. Durch die intensivierte Betreuung sollen Koordination und Kontinuität der Versorgung sowie das Selbstmanagement der Patienten gestärkt werden.

► **Einbindung nicht ärztlicher Mitarbeiter.** Hierfür sind jedoch Anpassungen der bestehenden Strukturen in deutschen Hausarztpraxen notwendig. Insbesondere vor dem Hintergrund schwindender hausärztlicher Ressourcen ist eine intensivierte Einzelfallbetreuung (Case-Management) ohne Delegation von Teilaufgaben an nicht ärztliche Mitarbeiter nicht umzusetzen. Bereits heute zeigt sich in einem Teil der Hausarztpraxen, dass die Einbindung nicht ärztlicher Mitarbeiter in Versorgungsaufgaben prinzipiell machbar und annehmbar ist. Schwierigkeiten bestehen allerdings sowohl auf organisatorischer als auch auf inhaltlicher Ebene. So sind die finanziellen und damit personellen Ressourcen auch hinsichtlich der nicht ärztlichen Mitarbeiter in vielen Praxen nicht ausreichend für die Übernahme zusätzlicher Aufgaben und, wo diese Rahmenbedingungen gegeben sind, fehlt wiederum teilweise eine hinreichende Weiterqualifikation.

► **Modellversuche.** Bisherige studienbasierte Modellversuche zum hausärztlichen Case-Management in Deutschland fokussierten auf Patienten mit Einzelerkrankungen wie Arthrose, Depression oder Herzinsuffizienz und beinhalteten im Wesentlichen ein strukturiertes Telefonmonitoring durch weiterqualifizierte Medizinische Fachangestellte (MFA) unter dem Einsatz sog. Monitoring-Listen. Aufgrund des hohen (insbesondere personellen) Ressourcenaufwandes erscheint es sinnvoll, dieses Versorgungskonzept indikationsübergreifend weiterzuentwickeln und dem Versorgungsbedarf multimorbider Patienten anzupassen. Ein erfolgreiches Modell ist das praxisbasierte Case-Management, welches derzeit in Selektivverträgen zum Einsatz kommt (www.pracman.org) und der VERAH (Versorgungsassistentin in der Hausarztpraxis) das Rüstzeug für die Durchführung eines strukturierten Case-Managements liefert.

Weiterhin herausfordernd bleibt die Auswahl der Patienten, die auch tatsächlich im Sinne einer Steigerung der Lebens- und Versorgungsqualität von Case-Management profitieren.

Merke

Im Gegensatz zu insbesondere in den USA weitverbreiteten Ansätzen externen Case-Managements durch kommerzielle Anbieter, bieten Hausarztpraxis-basierte Modelle die Vorteile einer langjährigen Patientenbindung, eines ganzheitlich bio-psycho-sozialen Ansatzes sowie der deutlich höheren Akzeptanz bei Patienten.

5.6 Langzeitversorgung

Bei steter Zunahme der chronischen Erkrankungen ist die Langzeitbehandlung eine der großen Aufgaben der Allgemeinmedizin. Sie folgt den Grundsätzen der einzelnen Spezialfächer, wobei Abweichungen von den vorgegebenen Standards oft nötig sind, da man als Hausarzt oft in die Situation kommt, Diagnose- und Therapieabläufe nicht wie in der Klinik erlernt durchführen zu können (z. B. beschränkte Untersuchungsmöglichkeiten beim Hausbesuch, eingeschränkte technische Ausstattung einer Praxis, nicht genügend schnelle und einfache Erreichbarkeit anderer Gebietsärzte oder Krankenhäuser, nicht genügend schnelle Verfügbarkeit von Laborwerten).

▸ **Adhärenz.** Ein besonderes Problem ist dabei die Adhärenz (Kap. 26.3), früher als Compliance bezeichnet, sowohl im Hinblick auf die regelmäßige Therapie, als auch bezüglich der diagnostischen Therapieüberwachung.

▸ **Disease-Management-Programme.** Disease-Management-Programme (DMP) stellen einen mittlerweile etablierten Betreuungs- und Behandlungsansatz in der Langzeitversorgung von Patienten mit definierten chronischen Erkrankungen dar. Anhand eines gezielten Versorgungsmanagements können DMPs helfen, bestehende Versorgungsdefizite abzubauen und gleichzeitig die Qualität und die Wirtschaftlichkeit der Versorgung zu verbessern (Kap. 20.4).

5.7 Versorgung von häuslichen und familiären Gemeinschaften

Eine generationenübergreifende und den sozialen Kontext einbeziehende Versorgung der Bevölkerung erfordert Wissen um die familiären Lebensbedingungen. Während der amerikanische Begriff „familiy medicine" mehr das beinhaltet, was wir unter Allgemeinmedizin verstehen, ist unser Begriff „Familienmedizin" enger gefasst.

Merke

Immer stehen dabei aber die Patienten, ihr Lebensumfeld sowie dessen Auswirkung auf ihre Gesundheit im Zentrum. Dabei kann die Beziehung sowohl zum individuellen Patienten in seinem familiären Kontext als auch zur Familie als Ganzes, als System, bestehen. Die Familienmedizin ist von zentraler Bedeutung für eine Gesellschaft, die sich im Wandel befindet und damit das Individuum und die Gemeinschaft vor schwierige Aufgaben stellt (Migration, Alterung der Bevölkerung, Zunahme von sozialer Ungleichheit, Arbeitslosigkeit, Verarmung u. a.). Die Hausarztpraxis ist gleichzeitig Brennpunkt und Abbild dieser Veränderungen. Mit den sozialen Strukturen der Gesellschaft verändert sich auch die Bezugsgröße der Familienmedizin. Dies ist nicht mehr allein die klassische Kern- oder erweiterte Großfamilie, sondern das primäre Lebensumfeld der Patienten [1].

Hausärztinnen und Hausärzte begegnen diesem Lebensumfeld im Praxisalltag insbesondere bei der Begleitung und Versorgung mehrerer Personen einer Familie im weiten Sinne u. a. bei Alleinerziehenden mit ihren Kindern, Patchwork-Familien, Jugendlichen in Krisensituationen, Begleitung pflegender Angehöriger oder in der Palliativ- und Trauerbegleitung. Allgemeinmedizin hat hier im Vergleich zu allen anderen Gebieten oder Versorgungsstrukturen eine besondere Chance und Verantwortung.

Neben Erbfaktoren (z. B. familiäre Polyposis) und der intrafamiliären Infektionsausbreitung finden sich gehäuft typische medizinische, psychische und soziale Verhaltensmuster bis hin zur gleichartigen Krankheitsentstehung in Familien und familienähnlichen Gemeinschaften, die oft dem Allgemeinarzt wertvolle Hinweise zur Erkennung pathogener Zusammenhänge liefern können. Andererseits lässt sich ein Familienverband in vielen Situationen auch therapeutisch ausgezeichnet nutzen (Kap. 26.9). Deshalb ist es ungemein hilfreich, wenn der Hausarzt die oft recht verzweigten familiären Verflechtungen seiner Patienten kennt. Auch die Intervention und Betreuung bei Krisen im Lebenszyklus, wie Kindheitsprobleme, Schulschwierigkeiten, Pubertätskrisen. Eheprobleme, Scheidungsproblematik, soziale und menschliche Verlusterlebnisse, die sich zumeist nur im Familienrahmen angehen lassen, gehören zum Aufgabenbereich der Familienmedizin.

5.8 Betreuung unheilbar Kranker und Sterbender

Bei Patienten, deren Leiden auf eine kurative Behandlung nicht anspricht, ist das Behandlungsziel die bestmögliche Lebensqualität für Patienten und ihre Angehörige (Kap. 32.7). Die Kontrolle und Linderung von Schmerzen und anderen Symptomen wie Mundtrockenheit und Atemnot sowie von psychischen, sozialen und spirituellen Problemen und Fragen sind dabei von entscheidender Bedeutung. Die Behandlung richtet sich dabei nach den Prioritäten und Bedürfnissen der Patienten. Voraussetzung für eine effektive Palliativversorgung ist es, Bedürfnisse und Ziele von Patienten und Angehörigen frühzeitig und wiederholt zu beurteilen und den Behandlungsplan daran anzupassen. In rund zwei Drittel der Fälle wünschen die Patienten die eigene Häuslichkeit als Sterbeort.

▸ **Komplexität der Gesamtsituation.** Nach Erfassung der Patientenbedürfnisse und Probleme wird die Komplexität der Gesamtsituation anhand der vorliegenden Informationen bewertet und in niedrig, mittel oder hoch eingeteilt. Die Komplexität wird durch viele verschiedene Faktoren bestimmt. Neben Intensität ist auch die Simultaneität einzelner Symptome oder Probleme psychosozialer, spiritueller oder ethischer Natur maßgeblich (Näheres s. a. S 3-Leitlinie Palliativmedizin [2]).

Eine flexible, unmittelbare, bedarfs- und bedürfnisgerechte Versorgung des Patienten stellt den Angehörigen und den Hausarzt oft vor Herausforderungen, um den Wünschen des Patienten gerecht zu werden, ohne sich oder andere zu überfordern. Wichtig ist es, bei Bedarf rechtzeitig zusätzliche Unterstützung ggf. in einem multidisziplinären Team zu organisieren.

Merke

Die sog. Frühintegration („early integration"), also die frühzeitige und wiederholte Beurteilung der Bedürfnisse von Patienten und Angehörigen und ihren Zielen sowie die Anpassung des Behandlungsplans an ihre Ziele, sind Voraussetzung für eine effektive Palliativversorgung.

▸ **Spezialisierter ambulanter Dienst.** Bei Unsicherheit des Hausarztes in der allgemeinen ambulanten Palliativversorgung kann er beispielsweise seit 2009 einen spezialisierten ambulanten Dienst (SAPV = spezialisierte ambulante Palliativversorgung) *beratend* einschalten [7], welcher zusehends, aber noch nicht überall in Deutschland verfügbar ist. Bei komplexen Symptomen besteht die Möglichkeit, sich als Hausarzt über diesen Dienst *additiv* in der Versorgung unterstützen zu lassen. Der Hausarzt kann im Sinne einer sog. *Vollversorgung* auch die Versorgung an den Dienst abgeben. Patienten und Angehörige schätzen in der Regel sowohl die fortgesetzte hausärztliche Betreuung als auch die zusätzliche SAPV. Palliativfachkräfte bzw. Palliativmediziner von SAPV-Diensten tun gut daran, beim Hausarzt die Zustimmung zum Genehmigungsantrag für die Beratung oder Versorgung einzuholen.

SAPV-Dienste müssen als Palliative-Care-Team eine Reihe struktureller Merkmale erfüllen. Hierzu gehören spezifische palliativmedizinische Qualifikationen und Erfahrungen der Ärzte und Fachpflegekräfte, ein multiprofessioneller Teamansatz sowie eine Gewährleistung einer 24-Stunden-Verfügbarkeit.

▸ **Übersicht aller palliativen Versorgungsangebote.** Zu den Angeboten der *allgemeinen Palliativversorgung* gehören die Versorgung von Patienten mit niedriger bis mittlerer Komplexität, die ambulant wie stationär im Rahmen der allgemeinen Versorgung überall stattfinden soll (Krankenhaus, ambulante Versorgung, Hospiz, Hospizdienste, Kap. 32.7). Patienten mit *höherem Komplexitätsgrad* stehen im stationären Sektor ggf. eine Palliativstation, ein Palliativdienst oder palliativmedizinische Tageskliniken zur Verfügung. Für den ambulanten Sektor sind dies die SAPV, die spezialisierte Palliativambulanz und das Tageshospiz. Die spezialisierte ambulante Palliativversorgung und Hospizdienste können auch im stationären Hospiz hinzugezogen werden.

5.9 Prävention

▸ **Definitionen.** Unter dem Begriff der Prävention werden vorbeugende Maßnahmen in der Gesundheitspflege zusammengefasst, bei denen der Hausarzt eine wichtige Rolle spielt. Häufig wird Prävention dabei nur im Sinne der Primärprävention (Kap. 18) verstanden, d. h. der Bemühungen, das

Auftreten einer Krankheit zu verhindern. Zur Prävention gehören aber auch die Früherkennung durch Vorsorgeuntersuchungen (Sekundärprävention, Kap. 19) und die Verhütung von Rezidiven und Folgeschäden bei bereits manifest Erkrankten (Tertiärprävention, Kap. 20). Die Verhinderung nutzloser Medizin im Rahmen der quartären Prävention kommt als wichtiger Arbeitsbereich hinzu (Kap. 21).

Gesundheitsberatung birgt die Gefahr, im Ergebnis für den Arzt frustrierend zu sein. Sie wird erfolgreicher sein, wenn die Ziele mit dem Patienten gemeinsam formuliert werden und realistisch sind (kleine Schritte). Vielversprechend ist auch die Bildung von Patientengruppen zu bestimmten Themen (Übergewicht, Hypertonus), in denen sich die Teilnehmer gegenseitig oft besser motivieren, als es der Arzt vermag (Kap. 26.8, Kap. 26.10, Kap. 31).

► **Salutogenese.** Eine andere Betrachtungsweise in der Prävention ist die der Salutogenese. Dieses von Antonovsky als Gegengewicht zur Pathogenese (Was macht krank?) formulierte Konzept befasst sich mit der Frage, wie man gesund bleibt (Kap. 16.2). Der Hausarzt kann ausgehend von diesem Ansatz versuchen herauszufinden, wo die Stärken und Schwächen des Patienten liegen, um die gesunderhaltenden Kräfte entsprechend zu fördern (Kap. 18.3). Nicht zuletzt gehört zur Prävention auch die eigene Gesundheitserhaltung als Arzt zu einer wichtigen Aufgabe, auf die in Kap. 15 eingegangen wird.

5.10 Rehabilitation

Maßnahmen zur Rehabilitation, d. h. zur Vorbeugung, Linderung oder Beseitigung gesundheitlicher Störungen betreffen verschiedene Bereiche des menschlichen Lebens (und den hausärztlichen Alltag): körperliches und seelisches Wohlbefinden, Arbeit, Familie und Gesellschaft. Der Hausarzt hat hierbei vielfältige Aufgaben. Die notwendige ganzheitliche Betrachtung wird dadurch erschwert, dass die Zuständigkeit und Finanzierung bei verschiedenen Trägern liegt (Kap. 14).

5.11 Literatur

[1] Deutsche Gesellschaft für Allgemeinmedizin und Familienmedizin (DEGAM). DEGAM – Zukunftspositionen: Allgemeinmedizin – spezialisiert auf den ganzen Menschen; 2012. Im Internet: www.degam.de/files/Inhalte/Degam-Inhalte/Ueber_uns/Positionspapiere/DEGAM_Zukunftspositionen.pdf; Stand: 11.08.2016

[2] Deutsche Gesellschaft für Palliativmedizin. AWMF-S 3-Leitlinie 128–001OL. Palliativmedizin für Patienten mit einer nicht heilbaren Krebserkrankung. Im Internet: www.awmf.org/uploads/tx_szleitlinien/128-001OLl_S3_Palliativmedizin_2015-07.pdf; Stand: 20.01.2016

[3] Ewers M, Schaeffer D. Case Management in Theorie und Praxis. Bern: Huber 2000

[4] Kalitzkus V, Vollmar HC. Familienmedizin in der Hausarztpraxis. Eine Delphi-Studie zur Entwicklung einer gemeinsamen Arbeitsdefinition. Z f AllgMed 2016; 92: 208–212

[5] Kassenärztlichen Bundesvereinigung: Versichertenbefragung der Kassenärztlichen Bundesvereinigung April/Mai 2015. Im Internet: www.kbv.de/media/sp/Versichertenbefragung_2015_Praesentation_PK.pdf; Stand: 13.06.2016

[6] Wendt WR. Case Management im Sozial- und Gesundheitswesen. Freiburg: Lambertus 2001

[7] Zentrum für Palliativmedizin, Uniklinik Köln. Muster 63 – Antrag auf SAPV-Leistungen. Im Internet: palliativzentrum.uk-koeln.de/zentrum-palliativmedizin/dateien/sapv_verordnung_muster63.pdf; Stand: 03.12.2015

6 Ganzheitlicher Arbeitsansatz/Arbeitsweise

H.-D. Klimm

6.1 Einleitung

Innerhalb eines Jahres suchen 83 % der 18–79-Jährigen einen Arzt auf, knapp ein Drittel ein- bis zweimal, gut die Hälfte drei- bis zehnmal, jeder 6. kommt noch häufiger in die Praxis. Ziele der Patienten sind, Antworten und Hilfe für ihre Probleme zu erhalten und insbesondere eine Erklärung dafür zu finden, was ihre Probleme verursacht und welche therapeutischen Optionen daraus resultieren.

Ein ganzheitlicher Arbeitsansatz muss dabei somatische, psychosoziale, soziokulturelle, ökologische und ökonomische Aspekte vereinen (▶ Abb. 6.1). Studien zeigen, dass ca. 50–55 % aller Behandlungsanlässe überwiegend somatisch oder „eher" somatisch bedingt sind. Bei 80,7 % aller Patienten sind Beschwerden mindestens mit einem körperlichen Problem assoziiert, 24,8 % mit psychischen und körperlichen Beschwerden. 28,3 % der Beschwerden sind ausschließlich psychisch bedingt [3].

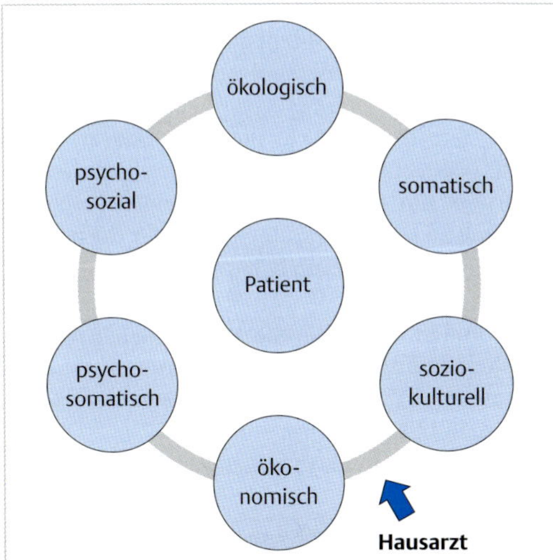

Abb. 6.1 Aspekte einer ganzheitlichen Arbeitsweise.

6.2 Somatische Aspekte

Mittels Anamnese und eingehender körperlicher Untersuchung, ergänzt durch erweiterte Untersuchungen auch beim Fachspezialisten, kommt es darauf an, die Subjektivität des Patienten im Kontext zu erhobenen objektiven Zeichen einem Krankheitsbild zuzuordnen, dessen Genese primär organisch determiniert ist. Ist die Kette „Beschwerden – Symptome – Befund" stringent logisch nachvollziehbar (z. B. Müdigkeit, Blässe, Polymenorrhö, Hb 9,8 g/dl, Endometriumhyperplasie), hat man eine organisch bedingte Diagnoseebene erreicht. Beschwerden, Symptome und Befunde stehen dann im Kontext.

Ein Problem besonderer Art in der hausärztlichen Praxis ist es, dass in vielen Krankheitsfällen noch keine voll entwickelten Krankheitsbilder vorliegen und nur „dezente" Veränderungen oder Frühformen vorliegen und objektiviert werden können. So konnte z. B. Braun 1961 bereits nachweisen, dass nur in 1 von 10 Fällen eine Korrelation zwischen akuten Beschwerden und „exakter" wissenschaftlich begründbarer Krankheitsdiagnose besteht. Hinzu kommt die Tatsache, dass sich Krankheitsbilder meist dynamisch entwickeln und nur punktuell zeitversetzt die typischen objektivierbaren Befunde liefern, die dann letztlich eine exakte Diagnose erlauben (Kap. 7.4, Kap. 7.5, Kap. 7.6).

Abwendbar gefährlicher Verlauf

Bei **jedem** Arzt-Patienten-Kontakt muss der Patient körperlich untersucht werden, um eine „exakte" Diagnose und insbesondere einen akut abwendbaren gefährlichen Verlauf zu erkennen bzw. auszuschließen.

Die orientierende, grobe Untersuchung des gesamten Körpers bzw. der Organsysteme wird als Ganzkörperuntersuchung bezeichnet und läuft nach dem IPPAF-Schema wie folgt ab:

- I = Inspektion
- P = Palpation
- P = Perkussion
- A = Auskultation, Geruchswahrnehmungen
- F = Funktionsprüfung

6.3 Psychosoziale/ psychosomatische Aspekte

6.3.1 Psychosomatische Probleme

▶ **Häufigkeit psychosomatischer Probleme.** Die Angaben zur Häufigkeit psychosomatischer Probleme in der hausärztlichen Praxis variieren je nach Ort der Untersuchung und dem medizinischen-wissenschaftlichen Standpunkt des jeweiligen Praxisinhabers sowie in Abhängigkeit zur Dauer der Praxisausübung zwischen 5 % und 80 % bei einer durchschnittlichen Häufigkeit von ca. 40 %.

▶ **Beratungsanlässe.** Die aus Wechselwirkungen zwischen seelischen und körperlichen Vorgängen resultierenden Krankheitserscheinungen gilt es dabei zu entdecken, aufzudecken, zu verbalisieren und einem therapeutischen Ansatz zuzuführen. Die häufigsten Beratungsanlässe sind:

- körperliche Krankheiten, bei denen Entstehung, Verlauf und/oder Bewältigung psychosozialer Faktoren maßgeblich beteiligt sind (z. B. reaktive Depression, Arbeitslosigkeit, Partnerverlust)
- körperliche Symptome ohne ausreichendes organisches Korrelat, z. B. Schmerzen oder funktionelle Störungen an Herz und Magen (somatoforme Störung)
- psychische Störungen mit primär psychischen Symptomen wie Höhen- und Platzangst, Abhängigkeit, Sucht

> **Merke**
>
> Patienten mit psychosomatischen Erkrankungen werden zu 60–90 % durch Allgemeinärzte versorgt.

▶ **Inhalte der Grundversorgung.** Die psychosomatische-psychosoziale Grundversorgung ist ein besonderes Feld in der hausärztlichen Primärversorgung und beinhaltet [1]:

- einen langfristigen, anlassübergreifenden, niedrigschwelligen Zugang
- wohnortnahe Betreuung
- Orientierung auf das System der Familie, Nachbarschaft und Gemeinde
- Integration und Koordination der Versorgung
- Gesundheitsbildung
- Verhütung von Fehlversorgung
- Abwendung gefährlicher Verläufe

Die psychosomatische/psychosoziale Grundversorgung [1]:

- bietet Patientinnen/Patienten einen sicheren Raum zum Innehalten bei Belastungen oder Verunsicherung durch Krankheiten und besondere Lebensereignisse
- basiert auf einer vertrauensvollen Beziehung zwischen Hausarzt und Patient für Diagnose und Therapie aller Beschwerden der Patienten in einer auf Dauer angelegten Beziehung
- sieht die Beschwerden der Patienten im Kontext ihrer Biografie und aktuellen Beziehungen in der Familie und dem weiteren sozialen und kulturellen Umfeld
- stärkt die salutogenen Fähigkeiten des Patienten

▶ **Wirkfaktoren.** Die Wirkfaktoren in der psychosomatischen Grundversorgung sind [1]:

- die Beziehung zwischen Arzt und Patient als heilsame Beziehung und die Möglichkeit einer korrigierenden Beziehungserfahrung
- die Information der Patienten durch die Ärzte als Experten
- die gemeinsame Problemfindung wie Formulierung individueller Gesundheitsziele sowie die Einbeziehung der Patienten in die Entscheidung über Diagnostik und Therapie
- die Erhöhung der Selbstwirksamkeit der Patienten
- die Erfahrung von Anteilnahme und Annehmen von Leid, Ermutigung und Fürsorge

Dazu ist es erforderlich, dass der Hausarzt sich selbst beobachtet und genügend Selbstreflexion mitbringt, um die Beziehung zu seinen Patienten gestalten zu können. Die Techniken der Gesprächsführung muss er ebenso beherrschen.

▶ **Methoden der Behandlung.** Methoden der Behandlung, die stets im Kontext der Arzt-Patienten-Interaktionen gesehen werden müssen, sind [1]:

- das hausärztliche Gespräch
- psychosoziale Interventionen wie z. B. Reha-Angebote
- Entspannungsverfahren
- Meditation
- Zusammenarbeit mit anderen Fachärzten im ambulanten und stationären Bereich (Kap. 5.1 bis Kap. 5.10)

Merke

Psychosomatische Grundversorgung ist eine allgemeinmedizinische Haltung, ein Teil hausärztlicher Identität!

► **Übergeordnete somatopsychische Behandlungsstrategie.** Die psychosomatische Grundversorgung kann nur im Rahmen einer übergeordneten somatopsychischen Behandlungsstrategie Anwendung finden. Voraussetzung ist, dass der Arzt die ursächliche Beteiligung psychischer Faktoren an einem komplexen Krankheitsgeschehen festgestellt hat oder aufgrund seiner ärztlichen Erfahrung diese als wahrscheinlich annehmen muss. Ziel der psychosomatischen Grundversorgung ist eine möglichst frühzeitige differenzialdiagnostische Klärung komplexer Krankheitsbilder, eine verbale oder übende Basistherapie psychischer, funktioneller und psychosomatischer Erkrankungen durch den primär somatisch orientierten Arzt und ggf. eine Indikationsstellung zur Einleitung einer ätiologisch orientierten Psychotherapie durch einen psychoanalytisch oder verhaltenstherapeutisch behandelnden Arzt.

► **Weiterbildung.** Die „psychosomatische Grundversorgung" ist obligatorischer Bestandteil der Weiterbildung. Alle niedergelassenen Ärzte, die Leistungen der psychosomatischen Grundversorgung für gesetzlich krankenversicherte Patienten abrechnen wollen, müssen eine Qualifikation nachweisen, die sie nach mindestens 80-stündigem Kurs erworben haben.

Oft dauert es lange, bis psychosomatische bzw. somatoforme Störungen als solche erkannt werden, oft mehr als 100 Arzt-Patienten-Kontakte und im Schnitt etwa 6–7 Jahre. Neben vielen anderen möglichen Gründen dafür fühlen sich viele Patienten missverstanden und als eingebildete Kranke abgestempelt, wenn sie mit der Arbeitsdiagnose „psychosomatisch" konfrontiert werden. Andererseits fehlt vielen Ärzten die entsprechende Ausbildung und Erfahrung, um die entscheidenden richtungsweisenden Signale des Patienten richtig einzuordnen. Sie befolgen im Zweifelsfall stets das Gebot: Immer eine körperliche Abklärung der Beschwerden anstreben und konsequent verfolgen.

6.3.2 Psychosoziale Probleme

► **Häufigkeit psychosozialer Probleme.** Bei rund ¼ bis ⅓ aller Patienten über 15 Jahre und etwa 20–30 % der Kinder und Jugendlichen werden Auffälligkeiten (Befindensstörungen und manifeste Erkrankungen) wahrgenommen, deren Ursachen ausschließlich im sozialen Bereich liegen. Knapp 3 Millionen Deutsche betreiben Medikamentenmissbrauch, um am Arbeitsplatz leistungsfähiger zu sein und/oder Stress abzubauen. Auch Angst um den Arbeitsplatz und Konkurrenzdruck sind weitere Gründe. Die Häufigkeit von Praxis zu Praxis schwankt stark in Abhängigkeit vom Praxisklientel, den Praxisgewohnheiten sowie der ärztlichen Einstellung durch Aus-, Weiter- und Fortbildung des Praxisinhabers.

► **Ursachen.** Wichtige Ursachenkomplexe für psychosozial bedingte Erkrankungen sind:

- plötzliche, unerwartete Ereignisse, die einen scheinbar nicht mehr schaffbaren Einbruch in die Lebenssituation darstellen (z. B. schwerwiegende Erkrankung, Tod eines Angehörigen, Unfallfolgen, berufliches Versagen, Überforderung am Arbeitsplatz, Arbeitslosigkeit, Mobbing, insbesondere aber akute und chronische Partnerschafts- und persönliche Krisen)
- zunehmend altersspezifische Probleme (fehlende Akzeptanz des eigenen Lebens, Schwinden von Körperkräften, zunehmende Vereinsamung, Nähe des Todes)

► **Aufgaben des Hausarztes.** Der Hausarzt sollte im Zusammenhang mit psychosozialen Problemen:

- immer daran denken, dass psychosoziale Faktoren Ursachen der vorgetragenen Probleme (Befindensstörungen, Krankheiten) sein könnten
- die vorgetragene somatische und psychische Problematik ernst nehmen
- eine somatische Erkrankung ausschließen
- eine psychiatrische Erkrankung ausschließen
- versuchen, im verstehenden Gespräch Akzeptanz für die Lebenssituation bei Patienten zu erreichen bzw. Aktivitäten der Bewältigung der Situation zu initiieren und zu fördern
- gemeinsam mit dem Patienten die Inanspruchnahme sozialer Hilfen (z. B. Selbsthilfegruppen, Drogenberatung, Frauenhaus) erwägen und besprechen

Abrechnungsziffern nach EBM:
- 35 100 (differenzialdiagnostische Klärung psychosomatischer Krankheitszustände)
- 35 110 (verbale Intervention)
- 35 111 (übende Verfahren)

6.4 Soziokulturelle Aspekte

▶ **Problematik.** Immer mehr Probleme entstehen im engen Zusammenhang mit sozialen, kulturellen, religiösen und ethnischen Aspekten gesellschaftlicher Gruppen und ihrer Wertesysteme. Gesellschaftliche Wirklichkeit und gesellschaftlicher Alltag können Krankheitsprozesse begründen oder Verläufe negativ beeinflussen. Man schätzt z. B., dass in Deutschland mehr als eine halbe Million Menschen in der Illegalität leben. Besonders in Großstädten und in Ballungsgebieten fehlt vielen Menschen der Krankenversicherungsschutz. Menschen mit dem Hintergrund dieser gesellschaftlichen Wirklichkeit suchen einen Arzt auf, wenn sie schwanger sind, unter einer akuten Zahnerkrankung oder unter Unfallfolgen leiden, einen Tumor haben oder an Infektionskrankheiten erkrankt sind. Im Schnitt sind die Menschen deutlich jünger und schwerer krank als die Population in einer normalen Arztpraxis. Meist sprechen sie nur wenig oder gar kein Deutsch (hier können die von der Kassenärztlichen Vereinigung angebotenen Adressen von Ärzten mit entsprechenden Sprachkenntnissen hilfreich sein).

▶ **Kosten und Abrechnung.** Die Kosten für die ärztliche Behandlung, einen Krankenhausaufenthalt oder Medikamente tragen in Deutschland in der Regel die Krankenkassen. Nach § 4 und § 6 des Asylbewerber-Leistungsgesetzes besteht ein Anspruch auf Zugang zum Gesundheitssystem. Zur Abrechnung gibt es unterschiedliche Dokumente:
- Krankenschein/Abrechnungsziffer und Krankenschein mit der Abrechnung bei der KV einreichen
- ärztliche Anzeige/Fax an das Amt für Wohnen und Migration → Erhalt eines Krankenscheins
- Bewohnerausweis/Aufnahmeschein/Kopie des Bewohnerausweises/Aufnahmescheins an das Amt für Wohnen und Migration → Erhalt eines Krankenscheins
- kein Dokument → Notfallkrankenschein mit Kassennummer 63/8 und 1/44

▶ **Migrationshintergrund.** Kinder mit Migrationshintergrund haben eine erhöhte Säuglingssterblichkeit und sind in späterem Kindesalter stärker durch Unfälle gefährdet. Bezüglich Migration und öffentliche Gesundheit berät die Beauftragte der Bundesregierung für Migration, Flüchtlinge und Integration seit 1994 zu Fragen der Erfassung der gesundheitlichen Lage bei Migranten, ihre Integration in das Gesundheitswesen und die Optimierung ihrer Versorgung. Nach neusten Zahlen hat fast jeder 5. in der BRD lebende Bürger einen Migrationshintergrund!

▶ **Soziale Ungleichheit.** Sozial bedingte Ungleichheit von Gesundheitschancen bezeichnet den Zusammenhang zwischen Armut, mangelnder Bildung und schlechtem Gesundheitszustand und erklärt die statistisch erhöhten Krankheitsrisiken sozial benachteiligter Menschen.
- **Armut** hat häufig primär Konsequenzen für den Gesundheitszustand. Sozial bedingte Unterschiede bei der Gesundheit haben in den letzten 20 Jahren deutlich zugenommen. Die mittlere Lebenserwartung von Männern der niedrigsten Einkommensgruppen liegt bei der Geburt fast 11 Jahre unter der von Männern höherer Einkommensgruppen; bei Frauen liegt der Unterschied bei 8 Jahren. Menschen in Armut sind häufig übergewichtig, rauchen häufiger und treiben weniger Sport. Die Folge sind Herz-Kreislauf-Erkrankungen, Lungenkrebs und Diabetes. Besonders die Kinderarmut nimmt in Deutschland stark zu. Bei Kindern aus armen Familien werden schon vor der Einschulung vermehrt Entwicklungsverzögerungen (Sprache, Intellekt, Psychomotorik) und Gesundheitsstörungen beobachtet.
- **Arbeitslose Menschen** haben nach Untersuchungen des Robert-Koch-Instituts einen ungünstigeren Gesundheitszustand als Berufstätige. Die Wahrscheinlichkeit, die eigene Gesundheit zu belasten, steigt dabei mit der Dauer der Arbeitslosigkeit. Die Dauer der Arbeitslosigkeit korreliert mit 4x häufiger schlechtem Gesundheitszustand als bei Berufstätigen. Kinder arbeitsloser Eltern reagieren oft mit Entmutigung und Resignation, Nachlassen der Konzentration, Verhaltensauffälligkeiten und emotionaler Instabilität.

- **Alleinerziehende Mütter** gelten als stark belastet. Sie sind mit 24,7 % doppelt so häufig an psychischen Erkrankungen erkrankt wie verheiratete Mütter.

Merke

Sozial benachteiligte Personen haben hohe Informationsdefizite bezüglich Gesundheitsförderung, Risikovermeidung oder therapeutische Möglichkeiten.

▸ **Ethnische Konflikte.** Je nach dem Herkunftsland der Menschen, ihrer Kultur und Traditionen gibt es starke Unterschiede im Krankheits- wie Gesundheitsverständnis. Auch spezielle Ernährungsgewohnheiten müssen im Umgang mit solchen Patienten bedacht werden.

▸ **Religiöse Konflikte.** Die Begegnung eines Hausarztes mit Patienten und Angehörigen unterschiedlichster Kulturen und Religionen ist Praxisalltag. In der EU leben derzeit mehr als 15 Millionen Muslime, mehr als 3 Millionen davon in Deutschland. Die religiösen und kulturellen Prägungen beeinflussen das Wahrnehmen einer Erkrankung und somit auch die Entscheidung und Haltung von Patienten dem Arzt gegenüber, was zu Verständigungsschwierigkeiten und Interessenskonflikten auf unterschiedlichen Ebenen zwischen Ärzten und Patienten führen kann. Grundkenntnisse z. B. im islamischen Glauben und den Praktiken sind hilfreich:

- Gesundheit zählt zu den wichtigsten Gottesgaben und wird als hohes Gut verstanden. Um dies zu erhalten, resultieren ganz bestimmte Handlungen der Diätetik und Hygiene sowie gesunder Lebensführung, aber auch Achtung medizinischer Interventionen im Krankheitsfall. So müssen Schamgefühl, Intimitätsverständnis, Bekleidungsvorschriften, Umgangsformen mit nicht verwandten oder unverheirateten Personen beachtet werden. So sollte z. B. eine medizinische Untersuchung und Behandlung von einem Arzt oder einer Ärztin des gleichen Geschlechts vorgenommen werden, was nicht heißt, dass nicht auch ein gegengeschlechtlicher Arzt konsultiert werden kann, wenn kein Arzt gleichen Geschlechts erreichbar ist.
- Ein Händedruck ist für Europäer Ausdruck der Ehrlichkeit, Hilfsbereitschaft und Vertrauenswürdigkeit, für viele muslimische Patienten eher peinlich und unangenehm.
- Das Fasten im Fastenmonat Ramadan muss ärztlich bedacht werden. Alle volljährigen, mündigen und gesunden Menschen müssen fasten, während stillende Frauen, Schwangere und nicht zuletzt kranke Menschen von der Fastenpflicht ausgenommen werden. Zu beachten ist, dass während des Fastens eine regelmäßige Medikation und medizinische Interventionen nicht durchgeführt werden dürfen.

▸ **Grundregeln.** Folgende Grundregeln sind zu beachten:

- Ärztliches Handeln muss sich stets auch vor dem von diesem Handeln betroffenen Patienten rechtfertigen – nicht nur vor den Standesregeln.
- Jedes ärztliche Handeln bedarf adäquater Verständigung über Wertesysteme und Präferenzen des Patienten durch entsprechende Kommunikation.
- Entscheidungsbildung wie -findung müssen entsprechenden medizinischen und theologischen Kenntnissen des Patienten vermittelt werden.
- Jeder Patient ist stets als Persönlichkeit wahrzunehmen und zu behandeln – nicht nur als ein Mitglied einer sozial definierten Gruppe.

6.5 Ökologische Aspekte

Mit einem wachsenden Umweltbewusstsein seit der zweiten Hälfte des 20. Jahrhunderts entstanden zusätzliche Begriffe wie Umweltschutz und deren Bedeutung für die Natur ebenso wie für die Biologie des Menschen. Für die Biologie ist die Wissenschaft vom Stoff- und Energiehaushalt der Biosphäre und ihrer Untereinheiten sowie von den Wechselbeziehungen zwischen den verschiedenen Organismen, zwischen Organismen und den auf sie einwirkenden Umweltfaktoren sowie zwischen den einzelnen unbelebten Umweltfaktoren entscheidend. Die Auswirkungen einzelner Umweltfaktoren wie Nahrung, Feuchtigkeit, Licht, Druck oder Sauerstoff auf einzelne Individuen und ihre kombinierten Wirkungen auf ein Lebewesen werden dabei untersucht, z. B. Smog und COPD, UV-Licht und Hautkrebsrisiko.

Bei diagnostischen und therapeutischen Interventionen sind stets eigene Ressourcen und der schonende Umgang mit der Natur zu bewerten und umzusetzen, z. B. kein FCKW für Inhalations-

6

techniken einzusetzen oder Chemotherapeutika speziell zu entsorgen.

6.6 Ökonomische Aspekte

▶ **Definition.** Ökonomisch bedeutet, mit möglichst großem Nutzen bei möglichst geringem Einsatz oder Verbrauch haushälterisch rational, sparsam und wirtschaftlich zu arbeiten und den größten Effekt dabei zu erreichen. Dabei werden z. B. Angebot und Nachfrage von Gesundheitsleistungen sowie von Krankenversicherungsleistungen analysiert, wobei ihre medizinische Wirksamkeit, ihre Wirtschaftlichkeit (Ökonomie), das Sichern der Gesundheitsversorgung und die gerechte Verwendung von Gesundheitsgütern bedacht werden muss.

▶ **Gesundheitsausgaben.** Im Jahr 2013 überstiegen die Ausgaben für Gesundheit in Deutschland erstmals 300 Milliarden Euro. Rechnerisch entfielen damit auf jeden Einwohner ca. 3 740 €, also 11,3 % des Bruttoinlandsprodukts (▶ Tab. 6.1).

▶ **Hausarzt.** Der Hausarzt, der nach Häussler stets im Schnittpunkt zwischen Medizin und Gesellschaft agiert [2], ist ökonomisch besonders betroffen, da er sowohl die Interessen des Patienten als auch die der öffentlich-rechtlichen Gesetzgeber in Einklang bringen muss. Sein Handeln orientiert sich nach dem Prinzip: ausreichend und zweckmäßig (Kap. 9.4).

Tab. 6.1 Gesundheitsausgaben 2013 [4].

Zuordnung	Kosten
Gesundheitsausgaben 2013	314,9 Mrd. €
Ausgaben nach ausgewählten Ausgabenträgern	
gesetzliche Krankenversicherung	57,6 %
private Krankenversicherung	9,2 %
Ausgaben nach ausgewählten Einrichtungen	
Krankenhäuser	26,1 %
Arztpraxen	14,7 %
Ausgaben nach ausgewählten Leistungsarten	
ärztliche Leistungen	27,8 %
pflegerische/therapeutische Leistungen	24,3 %

▶ **Wirtschaftlichkeitsgebot.** Die Ressourcen des Gesundheitswesens sind von einer „chronischen" Knappheit gekennzeichnet. Das Wirtschaftlichkeitsgebot sagt, dass die von den gesetzlichen Krankenkassen (GKV) zu erstattenden und von medizinischen Dienstleistern zu erbringenden Leistungen „ausreichend, zweckmäßig und wirtschaftlich" sein müssen. Sie dürfen das Maß des Notwendigen nicht überschreiten:

- Im § 12 des SGB V (Wirtschaftlichkeitsgebot) heißt es im Abs. 1: „Leistungen, die nicht notwendig oder unwirtschaftlich sind, können Versicherte nicht beanspruchen, dürfen die Leistungsbringer nicht erbringen und die Krankenkassen nicht bewilligen."
- Im § 27 des SGB V (Krankenbehandlung) ist im Abs. 1 festgehalten, dass Versicherte Anspruch auf Krankenbehandlung haben, „wenn sie notwendig ist, um eine Krankheit zu erkennen, zu heilen, ihre Verschlimmerung zu verhindern oder Krankheitsbeschwerden zu lindern."
- Im § 28 des SGB V (Ärztliche und zahnärztliche Behandlung) wird dies genauer gefasst: „Die ärztliche Behandlung umfasst die Tätigkeit des Arztes, die zur Verhütung, Früherkennung und Behandlung von Krankheiten nach den Regeln der ärztlichen Kunst ausreichend und zweckmäßig ist."

Somit sind Ärzte in der Pflicht, wirtschaftlich zu handeln, d. h., es gibt Einschränkungen, denen Ärzte bei der vertragsärztlichen Versorgung unterliegen. Nach § 70 SGB V (Qualität, Humanität und Wirtschaftlichkeit) muss die Versorgung der Versicherten „ausreichend und zweckmäßig sein, darf das Maß des Notwendigen nicht überschreiten und muss in der fachlich gebotenen Qualität sowie wirtschaftlich erbracht werden." Im § 106 SGB V (Wirtschaftlichkeitsprüfung in der vertragsärztlichen Versorgung) ist im Abs. 1 aufgeführt: „Die Krankenkassen und die Kassenärztlichen Vereinigungen überwachen die Wirtschaftlichkeit der vertragsärztlichen Versorgung …"

▶ **Arten von Kosten.** Die Gesundheitsökonomie unterscheidet verschiedene Arten von Kosten:

- **Direkte Kosten** sind die Mittel, die zur Behandlung eines Patienten notwendig sind (Kosten für Medikamente, Personal, Labor, Verwaltung, andere Materialien). Auch Kosten, die durch eine Behandlung entstehen, sind direkte Kosten (z. B. Kosten bei Behandlung von Nebenwirkungen).

- **Indirekte Kosten** sind Kosten, die für den Patienten und sein persönliches Umfeld z. B. durch Verdienstausfall wegen Krankheit entstehen. Demgegenüber steht der indirekte Nutzen, der die Verbesserung der Gesundheit der Patienten selbst und mit der wiederhergestellten Leistungsfähigkeit einhergeht (wieder arbeitsfähig).
- **Intangible Kosten** sind nicht direkt monetär messbare Kosten und Nutzen, so z. B. physische, psychische und soziale Faktoren, wie Ängste, Stress, Freude, Verändern der Compliance, der Lebensqualität. Zum Messen von intangiblen Effekten gibt es mehrere Ansätze, z. B. den QALY-Ansatz („quality-adjusted life years“).

▶ **Wirtschaftliche Diagnostik und Therapie.** Der Vertragsarzt ist gehalten, nur diejenige Diagnostik anzuwenden, die ausreichend ist, um eine Krankheit zu erkennen. Dabei wird der eine Arzt mit einer geringen Diagnostik auskommen, während der andere eine wesentlich umfangreichere, nach seiner Meinung aber notwendige Diagnostik durchführen wird. Hier ist die Problematik der wirtschaftlichen Diagnostik zu erkennen. Auch das Überweisungsverhalten spielt dabei eine Rolle: Der hinzugezogene Arzt wird weitere Untersuchungen für erforderlich halten, um zu einer Diagnose zu kommen. Eine Kontrollmöglichkeit besteht nur über das errechnete Gesamthonorar des einzelnen Vertragsarztes. Neben der reinen Diagnostik spielt die Therapiemöglichkeit eine Rolle, was zur Folge haben kann, dass ein Arzt zwar eine wirtschaftliche Diagnostik erbringt, durch erhöhte Leistungsanforderung und Therapiemaßnahmen jedoch in ein Honorarprüfverfahren kommt und möglicherweise sein Honorar gekürzt erhält.

Um den diagnostischen Mindestaufwand und den mindesttherapeutischen Ansatz zu erreichen, werden immer häufiger Leitlinien herangezogen (Kap. 13), die von den einzelnen Fachgesellschaften erarbeitet wurden und in der Praxis problemorientiert umgesetzt werden sollten. Zur Arbeitsgrundlage und zur Sicherung dienen zunehmend Daten gesetzlich verankerter Institute in Deutschland, so z. B.:

- AWMF = Arbeitsgemeinschaft der wissenschaftlichen medizinischen Fachgesellschaften
- AQUA = Institut für angewandte Qualitätsförderung und Forschung im Gesundheitswesen
- IQWiG = Institut für Qualität und Wirtschaftlichkeit im Gesundheitswesen
- AkdE = Arzneimittelkommission der deutschen Ärzteschaft
- G-WA = Geschäftsstelle gemeinsamer Bundesausschuss
- AMNOG = Gesetz zur Neuordnung des Arzneimittelmarktes
- IQTiG = Institut für Qualitätssicherung und Transparenz im Gesundheitswesen (§ 137a SGB V)
- DCZ = Deutsches Cochrane Zentrum
- ÄZQ = Ärztliches Zentrum für Qualität in der Medizin
- DIMDI = Deutsches Institut für medizinische Dokumentation und Information
- G-I-N = Guideline International Network
- MDS = Medizinischer Dienst des Spitzenverbandes Bund der Krankenkassen e. V.

6.7 Literatur

[1] Arbeitsgruppe Psychosomatik der DEGAM. Psychosomatische Grundversorgung in der Allgemeinmedizin – Ziele, Kompetenzen, Methoden. Im Internet: www.degam.de/files/Inhalte/Degam-Inhalte/Ueber_uns/Positionspapiere/DEGAM_Positionspapier_Psychosomatische_Grundversorgung_final.pdf; Stand: 15.10.2015

[2] Häussler S, Liebold R. Die kassenärztliche Tätigkeit. Berlin/Heidelberg: Springer 1984

[3] Schneider A. Bedeutung der psychischen Komorbidität für die Versorgungssteuerung in der hausärztlichen Praxis. Dtsch Ärztebl 2013; 110: 653–659

[4] Statistisches Bundesamt. Gesundheitsausgaben 2013. Im Internet: www.destatis.de/DE/Publikationen/Thematisch/Gesundheit/Gesundheitsausgaben/AusgabenGesundheitPDF_2120711.pdf?__blob=publicationFile; Stand: 15.10.2015

I

7 Arbeitsgrundlagen

H.-D. Klimm

7.1 Arzt-Patient-Beziehung

▶ **Bedeutung des Hausarzts.** Hauptsächliche Anlässe für einen Praxisbesuch sind:

- in mehr als 50 % ein aktuelles Problem, z. B. Schmerzen
- in ca. 24 % Vorsorge oder Impfung
- in ca. 20–25 % eine chronische Krankheit

Der Hausarzt wird von den meisten Patienten als kompetenter Gesprächspartner für die genannten Themen vor der Inanspruchnahme anderer Gesprächsangebote (z. B. Facharzt, Beratungsstelle) aufgesucht. 94 % aller Patienten finden die Rolle des Hausarztes wichtig. Er ist mit der Krankheitsgeschichte seiner Patienten betraut, er koordiniert mithilfe der Befunde von Fachärzten und Krankenhäusern die Behandlung seiner Patienten.

Merke

Mehr als 90 % aller Patienten geben an, einen festen Hausarzt zu haben, bei den über 60-Jährigen sind es sogar 95 %.

▶ **Voraussetzungen.** Für ein tragfähiges Arzt-Patienten-Verhältnis ist eine gute Kommunikation zwischen Arzt und Patient eine wichtige Voraussetzung. Weitere Voraussetzungen sind:

- einfühlendes Verstehen ohne Bewertung
- Offenheit, Echtheit ohne Fassade
- sorgende Anteilnahme am Schicksal wie an Krankheit des Patienten
- aktives Zuhören

▶ **Gesprächsführung.** Grundlage hierfür ist eine „richtige Gesprächsführung". Dabei sind folgende Regeln zu beachten:

- Zuhören ist wichtiger als Reden.
- Stets daran denken: Der Kranke sucht Hilfe, er hat Fragen, die wir beantworten sollen.
- Sprechweise wie Verhalten des Patienten sind Botschaften!
- „Professionelles Verhalten" stößt ab, Empathie öffnet Gespräche.
- Kein Zeitdruck entstehen lassen.
- Der Arzt ist weder Richter noch Schulmeister.
- Ist der Arzt aufrichtig, wird der Patient es auch sein.
- Möglichst die gleiche Sprache sprechen.
- Dem Gespräch stets ein Ziel geben, wenn möglich Arbeitsbündnisse aufbauen.
- „Leere Sprüche sind hohle Sprüche"
- Hoffnungen wecken
- keine eigenen Gefühle einbringen
- Immer nur dann Gespräche führen, wenn der Patient es will, aber zeigen, dass der Patient jederzeit mit seinem Arzt reden kann, wenn er es bedarf.

Abwendbar gefährlicher Verlauf

Gerade das Gespräch sollte als wichtige Grundlage einer Arzt-Patient-Beziehung genutzt und die bekannten Probleme vermieden werden:

- Der einleitende Bericht des Patienten beim Arztbesuch sollte nicht nach durchschnittlich 15 Sekunden durch Nachfragen unterbrochen werden (wie Studien es gezeigt haben) und man sollte auch nicht gleichzeitig anderweitig beschäftigt sein (z. B. Karteikarte oder Computer), wie das in 5 % der Fälle geschieht. Wesentliche Aspekte der Anamnese werden so vertan und das Vertrauen gestört.
- Bei chronisch erkrankten Patienten sollte das Gespräch länger als 6 Sekunden dauern, weil die Zufriedenheit des Patienten mit zunehmender Dauer des Zuhörens signifikant ansteigt.
- Man sollte bedenken, dass sich nur ⅓ der Patienten ausreichend informiert fühlt. Das liegt u. a. daran, dass der Patient nur 50 % der ärztlichen Informationen zu Diagnose und Therapie richtig versteht – und dass er davon wiederum die Hälfte nach 30 Minuten vergisst.

▶ **Ärztliche Grundhaltung.** Die Arzt-Patient-Beziehung basiert auf einer ärztlichen Grundhaltung, die geprägt ist durch:

- Empathie: Verständnisvoll auf die Emotion des Patienten reagieren und ihm gleichzeitig mitteilen, ihn auch zu verstehen. Die Informationen des Patienten stehen im Mittelpunkt, die Informationen des Arztes sollten reflektiert zur Stärkung der Beziehung zum Patienten genutzt werden.

- Wertschätzung: Respekt und Anerkennung des Patienten sind Grundlage ärztlichen Handelns! Der Patient muss so angenommen werden, wie er ist.
- Kongruenz: Das Bemühen um Authentizität muss gewahrt sein.

Wesentlich in der Patienten-Arzt-Beziehung sind anamnestisches und therapeutisches Gespräch sowie verbale Interaktionen bei Diagnose oder Therapie. Allgemein-rechtliche Bestimmungen sind Grundlage des Verhältnisses zwischen Patient und Arzt. Die ärztliche Schweigepflicht soll gewährleistet sein, Regeln für die Arzt-Patient-Beziehung werden unter anderem in der Genfer Deklaration des Weltärztebundes (Genfer Gelöbnis) und in berufsethischen oder standesrechtlichen Richtlinien angegeben.

► **Wirkung.** Einer guten Arzt-Patient-Beziehung werden wichtige Einflüsse auf den Krankheitsverlauf, Gesundheitswillen und Behandlungserfolg zugeschrieben. Ohne sie können Methoden erfolglos bleiben mangels Kooperation des Patienten oder weil er Ratschläge nicht versteht bzw. befolgt und verordnete Medikamente nicht einnimmt: Non-Compliance bzw. Non-Adherence.

7.2 Beziehungen auf Dauer

Der Hausarzt kennt etwa die Hälfte seiner Patienten länger als 5 Jahre, bei mehr als 80 % seiner Patienten ist er auch gleichzeitig Arzt des Vertrauens der ganzen Familie. In bis zu 70 % der Fälle sind die Patienten „konstant" bei ihrem Hausarzt in ärztlicher Betreuung. Eine Praxisbindung von Patienten ist zur Übernahme von Versorgungsverantwortung Voraussetzung, unterstützt Kontinuität und Umfang hausärztlicher Betreuung und sinnvolle Nutzung von Ressourcen. Die Kontinuität einer Arzt-Patient-Beziehung schafft die Voraussetzung für gelungene Koordination aller Behandlungsverfahren sowie Motivation der Patienten zu gesundheitsförderndem Verhalten und verbesserten Maßnahmen.

Merke

Die langfristige Kontinuität der Arzt-Patient-Beziehung („continuity care") ist eine wesentliche Säule primärärztlicher/primärmedizinischer Versorgung.

Die Langzeit-Arzt-Patient-Beziehung:

- ist bei chronisch kranken, multimorbiden Patienten wichtig, weil sie ein konstantes vertrauensvolles Verhältnis ermöglicht
- schafft die Grundlage dafür, neu auftretende Gesundheitsstörungen und Krankheiten oder ihre Verschlechterung und Komplikationen frühzeitig erkennen und entsprechend intervenieren zu können
- erleichtert das Abwägen von Nutzen und Risiken der unterschiedlichsten Interventionen und ermöglicht es, sie im Hinblick auf die Gesamtpersönlichkeit des Patienten bezüglich Angemessenheit zu prüfen, zu korrigieren oder gar abzusetzen
- gestattet einen umfassenden Blick auf den „Mensch als Ganzes" und kann – statt eines punktuellen Maximalansatzes – individuelle Lösungsansätze und Hilfen besser koordinieren und bewerten

Die Beziehung auf Dauer signalisiert dem Patienten, dass sein Hausarzt mit seiner Krankheitsgeschichte vertraut ist und mithilfe der Befunde von Fachärzten und Krankenhäusern seine Behandlung koordiniert. Nach Forsa finden dies 94 % wichtig, mehr als die Hälfte aller Befragten wünscht sich eine gemeinsame Entscheidungsfindung von Patient und Arzt (partizipative Entscheidungsfindung).

7.3 Erlebte Anamnese

► **Langzeitbeobachtung und -betreuung.** Durch meist jahrelanges Kennen, Betreuen und Behandeln von Patienten, durch Erleben seines psychosozialen Umfeldes, durch Leben im gleichen Umfeld wie der Patient und durch häufige Kontakte zum Patienten auch außerhalb der ärztlichen Tätigkeit hat der Allgemeinarzt die einzigartige Möglichkeit, biografische und medizinische Informationen über seinen Patienten „mitzuerleben" und zu sammeln. Immerhin hat ein Hausarzt bei 70 % aller Patienten einen ständigen Kontakt von mindestens 10–15 Jahren. Dass dies der umfassenden Patientenbetreuung ungemein zugutekommt, versteht sich von selbst. Auch im Rahmen seiner familienmedizinischen Tätigkeit kann der Allgemeinarzt äußere pathogene Einflüsse, die meist in verschiedenen Ausprägungen auf die ganze Familie oder familienähnliche Gemeinschaften wirken sowie interfamiliäre Probleme und Konflikte besser erkennen, begreifen und zu beeinflussen versuchen. Immerhin bei ⅔ der Patienten kennt der Hausarzt mindestens ein Familienmitglied!

Nach Schipperges „wird der Hausarzt zum Zeugen der großen und kleinen Szenen des täglichen Lebens." [5] Seine Kenntnisse, seine Erfahrungen über den Patienten sind authentisch.

Die Sammlung von Patientendaten und -informationen durch allgemeinärztliche Langzeitbeobachtung und -betreuung kann den Einstieg in die Diagnose erleichtern – aber auch erschweren durch die Gefahr der Voreingenommenheit!

▸ **Besonderheiten der Anamnese.** Die Besonderheiten der hausärztlichen Anamnese sind:

- biografische Anamnese
- anamnestische/biografische Teilgeschichten
- aktuelle Anamnese vor dem Hintergrund vorhandener früherer Erkenntnisse
- psychosoziale Anamnese
- berufliche Umfeldanamnese
- erlebte Anamnese (gemeinsame Erfahrung)

Merke

Etwa 70 % der Diagnosen werden in der Allgemeinarztpraxis nur durch die Anamnese gestellt. Gezielte Untersuchungsprogramme im Anschluss an eine gute Anamnese schonen Ressourcen, schützen vor Überdiagnostik und unnötiger Therapie.

7.4 Niedrigprävalenz

▸ **Prävalenz in der Hausarztpraxis.** Scheinbar banale Feststellungen wie „Es gibt nichts, was es nicht gibt." und „Das Häufige ist häufig, das Seltene ist selten." sind spezifisch für das hausärztliche Klientel. Hausärzte arbeiten in einem „Niedrigprävalenzbereich", in dem schwere Erkrankungen und seltene, unspezifische Beschwerden, die keine exakte Diagnosezuordnung erlauben, häufiger vorkommen. Die Patientenpopulation in der Allgemeinmedizin unterscheidet sich extrem von der in Krankenhäusern. Nur ca. 10 % aller Patienten mit gesundheitlichen Problemen kommen in ein Krankenhaus, nur ca. 1 % in eine Universitätsklinik. Der „Rest", ca. 80 %, werden im ambulanten System behandelt (▸ Abb. 7.1); zwar nicht nur, aber vor allem von Hausärzten (Verhältnis Allgemeinarzt/Facharzt = 20:1).

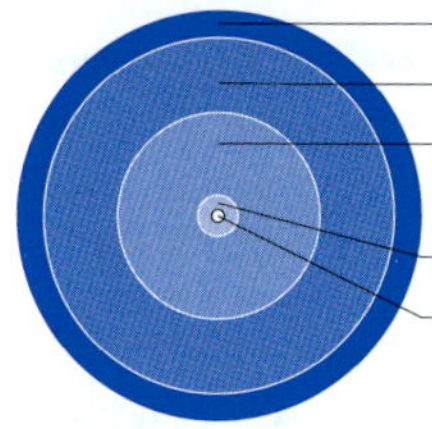

Abb. 7.1 Medizinische Versorgung aller Altersgruppen pro Monat. [2].

▸ **Krankheitsbilder.** Für Krankheiten bedeutet dies, dass klar definierte Krankheitsbilder selten vorkommen, dann aber zumeist in eigener Ausprägungsform erscheinen (Niedrig-Risikobereich). Krankheiten, insbesondere chronischer Art, sind dynamische Prozesse. Typische Beschwerden und spezifische Symptome treten oft erst im Laufe der Entwicklung auf. Zur Erkennung im asymptomatischen Stadium muss der Allgemeinarzt die Erkrankung von Beginn der Dynamik an kennen und auch bewerten können. Das asymptomatische Stadium einer konkreten Erkrankung entspricht vielfach dem Stadium I der Klassifikation (z. B. NYHA-Klassen oder Fontaine-Stadien). Diese asymptomatischen Frühformen sind in der Praxis im Unterschied zur Klinik sehr häufig (▸ Abb. 7.2).

Merke

Diagnosen, die in Krankenhäusern häufig sind, sind in den Praxen selten. Die Prävalenz aller Krankheiten nähert sich in der Hausarztpraxis der Bevölkerungsprävalenz/Niedrigprävalenz.

▸ **Auswirkung auf die Diagnostik.** Für die Wertigkeit und Zuverlässigkeit der angewandten diagnostischen Methoden hat die Niedrigprävalenz ebenfalls Konsequenzen. Tatsächlich hängt der positive Vorhersagewert einer diagnostischen Methode von der Prävalenz der Erkrankung ab: Eine Methode, die unter klinischen Bedingungen eine hinreichende Aussagekraft (hohe positive Vorhersagekraft) hat, verliert diese Aussagekraft in der Hausarztpraxis (Kap. 22).

Eine diagnostische Methode ist nur dann von Nutzen, wenn sie dazu beiträgt, eine gesuchte Erkrankung oder eine pathologische Abweichung sicher zu identifizieren. Ihre Sensitivität und Spezifität sollten hoch sein. So hat z. B. das EKG unter sta-

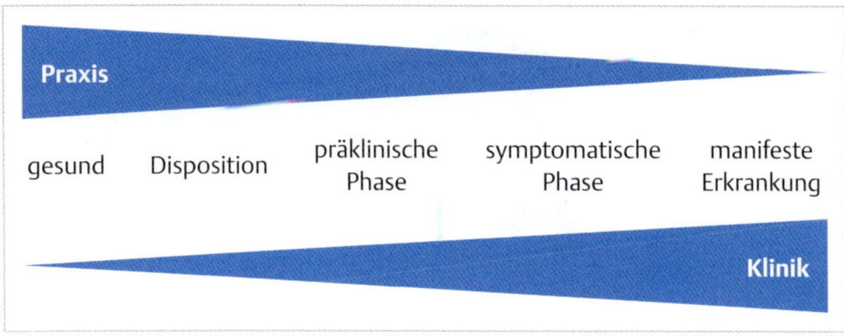

Abb. 7.2 Differenz zwischen Praxis und Klinik bei der Ausprägung von Krankheitssymptomen. [4].

tionären Bedingungen, der „Hochprävalenz", eine Sensitivität von 60 % und eine Spezifität von 90 % bei einer Prävalenz der KHK von 50 %. Unter den Bedingungen einer Hausarztpraxis in der Ebene der „Niedrigprävalenz" liegt die Sensitivität bei 70 %, die Spezifität bei 90 % und die Prävalenz der KHK bei ca. 1 %. Den positiven Vorhersagewert des EKGs bei verschiedenen Prävalenzen in der Untersuchungspopulation zeigt ▸ Abb. 7.3.

Merke

Der Allgemeinarzt hat infolge des Niedrigprävalenzbereichs, in dem er arbeitet, immer mit einem sehr geringen positiven Vorhersagewert pathologischer Befunde zu rechnen. Die Anamnese, körperliche Untersuchung und erlebte Anamnese verbessert automatisch den Vorhersagewert, die diagnostische Vorselektion. Ein Niedrigprävalenz-Know-how ist in der Hausarztmedizin unbedingte Voraussetzung.

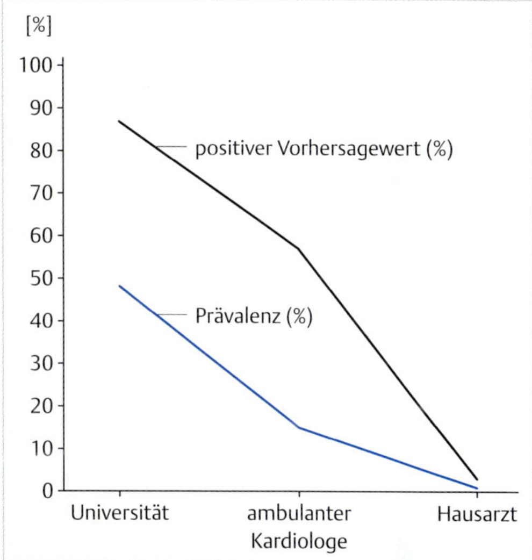

Abb. 7.3 Positive Vorhersagewerte des EKGs bei verschiedenen Prävalenzen in der Untersuchungspopulation. (Mit freundlicher Genehmigung von Dr. Stefan Sachtleben, Universität des Saarlandes, Medizinische Fakultät, Zentrum für Allgemeinmedizin).

7.5 Abwartendes Offenlassen

▸ **Definition.** In der hausärztlichen Praxis ist die endgültige Klärung einer Erstsymptomatik häufig nicht möglich. Dies gilt für mehr als 70 % der Fälle – trotz ausführlicher zusätzlicher Diagnostik, auch durch Spezialisten und Kliniken. Unter abwartendem Offenlassen versteht man in diesem Zusammenhang den „zeitweiligen Verzicht auf eine weitergehende Diagnostik, um durch Verlaufsbeobachtung eine Klärung herbeizuführen."

▸ **Befindensstörungen.** Besonders Befindensstörungen („Unwohlsein") ohne fassbare somatische oder ernsthafte psychische Erkrankungen – die einen großen Teil der allgemeinmedizinischen Behandlungsfälle ausmachen – setzen eine adäquate Diagnostik und Therapie, eine große Erfahrung und Intuition voraus. Einerseits dürfen ernsthafte Erkrankungen nicht übersehen werden, andererseits sollte der Patient nicht durch unnötige Diagnostik und Therapie im Sinne einer iatrogenen Symptomverfestigung stigmatisiert und verunsichert werden. Das abwartende Offenlassen der Diagnose ist eine erprobte und etablierte Vorgehensweise, bei der man davon ausgehen kann, dass schließlich bei bis zu 50 % aller akuten Probleme und Befindensstörungen dies zutrifft (▸ Tab. 7.1).

▸ **Diagnostischer Ablauf.** Bei allen vorgetragenen Beschwerden ist der diagnostische Ablauf wie folgt:

- Patienten ernst nehmen
- zuhören und präzisieren, welche „Leid-Symptome" vorliegen

Tab. 7.1 Praxisbeispiel für abwartenes Offenlassen. Am 3. Tag kann die Diagnose gestellt werden, weil typische Exantheme am Oberschenkel des Patienten aufgetreten sind, die zum Herpes zoster passen. Befinden, Verlauf und Befund sind kongruent zur Diagnose Herpes zoster.

Ebene	1. Tag	2. Tag	3. Tag
Beschwerdeebene			
Leid-Symptom: ziehende Schmerzen rechter Oberschenkel (Was kann das sein? Neuritis? Neuralgie? Zerrung?)	idem	idem	idem
Symptomebene			
Liegt ein Leit-Symptom vor?	nein	nein	ja
Befundebene			
Liegen Befunde vor (körperliche Untersuchung? Labor? Röntgen? Erweiterte Diagnostik?)	nein	nein	ja Exanthem mit Bläschen rechter Oberschenkel 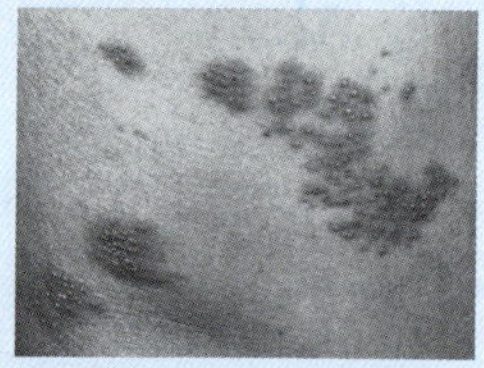
Bewertungsebene			
	unklares Bild keine Gefahr	unklares Bild keine Gefahr	Diagnose: Herpes zoster
therapeutische Ebene			
	abwartendes Offenlassen ggf. Therapie ohne Diagnose symptomatische Therapie		spezifische Therapie systemische Therapie Schmerztherapie

Quelle der Abbildung: [1].

- nach dem „Leit-Symptom“ suchen (wenn Symptome vorliegen → welche und korrelieren sie mit dem Leid-Symptom?)
- Sind weitere Befunde objektivierbar (z. B. körperliche Untersuchung, Labor, Ultraschall)? Sind keine Befunde zu objektivieren, liegt ein sog. unklares Bild vor. Ein Hinweis für eine drohende Gefahr stellt sich nicht.
- Bei persistierenden Beschwerden und nicht objektivierbaren Befunden muss die Diagnose offenbleiben, man muss sich zum abwartenden Offenlassen entschließen und eine Therapie ohne Diagnose beginnen, die die subjektiven Beschwerden verbessern kann, ohne den Verlauf negativ zu beeinflussen. Kontrolltermin vereinbaren!
- Bei persistierenden Beschwerden, bei jeder Kontroll-Kontaktaufnahme des Patienten stets das gleiche Schema durchlaufen → immer Suche nach einem gefährlichen Verlauf oder einer objektiven Erkrankung oder weiter Beharren auf abwartendes Offenlassen.

In vielen Fällen bringt „die Zeit“ die Diagnose, da Krankheiten dynamisch sind (▸ Tab. 7.1). Von Jaspers stammt der Satz: „In der Medizin ist die Beharrlichkeit das Maß aller Dinge“, was in diesem Fall heißt, dass ein konsequentes systematisches Vorgehen zur Diagnose führt und vor Fehlinterpretationen oder gar fehlerhaftem Verhalten schützt.

Merke

Das Nichterreichen einer Diagnoseebene und abwartendes Offenlassen ist keine Schwäche der Praxis, sondern vielmehr ein Spezifikum! Konsequenz:

- Nicht einfach klinische Methoden, wenn auch minimiert, auf die Praxis übertragen!
- Praxiseigene Strategien und Methoden entwickeln!
- Krankheiten auszuschließen ist wichtiger als sie zu bestätigen!

7.6 Abwendbar gefährlicher Verlauf

Um einen gefährlichen Verlauf abwenden zu können, muss ein dringend behandlungsbedürftiger Zustand aus einer Gruppe primär gleichartig und ungefährlich erscheinender Befindensstörungen herausgefiltert werden können. Der Allgemeinarzt muss dazu in der Lage sein, oft mit nur geringen Mitteln zu entscheiden, welche Symptome oder Krankheiten sofort abgeklärt und behandelt werden müssen, wobei die besondere Aufgabe darin liegt, die betroffenen Patienten in einer großen Gruppe von Patienten mit zunächst meist relativ gleichwertig und ungefährlich erscheinenden häufigen Befindensstörungen zu finden. Dies bezieht sich nicht nur auf akute somatische Erkrankungen, sondern auch auf nicht seltene akute psychische Dekompensationen und psychosoziale Konfliktsituationen.

Abwendbar gefährlicher Verlauf

Der abwendbar gefährliche Verlauf (Warnzeichen = „red flags“) bezeichnet das allgemeinmedizinische Vorgehen zur Identifizierung oder zum Ausschluss eines dringend behandlungsbedürftigen Krankheitsbildes aus einer Gruppe gleichartig erscheinender, aber ungefährlicher Veränderungen.

Mögliche Hilfsmittel für den Hausarzt sind dabei:

- genaue Anamnese einschließlich erlebter Anamnese (z. B. Nachtschweiß, Gewichtsverlust, Kollapsneigung, Blut oder Schleim im Urin oder Stuhlgang, Druckgefühle thorakal)
- konsequente körperliche Untersuchung, einschließlich Inspektion, Palpation und Auskultation (z. B. beim Abhören der Lunge Entdecken eines Melanoms oder Nachweisen einer Abwehrspannung bei Bauchschmerzen oder von Teerstuhl am tastenden Finger bei Kollapsneigung)
- stets die höhere Gefährlichkeitsstufe annehmen

Merke

Bei erstmals auftretenden Alarmsymptomen muss der Hausarzt stets einen konsequenten Ablauf (Basis-Staging) durchführen. Bei „negativer Objektivität“, aber stark „drängender Intuition“ stets der Intuition den Vorrang geben!

In einer englischen Studie bei 128 Allgemeinarztpraxen wurden 762 000 Patienten registriert (das mittlere Alter dieser Patienten lag zwischen 53 und 59 Jahre), davon hatten 11 000 eine Makrohämaturie, 4 809 eine Hämoptoe, 5 999 eine Dysphagie und 15 000 Blut im Stuhl. Trotz umfangreicher Diagnostik und häufig rezidivierender Überweisung zum Spezialisten konnte bei Hämoptoe in 70 % der Fälle, bei Hämaturie in 64 % der Fälle, bei Dysphagie in 67 % der Fälle und bei rektaler Blutung gar nur bei 50 % der Patienten auch nach 3 Jahren keine spezifische Diagnose gestellt werden!

7.7 Literatur

[1] Battegay E, Hrsg. Siegenthalers Differenzialdiagnose. 20. Aufl. Stuttgart: Thieme; 2013

[2] Green LA, Fryer GE, Yawn BP et al. The Ecology of Medical Care Revisited. N Engl J Med 2001; 344: 2021–2025

[3] Jones R, Charlton J, Latinovic R et al. Alarm symptoms and identification of non-cancer diagnoses in primary care: cohort study. Brit Med J 2009; 339: 491–493

[4] Klimm HD. Allgemeinmedizin. Stuttgart: Enke; 1994

[5] Schipperges H. Impulse der Medizin aus der Heidelberger Tradition. In: Zappe A, Hrsg. Das Philosophische und die praktische Medizin. Berlin/Heidelberg: Springer; 1990

8 Arbeitsauftrag und Arbeitsaufteilung

F. Peters-Klimm, T. Freund

In diesem Kapitel werden der **Arbeitsauftrag** nach der DEGAM-Definition und die **Arbeitsaufteilung** abgehandelt. Dabei werden zum Teil direkte Bezüge zu den Darstellungen in den Kap. 1 bis Kap. 7 gegeben. Fallbeispiele sollen den Aspekt jeweils illustrieren. Bei diesen realen Fallbeispielen ist es oft unvermeidlich, dass verschiedene Aspekte des allgemeinmedizinischen Arbeitsansatzes berührt werden.

8.1 Filter- und Steuerfunktion

Die Filter- und Steuerfunktion des Allgemeinmediziners setzt eine systemische Betrachtungsweise voraus, in der der Primärmediziner im Zusammenspiel mit der Sekundär- und Tertiärversorgung (Fachspezialist, Krankenhaus der Grund- bis zur Maximalversorgung) die für die Primärmedizin spezifische Sieb- und Steuerfunktion erfüllen soll. Der Primärmediziner muss also „filtern“, wer hausärztlich versorgt werden kann und wer einer gezielten Über- oder Einweisung bedarf. Eine Stufendiagnostik und -therapie ist hierbei sachgerecht und effizient (Kap. 8.2).

▸ **Arztkontakte.** Einer Analyse des Zentralinstituts für die kassenärztliche Versorgung in Deutschland zufolge hatten GKV-Versicherte im Jahr 2007 durchschnittlich 17 Arztkontakte (besser: Praxiskontakte) im ambulanten System. Das oberste Viertel liegt durchschnittlich bei 40 (!) Kontakten pro Jahr. Morbi-RSA-Krankheiten (definierte 80 Krankheiten des morbiditätsorientierten Risikostrukturausgleichs) weisen im Mittel 34 Kontakte (min. 10, max. 54) auf. Aus ▸ Abb. 8.1, die die Zahl der Kontakte nach Altersgruppen und Facharztgruppen darstellt, geht hervor, dass mit Ausnahme der Versorgung von Kindern die meisten Kontakte im hausärztlichen Bereich stattfinden. Ein vorbereitetes, qualifiziertes Praxisteam (Arzt und MFA) muss also eine qualitativ hochwertige, d. h. auch strukturierte Sprechstunde aufweisen, um den unterschiedlich komplexen Belangen der Patienten gerecht werden zu können. Im Nebeneinander mehrerer Diagnostik-, Behandlungs-und Betreuungsindikationen ist die Reihenfolge der Versorgung (gemeinsam mit dem Patienten) koordinierend festzulegen. Durch die zunehmende Spezialisierung des Gesundheitswesens einerseits bei gleichzeitig demografisch bedingter Zunahme an älteren, multimorbiden Patienten andererseits kommt dieser dem Allgemeinmediziner ohnehin schon zugeordneten Aufgabe größere Bedeutung bei.

▸ **Fallbeispiel.** Eine 78-jährige multimorbide Patientin mit KHK, Vorhofflimmern und rheumatoider Arthritis (die sie am meisten limitiert) unter Therapie mit Methotrexat kommt in die Sprechstunde mit einem Formular eines niedergelassenen Chirurgen, der ein auf ein Malignom verdächtiges Zungengrundgeschwür operieren möchte. Der Zahnarzt habe dies zuvor entdeckt und sie zum Chirurgen geschickt. Nun will die Patientin eigentlich nur das „Bridging“ besprechen. Bei der Untersuchung des Befundes (3 × 2 cm Durchmesser, vom Aspekt her bindegewebig-fibrinös belegt und nicht blutend) entsteht der Verdacht auf eine medikamentöse Nebenwirkung unter Methotrexat. Nach telefonischer Rücksprache mit einem Rheumatologen wird die viel wahrscheinlichere Alternativhypothese bestärkt und die Arthritistherapie umgestellt. Unter Verlaufskontrollen ist das Geschwür nach 6 Wochen verschwunden und der Patientin wurde eine unnötige Operation erspart.

Merke

Ein aktives, auch inhaltlich orientiertes Begleiten der Patienten ermöglicht überhaupt erst die koordinierende Funktion.

8.2 Stufendiagnose und Stufentherapie

Unter Nutzung der für den Niedrig-Prävalenzbereich sehr wichtigen Techniken „abwartendes Offenlassen“ (Kap. 7.5) unter Berücksichtigung und Abwägung eines „abwendbar gefährlichen Verlaufs“ (Kap. 7.6) kann vielen Beratungsanlässen sachgerecht, d. h. systematisch und effizient, begegnet werden. Hierzu gehören alle (Leit-)Symptome und Beschwerden, wie sie in den Kap. 23 bis Kap. 25 abgehandelt werden.

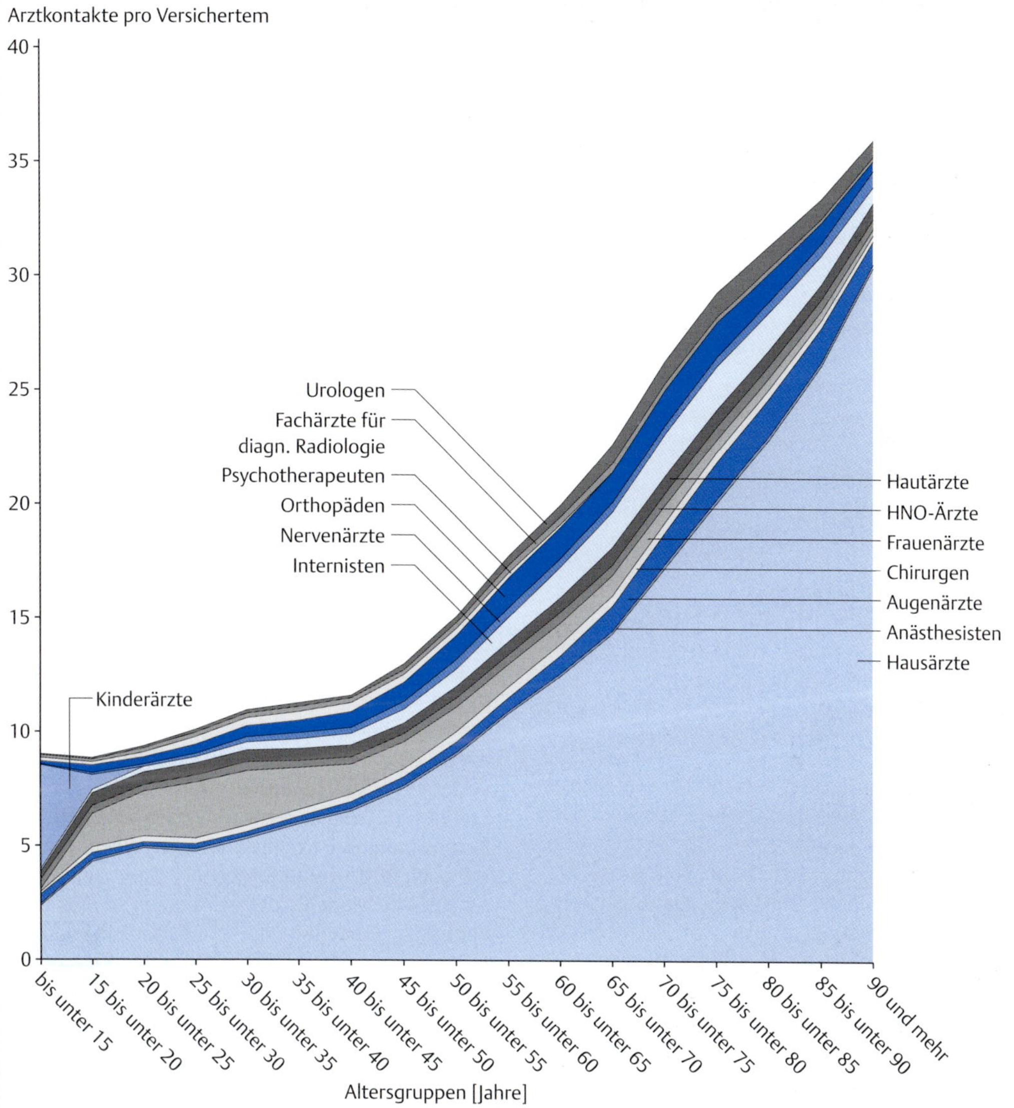

Abb. 8.1 Mittlere Anzahl von Arztkontakten pro Versicherten. Dargestellt ist das Jahr 2007 nach Altersgruppen und Facharztgruppen. (Quelle: [5]. Mit freundlicher Genehmigung des Zentralinstituts für die Kassenärztliche Versorgung in Deutschland (Zi)).

► **Fallbeispiel.** Eine 25-jährige ansonsten gesunde Studentin kommt mit Oberbauchschmerzen in die Sprechstunde und äußert die Sorge, dass sie eine gravierende Erkrankung haben könnte. Sie wünscht sich eine Überweisung zur „Magenspiegelung“. Die körperliche Untersuchung ergibt außer einer umschriebenen epigastrischen Druckdolenz keine weiteren Auffälligkeiten. Die parallel ergänzende Anamnese ergibt, dass die Studentin seit einigen Wochen wegen Prüfungen intensiv lernt. Eine Stressgastritis erscheint am wahrscheinlichsten, weshalb zunächst eine säurehemmende Therapie (z. B. mittels einem Protonenpumpenhemmer) über 14 Tage vorgeschlagen wird. Die Patientin kann sich darauf einlassen, weil eine Gastroskopie bei Nichtanschlagen der Therapie bzw. Wiederauftreten nach Therapieende immer noch durchgeführt werden kann. Drei Monate später stellt sich die Patientin wegen einer Reiseimpfung wieder vor, die damalige Episode hatte sich unter der Therapie erledigt.

Merke

Diese und ähnliche Situationen ergeben sich tagtäglich, in allen Variationen. Wichtig für eine tragfähige Stufendiagnostik, die Überdiagnostik vermeiden hilft, ist das Eigenwissen und die persönliche Souveränität des Arztes, der mit der immer „übrig bleibenden" diagnostischen Unsicherheit umgehen kann. Hilfreich ist die erfolgreiche Kommunikation mit dem Patienten, die eine ausreichend vertrauensvolle Arzt-Patient-Beziehung ermöglicht, um z. B. gemeinsame Absprachen für den weiteren Verlauf zu treffen.

8.3 Fachspezialisten und Kliniken

8.3.1 Niedergelassene Fachspezialisten

Regelhaft und in großer Anzahl werden Fachspezialisten in der niedergelassenen Tätigkeit (landläufig „Facharzt") einbezogen. Der geringere Teil an Überweisungen wird tatsächlich gezielt vom Hausarzt veranlasst. Die sog. quartalsmäßigen „Routineüberweisungen", also vom Patienten veranlassten („gewünschten") Überweisungen, und die vom Fachspezialisten veranlassten Überweisungen „zur Kontrolle" dürften den Großteil der Überweisungen ausmachen.

▸ **Gezielte Überweisungen.** Gezielte Überweisungen zu Fachspezialisten sollten dem Ausschluss relevanter Grunderkrankungen im Rahmen einer differenzialdiagnostischen Abklärung dienen (z. B. Schwindel: HNO-Arzt, Neurologe, ggf. Orthopäde; Dyspnoe: Pneumologe, Kardiologe, Radiologe). Zu solchen gezielten, also direkten Überweisungen im Rahmen eines Patientenkontakts gibt es nur wenige aufschlussreiche Untersuchungen. Im Rahmen einer Querschnittserhebung [6] wurden 26 Hausärzte und ca. 450 Patienten, die eine direkte Überweisung erhielten, und 76 Fachärzte, zu denen diese Patienten im Rahmen der Überweisung gingen, befragt. Die meisten dieser Überweisungen verfolgten das Ziel, die diagnostische Sicherheit (inkl. „Ausschluss einer ernsthaften Erkrankung") zu erhöhen. Das sehen die Patienten und die überweisenden Ärzte übereinstimmend. Patienten (n = 446) sahen aber häufiger das Ziel, mehr Informationen oder Empfehlungen zu Behandlungen zu erhalten als Hausärzte (n = 411). Die Ergebnisse zeigten auch, dass Patienten häufiger ernsthafte Erkrankungen fürchten als ihre Hausärzte. Den Patienten ist es sehr wichtig, dass ihr Hausarzt diagnostische Sicherheit bekommt. Weitere Ergebnisse dieser Studie zeigen auch, dass aus Sicht der Fachärzte Hausärzte mehr Informationen zur Vorgeschichte und vor allem zur aktuellen Medikation zusammenstellen und übermitteln sollten (beispielsweise anhand eines strukturierten Arztbriefes samt Medikationsplan).

▸ **Kommunikation.** Der Gesetzgeber hat die Verpflichtung zur Erstellung eines Medikationsplans in der aktuellen Gesetzgebung bereits aufgenommen (GKV-Versorgungsstärkungsgesetz 2015). In Selektivverträgen in Baden-Württemberg soll die Kommunikation zwischen Haus- und Fachärzten (SGB V § 73 b und c) weiter verbessert werden, aktuell anhand vertraglich festgelegter strukturierter Arztbriefe, die in den Praxisverwaltungssoftwaresystemen (PVS) hinterlegt worden sind. An einer Etablierung einer elektronischen Arzt-zu-Arzt-Kommunikation wird seit einigen Jahren gearbeitet, auch fordert und fördert der Gesetzgeber fortschrittliche Modelle, die sich derzeit in Erprobung befinden. Hersteller von PVS müssen sich dazu auf eine gemeinsam definierte Schnittstelle zum Datenaustausch einigen (E-Health-Gesetz).

▸ **Fallbeispiel.** Ein 58-jähriger Vertreter, der ganz Baden-Württemberg und Bayern autofahrend betreut, hat in der Vorgeschichte eine vor ca. 10 Jahren histologisch gesicherte Glomuleronephritis und Niereninsuffizienz Grad 3. Er ist leidenschaftlicher Läufer und gibt nun seit Wochen rezidivierenden Husten mit belastungsabhängigem retrosternalem Engegefühl ohne Ausstrahlung an (Kap. 24.7, Kap. 23.4). Außer einer Hypertonie und der Niereninsuffizienz bestehen keine weiteren kardiovaskulären Risikofaktoren. Eindeutige Hinweise für gastroösophagealen Reflux, „post-nasal drip" (Sinusitis) oder bekannte Allergien finden sich nicht. In der körperlichen Untersuchung zeigen sich diskrete Hinweise auf eine mögliche bronchiale Obstruktion, die Spirometrie ist mit einer diskret verringertem FEV_1 und Peak-Flow nicht eindeutig. Die Überweisung zum Pneumologen mit der Frage nach Asthma bronchiale ergibt aufgrund eines signifikanten Bronchoprovokationstests die Diagnose „intrinsisches Asthma bronchiale" (Kap. 34.20). Beschwerden und Befunde bessern sich unter einem vom Pneumologen vorgeschlagenen Kombinationspräparat aus einem langwirksamen Betamimetikum und inhalativem Kortikosteroid. Eine im Verlauf durchgeführte adäquate Ergometrie ergibt keinen Anhaltspunkt für eine signifikante KHK (Kap. 34.99), weswegen auf eine weitere Diagnostik verzichtet werden kann. In den weiteren Jahren verschlechtert sich allerdings die Nierenfunktion, der Patient entwickelt eine renale Anämie, die mit Erythropoetin und Eisengabe erfolgreich substituiert wird. Er wird regelmäßig in einem Nierenzentrum kontrolliert und stellt sich aktuell auf eine ambulante Peritonealdialyse ein. Die daraus resultierenden beruflichen Einschränkungen werden angesprochen und Wege aufgezeigt (Kap. 14).

8.3.2 Fachspezialisten in Kliniken

Überweisungen in eine Ambulanz oder ein MVZ eines Krankenhauses ist im Fall einer „Ermächtigung", d. h. Abrechnungserlaubnis des Chefarztes möglich. Dies ist insbesondere für Patienten mit komplexeren Erkrankungen in Kliniken mit Spezialisierung (Universitätskliniken oder andere Kliniken der Maximalversorgung) wichtig.

▶ **Ambulante spezialfachärztliche Versorgung.** Als neuen Versorgungsbereich hat der GBA die sog. ambulante spezialfachärztliche Versorgung (ASV) anhand einer Richtlinie 2013 erlassen. Die ASV stellt ein Angebot für Menschen dar, die an einer komplexen, schwer therapierbaren Krankheit leiden, deren Behandlung besonders hohe Anforderungen an die Ärzte stellt. Interdisziplinär und sektorenverbindend sind Kennzeichen, d. h. niedergelassene Fachspezialisten, Medizinische Versorgungszentren, ggf. ermächtigte Ärzte und Krankenhäuser, die die Anforderungen und Voraussetzungen der ASV-Richtlinie erfüllen, arbeiten in Teams zusammen.

Die ASV umfasst die Diagnostik und Behandlung von seltenen und schweren Erkrankungen. Im Rahmen des Versorgungsstärkungsgesetzes werden im GBA derzeit die Konkretisierungen der einzelnen Krankheitsbilder überarbeitet. Hierzu gehören:

- schwere Verlaufsformen von Erkrankungen mit besonderen Krankheitsverläufen, z. B. onkologische (gynäkologische Tumoren, gastrointestinale Tumoren, auch Schilddrüsenkarzinom) und rheumatische Erkrankungen; Herzinsuffizienz soll folgen
- seltene Erkrankungen und Erkrankungszustände mit geringen Fallzahlen, z. B. Tuberkulose, Mukoviszidose und Marfan-Syndrom; pulmonale Hypertonie soll folgen
- hochspezialisierte Leistungen, z. B. CT/MRT-gestützte interventionelle schmerztherapeutische Leistungen

▶ **Stationäre Versorgung – potenziell vermeidbare Krankenhausaufenthalte.** Eine stationäre Einweisung ist notwendig, falls das Krankheitsbild einer Therapie bedarf, die nur unter stationären Bedingungen möglich ist und/oder lebensbedrohliche Komplikationen möglich sind, bzw. wenn die Erkrankung der Überwachung bedarf. Auf Bundesebene kommen fast 18 500 Krankenhausfälle pro 100 000 Einwohner (im Jahr 2012) mit erheblichen kreisbezogenen Schwankungen. Am höchsten sind die Hospitalisierungsraten in den neuen Bundesländern, am niedrigsten in Teilen Bayerns und Baden-Württembergs, wobei hier auch die wenigsten Sterbefälle (642/100 000 Einwohner) zu verzeichnen sind.

Potenziell vermeidbare Krankenhausaufenthalte (synonym ambulant-sensitive Hospitalisierung) beziehen sich auf Erkrankungen, deren effektive ambulante Behandlung die Einweisungsrate senken kann. Hierzu gehören:

- Hospitalisierungen wegen akuter Erkrankungen, die entweder durch eine primärpräventive Maßnahme (Impfung!) oder adäquate Behandlung (z. B. Harnwegsinfekt, Pyelonephritis, Dehydratation bei Durchfall, Epilepsie/Krampfanfall, Verhaltensstörung durch Alkohol) vermieden werden können, und
- Hospitalisierungen wegen chronischer Erkrankungen, die bei kontinuierlicher ambulanter Betreuung nicht krankenhauspflichtig werden. Hierzu gehören z. B. Hypertonie, Herzinsuffizienz, Diabetes mellitus mit Komplikationen, Atemnotsymptome bei Asthma bronchiale oder COPD.

Selbstredend ist nicht jede Einweisung ein Indikator für eine schlechte Versorgungsqualität, im Einzelfall ist eine Einweisung ein Zeichen für eine schlechte, aber auch für eine gute Qualität!

Oben genannte Erkrankungen machen ca. 10% aller Hospitalisierungen aus. Das AQUA-Institut hat auf Basis von Routinedaten der AOK BW daraus im Durchschnitt knapp 5 AOK-Versicherte errechnet, also maximal ca. 10 pro Praxis über alle Versicherte, die einen potenziell vermeidbaren Krankenhausaufenthalt hatten (Daten aus einem Jahr, d. h. Mitte 2013 bis Mitte 2014). Die Ursachen sind im Rahmen eines Audits von Krankenhausfällen mit Hausärzten aus deren Sicht mannigfaltig und auf mehreren Ebenen anzutreffen:

- Systemebene
  - Abwesenheit des behandelnden Hausarztes im Notdienst
  - fehlende Nutzung ambulanter Behandlung
  - überforderte Pflegeheime
  - Informationsverlust an Schnittstellen
- Arztebene
  - diagnostische Unsicherheit
  - Versagen der ambulanten Behandlung
  - suboptimales Monitoring
- medizinische Ebene
  - unerwünschte Arzneimittelwirkungen
  - medizinischer Notfall
  - somatische Komorbiditäten
  - psychische Komorbiditäten
  - Missbrauch von Substanzen/Wirkstoffen
  - Sturz
- Patientenebene
  - Angst
  - kultureller Hintergrund
  - unzureichende Sprachkenntnisse
  - verspätete Inanspruchnahme von Leistungen
  - Medikationsfehler
  - Arzneimittel-Non-Adhärenz
  - therapeutische Non-Adhärenz
  - kognitive Beeinträchtigung
- soziale Ebene
  - fehlende soziale Unterstützung
  - überfürsorgliche Angehörige
  - überforderte Angehörige

Ansätze zur Verringerung von potenziell vermeidbaren Krankenhausaufenthalten betreffen daher die

- Versorgungsstrukturen
  - Gestaltung der Notfallversorgung (Kap. 5.2)
  - Einsatz von speziell weitergebildeten MFAs (VERAH bzw. NäPa, Kap. 8.4)
- (sektorenübergreifende) Kommunikation an der Schnittstelle zwischen Praxis und Klinik (Kap. 8.3, Kap. 10)
- bessere Beachtung individueller Patientenmerkmale (Multimorbidität, Polymedikation, Hydrationszustand) durch z. B. intensiviertem Case-Management mit Medikationsmanagement (z. B. Kap. 27)
- Selbsteinweiser „erziehen"

8.4 Medizinische Fachangestellte

Medizinische Fachangestellte (MFA) sind in nahezu allen hausärztlichen Praxen in Deutschland beschäftigt. In einer dreijährigen Berufsausbildung werden sie auf die vielfältigen Aufgaben im Bereich der Administration (z. B. Terminmanagement, Abrechnung, Formularwesen), Diagnostik (z. B. Blutabnahmen, Labor) sowie Therapie (z. B. Verbände) vorbereitet. Darüber hinaus gibt es bereits heute Zusatzqualifikationsangebote wie „Versorgungsassistentin in der Hausarztpraxis" (VERAH) oder „Nicht-ärztliche Praxisassistentin" (NäPa). Schwerpunkte der Zusatzqualifikationen sind Patientenschulung (z. B. Diabetesschulung), Praxisorganisation, Hausbesuche und Case-Management. MFA können auf diese Weise arztentlastend tätig werden und dabei einen wesentlichen Beitrag zur optimalen Patientenversorgung leisten. Die Beschäftigung zusätzlich qualifizierter MFA wird von den GKV sowohl im Rahmen hausarztzentrierter Versorgungsmodelle als auch im Rahmen der Regelversorgung nach EBM gesondert vergütet. Die Delegationsvereinbarung der Kassenärztlichen Bundesvereinigung (2013 [4]) regelt dabei explizit delegationsfähige Leistungen (▸ Tab. 8.1).

8.5 Familie

Familienmedizin ist eine wichtige Aufgabe in der hausärztlichen Versorgung (DEGAM-Zukunftsposition Nr. 5; [2], [8]). Krankheit und Gesundheit findet grundsätzlich im sozialen, d. h. in der Regel auch familiären Kontext statt. Im Rahmen der hausärztlichen Tätigkeit kommt es zusätzlich regelmäßig dazu, dass die Familie des Patienten direkt einbezogen wird. Dies zum einen aufgrund des Alters des Patienten (begleitende Eltern bei minderjährigen Patienten bzw. begleitende Kinder bei älteren Patienten), zum anderen aufgrund einer gemeinsamen Konsultation (z. B. Ehepartner, pflegende Angehörige). Familienmedizin steht dabei vor der Herausforderung, die Ressource „Fami-

Tab. 8.1 Beispielkatalog delegierbarer ärztlicher Leistungen in der Hausarztpraxis (Quelle: [3]).

delegierbare ärztliche Tätigkeit	Besonderheiten und Hinweise	typische Mindest-qualifikation
administrative Tätigkeiten, z. B. • Datenerfassung und Dokumentation von Untersuchungsergebnissen und Therapieerfolgen • Unterstützung des Arztes bei der Erstellung von schriftlichen Mitteilungen und Gutachten		• MFA • Schreibkraft • Bürokraft
Anamnesevorbereitung: • standardisierte Erhebung der Anamnese	spätere Überprüfung, ggf. Ergänzung im Patientengespräch durch Arzt	MFA
Aufklärung/Aufklärungsvorbereitung: • Unterstützung bei Vermittlung und Erläuterung standardisierter Informationsmaterialien	spätere Überprüfung, ggf. Ergänzung im Patientengespräch durch den Arzt	MFA

Früherkennungsleistungen:
• im Rahmen von Leistungen zur Früherkennung von Krankheiten bei Erwachsenen:
  ◦ Laboruntersuchungen (Untersuchung auf Blut im Stuhl) im Rahmen der Krebsfrüherkennungsuntersuchung
• im Rahmen von Leistungen zur Früherkennung von Krankheiten bei Kindern und Jugendlichen:
  ◦ Unterstützung bei der Aufklärung der Eltern im Rahmen von Screeninguntersuchungen und Impfungen
  ◦ U1–J2: Seh- und Hörtest, Erfassung Körpermaße
	zuvor persönlicher Arzt-Patienten-Kontakt	MFA

Hausbesuche	zuvor persönlicher Arzt-Patienten-Kontakt	MFA, (ggf. Curricula als Qualifikationsangebot)
intramuskuläre und subkutane Injektionen (auch Impfungen)	in Abhängigkeit von der applizierten Substanz kann die Anwesenheit des Arztes erforderlich sein	MFA
intravenöse Injektionen, intravenöse Infusionen; Anlegen einer Infusion	in Abhängigkeit von der applizierten Substanz; die Anwesenheit des Arztes ist in der Regel erforderlich, die intravenöse Erstapplikation von Medikamenten ist nicht delegierbar	MFA, Kranken- und Gesundheitspfleger
Labordiagnostik • allgemeine Laborleistungen (z. B. Blutzuckermessung, Urintest)		MFA
unterstützende Maßnahmen zur Diagnostik/Überwachung: • Blutentnahme kapillär sowie venös • (Langzeit-)Blutdruckmessung • (Langzeit-)EKG • Lungenfunktionstest/Spirografie • Pulsoxymetrie • Blutgasanalysen • weitere Vitalparameter	bei Risikokonstellationen oder Provokationstests muss der Arzt hinzugezogen werden	MFA
Wundversorgung/Verbandswechsel	initiale Wundversorgung erfolgt durch Arzt; eeitere Wundversorgung nach Rücksprache mit Arzt	MFA, (ggf. Fortbildung oder Curricula)

Tab. 8.1 Fortsetzung

delegierbare ärztliche Tätigkeit	Besonderheiten und Hinweise	typische Mindest-qualifikation
kleine Operationen • Unterstützung bei der Operationsvorbereitung • postoperativ Wund- und Verlaufskontrollen sowie Drainage-überwachung	Rücksprache mit Arzt erforderlich	MFA, (ggf. Fortbildung oder Curricula)
Patientenschulungen im Rahmen der DMP (z. B. Hypertonie, Diabetes, Asthma und COPD)	teilweise aktive Teilnahme der Arztes erforderlich	MFA, jeweils spezifische Schulungsqualifikation erforderlich

lie" zu aktivieren bzw. zu erhalten. Dies kann insbesondere bei der Pflege schwerkranker Angehöriger schwierig sein. Hier sind Verweise auf externe Hilfsangebote, Beratungsstellen oder Selbsthilfegruppen (z. B. Alzheimergesellschaft) hilfreich. Zusätzlich ist auch und gerade gegenüber Familienangehörigen auf die ärztliche Schweigepflicht zu achten.

► **Einbindung der Familie.** Die nähere Familie prägt sowohl das Gesundheitsverhalten (z. B. Ernährung, Bewegung) als auch das Krankheitsverhalten (z. B. Therapieadhärenz) der Patienten. Daraus folgt, dass es in einigen Fällen besonders hilfreich ist, die Familie des Patienten einzubinden:

- ernährungsbedingte Erkrankungen (z. B. Diabetes mellitus)
- Suchtprobleme
- genetische Erkrankung
- palliative Situation
- Schulprobleme, Anpassungsstörung bei Jugendlichen
- Verdacht auf Kindesmisshandlung/-missbrauch

► **Genogramm.** Im Rahmen einer familienmedizinischen Anamnese kann die Erstellung eines Stammbaums (Genogramm) hilfreich sein. Auch bei Verdacht auf genetisch bedingte Erkrankungen kann ein Genogramm erste Hinweise geben.

► **Familienmedizinische Anamnese.** In der Regel geschieht die familienmedizinische Anamnese „nebenbei". Einige Schlüsselfragen können jedoch hilfreich sein, um strukturiert auf familienmedizinische Kontexte einzugehen:

- Hat noch jemand in der Familie dieses Problem?
- Wodurch wurde das Problem aus Ihrer Sicht verursacht?
- Gab es im Verlauf der Erkrankung zusätzliche Veränderungen in Ihrem familiären Umfeld?
- Wie könnte Ihre Familie Sie unterstützen?

Kritische Lebensereignisse wie Scheidung, Tod eines Angehörigen oder die Aufnahme eines zu pflegenden Angehörigen können überdies zur Entstehung von Erkrankungen bei Familienmitgliedern beitragen.

► **Fallbeispiel.** Der 52-jährige Herr K. stellt sich erneut zur DMP-Untersuchung Typ-2-Diabetes mellitus vor. Bisher kam er immer alleine zur Untersuchung, doch dieses Mal begleitet ihn seine Ehefrau. Im Rahmen der Besprechung der aktuellen Blutwerte ergibt sich das Bild, dass die Ehefrau des Patienten aus Unsicherheit über die „richtige Ernährung" bei Diabetes („Angst vor Unterzuckerung"), massive Diätfehler des Patienten provoziert. Durch eine kurze Erläuterung der wichtigsten ernährungsmedizinischen Regeln bei Typ-2-Diabetes gegenüber der Ehefrau ließ sich die Stoffwechselsituation des Patienten deutlich und nachhaltig verbessern (Kap. 30).

8.6 Häusliches Umfeld und soziale Gemeinschaft

8.6.1 Hausbesuch

Ein Hausbesuch ist der Besuch des Arztes in der Wohnung oder Unterkunft eines Patienten zum Zwecke diagnostischer und/oder therapeutischer, auch sozialmedizinischer Hilfen. Die Bedeutung des Hausbesuchs für den Hausarzt liegt auch darin, in die Wohnatmosphäre des Patienten und seiner Familie Einblick nehmen zu können und daraus wichtige Informationen zu erhalten (z. B. psychosoziale Struktur der Familie, mögliche Verbesserungen des Wohnumfelds bei Behinderten).

► **Anlässe.** Unter den Patienten, die einen Hausbesuch benötigen, dominieren alte Menschen mit chronischen Krankheiten oder akuten Beschwerden und eingeschränkter Mobilität. Sehr häufig ist ein Hausbesuch bei Pflegebedürftigkeit. Typische Anlässe sind:

- akute Erkrankungen im häuslichen Bereich, bei denen dem Patienten der Transport in die nächstliegende Praxis oder das Krankenhaus ohne die Gefahr einer Verschlimmerung der Krankheit nicht zugemutet werden kann
- alter, kranker, bewegungsbehinderter, pflegebedürftiger Patient; hier ist der Hausbesuch nicht nur erforderlich zur Sicherung der ärztlichen Versorgung, sondern stellt für den Patienten einen psychologisch wichtigen „Sicherheitsfaktor" dar („der Hausarzt kommt, wenn ich ihn benötige")

► **Formen.** Hieraus resultieren die verschiedenen Formen der Hausbesuche:

- Bei einem **dringenden Besuch** lässt der Zustand des Kranken keinen Aufschub des Hausbesuchs zu (Symptome eines abwendbar gefährlichen Verlaufs).
- Ein **normaler Besuch** oder **Routinebesuch** ist der typische Hausbesuch im Rahmen einer Langzeitbetreuung chronisch Kranker oder als Folgebesuch bei akut auftretenden Erkrankungen, z. B. Pneumonien.
- Der Besuch eines **weiteren Kranken derselben sozialen Gemeinschaft** ergibt sich im Rahmen einer Hausbesuchstätigkeit in Alten- und Pflegeheimen oder auch in häuslichen Bereichen, wenn die Indikation zur Mitbetreuung und Mitbehandlung von Familienangehörigen oder Mitbewohnern gegeben ist.
- Der **Besuch durch die MFA bzw. die NäPa/VERAH** kann z. B. zur Blutentnahme oder zur Verabreichung von Injektionen angeordnet werden. Seit 2015 kann die NäPa mit dem neuen EBM nach Genehmigung durch die zuständige Kassenärztliche Vereinigung ärztlich angeordnete Hilfeleistungen in der Häuslichkeit der Patienten, in Alten- oder Pflegeheimen oder in anderen beschützenden Einrichtungen verrichten (Kap. 8.4).

8.6.2 Pflegebedürftigkeit

► **Bedeutung.** Die Zahl der Pflegebedürftigen steigt seit Jahren. Gemäß Pflegereport der BARMER GEK gab es 2013 über 2,5 Millionen Pflegebedürftige [7]. Diese Zahl wird gemäß Prognosen auf mehr als 4,5 Millionen bis zum Jahr 2050 ansteigen. Aktuell gibt es über 12 000 ambulante Pflegedienste mit nahezu 300 000 Beschäftigten und ebenfalls über 12 000 stationäre Pflegeheime mit über 660 000 Beschäftigten.

► **Behandlungsfälle.** Die Versorgung von Patienten in stationären Pflegeeinrichtungen ist eine Herausforderung für Hausärzte, aber auch für das ganze Versorgungssystem. Hochrechnungen zufolge werden in über 90 % der Pflegeheime in Deutschland die Bewohner durch niedergelassene Ärzte, v. a. Hausärzte versorgt. Daten zur Anzahl von Behandlungsfällen, definiert als Anzahl von Quartalsabrechnungen, zeigen, dass im Mittel jeder Bewohner mindestens einmal pro Quartal Kontakt mit dem Hausarzt hat (Mittelwerte von 4,0–4,5 Behandlungsfällen pro Versichertenjahr).

► **Angemessene Versorgung.** Nur knapp ein Fünftel der Einrichtungen haben feste Vereinbarungen mit niedergelassenen Ärzten. Patienten haben durchschnittlich 4–5 chronische Krankheiten, Studiendaten aus 2005 weisen darauf hin, dass zwischen 30 und 40 % der Heimbewohner mindestens einmal pro Jahr in ein Krankenhaus verlegt werden [1]. Sowohl in absoluten als auch in relativen Zahlen nehmen die Einsätzen des öffentlichen Rettungsdienstes in Pflegeheimen zu. Es scheint wahrscheinlich, dass sowohl ein Teil der Krankenhausaufnahmen als auch ein Teil der Rettungsdiensteinsätze bei adäquater medizinischer Versorgung vermeidbar sind. Die Organisation einer angemessenen Versorgung der Patienten, die sowohl Unterversorgung als auch Überversorgung und dabei eine angemessene Vergütung des Hausarztes bzw. des Fachspezialisten erfüllt, gehört zu den schwierigen Aufgaben der Ärzteschaft in der Versorgung als auch der Entscheidungsträger (KBV und Krankenkassen).

8.7 Literatur

[1] Balzer K, Butz S, Bentzel J et al. Beschreibung und Bewertung der fachärztlichen Versorgung von Pflegeheimbewohnern in Deutschland. Im Internet: portal.dimdi.de/de/hta/hta_berichte/hta298_bericht_de.pdf; Stand: 23.10.2015

[2] Deutsche Gesellschaft für Allgemeinmedizin und Familienmedizin. DEGAM-Zukunftspositionen Allgemeinmedizin – spezialisiert auf den ganzen Menschen. Im Internet: www.degam.de/files/Inhalte/Degam-Inhalte/Ueber_uns/Positionspapiere/DEGAM_Zukunftspositionen.pdf; Stand: 23.10.2015

[3] Kassenärztliche Bundesvereinigung, k.d.ö.R., Berlin und GKV-Spitzenverband, k.d.ö.R., Berlin. Anlage 24 zum Bun-

8

desmantelvertrag Ärzte: Vereinbarung über die Delegation ärztlicher Leistungen an nicht ärztliches Personal in der ambulanten vertragsärztlichen Versorgung gemäß §28 Absatz 1 S. 3 SGB V vom 1. Oktober 2013. Stand: 01.01.2015.

[4] KBV, GKV-Spitzenverband. Vereinbarung über die Delegation ärztlicher Leistungen an nichtärztliches Personal in der ambulanten vertragsärztlichen Versorgung gemäß §28 Abs. 1 S. 3 SGB V vom 1. Oktober 2013 Stand: 1. Januar 2015. Im Internet: www.kbv.de/media/sp/24_Delegation.pdf; Stand: 23.10.2015

[5] Riens B, Erhard M, Mangiapane S. Arztkontakte im Jahr 2007. Zentrainstitut für die Kassenärztliche Versorgung in Deutschland (Zi). Versorgungsatlas Bericht Nr. 12/02. Im Internet:www.versorgungsatlas.de/fileadmin/ziva_docs/14/Arztkontakte_Bericht_Langversion.pdf; Stand: 30.06.2015

[6] Rosemann T, Rüter G, Wensing M et al. Überweisungen vom Hausarzt zum Facharzt: Naht- oder Bruchstelle? Dtsch Ärztebl 2006; 103: A2387–2392

[7] Rothgang H, Müller R, Mundhenk R et al., Barmer Ersatzkasse. Barmer GEK Pflegereport 2014. Im Internet: presse.barmer-gek.de/barmer/web/Portale/Presseportal/Subportal/Presseinformationen/Archiv/2014/141 125-Pflegereport/PDF-Pflegereport-2014,property = Data.pdf; Stand: 23.10.2015

[8] Wilm S. Familienmedizin. Im Internet: www.familien-medizin.org/familienmedizin; Stand: 23.10.2015

9 Rechtliche Bestimmungen

S. Bilger

9.1 Arztrecht

Die ärztliche Berufsausübung wird in sehr unterschiedlichen Gesetzen geregelt. Während die Heilberufekammergesetze der Bundesländer die Rechtsgrundlage für die ärztliche Selbstverwaltung (Ärztekammern) darstellen, beruht das Verhältnis zwischen Arzt und Patient auf den Regelungen des Bürgerlichen Gesetzbuchs. Arzt und Patient schließen demnach einen Dienstvertrag (§ 611 ff. BGB). Der Arzt schuldet dem Patienten eine gewissenhafte Behandlung, aber kein bestimmtes Behandlungsergebnis (Beispiel kosmetische Operation). Der Arzt ist nicht verpflichtet, einen bestimmten Patienten zu behandeln (außer in Notfällen).

Das Strafgesetz (§ 203 StGB) verpflichtet den Arzt und seine Mitarbeiter zur Verschwiegenheit. Die ärztliche Schweigepflicht umfasst alle Umstände der Behandlung und gilt prinzipiell gegenüber jedermann, auch gegenüber Angehörigen und Vertrauenspersonen des Patienten und auch über den Tod des Patienten hinaus. Auskünfte über die ärztliche Behandlung (z. B. gegenüber Versicherungen) setzen eine Schweigepflichtentbindung durch den Patienten voraus. In bestimmten Fällen gibt es aber auch eine gesetzliche Meldepflicht.

Für die Honorierung der ärztlichen Leistungen ist die Gebührenordnung für Ärzte (GOÄ) verbindlich. Diese gilt allerdings nicht für Versicherte der gesetzlichen Krankenversicherungen. Für diese gelten die Bestimmungen des Sozialgesetzbuchs V (das darüber hinaus viele Details der vertragsärztlichen Behandlung regelt). Weitere gesetzliche Regelungen sind u. a. das Patientenrechtegesetz, das Infektionsschutzgesetz, die Röntgenverordnung und das Arzneimittelgesetz.

9.2 Berufsordnung der Ärzte

▶ **Kammerrecht.** Die ärztliche Berufsordnung ist ein Teil des Kammerrechts. Wie auch bei anderen verkammerten Berufen (Modell Handwerkskammer) haben die Bundesländer mit den Heilberufekammergesetzen Teile der gesetzlichen Befugnisse an die Ärztekammern als Körperschaften des öffentlichen Rechts übertragen. Dies sind insbesondere das Weiterbildungsrecht (Anerkennung und Führen von Facharztbezeichnungen) und die ärztliche Berufsordnung.

▶ **Regelungen.** Die Berufsordnung regelt die Rechte und Pflichten der Ärzte gegenüber den Patienten, den Berufskollegen und der Ärztekammer, u. a. zu folgenden Punkten:

- Pflicht zur gewissenhaften Berufsausübung
- Schweigepflicht
- Fortbildungspflicht
- Verbot unlauterer Werbung
- Regelung gemeinsamer Praxisausübung
- Regelungen zum beruflichen Verhalten

Die Einhaltung dieser Regelungen wird durch die Ärztekammern überwacht. Verstöße (soweit sie nicht strafrechtlich relevant sind, denn da endet das Berufsrecht der Kammern) können ggf. mit Disziplinarverfahren (Geldbußen) geahndet werden.

9.3 Gesetzliche Krankenversicherung

Die Gesetzliche Krankenversicherung (GKV) wurde in Deutschland von Otto von Bismarck 1883 eingeführt und ist neben der Renten-, Arbeitslosen-, Unfall- und Pflegversicherung Teil des deutschen Sozialversicherungssystems. Sie ist eine Pflichtversicherung für alle Arbeitnehmer. Ehegatten und Kinder ohne eigenes Einkommen sind in der Regel beitragsfrei mitversichert.

▶ **Leistungsumfang.** Der Leistungsumfang der GKV ist einheitlich im SGB V definiert. Danach müssen die Leistungen ausreichend, zweckmäßig und wirtschaftlich sein und dürfen das Maß des Notwendigen nicht überschreiten. Darüber hinaus kann eine Krankenkasse aber auch in bestimmten Umfang freiwillige Leistungen als Satzungsleistungen anbieten, etwa für Prävention, Impfungen, häusliche Krankenpflege oder Haushaltshilfen. Zum Leistungsumfang der GKV gehören:

- die Krankenbehandlung (ambulant und stationär einschließlich der Versorgung mit Arzneimitteln, Heil- und Hilfsmitteln, Zahnersatz usw.)
- Leistungen zur Verhütung von Krankheiten (Prävention)
- Empfängnisverhütung und Sterilisation
- Leistungen der Früherkennung von Krankheiten
- medizinische Rehabilitation

- Leistungen bei Schwangerschaft und Mutterschaft
- Fahrtkosten und Krankengeld

▸ **Sachleistungsprinzip.** Für die Versicherten gilt das Sachleistungsprinzip, d. h., nach Vorlage des Versicherungsnachweises (Krankversichertenkarte bzw. „Gesundheitskarte") werden die Kosten den Leistungserbringern von den Kassen direkt erstattet. Nur für einzelne Leistungen (z. B. Krankengeld) erfolgt eine Zahlung direkt an die Versicherten (Kap. 14.1.1).

▸ **Gemeinsamer Bundesausschuss.** Eine wichtige Rolle bei der Definition des Leistungsumfangs spielt der Gemeinsame Bundesausschuss (GBA) nach § 92 SGB V. Er entscheidet in zahlreichen Einzelfällen über die Erstattung von Leistungen durch die GK. Dazu beschließt er die Arzneimittelrichtlinie, die Heilmittelrichtlinie und die Hilfsmittelrichtlinie, die regelmäßig aktualisiert werden. Außerdem urteilt er über neue Untersuchungs- und Behandlungsverfahren. Obwohl die Entscheidungen des GBA keine Gesetzeskraft haben, sind sie für die Versicherten und die Akteure der GKV bindend (untergesetzlicher Normencharakter). Der GBA besteht aus 13 Mitgliedern, 5 Vertretern der Krankenkassen, 5 der Leistungserbringer (Ärzte, Krankenhaus) und 3 Unparteiischen. Außerdem nehmen bis zu 5 Patientenvertreter (ohne Stimmrecht) an den Beratungen teil.

9.4 Privatärztliche Versorgung

Selbstständige, Beamte und Arbeitnehmer, deren Einkommen die Jahresarbeitsentgeltgrenze (im Jahr 2 015 54 900 Euro jährlich) übersteigt, können zwischen einer privaten Krankenversicherung (PKV) und der freiwilligen Mitgliedschaft in der GKV wählen. Dabei gelten allerdings Einschränkungen: Wer sich für die PKV entschieden hat, kann später (wenn die Beiträge steigen) nicht in die gesetzliche zurückkehren. Während die Tarife der GKV vom Gesetzgeber in Abhängigkeit vom Einkommen festgelegt und die Leistungen definiert sind, bietet die PKV unterschiedliche Tarife (mit unterschiedlichen Erstattungssätzen, Selbstbeteiligung usw.). Bei Beamten übernimmt die staatliche Beihilfe einen definierten Anteil der Behandlungskosten, sodass nur ein bestimmter Kostenanteil privat versichert werden muss. Entsprechend der unterschiedlichen Risikokalkulation sind die Versicherungsprämien im jüngeren Lebensalter meist günstiger, steigen aber im Lauf der Zeit an (Kap. 14.1.2).

10 Hausärztliche Versorgung

S. Bilger, P. Engeser

10.1 Kassenärztliche Versorgung

▸ **Vertragsarzt und Zulassung.** Während früher zwischen Kassenärzten (mit Zulassung für die Pflichtkassen AOK, IKK, BKK u. a.) und Vertragsärzten (für die Ersatzkassen DAK, Barmer, TKK u. a.) unterschieden worden ist, gilt heute einheitlich die Bezeichnung Vertragsarzt. Der Vertragsarzt benötigt eine Zulassung, die beim zuständigen Zulassungsausschuss (paritätisch besetzt mit Vertretern der Krankenkassen und der Kassenärztlichen Vereinigung) beantragt werden muss, um Versicherte der GKV behandeln zu können. Die Zulassung unterliegt der Bedarfsplanung. Das bedeutet, dass eine Niederlassung in rechnerisch überversorgten Regionen nur möglich ist, wenn ein zugelassener Arzt ausscheidet und dessen Sitz übernommen wird.

▸ **Hausärztliche Versorgung.** In § 73 Abs. 1 SGB V wird die Gliederung in die hausärztliche und die fachärztliche Versorgung für die GKV definiert:

„Die hausärztliche Versorgung beinhaltet insbesondere
1. die allgemeine und fortgesetzte ärztliche Betreuung eines Patienten in Diagnostik und Therapie bei Kenntnis seines häuslichen und familiären Umfeldes; Behandlungsmethoden, Arznei- und Heilmittel der besonderen Therapierichtungen sind nicht ausgeschlossen,
2. die Koordination diagnostischer, therapeutischer und pflegerischer Maßnahmen,
3. die Dokumentation, insbesondere Zusammenführung, Bewertung und Aufbewahrung der wesentlichen Behandlungsdaten, Befunde und Berichte aus der ambulanten und stationären Versorgung,
4. die Einleitung oder Durchführung präventiver und rehabilitativer Maßnahmen sowie die Integration nichtärztlicher Hilfen und flankierender Dienste in die Behandlungsmaßnahmen.“

An der hausärztlichen Versorgung nehmen vor allem Allgemeinärzte, Kinderärzte und Internisten ohne Schwerpunktbezeichnung teil.

▸ **Facharzt und Gebietsarzt.** Der Begriff des Facharztes im Sozialgesetzbuch ist missverständlich (auch Allgemeinärzte sind nach ärztlicher Berufsordnung Fachärzte). Daher bevorzugen wir die Bezeichnung Gebietsarzt, da sich diese Fachspezialisten auf ihr Gebiet zu beschränken haben. Im Unterschied zu zahlreichen Ländern, in denen Gebietsärzte überwiegend an Krankenhäusern tätig sind, gibt es in Deutschland eine große Zahl niedergelassener Gebietsärzte. Ihr Anteil an den Vertragsärzten macht inzwischen mehr als 60 % aus. Darunter fallen auch die ermächtigten Ärzte (meist leitende Krankenhausärzte mit exakt geregeltem Versorgungsumfang).

10.2 Privatärztliche Versorgung

Im privatärztlichen Bereich gibt es keine Definition des primärärztlichen Versorgungsbereichs. Deshalb kann jeder Arzt Privatpatienten (vorwiegend Selbstständige und Beamte und deren Familienangehörige) behandeln. Er benötigt lediglich eine Praxisadresse, die der Ärztekammer anzuzeigen ist (eine Ausübung der Heilkunde „im Umherziehen“ ist laut ärztlicher Berufsordnung nicht zulässig). Für die Abrechnung seiner Leistungen ist der Arzt an die Vorschriften der GOÄ (Gebührenordnung für Ärzte) gebunden.

10.3 Gesetzliche Unfallversicherung

Bei Arbeits-, Wegeunfällen und Berufskrankheiten ist die Gesetzliche Unfallversicherung (Berufsgenossenschaft – BG) für die Behandlung zuständig. In der Regel geschieht dies durch einen von der BG ermächtigten D-Arzt („Durchgangsarzt“). Bagatellverletzungen können auch von Hausärzten behandelt werden, die dann diese Leistungen über die BG abrechnen müssen. Die Abrechnung über die Krankenkasse ist in solchen Fällen nicht möglich.

10.4 Hausarztzentrierte Versorgung

Im § 73b SGB V verpflichtet der Gesetzgeber die Krankenkassen, eine besondere hausärztliche Versorgung (hausarztzentrierte Versorgung – HzV) anzubieten. Es handelt sich um ein Primärarztsystem, bei dem die Versicherten sich bei einem Hausarzt einschreiben und andere Ärzte nur auf Überweisung in Anspruch nehmen. Die Teilnahme ist für Ärzte und Patienten freiwillig.

▸ **Qualitätsanforderungen an Ärzte.** Die teilnehmenden Ärzte müssen bestimmte Qualitätsanforderungen erfüllen, die über die vom Gemeinsamen Bundesausschuss sowie in den Bundesmantelverträgen geregelten Anforderungen an die hausärztliche Versorgung nach § 73 hinausgehen. Insbesondere müssen sie regelmäßig an hausarztspezifischen Fortbildungen teilnehmen und hausarztspezifische Leitlinien berücksichtigen.

▸ **Vergütung.** Die Vergütung erfolgt nicht über die Kassenärztliche Vereinigung (KV), sondern direkt zwischen den Krankenkassen und der Managementgesellschaft der Hausärzte. Vom EBM abweichende Vergütungsregelungen sind möglich. In der Praxis handelt es sich um weitgehende Pauschalierungen mit wenigen Einzelleistungen. Insbesondere die Tatsache, dass diese Vergütung deutlich höher ist als im KV-System, hat zu erheblichem Widerstand vieler Krankenkassen geführt, die sich zunächst geweigert hatten, die gesetzlichen Regelungen umzusetzen. Erst durch ein Schiedsverfahren konnten HzV-Verträge bundesweit umgesetzt werden. Insbesondere in Baden-Württemberg (wo die AOK die HzV aktiv unterstützt) konnte gezeigt werden, dass die höhere ärztliche Vergütung durch Einsparungen in anderen Bereichen (Ausgaben für Arzneimittel, Krankenhausbehandlung) vollständig ausgeglichen wird.

▸ **Vorteile.** Durch die verbindliche Einschreibung bei einem Hausarzt stärkt die HzV seine Rolle als Familienarzt, der aufgrund langjähriger Kenntnis des Patienten und seines sozialen Umfelds eine umfassende, auch psychosoziale Versorgung wahrnehmen kann (hermeneutisches Fallverständnis). Insbesondere bei chronisch Kranken verringert die Koordination der Behandlung durch den Hausarzt das Risiko von Unter-, Über und Fehlversorgung („Facharzttourismus“).

10.5 Verträge der integrierten Versorgung

Die integrierte Versorgung (nach § 140 SGB V) ist eine neue, sektorenübergreifende Versorgungsform, an der neben Kliniken und gebietsärztlichen Spezialisten auch Hausärzte teilnehmen können. Es handelt sich meist um indikationsbezogene Verträge der Krankenkassen mit verschiedenen Leistungserbringern (z. B. für die Behandlung nach Gelenkendoprothetik). Erklärtes Ziel ist es, die Behandlungsabläufe zu optimieren und die Ergebnisse durch ein „Case-Management“ zu verbessern. Obwohl inzwischen zahlreiche Verträge zur integrierten Versorgung bestehen, ist ihre Relevanz für die hausärztliche Praxis gering.

11 Formen der Praxisausübung

S. Bilger, P. Engeser

11.1 Einzelpraxis

Nach wie vor ist die Einzelpraxis die verbreitetste Form der der ärztlichen Berufsausübung im ambulanten Bereich (▶ Abb. 11.1). Sie entspricht für viele dem Ideal des Arztes als freiem Beruf und bietet die größte Flexibilität, die ärztliche Tätigkeit nach eigenen Wünschen und Vorstellungen zu gestalten. Dies betrifft insbesondere Leistungsspektrum, Praxisausstattung, Praxisorganisation, Sprechzeiten, Urlaubsplanung und Beschäftigung des Personals. Der Praxisinhaber ist in jeder Hinsicht wirtschaftlich selbstständig, allerdings auch für die Finanzierung verantwortlich. Auch als Einzelpraxis kann man mit anderen Ärzten kooperieren, z. B. als Praxisgemeinschaft oder in Praxisnetzen. 53,8 % der neu gegründeten Praxen im Osten und 47 % im Westen sind Einzelpraxen.

11.2 Gemeinschaftspraxis

Die Gemeinschaftspraxis (▶ Abb. 11.1) ist die häufigste Form der sog. „Berufsausübungsgemeinschaft" (BAG). In einer BAG schließen sich mehrere Ärzte der gleichen oder unterschiedlicher Fachrichtungen (auch Psychotherapeuten) zusammen mit dem Ziel, gemeinsam Patienten zu behandeln. Eine Gemeinschaftspraxis muss durch den Zulassungsausschuss genehmigt werden.

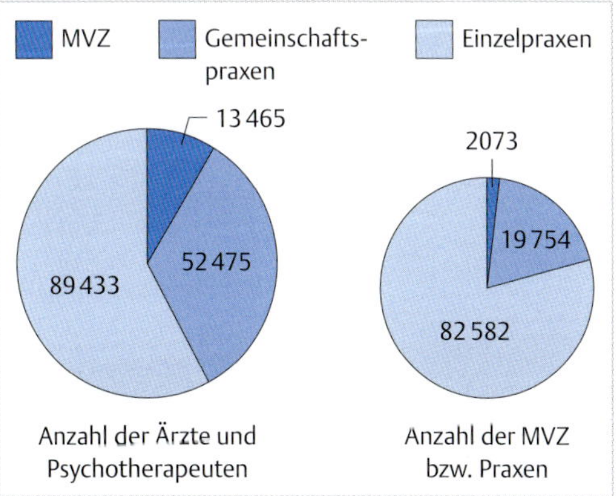

Abb. 11.1 Anzahl von Ärzten und Psychotherapeuten in Einzelpraxen, Gemeinschaftspraxen und medizinischen Versorgungszentren (MVZ). [1].

Die Partner einer BAG bilden wirtschaftlich und organisatorisch eine Einheit. Sie führen eine gemeinsame Patientenkartei, rechnen über eine gemeinsame Abrechnungsnummer ab, haften gemeinsam und treten nach außen als eine Praxis auf. Sie arbeiten aber eigenverantwortlich und medizinisch unabhängig. Eine Gemeinschaftspraxis ist vor allem sinnvoll, wenn das Behandlungsspektrum einheitlich ist oder sich inhaltlich ergänzt.

Vorteile einer BAG sind die größere Flexibilität bei Sprechzeiten und Urlaub und eine bessere Wirtschaftlichkeit durch gemeinsame Nutzung von Räumen und Geräten. Das neue Vertragsarztrecht ermöglicht auch die Bildung überörtlicher Gemeinschaftspraxen und die Einrichtung von Filialpraxen (Zweitsprechstunden).

11.3 Gruppenpraxis

Die „Gruppenpraxis" ist kein definierter Begriff des Sozialrechts. Meist versteht man hierunter Zusammenschlüsse von Ärzten unterschiedlicher Fachrichtungen entweder als BAG (Gemeinschaftspraxis, Kap. 11.2) oder als Praxisgemeinschaft (auch Mischformen). Bei einer Praxisgemeinschaft nutzen Ärzte gemeinsam Praxisräume, Geräte und Personal, arbeiten jedoch selbstständig, führen eine eigene Patientenkartei und rechnen über eine eigene Arztnummer ab. Aus haftungsrechtlichen Gründen sollte dabei alles vermieden werden, was gegenüber den Patienten den Eindruck einer gemeinsamen Berufsausübung erwecken könnte. Eine Vertretung bei Abwesenheit und im Urlaubs-/Krankheitsfall ist möglich.

11.4 Angestellter Arzt

Der Anteil angestellter Ärzte in der ambulanten Versorgung steigt derzeit rasch an. Die Tätigkeit im Angestelltenverhältnis erscheint insbesondere für den ärztlichen Nachwuchs attraktiv, weil damit kein unternehmerisches Risiko und eine geringere wirtschaftliche Verantwortung verbunden sind. Auch die Anstellung eines Arztes bedarf der Genehmigung durch den Zulassungsausschuss und ist an bestimmte Voraussetzungen gebunden (Weiterbildung, Entlastungsassistent). Eine Anstellung ohne diese Voraussetzungen unterliegt der Bedarfsplanung. In Bezirken mit Zulassungsbeschränkung ist dazu ein freier Arztsitz erforderlich.

11.5 Medizinisches Versorgungszentrum

Seit 2003 bestehen die vom Gesetzgeber geschaffenen Medizinischen Versorgungszentren (MVZ, ▶ Abb. 11.1) als neue Organisationsform. Ein MVZ kann von zugelassenen Ärzten, von zugelassenen Krankenhäusern, von Dialyseeinrichtungen oder zugelassenen oder ermächtigten gemeinnützigen Trägern gegründet werden. Es muss unter ärztlicher Leitung stehen und kann auch angestellte Ärzte beschäftigen. Damit soll insbesondere die interdisziplinäre Behandlung entsprechend dem Vorbild der Polikliniken der DDR gefördert werden. Als Rechtsform sind Personengesellschaften, eingetragene Genossenschaften und Gesellschaften mit beschränkter Haftung erlaubt (nicht jedoch Aktiengesellschaften). Mit dem GKV-SG 2015 werden auch Kommunen als Träger eines MVZ zugelassen. Die Regelung, dass Ärzte mindestens 2 unterschiedlicher Fachrichtungen beteiligt sein müssen, fällt weg (es sind also auch rein hausärztliche MVZ möglich).

Kritisch zu sehen sind Gründung und Betrieb eines MVZ durch Krankenhäuser, die dann häufig nur eine eingeschränkte Versorgung (auch mit Einbeziehung von Hausärzten) übernehmen. Zu beachten sind die rechtliche (Zulassung durch den Zulassungsausschuss) und auch steuerliche Aspekte (ggf. Umsatz- und Gewerbesteuerpflicht).

11.6 Praxisvertretungen

Die Vertretung eines Vertragsarztes kann nur ein Arzt der gleichen Fachrichtung übernehmen. Ärzte in fortgeschrittener Weiterbildung können ebenfalls die Vertretung übernehmen, wenn der Praxisinhaber sich von ihrer Eignung überzeugt hat. Eine Vertretung ist grundsätzlich nur möglich bei Urlaub, Fortbildung, Krankheit, Teilnahme an einer Wehrübung und in Zeiten des Mutterschutzes und Elternzeiten. Vertretungen von einer Woche und mehr sind der zuständigen KV anzuzeigen.

11.7 Literatur

[1] Kassenärztliche Bundesvereinigung (KVB). MVZ-Statistik der KBV/Bundesarztregister. Im Internet: www.kbv.de/html/mvz.php; Stand: 31.12.2014

12 Qualitätsmanagement in der Hausarztpraxis

12.1 Definition von Qualität

E. Flum, D. Ose

Die Verbesserung und Gewährleistung von Qualität in der gesundheitlichen Versorgung gewinnt immer stärker an Bedeutung. Allerdings ist es bis heute nicht gelungen, ein allgemein akzeptiertes und tragfähiges Qualitätsverständnis zu etablieren. Stattdessen ist die Qualitätsdiskussion oft durch sehr unterschiedliche Perspektiven und Ansätze geprägt. Die Versuche, sich dem Begriff Qualität anzunähern, reichen dabei von umgangssprachlichen Wortdeutungen bis hin zu detaillierten Definitionen. Im Sinne der Deutschen Gesellschaft für Qualität e. V. ist Qualität die Gesamtheit von Merkmalen (und Merkmalswerten) einer Einheit bezüglich ihrer Eignung, festgelegte und vorausgesetzte Erfordernisse zu erfüllen. Qualität bezeichnet damit die realisierte Beschaffenheit einer Einheit bezüglich der Qualitätsforderung. Anders formuliert: Die Beurteilung dessen, was „Qualität" im Einzelnen meint, hängt davon ab, welche Anforderungen an „Qualität" gestellt werden.

▸ **AHRQ-Definition.** Auch bezogen auf die gesundheitliche Versorgung gibt es zahlreiche Definitionsansätze. Eine der bekanntesten stammt von der AHRQ (Agency for Healthcare Research and Quality). Danach bedeutet Qualität in der gesundheitlichen Versorgung und aus ärztlicher Perspektive:

Doing the right thing, for the right patient, at the right time, in the right way to achieve the best possible result.

Dieses Verständnis von Qualität beinhaltet auch, dass Patienten immer dann medizinische Versorgung erhalten, wenn sie diese benötigen und in einem Umfang, der ihrem Bedarf entspricht. Auf der anderen Seite bedeutet Qualität im Sinne der AHRQ aber auch, die richtige Balance zu finden. Sowohl Unter-, Über- als auch Fehlversorgung sollen auf jeden Fall vermieden werden.

▸ **IOM-Definition.** Während diese Definition der AHRQ eher ein übergeordnetes Verständnis von Qualität vermittelt, werden in der Definition der IOM (Institute of Medicine) konkrete Aspekte genannt, durch welche Qualität in der Medizin gekennzeichnet sind. Danach bedeutet Qualität in der medizinischen Versorgung, dass diese sicher, effektiv, patientenorientiert, rechtzeitig, effizient und gerecht ist (▸ Tab. 12.1).

▸ **GKV-Verständnis.** Im Verständnis der GKV in Deutschland haben Leistungen zur medizinischen Vorsorge oder Rehabilitation die erforderliche Qualität, wenn sie die Ziele der medizinischen Vorsorge und Rehabilitation erreichen, ausreichend, zweckmäßig und wirtschaftlich sind und sie dem aktuellen, allgemein anerkannten Stand der medizinischen Erkenntnisse entsprechen.

12.2 Rechtlicher Hintergrund

E. Flum, D. Ose

Die an der vertragsärztlichen Versorgung teilnehmenden Ärzte, Psychotherapeuten und medizinischen Versorgungszentren sind verpflichtet (§ 135a Abs. 2 Nr. 2 SGB V), ein einrichtungsinternes Qualitätsmanagement (QM) einzuführen und weiterzuentwickeln. Dabei hat der Aufwand in einem angemessenen Verhältnis, insbesondere in Bezug auf die personelle und strukturelle Ausstattung zu stehen. Die grundsätzlichen Anforderungen an ein einrichtungsinternes QM bestimmt der

Tab. 12.1 Merkmale von Qualität in der Medizin.

Merkmal	Beschreibung
sicher	Vermeidung von Fehlern und Verletzungen
effektiv	Behandlung auf Grundlage wissenschaftlicher Erkenntnisse
patientenorientiert	Berücksichtigung von Wünschen und Werten von Patienten
rechtzeitig	Vermeidung von Wartezeiten und Verzögerungen
effizient	Vermeidung von Verschwendung (Geräte, Material, Zeit)
gerecht	unabhängig von individuellen Merkmalen (z. B. Alter, Ethnizität)

12

Gemeinsame Bundesausschuss (GBA) durch Richtlinien (§ 92 i. V. m. § 137 Abs. 1 Nr. 1 SGB V). Soweit sich die Vorschriften dieser Richtlinien auf Vertragsärzte beziehen, gelten sie entsprechend für alle an der vertragsärztlichen Versorgung teilnehmenden Ärzte, Psychotherapeuten und medizinischen Versorgungszentren.

12.3 Qualitätsmanagement-Systeme und Praxiszertifizierung

E. Flum, D. Ose

Die Einführung und Weiterentwicklung eines einrichtungsinternen QM dient der kontinuierlichen Sicherung und Verbesserung der Qualität der medizinischen Versorgung. Dies erfordert bei allen Aktivitäten eine systematische Patientenorientierung. Durch die Identifizierung relevanter Abläufe, deren systematischer Darlegung und dadurch hergestellter Transparenz sollen Risiken erkannt und Probleme vermieden werden. Dazu werden in der GBA-Richtlinie Grundelemente und Instrumente des QM festgelegt. In der 2014 überarbeiteten Fassung (ÄQM-RL) wurden zudem Mindeststandards für Risikomanagement und Fehlermeldesysteme ergänzt und Bedeutung von Elementen wie „Einbindung der Praxismitarbeiter", „Schulung und Training" sowie das Hygienemanagement besonders betont.

► **QM-Grundelemente.** Die Grundelemente eines einrichtungsinternen QMs sind entsprechend der GBA-Richtlinie:

- im Bereich „Patientenversorgung":
  - Ausrichtung der Versorgung an fachlichen Standards und Leitlinien entsprechend dem jeweiligen Stand der wissenschaftlichen Erkenntnisse
  - Patientenorientierung, Patientensicherheit, Patientenmitwirkung, Patienteninformation und -beratung
  - Strukturierung von Behandlungsabläufen
- im Bereich „Praxisführung/Mitarbeiter/Organisation":
  - Regelung von Verantwortlichkeiten
  - Mitarbeiterorientierung (z. B. Arbeitsschutz, Fort- und Weiterbildung, Schulung und Training)
  - Praxismanagement (z. B. Terminplanung, Datenschutz, Fluchtplan)
  - Hygienemanagement (u. a. Hygiene- und Hautschutzplan)
  - Gestaltung von Kommunikationsprozessen (intern/extern) und Informationsmanagement inkl. Risikokommunikation
  - Kooperation und Management der Schnittstellen in der Versorgung
  - Integration bestehender Qualitätssicherungsmaßnahmen in das interne Qualitätsmanagement

Eine Zertifizierung ist weiterhin nicht verbindlich gefordert, aber auf freiwilliger Basis möglich. Dazu stehen verschiedene QM-Systeme für die Hausarztpraxis zur Verfügung (► Tab. 12.2).

Merke

Allen QM-Systemen gemeinsam ist der Ansatz, den aktuellen Status quo zu erfassen, individuell für die Praxis Qualitätsziele und dafür geeignete Maßnahmen zur Qualitätsverbesserung festzulegen, zu dokumentieren und umzusetzen.

Anschließend ist vorgesehen, die Zielerreichung zu überprüfen (Soll-Ist-Abgleich) und ggf. die Maßnahmen im Sinne des Plan-Do-Check-Act (PDCA)-Zyklus anzupassen. Für eine stärkere Mitarbeiter- und Patientenorientierung beinhalten einige QM-Systeme eine Mitarbeiter- bzw. Patientenbefragung.

12.4 Instrumente der Qualitätsförderung

E. Flum, D. Ose

Qualitätssichernde, externe Maßnahmen („top down", z. B. gesetzliche Richtlinien oder Vorschriften) werden durch interne Prozesse der Qualitätsförderung („bottom up") ergänzt. Dabei ist die kontinuierliche, regelmäßige Fortbildung des gesamten Praxisteams essenziell, um eine qualitativ hochwertige Patientenversorgung zu gewährleisten.

Tab. 12.2 Beispiele für etablierte QM-Systeme in der Hausarztpraxis (Stand 07/2015).

	DIN EN ISO	Europäisches Praxisassessment (EPA)	Hausärztliches Qualitätsmanagement (HÄQM)	KTQ	QEP
Entwickler	Deutsches Institut für Normung, Internationale Standardisierungsorganisation	unterschiedliche wissenschaftliche Institutionen mit QM-Expertise u. a. AQUA-Institut, Bertelsmann Stiftung, TOPAS Europe	bayerischer Hausärzteverband	KTQ = Kooperation für Transparenz und Qualität im Gesundheitswesen (Verbände der Kranken- und Pflegekassen auf Bundesebene, Bundesärztekammer, Deutsche Krankenhausgesellschaft, Deutscher Pflegerat)	Kassenärztliche Bundesvereinigung, Kassenärztliche Vereinigungen
Hintergrund	branchenunabhängige Qualitätsnorm, Umsetzung auf konkrete Anforderung einer Praxis erforderlich, starke Prozessorientierung	speziell für den ambulanten Bereich entwickelt	speziell für den ambulanten Bereich entwickelt	QM-Systeme für Krankenhäuser, Rehabilitation, Pflegeeinrichtungen, Hospize, Praxen, MVZ	speziell für den ambulanten Bereich entwickelt
Materialien	QM-Handbuch (muss selbst erstellt werden)	Online-Datenbank, QM-Handbuch	Unterstützungsbuch, Musterfolien	KTQ-Manual, KTQ-Handbuch	QEP-Qualitätsziel-Katalog, QEP-Manual
Ablauf	komplex, daher Schulung in der Regel notwendig, (Vor-)Audit, Zertifizierungs-Audit	Selbstauskunft, Praxisbegehung, Arzt-Interview, moderierte Teambesprechung, individuell erstellter Feedbackbericht	Erstellung QM-Handbuch, externe Überprüfung QM-Handbuch, Vor-Ort-Audit	Selbstbewertung; Fremdbewertung nur für Zertifizierung notwendig	Selbstbewertung, Fremdbewertung/Praxisbegehung
Benchmarking	nein	ja	nein	nein	geplant
Zertifizierung	ja	ja, durch Stiftung Praxissiegel e. V.	ja, durch Zertifizierungsgesellschaft	ja, Praxis verpflichtet sich dadurch, einen KTQ-Qualitätsbericht zu veröffentlichen	ja, durch akkreditierte QEP-Zertifizierungsstelle
weitere Informationen	www.din.de	www.epa-qm.de/	www.bhaev.de/index.php/fortbildung/hausaerztliches-qualitaets-management.html	www.ktq.de/	www.kbv.de/html/qep.php

► **CME-Fortbildung.** Vertragsärzte sind verpflichtet, sich im Sinne eines kontinuierlichen, lebenslangen Lernens fortzubilden („continuing medical education", CME). Das Fortbildungszertifikat der Bundesärztekammer wird erteilt, wenn der Arzt innerhalb eines Zeitraums von 5 Jahren 250 Fortbildungspunkte erreicht hat. Diese Fortbildungsmaßnahmen müssen nach § 6 der (Muster-)Fortbildungsordnung der Bundesärztekammer vorab genehmigt werden und werden in unterschiedliche Kategorien eingeteilt wie beispielsweise Vorträge, Kongresse, Workshops, Fallkonferenzen, Online-Fortbildungen mit Lernerfolgskontrolle oder Hospitationen. Hervorzuheben sind Fortbildungsveranstaltungen, die für das gesamte Praxisteam ausgerichtet sind und sowohl für Ärzte als auch für Praxispersonal relevante Themen frei vom Einfluss der Pharmaindustrie oder anderer Interessensgruppen anbieten, wie z. B. das Konzept der deutschlandweit etablierten „Tage der Allgemeinmedizin" (TdA).

▶ **Qualitätszirkel.** Auch Qualitätszirkel (QZ) haben für die Fortbildung von Ärzten und zunehmend auch von Medizinischen Fachangestellten (MFA) einen großen Stellenwert. Unter einem QZ versteht man den Zusammenschluss von an der Patientenversorgung beteiligten Personen zu einer Kleingruppe mit dem Ziel, die eigene Tätigkeit unter Supervision durch einen geschulten Moderator nach Qualitätskriterien zu bewerten und qualitätsverbessende Maßnahmen im Erfahrungsaustausch zu entwickeln. Überwiegend werden die QZ innerhalb einer Fachrichtung abgehalten, es gibt aber auch interdisziplinäre Zusammenkünfte. Dabei können sowohl neue wissenschaftliche Erkenntnisse als auch die Anwendung von Leitlinien oder Erfahrungswissen unter Kollegen diskutiert und praktische Problemlösungen entwickelt werden.

▶ **Teambesprechungen.** Darüber hinaus sind regelmäßige Teambesprechungen für eine qualitativ hochwertige Patientenversorgung und einen reibungslosen Arbeitsablauf von großer Bedeutung. Diese sollten während der Arbeitszeit ohne störende äußere Einflüsse wie Zeitdruck, gleichzeitige Sprechstunden- oder Telefontätigkeit abgehalten werden. Vorab ist es sinnvoll, die zu besprechenden Punkte auf einer Liste zu sammeln, wobei alle Teammitglieder aufgefordert sind, sich zu beteiligen. Die Teambesprechung sollte von einem Moderator geleitet werden. Die besprochenen und im Team diskutierten Aspekte sowie konkret vereinbarte Ziele zur Umsetzung sollten inklusive Nennung des für die Durchführung verantwortlichen Mitarbeiters als schriftliches Protokoll dokumentiert und dem Praxisteam zur Verfügung stehen.

▶ **Weitere Instrumente.** Zudem sollen aus Sicht der GBA-Richtlinie folgende Instrumente für ein einrichtungsinternes QM genutzt werden:

- Prozess- und Ablaufbeschreibungen, Durchführungsanleitungen
- Festlegung von konkreten Qualitätszielen für die einzelne Praxis, Ergreifen von Umsetzungsmaßnahmen, systematische Überprüfung der Zielerreichung und Anpassung der Maßnahmen, falls erforderlich (PDCA-Zyklus)
- Risiko- und Fehlermanagement: Festlegungen zum Umgang mit Risiken und sicherheitsrelevanten Ereignissen, Implementierung von Verbesserungsprozessen (etwa auf Grundlage von Patientenbefragungen, Teambesprechungen, Beschwerden)
- Beschwerdemanagement, Notfallmanagement, Organigramm und Checklisten
- Patientenbefragungen, nach Möglichkeit mit validierten Instrumenten

12.5 Einführung in der Arztpraxis

E. Flum, D. Ose

Auch die Anforderungen an die Einführung und Weiterentwicklung des einrichtungsinternen Qualitätsmanagements in der Arztpraxis sind in der GBA-Richtlinie geregelt. Danach müssen insbesondere Folgende Aspekte berücksichtig werden:

▶ **Phase I, „Planung".** Bei der Aufnahme der vertragsärztlichen Tätigkeit müssen bestimmte Maßnahmen zur Planung eines einrichtungsinternen QM ergriffen werden. Dazu gehören mindestens eine schriftliche Selbstbewertung des Istzustandes der Praxis hinsichtlich der Ziele und Inhalte des einrichtungsinternen QM und die Festlegung von konkreten Zielen für den Aufbau des einrichtungsinternen QM. In Praxen, in denen mehrere Vertragsärzte tätig sind, ist ein für das einrichtungsinterne QM zuständiger Vertragsarzt zu benennen. Zusätzlich wird für Praxen, in denen mehr als 3 vollzeitbeschäftigte nicht ärztliche Mitarbeiter tätig sind, empfohlen, einen für das einrichtungsinterne QM zuständigen nicht ärztlichen Mitarbeiter zu benennen.

▶ **Phase II, „Umsetzung".** Nach spätestens 2 weiteren Jahren sind auf der Grundlage der in Phase I erfolgten Analysen und Planungen konkrete Umsetzungsmaßnahmen zur Einführung eines einrichtungsinternen QM zu ergreifen. Dabei müssen bis zum Ende dieses Zeitraums alle Grundelemente unter Verwendung aller Instrumente eingeführt werden. Die Einführung kann schrittweise in frei gewählter Reihenfolge erfolgen.

► **Phase III, „Überprüfung".** Im Zeitraum von längstens einem weiteren Jahr ist eine Selbstbewertung der Praxis hinsichtlich der Einführung der Grundelemente und Instrumente einschließlich der jeweiligen Zielerreichung vorzunehmen. Dies ist auf der Grundlage von Nachweisen und Messungen der Prozess- und Ergebnisqualität möglich, in Form von Patientenbefragungen, Auswertungen dokumentierter Beschwerden und erfasster Fehler. Danach schließt sich die Phase der fortlaufenden Weiterentwicklung des einrichtungsinternen QM durch den Vertragsarzt an. Hierzu gehört eine mindestens jährlich durchzuführende Selbstbewertung der Praxis hinsichtlich der ergriffenen Maßnahmen zur Weiterentwicklung der Grundelemente und Instrumente.

► **QM als Chance.** Die Einführung eines QM nur als Erfüllung gesetzlicher Vorgaben zu betrachten, wäre zu kurz gegriffen. Für die tägliche Arbeit in der Praxis können mit der Einführung eines QM-Systems zahlreiche positive Aspekte verbunden sein, z. B. eine Verbesserung der Mitarbeiter- und Patientenzufriedenheit. Wichtig ist es, konkrete QM-Ziele zu benennen, die Verbesserungsmaßnahmen entsprechend auszurichten und den Erfolg der Zielerreichung in regelmäßigen Abständen zu überprüfen.

Merke

QM muss von der Führungsebene ausgehen – um eine im Alltag gelebte QM-Kultur zu etablieren, bedarf es jedoch der Einbindung aller Praxismitarbeiter.

12.6 Besondere qualitätssichernde Maßnahmen (Hygiene)

H.-D. Klimm

Der Praxisinhaber steht in der Pflicht und Verantwortung, die Anforderungen an die Praxishygiene zu kennen und entsprechende Maßnahmen zu treffen und umzusetzen. In der Praxis muss ein individueller Hygieneplan vorliegen, das Praxisteam muss unterwiesen werden und die Umsetzung der Hygieneanforderungen sind gesetzlich geregelt und jederzeit durch die Behörden kontrollierbar (Gesundheitsamt, Gewerbeaufsichtsamt).

Schwerpunkte von Praxishygiene sind:

- Hände waschen und Händedesinfektion: stets unter fließendem Wasser, hautschonende Waschlotion, gesamte Handflächen einschließlich Fingerkuppen und -zwischenräume, Abtrocknen mit Einmalhandtuch
- Reinigung von Medizinprodukten: möglichst rückstandsfreie Entfernung organischen Materials und Entfernung chemischer Rückstände; stets unter Verwendung von Wasser mit reinigungsverstärkenden Zusätzen, dabei Schutzkleidung tragen (Schutzhandschuh, Mund-/Nasenschutz, Schutzkittel, Schutzbrille)
- Inbetriebnahme und Betrieb von Sterilisatoren: stets Betriebstagebuch führen mit genauer Dokumentation durch die verantwortliche Person unter Beachtung der Betriebs- und Bedienungsanweisungen der jeweiligen Hersteller
- Desinfektion: Ziel der Desinfektion ist es, noch anhaftende Mikroorganismen möglichst abzutö-

Tab. 12.3 Hygienestandards bei praxisrelevanten Risikogruppen und Maßnahmen.

Risikogruppe (RG)	Punktionsart	Tupferart	Abdeckung	zusätzliche Schutzkleidung der durchführenden Person	zusätzliche Schutzkleidung der assistierenden Person
RG 1	subkutane Injektion durch medizinisches Personal	keimarm	keine	nein	keine Assistenz
	Lanzettenblutentnahme	keimarm	keine	keimarme medizinische Handschuhe	keine Assistenz
	intramuskuläre Injektion	keimarm	keine	nein	keine Assistenz
	intravenöse Injektion	keimarm	keine	keimarme medizinische Handschuhe	keine Assistenz
RG 2	Punktion einer Portkammer	steril	keine	sterile Handschuhe	keine Assistenz

ten bzw. zu inaktivieren, sodass keine Infektionsgefahr mehr von ihnen ausgehen kann
- Hygienestandards bei Injektionen, Punktionen und Blutentnahmen einhalten (▸ Tab. 12.3): Haut- und Schleimhautantiseptika sind nach dem Arzneimittelgesetz zugelassen, Anwendung und Einwirkzeiten sind an den Herstellerangaben abzulesen
- Wundversorgung, Verbandswechsel, Drainagen: antiseptische Behandlung nur bei infizierten Wunden
- Flächenreinigung: tägliche Reinigung des Fußbodens, nur DGHM-gelistete Desinfektionsmittel einsetzen (Deutsche Gesellschaft für Hygiene und Mikrobiologie)

▸ **Hygienebeauftragter.** Ein Hygienebeauftragter in der Praxis ist rechtlich nicht verpflichtend vorgegeben, aber empfehlenswert! Eine hygienebeauftragte MFA ist infolge vermehrter Kenntnisse wie Erfahrung in der Lage, die Hygienestandards in der Praxis zu kontrollieren und zu verbessern bzw. entsprechend zu intervenieren.

▸ **Informationen zur Hygiene.** Informationen zur Hygiene in der Praxis hat z. B. die Kassenärztliche Vereinigung Bayerns (KVB) auf ihrer Webseite unter der Rubrik Hygiene und Medizinprodukte zusammengestellt. Weitere Informationen finden sich z. B. unter:
- Aktion Saubere Hände: www.aktion-saubere-haende.de
- Berufsgenossenschaft für Gesundheitsdienst und Wohlfahrtspflege: www.bgw-online.de
- Bundesinstitut für Arzneimittel und Medizinprodukte: www.bfarm.de
- Robert-Koch-Institut: www.rki.de

13 Evidenzbasierte Medizin und Leitlinien

A. Miksch, U. Müller-Bühl, F. Peters-Klimm

13.1 Evidenzbasierte Medizin

13.1.1 Definition und Ziele

▶ **Definition.** D. L. Sackett (1934–2015) definierte als Pionier und wissenschaftlicher Protagonist die evidenzbasierte Medizin (EbM) wie folgt:

„Evidenzbasierte Medizin (EbM) ist der gewissenhafte, ausdrückliche und vernünftige Gebrauch der gegenwärtig besten externen wissenschaftlichen Evidenz für Entscheidungen in der medizinischen Versorgung individueller Patienten. Die Praxis der EbM bedeutet die Integration individueller klinischer Expertise mit der bestmöglichen externen Evidenz aus systematischer Forschung." ([3], [6], englisches Original: [5])

▶ **Ziele.** Das primäre Ziel der EbM ist es, den aktuellen Stand der Forschung verantwortungsbewusst und sinnvoll in die Versorgung individueller Patienten zu integrieren. Dabei geht es v. a. darum, Entscheidungsprozesse hinsichtlich z. B. diagnostischer oder therapeutischer Wahlmöglichkeiten durch das aktuelle Wissen zu unterstützen. Durch eine konsequente Anwendung einer evidenzbasierten Herangehensweise verändert sich die Arzt-Patienten-Kommunikation im Sinne eines *„shared-decision-making"* oder *„informed-consent"*, indem der Patient einerseits durch den Arzt und seine klinische Erfahrung und andererseits durch die notwendigen und für ihn relevanten Informationen aus klinischer und epidemiologischer Forschung darin unterstützt wird, Entscheidungen vor dem Hintergrund des aktuellsten Wissens und persönlicher Präferenzen zu treffen. Darüber hinaus kommt der EbM auch eine wichtige Funktion in der Reduktion von Über-, Unter- und Fehlversorgung und damit auch einer Verbesserung der Versorgungsqualität zu, indem sich die Versorgungsstruktur zunehmend am aktuellsten Wissensstand orientiert und dabei z. B. in Leitlinien oder Disease-Management-Programmen einen Handlungskorridor für die Versorgung individueller Patienten vorgibt.

▶ **Evidenz.** Für das Verständnis des Kernanliegens der EbM ist es notwendig, den Begriff „evident" richtig einzuordnen. Die Bedeutung des deutschen Wortes „evident" ist lt. Duden ursprünglich „unmittelbar einleuchtend, keines Beweises bedürfend". Dem Konzept der EbM liegt aber die englische Bedeutung des Begriffes zugrunde, indem Evidenz als „verfügbare Fakten, Umstände, die darauf hinweisen, ob etwas wahr bzw. gültig ist oder nicht" verstanden wird.

13.1.2 Praktische Anwendung

▶ **Perspektiven.** Die Praxis der EbM beinhaltet das adäquate Ineinandergreifen dreier Perspektiven:

- die am besten verfügbare externe Evidenz
- die klinische Expertise und Kompetenz des Arztes
- die individuelle Situation des einzelnen Patienten mit seinen Bedürfnissen und Präferenzen

Die individuelle *klinische Expertise* wird hier verstanden als die Kompetenz und das Urteilsvermögen, die Ärzte durch ihre Erfahrung in Klinik und Praxis erlangen. Diese individuelle klinische Expertise wird auch als die interne Evidenz des Arztes bezeichnet. Die *externe Evidenz* bezieht sich auf den am besten verfügbaren und aktuellsten Stand der Forschung. Wesentlich dabei ist die Suche nach Evidenz, die auf *patientenrelevanten Outcome-Parametern* (POEMS) – als die durch den Patienten direkt wahrnehmbaren Symptome und Therapieeffekte – basiert. POEMS („patient-oriented evidence that matters") sind z. B. gesundheitsbezogene Lebensqualität, vermeidbare Hospitalisierungen oder Sterblichkeit.

▶ **Schritte der Anwendung.** In der praktischen Anwendung beruht die EbM auf 5 Schritten:

1. Formulierung einer beantwortbaren, konkreten und präzisen Fragestellung anhand des PICO-Schemas
2. Ermittlung der für die Fragestellung jeweils besten Evidenz durch Sichtung der Primär- und Sekundärliteratur (Auswahl relevanter Datenbanken in ▶ Tab. 13.1)
3. Kritische Bewertung der gefundenen Literatur unter besonderer Berücksichtigung des Evidenzlevels (▶ Tab. 13.2)

4. Integration der gewonnenen Informationen mit der eigenen klinischen Expertise und den Patientenpräferenzen; Balance zwischen externer Evidenz und individuellen Patientenpräferenzen („*shared decision making*", „*informed consent*")
5. Kritische Evaluation des Vorgehens: tatsächlicher Nutzen oder Schaden für den Patienten durch die abgeleitete Empfehlung

Tab. 13.1 Hausärztlich relevante Datenbanken.

Datenbank/ Informationsquelle	Beschreibung
Medline	Datenbank der National Library of Medicine (NLM), v. a. Originalarbeiten; Zugang z. B. über www.pubmed.gov
Livivo	virtuelle Fachbibliothek für Medizin und Gesundheit, ein Dienst der ZB MED – Leibniz-Informationszentrum Lebenswissenschaften; Zugang und interdisziplinäre Suchmaschine für Lebenswissenschaften über: www.livido.de
DIMDI	Datenbank des Deutschen Instituts für medizinische Dokumentation und Information; Zugang über www.dimdi.de
Cochrane Library	u. a. systematische Reviews in der Cochrane Database of systematic Reviews, Abstracts (Zusammenfassungen) und laienverständliche Zusammenfassungen frei zugänglich, Volltexte kostenpflichtig; Zugang über www.cochranelibrary.com/
Evidence Updates	nach Anmeldung frei zugängliche Datenbank mit Suchmöglichkeit und Newsletter; Zugang über plus.mcmaster.ca/EvidenceUpdates
Gesundheitsinformation.de	laienverständlich aufbereitete Informationen des Instituts für Qualität und Wirtschaftlichkeit im Gesundheitswesen; Zugang über www.gesundheitsinformation.de oder www.iqwig.de

13.2 Leitlinien

13.2.1 Definition und Anwendung

▸ **Definition.** Medizinische Leitlinien sind wissenschaftlich fundierte, systematisch entwickelte und praxisorientierte Handlungsempfehlungen. Sie geben Ärzten und Patienten Orientierung im Sinne von Entscheidungs- und Handlungsoptionen, die auf aktueller Evidenz beruhen. Leitlinien zeigen den Korridor für ein adäquates therapeutisches bzw. diagnostisches Vorgehen für Erkrankungen und gesundheitliche Probleme auf. Leitlinien werden nach einem definierten und transparenten Vorgehen entwickelt. Nach Möglichkeit beinhalten Leitlinien einen Konsens von Experten aller relevanten Fachdisziplinen und Patientenvertretern.

▸ **Umsetzung.** Die Anwendbarkeit und angemessene Umsetzung von Leitlinien liegt im Ermessensspielraum des Behandlers und der sorgfältigen Abwägung der klinischen Situation, da die individuelle Befundkonstellation des Patienten im Einzelfall in die Entscheidungsfindung einzubeziehen ist. Leitlinien sollten von den Autoren bzw. federführenden Fachgesellschaften regelmäßig auf ihre Aktualität überprüft und ggf. aktualisiert werden. Leitlinien sind im Gegensatz zu Richtlinien nicht verbindlich. Die Anwendbarkeit einer bestimmten abgeleiteten Empfehlung ist in der jeweiligen Situation unter Berücksichtigung der vorliegenden individuellen Gegebenheiten (z. B. Begleiterkrankungen des Patienten, verfügbare Ressourcen) zu prüfen. In begründeten Fällen kann bzw. muss von den Leitlinienempfehlungen abgewichen werden.

Tab. 13.2 Evidenzebenen (EL = Evidenzlevel) zur Bewertung von Studien (nach Agency for Health Care Policy and Research [AHCPR] 1992).

Evidenzlevel	Art der Evidenz
EL Ia	Evidenz aufgrund von Metaanalysen randomisierter, kontrollierter Studien
EL Ib	Evidenz aufgrund mindestens einer randomisierten, kontrollierten Studie
EL IIa	Evidenz aufgrund mindestens einer gut angelegten, kontrollierten Studie ohne Randomisierung
EL IIb	Evidenz aufgrund mindestens einer anderen Art von gut angelegter, quasi-experimenteller Studie
EL III	Evidenz aufgrund gut angelegter, nichtexperimenteller, deskriptiver Studien, wie z. B. Vergleichsstudien, Korrelationsstudien und Fall-Kontroll-Studien
EL IV	Evidenz aufgrund von Berichten der Expertenausschüsse oder Expertenmeinungen und/oder klinischer Erfahrung anerkannter Autoritäten

Merke

„Jeder praktizierende Arzt muss über die für sein Berufsfeld relevanten Leitlinien informiert sein. Er soll begründetes Abweichen von Leitlinien-Empfehlungen in der Patientendokumentation festhalten. Leitlinien müssen neutral, objektiv, sachkundig und sorgfältig erstellt werden“ (Ärztliches Zentrum für Qualität in der Medizin, ÄZQ, www.leitlinien.de).

13.2.2 Leitlinienentwicklung

Die Leitlinienentwicklung und Implementierung wird in Deutschland systematisch und methodisch unterstützt vom Ärztlichen Zentrum für Qualität in der Medizin (ÄZQ) und wissenschaftlich begleitet durch die Arbeitsgemeinschaft der Wissenschaftlichen Medizinischen Fachgesellschaften (AWMF).

▸ **Qualitätskriterien.** Damit Leitlinien wirksam werden können und für die praktische Tätigkeit relevant sind, müssen verschiedene Qualitätskriterien erfüllt sein. Gute Leitlinien sind valide und aktuell, sie beinhalten für das jeweilige Fachgebiet relevante und praktikable Empfehlungen. Die federführenden Autoren bzw. die bewertenden Gremien sollten Experten auf dem jeweiligen Gebiet und für den Anwenderkreis der Leitlinien repräsentativ sein. Das methodische Vorgehen sollte transparent sein, die Entwicklung auf den Prinzipien der EbM beruhen.

▸ **Konsensfindung.** Für eine hohe Akzeptanz und Praktikabilität ist neben der wissenschaftlichen Legitimation durch ein evidenzbasiertes Vorgehen die Beteiligung der relevanten Akteure im Prozess der strukturierten Konsensfindung ausschlaggebend. Grundsätzlich unterscheidet man dabei anhand der Entwicklungsmethodik 3 Klassen von Leitlinien (Stufenschema der AWMF):

- **S 1-Leitlinien** beinhalten Handlungsempfehlungen, die auf einem von einer Expertengruppe entwickelten informellen Konsens beruhen.
- **S 2-Leitlinien** sind entweder konsensbasiert, d. h. sie beruhen auf einem formalen bzw. strukturierten Konsens („S 2k“) oder sind evidenzbasiert, d. h. sie beruhen auf einer formalen und systematischen Evidenzrecherche („S 2e“).
- **S 3-Leitlinien** sind evidenzbasiert und werden in einem systematischen Prozess entwickelt, der sowohl eine systematische Evidenzrecherche und -bewertung als auch eine strukturierte Konsensfindung beinhaltet.

Das Regelwerk der AWMF zur Leitlinienempfehlung sieht für den Prozess der Formulierung der Empfehlungen Folgendes vor:

„Die Graduierung der Empfehlungen basiert auf der identifizierten Evidenz, der klinischen Expertise und den Patientenpräferenzen und schließt damit auch explizit subjektiv wertende Elemente ein.“

▸ **S 3-Leitlinien.** Bei S 3-Leitlinien werden im Rahmen der formalen Konsensfindung zur Verabschiedung der Empfehlungen die methodisch aufbereitete Evidenz unter klinischen Gesichtspunkten gewertet und die Empfehlungen auf dieser Grundlage diskutiert. Abschließend wird die Stärke der Empfehlungen festgestellt und ein Empfehlungsgrad angegeben. Bei der Diskussion und Vergabe der Empfehlungsgrade sollten neben der zugrunde liegenden Evidenz konkret die folgenden Kriterien berücksichtigt werden:

- Konsistenz der Studienergebnisse
- klinische Relevanz der Endpunkte und Effektstärken
- Nutzen-Risiko-Verhältnis
- ethische, rechtliche, ökonomische Erwägungen
- Patientenpräferenzen
- Anwendbarkeit auf die Patientenzielgruppe und das deutsche Gesundheitssystem
- Umsetzbarkeit im Alltag/in verschiedenen Versorgungsbereichen

Merke

Während die Qualität der Evidenz (Evidenzstärke) die Belastbarkeit der Studienergebnisse und damit das Ausmaß an Sicherheit/Unsicherheit des Wissens ausdrückt, sind die Empfehlungsgrade Ausdruck des Ergebnisses der Abwägung erwünschter/unerwünschter Konsequenzen alternativer Vorgehensweisen. Somit können Evidenz- und Empfehlungsstärken in begründeten Fällen voneinander abweichen.

Eine Begründung anhand der genannten Kriterien der Wertung sollte in einem Kommentar bzw. Hintergrundtext zur Empfehlung dokumentiert werden. Die zusätzliche Angabe der Konsensstärke für jede Empfehlung gibt den Leitlinienanwendern einen Eindruck vom Ausmaß der Zustimmung der Beteiligten. Die Angabe einer Empfehlung als klinischer Konsenspunkt bzw. gute klinische Praxis, beinhaltet einen Konsens der Leitlinienentwickler basierend auf der klinischen Erfahrung. In der Regel liegt dafür keine ausreichende externe Evidenz aus Studien vor.

▸ **S 2k-Leitlinien.** Bei konsensbasierten Leitlinien (S 2k) wird die Stärke der Empfehlungen im formalen Konsensusverfahren verabschiedet und festgestellt, jedoch ist die Angabe von Empfehlungsgraden (wie auch von Evidenzgraden) nicht vorgesehen, da keine systematische Aufbereitung der Evidenz zugrunde liegt. Die Stärke einer Empfehlung wird hier rein sprachlich ausgedrückt. Zusätzlich kann die Konsensstärke (Anteil der Zustimmung der Leitliniengruppe) für jede Empfehlung angegeben werden.

▸ **S 2e-Leitlinien.** Bei evidenzbasierten Leitlinien (S 2e) wird die Stärke der Empfehlungen im informellen Konsensusverfahren verabschiedet und festgestellt. Bei der Diskussion und Vergabe der Empfehlungsgrade sollte neben der methodischen Bewertung der zugrunde liegenden Evidenz auch die klinische Wertung analog zum Verfahren bei S 3-Leitlinien angewandt werden.

Folgendes Bewertungsraster zur Klassifizierung für Leitlinienempfehlungen basiert u. a. auf den Empfehlungen der Grade Working Group und liegt u. a. auch dem Programm der Nationalen Versorgungsleitlinien (NVL) zugrunde [1]:

- Empfehlungsgrad A: starke Empfehlung („soll/soll nicht", Symbol: ↑↑)
- Empfehlungsgrad B: Empfehlung („sollte/sollte nicht", Symbol: ↑)
- Empfehlungsgrad 0: Empfehlung offen („kann erwogen werden/kann verzichtet werden", Symbol: ↔)

13.2.3 DEGAM-Leitlinien

▸ **Entwicklung der Leitlinien für die Allgemeinmedizin.** Für die Allgemeinmedizin relevante Leitlinien werden u. a. von der Deutschen Gesellschaft für Allgemein- und Familienmedizin (DEGAM) entwickelt. Die DEGAM hat dafür ein eigenes zehnstufiges Vorgehen entwickelt. Neben der evidenzbasierten Entwicklung spielt dabei die Relevanz für die hausärztliche Versorgung eine zentrale Rolle. Die Themen der Leitlinien richten sich nach häufigen Fragestellungen der hausärztlichen Praxis. Dabei bilden neben Erkrankungen/Diagnosen konkrete Beratungsanlässe und allgemeinmedizinische Versorgungsprobleme den Ausgangspunkt der Leitlinienentwicklung.

In einem Praxistest wird dabei die Leitlinie vor ihrer Veröffentlichung im Hinblick auf ihre Praktikabilität und Akzeptanz unter Beteiligung der späteren Zielgruppe unter Praxisbedingungen überprüft. Zur Förderung der Implementierung und Praxistauglichkeit der DEGAM-Leitlinien werden zu den Leitlinien verschiedene Module und Informationsmaterialien wie ausführliche Langfassungen, Kurzfassungen und Checklisten zur Verfügung gestellt. Ein wesentliches Element bilden begleitende Patienteninformationen.

Auf der Webseite der DEGAM finden sich in der Rubrik Leitlinien alle derzeit verfügbaren Leitlinien, die begleitenden Materialien sowie weitere Informationen zum Leitlinienkonzept der DEGAM.

▸ **Multimorbidität.** Insbesondere bei Multimorbidität kommt die Anwendung indikationsspezifischer Leitlinien mitunter an ihre Grenzen. In einer Publikation von C. Boyd aus dem Jahr 2005 [2] wird hierzu skizziert, dass eine fiktive multimorbide 79-jährige Frau streng nach Leitlinien 12 Medikamente in 19 Dosen zu 5 Tageszeitpunkten einnehmen sollte. Dies verdeutlicht die Notwendigkeit einer verantwortungsvollen Anwendung der EbM ebenso wie die Stärkung der klinischen Expertise des Arztes. Insbesondere Polypharmazie erfordert ein kontinuierliches Medikationsmanagement des Medikationsprozesses (Kap. 27). Die diesbezügliche indikationsübergreifende hausärztliche Leitlinie „Multimedikation" greift dieses komplexe Thema auf [4].

13.3 Literatur

[1] Arbeitsgemeinschaft der Wissenschaftlichen Medizinischen Fachgesellschaften e. V. (AWMF). Im Internet: www.awmf.org/leitlinien/awmf-regelwerk/ll-entwicklung/awmf-regelwerk-03-leitlinienentwicklung/ll-entwicklung-graduierung-der-empfehlungen.html; Stand: 16.10.2015

[2] Boyd CM, Darer J, Boult C et al. Clinical practice guidelines and quality of care for older patients with multiple comorbid diseases: implications for pay for performance. JAMA 2005; 294: 716–724

[3] Deutsches Netzwerk evidenzbasierte Medizin. Leitartikel David Sackett. Im Internet: www.ebm-netzwerk.de/was-ist-ebm/leitartikel-sackett; Stand: 27.10.2016

[4] Leitliniengruppe Hessen der DEGAM. Hausärztliche Leitlinie Multimedikation. Im Internet: www.awmf.org/uploads/tx_szleitlinien/053-043l_S2e_Multimedikation_2014-05.pdf; Stand: 16.10.2015

[5] Sackett DL, Rosenberg WMC, Muir Gray JA et al. Evidence based medicine: what it is and what it isn't. British Medical Journal 1996; 312: 71-72

[6] Sackett DL, Rosenberg WMC, Muir Gray JA et al. Was ist Evidenz-basierte Medizin und was nicht?. Munch Med Wochenschr 1997; 139: 644-645

14 Rechtsgrundlagen und Definitionen

14.1 Versicherungen

H.-D. Klimm

14.1.1 Gesetzliche Krankenkassen

Die GKV ist in Deutschland neben der Renten-, Arbeitslosen-, Unfall- und Pflegeversicherung Bestandteil des deutschen Sozialversicherungssystems und Teil des deutschen Gesundheitssystems. Aufgabe der GKV ist es, die Gesundheit der Versicherten zu erhalten oder ihren Gesundheitszustand zu verbessern (SGB V). Dazu gehört auch, die Krankheitsbeschwerden zu lindern (§ 27 SGB V).

Die GKV ist in regionale, betriebliche und berufsbezogene Krankenkassenarten gegliedert. Die wichtigsten sind:

- Allgemeine Ortskrankenkassen (AOK)
- Betriebskrankenkassen (BKK)
- Innungskrankenkassen (IKK)
- Ersatzkassen für Arbeiter oder Angestellte

► **Versicherte.** Die GKV ist grundsätzlich eine verpflichtende Versicherung für **alle** Personen in Deutschland, die **nicht als versicherungsfrei eingestuft** werden und die keinen anderweitigen Anspruch auf Absicherung im Krankheitsfall haben. Eine Mitgliedschaft kann auch freiwillig erworben werden.

► **Leistungen.** Alle Versicherten haben grundsätzlich den gleichen Leistungsanspruch, dessen Umfang im SGB V festgelegt und durch § 12 Abs. 1 SGB V begrenzt ist. Danach müssen die Leistungen ausreichend, zweckmäßig und wirtschaftlich sein und dürfen das Maß des Notwendigen nicht überschreiten. Bei Krankheit kann man auch mehr Leistungen im Wege einer jeweiligen Satzungsregelung erbringen, soweit sie auf einer gesetzlichen Ermächtigung beruht, z. B. ergänzende Leistungen bei Prävention, häusliche Erkrankung, Pflege, Haushaltshilfe, Rehabilitation.

Die Leistungen der GKV in Deutschland werden nach dem Sachleistungsprinzip erbracht. Man unterscheidet:

- Leistungen zur Verhütung von Krankheiten und deren Verschlimmerung sowie zur Empfängnisverhütung bei Sterilisation und bei Schwangerschaftsabbruch
- Leistungen zur Früherkennung von Krankheiten
- Leistungen bei Krankheit
  - Krankenbehandlung
  - ärztliche Behandlung
  - zahnärztliche Behandlung
  - kieferorthopädische Behandlung
  - Besorgung von Arzneimitteln, Verbands-, Heil- und Hilfsmitteln
  - häusliche Krankenpflege
  - Haushaltshilfe (Sozialamt)
  - Krankenhausbehandlung
  - Leistungen zur medizinischen Rehabilitation
  - medizinische Rehabilitation für Mütter und Väter
  - ergänzende Leistungen zur Rehabilitation
  - Psychotherapie
  - Soziotherapie
  - stationäre und ambulante Hospizleistung
  - Belastungserprobung und Arbeitstherapie
  - nicht ärztliche sozialpädiatrische Leistungen
- Krankengeld/Krankengeld bei Erkrankung eines Kindes
- Fahrtkosten
- Leistungen zur medizinischen Rehabilitation, um Behinderungen und Pflegebedürftigkeit abzuwenden, zu beseitigen oder zu mildern
- Leistungen bei Schwangerschaft und Mutterschaft
  - ärztliche Betreuung und Hebammenhilfe
  - Versorgung mit Arzneien, Verbands-, Heil- und Hilfsmitteln
  - Entbindung
  - häusliche Pflege
  - Haushaltshilfe
  - Mutterschaftsgeld

► **Beitragssätze.** Im Gegensatz zur PKV richtet sich die Pflichtmitgliedschaft und Beitragsbemessung nicht nach dem persönlichen Krankheitsrisiko, sondern nach einem vom persönlichen Einkommen abhängigen höchsten Beitragssatz. Die Beitragssätze sind seit dem Inkrafttreten des Gesundheitsfonds am 01.01.2009 für **alle** Krankenkassen einheitlich. Der allgemeine Beitragssatz nach § 24 SGB V liegt seit dem 01.01.2011 bei 15,5 %. Er kann nur durch eine gesetzliche Änderung an einen eventuell steigenden Finanzbedarf der Krankenkassen angepasst werden.

▸ **Eigenbeteiligung.** An einigen Leistungen, die die GKV erbringt, haben sich die Versicherten in aller Regel durch Eigenanteile und Zuzahlungen zu beteiligen. Es wird unterschieden:

- Bei Versorgung mit Arznei-, Verbands- und Heilmitteln beträgt die Zuzahlung grundsätzlich 10 % der Kosten, mindestens jedoch 5 €, höchstens 10 €, keinesfalls mehr als die Kosten des Mittels.
- Bei Heilmitteln beträgt die Zuzahlung 10 % der Kosten sowie 10 € je Verordnung.
- Bei stationären Maßnahmen wie Krankenhausbehandlung und Anschluss-Rehabilitationsmaßnahmen hat ein Versicherter sich je Kalendertag mit 10 € für max. 28 Kalendertage im Jahr an den Kosten zu beteiligen.
- Rehabilitationsmaßnahmen, die keine Anschlussrehabilitation darstellen, sind für die gesamte Dauer mit je 10 €/Tag zuzahlungspflichtig.
- Bei häuslicher Krankenpflege beträgt die Zuzahlung 10 % der Kosten zuzüglich einer Gebühr von 10 € je Verordnung.

14.1.2 Private Krankenkassen

Im deutschen Gesundheitswesen ist eine PKV sowohl ergänzend als auch anstelle der GKV möglich (zweigliedriges oder duales Krankenversicherungssystem). 2012 waren 8,9 Millionen Menschen (11 %) der Versicherten in Deutschland privat krankenversichert, hinzu kamen weitere 23,1 Millionen Zusatzversicherungen.

Die PKV wird von privatrechtlichen Unternehmen in Form von Aktiengesellschaften oder Versicherungsvereinen auf Gegenseitigkeit betrieben. Als Rechtsgrundlage gelten das Unternehmensrecht, der § 193 des Versicherungsvertragsgesetzes und das Versicherungsaufsichtsgesetz. Die privaten Krankenkassen unterliegen der staatlichen Aufsicht des Bundesaufsichtsamtes für das Versicherungswesen. Es besteht ein freiwilliges Rechtsverhältnis, das für den Versicherungsnehmer die Pflicht zur Zahlung der vereinbarten Beiträge sowie das Recht auf Vertragsleistungen bei Eintritt des Versicherungsfalls beinhaltet.

▸ **Versicherte.** Die privaten Krankenkassen stehen allen Menschen offen, die nicht in der GKV pflichtversichert sind (wer nicht nach § 5 SGB V der Versicherungspflicht in der GKV untersteht und damit versicherungsfrei ist sowie wer keine freiwillige Krankenversicherung hat): Selbstständige, Beamte, freiberuflich Tätige und alle diejenigen, die über ein Einkommen oberhalb der Bemessungsgrenze der GKV verfügen.

▸ **Versicherungsarten.** Es gibt 3 unterschiedliche Versicherungsarten:

- Vollversicherung
  Absicherung der gesamten Krankheitskosten, mindestens aber für ambulante und stationäre Krankenhauskosten (substitutive Krankenversicherung)
- Teilversicherung
  Absicherung eines Anteils der Krankheitskosten, z. B. bei Beamten mit Anspruch auf Beihilfe durch ihren Dienstherrn
- Zusatzversicherung
  Absicherung zusätzlicher Risiken zur GKV, z. B. Pflegeversicherung, Auslandskrankenversicherung, Krankenhaustagegeld, Zahnzusatzversicherung, Behandlung im 1-Bett- oder 2-Bett-Zimmer primär im Krankenhaus (Kap. 14.1.3)

▸ **Beiträge und Leistungen.** In der PKV herrscht das Äquivalenzprinzip vor: Der Leistungsumfang ist abhängig von der Beitragshöhe, diese wiederum vom Risiko (altersgestaffelte Beiträge). Anstelle von Sachleistungsprinzip regiert das Kostenerstattungsprinzip: Der Versicherte zahlt die Rechnung des Leistungserbringers und erhält später eine Rückerstattung durch den Versicherer.

▸ **Rückkehr in die GKV.** Die GKV nimmt nach dem gegenwertig geltenden Recht ehemalige PKV-Versicherte dann wieder auf, wenn

- diese versicherungspflichtig werden (Unterschreiten der Versicherungspflichtgrenze, Arbeitslosigkeit, Kinder zu Beginn eines Studiums oder betrieblichen Berufsausbildung, geregelt in § 5)
- eine Familienversicherung möglich ist (§ 10)
- wenn in den letzten 5 Jahren bei Eintritt der Versicherungspflicht nicht gesetzlich eine Versicherungspflicht vorlag
- mindestens die Hälfte der Zeit (30 Monate) versicherungsfrei, befreit oder wegen Selbstständigkeit nicht versicherungspflichtig war

▸ **Liquidation.** Einem Urteil des Bundesgerichtshofs zufolge dürfen Ärzte bei durchschnittlich schwierigen und/oder durchschnittlich zeitaufwendigen Leistungen den „Regelhöchstsatz“, den durchschnittlichen Steigerungssatz (Faktor 2,3 der GOÄ) liquidieren. Eine Abweichung des Multiplikators nach oben muss begründet werden. Wird der 3,5-fache Satz überschritten, ist dafür **vor Beginn der Behandlung** eine schriftliche Vereinbarung mit dem Patienten notwendig.

14.1.3 Zusatzversicherungen

Die Krankenversicherungen bieten sog. Zusatzversicherungen an. Diese Versicherungen übernehmen Leistungen, die von der GKV nicht abgedeckt sind und ermöglichen den Patienten damit eine „bessere" ärztliche Behandlung. So gibt es Zusatzversicherungen für Krankenhausbehandlung, einschließlich Chefarztbehandlung oder 2-Bett- bzw. 1-Bett-Zimmer, Zahnzusatzversicherung, Krankentagegeldversicherung, Krankenhaustagegeldversicherung, Krankenzusatzversicherung für Kinder und ambulante Zusatzversicherung zur Verbesserung der Gesundheitsvorsorge oder „alternative Behandlungen".

14.1.4 Berufsgenossenschaft

Bei den Berufsgenossenschaften (BG) handelt es sich um Sozialversicherungsträger, die als Körperschaften des öffentlichen Rechts mit Selbstverwaltung organisiert sind und sich im Wesentlichen aus Beiträgen der ihnen durch Pflichtmitgliedschaft zugewiesenen Unternehmen finanzieren (die landwirtschaftliche BG [SVLFG] erhält Bundeszuschüsse aus Steuermitteln). Die wichtigsten Träger der gesetzlichen Unfallversicherung (GUV) sind die gewerblichen BG, die landwirtschaftlichen BG sowie Bund, Länder und Gemeinden für ihre Beschäftigten.

► **Aufgaben.** Aufgaben der GUV sind die Verhütung von Arbeitsunfällen und Berufskrankheiten und die Finanzierung der Behandlung – inkl. Rehabilitation und finanziellem Ausgleich bei bleibenden Schäden. Die BG

- sollen Arbeits- und Wegeunfälle, Berufskrankheiten und arbeitsbedingte Gesundheitsgefahren mit allen geeigneten Mitteln verhüten (§ 14 SGB VII).
- beraten Unternehmen in Fragen des Arbeits- und Gesundheitsschutzes (§ 17 SGB VII).
- erlassen Unfallverhütungsvorschriften, setzen sie um und überwachen sie (§ 15 SGB VII).
- sollen Gesundheitsschäden mit allen geeigneten Mitteln beseitigen oder zumindest bessern, ihre Verschlimmerung verhüten und ihre Folgen mindern, wenn sich ein Arbeitsunfall ereignet oder ein Versicherter an einer Berufskrankheit erkrankt (§ 26 Abs. 1 Nr. 1 SGB VII).
- arbeiten eng mit niedergelassenen Ärzten (D-Arzt, H-Arzt) und BG-Krankenhäusern zusammen.
- müssen den Versicherten einen ihren Neigungen entsprechenden Platz im Arbeitsleben sichern (§ 26 Abs. 1 Nr. 2 und Nr. 3 SGB VII).
- erbringen die gleichen Leistungen wie die Pflegeversicherung, wenn der Versicherte aufgrund eines Unfalls oder einer Berufskrankheit pflegebedürftig wird (§ 26 Abs. 1 Nr. 5 SGB VII).

Neben der medizinischen Rehabilitation ist die berufliche und soziale Rehabilitation gleichberechtigt.

Merke

Dem D-Arzt immer vorzustellen sind:

- Unfallverletzungen, die über den Unfalltag hinaus zur Arbeitsunfähigkeit führen
- Behandlungsbedürftigkeit länger als 1 Woche
- Verordnung von Heil- und Hilfsmitteln
- Wiedererkrankung

14.1.5 Unfallversicherung

► **Definition und Abgrenzung.** Unter einer Unfallversicherung versteht man im Gesundheitssystem eine Versicherung gegen die Folgen eines Unfalls, wobei sowohl akute als auch längerfristige Folgen in Form leichter oder schwerer Invalidität gemeint sind und auch die Todesfolge abgedeckt ist. Die Unfallversicherung deckt nur **eigene** Schäden, ungeachtet einer Schuldfrage. Die Versicherung, die den Verursacher gegen die Folgen eines Unfalls anderer versichert, ist die Haftpflichtversicherung.

► **Leistungen.** Unfallversicherungen übernehmen im Allgemeinen die medizinischen Kosten der Erstversorgung, der Heilbehandlung und der Rehabilitation, aber auch unfallgebundene Kosten wie Krankentransport und längerfristige Folgekosten bei bleibender körperlicher Beeinträchtigung (Schmerzensgeld), soziale Hilfen wie Übergangsgelder in der Erstphase nach dem Unfall, Betreuungsbedarf (Pflegegeld) oder Umschulung bei branchenbedingter Berufsunfähigkeit bis hin zur Versehrtenrente und Sterbegeld für die Hinterbliebenen. Der genaue Umfang der Leistung hängt vom Versicherungsvertrag ab.

14.2 Arbeitsunfähigkeit

H.-D. Klimm

14.2.1 Definition

Die bei Berufstätigen zur Verordnung von körperlicher Schonung in der Regel notwendige Attestierung von Arbeitsunfähigkeit erfolgt auf der Grundlage folgender Definition:

„Arbeitsunfähig ist, wer aufgrund von Krankheit seine bisher ausgeübte Tätigkeit nicht mehr oder nur unter der Gefahr einer Verschlimmerung der Krankheit ausüben kann.“ (§ 92, Absatz 1, Satz 2, SGB V)

14.2.2 Details zur Arbeitsunfähigkeit

Die krankheitsbedingten Fehlzeiten der Arbeitnehmer in Deutschland werden immer länger. Der durchschnittliche Krankenstand der Pflichtmitglieder bei der BKK stieg von 12,82 Tagen im Jahr 2006 auf 17,38 Tage im Jahr 2013.

▸ **Ursachen.** Die mit Abstand häufigste Ursache von Krankschreibungen sind Erkrankungen des Atmungssystems, gefolgt von Erkrankungen des muskuloskelettalen Systems. Hauptursache für die immer längeren Fehlzeiten ist die Zunahme längerfristiger Erkrankungen, insbesondere psychischer Erkrankungen. Alleine bei psychischen Erkrankungen und daraus resultierenden Fehltagen besteht ein Produktionsausfall von etwa 4–5 Milliarden Euro bei 108€ täglich pro erwachsener Person (AQUA-Institut). Aber auch ganz andere „Faktoren“ können dazu führen, dass die Arbeitsunfähigkeit zunimmt. So hat z. B. die DAK festgestellt, dass alleine durch die Umstellung auf die Sommerzeit die Arbeitsunfähigkeitsfälle um 15 % gestiegen sind, besonders bei den 45–59-jährigen Patienten.

▸ **Dauer.** Bei mehr als ⅔ aller Fälle dauert die Arbeitsunfähigkeit maximal 1 Woche. Die Anzahl der Krankschreibungstage hängt von den Erkrankungen ab:

- Depression 64,0 Tage
- Belastungsstörungen 27,8 Tage
- Bluthochdruck 18,6 Tage
- Rückenschmerzen 13,6 Tage
- Bronchitis 7,1 Tage
- Atemwegsinfekt 5,8 Tage

Merke

Die Fallhäufigkeit und Dauer korreliert mit dem Alter (beginnend ab einem Alter von 55 Jahren). Bei einem zukünftig demografisch zu erwartenden Anstieg des Anteils älterer Arbeitnehmer ist mit einer Zunahme der krankheitsbedingten Fehlzeiten am Arbeitsplatz zu rechnen.

▸ **Bezug zu Kalendertagen.** Die Krankenstände variieren zum einen in Bezug auf die Jahreszeit, aber auch in Bezug zu einzelnen Kalendertagen (▸ Abb. 14.1).

▸ **Arbeitsunfähigkeit bei Arbeitslosen.** Arbeitslose sind arbeitsunfähig, wenn sie krankheitsbedingt nicht mehr in der Lage sind, leichte Arbeiten in einem zeitlichen Umfang zu verrichten, für den sie sich bei der Agentur für Arbeit zur Verfügung gestellt haben. Dabei ist unerheblich, welcher Tätigkeit der Versicherte vor der Arbeitslosigkeit nachging.

14.2.3 Arbeitsunfähigkeitsbescheinigung

▸ **Nachweis der Arbeitsunfähigkeit.** Ein Arbeitnehmer muss bei einer Erkrankung seine Arbeitsunfähigkeit unverzüglich dem Arbeitgeber anzeigen und auch die voraussichtliche Dauer mitteilen. Die Bescheinigung über das Unvermögen zur Arbeit (AU) muss dem Arbeitgeber spätestens an dem Arbeitstag vorliegen, der auf den 3. Tag der Arbeitsunfähigkeit folgt, kann jedoch auch früher vom Arbeitgeber verlangt werden (§ 5 EFZG). Auch nach Ablauf des 6-wöchigen Entgeltfortzahlungszeitraums sind die erkrankten Arbeitnehmer verpflichtet, ihre Arbeitsunfähigkeit durch Vorlage einer ärztlichen AU-Bescheinigung nachzuweisen. Ist der Arbeitnehmer früher genesen als die Be-

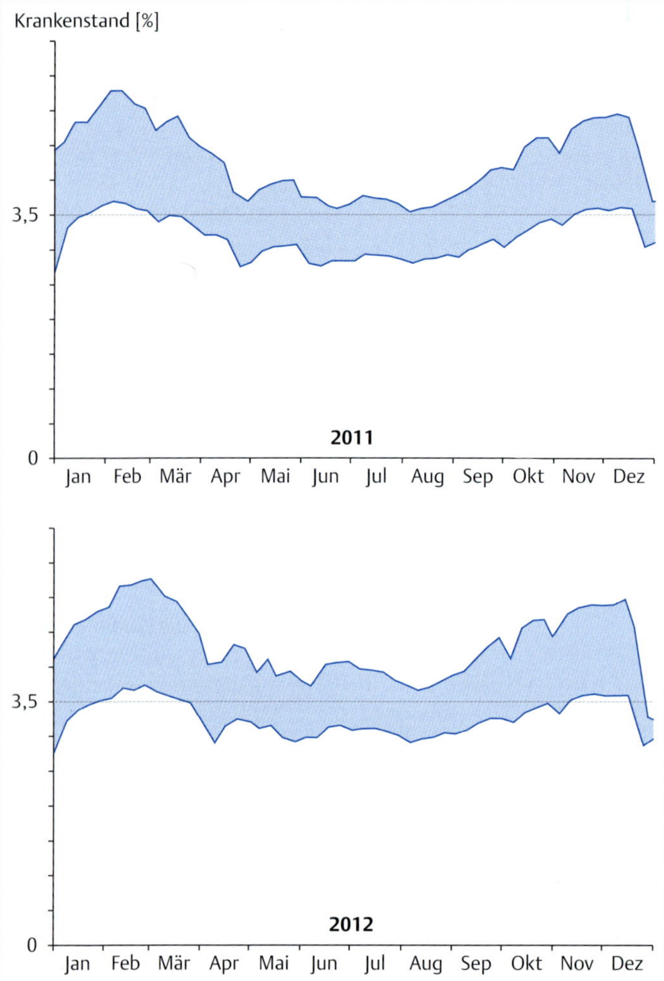

Abb. 14.1 Krankenstände in Relation zu Kalendertagen. Krankenstände 2011 und 2012 von bei der TK versicherten Erwerbspersonen [5].

scheinigung ausweist, darf er ohne erneute ärztliche Untersuchung die Arbeit wieder aufnehmen (eine „Gesundschreibung“ gibt es nicht).

▸ **Ausstellung der AU.** Der Arzt darf eine AU nur nach persönlichem Patientenkontakt ausstellen, eine Rückdatierung ist nur ausnahmsweise und lediglich bis zu 3 Tage erlaubt. Die AU muss Diagnose, voraussichtliche Dauer der Arbeitsunfähigkeit und die Unterschrift des ausstellenden Arztes enthalten. Die zur Arbeitsunfähigkeit führende Erkrankung muss ICD-kodiert festgehalten werden. Wenn der Arzt die Einleitung einer Rehabilitationsmaßnahme oder die Vorstellung beim medizinischen Dienst wünscht, kann er dies ankreuzen.

▸ **Formular.** Für Mitglieder der gesetzlichen Krankenversicherung wird ein 3-teiliges selbstdurchschreibendes Formular ausgestellt. Die 1. Seite ist für die Krankenkasse (Original) bestimmt, die 2. Seite (Durchschlag) für den Arbeitgeber (nur die obere Hälfte ohne Krankheitsbezeichnung). Die 3. Seite (Durchschlag) behält der ausstellende Arzt. Während der Arbeitgeber aus Datenschutzgründen nur die Dauer der Arbeitsunfähigkeit mitgeteilt bekommt, benötigt die Krankenkasse die medizinischen Daten, um die Dauer des Anspruchs auf Entgeltfortzahlung zu prüfen und ggf. den Anspruch auf Krankengeld festzustellen.

14.2.4 Lohnfortzahlung und Krankengeld

Der krankgeschriebene Patient erhält in der Regel 6 Wochen lang eine Lohnfortzahlung vom Arbeitgeber, dann zahlt die Krankenkasse Krankengeld in Höhe von 80 % des regelmäßigen Bruttoentgelts, jedoch nicht mehr als das bisherige Nettoentgelt. Ab diesem Zeitpunkt wird die AU durch einen Auszahlungsschein ersetzt, der vom Arzt auszufüllen und der Krankenkasse vorzulegen ist. Tritt dieselbe Krankheit innerhalb von 6 (Angestellte) oder 12 Monaten (Arbeiter) erneut auf, ist die Krankenkasse vom Anfang der neuen Krankheitsepisode an leistungsverpflichtet, jedoch längstens 78 Wochen innerhalb von 3 Jahren.

Merke

Krankengeld ist eine Entgelt-Ersatzleistung der Krankenversicherung, die den Ausfall von Einkommen infolge krankheitsbedingter Arbeitsunfähigkeit ausgleichen soll. Abzugrenzen ist das Krankengeld von der Lohnfortzahlung im Krankheitsfall durch den Arbeitgeber und den Versicherungsleistungen bei Berufsunfähigkeit (SGB V).

► **Anspruch auf Krankengeld.** Um Krankengeld zu bekommen, muss ein Krankenversicherter infolge einer Krankheit arbeitsunfähig sein. Anspruch auf Krankengeld besteht auch, wenn die Arbeitsunfähigkeit bedingt ist durch einen nicht rechtswidrigen Schwangerschaftsabbruch oder bei einer durch eine Krankheit erforderliche Sterilisation (§ 24b SGB V). Weitere Regelungen zum Krankengeld sind:

- Keinen Krankengeldanspruch haben Bezieher von Arbeitslosengeld 2.
- Krankengeld wird nach § 48 SGB V grundsätzlich ohne zeitliche Beschränkung geleistet, wenn dieselbe Krankheit vorliegt, jedoch nicht länger als 78 Wochen innerhalb einer Frist von 3 Jahren.
- Tritt während der Arbeitsunfähigkeit eine weitere Krankheit hinzu, wird die Leistungsdauer nicht verlängert!
- Nach Beginn eines 3-Jahres-Zeitraumes besteht nach § 48 Abs. 2 SGB V wegen derselben Krankheit ein erneuter Anspruch auf Krankengeld nur dann, wenn der mit Krankengeldanspruch versicherte Patient in der Zwischenzeit mindestens 6 Monate wegen der Krankheit nicht arbeitsunfähig war.

► **Höhe des Krankengeldes.** Das Brutto-Krankengeld beträgt nach § 47 SGB V 70 % des regelmäßigen beitragspflichtigen Brutto-Arbeitsentgelts oder Arbeitseinkommens vor Beginn der Arbeitsunfähigkeit. Das Krankengeld ist grundsätzlich beitragspflichtig zur Renten-, Arbeitslosen- und Pflegeversicherung. Bei der Berechnung des Beitrags werden 80 % des Bemessungsentgelts berücksichtigt. Krankengeldempfänger tragen die Beiträge mit den halben Beitragssätzen aus dem Brutto-Krankengeld, die Krankenkasse zahlt den Rest. Bei Arbeitslosen trägt die Krankenkasse die Beiträge alleine.

Die Krankenkassen zahlen das Krankengeld **nur** bis zum Unterschriftsdatum des Auszahlungsscheins aus, auch wenn auf dem Auszahlungsschein eine längere Dauer der Arbeitsunfähigkeit bescheinigt wird.

► **Krankengeld bei Erkrankung eines Kindes.** Eltern, die mit Anspruch auf Krankengeld versichert sind, haben nach § 45 SGB V Anspruch auf Krankengeld, wenn:

- sie zur Beaufsichtigung, Betreuung oder Pflege ihres erkrankten Kindes der Arbeit fernbleiben müssen. Entsprechendes gilt für Stiefkinder, Enkel- und Pflegekinder.
- das Kind höchstens 11 Jahre alt ist. Für Behinderte und auf Hilfe angewiesene Kinder gibt es keine Altersbegrenzung.
- die Notwendigkeit der Beaufsichtigung, Betreuung oder Pflege des Kindes durch ein ärztliches Attest bescheinigt wurde.
- sie nicht bereits für dieses Kind für 10 Arbeitstage (bei Alleinerziehenden 20 Arbeitstage) im gleichen Kalenderjahr Kindergeld erhalten hatten.
- sie nicht bereits insgesamt für 25 Arbeitstage (bei Alleinerziehenden 50 Arbeitstage) im gleichen Kalenderjahr Kindergeld erhalten hatten.

Das Krankengeld bei Erkrankung eines Kindes besteht für Elternteile ohne zeitliche Beschränkung, wenn das Kind nach ärztlichem Zeugnis an einer Krankheit leidet:

- die progredient verläuft und bereits ein weit fortgeschrittenes Stadium erreicht hat
- bei der eine Heilung ausgeschlossen und eine palliativmedizinische Behandlung notwendig und von einem Elternteil erwünscht ist
- bei der lediglich eine Lebenserwartung von Wochen oder Monaten erwartet werden kann

Versicherte mit Anspruch auf das Krankengeld haben nach §45 Abs. 3 SGB V für die Dauer dieses Anspruchs gegenüber ihrem Arbeitgeber einen unabdingbaren Anspruch auf unbezahlte Freistellung von der Arbeitsleistung, soweit nicht aus dem gleichen Grund Anspruch auf bezahlte Freistellung besteht.

▸ **Ähnliche Leistungen.** Dem Krankengeld ähnliche Leistungen sind:

- das Verletztengeld der gesetzlichen Unfallversicherung bei Arbeitsunfähigkeit wegen Arbeitsunfall, Wegeunfall oder Berufskrankheit
- das Übergangsgeld der gesetzlichen Rentenversicherung bei Arbeitsunfähigkeit wegen Teilnahme an einer Maßnahme zur medizinischen Rehabilitation
- das Übergangsgeld der Bundesagentur für Arbeit bei beruflicher Rehabilitation
- das Versorgungskrankengeld des Versorgungsamtes für Arbeitsunfähigkeitszeiten wegen eines Versorgungsleidens, z. B. für einen Dienstschaden

Verletzten- und Versorgungskrankengeld werden von den Krankenkassen, bei welcher der Patient versichert ist, im Auftrag des Unfallversicherungsträgers, z. B. BG oder Versorgungsamt, ausbezahlt. Die Krankenkassen rechnen die ausgelegten Leistungen mit den zuständigen Trägern ab.

14.3 Schwerbehinderung

H.-D. Klimm

▸ **Gesetzliche Bestimmungen.** Die gesetzlichen Bestimmungen zur Schwerbehinderung finden sich verstreut in verschiedenen Gesetzen (Schwerbehindertengesetz, Sozialgesetzbuch V und VI, Reichsversicherungsordnung, Angestelltenversicherungsgesetz, Arbeitsförderungsgesetz). Alle diese Gesetze enthalten Regelungen zur Rehabilitation (chronisch) Kranker und behinderter Menschen, vorranging wird die berufliche Rehabilitation gefördert. Viele behinderte Menschen sind auf Sozialhilfe angewiesen.

Merke

Grundsätzliches Ziel ist es, durch die zu erbringenden Leistungen und gesetzlichen Bestimmungen die gleichberechtigte Teilhabe behinderter Menschen am Leben in der Gesellschaft zu fördern und Benachteiligungen zu vermeiden und ihnen entgegenzuwirken.

▸ **Grundsätze.** Die Vielfalt der gesetzlichen Bestimmungen erschwert die Realisierung des Grundsatzes der Finalität, nach dem die notwendigen Hilfen gegenüber jedem Behinderten, unabhängig von der Ursache seiner Behinderung (und dementsprechend unterschiedlicher Träger und Institutionen) zu leisten sind. Ein weiterer Grundsatz ist die möglichst frühzeitige Intervention.

▸ **Grad der Behinderung.** Das Schwerbehindertengesetz regelt unter anderem die Voraussetzungen für die Anerkennung einer Schwerbehinderung und die Festlegung des Grades der Behinderung (GdB). Danach sind Schwerbehinderte Personen, deren GdB mindestens 50 % beträgt. Sie haben Anspruch auf einen behindertengerechten Arbeitsplatz, einen besonderen Kündigungsschutz, mehr Jahresurlaub und eine frühere Berentung. Für Personen mit einem GdB > 30 % besteht unter bestimmten Bedingungen die Möglichkeit der Gleichstellung mit Schwerbehinderten.

Bei der Festlegung der GdB gelten folgende Regeln:

- Die Zuordnung der GdB zu den einzelnen Funktionsstörungen erfolgt auf der Grundlage von Tabellen, in denen altersunabhängige Mittelwerte festgestellt sind.
- Vorübergehende Funktionsbeeinträchtigungen und physiologische Altersveränderungen werden nicht berücksichtigt.
- Die Einschränkung wird in der Regel in 10-Grad-Schritten angegeben.
- Liegen mehrere Funktionsbeeinträchtigungen vor, werden die einzelnen Grade nicht addiert, sondern es wird der höchste Einzelgrad zugrunde gelegt. Dann werden die wechselseitigen Beziehungen untersucht: Wirken sich die einzelnen Störungen nachteilig aufeinander aus oder überschneiden sich die Auswirkungen von Funktionsstörungen?

- Bei malignen Erkrankungen mit guter Prognose kann es (meist nach 5 Jahren) zu einer routinemäßigen Rückstufung kommen (Heilungsbewertung).

Liegen die Voraussetzungen für die Anerkennung einer Behinderung vor, sollte der Hausarzt dem Patienten eine Beantragung empfehlen. Umgekehrt sollte er aber auch bei nicht berechtigtem Ansinnen von einer Antragsstellung abraten, da die Arbeitsplatzsuche mit einer Anerkennung einer Behinderung schwierig werden kann und Diskriminierungen möglich sind. Nach der Antragsstellung durch den Patient selbst wird der Hausarzt in der Regel ein entsprechendes Formular für das Versorgungsamt auszufüllen haben.

Merke

Etwa 8,7 % der Gesamtbevölkerung ist schwerbehindert, mehr als 50 % der Schwerbehinderten sind älter als 55 Jahre.

▸ **Leistungen zur Teilhabe.** Leistungen zur Teilhabe (am Leben in der Gesellschaft) gemäß SGB IX haben Vorrang vor Rentenleistungen (§ 8 Abs. 2 SGB IX), während Leistungen nach SGB XII nachrangig sind (§ 2 SGB XII). Nach SGB IX stehen behinderten Menschen folgende Arten von Leistungen zur Teilhabe zu:

- Leistungen zur medizinischen Rehabilitation
- Leistungen zur Teilnahme am Arbeitsleben (früher berufliche Rehabilitation)
- unterhaltssichernde und andere ergänzende Leistungen
- Leistungen zur Teilnahme am Leben in der Gemeinschaft

Schwerbehinderte genießen besonderen Schutz und Förderung am Arbeitsplatz. Dazu gehört ein besonderer Kündigungsschutz. Nach dem Gesetz zur Bekämpfung der Arbeitslosigkeit muss ein Arbeitgeber mit mehr als 20 Arbeitsplätzen mindestens 5 % davon für Schwerbehinderte bereitstellen. Schwerbehinderte haben außerdem steuerliche Vorteile, können bei besonderen Behinderungen Vergünstigungen bei der Beförderung im öffentlichen Personenverkehr in Anspruch nehmen und sich auf Antrag von den Rundfunkgebühren befreien lassen (SGB IX).

Merke

Leistungen zur Teilhabe haben grundsätzlich Vorrang vor Rentenleistungen nach SGB VI, BVG, SGB VII und vor anderen Sozialleistungen sowie vor Pflegeleistungen (§ 8 SGB IX).

14.4 Berentung

H.-D. Klimm

14.4.1 Rentenversicherung

Die gesetzliche Rentenversicherung (RV) in Deutschland ist ein Zweig des Sozialversicherungssystems, der vorwiegend der Alterssicherung von Beschäftigten dient. Träger der gesetzlichen RV in Deutschland ist die deutsche Rentenversicherung. Gesetzesgrundlage ist das SGB VI. Für Selbstständige und ihre Angehörigen im Bereich Landwirtschaft, Forst und Gartenbau ist die Sozialversicherung für Landwirtschaft, Forst und Gartenbau (SVLFG) zuständig.

14.4.2 Versicherte

Sind Arbeitnehmer oder Selbstständige aufgrund gesundheitlicher Einschränkungen nicht mehr in der Lage, auf dem allgemeinen Arbeitsmarkt einer Tätigkeit von mindestens 6 Stunden nachzugehen, können sie beim Rentenversicherungsträger eine Rente beantragen. Daneben unterliegen weitere Personen der Versicherungspflicht, aber auch eine freiwillige Versicherung ist möglich.

14.4.3 Rentenformen

Neben der Altersrente werden die Rente bei verminderter Erwerbstätigkeit und die Rente an die Hinterbliebenen (Rente wegen Tod) sowie Leistungen zur Rehabilitation erbracht.

▸ **Renten wegen Alters.** Nach Erreichen der Regel-Altersgrenze erhält der Antragsteller nach geltender Rechtslage eine Rente ohne Zu- und Abschläge. Jeder spätere Rentenbeginn erhöht die Rente, jeder früherer Rentenbeginn mindert sie. Ausnahme: Rente für Schwerbehinderte oder wenn 45 Jahre Beiträge einbezahlt wurden, kann man mit 63 Jahren ohne Abzüge in Rente gehen.

► **Rente wegen Todes.** Witwen oder Witwer haben nach dem Tod des versicherten Ehepartners Anspruch auf eine Witwen-/Witwerrente, wenn der versicherte Ehegatte die allgemeine Wartezeit erfüllt hat. Seit 01.01.2005 ist ein eingetragener Lebenspartner rentenrechtlich der Ehe gleichgestellt.

► **Erwerbsminderungsrente.** Zur Beurteilung der Erwerbsfähigkeit werden alle Tätigkeiten herangezogen, die der Versicherte „zumutbar" ausüben kann, d. h. auch in anderen Berufen. Diese Rente wird in Abhängigkeit vom zeitlichen Leistungsvermögen in 2 Stufen bewilligt:

- Wer auf dem allgemeinen Arbeitsmarkt nur noch unter 3 Stunden täglich arbeiten kann, hat Anspruch auf eine volle Erwerbsminderungsrente.
- Kann der Versicherte noch 3–6 Stunden arbeiten, hat er Anspruch auf eine halbe Erwerbsminderungsrente.

Die 5 häufigsten Ursachen für eine Erwerbsminderungsrente sind in ► Abb. 14.2 genannt. Neben der Rente darf in bestimmtem, individuell vom Rentenversicherungsträger zu berechnendem Umfang hinzuverdient werden. Erwerbsminderungsrenten werden grundsätzlich nur für eine begrenzte Zeit bewilligt, vor einer Verlängerung wird der Gesundheitszustand erneut geprüft. Nach insgesamt 9 Jahren Rentenbezug wird in Fällen, in denen eine Behebung der Erwerbsminderung unwahrscheinlich ist, eine Dauerrente gewährt.

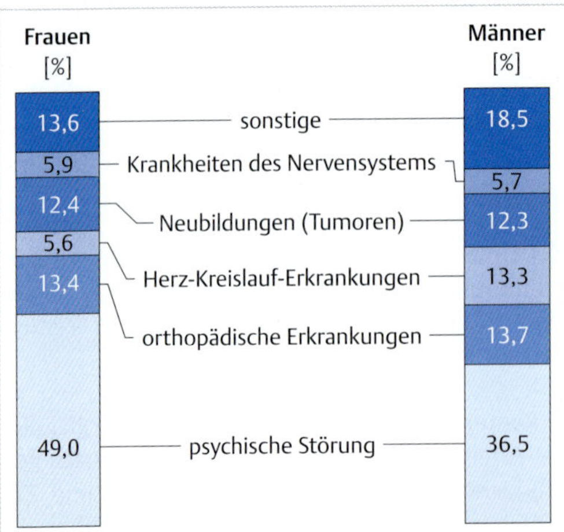

Abb. 14.2 Ursachen einer Erwerbsminderungsrente. [4].

Merke

Ist das gesundheitliche Leistungsvermögen eines Patienten wegen Krankheit oder Behinderung auf nicht absehbare Zeit so stark eingeschränkt, dass eine Erwerbstätigkeit nicht oder nur in geringem Umfang möglich ist, sollte der Hausarzt mit dem Patient über die Möglichkeit der Beantragung einer Erwerbsminderungsrente reden.

Dies sollte frühzeitig geschehen, da die Rente erst im 7. Monat nach Eintritt der Erwerbsminderung ausbezahlt wird und die ersten 6 Monate mit anderen Mitteln überbrückt werden müssen. Der Patient beantragt die Erwerbsminderungsrente beim zuständigen Rentenversicherungsträger selbst.

► **Berufsunfähigkeitsrente.** Die frühere Berufsunfähigkeitsrente, die sich auf eine Tätigkeit im Beruf des Betreffenden und nicht auf eine Tätigkeit am allgemeinen Arbeitsmarkt bezog, kann grundsätzlich nicht mehr beantragt werden. Versicherte, die schon eine Berufsunfähigkeitsrente erhalten, beziehen sie bis zum 65. Lebensjahr auch weiterhin. Für Versicherte, die vor dem 02.01.1961 geboren sind, gibt es bei Eintritt einer Berufsunfähigkeitsrente Übergangsregelungen.

14.4.4 Finanzierung

Die gesetzlichen RV werden im Wesentlichen durch ein Umlageverfahren finanziert. Die Beitragszahler bringen die Renten, der aus dem Arbeitsleben ausgeschiedenen auf und erwerben selbst einen Anspruch auf ihre eigene kommende Rente (Generationsvertrag). Zuschüsse erfolgen aus dem Bundeshaushalt.

14.4.5 Vorgezogene Berentung

Nach § 14 Abs. 3 kann die Altersrente auf Antrag um max. 6 Monate vorgezogen werden. Der Abschlag als Ausgleich für diese frühere Inanspruchnahme und der somit längeren Laufzeit der Rente beträgt für jeden Monat 0,4 % bis zum beim tatsächlichen Rentenbeginn erreichten Anspruch.

Unter bestimmten Voraussetzungen ist es möglich, eine Altersrente auch schon vor dem Erreichen der Regel-Altersgrenze zu beziehen:

- Altersrente für langjährig Versicherte (ab dem 63. Lebensjahr, wenn die Beitragszeit von 35 Jahren erfüllt ist)
- Altersrente für besonders langjährig Versicherte (wer die Beitragszeit von 45 Jahren erfüllt hat, kann mit 65 Jahren in Rente gehen ohne Abschläge)
- Altersrente für schwerbehinderte Menschen (ab 63 Jahre Rente ohne Abschläge, ab 60 Jahren Abschläge)

14.4.6 Teilberentung

Bei der Teilrente verzichtet der Antragsteller auf einen Teil der ihm zustehenden Rente, darf dafür aber im größeren Maße hinzuverdienen. Die Höhe des zulässigen Nebenverdienstes richtet sich nach dem persönlichen Verdienst in den letzten 3 Kalenderjahren vor dem Rentenbeginn und an der Höhe der gewünschten Rente. Anspruch haben Arbeitnehmer, die schon einen Anspruch auf Rente haben, aber noch nicht 65 Jahre alt sind.

14.5 Pflegebedürftigkeit

H.-D. Klimm

14.5.1 Pflegekassen

Die Pflegekassen sind in Deutschland die Träger der sozialen Pflegeversicherung. Sie sind bei den Krankenkassen eingerichtet worden, aber auch bei der Bundesknappschaft, die nur für die bei der Knappschaft Versicherten zuständig ist. Die Pflegekassen sind eigenständige Behörden, die als rechtsfähige Körperschaften des öffentlichen Rechts nach dem Prinzip der Selbstverwaltung organisiert sind, wobei die Selbsterhaltungsorgane der jeweiligen Krankenkassen auch die Aufgaben der Organe der Pflegekassen übernehmen.

Nach dem SGB XI sollen die Pflegekassen:

- Leistungen zur Pflegeversicherung für die Versicherten erbringen (Sach- und Geldleistungen sowie Dienstleistungen). Die pflegerische Versorgung der Versicherten muss koordiniert werden und die Effektivität und Wirtschaftlichkeit der Leistungen überwacht werden.
- unter bestimmten gesetzlichen Voraussetzungen Rentenversicherungsbeiträge für nicht erwerbstätige Pflegepersonen zahlen.
- in Zusammenarbeit mit dem Träger der Kranken- und Rentenversicherung durch Prävention sowie Behandlungs- und Rehabilitationsmaßnahmen den Eintritt von Pflegebedürftigkeit vermeiden.
- ihre Versicherten über die ihnen zustehende Leistungen informieren und beraten.
- Verträge mit dem Erbringer von Pflegeleistungen schließen (Pflegesachleistungen).
- darauf hinwirken, dass eine flächendeckende Versorgungsstruktur hinsichtlich der Pflege erreicht und erhalten wird.

14.5.2 Pflegebedürftige

Der Anteil der Patienten, die einer Pflege bedürfen, steigt mit zunehmendem Alter in der Bevölkerung (▶ Abb. 14.3). Die demografische Entwicklung lässt vermuten, dass die Zahl der Pflegebedürftigen auf 3,4 Millionen im Jahr 2030 ansteigen wird. Dementsprechend steigen auch die Pflegekosten unaufhaltsam an (von 16,5 Milliarden im Jahr 2002 auf über 24,2 Milliarden im Jahr 2014). Nach der Definition im SGB XI sind Personen als Pflegefall erfasst, die wegen einer körperlichen, geistigen oder seelischen Krankheit oder Behinderung im Bereich der Körperpflege, der Ernährung, der Mobilität und der hauswirtschaftlichen Versorgung auf Dauer voraussichtlich für mindestens 6 Monate in erheblichem oder höherem Maße der Hilfe bedürfen.

14.5.3 Pflegestufen

Feststellung von Pflegebedürftigkeit

Der medizinische Dienst der Krankenversicherung (MDK) ist der sozialmedizinische Beratungs- und Begutachtungsdienst der gesetzlichen Kranken- und Pflegeversicherung. Im Auftrag der Pflegekassen überprüfen der MDK oder andere unabhängige Gutachter, ob die Voraussetzungen der Pflegebedürftigkeit erfüllt sind und welche Stufe der Pflegebedürftigkeit vorliegt. Im Rahmen der Begutachtung soll der MDK durch eine Untersuchung des Versicherten:

- die Einschränkungen bei der Verrichtung der Grundpflege (Körperpflege, Ernährung, Mobilität) feststellen
- Art, Umfang und voraussichtliche Dauer der Pflegebedürftigkeit ermitteln
- das dauerhafte Vorliegen einer erheblich eingeschränkten Alltagskompetenz prüfen

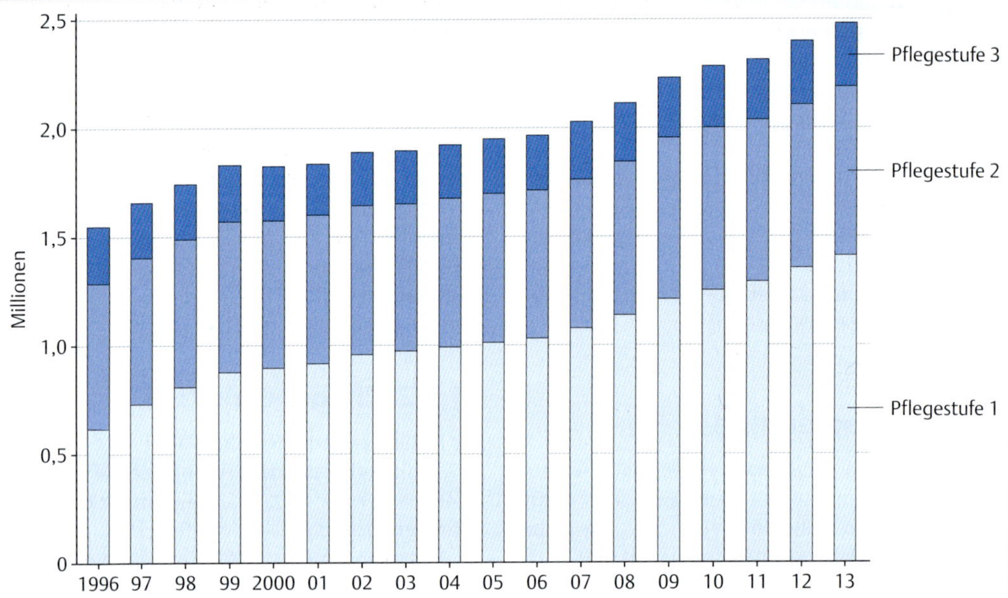

Abb. 14.3 Zahl der Pflegebedürftigen nach Pflegegesetz in Deutschland. Angaben des Bundesministeriums für Gesundheit von 1996 bis 2012 in Millionen [1].

Bei knappschaftlich Versicherten erstellt das Gutachten der Sozialmedizinische Dienst (SMD), bei privat Versicherten MEDICPROOF. Es gelten bundesweit einheitliche Begutachtungsrichtlinien (www.mds-ev.de). Bei Kindern ist die Prüfung der Pflegebedürftigkeit in der Regel durch besonders geschulte Gutachter des medizinischen Dienstes mit einer Qualifikation als Gesundheits- oder Kinderkrankenpfleger oder als Kinderarzt vorzunehmen.

Die Entscheidung der Pflegekasse über die Feststellung von Pflegebedürftigkeit soll für den Versicherten transparent und nachvollziehbar sein. Der Antragsteller hat ein Recht darauf, das Gutachten mit dem Bescheid der Pflegekassen zu erhalten. Die gesetzlich vorgegebene Bearbeitungsfrist für Anträge auf Pflegeleistungen beträgt 5 Wochen. Bei Aufenthalt im Krankenhaus, stationären Rehabilitationseinrichtungen, Hospiz oder bei einer ambulant-palliativen Versorgung ist die Begutachtung durch den MDK innerhalb einer Woche durchzuführen.

Merke

Ab dem Jahr 2017 wird mit dem Inkrafttreten des Pflegestärkungsgesetzes II der Begriff der Pflegebedürftigkeit völlig neu definiert, wobei insbesondere geistige Erkrankungen mehr in den Vordergrund rücken (neue Pflegestufen 1–5).

Zuordnung der Pflegestufen

Je nach Umfang des Hilfsbedarfs werden die Pflegebedürftigen einer der folgenden Pflegestufen zugeordnet [2]. Je nach Pflegestufe unterscheidet sich die Höhe der Leistungen:

- **Pflegestufe 0:** Personen mit dauerhaft erheblich eingeschränkten Alltagskompetenzen, die zwar einen Hilfsbedarf im Bereich der Grundpflege und hauswirtschaftlichen Versorgung haben, jedoch nicht die Voraussetzungen für eine Einstufung in die Pflegestufe I erfüllen, haben einen Anspruch auf einen Betreuungsbetrag in Höhe von 100–200€ im Monat. Darüber hinaus wurden durch das Pflegeneuausrichtungsgesetz weitere Leistungsverbesserungen, insbesondere für demenziell erkrankte Menschen eingeführt.

- **Pflegestufe I** (erhebliche Pflegebedürftigkeit): Eine erhebliche Pflegebedürftigkeit liegt vor, wenn mindestens einmal täglich ein Hilfsbedarf bei mindestens 2 Verrichtungen aus einem oder mehreren Bereichen der Grundpflege (Körperpflege, Ernährung oder Mobilität) erforderlich ist. Zusätzlich muss mehrfach in der Woche Hilfe bei der hauswirtschaftlichen Versorgung benötigt werden. Der wöchentliche Zeitaufwand muss im Tagesdurchschnitt mindestens 90 Minuten betragen, wobei auf die Grundpflege mehr als 45 Minuten entfallen müssen.
- **Pflegestufe II** (Schwerpflegebedürfigkeit): Eine Schwerpflegebedürftigkeit liegt vor, wenn mindestens dreimal täglich zu verschiedenen Tageszeiten ein Hilfsbedarf bei der Grundpflege (Körperpflege, Ernährung und Mobilität) erforderlich ist. Zusätzlich muss mehrfach in der Woche Hilfe bei der hauswirtschaftlichen Versorgung benötigt werden. Der wöchentliche Zeitaufwand muss im Tagesdurchschnitt mindestens 3 Stunden betragen, wobei auf die Grundpflege mindestens 2 Stunden entfallen.
- **Pflegestufe III** (Schwerstpflegebedürftigkeit): Eine Schwerstpflegebedürftigkeit liegt vor, wenn der Hilfsbedarf bei der Grundpflege so groß ist, dass er jederzeit gegeben ist und Tag und Nacht (rund um die Uhr) anfällt. Zusätzlich muss die pflegebedürftige Person mehrfach in der Woche Hilfe bei der hauswirtschaftlichen Versorgung benötigen. Der wöchentliche Zeitaufwand muss im Tagesdurchschnitt mindestens 5 Stunden betragen, wobei auf die Grundpflege (Körperpflege, Ernährung und Mobilität) mindestens 4 Stunden entfallen müssen.
- **Härtefallregelung:** Sind die Voraussetzungen für die Pflegestufe III erfüllt und liegt ein außergewöhnlich hoher bzw. intensiver Pflegeaufwand vor, kann die Härtefallregelung in Anspruch genommen werden. In diesem Fall gibt es höhere Sachleistungen. Voraussetzungen sind:
  - Hilfe bei der Grundpflege (Körperpflege, Ernährung und Mobilität) mindestens 6 Stunden täglich, davon mindestens dreimal in der Nacht.
  - Bei Pflegebedürftigen in vollstationären Pflegeeinrichtungen ist auch die auf Dauer bestehende medizinische Behandlungspflege zu berücksichtigen, wenn die Grundpflege für den Pflegebedürftigen auch nachts von mehreren Pflegekräften gemeinsam zeitgleich erbracht werden muss. Während Tag und Nacht muss dabei neben einer professionellen Pflegeperson mindestens eine weitere Pflegeperson tätig werden.

Merke

Ab dem Jahr 2017 werden die Pflegestufen mit dem Inkrafttreten des Pflegestärkungsgesetzes II in Pflegegrade überführt.

Vorgehen bei Pflegebedürftigkeit

Wenn Pflegebedürftigkeit eintritt, sollte man sofort mit der jeweiligen Kranken-/Pflegekasse oder einem Pflegestützpunkt Kontakt aufnehmen und Leistungen der Pflegeversicherung beantragen. Die Pflegekasse muss unverzüglich nach Eingang dieses Antrags:

- eine Vergleichsliste über die Leistungen und Vergütungen der zugelassenen Pflegeeinrichtungen zur Verfügung stellen
- einen konkreten Beratungstermin anbieten und spätestens innerhalb von 2 Wochen durchführen

Sobald die Leistungen der Pflegeversicherung beantragt sind, beauftragt die Pflegekasse den MDK oder andere unabhängige Gutachter zur Feststellung der Pflegebedürftigkeit. Dazu ist es sinnvoll, wenn man ein Pflegetagebuch vorlegen kann, in das eingetragen wird, bei welchen Verrichtungen Hilfe benötigt wurde, z. B. essen, anziehen, waschen. Bei der Begutachtung der Pflegeperson ist stets auf die Anwesenheit von Angehörigen oder Vertrauenspersonen zu achten.

Unabhängig von dieser Begutachtung ist rechtzeitig zu prüfen, ob die Pflege längerfristig durch Angehörige oder andere Pflegepersonen durchgeführt werden kann oder ob ein ambulanter Pflegedienst hinzugezogen werden muss. Ist die Pflege zu Hause nicht möglich, sollte man Kontakt zu geeigneten stationären Pflegeeinrichtungen aufnehmen.

Merke

Jeder 6. Erwachsene in Deutschland war oder ist aktuell mit aktiver Pflege im privaten Umfeld konfrontiert! 16 % haben in den letzten 3 Jahren selbst jemanden aus ihrer Familie oder eine nahestehende Person gepflegt bzw. pflegen diese zurzeit.

14.5.4 Häusliche Krankenpflege

Häusliche Krankenpflege (HKP) ist in Deutschland eine Leistung der gesetzlichen Krankenkassen. Sie wird als Sachleistung von den Krankenkassen erbracht und ist gesetzlich nach § 37 SGB V normiert.

Merke

Die häusliche Krankenpflege ist nicht zu verwechseln mit der häuslichen Pflege bei Leistungen der Pflegeversicherung.

► **Anspruchsvoraussetzungen.** Versicherte der GKV erhalten in ihrem Haushalt bzw. in ihrer Familie häusliche Krankenpflege durch geeignetes Pflegepersonal (z. B. ambulante Pflegedienste, Sozialstation), wenn:

- dies zusätzlich zur ärztlichen Behandlung erforderlich ist
- eine stationäre Krankenhausbehandlung zu vermeiden oder die Dauer derselben zu verkürzen ist
- eine Krankenhausbehandlung angezeigt, aber nicht durchführbar ist (§ 35 Abs. 1 SGB V)
- sie zur Sicherung des Zieles der ärztlichen Behandlung erforderlich ist (§ 37 Abs. 2 SGB V)

Die häusliche Krankenpflege muss ärztlich verordnet und von der Krankenkasse im Voraus genehmigt werden. Sie gilt für nötige Verrichtungen, die nicht vom Patienten selbst oder von einer im Haushalt lebenden Person durchgeführt werden. In der Regel wird häusliche Krankenpflege einmal verordnet, für Behandlungspflege alleine stellt der Arzt meist ein Rezept pro Quartal aus. Eine Verordnung für einen längeren Zeitraum ist jedoch ebenfalls möglich. Die Pflegedienste rechnen die angefallenen und verordneten Kosten direkt mit der Krankenkasse ab.

► **Inhalte.** Inhalte der häuslichen Krankenpflege sind:

- Behandlungspflege: Medikamentenabgabe, Injektionen, Verbandswechsel
- Grundpflege: Körperpflege, Bewegung, Hilfe bei der Ernährung
- hauswirtschaftliche Versorgung: Kochen, Wohnung aufräumen, Einkaufen

► **Häusliche psychiatrische Krankenpflege.** Die häusliche Krankenpflege für psychisch Erkrankte (ambulante psychiatrische Pflege, APP) ist seit 2005 Bestandteil der häuslichen Krankenpflege. Sie soll dazu dienen, dass psychisch kranke Menschen ein würdiges eigenes Leben in ihrem gewohnten Umfeld führen können. Sie kann bei verschiedenen psychiatrischen Diagnosen verordnet werden, bedarf einer fachärztlichen Diagnostik und ist auf 4 Monate begrenzt.

► **Pflegende Angehörige und Hausarzt.** Pflegende Personen sind durch die häusliche Pflege sehr stark gefühlsmäßig belastet und klagen über körperliche Beschwerden. Fast 50 % aller Pflegenden sprechen von starken (26 %) oder sehr starken (23 %) psychischen Belastungen. Die Ursachen von Belastung und Überlastung im häuslichen Bereich sind die Pflegedauer, der gestörte Nachtschlaf, Beziehungsprobleme, der teils hohe Demenzgrad der Pflegebedürftigen, der Zustand der Pflegeperson und die eingeschränkten Erholungsmöglichkeiten.

Der wohl wichtigste Ansprechpartner in Gesundheitsfragen (50 %) ist der Hausarzt, mit dem die Familienangehörigen die Pflege kompensieren. Für die pflegenden Angehörigen wäre als Unterstützung besonders wichtig: Entlastung durch professionelle Pflegedienste, finanzielle Hilfen/Vergütung, mehr ärztliche Betreuung Pflegebedürftiger, Unterstützung im Haushalt, mehr Anerkennung.

Abwendbar gefährlicher Verlauf

Abwendbar gefährliche Verläufe bei der häuslichen Krankenpflege sind:

- Dekompensation der Pflegenden
- gewalttätige Übergriffe auf den Gepflegten und umgekehrt
- Erschöpfungsdepression
- Suizid- und Suchtgefahr

14.6 Gutachten und Untersuchungen

H.-D. Klimm

14.6.1 Versicherungsuntersuchung

Oft wird der Allgemeinarzt zum Erstellen eines Gutachtens nach einem Unfall von einer privaten Unfallversicherung aufgefordert oder um die Durchführung einer Untersuchung bei Abschluss von privaten Versicherungen (Unfallversicherung, Lebensversicherung) zur Risikoabschätzung gebeten. Der Arzt ist in diesem Falle weder Anwalt der Versicherung noch des Versicherungsnehmers. Vielmehr müssen gutachterliche Äußerungen und Untersuchungen objektiv nach bestem Wissen und Gewissen erfolgen. Versicherungsuntersuchungen müssen entweder von der angeforderten Versicherung oder vom Versicherungsnehmer vergütet werden.

▸ **Gutachten nach einem Unfall.** Die private Unfallversicherung fordert in der Regel einen ärztlichen Befundbericht an. Dies ist ein standardisierter Fragebogen, der ohne erneute Untersuchung entsprechend den Aufzeichnungen in der Karteikarte ausgefüllt werden soll. Besonders wichtig sind hierbei der Hergang des Unfalls (soweit bekannt), das Beschreiben der Unfallfolgen wie z. B. Funktionseinschränkungen, Beschwerden oder Schmerzen, das Auftreten möglicher Folgeschäden und der Grad der Beeinträchtigung der Arbeitsfähigkeit zur Errechnung des Tagesgelds. Für den Grad der Beeinträchtigung der Arbeitsfähigkeit ist die Berufstätigkeit oder die Art der Beschäftigung (z. B. Hausfrauen, Schüler, Rentner) maßgebend. So verursacht z. B. eine Fingerverletzung bei einem Pianisten eine lange 100 %ige Beeinträchtigung, während andere Personen viel weniger stark und kürzer beeinträchtigt sind. Im Gegensatz zur GKV sind bei der privaten Unfallversicherung die Grade der vorübergehenden Beeinträchtigung schrittweise abfallend einzustufen, z. B. 100 %, 50 %, 25 % oder 5 % für den jeweilig beeinträchtigten Zeitraum.

▸ **Untersuchung bei Abschluss von Versicherungen.** Die Versicherung fordert zur Erstellung des ärztlichen Zeugnisses oder des großen ärztlichen Zeugnisses entsprechend der Höhe des Versicherungsrisikos auf. Die ärztlichen Zeugnisse bestehen aus einem ausführlichen Anamnesebogen, der in der Anwesenheit des Versicherungsnehmers ausgefüllt und durch seine Unterschrift bestätigt werden muss, sowie aus einem Untersuchungsbogen, der angibt, welche Untersuchungen die Versicherung wünscht (körperliche Untersuchung, Ruhe-EKG, Ergometrie, Labor, Harnuntersuchung, HIV-Test). Nur die angeforderten Leistungen sollten erbracht werden.

14.6.2 Fitnessuntersuchung

Fitness bedeutet, im Alltag leistungsfähig zu sein und Belastungen eher Stand zu halten. Die Risiken für die Zivilisationskrankheiten Herzinfarkt und metabolisches Syndrom könnten durch gezieltes Fitness-Training verringert werden. Eine sportmedizinische Untersuchung soll helfen, gesundheitliche Risiken zu entdecken und zu vermeiden oder zumindest zu vermindern. Sie überprüft aber nicht nur den Gesundheitszustand, sondern auch, welche Sportarten für den Patienten individuell geeignet sind und wie diese am besten ausprobiert werden. Eine sportmedizinische Untersuchung beinhaltet:

- Anamnese
- Ganzkörperstatus
- Ruhe-EKG
- abschließende Besprechung

Hinzu kommen ggf. ein Belastungs-EKG, eine Lungenfunktionsprüfung und eine Laktat-Bestimmung. Die Kosten müssen von den Patienten primär selbst übernommen werden, es gibt aber Krankenkassen, die sich daran beteiligen (Kap. 31.4).

14.7 Meldepflicht

H.-D. Klimm

Für die Verhütung und Bekämpfung übertragbarer Krankheiten sind Kenntnisse über das Vorkommen der Krankheiten Voraussetzung. Was tödlich verlaufende Infektionskrankheiten betrifft, sind nach Schätzung der WHO weltweit 2,8 Millionen Menschen von AIDS, 1,6 Millionen von Tuberkulose, 1,3 Millionen von Malaria, 611 000 von Masern, 294 000 von Keuchhusten, 214 000 von Tetanus, 173 000 von Meningitis und 103 000 von Hepatitis B betroffen.

Die Meldepflicht wird durch das Gesetz zur Verhütung und Bekämpfung von Infektionskrankheiten bei Menschen (IfSG) geregelt. Meldungen sollten die Gesundheitsämter in die Lage versetzen, rasch auf relevante Risiken zu reagieren, Infektionsquellen zu ermitteln und Infektionsketten zu unterbrechen. Es wird zwischen meldepflichtige Krankheiten (§ 6) und Meldepflicht von Krankheitserregern (§ 7) unterschieden (▶ Tab. 14.1). Zur Meldung verpflichtet sind der feststellende Arzt, der Leiter von Labors, in bestimmten Fällen auch z. B. Angehörige anderer Heilberufe oder Leiter von Pflegeeinrichtungen, Anstalten oder Heimen. Die Meldepflicht von Krankheiten betrifft den Hausarzt unmittelbar, während Krankheitserreger von den Leitern der Untersuchungsstellen gemeldet werden müssen. Eine Labormeldung nach § 7 enthebt den Hausarzt allerdings nicht von seiner Verpflichtung einer Meldung nach § 6, weil diese andere klinische Daten enthält. Eine Meldepflicht entfällt dann, wenn die Angaben von einer anderen meldepflichtigen Person bereits gemeldet wurden, z. B. bei der Inanspruchnahme mehrerer Ärzte. Auch im Not- und Rettungsdienst entfällt die Pflicht, wenn der Patient unverzüglich in ein Krankenhaus gebracht wurde. Ansonsten stellte die unterlassene Meldung eine Ordnungswidrigkeit dar, die mit einer Geldbuße geahndet werden kann.

Die namentliche Meldung des Patienten mit einer entsprechenden Erkrankung hat innerhalb von 24 Stunden an das zuständige Gesundheitsamt zu erfolgen. Es ist genau geregelt, welche demografischen, anamnestischen und klinischen Angaben mitzuteilen sind. Entsprechende Formulare sind bei den Gesundheitsämtern erhältlich.

Tab. 14.1 Meldepflicht nach Infektionsschutzgesetz (Auszug) [3].

meldepflichtige Krankheiten (§ 6)	meldepflichtige Erreger (§ 7)
namentliche Meldung von Krankheitsverdacht, Erkrankung und Tod bei • Botulismus • Cholera • Diphtherie • humane spongiforme Enzephalopathie (Creutzfeldt-Jakob-Krankheit) • akute Virushepatitis • enteropathisches hämolytisches Syndrom (HUS) • virusbedingtes hämorrhagisches Fieber • Masern • Meningokokken, Meningitis oder Sepsis • Milzbrand • Mumps • Pertussis • Paratyphus • Pest • Poliomyelitis • Röteln, einschließlich Rötelnembryopathie • Tollwut • Typhus abdominalis • Windpocken • Tuberkulose (bei Erkrankung oder Tod, auch wenn pathologisch noch kein Nachweis vorliegt) • mikrobakteriell bedingte Lebensmittelvergiftung oder akute infektiöse Gastroenteritiden, wenn eine Person betroffen ist, die im Lebensmittelbereich tätig ist Über die namentlich genannten Erkrankungen hinaus sollten ungewöhnliche Beobachtungen, die auf eine infektiöse Genese mit Risikopotenzial hindeuten, gemeldet werden, soweit sie durch die sonstigen Meldepflichten nicht erfasst werden. Diese „Auffangmeldepflicht" soll der möglichst frühen Erkennung neuer Erreger dienen. Auch das gehäufte Auftreten „nosokomialer" Infektionen ist zu melden.	namentliche Meldung beim Nachweis u. a. von: • Adenoviren • Milzbrand • Bordetella pertussis • Campylobacter als darmpathogene Spezies • Ebola-Virus • enterohämorrhagische Echerichia-coli-Stämme (EHEC) • FSME-Virus • Hantaviren • Influenzaviren • Legionellen • Masernvirus • Mumpsvirus • humane Noroviren • Poliovirus • Rabiesviren • Rotavirus • Salmonella paratyphi/Salmonella typhi/sonstige Salmonellen • Shigellen • Staphylococcus aureus • Methicillin-resistente Stämme (MRSA) nicht namentliche Meldung beim direkten oder indirekten Nachweis von: • Treponema pallidum • HIV • Echinokokkus • Plasmodium • Toxoplasma gondii

Darüber hinaus dürfen Personen, die an einer der in § 33 IfSG genannten Gemeinschaftseinrichtungen (wie Schulen, Kindergärten, Heimen) arbeiten, nach § 34 IfSG „keine Lehr-, Erziehungs-, Pflege-, Aufsichts- oder sonstige Tätigkeiten ausüben, bei denen sie Kontakt zu den dort Betreuten haben, bis nach ärztlichem Urteil eine Weiterverbreitung der Krankheit oder der Verlausung durch sie nicht mehr zu befürchten ist“, wenn bei ihnen der Verdacht auf z. B. eine der folgenden Erkrankungen besteht oder sie daran erkrankt sind:

- Cholera
- Diphtherie
- Enteritis
- Impetigo contagiosa
- Keuchhusten
- Läuse
- Masern
- Mumps
- Poliomyelitis
- Skabies
- Scharlach
- Typhus abdominalis
- Hepatitis A und B
- Windpocken

14.8 Patientenverfügung und Betreuung

H.-D. Klimm

14.8.1 Voraussetzungen

▸ **Zustimmung des Patienten.** Nicht erst die Diskussion um intensivmedizinische Lebensverlängerung und Sterbehilfe hat deutlich gemacht, dass jede medizinische Behandlung der Zustimmung des Patienten bedarf. Dies gilt insbesondere, wenn der Erfolg einer Therapie unsicher ist und Leiden möglicherweise verlängert werden. Behandlungsmaßnahmen, die der Patient ablehnt, darf der Arzt nicht durchführen. Dies gilt für scheinbar banale Untersuchungen und Behandlungsmaßnahmen (z. B. Labortests, i. m. Spritzen, Impfungen) ebenso wie für Operationen und Notfallbehandlungen.

▸ **Vermeintlicher Wille.** In Situationen, in denen der Patient seinen Willen nicht mehr äußern kann, gilt der vermeintliche Wille des Patienten. Da dieser meist nur vermutet werden kann, wird er im Zweifel meist im Sinne einer lebensverlängernden Behandlung und des Ausschöpfens aller medizinischen Möglichkeiten interpretiert. Für die behandelnden Ärzte sollte vor allem das Wohl des ihnen anvertrauten Patienten entscheidend sei. Im Sinne der juristischen Absicherung darf aber nicht unterlassen werden, was den Vorwurf unterlassener Hilfeleistung begründen könnte.

14.8.2 Vorsorgeverfügungen

Jeder kann im Alter oder aufgrund von unvorhersehbaren gesundheitlichen Gründen in die Situation kommen, dass er nicht mehr eigenverantwortlich handeln und wichtige Fragen zu Gesundheit und Therapie z. B. nicht mehr selbst verantworten und entscheiden kann. Für diese Lage kann jeder Mensch durch sog. Vorsorgeverfügungen (Vorsorgevollmacht und Patientenverfügung) durch Bevollmächtigung eines Dritten selbst bestimmen, wie die Lebensverhältnisse und der Umgang mit der Krankheit aus medizinischer Sicht gehandhabt werden sollen. Man unterscheidet:

- **Vorsorgevollmacht** bedeutet, eine (oder mehrere) andere Person zu beauftragen, einzelne oder alle Angelegenheiten wahrzunehmen, wenn man selbst nicht mehr entscheiden kann. Der Bevollmächtigte kann dann handeln, ohne dass es weiterer Maßnahmen bedarf. Das Gericht wird nur dann eingeschaltet, wenn es zur Kontrolle des Bevollmächtigten erforderlich ist.
- **Betreuungsverfügung** bedeutet, schon im Voraus festzulegen, wen das Gericht als Betreuer bestellen soll, wenn es ohne rechtliche Betreuung nicht mehr weitergehen kann.
- **Patientenverfügung** bedeutet, selbst im Voraus über das Prozedere medizinscher Maßnahmen zu entscheiden, um zu verhindern, dass andere dies tun (müssen), wenn man selbst nicht mehr dazu in der Lage ist.

▸ **Vorsorgevollmacht.** Die Vorsorgevollmacht ist die Bevollmächtigung eines Dritten, der dadurch rechtlich in die Lage versetzt wird, Entscheidungen für den Vollmachtgeber in dessen Namen zu treffen. In der medizinischen Patientenanwaltschaft bzw. Vorsorgebevollmächtigung werden eine oder mehrere Vertrauenspersonen benannt, die am besten über Wünsche und Wertvorstellungen des Patienten informiert sind. Diese beraten die Ärzte in allen Fragen und Möglichkeiten der Behandlung und vertreten die Wertvorstellung des Betroffenen. Selbstverständlich trifft dies nur dann zu, wenn der Patient selbst nicht mehr entscheidungsfähig ist. Der Patientenanwalt wird in einem Schriftstück benannt, das auch der Hausarzt als Zeuge mit unterschreiben sollte. Er bestätigt insbesondere, dass der betroffene Patient zum Zeitpunkt der Abfassung des Schriftstücks uneingeschränkt urteilsfähig ist und in seiner Willenskundgebung frei handelt. Entscheidend ist hierbei – wie bei der medizinischen Risikoaufklärung –, dass der Betroffene seine Willensbekundung den Beteiligten deutlich macht. Dies kann in einem Gespräch erfolgen, das mit Zeit und Ort dokumentiert werden sollte. Eine Unterschrift unter einem vorformulierten Formular reicht nicht aus.

Merke

Nur wenn eine Vorsorgeverfügung vorliegt, können Angehörige oder Ehepartner notwendige Entscheidungen treffen, ansonsten muss das Vormundschaftsgericht von Amts wegen einen Betreuer bestellen.

► **Patientenverfügung.** In der Patientenverfügung kann man vorab über das Ob und Wie medizinischer Maßnahmen entscheiden. Wenn man nicht möchte, dass andere über die medizinische Behandlung entscheiden, wenn man selbst dazu nicht mehr in der Lage ist, kann man durch die Patientenverfügung festlegen, ob bei konkret beschriebenen Krankheitszuständen bestimmte medizinische Maßnahmen gewünscht oder nicht gewünscht sind. Seit 01.09.2009 ist dies gesetzlich verankert. Die Patientenverfügung richtet sich an den Arzt, den Bevollmächtigten und das Vormundschaftsgericht. Der Patient gibt seine Wünsche dahingehend an, unter bestimmten Bedingungen die Behandlung bzw. die lebenserhaltenden Maßnahmen abzubrechen, obwohl der Sterbevorgang noch nicht begonnen hat und nur noch die Schmerzen zu lindern sind.

Manchmal wirft eine Patientenverfügung aufgrund unklarer oder mehrdeutiger Formulierungen mehr Fragen auf. Auch ist sie für die behandelnden Ärzte nicht bindend. Diese Problematik sollte der Allgemeinarzt, der regelmäßig von seinen Patienten in dieser Frage um Rat gebeten wird, verdeutlichen.

Merke

Immer gilt: Die letzte Entscheidung, wenn sich ein Patient nicht mehr äußern kann, liegt beim Arzt. Aktive Sterbehilfe kann vom Patientenanwalt nicht gefordert werden, weil sie gegen Gesetz und Grundrecht verstößt.

14.9 Leichenschau

H.-D. Klimm

14.9.1 Voraussetzungen

In Deutschland ist das Leichenschauwesen durch landesrechtliche Bestimmungen in speziellen Gesetzen über das Leichen-, Friedhof- und Bestattungswesen oder in entsprechenden Verordnungen geregelt.

Merke

Die Leichenschau ist eine ärztliche Aufgabe. Der Leichenschauarzt ist zur Feststellung von Person, Tod, Todeszeitpunkt, Todesart und Todesursache verpflichtet.

► **Ziele.** Mit der Leichenschau sollen die folgenden Ziele erreicht werden:

- sichere Todesfeststellung zur Vermeidung von Scheintodesfällen, in speziellen Fälle auch als Voraussetzung einer Organexplantation
- Bekämpfung übertragbarer Erkrankungen (Meldepflicht bei Tod durch Infektionskrankheiten)
- Gewinnung von Daten zur Todesursache-Statistik
- Rechtsinteressen, z. B. Erkennen von Fremdverschulden
- Wahrnehmung mutmaßlicher Interessen des Verstorbenen

► **Definitionen.** Als menschliche Leiche gilt der Körper eines Verstorbenen, solange der gewebliche Zusammenhang infolge Fäulnis noch nicht aufgehoben ist. Eine kindliche Leiche liegt vor bei:

- toten Lebendgeborenen, unabhängig vom Geburtsgewicht, bei denen ein Lebenszeichen

(Herzschlag, pulsierende Nabelschnur, natürliche Lungenatmung) nachweisbar war
- Totgeburten, wenn das Neugeborene nach der Trennung vom Mutterleib keines der Lebenszeichen, jedoch ein Gewicht von mindestens 500 g aufwies

Liegt keines der Lebenszeichen vor und beträgt das Gewicht weniger als 500 g, besteht eine Fehlgeburt. Eine Verpflichtung zur Leichenschau besteht nicht.

14.9.2 Durchführung

Jeder approbierte Arzt darf eine Leichenschau durchführen, nach landesrechtlichen Bestimmungen muss die Leichenschau *„unverzüglich"* stattfinden. Der Arzt sollte sich daher auf schnellstem Wege nach Erhalt der Anzeige über einen vermeintlichen Todesfall zur Leichenschau begeben. Die Leichenschau und die Ausstellung der Todesbescheinigung sind mit größter Sorgfalt auszuführen. Es gelten die gleichen Sorgfaltspflichten wie bei lebenden Personen.

► **Feststellung des Todes.** Bei ausreichender Beleuchtung wird der Leichnam entkleidet, um die sicheren Todeszeichen festzustellen (Totenflecken, Totenstarre, Abkühlung, Verletzungen, z. B. Zerstörungen, die mit dem Leben unvereinbar sind). Vor Ausbildung der ersten sicheren Todeszeichen kann die Feststellung des Todes schwierig sein. Hier ist größte Vorsicht geboten! Im Zweifelsfall Reanimation einleiten oder Krankenhauseinweisung.

► **Feststellung der Todeszeit.** Zur Todeszeitschätzung sind geeignet:
- frühe Leichenerscheinungen, z. B.:
  - Totenflecke (Beginn 15–30 Minuten, Konfluenz 1–2 Stunden, volle Ausbildung 6–8 Stunden, Wegdrückbarkeit bis ca. 20 Stunden)
  - Totenstarre (Beginn Kiefergelenk 2–4 Stunden, vollständige Ausprägung ca. 6–8 Stunden)
  - Abkühlung
- späte Leichenerscheinungen (z. B. Fäulnis, Verwesung)
- zuverlässige Zeugenaussagen

► **Feststellung der Todesart.** Zu unterscheiden gilt:
- natürlicher Tod
- Tod aus krankhafter Ursache
- unklare Situation (natürlicher oder nicht natürlicher Tod kann nicht festgelegt werden)
- Diagnose mit nicht hoher Evidenz, aber der Verdacht reicht bereits aus!

Mit der Feststellung der Todesart sind ggf. folgende **Meldepflichten** verknüpft:
- Die Polizei muss benachrichtigt werden bei nicht natürlichem Tod, ungeklärter Todesart oder unbekanntem Toten.
- Das zuständige Gesundheitsamt muss gemäß § 9 Abs. 3 Infektionsschutzgesetz unverzüglich benachrichtigt werden (spätestens jedoch innerhalb von 24 Stunden), wenn die Todesursache eine übertragbare Krankheit ist oder der Verstorbene an einer übertragbaren Krankheit gelitten hat.
- Die zuständige Berufsgenossenschaft muss bei begründetem Verdacht, dass der Betroffene an einer Berufskrankheit verstorben ist, informiert werden.

14.10 Dokumentation

T. Kühlein, H.-D. Klimm

Mit der Verkündung des Patientenschutzgesetzes vom 26.02.2013 hat die ärztliche Dokumentationspflicht Einzug in das Bürgerliche Gesetzbuch (BGB) gefunden (§ 630 f. BGB). Ärzte sind nunmehr verpflichtet, für die Behandlung Wesentliches zu dokumentieren. Nach der Berufsordnung für Ärzte (§ 10 Abs. 2 1 MBO-Ä) haben „Ärztinnen und Ärzte [...] Patientinnen und Patienten auf deren Verlangen Einsicht in die sie betreffende Dokumentation zu gewähren, soweit der Einsichtnahme nicht erhebliche therapeutische Gründe oder erhebliche Rechte der Ärztin/des Arztes oder Dritter entgegenstehen".

► **Ziele.** Dokumentation dient im Rahmen der Sicherung der Patientenversorgung sowohl der eigenen Erinnerung wie auch der Rechenschaftslegung. Zur Rechenschaftslegung gehört nicht nur die juristische Absicherung, sondern auch die professionelle eigenständige Überprüfung der Versorgungsqualität. Zur letzteren Aufgabe ist die strukturierte und womöglich kodierte Dokumentation nötig. Dies erfolgt inzwischen sinnvollerweise in elektronischer Form. Eine sorgfältige Dokumentation ist unumgänglich, wenn mehrere Ärzte mit der Behandlung des Patienten gleichzeitig betraut sind.

▸ **Inhalte und Form.** Grundsätzlich muss die Dokumentation umso genauer und umfangreicher sein, je komplizierter und schwieriger die zu dokumentierenden Versorgungsprozesse sind. Nach Dokumentation des Datums der Behandlung hat sich als Grundstruktur das SOAP-Schema bewährt:

- subjektiv: der Beratungsanlass und alles, was der Patient berichtet, einschließlich der erfragten Anamnese
- objektiv: alles, was ärztlicherseits an Befunden erhoben werden kann
- Assessment: Schlussfolgerung aus S und O in Form des Beratungsergebnisses bzw. der Diagnose, der Verdachtsdiagnose oder des Ausschlusses abwendbar gefährlicher Verläufe
- Plan: Dokumentation der vereinbarten und durchgeführten Therapie oder weiter nötigen Diagnostik bzw. allgemeines Vorgehen. Dazu gehört auch die Dokumentation der Aufklärung über Nebenwirkungen der Therapie und über Warnsignale, die eine Wiedervorstellung auslösen sollten.

Kernelement hausärztlicher Dokumentation ist auch eine immer wieder gepflegte **Problemliste**. Die Problemliste enthält alle für die weitere Versorgung des Patienten relevanten Informationen. Dazu gehören aktuelle Diagnosen, relevante Dauerdiagnosen, aber auch wichtige Informationen, wie das Vorliegen von Patientenverfügungen oder bedrohliche Allergien. Eine bislang wenig genutzte Dokumentationsstruktur ist die Erfassung in sog. **Behandlungsepisoden**. Eine Behandlungsepisode beginnt mit dem ersten Kontakt bezüglich eines bestimmten Gesundheitsproblems und endet mit dem letzten Kontakt bezüglich dieses Problems. Jede Behandlungsepisode ist über ihren Titel auch Teil der Problemliste. Dadurch wird es möglich, die dokumentierte Information fallweise abzurufen, also alle Informationen bezüglich eines bestimmten Gesundheitsproblems zusammengefasst dazustellen. Auch ermöglicht diese Dokumentationsform eine verbesserte Analysemöglichkeit der eigenen Daten über das Praxisverwaltungssystem.

Merke

Die Dokumentation muss zeitnah zur Behandlung erfolgen. Nachträge sind stets mit dem Nachtragedatum zu versehen.

▸ **Aufbewahrungsfristen.** Ärzte sind verpflichtet, die Dokumentation 10 Jahre nach Abschluss der Behandlung aufzubewahren, soweit keine längeren gesetzlichen Fristen bestehen (§ 630 f. Abs. 3 BGB). Eine längere Aufbewahrung ist aber im Interesse des Arztes zu empfehlen (Schadenersatzansprüche verjähren mitunter erst nach 30 Jahren!).

14.11 Umgang mit Beschwerden und Behandlungsfehlern

H.-D. Klimm

Viele juristische Auseinandersetzungen entstehen, wenn der Patient fehlerhaft behandelt und betreut, aber auch im Ernstfall schlecht informiert wurde. Die Zahl der gestellten Begutachtungsaufträge ist von 10 000 Fällen im Jahr 2006 auf über 13 000 Fälle im Jahr 2013 gestiegen (Bundesärztekammer). Ein Drittel der Begutachtungen betreffen niedergelassene Ärzte (20,9 % Fehler bei bildgebender Diagnostik, 12 % Anamnese und Untersuchungen, 5,2 % Therapie). Hausärztlich Tätige sind mit 12,6 % beteiligt!

Schritte, die eine konfliktreiche Situation entschärfen können:

- aktiv und innerhalb von 24 Stunden das Gespräch mit dem Patient suchen
- Angehörige einbeziehen
- alle Informationen zum Zwischenfall sammeln
- das Gespräch mit dem Patienten gut vorbereiten
- das Gespräch stets zu zweit führen (der Partner des Gesprächs kann protokollieren)
- sich Zeit lassen!

Wie sollte das Gespräch ablaufen?

- unter Beschränkung auf die Fakten feststellen, was genau passiert ist
- Bedauern ausdrücken, genaue Analyse ankündigen, aber keine Haftung zusagen, ohne mit einem Anwalt gesprochen zu haben
- klar formulieren, welche medizinischen Folgen für den Patienten entstehen
- das weitere Vorgehen besprechen (Was kann ich im Moment für Sie tun?)
- alle Sorgen ernst nehmen und alle medizinischen Fragen beantworten (stets Bezug auf die Tatsachen)
- gründlich dokumentieren

14.12 Literatur

[1] Bundesministerium für Gesundheit. Daten des Gesundheitswesens 2013. Im Internet: www.bundesgesundheitsministerium.de/fileadmin/dateien/Publikationen/Gesundheit/Broschuere; Stand: 29.08.2016

[2] Bundesministerium der Gesundheit. Pflegestufen. Im Internet: www.bmg.bund.de/themen/pflege/pflegebeduerftigkeit/pflegestufen.html; Stand: 23.10.2015

[3] Bundesministerium der Justiz und für Verbraucherschutz. Gesetz zur Verhütung und Bekämpfung von Infektionskrankheiten beim Menschen. Im Internet: www.gesetze-im-internet.de/ifsg/index.html; Stand: 29.08.2016

[4] BundesPsychotherapeutenKammer. BPtK-Studie zur Arbeits- und Erwerbsunfähigkeit 2013. Im Internet: www.bptk.de/uploads/media/20 140 128_BPtK-Studie_zur_Arbeits-und_Erwerbsunfaehigkeit_2013_1.pdf; Stand: 13.06.2016

[5] Techniker Krankenkasse. Gesundheitsreport 2013. Im Internet: www.tk.de/centaurus/servlet/contentblob/516 416/Datei/2700/Gesundheitsreport-2013.pdf; Stand: 13.06.2016

Teil 2

Prävention

15 Gesundheit von Ärztinnen und Ärzten

A. Miksch

II

15.1 Einleitung

Damit Ärztinnen und Ärzte für ihre Patienten eine gute Versorgung gewährleisten und dabei den zahlreichen Herausforderungen der Tätigkeit in Klinik und Praxis gerecht werden können, ist es notwendig, dass sie **selbst gesund** sind. Im Sinne einer ganzheitlichen Gesundheitsförderung beinhaltet dies:

- einen gesundheitsorientierten Lebensstil mit ausgewogener Ernährung und ausreichender Bewegung
- die positive Bewältigung physischer und psychischer Herausforderungen
- das Aufrechterhalten einer guten Arbeitsbewältigungsfähigkeit
- die Gestaltung gesundheitsförderlicher Arbeitsbedingungen
- eine ausgewogene Lebensbalance

15.2 Mögliche Herausforderungen im Arztberuf

Ärztinnen und Ärzte sind in ihrem Arbeitsalltag einer Vielzahl von Belastungen und arbeitsbezogenen Risikofaktoren ausgesetzt. Darum wird es zunehmend wichtig, in die eigene Gesundheit Zeit und Energie zu investieren. Häufig realisieren Ärztinnen und Ärzte ihre eigenen Belastungsgrenzen erst (zu) spät. Dabei entwickelt sich ein destruktiver Teufelskreis aus einer Zunahme von arbeitsbedingten physischen und psychosozialen Belastungen und unzureichenden Bewältigungsressourcen. In der Folge können u. a. Burnout, Depression oder Suchterkrankungen entstehen. Auch berufliche Gratifikationskrisen durch ein Ungleichgewicht zwischen hoher beruflicher Belastung und Anstrengung und dem Gefühl einer nur unzureichenden Anerkennung können zu diesem Prozess beitragen.

Grundsätzlich ist es häufig nicht die hohe Belastung an sich, sondern das Gefühl eines fehlenden selbstbestimmten Handlungsspielraums bei hoher Belastung. Der Arztberuf ist gekennzeichnet von vielen Stressoren: Neben den physischen Belastungsfaktoren wie Schlafmangel, Zeitdruck, Überstunden und psychisch herausfordernden Situationen im Umgang mit kranken Patienten oder ethischen Grenzfragen ärztlichen Handelns sind dies häufig die Rahmenbedingungen der ärztlichen Praxis, wie z. B. eine Zunahme an Bürokratie und Dokumentation, die Arbeitsverdichtung, der ökonomische Druck oder das Gefühl, ein Einzelkämpfer zu sein. Ein Ziel für die Gesundheitsförderung bei Ärzten ist es daher, den selbstbestimmten Handlungsspielraum zu vergrößern. Darüber hinaus ist das Aktivieren eigener gesundheitsrelevanter Ressourcen von enormer Bedeutung.

15.3 Resilienz

Um den vielfältigen Belastungen entgegenwirken zu können ist eine situationsadäquate und generalisierte Widerstandsfähigkeit notwendig. Diese Widerstandskraft wird auch als Resilienz bezeichnet und entwickelt sich in einem fortwährenden Prozess. Sie wird geprägt von individuellen Eigenschaften, umweltbezogenen Faktoren und Erfahrungen von Selbstwirksamkeit und Handlungskompetenz.

Schutzfaktoren, die Ärztinnen und Ärzte widerstandsfähiger gegenüber den Belastungen machen, sind z. B. eine hohe Arbeitszufriedenheit mit zufriedenstellenden Arzt-Patient-Kontakten, eine gute Arbeitsbewältigungsfähigkeit, ein Gefühl von Selbstwirksamkeit und erfolgreichem ärztlichem Handeln sowie eine gelingende Stressbewältigungskompetenz. Diese notwendigen psychosozialen und physischen Schutzfaktoren sind zwar individuell unterschiedlich ausgeprägt, es ist aber möglich, diese durch Training und Pflege von Reserven und Ressourcen zu entwickeln und zu stärken.

Aus ärztlicher Sicht sind die folgenden Resilienzfaktoren und gesunderhaltenden Strategien zentral bedeutsam [2]:

- Pflege außerberuflicher Interessen, sportliche und kulturelle Aktivitäten, Hobbys
- Familie, soziale Kontakte, Freundschaften
- feste Rituale
- gute Selbstorganisation, feste Verankerung von Ablaufroutinen, transparente Organisationsstrukturen
- Zeitmanagement und bewusste Prioritätensetzung

- bewusste Begrenzung der Arbeitszeit, Fähigkeit zur Abgrenzung, Urlaub und Regeneration, kleine Auszeiten (z. B. in Form von routinemäßig fest eingeplanten Kurzpausen innerhalb des Arbeitsalltags)
- Selbstreflexion und Selbstbestimmung, Handlungsspielraum wahrnehmen
- regelmäßige Ziel- und Standortbestimmungen
- wirksame Beziehungsgestaltung zu Vorgesetzten, Kollegen, Patienten und Mitarbeitern
- kollegialer Austausch (direktes Gespräch, Feedback und fachlicher Austausch, institutionalisierter Austausch in Qualitätszirkeln und Balint-Gruppen)

15.3.1 Stressmanagement

Die Entwicklung eines gelingenden Stressmanagements sollte auf 3 Säulen beruhen:

- die instrumentelle Stresskompetenz, die an den äußeren Faktoren und Arbeitsbedingungen ansetzt
- die mentale Stresskompetenz, die an den eigenen Einstellungen und Bewertungen ansetzt
- die regenerative Stresskompetenz, die auf Entspannung und Erholungsphasen fokussiert

In unterschiedlichen Situationen und unter individuellen Gegebenheiten sind diese Säulen unterschiedlich stark gewichtet. Eine ganzheitlich gesundheitsfördernde Stresskompetenz sollte aber Anteile aller 3 Säulen beinhalten. In ▶ Tab. 15.1 sind Beispiele für Maßnahmen und Interventionen zum Stressmanagement aus allen 3 Handlungsfeldern aufgeführt.

15.3.2 Arbeitsbewältigungsfähigkeit

Neben der Stresskompetenz ist die Arbeitsbewältigungsfähigkeit eine zentrale Voraussetzung für gesundheitsfördernde Arbeitsbedingungen. Dies gilt nicht nur für die Ärzte selbst, sondern insbesondere auch für ihre Rolle als Arbeitgeber für angestellte Ärzte bzw. Praxispersonal. Arbeitsbewältigungsfähigkeit meint dabei, dass die Arbeitsanforderungen und Herausforderungen auf der einen und die individuelle Kompetenz, die Kapazitäten und die Bewältigungsfähigkeit auf der anderen Seite in einem ausgewogenen Verhältnis stehen.

Um dies nachhaltig zu erreichen, ist es notwendig, auf verschiedenen Handlungsfeldern anzusetzen (Haus der Arbeitsfähigkeit, Finnish Institute of

Tab. 15.1 Beispiele für Maßnahmen zum Stressmanagement [1].

instrumentelle Stresskompetenz	mentale Stresskompetenz	regenerative Stresskompetenz
• Qualifikationen und Kompetenzen erweitern (z. B. Fort- und Weiterbildung, Austausch und Beratung mit Kollegen) • Verbesserung im Organisationsablauf (z. B. Zuständigkeiten klar definieren, Fehlermanagement und Qualitätsmanagement einführen) • Selbstmanagement und persönliche Arbeitsorganisation verbessern (z. B. Prioritäten setzen, Balance zwischen Beruf und Privatleben optimieren, individuelles und realistisches Zeitmanagement) • Kommunikation und Interaktion mit anderen verbessern (z. B. Gesprächstraining absolvieren, Empathie und Achtsamkeit praktizieren, klärende Gespräche führen) • Unterstützung einholen (z. B. Balintgruppen, kollegiales Netzwerk aufbauen, Qualitätszirkel) • Konflikt- und Problemlösungskompetenz trainieren (z. B. Teamentwicklung, Supervision)	• Leistungsansprüche reflektieren (z. B. Perfektionismus hinterfragen, eigene Grenzen akzeptieren) • Herausforderungen annehmen und als Chance zur Weiterentwicklung nutzen • Abstand und innere Distanz entwickeln • Achtsamkeit trainieren (z. B. MBSR) • Positives Wahrnehmen und Erfolge feiern • Dankbarkeit und Lob kultivieren • unangenehme Gefühle akzeptieren • realistische Erwartungen an sich selbst und andere entwickeln	• Entspannungstechnik erlernen und regelmäßig praktizieren • körperliche Aktivität im Alltag und regelmäßige Bewegung • gesunde, abwechslungsreiche Ernährung (z. B. 10 Regeln der DGE) • Freundschaften und soziale Kontakte pflegen • ehrenamtliches Engagement • Ausgleich durch Hobbies und Freizeitaktivitäten • erholsam und ausreichend schlafen • Genussfähigkeit trainieren

Occupational Health). Diese Felder stehen miteinander sowie mit dem sozialen Kontext (z. B. Familie, Umfeld) und den gesellschaftlichen Rahmenbedingungen in Verbindung. Die relevanten Handlungsfelder sind:

- Arbeit und Arbeitsbedingungen, Arbeitsumgebung, Arbeitsorganisation, Führung
- Werte, Einstellungen, Motivation, Kultur
- Kompetenz und Entwicklungsmöglichkeiten
- Gesundheit und Leistungsfähigkeit

15.4 Literatur

[1] Kaluza G. Gelassen und sicher im Stress. Heidelberg: Springer; 2014

[2] Zwack J. Wie Ärzte gesund bleiben – Resilienz statt Burnout. Stuttgart: Thieme; 2013

16 Gesundheitsförderung

A. Miksch

16.1 Definition

Das Konzept der Gesundheitsförderung beinhaltet einerseits Strategien für die Erhaltung der Gesundheit von Individuen und bezeichnet andererseits einen komplexen sozial- und gesundheitswissenschaftlichen Ansatz. Die WHO hat dies 1986 in der Ottawa-Charta als Grundlagendokument zur Gesundheitsförderung folgendermaßen formuliert:

„Gesundheitsförderung zielt auf einen Prozess, allen Menschen ein höheres Maß an Selbstbestimmung über ihre Gesundheit zu ermöglichen und sie damit zur Stärkung ihrer Gesundheit zu befähigen. Um ein umfassendes körperliches, seelisches und soziales Wohlbefinden zu erlangen, ist es notwendig, dass sowohl einzelne als auch Gruppen ihre Bedürfnisse befriedigen, ihre Wünsche und Hoffnungen wahrnehmen und verwirklichen sowie ihre Umwelt meistern bzw. verändern können. In diesem Sinn ist die Gesundheit als ein wesentlicher Bestandteil des alltäglichen Lebens zu verstehen und nicht als vorrangiges Lebensziel. Gesundheit steht für ein positives Konzept, das in gleicher Weise die Bedeutung sozialer und individueller Ressourcen für die Gesundheit betont wie die körperlichen Fähigkeiten. Die Verantwortung für Gesundheitsförderung liegt deshalb nicht nur bei dem Gesundheitssektor sondern bei allen Politikbereichen und zielt über die Entwicklung gesünderer Lebensweisen hinaus auf die Förderung von umfassendem Wohlbefinden hin." [WHO 1986]

In komplementärer Ergänzung zur pathogenetisch orientierten Prävention mit der Minimierung spezifischer Risikofaktoren, zielt Gesundheitsförderung darauf ab, Gesundheitsressourcen und gesundheitsbezogene Schutzfaktoren zu stärken. Dieser Prozess soll Individuen, Gruppen und Organisationen befähigen, selbstständig und verantwortungsbewusst mit der eigenen Gesundheit umzugehen. Die WHO definiert dazu in der Ottawa-Charta 3 grundlegende Handlungsstrategien und 5 vorrangige Handlungsfelder (▶ Tab. 16.1).

Gesundheitsförderung setzt dabei auf unterschiedlichen Interventionsebenen an. Auf der Ebene des Individuums kann dies z. B. die (ärztliche) Gesundheitsberatung, das Beherrschen eines Entspannungsverfahrens oder die wertschätzende Kommunikation mit Kollegen oder Vorgesetzten sein. Auf der Ebene der Lebenswelt (Setting) kann Gesundheitsförderung z. B. in Kindergärten und Schulen in Form von Programmen ansetzen oder in Form von Maßnahmen am Arbeitsplatz im Rahmen betrieblicher Gesundheitsförderung angeboten werden (Kap. 18.3.4).

16.2 Modelle und Konzepte der Gesundheitsförderung

▶ **Risikofaktoren.** Risikofaktoren können sich negativ auf den Gesundheitszustand auswirken und die Entstehung von Krankheiten begünstigen. Risikofaktoren sind mit einer pathogenetischen Per-

Tab. 16.1 Handlungsstrategien und Handlungsfelder zur Gesundheitsförderung (Ottawa-Charta der WHO, 1986).

Handlungsstrategien	Vorrangige Handlungsfelder
• Interessen vertreten („advocate"): positive Beeinflussung der Gesundheit durch ein aktives anwaltschaftliches Eintreten und durch Verbesserung von politischen, ökonomischen, sozialen, kulturellen, biologischen, umweltbezogenen und verhaltensorientierten Faktoren und Rahmenbedingungen • Befähigen und Ermöglichen („enable"): Kompetenzförderung und Empowerment des Einzelnen sowie gesellschaftlich verankerte gesundheitliche Chancengleichheit • Vermitteln und Vernetzen („mediate"): aktive und dauerhafte Kooperation, Vernetzung und aktiver Austausch zwischen Akteuren	• Entwicklung einer gesundheitsfördernden Gesamtpolitik: Gesundheit soll in allen Politikbereichen berücksichtigt werden • Schaffung gesundheitsfördernder Lebenswelten: sichere und schützende Lebens- und Arbeitsbedingungen, nachhaltige Stärkung der Gesundheit • Unterstützung gesundheitsbezogener Gemeinschaftsaktionen, Stärkung von Teilhabe, Selbsthilfe und Partizipation • Förderung persönlicher Kompetenzen, Bildungsförderung, lebenslanges Lernen, Gesundheitserziehung • Neuorientierung der Gesundheitsdienste: Entwicklung und Stärkung eines Gesundheits- und Versorgungssystems, das über medizinisch-kurative Versorgung hinausgeht und stärker auf die Förderung der Gesundheit ausgerichtet ist

spektive assoziiert. Mögliche gesundheitsrelevante Risikofaktoren sind:

- ungünstige Lebensbedingungen (z. B. soziale Benachteiligung, negative Umwelteinflüsse)
- Belastungen am Arbeitsplatz (z. B. Stress, überwiegend sitzende Tätigkeit, fehlende Wertschätzung)
- psychologische Faktoren (z. B. psychische Erkrankungen, Aggressivität, geringes Selbstwertgefühl)
- negative Lebensstilfaktoren (z. B. Rauchen, Bewegungsmangel, einseitige Ernährung)
- vorliegende organische Befunde (z. B. genetische Disposition, bestehendes Übergewicht)

► **Schutzfaktoren.** Schutzfaktoren können dabei unterstützen, trotz der Konfrontation mit diesen Risikofaktoren die Gesundheit zu erhalten oder zu fördern. Schutzfaktoren sind z. B. Bildung, Eigenverantwortung, Selbstwirksamkeit, soziale Kompetenz, soziale Unterstützung, günstige Bedingungen am Arbeitsplatz und günstige Lebensstilfaktoren.

► **Resilienz.** Als Resilienz bezeichnet man eine generalisierte Widerstandsfähigkeit, die es ermöglicht, erfolgreich mit belastenden Situationen umzugehen und Krisen zu meistern (s. a. Kap. 15.3). Eine zentrale Frage dabei ist, wie es gelingen kann, trotz Risikofaktoren keine Störung oder Krankheit zu entwickeln. Im Hinblick auf Kinder und Jugendliche meint Resilienz dabei ein gesundheitsförderliches Aufwachsen und eine altersgemäße Entwicklung trotz ungünstiger Lebensumstände oder kritischer bzw. traumatischer Lebensereignisse. Im Erwachsenenalter umfasst Resilienz die erfolgreiche Bewältigung von Krisen und potenziell traumatischer Ereignisse oder Lebensphasen.

► **Salutogenese.** Ein Kernkonzept der Gesundheitsförderung ist die Salutogenese (= Entstehung von Gesundheit). Das von Aaron Antonovsky (1923–1994) geprägte Konzept geht der Frage nach, was Menschen gesund erhält, und wendet sich damit gegen eine einseitig pathogenetische Betrachtung. Die Salutogenese beruht auf 2 Grundannahmen:

- Heterostase: Krankheiten gehören zum menschlichen Leben dazu und stellen keine Abweichung von der Normalität dar
- Krankheit und Gesundheit bilden 2 Pole auf einem Kontinuum (HEDE-Kontinuum zwischen den beiden Polen Health-ease und Dis-ease). Zwischen den beiden Polen bewegen sich Menschen ständig hin und her, je nachdem, ob in einer Situation oder den momentanen Lebensumständen die Schutz- oder die Risikofaktoren überwiegen.

Als zentrale Bewältigungsressource beschreibt Antonovsky das Kohärenzgefühl („sense of coherence“, SOC), das Menschen widerstandsfähiger gegen Risikofaktoren und Stressoren macht. Je stärker das Kohärenzgefühl bei einer Person ausgeprägt ist, desto leichter fällt es ihr, Herausforderungen und Krisen zu meistern und in belastenden Situationen angemessene Ressourcen zu aktivieren. Das Kohärenzgefühl besteht aus 3 Komponenten:

- Verstehbarkeit („comprehensibility“): die Fähigkeit Stressoren, Risikofaktoren oder Symptome zu erkennen und zu verstehen, um konkrete und angemessene Bewältigungsstrategien entwickeln zu können
- Handhabbarkeit („manageability“): das Gefühl bzw. die Grundüberzeugung, bestehende oder zukünftige Probleme bewältigen und anstehende Herausforderungen meistern zu können
- Sinnhaftigkeit („meaningfulness“): die Grundüberzeugung, dass das Leben sinnvoll ist und vorhandene Probleme es wert sind, Energie zu ihrer Lösung zu investieren

16.3 Rolle des Hausarztes in der Gesundheitsförderung

Neben der Aufgabe, Präventionsbedarf bei den Patienten aufzudecken, wird es zukünftig immer wichtiger werden, Patienten darin zu unterstützen, einen gelingenden Umgang mit bestehenden Erkrankungen zu finden (Empowerment). Zentral dabei ist es z. B. im Gespräch, gemeinsam mit Patienten individuelle Schutzfaktoren (Ressourcen) zu identifizieren und zu stärken. Darüber hinaus besteht für Hausärzte die Aufgabe, sich zunehmend an der Lösung gesellschaftlicher Herausforderungen zu beteiligen – insbesondere angesichts des demografischen Wandels und der steigenden Prävalenz chronischer Erkrankungen. Eine mögliche Lösungsstrategie besteht für Hausärzte in der Vernetzung mit anderen Settings wie z. B. der kommunalen oder der betrieblichen Gesundheitsförderung. Zum kommunalen Setting zählen dabei soziale Einheiten wie beispielsweise Stadtteile, Selbsthilfegruppen und Sportvereine. Die Patienten verbringen einen Großteil ihrer Zeit z. B. am Arbeitsplatz oder am Wohnort. Die Kenntnis über dort vorhandene gesundheitsförderliche Angebote – bzw. die Motivation von Patienten daran teilzunehmen – sowie die Vernetzung und der Austausch mit Akteuren in den verschiedenen Settings (z. B. im Rahmen von kommunalen Gesundheitskonferenzen) beinhalten darum ein großes Potenzial für die regionale gesundheitliche Versorgung.

16.4 Literatur

[1] Bundeszentrale für gesundheitliche Aufklärung (BZgA). Leitbegriffe der Gesundheitsförderung. Im Internet: www.leitbegriffe.bzga.de; Stand: 26.10.2015

17 Häufigkeit präventiver Leistungen in der BRD

T. Ledig

II

17.1 Definition

Unter präventiven Leistungen werden hier verstanden:

- Leistungen der Primärprävention: Krankheitsvorbeugung, z. B. Verhaltens- und Verhältnisprävention, Impfungen
- Leistungen der Sekundärprävention: Früherkennung von Erkrankungen im Rahmen der gesetzlich verankerten Früherkennungsprogramme

17.2 Primärprävention

► **Verhaltensprävention.** Angebote der Verhaltensprävention werden nahezu flächendeckend von allen gesetzlichen Krankenkassen angeboten. Vorwiegend in Anspruch genommen werden Angebote zu Bewegungsprogrammen, gefolgt von Ernährungsberatung und Umgang mit Stress.

► **Verhältnisprävention.** Weitere Akteure sind betriebliche Initiativen zur Verhältnisprävention: Verbesserung der Arbeitsbedingungen und -organisation, Umgang mit Genuss- und Suchtmitteln und individuelle Gesundheitsangebote (z. B. Betriebssport).

► **Impfungen.** In Deutschland werden jährlich zwischen 32,5 und 47 Mio. Impfdosen zulasten der GKV in Apotheken abgegeben. Die häufigsten Impfungen waren 2013:

- Influenza (13,4 Mio. Impfdosen)
- Frühsommermeningoenzephalitis (3,9 Mio.)
- Pneumokokken (2,9 Mio.)

Obwohl den Kassenärztlichen Vereinigungen ausreichende Zahlen aus den Abrechnungen vorliegen müssten, sind exakte Zahlen über die Impftätigkeit verschiedener Vertragsarztgruppen nur in den Versorgungsberichten einzelner Krankenkassen zu finden. Aus der o. g. Verteilung der häufigsten Impfungen ergibt sich aber, dass Hausärzte zu den am häufigsten impfenden Arztgruppen gehören. Aus dem hausärztlichen Versorgungsauftrag ergibt sich auch, die betreuten Patienten an empfohlene und fällige Impfungen zu erinnern. Gerade Früherkennungsuntersuchungen sind eine sehr gute Gelegenheit, den Impfstatus der Patienten zu erheben und Impfungen nachzuholen.

17.3 Sekundärprävention

► **Vorsorgeuntersuchungen bei Kindern.** Die Hauptlast der Vorsorgeuntersuchungen im Säuglings- und Kindesalter (U2 bis U9) wird von Pädiatern erbracht. Bei diesen Vorsorge- und Früherkennungsuntersuchungen liegt die Inanspruchnahme bei über 90 %. Bereits die Jugendgesundheitsuntersuchung wird zu einem deutlichen Anteil in hausärztlichen Praxen durchgeführt [1], da in der Adoleszenz zunehmend mehr Jugendliche in der Behandlung vom Kinder- und Jugendarzt zum Hausarzt der Eltern wechseln.

► **Vorsorgeuntersuchungen im Erwachsenenalter.** Die besten Quoten für die Inanspruchnahme von Vorsorgeuntersuchungen finden sich bei der Krebsfrüherkennung für Frauen. Diese sind vorwiegend in fachärztlich-gynäkologischer Hand. Nur ein geringer Teil wird von Hausärzten durchgeführt, und dies meist in Regionen, in denen die Wege zum Spezialisten weit sind. Klassische hausärztliche Domäne sind Gesundheitsuntersuchung, Hautkrebs-Screening und Krebsvorsorge für Männer. Auch bei insgesamt niedriger Inanspruchnahme sind diese Untersuchungen fester Bestandteil des hausärztlichen Alltags. Spezialisierte Krebsfrüherkennungsuntersuchungen (Vorsorgekoloskopie und Mammografie-Screening, Kap. 19.8 und Kap. 19.6) obliegen dagegen den dafür technisch berechtigten Spezialisten (Internisten, Chirurgen, Radiologen).

► **Rate der Inanspruchnahme.** Auffallend ist, dass die Rate der Inanspruchnahme von 2 Faktoren wesentlich abhängt vom:

- Lebensalter: Die Inanspruchnahme von Gesundheitsuntersuchungen und Krebsfrüherkennung steigt mit dem Alter der Versicherten an (Gesundheitsberichterstattung des Bundes).
- Sozialstatus (Bildung, beruflicher Status, Nettoeinkommen): Früherkennungsangebote werden von Personen mit höherem Sozialstatus häufiger wahrgenommen als von solchen mit niedrigem Sozialstatus (DEGS 1-Studie).

Merke

Zu folgern ist daraus, dass es sinnvoll ist, jüngere Patienten und solche mit einem niedrigeren Sozialstatus gezielt über die Früherkennungsuntersuchungen zu informieren und zur Teilnahme einzuladen.

17.4 Literatur

[1] Schlenker RU, Schwartz FW, Grobe T, Drougias A. Arztreport der Barmer GEK 2012. Im Internet: www.barmer-gek.de/barmer/web/Portale/Presseportal/Subportal/Presseinformationen/Archiv/2012/120 131-Arztreport-2012/PDF-digitale-Pressemappe,property = Data.pdf; Stand: 26.10.2015

18 Primärprävention

II

18.1 Grundlagen

H.-D. Klimm

Primäre Prävention vor Ort tut Not: Rund 30 % der 20–30-Jährigen und mehr als 70 % der 60–70-Jährigen treiben keinen Sport; mehr als die Hälfte der 35–70-Jährigen ist übergewichtig. 35 % der Männer und 27 % der Frauen sind Raucher und mehr als 20 % der Deutschen zwischen dem 20. und 70. Lebensjahr haben einen erhöhten Alkoholkonsum.

► **Prävention.** Unter dem Begriff Prävention werden vorbeugende Maßnahmen in der Gesundheitspflege zusammengefasst, wobei der Fokus auf der Vermeidung krank machender Faktoren beruht. Gesundheitsförderung setzt dagegen bei den Faktoren an, die dazu dienen können, die Gesundheit zu stärken (Kap. 16). Erfolgreiche Prävention fördert Wohlbefinden und Lebensqualität und kann einen Beitrag zur Kostensenkung im Gesundheitswesen leisten. Prävention ist primär eine Grundaufgabe des Hausarztes – während Organspezialisten in ihrem punktuell problemorientierten Arbeiten diese Aufgabe nicht ausreichend abdecken können.

► **Primärprävention.** Bei der Primärprävention gilt es, die Gesundheit zu erhalten, gesundheitsgefährdendes Verhalten zu vermeiden und psychische und physische Erkrankungen erst gar nicht entstehen zu lassen. Beispiele dafür sind Schutzimpfungen (Kap. 18.4), das Ausdauertraining bei Herz-Kreislauf-Erkrankungen, das Erlernen von gesundem Ess- und Ernährungsverhalten, das Aufdecken von Entwicklungsstörungen im frühen Kindesalter oder die Vorbeugung von Burn-out-Symptomen.

► **Allgemeine und spezielle Prävention.** Eine allgemeine Prävention richtet sich an die Gesamtheit bestimmter Bevölkerungsgruppen, z. B. Einwohner einer Stadt („Unsere Stadt bewegt sich") oder an die Mitarbeiter eines Betriebes („rauchfreie Zone"), während eine „spezielle Prävention" bei Gruppen infrage kommt, die bereits ein Risiko für die Entwicklung bestimmter Erkrankungen aufweisen (z. B. Kinder suchtkranker Eltern, Essverhalten oder sportliche Aktivitäten bei Übergewichtigen).

► **Rechtliche Grundlagen.** Für die Gesundheitsförderung in Deutschland gibt es unterschiedliche rechtliche Grundlagen:

- Sozialgesetzbuch V (SGB V Gesetzliche Krankenversicherung)
  - § 20: Prävention und Selbsthilfe
  - § 20a: betriebliche Gesundheitsförderung
  - § 20b: Prävention arbeitsbedingter Gesundheitsgefahren
  - § 20c: Förderung der Selbsthilfe
- SGB VII (Gesetzliche Unfallversicherung)
  - § 14: Präventionsaufgaben der Unfallkasse
- SGB VIII
  - § 1 Abs. 3: Förderung der Entwicklung von Kindern und Jugendlichen
- Arbeitsschutzgesetz (ArbSchG)
  - Organisation des Arbeitsschutzes im Betrieb
- Bundesvereinigung Prävention und Gesundheitsförderung e. V. (BVPG)
- Landesarbeitsgemeinschaft für Gesundheitsförderung (in den meisten Bundesländern)

► **Anbieter und Angebote.** Anbieter von Präventionsprogrammen sind gesetzliche Krankenkassen (z. B. AOK-Curaplan, Ernährungsberatung, Bewegungsberatung, Raucherberatung, Walking, Stressbewältigung), hausärztliche Praxen und private Institutionen. Bei dem Angebot primärpräventiver Maßnahmen dominieren die Bewegung mit fast 70 %, die Ernährung mit 14,1 %, der Stress mit 15,7 % und Sucht und Genussmittel mit 0,8 % der Inanspruchnahme.

Merke

In Kindergärten, Schulen, Selbsthilfegruppen, Altenheimen und Vereinen kann und muss sich der Hausarzt vor Ort mit eigenen präventiven Angeboten einbringen und beteiligen.

18.2 Gesundheitsaufklärung

H.-D. Klimm

Mithilfe der Gesundheitsaufklärung soll der Wissensstand der Bevölkerung im Hinblick auf Krankheit und Gesundheit verbessert werden. Ziel ist es,

Menschen in ihrer Verantwortlichkeit für die eigene Gesundheit zu stärken, zu motivieren und zur Förderung der eigenen Gesundheit beizutragen.

Neben vielen privaten Institutionen ist die bekannteste Institution die Bundeszentrale für gesundheitliche Aufklärung (BzGA), eine Fachbehörde im Geschäftsbereich des Bundesministeriums für Gesundheit (BMG). Ihre Aufgaben sind:

- Erarbeiten von Gesundsätzen und Richtlinien für inhaltliche Betonung der praktischen Gesundheitserziehung
- Aus- und Fortbildung aller auf dem Gebiet der Gesundheitserziehung und -aufklärung tätigen Personen
- Koordinierung und Verstärkung der gesundheitlichen Aufklärung und Gesundheitserziehung im Bundesgebiet
- internationale Zusammenarbeit

18.3 Gesundheitsberatung und -coaching

H.-D. Klimm

18.3.1 Gesundheitsberatung

Grundlage für das Gelingen primärer Prävention ist eine effektive Gesundheitsberatung, eine Sonderform der Kommunikation, die problemorientiert arbeitet und Freiwilligkeit voraussetzt. Dabei muss das „pathogen" gestörte Verständnis von Gesundheit durch die Aufklärung über Risiken in Verhaltensänderungen gewandelt werden, die die Gesundheit erhalten und stärken. Dies setzt voraus, dass die individuellen Gesundheitsrisiken der Patienten ermittelt werden und dass u. a. die Familiengeschichte, die Ernährungsweise, der Genussmittelkonsum, berufliche und sportliche Aktivitäten, Vorerkrankungen, der psychomentale Score und Dauermedikationen bekannt sind.

Merke

Der Hausarzt ist Arzt vor Ort, nahe am Patienten, direkt bei der Familie, kennt das soziale Umfeld und ist verpflichtet, immer wieder gesundheitsberatend aktiv zu werden und sich einzubringen – ein anwaltschaftliches Eintreten für Gesundheit.

► **Stufen der Veränderung.** Nach dem transtheoretischen Modell durchlaufen Patienten bei der Veränderungsbereitschaft 5 unterschiedliche Stufen:

- Absichtslosigkeit
- Absichtsbildung
- Vorbereitung
- Handlung
- Aufrechterhaltung

Diese Stufen werden individuell unterschiedlich durchlaufen, wobei die Absichtslosigkeitsstufe am stabilsten ist.

18.3.2 Gesundheitscoaching

Coaching geht über die einfache Beratung hinaus. Mit dem Coaching sollen Patienten „trainiert" werden, mehr Eigenverantwortlichkeit zum Erreichen der Therapieziele zu übernehmen. Ein Coaching-Zyklus besteht aus:

- Fragen stellen und prüfen, ob und inwieweit der Patient das nötige Wissen, Einstellung und Motivation hat
- Erklärung von Ursache und Wirkung und den Zusammenhängen, die zur Problemlösung notwendig sind
- Stärkung des Selbstvertrauens
- klare Zielsetzung und Zielvereinbarung
- Neubewertung der Maßnahmen bei jeder Sitzung
- immer wieder erneut Fragen stellen

Grundlage eines Coachings ist z. B. das Salutogenese-Modell nach Antonovsky (Kap. 16.2), das die Krankheits- und Risikoorientierung der Prävention infrage stellt und nach dem „Wie bleibt man gesund?" fragt.

18.3.3 Anbieter

Neben dem Hausarzt sind in der Gesundheitsberatung und dem Gesundheitscoaching involviert:

- Krankenhäuser, Gesundheitsamt, Einrichtungen der Rehabilitation, Volkshochschulen, kirchliche Familienbildungsstätten, Bildungshäuser von Gewerkschaften und sozialen Verbänden
- gesundheitsfördernde Ansätze in den Lehrplänen von Kindergärten, Kindertagesstätten, Grundschulen, Realschulen und Gymnasien
- Verbraucherinformationen und Patientenberatung

18.3.4 Setting-Ansatz

Eine Information alleine oder gar Appelle zur Gesundheit bei Einzelpersonen sind in ihrem Erfolg eher begrenzt. Sinnvoller ist vielmehr, einzelne Menschengruppen zu informieren, zu unterstützen und zu bewegen, ein gesundes Leben zu führen, vor allem dann, wenn systematisch dort angesetzt wird, wo die Menschen leben, arbeiten sowie ihre Freizeit verbringen. Ein solches soziales System wird als Setting bezeichnet. Für die WHO ist dieser Ansatz die „Schlüssel-Strategie" (s. Kap. 16.1).

18.4 Impfempfehlungen

T. Ledig

18.4.1 Einleitung

► **Definitionen.** Unter Impfung versteht man die aktive Immunisierung durch Verabreichung von Antigenen der Erreger (oder ggf. deren Toxoide) von Infektionskrankheiten zur Bildung von spezifischen Antikörpern. Schutzimpfungen gehören neben dem Zugang zu sauberem Wasser, einem verlässlichen Gesundheitssystem und dem Schutz vor Unterernährung zu den effektivsten Maßnahmen der Primärprävention.

Man unterscheidet zwischen

- **Lebendimpfstoffen** mit abgeschwächten, aber vermehrungsfähigen Erregern, und
- **Totimpfstoffen** mit inaktivierten Erregern, Erregerbestandteilen, genetisch hergestellten Antigenen oder Toxoiden.

► **Impfempfehlung und Impfpflicht.** Für Impfungen, die in öffentlichem Interesse liegen, werden jährlich durch die ständige Impfkommission (STIKO) am Robert Koch-Institut (RKI) Empfehlungen ausgesprochen. Diese Empfehlungen haben selbst keinen bindenden Charakter. Verbindlich werden die Empfehlungen erst durch die Übernahme durch die obersten Gesundheitsbehörden der Bundesländer, wodurch die Impfempfehlungen von Land zu Land unterschiedlich sein können. Die öffentliche Impfempfehlung ist bedeutsam für Schadenersatz- und ggf. Rentenansprüche im Fall von Impfschäden.

Näheres regelt seit 2001 das Infektionsschutzgesetz (IfSG, §§ 20, 21, 60 und 61). Darin ist auch festgelegt, dass im Fall einer bedrohlichen Epidemie eine Impfung zwangsweise durch das Bundesgesundheitsministerium angeordnet werden kann (§ 20 Abs. 6). Von dieser Möglichkeit ist bisher nie Gebrauch gemacht worden; in Deutschland gibt es keine generelle oder spezielle Impfpflicht. Es gehört jedoch zum ärztlichen Auftrag, Patienten an fällige und sinnvolle Impfungen zu erinnern und dafür zu motivieren.

► **Erstattung von Impfungen.** Die Erstattung von Impfungen im Rahmen der GKV wird durch die Schutzimpfungs-Richtlinie des GBA festgelegt. Diese orientiert sich sehr eng an den Empfehlungen der STIKO; zusätzlich können Krankenkassen die Erstattung von weiteren Impfungen als Satzungsleistungen anbieten.

18.4.2 Impfempfehlungen der STIKO

Die STIKO bewertet die in Deutschland zugelassenen Impfungen in einem aufwendigen wissenschaftlichen Prozess. Maßgeblich für eine Empfehlung sind Sicherheit und Effektivität der Impfung sowie ihre Bedeutung für eine relevante Reduktion von Morbidität und Mortalität. Von besonderer Wichtigkeit ist auch der Schutz von Individuen, die selbst nicht geimpft werden können oder bei denen die Impfung nicht erfolgreich ist (Herdenimmunität). Die Empfehlungen werden ständig überarbeitet und einmal jährlich im Epidemiologischen Bulletin veröffentlicht [4].

Außer den öffentlich empfohlenen Impfungen können im individuellen Fall weitere Impfungen indiziert sein, die für den Einzelnen eine große Bedeutung haben können. Eine fehlende STIKO-Empfehlung ist also kein Hindernis für eine individuelle Impfentscheidung.

18.4.3 Impfpraxis

Zulasten der gesetzlichen Krankenkassen dürfen impfen:

- alle an der vertragsärztlichen Versorgung teilnehmenden Ärzte im Rahmen ihrer berufsrechtlichen Zuordnung
- öffentliche Gesundheitsdienste

Die Impfleistung umfasst:

- Information des Patienten über den Nutzen der Impfung und die zu verhütende Krankheit

- Hinweise auf mögliche Nebenwirkungen und Komplikationen
- Erhebung der Impfanamnese, einschließlich Befragung über das Vorliegen von Allergien
- Erfragen der aktuellen Befindlichkeit zum Ausschluss akuter Erkrankungen
- körperliche Untersuchung, wenn erforderlich
- Aufklärung über Beginn und Dauer der Schutzwirkung
- Empfehlung zum Verhalten im Anschluss an die Impfung
- Hinweise auf Wiederholungs- und Auffrischimpfungen

▸ **Impfaufklärung.** Die Impfaufklärung kann, muss aber nicht schriftlich erfolgen. Bei Einzelimpfungen ist die mündliche Form der Aufklärung ausreichend und die Methode der Wahl. Die durchgeführte Aufklärung ist durch den impfenden Arzt in den Patientenunterlagen zu dokumentieren. Bei einer schriftlichen Aufklärung sollte darauf geachtet werden, dass die verwendeten Materialien rechtlichen Standards genügen. Empfehlenswert sind z. B. die Aufklärungsblätter des Deutschen Grünen Kreuzes (www.dgk.de), der Thieme Compliance (www.thieme-compliance.de) oder des Forum Impfende Ärzte (www.forum-impfen.de). In jedem Fall ist der zu impfenden Person die Möglichkeit zu einem Impfgespräch anzubieten.

▸ **Kontraindikationen gegen Impfungen.** Als echte Kontraindikationen gelten:

- Vorliegen einer behandlungsbedürftigen Infektionskrankheit
- Allergien gegen den Impfstoff oder einzelne Bestandteile
- Immundefekt (bei Lebendimpfstoffen)
- immunsuppressive Therapie (bei Lebendimpfstoffen)
- Gravidität (bei Lebendimpfstoffen, z. B. Mumps-Masern-Röteln oder Gelbfieber)

▸ **Falsche Kontraindikationen.** Häufig unterbleiben indizierte Impfungen, weil bestimmte Umstände irrtümlicherweise als Kontraindikation angesehen werden. Zu diesen falschen Kontraindikationen gehören z. B.:

- banale Infekte, auch wenn sie mit subfebrilen Temperaturen (≤ 38,5 °C) einhergehen
- ein möglicher Kontakt des Impflings zu Personen mit ansteckenden Krankheiten
- Krampfanfälle in der Familie
- Fieberkrämpfe in der Anamnese des Impflings (bei hohem Risiko prophylaktische Gabe von Antipyretika erwägen – z. B. bei Totimpfstoffen zum Zeitpunkt der Impfung und jeweils 4 und 8 Stunden nach der Impfung sowie bei der MMR-Impfung zwischen dem 7. und 12. Tag im Falle einer Temperaturerhöhung)
- Ekzem u. a. generalisierte Dermatosen, lokalisierte Hautinfektionen
- Behandlung mit Antibiotika oder mit niedrigen Dosen von Kortikosteroiden oder lokal angewendeten steroidhaltigen Präparaten
- Schwangerschaft der Mutter des Impflings
- angeborene oder erworbene Immundefekte bei Impfung mit Totimpfstoffen
- Neugeborenenikterus
- Frühgeburtlichkeit (Frühgeborene sollten unabhängig von ihrem Geburtsgewicht entsprechend dem empfohlenen Impfalter geimpft werden)
- chronische Erkrankungen sowie nicht progrediente Erkrankungen des ZNS

Indizierte Impfungen sollen gerade auch bei Personen mit chronischen Erkrankungen durchgeführt werden, da diese Personen durch schwere Verläufe und Komplikationen impfpräventabler Krankheiten besonders gefährdet sind. Personen mit chronischen Erkrankungen sollen über den Nutzen der Impfung im Vergleich zum Risiko der Krankheit aufgeklärt werden. Es liegen keine gesicherten Erkenntnisse darüber vor, dass eventuell zeitgleich mit der Impfung auftretende Krankheitsschübe durch die Impfung bedingt sind.

▸ **Abrechenbarkeit von Impfungen.** Zulasten der gesetzlichen Krankenkassen können die Impfungen für Kinder, Jugendliche und Erwachsene abgerechnet werden, soweit sie im Inland sinnvoll sind (Inlandsimpfungen):

- Diphtherie
- Frühsommermeningoenzephalitis (FSME)
- Haemophilus-influenzae-b-Infektion
- Hepatitis B
- humanes Papillomavirus (HPV)
- Influenza (Virusgrippe)
- Masern
- Meningokokken Typ C
- Mumps
- Pertussis
- Pneumokokkeninfektion
- Poliomyelitis

- Röteln
- Rotaviren
- Tetanus
- Varizellen

Schutzimpfungen, die ausschließlich aus Anlass von privaten Auslandsreisen durchgeführt werden, dürfen nicht mit der gesetzlichen Krankenkasse abgerechnet werden (z. B. Cholera, Gelbfieber, Hepatitis A). Impfungen aus beruflichem Anlass (auch Reisen) werden zulasten des Arbeitgebers abgerechnet.

► **Impfabstände.** Grundsätzlich sollten die in den Fachinformationen und im Impfkalender der STIKO empfohlenen Abstände zwischen den einzelnen Impfungen einer Serie eingehalten werden. Bei Unterschreitungen ist die Dauer des Impfschutzes nicht gewährleistet; längere Impfabstände beeinträchtigen die Effektivität der Impfung nicht. Insbesondere ist der Neubeginn einer Grundimmunisierung bei einer für viele Jahre unterbrochenen Immunisierung (häufig bei FSME-Impfung) *nicht* indiziert („Jede Impfung zählt.").

Merke

Längere Impfabstände beeinträchtigen die Effektivität der Impfung nicht.

Zwischen aufeinanderfolgen Impfungen mit unterschiedlichen *Totimpfstoffen,* z. B. im Rahmen einer Reisevorbereitung ist kein Mindestabstand erforderlich. *Lebendimpfstoffe* sollten möglichst simultan (jedoch an unterschiedlichen Impforten) verabreicht werden. Wenn dies nicht möglich ist, wird ein Mindestabstand von 4 Wochen empfohlen.

18.4.4 Umgang mit Impfstoffen und Vorgehen bei der Impfung

► **Lagerung.** Impfstoffe sind empfindliche biologische Produkte und müssen vor allem vor Erwärmung geschützt werden. Besonders empfindlich sind Impfstoffe, die vermehrungsfähige Viren enthalten. Alle Impfstoffe sollen im Kühlschrank bei 2–8 °C gelagert werden. Die Lagertemperatur muss regelmäßig überprüft werden. Impfstoffe, die versehentlich falsch gelagert oder eingefroren wurden, sind zu verwerfen. Impfstoffe dürfen nicht mit Desinfektionsmitteln in Kontakt kommen. Durchstechstopfen müssen nach Desinfektion abgetrocknet sein!

► **Injektionskanüle.** Die Injektionskanüle sollte trocken sein, insbesondere sollte Impfstoff die Kanüle außen nicht benetzen. Dies macht die Injektion schmerzhaft und kann zu Entzündungen im Bereich des Stichkanals führen. Nach Aufziehen des Impfstoffs in die Spritze und dem Entfernen überschüssiger Luft wird eine neue Kanüle für die Injektion aufgesetzt. Nach der erneuten Desinfektion der Impfstelle muss das Desinfektionsmittel vor der Injektion vollständig abtrocknen können.

► **Impfstellen.** Für intramuskulär zu injizierende Impfstoffe ist die bevorzugte Impfstelle der M. deltoideus. So lange dieser Muskel nicht ausreichend ausgebildet ist, wird empfohlen, in den M. vastus lateralis (anterolateraler Oberschenkel) zu injizieren. Hier ist die Gefahr einer Verletzung von Nerven oder Gefäßen gering. Die versehentliche Injektion von Adsorbatimpfstoffen in das subkutane Fettgewebe (zu kurze Nadel) kann zu schmerzhaften Entzündungen und zur Granulombildung führen.

18.4.5 Dokumentation

► **Umfang der Dokumentation.** Zur Impfleistung gehört die Dokumentation der Impfung im Impfpass (ersatzweise kann eine Impfbescheinigung ausgestellt werden) und in den ärztlichen Unterlagen. Wichtig ist, Datum und Art der Impfung sowie verwendeten Impfstoff und die Chargennummer in beiden Dokumentationen festzuhalten. Stempel und Unterschrift des Impfarztes sind unverzichtbar. Empfehlenswert ist außerdem der Eintrag des nächsten Impftermins mit Bleistift als Erinnerungsstütze. Als Impfausweis kann z. B. das vom Deutschen Grünen Kreuz herausgegebene WHO-gerechte Formular „Internationale Bescheinigungen über Impfungen und Impfbuch" benutzt werden.

► **Fehlende Dokumentation.** Sehr häufig sind Impfdokumente unleserlich, schwer interpretierbar oder komplett verloren gegangen. Wenn keine verlässlichen Informationen von den Impfärzten nachträglich beschafft werden können, gilt die Grundregel, dass nicht dokumentierte Impfungen nachzuholen sind.

Merke

Serologische Kontrollen zur Erhebung eines unklaren Impfstatus sind ausdrücklich *nicht empfohlen*, da diese keine Auskunft über einen verlässlichen Impfschutz erlauben. Ausnahmen sind z. B. die Bestimmung des Röteln-Titers bei Schwangeren oder die Bestimmung von Anti-HBs bei Risikopersonen zur Kontrolle des Impferfolgs.

18.4.6 Unerwünschte Arzneimittelwirkungen nach Impfung

Mögliche unerwünschte Arzneimittelwirkungen nach Impfung sind in ▸ Tab. 18.1 zusammengestellt.

▸ **Impfreaktion.** Die Impfung löst eine Immunreaktion aus, die sich als Schmerz, Rötung und Schwellung am Impfort oder auch als systemische Allgemeinreaktion mit Fieber (meist unter 39,5 °C), Kopf- und Gliederschmerzen sowie Abgeschlagenheit äußern kann. Die Impfreaktion tritt in der Regel in den ersten 2–3 Tagen nach der Impfung auf und klingt rasch ab. Wenn nötig, kann sie symptomatisch behandelt werden (z. B. mit Paracetamol oder Ibuprofen).

▸ **Impfkrankheit.** Lebendimpfungen lösen häufig eine der Wildinfektion ähnliche, aber stark abgeschwächte Reaktion aus. Im Abstand von 1–4 Wochen nach Mumps-Masern-Röteln-Impfung sind nicht selten leichte Temperaturen und ein flüchtiges masernartiges Exanthem oder eine leichte Parotisschwellung zu beobachten. Auch hier ist eine Behandlung mit Antipyretika bei Bedarf ausreichend.

▸ **Impfkomplikation/Impfschaden.** Wenn über das oben beschrieben Ausmaß hinausgehende Impffolgen beobachtet werden, muss das Gesundheitsamt benachrichtigt werden (Meldepflicht nach § 6 Abs. 3 IfSG; Meldeformulare auf den Webseiten der Gesundheitsämter oder des Paul-Ehrlich-Instituts. [3]. Dies ist wichtig zur Sicherung des Anspruchs des Geimpften gegenüber dem Versorgungsamt. Impfschäden als bleibende Behinderungen oder Beeinträchtigung durch eine Impfung sind sehr seltene Ereignisse (ca. 35 im Jahr). Für die Anerkennung eines Impfschadens ist nicht der Nachweis der direkten Schädigung erforderlich! Es genügt in der Regel die Plausibilität eines zeitlichen Zusammenhangs mit der Impfung und der Wahrscheinlichkeit, dass der Schaden durch den Impfstoff herbeigeführt sein könnte.

18.4.7 Impfkalender

Auf der Internetseite des Robert-Koch-Instituts findet sich der ausführliche Impfkalender für Säuglinge, Kinder, Jugendliche und Erwachsene [5]. Zusätzlich sind in den jährlich erscheinenden Impfempfehlungen der STIKO [6] detaillierte Empfehlungen zum Vorgehen bei Nachholimpfungen in verschiedenen Lebensaltern enthalten. Die in einzelnen Bundesländern gültigen Impfempfehlungen finden sich in der Regel auf den Webseiten der Obersten Landesgesundheitsbehörden oder der zuständigen Gesundheitsämter.

Merke

Eine Impfempfehlung bedeutet nicht automatisch die Kostenübernahme durch die gesetzliche Krankenversicherung! Für die Regelung der Kostenerstattung ist bundesweit die Schutzimpfungs-Richtlinie des GBA verbindlich [2]. In Zweifelsfällen erteilt auch die zuständige KV Auskunft.

Tab. 18.1 Unerwünschte Impffolgen (Übersicht).

Typ	Häufigkeit	Beispiele	Vorgehen
Impfreaktion	eher häufig: Prozentbereich	• Lokalreaktion nach Tetanus-/Td-Impfung • Fieber und Fieberkrampf z. B. nach MMR-Impfung	Behandlung (Krankenkasse)
Impfkrankheit	selten: Promillebereich	• Impfmasern	Behandlung (Krankenkasse)
Impfkomplikation	sehr selten: Promillebereich	• Neuritis oder Guillain-Barré-Syndrom z. B. nach Tollwut-Impfung • Abszess am Impfort	Meldung an Gesundheitsamt, Behandlung (Krankenkasse)
Impfschaden (bleibend)	extrem selten: < 1:1 Mio.	• Enzephalitis nach Masern-Impfung (0,0001 % = 1 von 1 Mio. Geimpften)	Meldung Gesundheitsamt, ggf. Rentenanspruch

18

18.4.8 Indikationsimpfungen

Außer den o.g. Standardimpfungen, die für alle Personen oder für definierte Lebensalter empfohlen werden, können Impfungen aufgrund einer individuellen Gefährdungslage indiziert sein. Beispiele für besondere Impfindikationen sind u.a.:

- erhöhtes Expositionsrisiko: z.B. Angehörige von Menschen mit einer chronischen Hepatitis B
- erfolgte oder geplante Operationen: Splenektomie (Meningokokkenimpfung), Cochlea-Implantat (Pneumokokkenimpfung)
- Aufenthalt in Risikogebieten (FSME)
- berufliches Risiko (Beschäftigte in Schulen, Gemeinschaftseinrichtungen, im Gesundheitswesen)
- besondere Lebensumstände (z.B. intravenöser Drogengebrauch, Sexualverhalten)
- erhöhtes Risiko durch Reisen (beruflich oder privat)

Eine ausführliche Darstellung der Indikationen findet sich in den STIKO-Empfehlungen in Tabellenform.

18.4.9 Anmerkungen zu einzelnen Impfungen

Diphtherie

Ab einem Alter von 5 bzw. 6 Jahren (je nach Angaben des Herstellers) wird zur Grundimmunisierung und bei Auffrischimpfungen ein Impfstoff mit reduziertem Diphtherietoxoid-Gehalt (d) verwendet, in der Regel kombiniert mit Tetanustoxoid oder weiteren Antigenen.

Haemophilus influenzae Typ b (Hib)

Nach dem 12. bzw. 15. Lebensmonat (Packungsbeilage beachten) ist eine einmalige Hib-Impfung ausreichend. Ab einem Alter von 5 Jahren ist eine Hib-Impfung nur in Ausnahmefallen indiziert (z.B. funktionelle oder anatomische Asplenie, Hochdosis-Chemotherapie).

Bei Kombinationsimpfstoffen, die außer der Hib-Komponente auch Pertussis-Antigene (aP) enthalten, sind für die Grundimmunisierung 4 Impfungen vorgeschrieben.

Hepatitis B (HB)

Die Grundimmunisierung erfordert 3 Impfungen mit einem monovalenten Impfstoff. Bei Verwendung eines polyvalenten Impfstoffs (wie das die Regel ist) sind 4 Impfungen erforderlich. Serologische Vor- bzw. Nachuntersuchungen zur Kontrolle des Impferfolgs sind bei der Regelimpfung im Kindesalter nicht erforderlich. Eine Auffrischimpfung wird derzeit nicht empfohlen, kann aber sinnvoll sein, wenn für eine Person ein Hepatitis-B-Infektionsrisiko besteht.

Für die postexpositionelle Hepatitis-B-Prophylaxe bei Neugeborenen von HBsAg-positiven Müttern bzw. von Müttern mit unbekanntem HBsAg-Status gilt:

- Entsprechend den Mutterschaftsrichtlinien ist bei allen Schwangeren nach der 32. Schwangerschaftswoche, möglichst nahe am Geburtstermin, das Serum auf HBsAg zu untersuchen.
  - Ist das Ergebnis positiv, dann ist bei dem Neugeborenen unmittelbar post partum, d.h. innerhalb von 12 Stunden mit der Immunisierung gegen Hepatitis B zu beginnen. Dabei werden simultan die erste Dosis HB-Impfstoff und HB-Immunglobulin verabreicht. Die begonnene HB-Grundimmunisierung wird einen Monat nach der 1. Impfung durch eine 2. und 6 Monate nach der 1. Impfung durch eine 3. Impfung vervollständigt.
  - Bei Neugeborenen von Müttern, deren HBsAg-Status nicht bekannt ist und bei denen noch vor bzw. sofort nach der Geburt die serologische Kontrolle nicht möglich ist, wird ebenfalls unmittelbar post partum die Grundimmunisierung mit HB-Impfstoff begonnen. Bei nachträglicher Feststellung einer HBsAg-Positivität der Mutter kann beim Neugeborenen innerhalb von 7 Tagen postnatal die passive Immunisierung nachgeholt werden.
- Nach Abschluss einer so erfolgten Grundimmunisierung von Neugeborenen ist eine serologische Kontrolle erforderlich.

Humanes Papillomavirus (HPV)

Impfziel ist die Reduktion der Inzidenz von Gebärmutterhalskrebs. Seit 2007 ist eine generelle Impfung gegen humane Papillomviren (Typen HPV 16, 18) für alle Mädchen im Alter von 9–14 Jahren empfohlen. Spätestens bis zum vollendeten 18. Lebensjahr (d.h. bis zum Tag vor dem 18. Geburtstag) sollen versäumte Impfungen gegen HPV nachgeholt werden. Die vollständige Impfserie sollte vor dem ersten Geschlechtsverkehr abgeschlossen sein. Im Alter von 9–13 Jahren (Gardasil) bzw. 9–14 Jahren (Cervarix) ist aktuell ein 2-Dosen-Impfschema mit einem Impfabstand von 6 Monaten zugelassen. Bei Nachholimpfungen oder der Vervollständigung einer Impfserie im Alter von > 13 Jahren bzw. > 14 Jahren oder bei einem Impfabstand von < 6 Monaten zwischen der 1. und 2. Dosis ist eine 3. Impfstoffdosis erforderlich.

Merke

Die gegenwärtig verfügbaren HPV-Impfstoffe schützen nicht gegen alle onkogenen HPV-Stämme. Geimpfte Personen sollten darauf hingewiesen werden, dass die angebotenen Früherkennungsmaßnahmen zum Gebärmutterhalskrebs trotz Impfung unbedingt in Anspruch genommen werden sollen!

Masern, Mumps, Röteln (MMR)

Für die Impfung gegen Masern, Mumps und Röteln steht gegenwärtig ausschließlich ein Kombinationsimpfstoff (MMR-Impfstoff) zur Verfügung. In der Regel wird das 1. Mal zwischen dem vollendeten 11. und dem 14. Lebensmonat geimpft, das 2. Mal dann in einem Abstand von mindestens 4–6 Wochen, möglichst jedoch vor dem Ende des 2. Lebensjahres, um den frühestmöglichen Impfschutz zu erreichen. Steht bei einem Kind die Aufnahme in eine Kindereinrichtung an, kann die MMR-Impfung auch vor dem 12. Lebensmonat, jedoch nicht vor dem 9. Lebensmonat stattfinden. Bei einer solchen Erstimpfung vor dem 12. Lebensmonat muss die MMR-Impfung bereits im 2. Lebensjahr wiederholt werden, da im 1. Lebensjahr noch persistierende mütterliche Antikörper die Impfviren neutralisieren können.

Die Eliminierung der Masern ist ein erklärtes Ziel der deutschen Gesundheitspolitik. Masern können eliminiert werden, wenn die Durchimpfungsrate gegen Masern bei Kindern mehr als 95 % (für 2 Impfungen) erreicht. Diesem Ziel sind bisher die Länder nahegekommen, die eine zweimalige Impfung im Kindesalter empfehlen und durchführen wie die skandinavischen Länder, Großbritannien, die Niederlande und die USA. Ziel ist die Schließung von Impflücken. Es ist dafür Sorge zu tragen, dass die 2. MMR-Impfung so früh wie möglich stattfindet; bei Mädchen wird mit der zweimaligen MMR-Impfung auch der unverzichtbare Schutz vor einer Rötelnembryopathie weitgehend gesichert. Auch bei anamnestisch angegebener Masern-, Mumps- oder Rötelnerkrankung sollte die 2. MMR-Impfung durchgeführt werden. Anamnestische Angaben über eine Masern- oder Rötelnerkrankung sind nicht verwertbar. Es gibt in der Fachliteratur keine Hinweise auf Nebenwirkungen nach mehrmaligen Masern-, Mumps- oder Rötelnimpfungen. Eine Altersbegrenzung für die MMR-Impfung besteht nicht. Sie ist in jedem Alter möglich. Empfehlenswert ist die MMR-Impfung z. B. für alle ungeimpften Personen in Einrichtungen mit erhöhter Infektionsgefahr, wie z. B. in der Pädiatrie, in Kindergärten oder Kinderheimen.

Seit 2011 wird eine einmalige MMR-Impfung für alle nach 1970 geborenen Erwachsenen empfohlen, die keine oder nur eine Masernimpfung in der Kindheit erhalten haben oder deren Impfstatus unklar ist.

Meningokokken C

Möglichst früh im 2. Lebensjahr wird mit einem Konjugatimpfstoff geimpft. Primäres Impfziel ist die Senkung der Morbidität durch invasive Meningokokkenerkrankungen der Serogruppe C (relativ höchste Letalität der Meningokokkeninfektionen). Eine Nachholimpfung ist bis zum 18. Geburtstag möglich, wenn die Impfung versäumt wurde.

Pneumokokken

Die Impfung hat das Ziel, die Morbidität durch invasive Pneumokokkeninfektionen und assoziierte Erkrankungen (z. B. Otitis) zu senken. Der im Kleinkindalter häufig verwendete 9- oder 13-valente Konjugatimpfstoff hat in den Jahren seit Einführung der Impfempfehlung zu einer deutlichen Reduktion der Zirkulation derjenigen Serogruppen geführt, deren Antigene in den Impfstoffen verwendet werden. Damit wurde auch die Krankheitslast invasiver Pneumokokkeninfektionen bei Erwachsenen erheblich gesenkt (Herdenimmunität). Für die einmalige Standardimpfung bei Erwachsenen über 60 Jahren wird weiterhin der 23-valente Polysaccharidimpfstoff empfohlen. Für bestimmte definierte Risikopersonen wird eine sequenzielle Impfung (13-valenter Konjugat-, gefolgt von 23-valentem Polysaccharidimpfstoff) empfohlen.

Pertussis

In Anbetracht der Schwere des klinischen Verlaufs einer Pertussis im Säuglingsalter ist die Grundimmunisierung der Säuglinge und Kleinkinder möglichst früh zu beginnen und fortzuführen, d. h. unmittelbar nach Vollendung des 2. Lebensmonats. Verwendet werden in der Regel Mehrfachimpfstoffe (Tetanus, Diphtherie, HiB, Polio und Hepatitis B). Im Alter von 9–17 Jahren sollte eine Auffrischung zusammen mit Tetanus, Diphtherie und Polio erfolgen. Zusätzlich wird empfohlen, bei Erwachsenen die nächste fällige Td-Impfung einmalig mit einem Impfstoff durchzuführen, der auch eine azelluläre Pertussis-Komponente enthält (Tdap).

Poliomyelitis

Seit vielen Jahren wird nur noch die inaktivierte Polio-Vakzine (IPV) verwendet. Nach abgeschlossener Grundimmunisierung ist eine Auffrischung nur bei zu erwartender Exposition (Reisen in ein Endemiegebiet) sinnvoll. Die WHO-Region Europa ist seit 2002 als poliofrei deklariert.

Rotavirus

Dabei handelt es sich um eine Schluckimpfung mit einem oralen Lebendimpfstoff. Beginn der Impfung, Impfabstände und Anzahl der benötigten Dosen richten sich nach dem verwendeten Impfstoff. Die Wirkung des Impfstoffs ist optimal, wenn kurze Zeit vor und nach Verabreichung des Impfstoffs auf das Stillen verzichtet werden kann (Neutralisierung der Impfviren durch mütterliche Antikörper). Aus Beobachtungsstudien wird ein gering erhöhtes Risiko für Darminvaginationen in der ersten Woche nach Impfung abgeleitet (ca. 1–2 Fälle pro 100 000 Geimpfte). Das Risiko steigt mit zunehmenden Alter an, weshalb die Impfung so früh wie möglich (im Rahmen der Zulassung des jeweiligen Impfstoffs) empfohlen wird.

Varizellen

Impfziel ist die Reduktion der durch Windpocken bedingten Krankheitslast und der Morbidität durch Komplikationen (bakterielle Superinfektionen der Haut, Pneumonie, Meningitis, fetales Varizellensyndrom und neonatale Windpocken). Die 1. Impfung ist ab dem vollendeten 11. Lebensmonat möglich, die 2. Impfung sollte vor dem Ende des 2. Lebensjahrs durchgeführt werden, wobei der Abstand zur Erstimpfung mindestens 4–6 Wochen betragen sollte. Wegen einer erhöhten Krampfbereitschaft in den Tagen nach der Verabreichung des MMRV-Kombinationsimpfstoffs sollten bei der 1. Impfung MMR- und Varizellen-Impfstoff simultan an verschiedenen Körperstellen injiziert werden; alternativ auch im Abstand von mindestens 4 Wochen. Die Verwendung des Kombinationsimpfstoffs MMRV zur 2. Impfung hat keine erhöhte Krampfinzidenz gezeigt.

Merke

Nicht geimpfte Personen, insbesondere Frauen im gebärfähigen Alter, ohne eine sichere Krankheitsanamnese für Windpocken (eindeutiges Exanthem!) sollten auch in späteren Lebensjahren nachgeimpft werden.

18.4.10 Impfungen in der Schwangerschaft

Für Schwangere gelten folgende Empfehlungen:

- Influenzaimpfung: ausdrücklich empfohlen, bei Risikogruppen im 1. Trimenon, bei allen anderen ab dem 2. Trimenon
- Tetanusimpfung: jederzeit möglich
- Diphtherie-, Polio-, Pertussis-Impfung: ab dem 2. Trimenon
- Hepatitis-A-, Hepatitis-B-, FSME-Impfung: wenn möglich, ab dem 2. Trimenon bei strenger Indikation

18.4.11 Impfempfehlungen für Aussiedler, Flüchtlinge oder Asylbewerber in Gemeinschaftsunterkünften

Es wird empfohlen, Schutzimpfungen bei Bewohnern von Gemeinschaftsunterkünften möglichst frühzeitig durch den öffentlichen Gesundheitsdienst oder durch von ihm beauftragte Ärzte zumindest zu beginnen. Diese Grundimmunisierung sollte nach dem Verlassen der Gemeinschaftsunterkünfte durch die am späteren Aufenthaltsort niedergelassenen Ärzte oder durch den öffentlichen Gesundheitsdienst vervollständigt werden. Die Indikation folgt den Empfehlungen der STIKO:

- Bei Erwachsenen sollten Impfungen gegen Diphtherie und Tetanus (Tdap-Impfstoff), Poliomyelitis und gegen Hepatitis B durchgeführt werden. Beim Fehlen einer eindeutigen Krankheitsanamnese auch Varizellenimpfung (insbesondere Frauen im gebärfähigen Alter)
- Bei Flüchtlingen oder Migranten aus Hochrisikogebieten für Hepatitis B (Asien, Afrika südlich der Sahara) wird ausnahmsweise eine serologische Testung empfohlen.

18.5 Reisemedizin

T. Ledig

18.5.1 Definition

Reisemedizin umfasst alle Maßnahmen von der Beratung vor (insbesondere Fern-)Reisen über möglicherweise notwendige präventive Maßnahmen (z. B. Impfungen) bis hin zur Diagnostik und Therapie von Erkrankungen, die in Zusammenhang mit Reisen entstanden sein könnten. Eine besondere Bedeutung hat auch die Beratung chronisch kranker Patienten vor Reisen in Zusammenhang mit Medikation, ggf. notwendiger spezieller Einnahmebedingungen oder Therapieempfehlungen.

18.5.2 Reisevorbereitung

Vor einer Reise ist die individuelle Anamnese zu erheben und die Reiseroute bzw. der Reisemodus (Abenteuer-, Erholungs-, Fitness-, Bildungs-, Rucksackreise) zu erfragen. Eine Übersicht über die ggf. bestehende Medikation ist u. a. deshalb wichtig, weil dann eine Empfehlung zur Anpassung bei z. B. Zeitzonenwechsel (Antikoagulanzien, Insulin!) gegeben werden kann. Erforderliche Impfungen und ggf. eine Malariaprophylaxe (Exposition und ggf. Chemoprophylaxe) müssen empfohlen und durchgeführt werden, der Reisende sollte eine Anleitung zum Verhalten im Krankheitsfall erhalten. Hilfreich kann die Empfehlung einer Reiseapotheke sein (▶ Tab. 18.2).

Abwendbar gefährlicher Verlauf

Zu beachten sind akute Erkrankungen, die eine Reisefähigkeit (in Abhängigkeit vom Transportmittel) ausschließen: ausgeprägte Herzinsuffizienz, Herzinfarkt oder Lungenembolie in den vorangegangenen 3 Monaten, schwer einstellbares Asthma bronchiale, Risikoschwangerschaften.

Um Erkrankungen auf der Reise zu vermeiden, sind die folgenden Empfehlungen und Maßnahmen sinnvoll:

- allgemein:
  - Erinnerung an die Grundsätze für Fernreisen: Hände- und Nahrungshygiene, Vermeidung unsicherer Getränke, Infektionsprophylaxe bei unvorhergesehenem/unsicherem Geschlechtsverkehr
- speziell:
  - Erhebung des aktuellen Impfstatus, Empfehlung und Planung der für das Reiseziel relevanten Impfungen (z. B. Internetseiten des Auswärtigen Amtes; der Deutschen Gesellschaft

Tab. 18.2 Reiseapotheke (Vorschlag).

Indikation	Inhalte
Verletzungen	Pflaster, Desinfektionsmittel, Kompressen, Verbandmull, Blasenpflaster, Schere, Splitterpinzette
Reisekrankheit	z. B.: Metoclopramid, Scopolamin-Pflaster, Tabacum D 5, Dimenhydrinat (z. B. Vomex)
Schmerzen	ASS, Ibuprofen
Durchfall	Elektrolytlösung (Pulver), Loperamid, Butylscopolamin
Konjunktivitis, Ohrenschmerz	adstringierende Augentropfen z. B. Yxin, desinfizierende, schmerzstillende Ohrentropfen (z. B. Panotile)
Haut	Antihistaminsalbe oder –gel, ggf. mit Hydrokortison; Lichtschutzmittel, Repellenzien
Prellungen/Verstauchung	Diclofenac-/Ibuprofengel, elastische Binde
anderes (z. B. Rucksackreisende)	Silbertabletten zur Wasserdesinfektion oder Wasserfilter; Fieberthermometer; Moskitonetz, Hygienetücher Malariaprophylaxe, wenn erforderlich

für Tropenmedizin [www.dtg.org] und der WHO [www.who.int/ith/en])
  - aktuelle Hinweise über die Malariasituation und empfohlene medikamentöse Malariaprophylaxe
  - Thromboseprophylaxe: in der Regel nur notwendig bei bekannter Thrombophilie bzw. vorangegangener tiefer Venenthrombose und Reisedauer über 3 Stunden (Flugzeug, Bus, Auto): 2 Stunden vor Reiseantritt Gabe einer prophylaktischen Dosis eines niedermolekularen Heparins

18.5.3 Erkrankungen nach Fernreisen

Erkrankungen in engem zeitlichem Zusammenhang mit Fernreisen (insbesondere fieberhafte Erkrankungen) müssen bis zum Beweis des Gegenteils als reiseassoziiert betrachtet werden (▶ Tab. 18.3). Eine beschleunigte Abklärung ist erforderlich, bei entsprechendem Verdacht auch die umgehende Vorstellung in einer tropenmedizinisch ausgerichteten Einrichtung.

Merke

Beratung, Untersuchung und Verordnungen in Zusammenhang mit privaten oder beruflich bedingten Reisen gehören in der Regel nicht zum Leistungsumfang der gesetzlichen Krankenversicherung.

Tab. 18.3 Häufigkeit ausgewählter Erkrankungen bei Reiserückkehrern [1].

Erkrankung	Inzidenz
Reisedurchfall	20–40 %
Malaria (Westafrika, ohne Prophylaxe)	1,5 %
Influenza	1 %
Dengue-Fieber	1 %
Hepatitis A	0,04 %
Typhus (Südasien, Afrika)	0,02 %
FSME (ländliches Österreich)	0,01 %
Hepatitis B	0,006 %

18.6 Untersuchungen nach dem Jugendarbeitsschutzgesetz

T. Ledig

Das Gesetz zum Schutz der arbeitenden Jugend (Jugendarbeitsschutzgesetz, JArbSchG) regelt die Arbeitsbedingungen und die besondere gesundheitliche Betreuung von Beschäftigten unter 18 Jahren. Ziel der Untersuchungen im Rahmen des JArbSchG ist die Erkennung/Abklärung von Erkrankungen oder Beeinträchtigungen, die bei der geplanten Beschäftigung des Jugendlichen eine Gefährdung darstellen können.

Merke

96 % aller Allgemeinärzte geben an, regelmäßig Jugendarbeitschutzuntersuchungen durchzuführen.

▶ **Regelungen.** Eine Erstuntersuchung muss vor Beginn der Arbeitsaufnahme/des Ausbildungsverhältnisses stattfinden; Nachuntersuchungen sind in jährlichem Abstand vorgeschrieben, solange der Jugendliche das 18. Lebensjahr noch nicht vollendet hat. Der Arbeitgeber darf den Jugendlichen erst dann beschäftigen bzw. weiterbeschäftigen, wenn die Bescheinigung über durchgeführte Untersuchungen vorliegt. Arbeitgeber und Eltern der Jugendlichen erhalten jeweils eine Bewertung der Arbeitsfähigkeit mit differenzierter Angabe über eventuelle Einschränkungen (z. B. für Brillenträger Verbot solcher Arbeiten, die nur ohne Brille durchgeführt werden können) in Form einer standardisierten Dokumentation.

▶ **Durchführung.** Für den untersuchenden Arzt ist wichtig zu wissen:

- Vor der Untersuchung müssen Berechtigungsschein und Erhebungsbogen ausgefüllt und unterschrieben vorliegen (Vordruck, erhältlich z. B. beim zuständigen Gewerbeaufsichtsamt).
- Die Untersuchung umfasst eine vollständige körperliche Untersuchung, eine Urinuntersuchung und eine orientierende Hör- und Visusprüfung einschließlich Farbtauglichkeitsprüfung (z. B. anhand der Ishihara-Tafeln).
- Auf der Bescheinigung für den Arbeitgeber wird das abschließende Urteil angegeben (keine Gefährdung oder Gefährdung zu erwarten, mit ggf.

notwendiger Ergänzungs- oder Nachuntersuchung). Der medizinische Befundbogen verbleibt in der Praxis (Aufbewahrungspflicht 10 Jahre nach der letzten Untersuchung).

- Die Abrechnung erfolgt i. d. R. mit dem Gewerbeaufsichtsamt, in einigen Bundesländern auch mit der zuständigen Kassenärztlichen Vereinigung.

18.7 Literatur

[1] Centers for Disease and Prevention. CDC Yellow Book 2014. Im Internet: wwwnc.cdc.gov/travel/page/yellowbook-home; Stand: 26.10.2015

[2] Gemeinsamer Bundesausschuss, Unterausschuss Arzneimittel. Richtlinie über Schutzimpfungen nach § 20d Abs. 1 SGB V; Im Internet: www.g-ba.de/informationen/richtlinien/60/; Stand: 26.10.2015

[3] Paul-Ehrlich-Institut. Im Internet: www.pei.de; Stand: 26.10.2015

[4] Robert-Koch-Institut. Epidemiologisches Bulletin. Im Internet: www.rki.de/DE/Content/Infekt/EpidBull/epid_bull_node.html; Stand: 26.10.2015

[5] Robert-Koch-Institut. Impfkalender für Säuglinge, Kinder, Jugendliche und Erwachsene. Im Internet: www.rki.de; Stand: 26.10.2015

[6] Ständige Impfkommission des Robert-Koch-Instituts. Impfempfehlungen der STIKO. Im Internet: www.rki.de/stiko; Stand: 26.10.2015

II

19 Sekundärprävention

19.1 Gesetzlich geregelte Vorsorgemaßnahmen

T. Ledig, K. Krug

▸ **Gesetzliche Vorsorgemaßnahmen.** Unter dem System der gesetzlichen Vorsorgemaßnahmen versteht man in Deutschland ein Bündel an – nach Geschlecht und Alter – genau definierten Angeboten, das allen Versicherten der gesetzlichen Krankenkassen empfohlen wird. Die Krankenkassen sind zu Angebot und Erstattung verpflichtet. Private Krankenversicherer und Beihilfen erstatten diese Leistungen ebenfalls.

▸ **Weitere Vorsorgeleistungen.** Daneben gibt es eine Fülle von Vorsorgeleistungen, die sehr unterschiedlich ausgestaltet sind und z. B. von Arbeitgebern als zusätzliche oder von einzelnen Krankenkassen als freiwillige Satzungsleistungen angeboten werden. Im Rahmen sog. Individueller Gesundheitsleistungen (IGeL, Kap. 19.9) bieten zudem Arztpraxen und andere Einrichtungen mehr oder weniger sinnvolle Leistungen zur Gesundheitsvorsorge an.

▸ **Richtlinien des GBA.** Umfang und Anspruchsberechtigung für die gesetzlichen Leistungen sind in den Richtlinien des GBA definiert und aufgelistet (▸ Tab. 19.1; [9]). Allen Angeboten ist gemeinsam, dass sie auf die Erkennung häufiger oder schwerwiegender Erkrankungen in möglichst frühem Stadium ausgelegt sind (z. B. Hochdruck, Diabetes, Mammakarzinom). Dies sollte korrekterweise mit dem Begriff **Früherkennung** beschrieben werden. Ein weiterer Teil insbesondere der Untersuchungen im Säuglings-, Kinder- und Jugendalter und der Gesundheitsuntersuchung besteht in der Beratung der Patienten zu einer Minimierung etwaig bestehender Risikofaktoren und der Motivation zu einem gesunden Lebensstil (**Vorsorge** im engeren Sinn).

19.2 Kindervorsorge

T. Freund

Mit den Vorsorgeuntersuchungen für Kinder hat der Gesetzgeber ein wichtiges Instrument zur Primär- und Sekundärprävention geschaffen. Der familienmedizinische Ansatz der Allgemeinmedizin kann hierbei besonders intensiv genutzt werden („Kind-Eltern-Arzt-Triade“).

▸ **Kindervorsorgeuntersuchungen.** Termine und wichtigste Aspekte der Kindervorsorgeuntersuchungen sind in ▸ Tab. 19.2 aufgeführt. U1 und U2 werden in der Regel im Krankenhaus durch Gynäkologen oder Pädiater durchgeführt.

Tab. 19.1 Überblick über die Früherkennungs-/Vorsorgemaßnahmen.

Art	Alter/Häufigkeit	Beschreibung in
Kinderfrüherkennung	Geburt bis vollendetes 6. Lebensjahr	Kinderfrüherkennungsrichtlinie [3]
Jugendgesundheitsuntersuchung	13.–15. Lebensjahr	Richtlinien zur Jugendgesundheitsuntersuchung [4]
Frauenvorsorge	alle Frauen ab dem 20. Geburtstag	Krebsfrüherkennungsrichtlinie [5]
Schwangerenvorsorge		Mutterschaftsrichtlinien [6]
Gesundheitsuntersuchung	ab 35. Geburtstag alle 2 Jahre	Gesundheitsuntersuchungsrichtlinie [7]
Hautkrebs-Screening	ab 35. Geburtstag alle 2 Jahre	Krebsfrüherkennungsrichtlinie [5]
Prostatakarzinom-Screening	Männer ab dem 45. Geburtstag, jährlich	Krebsfrüherkennungsrichtlinie [5]
Darmkrebs-Screening	ab dem 50. Geburtstag: jährlicher Stuhltest auf okkultes Blut ab dem 55. bis zum 75. Geburtstag: Früherkennungskoloskopie alle 10 Jahre (alternativ: Stuhltest alle 2 Jahre)	Krebsfrüherkennungsrichtlinie [5]
Mammografie-Screening	alle Frauen ab dem 50. Geburtstag bis zum 70. Geburtstag, alle 2 Jahre	Krebsfrüherkennungsrichtlinie [5]

Tab. 19.2 Kindervorsorgeuntersuchungen.

Untersuchung	Alter des Kindes	Inhalte der Untersuchung
U1	Neugeborene	Neugeborenenerstuntersuchung
U2	zwischen dem 3. und 10. Lebenstag	Basisuntersuchung
U3	4.–6. Lebenswoche	angeborene Erkrankungen und neurologische Störungen, Vitamin-K-Gabe, Hüftsonografie, Impfberatung
U4	3.–4. Lebensmonat	neurologische Entwicklung, soziale Interaktionsfähigkeit, Impfberatung
U5	6.–7. Lebensmonat	neurologische Entwicklung, soziale Interaktionsfähigkeit, Impfberatung
U6	10.–12. Lebensmonat	Feinmotorik, Sprachentwicklung, Beweglichkeit, Hochtonrassel (Hören?)
U7	21.–24. Lebensmonat	Sinnesorgane, geistige und soziale Entwicklung, Sprache (< 50 Worte: Verdacht auf „late-talker")
U7a	34.–36. Lebensmonat	Sprachentwicklung, allergische Erkrankungen, Zahnanomalien, Sozialisation/Verhalten
U8	4. Lebensjahr	Individuation/Sozialverhalten, Sprachentwicklung (ggf. Logopädie bei Dysgrammatismus oder Ersatzlautbildung z. B. bei r, g, k, Stammeln, Stottern); Urinstix, Hörtest, Sehtafeln
U9	6. Lebensjahr	Individuation/Sozialverhalten, Sprachentwicklung (ggf. Logopädie bei Artikulationsstörungen bei s, sch), kognitive Fähigkeiten vor Einschulung, Impfkontrollen und Auffrischung bzw. Ergänzungen; Urinstix, Hörtest, Sehtafeln
U10	7./8. Lebensjahr	motorische und intellektuelle Entwicklung (Schule), ADS, orthopädische Erkrankungen
U11	9./10. Lebensjahr	Schulleistungsstörungen, (prä-)pubertäre Entwicklung, Medienverhalten

► **Jugendgesundheitsuntersuchung.** Die erste Jugendgesundheitsuntersuchung (J1) findet zwischen dem 12. und 14. Lebensjahr statt, die zweite (J2) zwischen dem 16. und 17. Lebensjahr). Inhalte sind jeweils:

- Abschätzung der körperlichen und seelischen Entwicklung
- Abbau und Prävention gesundheitsschädigender Gewohnheiten (Anamnese: auffällige seelische Entwicklungs-/Verhaltensstörungen, auffällige schulische Entwicklung, gesundheitsgefährdendes Verhalten [z. B. Rauchen. Drogenkonsum], Vorliegen chronischer Erkrankungen)
- ggf. Blutabnahme TSH, Cholesterin, Glukose, Urintest
- körperliche Untersuchung:
  - Erhebung der Körpermaße
  - verfrühte oder verzögerte Pubertätsentwicklung
  - Störung des Wachstums und der körperlichen Entwicklung (z. B. Klein-/Großwuchs, Unter-/Übergewicht, arterielle Hypertonie, Erkrankungen der Hals-/Brust-/Bauchorgane, Auffälligkeiten des Skelettsystems)
  - Impfstatus

► **Beurteilung der Pubertätsentwicklung bei Mädchen.** Zur Beurteilung der Pubertätsentwicklung dienen die Tanner-Kriterien und -merkmale (Stadien der Brustentwicklung [B] und Pubesbehaarung [PH]):

- **B1:** fehlende Brustentwicklung, keine palpable Drüse
- **B2:** Brustknospen; Brustdrüse und Warzenhof sind leicht erhaben
- **B3:** Brustdrüse ist stärker vergrößert als der Warzenhof, die Form entspricht der der erwachsenen Brust
- **B4:** Die Drüse im Warzenhofbereich hebt sich mit einer eigenen Kontur vom übrigen Anteil der Brust ab.
- **B5:** Die Vorwölbung im Warzenhofbereich des Stadiums B4 weicht in die abgerundete Kontur der Erwachsenenbrust zurück.
- **PH1:** keine Behaarung
- **PH2:** wenige, leicht pigmentierte Schamhaare, glatt oder leicht gekräuselt, erscheinend an den Labia majora; auf einem Ganzkörperfoto nicht zu erkennen
- **PH3:** kräftigere, dunklere und stärker gekräuselte Behaarung von umschriebener Ausdehnung

- **PH4:** kräftigere Behaarung wie beim Erwachsenen, aber geringere Ausdehnung; kein Übergang auf die Oberschenkel
- **PH5:** Behaarung des Erwachsenen mit horizontaler Begrenzung nach oben; Übergang auf die Oberschenkel möglich
- **PH6:** Übergang der Behaarung entlang der Linia alba nach oben

► **Beurteilung der Pubertätsentwicklung bei Jungen.** Stadien der Genitalentwicklung und Pubesbehaarung bei Jungen nach Marshall und Tanner:
- **G1:** infantil, Hodenvolumina kleiner als 3 ml
- **G2:** Vergrößerung des Skrotums, Hodenvolumina 3–8 ml
- **G3:** Vergrößerung des Penis in die Länge, Vergrößerung von Testis und Skrotum
- **G4:** Penis wird dicker; Entwicklung der Glans, Skrotalhaar wird dunkler, Samenerguss
- **G5:** Genitalien ausgereift wie beim erwachsenen Mann, reife Spermien
- **PH1:** keine Behaarung
- **PH2:** wenige, leicht pigmentierte Haare um den Penis und am Skrotum
- **PH3:** kräftigere, dunklere und stärkere Behaarung, die sich zwischen der Mittellinie über der Symphyse ausbreitet, sichtbar auf Fotos
- **PH4:** kräftigere Behaarung, wie beim Erwachsenen, aber geringere Ausdehnung
- **PH5:** Behaarung des Erwachsenen mit horizontaler Begrenzung nach oben, Übergang auf die Oberschenkel
- **PH6:** Übergang der Behaarung bis zum Nabel

19.3 Gesundheitsuntersuchung

T. Ledig, K. Krug

► **Umfang.** Die Gesundheitsuntersuchung (Check-up 35) kann alle 2 Jahre von Männern und Frauen ab dem 35. Geburtstag in Anspruch genommen werden. Die Untersuchung besteht aus:
- Erhebung der Anamnese mit Erfassung von Risikofaktoren
- Ganzkörperstatus
- Laboruntersuchung auf Gesamtcholesterin und Glukose, Urinstreifentest (Hämoglobin, Leukozyten, Eiweiß, Glukose, Nitrit)
- Beratung des Patienten über die Ergebnisse, ggf. Empfehlung lebensstilverändernder Maßnahmen (z. B. regelmäßige Bewegung, Nikotinstopp, Entspannungsmaßnahmen)

► **Inanspruchnahme.** Die Inanspruchnahme durch die berechtigten Versicherten ist insgesamt gering. Sie lag 2013 bei etwa 34 % (über alle Altersgruppen; Gesundheitsberichterstattung des Bundes, www.gbe-bund.de).

► **IGeL.** In vielen Arztpraxen werden zusätzliche Untersuchungen im Rahmen der Gesundheitsuntersuchung als freiwillige Leistungen angeboten, z. B. EKG, Sonografie, erweiterte Laboruntersuchungen (Kap. 19.9). Sofern diese nicht zur Abklärung von Symptomen oder eines gezielten Krankheitsverdachts dienen, handelt es sich um IGeL, die vom Patienten selbst zu bezahlen sind. In diesem Fall ist die vorherige Aufklärung und schriftliche Einverständniserklärung des Patienten einzuholen!

► **Nutzen.** In einem systematischen Review mit Metaanalyse [10] zeigte die Einführung allgemeiner Gesundheitsuntersuchungen keine Verringerung von Morbidität und Mortalität. Im Zuge der Untersuchungen wurden häufiger neue Diagnosen gestellt. Durch Untersuchungen hervorgerufener Schaden wurde in den im Review berücksichtigten Studien nicht berichtet. Auch der Nutzen zusätzlicher Untersuchungen ist nicht belegt.

19.4 Krebsfrüherkennung bei Männern

T. Ledig, K. Krug

► **Früherkennung von Prostatakrebs.** Ab dem 45. Geburtstag können Männer einmal jährlich Maßnahmen zur Früherkennung von Prostatakrebs in Anspruch nehmen. Die Untersuchung besteht aus:
- gezielter Anamnese (z. B. Fragen nach Veränderungen des Stuhlgangs/Beschwerden)
- Abtastung der Prostata vom Enddarm aus
- Untersuchung des äußeren Genitales und Abtasten regionärer Lymphknoten (Leiste)
- Befundmitteilung mit anschließender Beratung

► **Inanspruchnahme.** Die Teilnahme der anspruchsberechtigten Männer liegt im Durchschnitt bei 24 % (GBE des Bundes), mit starken Unterschieden je nach Altersgruppe (13 % zwischen 45 und 50 Jahren bis 40 % zwischen 70 und 75 Jahren).

► **IGeL.** Die Bestimmung des PSA (prostataspezifisches Antigen) hat nach den bisher vorliegenden Studien keinen Platz in der Krebsfrüherkennung, wird aber entgegen den Leitlinien immer wieder als individuelle „Vorsorgeleistung" empfohlen.

► **Nutzen.** Eine Reduktion der Mortalität konnte für das Prostatakarzinom-Screening nicht nachgewiesen werden. Es werden damit eher Krebsstadien entdeckt, die ohne Untersuchung (und Detektion) zu Lebzeiten nie auffällig geworden wären.

19.5 Krebsfrüherkennung bei Frauen

T. Ledig, K. Krug

► **Umfang.** Zur Früherkennung von **Gebärmutterhalskrebs** können Frauen ab dem Alter von 20 Jahren einmal jährlich eine Früherkennungsuntersuchung in Anspruch nehmen. Dabei wird das äußere und innere Genital untersucht und Abstriche von Gebärmuttermund und -hals vorgenommen. Die zytologische Untersuchung sollte in einem qualitätsgesicherten Labor durchgeführt werden. Eine Kolposkopiemöglichkeit ist vorteilhaft, aber gemäß der Richtlinie nicht zwingend!

Abwendbar gefährlicher Verlauf

Die HPV-Impfung ersetzt **nicht** die regelmäßige Früherkennungsuntersuchung auf Zervixkarzinom, da von der Impfung nicht alle Serotypen des HPV-Virus abgedeckt werden!

Bei Frauen ab 30 Jahren gehören zur Früherkennung von **Brustkrebs** die jährliche Abtastung der Brüste und der Achselhöhlen sowie die Anleitung zur Brustselbstuntersuchung.

► **Inanspruchnahme.** Die Inanspruchnahme liegt (mit breiter Streuung in Abhängigkeit von der Altersgruppe) bei durchschnittlich 48 %.

19.6 Mammografie-Screening

T. Ledig, K. Krug

Durch das Mammografie-Screening werden 1–2 von 1000 Frauen vom Tod durch Brustkrebs bewahrt. Die Gesamtmortalität verändert sich nicht. Bei 5–7 von 1000 Frauen, die über 10 Jahre regelmäßig zum Screening gehen, kommt es zur Überdiagnose.

► **Nutzen einer Früherkennungsuntersuchung.** Die Überlegungen zum Nutzen einer Früherkennungsuntersuchung sollen am Beispiel des Mammografie-Screenings dargestellt werden. Für die Patientin steht bei einem positiven Testergebnis zunächst die Frage im Vordergrund, ob sie wirklich erkrankt ist (positiv prädiktiver Wert = „positive predictive value", PPV). Aufgrund der Prävalenz der Erkrankung und den Angaben zu Sensitivität und Spezifität des Tests lassen sich der PPV und der negativ prädiktive Wert („negative predictive value", NPV), also die Wahrscheinlichkeit, bei einem negativen Testergebnis wirklich gesund zu sein, bestimmen. Dabei beschreibt:

- die Prävalenz die Auftretenshäufigkeit der Erkrankung
- die Sensitivität die Fähigkeit des Tests, erkrankte Personen als krank zu identifizieren (richtig positiv)
- die Spezifität die Fähigkeit des Tests, gesunde Personen als gesund zu identifizieren (richtig negativ)

► **Beispiel Mammografie-Screening.** Bei ca. 1 % (Prävalenz) der Frauen in Deutschland tritt Brustkrebs auf, d. h. durchschnittlich 100 von 10 000 Frauen haben Brustkrebs. Das Mammografie-Screening hat eine Sensitivität von ca. 80 % und eine Spezifität von ca. 95 %, d. h.:

- von den 100 erkrankten Frauen werden 80 (richtig) positiv getestet (Sensitivität = 80 %); 20 kranke Frauen erhalten einen (falsch) negativen Befund
- von den 9 900 gesunden Frauen werden 9 405 (richtig) negativ getestet (Spezifität = 95 %); 495 gesunde Frauen erhalten einen (falsch) positiven Befund.

Damit erhalten insgesamt 575 Frauen ein positives Testergebnis, von denen aber nur 80 wirklich erkrankt sind. Der PPV liegt damit bei ca. 15 %. Von den 9 425 Frauen mit einem negativen Testergebnis sind 20 trotzdem erkrankt; der NPV liegt damit bei > 99 %. Diese Berechnungen lassen sich an der Vierfeldertafel (► Tab. 19.3) nachvollziehen.

Tab. 19.3 Vierfeldertafel für das Beispiel Mammografie-Screening.

		Erkrankung vorhanden		Summe
		ja	nein	
Testergebnis	positiv	80	495	575
	negativ	20	9 405	9 425
Summe		100	9 900	10 000

19.7 Hautkrebs-Screening

T. Ledig, K. Krug

Alle gesetzlich Versicherten können ab dem 35. Geburtstag alle 2 Jahre eine Früherkennungsuntersuchung auf Hautkrebs in Anspruch nehmen. Ziel des Hautkrebs-Screenings ist eine Früherkennung des malignen Melanoms, des Basalioms und des spinozellulären Karzinoms (bzw. deren Vorstufen). Berechtigt zur Durchführung sind alle vertragsärztlichen Allgemeinmediziner, Internisten, praktischen Ärzte und Ärzte ohne Gebietsbezeichnung sowie Hautärzte. Sie müssen an einer von der KV zertifizierten Qualifizierung teilgenommen haben (achtstündige Fortbildung mit definierten Inhalten).

► **Umfang.** Das Hautkrebs-Screening umfasst:

- gezielte Anamnese mit Erfassung des Hauttyps und der individuellen Gefährdung durch Sonnenbestrahlung einschließlich einer familiären Hautkrebsanamnese
- eine vollständige Untersuchung der gesamten behaarten und unbehaarten Hautoberfläche (einschl. Kopfhaut, Mundschleimhaut und Oberfläche der äußeren Genitalregion)
- die Beratung einschließlich individualisierter Empfehlung zur Sonnenexposition und geeigneter Schutzmaßnahmen
- die Dokumentation des Untersuchungsergebnisses auf einem standardisierten Bogen

Das Hautkrebs-Screening ist grundsätzlich zweistufig angelegt: Sofern sich bei der Erstuntersuchung der Verdacht auf eine der genannten Hautkrebsarten ergibt, ist eine Überweisung zum Hautarzt Bestandteil der Früherkennung. Dieser ist zu einer erneuten Ganzkörperinspektion zur weiteren Abklärung (ggf. Biopsie) und Berichterstattung an den Erstuntersucher verpflichtet.

Merke

Das Hautkrebs-Screening kann gut mit der Gesundheitsuntersuchung kombiniert werden (Kap. 19.3). Die Benutzung eines Auflichtdermatoskops ist nicht Bestandteil der Früherkennungsuntersuchung gemäß der Richtlinie! Sie kann jedoch sinnvoll sein und wird von einigen Krankenkassen im Rahmen von Satzungsleistungen oder Selektivverträgen (hausarztzentrierte Versorgung) zusätzlich vergütet.

► **Inanspruchnahme.** Die Inanspruchnahme des Hautkrebs-Screenings lag laut der Zahlen der DEGS 1-Studie bei 24 %.

► **Nutzen.** Die Einführung dieser Früherkennungsmaßnahme 2008 war an eine umfassende Qualitätssicherung und Evaluation der Ergebnisse gekoppelt. Gerade in den Jahren nach der Einführung stieg die Zahl der diagnostizierten Melanome stark an. Ob dieser Anstieg der Frühdiagnosen („detection bias“) zu einer verlängerten Überlebenszeit/geringeren hautkrebsbedingten Mortalität führt, ist aktuell sehr umstritten. Der frühen Entdeckung vor allem kleiner, oberflächlich wachsender und in der Regel weniger aggressiven Melanome stehen eine stark gewachsene Zahl von Biopsien und eine mögliche Übertherapie gegenüber. Die mit Einführung des Hautkrebs-Screenings begonnene Begleitevaluation ignoriert genau den Endpunkt – also die Reduktion der Hautkrebsmortalität. Andere Länder mit einer hohen Melanomgefährdung (Australien, Neuseeland, Schweden) entschieden sich gegen eine Einführung des Hautkrebs-Screenings.

19.8 Darmkrebs-Screening

T. Ledig, K. Krug

▶ **Umfang.** Die Früherkennungsuntersuchung für das kolorektale Karzinom ist in 2 Stufen angelegt:

- Jeder Versicherte hat die Möglichkeit, vom 50.–55. Geburtstag jährlich eine Untersuchung des Stuhls auf okkultes Blut durchführen zu lassen.
- Ab dem 55. Geburtstag können die Versicherten dann wählen:
  - entweder die Fortsetzung Stuhltests alle 2 Jahre, oder
  - eine vollständige Koloskopie („Vorsorgekoloskopie") alle 10 Jahre bis maximal zum 75. Lebensjahr

Die Versicherten sollen ab dem 50. Geburtstag über diese Möglichkeiten anhand eines genormten Merkblatts unterrichtet werden [8]. Die Vorsorgekoloskopie kann durch Internisten und Chirurgen durchgeführt werden, die eine spezielle Berechtigung der zuständigen KV haben. Sie müssen neben der reinen Koloskopieeinrichtung auch die Möglichkeit zur Entfernung bzw. Biopsie von Polypen und verdächtigen Befunden haben und eine entsprechende Erfahrung vorweisen können.

Eine zweite Vorsorgekoloskopie nach 10 Jahren findet nur statt, wenn die erste unauffällig war. War die erste Koloskopie dagegen auffällig, sind weitere koloskopische Kontrollen in Abhängigkeit vom (histopathologischen) Befund erforderlich, also im Rahmen einer gewöhnlichen kurativen Behandlung. Wird die erste Koloskopie nach dem 65. Geburtstag durchgeführt, findet keine weitere Koloskopie statt (außer bei positiven Befunden).

▶ **Inanspruchnahme.** Die Inanspruchnahme der Früherkennung des kolorektalen Karzinoms lag bis 2011 bei etwa 53 % (Ergebnisse der DEGS 1-Studie).

19.9 Ungeregelte Vorsorgemaßnahmen (IGeL)

F. Peters-Klimm

19.9.1 Definition der individuellen Gesundheitsleistungen

Unter individuellen Gesundheitsleistungen (IGeL) sind alle Leistungen zu verstehen, die nicht zum festgeschriebenen Leistungskatalog der gesetzlichen Krankenkassen gehören. Sie werden auch gerne „Selbstzahler-Leistungen" genannt. Hierzu gehören Leistungen wie Atteste und Reiseberatungen/Reiseimpfungen, aber auch medizinische Maßnahmen zur Früherkennung, Vorsorge und Therapie von Krankheiten, die in aller Regel nicht zeigen können oder nicht gezeigt haben, dass sie, wie es das Gesetz fordert, „ausreichend, zweckmäßig und wirtschaftlich sind und das Maß des Notwendigen nicht überschreiten".

▶ **Bewertung durch den GBA.** Für die Aufnahme in den Leistungskatalog ist der GBA zuständig. Den Leistungen wird entweder der medizinische Nutzen aberkannt oder sie werden als nicht notwendig und/oder als nicht wirtschaftlich angesehen. Beispiele sind die Sauerstofftherapie bei Krebserkrankungen oder die Magnetfeldtherapie bei orthopädischen Diagnosen. Die Mehrzahl aller IGeL sind Leistungen, für die im GBA bisher kein (positiver) Beschluss gefasst worden ist.

▶ **IGeL-Monitor.** Der IGeL-Monitor [11] wird von einem Team erstellt, das der evidenzbasierten Medizin verpflichtet ist. Initiator und Auftraggeber des Monitors ist der Medizinische Dienst des Spitzenverbandes Bund der Krankenkassen e. V. (MDS), finanziert vom Spitzenverband der gesetzlichen Krankenversicherungen. Im Bewertungsschema werden IGeL-Leistungen als positiv, tendenziell positiv, unklar, tendenziell negativ, negativ und IGeL-Beschreibung ohne Bewertung eingeteilt. Nach aktuellem Stand wird

- keine IGeL-Leistung als positiv bewertet,
- 4 Leistungen als tendenziell positiv (Akupunktur zur Migräneprophylaxe, Laserbehandlung von Krampfadern, Lichttherapie bei saisonal depressiver Störung, Stoßwellentherapie beim Fersenschmerz),

- jeweils 13 Maßnahmen als unklar bzw. tendenziell negativ und
- 4 IGeL als negativ, d. h. als eher schädlich,

beurteilt. Nicht bewertet werden Atteste und Gutachten, Entfernungen von Tätowierungen, reisemedizinische Vorsorge und sportmedizinische Untersuchungen.

► **Patientenwunsch.** Patientinnen und Patienten äußern jedoch immer wieder den Wunsch nach der „bestmöglichen", über den Leistungsumfang der GKV hinausgehenden Versorgung. Dem Verlangen nach einer aus Sicht der Patienten wünschenswerten Behandlung Rechnung zu tragen, könne gemäß der Bundesärztekammer Ärztinnen und Ärzten nicht grundsätzlich verwehrt werden. Denkbar ist die verzögerte evidenzbasierte Aufnahmeentscheidung des G-BA einer neuen sinnvollen Leistung in den Leistungskatalog, die dann eine IGeL darstellt. Hinzu kommen reise- oder sportmedizinische Untersuchungen oder ein jährlicher Checkup, der nicht zum Leistungsumfang der GKV gehört. Schließlich können Leistungen je nach Lage des einzelnen Falls zum Leistungsumfang der GKV gehören oder eben eine IGeL darstellen, beispielsweise wenn ohne Indikation eine Diagnostik gewünscht wird, die auch nicht als Präventionsleistung zum Leistungsumfang der GKV zählt.

► **Seriöse Beratung und Aufklärung.** Wichtig aus ärztlich-ethischer Sicht ist eine seriöse Beratung und Aufklärung des Patienten. Hierzu hat die Bundesärztekammer einen Verhaltenskodex erstellt, der aus 10 Punkten besteht:

- Es soll sachlich über das jeweilige Angebot informiert werden, „marktschreierische" oder anpreisende Werbung ist unzulässig.
- IGeL sollten entweder notwendig oder aus ärztlicher Sicht empfehlenswert bzw. sinnvoll, zumindest aber vertretbar sein. Gewerbliche Dienstleistungen sind verboten.
- Eine etwaige Indikation sollte korrekt und zugleich transparent dargestellt werden. Da oft keine klare Grenzziehung möglich ist, sollte auch in der Situation der Unklarheit eine transparente Darlegung erfolgen.
- Seriöse Beratung soll so erfolgen, dass der Patient nicht verunsichert oder gar verängstigt wird, dass er nicht zur Inanspruchnahme einer Leistung gedrängt wird oder falsche Erwartungen hinsichtlich des Erfolgs einer Behandlung geweckt werden.
- Die erforderliche Aufklärung richtet sich nach den für die Patientenaufklärung generell geltenden Regeln.
- Dem Patienten muss eine angemessene Informations- und Bedenkzeit gewährt werden.
- Für eine IGeL sollte man anhand von Gebührenpositionen der GOÄ die Leistungen und ggf. Steigerungssatz konkretisieren sowie den ausdrücklichen Hinweis enthalten, dass die Leistungen mangels Leistungspflicht der GKV privat zu honorieren sind.
- Von Ausnahmen abgesehen sollten IGeL nicht im Zusammenhang mit Behandlungsmaßnahmen zulasten der GKV gekoppelt werden.
- Einhaltung von Gebietsgrenzen und Qualität: Ärztinnen und Ärzte müssen die Grenzen ihres jeweiligen Fachgebietes beachten.
- Die Rechnungsstellung bezüglich IGeL erfolgt nach allgemeinen Regeln, d. h. Grundlage für die Abrechnung ist ausschließlich die GOÄ.

► **IGeL-Check.** Als Ratgeber zu IGeL für Patienten und Ärzte kann der IGeL-Check empfohlen werden, der eine Checkliste für Patienten und Ärzte zur Verfügung stellt [1]. Dem Positionspapier der DEGAM aus dem Jahr 2007 entsprechend sollte jeder (Haus-)Arzt sein Verhalten kritisch reflektieren. Zu einem guten Vertrauensverhältnis zwischen Arzt und Patient gehört auch die finanzielle Unabhängigkeit in der Entscheidungsfindung für den Patienten. Hierzu gehört aber auch, bei vertretbaren Zusatzuntersuchungen – nach Berücksichtigung der o. g. 10 Punkte – bei deutlichem Wunsch des Patienten eine Leistung nicht zulasten der GKV zu erbringen (z. B. Laboruntersuchungen). Somit hat sich eine Strategie des defensiven „IGeLns" durchaus bewährt, da unter Einhaltung des o. g. Verhaltenskodex die Arzt-Patient-Beziehung eher gestärkt wird und gleichzeitig (personelle und materielle) Ressourcen ohne Qualitätsverlust geschont werden.

19.9.2 Erweitertes Laborscreening

Umschriebene Ergänzungen zu einer Checkup-35-Untersuchung oder auch außerhalb dieser Untersuchung können bei beschwerdefreien Klientinnen und Klienten, sofern nicht durch ein Gespräch bzw. eine IGeL-Beratung abwendbar, (eher als letztes Mittel) eingesetzt werden. Hierzu zählen Laborwerte wie Blutbild, Eisenstatus, TSH, Leber- und Nierenwerte, Cholesterin-Subfraktionen oder auch die Harnsäure.

19.9.3 Doppler-Sonografie der Beine

► **Dopplersonografische arterielle Blutdruckdifferenzmessungen.** Mit ihrer Hilfe lässt sich der Doppler-Index ermitteln und damit eine pAVK weitgehend ausschließen bzw. bestätigen (Quotient aus dem systolischen Blutdruck der A. tibialis posterior bzw. A. tibialis anterior und dem systolischen Blutdruck der A. brachialis). Zusätzlich ist der Index ein Marker einer kardiovaskulären weiteren Erkrankung (KHK, Karotisstenose). Die Doppler-Untersuchung ist – inhaltlich nicht nachvollziehbar – aus dem Leistungskatalog der GKV für Hausärzte ausgeschlossen worden, obwohl sie – aufgrund ihrer für einen Screeningtest eher unüblich hohen Sensitivität und Spezifität – hervorragend für eine gestufte Versorgung geeignet ist. Bei einem Doppler-Index > 1 ist der Patient gefäßgesund, bei einem Doppler-Index < 0,8 mit Sicherheit gefäßkrank und bei einem Doppler-Index zwischen 0,8 und 1 fraglich krank. Somit eignet sich diese Untersuchung als IGeL.

► **Doppler-Sonografie der Venen.** Diese Untersuchung wird mittels unidirektionaler Sonde in 3 Untersuchungsschritten durchgeführt:

- **Distale Kompression und Dekompression**: Durch manuelle Muskelkompression distal der beschallten Vene entsteht ein forcierter Blutfluss mit deutlichem Strömungssignal. Beendet man die Kompression, wird der Venenpool wieder von distal ohne dopplersonografisch wahrnehmbares Geräusch aufgefüllt. Bei Venenklappeninsuffizienz strömt das Blut dagegen auch von proximal nach distal mit entsprechendem Strömungsgeräusch.
- **Proximale Kompression und Dekompression:** Bei intaktem Klappenapparat bleibt die abgeleitete Vene beim Auspressen proximal gelegener Venen stumm. Bei Klappeninsuffizienz entsteht ein Rückstromgeräusch.
- **Valsalva-Pressmanöver** : Bei Erhöhung des intraabdominellen Drucks kommt es bei intakten Venenklappen zu einem 0-Signal unter der Schallsonde. Je nach Ausprägung eines insuffizienten Klappenapparats lässt sich ein Rückfluss mit turbulentem Geräuschcharakter akustisch wahrnehmen.

Die Doppler-Sonografie der Venen ist theoretisch als IGeL anzubieten, in der Regel wird aber an den Phlebologen überwiesen.

19.9.4 Sonografie der Karotiden

Gemäß der S3-Leitlinie Karotisstenose soll ein routinemäßiges Screening auf das Vorliegen einer Karotisstenose **nicht** durchgeführt werden (Klasse-A-Empfehlung, Evidenzgrad I) [2]. Liegen vaskuläre Risikofaktoren vor (Diabetes mellitus, diabetische Retinopathie, Doppler-Index < 0,85, zerebrovaskuläre Erkrankungen, KHK, insbesondere KHK mit Hauptstammstenose oder 3-Gefäß-KHK oder pAVK), ist ein Screening mit Ultraschall gemäß der Leitlinie „good clinical practice", eine üblicherweise auf Evidenzlevel IV bestehende „Best-practice"-Empfehlung einer Leitliniengruppe, basierend auf der Erfahrung ihrer Mitglieder, sinnvoll. Das Screening sollte aber auf Patienten beschränkt werden, bei denen im Fall eines positiven Ergebnisses eine Konsequenz erwächst („good clinical practice"). Dieses Screening ist als IGeL denkbar. Bei Hinweisen auf eine asymptomatische Karotisstenose ist die Überweisung zum Angiologen erforderlich. Patienten mit asymptomatischer Stenose sollten eine erste Kontrolle 6 Monate nach Erstdiagnose erhalten, bei unverändertem Befund jährlich (durch Angiologen, „good clinical practice").

19.9.5 EKG

Ruhe-EKG

Das Ruhe-EKG ist das Instrument zur Diagnostik kardiovaskulärer Erkrankungen und insbesondere zur Diagnostik von Rhythmusstörungen, das am weitesten verbreitet und am einfachsten zu handhaben ist. Jeder Arzt sollte über EKG-Grundkenntnisse, jeder Allgemeinmediziner als regelmäßiger Anwender über weiterreichende Kenntnisse verfügen. Der Kardiologe als Subspezialist sollte mit allen in der klinischen Arbeit auftretenden EKG-Bildern vertraut sein.

Eine Anwendung als allgemeines Screening-Instrument bei asymptomatischen Personen unter 40 Jahren mit niedrigem Risiko, insbesondere für eine kardiovaskuläre Erkrankung, ist **nicht** sinnvoll. Zur Basisanforderung für die Erstellung und Interpretation bzw. Anwendung des EKGs im klinischen Alltag zählen die folgenden Diagnosen [12]:

Normale Aufzeichnung
1. normales EKG

Technische Probleme
1. falsche Lage der EKG-Elektroden
2. Artefakte

Sinusknotenrhythmus und Arrhythmie
1. Sinusrhythmus
2. Sinustachykardie (> 100 Schläge pro Minute)
3. Sinusbradykardie (< 60 Schläge pro Minute)
4. Sinusarrhythmie
5. Sinus-Arrest
6. sinuatriale Blockierungen

Andere supraventrikuläre Rhythmusstörungen
1. supraventrikuläre Extrasystolie
2. blockierte supraventrikuläre Extrasystolie
3. ektoper atrialer Rhythmus
4. ektope atriale Tachykardie, unifokal
5. ektope atriale Tachykardie, multifokal
6. Vorhofflimmern
7. Vorhofflattern (typisch und atypisch)
8. AV-junktionale Extrasystolie
9. AV-junktionaler Rhythmus
10. akzelerierter AV-junktionaler Rhythmus
11. supraventrikuläre Tachykardie, paroxysmal

Ventrikuläre Rhythmusstörungen
1. ventrikuläre Extrasystolie
2. akzelerierter idioventrikulärer Rhythmus
3. ventrikuläre Tachykardie
4. ventrikuläre Tachykardie, polymorph (einschließlich Torsade de pointes)
5. Kammerflimmern

AV-Blockierungen
1. AV-Block I°
2. AV-Block II° Typ Mobitz 1 (Wenckebach-Periodik)
3. AV-Block II° Typ Mobitz 2 inkl. variierender Überleitung
4. AV-Block III°
5. AV-Dissoziation

Intraventrikuläre Erregungsleitungsstörungen
1. Linksschenkelblock (permanent oder intermittierend)
2. Rechtsschenkelblock (permanent oder intermittierend, komplett oder inkomplett)
3. intraventrikuläre Leitungsverzögerung, unspezifisch
4. aberrante Überleitung supraventrikulärer Schläge
5. linksanteriorer Hemiblock
6. linksposteriorer Hemiblock
7. ventrikuläre Präexzitation (Wolff-Parkinson-White-Syndrom)

QRS-Komplex und Amplitude
1. überdrehter Rechtslagetyp (+ 90 bis + 180°)
2. überdrehter Linkslagetyp (–30 bis –90°)
3. unbestimmter Lagetyp
4. elektrischer Alternans
5. Niedervoltage (weniger als 0,5 mV der QRS-Höhe in den Extremitätenableitungen und weniger als 1,0 mV in den präkordialen Ableitungen)

Hypertrophie und Vergrößerung
1. Vorhofvergrößerung, Erregungsausbreitungsveränderungen
2. rechtsatriale Veränderungen
3. Linksherzhypertrophie (nur QRS-Komplexveränderungen)
4. Linksherzhypertrophie mit sekundären ST-/T-Streckenveränderungen
5. Rechtsherzhypertrophie mit oder ohne ST-/T-Streckenveränderungen

Repolarisationsveränderungen
1. frühzeitige Repolarisation (Normvariante)
2. juvenile T-Wellen (Normvariante)
3. inspezifische Veränderungen, ST-Strecke und/oder T-Welle
4. ST-Strecken- und/oder T-Wellenveränderungen mit Verdacht auf Ischämie
5. ST-Streckenveränderungen mit Verdacht auf Läsion
6. ST-Streckenveränderungen mit Verdacht auf Aneurysma
7. verlängertes Q-T-Intervall
8. prominente U-Wellen

Myokardinfarkt
1. inferiorer Infarkt (akut oder intermediär)
2. inferiorer Infarkt (alt oder nicht genau bestimmbar)
3. posteriorer Infarkt (akut oder intermediär)
4. posteriorer Infarkt (alt oder nicht genau bestimmbar)
5. Septalwandinfarkt (akut oder intermediär)
6. Vorderwandinfarkt (akut oder intermediär)
7. Vorderwandinfarkt (alt oder nicht genau bestimmbar)
8. Lateralwandinfarkt (akut oder intermediär)

9. Lateralwandinfarkt (alt oder nicht genau bestimmbar)
10. rechtsventrikulärer Infarkt (akut)

Begleiterkrankungen
1. chronische Lungenerkrankungen
2. akute Perikarditis
3. Verdacht auf Hypokaliämie
4. Verdacht auf Hyperkaliämie
5. Verdacht auf Hypokalzämie
6. Verdacht auf Hyperkalzämie
7. Verdacht auf zentralnervöse Erkrankungen

Schrittmacher
1. atrial stimulierter Rhythmus
2. ventrikulär stimulierter Rhythmus
3. atrial gesenster, ventrikulär stimulierter Rhythmus
4. bifokal stimulierter Rhythmus
5. ineffektive atriale Stimulation
6. ineffektive ventrikuläre Stimulation
7. atrialer Sensingdefekt
8. ventrikulärer Sensingdefekt
9. inadäquate Schrittmacheraktionen
10. retrograde atriale Aktivierung
11. schrittmacherinduzierte Tachykardie

Belastungs-EKG/Ergometrie

Die Ergometrie war die Basis in der Ischämiediagnostik bei der KHK. In der Durchführung können zusätzliche Erkenntnisse zu Blutdruckverhalten, körperlicher Leistungsfähigkeit, Trainingsherzfrequenz und möglichen Herzrhythmusstörungen gewonnen werden. In der Ischämiediagnostik ist die Ergometrie, insbesondere bei Patienten mit mittlerer Vortestwahrscheinlichkeit (10–90 %) geeignet (s. Brustschmerz, Kap. 23.4, KHK, Kap. 34.99). Im Rahmen von IGeL ist sie lediglich ein Instrument zur Beurteilung der körperlichen Belastbarkeit (physikalische Leistungskapazität). Die Indikationen zur Ergometrie bei asymptomatischen Personen ohne bekannte KHK sind allesamt nicht gut gesichert: Hierzu gehören asymptomatische Männer über 40 Jahre (vor körperlichem Training; bei Berufen, bei denen eine Erkrankung Einfluss auf die öffentliche Sicherheit hat; bei hoher Wahrscheinlichkeit für eine KHK). Der Nutzen einer Untersuchung von asymptomatischen Frauen über 50 Jahren vor körperlichem Training ist ebenfalls nicht gut gesichert. Von einer Routineuntersuchung von asymptomatischen Personen ohne bekannte koronare Herzkrankheit wird sogar abgeraten (Leitlinien zur Ergometrie der DGK 2000 [13]).

19.10 Literatur

[1] Bundesärztekammer (BÄK), Kassenärztliche Bundesvereinigung (KBV). Selbst zahlen? Ein Ratgeber zu Individuellen Gesundheitsleistungen (IGeL) für Patientinnen und Patienten sowie Ärztinnen und Ärzte. 2. Aufl. Berlin: ÄZQ, 2012

[2] Deutsche Gesellschaft für Gefäßchirurgie und Gefäßmedizin – Gesellschaft für operative, endovaskuläre und präventive Gefäßmedizin. AWMF-S 3-Leitlinie 004–028. Extracranielle Carotisstenose; Diagnostik, Therapie und Nachsorge. Im Internet: www.awmf.org/uploads/tx_szleitlinien/004-028l_S 3_Extracranielle_Carotisstenose_2012_verlaengert.pdf; Stand: 10.01.2016

[3] Gemeinsamer Bundesausschuss, Unterausschuss Methodenbewertung. Richtlinien zur Früherkennung von Krankheiten bei Kindern bis zur Vollendung des 6. Lebensjahres. Im Internet: www.g-ba.de/downloads/62-492-506/RL_Kinder_2010-12-16.pdf; Stand: 28.10.2015

[4] Gemeinsamer Bundesausschuss, Unterausschuss Methodenbewertung. Richtlinien zur Jugendgesundheitsuntersuchung. Im Internet: www.g-ba.de/downloads/62-492-281/RL_Jugend_2008-06-19.pdf; Stand: 28.10.2015

[5] Gemeinsamer Bundesausschuss, Unterausschuss Methodenbewertung. Richtlinie über die Früherkennung von Krebserkrankungen. Im Internet: www.g-ba.de/downloads/62-492-950/KFE-RL_2014-07-24.pdf; Stand: 28.10.2015

[6] Gemeinsamer Bundesausschuss, Unterausschuss Methodenbewertung. Richtlinien über die ärztliche Betreuung während der Schwangerschaft und nach der Entbindung. Im Internet: www.g-ba.de/downloads/62-492-1007/RL_Mutter-2015-02-19_2015-05-05.pdf; Stand: 28.10.2015

[7] Gemeinsamer Bundesausschuss, Unterausschuss Methodenbewertung. Richtlinien über die Gesundheitsuntersuchungen zur Früherkennung von Krankheiten. Im Internet: www.g-ba.de/downloads/62-492-509/RL-Gesundheit_2010-12-16.pdf; Stand: 28.10.2015

[8] Gemeinsamer Bundesausschuss, Unterausschuss Methodenbewertung. Richtlinie über die Früherkennung von Krebserkrankungen; Anlage. Im Internet: www.g-ba.de/downloads/17-98-2233/2010-07-27_Merkblatt%20Darmkrebs.pdf; Stand: 28.10.2015

[9] Gemeinsamer Bundesausschuss. Richtlinien des Gemeinsamen Bundesausschusses. Im Internet: www.g-ba.de/informationen/richtlinien/ab/60/; Stand: 28.10.2015

[10] Krogsbøll LT, Jørgensen KJ, Larsen CG et al., General health checks in adults for reducing morbidity and mortality from disease: Cochrane systematic review and meta-analysis. BMJ 2012; 345: e7 191

[11] Medizinischer Dienst des Spitzenverbandes Bund der Krankenkassen e. V. (MDS). Igel-Monitor. Im Internet: www.igel-monitor.de; Stand: 28.10.2015

[12] Sauer G, Andresen D, Cierpka R et al. Positionspapier zur Durchführung von Qualitätskontrollen bei Ruhe-, Belastungs- und Langzeit-EKG. Z Kardiol 2005; 94: 844–857

[13] Trappe HJ, Löllgen H, Deutsche Gesellschaft für Kardiologie – Herz- und Kreislaufforschung. Leitlinien zur Ergometrie. Z Kardiol 2000; 89: 821–837

20 Tertiärprävention

II

20.1 Stufenweise Wiedereingliederung

H.-D. Klimm

Die stufenweise Wiedereingliederung (Hamburger Modell) ist eine Form der medizinischen Rehabilitation. Sie soll arbeitsunfähige Arbeitnehmer nach längerer schwerer Krankheit schrittweise an die volle Arbeitsbelastung heranführen und die Möglichkeit zur vollen Berufstätigkeit erleichtern. Während der stufenweisen Wiedereingliederung ist der Arbeitnehmer weiter krankgeschrieben.

▸ **Voraussetzungen.** Voraussetzungen für eine stufenweise Wiedereingliederung sind:

- Der behandelnde Arzt muss feststellen, dass die bisherige Tätigkeit zumindest teilweise wieder aufgenommen werden kann.
- Es muss vor der Maßnahme eine Arbeitsunfähigkeit bestanden haben.
- Arbeitgeber und Arbeitnehmer müssen zustimmen.
- Der Versicherte wird an seinem bisherigen Arbeitsplatz wieder eingesetzt.
- Die Dauer der stufenweisen Wiedereingliederung hängt vom individuellen Gesundheitszustand des Patienten ab – in der Regel beträgt sie 6 Wochen bis 6 Monate.

▸ **Kostenträger.** Findet die Wiedereingliederung direkt im Anschluss an eine Rehabilitationsmaßnahme statt, d. h. innerhalb von 4 Wochen nach der Entlassung aus der Reha-Klinik, ist der Rentenversicherungsträger der Kostenträger. Trifft dies nicht zu, ist in den meisten Fällen die Krankenversicherung zuständig, in speziellen Fällen auch eine Unfallversicherung.

Während der stufenweisen Wiedereingliederung erhält der Patient:

- Krankengeld von der Krankenkasse
- Übergangsgeld vom Rentenversicherungsträger
- Verletztengeld von der Berufsgenossenschaft
- Arbeitslosengeld bei Arbeitsunfähigkeit von der Agentur für Arbeit

20.2 Umschulung

H.-D. Klimm

Umschulungen sollen helfen, sich beruflich und persönlich fortzuentwickeln. Eine Umschulung kann nur als Zweitausbildung absolviert werden, d. h., es ist eine erste abgeschlossene Ausbildung oder eine gewisse Zeit im Beruf erforderlich, in der schon Berufserfahrung gesammelt werden konnte. Es gibt zahlreiche Lebenssituationen, in denen Menschen eine Umschulung anstreben. Häufig sind gesundheitliche Probleme im bisherigen Beruf dafür verantwortlich, dass die bisherige Arbeit nicht weiter ausgeübt werden kann. Häufig ist auch, dass die Nachfrage im entsprechenden Beruf durch die wirtschaftlichen und technischen Entwicklungen stark zurückgegangen ist.

▸ **Kostenübernahme.** Es gibt staatliche Fördermaßnahmen, die sowohl die Gebühren für die Ausbildung als auch die Kosten für den Lebensunterhalt übernehmen können. Insgesamt ist die Übernahme der folgenden Leistungen möglich:

- Lehrgangskosten
- Fahrtkosten
- Kosten für die auswärtige Unterkunft
- Kinderbetreuungskosten
- Lebensunterhalt

Die Förderung wird durch das örtliche Arbeitsamt beantragt.

▸ **Voraussetzungen.** Eine Umschulung stellt für das Arbeitsamt eine spezielle Form der Weiterbildung dar. Notwendige Voraussetzungen sind:

- Der Antragsteller muss mindestens 18 Jahre alt sein und bereits eine Berufsausbildung abgeschlossen haben.
- Die Einstellung im erlernten Beruf ist nicht mehr möglich.
- Es müssen gesundheitliche Beeinträchtigungen vorliegen, auch psychischer Art, z. B. bei Berufskrankheit (z. B. Mehlallergie bei Bäcker).
- Es muss Arbeitslosigkeit bestehen und/oder in absehbarer Zeit drohen.
- Der durch Umschulungsmaßnahmen zu erlernende Beruf soll die drohende Arbeitslosigkeit abwenden.

Liegen körperliche oder psychische Erkrankungen vor, die zu einem Berufswechsel zwingen, müssen entsprechende Befunde, auch Facharztbefunde, vorgelegt werden.

► **Aufgabe des Hausarztes.** Die Menge der in Deutschland angebotenen Umschulungen ist unüberschaubar. Bei der Vielfalt und Kompliziertheit der einzelnen Verfahren liegt die Aufgabe des Hausarztes vor allem im Erkennen des Bedarfs und in einer Hilfestellung bei der Beantragung.

20.3 Rehabilitation

H.-D. Klimm

20.3.1 Stationäre Rehabilitation

Stationäre Rehabilitationsmaßnahmen dienen dazu, bestehende Fähigkeitsstörungen zu beseitigen oder zu reduzieren, eine Verschlimmerung zu verhüten, Krankheitsbeschwerden zu lindern und einen besseren Umgang mit der Krankheit bzw. Behinderung zu erreichen. Ziel kann auch die Festigung des Behandlungserfolgs im Anschluss an eine Krankenhausbehandlung sein (Anschlussheilbehandlung). Stationäre Rehabilitationsmaßnahmen kommen erst dann in Betracht, wenn andere Möglichkeiten der ambulanten Behandlung nicht ausreichend sind.

► **Rehabilitationsformen.** Mögliche Formen der Rehabilitation sind:

- **Medizinische Rehabilitation:** Die medizinische Rehabilitation versucht, einen die Erwerbsfähigkeit bedrohenden Gesundheitsschaden mit medizinischen Maßnahmen zu mildern mit dem Ziel der Abwendung einer Erwerbsminderungsrente. Die medizinische Rehabilitation findet in Rehabilitationskliniken oder ambulanten Rehabilitationseinrichtungen statt. Eine weitere Form der medizinischen Rehabilitation ist die mobile geriatrische Rehabilitation. Sie ist dann sinnvoll, wenn geriatrische Patienten aus gesundheitlichen Gründen für eine stationäre oder ambulante Rehabilitationsmaßnahme nicht geeignet sind.
- **Berufliche Rehabilitation** (Leistungen zur Teilnahme am Arbeitsleben): Die berufliche Rehabilitation ist der Versuch, die Betroffenen durch berufliche Rehabilitationsmaßnahmen wieder in den beruflichen Alltag zu integrieren, z. B. durch Umschulung oder Weiterbildung.
- **Teilhabe in der Gemeinschaft:** Die Leistungen zur Teilhabe am Leben in der Gemeinschaft (§ 55–58 SGB IX, soziale Rehabilitation) beinhalten Wohnungshilfe, betreutes Wohnen, Haushaltshilfen und Tagesstätten.

► **Voraussetzungen.** Voraussetzungen für eine Rehabilitationsmaßnahme sind:

- Wegen Krankheit oder Behinderung ist die Erwerbsfähigkeit erheblich gefährdet oder bereits gemindert und kann durch die Rehabilitationsleistung voraussichtlich gebessert oder wiederhergestellt werden. Berufs- und Erwerbsunfähigkeit können abgewendet werden.
- Auch bei einer Rente wegen Berufs- oder Erwerbsunfähigkeit ist eine Rehabilitationsmaßnahme möglich, wenn dadurch die Berufs- und Erwerbsfähigkeit wiederhergestellt werden kann.

► **Leistungsträger.** Leistungsträger sind (► Tab. 20.1):

- Träger der Rentenversicherung
- Träger der gesetzlichen Krankenversicherung
- Träger der gesetzlichen Unfallversicherung
- Träger der Sozialhilfe
- Träger der sozialen Entschädigung bei Gesundheitsschäden
- Bundesanstalt für Arbeit
- Bundesbahn
- Bundeswehr
- private Krankenkassen
- Selbstzahler

Für Personen im arbeitsfähigen Alter ist zahlenmäßig am häufigsten der Träger der gesetzlichen **Rentenversicherung** zuständig. Die **GKV** finanziert Rehabilitationsleistungen, um Behinderungen oder Pflegebedürftigkeit abzuwenden, zu beseitigen, zu mindern, auszugleichen oder eine Verschlimmerung zu verhüten (§ 11 Abs. 2 SGB V). Die gesetzlichen Krankenversicherungen sind vor allem für Kinder und Jugendliche, nicht berufstätige Erwachsene und Rentner zuständig.

► **Indikationen.** Indikationen für Rehabilitation sind:

- Erkrankungen des Bewegungsapparats (orthopädische Rehabilitation)
- Herzinfarkt (kardiologische Rehabilitation)
- Schädel-Hirn-Trauma (neurologische Rehabilitation)

Tab. 20.1 Behandlungsformen und zuständige Kostenträger.

Behandlungsformen	Kostenträger
Anschlussheilbehandlung (AHB) • direkt im Anschluss an eine Krankenhausbehandlung oder ambulante Operation	Krankenversicherung, Deutsche Rentenversicherung, Unfallversicherung
Medizinische Rehabilitation/Heilverfahren • Folgen einer bestehenden Krankheit oder Behinderung mildern; Erwerbsfähigkeit fördern • Dauer: regelmäßig 3 Wochen	Deutsche Rentenversicherung (4 Jahre Wartezeit), Gesetzliche Krankenversicherung
Kinder-Rehabilitation • Besserung der Gesundheitsbeeinträchtigung oder Beseitigung erheblicher Gesundheitsgefährdung • Dauer: regelmäßig 4 Wochen	Deutsche Rentenversicherung, gesetzliche Krankenversicherung
Mutter-/Vater-Kind-Maßnahme/Kur • Vorsorge für Mütter und Väter • Entgegenwirken einer Gefährdung der gesundheitlichen Entwicklung des Kindes	gesetzliche Krankenversicherung (3-Jahres-Abstand)
Vorsorgeheilbehandlung/Kur	gesetzliche Krankenversicherung (3-Jahres-Abstand)

- Wirbelsäulenverletzungen (neurologische-sportmedizinische Rehabilitation)
- Polytrauma (komplexe Verletzungen mit Beteiligung mehrerer Organsysteme und Körperteile)
- Krebserkrankungen (onkologische Rehabilitation)
- psychische Erkrankungen (psychiatrische Rehabilitation)
- psychosomatische Erkrankungen, z. B. Ess-Störungen, somatoforme Störungen (psychosomatische Rehabilitation)
- Hörschädigung (Rehabilitation für Hörgeschädigte)
- Sprach- und Schluckstörungen (neurologische Rehabilitation)
- Sucht und Drogentherapie

▶ **Durchführung.** Um eine Rehabilitation zu beantragen, muss der Patient einen Antragsvordruck vom jeweiligen Rehabilitationsträger und Leistungsträger mit ärztlichem Befundbericht unterschrieben einreichen. Der medizinische Dienst der Krankenkassen (MDK) entscheidet über den Antrag.

Die stationäre Rehabilitation wird ausschließlich in Rehabilitationseinrichtungen durchgeführt, mit denen ein Versorgungsvertrag gemäß § 111 SGB V besteht. Entsprechend der Indikation, die zur Rehabilitation führten, wird das therapeutische Angebot von den Rehabilitationseinrichtungen auf die Bedürfnisse der Patienten zugeschnitten. Es reicht neben der ärztlichen Behandlung über Krankengymnastik, pflegerische Behandlung, Diätberatung, Gruppen- und Einzeltherapie bis hin zur Sozialberatung.

Die Dauer einer Rehabilitationsmaßnahme beträgt grundsätzlich 21 Tage. Eine Verlängerung kann in Betracht gezogen werden, wenn dies aus medizinischen Gründen dringend erforderlich ist, um das Rehabilitationsziel zu erreichen. Dabei ist der bisherige Genesungsverlauf des Patienten, die Schwere der Erkrankung und die Prognose zu berücksichtigen.

20.3.2 Ambulante Rehabilitation

Bei der ambulanten Rehabilitation werden die komplexen Angebote der medizinischen Rehabilitation **wohnortnah** durchgeführt. Die Bedingungen zur Durchführung einer ambulanten Rehabilitation sind in den Rahmenempfehlungen der Bundesarbeitsgemeinschaft für Rehabilitation (BAR) festgelegt.

Merke

Ambulante Rehabilitation heißt, „zu Hause wohnen“ und trotzdem eine hochwertige und intensive Rehabilitation erhalten, z. B. in einer zugelassenen Rehabilitationseinrichtung in der Nähe des Wohnortes.

▶ **Voraussetzungen und Indikationen.** Eine ambulante Rehabilitation ist grundsätzlich nur dann möglich, wenn ambulante Behandlungen nicht ausreichen oder aus sozialmedizinischer Sicht nicht sinnvoll sind. Eine weitere Voraussetzung für die ambulante Rehabilitation ist, dass der Versicherte das 18. Lebensjahr vollendet hat. Sinnvoll ist eine ambulante Rehabilitation nach schwerwiegenden Operationen oder bei chronischen Krankheiten, wenn keine stationäre Behandlung notwendig ist. Die ambulante Rehabilitation kommt vor allem bei kardiologischen, orthopädischen oder neurologischen Erkrankungen in Betracht. Sie dauert in der Regel bis zu 3 Wochen.

▶ **Leistungsträger.** Die Kosten für die ambulante Rehabilitation trägt die zuständige Krankenkasse. Der Versicherte hat sich mit einem Zuschlag von 10€/Behandlungstag an den Kosten zu beteiligen. Diese Zuzahlung ist für längstens 42 Tage zu leisten und in bestimmten Fällen oder bei einer Anschlussrehabilitation auch auf längstens 28 Tage begrenzt.

Funktionstraining und Rehabilitationssport

Funktionstraining, Rehabilitationssport in Form von Warmwasser- und Trockengymnastik ist eine wichtige Säule in der Therapie rheumatischer und arthrotischer Erkrankungen. Sie erhöht die Muskel-, Gelenk- und Wirbelsäulenfunktion und verbessert die Beweglichkeit. Ziel ist es, die Funktion einzelner Körperteile zu erhalten und zu verbessern, Funktionsverluste hinauszuzögern, Schmerzen zu lindern, Bewegungen zu verbessern und die Hilfe zur Selbsthilfe zu aktivieren.

Mithilfe des Rehabilitationssports und sportlich ausgerichteten Spielen soll die Ausdauerkraft gestärkt, Koordination und Flexibilität verbessert und das Selbstbewusstsein von Menschen mit Behinderung gestärkt werden.

Voraussetzungen für Funktionstraining und Rehabilitationssport ist eine ärztliche Verordnung (Kap. 31.6). Eine Finanzierung des Funktionstrainings kann jedoch nur für eine begrenzte Zeit von der Krankenkasse übernommen werden, in der Regel 1 Jahr, bei rheumatischer Diagnose bis zu 2 Jahren.

20.3.3 Teilstationäre Rehabilitation

Die Rentenversicherungsträger bieten seit einiger Zeit auch teilstationäre Leistungen an, um die Rehabilitation flexibler auf die Verhältnisse des Einzelnen abstimmen zu können. Die teilstationären Rehabilitationen unterscheiden sich von den stationären dadurch, dass der Patient „nicht rund um die Uhr" betreut wird. Er sucht die wohnortnahe Rehabilitationseinrichtung nur während der Therapiezeiten auf und verbringt die Abende und Wochenenden zu Hause. Diese Form der Rehabilitation ist vor allem für die Patienten interessant, bei denen aus persönlichen Gründen (z. B. Unabkömmlichkeit bei Pflege eines Kindes) eine auswärtige Unterbringung nicht infrage kommt. Bei einer teilstationären Heilbehandlung muss vom Patienten – im Gegensatz zur ambulanten Rehabilitation – keine Zuzahlung abverlangt werden.

20.3.4 Offene Badekur

Bei der offenen Badekur werden Reise, Unterkunft und Verpflegung vom Versicherten selbst organisiert und getragen. Er wählt am Kurort einen Kurarzt, dieser entscheidet dann über die anzuwendenden Kurmittel. Eine Sonderform der Badekur ist die Kompaktkur, in der Versicherte gleicher Indikationsbereiche in Gruppen in Kur- oder Badeorten umfassend betreut werden sollen und ein Schwerpunkt auf der Motivation zum gesundheitsbewussten Verhalten liegt.

20.4 Spezifische Disease-Management-Programme

F. Peters-Klimm

▶ **Ziele und Umsetzung.** In einem Disease-Management-Programm (DMP) wird die Behandlung mit einem gezielten Versorgungsmanagement arzt- und sektorenübergreifend koordiniert. Das Ziel ist, bestehende Versorgungsdefizite abzubauen und so die Qualität und die Wirtschaftlichkeit der Versorgung zu verbessern. Erreicht werden soll dies insbesondere durch:

- Koordination der Versorgung durch ein Praxisteam
- Förderung der Kooperationen aller Beteiligter

- differenzierte Therapieplanung unter Einbeziehung der Patientinnen und Patienten
- leitliniengerechte nicht medikamentöse und medikamentöse Behandlung
- Stärkung der Selbstmanagementfähigkeiten durch strukturierte Schulungen

► **Grundzüge.** Die gemeinsamen Grundzüge aller Disease-Management-Programme sind also:
- die Fokussierung auf eine Population oder Risikogruppe wie z. B. Diabetiker anhand von Einschreibekriterien
- die Existenz einer Wissensbasis, die stetig aktualisiert werden muss, womit in der Regel evidenzbasierte Leitlinien mit Angaben von Behandlungszielen gemeint sind
- Strukturregelungen der Prozesse im Versorgungssystem: Koordination unterschiedlicher Versorger, Definition von Versorgerzuständigkeiten und klarer Absprachen innerhalb der Ärzteschaft, Einbeziehung medizinischer Hilfeberufe und der Patienten selbst
- Messung der Ergebnisse und kontinuierlicher Verbesserungsprozess

► **Organisationshilfen.** Zusätzliche wichtige Bestandteile sind praktische Organisationshilfen, die in unterschiedlicher Anzahl und Zusammensetzung kombiniert werden und deren Wirksamkeit im Hinblick auf die Verbesserung von Prozess- (periodische Durchführung empfohlener Untersuchungen) und Ergebnisparametern (z. B. das Auftreten von Endorgankomplikationen) bereits belegt werden konnten:
- Patientenregister können eine Risikopopulation identifizieren
- Reminder-Systeme unterstützen die Einhaltung wichtiger Untersuchungstermine
- evidenzbasierte Leitlinien und interdisziplinärer Austausch in Qualitätszirkeln sind Hilfen zur Therapieentscheidung
- halbjährlich erstellte Feedback-Berichte ermöglichen, im Vergleich mit anderen Leistungserbringern, Stärken und Schwächen in der Versorgung zu identifizieren und daraus Handlungskonsequenzen abzuleiten
- optimierte Praxisorganisation (Trennung von akuter und chronischer Versorgung, Einbeziehung des Praxispersonals in die Betreuung chronisch Kranker und Patientenschulungen, die zur Kompetenzsteigerung und Steigerung der Eigenverantwortung sowie der Mitarbeit des Patienten führen können)

► **Finanzierung.** Finanziert werden die DMP über sog. Programmkostenpauschalen, die im Jahr 2015 je eingeschriebenem Versicherten 143,04 €/Jahr betrug. Die Programmkostenpauschale wird zur Deckung der Kosten für Dokumentations- und Koordinationsleistungen der Ärzte und für kassenbezogene Aufwendungen wie Verwaltungskosten verwendet. Der sog. Risikostrukturausgleich zwischen den Krankenkassen hat sich seit 01.01.2009 durch die Einführung eines morbiditätsorientierten Risikostrukturausgleichs, der auf ICD-Diagnosen beruht, dementsprechend weitreichend geändert. Zweck dieses Risikostrukturausgleichs ist eine noch zielgenauere Verteilung und versorgungsorientierte Weiterentwicklung des bisherigen Ausgleichs.

► **Erkrankungen.** Aktuell gibt es für die in ► Tab. 20.2 genannten Erkrankungen ein DMP. Insgesamt sind 6,5 Millionen Versicherte in ca. 7,5 Millionen DMP eingeschrieben (Stand 31.12.2014).

Tab. 20.2 Disease-Management-Programme.

DMP	Einführung seit	Teilnehmerzahl Stand Ende 2014
Diabetes mellitus Typ 2	Juli 2002	ca. 3 970 000
Brustkrebs	Juli 2002	ca. 115 000
koronare Herzkrankheit	Mai 2003	ca. 1 764 000
• Modul Herzinsuffizienz zum DMP KHK	Juli 2009	
Diabetes mellitus Typ 1	März 2004	ca. 170 000
Asthma bronchiale	Januar 2005	ca. 850 000
chronisch obstruktive Lungenerkrankung	Januar 2005	ca. 690 000

► **Ärzte und Patienten in DMP.** Ein koordinierender Arzt im DMP muss seine Teilnahme gegenüber der Kassenärztlichen Vereinigung erklären und bestimmte Anforderungen erfüllen. Zur Aufrechterhaltung der Genehmigung muss mindestens einmal jährlich im jeweiligen Indikationsgebiet eine Fortbildung besucht werden. Für den Patienten ist die Teilnahme an einem DMP freiwillig und kostenlos. Voraussetzung für die Teilnehmer ist allerdings eine gesicherte Diagnose und die Bereitschaft des Versicherten, aktiv am DMP teilzunehmen. Hierzu sollen mit dem Patienten individuelle Therapieziele herausgearbeitet und vereinbart werden und der Unterstützungsbedarf an strukturierten Schulungen oder anderen Präventionsangeboten er- und vermittelt werden. Regelmäßige Verlaufskontrollen, die viertel- oder halbjährlich stattfinden können, dienen der Überwachung, aber auch der weiteren Unterstützung des Patienten. Kommt der Versicherte seiner freiwilligen Selbstverpflichtung zur aktiven Mitarbeit nicht nach, kann er durch die Krankenkasse aus einem Programm ausgeschrieben werden.

20.4.1 DMP Mammakarzinom

► **Versorgungsweg.** Der Versorgungsweg im DMP Brustkrebs teilt sich ein in eine diagnostische Phase, eine Primärtherapiephase und eine Nachsorgephase.

► **Ärzte im DMP.** Beteiligen können sich seitens der Leistungserbringer:
- niedergelassene Gynäkologen oder Hausärzte
- fachärztlich tätige niedergelassene Internisten oder Fachärzte für Innere Medizin an Krankenhäusern mit Schwerpunktbezeichnung Hämatologie oder internistischer Onkologie
- fachärztlich tätige niedergelassene Internisten oder Fachärzte für Innere Medizin an Krankenhäusern, die die fachliche Qualifikation zur Erbringung der intravasalen zytostatischen Chemotherapie entsprechend besitzen
- Mitwirkungsberechtigte, die die Qualifikation zur Erbringung einer Chemotherapie oder Psychotherapie haben

Im Versorgungsweg DMP Brustkrebs nehmen, basierend auf den Leitlinien der Deutschen Krebsgesellschaft und Deutschen Gesellschaft für Senologie, o.g. Ärzte nach primär gestellter Diagnose teil und begleiten und dokumentieren Primärtherapiephase sowie die Nachsorgephase bis 5 Jahre nach Diagnose auf eigens zur Verfügung gestellten Dokumentationsvorlagen.

20.4.2 Koronare Herzkrankheit (KHK)

► **Einschreibung.** Für die Einschreibung in das DMP KHK muss mindestens eines der folgenden 3 Kriterien erfüllt sein:
- Zustand nach akutem Koronarsyndrom
- Verdacht auf KHK (anhand der Ergometrie liegt mit mindestens 90 %iger Sicherheit eine KHK vor)
- Beweis der KHK durch einen Herzkatheterbefund

Eine Herzkatheterdiagnostik als Motiv zur Einschreibung ist unsinnig und belastet den Patienten durch ein unvertretbares Risiko.

Die Betreuung eines Patienten mit chronischer KHK erfordert die Zusammenarbeit aller Sektoren und Einrichtungen. Eine qualifizierte Behandlung muss über die gesamte Versorgungskette gewährleistet sein. Hierzu zählt die Versorgung durch den Hausarzt und durch den qualifizierten Facharzt bzw. die qualifizierte Einrichtung. Typische Überweisungsgründe zur erweiterten Diagnostik sind zunehmende oder erstmalige Angina-pectoris-Beschwerden, eine neu aufgetretene Herzinsuffizienz, neue Herzrhythmusstörungen, das Vorliegen zusätzlicher kardiologischer Erkrankungen wie Vitien, die Frage nach der Indikationsstellung zu weiterer invasiver Diagnostik und Therapie sowie deren Durchführung, zur Rehabilitation, ggf. zur psychiatrischen/psychotherapeutischen Mitbehandlung bei psychischer Komorbidität und, falls nicht selbst durchgeführt, der Schulung von Patienten.

► **Ärzte im DMP.** Beteiligte Akteure im DMP sind in der Regel der Hausarzt und der niedergelassene Kardiologe.

► **Modul Herzinsuffizienz.** Bislang gibt es für Patienten mit chronischer systolischer Herzinsuffizienz auf dem Boden einer KHK eine zusätzliche Dokumentation, das Modul Herzinsuffizienz. Patienten mit nicht ischämischer Ätiologie einer Herzinsuffizienz können nicht ins DMP eingeschrieben werden. Die systolische Dysfunktion muss eine Einschränkung der linksventrikulären

Auswurfleistung von unter 40 % aufweisen, welche durch ein bildgebendes Verfahren (Echokardiografie, Ventrikulografie, Kardio-MRT) belegt worden sein muss. Die derzeitige Dokumentation der Patienten mit KHK und systolischer Herzinsuffizienz macht die grundsätzlich neue Versorgungssituation (Leitlinie Herzinsuffizienz) nicht sichtbar und benachteiligt Patienten mit Herzinsuffizienz ohne KHK. Näheres bei den einzelnen Kapiteln im Teil 5 (ausgewählte Krankheitsbilder).

20.4.3 Asthma bronchiale

Nach gestellter Diagnose ist auch hier eine strukturierte Dokumentation von Asthmasymptomen, diagnostischen Verlaufswerten wie dem Peak-Flow-Wert, relevanten Ereignissen und Medikamenten in Anlehnung an die nationale Versorgungsleitlinie festzuhalten, ein Schulungsbedarf zu identifizieren und ggf. zu vermitteln. Wissenschaftlich gut belegt ist die Nichtadhärenz der inhalativen Therapie über die Zeit bei leichten Formen oder saisonalen, allergisch bedingten Formen. Patientenschulungen könnten hier Abhilfe schaffen. Näheres bei den einzelnen Kapiteln im Teil 5 (ausgewählte Krankheitsbilder).

20.4.4 Chronisch obstruktive Lungenerkrankung (COPD)

Nach Diagnosestellung Einschreibung durch den Hausarzt (ggf. Pneumologen). Die Langzeitbetreuung der Patienten und die Koordination der Versorgung sowie deren Dokumentation erfolgt grundsätzlich durch den Hausarzt. Bei medizinischen Gründen, also höhergradigen Stadien, die z. B. eine Sauerstofftherapie oder seltene medikamentöse Ergänzungstherapie benötigen, ist es sinnvoll, den Patienten zusätzlich in der fachärztlichen Versorgung (ggf. in einer fachärztlichen DMP-Schiene) anzubinden. Näheres bei den einzelnen Kapiteln im Teil 5 (ausgewählte Krankheitsbilder).

20.4.5 Diabetes mellitus Typ 1 und Typ 2

Während für Typ 1 der koordinierende Arzt im Regelfall der diabetologisch besonders qualifizierte Arzt oder die besonders qualifizierte Einrichtung und nur im Ausnahmefall der Hausarzt ist, ist bei Typ-2-Diabetes die Situation genau umgekehrt. Die Therapieziele leiten sich aus den vorhandenen evidenzbasierten Leitlinien ab und sind entsprechend definierter Prozessparameter oder Endorganschäden in den Dokumentationen vierteljährlich bis halbjährlich festzuhalten. Diabetische mikroangiopathische oder makroangiopathische Endorganschäden werden in regelmäßigen Abständen erfasst bzw. kontrolliert. Näheres bei den einzelnen Kapiteln im Teil 5 (ausgewählte Krankheitsbilder).

21 Quartäre Prävention

T. Kühlein

Quartäre Prävention bedeutet Verhinderung nutzloser Medizin. Zur Erklärung: Das deutsche Wort Krankheit lässt sich im Englischen in „illness“ und „disease“ unterscheiden. „Illness“ steht für das subjektive Leiden des Patienten, das Kranksein. „Disease“ entspricht dem theoretischen Konzept einer Krankheit im Lehrbuch. Der Arzt ordnet – wo möglich – dem Leiden des Patienten ein Krankheitskonzept zu. „Illness“ ist zunächst oft ein Symptom. Meist ist es nicht die Körperwahrnehmung selbst, die den Patienten zum Arzt treibt, sondern ihre Interpretation als vermeintliches Zeichen für eine Krankheit. Diese Erkenntnis ist wichtig für die Verhinderung nutzloser Medizin.

Zur Einteilung der Prävention werden „illness“ und „disease“ in einer Vierfeldertafel gegenübergestellt (▶ Abb. 21.1).

▶ **Primärprävention.** Weder fühlt sich der Patient krank noch sieht der Arzt eine Krankheit. Dennoch findet Prävention statt. Beispiele sind Impfungen oder der Check-Up 35 (Kap. 18).

▶ **Sekundärprävention.** Der Patient ist beschwerdefrei, aber der Arzt stellt Diagnosen wie Bluthochdruck oder Diabetes mellitus Typ 2. Es handelt sich dabei primär nicht um Krankheiten sondern um Risikofaktoren. Die präventiven Effekte der medikamentösen Modifikation einzelner Risikofaktoren sind im Vergleich zu Lebensstiländerungen eher klein. In diesen Bereich gehören aber auch Früherkennungsuntersuchungen, z. B. bei Krebserkrankungen. Bei vielen dieser Untersuchungen stellt sich immer mehr ein ungünstiges Nutzen-Schaden-Verhältnis heraus. In der Sekundärprävention ist es deshalb vor allem sinnvoll, Hochrisikopatienten herauszufiltern und präventiv zu behandeln (Kap. 19).

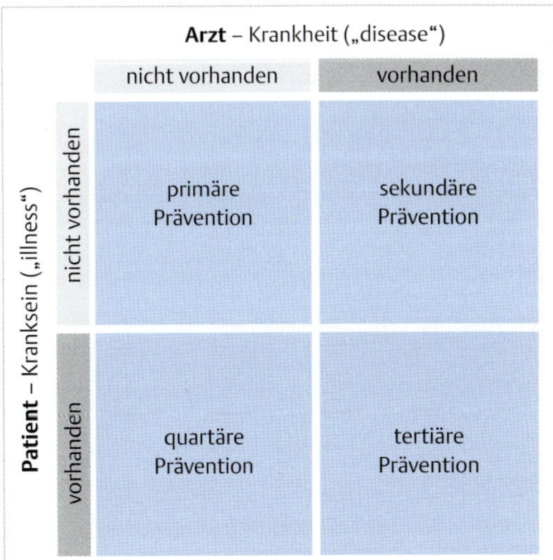

Abb. 21.1 Vierfeldertafel zur Prävention.

▶ **Tertiärprävention.** Das Krankheitsereignis ist eingetreten. Der Patient hat ein Leiden verspürt und der Arzt eine Diagnose gestellt. Beispiele sind Herzinfarkt oder Schlaganfall. Für diese Patienten ist das Risiko für ein weiteres solches Krankheitsereignis am höchsten. Präventive Maßnahmen haben hier den größten Effekt. In der Tertiärprävention sollte die Mehrzahl der Patienten präventiv versorgt werden (Kap. 20).

▶ **Quartärprävention.** Der Patient kommt mit subjektiven Beschwerden zum Arzt, der diese keiner Diagnose zuordnen kann. Diese Situation ist häufig. Es steckt ja nicht hinter jedem vermeintlichen Symptom tatsächlich eine zu behandelnde Krankheit, sondern oft nur eine entsprechende Sorge. Hier lässt sich besonders viel nutzlose Medizin verhindern, indem man sich auf 3 bewährte Dinge stützt:

- den Ausschluss abwendbar gefährlicher Verläufe (AGV)
- eine tragfähige Arzt-Patient-Beziehung
- das aufmerksame Abwarten

Der Ausschluss der AGV statt der Suche nach Diagnosen stellt einen der zentralen Unterschiede der Primärmedizin zur Sekundärmedizin dar. Im Niedrigprävalenzbereich der Primärmedizin lassen sich selbst mit einfachen Untersuchungstechniken AGV sehr gut ausschließen (Bayes-Theorem, Kap. 7.6). Um den Sorgen des Patienten zu begegnen, ist es wichtig, die hinter der Körperwahrnehmung liegende Interpretation durch den Patienten abzufragen. Nach gründlicher Untersuchung – die oft ohne pathologischen Befund bleibt – folgt das aufmerksame Abwarten, also die Beruhigung des Patienten und die Bitte, wenn die Beschwerden nicht wieder vergehen, sich erneut vorzustellen.

Es gibt viele Wege zur Verhinderung nutzloser Medizin. Grundlage sind immer eine tragfähige Arzt-Patient-Beziehung und das Wissen um diagnostische und therapeutische Effektgrößen. Dieses Wissen ergibt sich aus empirischen klinischen Studien. Die Anwendung dieses Wissens im individuellen Fall nennt man evidenzbasierte Medizin (Kap. 13).

Teil 3

Akute Sprechstunde – vom Symptom zur Diagnose

22 Beratungsanlässe und erstellte Diagnosen

T. Kühlein, F. Peters-Klimm, T. Freund

III

22.1 Definition des Beratungsanlasses

Die Diagnosestellung ist die Königsdisziplin des Arztes. Sie wird gemeinhin als ärztliches Hoheitsgebiet betrachtet und verteidigt. Die Diagnose bringt das reale Krankheitsbild eines individuellen Patienten mit einem theoretischen Krankheitskonzept der Medizin in Deckung. Diese Deckung ist kaum je vollständig. In Kap. 21 „Quartäre Prävention" wurde der Diagnose des Arztes (engl. „disease") das Krankheitsempfinden des Patienten (engl. „illness") gegenübergestellt. Man könnte auch sagen, dass der Patient mit „illness" zum Arzt kommt und mit „disease" wieder nach Hause geht. Anders ausgedrückt ist die „illness" der Beratungsanlass und die Diagnose das Beratungsergebnis. Der Beratungsanlass ist oft nicht leicht zu erfassen. Das „Wonca Dictionary" definiert ihn als:

„Die gemeinsam mit dem Arzt erarbeitete Aussage, warum ein Patient das Gesundheitssystem in Anspruch nimmt. Die Begriffe, die vom Arzt dafür in der Dokumentation erfasst und später klassiert werden, beschreiben den Beratungsanlass und den daraus für den Patienten folgenden Versorgungsbedarf, ohne ihn in Form einer Diagnose zu interpretieren. Der Beratungsanlass sollte vom Patienten als eine korrekte Beschreibung seines Versorgungsbedarfs erkannt werden." [6]

Den Beratungsanlass mit einer Körperwahrnehmung alleine beschreiben zu wollen, dürfte in den meisten Fällen zu kurz greifen. Der amerikanische Arzt Eric Cassell hat einmal geschrieben „Ein Symptom ist unvermeidlich ein Symptom von etwas". Diese Tautologie besagt, dass eine Körperwahrnehmung erst dadurch zum Symptom wird, dass man sie – richtig oder falsch – als Zeichen einer Krankheit oder Bedrohung interpretiert. Diese patientenseitige Interpretation hinter der an der Oberfläche angebotenen Körperwahrnehmung ist ein mindestens so wichtiger Teil des Beratungsanlasses wie die Körperwahrnehmung selbst. Dabei steckt keineswegs hinter jeder Körperwahrnehmung auch tatsächlich eine Krankheit. In einer dänischen Studie zeigte sich, dass sich in 36 % der Beratungsanlässe in Hausarztpraxen keine Diagnosen stellen ließen [4]. Es ist wichtig für Arzt und Patient gemeinsam den Beratungsanlass zu klären. Die hinter der angebotenen Körperwahrnehmung liegende Interpretation lässt sich meist leicht über das hilfreiche Akronym „ICE" erarbeiten. „ICE" steht dabei für „ideas", „concerns" und „expectations" [3]. So könnte der Patient beispielsweise beim Beratungsanlass Husten die Vorstellung („idea") einer harmlosen Erkältung haben. Dennoch könnte ihn (z. B. nach einer Fernsehsendung am Vorabend) die theoretische Möglichkeit eines Bronchialkarzinoms verunsichern („concern"). Die Erwartung („expectation") des Patienten könnte einfach nur in der Beruhigung liegen, während der Arzt möglicherweise annimmt, der Patient wolle unbedingt ein Antibiotikum von ihm verschrieben bekommen.

Nachfolgend sollen hier die häufigsten Beratungsanlässe in Form angebotener Körperwahrnehmungen und die häufigsten Beratungsergebnisse (Diagnosen) dargestellt werden, wie sie im CONTENT-Projekt („CONTinuous morbidity registration Epidemiologic NeTwork") der Abteilung Allgemeinmedizin und Versorgungsforschung des Universitätsklinikums Heidelberg zum Aufbau eines Morbiditätsregisters im hausärztlichen Bereich erhoben werden konnten (www.content-info.org). Die Datenerhebung stößt dabei auf einige Schwierigkeiten, deren Folgen sich in den unten dargestellten Tabellen schnell zeigen und die dort im Einzelnen besprochen werden.

22.2 Erwachsene

▶ **Beratungsanlässe.** Die 20 häufigsten Beratungsanlässe (▶ Tab. 22.1) machen mehr als die Hälfte aller Beratungsanlässe aus und werden zusammen mit anderen wichtigen Beratungsanlässen in den Kapiteln „Schmerz" (Kap. 23), „Beschwerden" (Kap. 24) und „Leitsymptome" (Kap. 25) beschrieben. Dort stehen neben der Definition und Epidemiologie die differenzialdiagnostischen Überlegungen, die diagnostischen Möglichkeiten der Praxis und die ergänzende Diagnostik unter Berücksichtigung abwendbarer gefährlicher Verläufe im Mittelpunkt. Zur Vertiefung einzelner infrage kommender Differenzialdiagnosen wird ggf. auf Teil 5 (Krankheitsbilder) verwiesen.

Tab. 22.1 Die 20 häufigsten Beratungsanlässe bzw. Symptome im Erwachsenenalter.

ICPC-Code	Bezeichnung	Häufigkeit (%)
L 03	untere Rückensymptomatik/-beschwerden	5,6
R05	Husten	4,8
A01	Schmerz generalisiert/an mehreren Stellen	4,1
D 11	Durchfall	4
L 01	Nackensymptomatik/-beschwerden	3,6
L 02	Rückensymptomatik/-beschwerden	3,1
A23	Risikofaktoren NNB	3,1
P06	Schlafstörung	2,7
N17	Schwindel/Benommenheit	2,2
F05	Sehstörung, andere	2,1
S 12	Insektenbiss/-stich	2,1
D 01	Bauchschmerzen/-krämpfe, generalisiert	2,0
N01	Kopfschmerzen	1,7
R21	Hals-/Rachensymptomatik/-beschwerden	1,6
P02	akute Stressreaktion	1,6
L 08	Schultersymptomatik/-beschwerden	1,5
L 15	Kniesymptomatik/-beschwerden	1,5
S 03	Warzen	1,5
L 18	Muskelschmerzen	1,4
L 17	Fuß-/Zehensymptomatik/-beschwerden	1,4

ICPC = International Classification of Primary Care; NNB = nicht näher bezeichnet

Aus Gründen der Vereinfachung wurde die Darstellung hier auf in der Regel neu aufgetretene Symptome beschränkt. Beratungsanlässe für Konsultationen, die im weiteren Verlauf zur Kontrolle oder auch im Rahmen der Langzeitbetreuung bei chronischen Gesundheitsproblemen vorliegen, bleiben unberücksichtigt.

► **Beratungsanlass Husten.** Für den Beratungsanlass „Husten" ist in ► Tab. 22.2 beispielhaft das aus ihm folgende Diagnosenspektrum dargestellt.

22.3 Kinder

► **Häufigste Diagnosen.** Bei den 20 häufigsten Diagnosen eines Jahres (► Tab. 22.3) aus knapp 20 000 Kontakten mit Kindern von 0–17 Jahren dominieren durchweg die akuten Infekte, vor allem der Atemwege. In der Altersgruppe 0–2 Jahre (nicht dargestellt) sind es Vorsorgeuntersuchungen und Impfungen.

Die Daten sind hier in Form von Kategorien der International Classification of Primary Care

Tab. 22.2 Beratungsergebnisse des Beratungsanlasses „Husten".

ICPC-Code	Bezeichnung	Häufigkeit (%)
R05	Husten	7,4
R71	Keuchhusten	0,2
R72	Streptokokkeninfekt Hals	0,3
R74	Infektion obere Atemwege, akute	14,2
R75	Sinusitis, akute/chronische	2,6
R76	Tonsillitis, akute	0,8
R77	Laryngitis/Tracheitis, akute	3,0
R78	akute Bronchitis/Bronchiolitis	44,2

Tab. 22.2 Fortsetzung

ICPC-Code	Bezeichnung	Häufigkeit (%)
R79	chronische Bronchitis	4,9
R80	Influenza	9,9
R81	Pneumonie	1,7
R82	Pleuritis/Pleuraerguss	0,8
R83	Atemwegsinfekt, anderer	2,1
R84	bösartige Neubildung Lunge	0,2
R87	Fremdkörper Nase/Larynx	0,0
R90	Hypertrophie des Gaumens	0,0
R92	Neubildung Atemwege	0,0
R95	COPD	2,3
R96	Asthma	3,6
R97	Heuschnupfen	0,4
R99	Atemwegserkrankung, andere	1,5
ICPC = International Classification of Primary Care		

Tab. 22.3 Die häufigsten 20 Diagnosen einer Jahreskontaktgruppe (Kinder von 0–17 Jahre).

ICPC-Code	Bezeichnung	Häufigkeit (%)
R78	akute Bronchitis/Bronchiolitis	5,4
R74	Infektion der oberen Atemwege, akut	5,2
R21	Hals-/Rachensymptome/-beschwerden	3,2
D 73	Gastroenteritis vermutlich infektiös	3,0
A98	gesundheitsfördernde präventive Maßnahme (Impfung)	2,9
H71	akute Mittelohrentzündung	1,7
R72	Streptokokkeninfekt, Hals	1,6
A78	banaler Infekt	1,6
R05	Husten	1,6
S 03	Warzen	1,5
A77	Virusinfektion	1,3
U71	Harnwegsinfekt	1,0
D 01	Bauchschmerzen/-krämpfe generalisiert	1,0
R07	akute Rhinopharyngitis	1,0
D 10/11	Übelkeit und Erbrechen	0,9
A03	Fieber	0,9
N01	Kopfschmerzen	0,9
W14	kontrazeptive Maßnahme	0,7
S 18	Lazeration/Schnitt	0,7
R75	Sinusitis akut/chronisch	0,6
	Gesamt	36,7
ICPC = International Classification of Primary Care		

(ICPC-2) dargestellt, in die sie nachträglich übersetzt wurden. Da Diagnosedaten in Deutschland jedoch über die International Classification of Diseases der WHO (ICD-10-GM) erhoben werden müssen, entsteht hier ein etwas verzerrtes Bild. Die ICD ist aufgrund ihrer hohen Differenziertheit und der ungenügenden Möglichkeit, sinnvoll zu gruppieren, für die Hausarztmedizin wenig geeignet. Dadurch entstehen, wie in ▶ Tab. 22.3 zu sehen, wenig sinnvolle Unterteilungen gleicher Krankheitsbilder in unterschiedliche Kategorien, die sich auch in die sinnvollere ICPC-2 hinein übersetzen. So ist mit großer Wahrscheinlichkeit mit den Codes R74 „Infektion der oberen Atemwege, akut" und A77 „Virusinfekt" dasselbe Krankheitsbild eines grippalen Infekts gemeint.

▶ **Einweisungsdiagnosen.** Unter den Einweisungsdiagnosen bei Kindern von 0–17 Jahren (▶ Tab. 22.4) machen die 10 häufigsten etwa die Hälfte aller Einweisungen aus.

Für Kinder und Jugendliche kann zusammenfassend gesagt werden, dass die unter Ärzten in Weiterbildung verbreitete Verunsicherung in der Versorgung von Kindern unbegründet ist und durch die primärärztliche Betreuung und den Kontakt mit Kindern überwunden werden kann und sollte. Die Kenntnis der Eltern als Patienten im Rahmen der familienärztlichen Funktion bietet oft entscheidende Hinweise auf eine angemessene Versorgung der Kinder, was einen großen Vorteil gegenüber rein kinderärztlich arbeitenden Primärversorgern darstellt. Selbstverständlich ist die regelmäßige Zusammenarbeit mit pädiatrischen Fachspezialisten (des gesamten Spektrums!) in einigen Fällen notwendig und sinnvoll.

22.4 Krankheitskombinationen

Treten 2 oder mehr Krankheiten gleichzeitig in einer Person auf, spricht man von „Multimorbidität". Diese Situation ist insbesondere bei älteren Patienten in der Hausarztpraxis eher der Normalfall als die Ausnahme. Während prinzipiell beliebig viele verschiedene Krankheitskombinationen denkbar sind, haben bisherige epidemiologische Studien „typische" Krankheitsmuster festgestellt (▶ Tab. 22.5).

Es kann zu Recht eingewendet werden, dass es sich bei den meisten dieser „Diagnosen" um Messwerte und Risikofaktoren ohne primär zugrunde liegendes Leiden („illness") handelt. Eine andere epidemiologische, auf Routinedaten basierende Studie zeigt die 15 häufigsten Diagnosekombinationen (▶ Tab. 22.6). Hierbei wurden die Fälle allerdings durch ein statistisch berechnetes Krankenhausaufnahme-Risiko im oberen Quartil einer Krankenkasse vorausgewählt. Arthrose und Depression fanden sich häufiger als statistisch zu erwarten. Durch den anderen Ansatz der Studie erscheint es wahrscheinlich, dass es sich bei den gefundenen Diagnosen nicht mehr nur alleine um Risikofaktoren handelt.

Für die Hausarztpraxis ergeben sich besondere Herausforderungen bei der Versorgung multimorbider Patienten, wenn sich Leitlinienempfehlungen für die gemeinsam auftretenden Erkrankungen widersprechen bzw. die Symptome der einen Erkrankungen (z. B. Schmerzen bei LWS-Syndrom) die Behandlung der anderen Erkrankung (z. B. körperliche Aktivität) erschweren oder gar unmöglich machen.

Tab. 22.4 Die 10 häufigsten Einweisungsdiagnosen (Kinder von 0–17 Jahren).

ICPC-Code	Bezeichnung	Häufigkeit%
D 88	Appendizitis	19,8
D 73	Gastroenteritis vermutlich infektiös	4,9
D 70	Gastroenteritis, Erreger gesichert	3,7
D 01	Bauchschmerzen, generalisiert	3,7
D 09 + D 10	Übelkeit und Erbrechen	3,7
N07	Fieberkrampf	3,7
D 12	Obstipation	2,5
U99	Ureterverengung mit Infektion	2,5
U71	Harnwegsinfekt	2,5
U85	Hypospadie	2,5
	Gesamt	49,5

ICPC = International Classification of Primary Care

III

Tab. 22.5 Die 10 häufigsten Multimorbiditätsmuster bei Patienten über 65 Jahren [5].

Triade	Prävalenz (%)
Hypertonie + Fettstoffwechselstörung + LWS-Syndrom	12,1
Hypertonie + Arthrose + LWS-Syndrom	10,4
Hypertonie + Fettstoffwechselstörung + KHK	9,4
Hypertonie + Fettstoffwechselstörung + Diabetes mellitus	9,3
Hypertonie + Fettstoffwechselstörung + Arthrose	8,6
Fettstoffwechselstörung + Arthrose + LWS-Syndrom	7,5
Hypertonie + Fettstoffwechselstörung + Gicht	7,3
Hypertonie + LWS-Syndrom + KHK	7,3
Hypertonie + LWS-Syndrom + Diabetes mellitus	7,3
Hypertonie + KHK + Diabetes mellitus	6,9

Tab. 22.6 Die 10 häufigsten Multimorbiditätsmuster bei erhöhtem Risiko für eine Hospitalisation [2].

Hypertonie	Sehstörung	Arthrose	Typ-2-Diabetes	KHK	Depression	Malignom	Schilddrüsenstörung	Herzinsuffizienz	Neuropathie
X	X	X	X	X					
X	X	X	X						
X	X	X	X	X					X
X				X					
X	X	X				X			
X	X		X						
X	X				X				
X	X	X		X					
X	X	X	X	X		X		X	
X	X								
X	X	X							
X		X		X					
X	X	X	X	X			X		
X	X	X	X		X				
X					X				

22.5 Literatur

[1] Cassell EJ. The nature of suffering and the goals of medicine. Oxford: Oxford University Press; 2004

[2] Freund T, Kunz CU, Ose D et al. Patterns of multimorbidity in primary care patients at high risk of future hospitalization. Popul Health Manag 2012; 15: 119–124

[3] Pendleton D, Schofield T, Tate P et al. The New Consultation – Developing Doctor-Patient Communication. Oxford: Oxford Medical Press; 2003

[4] Rosendal M, Carlsen AH, Rask MT et al. Symptoms as the main problem in primary care: A cross-sectional study of frequency and characteristics. Scand J Prim Health Care 2015

[5] van den Bussche H, Koller D, Kolonko T et al. Which chronic diseases and disease combinations are specific to multimorbidity in the elderly? Results of a claims data based cross-sectional study in Germany. BMC Public Health 2011; 11: 101

[6] Wonca International Classification Committee, Bentzen N, Hrsg. Wonca International Dictionary for General/Family Practice. Im Internet: www.ph3c.org/ph3c/docs/27/000 092/0 000 052.pdf; Stand: 03.11.2015

23 Schmerzen

23.1 Kopfschmerz (R51)

F. Peters-Klimm

23.1.1 Definition und Epidemiologie

Kopfschmerzen sind ein häufiges Symptom, über das Patienten aller Altersgruppen klagen. Es wird geschätzt, dass in Deutschland rund 55 Millionen Menschen unter gelegentlichen oder chronischen Kopfschmerzen leiden, davon 20 Millionen unter Migräne (etwa doppelt so viele Frauen wie Männer) und 30 Millionen unter Spannungskopfschmerz als häufigste Formen der Kopfschmerzen.

23.1.2 Differenzialdiagnostische Überlegungen

Auch wenn in der Allgemeinpraxis Kopfschmerzen oft passagerer Art und harmlos sind, muss zunächst immer eine ernsthafte Ätiologie bedacht, dann bestätigt oder ausgeschlossen werden. Dies kann sehr schwierig sein, da sowohl anamnestische Angaben, subjektive Symptomschilderungen als auch objektive Befunde sehr bunt und vieldeutig sein können.

Folgende Einteilung nach differenzialdiagnostischen Überlegungen (in Anlehnung an die International Headache Society [IHS]) kann für die Praxis hilfreich sein.

Primäre Kopfschmerzen

▸ **Migräne (G43).** Überwiegend (etwa 85 %) „einfache Migräne“ (Migräne ohne Aura) mit fast immer Nausea und allgemeinem Krankheitsgefühl, in der Hälfte der Fälle Erbrechen, Lichtscheu, Lärm- und selten (10 %) Geruchsempfindlichkeit; seltener „ophthalmische Migräne“ mit Flimmerskotom und/oder weiteren Augensymptomen, seltener „Migraine accompagnée“ mit motorischen Störungen bis hin zu passageren Halbseitenlähmungen und Sprachstörungen, seltener „Basilarismigräne“ mit Hirnstamm- und Kleinhirnsymptomen (werden auch als Migräne mit Aura zusammengefasst, ca. 15 %).

Zu etwa 60 % tritt der Migränekopfschmerz einseitig (Hemikranie → Migräne!) auf, die Qualität wird als stechend, pochend, hämmernd oder pulsierend beschrieben, Verstärkung bei körperlicher Aktivität, Dauer 4–72 Stunden, aber nicht länger! Triggerfaktoren der Migräneauslösung sind Hormonschwankungen bei Frauen (Menstruation, auch bei oraler Hormonverabreichung bzw. Absetzen von Hormonen), Änderungen im Schlaf-wach-Rhythmus, Lärm, Lichtreize, Wettereinflüsse, Erwartungsangst, Stress und Entlastungssituationen, Alkohol (besonders Rotwein), einige Käsesorten, Koffein und Zigarettenrauch (Kap. 34.119).

▸ **Spannungskopfschmerz (G44.2).** Häufig Myogelosen im Hals-, Nacken-, Hinterkopf- und Schulterbereich als Symptom bei psychischer Ursache, vegetative Begleitsymptome (Übelkeit, Geräusch- und Lichtempfindlichkeit) in leichter Ausprägung und Angstsyndrom häufig, kann Hinweis auf eine larvierte Depression sein. Die Schmerzqualität ist dumpf und drückend mit holokranieller Ausbreitung („helmartig vom Nacken ausgehend“) von meist geringer Intensität im Vergleich zum Migräneschmerz. Man unterscheidet zwischen episodischem (weniger als 180 Tage im Jahr) und chronischem Auftreten (mehr als 180 Tage im Jahr). Spannungskopfschmerz und Migräne können zusammen vorkommen.

▸ **Clusterkopfschmerz (G44.0).** Früher auch Bing-Horton-Syndrom oder Erythroprosopalgie genannt, sehr selten (unter 1 %), Verhältnis Männer zu Frauen 3:1. Einseitiger, im Temporalbereich mit Einschluss der Orbita und des Oberkiefers gelegener Schmerz, attackenartiges Auftreten von 30–180 Minuten Dauer, bis zu 8-mal täglich, zeitweise mit passagerem Horner-Syndrom, Lakrimation, Rhinorrhö, Gesichtsrötung [13].

Sekundäre Kopfschmerzen

An sekundären Kopfschmerzen kommen infrage:

- Kopfschmerz bei degenerativem Wirbelsäulenleiden: besonders im HWS-Bereich (zervikogener Kopfschmerz), meist einseitig, nach frontal ziehend, zunächst für einige Stunden, im Fortgang auch über ganze Tage anhaltend; nach allgemeinmedizinischer Erfahrung häufiger als

sonst beschrieben; Übergang zum Spannungskopfschmerz möglich
- Kopfschmerz nach Genussmittelabusus und/oder Intoxikationen häufig nach Alkohol- und/oder Nikotinkonsum, auch CO-Vergiftung oder Schwermetallbelastung
- Kopfschmerz bei einer primär nicht den Kopfbereich betreffenden Infektion: häufig bei viralen Infekten, z. B. grippaler Infekt
- Kopfschmerz durch Einwirkung von Substanzen oder deren Entzug (Arzneimittelinduzierter Kopfschmerz, G44.4): z. B. chronisch bei langem Analgetikaabusus, akut bei Verabreichung von Nitropräparaten oder anderen Vasodilatatoren
- Kopfschmerz nach Schädeltrauma (G44.3)
- Kopfschmerz bei zerebrovaskulären Störungen: z. B. als Begleitsymptom bei fortgeschrittener zerebraler Durchblutungsstörung, bei Riesenzellarteriitis, intrakranieller Blutung, Thrombose, Dissektion
- Kopfschmerz bei intrakranieller Raumforderung: z. B. Hirntumor (primär oder Metastase), Hirnabszess, subdurales oder epidurales Hämatom
- Kopfschmerz bei meningealer Reizung: akuter Schmerz bei Subarachnoidalblutung, mehr langsam entstehender Schmerz bei Meningitis und Enzephalitis (Kap. 34.117)
- Kopfschmerz bei Erkrankung des knöchernen Schädels: z. B. primäre Tumoren, Metastasen, Myelom, Morbus Paget
- Kopfschmerz bei Kopf- und Gesichtsneuralgien: häufig Trigeminusneuralgie (meist 2. und 3. Ast), seltener Glossopharyngeus- und Okzipitalneuralgie
- Kopfschmerz bei internen Allgemeinerkrankungen: z. B. arterielle Hypertonie (RR diastolisch über 110 mmHg), Hypoglykämie, Polyzythämie, Urämie, Anämie, Hyperthyreose
- Kopfschmerz mit Ursprung aus dem Zahn- und Kieferbereich: z. B. Zahnwurzelabszess, Arthrose der Kiefergelenke
- Kopfschmerz mit Ursprung aus dem HNO-Bereich: z. B. Sinusitis, Otitis
- Kopfschmerz mit Ursprung aus dem Augenbereich: z. B. Glaukom, Fehlsichtigkeit

23.1.3 Diagnostische Möglichkeiten in der Praxis

Folgende Vorgehensweise zur Abklärung sollte bei jedem Kopfschmerzpatienten eingehalten werden:
- ausführliche **Anamnese**, unter besonderer Berücksichtigung von:
  - akutem oder chronischem Auftreten
  - Art und Lokalisation
  - Dauer und Häufigkeit
  - Auftreten von Begleitsymptomen (z. B. Nausea, Erbrechen, Augensymptome, passagere Lähmungen, Fieber)
  - auslösenden Faktoren und chronischen Giften (z. B. Lärm, psychische Belastung, Alkohol, Nikotin, Medikamente)
  - psychosozialer Anamnese
- anamnestisch geleitete, **fokussierte Allgemeinuntersuchung mit neurologischem Status**, Blutdruckmessung, trigeminale Nervenaustrittspunkte, Bulbusdruck, ggf. Funduskopie, Beweglichkeit der HWS, Druckschmerzhaftigkeit der perikraniellen Muskulatur, Klopf-/Druckschmerz der Kalotte, Palpation der A. temporalis superficialis, Schmerzen bei Kieferöffnung, Zahnstatus, Schleimhautbeurteilung, Kieferschluss
- **Laboruntersuchung** nach vermuteter Grundkrankheit
- prospektive Verwendung eines **Kopfschmerzkalenders** zur Unterscheidung primärer Kopfschmerzsyndrome (mit meist schlechter Adhärenz der Patienten)

Als ergänzende Diagnostik kommen eine augenärztliche Diagnostik oder das Röntgen des Schädels infrage.

Sollte die Abklärung bis hier unauffällig sein und keinen Hinweis auf eine ernsthafte Ätiologie ergeben, kann zunächst unter „abwartendem Offenlassen der Diagnose" zeitlich begrenzt „beobachtend zugewartet" werden unter entsprechender symptomatischer Therapie. Bei schon langjährig bestehenden, konstanten und nach den Kriterien der IHS gut einzuordnenden primären Kopfschmerzen ist eine kraniale Bildgebung in der Regel nicht erforderlich. Bei Therapieresistenz, Konstanz oder Zunahme des Kopfschmerzes sollte ein Neurologe hinzugezogen werden. Eventuelle weitere diagnostische Schritte umfassen EEG, CT oder MRT des Schädels, Lumbalpunktion und stationäre Aufnahme zur Abklärung.

Abwendbar gefährlicher Verlauf

Akute Kopfschmerzen, die eine sofortige Krankenhauseinweisung nötig machen, sind selten. Andererseits kann ein Nichterkennen dieser Notfälle ernste Folgen für den Betroffenen haben. Besonders ist zu denken an:

- meningeale Reizung bei Subarachnoidalblutung, Meningitis oder Enzephalitis
- Hirntumor (primär oder Metastase) oder Abszess mit Hirndruckzeichen, Sinus-Venen-Thrombose
- sub- oder epidurales Hämatom
- akutes Glaukom
- hypertensive Krise, Urämie, Anämie, Pseudotumor cerebri (idiopathische intrakranielle Hypertension), Arteriitis temporalis

Besondere Warnsymptome sind:

- plötzlicher Beginn, besonders jenseits des 40. Lebensjahrs
- Erstmanifestation mit untypischem Charakter
- auffällige Verschlechterung bei bekanntem Kopfschmerzsyndrom
- zunehmende Schmerzintensität oder sich ändernder Schmerzcharakter
- Auftreten von Begleitsymptomen (z. B. Wesensveränderung, epileptische Anfälle, Somnolenz)
- neurologische Ausfälle
- Meningismus

23.1.4 Leitlinien

Deutsche Gesellschaft für Neurologie. AWMF-S 1-Leitlinie 030–036. **Clusterkopfschmerz und trigeminoautonome Kopfschmerzen.** Im Internet: www.awmf.org/leitlinien; Stand: 05.11.2015

Deutsche Gesellschaft für Neurologie. AWMF-S 1-Leitlinie 030–077. **Therapie des episodischen und chronischen Kopfschmerzes vom Spannungstyp und anderer chronischer täglicher Kopfschmerzen.** Im Internet: www.awmf.org/leitlinien; Stand: 23.11.2015

Deutsche Gesellschaft für Neurologie. AWMF-S 1-Leitlinie 030–110. **Diagnostik und apparative Zusatzuntersuchungen bei Kopfschmerzen.** Im Internet: www.awmf.org/leitlinien; Stand: 05.11.2015

Deutsche Migräne- und Kopfschmerzgesellschaft (DMKG). Im Internet: www.dmkg.de; Stand: 20.01.2016

Internationale Kopfschmerz-Klassifikation (ICHD-2). Im Internet: www.ihs-classification.org; Stand: 20.01.2016

23.2 Halsschmerz (R07, J02, M54.-)

F. Peters-Klimm

23.2.1 Definition und Epidemiologie

Bei den Halsschmerzen ist zwischen äußeren und inneren Halsschmerzen im Sinne von Schmerzen im Rachenbereich zu unterscheiden. Beide Formen von Halsschmerzen sind in der Praxis sehr häufig.

23.2.2 Differenzialdiagnostische Überlegungen

Externe Halsschmerzen können folgende Ursachen haben:

- **Störungen des Bewegungsapparats** (s. Rückenschmerz, Kap. 23.7, HWS-Syndrom, Kap. 34.68): muskuläre Verspannungen, Verletzungen, degenerative Veränderungen, Entzündungen, Tumoren oder Metastasen der Wirbelsäule:
    - akuter Schiefhals (akute muskuläre Kontraktion)
    - Schleudertrauma der HWS
    - Verspannungen der HWS (haltungsbedingt, psychogen, habituell)
    - entzündliche Veränderungen der HWS (z. B. rheumatoide Arthritis)
    - Bandscheibenvorfälle
    - degenerative Veränderungen durch Spondylarthrose
    - Fehlbildungen der Wirbelkörper
    - Tumoren, meist Wirbelkörpermetastasen der HWS
- **Veränderungen im Bereich der Lymphknoten:**
    - Anschwellungen der Halslymphknoten
    - (häufigste) meist Entzündungen im zugeordneten Bereich (z. B. Zahnwurzelgranulome, Herpes, Impetigo, Furunkel) (zumeist schmerzhaft)
    - bei multiplen Schwellungen an Mononukleose und Röteln denken
    - granulomatös bedingte Lymphknotenvergrößerung (Tuberkulose oder Sarkoidose)
    - Metastasen von Karzinomen des oberen Respirationstrakts, des Ösophagus, Magens und Mediastinums, aber auch von Darmkarzinomen (supraklavikulare Lymphknoten, sog. Virchow-Drüse) müssen zur Suche nach dem Primärtumor Anlass geben (zumeist nicht schmerzhaft)

  - Leukämien und Lymphome (meist symmetrischer Lymphknotenbefall) sind seltene Erkrankungen, dabei sollten auch Milz und Leber sofort palpiert werden
- **Veränderungen im Bereich der Schilddrüse:**
  - Struma, diffus oder knotig (Kap. 34.173)
  - Thyreoiditis (Kap. 34.178)
  - Schilddrüsenadenome und -karzinome
  - Bei den meisten Erkrankungen der Schilddrüse ist der Schmerz allerdings nicht das Leitsymptom.
- **Veränderungen im Bereich der Speicheldrüsen:**
  - Speicheldrüsenentzündungen; neben Mumps sind auch andere Entzündungen (Begleitparotitiden) möglich, deren Erregernachweis schwierig sein kann
  - Sjögren-Syndrom (Versiegen der Sekretion von Speichel- und Tränendrüsen in Kombination mit rheumatoider Arthritis und Kollagenosen)
  - Speichelsteine machen plötzliche Schmerzen und Schwellung der Speicheldrüse beim Essen
  - Tumoren der Speicheldrüse verlaufen lange Zeit schmerzlos
- **Hautveränderungen:** z. B. Entzündungen wie Wundrose, Furunkel und Zoster

Bei internen Halsschmerzen kommen infrage [6]:
- meist Halsschmerzen von ≤ 14 Tagen Dauer aufgrund einer Pharyngitis bei Patienten von ≥ 2 Jahren, inkl. Pharyngitis, Rhinopharyngitis, akuter Tonsillitis bzw. Tonsillopharyngitis (Kap. 34.180)
- Rachenschmerzen und Schluckbeschwerden sind in 50–80 % Leitsymptome bei viralen, meist grippalen Infekten mit akuter Pharyngitis. Sie sind aber nicht sicher von einer bakteriellen Infektion unterscheidbar (ca. 15–30 %). Für die Prädiktion einer Tonsillopharyngitis durch β-hämolysierende Streptokokken der Gruppe A (die häufigsten Erreger einer bakteriellen Infektion) sind der Centor-Score und der McIsaac-Score (ab Alter > 14 Jahren) entwickelt worden (Kap. 34.180).
- Bei absteigender Entzündung bildet sich eine Laryngitis aus.
- Die bakteriell bedingte eitrige Angina tonsillaris muss durch sorgfältige Anamnese und Untersuchung abgeklärt werden (Kap. 34.180). In ihrem Verlauf kann sich ein Paratonsillarabszess entwickeln.
- Ein EBV-Infekt muss in Erwägung gezogen werden (Mononucleosis infectiosa, Kap. 34.120) → Exanthem des 13. Tags bei inadäquater Verschreibung von Aminopenicillinen!
- weitere mögliche Ursachen
  - Diphtherie (in der BRD Einzelfälle) → beidseitige schmierige Beläge, auf den Gaumen übergreifend, starke Blutung bei Abstreifen, süßlicher Geruch
  - Stomatitis aphthosa und ihre Differenzialdiagnose: Kap. 34.16
  - Tumoren im Mund und Rachenraum (selten)
  - chronische Pharyngitis (oft bei Rauchern)
  - Globusgefühl: Kap. 24.5, meist psychogene Hintergründe

In den Hals ausstrahlende Schmerzen anderer Ursache:
- Schmerzen, die in den Hals, den Unterkiefer und linken Arm ausstrahlen, sind suspekt auf einen Herzinfarkt.
- Auch die Schmerzen beim Pneumothorax, einer Pneumonie oder Pleuritis können in den Hals ausstrahlen.

23.2.3 Diagnostische Möglichkeiten in der Praxis

Die Diagnostik in der Praxis sollte umfassen:
- gezielte **Anamnese**, orientiert an den differenzialdiagnostischen Überlegungen
- **körperliche Untersuchung** → auf Begleitsymptome oder Begleitbefunde achten:
  - Heiserkeit → Stimmbänder
  - Fieber → Entzündungen, viraler Infekt, Angina, Mumps, Mononukleose, Röteln
  - Anschwellungen → symmetrisch oder unsymmetrisch (s. o.) Lymphknoten, Speicheldrüsen, Furunkel
  - Bewegungseinschränkung muskulär oder HWS-bedingt → nach Trauma, Schleudertrauma
  - Gewichtsverlust → neben Tumoren ist auch an Essstörungen bei Störungen des Schluckaktes zu denken
- **Labordiagnostik:** Blutbild, ggf. groß (atypische Lymphozyten als virale Reizform?), Lipase und Amylase, Rachenabstrich, Tonsillenabstrich, Infektionsserologie, (EBV-Diagnostik, Tuberkulin-Tine-Test, Schilddrüsenwerte (TSH, fT_3, fT_4) und Schilddrüsenantikörper etc. werden je nach Verdachtsdiagnose gezielt eingesetzt. Die Bestimmung der Leukozytose und des CRP ist nur be-

dingt diagnostisch hilfreich, die BSG sollte nicht bestimmt werden!
- **EKG** zum Herzinfarktausschluss

Für eine ergänzende Diagnostik kommen infrage:
- Röntgendiagnostik der HWS und ggf. BWS
- bei Verdacht auf Speichelstein röntgenologische Zielaufnahmen und Gangdarstellung; Überweisung zum HNO-Arzt, Überweisung zum Chirurgen zur diagnostischen Lymphknotenexstirpation
- Schilddrüsensonografie, ggf. Szintigrafie
- bei tumorösen Anschwellungen der Lymphknoten oder Speicheldrüsen histologische Klärung anstreben → Überweisung zum HNO-Arzt oder in die entsprechende Fachklinik

Abwartendes Offenlassen bei vermutet selbstlimitierenden Ätiologien → Festlegung bestimmter Kontrollintervalle, z. B. EBV-Diagnostik ab der 2.–3. Krankheitswoche; auch bei fehlendem Rückgang der Lymphkontenschwellung nach 2–4(–6) Wochen.

Abwendbar gefährlicher Verlauf

Herzinfarkte (I21.9), Lungenerkrankungen, Malignome sowie bedrohliche Infektionen dürfen nicht übersehen werden.

23.2.4 Leitlinien

Deutsche Gesellschaft für Allgemeinmedizin und Familienmedizin. **DEGAM-S 3-Leitlinie Halsschmerzen Nr. 14.** Im Internet: www.degam.de/leitlinien.html; Stand: 05.11.2015

23.3 Ohrenschmerz (H92)

F. Peters-Klimm

23.3.1 Definition und Epidemiologie

Ohrenschmerzen sind häufig, kommen in allen Altersgruppen vor (bevorzugt jedoch im Kleinkind- und Kindesalter) und treten schwerpunktmäßig im Winterhalbjahr auf. Während im Kindesalter meist virale oder bakterielle Infekte zugrunde liegen, kann der Ohrenschmerz bei Erwachsenen unterschiedlicher Genese sein.

23.3.2 Differenzialdiagnostische Überlegungen

Beim Leitsymptom Ohrenschmerz müssen folgende Krankheitsbilder bedacht, bestätigt oder ausgeschlossen werden [9]:
- **entzündliche Ursachen:**
  - Otitis media (H66.0):
    - meist bakteriell über Nasenrachenraum aufsteigender Infekt in der Paukenhöhle
    - häufigste Erreger: Streptokokken, Pneumokokken, Haemophilus influenzae
    - meist klopfender Ohrschmerz, Hörminderung, Fieber, reduzierter Allgemeinzustand: Kap. 34.132
  - Otitis externa (H60.9):
    - meist bakterieller Infekt des äußeren Gehörgangs, meist auf der Basis von Prädispositionen (chemische, mechanische Reizung des Epithels, allergische Diathese)
    - übel riechender Ausfluss, Schwerhörigkeit. Tragusdruckschmerz, Schmerzen beim Ziehen an der Ohrmuschel, Schmerzen beim Kauen: Kap. 34.131
  - Seromukotympanon (H65.0):
    - meist Druckgefühl mit ein- oder (oft) beidseitiger Hörminderung
    - Trommelfell matt und gelblich aufgrund sero-/muköser Flüssigkeitsansammlung im Mittelohrraum
  - Tubenkatarrh: Kap. 34.184
  - Parotitis epidemica (Mumps, B26.9):
    - akute Viruserkrankung
    - zu Beginn Fieber
    - meist zunächst einseitige, dann beidseitige schmerzhafte Parotisschwellung
    - Verdrängung der Ohrmuschel nach außen und oben
    - Schmerzen beim Kauen: Kap. 34.137
  - Gehörgangsfurunkel (H60.0):
    - meist Staphylokokkeninfektion, seltener Streptokokkeninfektion, sehr oft provoziert durch Säubern mit Wattestäbchen
    - starke Schmerzen
    - Kaubehinderung
    - Zug- und Druckschmerz an Tragus und an den Ohrmuscheln
    - Hörminderung

- Erysipel (H62.0)
  - akute, sich flächenhaft am Ohr ausbreitende Infektion durch Streptokokken
  - nicht intakte Hautbarriere als prädisponierender Faktor: Rhagade, Ekzem, Piercings
  - hämorrhagische und phlegmonöse Formen! (Kap. 34.51)
- Perichondritis der Ohrmuschel (H61.0):
  - meist Infektion eines Othämatoms oder von Verletzungen der Ohrmuschel (Piercing)
  - Schwellung
  - Rötung der Ohrmuschel
- Mastoiditis (H70.9):
  - eitrige Einschmelzung der pneumatisierten Zellen im Warzenfortsatz infolge einer Otitis media
  - meist reduzierter Allgemeinzustand, Temperaturanstieg
  - abstehende Ohrmuschel, Schwellung des Warzenfortsatzes
  - retroanguläre Druck- und Klopfschmerzhaftigkeit
- Tonsillitis und Lymphadenitis:
  - sehr häufig im Sinne eines Ausstrahlungsschmerzes ohne Trommelfellbefund

- **Neuralgien:**
  - neuralgiforme Schmerzen der Hirnnerven V (G50.0), IX, X oder der zervikalen Nerven (M54.2)
  - Zoster oticus (B02.02), reaktiviertes Varizella-Zoster-Virus aus den Hirnnerven VII und VIII
- **Ohrverletzungen:**
  - Fremdkörper oder Zerumen (T 16; H61.2, Kap. 34.198)
  - Traumata und Verletzungen:
    - Barotrauma (T 70.0) durch Druckdifferenzen bei Flugreisen oder Tauchgängen
    - Trommelfellverletzungen (S 09.2) durch direkte (z. B. durch Wattestäbchen) oder indirekte (z. B. Schlag auf das Ohr [Aufprall auf das Wasser, Misshandlung]) Gewalteinwirkung
    - Trommelfell schlitzförmig oder gezackt
    - Frakturen (z. B. Schädelbasisfraktur, Pyramidenlängs-/-querfraktur)
- **andere Ursachen:**
  - Tumoren: Oropharynxkarzinom, Basaliom, Spinaliom, osteogene Tumoren (sehr selten)
  - arthrogene Ursachen: meist ausgehend von arthrotischen Veränderungen im Kiefergelenk (Kiefergelenksarthropathien, K07.6) mit Schmerzen bei der Kaubewegung
  - dentogene Ursache: meist infektionsbedingte Schmerzen ausgehend von Zahnhals und Zahnwurzel, besonders der Weisheitszähne
  - koronare Herzkrankheit:
    - meist belastungsabhängig, gelegentlich auch beim Einatmen kalter Luft
    - Ausstrahlungen präkordial bis in die Ohrenregion reichend, sehr selten auch nur auf die Ohrenregion zentriert

23.3.3 Diagnostische Möglichkeiten in der Praxis

Folgende Vorgehensweise zur Abklärung sollte beim Ohrenschmerz eingehalten werden:

- ausführliche **Anamnese** mit Berücksichtigung folgender Gesichtspunkte:
  - akut oder chronisch
  - Art und Lokalisation des Ohrenschmerzes
  - auslösende Faktoren, z. B. mechanische Gehörgangsreinigungen
  - Auftreten von Begleitsymptomen (z. B. Hörverlust, Schwindel, Fieber)
  - zeitliche Zusammenhänge mit anderen Erkrankungen (Nasennebenhöhleninfekt als Hinweis auf Pansinusitis, Verletzungen: Insektenstiche als Hinweis auf allergische Diathese)
- **Inspektion:** Rötungen, Schwellungen, Ausfluss
- **Palpation:** Druckempfindlichkeit, Tragusdruckschmerz, Mastoiddruckschmerz, Fluktuation
- ausführliche **Inspektion des Gehörgangs, Otoskopie im Seitenvergleich:** hochrotes Trommelfell bei Otitis media, hochrote Schwellung des äußeren Gehörgangs bei Gehörgangsfurunkel und Otitis externa, Sichtverlust bei Schwellungen, bei Zerumen
- Feststellung von Flüssigkeit im Mittelohr durch Otoskopie (Sensitivität = 90 %, Spezifität = 80 %)
- ergänzende Diagnostik:
  - keine Labordiagnostik in der Routine, jedoch bei Verdacht auf Komplikationen wie z. B. systemische Infektion
  - Überweisung zum HNO-Arzt
  - Röntgenaufnahme des Schädels, Zielaufnahme des Mastoids

Bei schweren Verlaufsformen, bei Therapieresistenz oder Rezidiv stets einen HNO-Arzt hinzuziehen!

Abwendbar gefährlicher Verlauf

Besonders in Betracht zu ziehen ist die Gefahr einer:
- spontanen Trommelfellperforation (H72.9)
- (einschmelzenden) Mastoiditis (H70.9), eher selten (Inzidenz 1,2–1,4 auf 100 000 Kinder)
- Labyrinthitis (H83.0)
- Meningitis (G03.9)
- Sepsis (A41.9)

Zu denken ist ferner an eine KHK und an Tumoren. Warnsymptome sind dabei:
- Therapieresistenz
- Progredienz der Beschwerden trotz Antibiotikatherapie
- Auftreten von Begleitsymptomen wie Schwindel, Hörverlust
- Meningismus
- Herz- und Kreislaufstörungen

23.3.4 Leitlinien

Deutsche Gesellschaft für Allgemeinmedizin und Familienmedizin. DEGAM-S 2k-Leitlinie. **Ohrenschmerzen.** Im Internet: www.degam.de/leitlinien.html; Stand: 07.11.2015

23.4 Brustschmerz

T. Ledig, F. Peters-Klimm

23.4.1 Definition und Epidemiologie

Als Brustschmerz werden im Folgenden Schmerzempfindungen aller Qualitäten im vorderen und seitlichen Thorax bezeichnet (die auch in anatomisch benachbarte Gebiete wie Epigastrium, Hals oder Rücken ausstrahlen können). Die Prävalenz von Brustschmerzen als primärer Beratungsanlass in hausärztlichen Praxen liegt zwischen 0,7 und 2,7 %.

23.4.2 Differenzialdiagnostische Überlegungen

Die meisten dem Symptom Brustschmerz zugrunde liegenden Erkrankungen sind nicht bedrohlich und/oder selbstlimitierend (▶ Tab. 23.1). Die besondere Schwierigkeit im Umgang mit diesem häufigen Beratungsanlass liegt in der Notwendigkeit, die seltenen, aber potenziell lebensbedrohlichen Ursachen rechtzeitig zu erkennen und zu behandeln, ohne überflüssige und möglicherweise schädliche Diagnostik zu betreiben (Vermeidung von Über- und Fehlversorgung). Eine Möglichkeit des Umgangs mit dem Symptom Brustschmerz ist die Einführung klarer Handlungsempfehlungen in der Praxis mit dem Ziel, bedrohliche Ursachen (ab-

Tab. 23.1 Mögliche Ursachen eines Brustschmerzes.

Typ	Ursachen
kardiovaskulär	• stabile Angina pectoris • akutes Koronarsyndrom (ACS) • Arrhythmien, Tachykardien • Aortenstenose • Perikarditis • Lungenembolie • Aortendissektion • Aortenaneurysma
pulmonal und Mediastinum	• Pleuritis • Pneumonie • COPD • Asthma • Pneumo-, Hämatothorax • Mediastinitis • intrathorakale Malignome
gastrointestinal	• Ösophagitis • Reflux • peptische Ulzera • Zwerchfellhernie • Gallenkolik • Cholezystitis • akute Pankreatitis
muskuloskelettal und Brustwand	• Brustwandsyndrom • Rippenfraktur und andere Thoraxtraumen • HWS- und BWS-Syndrome • Arthritiden und Bursitiden des Schultergelenks • Herpes zoster • Brustwandtumoren • Erkrankungen der Brustdrüse
psychiatrisch (psychogen)	• Angstkrankheit, Panikattacken • Hyperventilation • Depression • somatoforme Störungen

III

Tab. 23.2 Ätiologie des Brustschmerzes in unterschiedlichen Settings.

	Allgemeinarztpraxis (%)	Rettungsdienst (%)	Notfallaufnahme in der Klinik (%)
kardiovaskulär	15–20	69	49
pulmonal und Mediastinum	4	4	5
gastrointestinal	5	3	6
muskuloskelettal und Brustwand	43	5	14
psychiatrisch (psychogen)	11	5	8
andere	16	18	26

wendbar gefährliche Verläufe) sicher zu erkennen. Dabei muss man sich bewusst sein, dass sehr seltene katastrophale Ereignisse nie sicher zu vermeiden sind (z. B. fulminante Embolien, Aortendissektion).

Unter bestimmten Umständen, besonders beim Hausbesuch oder in Zeiten einer hohen Konsultationsfrequenz (Grippewelle), kann sich das Abarbeiten fester Routinen als äußerst schwierig erweisen, zumal die subjektiven Beschwerden häufig in deutlicher Diskrepanz zur objektiven Befunderhebung stehen.

Das Morbiditätsspektrum unterscheidet sich bei Brustschmerzen je nach medizinischem Umfeld deutlich. Während im Rettungsdienst oder in der Notfallaufnahme einer Klinik kardiovaskuläre Ursachen dominieren (Vorselektion), stehen im hausärztlichen Setting muskuloskelettale Ursachen im Vordergrund (▶ Tab. 23.2).

Die relevanten Ursachen des Brustschmerzes in der deutschen Primärversorgung – basierend auf der Marburger Herzstudie (n = 1212, 2009) – waren das Brustwandsyndrom, d. h. muskuloskelettale Ursachen im Bereich der Brustwand (46,6 %), stabile Angina pectoris (11,1 %), psychogene Störung (9,5 %), Infekte der oberen Atemwege (8,1 %), Hypertonie (4,0 %), akutes Koronarsyndrom (3,6 %) und gastroösophagealer Reflux (3,5 %). Die verschiedenen Erscheinungsformen der KHK stehen bei den abwendbar gefährlichen Verläufen deshalb im Vordergrund.

23.4.3 Diagnostische Möglichkeiten in der Praxis

▶ **Gefährdungsbeurteilung.** Die Gefährdungsbeurteilung eines Brustschmerzpatienten sollte bereits beim ersten Kontakt mit der Praxis beginnen. Dabei können die Algorithmen der DEGAM-Leitlinie Nr. 15 („Brustschmerz") äußerst hilfreich sein [5].

Bei der Anmeldung oder der Anforderung eines Hausbesuchs erfragt die MFA den Grund und beginnt eine gezielte Einschätzung der vitalen Bedrohung (Befragung bzw. Erhebung der Vitalwerte). Der subjektive Ersteindruck (Gefühl der Bedrohlichkeit) hat oft eine wegweisende Bedeutung!

Abwendbar gefährlicher Verlauf

Bei Vorliegen von pathologischen Vitalzeichen dringliche Erstversorgung und umgehende Alarmierung des Rettungsdienstes zur stationären Einweisung!

Red Flags sind:

- De-novo- oder Crescendo-Angina-pectoris
- deutliche Hypo-/Hypertonie; Schockindex > 1
- Ruhedyspnoe
- Zyanose, Tachypnoe, Tachykardie, Arrhythmie
- vegetative Symptome wie Kaltschweißigkeit, kalte Akren, Übelkeit, Erbrechen
- neurologische Defizite, Verwirrtheit, Synkope oder Kollaps
- ausgeprägte Angst des Patienten
- Hautemphysem
- Fieber

▶ **Erstversorgung bei vitaler Gefährdung.** Die Erstversorgung von Patienten mit Zeichen *vitaler Gefährdung* ist auf die umgehende stationäre Einweisung ausgerichtet:

- sofortige Alarmierung von Rettungsdienst/Notarzt
- Stabilisierung durch Lagerung, Infusion, Medikamente
- Kreislaufüberwachung, Sauerstoffgabe
- EKG-Überwachung, wenn möglich
- Erstversorgung bei dringendem Verdacht auf ACS → Kap. 34.74

► **Vorgehen bei nicht vitaler Bedrohung.** Wenn keine erkennbare vitale Bedrohung vorliegt, sollte zunächst eingeschätzt werden, wie wahrscheinlich eine KHK ist, am besten unter Benutzung des 5 Punkte umfassenden „Marburger Herzscores" (Kap. 34.74). Wenn sich daraus eine mittlere bis hohe Wahrscheinlichkeit ergibt (3–5 Punkte), ist in Abhängigkeit von Anamnese und klinischer Untersuchung eine zügige kardiale Abklärung indiziert (Kap. 34.99). Ist die Wahrscheinlichkeit niedrig (0–2 Punkte), arbeitet man gezielt das Ursachenspektrum des Brustschmerzes ab:

- **Brustwandsyndrom**:
  - Anamnese: genaue Umstände des Beginns der Beschwerden, Verlauf, Abhängigkeit von Bewegung, Haltung oder Atmung
  - Untersuchung: lokalisierte Muskelverspannung, umschriebener Druckschmerz, stechender Schmerzcharakter, Schmerzauslösung durch Palpation oder Kompression des Brustkorbs oder Mobilisierung der Wirbelkörper in Bauchlage; Klopfschmerz über der BWS
- **psychogen**:
  - Anamnese: genaue Umstände des Beginns der Beschwerden, Verlauf, Abhängigkeit von spezifischen Erlebnissen, Abfrage von beruflichen, sozialen, familiären oder existenziellen Stressfaktoren; stark wechselnde Beschwerden?
  - Untersuchung: ausgeprägte Nervosität oder Ängstlichkeit; Tachypnoe/Hyperventilation; depressive Stimmungslage, vegetative Symptome (Schlaf-, Verdauungs-, Essstörungen), Antriebsmangel, Anhedonie
- **respiratorisch/pulmonal:**
  - Anamnese: kurzer Krankheitsverlauf, Fieber, Husten, Auswurf, Atemabhängigkeit. Umgebungserkrankungen? Fernreise?
  - Untersuchung: Fieber, Tachypnoe, Flankenatmung mit Einziehungen; vollständige Untersuchung der Lunge: Perkussion (Ausschluss Erguss, Pneumothorax), Auskultation (Rasselgeräusche, Spastik, Pleurareiben), Lymphknotenvergrößerung
- **gastrointestinal**:
  - Anamnese: Refluxsymptome, Abhängigkeit von Mahlzeiten, Schmerz beim Schlucken; Auftreten von Übelkeit und Erbrechen, typisches Sodbrennen, Besserung unter Selbstmedikation (Antazida, PPI), Gewichtsverlust
  - Untersuchung: Blässe? (gastrointestinale Blutung), epigastrischer Palpationsschmerz, Säurezeichen an Rachen oder Zähnen; Palpation des Abdomens, insbesondere der Leber und der Gallenblasenregion

Ergänzende Untersuchungen richten sich nach den Ergebnissen der Erstkonsultation. Sie umfassen:

- Labordiagnostik
- Bildgebung (Sonografie, Röntgen-Thorax)
- EKG (evtl. Ergometrie)
- die Überweisung an Spezialisten anderer Fachrichtungen, wenn erforderlich

Abwendbar gefährlicher Verlauf

Abwendbar gefährlicher Verlauf
Hinter jedem Brustschmerz kann eine lebensbedrohliche Erkrankung stehen, deren Nichterkennen ernste Folgen für den Betroffenen haben kann. Besonders zu denken ist an:

- instabile Angina pectoris
- akuter Myokardinfarkt
- Herzrhythmusstörung (0,8–1 %)
- Lungenembolie (0,2–0,3 %)
- Myo-/Perikarditis (0,2 %)
- Aortendissektion

23.4.4 Leitlinien

Deutsche Gesellschaft für Allgemeinmedizin und Familienmedizin. DEGAM-S 3-Leitlinie. **Brustschmerz.** Im Internet: www.degam.de/leitlinien.html; Stand: 07.11.2015

23.5 Bauchschmerz (R10.4)

P. Engeser

23.5.1 Definition und Epidemiologie

Bauchschmerzen sind ein häufiger Beratungsanlass in der allgemeinmedizinischen Praxis und lösen häufig auch einen Hausbesuch aus. Die Spannbreite der Bauchschmerzen ist recht groß: von harmlosen Befindensstörungen über funktionelle Störungen, psychosomatische Erkrankungen, organische Leiden bis hin zum akuten Abdomen [11], [12].

III

23.5.2 Differenzialdiagnostische Überlegungen

Abwendbar gefährlicher Verlauf

Bei jedem Bauchschmerz ist zunächst die Entscheidung wichtig, ob ein **akutes Abdomen** vorliegt. Drei Symptomkomplexe werden vorgefunden:

- Schmerz (meist unerträglich, plötzlich auftretend, kolikartig oder Dauerschmerz)
- Beeinträchtigung der Darmfunktion (Subileus, Ileus, Erbrechen)
- reduzierter Allgemeinzustand – nicht obligat

Die häufigsten Erkrankungen, die zum akuten Abdomen führen können, sind eine perforierte Appendizitis, eine Cholezystitis, ein Ileus (meist mechanisch durch Briden, Hernien, Tumoren), eine Perforation von Magen/Duodenum, eine akute Pankreatitis und eine Divertikulitis [11]. Die bekannte Vorgeschichte kann häufig wertvolle Hinweise zur Verdachtsdiagnose liefern.

Ein akutes Abdomen ist immer ein Einweisungsgrund. Wertvolle Zeit sollte nicht mit der Diagnostik, die nur in seltenen Fällen in der Praxis zu einem endgültigen Ergebnis führt, vertan werden.

Die differenzialdiagnostischen Möglichkeiten sind aufgrund der Anzahl der abdominellen (und auch anderer) Organe mit teils hoher organischer, funktioneller und psychosomatischer Erkrankungsbereitschaft zahlreich. Besonders bei Kindern findet man Bauchschmerzen auch bei Erkrankungen in völlig anderen Körperregionen wie beispielsweise bei Otitis oder Tonsillitis. Auch wenn Patienten dazu neigen, Bauchschmerzen bereits organbezogen vorzutragen (z. B. epigastrische Beschwerden als Magengeschwür bezeichnen) und diese auch tatsächlich gehäuft vorkommen, muss die gesamte differenzialdiagnostische Breite bedacht werden.

Die Erarbeitung einer Verdachtsdiagnose, die dann durch entsprechende Labor- und apparative Diagnostik und Verlaufsbeobachtung erhärtet oder entkräftet werden muss, ergibt sich aus der Synthese folgender differenzialdiagnostischer Hilfen:

- **Vorgeschichte** und Vorerkrankungen: Die Vorgeschichte kann wertvolle Hinweise auf die Diagnose liefern. Bei Verdacht auf eine funktionelle oder psychosomatische Erkrankung ist wichtig, dass der Hausarzt das psychosoziale Umfeld kennt.
- **Alter:** Die Häufigkeit organischer Ursachen von Bauchschmerzen hängt vom Alter ab (▸ Tab. 23.3). Seltenere Differenzialdiagnosen dürfen aber nicht außer Acht gelassen werden!
- **Allgemeinsymptome:**
  - Gewichtsverlust, Müdigkeit und Anämie → Malignom
  - erhöhte Temperatur oder Fieber → Entzündung (z. B. Cholezystitis, Divertikulitis, Appendizitis, Adnexitis)
  - Übelkeit und Erbrechen → Erkrankung der Oberbauchorgane (Leber, Galle, Magen, Duodenum, Pankreas); ***Cave:*** Herz (Hinterwandinfarkt)
  - Verschlimmerung durch Essen → Cholelithiasis, Pankreatitis, Angina abdominalis, Ulcus ventriculi, Reizkolon, Stenosen
  - diffuse, zahlreiche und nur schlecht lokalisierbare Beschwerden → nicht organische Erkrankung
- **spezifischere Symptome:**
  - Ikterus und Oberbauchbeschwerden → Verlegung der Gallenwege
  - Stuhlunregelmäßigkeiten und blutiger Stuhl → Kolonerkrankung

Tab. 23.3 Häufigkeit von Erkrankungen in Abhängigkeit vom Alter.

Kleinkinder	Kinder/Jugendliche	junge Erwachsene	mittleres Alter	hohes Alter
• Darmkoliken • Gastroenteritis • Atemwegsinfekte • Invagination	• Gastroenteritis • Tonsillitis • Otitis media • Harnwegsinfekt • Menstruation • Appendizitis	• Gastroenteritis • Dysmenorrhö • ektope Schwangerschaft • Appendizitis • Ulkus • Hoden- und Ovarialtorsion • Trauma	• Appendizitis • Choleystitis, Gallenkolik • Nieren- und Harnleiterkolik • Zystitis • Ulkus • Colon irritabile • Neoplasie	• Divertikulitis • Cholezystitis, Gallenkolik • Ulkus • Harnverhalt • Neoplasie

- Unterbauchschmerzen und blutiger Urin → Erkrankung der Harnorgane
- Unterbauchbeschwerden und vaginaler Ausfluss → gynäkologische Erkrankung

- **Lokalisation der Schmerzen:**
  - diffus
    - akute Gastroenteritis, Reizkolon, akutes Abdomen (mit allen differenzialdiagnostischen Möglichkeiten, s. o.), Angina abdominalis, Botulismus, Porphyrie, Pseudoperitonitis diabetica
    - bei Kindern Appendizitis, Gastroenteritis, Invagination, Nabelkolik, Otitis media, Tonsillitis
  - Epigastrium → Gastritis, Ulcus ventriculi, Ulcus duodeni, Pankreatitis, Tumoren, Myokardischämie, Herzinfarkt, (Peri-)Myokarditis, Reflux bei Hiatushernie
  - rechter Ober-/Mittelbauch → Erkrankungen der Gallenwege (Stein, Entzündung, Tumor), Lebererkrankungen (Hepatitis, Abszess, Stauungsleber), Erkrankungen der Niere (Stein, Entzündung, Tumor), Erkrankungen des Kolons (Reizkolon, Divertikulitis, Kolitis, Tumor), retrozäkale Appendizitis, Pneumonie, ausstrahlende Schmerzen bei Wirbelsäulenerkrankungen, Herpes zoster
  - Mittelbauch → Appendizitis (Frühstadium), Periodenschmerz, Nabelhernie, Aortenaneurysma
  - linker Ober-/Mittelbauch → Erkrankungen der Niere (Stein, Entzündung, Tumor), Erkrankungen des Kolons (Reizkolon, Divertikulitis, Kolitis. Tumor), Milzinfarkt, Pneumonie, ausstrahlende Schmerzen bei Wirbelsäulenerkrankungen, Herpes zoster
  - rechter Unterbauch → Appendizitis, Zäkumtumor, Morbus Crohn, Adnexitis, Ovarialzystentorsion, Tubargravidität, Ureterstein, Hernien, Epididymitis, Hodentorsion
  - mittlerer Unterbauch → Zystitis, gynäkologische Erkrankungen, Prostatitis
  - linker Unterbauch → Erkrankungen des Kolons (Reizkolon, Divertikulitis, Kolitis, Tumor), Adnexitis, Tubargravidität, Ovarialzystentorsion, Ureterstein, Hernien, Epididymitis, Hodentorsion
- **Art der Schmerzen:**
  - krampfartiger Schmerz („Kolik") → Obstruktion, z. B. Choledochusstein, Ureterstein, Kolonneoplasma
  - akut beginnender, meist unerträglicher Dauerschmerz → akutes mechanisches Ereignis, z. B. Perforation (oft mit freiem Intervall), Ruptur, Torsion, Ischämie; meist akutes Abdomen
  - langsam beginnender, mehr dumpfer Dauerschmerz → (lokale) peritoneale Reizung oder Dehnung eines Hohlorgans, z. B. Appendizitis, Harnverhalt

23.5.3 Diagnostische Möglichkeiten in der Praxis

Auch wenn sich bei der Mehrzahl der Patienten mit Bauchbeschwerden in der Allgemeinpraxis keine organischen Erkrankungen finden lassen (vielmehr bestehen Befindensstörungen, funktionelle Störungen oder psychosomatische Erkrankungen), muss doch zunächst ein genauer Untersuchungsgang zum Ausschluss oder zur Bestätigung einer organischen Erkrankung durchgeführt und eingehalten werden. Dazu gehören:

- exakte **Anamnese** mit besonderer Berücksichtigung psychischer und psychosozialer Zusammenhänge
- gründliche **Untersuchung** (Ort der Druckschmerzhaftigkeit, Resistenzen, Pulsationen, Darmgeräusche, Hernien); niemals darf die rektale Untersuchung fehlen (Tumor, Blut am Fingerling, Portioschiebeschmerz), evtl. auch gynäkologische Untersuchung
- genaue Medikamentenanamnese
- **Labor:**
  - BSG, CRP, Urinstatus, kleines Blutbild, γ-GT, Bilirubin, Kalium, Kreatinin, Blutzucker, Amylase, Hämoccult
  - weiteres Labor nach vermuteter Erkrankung
- **EKG:** bei vermuteter kardialer Ursache
- **Sonografie:** besonders geeignet bei Gallenerkrankungen, Lebererkrankungen, Pankreatitis, Aortenaneurysma, Nierensteinen/Harnstauniere, Nierentumoren, akutem Harnverhalt

Die ergänzende Diagnostik richtet sich nach der vermuteten Erkrankung.

Abwendbar gefährlicher Verlauf

- akutes Abdomen (R10.0, s. o.)
- bei unklaren und subakut erscheinenden Fällen → Befundkontrolle einige Zeit später (z. B. Wiederbestellung zur Abendsprechstunde oder 2. Hausbesuch)
- bei Nichterreichbarkeit des Hausarztes → Patienten genau erklären, wann er sich in andere medizinische Betreuung, evtl. ins Krankenhaus, begeben soll

23.5.4 Leitlinien

Deutsche Gesellschaft für Allgemeinmedizin und Familienmedizin. DEGAM-S 3-Leitlinie. Brustschmerz. Im Internet: www.degam.de/leitlinien.html; Stand: 07.11.2015

23.6 Beinschmerz (M79.6)

U. Müller-Bühl

23.6.1 Definition und Epidemiologie

Unter Beinschmerz werden Schmerzen vielfältiger Ursache verstanden, die vom Betroffenen in die unteren Extremitäten lokalisiert werden. Laut GBE des Bundes treten Beinschmerzen in einer Häufigkeit von 6–20 pro 100 000 Einwohner auf (altersabhängig zunehmend, Bevorzugung des weiblichen Geschlechts).

23.6.2 Differenzialdiagnostische Überlegungen

Beinschmerzen lassen sich in der Reihenfolge ihrer in der Praxis vorkommenden Häufigkeit ätiologisch 4 Ursachen zuordnen: Erkrankungen des Geh- und Stützapparats, Durchblutungsstörungen, neurologischen Erkrankungen und sonstigen Ursachen:

- **Erkrankungen der Knochen, Gelenke und Muskeln:** vertebragen, Arthrose, rheumatoide Arthritis, Osteoporose, Traumafolge, statische Fehlbelastung (Kap. 34.19)
- **Durchblutungsstörungen:**
  - arteriell: akuter Verschluss, chronische periphere arterielle Verschlusskrankheit besonders bei älteren Menschen über 60 Jahre (Kap. 34.141)
  - venös: chronische venöse Stauung durch Insuffizienz des oberflächlichen (Varikose) oder tiefen Leitvenensystems (PTS) (Kap. 34.186, Kap. 34.192)
- **neurologische Erkrankungen:** Polyneuropathie bei typischem Risikoprofil (Alkoholismus, Diabetes mellitus, medikamentös-toxische Reaktionen), Restless-Legs-Syndrom, Neuropathien seltenerer Genese (z. B. Zoster) (Kap. 34.150)
- **sonstige Ursachen:**
  - psychosomatische, psychiatrische Erkrankungen, z. B. Psychosomatosen, somatische Depression
  - Erkrankungen der Haut, z. B. Erysipel, Dermatitis
  - ausstrahlende Schmerzen aus anderen Regionen, z. B. tumoröse Prozesse im Becken
  - lymphatisches Stauungssyndrom (primäres und sekundäres Lymphödem)
  - Medikamente, z. B. Statine, Hydantoin, Gemfibrozil

23.6.3 Diagnostische Möglichkeiten in der Praxis

Die Diagnostik in der Praxis sollte umfassen:

- **Anamnese**, dabei besondere Berücksichtigung der Fragen:
  - akut oder chronisch
  - Art und Lokalisation (z. B. ein- oder beidseitig, gesamtes Bein, ventral, dorsal)
  - Dauer und Häufigkeit (Einlaufschmerz bei Arthrose oder Intervallschmerz bei Belastung wie bei pAVK, permanenter Schmerz wie bei Polyneuropathie)
  - Begleitsymptome (Taubheitsgefühl, Rötung, Schwellung, Fieber)
  - auslösende Faktoren und Lebensstil (psychische Belastung, Alkohol, Nikotin, Medikamente)
  - psychosoziale Anamnese
- **körperliche Untersuchung:**
  - Inspektion: Schwellung, Rötung, Haut
  - Gang, aktive und passive Beweglichkeit der Hüft- und Kniegelenke (Neutral-0-Methode)
  - Muskelkonturen, Myogelosen
  - Pulsstatus
  - orientierender neurologischer Status (Sensibilität, Kraft)
  - Stemmer-Zeichen: Hautfalte Dorsum 2. Zehe bei Lymphödem nicht abhebbar
  - Lasègue-Zeichen: Schmerzhaftigkeit des im Knie gestreckten Beins bei Hüftbeugung (z. B. bei Ischialgie)
  - Bragard-Zeichen: Schmerzhaftigkeit bei der Dorsalflexion des Fußes (z. B. bei Ischialgie)
- **Laborscreening:** BSG, CRP, Blutbild, γ-GT, Kreatinin, Blutzucker, Lipide, Rheumafaktor, ASL
- **praxisrelevante Funktionstests:**
  - **Ratschow-Lagerungsprobe:** Beurteilung von Venenfüllung und reaktive Hyperämie der Fü-

ße im Seitenvergleich nach Fußkreisen im Liegen
- Gehtest: Der Patient geht mit 2 Schritten/Sekunde in der Ebene. Registriert werden die Strecke bis Schmerzbeginn, die maximale Gehstrecke, die Schmerzlokalisation, der Grund des Abbruchs und sonstige Beschwerden, die während des Gehtests auftreten.
- **Funktionstests bei Varikose:** Kap. 34.192

- **praxisrelevante apparative Diagnostik:**
  - Doppler-Sonografie der Venen: Kap. 34.192
  - Dopplerdruckmessung der peripheren Arterien: Kap. 34.141
  - Monofilament, Stimmgabeltest: Kap. 34.150

Als ergänzende Diagnostik kommen infrage:
- Bildgebung: Phlebografie, MR-Angiografie, Nativaufnahmen von Knochen und Gelenken, Szintigrafie, CT, MRT, Sonografie (B-Bild, Duplex)
- fachärztliche Untersuchung: Orthopädie, Neurologie, Dermatologie, Angiologie, Phlebologie

Bei unklarem Befund oder bei Persistenz bzw. Progredienz der Beschwerden sollte stets ein Facharzt hinzugezogen werden. Lässt die Schwere der Erkrankung oder das Allgemeinbefinden des Patienten bei drohend abwendbar gefährlichem Verlauf eine ambulante fachärztliche Untersuchung nicht zu, sollte eine stationäre Aufnahme angestrebt werden!

Abwendbar gefährlicher Verlauf

- **akuter peripherer arterieller Verschluss:** Warnsymptome sind die „6 P“ nach Pratt:
  - Pain = Schmerz
  - Paleness = Blässe
  - Paresthesia = Gefühlsstörungen
  - Pulseless = Pulslosigkeit
  - Paralysis = Lähmung
  - Prostration = Schock
- **Phlebothrombose:** Warnsymptome sind:
  - thrombembolische Ereignisse in der Anamnese
  - Wadenschmerz bei Berührung und Gehen
  - seitendifferente Beinschwellung und -rötung
  - klinische Thrombosezeichen
- **lumbaler Bandscheibenvorfall:** Warnsymptome sind:
  - plötzlich auftretende ein- der beidseitige Schmerzen, Parästhesien und Sensibilitätsstörungen
  - Zunahme der Beschwerden beim Pressen, Niesen und Husten
  - Reflexausfall, Muskelparesen
  - „Reithosenanästhesie“, Blasen- und Mastdarminkontinenz – medialer Massenprolaps (Caudasyndrom – absoluter Notfall!)

23.7 Rückenschmerz (M54.99) – Teil 1

P. Engeser, F. Peters-Klimm, S. Karstens

23.7.1 Definition und Epidemiologie

▸ **Einteilung.** Laut Nationaler VersorgungsLeitlinie sind Rückenschmerzen ganz allgemein „unterschiedlich starke Schmerzen des menschlichen Rückens, die ganz verschiedene Ursachen haben können“ [2]. Folgende Unterscheidung hat sich bewährt:
- **nichtspezifischer Kreuzschmerz** (> 85 % der Fälle):
  - keine klaren Ursachen trotz Abklärung diagnostizierbar (formal: Ausschlussdiagnose!)
- **spezifischer Kreuzschmerz:**
  - osteoporotische Frakturen (ca. 4 %)
  - radikuläre Wurzelkompression durch Spinalkanal- oder Intraforaminalstenose, Spondylolisthesis oder Bandscheibenvorfall (BSV) (ca. 3–4 %)
  - Tumoren/Metastasen (< 1 %)
  - entzündliche Ursachen (z. B. Morbus Bechterew, axiale Spondyloarthritis, Radikulitis; < 0,5 %)
  - extravertebragene Ursachen: z. B. Aortenaneurysmen; Arteria-spinalis-anterior-Syndrom; Endometriose; Urolithiasis; Abszesse, 0,01 %; Polyneuropathien.

▸ **Epidemiologie.** Für die deutsche Gesamtbevölkerung beträgt die 1-Jahres-Prävalenz von Rückenschmerzen für Frauen bzw. Männer über alle Altersgruppen 62 % bzw. 57 %. Die Lebenszeitprävalenz beträgt 85 %. Rückenschmerz ist einer der häufigsten Gründe für eine Beratung in der Hausarztpraxis in Deutschland. Rund 16 % der Patienten in einer Hausarztpraxis werden wegen Rückenschmerzen behandelt. Durch Rückenschmerzen entstehen sowohl hohe direkte Kosten für Diagnostik und Therapie als auch indirekte Kosten durch Arbeitsunfähigkeit und Berentung. Für den Patienten können sich neben den Schmerzen auch psychosoziale Probleme ergeben. Frauen sind häufiger betroffen als Männer.

23.7.2 Differenzialdiagnostische Überlegungen

Rückenbeschwerden können nach folgenden Kriterien klassifiziert werden:

- **Schmerzlokalisation:**
  - Halswirbelsäulenbereich (s. a. Kap. 34.199, Zervikalsyndrom)
  - Brustwirbelsäulenbereich (s. a. Kap. 34.100, Kostovertebralsyndrom)
  - Lendenwirbelsäulenbereich (Kreuzschmerz, „Low Back Pain")
- **Schmerzdauer:**
  - akut (< 6 Wochen)
  - subakut (6–12 Wochen)
  - chronisch (> 12 Wochen)
  - chronisch rezidivierend
    - neue Episode nach einer schmerzfreien Episode von 6 Monaten
    - „Chronifizierung" sollte nicht ausschließlich an der Zeit orientiert betrachtet werden; einen Ansatz hierzu liefert z. B. das Mainzer Stadienmodell der Schmerzchronifizierung (MPSS [20])
- **Schweregrad:**
  - Abschätzung der Schmerzintensität bei akuten Rückenschmerzen unter Verwendung einer visuellen Analogskala (VAS) oder numerischen Ratingskala (NRS) [1]
  - bei chronischen Rückenschmerzen Einteilung nach Korff (Schweregrad 0 = keine Schmerzen, Schweregrad 4 = hohe schmerzbedingte Funktionseinschränkungen in den vergangenen 6 Monaten) [19]
- **Schmerzausstrahlung:**
  - infolge einer Irritation der Nervenwurzel (Radikulopathie) mit naturgemäß segmentalen Schmerzen
  - pseudoradikuläre Schmerzausstrahlung ohne Auffälligkeiten in der neurologischen Basisdiagnostik, evtl. im Sinne einer Schmerzübertragung Ausstrahlung insbesondere in den Glutealbereich oder teilweise weiter in die untere Extremität
- **Schmerzgenese:** Ziel muss sein, aufbauend auf Anamnese und körperlicher Untersuchung das Risiko für ein Vorliegen eines spezifischen Rückenschmerzes einzuschätzen, dessen pathologisches Korrelat erfasst und entsprechend spezifisch therapiert werden muss

23.7.3 Diagnostische Möglichkeiten in der Praxis

Zur Abgrenzung von nichtspezifischem und spezifischem Kreuzschmerz bedarf es einer genauen biopsychosozialen Anamnese bezüglich des Auftretens der Kreuzschmerzen und einer sorgfältigen körperlichen Untersuchung.

Anamnese

▶ **Red Flags.** Einerseits müssen die Informationen abgefragt werden, die auf eine schwerwiegende Erkrankung aufgrund von spezifischen Kreuzschmerzen (mit dringendem Behandlungsbedarf) hinweisen (▶ Tab. 23.4). Liegen Hinweise auf Red Flags beim Patienten vor, müssen diesbezüglich entsprechende diagnostische Verfahren eingeleitet werden (Bildgebung, Laboruntersuchungen)!

▶ **Yellow Flags.** Neben den organischen Ursachen sollten auch die beruflichen sowie die psychischen und psychosozialen Faktoren, die Risikofaktoren für eine Chronifizierung darstellen (▶ Tab. 23.5) erfasst werden.

▶ **Schmerzcharakteristik.** Zur Schmerzcharakteristik kann entsprechend den oben angegebenen Kriterien erfragt werden:

- Lokalisation und Ausstrahlung
- Beginn
- auslösende, verstärkende oder lindernde Maßnahmen
- (tages-)zeitlicher Verlauf
- Stärke und Beeinträchtigung bei täglichen Verrichtungen
- frühere Episoden und erste Einschätzung psychosozialer Risikofaktoren erfassen

Körperliche Untersuchung

▶ **Basisdiagnostik.** Bei Fehlen von Red Flags ohne Hinweise auf eine Nervenkompression (Begleitsymptomatik wie z. B. Ausstrahlung der Schmerzen ins Bein), genügt eine Basisdiagnostik:

Tab. 23.4 Übersicht der Red Flags.

mögliche spezifische Ursache	Kennzeichen
Fraktur	• kürzliches schweres Trauma • Bagatelltrauma bei Älteren (Osteoporose) • bekannte Osteoporose • längerdauernde systemische Steroideinnahme
Tumor	• höheres Alter • Anamnese einer Tumorerkrankung • Allgemeinsymptome: ungewollter Gewichtsverlust, rasche Ermüdbarkeit, Unwohlsein, Appetitlosigkeit • Schmerz, der in Rückenlage zunimmt • starker nächtlicher Schmerz

Infektion	• Fieber, schlechter Allgemeinzustand
	• rasche Ermüdbarkeit, Appetitlosigkeit
	• durchgemachte bakterielle Infektion
	• Immunsuppression, Drogenabusus, HIV
	• konsumierende Grunderkrankungen
	• kürzlich zurückliegende Infiltrationsbehandlung an der Wirbelsäule
	• starker nächtlicher Schmerz
	• rheumatischer Formenkreis
	  ◦ Gelenkschwellungen
	  ◦ Morgensteifigkeit
	  ◦ Fersenschmerz
	  ◦ Fieber
	  ◦ Sehstörungen

Radikulopathien/Neuropathien	• straßenförmig in ein oder beide Beine ausstrahlende Schmerzen, ggf. verbunden mit Gefühlsstörungen wie Taubheitsgefühlen oder Kribbelparästhesien im Schmerzausbreitungsgebiet oder Schwächegefühl
	• Kaudasyndrom:
	  ◦ plötzlich einsetzende Blasen-/Mastdarmstörung, z. B. Urinverhalt, vermehrtes Wasserlassen, Inkontinenz; Gefühlsstörung perianal/perineal
	  ◦ ausgeprägtes oder zunehmendes neurologisches Defizit (Lähmung, Sensibilitätsstörung) der unteren Extremität
	  ◦ Nachlassen des Schmerzes und zunehmende Lähmung bis zum kompletten Funktionsverlust des Kennmuskels (Nervenwurzeltod)

Tab. 23.5 Übersicht der „Yellow Flags“.

Typ	Risikofaktoren
psychosoziale Risikofaktoren	• Depressivität • berufs-/arbeitsbezogener Disstress • Katastrophisieren • Angst-Vermeidungs-Verhalten • passives Schmerzverhalten (z. B. ausgeprägtes Schon- und Vermeidungsverhalten) • schmerzbezogene Kognitionen: Gedankenunterdrückung • überaktives Schmerzverhalten: beharrliche Arbeitsamkeit, suppressives Schmerzverhalten • Neigung zu Somatisierung
berufliche Risikofaktoren	• überwiegend körperliche Schwerarbeit • überwiegend monotone Körperhaltung • überwiegend Vibrationsexposition • geringe berufliche Qualifikation • berufliche Unzufriedenheit, Verlust des Arbeitsplatzes, Kränkungsverhältnisse am Arbeitsplatz, chronischer Arbeitskonflikt
iatrogene Risikofaktoren	• mangelhafte Respektierung der multikausalen Genese • Überbewertung somatischer/radiologischer Befunde bei nicht spezifischen Schmerzen • lange, schwer begründbare Krankschreibung • Förderung passiver Therapiekonzepte • übertriebener Einsatz diagnostischer Maßnahmen

III

- Inspektion (Allgemeinzustand, körperliche Beeinträchtigung, Schmerztest, Haltung, Beckenstand, Deformitäten, Verletzungszeichen, Haut)
- Palpation der lokalen Muskulatur und der begleitend betroffenen Muskulatur auf Schmerzhaftigkeit und Verspannung
- lokaler Druck- oder Klopfschmerz des Processus spinosus bei Verdacht auf Fraktur (oder Infektion)
- Beweglichkeitsprüfung: Ante-, Retro- und Lateroflexion der LWS (die diagnostische Aussagefähigkeit ist begrenzt, hilft aber beim Monitoring des Krankheitsverlaufs)
- Lasègue-Test, evtl. ergänzend Bragard-Test
- Untersuchung des Ileosakralgelenks (ISG)
- Zehenstand, Hackengang

Fakultativ können im Zuge der klinischen Untersuchung der Finger-Boden-Abstand oder die Zeichen nach Schober und Ott gemessen werden.

▸ **Ergänzende Basisuntersuchungen.** Diese sind bei Kreuzschmerz mit neurologischer Begleitsymptomatik indiziert, so z. B. bei Ausstrahlung der Schmerzen ins Bein, um mögliche ergänzende Hinweise auf eine radikuläre Symptomatik zusammenzutragen:

- eine ergänzende Anamnese bezüglich einer seit Beginn der Schmerzen bestehenden muskulären Schwäche, Gefühlsstörungen in den Beinen und Blasen- und/oder Mastdarmstörung
- neurologische Beurteilung der groben Kraft, der Muskeleigenreflexe sowie der Sensibilität im Seitenvergleich

Merke

Eine Abgrenzung wirbelbogengelenks- und bandscheibenbedingter nicht radikulärer Schmerzen ist durch klinische Untersuchungen nicht möglich und meist auch nicht nötig!

▸ **Ergänzungsdiagnostik.** Bei gezielter Fragestellung sollten weiterführende Untersuchungen durchgeführt werden:

- MRT bzw. CT:
  - internationale Empfehlung bei Red Flags für die gezielte weiterführende bildgebende Diagnostik → MRT; bei Verdacht auf eine Fraktur → CT
  - keine routinemäßige Durchführung wegen der Gefahr oder der Verstärkung einer somatischen Fixierung (sog. „Medikalisierung“)!
  - Vorgehensweise nach NVL:
    - akuter Kreuzschmerz ohne Red Flags: keine bildgebende Untersuchung
    - subakuter Kreuzschmerz: einmalige bildgebende Diagnostik, falls keine Besserung der Schmerzen nach 6-wöchiger leitliniengerechter Therapie oder Erstkontakt innerhalb des subakuten Stadiums (zwischen Woche 6 und 12)
    - chronischer Kreuzschmerz: einmalige bildgebende Diagnostik bei Schmerzen trotz leitliniengerechter Therapie, bildgebende Diagnostik nur bei Vorliegen von Yellow Flags *und* klinischen Hinweisen auf eine spezifische Ursache
- Labor gemäß Verdacht auf andere Grundkrankheiten, CRP, BSG, Blutbild, alkalische Phosphatase, HLA-B27
- je nach (Verdachts-)Diagnose einer spezifischen Ursache → Über- oder Einweisung zu Fachspezialisten aus Neurochirurgie, Onkologie, Rheumatologie, Orthopädie

Abwendbar gefährlicher Verlauf

Unbedingt geachtet werden muss auf die Red Flags (▸ Tab. 23.4). Nicht übersehen werden dürfen:

- lumbosakrale Kompressionssyndrome:
  - Bandscheibenvorfall
  - Spinalkanalstenose
  - Spondylolisthesis
- pathologische Frakturen (z. B. durch Tumoren/Metastasen)
- Infektionen (z. B. Spondylodiszitis)

23.7.4 Leitlinien

Bundesärztekammer, Kassenärztliche Bundesvereinigung, Arbeitsgemeinschaft der Wissenschaftlichen Medizinischen Fachgesellschaften. **Nationale VersorgungsLeitlinie Kreuzschmerz.** Im Internet: www.awmf.org/leitlinien; Stand: 09.11.2015

Deutsche Gesellschaft für Allgemeinmedizin und Familienmedizin. AWMF-S 3-Leitlinie 053–007. **Nackenschmerzen.** Im Internet: www.awmf.org/leitlinien; Stand: 20.01.2016

Deutsche Gesellschaft für Neurologie. AWMF-S 2k-Leitlinie 030–058. **Lumbale Radikulopathie.** Im Internet: www.awmf.org/leitlinien; Stand: 09.11.2015

23.8 Gelenkschmerz (M25.59)

H.-D. Klimm

23.8.1 Definition und Epidemiologie

Schmerzhafte Gelenke sind weitverbreitet und häufig Anlass zur hausärztlicher Konsultation. 45 % aller Menschen über 45 Jahre klagen über Gelenkschmerzen, hier insbesondere über Kniebeschwerden, 60 % der erwachsenen Bevölkerung in der BRD leiden zumindest gelegentlich unter Gelenkschmerzen.

23.8.2 Differenzialdiagnostische Überlegungen

Gelenkschmerzen können viele verschiedene Ursachen haben, die zum Teil erhebliche Konsequenzen mit sich bringen können. Folgende Problemkreise müssen bedacht, bestätigt bzw. ausgeschlossen werden:

- degenerative Gelenkerkrankungen: häufigste Ursache von Gelenkerkrankungen
- entzündliche-rheumatische Gelenkerkrankungen, insbesondere die rheumatoide Arthritis, Spondyloarthritis und Arthritis psoriatica
- extraartikuläre infektiöse Erkrankungen: oft virale oder bakterielle Infekte, auch banale Infektionen in der Vorgeschichte, z. B. Streptokokken-Infekte
- Gelenktrauma: typische Anamnese
- Tumoren der Gelenke, z. B. primäre Tumoren, Metastasen, Myelom, Morbus Paget
- Stoffwechselstörungen (z. B. Hyperurikämie)

23.8.3 Diagnostische Möglichkeiten in der Praxis

Die Diagnostik in der Praxis sollte umfassen:

- ausführliche **Anamnese** mit besonderer Berücksichtigung folgender Fragen:
    - akut oder chronisch [3]
    - Art und Lokalisation, z. B. monoartikulär, polyartikulär
    - Dauer und Häufigkeit (z. B. permanent, progredient, intermittierend)
    - Begleitsymptome (z. B. Rötung und Schwellung, Fieber)
    - Ausdehnungsfaktoren, chronische Gifte (z. B. Alkohol, Medikamente, Chemotherapie, Belastung)
    - psychosoziale Faktoren
- ausführliche **Allgemeinuntersuchung** mit neurologischem Status
- **Laborscreening** in Abhängigkeit von der vermuteten Problematik:
    - entzündlich-rheumatisch: BSG, Blutbild, γ-GT, Harnsäure, ASL, CRP, Rheumafaktoren, HLA-B27, antinukleäre Faktoren
    - stoffwechselbedingt: BSG, Blutbild, γ-GT, Kreatinin, Blutzucker, Cholesterin, Triglyzeride, Harnsäure
    - tumorös: BSG, Blutbild, γ-GT, alkalische Phosphatase
- erweiterte **praxisrelevante Diagnostik:**
    - Gelenkpunktion (bei nachweisbarem Erguss); ***Cave:*** Infektionsgefahr!
    - Rachenabstrich (bei Verdacht auf infektiöse Genese)
    - Funktionsproben wie abnorme Beweglichkeit, Bandzeichen (z. B. vermehrte Aufklappbarkeit des Kniegelenks)

Für eine **ergänzende Diagnostik** kommen je nach vermuteter Ursache infrage:

- Röntgen, Szintigrafie, CT, MRT
- Überweisung zum Orthopäden
- Überweisung zum Rheumatologen
- Überweisung zum Endokrinologen (Ausschluss eines Morbus Paget, Ausschluss einer Hyperparathyreoidismus)
- Überweisung zum Gynäkologen (Ausschluss einer Chlamydien-Infektion)

Bei Ausschluss eines abwendbar gefährlichen Verlaufs sowie einer in der Allgemeinpraxis diagnostizierbaren konkreten Erkrankung, wie z. B. rheumatoider Arthritis (RA) ist zunächst eine meist primär symptomatische Therapie indiziert. Bei Therapieresistenz, Konstanz oder Progredienz des Gelenkschmerzes ist die gebietsärztliche Abklärung anzustreben.

Abwendbar gefährlicher Verlauf

Besonders zu denken ist hier an eine **akute bakterielle Monarthritis** (A49.9) mit den möglichen Folgen einer Sepsis oder sekundären Gelenkversteifung. Besondere Warnsymptome sind:

- meist großes Gelenk
- meist heiß
- prädisponierende Faktoren wie Immunsuppression, Trauma, Endoprothese, i. m./i.a. Injektionen

23.8.4 Leitlinien

Deutsche Gesellschaft für Allgemeinmedizin und Familienmedizin. DEGAM-S 3-Leitlinie. **Brennen beim Wasserlassen.** Im Internet: www.degam.de/leitlinien.html; Stand: 10.11.2015

23.9 Muskelschmerz (M62.9)

U. Müller-Bühl

23.9.1 Definition und Epidemiologie

Unter Muskelschmerzen werden Schmerzen der quergestreiften, willkürlichen, im Dienste der Statomotorik stehenden Muskulatur verstanden. Muskelschmerzen werden generell nicht im Parenchym generiert, sondern entstehen entweder im Mesenchym des Muskels oder in den der Muskulatur benachbarten Strukturen (Sehnenansätzen, Faszien).

Der Anteil primärer Muskelerkrankungen wird auf etwa 3–8 Personen von 100 000 Einwohnern in Deutschland geschätzt. Muskelentzündungen (Myositiden) kommen mit einer Häufigkeit von etwa 0,5 auf 100 000 Personen vor. In der Hausarztpraxis dominiert der Anteil sekundärer, funktioneller Muskelschmerzen bei akuten und degenerativen Knochen- und Gelenkerkrankungen mit etwa 20 % der Beratungsanlässe.

23.9.2 Differenzialdiagnostische Überlegungen

Kardinalsymptome **primär myogener Erkrankungen** sind Muskelschwäche, -atrophie und -schmerzen. Von überwiegender Bedeutung für die Praxis ist hingegen die große Anzahl in die Muskulatur ausstrahlender **sekundärer Schmerzen** bei entzündlichen oder degenerativen Knochen- oder Gelenkerkrankungen sowie statischer Über- oder Fehlbelastung des Skelettsystems. Hinzu kommen viele ausstrahlende und fortgeleitete Schmerzsyndrome bei vaskulären und neurogenen Erkrankungen. Auf die Gruppe der primären Myopathien (Muskeldystrophien, mitochondrale Myopathien, kongenitale Myopathien [Leitsymptome Muskelschwäche] und auf myotone Syndrome [Leitsymptom Muskelschwäche und –relaxationsstörung]) wird aus Platzgründen nicht weiter eingegangen.

Primäre und sekundäre Muskelschmerzen lassen sich folgenden Ursachengruppen zuordnen:

- **funktionell:**
  - **Myosen/Myogelosen:** erbsen- bis bohnengroße, in Faserrichtung der Muskulatur gelegene Verhärtungen, häufig in Rückenstreckern, Waden- und Schulter-Nacken-Muskulatur
  - **Muskelhartspann:** reflektorisch überspannte Muskeln. z. B. der Rückenstrecker bei Kyphose, Skoliose
  - **Krämpfe, Crampi:** tonische oder klonische schmerzhafte Kontraktion durch Überanstrengung, Übermüdung, Ischämie [14]
  - **Muskelkater:** durch intramuskuläre Spannungskräfte bedingte Schädigung von Muskelfasern (Rhabdomyolyse), gefolgt von einem mesenchymalen Entzündungszustand über 5–7 Tage
  - **Kontrakturen:** z. B. bei Knochenachs- und -längenverschiebungen
  - **Traumafolgen:** Distorsion, Kontusion, Muskelfaser- oder -bündelriss, intramuskuläres Hämatom
- **toxisch:**
  - Leitsymptom toxischer Myopathien ist die Muskelschwäche, häufig in Kombination mit Muskelschmerzen (z. B. akute alkoholtoxische Myopathie)
  - potenzielle Noxen arzneimittelinduzierter Myopathien sind Kortison, Chloroquin, Chinidin, Lokalanästhetika, Vincristin, Inhalationsnarkotika

- **entzündlich:**
  - **Polymyositis, Dermatomyositis** (postinfektiös, paraneoplastisch)
  - **Polymyalgia rheumatica:** Kap. 34.149
  - **Trichinose:** Infektion mit Trichinen über rohes Fleisch, Eosinophilie!
  - **Mischformen** rheumatischer oder kollagenöser Erkrankungen, z. B. CREST-Syndrom
  - **Myositis ossificans:** schmerzhafte schichtartige Muskelverkalkungen nach nicht ausgeheiltem Trauma
- **reaktiv-ausstrahlend:**
  - **arthrogen:** arthritisch/arthrotisch, von Schulter-, Hüft- und Kniegelenken ausstrahlend
  - **vertebragen:** Störungen innerhalb eines oder mehrerer Bewegungssegmente der Wirbelsäule
  - **pseudoradikulär:** krampfartige Muskelschmerzen in Form von Tendomyosen und Trigger-Punkten als Folge lang dauernder Über- oder Fehllastungen von Wirbelsäulenabschnitten
  - **neurogen:** stärkste Schmerzzustände bei radikulärer Reizung, z. B. Ischialgie, Neurinome
  - **vaskulär:** z. B. phlebitischer Spannungs- und Bewegungsschmerz einer Extremität bei oberflächlicher oder tiefer Phlebothrombose (Kap. 34.144)
- **ischämisch:** arterielle Verschlusskrankheit: Claudicatio intermittens, Leriche-Syndrom (Kap. 34.141)
- **psychosomatisch:** chronische muskuläre Schmerzzustände als
  - primär psychogene Myalgien ohne körperliche Ursache
  - Störungen des Schmerzerlebens und der Schmerzverarbeitung bei chronischen Erkrankungen

23.9.3 Diagnostische Möglichkeiten in der Praxis

Die Diagnostik in der Praxis sollte umfassen:

- **Anamnese:**
  - Schmerzlokalisation, -dauer und -charakteristik → oft Hinweis auf Ursache
  - Schilderung einer Muskelschwäche → Erfragen evtl. Noxen, hereditärer oder systemischer Erkrankungen
- **körperliche Allgemeinuntersuchung:**
  - vergleichende Umfangsmessung der Extremitätenetagen
  - Weichteilpalpation
  - Kontraktionstest gegen Widerstand, passive Dehnung
  - aktive und passive Gelenkbewegung
  - Pulsstatus
  - **Homans-Zeichen:** Mit einer Hand wird der Unterschenkel von oben, mit der anderen der Fuß von medial und plantar her umfasst. Bei forcierter Dorsalflexion des Fußes Wadenschmerzen auslösbar als Hinweise auf Thrombose (Wadendehnungsschmerz).
  - **Payr-Zeichen:** Mit beiden Daumen wird auf die Fußsohle des Patienten entlang der medialen Plantarfläche ein kräftiger Druck ausgeübt → Schmerzhaftigkeit als Hinweis auf Thrombose
- **Laborscreening:** BSG, CRP, Blutbild, CK, LDH, Aldolase, Myoglobin in Serum/Urin

Eine ergänzende Diagnostik ist möglich mit:

- Doppler-Sonografie
- Röntgen Knochen, Gelenke, Weichteile
- Elektromyografie
- CT oder MRT

Abwendbar gefährlicher Verlauf

Eine generalisierte **Rhabdomyolyse** (M62.89) infolge einer schweren Traumatisation, Extremitätenischämie > 6 Stunden, aber auch z. B. arzneimitteltoxisch kann zur akuten lebensbedrohlichen Niereninsuffizienz führen („Crush-Syndrom" [T 79.5]). Warnsymptome sind eine brettharte entzündliche Muskelschwellung und Schocksymptomatik.

Besondere Aufmerksamkeit erfordern **akut auftretende einseitige Muskelschmerzen** als Folge akuter venöser (tiefe Beinvenenthrombose, Kap. 34.144) oder arterielle Durchblutungsstörungen (akuter arterieller Verschluss, Kap. 34.141).

Eine **Polymyalgia rheumatica** kann mit einer Arteriitis temporalis vergesellschaftet sein, bei der unbehandelt unter Umständen eine Erblindung droht (Kap. 34.149).

23.9.4 Leitlinien

Deutsche Gesellschaft für Neurologie. AWMF-S 1-Leitline 030–037. **Crampi/Muskelkrampf.** Im Internet: www.awmf.org/leitlinien; Stand: 10.11.2015

Deutsche Gesellschaft für Neurologie. AWMF-S 1-Leitline 030–115. **Diagnostik von Myopathien.** Im Internet: www.awmf.org/leitlinien; Stand: 10.11.2015

III

23.10 Schmerz im Urogenitalbereich (N,B,[R])

J. Barlet

23.10.1 Definition und Epidemiologie

Beschwerden beim Wasserlassen (Dysurie) sind sehr häufige Beratungsanlässe in der Allgemeinpraxis (Kap. 24.16). **Schmerzen in den Nierenlagern** kommen als Spontan-, Dauer-, Klopfschmerz oder als Schmerzattacken vor. **Tenesmen** sind spastische Schmerzen, die typischerweise am Ende der Miktion in der Blasenregion auftreten. **Dauerdruck** und **Dauerschmerzen** im Bereich der Harnblase kommen z. B. beim Harnverhalt vor. **Koliken** des Harntrakts sind plötzlich auftretende heftigste Schmerzattacken, die für Überdehnung der Hohlorgane beispielsweise bei Harnleitersteinen typisch sind.

Bei Männern äußern sich Schmerzen der Prostata als Druck im Damm, bei Frauen sind multiple Schmerzen im Bereich der Scheide, der Adnexe und des Uterus möglich.

Generell reicht die **Schmerzskala** von leichten Schmerzen bei der Reizblase bis hin zum unerträglichen Dauerschmerz beim Harnverhalt oder der Steinkolik.

23.10.2 Differenzialdiagnostische Überlegungen

Die **Schmerzanalyse** erlaubt erste Hinweise auf die Erkrankung:

- Art der Schmerzen:
  - Brennen und Tenesmen → Entzündungen [4]
  - Koliken → Steine oder andere Hindernisse im Bereich der ableitenden Harnwege
  - Dauerschmerzen im Nierenbereich meist mit Fieber → Pyelitis
  - Schmerzen beim Harnverhalt sind Blasendehnungsschmerzen – die prallelastische hochstehende palpable Harnblase ist erheblich druckschmerzhaft
- Zusammenhang mit Wasserlassen:
  - Schmerzen beim Wasserlassen und/oder nach dem Wasserlassen → Harnwegsinfekte oder Urethritiden
  - vom Wasserlassen unabhängig → Koliken bei Nieren- und Harnleitersteinen oder Dauerschmerzen z. B. bei Nierenbeckenentzündungen oder Harnverhalt
- Ort der Schmerzen:
  - Anamnese und körperliche Untersuchung inkl. rektaler Untersuchung → Zuordnung zu Nierenregion, Blase, Vulva, Vagina, Penis, Hoden und/oder Nebenhoden, Leiste oder Prostata
  - Ausstrahlungen der Schmerzen (z. B. in Penis und Skrotum → Nephrolithiasis, in den Analbereich → Prostatitis)

Im Anschluss an die Schmerzanalyse ergeben sich im Zusammenhang mit weiteren **Leitsymptomen** folgende Verdachtsdiagnosen:

- häufiges Wasserlassen:
  - Zystitis mit Nachweis eines Infekts
  - Reizblase bei normalem Urinbefund
  - psychogen (z. B. Aufregungen)
  - Überlaufblase bei „Harnverhalt“ meist infolge Prostatavergrößerung
- blutiger Urin:
  - hämorrhagische Zystitis
  - Steine im Harnwegsystem
  - die sterile (oft auch schmerzlose) Makrohämaturie ist bis zum Beweis des Gegenteils karzinomverdächtig
- Ausfluss:
  - Urethritis (gonorrhoica oder „unspezifisch“ z. B. durch Chlamydien)
- Schmerzen bei Berührung mit Urin:
  - nach Frenulum-Einriss bei Geschlechtsverkehr oder Masturbation
  - Balanitiden: Kap. 34.22
  - entzündliche Phimosen
- Anschwellungen:
  - Furunkel, Abszesse oder infizierte Atherome
  - bei Frauen Entzündung der Bartholini-Drüsen
- Juckreiz:
  - Soor, Ekzeme, Filzläuse

Geschlechtsspezifische Ursachen sind:
- bei männlichen Patienten:
  - Phimose entzündlich (Soor! Diabetes mellitus!)
  - Paraphimose, Anschwellung durch Strangulation des Penis bei zu enger Vorhaut, die hinter den Sulcus gerutscht ist
  - Balanitis durch Soormykose u. a. bei Diabetes mellitus, bakteriell, viral (Herpes genitalis), unspezifisch
  - Prostatitis (rektaler Druckschmerz), Ausfluss bei Prostatamassage (Kap. 34.153)
  - Entzündung bei Intim- bzw. Sexualschmuck z. B. Ringe im Penis unter der Vorhaut
- bei weiblichen Patienten:
  - Vulvovaginitis, häufig auch im Klimakterium wegen Östrogenmangel
  - Lichen sclerosus et atrophicus
  - Bartholinitis
  - Soor
  - Trichomonaden-Kolpitis (typischer stinkender Ausfluss)
  - partnerschaftliche Störungen
  - Intimschmuck

23.10.3 Diagnostische Möglichkeiten in der Praxis

Die Diagnostik sollte umfassen:
- **Anamnese** und Schmerzanalyse (s. o.)
- **körperliche Untersuchung:**
  - Palpation des Abdomens
  - rektale Untersuchung
  - ggf. gynäkologische Untersuchung
- **Urindiagnostik** im Labor:
  - Urin-Stix (z. B. Combur-9)
  - Mikroskopie (Phasenkontrast vorteilhaft) des Nativurins oder Sediments
  - Leukozyten? Erythrozyten? Trichomonaden? Zylinder? Pilze?
  - Urinkultur (orientierend durch Eintauchnährboden) zur Keimzahlbestimmung; ggf. Einsendung zur Identifizierung und Resistenztestung an Laborarzt,
  - bei Verdacht auf Trichomonaden-Kolpitis Nachweis lebender Trichomonaden im Vaginalabstrich bei sofort durchgeführter Nativmikroskopie oder als „Nebenbefund“ Trichomonaden im frisch gelassenen Urin
  - Abstrich auf Chlamydien und Gonorrhö
  - bei Verdacht auf Tuberkulose Einsendung des Urins zum Tierversuch, Tuberkulin-Hauttest (THT) mittels Mendel-Mantoux-Methode sowie Interferon-Gamma-Tests bei Kindern unter 5 Jahren, ansonsten Interferon-Gamma-Release-Assay (IGRA), einem immunologische Testverfahren, das mittels einer Blutprobe im Labor durchgeführt werden kann
- **Blutuntersuchung:**
  - BSG (Pyelonephritis!)
  - Blutbild
  - Kreatinin und/oder Harnstoff i. S.
  - Kalium (Niereninsuffizienz?)
  - ggf. Infektionsserologie: weiteres Labor nach vermuteter Grundkrankheit

Zur **ergänzenden Diagnostik** können gehören:
- Sonografie (Steine, Pyelonephritis, Stauungsniere. Tumoren)
- i. v. Urogramm (Pyelonephritis, Steine, Tumoren)
- Zystoskopie (Blasentumoren)
- retrogrades Urogramm (bei stummer Niere)
- abdominelle CT (Tumordiagnostik, Lymphknotenstatus!)
- Isotopennephrogramm zur seitengetrennten Clearance
- ggf. renale Angiografie

Abwendbar gefährlicher Verlauf

- Harnwegsinfekte sorgfältig sanieren, um eine chronische Pyelonephritis (N12) zu vermeiden, ggf. Kontrollkulturen nach antibiotikafreiem Intervall; bei rezidivierenden Harnwegsinfekten chronische Pyelonephritis ausschließen
- bei Kindern auch an Fehlbildungen denken, z. B. vesikoureteraler Reflux (N13.7)
- bei „negativen Urinkulturen“ an Tuberkulose und Pilze denken
- bei rezidivierenden Hämaturien immer Tumoren ausschließen, auch bei (gleichzeitig!) nachgewiesenen Harnwegsinfekten
- bei Schmerzen im Unterbauch Appendizitis (K37) ausschließen
- an sexuelle Probleme denken

23.10.4 Leitlinien

Deutsche Gesellschaft für Allgemeinmedizin und Familienmedizin. AWMF-S 3-Leitlinie 053–001. **Brennen beim Wasserlassen.** Im Internet: www.awmf.org/leitlinien; Stand: 20.01.2016

Deutsche Gesellschaft für Allgemeinmedizin und Familienmedizin. DEGAM-S 3-Leitlinie. **Brennen beim Wasserlassen.** Im Internet: www.degam.de/leitlinien.html; Stand: 10.11.2015

Deutsche Gesellschaft für Geriatrie. AWMF-S 1-Leitlinie 084-001. **Harninkontinenz.** Im Internet: www.awmf.org/leitlinien; Stand: 10.11.2015

Deutsche Gesellschaft für Gynäkologie und Geburtshilfe, Deutsche Gesellschaft für Urologie. AWMF-S 2e-Leitlinie 015–005 l. **Diagnostik und Therapie der Belastungsinkontinenz der Frau.** Im Internet: www.awmf.org/leitlinien; Stand: 10.11.2015

Deutsche Gesellschaft für Gynäkologie und Geburtshilfe, Deutsche Gesellschaft für Urologie. AWMF-S 2k-Leitlinie 015–007. **Die überaktive Blase.** Im Internet: www.awmf.org/leitlinien; Stand: 10.11.2015

23.11 Schmerz beim Stuhlgang (R15–19)

J. Barlet

23.11.1 Definition und Epidemiologie

Schmerzen beim Stuhlgang sind ein häufiges Ereignis und erfordern differenzierte Abklärung. Nach der Art der Schmerzen sind zu unterscheiden:

- **spastische Schmerzen,** z. B. beim sog. spastischen Kolon
- **Tenesmen,** z. B. bei Durchfällen oder Kolitiden
- **kolikartige Schmerzen** bei der Überwindung stenosierender Hindernisse, z. B. durch Karzinome, Polypen, extern bedingte Stenosen oder bei Kindern z. B. durch Invagination

Von leichten Schmerzen, bei denen auch psychogene Einflüsse nicht selten sind, reicht das Schmerzspektrum hin zu schwersten Schmerzzuständen, bei denen stets differenzialdiagnostisch das akute Abdomen abzuklären ist.

23.11.2 Differenzialdiagnostische Überlegungen

Zu betonen ist, dass Schmerzen im Analbereich in der Regel nicht durch Hämorrhoiden, sondern durch andere anorektale Erkrankungen bedingt sind:

- **Perianalthrombose** (K64.5): akute schmerzhafte Anschwellung am After durch Thrombose im Bereich des äußeren Venenplexus; relativ häufig, Blickdiagnose (Kap. 34.139)
- **Analdehnungsschmerz:** bei hartem Stuhlgang, insbesondere bei Analstenosen
- **Analekzem** (L30.9): mit Rhagaden (Kap. 34.9)
- **Analfissuren** (K60.2): typischerweise bei 6 Uhr (in Steinschnittlage), evtl. bestehen sog. Vorpostenfalten; wegen der Schmerzen und des reflektorisch hohen Sphinktertonus ist die rektale Palpation oft erst nach lokaler Infiltrationsanästhesie möglich, die Fissur kann dann auch mit dem Anoskop dargestellt werden (Kap. 34.10)
- **entzündete Marisquen** (Hautfalten im Analbereich, K64.4): Marisquen ohne Entzündungen machen keine Beschwerden, sie behindern lediglich bei der Säuberung nach dem Stuhlgang; Marisquen entstehen aus Vorpostenfalten oder Restzuständen von Perianalthrombosen
- **Analfistel** (K60.3):
  - Schmerzen, eitrige Absonderungen an der äußeren Fistelöffnung; Diagnosesicherung durch Untersuchung mit einer Fistelsonde, proktoskopisch Nachweis der Kryptitis, von der meist die Fistel ausgeht
  - Fistelbildungen perianal kommen auch beim Morbus Crohn vor, dabei kommt es infolge ausgeprägter Entzündung zu multiplen Fisteln und begleitenden Analstenosen
- **Analabszess** (K61.0):
  - Leitsymptom sind sehr starke Schmerzen im Analbereich, weshalb eine rektale Untersuchung oft nicht möglich ist
  - anfangs oft geringe Anschwellung → schwierige Diagnose; bis zum nächsten Tag Ausbreitung der Entzündung → eindeutige Rötung und Schwellung
  - wird der Abszess nicht sofort operiert (breite Ausschneidung in Vollnarkose), entwickeln sich Fisteln; auch eine Sepsis ist möglich
- **Steißbein- bzw. Kreuzbeinabszesse:**
  - oberhalb der eigentlichen Analregion; Abszesse im Sinne des infizierten Sinus pilonidalis
  - druckschmerzhafte Anschwellungen, teilweise mit Fieberattacken
  - spontane Perforation möglich bei nicht rechtzeitiger breiter Eröffnung (Einweisung in die Klinik erforderlich)

- oft große Wundhöhlen postoperativ, die von der Seite zuheilen müssen (oft über 6 Wochen)
- Rezidive kommen vor, wenn nicht alle Fistelverzweigungen entfernt wurden

- **Kokzygodynie** (M53.3):
  - rektaler Schmerz an der Steißbeinspitze
  - Diagnosesicherung ggf. durch bimanuelle Palpation (rektal und Gegenpalpation von außen)
  - bei Schmerzen im Steißbeinbereich auch an Traumen denken (Anamnese! ggf. Röntgen)
- **prolabierende eingeklemmte Hämorrhoiden** (K64.3):
  - Hämorrhoiden 3. Grades können an ihren Prädilektionsstellen bei 3, 7 bzw. 11 Uhr radiär vorfallen
  - durch erhöhten Sphinktertonus können sie schmerzen, insbesondere wenn sie thrombosieren oder sich entzünden
- **Analprolaps** (K62.2): Vorfall der gesamten Hämorrhoidalzone; bei Inspektion radiäres Faltenmuster
- **Rektumprolaps** (K62.3): bei Inspektion zirkuläre Rektumfalten (dadurch Abgrenzung zu den Hämorrhoiden 3. Grades bzw. zum Analprolaps)
- **perianale Furunkel** (K51.0): manchmal differenzialdiagnostisch schwierig bei der Abgrenzung gegenüber perforierenden Fisteln, wenn sich der Furunkel dicht am After befindet (bei Fistelbildung ist allerdings die rektale Untersuchung ebenfalls schmerzhaft)
- **Analprimärkomplex bei Lues:**
  - sehr selten; begleitende Mitreaktion der Lymphknoten beim Ulkus mit derbem Rand lässt den Verdacht aufkommen
  - Anamnese! → homosexuelle Analpraktiken werden auf Befragen bereitwillig zugegeben, da die Furcht vor der Erkrankung bei den Betroffenen ohnehin besteht
  - Lues-Serologie → Diagnosesicherung und Entscheidung, ob es sich um eine aktive, alte oder eine Reinfektion handelt (Meldepflicht!); der luetische Primärkomplex kann sich auch im Rektum befinden!
  - Schleimhautulkus mit derbem Randwall, das palpatorisch als eine tastbare Resistenz imponiert
  - Spirochätennachweis im Dunkelfeldmikroskop durch Spezialisten
  - Proktoskopie bzw. Rektoskopie → Abgrenzung des entzündlichen Ulkus vom karzinomatösen Ulkus
- **Analkarzinom** (C 37.78):
  - sehr viel seltener als Dickdarmkarzinome
  - derbe Infiltration und Tumorbildung; wird entweder bei der Stuhlhygiene vom Patienten selbst bemerkt oder fällt bei der Krebs-Früherkennungsuntersuchung auf
  - Schmerzen sind kein Leitsymptom, denn sie entwickeln sich erst bei Ulzerationen und den damit verbundenen Entzündungen
  - Probeentnahme → histologische Sicherung

23.11.3 Diagnostische Möglichkeiten in der Praxis

Viele der oben beschriebenen Krankheitsbilder lassen sich durch Anamnese, Inspektion der Region, abdominelle und rektale Palpation zuordnen.

Die allgemeine Labordiagnostik gibt Hinweise auf entzündliche Prozesse. Weitere gezielte Labordiagnostik je nach vermuteter Grundkrankheit (z. B. Serologie, ggf. Abstriche zur Kultur).

Die ergänzende Diagnostik umfasst Anoskopie, Proktoskopie, Rektoskopie bzw. flexible Endoskopie, die zur Differenzierung der anorektalen Krankheitsbilder angewandt werden (in der eigenen Praxis oder beim Spezialisten):

- bei Verdacht auf Fisteln → Sondierungen (auch an Morbus Crohn denken)
- bei tumorösen Prozessen → Probeentnahmen zur Histologie
- bei entzündlichen Prozessen → Abstriche auf pathogene Keime oder Pilze
- bei Verdacht auf Lues → Serologie
- bei Verdacht auf Erkrankungen im Kolonbereich → Koloskopie, Röntgendiagnostik (z. B. Kolon-Doppelkontraströntgen, evtl. Magen-Darm-Passage, Sonografie, abdominelle CT)
- bei Verdacht auf externe Stenosierungen → entzündliche Konglomerattumoren, Malignome und Ovarialtumoren in Betracht ziehen, ggf. weitere gezielte fachärztliche Diagnostik
- bei Angina abdominalis → Angiografie

III

Abwendbar gefährlicher Verlauf

Missempfindungen und Schmerzen im Analbereich werden von den Patienten oft bagatellisiert und als „Hämorrhoiden“ bezeichnet. Da einerseits die „Intimregion“ betroffen ist (Scham), andererseits wegen „Unsauberkeit“ der Analregion Belästigung für den untersuchenden Arzt befürchtet wird, möchten die Patienten teilweise ohne Untersuchung Hämorrhoidenzäpfchen oder -salben verschrieben bekommen.

Behandlungen im Analbereich ohne Untersuchung müssen als Kunstfehler gelten, da sonst die oben geschilderten Krankheitsbilder nicht differenziert werden können. Karzinome dürfen nicht übersehen werden.

23.11.4 Leitlinien

Deutsche Gesellschaft für Gastroenterologie, Verdauungs- und Stoffwechselkrankheiten. AWMF-S 2k-Leitlinie 021–019. **Chronische Obstipation bei Erwachsenen.** Im Internet: www.awmf.org/leitlinien; Stand: 08.11.2015

Deutsche Gesellschaft für Kinder- und Jugendpsychiatrie, Psychosomatik und Psychotherapie. AWMF-S 1-Leitlinie 028–027. **Enkopresis.** Im Internet: www.awmf.org/leitlinien; Stand: 20.01.2016

Deutsche Gesellschaft für Verdauungs- und Stoffwechselkrankheiten, Deutsche Gesellschaft für Neurogastroenterologie und Motilität. AWMF-S 3-Leitlinie 021–016. **Reizdarmsyndrom.** Im Internet: www.awmf.org/leitlinien; Stand: 10.11.2015

23.12 Literatur, Links und Leitlinien

▸ Leitlinien und Literatur

[1] Ärztliches Zentrum für Qualität in der Medizin (äzq). Visuelle (VAS) und numerische (VAS) Analogskala. Im Internet: www.leitlinien.de/mdb/downloads/nvl/kreuzschmerz/ph/kreuzschmerz-se1.pdf; Stand: 09.11.2015

[2] Bundesärztekammer, Kassenärztliche Bundesvereinigung, Arbeitsgemeinschaft der Wissenschaftlichen Medizinischen Fachgesellschaften. Nationale VersorgungsLeitlinie Kreuzschmerz. Im Internet: www.awmf.org/uploads/tx_szleitlinien/nvl-007k_S 3_Kreuzschmerz_2013-08.pdf; Stand: 09.11.2015

[3] Deutsche Gesellschaft für Allgemeinmedizin und Familienmedizin. AWMF-S 1-Leitlinie 053–036. Chronischer Schmerz. Im Internet: www.awmf.org/uploads/tx_szleitlinien/053-036l_S 1_Chronischer_Schmerz_2013-10.pdf; Stand: 10.11.2015

[4] Deutsche Gesellschaft für Allgemeinmedizin und Familienmedizin. DEGAM-S 3-Leitlinie. Brennen beim Wasserlassen. Im Internet: www.degam.de/files/Inhalte/Leitlinien-Inhalte/Dokumente/DEGAM-S 3-Leitlinien/LL-01_Langfassung_mit_KV_ZD.pdf; Stand: 10.11.2015

[5] Deutsche Gesellschaft für Allgemeinmedizin und Familienmedizin. DEGAM-S 3-Leitlinie. Brustschmerz. Im Internet: www.degam.de/files/Inhalte/Leitlinien-Inhalte/Dokumente/DEGAM-S 3-Leitlinien/LL-15_Langfassung_Brustschmerz.pdf; Stand: 07.11.2015

[6] Deutsche Gesellschaft für Allgemeinmedizin und Familienmedizin. DEGAM-S 3-Leitlinie Halsschmerzen Nr. 14. Im Internet: www.degam.de/files/Inhalte/Leitlinien-Inhalte/Dokumente/DEGAM-S 3-Leitlinien/LL-14_Langfassung_ZD.pdf; Stand: 05.11.2015

[7] Deutsche Gesellschaft für Allgemeinmedizin und Familienmedizin. DEGAM-S 1-Handlungsempfehlung. Akuter Durchfall. Im Internet: www.awmf.org/uploads/tx_szleitlinien/053-030k_S 1_Akuter_Durchfall_2013-09.pdf; Stand: 08.11.2015

[8] Deutsche Gesellschaft für Allgemeinmedizin und Familienmedizin. DEGAM-S 3-Leitlinie. Nackenschmerzen. Im Internet: www.degam.de/files/Inhalte/Leitlinien-Inhalte/Dokumente/DEGAM-S 3-Leitlinien/LL-13_Nackenschmerzen-13_Langfassung_ZD.pdf; Stand: 09.11.2015

[9] Deutsche Gesellschaft für Allgemeinmedizin und Familienmedizin. DEGAM-S 2k-Leitlinie. Ohrenschmerzen. Im Internet: www.degam.de/files/Inhalte/Leitlinien-Inhalte/Dokumente/DEGAM-S 3-Leitlinien/LL-07_Ohrenschmerzen_Langfassung_20 141 222.pdf; Stand: 07.11.2015

[10] Deutsche Gesellschaft für Gastroenterologie, Verdauungs- und Stoffwechselkrankheiten. AWMF-S 2k-Leitlinie 021–019. Chronische Obstipation bei Erwachsenen. Im Internet: www.awmf.org/uploads/tx_szleitlinien/021-019l_S 2k_Chronische_Obstipation_2013-06_01.pdf; Stand: 08.11.2015

[11] Deutsche Gesellschaft für Gastroenterologie, Verdauungs- und Stoffwechselkrankheiten. AWMF-S 2k-Leitlinie 021–020. Divertikekrankheit/Divertikulitis. Im Internet: www.awmf.org/uploads/tx_szleitlinien/021-020l_S 3_Divertikelkrankheit_Divertikulus_2014-05.pdf; Stand: 08.11.2015

[12] Deutsche Gesellschaft für Kinder- und Jugendpsychiatrie und Psychotherapie. Leitlinien zur Diagnostik und Therapie von psychischen Störungen im Säuglings-, Kindes- und Jugendalter. Deutscher Ärzte Verlag, 3. überarbeitete Auflage; 2007

[13] Deutsche Gesellschaft für Neurologie. AWMF-S 1-Leitlinie 030–036. Clusterkopfschmerz und trigeminoautonome Kopfschmerzen. Im Internet: www.awmf.org/uploads/tx_szleitlinien/030-036l_S 1_Clusterkopfschmerz_trigeminoautonome_Kopfschmerzen_2015-06.pdf; Stand: 05.11.2015

[14] Deutsche Gesellschaft für Neurologie. AWMF-S 1-Leitline 030–037. Crampi/Muskelkrampf. Im Internet: www.awmf.org/uploads/tx_szleitlinien/030-037l_S 1_Crampi_Muskelkrampf_2012_1.pdf; Stand: 10.11.2015

[15] Deutsche Gesellschaft für Neurologie. AWMF-S 2k-Leitlinie 030–058. Lumbale Radikulopathie. Im Internet: www.awmf.org/uploads/tx_szleitlinien/030-058l_S2k_Lumbale_Radikulopathie_2013_1.pdf; Stand: 09.11.2015

[16] Deutsche Gesellschaft für Neurologie. AWMF-S 1-Leitlinie 030–077. Therapie des episodischen und chronischen Kopfschmerzes vom Spannungstyp und anderer chronischer täglicher Kopfschmerzen. Im Internet: www.awmf.org/uploads/tx_szleitlinien/030-077l_S1_LL_Therapie_chronischer_Kopfschmerzen_2015-06.pdf; Stand: 05.11.2015

[17] Deutsche Gesellschaft für Neurologie. AWMF-S 1-Leitlinie 030–110. Diagnostik und apparative Zusatzuntersuchungen bei Kopfschmerzen. Im Internet: www.awmf.org/uploads/tx_szleitlinien/030-110l_S1_Diagnostik_Zusatzuntersuchungen_bei_Kopfschmerzen_2012_verlaengert.pdf; Stand: 05.11.2015

[18] Deutsche Gesellschaft für Neurologie. AWMF-S 1-Leitline 030–115. Diagnostik von Myopathien. Im Internet: www.awmf.org/uploads/tx_szleitlinien/030-115l_S1_Myopathien_Diagnostik_2015-10.pdf; Stand: 10.11.2015

[19] DRK Schmerzzentrum Mainz. Schweregradeinteilung bei chronischen Rückenschmerzen nach Korff. Im Internet: www.drk-schmerz-zentrum.de/mz/pdf/downloads/Schmerzgraduierung_nach_Korff_12-2010.pdf; Stand: 09.11.2015

[20] Gerbershagen HU, Korb J, Nagel B et al. Das Mainzer Stadienmodell der Schmerz-Chronifizierung (MPSS), Auswertungsformular. Im Internet: www.drk-schmerz-zentrum.de/mz/pdf/downloads/mpss_deu.pdf; Stand: 09.11.2015

[21] Mumenthaler M, Schliack T, Stöhr M. Läsionen peripherer Nerven und radikuläre Syndrome. 7. Aufl. Stuttgart: Thieme; 1998

► Links

[22] Deutsche Migräne- und Kopfschmerzgesellschaft (DMKG): www.dmkg.de

[23] Internationale Kopfschmerz-Klassifikation (ICHD-2): ihs-classification.org/de/02_klassifikation/

III

24 Beschwerden

24.1 Allgemeine Schwäche und Müdigkeit (R53)

F. Peters-Klimm

24.1.1 Definition und Epidemiologie

Müdigkeit ist ein sehr häufiges Symptom. Bis zu 30 % der Bevölkerung geben in Befragungen allgemeine Schwäche bzw. Müdigkeit an. Üblicherweise gehen Betroffene erst zum Arzt, wenn die Befindensstörung aus ihrer Sicht nicht ausreichend erklärt werden kann. Je nach Studie schwanken die Angaben zur Häufigkeit als Beratungsanlass in der Hausarztpraxis (ca. 7 % als Haupt-, ca. 15 % als Nebengrund für den Arztbesuch). Frauen sind doppelt so häufig anzutreffen wie Männer, schwerpunktmäßig bei den 25- bis 44-Jährigen. Schweregrade lassen sich nur bei schweren und eindeutigen Schwächezuständen, die z. B. zur Bettlägerigkeit führen, angeben. Sonst ist gerade dieser Symptomkomplex sehr stark der subjektiven Beurteilung unterworfen.

24.1.2 Differenzialdiagnostische Überlegungen

Die Breite der differenzialdiagnostischen Möglichkeiten ist sehr groß: von Befindensstörungen über eine starke Symptomausprägung bei funktionellen und psychosomatischen Erkrankungen bis hin zu (seltenen) malignen Organerkrankungen [11]. Psychische Ursachen (von harmlosen psychoreaktiven Verstimmungszuständen bis zu endogenen Depressionen) stehen deutlich im Vordergrund. Es ist zudem bei den physiologischen Ursachen zu differenzieren zwischen Überforderung (zu viel Aktivität), Dekonditionierung (zu wenig Aktivität) und rein altersbedingter Ursache (überhöhten Erwartungen).

4 Ursachengruppen lassen sich zur differenzialdiagnostischen Eingrenzung bilden: physiologische, psychogene, somatogene und iatrogene Müdigkeit und Schwäche:

- **physiologische Ursachen:**
  - Überarbeitung, Überforderung und wenig Schlaf sind häufige Gründe für Müdigkeit, besonders bei Jugendlichen mit Schulschwierigkeiten, bei jungen, oft berufstätigen und/oder alleinerziehenden Müttern mit Kleinkindern und bei beruflich stark belasteten Männern
  - Müdigkeit als Befindensstörung, z. B. Wetterfühligkeit, lässt sich auch als noch physiologische Reaktion einstufen
  - zunehmend häufiger finden sich Klagen älterer und alter Menschen über eine allgemeine Schwäche und Müdigkeit, die als rein altersbedingt eingestuft werden müssen; die Abgrenzung zu organischen Erkrankungen oder larvierten Depressionen kann schwierig sein
- **psychogene Ursachen:** Müdigkeit und Schwächegefühl können eine Vielzahl psychogener Ursachen haben:
  - als ausgeprägtes Symptom bei funktionellen Beschwerden, z. B. Müdigkeit beim funktionellen Herzsyndrom
  - als ausgeprägtes Symptom bei psychosomatischen Erkrankungen: hier ist – auch beispielhaft für andere – die Unterscheidung zu somatogenen Ursachen schwierig und eine Überschneidung wahrscheinlich, da z. B. gestörte Resorptionsverhältnisse eine somatogene Ursache ebenfalls als möglich erscheinen lassen
  - reaktiver Verstimmungszustand, Angststörung, Depression
- **somatogene Ursachen:**
  - Virusinfekte (z. B. grippaler Infekt, Hepatitis, AIDS)
  - chronisches Müdigkeitssyndrom (Chronic-Fatigue-Syndrome: ein definierter Beginn der Symptomatik und eine starke, nach Diagnostik nicht erklärbare Beeinträchtigung durch die Müdigkeit; Ätiologie und die Wirkung durch die diagnostische Etikettierung sind unklar!)
  - chronischer bakterieller Infekt (z. B. Tuberkulose, Endokarditis, Osteomyelitis)
  - hypotone Dysregulation
  - Anämie jeglicher Ätiologie
  - maligne Tumoren (indirekt durch Tumoranämie, auch direkte Wirkung über tumortoxische Substanzen möglich)
  - kardiale oder respiratorische Insuffizienz jeglicher Ätiologie
  - chronische Leber-/Niereninsuffizienz jeglicher Ätiologie

  - neurologische Erkrankungen (Zustand nach Apoplex, Morbus Parkinson, zerebrale Durchblutungsstörung)
  - endokrine Störungen (z. B. klimakterisches Syndrom, Diabetes mellitus, Hypothyreose, Hyperthyreose, Nebennierenrindeninsuffizienz)
  - chronische Resorptionsstörungen (z. B. Morbus Crohn, Colitis ulcerosa, chronische Diarrhö)
  - chronische Fehl- oder Mangelernährung
  - rheumatische und Autoimmunerkrankungen (z. B. Polymyalgia rheumatica, chronische Polyarthritis, Riesenzellarteriitis, Kollagenosen)
  - chronische Intoxikation (z. B. Schwermetalle, Lösungsmittel *berufliche Exposition!*)
- **iatrogene Ursachen:**
  - Müdigkeit und Schwäche gehören zu den häufigsten Nebenwirkungen einer Vielzahl von Medikamenten, häufig durch nicht bekannte Selbstmedikation oder durch von anderen Ärzten verordnete Medikamente
  - mögliche Gruppen und Substanzen (nur die häufigsten): Schlaf- und Beruhigungsmittel, andere Substanzen mit anticholinergem, antihistaminergem oder zentralnervösem (Neben-)Wirkungsprofil (z. B. Antidepressiva und Neuroleptika, Antihypertensiva, Parkinsonmittel und Antiepileptika, Muskelrelaxanzien)

24.1.3 Diagnostische Möglichkeiten in der Praxis

Die Ursachen von Müdigkeit und Schwäche lassen sich zumeist mit den Möglichkeiten der Allgemeinpraxis – evtl. unter Zuhilfenahme ergänzender Untersuchungen – diagnostizieren. Auch wenn überwiegend psychogene Gründe vorliegen, kann und muss doch eine organische Erkrankung weitgehend zweifelsfrei ausgeschlossen werden. Dabei sollte folgendermaßen vorgegangen werden:

- **Anamnese:**
  - Charakteristika des Symptoms, assoziierte Beschwerden (Müdigkeit neu/ungewohnt? Beeinträchtigung im Alltag?)
  - somatische Anamnese (Schlaf, [habitueller] Schlafmangel? Körpergewicht, kardiale, respiratorische, gastrointestinale, urogenitale, ZNS-Funktion, Schnarchen, Einschlafen am Steuer?)
  - Medikamenteneinnahme
  - medizinische Vorgeschichte (chronische Erkrankung?)
  - soziale, familiäre, berufliche Situation (chemische oder Lärmbelästigung, ähnliche Symptome im privaten/beruflichen Umfeld)
  - Vorstellungen der Patienten zu Ätiologie und Behandlung
  - Depressions- und Angstscreening
- **körperliche Untersuchung:**
  - in Abhängigkeit von Auffälligkeiten in der Anamnese
  - wenn keine Hinweise auf definierte körperliche Störungen: Schleimhäute, Lymphregionen, Abdomen, Herz und Atemwege, Muskeltrophik, -kraft, -tonus, -eigenreflexe
- **Labor:**
  - in Abhängigkeit von Auffälligkeiten in der körperlichen Untersuchung
  - sonst bei Beschwerden von mehr als 4 Wochen lediglich ein **Minimalprogramm:** Blut- oder Urinzucker (A), TSH (A), Blutbild (B), γ-GT (Transaminasen) (C), BSG/CRP (C)
- **technische Untersuchungen** wie EKG, Lungenfunktion, Ultraschall entsprechend vermuteter Grundkrankheit

Wenn Anamnese/erlebte Anamnese, gründliche Untersuchung und das Basislaborprogramm keine Hinweise auf eine ernsthafte somatische oder psychische Erkrankung ergeben haben, sollte unter **„abwartendem Offenlassen der Diagnose"** zunächst zugewartet werden und nur im Verlauf ggf. weitere diagnostische Maßnahmen ergriffen werden.

Die **ergänzende Diagnostik** richtet sich nach der vermuteten Grundkrankheit:

- z. B. radiologische, endoskopische Untersuchung oder Konsiliaruntersuchungen anderer Fachrichtungen
- bei Auffälligkeiten im Depressions- und Angstscreening nähere diagnostische Eingrenzung anhand vertiefter Anamnese und ggf. Überweisung (Psychiatrie/Psychotherapie/Psychosomatik)
- in der Betreuung im Verlauf sollte der Arzt strukturiert und individuell flexibel auf den Patienten eingehen; symptomorientierte aktivierende (A) oder auch verhaltenstherapeutische Maßnahmen (A) sind am meisten erfolgversprechend

Häufige Fehler, Tipps und Tricks:

- Pathologische Laborwerte werden vorschnell als ausreichende Erklärung akzeptiert (z. B. sich normalisierende subklinische Hypothyreose ohne subjektive Besserung im Verlauf).

- Ärzte schließen zuerst körperliche Ursachen aus und bearbeiten erst danach den psychosozialen Bereich, was in den meisten Fällen die weitere Betreuung erschwert (schon beim Erstkontakt ein psychosoziales Verständnis mit dem Patienten erarbeiten!)
- Bei bekannten chronischen Erkrankungen wird Müdigkeit vorschnell auf den Krankheitsprozess selbst bezogen (Depression und erschöpfte psychische Kompensationsmöglichkeiten erfordern gezielte Behandlungs- bzw. Rehabilitationsmaßnahmen).
- Vorschnelle Etikettierungen über Pseudodiagnosen (Eisenmangel, Amalgambelastung, postvirales Syndrom, Candida im Darm) sind problematisch, wenn sie einseitig somatisch ausgerichtet sind oder ein notwendiges abwartendes Offenhalten verhindern und so bei Arzt und Patient oft zu einer eingeengten Perspektive führen, die komplexe psychosoziale Faktoren außer Acht lässt und entsprechende Lösungsmöglichkeiten verstellt.
- Scheinassoziationen und selbsterfüllende Prophezeihungen z. B. bei niedrigem Eisenspiegel und Müdigkeit sollten durch Vermeidung der Messung begegnet werden.

Abwendbar gefährlicher Verlauf

Auch wenn relativ selten, dürfen nicht übersehen werden:

- die endogene Depression (F33.2) → Suizidgefahr!
- Substanzabusus (F60.7)
- Medikamentennebenwirkung

Ernsthafte somatische Erkrankungen wie Schlafapnoesyndrom (G47.39), Malignom (C 80.9) oder Hypothyreose (E03.9) sind meist mit Auffälligkeiten in Anamnese und/oder körperlicher Untersuchung verbunden. Es sollte eine somatische Fixierung (z. B. „Tumorsuche", „Eisenmangel", „subklinische Hypothyreose") durch unnötige Diagnostik und ungenügende Kommunikation mit dem Patienten unbedingt vermieden werden! Die Befolgung der Leitlinienempfehlungen stellt ein Paradebeispiel erfolgreicher quartärer Prävention dar (Kap. 21)

24.1.4 Leitlinien

Deutsche Gesellschaft für Allgemeinmedizin und Familienmedizin. AWMF-S 3-Leitlinie 053–002. **Müdigkeit.** Im Internet: www.awmf.org/leitlinien; Stand: 22.11.2015

24.2 Schwindel (R42)

H.-D. Klimm

24.2.1 Definition und Epidemiologie

Schwindel als Ausdruck des gestörten Gleichgewichts ist vielfältig in seiner Genese. Die Häufigkeit von spontanem Schwindel wird in der Praxis zwischen 5 und 10 % angegeben, bis etwa 30 % bei älteren Patienten. Bei über 75-jährigen Patienten zählt der Schwindel zu den Hauptgründen einer stationären Notfalleinweisung. Schwindel ist das zweithäufigste Leid-Symptom nach Kopfschmerzen.

24.2.2 Differenzialdiagnostische Überlegung

Gründe für einen **akuten Schwindel** können sein:

- Labyrinthitis: bei chronischer Otitis media, schleimige Sekretion
- Morbus Menière: Hörverlust, anfallsweise Drehschwindel, Ohrensausen
- Neuropathia vestibularis: plötzlich auftretend, über Tage anhaltender Drehschwindel, Schweißausbrüche, Vernichtungsgefühl, Kollapsneigung bis Kollaps, keine Hörstörungen, kein Ohrensausen, häufig Erbrechen, Gangunsicherheit, Fallneigung zum kranken Ohr
- Adams-Stokes-Anfall: Blässe, plötzliche Bewusstlosigkeit, Krampfanfall ähnliches „Zucken", im Anfall langsamer Herzschlag, niedriger Blutdruck
- hypertone Krise: Kopfschmerzen, Ohrensausen, Dyspnoe, Bewusstseinstrübung, Angstzustände, Sehstörungen, Stenokardien
- hypotone Kreislaufdysregulation: Müdigkeit, Leistungsschwäche, Schwarzwerden vor den Augen, Ohrensausen, Kältegefühl in den Gliedmaßen, Schlafstörungen, herzbezogene Missempfindungen
- Karotis-Sinus-Syndrom: bei abruptem Drehen des Kopfes, z. B. beim Rückwärtsfahren mit dem

Auto, Schwindelerscheinungen bis hin zu Bewusstseinsverlust, Pulsfrequenzabfall
- TIA: Schwindel, Gangunsicherheit, Sehstörungen, Bewusstseinstrübung, früh beginnende halbseitige Muskelschwäche oder Lähmung
- Labyrinth-Apoplexie: akuter, heftiger Drehschwindel, Schweißausbruch, Vernichtungsgefühl, Brechreiz, Erbrechen, Kollapsneigung, Ohrensausen, Taubheit des erkrankten Ohres
- benigner paroxysmaler Lagerungsschwindel: durch Lageänderung Auslösung eines heftigen Drehschwindels, horizontaler Nystagmus
- zentral vestibulärer Akutschwindel: diffuse Schwindelbeschwerden, oft über Monate, häufig Kopfschmerzen, Sprach- und Schluckstörungen, Übelkeit
- „Altersschwindel": meist multifaktoriell bedingt, kardiogen, zerebrogen, neurologisch okulär, endokrinologische Erkrankung, pharmakologisch, uncharakteristische Gang- und Standunsicherheit
- HWS-Blockade: Auslösbarkeit bei Kopfwendung
- medikamentös bedingter Schwindel: Antihypertonika, Antidepressiva, Antikonvulsiva, Sedativa

Gründe für **chronischen Schwindel** können sein:
- degenerative Erkrankungen der HWS: Nacken-/Hinterkopfschmerzen, Ausstrahlung in den Arm, Schwindel durch Bewegung der HWS provoziert
- Multiple Sklerose: große Schwankungen im Spontanverlauf, Miktionsstörungen, Intentionstremor, Spastik
- intrazerebrale Tumoren: Wesensveränderungen, Depressivität, allmählich zunehmende Geh- und Standunsicherheit, Gangabweichung, Fallneigung, Krampfanfall
- zerebrale Minderperfusion: Denk-, Merk-, Konzentrationsstörungen, körperlicher, psychischer und sozialer Abbau
- Akustikusneurinom: Ohrensausen, einseitige zunehmende Schwerhörigkeit
- Anämie: Müdigkeit, Schwäche, Schlaflosigkeit, Atemnot, Herzklopfen, Blässe von Haut und Schleimhäuten, Rhagaden an den Mundwinkeln, Glossitis, Zungenbrennen
- Phobien/phobischer Schwindel: typisch ist die Diskrepanz zwischen Befinden und Befunden einerseits und die Persistenz andererseits

24.2.3 Diagnostische Möglichkeiten in der Praxis

- ausführliche **Anamnese** mit Berücksichtigung folgender Gesichtspunkte:
  - akut oder chronisch
  - Art und Manifestation des Schwindels, z. B. Schwindel bei Morbus Menière, Lift- oder Schwankschwindel bei Labyrinthitis, Anfallsschwindel bei Morbus Menière, Dauerschwindel bei einseitigem Labyrinthausfall, Sekundenschwindel (hält nur Sekunden an) bei Adams-Stokes-Anfall, plötzlicher Schwindel (länger anhaltend) bei hypertoner Krise
  - Begleitsymptome, z. B. Brechreiz und Erbrechen bei Morbus Menière, Labyrinthitis; zunehmende Hörstörung bei Akustikusneurinom; Blässe, Schwäche und Ermüdbarkeit bei Anämie; Kopfschmerzen und Nasenbluten bei Hypertonie
  - auslösende Faktoren (psychische Belastung, bestimmte körperliche Bewegung), z. B. abruptes Drehen des Kopfes bei Karotis-Sinus-Syndrom
  - psychosoziale Anamnese
- ausführliche **Allgemeinuntersuchung**, einschließlich neurologischem Status
- **Laborscreening:** BSG, Blutbild, γ-GT, Kreatinin, alkalische Phosphatase, Blutzucker, TSH
- praxisrelevante **Funktionstests**:
  - **Romberg-Test:** mit geschlossenen Augen auf der Stelle treten; positiver Ausfall → Hinweis auf vestibuläre Störung
  - **Unterberger-Drehtest**: ohne Schuhe, berührungsfrei mit parallel aneinander gestellten Füßen und mit horizontal ausgestreckten Armen, Handflächen nach oben, für etwa 1 min frei im Raum stehen; bewertet wird die Fallneigung zu einer Seite, nach vorne hin oder diagonal
  - **Seiltänzergang**: mit offenen und geschlossenen Augen auf einer Linie gehen; zur Feststellung einer Gangataxie, z. B. bei Kleinhirnschaden, in Verbindung mit Spastik bei Multipler Sklerose
  - einfache Hörprüfung
  - **Schellong-Test**: systolischen und diastolischen Druck sowie Pulsfrequenz über 3 min im Liegen und über 10 min im Stehen messen; am Ende des Versuchs legt sich der Patient wieder hin, Druck und Puls nach ½, 1, 2 und 3 min Liegezeit registrieren; Bewertung:

24

- hyperdynamische Regulationsstörung (Frequenzbeschleunigung, Anstieg des diastolischen Blutdrucks um mehr als 15 mmHg, Abfall des systolischen Blutdrucks im Stehen)
- hypodynamische Regulationsstörung (Abfall des systolischen Blutdrucks im Stehen, Herzfrequenz annähernd gleichbleibend)
- weitere Details s. Kap. 34.88.4

◦ **Nystagmus:**
- ein Spontannystagmus ist immer pathologisch
- richtungsbestimmter Spontannystagmus → periphere Vestibularschädigung
- wechselnder Blickrichtungsnystagmus → zentrale Schädigung
- Endstellungsnystagmus → keine pathologische Relevanz

◦ **Semont-Manöver**:
- Patient in aufrechte Position bringen (dabei verursachen die Statolithen keine Neigung der Cupula)
- Patient während einer Rechtsdrehung des Kopfes um 45° in Richtung des erkrankten Ohres in Liegeposition bringen (abgelöste Ortholithen wandern dabei in den untersten Teil des posterioren Bogengangs; hierdurch wird die Cupula nach unten gebeugt und eine klinische Antwort ausgelöst)
- in dieser Position 3 min ruhen, dann mit der Nase nach unten auf die andere Seite legen (Konkremente wandern erneut nach unten; dies hat eine Stimulation des sich oben befindenden linken posterioren Bogengangs zur Folge); auch in dieser Position 3 min verbleiben
- Patient langsam wieder aufrichten (dadurch gelangen die Ablagerungen über das Crus commune des posterioren und anterioren Bogenganges zum Utrikulus, wo sie keine Wirkung mehr haben)
- mit dem Semont-Manöver wird einerseits die Diagnose Otolithenschwindel erhärtet und gleichzeitig eine Therapie durchgeführt

- **Epley-Manöver**:
  - ◦ sitzende Ausgangsposition Kopf des Betroffenen in der Transversalebene um 45° zum kranken Ohr drehen; in dieser Haltung Patient nach rückwärts in eine leichte Kopfhängeposition kippen, die für 1 min beibehalten werden muss
  - ◦ dann den Kopf schnell um 90° zur kontralateralen Seite rotieren; so erneut etwa 30 s warten
  - ◦ dann gleichzeitig mit Rumpf und Kopf um weitere 90° zur gesunden Seite hin drehen; etwa 1 min halten
  - ◦ zur sitzenden Position aufrichten mit unverändert gedrehtem Kopf
  - ◦ dieses Manöver kann der Patient dreimal täglich selbst durchführen

Als praxisrelevante technische Ergänzungsdiagnostik kommen ein EKG (Rhythmusstörungen, AV-Blockierungen) und ein Langzeit-EKG infrage. Je nach vermuteter Ursache kann die Diagnostik ergänzt werden durch:
- Überweisung zum HNO-Arzt
- Überweisung zum Neurologen
- Überweisung zum Kardiologen
- Überweisung zum Psychotherapeuten

Abwendbar gefährlicher Verlauf

Wenn auch die meisten Schwindelprobleme „banaler Natur" sind, kann doch das Leitsymptom Schwindel auch stets Ausdruck eines abwendbar gefährlichen Verlaufs sein. Besonders ist zu denken an:
- Adams-Stokes-Anfälle (I45.9)
- hypertone Krise (I10.91)
- TIA (G45.92)
- apoplektischer Insult (I63.9)
- Gehirntumor (D 43.2)
- Encephalomyelitis disseminata (D 35.9)

Besondere Warnsymptome sind:
- hochrotes Gesicht nach Anfall, hochgradige Bradykardie, anfallmäßige Bewusstlosigkeit mit Brechreiz und Erbrechen → Adams-Stokes-Anfall
- plötzlicher Schwindel, Kopfschmerzen, Sehstörungen, Hämmern im Kopf, kräftiger gespannter tachykarder Puls, exzessiv erhöhte RR-Werte → hypertone Krise
- Bewusstseinsverlust, Sehstörungen (Amaurosis fugax) → TIA
- Halbseitenlähmung, Bewusstseinstrübung bis Somnolenz → apoplektischer Insult

24.3 Tinnitus (H93.1)

H.-D. Klimm

24.3.1 Definition

Tinnitus ist die akustische Wahrnehmung in Abwesenheit einer externen Schallquelle. Ein Ohrgeräusch ist kein eigenständiges Krankheitsbild, sondern ein Symptom bei Funktionsstörung unterschiedlichster Art und Lokalisation.

Die „scheinbaren Geräusche" sind vielfältig: Brummton, Pfeifton, Zischen, Rauschen, Knacken und Klopfen. Die können konsequent gleichbleibend sein oder rhythmisch pulsierend.

24.3.2 Differenzialdiagnostische Überlegung

Beim Tinnitus werden 2 Formen unterschieden:

► **Objektiver Tinnitus.** Der seltene objektive Tinnitus als Folge mechanoakustischer Vibrationen ist auch vom Untersucher mit bloßem Ohr, Stethoskop oder Dopplersonogramm zu erkennen. Seine Ursachen sind:
- extrakraniell: Karotis- oder Vertebralisstenose, Glomus-caroticum-Tumor, Herzvitien oder Herzklappenprothesen, Polyzythämie
- intrakraniell: AV-Fistel, Angiom, zerebrovaskuläre Sklerose, Aneurysmen
- muskulär: Mittelohr- oder Gaumensegelmyoklonie, Tubenfunktionsstörung (Tubenöffnungsgeräusche, klaffende Tube)

► **Subjektiver Tinnitus.** Mögliche Ursachen des subjektiven Tinnitus:
- Fremdkörper im Gehörgang (z. B. Zerumen)
- Knalltrauma
- Entzündungen des Ohres (Otitis media, Otitis externa)
- Mittelohrerkrankungen mit Störung der Schallübertragung (Otosklerose)
- virale oder bakterielle Infekte (z. B. Borreliose)
- Hörsturz
- Morbus Menière
- Akustikusneurinom

► **Akuter und chronischer Tinnitus.** Im Alltag hat sich die Unterteilung zwischen dem akuten und chronischen sowie kompensierten chronischen und dekompensierten chronischen Tinnitus bewährt. Der *akute Tinnitus* wird als Minimalform des Hörsturzes angesehen. Dauert das Hörgeräusch länger als 3–6 Monate an, spricht man von einem *chronischen Tinnitus* [24]. Während der kompensierte chronische Tinnitus durch seine Ohrgeräusche die Lebenssituation des Patienten kaum benachteiligt, treten beim dekompensierten Tinnitus Sekundärsymptome hinzu wie Schlaf- und Konzentrationsstörungen, Somatisierungssymptome, Depressionen und Ängste.

24.3.3 Diagnostische Möglichkeiten in der Praxis

Die Diagnose umfasst:
- **Anamnese:**
  - Bewertung von Akuität, Dauer, Geräuschlokalisation, Geräuschcharakter
  - Pulsstatus
  - Abhängigkeit von Kopfbewegungen, Körperlage und seelischen Belastungen
- **körperliche Untersuchung:**
  - Auskultation
  - Pulsstatus mit Schwerpunkt der supraaortalen Arterien
  - aktive und passive Beweglichkeit der HWS
  - Myogelosen, Schiefhals
  - Otoskopie
- ggf. **Labor:** BSG, Blutbild, CRP, LDH, Borreliose-Serologie

Als **ergänzende Diagnostik** kommen infrage:
- Überweisung zum HNO-Arzt zur Erhebung eines Tonaudiogramms
- Duplexsonografie der supraaortalen Gefäße
- Röntgenaufnahme des Schädels und der HWS
- CT oder MRT

Zum Ausschluss vaskulärer und orthopädischer Erkrankungen Duplexsonografie und Röntgenuntersuchung, bei Verdacht auf neurologische Erkrankungen MRT und/oder CT.

Abwendbar gefährlicher Verlauf

Beim Hörsturz (H91.2) entsprechende Behandlung einleiten (Kap. 34.79). ***Cave:*** Bei dekompensiertem chronischem Tinnitus Gefahr des Suizids!

24.3.4 Leitlinien

Deutsche Gesellschaft für Hals-Nasen-Ohrenheilkunde. AWMF-S 3-Leitlinie 017–064. **Chronischer Tinnitus.** Im Internet: www.awmf.org/leitlinien; Stand: 12.11.2015

III

24.4 Heiserkeit (R49.0) und Stridor (R06.1)

H.-D. Klimm

24.4.1 Definition und Epidemiologie

Heiserkeit wird verursacht durch pathologische, anatomische oder funktionelle Veränderungen im Bereich des Stimmapparats und des Kehlkopfes. **Stridor** beruht auf einer mechanischen Enge im Bereich des Rachens und des Kehlkopfes oder der Bronchien, klinisch bemerkbar durch ein pfeifendes Geräusch bei In- und/oder Exspiration, das oft sogar auf Distanz bemerkbar ist. **Giemen** ist hingegen ein atemsynchrones, meist exspiratorisch stärker pfeifendes Geräusch und wird durch erhöhte Atemwiderstände wie z. B. Spastik verursacht, verbunden mit einer Beeinträchtigung der Atmung.

Heiserkeit ist ein sehr häufiges Beschwerdebild in der Allgemeinarztpraxis, meist infolge harmloser Infekte, selten verursacht durch neurogene Störungen oder Malignome. Etwa 1 % aller Patienten suchen ihren Hausarzt auf, die Leidenshäufigkeit liegt allerdings bei 30 %!

Merke

Stridor ist immer ein ernst zu nehmendes Symptom einer gravierenden Behinderung der Atmung.

24.4.2 Differenzialdiagnostische Überlegung

► **Heiserkeit.** Mögliche Ursachen der Heiserkeit:

- Eine akute Heiserkeit (42 %) kommt bei „grippalen Infekten“ der oberen Luftwege vor und ist sehr häufiges Begleitsymptom der akuten Laryngitis. Sie wird auch begleitet von Husten, Schnupfen und Halsschmerzen.
- Pseudokrupp ist eine viral bedingte Entzündung des Kehlkopfes. Sie tritt häufig bei Kleinkindern zwischen 1 und 5 Jahren auf. Dabei kommt es durch eine Schwellung der Schleimhaut direkt unterhalb der Stimmbänder zum typischen bellenden rauen Husten und Heiserkeit.
- Die Heiserkeit durch Überlastung (30 %) entsteht, wenn die Stimme durch ständig lautes Singen oder Sprechen (Lehrer, Sänger, Wahlkämpfer) permanent stark belastet wird, weil die Stimmbänder mit der Zeit erschlaffen.
- Eine chronische Heiserkeit (9,7 %), die länger als 1–3 Monate besteht, muss laryngoskopisch, in der Regel durch den HNO-Arzt, abgeklärt werden. Neben Karzinomen kann auch eine große Anzahl „harmloser“ Befunde vorliegen wie Sängerknötchen, Polypen, Stimmbandverdickungen, chronische Entzündung (Raucher) oder Bewegungsstörungen des Kehlkopfapparats.
- Bei Operationen im Halsbereich können der Kehlkopf oder der N. vagus, der für die Stimmbandfunktion zuständig ist, verletzt werden. Auch nach Intubation, also bei Einführen eines Tubus in die Luftröhre zur Beatmung, kann eine Heiserkeit entstehen.
- Eine Heiserkeit bei neurologischen Erkrankungen tritt typischerweise bei progressiver Muskeldystrophie oder Multipler Sklerose auf.
- Die psychogene Heiserkeit kommt in 2 % der Fälle vor.
- Heiserkeit kann auch ein Symptom der allgemeinen Leistungsinsuffizienz sein –insbesondere in fortgeschrittenen Stadien der Herzinsuffizienz, des chronischen Asthma bronchiale, der COPD sowie bei Malignomen.
- Von einer strumogenen Heiserkeit spricht man, wenn es zur Anschwellung im suprasternalen Bereich kommt, z. B. bei retrosternalen Strumen (eher Stridor). Nach Strumektomie mit sekundärer Rekurrensparese ist ebenfalls Heiserkeit möglich.

► **Stridor.** Mögliche Ursachen bzw. Krankheiten bei Stridor:

- große Struma
- einseitige oder doppelseitige Stimmbandlähmungen bei viralen Infekten
- starke Anschwellung im Bereich des Rachens und Kehlkopfes bei Allergien (Glottisödem) oder

Schwellungen infolge von Insektenstichen (Wespenstichen)
- bei Kindern stets an Pseudokrupp denken – eine akute Laryngotracheitis mit inspiratorischen Stridor
- Bei Stridor stets an Aspirationen von Fremdkörpern oder Nahrungsbestandteile denken (insbesondere bei [Klein-]Kindern)
- Tumoren im Kehlkopfbereich, aber auch externe Tumorbildungen, z. B. Ösophagustumoren sowie Fehlbildungen

Abwendbar gefährlicher Verlauf

Die Epiglottitis oder Laryngitis supraglottica ist eine lebensbedrohliche Kehldeckelentzündung und wird meist durch das Bakterium Haemophilus influenzae Typ B verursacht. Sie ist durch die routinemäßige Impfung selten geworden. Die Epiglottitis befällt häufiger Kinder im 2.–6. Lebensjahr, ist durch starke Schmerzen beim Schlucken, kloßige Sprache, Atemnot, hohes Fieber, ausgeprägten inspiratorischen Stridor und schnarchende Ausatmung geprägt. Schon bei Verdacht ist eine sofortige stationäre Einweisung erforderlich! Beginn einer medikamentösen Therapie mit Kortikosteroiden (z. B. Prednison-Zäpfchen und/oder Prednison i. v.), um ein rasches Abschwellen des Kehldeckels zu erreichen. Transport mit Notarztbegleitung!

24.4.3 Diagnostische Möglichkeiten in der Praxis

Bei Heiserkeit ist rasch zu klären, ob sie akut ist, seit Kurzem oder bereits länger besteht. ***Cave:*** Bei Stridor sofort klären, ob die Gefahr einer akuten, plötzlich bedrohlichen Atemnot besteht! Bei einer chronischen Erkrankung hat man Zeit zur Abklärung, denn eine akute Gefährdung des Patienten liegt nicht vor. Dennoch ist ein risikoreicher Krankheitsverlauf möglich.

Zur Diagnostik gehören:
- **körperliche Untersuchung:**
  - Temperaturmessung
  - Inspektion des Rachens mit Rötung, evtl. allergisches Ödem bei Stridor
  - Inspektion und Palpation des Halses, insbesondere bei Struma
  - Prüfung auf generalisiertes allergisches Exanthem
  - Auskultation über Kehlkopf, Schilddrüse und Lunge, um den Ort der Enge beim Stridor einzugrenzen
- **Labordiagnostik:**
  - BSG, Blutbild, Differenzialblutbild, ggf. Infektionsserologie, Schilddrüsenparameter
  - weitere Labordiagnostik: ggf. Allergietest, je nach vermuteter Grundkrankheit bzw. den auslösenden Noxen

Abwendbar gefährlicher Verlauf

Nach Möglichkeit sollte eine instrumentelle Untersuchung des Rachenraums unterbleiben, da jede Manipulation an den geschwollenen Schleimhäuten zu einer vollständigen Verlegung der oberen Atemwege führen kann!

Als **ergänzende Diagnostik** kommen infrage:
- Röntgen-Thorax: Beurteilung von Trachea, Lunge (Aspirationsatelektase, Pneumonie?), retrosternale! Struma und ggf. Cor (z. B. Herzinsuffizienz)
- Schilddrüsensonografie und/oder -szintigrafie
- Bronchoskopie (Tracheobronchitis, Tumoren)
- Spirometrie und Blutgasanalyse
- Gastroskopie (Veränderungen im oberen Ösophagus, z. B. Divertikel, Malignome)
- Röntgendiagnostik von Ösophagus und Magen, auch zur Abgrenzung gegen Schluck- und Schlingstörungen bei Globusgefühl (Kap. 24.5)
- CT, MRT der Halsregion

Abwendbar gefährlicher Verlauf

- Epiglottitis (J05.1): s. o.
- Pseudokrupp (J38.5): beruhigendes Einwirken auf Eltern und Kind, einmalige Gabe von Glukokortikoiden (z. B. Prednisolon-Zäpfchen); im Zweifelsfall stationäre Einweisung
- Aspiration (T 17.9): Verschluckte Gegenstände sind bei Kindern besonders gefährlich. Hier ist eine umgehende Klinikeinweisung in eine HNO-Abteilung erforderlich, falls durch Sofortmaßnahmen nicht Abhilfe geschaffen werden kann:
  - Patienten auf den Kopf stellen
  - kräftige Schläge zwischen die Schulterblätter, bei Bedarf bis zu fünfmal nacheinander; ***Cave:*** Verletzungsgefahr wie Milzriss, Leberriss bei Kindern, daher nicht bei Kindern unter 1 Jahr

24

- ○ Thoraxkompression → Heimlich-Manöver/Heimlich-Handgriff: durch Kompression des Abdomens wird versucht, den Fremdkörper durch den entstandenen Überdruck aus den Atemwegen zu befördern; bei Kleinstkindern evtl. Thoraxkompression wie bei der Wiederbelebung
- ○ Falls Enge bzw. Fremdkörper im Bereich der Stimmbänder oder oberhalb davon besteht, auch an eine Not-Tracheotomie denken!
- Anschwellung durch allergische Reaktionen wie z. B. Wespenstiche: Notfalltherapie mit verdünnter Adrenalinlösung und Kortison i. v., Antihistaminika, stationäre Einweisung
- asthmatischer Stridor (J45.9): Notfalltherapie s. Status asthmaticus (Kap. 34.20)

Chronische Heiserkeit ist ein Warnsymptom, bei dem durch HNO-ärztliche Kehlkopfspiegelung z. B. ein Kehlkopfkarzinom ausgeschlossen werden muss.

24.4.4 Leitlinien

Deutsche Gesellschaft für Allgemeinmedizin und Familienmedizin. AWMF-S 3-Leitlinie 053–013. **Husten.** Im Internet: www.awmf.org/leitlinien; Stand: 20.01.2016

24.5 Globusgefühl (F45.8)

H.-D. Klimm

24.5.1 Definition und Epidemiologie

Als Globusgefühl wird das Gefühl eines Fremdkörpers oder Kloßes in der Kehle oder im Halsbereich bezeichnet, ohne dass der Schluckakt behindert ist. Oft ist dieses Gefühl mit Räusper- oder Schluckzwang verbunden. Es handelt sich meist um eine rein oder überwiegend psychogene funktionelle Störung (Globus nervosus/hystericus). In der Allgemeinpraxis kommt dies sehr häufig vor, besonders bei Frauen.

24.5.2 Differenzialdiagnostische Überlegung

Vor Annahme einer Psychogenese müssen folgende Möglichkeiten berücksichtigt werden:

- Raumforderung im Rachen, Hals und Mediastinum
  - ○ Struma, insbesondere isthmisch und retrosternal
  - ○ Tumoren, z. B. Epiglottis, Larynx, Hypopharynx, Ösophaguskarzinom, Lymphome
- lokale Entzündungsprozesse, z. B. Laryngitis, Angina tonsillaris
- HWS- und BWS-Erkrankungen (z. B. Degeneration, Blockierung, Halsgrippe)
- Skelettmuskelerkrankungen (z. B. Myasthenia gravis, Polymyositis)
- Ösophaguserkrankungen (z. B. gastroösophagealer Reflux, Divertikel, Fremdkörper, ösophageale Dysphagie)

24.5.3 Diagnostische Möglichkeiten in der Praxis

Folgende diagnostische Möglichkeiten sollten berücksichtigt werden:

- **Anamnese:**
  - ○ zeitlicher Verlauf (akut, rezidivierend, chronisch, progredient, am Tag, nachts)
  - ○ Korrelation (z. B. Nahrungsaufnahme, Erbrechen, Dysphonie, Lage und Bewegung, körperliche und psychische Belastung, Ängste)
  - ○ Allgemeinbefinden: Fieber, psychosozialer Konflikt, Gewichtsabnahme, Rauchen
  - ○ Oft lassen sich Hyperventilationssyndrome, Angst und Spannungszustände, Trauerreaktionen und psychosoziale Konflikte eruieren.
- **körperliche Untersuchung:**
  - ○ Lokalbefund: Rachen, Struma, Halswirbelsäule, Karotiden, obere Thoraxapertur)
  - ○ Allgemeinstatus: Lymphome, Anhalt für Thorax- oder Abdomen-Raumforderung
- **Labor:**
  - ○ BSG, Blutbild, Differenzialblutbild, LDH, γ-GT, alkalische Phosphatase
  - ○ evtl. Schilddrüsenparameter und weitere Parameter nach vermuteter Grundkrankheit

An **ergänzender Diagnostik** kommt infrage:

- Sonografie der Halsorgane
- Röntgen: Thorax, HWS

- HNO-fachärztliche Untersuchung: Laryngoskopie und andere
- Ösophagogastroskopie

Abwendbar gefährlicher Verlauf

Insbesondere muss die **somatische Fixierung** als chronifiziertes funktionelles Syndrom vermieden werden [41]. Der Allgemeinarzt sollte versuchen, von Anfang an und parallel zur schrittweisen somatischen Abklärung der Patienten ein Erkennen und Bearbeiten der ggf. auslösenden Konflikte zu ermöglichen. Die körperliche Diagnostik dient mit dem Ausschluss eines Malignoms auch zur weiteren Beruhigung und Ent-Ängstigung.

24.5.4 Leitlinien

Deutsches Kollegium für Psychosomatische Medizin. AWMF-S 3-Leitlinie 051–001. **Umgang mit Patienten mit nicht-spezifischen, funktionellen und somatoformen Körperbeschwerden.** Im Internet: www.awmf.org/leitlinien; Stand: 12.11.2015

24.6 Schnupfen (Rhinitis, J00, J30, J31)

F. Peters-Klimm

24.6.1 Definition und Epidemiologie

Schnupfen (Rhinitis bzw. Rhinopathie) ist ein sehr häufiger Beratungsanlass. Man versteht unter ihm eine Entzündung der Nasenschleimhaut mit Sekretabsonderung (Katarrh), als „Fließschnupfen" oder als „Stockschnupfen" auftretend. Der Übergang von einem Schnupfen in eine Entzündung der Nasennebenhöhlen (Kap. 34.171, [Rhino-]Sinusitis, J01.-) ist nicht sicher abgrenzbar. Bei der allergisch bedingten Rhinitis überwiegen die jüngeren Patienten.

Eine isolierte Rhinitis kann zwar für den Patienten recht lästig sein, ist jedoch zumeist harmlos. Nur sehr selten ist sie Symptom einer schweren, lebensbedrohlichen Erkrankung, z. B. eines Malignoms der Nasenschleimhaut. Ist die Rhinitis ein Initialsymptom einer Allgemeinerkrankung wie einer Virusgrippe oder Eintrittspforte einer fortschreitenden Infektion wie einer bakteriellen Sinubronchitis, kann sie Beginn einer ernsthaften Erkrankung sein.

24.6.2 Differenzialdiagnostische Überlegungen

Als recht brauchbar für die Praxis erweist sich die Unterteilung in die akute (bis ca. 10 Tage) und chronische bzw. chronisch rezidivierende Rhinitis sowie Rhinitis bei Allgemeinerkrankungen:

▸ **Akute Rhinitis (J00).** Die akute Rhinitis kann in Erscheinung treten als
- **virale Rhinitis:** zunächst seröse Sekretion, zumeist Rhinoviren neben vielen anderen, oft nach 3–4 Tagen sekundär bakterielle Besiedlung mit schleimig-eitriger Sekretion
- **primär bakterielle Rhinitis:** schleimig-eitriges Sekret
- **Rhinitis allergica (J30.1):** bei nur kurzer Allergenbelastung (seröses Sekret, starker Juckreiz, Allergene s. u.)
- **Rhinitis bei Fremdkörper:** meist mit Schmerzen, oft auch blutiges, fötides Sekret

Abwendbar gefährlicher Verlauf

Als „akute Rhinitis" kann (sehr selten) eine Liquorfistel imponieren (starke seröse Sekretion nach Traumen).

▸ **Chronische bzw. chronisch rezidivierende Rhinitis.** Die chronische bzw. chronisch rezidivierende Rhinitis ist möglich als:
- **Rhinitis allergica, saisonal gebunden** (J30.1–2): Symptome s. o., Allergene sind meist Bäume, Sträucher, Gräser oder Blumen. Je nach Schwere kommt die Rhinitis isoliert, als Heuschnupfen mit Konjunktivitis oder mit Asthma bronchiale, entsprechend des Pollenflugs von Januar bis September vor.
- **Rhinitis allergica, nicht saisonal gebunden** (J30.3): Symptome s. o., Allergene sind Staub, Milben (Hausstaub), Tierepithelien, Schimmelsporen, Nahrungsmittelallergene (z. B. Nüsse, Wein, Fisch, Schalentiere, Milch), organische Chemikalien verschiedenster Art (z. B. Enzyme in Waschmitteln, Insektenbestandteile)

- **Rhinitis durch physikalische oder chemische Noxen:** z. B. trockene Luft, Reizgase, Rauch
- **Rhinitis als Medikamentennebenwirkung:** Abusus von Nasentropfen und -sprays, Reserpin, Hydralazin, Azetylsalizylsäure, weitere nicht steroidale Antiphlogistika, Östrogene/Gestagene
- **Rhinitis bei Behinderung der Nasenatmung:** Septumdeviation, Polypen, Tumoren, vergrößerte Rachenmandel, nach Trauma, auch einseitige Sekretion

► **Rhinitis bei Allgemeinerkrankungen.** Nicht selten ist eine Rhinitis einerseits ein Initialsymptom einer **Infektionserkrankung** – z. B. Virusgrippe, Masern, Keuchhusten, Varizellen, Scharlach – und andererseits die Eintrittspforte für eine fortschreitende Infektion, meist sekundär bakteriell, wie Sinusitis oder Sinubronchitis. Auch eine **endokrine Ursache** (Schwangerschafts- und prämenstruelle Rhinitis, Rhinitis bei Hypothyreose) kann vorliegen. Mögliche Diagnosen sind:

- **Rhinitis sicca (J31):** Ekzem- und Borkenbildung, meist durch chronische Reizzustände durch physikalische und chemische Noxen
- **Rhinitis hyperplastica (J31):** chronisch hyperplastische Nasenschleimhaut, meist bei chronischen Reizen durch physikalische, chemische oder allergische Noxen
- **Rhinitis vasomotorica (J30.0):** nicht allergisch, reichlich serös-wässriges Sekret, meist im Zusammenhang mit psychischen Belastungssituationen oder durch physikalische und chemische Noxen sowie hormonale Reize ausgelöst, haben mehr morphologisch beschreibenden als ätiologisch einordnenden Charakter

24.6.3 Diagnostische Möglichkeiten in der Praxis

Folgende diagnostische Möglichkeiten sollten berücksichtigt werden:

- **Anamnese** zur Ursachenfindung:
  - Art und Dauer der Sekretion, akutes, chronisches oder chronisch rezidivierendes Auftreten, saisonale Bindung
  - Auftreten von infekttypischen oder allergietypischen Begleitsymptomen
  - Auftreten bei bestimmter Exposition, Medikamenteneinnahme
  - Auftreten bei psychischen Belastungssituationen
- **körperliche Untersuchung:**
  - Rhinoskopia anterior: Beurteilung der Schleimhaut, Art des Sekrets, Fremdkörper, Tumoren etc.
  - Racheninspektion: Entzündungszeichen, Schleimstraßen, Beschaffenheit der Mandeln etc.
  - Otoskopie
  - Beurteilung der Lymphknotenstationen
  - Beachtung evtl. Begleitsymptome bzw. -erkrankungen, z. B. Konjunktivitis bei allergischer oder Sinusitis und Bronchitis bei bakterieller Ätiologie
- **Laboruntersuchungen:**
  - Die häufige virale und allergische Rhinitis sind eine Blickdiagnose und erfordern keine Labordiagnostik, es sei denn zur Allergenfindung (s. u.).
  - Bei unklaren Bildern Labor nach vermuteter Grundkrankheit, z. B. BSG, Differenzialblutbild mit Eosinophilen, Gesamt-IgE.

Als **ergänzende Diagnostik** kommen infrage:

- Häufig wird eine „Austestung“ durchgeführt (Allergenfindung nur sinnvoll, wenn eine Expositionsvermeidung und/oder eine Hyposensibilisierung möglich erscheinen): spezifisches IgE (RAST), Intrakutantest, nasale Provokationstests.
- Die weitere ergänzende Diagnostik richtet sich nach der vermuteten Grundkrankheit und wird zumeist vom Fachspezialisten durchgeführt.

Abwendbar gefährlicher Verlauf

- Jeder Patient mit länger andauernder und therapieresistenter Rhinitis sollte dem Fachspezialisten vorgestellt werden zum **Ausschluss ernsthafter Erkrankungen**, z. B. Malignome und zur Aufdeckung sehr seltener Differenzialdiagnosen, wie Morbus Wegener (M31.3), Nasendiphtherie (Rhinitis pseudomembranacea, A36.8), Lues (A53.9), Tuberkulose (A16.9), Ozäna (Rhinitis atrophicans mit starkem Fötor, J31.0) u. a.
- Eine wichtige hausärztliche Aufgabe ist – soweit möglich – die Unterbindung der kritiklosen Anwendung der freiverkäuflichen, abschwellenden Nasentropfen und -sprays, die bei längerer Anwendung eine schleimhautschädigende Wirkung haben und selbst eine Rhinitis bedingen können.

- Bei starker „seröser Sekretion" – besonders nach Trauma, meist Hausbesuchssituation – ist an eine **Liquorfistel** zu denken!
- Eine durch Arbeitsplatzallergene ausgelöste Rhinitis (z. B. durch Mehl beim Bäcker, Blütenpollen beim Gärtner) ist eine anerkannte **Berufskrankheit**, die gemeldet werden muss.

24.6.4 Leitlinien

Deutsche Gesellschaft für Allgemeinmedizin und Familienmedizin (DEGAM). AWMF-S3-Leitlinie 053–010. **Halsschmerzen.** Im Internet: www.awmf.org/leitlinien; Stand: 20.01.2016

24.7 Husten (R05)

F. Peters-Klimm

24.7.1 Definition und Epidemiologie

Husten ist zunächst ein physiologischer Reflex zur Selbstreinigung der Atemwege, der ausgelöst wird durch entzündliche, chemische oder physikalische Reizungen der Schleimhaut der oberen und unteren Luftwege. Die Wertung durch den Patienten unterliegt starken subjektiven Schwankungen. Der Übergang zum Husten als pathologischem Symptom kann im Einzelfall schwierig sein. Husten ist der häufigste Beratungsanlass in der Hausarztpraxis. Von allen Ursachen steht das Zigarettenrauchen an oberster Stelle bei der chronisch rezidivierenden Form; beim akuten Husten sind es die viralen Infekte.

Eine **Einteilung** nach Dauer in 2 Gruppen hat sich aus hausärztlicher Sicht als zielführend erwiesen, auch wenn die Grenzen fließend sind [10]:
- akuter (und subakuter) Husten: 2(–8) Wochen
- chronischer Husten: mehr als 8 Wochen

24.7.2 Differenzialdiagnostische Überlegungen

Viele Störungen oder Krankheiten können Husten verursachen. Die meisten Diagnosen können mittels Anamnese und körperlicher Untersuchung gestellt werden. Vorrang hat die Abgrenzung des harmlosen vom schwerwiegenden Husten und das Erkennen von zugrunde liegenden Erkrankungen. Neben Symptomdauer und Häufigkeit des Vorkommens können Art und Auftreten der Hustenbeschwerden und ferner die Beschaffenheit des Sputums (nicht immer!) in der Unterscheidung hilfreich sein:

▸ **Häufigkeit.** Nach Symptomdauer und Häufigkeit des Vorkommens können unterschieden werden:
- akuter (und subakuter) Husten (in abnehmender Häufigkeit):
  - **respiratorische Infekte**: Erkältungskrankheiten (Kap. 24.6, Schnupfen), akute Bronchitis (Kap. 34.28), Allergie (allergische Rhinosinusitis, Kap. 34.171), Asthma bronchiale (Kap. 34.20), akute Exazerbation einer COPD (Kap. 34.35), Pneumonie (Kap. 34.147), Influenza (Kap. 34.89), Pertussis (Kap. 34.92)
  - **exogene Ursachen**: Nebenwirkungen von Medikamenten (s. a. chronischer Husten), inhalierte Noxen
  - **Asthma cardiale:** bei kardiopulmonaler Stauung (Kap. 34.75)
- chronischer Husten:
  - **häufig**: chronische Bronchitis (bes. bei Rauchern), Upper-Airway-Cough-Syndrom (früher postnasales Drip-Syndrom), bronchiale Hyperreagibilität (postinfektiös), chronisch obstruktive Atemwegserkrankung, Asthma bronchiale, gastroösophageale Refluxkrankheit (GERD) (Kap. 34.158, Refluxösophagitis)
  - **gelegentlich**: Medikamente (bes. ACE-Hemmer), eosinophile Bronchitis, Husten ungeklärter Ursache, chronische Linksherzinsuffizienz, Bronchial-/Lungentumoren (primäre und sekundäre), Stimmbanddysfunktion („vocal cord dysfunction"), Pertussis
  - **selten**: Tuberkulose (Kap. 34.185), tracheobronchialer Kollaps, Bronchiektasen, interstitielle Lungenerkrankungen (Alveolitis, Z. n. Radiotherapie, Sarkoidose), Hodgkin-Lymphom (Kap. 34.108), Mukoviszidose, ösophageale Divertikel

▸ **Beschaffenheit des Sputums.** Nach Beschaffenheit des Sputums werden unterschieden (Kap. 24.8):
- wenig und klar: deutet auf akuten viralen Infekt hin
- grünlich-gelblich-eitrig: deutet nicht sicher auf eine bakterielle Besiedlung hin
- glasig-zäh: deutet auf Asthma bronchiale hin

- blutig oder blutig tingiert: meist bei Bronchitis, auch bei Malignität (nur bei 5–10 % der Frühformen!), auch bei Pneumonie und Lungenembolie oder -infarkt, Prä- oder Lungenödem
- schaumig: schwere Linksherzinsuffizienz (Prä- oder Lungenödem)

▶ **Hustenbeschwerden.** Nach Art und Auftreten der Hustenbeschwerden unterteilt man:

- mehr trockener Reizhusten: Beginn einer viralen Bronchitis, mechanische, physikalische und chemische Reize, Asthma bronchiale, interstitielle Lungenerkrankungen, psychogen, Medikamentennebenwirkungen, Tumoren, Emphysem
- mehr produktiver Husten: Endphase einer viralen Bronchitis, bakterielle Bronchitis, Pneumonie, Bronchiektasen
- nächtlicher Husten: Asthma bronchiale, Linksherzinsuffizienz
- trockener Husten mit „Ziehen“ oder „Pfeifen“ und Atemnot: Asthma bronchiale
- produktiver Husten mit „Ziehen“ oder „Pfeifen“ und Atemnot: chronische obstruktive Bronchitis, COPD
- morgendlicher Husten („Abhusten“): Bronchiektasen, chronische Bronchitis
- Krupphusten: deutet auf Larynxbeteiligung hin
- Räusperhusten: deutet auf Pharynxbeteiligung hin, oft auch nervös bedingt
- stakkatoartige, rezidivierende Hustenanfälle: Keuchhusten
- Husten nach dem Essen: gastroösophagealer Reflux, Hiatushernie, Ösophagusdivertikel

24.7.3 Diagnostische Möglichkeiten in der Praxis

Folgende diagnostische Möglichkeiten sollten berücksichtigt werden:

- **Anamnese:**
  - meist richtungsweisend: akuter Beginn vs. chronischer Verlauf
  - Art und Menge des Sputums
  - Art und Auftreten der Hustenbeschwerden
  - Atemnot, Schmerzen, Auftreten von Begleitsymptomen (Fieber, Schwitzen, Hautveränderungen, Gewichtsverlust, allgemeine Müdigkeit und Schwäche)
  - Nikotinkonsum, sonstige Schadstoffexposition
  - Medikamenteneinnahme
  - Impfstatus
  - Vor-/Begleiterkrankungen (Allergie, Asthma bronchiale, COPD, Z. n. Operation)
- **körperliche Untersuchung:**
  - obligat sind: Inspektion von Mund, Nasen-, Rachenraum, Palpation regionärer Lymphknoten, Auskultation
  - ggf. Perkussion der Lungen und des Herzens
  - Blutdruck- und Pulsmessung (ggf. Temperaturmessung)
  - ggf. Inspektion und Palpation der Beine und Palpation des Abdomens
- **Labor:**
  - bei der (sehr häufigen viralen Bronchitis als akute Hustenursache) meist nicht notwendig
  - ansonsten nach vermuteter Grundkrankheit
- **technische Untersuchungen:**
  - bei Verdacht auf Asthma bronchiale oder COPD Lungenfunktion
  - bei Verdacht auf chronisch pulmonale Erkrankungen, Lungenembolie und Asthma cardiale EKG
  - Sputumdiagnostik nur bei COPD-Patienten mit häufigen Exazerbationen (z. B. ≥ 3/Jahr), Therapieversagen, schwerer Erkrankung, Verdacht auf multiresistente Bakterien, Verdacht auf Tuberkulose, Verdacht auf eosinophile Bronchitis

Die **ergänzende Diagnostik** richtet sich nach *vermuteter* Grundkrankheit, z. B. Röntgen der Lunge und Nasennebenhöhlen, erweiterte pulmonale Diagnostik beim Fachspezialisten mit ggf. Bronchoskopie, Allergietest, Provokationstests, CT des Thorax, Gastroskopie.

Merke

Akuter Husten:

- Bei fehlenden Hinweisen auf einen gefährlichen Verlauf (s. o.) sollte auf technische Untersuchungen verzichtet werden (B).
- Die Bestimmung des CRP gibt keine Sicherheit zur Differenzierung viraler und bakterieller Infektionen.
- Bei akuter unkomplizierter Bronchitis → keine Labor-, Röntgen-Thorax- oder Sputumdiagnostik (A).
- Die Farbe des Sputums ist keine Indikation für eine Antibiotika-Therapie bei Bronchitis.

Chronischer Husten:

- alle Patienten mit Husten nach dem Rauchen fragen, Raucherstatus regelmäßig dokumentieren [35]
- Raucher aufklären und mit persönlichem Bezug zur Tabakentwöhnung motivieren

- bei respiratorischen Symptomen und entsprechenden Hinweisen (Anamnese/Klinik) auch an kardiale Genese (Asthma cardiale, Lungenstauung) denken und ggf. kardiologische Abklärung einleiten

Abwendbar gefährlicher Verlauf

Akuter Husten:

- infektexazerbierte COPD (vermehrte Dyspnoe, Husten und Sputum)
- Lungenembolie (Tachykardie, Tachypnoe, Dyspnoe, Thoraxschmerz, Z. n. Risikosituation!)
- Lungenödem (Tachypnoe, Dyspnoe, verschärftes Atemgeräusch, feuchte RGs)
- Status asthmaticus (exspiratorischer Stridor, trockene RGs; ***Cave:*** „silent chest")
- Pneumothorax (stechender Thoraxschmerz, asymmetrische Thoraxbewegung, einseitig abgeschwächtes Atemgeräusch, hypersonorer Klopfschall)
- Fremdkörperaspiration (inspiratorischer Stridor)

Chronischer Husten:

- Neoplasien (insbesondere bei Rauchern [***Cave:*** Änderung der Hustenqualität bei Rauchern] oder beruflicher Exposition zu Karzinogenen [z. B. Asbest], Gewichtsverlust, Hämoptysen, Thoraxschmerz, Heiserkeit)
- Lungenembolie: kleine rezidivierende Lungenembolien z. T. schwer erkennbar, öfter bei Patienten mit Erkrankungen des Gerinnungssystems, dominierendes Symptom Belastungsdyspnoe, schnelle Erschöpfung
- Fremdkörperaspiration: mögliche Ursache für länger bestehenden Husten, Vorsicht bei Kindern und alten Menschen
- chronische Linksherzinsuffizienz mit Lungenstauung

Nächtlich auftretender Reizhusten kann Initialsymptom sowohl eines Asthma bronchiale als auch eines Asthma cardiale sein. Husten mit Nachtschweiß sollte an Tuberkulose denken lassen. Die durch Berufsstäube verursachten (seltener gewordenen) Hustenerkrankungen (z. B. Bäckerasthma, Pneumokoniosen) sind anerkannte Berufserkrankungen und müssen gemeldet werden. Besondere Aufmerksamkeit sollte der Allgemeinarzt der Raucherentwöhnung widmen [35].

24.7.4 Leitlinien

Deutsche Gesellschaft für Allgemeinmedizin und Familienmedizin. DEGAM-S 3-Leitline. **Husten.** Im Internet: www.degam.de/leitlinien.html; Stand: 13.11.2015

24.8 Auswurf (Sputum, R09.3)

F. Peters-Klimm

24.8.1 Definition und Epidemiologie

Auswurf (Sputum) ist eine Mischung aus Tracheobronchialsekret und Speichel, das aus den Atemwegen abgehustet und schließlich ausgespuckt wird. Das Abhusten einer sehr geringen Menge Sputum ist zunächst ein physiologischer Vorgang, der Übergang zum „abnormen" Sputum fließend. Entzündungen sowie andere Erkrankungen können das Sputum derart verändern, dass es im Zusammenhang mit weiteren Symptomen wertvolle differenzialdiagnostische Hinweise geben kann [45]. Da ein pathologisches Sputum zumeist mit Husten auftritt, handelt es sich um ein in der Allgemeinpraxis sehr häufiges Symptom.

Die überwiegende Zahl der Patienten mit Sputumbeschwerden einer Allgemeinpraxis haben vorübergehende, meist harmlose Erkrankungen. Ein entsprechend verändertes Sputum kann jedoch auch Hinweis auf eine ernste, auch akut lebensbedrohliche Erkrankung sein.

24.8.2 Differenzialdiagnostische Überlegungen

Bei der anamnestischen Befragung und auch direkten Begutachtung des Sputums kann sich die Beurteilung nach Beschaffenheit, Menge und ggf. Geruch als sinnvoll erweisen. Vor der breiten Verfügbarkeit der bildgebenden Lungendiagnostik wurde der Beschreibung und Interpretation des Sputums eine größere Bedeutung beigemessen, heute spielt sie im ambulanten Bereich kaum noch eine Rolle.

▶ **Beurteilung nach Beschaffenheit.** Zur ersten groben differenzialdiagnostischen Einordnung sollte man – soweit möglich – versuchen, ein Sputum nach den 4 Hauptbestandteilen (schleimig, eitrig, serös, blutig) zu differenzieren.

24

- **schleimiges Sputum:**
  - Ausdruck einer Entzündung bzw. eines Reizzustands mit unterschiedlicher nicht-/infektiöser Ursache (virale Infekte, Asthma bronchiale, physikalische oder chemische Noxen, interstitielle Lungenerkrankungen, Emphysem)
  - mehr, meist grünlich-gelblich-schleimiges Sputum in der Endphase viraler Infekte mit manchmal sekundärer bakterieller Besiedlung
- **eitriges Sputum:**
  - kann auf primär bakterielle Entzündungen hindeuten
  - rein eitrig bei Lungenabszessen und Lungenempyem mit Bronchialanschluss
  - mehr schleimig durchsetzt bei Bronchiektasen, bakterieller (Sinu-)Bronchitis, Pneumonie
- **seröses Sputum:**
  - deutet auf eine kardiale (Linksherzinsuffizienz) oder eine allergische Ursache hin
  - seröses, dünnflüssiges Sputum bei Allergien im Nasen-Rachen-Raum
  - mehr schaumiges – evtl. auch blutig tingiertes – Sputum bei schwerer Linksherzinsuffizienz wie Prä- oder Lungenödem
- **blutiges Sputum:**
  - **Hämoptoe** (rein blutiger Auswurf > 100 ml/h oder > 500 ml/d)
    - Arrodierung einer Bronchialarterie (absoluter Notfall!), z. B. bei Kavernenblutung bei Tuberkulose, Lungentumoren, Einbruch eines Aortenaneurysmas, akute Dekompensation bei Mitralklappenstenose, verschluckte Fremdkörper
    - wichtigste Differenzialdiagnosen: Nasenbluten und Bluterbrechen aus dem oberen Gastrointestinaltrakt (z. B. Ösophagusvarizen, blutendes Ulcus ventriculi, Ösophagus- und Magentumoren)
  - **Hämoptysen** (blutig tingiertes, hämorrhagisches Sputum)
    - Blutungsquelle unterhalb des Stimmbandes bis in die größeren Bronchien; häufigste Ursache ist die Bronchitis, gefolgt von Bronchialkarzinomen (nur bei 5–10 % der Frühformen!) und Bronchiektasen
    - weitere Ursachen: Pneumonie, Tuberkulose, Lungenembolie oder -infarkt, hämorrhagische Diathesen und Antikoagulanzientherapie, bei schwerer Linksherzinsuffizienz (sog. „Herzfehlerzellen“) bis hin zum Lungenödem

► **Beurteilung nach der Menge.** Die sog. „maulvolle“ Expektoration kann bei Bronchiektasen auftreten. Bei kardialer Ursache hängt die Menge von der Schwere und dem Verlauf der Linksherzinsuffizienz (chronisch oder akut) ab, kommt aber in der Praxis nicht mehr vor.

► **Beurteilung nach dem Geruch.** Selten findet sich ein übel riechender, fauliger Geruch bei Lungenabszess bzw. -gangrän, bei Empyem, bei schwerer eitriger Bronchitis und Bronchiektasen und bei länger inkorporierten Fremdkörpern.

24.8.3 Diagnostische Möglichkeiten in der Praxis

Da die Patienten zumeist auch husten, sind die diagnostischen Möglichkeiten mit denen beim Husten identisch (Kap. 24.7). Auch die mögliche ergänzende Diagnostik ist beim Husten erwähnt (Kap. 24.7).

Abwendbar gefährlicher Verlauf

Eine **Hämoptoe** (R04.2) deutet immer auf eine akut-ernsthafte Erkrankung hin und bedarf der sofortigen Krankenhauseinweisung, am besten mit interdisziplinärem Schwerpunkt (Pneumo-/Gastroeneterologie und HNO). Bei **Hämoptysen** (R04.2) mit Risikofaktoren (Nikotinabusus, Alter > 40 Jahre, persistierende Blutung) ist wegen der Möglichkeit eines Malignoms eine nicht notfallmäßige Abklärung (CT, ggf. Bronchoskopie) indiziert.

24.8.4 Leitlinien

Bundesärztekammer, Kassenärztliche Bundesvereinigung, Arbeitsgemeinschaft der Wissenschaftlichen Medizinischen Fachgesellschaften. AWMF-S 3-Leitlinie NVL-003. **Nationale VersorgungsLeitlinie: COPD.** Im Internet: www.awmf.org/leitlinien; Stand: 20.01.2016 (in Überarbeitung, abgelaufen)

Deutsche Gesellschaft für Allgemeinmedizin und Familienmedizin. DEGAM-S 3-Leitline. **Husten.** Im Internet: www.degam.de/leitlinien.html; Stand: 13.11.2015

Paul-Ehrlich-Gesellschaft für Chemotherapie, Deutsche Gesellschaft für Pneumologie und Beatmungsmedizin, Deutsche Gesellschaft für Infektiologie, Kompetenznetzwerk

CAPNETZ. AWMF-S 3-Leitlinie 082–001. **Epidemiologie, Diagnostik, antimikrobielle Therapie und Management von erwachsenen Patienten mit ambulant erworbenen tiefen Atemwegsinfektionen (akute Bronchitis, akute Exazerbation einer chronischen Bronchitis, Influenza und andere respiratorische Virusinfektionen) sowie ambulant erworbener Pneumonie.** Im Internet: www.awmf.org/leitlinien; Stand: 16.11.2015

24.9 Atemnot – Dyspnoe (R06.0)

F. Peters-Klimm

24.9.1 Definition und Epidemiologie

Dyspnoe ist mit ca. 1–2 % aller Beratungsanlässe ein häufiges Symptom, über das Patienten aller Altersgruppen einer Allgemeinpraxis klagen und definiert als subjektive und unangenehme Empfindung einer erschwerten Atmung. Atemnot ist neben Husten ein Leitsymptom sowohl für kardiale als auch pulmonale Erkrankungen, weist aber ein sehr breites ätiologisches Spektrum auf.

Die **Schwere der Luftnot** kann mit der Borg- und der ATS-Skala der American Thoracic Society (ATS) abgeschätzt werden:

- Mit der Borg-Skala wird die subjektive Luftnot auf einer 10- oder 12-stufigen Skala von „überhaupt keine“ bzw. „kaum wahrnehmbar“ bis „höchstgradig“ bewertet.
- Die ATS-Skala unterteilt die Dyspnoe je nach Symptomatik und Ausprägungsgrad verschiedener Merkmale in 5 Grade (0–4):
  - Grad 0: keine Dyspnoe, keine Atemnot – außer bei deutlicher körperlicher Anstrengung
  - Grad 1: milde Dyspnoe, Kurzatmigkeit bei raschem Gehen oder leichtem Anstieg
  - Grad 2: mäßige Dyspnoe, Kurzatmigkeit bei normalem Gehen in der Ebene, Pausen zum Atemholen auch bei eigenem Tempo
  - Grad 3: schwere Dyspnoe, Pausen beim Gehen nach einigen Minuten oder nach etwa 100 Metern im Schritttempo
  - Grad 4: sehr schwere Dyspnoe, zu kurzatmig, um das Haus zu verlassen; Luftnot beim Reden und/oder beim Anziehen

Beide Skalen haben sich im hausärztlichen Alltag nicht etabliert. Oft genügt bei der Beschreibung die recht praktikable Unterteilung in **Ruhe-** und **Belastungsdyspnoe**.

24.9.2 Differenzialdiagnostische Überlegungen

Vorrangiges erstes Ziel der diagnostischen Abklärung ist die Einteilung in **chronische oder akute** Formen (▶ Abb. 24.1), die **mit oder ohne vitale Bedrohung** einhergehen. Die Initialbeurteilung von Vitalparametern und körperlicher Untersuchung von Lunge und Herz sind für abwendbar gefährliche Verläufe wegweisend. Wichtige Kriterien mit differenzialdiagnostischer Bedeutung sind:

- akuter Beginn, chronisch oder Exazerbation vorbestehender Atemnot
- Begleitsymptome (z. B. Fieber, Husten [10], Auswurf, **Thoraxschmerz**, Angina pectoris, Ödeme)
- Auslöser: neue Medikamente (z. B. Betablocker) oder Absetzen bisher eingenommener Medikamente
- Besserung auf umgehende Therapie (Diuretika, Nitrate, Bronchospasmolytika, Kortison)

Dyspnoe kann bei einer Fülle von Grunderkrankungen (mit Mischformen) auftreten. Gründe für eine **akute Atemnot** können sein:

- **häufige Ursachen (bei Erwachsenen)**:
  - Exazerbation einer COPD: Kap. 34.35
  - Asthma bronchiale bzw. Asthmaanfall: Kap. 34.20
  - akuter Atemwegsinfekt: z. B. Kap. 34.28
  - kardiales (Prä-)Lungenödem bei Herzinsuffizienz (Kap. 34.75) und/oder Myokardinfarkt (Kap. 34.74) und/oder Herzrhythmusstörungen (Kap. 34.76)
  - funktionelle Störungen (z. B. Hyperventilationssyndrom, Herzangst-Syndrom): Kap. 34.60
- **seltene, aber bedrohliche Ursachen (bei Erwachsenen)**:
  - kardiovaskuläre Komplikationen
    - Lungenembolie: Kap. 34.105
    - (sub-)akuter (meist „stummer“ bzw. vom Patienten und/oder Arzt nicht erkannter) Myokardinfarkt mit nachfolgender Herzinsuffizienz
    - Perikardtamponade/-erguss

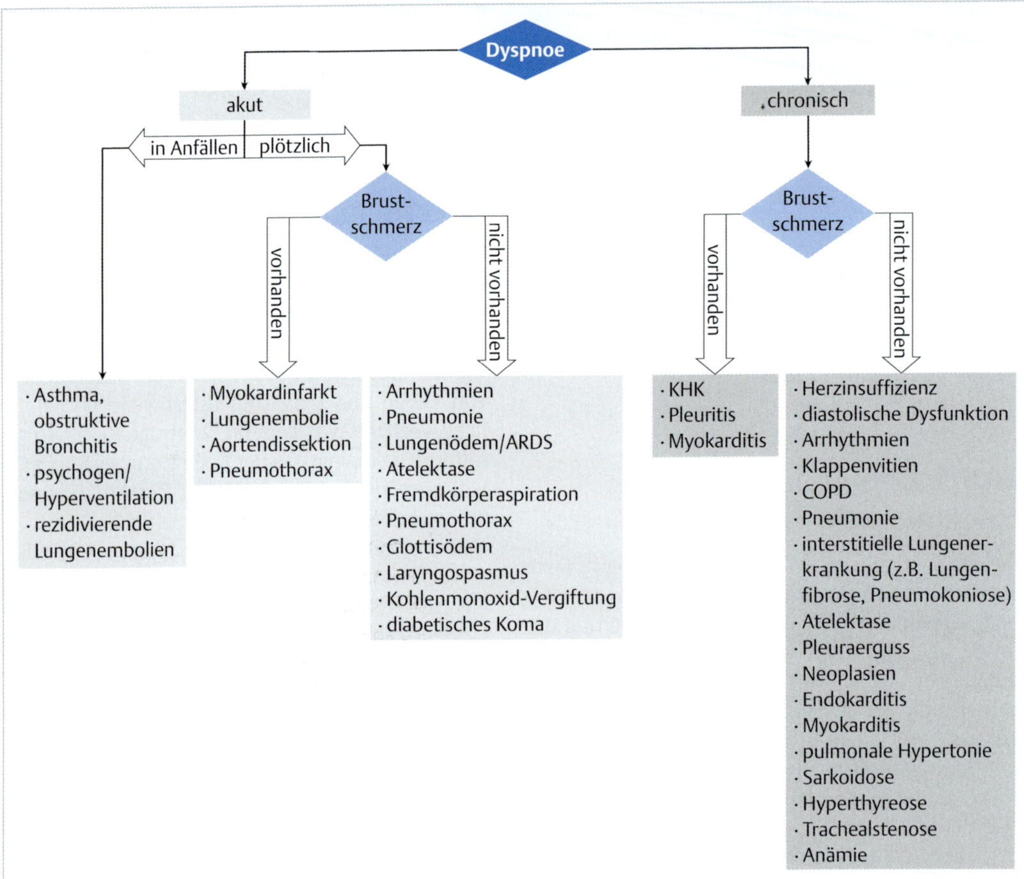

Abb. 24.1 Differenzialdiagnostisches Spektrum bei akuter und chronischer Dyspnoe. [47].

- respiratorische Komplikationen:
  - Pneumonie (inkl. Tuberkulose, Pneumocystis-Infektion, Immunsuppression): Kap. 34.147
  - Pneumothorax
  - Neoplasien (z. B. Bronchialkarzinom oder pulmonale Metastase): Kap. 34.27
  - Pleuraerguss
  - Atelektase
  - (vor allem beidseitige) Rekurrensparese
- neuromuskuläre Ursachen
  - Polyneuritis (Guillain-Barré-Syndrom)
  - Poliomyelitis
  - Myopathien
- allergisch/toxische Ursachen
  - Anaphylaxie
  - Intoxikationen, Inhalation bronchotoxischer Substanzen
  - berufliche Noxen
  - diabetisches oder urämisches Koma (Azidoseatmung)

- **Ursachen bei Kindern**:
  - obstruktive Bronchitis (bei meist viralem Infekt)
  - Asthma bronchiale
  - Pseudokrupp (viral bedingte Laryngotracheitis, meist Säuglinge und Kleinkinder bis 3 Jahre)
  - Fremdkörperaspiration
  - Bronchiolitis (bei Säuglingen)
  - Epiglottitis (sehr selten, bevorzugt bei Kindern zwischen 3 und 7 Jahren)
  - Stimmbanddysfuktion

Gründe für eine **chronische Atemnot** können sein:

- **pulmonal:**
  - chronisch obstruktive Atemwegserkrankungen (z. B. COPD, nicht vollständig reversibles Asthma bronchiale)

- Lungenemphysem (mit mehr oder weniger ausgeprägter Obstruktion)
- interstitielle Lungenerkrankungen (z. B. Silikose, Lungenfibrose)

- **kardial:**
  - chronische Herzinsuffizienz (z. B. myokardiale und/oder valvuläre Ursache)
  - Herzrhythmusstörungen
- **extrathorakale Ursachen:**
  - Adipositas (Kap. 34.4) und Trainingsmangel
  - Anämie verschiedener Ursachen: Kap. 34.11
  - ausgeprägte Skelettdeformitäten: z. B. Kyphoskoliose
  - Aszites und/oder Pleuraergüsse nichtkardialer Ursache
  - Struma: Kap. 34.173
  - Tumoren mit Alteration des Bronchialsystems

24.9.3 Diagnostische Möglichkeiten in der Praxis

Die Ursachen einer chronischen Atemnot können meist ambulant abgeklärt und der entsprechenden Therapie zugeführt werden [36]. Dazu gehören:

- exakte **Anamnese** und **Untersuchung** mit besonderer Berücksichtigung (▶ Abb. 24.2, ▶ Abb. 24.3):
  - pulmonaler Befunde (z. B. Lungengeräusche, Atemverschieblichkeit, Klopfschallqualität, Dämpfungen)
  - kardialer Befunde (z. B. 3. Herzton, weitere Insuffizienzzeichen, Herzrhythmus)
- **Labor:**
  - BSG, Blutbild, Kreatinin, Kalium, Blutzucker
  - weiteres Labor je nach vermuteter bzw. auszuschließender Grundkrankheit.
- **EKG** (z. B. Herzrhythmus, linksventrikuläre Hypertrophie, Rechtsherzbelastung, Myokarditiszeichen, Ischämiezeichen)
- **Lungenfunktion** (bei der Erstuntersuchung genügen Vitalkapazität [VC] und Sekundenkapazität [FEV_1] sowie der errechnete Tiffeneau-Wert [FEV_1/VC] zur Unterscheidung zwischen restriktiver und obstruktiver Ventilationsstörung)
- **Sonografie** (bei vermuteten Pleuraergüssen und nicht vorhandener Röntgenmöglichkeit)

Als **ergänzende Diagnostik** sollte ein Röntgen-Thorax (Infekte, Emphysem, Herzgröße und -konfiguration, pulmonale Stauung bis hin zum Lungenödem, Pleuraergüsse) nie fehlen. Mit diesem Basisprogramm lässt sich zumeist unterscheiden, ob es sich um eine Dyspnoe aus pulmonaler, kardialer oder extrathorakaler Ursache handelt, und

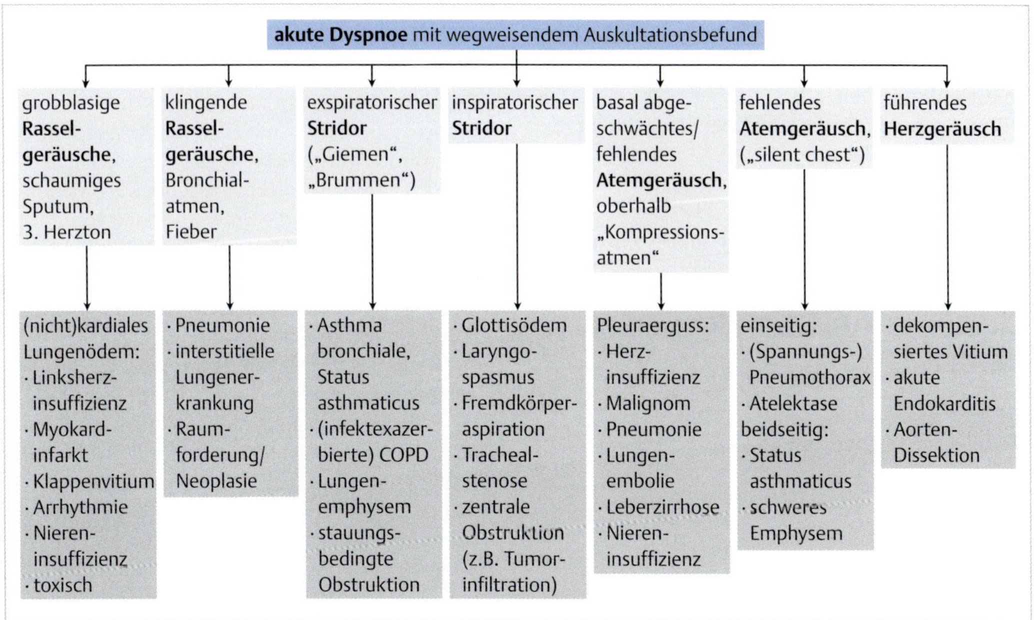

Abb. 24.2 Mögliche Ursachen einer akuten Dyspnoe bei wegweisendem Auskultationsbefund. [47].

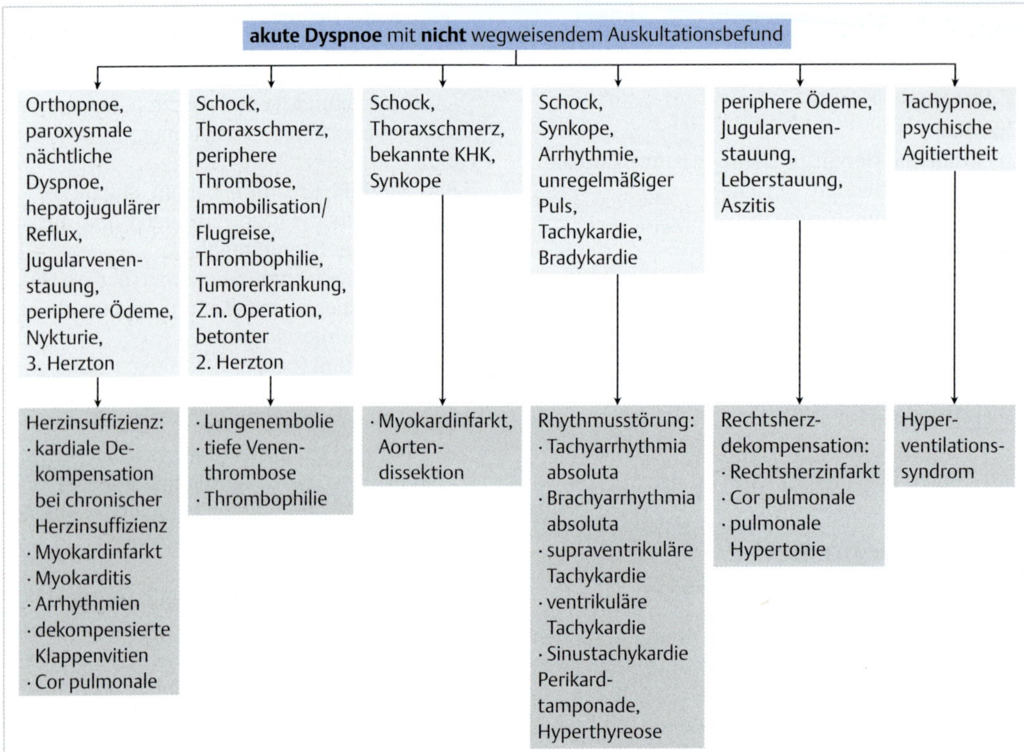

Abb. 24.3 Mögliche Ursachen einer akuten Dyspnoe bei nicht wegweisendem Auskultationsbefund. [47].

eine erste Therapie einleiten. Weitere diagnostische Maßnahmen richten sich nach der vermuteten Grundkrankheit, z. B.:

- Bronchoskopie und/oder CT bei Verdacht auf Bronchialneoplasma
- Allergietest bei Verdacht auf allergisches Asthma bronchiale
- Echokardiografie bei Verdacht auf Herzvitium

Eine enge Zusammenarbeit mit dem entsprechenden Fachspezialisten bzw. Krankenhaus sollte gegeben sein.

Abwendbar gefährlicher Verlauf

Die **akute Dyspnoe** ist auch oft eine Hausbesuchssituation, die mit einfachen Mitteln beurteilt werden muss. Während die Abgrenzung fieberhafter Bronchialinfekte meist ohne Schwierigkeiten gelingt, kann die Unterscheidung von pneumonischen Infekten (oft ohne Fieber bei Älteren!) zu Linksherzinsuffizienzen gleich welcher Ursache recht schwierig sein. Auch die Abgrenzung zum Asthmaanfall ist unter Umständen schwierig. Zum einen kommen oft feuchte Rasselgeräusche und Spastik gemeinsam vor, zum anderen liegen bei älteren, multimorbiden Patienten häufig ätiologische Mischformen vor. Die erlebte Ananmnese und Kenntnis der Vorgeschichte kann in dieser Situation für den Hausarzt äußerst hilfreich sein. Eine Notfall-Misch-Therapie bestehend aus einem Bronchospasmolytikum und einem Diuretikum (u. a.) ist in diesen unklaren Situationen indiziert und eine sofortige Noteinweisung erforderlich.

24.9.4 Leitlinien

Deutsche Gesellschaft für Allgemeinmedizin und Familienmedizin. AWMF-S 3-Leitlinie 053–013. **Husten.** Im Internet: www.awmf.org/leitlinien; Stand: 20.01.2016

Deutsche Gesellschaft für Pneumologie und Beatmungsmedizin. AWMF-S 2-Leitlinie 020–008. **Nichtinvasive und invasive Beatmung als Therapie der chronischen respiratorischen Insuffizienz.** Im Internet: www.awmf.org/leitlinien; Stand: 17.11.2015

24.10 Herzstolpern – Palpitation (R00.2)

F. Peters-Klimm

24.10.1 Definition und Epidemiologie

Definitionsgemäß wird Herzstolpern (Palpitation) vom Patienten als ungewöhnlich schnelle, angestrengte, kräftige oder unregelmäßige Herzaktion empfunden. Es wird in der Hausarztpraxis häufig vorgetragen. Patienten klagen zumeist über „Herzhüpfen, Herzstolpern, Aussetzer, Herzjagen oder Klopfen bis zum Hals", wobei nicht selten eine ausgeprägte Angstkomponente auffällt. Bei dieser Patientengruppe scheinen die Jüngeren zu überwiegen; die asymptomatischen, „zufällig" entdeckten Arrhythmien hingegen finden sich gehäuft bei älteren Patienten. Gerade bei älteren Patienten sind Rhythmusstörungen zumeist ein Symptom oft schwerer kardialer Grunderkrankungen. Da die Ursachen von harmlosen funktionellen Störungen bis hin zu ernsthaften organischen Erkrankungen mit schlechter Prognose reichen können, ist immer eine genaue differenzialdiagnostische Abwägung und Abklärung erforderlich.

Bezüglich des Schweregrades (bzw. der Bedrohlichkeit) lassen sich unterscheiden:

- Die **subjektive Einschätzung** des Patienten über die „Schwere" der Rhythmusstörung ist kein verlässlicher Parameter. Oft werden harmlose, funktionelle Störungen als sehr dramatisch beschrieben; andererseits sind nicht selten Patienten mit bedrohlichen Rhythmusstörungen asymptomatisch.
- **Objektiviert** werden Rhythmusstörungen meist durch das EKG oder im Notfall annähernd durch die simultane Herzauskultation und Pulszählung.

24.10.2 Differenzialdiagnostische Überlegungen

Da Herzrhythmusstörungen (Kap. 34.76) bei organisch Gesunden oder als Folge einer **kardialen** oder **extrakardialen Krankheit** oder **Störung** auftreten, muss anhand der Erfassung der Historie und des EKGs die Ursache als Grundstein für die symptomatische oder kausale Behandlung gesucht werden:

- **kardiale Grundkrankheiten** (hier gehäuft Rhythmusstörungen aus dem AV-Knoten- und Kammerbereich):
    - koronare Herzkrankheit (Kap. 34.99) [1], Herzinfarkt (Kap. 34.74)
    - Myokarditis (Kap. 34.123), Kardiomyopathie
    - Herzvitien und Mitralklappenprolaps
    - Tachykardien (z. B. paroxysmale supraventrikuläre Tachykardien)
    - Herzinsuffizienz (Kap. 34.75)
- **extrakardiale Grundkrankheiten** (hier gehäuft Rhythmusstörungen aus dem Vorhofbereich):
    - funktionelle Störungen (von psychovegetativ-reaktiv bis Herzangstneurose, Kap. 34.60)
    - Elektrolytstörung (insbesondere Hypokaliämie)
    - Medikamentennebenwirkung: Diuretika und Laxanzien (Hypokaliämie!), Antiarrhythmika (!), bestimmte Antihypertonika (Betablocker, Verapamil), (insbesondere trizyklische) Antidepressiva, Theophyllin, Digitalis (besonders bei Überdosierung und bei Hypokaliämie)
    - Alkohol- und Nikotinabusus, übermäßiger Kaffee- und Teekonsum
    - klimakterisches Syndrom
    - Hyperthyreose (Kap. 34.83)
    - Anämie (Kap. 34.11)
    - chronische Lungenerkrankungen
    - hyperreaktiver Karotissinus
    - Meteorismus mit konsekutivem funktionellem Zwerchfellhochstand: gastrokardialer Symptomenkomplex (Roemheld-Syndrom)

24.10.3 Diagnostische Möglichkeiten in der Praxis

Bei allen Herzrhythmusstörungen, die nicht eine sofortige Krankenhauseinweisung erfordern, muss entschieden werden, ob die Diagnostik in der Allgemeinpraxis ausreichend oder eine Überweisung zum Kardiologen nötig ist. Auch wenn sich bei einer großen Zahl von Patienten keine Hinweise auf einen ernsten organischen Grund der geklagten Herzsensationen finden lassen, muss doch jede Herzrhythmusstörung abgeklärt werden. Dazu gehören:

- **Anamnese** mit besonderer Berücksichtigung:
  - des Herz-Kreislauf-Systems (andere Leitsymptome wie Brustschmerz, Schwindel, kardiovaskuläre Vorerkrankungen, Risikofaktoren),
  - möglicher Grundkrankheiten (z. B. Schilddrüse, Anämie, Lungenerkrankung, Fokus),
  - der psychosozialen Vorgeschichte und Belastungen sowie
  - der Medikamenten- und Genussmitteleinnahme
- **körperliche Untersuchung** mit besonderer Berücksichtigung des Herz-Kreislauf-Systems und möglicher Grundkrankheiten
- **EKG**
- **Ergometrie** (Kontraindikationen und Durchführung, Kap. 34.99): allgemein gilt, dass physiologisch oder funktionell bedingte Rhythmusstörungen unter Belastung verschwinden; organisch-kardial bedingte unter Belastung und/oder in der Erholungsphase auftreten und/oder sich verschlimmern
- **Labor:** Labor zum Nachweis bzw. Ausschluss o. g. Differenzialdiagnosen (*nach* EKG)

Für eine **ergänzende Diagnostik** kommen infrage:

- Langzeit-EKG
- Röntgen-Thorax (Herzform, Herzgröße, Lungenerkrankungen)
- weitere Diagnostik nach vermuteter Grundkrankheit, z. B. Sonografie der Schilddrüse, Lungenfunktion
- kardiologische Spezialdiagnostik, z. B. Echokardiografie, Herzkatheter, Eventrekorder

Abwendbar gefährlicher Verlauf

Bedrohliche Herzrhythmusstörungen, die zumeist mit einfachen Mitteln beim Hausbesuch diagnostiziert werden müssen, sind immer Grund für eine akute Krankenhauseinweisung. Inwieweit die nicht bedrohlichen Herzrhythmusstörungen (der weitaus überwiegende Teil in der Praxis) vom Allgemeinarzt vollständig abgeklärt und ggf. auch therapiert werden können, hängt vom kardiologischen Wissen und der Erfahrung des Einzelnen ab. Bei Unklarheiten oder Unsicherheiten sollte immer ein Kardiologe eingeschaltet werden.

24.10.4 Leitlinien

Bundesärztekammer, Kassenärztliche Bundesvereinigung, Arbeitsgemeinschaft der Wissenschaftlichen Medizinischen Fachgesellschaften. AWMF-S 3-Leitlinie NVL-004. **Nationale VersorgungsLeitlinie Chronische KHK.** Im Internet: www.awmf.org/leitlinien; Stand: 19.11.2015

Deutsche Gesellschaft für Arbeitsmedizin und Umweltmedizin. AWMF-S 2k-Leitlinie 002–042. **Nutzung der Herzschlagfrequenz und der Herzfrequenzvariabilität in der Arbeitsmedizin und der Arbeitswissenschaft.** Im Internet: www.awmf.org/leitlinien; Stand: 18.11.2015

Deutsche Gesellschaft für pädiatrische Kardiologie. AWMF-S 2k-Leitlinie 023–022. **Tachykarde Herzrhythmusstörungen im Kindes- und Jugendalter.** Im Internet: www.awmf.org/leitlinien; Stand: 19.11.2015

24.11 Übelkeit und Erbrechen (R11)

K.-C. Münter

24.11.1 Definition und Epidemiologie

Übelkeit und Erbrechen sind häufige Symptome, die beim Patienten eine erhebliche Beunruhigung hervorrufen. Sie finden sich an 11. Stelle der häufigen Beratungsanlässe in der Allgemeinpraxis. Gemeinsam oder allein treten sie als Allgemeinbeschwerden bei einer Reihe von Erkrankungen auf. Neben organischen (abdominellen, zerebralen, thorakalen) Erkrankungen und Infektionen spielen Befindensstörungen, funktionelle Beschwerden sowie Medikamenten- oder Alkoholeinnahme als Ursache für Übelkeit und Erbrechen in der Allgemeinpraxis eine große Rolle, während Intoxikationen bei der Arbeit mit chemischen Substanzen hier seltener vorkommen.

Übelkeit tritt zumeist in leichter Form in der Allgemeinpraxis auf, kann sich aber bis zum Erbrechen steigern. Das Erbrechen kann alle Schweregrade von leichten Verläufen bis hin zum unstillbaren Erbrechen aufweisen.

24.11.2 Differenzialdiagnostische Überlegungen

Hinweise ergeben sich aus dem Zeitpunkt des Auftretens der Symptome, z. B. morgendlich bei Stoffwechselstörungen und Schwangerschaft oder postprandial bei Magenausgangsstenose, schwallartig ohne Übelkeit bei zerebralen Ursachen. Das Erbrochene kann aus unverdauter Nahrung bestehen, blutig, kaffeesatzartig oder kotig sein.

Mögliche Gründe für Übelkeit und Erbrechen in der Allgemeinpraxis sind:

- häufige Gründe:
  - gastrointestinale Ursachen, z. B. Enteritis, Ulkus, Gastritis, Appendizitis, Cholelithiasis, Hepatitis, Pankreatitis u. a.
  - funktionelle Störungen, z. B. Reizmagen
  - zerebrale Ursachen, z. B. Commotio cerebri, Migräne, Morbus Menière (Kap. 34.116), Schlaganfall
  - kardiale Ursachen, z. B. Angina pectoris, Herzinfarkt
  - Genussmittelmissbrauch, besonders von Alkohol
  - Medikamentennebenwirkungen (z. B. Digitalispräparate, Diuretika, Antirheumatika, Antibiotika, Opiate, Zytostatika)
  - Harnleiterkoliken
  - (Früh-)Gravidität
  - Esstörungen
- seltenere Gründe:
  - Ösophagusstenose, Peritonitis, Ileus, Magenkarzinom, gastrointestinale Blutung
  - akuter Glaukomanfall
  - Adnexitis, Eklampsie
  - Hodentorsion
  - Hitzschlag
  - allergischer Schock
  - Pyelonephritis
  - Meningoenzephalitis, intrakranielle Druckerhöhung
  - Störungen des Essverhaltens (extrem: Anorexia nervosa, Bulimia nervosa mit selbstinduziertem und verheimlichtem Erbrechen)
  - andere psychische Ursachen, z. B. Schmerz- und Angstreaktionen
  - stoffwechselbedingte Ursachen, z. B. Nebennierenrindeninsuffizienz (Morbus Addison), Thyreotoxikose, Urämie und entgleister Diabetes mellitus

Übelkeit allein kann auch bei fast allen o. g. Störungen bestehen, insbesondere bei Befindensstörungen, bei leichteren Irritationen des Gastrointestinaltrakts, bei Dysmenorrhö, bei psychomotorischen Anfällen, bei Synkopen und anderen Grunderkrankungen.

24.11.3 Diagnostische Möglichkeiten in der Praxis

Ursachen von Übelkeit und Erbrechen können meist mit folgendem Vorgehen in der Praxis abgeklärt werden:

- **Anamnese:** zu fragen ist nach:
  - Stuhlgang, Appetit, Genussmitteleinnahme, Regelanamnese, Rückkehr von Auslandsreisen
  - Einnahme von Medikamenten (welche in welcher Dosis)
  - ähnlichen Symptomen im Umfeld des Patienten, z. B. Familie, Arbeitsplatz, Schule
  - Hinweisen auf Verzehr verdorbener Speisen
  - Art, Intensität und Verlauf, z. B. akut (kürzer als 24 Stunden) oder chronisch
  - Begleitsymptomen wie z. B. Fieber, Durchfall, Bewusstseinsstörungen, Nackensteifigkeit, Schwindel, Brust- oder Bauchschmerzen
  - Beschaffenheit des Erbrochenen (z. B. unverdaute Speisereste bei Ösophagusstenose, blutig bei Ösophagusvarizenblutung)
  - psychosozialen Belastungssituationen
- **körperliche Untersuchung:**
  - je nach vermuteter Grundkrankheit
  - umfasst die Beurteilung des Allgemeinzustands, die Messung von Puls, Blutdruck und Körpertemperatur, die Untersuchung von Pupillen, Skleren, Bulbus (einschließlich Blickrichtungsnystagmus), Nackenbeweglichkeit, die Mund- und Racheninspektion, Thorax- und Abdomenuntersuchung
  - zu achten ist besonders auf Zeichen der peritonealen Reizung, Exsikkose sowie der intrazerebralen Druckerhöhung
  - ggf. Überprüfung der Koordination (Zeigefinger-Nasen-Versuch, Romberg-Versuch, Unterberger-Zeichen) zum Ausschluss eines Morbus Menière (Kap. 34.116)
- **Labor:**
  - obligat: BSG, Blutbild, Blutzuckerbestimmung, Urinstatus
  - eventuell Schwangerschaftstest
  - weitere: je nach vorgefundenen Begleitsymptomen und vermuteter Grunderkrankung
  - bei Verdacht auf Intoxikation Asservierung des Erbrochenen

24

An ergänzender Diagnostik kommen infrage:

- bei unkompliziertem gastrointestinalem Infekt: zunächst abwartendes Offenlassen, bei Beschwerdezunahme erneute Untersuchung
- bei Verdacht auf Abdominalerkrankung: Sonografie, evtl. endoskopische Untersuchung und Laborkontrollen
- bei unklaren Fällen und/oder Verdacht auf funktionelle Beschwerden: engmaschige Verlaufsbeobachtungen

Das weitere Vorgehen hängt von der vermuteten Grunderkrankung ab.

Abwendbar gefährlicher Verlauf

Patienten mit Ileus (K56.7), Peritonitis (K65.9), einer perforierenden Appendizitis (K35.31) oder anderen Ursachen des akuten Abdomens (R10.0) müssen unverzüglich stationär eingewiesen werden. Zu denken ist ferner an eine mögliche Stoffwechselentgleisung mit Elektrolyt- und pH-Verschiebungen (metabolische Alkalose [E87.3]). Besonders bei Kleinkindern ist eine Exsikkose (E86) rechtzeitig zu erkennen. Der Verdacht auf eine Dyspepsie (K30) bei Säuglingen muss zur frühzeitigen Klinikeinweisung führen. Intrakranielle Prozesse, ein akuter Myokardinfarkt oder Malignome dürfen nicht übersehen werden.

24.11.4 Leitlinien

Deutsche Gesellschaft für Gastroenterologie, Verdauungs- und Stoffwechselkrankheiten. AWMF-S 2k-Leitlinie 021–024. **Gastrointestinale Infektionen und Morbus Whipple.** Im Internet: www.awmf.org/leitlinien; Stand: 20.11.2015

Deutsche Gesellschaft für Gastroenterologie, Verdauungs- und Stoffwechselkrankheiten, Deutsche Gesellschaft für Neurogastroenterologie und Motilität. AWMF-S 3-Leitlinie 021–016. **Reizdarmsyndrom: Definition, Pathophysiologie, Diagnostik und Therapie.** Im Internet: www.awmf.org/leitlinien; Stand: 20.11.2015

24.12 Durchfall (A09.9)

K.-C. Münter

24.12.1 Definition und Epidemiologie

Unter Durchfall wird allgemein das Auftreten von dünnen, mehrmals täglich abgesetzten Stühlen verstanden, wobei vielerlei Ursachen infrage kommen (infektiös, toxisch, entzündlich, funktionell, neoplastisch, endokrin, medikamentös, vaskulär). Medizinisch genauer wird von Diarrhö gesprochen, wenn das Stuhlgewicht über 250 g bei mehr als 3 Stuhlgängen mit hohem Wassergehalt liegt. Die Ursachen des akuten und kurz dauernden Durchfalls (maximal 2–3 Wochen anhaltend) können in der Allgemeinpraxis meist nicht geklärt werden, da der Verlauf häufig selbstlimitierend ist (Abklingen der Symptomatik innerhalb von 1–3 Tagen). Durchfälle können mit oder ohne vermehrte Wasserausscheidung verlaufen. Die weltweit häufigste Durchfallerkrankung ist die Cholera. Etwa 6 Millionen Menschen erkranken und 100 000 Patienten versterben pro Jahr an ihr.

Als Pseudodiarrhö wird ein Symptom des Reizdarmsyndroms bezeichnet, bei dem zwar Stuhlfrequenz und Wassergehalt erhöht sind, das Stuhlgewicht aber nicht.

Merke

Zu beachten ist, dass auch die normale Darmtätigkeit großen interindividuellen Schwankungen unterliegt. So beträgt die Stuhlfrequenz in der Normalbevölkerung zwischen 2- bis 3-mal pro Tag und 2- bis 3-mal pro Woche.

24.12.2 Differenzialdiagnostische Überlegungen

Mögliche Gründe für Durchfall in der Allgemeinpraxis sind:

- **häufige Gründe:**
  - akuter, flüchtiger viraler Infekt des Gastrointestinaltrakts
  - bakterielle Infektionen, z. B. durch Salmonellen
  - virale Infektionen durch Noro- oder Rotaviren (Pflegeheime, Gemeinschaftsunterkünfte)

- Toxine aus Lebensmitteln
- Laxanzien, Antibiotikaeinnahme (bis hin zur pseudomembranösen Kolitis bei Clostridium difficile) oder weitere Medikamente
- funktionelle Unterbauchbeschwerden (z. B. Reizkolon)
- Pankreaserkrankungen wie Insuffizienz oder Entzündung
- cholestatische Syndrome bei Hepatitis oder Choledochusobstruktion mit Steatorrhö
- endokrine Erkrankungen: Hyperthyreose, Diabetes

- **seltene Gründe:**
  - Enteritis durch bakterielle Infektionen, z. B. Shigellen, Campylobacter, Yersinien, Tuberkulose
  - Enteritis durch Bakterientoxine, z. B. Clostridien, E. coli, Staphylokokken
  - Enteritis durch Parasiten: z. B. Lamblien, Entamoeben
  - Malignome (Kolon- oder Rektumkarzinom)
  - chronische Kolitis
  - ischämische Kolitis
  - Malabsorption (z. B. bei Laktasemangel, Sprue) oder Mukoviszidose
  - Nahrungsmittelallergien
  - Immunschwäche: AIDS, IgA-Mangel
  - Fehlernährung: Marasmus, Kwashiorkor

Bei der sog. **Säuglingsdyspepsie** handelt es sich um eine akute Ernährungsstörung mit häufigen, durchfälligen Stühlen, subfebrilen Temperaturen und Erbrechen, deren Ursachen Ernährungsfehler, Malabsorption, Infektionen einschließlich Mittelohrentzündung oder Pneumonie sein können.

24.12.3 Diagnostische Möglichkeiten in der Praxis

Wichtig zur Diagnosestellung in der hausärztlichen Praxis sind [6]:

- **Anamnese:** Fragen je nach differenzialdiagnostischer Überlegung:
  - Sind Kinder oder Erwachsene betroffen?
  - Trat Durchfall in der Familie, am Arbeitsplatz oder in der Schule auf? Hat eine Auslandsreise stattgefunden?
  - Ist der Verlauf akut oder chronisch?
  - Treten Begleitsymptome auf (z. B. Fieber, Erbrechen, Blut im Stuhl, Schleim-, Eiter- oder Fettbeimengung)?
  - Besteht eine Auslösung durch Nahrungs- oder Medikamenteneinnahme (z. B. durch verdorbene Speisen, Antibiotika, Laxanzien, Zuckeraustauschstoffe)?
  - Bestehen Hinweise auf mögliche funktionelle Störungen (z. B. „nervöser“ Durchfall in psychischen Belastungssituationen)?
  - Gingen Operationen voraus?
- **körperliche Untersuchung:**
  - Beurteilung des Allgemeinzustands, die Puls-, Blutdruck- und Körpertemperaturmessung, Mund- und Racheninspektion, Abdomenuntersuchung mit Auskultation der Darmgeräusche
  - bei besonderem Verdacht rektale Untersuchung (Resistenz, Blut im Stuhl?)
  - zu achten ist auf Zeichen der peritonealen Reizung und der Exsikkose
- **Labor:**
  - BSG, Blutbild, TSH
  - Stuhl auf okkultes Blut und pathogene Keime: bei der häufigen viralen Enteritis zunächst 3 Tage abwarten und erst bei Persistenz des Durchfalls Stuhlproben einschicken
  - weitere Laborparameter je nach vermuteter Grunderkrankung
  - Meldepflicht nach dem IfSG für einige Erreger beachten (das nachweisende Labor meldet die Erkrankung unabhängig davon, ob der anfordernde Arzt bereits gemeldet hat [duales Meldesystem])

Als **ergänzende Diagnostik** kommen je nach vermuteter Grundkrankheit z. B. Sonografie, Magen-Darm-Passage, Koloskopie mit Biopsieentnahme zur histologischen Untersuchung, endoskopische (ERCP) oder röntgenologische Untersuchungen oder eine abdominelle CT infrage.

Abwendbar gefährlicher Verlauf

Bei Beschwerdepersistenz sind Malignome oder eine geschwürige Darmentzündung auszuschließen. Bei anhaltendem Durchfall können Exsikkose (E86), Elektrolyt- (E87.8) und Stoffwechselentgleisungen (E88.9) und ein Ileus (K56.7) auftreten, die der stationären Behandlung bedürfen. Aus den gleichen Gründen sollte die Säuglingsdyspepsie (R10.1) stationär überwacht werden. Auszuschließen sind eine entgleisende Hyperthyreose (E05.9) oder Tropenerkrankungen bei entsprechender Exposition.

24.12.4 Leitlinien

Deutsche Gesellschaft für Allgemeinmedizin und Familienmedizin. AWMF-S 1-Leitlinie 053–030. **Akuter Durchfall.** Im Internet: www.awmf.org/leitlinien; Stand: 20.11.2015

24.13 Verstopfung (K59.0)

K.-C. Münter

24.13.1 Definition und Epidemiologie

Verstopfung oder Obstipation bezeichnet zu harte oder zu selten abgesetzte Stühle (weniger als dreimal wöchentlich). Die normale Stuhlentleerung ist hinsichtlich Volumen und Frequenz sehr variabel, wobei familiäre, soziale und diätetische Gewohnheiten individuelle Unterschiede mitbestimmen. So sind 3 bis ca. 14 Stuhlentleerungen pro Woche als normal zu bezeichnen. Da Abführmittel mit festgelegten Ausnahmen (z. B. Zustand nach Kolonoperation, Kolonkarzinom) in den Bereich der Selbstmedikation fallen und nicht mehr verschrieben werden dürfen, kommen Patienten mit **akuten Obstipationsbeschwerden** nur zu einem kleinen Teil in die Praxis. Es leiden aber ca. 20 % aller Menschen in Deutschland unter Verstopfung, davon 75 % Frauen. Der **chronischen Verstopfung** können organische, funktionelle, habituelle (z. B. aufgrund einer schlackenarmen Kost) oder iatrogene (unerwünschte Medikamentenwirkungen) zugrunde liegen. Im Alter kommt es meist zu einer multifaktoriell bedingten Tonusabnahme der Darmmuskulatur.

24.13.2 Differenzialdiagnostische Überlegungen

Häufig bestehen keine organischen Ursachen, sondern die Verstopfung beruht auf **ungünstigen Lebensgewohnheiten**, z. B. dem Verzehr einer stark raffinierten, schlackenarmen Kost, zu geringer Flüssigkeitsaufnahme, Unterdrückung des Stuhlgangs oder unregelmäßigen Ess- und Lebensgewohnheiten. Zahlreiche **Medikamente** (Analgetika vom Opiattyp, Anticholinergika, Antikonvulsiva, Kalziumkanalblocker, Antazida, Sedativa, Antidepressiva, Muskelrelaxanzien, Diuretika u. a.) können eine Obstipation bewirken. In der Allgemeinpraxis eher selten sind **metabolische** (z. B. Hypokaliämie, Hypothyreose, Hyperkalzämie, Urämie, Porphyrie) oder **neurogene** Ursachen (z. B. Innervationsstörungen aufgrund von Rückenmarkerkrankungen, Tabes dorsalis, Multipler Sklerose, Schlaganfall oder Morbus Parkinson).

Eine weitere Unterteilungsmöglichkeit besteht nach eher akutem oder eher chronischem Auftreten der Verstopfung:

- **eher akut:**
  - nach akutem Infekt des Gastrointestinaltrakts
  - nach Immobilisation
  - bei psychischer Anspannung
  - bei Allgemeinerkrankung mit Bettruhe und Appetitlosigkeit
  - nach forcierter Darmentleerung, z. B. nach Koloskopie
- **eher chronisch:**
  - entzündliche Darmerkrankungen, z. B. Divertikulitis, Morbus Crohn, ischämische Kolitis
  - Malignome (Kolon-, Zäkum- oder Rektumkarzinom)
  - Darmverengungen (Polypen, Stenosen, Strikturen)
  - funktionelle Unterbauchbeschwerden/Reizkolon (Synonym: irritables Kolon)

Abwendbar gefährlicher Verlauf

Ein rektaler Blutabgang gilt bis zum Beweis des Gegenteils als Tumorhinweis.

24.13.3 Diagnostische Möglichkeiten in der Praxis

Wichtig zur Diagnosestellung in der hausärztlichen Praxis sind:

- **Anamnese** zur Klärung wichtiger Kriterien mit differenzialdiagnostischer Bedeutung:
  - Trat eine plötzliche Veränderung der Stuhlgewohnheiten auf (wenn ja, an organische Ursachen denken!)?
  - Wann war der letzte Stuhlgang und wie ist die übliche Stuhlfrequenz?
  - Bestehen Begleitsymptome (z. B. Blut im Stuhl, Schleimbeimengungen, Unterbauchbeschwerden)?
  - Wie sind die Ernährungs- und Lebensgewohnheiten?
  - Welche Medikamente werden eingenommen?

- Besteht eine Schwangerschaft?
- Bestehen Hinweise auf psychosoziale Belastungsfaktoren?
- Haben Reisen stattgefunden (Reisetätigkeit mit häufiger Umstellung der Lebensgewohnheiten)?

• **körperliche Untersuchung:** Abdomenuntersuchung mit sorgfältiger Palpation einschließlich rektaler Untersuchung (Blut oder Schleim im Stuhl?)
• **Labor:**
  - BSG, Blutbild, Kalium, Stuhl auf okkultes Blut
  - TSH und weitere Laborparameter je nach vermuteter Grundkrankheit

Auch wenn sich in der Allgemeinpraxis häufig kein pathologischer Untersuchungsbefund findet, so sollte eine weitere **ergänzende Diagnostik** als Ausschlussdiagnostik erwogen werden. Je nach vermuteter Grunderkrankung ist eine Überweisung zur Koloskopie indiziert.

Abwendbar gefährlicher Verlauf

Einerseits dürfen ernste Erkrankungen wie Malignome (C 80.9), Ileus (K56.7) oder Stoffwechselentgleisungen (E88.9) (z. B. Hypothyreose [E03.9], Hypokaliämie [E87.6]) nicht übersehen werden, andererseits muss durch aufklärende Gespräche über die Variationsbreite der normalen Stuhlgangfrequenz die Entwicklung von „Stuhlneurosen" mit teils hohem Laxanzienabusus vermieden werden.

24.13.4 Leitlinien

Deutsche Gesellschaft für Ernährungsmedizin. AWMF-S 3-Leitlinie 073–027. **Chronisch entzündliche Darmerkrankungen.** Im Internet: www.awmf.org/leitlinien; Stand: 20.11.2015

Deutsche Gesellschaft für Ernährungsmedizin. AWMF-S 3-Leitlinie 073–019. **Klinische Ernährung in der Geriatrie.** Im Internet: www.awmf.org/leitlinien; Stand: 20.11.2015

Deutsche Gesellschaft für Verdauungs- und Stoffwechselkrankheiten. AWMF-S 3-Leitlinie 021–018. **Definition, Pathophysiologie, Diagnostik und Therapie intestinaler Motilitätsstörungen.** Im Internet: www.awmf.org/leitlinien; Stand: 20.11.2015

24.14 Inkontinenz (R32)

K.-C. Münter

24.14.1 Definition und Epidemiologie

Der Begriff Inkontinenz bezeichnet das Unvermögen etwas zurückzuhalten. Es werden Harn- und Stuhlinkontinenz unterschieden (Incontinentia lacti ist ein Synonym für das „Milchträufeln").

Harninkontinenz

Definitionen der Harninkontinenz sind:

- Dranginkontinenz oder „Urge"-Inkontinenz (N39.42): imperativer Harndrang, der ein rechtzeitiges Erreichen einer Toilette unmöglich macht
- Belastungsinkontinenz (N39.3): bei Belastungen wie Heben, Tragen, Treppensteigen oder Lachen kommt es zum Urinverlust
- Mischinkontinenz: Mischform aus Drang- und Belastungsinkontinenz
- Überlaufinkontinenz: eine ständig aufgrund von Abstromhindernissen überfüllte Blase führt zu Harnträufeln
- Reflexinkontinenz (N39.40): bei Schädigungen oder Erkrankungen des ZNS (Querschnittslähmung, Multiple Sklerose) kann es zu reflexartigen Detrusor-Kontraktionen mit Harnabgang kommen
- extraurethrale Inkontinenz: Folge von Operationen oder Bestrahlungen, auch angeboren
- Syndrom der überaktiven Blase („overactive bladder"): eigentlich keine Inkontinenzform; der Harndrang zwingt die Betroffenen, sofort eine Toilette aufzusuchen (Miktionsfrequenz über achtmal/24 Stunden)
- Inkontinenz im Kinder- und Jugendalter

Stuhlinkontinenz

Die WHO definiert Stuhlkontinenz als die Fähigkeit „Stuhlgang willentlich ort- und zeitgerecht abzusetzen". Die Stuhlinkontinenz kann in jedem Lebensalter auftreten, ist aber häufiger ein Problem des höheren Lebensalters. Sie ist bei Frauen häufiger als bei Männern (im Verhältnis 5:1). Hier spielen anatomische Gegebenheiten (kürzerer Analkanal) und Geburten eine Rolle. 1–3 % der Bevölkerung sollen unter verschieden stark ausgeprägten Formen (von der Unfähigkeit Winde zurückzuhalten bis zum kompletten Stuhlverlust) leiden. Die Dunkelziffer ist aufgrund der sozialen Stigmatisierung hoch.

24.14.2 Differenzialdiagnostische Überlegungen

Harninkontinenz

In der hausärztlichen Praxis sind die Drang-, die Belastungs- und die Mischinkontinenz am häufigsten. Insbesondere nach mehreren Geburten und bei Übergewicht entwickeln Frauen eine Senkung (Descensus) der Organe des kleinen Beckens. Bei Männern sind traumatische, z. B. im Rahmen einer radikalen Prostatektomie auftretende Einwirkungen Ursache für eine Schädigung des äußeren Blasenschließmuskels.

Das ständige oder sporadische Einnässen im Kindesalter ist ein gesondertes Problem, das den Familien viel Geduld abverlangt, aber therapeutischen Hilfen durchaus zugänglich ist.

Stuhlinkontinenz

Man unterscheidet folgende Ursachen, wobei Mischformen häufig sind:

- sensorisch: Verlust analer Empfindung, meist Operationsfolge
- muskulär: Sphinkterdefekte, Beckenbodeninsuffizienz
- neurogen: zentrale/periphere Ursachen
- gestörte Reservoirfunktion
- funktionell: Laxanzienabusus, Überlaufinkontinenz
- idiopathisch

24.14.3 Diagnostische Möglichkeiten in der Praxis

Allgemein gilt, dass das Thema stark tabuisiert ist. Ein vorsichtiges Nachfragen im Rahmen einer „Check-up"-Untersuchung oder während des geriatrischen Assessments bietet den Betroffenen die Möglichkeit, über ihr Problem zu reden. Die Einleitung einer spezifischen Therapie oder auch die Versorgung mit inkontinenzspezifischen Hilfsmitteln (Binden, Hosen) können eine große Erleichterung bedeuten und die Fortführung bzw. das Wiederaufnehmen sozialer Aktivitäten erheblich erleichtern.

Die Diagnostik beginnt mit der Anamnese, der sich die rektale Untersuchung anschließt. Hier kann der Sphinktertonus im Pressversuch beurteilt werden. Endoskopie (auch anal) und ggf. MRT können sich anschließen.

Als ergänzende Diagnostik kommen je nach vermuteter Grunderkrankung eine Überweisung zum Urologen oder Gynäkologen und/oder Proktologen infrage. Nicht selten gibt es spezialisierte Sprechstunden für Inkontinenz in Kliniken.

Abwendbar gefährlicher Verlauf

Stets müssen ernsthafte Erkrankungen wie Malignome oder neurologische Erkrankungen ausgeschlossen werden.

24.14.4 Leitlinien

Deutsche Gesellschaft für Gynäkologie und Geburtshilfe, Deutsche Gesellschaft für Urologie. AWMF-S 1-Leitlinie 015–006. **Descensus genitalis der Frau.** Im Internet: www.awmf.org/leitlinien; Stand: 20.11.2015

Deutsche Gesellschaft für Gynäkologie und Geburtshilfe, Deutsche Gesellschaft für Urologie. AWMF-S 2k-Leitlinie 015–007. **Die überaktive Blase.** Im Internet: www.awmf.org/leitlinien; Stand: 10.11.2015

Deutsche Gesellschaft für Kinder- und Jugendpsychiatrie, Psychosomatik und Psychotherapie. AWMF-S 1-Leitlinie 028–026. **Enuresis und funktionelle Harninkontinenz (F98.0).** Im Internet: www.awmf.org/leitlinien; Stand: 22.11.2015

Deutsche Gesellschaft für Urologie. AWMF-S 2k-Leitlinie 043–047. **Diagnostik und Therapie der neurogenen Blasenfunktionsstörungen bei Patienten mit Meningomyelocele.** Im Internet: www.awmf.org/leitlinien; Stand: 20.11.2015

24.15 Appetitlosigkeit (R63.0)

K.-C. Münter

24.15.1 Definition

Appetitlosigkeit tritt häufig gemeinsam mit anderen Symptomen wie z. B. Übelkeit und/oder Erbrechen (Kap. 24.11) auf. Eine Vielzahl von Ursachen kann vorliegen, wobei sich viele Überlegungen mit dem Leitsymptom Gewichtsverlust (Kap. 25.9) überschneiden. Häufig handelt es sich in der Allgemeinpraxis um eine Befindensstörung. Der Einfluss von eingenommenen Medikamenten ist nicht zu unterschätzen.

24.15.2 Differenzialdiagnostische Überlegungen

Zu denken ist an:
- Befindensstörungen
- Affektionen des Gastrointestinaltrakts wie z. B. Gastritis, Ulkus-, Leber- oder Pankreaserkrankung
- akute virale oder bakterielle Infektionen, z. B. Tonsillitis, fieberhafter Infekt
- chronische Infektionen wie z. B. Tuberkulose, Osteomyelitis
- Malignome
- Herzinsuffizienz mit Stauungsgastritis
- Medikamentenwirkungen: NSAR, Antibiotika, „Appetitzügler“, Anticholinergika, Opiate u. v. a.
- Genussmittelmissbrauch, besonders Nikotin und Alkohol, andere Psychostimulanzien
- psychische oder psychiatrische Ursachen: Anorexia nervosa, Psychosen, Depressionen
- funktionelle Störungen, besonders funktionelle Oberbauchbeschwerden (Reizmagen)
- endokrine Gründe: Hypothyreose, diabetische Ketoazidose oder Nebenniereninsuffizienz (ACTH-Mangel oder Morbus Addison)

24.15.3 Diagnostische Möglichkeiten in der Praxis

Wichtig zur Diagnosestellung in der hausärztlichen Praxis sind:
- **Anamnese:**
  - Verlauf: akut oder chronisch?
  - Begleitsymptome: Fieber, Übelkeit, Erbrechen, Blut im Stuhl, Obstipation, Diarrhö, Ikterus, Leistungsminderung, Schmerzen
  - Vorerkrankungen: Diabetes mellitus. Herz-Kreislauf-, Leber- und Nierenerkrankungen
  - psychische Ursachen
  - Einnahme von Medikamenten oder Genussmitteln
  - Nahrungsmittelunverträglichkeiten
- **körperliche Untersuchung:**
  - Herz- und Kreislaufuntersuchung
  - Inspektion von Haut, Mund und Rachen
  - Untersuchung der Schilddrüse
  - Untersuchung des Abdomens mit sorgfältiger Leberpalpation
- **Labor:**
  - BSG, Blutbild, TSH, Elektrolyte, Elektrophorese, Nieren- und Leberwerte
  - Stuhl auf okkultes Blut
  - weitere Untersuchungen je nach Grunderkrankung

Als ergänzende Diagnostik kommen die Sonografie, Endoskopie des Gastrointestinaltrakts und weitere Verfahren je nach vermuteter Grunderkrankung infrage.

Abwendbar gefährlicher Verlauf

Nicht verkannt werden dürfen Malignome oder Stoffwechselentgleisungen bei endokriner Ursache.

24.15.4 Leitlinien

Deutsche Gesellschaft für Allgemeinmedizin und Familienmedizin. AWMF-S 3-Leitlinie 053–002. **Müdigkeit.** Im Internet: www.awmf.org/leitlinien; Stand: 22.11.2015

Deutsche Gesellschaft für Ernährungsmedizin. AWMF-S 3-Leitlinie 073–025. **Klinische Ernährung in der Gastroenterologie (Teil 2) – Pankreas.** Im Internet: www.awmf.org/leitlinien; Stand: 22.11.2015

Deutsche Gesellschaft für Ernährungsmedizin. AWMF-S 3-Leitlinie 073–026. **Klinische Ernährung in der Gastroenterologie (Teil 3) – Chronisches Darmversagen.** Im Internet: www.awmf.org/leitlinien; Stand: 22.11.2015

24.16 Beschwerden beim Wasserlassen (N.–)

J. Barlet

24.16.1 Definition

Es handelt sich um ein buntes Spektrum oft harmloser Beschwerden. Meist werden hier relativ schmerzfreie Miktionsbeschwerden und auffällige Urinbefunde beschrieben. Der Harnverhalt ist hingegen eine akute Situation, die baldige ärztliche Hilfe benötigt. Daneben gibt es eine Reihe von Warnsymptomen, die rascher Abklärung bedürfen, um vermeidbare Spätfolgen abzuwenden.

24.16.2 Differenzialdiagnostische Überlegungen

Auffällige Urinbeschaffenheiten sind:

- **verfärbter Urin:** z. B. rot bei einigen Medikamenten (z. B. Spasmolytika), Genuss von roter Bete
- **blutiger Urin:** Kap. 25.10
- **trüber Urin:** bei Infekten und durch Ausfall von Harnsalzen, insbesondere bei kaltem Urin
- **auffälliger Uringeruch:** z. B. nach Spargel, anderen Nahrungsmitteln und Medikamenten, „schimmeliger" Geruch bei Penicillin, stinkender Urin bei Harnwegsinfekten
- **Urinzuckererhöhung:** bei Diabetes mellitus, differenzialdiagnostisch an renale Glukosurien denken (ohne Krankheitswert)
- **Eiweiß bei Nierenerkrankungen:**
  - Albuminurie bei Hypertonie und Diabetes mellitus
  - oft aber auch harmlos, z. B. bei Jugendlichen als orthostatische Proteinurie (Diagnostik mittels Morgenurinprobe, die dann kein Eiweiß enthalten darf)
- **Gallenfarbstoffe** (Bilirubin und Urobilinogen): bei bestehendem Ikterus ist eine orientierende Zuordnung möglich:
  - kompletter Verschlussikterus: Bilirubin positiv, Urobilinogen negativ
  - inkompletter Verschlussikterus: Bilirubin positiv, Urobilinogen positiv
- ganz **klarer Urin,** große Mengen:
  - Diabetes insipidus (Rarität): konstant niedriges spezifisches Gewicht durch fehlende Konzentrierungsfähigkeit der Niere; dies gibt bereits sichere Hinweise auf die Diagnose; mit Urometer bestimmbares spezifisches Gewicht des Urins < 1006 g/l; die Anamnese ergibt weitere diagnostische Hinweise: Nächtliches Durchschlafen ohne Aufwachen und Nachtrinken schließt die Diagnose aus!
    - renaler Diabetes insipidus (tubuläre Funktionsstörung, kein Ansprechen auf Vasopressin)
    - zentraler Diabetes insipidus (Störungen im Bereich des Hypophysenhinterlappens, die idiopathisch, traumatisch [Blutungen, chirurgische Eingriffe], ischämisch oder durch Metastasen von Tumoren bedingt sein können); Mangel an ADH (= antidiuretisches Hormon); kann durch Gabe von Vasopressin kupiert werden
  - nach Trinkexzessen (Bier)

Miktionsstörungen treten auf bei:

- erschwertem Wasserlassen:
  - Prostatahypertrophie (vergrößerte Prostata mit glatter Oberfläche und erhaltenem Sulcus)
  - Prostatakarzinom (sehr derbe höckerige Prostataregion)
  - Harnröhrenstrikturen
  - Blasenlähmungen (inkomplett oder komplett, meist neurogener Ursache) bei Querschnittslähmung, Multipler Sklerose und anderen seltenen neurogenen Krankheitsbildern, aber auch bei progressiver Muskeldystrophie
- Harnverhalt (akut oder rezidivierend, meist schmerzhaft):
  - Prostatahypertrophie und Prostatakarzinom
  - Blasensteine: teilweise Ventilphänomen möglich (unterbrochener Harnstrahl bei der Miktion), aber auch Spasmen und Hämaturie
- Harninkontinenz: unwillkürliches Wasserlassen bzw. auch Harnträufeln, bei Frauen sehr viel häufiger als bei Männern, als Stressinkontinenz oder als Dranginkontinenz (Kap. 24.14)
- Harnwegsinfekt: Kap. 34.69 [38], [39]
- Enuresis nocturna: Kap. 34.47
- Störungen des Harnstrahls:
  - Hypospadie (angeborene Fehleinmündung der Harnröhre)
  - hochgradige Phimosen, die bei Kindern über das 2.–4. Lebensjahr hinaus bestehen bleiben können oder bei Erwachsenen in der Folge von Entzündungen entstanden sind

Weitere Beschwerden können intersexuelle Genitalveränderungen wie z. B. das adrenogenitale Syndrom sein. Sie werden meist schon im Säuglings- bzw. Kleinkindalter erkannt und machen keine körperlichen Beschwerden. Korrekturen sollten, wenn möglich, vor Schulbeginn erfolgen, um Hänseleien und psychische Störungen zu vermeiden.

24.16.3 Diagnostische Möglichkeiten in der Praxis

Eine sorgfältige **Anamnese** und **körperliche Untersuchung** des Abdomens einschließlich rektaler Palpation klärt bereits viele der aufgeführten Beschwerdekomplexe.

Zur weiteren Abklärung ist immer der **komplette Urinstatus** erforderlich:

- Inspektion, Geruch
- Harn-Stix mit 8 bzw. 9 Testfeldern (z. B. Combur-8, Combur-9)

- Mikroskopie (nativ oder Sediment)
- Uricult (orientierende Kultur und Keimzahlbestimmung), bei signifikanter Keimzahl über 10 000 Keime/ml ggf. Keimbestimmung und Resistenzprüfung durch Laborarzt

An weiteren **Laboruntersuchungen** kommen infrage:
- BSG und Blutbild als Entzündungsparameter oder Hinweis auf Karzinom
- zur Abklärung der Nierenfunktion: Kreatinin, Eiweiß und Elektrophorese, Elektrolyte
- bei Verdacht auf Prostataerkrankungen: prostataspezifisches Antigen (PSA)
- bei Bilirubinurie: Leberparameter
- weitere Laborwerte nach vermuteter Grundkrankheit

Als **ergänzende Diagnostik** sind möglich:
- Sonografie der Niere, Blase, Prostata
- Röntgenuntersuchungen Niere, Miktionsurogramm, Restharnbestimmung, Isotopennephrogramm
- CT des Abdomens
- Arteriografie der Niere evtl. mit seitengetrennter Clearance und Reninbestimmung
- urologische Untersuchungen z. B. mittels Zystoskopie oder Uroflowmetrie
- gynäkologische Untersuchung z. B. bei Verdacht auf Descensus uteri et vaginae

Abwendbar gefährlicher Verlauf

Bei Makrohämaturie muss immer ein Karzinom ausgeschlossen werden. Patienten mit Vergrößerungen der Prostata sind rechtzeitig dem Urologen zu überweisen. Ein Harnverhalt muss dauerhaft beseitigt werden. Katheterismus ist nur im Notfall angezeigt, keine Dauerlösung.

24.16.4 Leitlinien

Deutsche Gesellschaft für Allgemeinmedizin und Familienmedizin. DEGAM-S 3-Leitlinie. **Brennen beim Wasserlassen.** Im Internet: www.degam.de/leitlinien.html; Stand: 23.11.2015

Deutsche Gesellschaft für Allgemeinmedizin und Familienmedizin. AWMF-S 1-Leitlinie 053–028. **Nicht-sichtbare Hämaturie.** Im Internet: www.awmf.org/leitlinien; Stand: 23.11.2015

Deutsche Gesellschaft für Urologie. AWMF-S 3-Leitlinie 043–044. **Epidemiologie, Diagnostik, Therapie und Management unkomplizierter bakterieller ambulant erworbener Harnwegsinfektionen bei erwachsenen Patienten.** Im Internet: www.awmf.org/leitlinien; Stand: 23.11.2015

24.17 Juckreiz (L 29.9)

H.-D. Klimm

24.17.1 Definition

Juckreiz gehört zu den physiologischen Schmerzsensationen und ist reflexartig mit der motorischen Antwort des Kratzens verbunden. Nur die Haut ist in der Lage, diesen „Schmerzreiz“ zu vermitteln.

24.17.2 Differenzialdiagnostische Überlegungen

Der Juckreiz kann sehr verschiedene Ursachen haben [3]:
- idiopathischer Pruritus: bevorzugt bei alten Patienten Juckreiz ohne fassbares organisches Korrelat
- psychogener Pruritus: Dermatosenwahn, Dauerjuckreiz
- Pruritus bei Hautkrankheiten: trockene Haut, zu häufiges Waschen, Altershaut (Pruritus senilis)
- Prurigo-Erkrankungen: Neurodermitis, Prurigo simplex und Prurigo nodosa (Strophulus infantum)
- Ekzeme
- Urtikaria
- Dermatitis herpetiformes Duhring
- Ungeziefer: Milben, Flöhe, Läuse
- Pruritus bei Erkrankung innerer Organe:
  - endokrine Störungen (Diabetes mellitus, Hyperthyreose)
  - Schwangerschaft
  - allergische Reaktionen (z. B. Nahrungsmittelallergie, Medikamentenallergie)
  - Lebererkrankungen (Cholestase unterschiedlichster Genese, Hepatitiden, Zirrhose)
  - Nierenerkrankungen (Urämie, verschiedene Ursachen)
  - Darmerkrankungen (Parasiten z. B. Oxyuren)
  - Bluterkrankungen (Leukämie, Morbus Hodgkin, Lymphome)
  - maligne Tumoren (z. B. Melanom)
  - Morbus Paget

III

24.17.3 Diagnostische Möglichkeiten in der Praxis

In der hausärztlichen Praxis ist die Diagnosestellung möglich mit:

- **Anamnese:**
  - Zeitpunkt des Auftretens:
    - Juckreiz in den letzten 3 Schwangerschaftsmonaten: Pruritus gravidarum
    - Juckreiz beim Betreten warmer Räume bei gleichzeitigem Befall mehrerer Familienmitglieder, z. B. Skabies
  - Ort des Auftretens:
    - Juckreiz in der Analregion: Oxyuren, sekundäres Analekzem bei Hämorrhoiden
    - Juckreiz im Genitale bei Frauen: Diabetes mellitus, Craurosis vulvae)
  - Erfragung der Krankenvorgeschichte, z. B. Stoffwechselerkrankungen wie Diabetes mellitus oder chronische Nierenerkrankung
- **körperliche Untersuchung:** möglichst immer den Patienten ganz ausgekleidet inspizieren; zu achten ist auf:
  - Lage der Kratzspuren bei endogenen Ekzemen, generalisiert am ganzen Körper bei malignen Lymphomen
  - Form der Hauterscheinungen, z. B. randbetonte, scharf begrenzte Ekzemherde bei Mykosen, kleine hämorrhagische Punkte bei Insektenstichen
  - Geschwindigkeit des Auftretens und Verschwindens von Effloreszenzen: z. B. beetartig innerhalb von Minuten bis Stunden bei Urtikaria
  - zusätzlich andere Symptome wie Ödeme bei Niereninsuffizienz, Lymphknotenschwellung bei Lymphomen
- **Labor:**
  - BSG, Elektrolyte, Glukose, Transaminasen, Phosphatase, Kreatinin, Bilirubin, Urin
  - ergänzende Labordiagnostik: Differenzialblutbild, Stuhlproben (Darmparasiten), Klebestreifenpräparat (Würmer, Wurmeier), Abstrichkulturen (Bakterien, Hefe, Pilze), T 3, T 4, TSH

An ergänzender Diagnostik kommen infrage:

- ggf. Sonografie: Leber, Pankreas, Niere, Schilddrüse
- ggf. gebietsärztliche Untersuchung: Dermatologe bei allen unklaren dermatologischen Erkrankungen, Nephrologe bei Niereninsuffizienz, Endokrinologe bei Schilddrüsenaffektionen

Abwendbar gefährlicher Verlauf

Mögliche Ursachen wie Hepatitiden (K75.9), Malignome (C 80.9), Niereninsuffizienz (N18.89) und endokrinologische Erkrankungen (E34.9) müssen stets abgeklärt werden! Einer Symptomverfestigung bei psychischen Erkrankungen muss entgegengewirkt werden.

24.17.4 Leitlinien

Deutsche Dermatologische Gesellschaft. AWMF-S 2k-Leitlinie 013–048. **Chronischer Pruritus.** Im Internet: www.awmf.org/leitlinien; Stand: 23.11.2015

24.18 Haarausfall (L 65.–)

F. Peters-Klimm

24.18.1 Definition

Haarausfall (Effluvium [L 65.0–1]) ist ein über das physiologische Normalmaß hinausgehender Verlust (ein täglicher Verlust von bis zu 100 Haaren ist normal) bei zu geringer oder sistierender Neubildung der Haare, der diffus oder herdförmig auftreten und bis zur (umschriebenen, totalen oder universalen) Haarlosigkeit (Alopezie) führen kann.

24.18.2 Differenzialdiagnostische Überlegungen

Aus praktischer Sicht ist es sinnvoll, die Alopezien in solche nach Narbenbildung, Haarwurzelanalyse (Spiegel des Lebenszyklus der Haare) und histologischem Befund zu unterteilen. Im normalen Lebenszyklus der Haare befinden sich ca. 90 % der Haare in der 2- bis 6-jährigen Wachstumsphase (Anagenhaare), etwa 1 % in der 3-wöchigen Übergangsphase (Katagenhaare) und ca.10 % in der Ruhephase (Telogenhaare).

Bei den Alopezien ohne Narbenbildung (nach Befallsmuster) unterscheidet man:

- fokal:
  - **Alopecia areata** (L 63.–):
    - Ätiologie unbekannt, familiäre Häufung, möglicherweise Zusammenhang mit thyreoidalen Autoimmunerkrankungen und Atopien

- meist im späten Kindesalter oder bei jungen Erwachsenen auftretend
- kreisrunde haarlose Stellen, auch im Bart- oder Augenbrauenbereich, auch Übergang in Alopecia (cranialis) totalis (L 63.0) und Alopecia universalis (L 63.1) möglich
- nicht selten spontane Restitutio nach Wochen bis 3 Jahren
- oft mit Tüpfelnägeln kombiniert
- Ophiasis-Typ des kreisrunden Haarverlusts der Kopfhaut zeigt häufig eine schlechte Prognose an

  - **Alopecia syphilitica** (Lues II)
  - **druckinduzierte Alopezie** nach längeren Operationen mit guter Prognose
  - **temporale trianguläre Alopezie:** kongenital, im Bereich der Temporalschädels, Haartransplantation als gute Option
  - **Traktionsalopezie:** Alopezie durch chronischen Druck oder Zug, z. B. bei bestimmten Haartrachten wie Pferdeschwanzfrisur, bei schweren Hüten oder Druckverbänden (initial nicht vernarbend)
- mit einem Muster:
  - **Alopecia androgenetica** (L 64.-) **des Mannes:**
    - im Volksmund auch Glatzenbildung genannt
    - ohne Krankheitswert mit ca. 95 % die häufigste Alopezie des Mannes, setzt normalen Androgenspiegel voraus, starke genetische Komponente
    - normalerweise Beginn im 4.–5. Lebensjahrzehnt, auch kurz nach der Pubertät möglich (Alopecia prematura)
    - Entwicklung normalerweise über Geheimratsecken, Tonsur am Hinterkopf, Lichtung in der Scheitelregion, hufeisenförmiger Randsaum bis zur totalen Glatze
    - Glatzenbildung kann in jedem Stadium sistieren und ist meistens irreversibel
  - **Alopecia androgenetica** (L 64.-) **der Frau:**
    - mit ca. 95 % die häufigste Alopezie der Frau, seltener als beim Mann, aber dennoch relativ häufig
    - beginnt zumeist im 4. Lebensjahrzehnt bei normalem Androgenspiegel, ohne Krankheitswert
    - beschränkt sich überwiegend auf den Scheitelbereich, nicht reversibel, bei jüngeren Frauen als möglicher Hinweis auf adrenogenitales Syndrom [25] oder Androgen produzierende Tumoren (Hirsutismus? Virilismus?) verdächtig
  - **Alopezie bei Trichotillomanie** (F63.3):
    - auffälliges Haardrehen mit -herausreißen bei Kindern
    - meist frontotemporal/frontoparietal lokalisiert
    - kann Hinweis auf psychische Ursache (neurotische Entwicklungsstörung) sein
    - verliert sich meist spontan
- diffus:
  - **telogenes Effluvium** (häufig):
    - durch abrupten Übergang vieler Haarwurzeln von der anagenen in die telogene Phase
    - z. B. bei Medikamenten (z. B. Amiodaron, Antikoagulanzien, Antikonvulsiva, Cholesterinsenker, Hormone, Captopril, Cimetidin, Isotretinoin, Ketoconazol, Lithium, Propranolol, Valproinsäure), Kalorien-/Proteinrestriktion, psychologischen Stressoren, deutlicher Gewichtsabnahme, chronischem Eisenmangel, Schilddrüsendysfunktion, Geburt, und Arsen-, Thallium- und Quecksilber-Vergiftungen
    - Auftreten üblicherweise ca. 2–3 Monate nach „Ereignis“
  - **anagenes Effluvium** bei z. B. Chemotherapie (typischerweise nach 2 Wochen)
  - **andere:** Loose-Anagen-Syndrome bei meist blonden Kindern, Hypotrichie und Atrichie bei genetischen Störungen

Alopezien mit Narbenbildung (nach histologischem Bild) finden sich bei:

- **lymphozytischer primärer vernarbender Alopezie** (Alopecia mucinosa; zentral zentrifugale Alopezie, Alopezie bei Lupus erythematodes chronicus discoides, Keratosis follicularis spinulosa decalvans, Lichen planopilaris)
- **neutrophiler primärer vernarbender Alopezie** (Perifolliculitis capitis abscedens Hoffman), assoziiert mit Akne, meist bei Negroiden; Folliculllitis decalvans, chronische Haarbalgentzündung
- **gemischt:** verschiedene Akneformen (Acne keloidalis, Acne necrotica), erosive pustulöse Dermatose der Kopfhaut (meist bei Älteren nach Operation oder Trauma)
- **Pseudopelade Brocq:** chronischer, idiopathischer, kleinfleckiger irreversibler Haarverlust unbekannter Ätiologie, bevorzugt bei Frauen zwischen 30 und 55 Jahren, einhergehend mit Atrophie der Herde
- **andere:** Tinea capitis, meist bei Kindern

Merke

Haarausfall ist nicht immer mit dem Alopeziebegriff identisch. Auch exogene Haarschäden wie Haarfärbung oder zu häufiges Haarewaschen können durch eine Schädigung der Haarschäfte über eine Haarbrüchigkeit zum Abbrechen der Haare führen.

24.18.3 Diagnostische Möglichkeiten in der Praxis

Die folgende Vorgehensweise ermöglicht eine Diagnose:

- **Anamnese** unter Berücksichtigung von Vorgeschichte und Befallsmuster, Unterscheidung Haarverlust vs. -bruch)
- **genaue Inspektion** der gesamten Kopfhaut
  - bei generalisierten Hauterkrankungen Inspektion des gesamten Integuments
  - bei Verdacht auf systemische oder endokrine Ursachen entsprechende klinische Untersuchungen
  - Beschreibung des Hautbefundes!
- **Labor:**
  - BSG, kleines Blutbild, Serumeisen und Ferritin, TSH als Suchteste
  - weiteres Labor nach vermuteter Grundkrankheit (z. B. Ausschluss [Auto-]Immunthyreopathien)
- **bakterieller Abstrich** und **Probeentnahmen** (Stanzbiopsie, Haaranalysen) bei Verdacht

Als ergänzende Diagnostik sind Haaranalysen (Trichogramm) und Hauptbiopsien bei besonderen Fragestellungen möglich und werden zumeist vom Hautarzt veranlasst. Bei unklaren Fällen stets Zusammenarbeit mit dem Hautarzt herstellen.

Abwendbar gefährlicher Verlauf

Auch wenn die meisten Alopezien harmloser Natur sind, dürfen Autoimmunerkrankungen, Anämien und Tumoren nicht übersehen werden. Auch „harmlose“ Alopezien haben bisweilen starke psychische Rückwirkungen – besonders bei Frauen – und müssen entsprechend beachtet werden. Die oft erst spät erkannte Trichotillomanie (F63.3) der Kinder kann ein Hinweis auf eine ernste psychische Störung sein.

24.18.4 Leitlinien

Deutsche Dermatologische Gesellschaft, Deutsches Kollegium für Psychosomatische Medizin, Deutsche Gesellschaft für Psychotherapeutische Medizin und Allgemeine Ärztliche Gesellschaft für Psychotherapie. AWMF-S 2-Leitlinie 013–024. **Psychosomatische Dermatologie.** Im Internet: www.awmf.org/leitlinien; Stand: 23.11.2015

24.19 Zittern (R25.1)

H.-D. Klimm; frühere Mitarbeit von M. Ehrhardt

24.19.1 Definition

Unter Zittern (Tremor) werden rhythmische, unwillkürliche Bewegungen eines oder mehrerer Körperteile verstanden [30]. Man unterscheidet 3 Formen des Tremors:

- **Ruhetremor:**
  - grobschlägiges Zittern der Extremitäten in Ruhe (Frequenz 4–7/s)
  - Sistieren bei willkürlicher Muskelbewegung, z. B. Parkinson-Tremor
  - bei seelischer, geistiger und körperlicher Belastung Verstärkung!
- **Haltetremor:**
  - feinschlägig, hochfrequenter (8–12/s)
  - eine Tremorart, die sich im Halteversuch (z. B. Ausstreckung der Arme) manifestiert
  - kann durch β-adrenerge Aktivität wie Angst, Schilddrüsenüberfunktion oder Hypoglykämie verstärkt werden
- **Intentionstremor:**
  - grobschlägiger Tremor bis zum Wackeln
  - am stärksten ausgeprägt mit zunehmender Annäherung an das anvisierte Ziel

24.19.2 Differenzialdiagnostische Überlegungen

Mögliche Ursachen sind:

- **Ruhetremor**:
  - fast immer Zeichen eines Morbus Parkinson oder eines sekundären Parkinson-Syndroms (Kap. 34.136); immer nur in Ruhestellung des Patienten auftretend
  - seltene Ursache ist ein Morbus Wilson (Kupferspeicherkrankheit)
- **Haltetremor**: viele mögliche Ursachen:
  - physiologischer Haltetremor: Angst, Anspannung, Erschöpfung, Fieber oder Kälte

- endokrine Erkrankungen wie Hyperthyreose oder Hypoglykämie
- Medikamentennebenwirkungen: Neuroleptika, Betasympathomimetika, Theophylline, Antiepileptika oder Litium
- benigner, essenzieller Tremor: sporadisch oder familiär auftretend, nimmt bei Erregung zu; bei ca. 60 % der Patienten erblich bedingt und damit auch bei anderen Familienmitgliedern nachweisbar (autosomal-dominanter Erbgang); langsam progredient fortschreitend
- Genussmittel-/Drogenabusus: Alkohol, Kaffee, Tee, Opiate, Benzodiazepine, auch bei Entzug

- **Intentionstremor**:
  - kann Hinweis auf eine Läsion des Kleinhirns (zerebellär) oder seine Verbindungen sein
  - bei Tumoren, Ischämien, Blutungen, Multipler Sklerose, Entzündungen
- **orthostatischer Tremor**:
  - selten; geht einher mit Zittern der Beine und des Rumpfes (ca. 12/s)
  - verschwindet im Sitzen oder Gehen
  - meist sind Menschen jenseits des 60. Lebensjahres betroffen, große Sturzgefahr

24.19.3 Diagnostische Möglichkeiten in der Praxis

Wichtig zur Diagnosestellung in der hausärztlichen Praxis sind:

- **Anamnese:**
  - Dauer und Verlauf der Beschwerden, Auftreten bei Ruhe, bei körperlicher Anstrengung oder Stress?
  - Besserung bei Bewegung → Ruhetremor
  - Verschlechterung bei Bewegung → Intentionstremor
  - bei Haltungstremor stets nach psychosozialen Belastungen, Medikamentenmissbrauch, Genussmitteln und Drogengebrauch fragen
  - Besserung nach dem Genuss geringer Mengen Alkohol → benigner essenzieller Tremor
- **körperliche Untersuchung:**
  - Untersuchung des Tremors:
    - Untersuchung im entspannten Sitzen (Ruhetremor)
    - Untersuchung im Stehen (orthostatischer Tremor)
    - Armvorhalteversuch mit gespreizten Fingern (Haltetremor)
    - Finger-Nase-Versuch (Intentionstremor)
    - ggf. Ablenkung des Patienten durch Rechenaufgabe zum Ausschluss eines psychogenen Tremors
  - zusätzliche neurologische Symptome wie Rigor, mimische Starre, Dysarthrie, Dysdiadochokinese, Ataxie vorhanden?
  - Kayser-Fleischer-Ring? → Morbus Wilson (selten)
- **Labor:** nur bei unklarer Einordnung des Tremors oder entsprechenden zusätzlichen Symptomen: Blutzucker, Differenzialblutbild, TSH, Leberwerte, Kupfer, Katecholamine, Coeruloplasmin und Drogenscreening

Als ergänzende Diagnostik kommen infrage:

- ggf. fachneurologische Untersuchung anstreben (EMG, CCT, MRT)
- Sonografie (Leber, Pankreas, Nebennieren, Schilddrüse)

Merke

Ein Tremor kann mehrere Ursachen haben und muss in der Symptomatik gerade bei älteren Menschen nicht den klassischen klinischen Bildern entsprechen.

Abwendbar gefährlicher Verlauf

Drogen- und Medikamentenabusus, psychische Erkrankungen sowie endokrine Störungen und tumoröse Prozesse müssen rechtzeitig erkannt werden, um schwerwiegende Folgen zu verhindern. Oft führen ein Tremor und der vermeintliche „Mangel an Selbstbeherrschung" zu Isolation mit sekundären psychischen Belastungen. Konsequente frühzeitige Behandlung durchführen!

24.19.4 Leitlinien

Deutsche Gesellschaft für Neurologie. AWMF-S 1-Leitlinie 030–011. **Tremor.** Im Internet: www.awmf.org/leitlinien; Stand: 23.11.2015

24.20 Gedächtnisstörungen (R41.3)

H.-D. Klimm

24.20.1 Definition und Epidemiologie

Bei Gedächtnisstörungen handelt es sich um globale oder partielle Beeinträchtigungen von Aufnahme, Speicherung und/oder Wiedergabe von Informationen im Gehirn mit sekundärer Störung des Kurzzeitgedächtnisses bis hin zur Störung des Langzeitgedächtnisses [33]. Man nimmt an, dass in der BRD ca. 1,5 Millionen Menschen an einer Demenzerkrankung leiden, 16 % davon an Alzheimer. Da zwischen Lebensalter und Auftreten einer Demenz ein enger Zusammenhang besteht, ist entsprechend der Veränderung der Alterspyramide in den nächsten Jahren mit einer weiteren Zunahme der Demenz zu rechnen. 80 % aller Patienten über 65 Jahre, die eine Hirnleistungsstörung aufweisen, leben zu Hause und werden vom Hausarzt versorgt. Fast 70 % der Bundesbürger rechnen damit, dass die Pflegebedürftigkeit im Alter und die Demenzerkrankungen für die Menschen in Deutschland zunehmend ein Risiko darstellen werden.

24.20.2 Differenzialdiagnostische Überlegungen

In der allgemeinärztlichen Praxis gibt es eine Vielfalt unterschiedlicher Schweregrade von Gedächtnisstörungen zu beobachten:
- von ganz leichten, intermittierenden Störungen bis hin zu schwersten Störungen der Denk- und Merkfähigkeit
- von leichten, den Patienten subjektiv belastenden Problemen bis hin zu schwerster Pflegebedürftigkeit

Man unterscheidet zwischen:
- Amnesie: zeitlich begrenzte Gedächtnisstörung
- Paramnesie: Erinnerungsverfälschung
- Hyperamnesie: Steigerung der Erinnerungsfähigkeit

Folgende mögliche Ursachen müssen bedacht werden [9]:
- **primäre Demenz**:
  - degenerativer Typ: Alzheimer-Krankheit
  - vaskulärer Typ: Mikrozirkulationsstörungen des Gehirns
  - Mischtyp
  - Lewy-Körperchen-Demenz
  - frontotemporale Demenz (Pick-Krankheit)
  - Creutzfeldt-Jakob-Krankheit
- **sekundäre Demenz**:
  - extrazerebrale Erkrankung wie z. B. Hypothyreose oder Herz-Kreislauf-Erkrankungen
  - Trauma
  - raumfordernde intrazerebrale Prozesse
  - Infektionen
  - Korsakow-Syndrom infolge schwerem Alkoholabusus
  - Morbus Parkinson bei ca. einem Drittel der Betroffenen im späten Stadium
- **exogene Ursachen**:
  - Medikamente (Folsäure, Vitamin-B-Mangel)
  - Intoxikationen (z. B. Psychopharmaka, Tranquilizer, zentral wirkende Analgetika)
  - Denk- und Merkfähigkeitsstörungen bei psychogenen Depressionen und bei Psychosen

24.20.3 Diagnostische Möglichkeiten in der Praxis

Wichtig zur Diagnosestellung in der hausärztlichen Praxis sind [9]:
- Sorgfältige ausführliche **Anamnese**, auch Fremdanamnese:
  - Dauer, mögliche Auslöser (Medikamente besonders bei älteren Menschen, Intoxikationen)
  - Verlaufsformen (andauernd, wechselhaft)
  - Begleiterkrankungen (Veränderungen der Stimmung, Schwindel, Übelkeit, Brechreiz, Erbrechen, motorische Unsicherheit, Zeichen der Herzinsuffizienz, Hypothyreose)
  - Familienanamnese
- ausführliche **Allgemeinuntersuchung**
- **Laborscreening** zum Ausschluss von Leberfunktionsstörungen, Schilddrüsenerkrankungen und Stoffwechselstörungen (BSG, Hämoglobin, Erythrozyten, Leukozyten, γ-GT, Cholesterin, Triglyzeride, Harnsäure, Blutzucker, T 3, T 4, TSH, Folsäure, Vitamin B_{12})
- **EKG** zum Nachweis von Herzrhythmusstörungen

Als ergänzende Diagnostik kommen infrage [9], [30]:

- objektivierende psychologische Testverfahren
- neurologische Untersuchung, einschließlich Duplexsonografie der Karotiden
- Überweisung zum Röntgen bzw. MRT Schädel
- geriatrisches Basisassessment (ab 70 Jahre): EBM 03 360 und 03 362
- optimierende psychologische Testverfahren (DemTect: Test zur Früherkennung mit Depressionsabgrenzung [TFDD])
- Mini-Mental-Status-Test (MMST)
- Uhrenzeichentest (UZT)
- instrumentelle Aktivitäten des täglichen Lebens (IADL)

Abwendbar gefährlicher Verlauf

Hinter jeder Denk- und Merkfähigkeitsstörung kann auch eine lebensbedrohliche Erkrankung stehen, deren Nichterkennen ernste Folgen für den Betroffenen haben kann. Vor allem ist zu denken an:

- intrazerebralen tumorösen Prozess (D 43.2)
- Psychose (F06.08)/Suizidgefahr (R45.8)
- fortgeschrittene Demenz mit Eigen- und Fremdgefährdung (Zwangseinweisung) (G30.0)

24.20.4 Leitlinien

Deutsche Gesellschaft für Allgemeinmedizin und Familienmedizin. AWMF-S 2e-Leitlinie 053–021. **Demenz.** Im Internet: www.awmf.org/leitlinien; Stand: 20.01.2016 (derzeit nicht erreichbar)

24.21 Sehstörung (H0–59)

J. Barlet

24.21.1 Definition

Langsame Sehverschlechterung und akute Sehstörungen kommen recht häufig in der Allgemeinpraxis vor. Hierbei können die verschiedenen Augenabschnitte Cornea, Linse, Glaskörper oder Netzhaut betroffen sein.

24.21.2 Differenzialdiagnostische Überlegungen

Ursachen einer **akuten Sehverschlechterung** können sein:

- Verletzungen oder Verätzungen der Hornhaut (z. B. durch Schweißen)
- Keratitis, häufig mit Begleitkonjunktivitis (z. B. bei Zoster ophthalmicus, andere Viruserkrankungen)
- Glaukomanfall (harter Augapfel, rotes Auge)
- Amaurosis fugax (kurzzeitiges Erblinden auf einem Auge durch Durchblutungsstörungen)
- Zentralvenenthrombose
- Embolie der Zentralarterie
- Sehnervenabriss durch Trauma

Eine **langsame Sehverschlechterung** spricht eher für:

- Iritis und Iridozyklitis (rotes Auge)
- reife Katarakt (graues Aufleuchten im seitlichen Lichteinfall durch die Pupille)
- Makuladegeneration (bei der Funduskopie Defekte in der Netzhaut zu sehen)
- Atrophie des Sehnervs (langsame Veränderung durch Druck)
- Netzhautablösung
- Arteriitis temporalis (gelegentlich Sehverlust bei primär bestehenden Kopf- und Kauschmerzen)

24.21.3 Diagnostische Möglichkeiten in der Praxis

Die Diagnostik umfasst:

- **Anamnese:**
  - Unfälle und Verletzungen
  - erlebte Anamnese des Hausarztes → Risikofaktoren, wie z. B. Diabetes mellitus
- **Augenuntersuchung:**
  - Inspektion → Trübung der brechenden Medien (Linse, Glaskörper) bei seitlich fokussierender Beleuchtung
  - Palpation → harter Bulbus beim Glaukomanfall
  - Ophthalmoskopie (Augenhintergrund) → Blutungen, Stauungspapille oder Sehnervenatrophie
  - Visus (Sehstärke) durch Bildtafeln → Nah- und Fernsehen
  - Stereo-Sehtafeln (z. B. Lange-Test) → Raumsehen

Als **ergänzende Diagnostik** kommt beim Verdacht auf Entzündungen eine Labordiagnostik in der Allgemeinpraxis infrage. Wichtig ist, dass die rechtzeitige Diagnose durch den Augenarzt nicht verschleppt wird.

Abwendbar gefährlicher Verlauf

Bei akuten Sehverschlechterungen besteht immer die Gefahr einer bleibenden Sehbehinderung oder gar **Erblindung** eines Auges. Deshalb muss hier sofort und schnell gehandelt werden. Es wird beim akuten Glaukomanfall (H40.9) Acetazolamid (z. B. Diamox) i. v. gegeben. Bei Verdacht auf Zentralvenenthrombose oder eine Embolie der Zentralarterie muss eine umgehende Über- oder Einweisung erfolgen. Bei Hornhautverletzungen soll der Fremdkörper entfernt und ein Salbenverband (Bepanthen-Augensalbe) angelegt werden. Anschließend muss der Augenarzt eingeschaltet werden.

Beim langsamen Verlauf oder bei Unklarheit wird man auch zum Augenarzt überweisen, da die Geräte zur genauen Diagnostik in der Allgemeinpraxis in der Regel nicht vorhanden sind.

24.21.4 Leitlinien

Deutsche Gesellschaft für Neurologie. AWMF-S 1-Leitlinie 030–077. **Therapie des episodischen und chronischen Kopfschmerzes vom Spannungstyp und anderer chronischer täglicher Kopfschmerzen.** Im Internet: www.awmf.org/leitlinien; Stand: 23.11.2015

24.22 Hörstörungen (H93.2)

H.-D. Klimm

24.22.1 Definition und Epidemiologie

Hörstörungen werden in der Allgemeinpraxis sehr häufig angegeben und haben vielfältige Ursachen. Mehr als 20 Millionen Menschen leiden in Deutschland an Hörstörungen. Die Hörfähigkeit nimmt meist mit zunehmendem Alter ab, wobei sowohl die Lautstärke als auch der Frequenzumfang betroffen sind. Bei Jugendlichen ist ebenfalls eine Zunahme von Hörstörungen zu beobachten, die jedoch meist auf überlauten Musikkonsum zurückgeht.

Nach betroffenem **Frequenzspektrum** unterscheidet man zwischen:

- Hochtonschwerhörigkeit
- Tieftonschwerhörigkeit (wobei besonders die Sprachfrequenz betroffen ist)
- Schwerhörigkeit mit umschriebenen Frequenzausfällen (z. B. infolge Knalltrauma oder chronischem Lärmschaden)

Nach der **Ursache** unterscheidet man:

- Schallleitungsschwerhörigkeit: Störung der Schallübertragung im äußeren Ohr oder Mittelohr (Fehlbildung, Zerumen, Tubenkatarrh, Paukenerguss, Entzündungen, Cholesteatom)
- Schallempfindungsschwerhörigkeit: vorwiegend elektrophysiologisch erklärbare Störung der Schallwahrnehmung (Defekt auf sensorischer und/oder neuronaler Ebene)
- kombinierte Schwerhörigkeit: Schallleitungs- und Schallempfindungsschwerhörigkeit
- andere Ursachen: genetisch bedingte Schwerhörigkeit, Presbyakusis, Labyrinthitis, ototoxische Substanzen, Schädeltrauma, Tumoren

Die folgenden **Schweregrade** bzw. Stadieneinteilung können verwendet werden:

- entsprechend der Hörweiteprüfung:
  - geringgradige Schwerhörigkeit: Hörweite für Umgangssprache 4–6 Meter
  - mittelgradige Schwerhörigkeit: Hörweite für Umgangssprache 1–4 Meter
  - hochgradige Schwerhörigkeit: Hörweite für Umgangssprache 25 cm–1 Meter
  - Taubheit: Hörweite für Umgangssprache < 25 cm
- nach dem Sprachaudiogramm:
  - geringgradige Schwerhörigkeit: Hörverlust 20–40 %
  - mittelgradige Schwerhörigkeit: Hörverlust 40–60 %
  - hochgradige Schwerhörigkeit: Hörverlust 60–80 %
  - höchstgradige Schwerhörigkeit: Hörverlust 80–95 %
  - Taubheit: Hörverlust 100 %

Merke

Bei normalem Hörvermögen wird die Umgangssprache in mehr als 6 Meter Entfernung richtig verstanden.

24.22.2 Differenzialdiagnostische Überlegungen

Neben der Altersschwerhörigkeit können weitere Erkrankungen auftreten, die mit Hörstörungen assoziiert sind:

- Otitis media (Kap. 34.132): meist fieberhaft, oft bei Kindern (Otoskopie bei jedem fieberhaften Säugling und Kleinkind!)
- Grippe-Otitis: Blutblasen auf dem Trommelfell bei grippalen Infekten
- Otitis externa: Kap. 34.131
- Cerumen obturans: Kap. 34.198
- Tubenkatarrh: Kap. 34.184
- Hörsturz: Kap. 34.79
- Tinnitus: Kap. 34.184
- Hörstörungen in Kombination mit Ohrgeräuschen (Morbus Menière): Kap. 34.116
- Schwindelattacken in Kombination mit Hörstörungen

Merke

Im Alter können neurologische Erkrankungen das Sprachverständnis stören.

Weitere mögliche Ursachen sind:

- **angeborene Fehlbildungen**:
  - Fehlbildungen (z. B. Gehörgangsatresie, Ohrmuschelfehlbildung) sollten bereits im Rahmen der Kindervorsorgeuntersuchung entdeckt werden
  - Taubstummheit: Wenn das Kind auf Geräusche nicht reagiert, z. B. durch entsprechende Blickwendung, ist eine pädaudiologische Untersuchung indiziert. Auch eine fehlende Sprachentwicklung und Sprachfehler wie Lispeln sind Hinweise, die an eine geminderte Hörfähigkeit denken lassen müssen. Versorgung mit Hörgerät!
- **Trauma**:
  - bereits „normale“ Ohrkontusionen können zur Trommelfellperforation führen → bei allen Kontakten mit Kindern stets Otoskopie!
  - Knalltrauma (z. B. nach Schießen, Sprengung, Explosion)
  - chronisches Schalltrauma (laute Musik, Kompressorlärm)
  - Fremdkörper insbesondere bei Kleinkindern → Gehörgangsblockade oder penetrierende Traumen (z. B. durch spitze Bleistifte)
  - äußere Gewalteinwirkungen: unfallbedingtes Schädel-Hirn-Trauma, Keilbeinfrakturen mit Trommelfellperforation, Schlagverletzung beim Boxen (Otohämatom)
  - Baro-Trauma: Fliegen oder Tauchen
- **Infekte**:
  - akute Otitis media: Kap. 34.132
  - Mastoiditis mit der Gefahr einer sekundären Meningoenzephalitis
  - chronische Otitis: als mesotympanale Schleimhautentzündung relativ unproblematisch oder chronische Knocheneiterung (epitympanale chronische Otitis = Cholesteatomeiterung); ***Cave:*** katarrhalische Infekte können zum Tubenkatarrh oder Grippe-Otitis (Blutblasen) auf dem Trommelfell führen, meist mit Fieber, aber nicht obligat
  - Zoster oticus (meist starke Schmerzen)
  - Erysipel (relativ selten)
- **Verengung/Verlegung des Gehörgangs:**
  - Exostosen
  - Atherome
  - Perichondritis (meist ohne Hörverlust)
  - obturierende Gehörgangsfurunkel (ausgeprägter Tragusdruckschmerz!)
  - Ekzeme (Kontaktekzeme, mykotisch oder mikrobielles superinfiziertes Ekzem)
- **Durchblutungsstörungen**:
  - akuter, meist einseitiger Hörsturz [23]
  - Labyrinth-Apoplex mit Schwindel, Nystagmus und Hörstörungen (Morbus Menière)
- **toxische Schädigung:**
  - medikamentös durch ototoxische Substanzen wie Antibiotika (Gentamicin, Streptomycin, Virostatika); die Schädigung kann sich auch erst nach Therapieende bzw. Absetzen des Medikaments einstellen und ist oft reversibel
  - durch Benzol oder Kohlenmonoxid (bei berufsbedingten Expositionen) → BG-Behandlung!

III

- **degenerative Veränderungen**:
  - Otosklerose: durch degenerative Veränderungen der Gehörknöchelchen bedingte Schwerhörigkeit, die operativ behandelbar ist
  - Altersschwerhörigkeit (Presbyakusis) jenseits des 60. Lebensjahres, besteht beidseits im Bereich des Innenohrs; äußeres Ohr und Mittelohr sind ohne pathologischen Befund; Stimmgabelversuch → keine Lateralisation möglich, Behandlung mit Hörhilfen
- **Neubildungen**: maligne Tumoren wie Basaliome, Plattenepithelkarzinome, Melanome können auch im Bereich des äußeren Ohres und des Gehörgangs vorkommen und zu Obturationen führen

24.22.3 Diagnostische Möglichkeiten in der Praxis

Primäre Aufgabe ist das Erkennen und die Differenzierung der Hörstörung (Schallempfindungs-, Schallleitungsschwerhörigkeit). Viele der infrage kommenden Krankheitsbilder können mit Mitteln der Praxis endgültig geklärt werden:

- **Anamnese:** s. o.
- einfache orientierende **Untersuchungen** in der Praxis:
  - Gehörüberprüfung auf Umfang- und Flüstersprache, Durchführung seitengetrennt für jedes Ohr
  - Inspektion des äußeren Gehörgangs
  - Palpation der Ohrregion: Tragusdruckschmerz, Mastoidregion
  - Otoskopie des Gehörgangs und Mittelohrs
  - Stimmgabelversuch nach Weber und Rinne zur Unterscheidung von Mittelohr- und Innenohrschwerhörigkeit bzw. Schallleitungs- und Schallempfindungsschwerhörigkeit:
    - **Weber-Versuch:** Die angeschlagene Stimmgabel wird auf die Mittellinie des Kopfes an der Haargrenze aufgesetzt. Der ohrgesunde und auch der symmetrisch Schwerhörige lokalisiert den Ton entweder in der Mitte oder gleichermaßen in beiden Ohren. Bei der Schallleitungsstörung (z. B. Mittelohrentzündung) erfolgt eine Lateralisation ins kranke Ohr, d. h. der Ton wird dort lauter wahrgenommen. Bei der Schallempfindungsstörung, z. B. Innenohrschwerhörigkeit, wird der Ton ins besser hörende Ohr lateralisiert.
    - **Rinne-Versuch:** Vergleich von Luft- und Knochenleitung am gleichen Ohr. Zunächst wird die Stimmgabel auf das Mastoid aufgesetzt und dann, nachdem der Patient den Ton nicht mehr hört, vor das Ohr gehalten. Die Luftleitung ist normalerweise besser als die Knochenleitung, sodass der Ton vor dem Ohr wieder gehört wird (Rinne positiv). Der Versuch ist negativ, wenn eine Schallleitungsstörung vorliegt, d. h. wenn die Knochenleitung besser ist als die Luftleitung.
  - bei fieberhaften Erkrankungen stets ganzkörperliche Untersuchung
- ggf. **Labordiagnostik** wie BSG, Blutbild, Abstrich auf pathogene Keime

Als ergänzende Diagnostik kommen infrage:

- Überweisung zum HNO-Arzt
- Röntgendiagnostik: Schädel (Traumen), HWS, ggf. Spezialaufnahme nach Schüller und Stenvers, CT, MRT
- weitere fachärztliche Diagnostik, z. B. Neurologie

Abwendbar gefährlicher Verlauf

- Blut aus dem äußeren Gehörgang ist immer ein Warnsymptom! (z. B. Schädelbasisfraktur (S 02.1); ***Cave:*** nach Traumen Liquorrhö (G96.0).
- Die Mastoiditis (H70.9) muss sicher erkannt werden, da sie rasch zu Meningitis (G03.9) und Meningoenzephalitis (G04.9) führen kann.
- Der akute, meist einseitige Hörverlust/Hörsturz (H91.2) bedarf der raschen stationären Einweisung [23].
- Nach „Bagatell-Traumen“ wie Ohrfeigen stets nach Trommelfellperforationen suchen, um bleibende Perforationen zu verhindern.
- Bei chronischer Otitis media (H66.9) sind die Gehörknöchelchen im Mittelohr gefährdet. Eine Otitis media muss innerhalb von 2 Wochen vollständig abgeheilt sein!
- Träger von Hörgeräten brauchen eine sorgfältige Anweisung und kontinuierliche Betreuung zur Pflege und Hygiene, um chronische Gehörgangsentzündungen zu vermeiden.

24.22.4 Leitlinien

Deutsche Gesellschaft für Hals-Nasen-Ohren-Heilkunde. AWMF-S 1-Leitlinie 017–010. **Hörsturz.** Im Internet: www.awmf.org/leitlinien; Stand: 23.11.2015

24.23 Schlafstörungen (G47.9)

P. Engeser

24.23.1 Definition und Epidemiologie

Als Schlafstörung wird ein gestörter Schlaf-wach-Rhythmus unterschiedlicher Ausprägung mit psychischen und körperlichen Ursachen bezeichnet. Etwa 50 % der Bevölkerung klagen über kurz dauernde Schlafstörungen, 20 % geben an, ihr Leben lang unter Schlafstörungen zu leiden.

Bei den **Formen der Schlafstörungen** sind Ein- und Durchschlafstörungen sowie Probleme, bei Tage wach zu bleiben, zu unterscheiden. Die schwerwiegendsten Symptome einer Schlafstörung sind:

- unregelmäßige Atmung im Schlaf und ausgeprägtes Schnarchen (z. B. Hinweis auf ein Schlafapnoesyndrom)
- nächtliche Schmerzen im Brustbereich (z. B. bei Angina pectoris)
- morgendliche Kopfschmerzen (z. B. bei HWS-Syndrom mit Verspannungen oder vaskulärer Zephalgie durch Gefäßspasmen während des REM-Schlafs)
- besondere Schläfrigkeit am Tag (Hinweis auf Schlafapnoesyndrom oder Narkolepsie)

24.23.2 Differenzialdiagnostische Überlegungen

Einschlafstörungen treten häufig bei einer psychogenen Verursachung, **Durchschlafstörungen** eher bei organischen Erkrankungen auf. Die beiden häufigsten Ursachen für eine Durchschlafstörung, Depressionen und übermäßiger Alkoholgenuss vor dem Schlaf, können diesem Begriff allerdings nur mit Einschränkungen zugeordnet werden. Für ausgeprägte **Tagesmüdigkeit** sind vorrangig Schlafapnoe und Narkolepsie verantwortlich.

Mögliche Ursachen von Schlafstörungen sind:

- **psychogene Ursachen:** psychoreaktive Belastungsfaktoren wie familiäre oder berufliche Probleme, Konflikt- und Überforderungsreaktionen, Erschöpfungszustände sowie Trauer- und Angstgefühle
- **Alkohol, Medikamente:** als Abusus von Alkohol oder Medikamenten (z. B. Appetithemmer), aber auch bei medizinisch indizierter Einnahme bestimmter Pharmaka (z. B. Asthmamittel vom Theophyllin-Typ oder Betamimetika, Antiepileptika. Antidepressiva wie Clomipramin oder Desipramin, Schilddrüsenpräparate oder Steroide)
- **innere Erkrankungen:** insbesondere Refluxkrankheit, aber auch:
  - Asthma bronchiale mit Atemnot
  - Herzinsuffizienz mit Nykturie, KHK mit Angina pectoris, arterielle Hypertonie mit starken Blutdruckschwankungen
  - Leber- und Nierenerkrankungen mit Pruritus
  - endokrine Störungen wie Hyperthyreose mit Tachykardieneigung
  - Stoffwechselkrankheiten wie Diabetes mellitus (besonders bei nächtlichen Hypoglykämien)
  - Hypokaliämie mit nächtlichen Wadenkrämpfen
  - klimakterische Beschwerden mit Hitzewallungen und Schweißausbrüchen
  - Schlafapnoesyndrom (besonders mit Tagesmüdigkeit)
  - Hyperurikämie mit Gichtanfällen
  - Prostatahypertrophie mit nächtlichem Harndrang
  - zahlreiche Schmerzzustände (z. B. bei Infekten, orthopädischen oder rheumatischen Erkrankungen)
- **neurologische** und **psychiatrische** Erkrankungen:
  - Krampfleiden (Epilepsie)
  - Hirntumoren (besonders bei Zunahme des Schädelinnendrucks)
  - Neuralgie und Polyneuropathie (mit brennenden, elektrisierenden Schmerzen oder Restless-Leg-Syndrom)
  - Depressionen, Manien
  - Schizophrenien
  - Neurosen (besonders Angstattacken)
  - demenzielle Erkrankungen (z. B. vom Alzheimer Typ)
  - Narkolepsie (mit imperativem Schlafdrang)
  - Toxikomanie

Als **entwicklungsbedingte Dyssomnien** bei Kindern werden u. a. Schlafwandeln, Alpträume und Panikzustände sowie die Enuresis nocturna zusammengefasst.

III

24.23.3 Diagnostische Möglichkeiten in der Praxis

Die Diagnostik umfasst:
- **Anamnese:** wichtige Hinweise auf den Auslöser einer Schlafstörung, besonders bei kurz dauernder, akuter Insomnie
- **körperliche Untersuchung:**
  - besonders auf Herzrhythmusstörungen, auf eine pulmonale Spastik bei Asthma bronchiale sowie auf Schmerzzustände achten
  - außerdem Blutdruckkontrollen mit Langzeit-RR-Messung und Palpation der Schilddrüse

Als **ergänzende Diagnostik** kommen infrage:
- **Labordiagnostik:**
  - bei Verdacht auf Hormonstörungen (Hyperthyreose, Klimakterium) → entsprechende Laboruntersuchungen
  - bei Verdacht auf ein Schlafapnoesyndrom → Blutgasanalyse, Lungenfunktion und Langzeit-EKG zur Feststellung des Herzfrequenzverlaufs → weiterführende Funktionstests im Schlaflabor
- **psychiatrische Diagnostik:** bei schweren Depressionen und anderen Psychosen
- **echokardiografische und radiologische Kontrolle:** bei kardialen und pulmonalen Erkrankungen (Herzgröße, pulmonale Stauung?)

Abwendbar gefährlicher Verlauf

- Bei ausgeprägtem **Schlafapnoesyndrom** (G47.39), d. h. schweren Störungen der Atemtätigkeit während des Schlafs, sowie bei **Narkolepsie** (G47.4), d. h. imperativem Schlafdrang am Tage ohne Störung des nächtlichen Schlafs, kommt es zu einem wiederholten Einschlafen am Tage, auch bei anregender Tätigkeit und auch beim Autofahren. Hier ist eine Behandlung unbedingt erforderlich.
- Schlafstörungen durch **Depressionen** (F32.9) sind nicht selten: Wichtig ist das Erkennen und Behandeln der Grunderkrankung und das Beachten einer eventuell bestehenden Suizidgefahr. Eine Krankenhauseinweisung ist z. B. bei Suizidalität (R45.8), Delir (F05.9) oder nächtlichen Asthmaanfällen (J45.9) erforderlich.

24.23.4 Leitlinien

Deutsche Gesellschaft für Allgemeinmedizin und Familienmedizin. AWMF-S 3-Leitlinie 053–002. **Müdigkeit.** Im Internet: www.awmf.org/leitlinien; Stand: 22.11.2015

Deutsche Gesellschaft für Schlafforschung und Schlafmedizin. AWMF-S 3-Leitlinie 063–001. **Nicht erholsamer Schlaf – Schlafstörungen.** Im Internet: www.awmf.org/leitlinien; Stand: 20.01.2016

Deutsche Gesellschaft für Neurologie. AWMF-S 1-Leitlinie 030–045. **Insomnie.** Im Internet: www.awmf.org/leitlinien; Stand: 20.01.2016

Deutsche Gesellschaft für Kinder- und Jugendpsychiatrie, Psychosomatik und Psychotherapie. AWMF-S 1-Leitlinie 028–012. **Nichtorganische Schlafstörungen (F51).** Im Internet: www.awmf.org/leitlinien; Stand: 26.11.2015

24.24 Traurigkeit (F32.9)

P. Engeser

24.24.1 Definition und Epidemiologie

Traurigkeit ist die adäquate Reaktion auf äußere, meist negative schicksalhafte Ereignisse, die häufig eine starke Betroffenheit enthalten kann, wie der Tod von nahen Angehörigen oder Freunden, Krankheiten, Sehnsucht oder Erfolglosigkeit [42]. Sie kann auch Symptom der verschiedenen Formen der Depression sein. Traurigkeit ist eine häufige Klage in der Sprechstunde.

Die **Ausprägung** von Traurigkeit ist sehr unterschiedlich, als Leitsymptom gilt die bedrückte Stimmung, Beeinträchtigung der Lebensfreude, Mattigkeit und ein emotionaler Rückzug.

24.24.2 Differenzialdiagnostische Überlegungen

Von der situationsbedingten Traurigkeit abzugrenzen sind:
- **endogene Depression,** gekennzeichnet durch Verlauf, psychopathologischen Befund und der charakteristischen Art des depressiven Erlebens
- **reaktive Depression,** zeigt sich als habituelle psychische Fehlhaltung mit Mattigkeit und vegetativen Störungen

- **Demenzen** vom vaskulären und/oder Alzheimer-Typ mit Orientierungsstörungen und Veränderungen der Persönlichkeit
- **weitere hirnorganische Erkrankungen**
- **Durchgangssyndrome** (z. B. nach Unfällen)
- **Hormonstörungen** (z. B. im Klimakterium)

24.24.3 Diagnostische Möglichkeiten in der Praxis

Das aufmerksame Gespräch ist hier von entscheidender Bedeutung. Der Allgemeinarzt muss besonders nach Schuldgefühlen und Versagensängsten fragen. Wichtig ist auch das Erkennen einer auslösenden Ursache sowie der bisherige Verlauf und die Dauer.

Zum Ausschluss einer **körperlich begründbaren Traurigkeit** etwa bei einem Malignom ist ein gründlicher organischer Status erforderlich. Im Labor muss eine Stoffwechselerkrankung wie z. B. eine Schilddrüsenfunktionsstörung ausgeschlossen werden.

Eine **ergänzende Diagnostik** ist selten erforderlich, da es sich bei der Traurigkeit meist um eine begrenzte Reaktion handelt; sonst wie bei Angst (Kap. 24.25).

Abwendbar gefährlicher Verlauf

Eine erhöhte Suizidgefahr (R45.8) kann bestehen [29].

24.24.4 Leitlinien

Deutsche Gesellschaft für Kinder- und Jugendpsychiatrie, Psychosomatik und Psychotherapie. AWMF-S 1-Leitlinie 028–031. **Suizidalität im Kindes- und Jugendalter.** Im Internet: www.awmf.org/leitlinien; Stand: 26.11.2015

Deutsches Kollegium für Psychosomatische Medizin. AWMF-S 3-Leitlinie 051–001. **Umgang mit Patienten mit nicht-spezifischen, funktionellen und somatoformen Körperbeschwerden.** Im Internet: www.awmf.org/leitlinien; Stand: 12.11.2015

Deutschsprachige Gesellschaft für Psychotraumatologie. AWMF-S 3-Leitlinie 051–010. **Posttraumatische Belastungsstörung (F43.1).** Im Internet: www.awmf.org/leitlinien; Stand: 26.11.2015

24.25 Angst (F41.9)

P. Engeser

24.25.1 Definition und Epidemiologie

Angst ist ein Gefühl, das sich in als bedrohlich empfundenen Situationen als Besorgnis und unlustbetonte Erregung äußert. Realangst gehört zum Leben. Sie ist ein biologischer Schutzmechanismus. Behandlungsbedürftig ist die pathologische Angst, die der auslösenden Situation unangemessen ist oder keinen erkennbaren Bezug hat. Nach heutigem Wissen sind die Neurotransmitter GABA, Noradrenalin und Serotonin an der Entstehung der Angst beteiligt.

► **Primäre und sekundäre Ängste.** Zu der **pathologischen Angst** werden Phobien, das generalisierte Angstsyndrom, die Panikstörung mit dem Leitsymptom der Panikattacke und die Zwangssyndrome gezählt. Außer diesen Angsterkrankungen im engeren Sinne, den primären Ängsten, gibt es aber auch noch **sekundäre Ängste**. Bei Sekundärängsten liegt immer entweder eine organische oder eine psychiatrische Grunderkrankung vor.

Angststörungen finden sich häufig bei älteren Menschen, an mindestens einer Angststörung haben irgendwann im Leben immerhin fast 14 % der Bundesbürger gelitten.

► **Schweregrad und Leitsymptome.** Die Intensität ist sehr variabel. Sie reicht von geringer Ängstlichkeit bis zur Panikattacke. Neben Allgemeinerscheinungen, wie z. B. starkem Schwitzen oder Durchfall, sind besonders der Magen und das Herz die bevorzugten Organe, an denen sich ein Angstsyndrom manifestieren kann, mit der Folge einer psychosomatischen Erkrankung.

Im Einzelnen können folgende Ängste unterschieden werden:

- **Panikstörungen (F41.0):** plötzlich, schlagartig auftretend, mit körperlichen Ausdrucksformen wie Herzrasen, unregelmäßigem Herzschlag, Schwitzen, Zittern, Beben, Mundtrockenheit, Erstickungsgefühlen, Enge im Hals, Schwindel, Ohnmachtsgefühlen, Angst zu sterben; die Panikstörung setzt plötzlich ohne Vorboten ein und nimmt innerhalb von Minuten an Stärke zu

III

- **Agoraphobie (F40.00):** Angst vor dem Überqueren freier, großer Plätze
- **Klaustrophobie (F40.02):** Angst vor Orten, an denen im Falle des Auftretens einer Panikattacke eine Flucht schwer möglich wäre, wie beispielsweise im Fahrstuhl
- **generalisierte Angststörung (F41.1):** im Gegensatz zur Panik nicht anfallsweise, sondern unterschwellig dauernd; die Patienten können nicht angeben, wovor sie eigentlich Angst haben
- **soziale Phobie (F40.1):** Angst vor Situationen, in denen die Patienten im Mittelpunkt der Aufmerksamkeit stehen, z. B. beim Sprechen in der Öffentlichkeit
- **spezifische Phobie (F40.02):** Beschränkung auf einzelne, fest umschriebene Situationen, z. B. Höhenangst
- **Angst und depressive Störungen (F41.2)**, gemischt: Symptome der generalisierten Angststörung in Kombination mit depressiven Symptomen

24.25.2 Differenzialdiagnostische Überlegungen

Fast jede Krankheit kann Angst auslösen. Von besonderer Bedeutung sind jedoch:

- **endokrine Störungen** wie Hyperthyreose und Phäochromozytom
- **kardiovaskuläre Erkrankungen** wie Hypertonie und Herzrhythmusstörungen
- **psychiatrische Erkrankungen**, insbesondere Depressionen oder schizoide Psychosen
- **neurologische Erkrankungen**, z. B. hirnorganische Krankheit wie Hirntumor, Hirnabszess und Enzephalitis, aber auch Epilepsie (Angst vor dem Anfall)
- **Vergiftungen:** Sympathomimetika, Anticholinergika, Neuroleptika, Antidepressiva, Digitalis, Koffein und Psychostimulanzien oder auch Entzugssyndrome bei Alkohol, Sedativa und Hypnotika

Merke

Nicht zur vorschnellen Diagnose verleiten lassen! Ängstliche Symptomatik kann auch immer auf einer ernsthaften somatischen Erkrankung beruhen!

24.25.3 Diagnostische Möglichkeiten in der Praxis

Die Diagnostik umfasst:

- **Anamnese:** Erkennen von Angst auslösenden Faktoren z. B. bei Phobien (am verbreitetsten sind Agoraphobien, zunehmend auch Sozial- und Tierphobien)
- **körperliche Untersuchung:** Herzkrankheiten, Bluthochdruck, Struma
- **Laboruntersuchungen:** Blutbild, Leberwerte, Elektrolyte, Blutzucker, Kreatinin, Kortison und Schilddrüsenfunktionswerte

Für die **erweiterte Diagnostik** ist relevant, dass schwere Allgemeinerkrankungen oder hirnorganische Funktionsstörungen traumatischer, entzündlicher, vaskulärer, neoplastischer oder toxischer Genese Angst hervorrufen können:

- evtl. Belastungs-EKG, Lungenfunktion, Röntgen-Thorax
- evtl. erweiterte, evtl. toxikologische Laboruntersuchungen
- **psychiatrische Untersuchung:** bei Verdacht auf eine Psychose
- **neurologisches Konsil:** zum Ausschluss zerebraler Erkrankungen oder bei Zustand nach Apoplex

Merke

- grundsätzlich Versuch der Beruhigung und Ablenkung
- bei Erregungszuständen Hilfe rufen wie Bezugspersonen oder Polizei
- medikamentöse Akuttherapie, so z. B. bei akuter Angstneurose und Phobien Lorazepam oder Diazepam

Abwendbar gefährlicher Verlauf

Angst ist bei manchen chronischen oder akuten organischen Krankheiten wie z. B. Herzinfarkt (I21.9), Asthmaanfall (J45.9) oder bei der Hypoglykämie (E16.2) eine wichtige Warnsymptomatik. Hier ist eine entsprechende Behandlung einzuleiten. Besonders bei Ängsten in Zusammenhang mit Depressionen ist mit einer erhöhten Suizidgefahr zu rechnen.

24.25.4 Leitlinien

Deutsche Gesellschaft für Allgemeinmedizin und Familienmedizin. AWMF-S 1-Leitlinie 053–038. **Hausärztliche Beratung „Ganz am Ende des Lebens" unter Berücksichtigung der rechtlichen Aspekte.** Im Internet: www.awmf.org/leitlinien; Stand: 26.11.2015

Deutsche Gesellschaft für Kinder- und Jugendpsychiatrie, Psychosomatik und Psychotherapie. AWMF-S 1-Leitlinie 028–022. **Angststörungen (F41, F93.0).** Im Internet: www.awmf.org/leitlinien; Stand: 26.11.2015

24.26 Nervosität (R45.9)

P. Engeser

24.26.1 Definition und Epidemiologie

Nervosität bezeichnet einen Zustand der inneren Unruhe, begleitet oft von körperlichen Symptomen wie z. B. Zittern oder Schwitzen. „Ich bin immer so nervös" ist ein häufig gehörter Satz in der allgemeinmedizinischen Sprechstunde.

24.26.2 Differenzialdiagnostische Überlegungen

Neben situativ bedingten Auslösern (Sorgen um die Zukunft, Angst vor Krankheiten und Vereinsamung), die in der Anamnese zu erfragen sind, kommen folgende organische und psychische Ursachen in Betracht:

- **chronische Herzinsuffizienz** und **Herzrhythmusstörungen** mit dem Zeichen der Leistungseinschränkung
- **Schilddrüsenfunktionsstörungen** (Hyperthyreose) mit z. B. Schwitzen, Zittern, Tremor
- andere **Stoffwechselerkrankungen** wie z. B. die Hypoglykämie mit den typischen Kennzeichen: u. a. Zittrigkeit, Schweißausbruch, depressive Verstimmung und aggressives Verhalten
- **hirnorganisches Psychosyndrom** als Folge einer chronischen Hirnschädigung mit dem Zeichen einer Affektstörung
- **Psychosen** (agitierte Form)

24.26.3 Diagnostische Möglichkeiten in der Praxis

Zur Diagnostik gehören:

- **Anamnese:** Beschwerdebeginn und bisheriger Verlauf; Wortfindungsstörungen und mangelnde Sprachflüssigkeit könnten ein Hinweis auf eine Demenz sein
- **körperliche Untersuchung:** besonders bei älteren Menschen auf Zeichen einer Exsikkose achten
- **Labor:** besonders Blutbild, Blutzucker und Schilddrüsenfunktion

Eine **ergänzende Diagnostik** ist in der Regel nicht erforderlich; bei anhaltenden Beschwerden ist aber eine Überweisung zum Neurologen (Psychiater) sinnvoll.

Abwendbar gefährlicher Verlauf

Gewinnt der Patient die Überzeugung, dass er zunehmend erkrankt, und besteht auch in der Nacht eine deutliche Unruhe, kann es zu einer krisenhaften Erhöhung des **Suizidrisikos** (R45.8) kommen. Hier ist dann eine medikamentöse Behandlung erforderlich, begleitet von psychotherapeutischen Gesprächen. Bei schwerer Affektlabilität ggf. stationäre Einweisung!

24.26.4 Leitlinien

Deutsche Gesellschaft für Psychosomatische Medizin und ärztliche Psychotherapie. AWMF-S 3-Leitlinie 051–028. **Angststörungen.** Im Internet: www.awmf.org/leitlinien; Stand: 20.01.2016

Deutsche Gesellschaft für Kinder- und Jugendpsychiatrie, Psychosomatik und Psychotherapie. AWMF-S 1-Leitlinie 028–019. **Hyperkinetische Störungen (F90).** Im Internet: www.awmf.org/leitlinien; Stand: 20.01.2016

24

24.27 Nervenzusammenbruch (F43.9)

P. Engeser

III

24.27.1 Definition

Unter einem Nervenzusammenbruch versteht man die akut einsetzende affektive Reaktion unterschiedlicher Intensität, besonders häufig auftretend in Form einer depressiven Verstimmung, z. T. begleitet von psychosomatischen Beschwerden oder auch hypochondrischen Klagen.

Hinter diesem Erscheinungsbild kann sich eine akute **psychische Dekompensation** verbergen, die eine umgehende psychotherapeutische Behandlung erfordert, oder auch nur eine **unangemessene Erlebnisreaktion** bei pathologischer Persönlichkeitsstruktur. Charakteristisch sind eine vermutliche oder tatsächliche Ausweglosigkeit und das Gefühl der eigenen Handlungsunfähigkeit und Überlastung.

24.27.2 Differenzialdiagnostische Überlegungen

Bei einem Nervenzusammenbruch ist an folgende Ursachen zu denken:

- **psychiatrische Erkrankungen:**
  - Depressionen: endogene oder reaktive Form mit den typischen Merkmalen der Antriebshemmung und hoffnungslosen Stimmungslage
  - Angstanfall in Form von Phobien bis hin zu Panikattacken
- **organische Erkrankungen:**
  - Schilddrüsenfunktionsstörung
  - Diabetes mellitus mit Hyper- oder Hypoglykämie
  - ausgeprägte Eisenmangelanämie
  - schwere Herzinsuffizienz mit einem stark reduzierten Leistungsvermögen
- **Intoxikation** (Anamnese!)

24.27.3 Diagnostische Möglichkeiten in der Praxis

Die Diagnostik umfasst:

- **Anamnese:**
  - wichtigste Hinweise auf die Ursachen des Nervenzusammenbruchs
  - Klärung des auslösenden Ereignisses bzw. der Situation
  - Abschätzung des Kräftepotenzials des Patienten im Sinne einer Belastungs-/Bewältigungsbilanz; hier kommt dem sozialen Umfeld des Kranken eine wichtige Bedeutung zu
- **körperliche Untersuchung:** eingehende Untersuchung mit mehrfachen Blutdruckmessungen
- **Labor:** zum Ausschluss einer organischen Ursache → Blutbild, Blutzucker, Schilddrüsenwerte

Abwendbar gefährlicher Verlauf

Bei einer ausgeprägten psychischen Dekompensation (F43.9) ist eine stationäre Behandlung erforderlich.

24.27.4 Leitlinien

Deutsche Gesellschaft für Neurologie. AWMF-S 1-Leitlinie 030–039. **Dystonie.** Im Internet: www.awmf.org/leitlinien; Stand: 26.11.2015

Deutsche Gesellschaft für Psychiatrie und Psychotherapie, Psychosomatik und Nervenheilkunde. AWMF-S 3-Leitlinie 038–020. **Psychosoziale Therapien bei schweren psychischen Erkrankungen.** Im Internet: www.awmf.org/leitlinien; Stand: 26.11.2015

Deutschsprachige Gesellschaft für Psychotraumatologie. AWMF-S 3-Leitlinie 051–010. **Posttraumatische Belastungsstörung (F43.1).** Im Internet: www.awmf.org/leitlinien; Stand: 26.11.2015

24.28 Literatur, Links und Leitlinien

[1] Bundesärztekammer, Kassenärztliche Bundesvereinigung, Arbeitsgemeinschaft der Wissenschaftlichen Medizinischen Fachgesellschaften. Nationale VersorgungsLeitlinie 4. Chronische KHK. Im Internet: www.awmf.org/uploads/tx_szleitlinien/nvl-004l_S3_KHK_2015-04.pdf; Stand: 19.11.2015

[2] Deutsche Dermatologische Gesellschaft, Deutsches Kollegium für Psychosomatische Medizin, Deutsche Gesellschaft für Psychotherapeutische Medizin und Allgemeine Ärztliche Gesellschaft für Psychotherapie. AWMF-S2-Leitlinie 013–024. Psychosomatische Dermatologie. Im Internet: www.awmf.org/uploads/tx_szleitlinien/013-024l_S2_Psychosomatische_Dermatologie.pdf; Stand: 23.11.2015

[3] Deutsche Dermatologische Gesellschaft. AWMF-S2k-Leitlinie 013–048. Chronischer Pruritus. Im Internet: www.awmf.org/uploads/tx_szleitlinien/013-048l_S2k_Chronischer_Pruritus__092012_1.pdf; Stand: 23.11.2015

[4] Deutsche Gesellschaft für Allgemeinmedizin und Familienmedizin. AWMF-S 3-Leitlinie 053–002. Müdigkeit. Im Internet: www.awmf.org/uploads/tx_szleitlinien/053-002l_S 3_Muedigkeit_2011-verlaengert.pdf; Stand: 22.11.2015

[5] Deutsche Gesellschaft für Allgemeinmedizin und Familienmedizin. AWMF-S 1-Leitlinie 053–028. Nicht-sichtbare Hämaturie. Im Internet: www.awmf.org/uploads/tx_szleitlinien/053-028-_S 10_Nicht_sichtbare_H%C 3 %A4maturie_2013-10.pdf; Stand: 23.11.2015

[6] Deutsche Gesellschaft für Allgemeinmedizin und Familienmedizin. AWMF-S 1-Leitlinie 053–030. Akuter Durchfall. Im Internet: www.awmf.org/uploads/tx_szleitlinien/053-030l_S 1_Akuter_Durchfall_2014-06.pdf; Stand: 20.11.2015

[7] Deutsche Gesellschaft für Allgemeinmedizin und Familienmedizin. AWMF-S 1-Leitlinie 053–038. Hausärztliche Beratung „Ganz am Ende des Lebens" unter Berücksichtigung der rechtlichen Aspekte. Im Internet: www.awmf.org/uploads/tx_szleitlinien/053-038l_S 1_Ganz_am_Ende_des_Lebens_2013-09.pdf; Stand: 26.11.2015

[8] Deutsche Gesellschaft für Allgemeinmedizin und Familienmedizin. DEGAM-S 3-Leitlinie. Brennen beim Wasserlassen. Im Internet: www.degam.de/files/Inhalte/Leitlinien-Inhalte/Dokumente/DEGAM-S 3-Leitlinien/LL-01_Langfassung_mit_KV_ZD.pdf; Stand: 23.11.2015

[9] Deutsche Gesellschaft für Allgemeinmedizin und Familienmedizin. DEGAM-S 2e-Leitlinie. Demenz. Im Internet: www.degam.de/files/Inhalte/Leitlinien-Inhalte/Dokumente/DEGAM-S 3-Leitlinien/LL-12_Langfassung_TJ_03_korr_01.pdf; Stand: 23.11.2015

[10] Deutsche Gesellschaft für Allgemeinmedizin und Familienmedizin. DEGAM-S 3-Leitline. Husten. Im Internet: www.degam.de/files/Inhalte/Leitlinien-Inhalte/Dokumente/DEGAM-S 3-Leitlinien/Langfassung_Leitlinie_Husten_20 140 323.pdf; Stand: 13.11.2015

[11] Deutsche Gesellschaft für Allgemeinmedizin und Familienmedizin. DEGAM-S 3-Leitline. Müdigkeit. Im Internet: www.degam.de/files/Inhalte/Leitlinien-Inhalte/Dokumente/DEGAM-S 3-Leitlinien/LL-02_Muedigkeit_Langfassung_2011_2.pdf; Stand: 11.11.2015

[12] Deutsche Gesellschaft für Arbeitsmedizin und Umweltmedizin. AWMF-S 2k-Leitlinie 002–042. Nutzung der Herzschlagfrequenz und der Herzfrequenzvariabilität in der Arbeitsmedizin und der Arbeitswissenschaft. Im Internet: www.awmf.org/uploads/tx_szleitlinien/002-042l_S 2k_Herzschlagfrequenz_Herzfrequenzvariabilit%C 3 %A4t_2014-07.pdf; Stand: 18.11.2015

[13] Deutsche Gesellschaft für Ernährungsmedizin. AWMF-S 3-Leitlinie 073–019. Klinische Ernährung in der Geriatrie. Im Internet: www.awmf.org/uploads/tx_szleitlinien/073-019l_S 3_Klinische_Ern%C 3 %A4hrung_Geriatrie_2013-08.pdf; Stand: 20.11.2015

[14] Deutsche Gesellschaft für Ernährungsmedizin. AWMF-S 3-Leitlinie 073–025. Klinische Ernährung in der Gastroenterologie (Teil 2) – Pankreas. Im Internet: www.awmf.org/uploads/tx_szleitlinien/073-025l_S 3_Klinische_Ern%C 3 %A4hrung_Gastroenterologie_2014.pdf; Stand: 22.11.2015

[15] Deutsche Gesellschaft für Ernährungsmedizin. AWMF-S 3-Leitlinie 073–026. Klinische Ernährung in der Gastroenterologie (Teil 3) – Chronisches Darmversagen. Im Internet: www.awmf.org/uploads/tx_szleitlinien/073-026l_S 3_Klin_Ern_Gastro_Chronisches_Darmversagen_2014-07.pdf; Stand: 22.11.2015

[16] Deutsche Gesellschaft für Ernährungsmedizin. AWMF-S 3-Leitlinie 073–027. Chronisch-entzündliche Darmerkrankungen. Im Internet: www.awmf.org/uploads/tx_szleitlinien/073-027l_S 3_Klinische_Ern%C 3 %A4hrung_Chronisch_entz%C 3 %BCndliche_Darmerkrankung_2014-08.pdf; Stand: 20.11.2015

[17] Deutsche Gesellschaft für Gastroenterologie, Verdauungs- und Stoffwechselkrankheiten, Deutsche Gesellschaft für Neurogastroenterologie und Motilität. AWMF-S 3-Leitlinie 021–016. Reizdarmsyndrom: Definition, Pathophysiologie, Diagnostik und Therapie. Im Internet: www.awmf.org/uploads/tx_szleitlinien/021-016l_S 3_Reizdarmsyndrom_2011-abgelaufen.pdf; Stand: 20.11.2015

[18] Deutsche Gesellschaft für Gastroenterologie, Verdauungs- und Stoffwechselkrankheiten. AWMF-S 2k-Leitlinie 021–024. Gastrointestinale Infektionen und Morbus Whipple. Im Internet: www.awmf.org/uploads/tx_szleitlinien/021-024l_S 2k_Infekti%C 3 %B6se_Gastritis_2015-02.pdf; Stand: 20.11.2015

[19] Deutsche Gesellschaft für Geriatrie. AWMF-S 1-Leitlinie 084–001. Harninkontinenz. Im Internet: www.awmf.org/uploads/tx_szleitlinien/084-001l_S 1_Harninkontinenz_2014-09.pdf; Stand: 10.11.2015

[20] Deutsche Gesellschaft für Gynäkologie und Geburtshilfe, Deutsche Gesellschaft für Urologie. AWMF-S 2e-Leitlinie 015–005. Diagnostik und Therapie der Belastungsinkontinenz der Frau. Im Internet: www.awmf.org/uploads/tx_szleitlinien/015_005l_S 2e_Belastungsinkontinenz_2013-07.pdf; Stand: 10.11.2015

[21] Deutsche Gesellschaft für Gynäkologie und Geburtshilfe, Deutsche Gesellschaft für Urologie. AWMF-S 1-Leitlinie 015–006. Descensus genitalis der Frau. Im Internet: www.awmf.org/uploads/tx_szleitlinien/015-006_S 1IDA_Descensus_genitalis_der_Frau_2008_abgelaufen.pdf; Stand: 20.11.2015

[22] Deutsche Gesellschaft für Gynäkologie und Geburtshilfe, Deutsche Gesellschaft für Urologie. AWMF-S 2k-Leitlinie 015–007. Die überaktive Blase. Im Internet: www.awmf.org/uploads/tx_szleitlinien/015-007l_S 2k_Ueberaktive_Blase_2010-abgelaufen.pdf; Stand: 10.11.2015

[23] Deutsche Gesellschaft für Hals-Nasen-Ohren-Heilkunde. AWMF-S 1-Leitlinie 017–010. Hörsturz. Im Internet: www.awmf.org/uploads/tx_szleitlinien/017-010l_S 1_Hoersturz_2014-02.pdf; Stand: 23.11.2015

[24] Deutsche Gesellschaft für Hals-Nasen-Ohrenheilkunde. AWMF-S 3-Leitlinie 017–064. Chronischer Tinnitus. Im Internet: www.awmf.org/uploads/tx_szleitlinien/017-064l_S 3_Chronischer_Tinnitus_2015-02.pdf; Stand: 12.11.2015

[25] Deutsche Gesellschaft für Kinderheilkunde und Jugendmedizin. AWMF-S 1-Leitlinie 027–047. Adrenogenitales Syndrom. Im Internet: www.awmf.org/uploads/tx_szleitlinien/027-047_S 1_Adrenogenitales_Syndrom_2010_abgelaufen.pdf; Stand: 23.11.2015

[26] Deutsche Gesellschaft für Kinder- und Jugendpsychiatrie, Psychosomatik und Psychotherapie. AWMF-S 1-Leitlinie 028–012. Nichtorganische Schlafstörungen (F51). Im Internet: www.awmf.org/uploads/tx_szleitlinien/028-012l_S 1_Nichtorganische_Schlafst%C 3 %B6rungen_2013-09.pdf; Stand: 26.11.2015

[27] Deutsche Gesellschaft für Kinder- und Jugendpsychiatrie, Psychosomatik und Psychotherapie. AWMF-S 1-Leitlinie 028-022. Angststörungen (F41, F93.0). Im Internet: www.awmf.org/uploads/tx_szleitlinien/028-022_S 1_Angststoerungen_F41__F93.0__11-2006_11-2011.pdf; Stand: 26.11.2015

[28] Deutsche Gesellschaft für Kinder- und Jugendpsychiatrie, Psychosomatik und Psychotherapie. AWMF-S 1-Leitlinie 028-026. Enuresis und funktionelle Harninkontinenz (F98.0). Im Internet: www.awmf.org/uploads/tx_szleitlinien/028-026_S 1_Enuresis_und_funktionelle_Harninkontinenz__F98__11-2006_11-2011_01.pdf; Stand: 22.11.2015

[29] Deutsche Gesellschaft für Kinder- und Jugendpsychiatrie, Psychosomatik und Psychotherapie. AWMF-S 1-Leitlinie 028-031. Suizidalität im Kindes- und Jugendalter. Im Internet: www.awmf.org/uploads/tx_szleitlinien/028-031_S 1_Suizidalitaet_im_Kindes-_und_Jugendalter_11-2006_11-2011_01.pdf; Stand: 26.11.2015

[30] Deutsche Gesellschaft für Neurologie. AWMF-S 1-Leitlinie 030-011. Tremor. Im Internet: www.awmf.org/uploads/tx_szleitlinien/030-011l_S 1_Tremor_2012-verlaengert.pdf; Stand: 23.11.2015

[31] Deutsche Gesellschaft für Neurologie. AWMF-S 1-Leitlinie 030-039. Dystonie. Im Internet: www.awmf.org/uploads/tx_szleitlinien/030-039l_S 1_Dystonie_2012_verlaengert.pdf; Stand: 26.11.2015

[32] Deutsche Gesellschaft für Neurologie. AWMF-S 1-Leitlinie 030-077. Therapie des episodischen und chronischen Kopfschmerzes vom Spannungstyp und anderer chronischer täglicher Kopfschmerzen. Im Internet: www.awmf.org/uploads/tx_szleitlinien/030-077l_S 1_LL_Therapie_chronischer_Kopfschmerzen_2015-06.pdf; Stand: 23.11.2015

[33] Deutsche Gesellschaft für Neurologie. AWMF-S 2e-Leitlinie 030-124. Gedächtnisstörungen, Diagnostik und Therapie. Im Internet: www.awmf.org/uploads/tx_szleitlinien/030-124l_S 2e_Ged%C 3 %A4chtnisst%C 3 %B6rungen_Diagnostik_Therapie_2012-verl%C 3 %A4 ngert.pdf; Stand: 10.01.2016

[34] Deutsche Gesellschaft für pädiatrische Kardiologie. AWMF-S 2k-Leitlinie 023-022. Tachykarde Herzrhythmusstörungen im Kindes- und Jugendalter. Im Internet: www.awmf.org/uploads/tx_szleitlinien/023-022l_S 2k_Tachykarde_Herzrhythmusstoerungen_Kinder_Jugendliche_2014-06.pdf; Stand: 19.11.2015

[35] Deutsche Gesellschaft für Pneumologie und Beatmungsmedizin. AWMF-S 3-Leitlinie 020-005. Tabakentwöhnung bei COPD. Im Internet: www.awmf.org/uploads/tx_szleitlinien/020-005l_S 3_Tabakentw%C 3 %B6hnung_bei_COPD_2014-03.pdf; Stand: 16.11.2015

[36] Deutsche Gesellschaft für Pneumologie und Beatmungsmedizin. AWMF-S 2-Leitlinie 020-008. Nichtinvasive und invasive Beatmung als Therapie der chronischen respiratorischen Insuffizienz. Im Internet: www.awmf.org/uploads/tx_szleitlinien/020-008_S 2_Nichtinvasive_und_invasive_Beatmung_als_Therapie_der_chronischen_respiratorischen_Insuffizienz_2009_abgelaufen.pdf; Stand: 17.11.2015

[37] Deutsche Gesellschaft für Psychiatrie und Psychotherapie, Psychosomatik und Nervenheilkunde. AWMF-S 3-Leitlinie 038-020. Psychosoziale Therapien bei schweren psychischen Erkrankungen. Im Internet: www.awmf.org/uploads/tx_szleitlinien/038-020l_S 3_Psychosoziale_Therapien_10-2012.pdf; Stand: 26.11.2015

[38] Deutsche Gesellschaft für Urologie. AWMF-S 3-Leitlinie 043-044. Epidemiologie, Diagnostik, Therapie und Management unkomplizierter bakterieller ambulant erworbener Harnwegsinfektionen bei erwachsenen Patienten. Im Internet: www.awmf.org/uploads/tx_szleitlinien/043-044l_S 3_Harnwegsinfektionen_2010-abgelaufen.pdf; Stand: 23.11.2015

[39] Deutsche Gesellschaft für Urologie. AWMF-S 2k-Leitlinie 043-047. Diagnostik und Therapie der neurogenen Blasenfunktionsstörungen bei Patienten mit Meningomyelocele. Im Internet: www.awmf.org/uploads/tx_szleitlinien/043-047l_S 2k_neurogenen_Blasenfunktionsst%C 3 %B6rungen_mit_Meningomyelocele_2013_01.pdf; Stand: 20.11.2015

[40] Deutsche Gesellschaft für Verdauungs- und Stoffwechselkrankheiten. AWMF-S 3-Leitlinie 021-018. Definition, Pathophysiologie, Diagnostik und Therapie intestinaler Motilitätsstörungen. Im Internet: www.awmf.org/uploads/tx_szleitlinien/021-018l_S 3_Intestinale_Motilitaetsstoerungen_Definition_Pathophysiologie_Diagnostik_Therapie_abgelaufen.pdf; Stand: 20.11.2015

[41] Deutsches Kollegium für Psychosomatische Medizin. AWMF-S 3-Leitlinie 051-001. Umgang mit Patienten mit nicht-spezifischen, funktionellen und somatoformen Körperbeschwerden. Im Internet: www.awmf.org/uploads/tx_szleitlinien/051-001l_S 3_Nicht-spezifische_funktionelle_somatoforme_Koerperbeschwerden_2012-04.pdf; Stand: 12.11.2015

[42] Deutschsprachige Gesellschaft für Psychotraumatologie. AWMF-S 3-Leitlinie 051-010. Posttraumatische Belastungsstörung (F43.1). Im Internet: www.awmf.org/uploads/tx_szleitlinien/051-010l_S 3_Posttraumatische_Belastungsstoerung_2012-03.pdf; Stand: 26.11.2015

[43] Jundt K, Peschers U, Kentenich H. The investigation and treatment of female pelvic floor dysfunction. Dtsch Artzebl Int 2015; 112: 564–574

[44] Labrie J et al. Surgery versus Physiotherapy for Stress Urinary Incontinence. N Engl J Med 2013; 369: 1124–1133

[45] Paul-Ehrlich-Gesellschaft für Chemotherapie, Deutsche Gesellschaft für Pneumologie und Beatmungsmedizin, Deutsche Gesellschaft für Infektiologie, Kompetenznetzwerk CAPNETZ. AWMF-S 3-Leitlinie 082-001. Epidemiologie, Diagnostik, antimikrobielle Therapie und Management von erwachsenen Patienten mit ambulant erworbenen tiefen Atemwegsinfektionen (akute Bronchitis, akute Exazerbation einer chronischen Bronchitis, Influenza und andere respiratorische Virusinfektionen) sowie ambulant erworbener Pneumonie. Im Internet: www.awmf.org/uploads/tx_szleitlinien/082-001l_S 3_Atemwegsinfektionen_Pneumonie_2009_abgelaufen.pdf; Stand: 16.11.2015

[46] Probst M, Pages H, Riemann JF et al. Fecal Incontinence. Dtsch Arztebl Int 2010; 107: 596–601

[47] Steffen HM, Griebenow R, Meuthen I, Schrappe M, Ziegenhagen DJ (Hrsg.). Internistische Differenzialdiagnostik. 5. Aufl. Stuttgart: Schattauer; 2008

25 Leitsymptome

25.1 Bewusstseinsstörungen (R41.8)

K.-C. Münter

25.1.1 Definition und Epidemiologie

Bewusstseinsstörungen umfassen eine Vielzahl unterschiedlicher Symptome und Schweregrade, deren Spektrum von leichter Benommenheit mit Bewusstseinstrübungen bis zu tiefer Bewusstlosigkeit reichen kann. Ursächlich können zerebrale, zerebrovaskuläre, kardiovaskuläre, metabolische, toxische, traumatische oder psychische Faktoren zugrunde liegen. Nach der zeitlichen Dauer können bei der Bewusstlosigkeit die Sekunden bis Minuten dauernde Synkope und das Stunden oder Tage dauernde Koma unterschieden werden. Synkopen treten besonders bei älteren Patienten in der Allgemeinpraxis häufig auf und können in der Regel ambulant abgeklärt werden.

Bei den Bewusstseinsstörungen lassen sich **quantitativ** folgende Formen bzw. **Schweregrade** unterscheiden:

- **Hypersomnie** bezeichnet einen übermäßig langen und tiefen Schlaf, aus dem der Patient nur durch energische Reize erweckbar ist.
- **Stupor** bedeutet die psychosomatische Reaktionslosigkeit bei erhaltener Vigilanz (Wachheit).
- **Somnolenz** (Benommenheit) bezeichnet eine mit abnormer Schläfrigkeit einhergehende verminderte Wachheit mit unzureichender zeitlicher bzw. örtlicher Orientierung und Versagen höherer Denkleistungen.
- **Sopor** bezeichnet einen schlafähnlichen, nur durch starke Reize zu unterbrechenden Zustand mit bleibender Benommenheit nach Erweckung.
- **Koma** bezeichnet die schwerste Form der Bewusstseinsstörung mit unerweckbarer Reaktionslosigkeit, möglichem Erlöschen der Pupillen-, Eigen- und Fremdreflexe sowie Störungen in der Steuerung lebenswichtiger Kreislauf- und Atemfunktionen.
- **Delirante Syndrome** umfassen das Delir und Verwirrtheitszustände. Bei ihnen bestehen zeitliche und örtliche Desorientierung neben einer gestörten sensorischen Wahrnehmung mit optischen, haptischen oder akustischen Halluzinationen.

Von **qualitativen** Bewusstseinsstörungen spricht man bei Vorliegen von:

- Bewusstseinstrübung – Verwirrtheit von Denken und Handeln, Desorientiertheit
- Bewusstseinseinengung – gedankliche oder emotionale Fixierung auf einen Erlebensaspekt, z. B. Durchgangssyndrome nach epileptischen Anfällen
- Bewusstseinsverschiebung (-erweiterung) – Ekstase, Trance, z. B. nach Drogengebrauch

25.1.2 Differenzialdiagnostische Überlegungen

Als Ursache für eine Bewusstseinsstörung kommen exemplarisch folgende Faktoren in Betracht:

- **kardiovaskulär:** Myokardinfarkt, Herzrhythmusstörung (Adams-Stokes-Anfall), Aortenstenose, Kollaps, Schock, Lungenembolie, orthostatische Fehlregulation, innere Blutungen
- **zerebrovaskulär:** Ischämie, Anoxie, Hirnblutung, Subarachnoidalblutung
- **zerebral:** Epilepsie
- **Medikamenteneinnahme:** z. B. Schlafmittel, Digitalispräparate, Betablocker und viele andere
- **metabolisch:** Unterzuckerung, diabetisches, hepatisches, urämisches Koma, thyreotoxische Krise, Addison-Krise
- **neoplastisch:** Raumforderung durch Hirntumor oder Hirnmetastasen
- **traumatisch:** epi- oder subdurales Hämatom, Hirnkontusion, Blutungen, Commotio cerebri, Stromschlag
- **toxisch:** Drogen, Alkohol, Kohlenmonoxid u. a.
- **psychisch:** Katatonie, Stupor, Hysterie, Simulation
- **Infektionskrankheiten:** Meningoenzephalitis, Typhus

Merke

Das Alter kann differenzialdiagnostische Hinweise geben: Unter 40 Jahren sind Epilepsie, systemische Infektionserkrankungen und orthostatische Dysregulation häufige Gründe für Bewusstseinsstörungen, über 40 Jahren besonders Herz-Kreislauf-Erkrankungen, der Schlaganfall, metabolische Störungen und Urämie.

25

Als Ursachen für kurzandauernde Bewusstseinsstörungen (Synkopen) kommen infrage:

- Orthostatische Blutdruckdysregulationen sind häufig durch Medikamente wie Psychopharmaka, Diuretika oder Antihypertensiva induziert.
- Bei gesunden jungen Frauen sind orthostatische Blutdruckdysregulationen auch ohne Medikamenteneinnahme nicht selten.
- Bei älteren Patienten kommen ein vasovagaler oder orthostatischer Kollaps, das Karotis-Sinus-Syndrom, Herzrhythmusstörungen oder eine transitorisch ischämische Attacke (TIA) infrage.

Bei vasovagalen Synkopen gehen häufig Prodromi wie Schwarzwerden vor den Augen, Gähnen und Schwächegefühl voraus, während kardial bedingte Synkopen (Adams-Stokes-Anfall) in der Regel ohne Vorzeichen beginnen. Bei der TIA können passagere Sprach-, Sprechstörungen und Parästhesien bestehen.

25.1.3 Diagnostische Möglichkeiten in der Praxis

Bewusstseinsstörungen kann der Allgemeinarzt in unterschiedlichen Formen, zumeist beim Hausbesuch, antreffen.

Hausbesuch

Anamnestisch ist zunächst zu klären, was der Patient oder die Anwesenden unter Bewusstlosigkeit verstehen. Danach ist zu erfragen:

- Beginn: akut oder allmählich, mit oder ohne Kopfschmerzen
- Begleitsymptome: Krämpfe, Erbrechen, Fieber, Schwäche, Schwarzwerden vor Augen
- Vorerkrankungen: Zucker-, Herz-Kreislauf-, Leber-, Nierenkrankheiten, Epilepsie
- Einnahme von Alkohol, Drogen, Medikamenten

Bei älteren Patienten ist die Zusatzinformation wichtig, ob sie allein wieder aufstehen konnten. Immer ist zu fragen nach Risikofaktoren und Symptomen einer KHK, nach Venenentzündungen und nach Schmerzen oder Schwellungsgefühl in einem Bein.

Eine anhaltende Bewusstlosigkeit im Rahmen eines dringend angeforderten und sofort ausgeführten Hausbesuchs erfordert nach Verständigung eines RTW oder NAW eine **orientierende Kurzdiagnostik**. Hierbei spielen die Beurteilung des Allgemeinzustands, der Atmung und des Kreislaufs sowie die orientierende neurologische Untersuchung eine wesentliche Rolle. Folgende Punkte sind zu beachten:

- allgemein: Traumaspuren (Blutung aus Nase, Ohr), Erbrechen, Fötor (Alkohol, Azeton, urämisch, hepatisch), Zeichen der Inkontinenz, Zungenbiss, Körpertemperatur
- Atmung: Art und Rhythmus (z. B. Tachypnoe, Kußmaul-Atmung bei Azidose, periodische Cheyne-Stokes-Atmung bei Hemisphärenschädigung)
- Herz-Kreislauf: Messung von Puls- und Blutdruck, Feststellung des Herzrhythmus, Einflussstauung
- neurologisch: Meningismus, Reflexe, Pyramidenbahnzeichen, Muskeltonus
- Augen, Pupillen: Reaktion, Weite, Anisokorie, Entrundung, Kornealreflex
- Haut: Inspektion der Haut und Schleimhaut, Injektionen (Insulin, Drogen), Verletzungen, Petechien, Ausschlag

Bei **Drogenabhängigen** deuten eine Miosis und Atemdepression auf eine Opiatintoxikation hin, mögliche Einstichstellen sind zu beachten. Bei einer Alkoholintoxikation bestehen häufig Gesichtsrötung, Areflexie und Hypothermie.

Merke

Obligat ist bei Bewusstlosigkeit aus unklarer Ursache die Durchführung eines **Blutzuckerschnelltests** mittels Teststreifen, zweckmäßig während des Legens eines peripheren Zugangs.

In allen Fällen anhaltender Bewusstlosigkeit erfolgt der ärztlich begleitete Transport in eine Klinik.

Untersuchung in der Praxis

Diese Untersuchung findet häufig nach einer Synkope statt, sodass keine akute Notfallsituation vorliegt. Schwerpunkte bilden dabei die Allgemein-, Atmungs-, Herz-Kreislauf-, Augen- und die orientierende neurologische Untersuchung:

- Die **Puls- und Blutdruckmessung** im Liegen und im Stehen als orientierender Schellong-Test dienen zum möglichen Hinweis auf eine orthostatische Dysregulation.

- Die Untersuchung des **Herzens** mit Beurteilung des Rhythmus, der Töne und der Geräusche ist wichtig.
- An den **Augen** sind Pupillengröße, Lichtreaktion sowie die Funktion der Augenmuskeln zu beurteilen.
- Bei der **Atmung** sollte auf den Typ und die Ausatemluft geachtet werden (Fötor).
- **Neurologisch** sind Nackensteifigkeit, Paresen, Muskelzuckungen, Reflexe und Pyramidenbahnzeichen festzuhalten und Koordinationsprüfungen (Diadochokinese, Finger-Nase-Versuch, Romberg-Steh- und Unterberger-Tretversuch) durchzuführen. Der psychische Status sollte beurteilt werden.
- An **technischen Untersuchungen** kommen bei kardialen Ursachen ein EKG und/oder Langzeit- und Belastungs-EKG und weitere je nach vermuteter Grunderkrankung infrage.
- **Labor:** Blutzucker und eventuell orale Glukosebelastung, Blutbild mit Hämatokrit und weitere Parameter je nach Grunderkrankung

Eine ergänzende Diagnostik richtet sich nach der vermuteten Grunderkrankung. Beispielsweise ist bei Synkopen die Vorstellung beim Kardiologen (Sick-Sinus-Syndrom, Adams-Stokes-Anfall) oder eine fachneurologische Untersuchung denkbar.

Abwendbar gefährlicher Verlauf

Die Ursache einer Bewusstseinsstörung bedarf einer eingehenden Abklärung, um gravierende und potenziell behandelbare Grunderkrankungen auszuschließen. Bei Verdacht auf Blutungen, Infektionen, den „ALARM"-Erkrankungen oder metabolischen Entgleisungen ist die umgehende Krankenhauseinweisung erforderlich.

Für die wichtigsten, mit Bewusstlosigkeit einhergehenden internistischen Krankheitsbilder gibt es das Merkwort ALARM:

- Aortenstenose
- Lungenembolie
- Akute innere Blutung
- Rhythmusstörung
- Myokardinfarkt

25.1.4 Leitlinien

Deutsche Gesellschaft für Allgemeinmedizin und Familienmedizin. AWMF-S 1-Leitlinie 053–038. **Hausärztliche Beratung „Ganz am Ende des Lebens" unter Berücksichtigung der rechtlichen Aspekte.** Im Internet: www.awmf.org/leitlinien; Stand: 26.11.2015

Deutsche Gesellschaft für Neurologie. AWMF-S 1-Leitlinie 030–083. **Transiente globale Amnesie (= amnestische Episode).** Im Internet: www.awmf.org/leitlinien; Stand: 20.01.2016

Deutsche Gesellschaft für Neuropädiatrie. AWMF-S 1-Leitlinie 022–016. **Akute Bewusstseinsstörung jeneits der Neugeborenenperiode.** Im Internet: www.awmf.org/leitlinien; Stand: 20.01.2016

25.2 Lähmungen (G83.9)

P. Engeser

25.2.1 Definition

Unter Lähmung wird die Minderung (Parese) oder der Ausfall (Paralyse bzw. Plegie) der Funktionen eines Nervs verstanden. Sind die motorischen Anteile betroffen, tritt eine Bewegungseinschränkung bzw. -unfähigkeit ein (motorische Lähmung), bei Schädigung der sensiblen Funktionen kommt es zu Gefühlsstörungen (sensible Lähmung). Unterschieden wird zudem zwischen der zentralen (spastischen) und der peripheren (schlaffen) Lähmung.

Für die Früherkennung kommt dem Allgemeinarzt eine wichtige Rolle zu.

Die Lokalisation der Schädigung ist verantwortlich für die Form und das Ausmaß der Lähmungen:

- Bei der **zentralen (spastischen) Parese** ist das 1. motorische Neuron betroffen, die muskeleigenen Reflexe sind gesteigert, der Ruhetonus ist hyperton, die Feinmotorik geht verloren. Es entstehen aber keine neurogenen Muskelatrophien, da das periphere Neuron intakt bleibt.
- Im Gegensatz dazu ist bei der **peripheren (schlaffen) Lähmung** das 2. motorische Neuron geschädigt, der Muskeltonus ist vermindert, die Eigenreflexe sind herabgesetzt bis erloschen, die grobe Kraft ist vermindert (Parese) oder aufgehoben (Paralyse) und die Muskelfasern atrophieren.

25.2.2 Differenzialdiagnostische Überlegungen

Eine zentrale, spastische Lähmung ist gekennzeichnet durch gesteigerte Muskeleigenreflexe, durch eine Erhöhung des Muskelruhetonus und durch das Fehlen von Muskelatrophien. Bei der peripheren, schlaffen Lähmung dagegen kommt es zu Muskelatrophien, die Muskeleigenreflexe sind abgeschwächt bis erloschen und der Muskelruhetonus ist vermindert. Es finden sich auch keine Pyramidenbahnzeichen. Myoplegische Lähmungen sind Folgen von Myopathien. Diese periodischen Bewegungsstörungen können durch eine Kaliumverteilungsstörung, durch Einwirkung von physikalischen Noxen wie Kälte oder Nässe, nach starken, körperlichen Belastungen und auch nach Alkoholkonsum auftreten. Eine weitere Sonderform der Bewegungsstörungen ist die hysterische Lähmung (Pseudolähmung). Bei der neurologischen Untersuchung finden sich keine pathologischen Befunde.

25.2.3 Diagnostische Möglichkeiten in der Praxis

Das klinische Erscheinungsbild ist typisch und führt zur Diagnose. Ein neurologischer Status ergibt weitere wichtige Hinweise. Die Zusammenarbeit zwischen Allgemeinarzt und Neurologe ist für die Nachbetreuung von großer Bedeutung.

Die **ergänzende Diagnostik** bleibt überwiegend dem Neurologen oder der Klinik vorbehalten (Elektromyelografie und Messung der Nervenleitgeschwindigkeit zur Unterscheidung von myogener und neurogener Schädigung sowie CT und MRT zum Tumorausschluss oder Erkennen von Verletzungen). Bei periodischen Lähmungen sind eine genaue Abklärung von möglichen Auslösern und laborchemische Kontrollen (besonders Kaliumspiegel) erforderlich.

Abwendbar gefährlicher Verlauf

Besonders bei zentralen Störungen ist eine umgehende stationäre Behandlung angezeigt, um weiteren Komplikationen einer zerebralen Erkrankung zu begegnen.

25.2.4 Leitlinien

Deutsche Gesellschaft für Allgemeinmedizin und Familienmedizin. AWMF-S 3-Leitlinie 053–011. **Schlaganfall.** Im Internet: www.awmf.org/leitlinien; Stand: 20.01.2016

Deutsche Gesellschaft für Neurologie. AWMF-S 1-Leitlinie 030–078. **Spastisches Syndrom, Therapie.** Im Internet: www.awmf.org/leitlinien; Stand: 20.01.2016

Deutsche Gesellschaft für Neurologie. AWMF-S 3-Leitlinie 030–133. **Schlaganfall: Sekundärprophylaxe ischämischer Schlaganfall und transitorische ischämische Attacke.** Im Internet: www.awmf.org/leitlinien; Stand: 20.01.2016

25.3 Krampfanfall (R56.8)

H.-D. Klimm

25.3.1 Definition und Epidemiologie

Unter Krampfanfall versteht man anfallsartig einsetzende Funktionsstörungen des Gehirns mit Ausfall neuronaler Funktionen. Genaue Angaben über die Häufigkeit liegen nicht vor. Man schätzt, dass etwa 10 % aller Menschen eine erhöhte Krampfbereitschaft haben und ca. 4–5 % aller Menschen einmal in ihrem Leben unter besonderen Einwirkungen einen Anfall erleiden. Die Prävalenz in der Allgemeinarztpraxis liegt vermutlich zwischen 0,5 und 2 %, die Morbidität bei Kindern bei etwa 0,5 %. Mindestens 4–5 % aller Kinder haben mindestens einmal einen Gelegenheitskrampf, zumeist einen Fieberkrampf. In der Regel sind diese Kinder zwischen 2 und 4 Jahre alt, der Altersgipfel liegt zwischen dem 14. und 18. Lebensmonat.

25.3.2 Differenzialdiagnostische Überlegungen

Die infrage kommenden Ursachen sind vielfältig und zeigen in Bezug auf das **Lebensalter** charakteristische Häufungen:

- Neugeborenes (1.–4. Lebenswoche): Hypoxie, Geburtstrauma, Infektionen, metabolische Störung (Hypoglykämie)
- Säugling/Kleinkind: Infektionen, Fieberkrämpfe, ZNS-Erkrankungen, angeborene Stoffwechselstörungen

- Schulkinder: Epilepsie, Infektionen, Trauma, Hirntumoren
- Erwachsenenalter: genuine (idiopathische) Epilepsie, symptomatische Epilepsie als Folge chronischer Erkrankungen (z. B. hirnorganisches Defektsyndrom nach Trauma, Asphyxie, Hypoglykämie), degenerative Hirnerkrankungen (z. B. Multiple Sklerose), tumoröse Erkrankungen

Die **Symptomatik** (Kap. 34.50) kann ebenfalls Rückschlüsse auf die Ätiologie ermöglichen:
- klonisch-tonischer Anfall (Grand Mal): idiopathisch, genetisch, Infektionen, Intoxikationen, Trauma, metabolische Störungen
- fokaler Anfall (komplex, partiell): idiopathisch, Hypoxie, Trauma, Infektionen
- Absence (Petit Mal): idiopathisch, genetisch

25.3.3 Diagnostische Möglichkeiten in der Praxis

Zu den diagnostischen Möglichkeiten gehören:
- exakte **Anamnese**, auch Familienanamnese:
  - Anfallsart, Anfallsdauer, Anfallszeitpunkt, Anfallsfrequenz (primär generalisiert, tonisch, tonisch-klonisch, weniger als 15 min, mehrfache Wiederholung in 24 Stunden)
  - Begleitsymptome: Aura, Initialschrei, Nachschlaf, Einnässen als Hinweis auf zentrale Ursache, Fieber, Bauchschmerzen, Automatismen, Nesteln, Kauen, Schmatzen, Zungenbiss, Parästhesien, Kribbeln, psychische Auffälligkeiten bei psychomotorischen Anfällen, starrer Blick, Abwesenheit bei Petit Mal (Absence)
  - auslösende Faktoren (Schlafentzug, Fernsehen, psychogene Reaktion)
  - begleitende Erkrankungen, z. B. fieberhafter Infekt bei Kleinkindern, insulinpflichtiger Diabetes mellitus (z. B. Hypoglykämie), Dehydratation bei Hyponatriämie
  - bisheriger Verlauf (alterstypische Krampfanfälle, z. B. 5 Monate bis 5 Jahre in Begleitung von fieberhaften Infekten)
  - frühere zerebrale Affektionen (Blutung, Trauma, Entzündung)
  - Familienanamnese
- eingehende **körperliche und neurologische Untersuchung** (z. B. Meningismus, vorgewölbte Fontanelle bei Meningitis/Enzephalitis, starrer Blick bei Petit Mal)
- **Labordiagnostik:** BSG, Hämoglobin, Erythrozyten, Leukozyten, Elektrolyte, Blutzucker, Kreatinin, γ-GT
- praxisrelevante erweiterte Diagnostik:
  - Funduskopie: Stauungspupille!
  - EKG: Herzrhythmusstörungen

Als **ergänzende Diagnostik** kommen infrage:
- EEG zur Epilepsieklassifikation bzw. zum Epilepsie-Ausschluss
- Überweisung Neurologie
- Überweisung Radiologie: Röntgen-Schädel, CT-Schädel, MRT-Schädel (Ausschluss von Traumen, Blutungen und Raumforderungen)

Abwendbar gefährlicher Verlauf

Besonders zu denken ist an:
- drohender Status epilepticus (Kap. 34.50)
- zerebrale Raumforderung (Hirnblutung, Hirntumor)

Besondere Warnsymptome sind:
- Status epilepticus (G41.9): rezidivierende, andauernde generalisierte Anfälle, Bewusstlosigkeit, Weiterbestehen der Konvulsion nach Diazepam 0,3–0,5 mg/kg i. v.! ***Cave:*** langsam verabreichen, Gefahr des Atemstillstandes! Alternativ Diazepam-Tropfen in die Wangentasche oder Diazepam-Mikroklistiers in den Enddarm
- Verletzungen oder Schädigungen, die während des Anfalls durch die Muskelkontraktionen eintreten, z. B. Wirbelfrakturen, Platzwunden, Schnittwunden, Risswunden, Bisswunden
- zerebrale Raumforderung (D 43.2): progrediente Wesensveränderung, Kopfschmerzen, Somnolenz bis Bewusstlosigkeit, Pupillenveränderungen

Mögliche Gefahren sind:
- subdurales Hämatom (I62.09):
  - akut, unmittelbar im Anschluss an ein Schädel-Hirn-Trauma, verzögert durch kurzes freies Intervall nach schweren Hirnkontusionen
  - chronisch (posttraumatisch) 1–2 Monate nach nicht unbedingt schwerem Schädel-Hirn-Trauma mit Kopfschmerzen, zunehmender Benommenheit, psychischen Veränderungen, diskreten neurologischen Ausfällen
- plötzlicher unerwarteter Tod bei Epilepsie (SUDEB = „sudden unexpected death in epilepsy“): meist in jüngerem Lebensalter, beim männlichen Geschlecht, bei niedriger Serumkonzentration der eingenommenen Antiepileptika, bei generalisiert tonisch-klonischen Krämpfen oder

25

bei symptomatischer Epilepsie mit nachweisbaren Gehirnveränderungen

Hinweis zur Rechtslage: Hat ein Mensch öfter epileptische Anfälle und kann auch durch Behandlung nicht für mindestens ½ Jahr anfallsfrei bleiben, darf er kein Auto fahren und keine Tätigkeit verrichten, die ihn selbst oder andere gefährdet.

25.3.4 Leitlinien

Deutsche Gesellschaft für Neurologie. AWMF-S 1-Leitlinie 030–041. **Erster epileptischer Anfall und Epilepsien im Erwachsenenalter.** Im Internet: www.awmf.org/leitlinien; Stand: 20.01.2016

25.4 Fieber (R50.9)

T. Freund

25.4.1 Definition und Epidemiologie

Fieber bedeutet eine Erhöhung der Körpertemperatur über 37,8 °C sublingual bzw. 38,2 °C rektal (genauere Messmethode bei Kindern und Älteren). Temperaturen bis 38 °C kommen auch z. B. bei körperlicher Anstrengung vor und gelten als **subfebril**, ab 41,3 °C wird von **Hyperthermie** gesprochen (ohne Sollwertverstellung, z. B. Hitzschlag). Bei älteren Patienten sind allerdings bereits Temperaturen von 37,5 °C rektal als Fieber anzusehen (oft fehlt Fieber trotz schwerer Infektion).

Fieber gehört zu den häufigsten Beratungsanlässen in der Allgemeinpraxis und ist ein Hauptsymptom von Infektionserkrankungen. Es kommt jedoch auch bei zahlreichen nicht infektiösen Zuständen vor. In seltenen Fällen lässt sich keine direkte Ursache finden. Als Faustregel gilt: Je jünger der Patient, desto ausgeprägter die Fieberreaktion. Die Körpertemperatur erreicht in der Regel am späten Nachmittag ihren Höhepunkt. Fieber dient einer beschleunigten körperlichen Abwehr, bereitet dem Patienten aber subjektive Beschwerden wie Mattigkeit, Appetitlosigkeit, Frösteln und Schweißausbrüche.

25.4.2 Differenzialdiagnostische Überlegungen

Bei Fieber müssen – abhängig vom Patientenalter – folgende Ursachen in der Praxis berücksichtigt werden:

- Neugeborene (bis 4. Lebenswoche): immer ein Notfall (z. B. Sepsis, Dehydratation)
- Säuglinge (2.–12. Lebensmonat):
  - Impfreaktion (z. B. 44 % nach der 4. Sechsfachimpfung!)
  - Harnwegsinfekt
  - Infekt der oberen Luftwege
  - Meningitis u. a. seltenere Ursachen
- Kleinkinder (2.–5. Lebensjahr):
  - Infekt der oberen Luftwege/Pneumonie/Otitis media
  - Harnwegsinfekt/Gastroenteritis
  - Exanthema subitum (Dreitagefieber)
  - Meningitis u. a. seltenere Ursachen
- Schulkinder/Jugendliche (ab 6. Lebensjahr):
  - grippale Infekte/Pneumonie
  - infektiöse Mononukleose
  - Appendizitis
  - Autoimmunerkrankungen, Meningitis u. a. seltenere Ursachen
- Erwachsene:
  - akute oder chronische Infektionen (viral oder bakteriell) besonders der oberen Luftwege wie Tonsillitis, Sinusitis, Bronchitis, Pneumonie oder Otitis media
  - Infekte der Gallen- oder Harnwege, Enteritis und andere
- nicht infektiöse, von Fieber begleitete Zustände:
  - Medikamenteneinnahme („drug fever")
  - Dehydratation bei älteren Menschen
- seltenere Ursachen:
  - rheumatisches Fieber
  - hyperthyreote Krise
  - Autoimmunkrankheiten
  - Neoplasien, besonders Lymphome (z. B. Morbus Hodgkin), Hypernephrom und Leukämien
  - Immunschwäche, z. B. bei AIDS
  - seltene Infektionen (Brucellosen, Tropenkrankheiten wie Malaria)

25.4.3 Diagnostische Möglichkeiten in der Praxis

Zu den diagnostischen Möglichkeiten gehören:

- **Anamnese:** Wichtige Fragen gelten dem Leistungsvermögen, dem Gewichtsverlauf, Schüttel-

frost, Nachtschweiß, Appetit, Durst, Stuhlgang, Wasserlassen, Schlafverhalten. Daneben wird gezielt erfragt:
  - Fieberbeginn: akut oder allmählich
  - Höhe (wie gemessen?) und Verlauf der Temperatur, z. B.:
    - Kontinua: bei bakterieller Infektion
    - undulierend: bei Morbus Hodgkin, Brucellose
    - remittierend: Virusinfekt, Malaria-Varianten
  - Begleitsymptome: Husten, Rhinorrhö, Halsschmerzen, Gelenk-/Muskelschmerzen, Algurie, Durchfall, Erbrechen, andere Schmerzlokalisation
  - Erkrankungen in der Umgebung: Familienangehörige, Freundeskreis, Arbeitskollegen
  - Medikamenteneinnahme/Impfungen: z. B. Impfreaktion, „drug fever"
  - Reise- und Berufsanamnese: Tropenreisen, Geschäftsreisen, Arbeit in der Gastronomie
  - bei speziellem Verdacht ggf. auch Tierkontakte: Haus- oder Nutztiere
- **körperliche Untersuchung:** Fieber ist durch sublinguale oder rektale Messungen zu objektivieren. Zur Untersuchung gehören die Beurteilung des Allgemeinzustands sowie:
  - Inspektion: Haut- und Schleimhaut (Exanthem?), Rachen, Mundhöhle, Trommelfell (bei Kindern obligat!)
  - Palpation: Lymphknoten, Resistenzen (Splenomegalie?), Druckschmerzhaftigkeiten, Klopfschmerz von Stirn- und Kieferhöhle, Nierenlager, Abdomen, ggf. Gelenkuntersuchung. Immer: Meningismus prüfen! Bei Säuglingen Fontanelle tasten!
  - Auskultation: Herz, Lungen und Abdomen
- **Laboruntersuchungen:**
  - bei akuten Infekten der oberen Luftwege (meist nur kurzer Krankheitsverlauf mit günstiger Prognose) nicht nötig
  - bei länger anhaltendem Fieber (> 3 Tage) Blutbild, CRP, ggf. BSG
  - bei fiebernden Säuglingen und Kindern stets Urinteststreifen!

Häufig ist ein Erregernachweis in der Praxis nicht möglich und überflüssig. Laboruntersuchungen richten sich im Übrigen nach der vermuteten Grunderkrankung: z. B. Blutbild, CRP, Urin-Teststreifen, Urinkultur, Kreatinin, GPT, alkalische Phosphatase, Rheumafaktoren, Blutkulturen, Serologie, Bakteriologie und weitere Parameter. Antikörper können zu Erkrankungsbeginn nicht nachweisbar sein, da deren Bildung Zeit benötigt.

Als **ergänzende Diagnostik** kann bei persistierendem Fieber je nach vermuteter Grundkrankheit eine Oberbauchsonografie mit Beurteilung von Lymphknoten, Milzgröße, Leber, Gallenblase und Gallenwege, Nieren und ableitenden Harnwegen sinnvoll sein. Röntgen-Thorax, Schilddrüsen- und gynäkologische bzw. urologische Untersuchungen können nötig werden.

Abwendbar gefährlicher Verlauf

- Ein **Malignom** (C 80.9) ist in jedem Alter in die Differenzialdiagnostik mit einzubeziehen.
- Bei Kleinkindern ist wegen der **Exsikkosegefahr** (E86) eine rechtzeitige Einweisung zu erwägen, Neugeborene mit Fieber sind stets einzuweisen.
- Eine **Meningitis** (G03.9) führt schon bei Verdacht zur stationären Einweisung.
- Bei Kindern vom 5. Lebensmonat bis zum 5. Lebensjahr kann es infolge eines raschen Fieberanstiegs zu **Fieberkrämpfen** (R56.0) kommen, die sich wiederholen oder auch in Salven auftreten können.
- Der **septische Schock** erfordert umgehende intensivmedizinische Behandlung. Bei unklaren Fieberzuständen sind kurzfristige Kontrolluntersuchungen erforderlich, um abwendbar gefährliche Verläufe rechtzeitig zu erkennen.

25

25.4.4 Leitlinien

Arbeitskreis Krankenhaus und Praxishygiene. **Onkologische Grunderkrankung, Fieber und Granulozytopenie (mit febriler Neutropenie) außerhalb der allogenen Stammzelltransplantation, Diagnostik und Therapie bei Kindern.** AWMF-S 2e-Leitlinie 048–014. Im Internet: www.awmf.org/leitlinien/

Deutsche Gesellschaft für Kinder- und Jugendmedizin. AWMF-S 1-Leitlinie 027–053. **Fieber unklarer Genese.** Im Internet: www.awmf.org/leitlinien; Stand: 20.01.2016

25.5 Blässe (R23.1)

H.-D. Klimm

25.5.1 Definition

Man unterscheidet zwischen generalisierter oder lokalisierter Blässe, meist assoziiert mit subjektiven Missempfindungen: Mattigkeit, Abgeschlagenheit, Atemnot, Schmerzen. Mögliche Ursachen sind: physiologische Blässe, Verlust, Zerstörung oder mangelnde Neubildung der Farbstoffe Hämoglobin oder Melanin. Eine durch Hämoglobin- und Erythrozytenmangel bedingte Anämie (Kap. 34.11) ist meist reaktiver Natur. Eine herabgesetzte Herzleistung oder ein akuter peripherer Verschluss können durch verminderte Hautdurchblutung eine Blässe „vortäuschen".

25.5.2 Differenzialdiagnostische Überlegung

Mögliche Ursachen im Zusammenhang mit **Anämien** (s. Kap. 34.11) sind:

- Hämoglobinmangel durch Störung im Hämoglobin- oder Erythrozytenstoffwechsel
- erblich bedingte Anämien: Erythrozytenmembranveränderungen (Sphärozytose), Hämoglobin-Synthesestörungen (Sichelzellanämie, Thalassämie)
- Anämien bei Blutverlust durch akute oder chronische Blutungen, oft im Magen-Darm-Trakt, aber auch gynäkologischer Natur (Uterus myomatosus, Endometriumhyperplasie); sekundär dadurch bedingte hypochrome mikrozytäre Eisenmangelanämie, oft über lange Zeit kompensiert und nicht klinisch manifest; bei intestinalen Blutungen ist stets an Ösophagusvarizen, Refluxösophagitis, Mallory-Weiss-Syndrom, Ulkus, Hiatushernie, Tumoren, Hämorrhoiden, Kolonpolypen oder Kolonmalignome zu denken
- Anämien infolge verkürzter Lebensdauer der Erythrozyten, z. B. bei der hämolytischen Anämie, die angeboren oder auch erworben sein kann
- durch mangelnde Neubildung bedingte primäre Anämien bei Störungen im Eisenstoffwechsel (Transport-Einbau-Reutilisationsstörung) oder auch bei Knochenmarkschädigungen (z. B. beim Plasmozytom, Myelodysplasien)
- sekundäre Anämien bei Erkrankungen wie rheumatoide Arthritis, Pyelonephritis, Endokarditis, Pneumonie, Tuberkulose, Osteomyelitis, bei Leber- und Nierenerkrankungen sowie Mangel an Folsäure oder Vitamin B_{12} mit daraus resultierender megaloblastischer Anämie
- Tumoranämie, meist mit Gewichtsabnahme und Leistungsverfall
- Schwangerschaft durch den vermehrten Eisenbedarf, der bei mangelnden Substitutionen defizitär sein kann

Neben der Anämie können **andere Ursachen** für das Leitsymptom Blässe verantwortlich sein:

- kardiovaskulär: akute oder chronische arterielle Verschlusskrankheit, Synkopen, Hypovolämie, Aortenstenose, Hypotonie, Herzinfarkt, Schockzustand
- renal: Niereninsuffizienz
- vegetativ: physiologische Vagotonie
- metabolisch: Hypothyreose oder Hypophysenstörung
- toxisch: z. B. Alkohol, Benzol, Xylol, Arsen, Schlafmittel, Bleivergiftung
- septisch
- medikamentös: Carbamazepin, Phenylbutazon, Tolbutamid, Phenylalanin, Goldsalze und andere
- iatrogen: nach Radiatio oder Chemotherapie
- Melaninmangel, angeboren oder erworben, z. B. fehlende Melanozytenstimulation durch Sonnenlicht (Stubenblässe), selten angeborene rezessive Erbgutmangel (Albinismus) oder erworbener, häufig streng lokalisierter Melanozytenmangel wie bei Vitiligo; eine lokale Hypopigmentierung kann auch nach Abheilung entzündlicher Hautveränderungen auftreten

25.5.3 Diagnostische Möglichkeiten in der Praxis

Zu den diagnostischen Möglichkeiten gehören:

- **Anamnese:**
  - Dauer: Seit wann besteht die Blässe?
  - Begleitsymptome: Übelkeit, Leistungsminderung, Schmerzen, Farbveränderungen von Stuhl oder Urin, neurologische Beschwerden, Gewichtsabnahme
  - Vorerkrankungen: Diabetes, Herz-Kreislauf-Erkrankungen, Leber- oder Nierenkrankheiten, Operationen, Magen-Darm-Erkrankungen
  - Einnahme von Drogen, Medikamenten, Genussmitteln
  - bei Frauen: Regelanamnese, Schwangerschaft?

- **körperliche Untersuchung:**
  - Inspektion: Haut und Schleimhäute, Nagelbett und Handteller, Rachen, Mundhöhle, Konjunktiven, Skleren (Ikterus), Extremitäten
  - Palpation: Lymphknoten, Resistenzen, Druckschmerzhaftigkeit, Schilddrüse und Nierenlager, Abdomen, Gelenkuntersuchungen
- rektale Untersuchung: Blut im Stuhl!
- Auskultation: Herz, Lunge, Gefäße
- Puls- und Blutdruck messen
- Labor: Hämoglobin, Erythrozyten, Leukozyten, Differenzialblutbild, Eisen, Ferritin, Kreatinin, γ-GT, alkalische Phosphatase, Elektrophorese, Vitamin B_{12}, CRP

Abwendbar gefährlicher Verlauf

- bei akuter Blässe zusammen mit kaltem Schweiß, Benommenheit und Druckabfall → drohender Schock (R57.9)
- intestinale Blutung (K92.2) → rektale Untersuchung – Teerstuhl!
- akuter Herzinfarkt (I21.9): Kap. 34.74
- akuter peripherer Verschluss (I74.3): Kap. 34.141

25.5.4 Leitlinien

Gesellschaft für pädiatrische Onkologie und Hämatologie. AWMF-S 1-Leitlinie 025–021. **Eisenmangelanämie.** Im Internet: www.awmf.org/leitlinien; Stand: 20.01.2016

25.6 Gelbsucht (R17)

H.-D. Klimm

25.6.1 Definition

Gelbsucht (Ikterus) ist eine Gelbverfärbung der Haut, Schleimhäute und Skleren durch erhöhte Konzentration von Bilirubin. Gelbsucht ist ein Symptom vieler Krankheiten, bei denen unterschiedliche Ursachen für Hyperbilirubinämien > 2 mg/dl vorliegen. Je nach Intensität der Gelbfärbung unterscheidet man zwischen:

- gelblichem Flavinikterus bei Hämolysen
- rötlichem Rubinikterus bei Leberzellschäden
- grünlichem Verdinikterus bei Cholestase
- schwärzlichem Melasikterus bei Cholestase

25.6.2 Differenzialdiagnostische Überlegungen

Abhängig von der Lokalisation der Störung und Ursachen kann man unterscheiden:

- prähepatischer Ikterus: bedingt durch vermehrtes Bilirubin durch Hämolyse (Spenomegalie? Urinfarbe normal?)
- intrahepatischer Ikterus: Störung der Leberzellfunktion, Infektion? Hepatomegalie? Urin- und Stuhlverfärbung?
- posthepatischer Ikterus: bedingt durch Cholestase (Gallensteine? Cholangitis? Tumor?)
- Gilbert-Syndrom: bedingt durch Gen-Defekt der Bilirubinaufnahme in die Leber bei 5 % der Bevölkerung (Gelbfärbung der Augen? Keine weiteren körperlichen Auffälligkeiten?)

Zur Differenzierung dient die Labordiagnostik richtungsweisend durch Bestimmung von direktem, konjugiertem wasserlöslichem Bilirubin und indirektem, unkonjugiertem wasserunlöslichem Bilirubin:

- unkonjugierte Hyperbilirubinämie
  - hämolytischer Ikterus
  - Hämoglobinopathien (z. B. Sichelzellanämie)
  - korpuskuläre erythrozytäre Membrandefekte (z. B. hereditäre Sphärozytose, Glukose-6-phosphatdehydrogenase-Mangel)
  - Gilbert-Meulengracht-Syndrom (Ikterus juvenilis intermittens): Kap. 34.64
  - Neugeborenenikterus (Ikterus haemolyticus neonatorum), 5–7 Tage post partum stetiger Anstieg des unkonjugierten Bilirubins, Spitzenwerte der Bilirubinkonzentration bei 18–20 mg/dl
  - defizitäre Funktion der UDP-Glukuronyltransferase
  - kein Ikterus (Bilirubin-Enzephalopathie bei fetaler Unreife): Lethargie, Trinkschwäche, Fieber, Stupor, Krampfanfälle
  - Crigler-Najjar-Syndrom: genetisch bedingte Hyperbilirubinämie im Neugeborenenalter, lebenslange Persistenz, zentral nervöse Störung
- konjugierte Hyperbilirubinämie:
  - diffuse Leberparenchymerkrankungen (akute Hepatitis, chronische Hepatitis, toxische Leberzellschädigung, alkoholtoxische Leberkrankheit, Leberzirrhose, cholestatische Lebererkrankung, z. B. Pankreaskarzinom, Ductus-choledochus-Stein)
  - Dubin-Johnson-Syndrom: genetisch bedingte Leberfunktionsstörung mit Störung der hepati-

schen Ausscheidung von konjugiertem Bilirubin
  - Rotor-Syndrom: genetisch bedingte Störung der Bilirubinaufnahme und Speicherung in der Leber
  - benigne intrahepatische ikterische Cholestase: Schwangerschaftsikterus, Gestationsikterus

25.6.3 Diagnostische Möglichkeiten in der Praxis

Zu den diagnostischen Möglichkeiten gehören:

- Anamnese
- körperliche Untersuchung
- Labor:
  - Parameter der hepatozellulären Schädigung: GOT, GPT
  - Parameter der Cholestase: alkalische Phosphatase, γ-GT
  - Parameter der hepatozellulären Syntheseleistung: INR-Wert, Cholinesterase, Serum-Albumin
  - Serum-Eiweiß-Elektrophorese: bei Leberzirrhose, Autoimmunhepatitis, polyklonaler Vermehrung der γ-Globuline
  - Urinstatus und Sediment: Anstieg des direkten konjugierten Bilirubins bei hepatozellulärem und cholestatischem Ikterus, Bilirubin im Urin nachweisbar
  - Tumormarker: α-Fetoprotein: Leberzellkarzinom. CEA bei kolorektalen Karzinomen, CA19–9 bei Pankreaskarzinom
  - Autoantikörper:
    - antineutrophile zytoplasmatische Antikörper (pANCA) bei primär sklerosierender Cholangitis
    - Antikörper gegen Antigene in Zellkernen (ANA)
    - Antikörper gegen Antigene aus glatten Muskelzellen (SMA)
    - Antikörper gegen mikrosomale Antigene aus Leber und Niere (LKM) bei Autoimmunhepatitis
    - antimitochondriale Antikörper (AMA) bei primärer biliärer Zirrhose
  - Hepatitis-Serologie: Kap. 34.72
  - Screening aller Neugeborenen: transkutane Bilirubinbestimmung (TCB), ggf. blutige Messung des Gesamtbilirubins (GSB), Gesamtblutbild, Retikulozyten, Blutgruppe, Rhesusfaktor, Coombs-Test
- Sonografie: erweiterte Gallengänge als Hinweis auf posthepatisch verursachte Cholestase, Pfortadererweiterung als Hinweis auf Leberzirrhose
- MMR Oberbauch: Ausschluss intra- oder extrahepatische Neoplasie
- ERCP bei Verdacht auf Choledocholithiasis, Ausschluss Neoplasma

Abwendbar gefährlicher Verlauf

Ikterus ist stets ein ernst zu nehmendes Symptom, das einer raschen ärztlichen Intervention bedarf. Insbesondere gilt es, maligne Prozesse zu erkennen bzw. auszuschließen. ***Cave:*** schmerzloser Ikterus

Der Neugeborenenikterus (P59.9) ist kein Ikterus! Bei unzureichender Fototherapie (kein Gesamt-Bilirubinabfall innerhalb von 4–6 Stunden) ist eine Austauschtransfusion indiziert. Diese ist mit einer hohen Mortalität und Morbidität verbunden – insbesondere bei kranken Neugeborenen und Frühgeborenen.

25.6.4 Leitlinien

Deutsche Gesellschaft für Neonatologie und pädiatrische Intensivmedizin. AWMF-S 2k-Leitlinie 024–007. **Hyperbilirubinämie des Neugeborenen – Diagnostik und Therapie.** Im Internet: www.awmf.org/leitlinien; Stand: 20.01.2016

25.7 Rotes Auge (H01–H59)

J. Barlet

25.7.1 Definition und Epidemiologie

Beim sog. roten Auge handelt es sich um eine Rötung des Augapfels unterschiedlicher Ursache. In der Allgemeinpraxis ist dies ein eher seltenes Symptom.

25.7.2 Differenzialdiagnostische Überlegungen

Folgende Ursachen kommen infrage:

- **Hyposphagma:** (Kap. 34.86)
  - meist Blickdiagnose

- flächige, subkonjunktivale Einblutung (in Abgrenzung zur Gefäßinjektion)
- nur bei anamnestischen Hinweisen auf Traumatisierungen ist ggf. weitere augenärztliche Diagnostik und Therapie notwendig

- **Konjunktivitis** (Kap. 34.98)
  - (ggf. in ophthalmoskopischer Vergrößerung) an einer Gefäßinjektion der Bindehaut zu erkennen; Injektionstyp (konjunktival, ziliar, gemischt)
  - Begleitsymptomatik (Pus, Fremdkörpergefühl, Einseitigkeit, allgemeines Krankheitsgefühl, Fieber u. a.)
  - unkomplizierte Konjunktivitiden weisen eine rein konjunktivale Injektion auf und sind schmerzlos
- **Fremdkörper/Augenverletzungen**
  - in der Regel einseitige Symptomatik
  - in der Anamnese (wann, wobei aufgetreten?) oft eindeutige Hinweise
  - auch nach Spontanremission oder Entfernung eines Fremdkörpers können Fremdkörpergefühl und Reizkonjunktivitis noch quälend persistieren
  - bei unklarer Symptomatik immer augenärztliches Konsil!
- **Glaukomanfall** (Kap. 34.65)
  - einseitige Symptomatik (gemischte Injektion, Kopfschmerz, reaktionslose, eher weite Pupille und Visusstörungen)
  - Bulbuspalpation hart → ggf. Hinweise auf die Erhöhung des Augendrucks
- **Iritis/Iridozyklitis:**
  - ziliare Injektion, verwaschene Iriszeichnung, Myosis und Schmerz
  - sofortige Überweisung zum Augenarzt ist allgemeinärztliche Pflicht!
  - weitere Diagnostik: Autoimmunerkrankungen (Morbus Bechterew, Morbus Reiter, Morbus Still, Morbus Behçet u. a.)? Infektionen (Herpes zoster, Herpes simplex, Lues, Tuberkulose, Toxoplasmose, Zytomegalie)?
  - Auch bei Diabetes mellitus ist eine Iritis möglich!
- **Skleritis/Episkleritis:**
  - Verdickung und Rötung der Sklera
  - Überweisung zum Augenarzt!
  - Der Allgemeinarzt muss Autoimmunerkrankungen und spezifische Infektionen (s. o.) abklären.
- **Keratitis:**
  - Trübung der Hornhaut und Schmerz, meist mit einer Begleitkonjunktivitis (ziliare Injektion)
  - bei Verdacht auf Keratitis sofort zum Augenarzt überweisen, notfalls auch in die nächste Augenklinik (Gefahr der Erblindung!)

25.7.3 Diagnostische Möglichkeiten in der Praxis

Zu den diagnostischen Möglichkeiten gehören:

- **Anamnese:**
  - akut/chronisch, einseitig/doppelseitig, berufliche Noxen
  - Trauma
  - Fremdkörpergefühl, Visusminderung
  - Allgemein- oder Begleitsymptomatik
- **Augenuntersuchung** (bei seitlicher, fokussierter Beleuchtung):
  - Einblutung oder konjunktivale, gemischte oder ziliare Injektion (zur Differenzierung gefäßkonstringierende Augentropfen, die den konjunktivalen Anteil der Gefäßinjektion unterdrücken)
  - Pupillen (starr, entrundet, Myose, Seitendifferenz)
  - Hornhaut (Trübung, Ulkus)
  - Lider (Chemosis/Lidschwellung, herpetiforme Effloreszenzen)
  - Bulbuspalpation (Tonussteigerung)
  - Ektropionierung (Injektion der Konjunktiva tarsi, Fremdkörper)
  - Bindehautabstrich-Bakteriologie (bei eitriger Konjunktivitis)
  - nützliche Untersuchung zum Erkennen einer ernsten Ursache: Anisokorie mit Pupillendifferenz und Schmerzen bei Pupillenkontraktion
- **Allgemeinuntersuchung:** Fieber, Lymphknoten, Arthritis; Blutdruck, Gerinnung u. a.

Bei einer eventuellen **ergänzenden Diagnostik** muss berücksichtigt werden, dass auf keinen Fall durch weitere diagnostische Schritte eine Vorstellung beim Augenarzt verschleppt werden darf. Der Allgemeinarzt hat die Aufgabe, in Absprache mit diesem ggf. die weitere Diagnostik auf verursachende Systemerkrankungen und Infektionen durchzuführen (s. o.).

III

Abwendbar gefährlicher Verlauf

Wegen des Risikos einer bleibenden **Beeinträchtigung des Sehvermögens** verbietet sich bei jedem unklaren Bild ein abwartendes Offenhalten, insbesondere muss der Allgemeinarzt bei unklarer Einordnung der Gefäßinjektion (ziliar/gemischt) oder einer Hornhauttrübung (H17.9) sofort zum Augenarzt überweisen. Außerdem darf die Möglichkeit einer Frühdiagnostik von Systemerkrankungen und Infektionen anlässlich einer Augensymptomatik nicht vertan werden.

25.7.4 Leitlinien

Deutsche Ophthalmologische Gesellschaft. AWMF-S 2k-Leitlinie 045–012. **Uveitis bei juveniler idiopathischer Arthritis: Diagnostik und antientzündliche Therapie.** Im Internet: www.awmf.org/leitlinien; Stand: 20.01.2016

25.8 Wassereinlagerungen (Ödeme) (R60.9)

F. Peters-Klimm

25.8.1 Definition

Ödeme definieren sich als abnorme interstitielle Flüssigkeitsansammlungen als Bilanz aus hydrostatischem und onkotischem Druck des Gefäßsystems und des Interstitiums sowie der Kapazität des Lymphsystems. Generalisierte Ödeme werden durch eine Aktivierung des sympathikoadrenergen Systems und verminderter Sekretion natriuretischer Peptide und Aktivierung des Renin-Angiotensin-Aldosteron-Systems unterhalten. Hypoproteinämie aufgrund gestörter Eiweißsynthese oder renalen oder enteralen Eiweißverlusts oder auch eine primäre Störung der renalen Salz- und Wasserausscheidung können neben Medikamentenwirkungen Ursachen sein.

► **Verteilung.** Ödeme können **lokalisiert** oder **generalisiert** auftreten. Zur Generalisierung neigende Ödeme fallen in der Praxis meist als „lokalisiert“ auf. Lokalisierte Ödeme können durch venöse oder lymphatische Abflussstörung bedingt sein. Lokale Ödeme infolge einer Entzündung oder Allergie können in Einzelfällen differenzialdiagnostische Schwierigkeiten (s. Urtikaria, Kap. 34.190) machen.

► **Typen.** In der Allgemeinpraxis sind **kardiale** und **venöse Ödeme** am häufigsten, gefolgt von iatrogenen Ödemen (besonders seit der häufigen Anwendung von Nifedipin, Amlodipin und anderen Vasodilatatoren). Nicht selten finden sich **physiologische Ödeme**, bedingt durch langes Sitzen mit angewinkelten Knien oder langes Stehen ohne Laufen sowie Ödeme im Rahmen des prämenstruellen Syndroms.

► **Schweregrade.** In der Praxis überwiegen bei Weitem **leichte Formen** der Ödeme in Form von Knöchel-/Unterschenkelödemen und/oder Lungenstauung. **Schwere Formen** treten als Pleuraergüsse oder als Lungenödem aus meist kardialer Ursache, als Aszites bei meist hepatischer Grunderkrankung oder bei Peritonealkarzinose sowie als Anasarka bei meist präterminaler Rechtsherzinsuffizienz oder bei schwerem nephrotischem Syndrom auf.

25.8.2 Differenzialdiagnostische Überlegungen

Merke

Keine eigentlichen Ödeme im Sinne von primären Flüssigkeitsansammlungen sind das Lipödem (Extremitätenlipohypertrophie) der Frau, das allerdings im Verlauf eine lymphatische Ödemkomponente entwickeln kann, und das Myxödem (s. u., endokrine Ödeme).

Zur Generalisierung neigende Ödeme sind:

- **physiologische Ödeme:**
  - zumeist geringe Ödeme, beidseits am Fußrücken beginnend, meist auf diese beschränkt
  - Auftreten nach langem Sitzen mit angewinkelten Beinen oder langem Stehen ohne Laufen
  - bei prämenstruellen Ödemen mehr Gesichts- und Lidschwellungen, auch Ödeme der Hände
- **kardiale Ödeme:**
  - alle Schweregrade von leichten Knöchelschwellungen bis zum Lungenödem in der Praxis vorkommend: am häufigsten beidseitige Ödeme, ausgehend von den Fußrücken, auf die

Unterschenkel übergehend: in der Frühphase gut eindrückbar als Zeichen einer chronischen Linksherzinsuffizienz (sog. „durchgestaute" Linksherzinsuffizienz oder „linksführende" Herzinsuffizienz)
  - Husten – besonders in liegender Position – durch Druckadaptation der Lungenstrombahn nicht obligat; kann jedoch als Frühzeichen der Linksinsuffizienz auftreten (meist unauffälliger Auskultationsbefund!)
  - bei bettlägerigen Patienten auch Ödeme im Gesäß- und Rückenbereich möglich
  - entsprechend den Häufigkeiten der kardialen Grunderkrankungen sind Ödeme durch primäre Rechtsherzinsuffizienz viel seltener; dort sind in Spätphasen – wie auch bei präterminaler Globalinsuffizienz – Aszites und Anasarka möglich
- **renale Ödeme:**
  - meist blasse, leicht eindrückbare Ödeme, besonders im Gesichts- und Lidbereich, auch im Skrotal- und Beinbereich, bei schwerer Verlaufsform Anasarka
  - bei akuter Glomerulonephritis: Störung der Permeabilität der Kapillaren → Proteinurie und Erythrozyturie bis hin zur Makrohämaturie, Natriumretention, arterielle Hypertonie
  - nephrotisches Syndrom als Endzustand verschiedener renaler Erkrankungen: hypoproteinämische Ödeme → ausgeprägte Proteinurie und Hypoproteinämie mit Gesamteiweiß unter 6 g/dl, dabei besonders Verminderung der Albumine auf unter 3 g/dl, weniger starker Abfall der Globuline, Natriumretention, obligat Hyperlipoproteinämie
- **hepatische Ödeme:**
  - bei gehfähigen Patienten zunächst in den abhängigen Körperpartien (z. B. Knöchel) und Gesicht auffallend, dann im weiteren Verlauf Aszites, Pleuraergüsse
  - häufigste Grundkrankheiten: Leberzirrhose (hypoproteinämische Ödeme – vor allem Albumin – Pfortaderhochdruck, Lymphabflussstörung, Natriumretention) und Metastasenleber
- **intestinale Ödeme:**
  - hypoproteinämische Ödeme (alle Eiweißfraktionen), in der Praxis sehr selten, bedingt durch hohen Eiweißverlust der Magen- und Darmwände (exsudative Gastroenteropathie) bei schwerer Verlaufsform von Colitis ulcerosa, Polyposis coli, idiopathischer Sprue und Morbus Ménétrier (hypertrophe Gastropathie)
  - Ödeme sind heute selten, da die Krankheiten meist vor Übergang in die ausgeprägten Verlaufsformen bekannt sind und entsprechend therapiert werden
- **endokrine Ödeme:**
  - Cushing-Syndrom (Hyperkortisolismus)
  - hypothyreotisches Myxödem; teigige (nicht eindellbare oder verschiebbare Schwellung!), meist prätibial und/oder im Gesicht auffallend, daneben Zeichen der Hypothyreose
- **iatrogene Ödeme:** bei folgenden Medikamentengruppen muss an Ödeme als Nebenwirkung gedacht werden:
  - Vasodilatatoren (mit Kalziumantagonisten), besonders bei Nifedipin, Amlodipin, Minoxidil, Prazosin
  - Laxanzienabusus (hypokaliämische Ödeme)
  - Diuretikaabusus (hypokaliämische Ödeme), nicht selten bei Frauen zur Gewichtsabnahme (nach Absetzen zunächst Zunahme der Ödeme!)
  - Mineralokortikoide oder mineralokortikoid wirkende Substanzen, z. B. Fludrokortison, Lakritze
  - Glukokortikoide und Östrogene
  - NSAR, besonders Phenylbutazon

Lokalisierte Ödeme sind:

- **venöse Ödeme:**
  - einseitiges Auftreten bzw. verschiedener Schweregrad bei beidseitiger Erkrankung
  - am häufigsten leichte periphere Ödeme im Knöchel-/Unterschenkelbereich bei **chronisch venöser Insuffizienz** Grad I (Kap. 34.192)
  - Ödem auch bei venösen Abflusshindernissen durch externe Kompression, z. B. Baker-Zyste in der Kniekehle
  - bei **tiefer Beinvenenthrombose** meist pralles, wenig eindrückbares, schmerzhaftes Ödem, Ausdehnung entsprechend der Lokalisation der Thrombose; livide Verfärbung und pralle Füllung der oberflächlichen Venen möglich
  - bei Thrombophlebitis (oberflächliche Thrombose) nur lokal begrenztes Entzündungsödem
- **lymphatische Ödeme:**
  - meist helle, schmerzfreie, indurierte Schwellung über Fußrücken und Zehen beginnend, dann je nach Schwere aufsteigend, bei sekundärem Lymphödem der Beine, bei Malignomen des kleinen Beckens, auch umgekehrte Reihenfolge möglich, d. h. erst Schwellung der Oberschenkel mit Ausbreitung nach distal

  - alle Körperteile können betroffen sein, z. B. Arm, Gesicht, Skrotum:
    - **Stadium I**: weich, wegdrückbare Schwellung, lagerungssensibel
    - **Stadium II**: noch eindrückbar, nicht mehr lagerungssensibel
    - **Stadium III**: hart, nicht eindrückbar bis hin zur Elephantiasis mit rezidivierenden Entzündungen und Sklerosierung der Haut und Subkutis
  - bei Jugendlichen und jungen Erwachsenen meist **primäre Lymphödeme** (durch Hypo- oder Aplasien des Lymphsystems)
  - bei Älteren zumeist Folge von Tumoren (z. B. Tumoren des kleinen Beckens, maligne Lymphome), Traumata und chirurgischen Eingriffen (z. B. lymphatisches Ödem des Arms nach Mastektomie mit Ausräumung der Axilla-Lymphknoten [häufig!]) sowie von Bestrahlungen
  - auch chronische Lymphangitis, z. B. können Mykosen zu einem Lymphödem führen
  - Filariainfektion bei uns selten, muss jedoch bei Zunahme des Tourismus mit in Erwägung gezogen werden

An folgende Erkrankungen sollte bei **Pleuraergüssen** gedacht werden:

- **kardiale Ursachen:** Stauungsergüsse bei Herzinsuffizienz, meist rechts oder rechts mehr als links
- **pulmonale Ursachen:**
  - bei Entzündungen (Pneumonie, Tuberkulose, Bronchiektasen können zur Pleuritis mit Erguss führen)
  - bei Tumoren (Bronchialkarzinom, pulmonale Metastasen, besonders bei Mammaneoplasma, maligne Lymphome, Pleuramesotheliom können zu einem malignen Pleuraerguss führen)
  - bei Lungenembolie, Lungeninfarkt
- **abdominelle Erkrankungen:**
  - Pankreatitis (meist linksseitiger Erguss)
  - Abszesse, besonders subphrenisch
  - alle Erkrankungen mit Aszites (Malignome mit Aszites, Leberzirrhose, Milzinfarkt, akute Glomerulonephritis, nephrotisches Syndrom, Meigs-Syndrom)
  - seltene Ursachen: Myxödem, Kollagenosen, Urämie

Merke

Pleuraergüsse lassen sich durch Sonografie (schon ab 100 ml) früher darstellen als durch Röntgen.

An folgende Erkrankungen muss bei **Aszites** gedacht werden:

- **kardiale Ursachen:** Spätstadium bei Rechtsherzinsuffizienz bzw. Globalinsuffizienz
- **hepatische Ursachen**: Leberzirrhose, Leberkarzinom, Lebermetastasen
- **renale Ursachen:** akute Glomerulonephritis, nephrotisches Syndrom
- **Malignome mit Peritonealkarzinose**
- **Meigs-Syndrom**
- **Entzündungen des Peritoneums** (z. B. Peritonealtuberkulose)
- **Hämoperitoneum nach Trauma**

Merke

Klinisch lässt sich ein Aszites erst ab ca. 1 l Flüssigkeit vermuten. Eine sehr gute Frühdiagnostik ermöglicht die Sonografie insbesondere der Morrison-Tasche (hepatorenaler Winkel).

25.8.3 Diagnostische Möglichkeiten in der Praxis

Die diagnostischen Möglichkeiten in der Praxis richten sich nach der vermuteten Grundkrankheit und werden in den entsprechenden Kapiteln besprochen. Zur Verifizierung von Pleuraergüssen und Aszites eignet sich sehr gut die Sonografie und zur Klärung phlebologischer Fragestellungen die venöse Doppler-Sonografie. Bei entsprechender Erfahrung können in der Praxis Pleura- und Aszitespunktionen durchgeführt werden zur weiteren Untersuchung der Flüssigkeiten (spezifisches Gewicht zur Unterscheidung Exsudat/Transsudat sowie Zytologie, Bakteriologie, Bestimmung der Amylase sowie zur Differenzierung von serösem, hämorrhagischem, chylösem Erguss).

Die **ergänzende Diagnostik** richtet sich nach der vermuteten Grundkrankheit.

Abwendbar gefährlicher Verlauf

Ursachen für akute Ödeme mit möglicher vitaler Bedrohung sind drohende (tiefe Beinvenenthrombose) oder bestehende Lungenembolie, akute bzw. akut dekompensierte Herzinsuffizienz, akutes Nierenversagen, systemische allergische Reaktion: Das Quincke-Ödem (Angioödem) kann sich als akutes Ödem des tieferen Bindegewebes mit ggf. Erstickungsgefahr präsentieren; dabei ist die allergische (histaminvermittelte) von der nicht allergischen (bradykininvermittelten) Form zu unterscheiden.

25.9 Gewichtsverlust (R63.4)

K.-C. Münter

25.9.1 Definition

Patienten kommen nur selten mit dem alleinigen Anliegen eines unklaren Gewichtsverlusts in die Praxis. Im Gegensatz zum gewollten Gewichtsverlust im Rahmen einer Diät treten beim ungewollten Gewichtsverlust häufig weitere Begleitsymptome auf. Vielfältige somatogene und psychogene Ursachen können zugrunde liegen. Ein unbeabsichtigter Gewichtsverlust von mehr als 10 % des Ausgangswertes innerhalb von 6 Monaten (B-Symptomatik) weist auf ein malignes Geschehen hin.

25.9.2 Differenzialdiagnostische Überlegungen

An Begleitsymptomen finden sich: Übelkeit, Durchfall, Erbrechen, Blut im Stuhl, Schleimbeimengungen, Ikterus, Leistungsminderung u. a. Gründe eines Gewichtsverlusts können sein:

- **Erkrankungen des Gastrointestinaltrakts,** z. B. Ösophagusstenosen, Magengeschwüre, Darmparasiten, Pankreatitis, Malabsorptionssyndrome
- **Lebererkrankungen,** z. B. Fettleber, alkoholischer Leberschaden (Leberzirrhose)
- **Genussmittelmissbrauch,** besonders Nikotin und Alkohol, aber auch Drogenmissbrauch
- **Malignome:** typisch hierfür in fortgeschrittenen Stadien sind Kachexie und Appetitlosigkeit
- Herzinsuffizienz mit Stauungsgastritis
- chronische Nieren- oder Ateminsuffizienz
- **endokrine Ursachen:** Diabetes mellitus, Hypophysenvorderlappeninsuffizienz, Hyperthyreose, Nebennierenrindeninsuffizienz
- Nachwirkungen von Bestrahlung
- Medikamente (z. B. Zytostatika)
- chronische Infekte, z. B. Tuberkulose, Osteomyelitis
- psychische Ursachen: Depression, Sucht, Anorexia nervosa, Psychosen
- funktionelle Störungen: z. B. Reizmagen, Colon irritabile
- ungenügende Nahrungsaufnahme, z. B. im Alter, bei sozialer Isolation, Armut

25.9.3 Diagnostische Möglichkeiten in der Praxis

Zu den diagnostischen Möglichkeiten gehören:

- **Anamnese:** Umfang des Gewichtsverlusts und mögliche Ursachen eingrenzen: Werden Kleidungsstücke (Gürtel, Rock, Hosenbund) weiter? Wie ist der Appetit? Liegen Nahrungsmittelunverträglichkeiten vor? Bestehen Begleitsymptome wie Fieber, Erbrechen, Durchfall, Obstipation. Dyspnoe, Leistungsminderung oder Schmerzen? Welche Genussmittel werden in welchen Mengen eingenommen? Welche Vorerkrankungen bestehen, insbesondere: Zucker-, Herz-Kreislauf-, Leber- oder Nierenkrankheiten? Welche Medikamente wurden eingenommen? Liegen Anhaltspunkte für eine psychosoziale Problemlage oder Abhängigkeit vor?
- **körperliche Untersuchung:**
  - Inspektion von Haut, Mund und Rachen
  - Untersuchung von Schilddrüse und Abdomen
  - wichtig ist die Objektivierung des Gewichtsverlusts mittels Gewichtskontrollen in der Praxis
  - sinnvoll ist ein vom Patienten geführter Gewichtskalender
- **Labor:**
  - obligat sind BSG, Blutbild, Blutzucker, TSH-Wert und Elektrolyte
  - weitere Parameter (z. B. Elektrophorese, Nieren- und Leberwerte, Stuhl auf okkultes Blut und Parasiteneier) richten sich nach der vermuteten Grunderkrankung

Als **ergänzende Diagnostik** können die Oberbauchsonografie, die Endoskopie des Gastrointestinaltrakts und ein Röntgen-Thorax richtungsweisend sein. Die weitere erforderliche Diagnostik richtet sich nach der vermuteten Grunderkrankung.

III

Abwendbar gefährlicher Verlauf

Malignome (C 80.9), Stoffwechselentgleisungen (E88.9), Intoxikationen (T 64.9) sowie psychische Erkrankungen dürfen nicht übersehen und müssen differenzialdiagnostisch mit bedacht werden.

25.9.4 Leitlinien

Deutsche Gesellschaft für Ernährungsmedizin. AWMF-S 3-Leitlinie 073–019. **Klinische Ernährung in der Geriatrie.** Im Internet: www.awmf.org/leitlinien; Stand: 20.01.2016

Deutsche Gesellschaft für Psychosomatische Medizin und ärztliche Psychotherapie. AWMF-S 3-Leitlinie 051–026. **Ess-Störungen, Diagnostik und Therapie.** Im Internet: www.awmf.org/leitlinien; Stand: 20.01.2016

25.10 Blut im Urin (N30, N34)

J. Barlet

25.10.1 Definition und Epidemiologie

Eine **Makrohämaturie** ist kein allzu häufiger Befund in der Allgemeinpraxis, wohingegen die **Mikrohämaturie** (im Mikroskop sichtbare Erythrozyten oder auch blutpositiver Urinstix) recht häufig vorkommt (in 80 % der Fälle Erstsymptome, bei 30 % bei bestehenden Beschwerden).

25.10.2 Differenzialdiagnostische Überlegungen

Der Ort der Blutung kann in allen Etagen des Urogenitaltrakts liegen:

- **Nieren:** Blutungen durch Kelchsteine, Nierenausgusssteine, Nierenkarzinome (Hypernephrom, Nierenzellkarzinom) und akute Pyelonephritis
- **Harnleiter:** abgehende Nierensteine führen zur Nierenkolik mit Hämaturie
- **Blase:** hämorrhagische Zystitis, Blasenpapillome, Blasenkarzinome
- **Harnröhre:** Entzündung und Verletzung der Harnröhre, besonders bei der Frau
- **benigne virusinduzierte Tumoren:** Condylomata acuminata, Polypen

Abzugrenzen sind darüber hinaus:

- Blutungen aus dem **Genitaltrakt der Frau:** normale Periodenblutung (Frage nach der letzten Periode), pathologische Blutungen aus dem Uterus-, Zervix-, Vaginal- und Vulvabereich; selten auch hier Verletzungen mit Blutungen
- Blutungen aus dem **Genitalbereich des Mannes:** relativ selten, am häufigsten kommt noch eine Vesikulitis (Entzündung der Samenbläschen) vor; eine Rarität dürften durchgebrochene Hodenkarzinome sein; artifizielle Verletzungen der Urethra sind abzugrenzen
- Blutungen aus dem **After:** führen nur selten zur Blutbeimengung im Urin, ohne dass der Patient dies merkt; trotzdem muss dies differenzialdiagnostisch abgeklärt werden
- **Myoglobinurien:** Makroskopisch sehen Myoglobinurien aus wie Hämaturien, mögliche Ursachen müssen anamnestisch abgeklärt werden (Verschüttungen, Conn-Syndrom, erbliche Muskelerkrankungen) oder durch gezielte Diagnostik (Muskelbiopsie) gefunden werden.

25.10.3 Diagnostische Möglichkeiten in der Praxis

Dazu gehören:

- Urin-Stix: Nachweis von Leukozyten, Erythrozyten und Nitrit; zusätzlich können im Sediment Erythrozytenzylinder gefunden werden
- Ultraschalluntersuchung: Ausschluss von Nierensteinen und Tumoren
- Kreatinkinase im Serum: bei Verdacht auf eine Muskelerkrankung

Als ergänzende Diagnostik kommen infrage:

- eine **Sonografie,** wenn keine Ursache gefunden werden kann bzw. der Verdacht auf einen abgehenden oder abgegangenen Nierenstein besteht
- ein **i. v. Pyelogramm** (durch den Urologen), da unverkalkte oder kleine (< 4 mm) Steine im Sonogramm bzw. CT nicht gesehen werden; auch bei chronisch rezidivierenden Harnwegsinfekten

mit Hämaturie bei akuter und chronischer Pyelonephritis muss ein i. v. Pyelogramm erfolgen. Hierdurch werden Folgeschäden verifiziert. Weiter ist eine Zystoskopie erforderlich.
- eine **CT** bei Tumornachweis, um die Ausdehnung und den Lymphknotenbefall abzuklären

Abwendbar gefährlicher Verlauf

- Bei Makrohämaturie (R31) muss immer an einen **Tumor** (D 48.9) gedacht werden, der dann eine grundsätzliche Therapie – meist die Operation – nach sich zieht.
- Wenn ein **Conn-Syndrom** (E26.0) nicht erkannt wird, kann es zu einem irreversiblen Nierenversagen nach 2–4 Tagen kommen.
- Chronisch rezidivierende **Pyelonephritiden** (N11.1) müssen grundsätzlich ausreichend antibiotisch behandelt werden, damit es hier nicht zu Niereninsuffizienz und zu späterem Nierenversagen kommt.

25.10.4 Leitlinien

Deutsche Gesellschaft für Allgemeinmedizin und Familienmedizin. AWMF-S 1-Leitlinie 053–028. **Nicht-sichtbare Hämaturie.** Im Internet: www.awmf.org/leitlinien; Stand: 23.11.2015

25.11 Blut im bzw. auf dem Stuhl (R19, K92.1)

J. Barlet

25.11.1 Definition und Epidemiologie

Blut im Stuhl kann in 3 Formen vorkommen:
- makroskopisch sichtbares hellrotes oder dunkelrotes Blut
- nicht sichtbares „okkultes", mit Testverfahren (z. B. Haemoccult, Haemofec) nachweisbares Blut
- Teerstuhl, bei dem das Blut unter der Einwirkung der Salzsäure des Magens den Stuhl tiefschwarz verfärbt

Am häufigsten werden von den Patienten in der Allgemeinpraxis **Blutbeimengungen** oder Blutauflagerungen im Zusammenhang mit der Stuhlentleerung geschildert. **Okkultes Blut** wird entweder im Rahmen der Vorsorgeuntersuchungen oder bei abklärender Diagnostik abdomineller Beschwerden entdeckt. Es findet sich ein positiver Test bei 3,8 % der Erstuntersuchungen, in 2,5‰ ein Karzinom, bei 4,9‰ der Untersuchten große Adenome (Ergebnis von 38 Studien in 12 Ländern an 318 000 beschwerdefreien Personen zwischen 45 und 50 Jahren). Gelegentlich berichten die Patienten auch von **schwarzem Stuhl,** aber nicht immer, selbst wenn er ausgeprägt vorhanden ist.

Meist handelt es sich um leichte Blutungen, die keine Auswirkungen auf das Blutbild haben. Es kann aber auch lang anhaltende Sickerblutungen bei Karzinomen geben und stärkere (arterielle!) Blutungen bei Hämorrhoiden.

Merke

Teerstuhl ist immer ein Warnsymptom, bei dem eine größere (über 200 ml) Blutung im oberen Magen-Darm-Trakt zu vermuten ist. Auch ohne eine aktuelle Schocksymptomatik sollte klinische Einweisung erfolgen.

25.11.2 Differenzialdiagnostische Überlegungen

Nach der Art der Blutung kann man unterscheiden:
- **Sichtbares Blut:** Das Blut wird vom Patienten oder vom Arzt gesehen, ist meist hellrot oder dunkelrot und kommt als Auflagerung auf dem Stuhl oder am Toilettenpapier vor. Es kann sich bei der Defäkation entleeren, es kann aber auch perianal bluten, oder im Rahmen von Entzündungen blutig-schleimiger „Stuhl" abgesetzt werden. Alle diese Ereignisse sprechen für Blutungsquellen im Sigma- und Analbereich.
- **Okkultes Blut:** Wird „okkultes" Blut mittels Testbriefchen (Haemoccult, Haemofec o. Ä.) nachgewiesen, kann die Blutungsquelle im gesamten Magen-Darm-Trakt liegen.
- **Teerstuhl:** Teerstuhl spricht für eine Blutungsquelle, die im oberen Gastrointestinaltrakt liegt. Unter dem Einfluss der Magensäure hat sich salzsaures Hämatin gebildet, das die schwarze Farbe bedingt. Bei Ösophagus- und Magenblutungen gerinnt das Blut im Magen und hat das

Aussehen von Kaffeesatz, wenn der Mageninhalt erbrochen wird (sog. Kaffeesatzerbrechen).

Auch **fälschlicherweise** kann es zur Angabe von „Blut im Stuhl" kommen:

- Bei Genuss von größeren Mengen Roter Bete färbt sich der Urin eventuell rötlich, wenn noch unverdaute Nahrungsbestandteile vorhanden sind.
- Das bei Oxyuriasis gebräuchliche Medikament Molevac verfärbt den Stuhl rötlich.
- Beim „Teerstuhl" ist an die Einnahme von Medikamenten zu denken, die den Stuhl schwarz färben, z. B. Kohletabletten, Wismutpräparate, Eisenpräparate, die auch Bestandteile freikäuflicher „Roboranzien und Cardiaca" sein können. Auch größere Mengen von Lakritze lassen den Stuhl oft dunkel erscheinen.
- Bei Frauen muss man sich vergewissern, dass es sich bei dem beobachteten Blut nicht etwa um **Menstruationsblut** handelt.
- **Hämaturien** werden nur selten differenzialdiagnostisch in Betracht gezogen werden müssen.

Die häufigsten Blutungsursachen im **Kolon** und **Analbereich** sind:

- Hämorrhoiden: Leitsymptom hellrotes Blut am Papier (Kap. 34.69)
- Kolitiden: Kap. 34.95
- Analekzeme: Leitsymptom Blut am Papier, Juckreiz und Nässen
- Analfissuren und Analrhagaden: Kap. 34.10
- spontan perforierte Perianalthrombosen: Kap. 34.139
- blutig-eitrige Fistelsekrete
- Kolonpolypen: Kap. 34.97
- Kolonneoplasien bzw. Analkarzinome: Kap. 34.96

Merke

Bei den Blutungsquellen im Enddarm machen Hämorrhoiden 80 % aus und Verletzungen, Proktitis und Krebsleiden 10 %.

Als häufigste Blutungsursachen im **oberen Magen-Darm-Trakt** sind zu nennen:

- blutende Magen- bzw. Duodenalulzera, anamnestisch nicht steroidale Antirheumatikagabe und/oder Kortisontherapie erfragen (Kap. 34.187, Kap. 34.188)
- Ösophagusvarizenblutungen (meist bei Leberzirrhose) (Kap. 34.187)
- verschlucktes Blut bei massivem Nasenbluten (Anamnese!)
- Morbus Crohn (Kap. 34.37)
- als Raritäten: Blutungen bei Ulkus im Meckel-Divertikel, Dünndarmkarzinome (mit Anämie und Teerstuhl!).

Merke

Im oberen Gastrointestinaltrakt machen Blutungen aus Ulzera (50 %) und Erosionen (30 %) den größten Anteil aus. Danach folgen Varizen (10 %), Mallory-Weiss-Syndrom (5 %), Magenkrebs (3 %) und Angiodysplasien (2 %).

25.11.3 Diagnostische Möglichkeiten in der Praxis

Dazu gehören:

- **Anamnese:** wichtige Hinweise auf mögliche Blutungsquellen
- **körperliche Untersuchung:** abdominelle Palpation (Leber! Resistenzen?), rektale Untersuchung (immer!) und Inspektion der Analregion
- **Labordiagnostik:** Nachweis bzw. Ausschluss von Blut im Stuhl durch Haemoccult o. Ä., BSG, Blutbild (Anämie?), ggf. sog. kleiner Gerinnungsstatus, Leberwerte, Elektrophorese; weitere gezielte Labordiagnostik nach vermuteter Grundkrankheit

Als ergänzende Diagnostik kommen infrage:

- bei Verdacht auf Blutung in den **unteren Darmabschnitten**:
  - Blut im Stuhl: sofortige unvorbereitete **Prokto-** bzw. **Rektoskopie** zum evtl. Aufdecken der Blutungsquelle
    - bei zu viel Stuhl im Rektum: Minieinlauf z. B. mit Microklist oder salinischem Klysma (z. B. Practo-Clyss)
    - wenn Tumor oder Polyp sichtbar, möglichst Polypektomie oder Probeexzision zur Histologie
  - **Koloskopie** und ggf. Probeentnahmen zur Sicherung höher liegender Blutungsquellen im Kolon
  - **Kolon-Doppelkontrastuntersuchung** (selten alternativ oder ergänzend)

    - wenn sich höhergradige, für das Koloskop nicht passierbare Stenosen finden
    - das Kontrastmittel überwindet auch enge, stenosierende Prozesse (nach tieferer Probeentnahme einige Tage abwarten)
    - Während man bei der Koloskopie nicht immer das Kolon erreicht, ist dies beim Bariumeinlauf bis auf ganz wenige Ausnahmen möglich. Bei den Ausnahmen liegen immer gravierende anatomische Hindernisse und damit pathologische Befunde vor.
  - abdominelle **CT** bei raumfordernden Prozessen
- bei Verdacht auf Blutungsquellen im **oberen Magen-Darm-Trakt:**
  - **Ösophagogastroduodenoskopie** ggf. mit Probeentnahme
  - Einweisung zur sog. **„operativen Endoskopie";** dabei sind Diagnose, Probeentnahme zur Histologie und/oder Unterspritzung blutender Ulzera bzw. Sklerosierung blutender Varizen im Ösophagus und Fundus quasi in einem Arbeitsgang möglich
  - **Röntgendiagnostik:** Ösophagus-Magen-Duodenum bzw. Magen-Darm-Passage, bei Verdacht auf Prozesse im Jejunum (sehr selten!) bzw. im Ileum ist die Magen-Darm-Passage nach wie vor unentbehrlich (z. B. Morbus Crohn, Karzinoide, Meckel-Divertikel mit blutendem Ulkus)
  - abdominelle **CT**
  - **Blood-Pool-Szintigrafie** zum Nachweis von Sickerblutungen durch Angiodysplasien im Darmtrakt, diese können, sofern sie koloskopisch erreichbar sind, durch Argon-Laser koaguliert werden

Abwendbar gefährlicher Verlauf

- Jeder positive Test auf okkultes Blut und jede Blutung muss abgeklärt werden!
- Jede größere Blutung im Bereich des Magen-Darm-Trakts ist als Notfall zu betrachten, da sich der weitere Verlauf der Blutung nicht vorhersagen lässt. Ein vorübergehend nicht blutender Gefäßstumpf bei Ulkus oder Karzinom kann jederzeit wieder bluten. Da sich rasch eine Schocksituation entwickeln kann, ist eine Einweisung in die Klinik erforderlich.
- Bei vielen Anämien findet sich eine Blutungsquelle im Gastrointestinaltrakt.

25.11.4 Leitlinien

Deutsche Gesellschaft für Allgemeinmedizin und Familienmedizin. AWMF-S 1-Leitlinie 053–030. **Durchfall, akut.** Im Internet: www.awmf.org/leitlinien; Stand: 20.01.2016

Deutsche Gesellschaft für Allgemein- und Viszeralchirurgie. AWMF-S 2-Leitlinie 021–020. **Divertikulitis.** Im Internet: www.awmf.org/leitlinien; Stand: 20.01.2016

Deutsche Gesellschaft für Koloproktologie. AWMF-S 1-Leitlinie 081–007. **Hämorhoidalleiden.** Im Internet: www.awmf.org/leitlinien; Stand: 20.01.2016

Deutsche Gesellschaft für Gastroenterologie, Verdauungs- und Stoffwechselkrankheiten. AWMF-S 3-Leitlinie 021–007OL. **Kolorectales Karzinom.** Im Internet: www.awmf.org/leitlinien; Stand: 20.01.2016

Deutsche Gesellschaft für Gastroenterologie, Verdauungs- und Stoffwechselkrankheiten. AWMF-S 3-Leitlinie 021–009. **Colitis ulcerosa: Diagnostik und Therapie.** Im Internet: www.awmf.org/leitlinien; Stand: 20.01.2016

25.12 Vaginaler Ausfluss (N89.8)

N. Buhlinger-Göpfarth

25.12.1 Definition und Epidemiologie

Der normale Ausfluss (Fluor vaginalis) ist weißlich cremig und geruchlos und wird deshalb auch als Weißfluss (Fluor albus) bezeichnet. Der pH-Wert liegt zwischen 3,8 und 4,4. Fluor vaginalis wird gebildet aus zervikalem Drüsensekret, Epithelzellen, Kapillarflüssigkeit der Scheide und den Mikroorganismen der Scheidenflora.

Die Sekretabsonderung aus der Scheide ist **physiologisch** und kommt bei jeder Frau vor. Täglich werden etwa 5 ml gebildet, wobei die Ausflussmenge im Laufe des Zyklus schwankt. Unter Östrogeneinfluss, also kurz vor dem Eisprung wird mehr Sekret produziert. Sexuelle Erregung, körperliche Anstrengung oder Stress können ebenso zu vermehrtem Ausfluss führen. In Phasen vermehrter östrogener Aktivität (Pubertät, Gravidität und Perimenopause) ist die Fluormenge ebenfalls erhöht.

Eine **pathologische Sekretion** aus der Vagina kann Symptom genitaler und extragenitaler Erkrankungen (vaginal, zervikal, uterin, tubar, hormonell, funktionell/psychogen) sein. Auch übertriebene Intimhygiene oder Allergien können vermehrten Ausfluss hervorrufen.

Merke

Aufgrund erheblicher subjektiver Variabilität besteht ein fließender Übergang von physiologischem Fluor zum Ausfluss mit Krankheitswert.

25.12.2 Differenzialdiagnostische Überlegungen

Veränderungen des Ausflusses in Geruch, Farbe und Konsistenz sowie vielfach Juckreiz sind die Leitsymptome. Der Ausfluss kann je nach Ursache eine eitrige, schleimige, schaumige, krümelige oder blutige Konsistenz aufweisen:

- gesteigerter physiologischer Fluor → fieberhafte Allgemeininfekte, hormonelle Störungen, Antikonzeptiva und andere Hormonmedikationen sowie ggf. als funktioneller Fluor bei psychischen Konflikten und in Stresssituationen
- eitrig, gelblich, grüngrau oder krümelig oder bröckelig, oft übel riechend → entzündlicher Fluor, meist als Symptom einer infektiösen Vulvovaginitis und Zervizitis:
  - krümeliger, bröckeliger, eher weißlicher Ausfluss mit starkem Juckreiz und Rötung und Schwellung des Genitalbereichs; zusätzlich oft Brennen beim Wasserlassen → Candidamykose (mehr als ⅔ der Fälle)
  - schleimiger, eitriger oder grünlicher Ausfluss mit fischartigem Geruch → bakterielle Vaginose (Gardnerella vaginalis)
  - schaumiger Ausfluss → Infektion mit Trichomonaden
  - möglich sind außerdem Strepto-, Staphylokokken, Escherichia coli, Mykoplasmen und Chlamydien
  - Gonorrhö und Lues sind auszuschließen
- wässrig-blutig, meist sekundär entzündlich → Fluor bei Fremdkörpern und Genitaltumoren; Ursachen sind Intrauterinpessare, Scheidenpessare, selten auch andere Fremdkörper (Masturbation); Zervixpolypen, aber auch Zervixkarzinome oder andere Genitalkarzinome müssen ausgeschlossen werden

25.12.3 Diagnostische Möglichkeiten in der Praxis

Dazu gehören:

- **Anamnese:**
  - Unterscheidung zwischen physiologischem Fluor und anderen Fluorformen
  - akuter oder chronischer Ausfluss
  - Regelanamnese, Auslösesituation, Intimhygiene, Antikonzeption, Anhalt für Tumor oder Allgemeinerkrankungen und Partnerschaftskonflikte sollten erfragt werden
- **Labordiagnostik:** je nach klinischem Verdacht BSG, Blutbild, Urinstatus, ggf. TPHA-Test, Schwangerschaftstest
- **gynäkologische Untersuchung** (ggf. Überweisung):
  - Bestimmung des vaginalen pH-Werts
  - Amin-Test mit 10 %iger Kalilauge
  - Methylenblaufärbung
  - bakteriologischer und mykologischer Abstrich
  - Nativ-Präparat und Kulturen
  - ggf. PAP-Abstrich

Als **ergänzende Diagnostik** kommen eine transvaginale Sonografie und/oder diagnostische Abrasio (bei Verdacht auf Genitaltumor) infrage.

Abwendbar gefährlicher Verlauf

- **Fehldeutung eines malignen oder entzündlichen Fluors** (C 52) als physiologisch; Bagatellisierung und evtl. verschleppte Abklärung ist die Hauptgefahr
- **Somatische Fixierung** durch wiederholte Ausschlussdiagnostik bei funktionell-psychogenem Fluor sollte vermieden werden

25.12.4 Leitlinien

Deutsche Gesellschaft für Gynäkologie und Geburtshilfe. AWMF-S 1-Leitlinie 015–028. **Bakterielle Vaginose in Gynäkologie und Geburtshilfe.** Im Internet: www.awmf.org/leitlinien; Stand: 20.01.2016

Deutsche Gesellschaft für Gynäkologie und Geburtshilfe. AWMF-S 2k-Leitlinie 015–072. **Vulvovaginalcandidose.** Im Internet: www.awmf.org/leitlinien; Stand: 20.01.2016

25.13 Gelenkentzündungen (M13.99)

H.-D. Klimm

25.13.1 Definition

Gelenkentzündungen können akut oder chronisch auftreten und vielfältige Ursachen haben. Die Entzündung betrifft primär die Synovialmembran und kann auf Weichteile, Knorpel und Knochen übergreifen.

25.13.2 Differenzialdiagnostische Überlegungen

Leitsymptome sind die 5 typischen Zeichen der lokalen Entzündung:
- Rubor = Rötung
- Dolor = Schmerz
- Calor = Überwärmung
- Tumor = Schwellung
- Functio laesa = Funktionsstörung

Ätiopathogenetisch kommen in Betracht:
- Monarthritis: nur ein Gelenk erkrankt
- Oligoarthritis: einige/wenige Gelenke sind erkrankt
- Polyarthrits: viele Gelenke sind erkrankt

Häufige Formen und ihre Leitsymptome sind:
- **reaktive Arthritis**: immunologisch oder allergisch bedingte Mono- oder Oligoarthritis mit artikulärer Gelenkbeteiligung bei Infektionskrankheiten, als Begleitarthritis bei Hepatitis, Röteln, Mumps, Windpocken, Scharlach, Typhus, Paratyphus, grippalem Infekt, Morbus Crohn, Colitis ulcerosa, Yersinien-Enteritis; zusätzliche Symptome: Fieber, Abgeschlagenheit, Exanthem, Durchfall und Ikterus
- **Arthritis deformans**: aktivierte Arthrose (meist eines Kniegelenks) durch sekundäre entzündliche Reizerscheinungen in Spätstadien arthrotischer deformierter Gelenke
- **akute Polyarthritis** (rheumatisches Fieber, akuter Gelenkrheumatismus): Allgemeinerkrankung mit Beteiligung meist großer Gelenke als hyperergische Reaktion auf Toxine, β-hämolysierende Streptokokken; Begleitsymptome: Karditis, Erythema anulare, subkutane Rheumaknoten
- **unspezifische bakterielle Arthritis**: Arthritis purulenta, hämatogene oder direkte (Operation, Injektion) Infektion zumeist von Hüft- oder Kniegelenken mit Fieber, Schüttelfrost, evtl. Septikämie (in der Hälfte der Fälle Staphylococcus aureus, in 27 % Staphylococcus epidermidis, in 15 % Streptokokken)
- **juvenile chronische Arthritis**: Mono-, Oligo- oder Polyarthritis meist großer Gelenke bei Jugendlichen, oft mit systemischer Beteiligung von Milz, Leber, Myokard (Morbus Still)
- **Arthritis urica**: anfallsartige Schmerzen, Rötung und Schwellung nach Alkoholgenuss, örtliche Abkühlung oder nach Anstrengung meist des Großzehengrundgelenks (Podagra) bei Gicht (Kap. 34.85)
- **Arthritis psoriatica**: chronisch verlaufende, häufig deformierende Polyarthritis in Kombination mit psoriatischen Hauteffloreszenzen und Nagelveränderungen (Kap. 34.155)
- **spezifische Arthritis** (Tuberkulose): Synovitis, Kapsulitis, Osteomyelitis führen zur totalen Gelenkzerstörung und später zu fibrösen oder ossären Ankylosen (Gelenkversteifung); Begleitsymptome: Fieber, Abgeschlagenheit, Nachtschweiß, Gewichtsabnahme
- **rheumatoide Arthritis** (chronische Polyarthritis): chronisch entzündliche destruierende Polyarthritis mit Beteiligung gelenknaher Sehnen, Muskeln und Weichteile (Kap. 34.160)

25.13.3 Diagnostische Möglichkeiten in der Praxis

Dazu gehören:
- **Anamnese:** z. B. vorausgegangene Infektionskrankheiten
- **körperliche Untersuchung:** Befallsmuster, Begleitsymptome
- **Labor:** BSG, Blutbild, Rheumafaktoren, ASL, AST, Harnsäure, antinukleäre Faktoren, Elektrophorese, alkalische Phosphatase

Als **ergänzende Diagnostik** kommen infrage:
- **Röntgen**
  - bei mono- oder polyartikulärer Arthritis, die länger als 3 Wochen besteht
  - Röntgen-Morphologie: Gelenkspalt durch partielle Auflösung des Knorpels verschmälert, periartikuläre Verdichtungen durch entzündliche Schwellung der Weichteile, gelenknahe Knochen verdünnt (Osteolyse)

- **Punktion**
  - bei ätiologisch unklarem Gelenkerguss
  - blutiges, trübes oder eitriges Punktat, evtl. Erregerbestimmung

Abwendbar gefährlicher Verlauf

- Eine Gelenkentzündung ist stets ein Symptom einer lokalen oder systemischen Erkrankung. **Systemerkrankungen** wie rheumatisches Fieber (I01.9) müssen rasch abgeklärt werden, um Folgeerkrankungen wie Herzklappenvitien (I38) vorzubeugen.
- Bei Verdacht auf **bakterielle Arthritis** (A49.9) stets Erreger und Antibiogramm bestimmen. ***Cave:*** Sepsis (A41.9)!

25.13.4 Leitlinien

Deutsche Gesellschaft für Unfallchirurgie. AWMF-S 1-Leitlinie 012–010. **Bakterielle Gelenkinfektionen**. Im Internet: www.awmf.org/leitlinien; Stand: 20.01.2016

25.14 Hautveränderungen (L,B,R)

J. Barlet

25.14.1 Definition und Epidemiologie

Etwa 8–10 % aller Beratungsanlässe in der Allgemeinpraxis betreffen Hautveränderungen. Der Begriff der Hautveränderungen umfasst jedoch nicht nur alle Hautkrankheiten, sondern auch Wunden und Infektionen, Veränderungen durch Verbrennungen oder Erfrierungen, Begleitexantheme bei Infektionskrankheiten und Hautsymptome bei Stoffwechselstörungen wie Lebererkrankung, Gicht oder Hyperlipidämie.

25.14.2 Differenzialdiagnostische Überlegungen

Zu unterscheiden sind nach der **Dauer** der Veränderungen:

- akut aufgetretene Veränderungen
- chronische Verlaufsformen

Nach der **Form** und dem **Aussehen** der Veränderungen unterscheidet man:

- einzelne Hautveränderungen oder Aussaat
- Aussehen der Veränderung: Fleck (Makula), Bläschen (Vesikula), gelblich gefülltes Bläschen (Pustula), Knoten (Nodus/Nodulus), Schuppe, Kruste, Pigmentation, Haarausfall
- betroffener Anteil der Haut: Kutis, Subkutis, Haare, Talgdrüsen
- Pigmentveränderungen: Muttermale, Alterswarzen, Melanome, Leukoplakie, Vitiligo
- Intaktheit der Oberfläche: Nekrose, Ulkus, Wunden mit Wundheilungsstörungen
- Narben oder Atrophien: Keloide, Kontrakturen, Atrophie, Strahlenschäden

Nach dem (besonderen) **Verlauf** oder einer **eruierbaren Ursache** unterscheidet man:

- akute Verletzungsfolge: Wunden, Stiche, Verbrennungen, Sonnenbrand, Erfrierung, Druckschäden
- Folgen von akuten Reaktionen: Lymphangitis, Lymphknotenschwellungen, Hautrötung, Ödeme
- chronische Veränderungen: Ekzeme, Hyperkeratosen, Hyperpigmentierung, Depigmentierungen
- Verlauf in Schüben oder Stadien: Psoriasis, Lues, Tuberkulose
- Verdacht auf Parasiten: Insektenstiche, Zeckenbisse, Läuse, Krätze, Erkrankungen durch Parasiten aus den Tropen

Nach einer (besonderen) **Anordnung** der Hautveränderungen ist zu differenzieren:

- besondere **Lokalisation**: symmetrisch, asymmetrisch, Psoriasis (Streckseiten der Extremitäten), Neurodermitis (Beugeseiten der Extremitäten)
- Verbreitung über den **ganzen Körper**: Ikterus, allergische Exantheme, Urtikaria, medikamentöse Nebenwirkung, z. B. Flush, Petechien, Ichthyosis, generalisierte Infektionskrankheiten
- **Ausbreitung** der Krankheit: Erythema migrans, Mykose, Pityriasis versicolor, Impetigo, Parasiten wie Läuse und Krätze

Wenn die Hautveränderungen im Rahmen einer **anderen Erkrankung** in Erscheinung treten, kommen infrage:

- Infektionskrankheiten (Alter, Fieber, Kontaktpersonen, Ikterus?): z. B. bei Windpocken, Masern, Röteln, Scharlach

- Hinweise auf Stoffwechselstörungen: Rheumaknoten, Gichttophi, Xanthelasmen, diabetische Hautveränderungen, Angiopathie
- Autoimmunkrankheiten: z. B. Lupus erythematodes, Arteriitis temporalis, Sklerodermie
- Durchblutungsstörungen:
  - venös: Varizen, Ödeme, Pigmentationen, trophische Störungen, Ulcus cruris
  - arteriell: Atrophie, arterielle Ulzera (z. T. nicht Ulzera mit venöser Insuffizienz), Nekrosen
- Hinweise auf Gerinnungsstörungen: Petechien, Hämatome, flächige Einblutungen, Altershämatome durch Gefäßbrüche
- Hinweis auf eine allgemeine Störung: Myxödem bei Hypothyreose, Ödeme bei Herzinsuffizienz und Nierenerkrankungen, Lymphödeme, Folgen von Tumorerkrankungen, Zyanose bei Polyglobulie, Blässe bei Anämie
- Hinweis auf Neubildungen:
  - gutartig: Fibrome, Atherome, Warzen
  - maligne: Spinaliom, Melanom (Hautkrebs-Screening → Kap. 19.7)

25.14.3 Diagnostische Möglichkeiten in der Praxis

Die Diagnostik umfasst:

- **Anamnese:**
  - wichtigstes Kriterium, das intensiv genutzt werden sollte
  - der größte Teil kann damit diagnostiziert werden
- **körperliche Untersuchung:**
  - Inspektion der gesamten Haut (immer!)
  - manchmal sind Verlaufskontrollen wichtig, um eine klare Beurteilung bzw. Ausbreitung zu diagnostizieren
  - allgemeine körperliche Untersuchung: notwendig z. B. bei Infektionskrankheiten, Stoffwechselstörungen und Lymphomen
- gezielte **Laboruntersuchungen** zur Abklärung je nach Verdachtsdiagnose:
  - großes Blutbild, BSG, CRP, klinisches Labor
  - Rheumafaktoren
  - Infektionsserologie
  - Gerinnungsstatus
  - Abstrichentnahme bei Verdacht auf spezielle Erreger (Wundabstrich, Rachenabstrich)
  - Gewinnung von Hautschuppen bei Verdacht auf Mykosen
  - bei Verdacht auf Erkrankungen durch Parasiten sind Kulturen und direkter Erregernachweis oder indirekter durch Serologie erforderlich
  - nach Operationen (gutartige/bösartige Tumoren, Hautanhangsgebilde) ist die Histologie erforderlich

Als **ergänzende Diagnostik** kommen infrage:

- in allen Zweifelsfällen Überweisung zum Hautarzt, möglichst vor eigenen Therapieversuchen, da dadurch das Bild verfälscht werden kann
- ggf. Hautstanze und Überweisung zum Pathologen
- bei Verdacht auf einen Hautkrebs im Rahmen des Hautkrebs-Screenings ist vertragsgemäß immer eine Überweisung zum Hautarzt zur Probeexzision (Entfernung plus Histologie) vorgesehen
- bei Hautveränderungen, die andere Fachdisziplinen betreffen, konsiliarische Überweisung (z. B. zu Internisten, Chirurgen, Neurologen, Kinderärzten, Rheumatologen, Diabetologen, Hämatologen)
- bei Verdacht auf allergische Genese Überweisung zum Hautarzt, HNO-Arzt oder Pulmologen zur Allergietest

Abwendbar gefährlicher Verlauf

- bei akuter allergischer Reaktion (Flush, R23.2) sofortige Schockbehandlung und eventuell Einsatz des Notarztes
- Melanome sollten im Frühstadium diagnostiziert und therapiert werden
- bei Immunschwäche, Zytostatika-Therapie und AIDS müssen auch bei in der Regel harmlosen Infektionen schwere Verläufe ausgeschlossen werden
- bei bakteriellen Erkrankungen an die septische Streuung bzw. generalisierte Sepsis denken
- bei ausgedehnter Blasenbildung muss an ein Lyell-Syndrom (L 51.20) oder eine bullöse Hauterkrankung gedacht werden

25.14.4 Leitlinien

Deutsche dermatologische Gesellschaft. AWMF-S 2k-Leitlinie 032–022. **Plattenepithelkarzinom der Haut.** Im Internet: www.awmf.org/leitlinien; Stand: 20.01.2016

Deutsche Gesellschaft für Verbrennungsmedizin. AWMF-S 1-Leitlinie 044–001. **Thermische und chemische Verletzungen.** Im Internet: www.awmf.org/leitlinien; Stand: 20.01.2016

25.15 Lymphknotenvergrößerungen (R59.9)

H.-D. Klimm

25.15.1 Definition

Lymphknoten sind linsengroße Sekundärorgane des lymphatischen Systems, eingeschaltet in die Bahn der Lymphgefäße. Ihre Aufgabe ist die Filterung der Lymphe durch Phagozytose auf dem Weg von der Peripherie zum Ductus thoracicus. Außerdem wird die Lymphozytenbildung in den Lymphknoten durch Antigene induziert (B- und T-Lymphozyten) und Plasmazellen bilden Antikörper.

Der menschliche Körper besitzt ca. 600 Lymphknoten, die bei bestimmten Stimuli um das 25-Fache, in der Größe um das 50-Fache zunehmen können.

25.15.2 Differenzialdiagnostische Überlegungen

Die Vergrößerung eines Lymphknotens zeigt an, dass er im Rahmen einer seiner Funktionen (Filter, Antigen-Reaktion, Antikörperbildung) aktiviert ist. Eine Vielzahl von Erkrankungen kann dafür verantwortlich sein.

Grundsätzlich wird differenziert zwischen:

- Lymphknotenschwellung entzündlicher Genese, blande Lymphknotenschwellung (sog. Hamartin):
  - Drüseneinschlüsse in zervikale Lymphknoten
  - Endometriose in Becken- und Leistenlymphknoten
- reaktiv-entzündliche lokalisierte Lymphknotenschwellungen:
  - bakterielle Infekte
  - Pilzerkrankungen
  - Tuberkulose
  - Lues 1
  - Lymphogranuloma inguinale
  - Katzenkrankheit
  - Toxoplasmose
- reaktiv-entzündliche generalisierte Lymphknotenschwellungen:
  - banale virale Infekte
  - Mononukleose
  - Lues II
  - Röteln/Masern
  - Tularämie
  - Sarkoidose
  - angioimmunoblastische Lymphadenopathie
  - AIDS-related complex
- Lymphknotenschwellungen hyperplastischer Genese:
  - primär lokalisiert: Metastasen, Hodgkin-Lymphom, Non-Hodgkin-Lymphom
  - primär generalisiert: chronisch lymphatische Leukämie

25.15.3 Diagnostische Möglichkeiten in der Praxis

Die Diagnostik umfasst:

- **Anamnese:**
  - Fragen nach dem Zeitpunkt der Entstehung: innerhalb weniger Tage mit Rückbildung nach 2–3 Wochen → entzündliche Ursache
  - in der Regel langsam wachsend und länger als 2–3 Wochen bestehend → eher tumoröse Ursache
  - Fragen nach Schmerzhaftigkeit:
    - schmerzhaft → meistens bei entzündlichen Ursachen
    - keine Schmerzen → in der Regel bei tumorösen Ursachen
  - Fragen nach Begleitsymptomen:
    - kurz dauerndes, evtl. hohes Fieber → entzündliche Ursache
    - evtl. unklares, länger andauerndes, auch undulierendes Fieber, Gewichtsverlust → tumoröse Ursachen
  - Fragen nach Zusammenhang von Ess- und Trinkgewohnheiten: Zunahme der Schmerzen bei Alkoholkonsum → typisch für Morbus Hodgkin
  - Fragen nach Umgang mit Tieren: z. B. Lymphknotenschwellung bei Katzenkrankheiten, Toxoplasmose
- **körperliche Untersuchung** mit gründlicher Inspektion und Palpation; zu achten ist auf:
  - Lokalisation:
    - zervikale und submandibulare Lymphknotenvergrößerungen → Infekte des HNO-Bereichs und Kinderkrankheiten
    - axilläre und inguinale Lymphknotenvergrößerungen → entzündliche Prozesse an Armen und Beinen
    - alle Lymphknotenregionen befallen → tumoröse Ursache

  - Größe, Beweglichkeit, Konsistenz:
    - meist nicht größer als 1 cm, eher weich, im Allgemeinen gut beweglich → entzündliche Ursache
    - in allen Größen, in der Regel sehr hart, häufig mit der Unterlage verwachsen, kaum beweglich → tumoröse Ursache
- **Labor:**
  - BSG, Blutbild, Differenzialblutbild, Retikulozyten, CRP, LDH, Harnsäure, Kreatinin
  - Serologie: CMV, EBV/bei Verdacht Serologie für HIV, Tuberkulinhauttest
- **Sonografie:**
  - Oberbauchsonografie
  - Lymphknotensonografie Bauchraum und Hals
    - ovale Form (S/L-Achse < 0,5), hiläre Vaskularisation → eher benigne
    - runde Form (S/L-Achse > 0,5), periphere oder gemischte Vaskularisation → eher maligne

Als **ergänzende Diagnostik** kommen infrage:

- Röntgen-Thorax bei generalisierter Lymphknotenvergrößerung
- CT-Thorax und Abdomen, MRT Abdomen, MRT Thorax, MRT Hals bei Verdacht auf generalisierte Lymphknotenvergrößerung
- Lymphknotenzytologie und -histologie: Eine eindeutige Aussage für die Dignität einer Lymphknotenschwellung ist letztlich nur mit pathologischer und histologischer Diagnostik möglich. Beim geringsten Zweifel, vor allem beim Verdacht auf einen pathologischen Befund, sofortige Überweisung/Einweisung und gebietsärztliche Diagnostik.

Abwendbar gefährlicher Verlauf

Jeder vergrößerte Lymphknoten kann Ausdruck eines tumorösen Geschehens sein und bedarf der sorgfältigen Abklärung, notfalls auch der operative Entfernung und histologischen Aufarbeitung. Penible Verlaufskontrollen mit Befunddokumentationen sind erforderlich!

25.15.4 Leitlinien

Deutsche Gesellschaft für pädiatrische Onkologie und Hämatologie. AWMF-S 1-Leitlinie 025–020. **Lymphknotenvergrößerung.** Im Internet: www.awmf.org/leitlinien; Stand: 20.01.2016

25.16 Resistenzen und Hernien im Abdomen (K56.9)

P. Engeser

25.16.1 Definition und Epidemiologie

► **Resistenzen.** Bei den Resistenzen handelt es sich um Organe oder andere Gebilde, die der palpierenden Hand einen über das Normalmaß hinausgehenden Widerstand entgegenbringen. Aber auch erhöhte Bauchdeckenwiderstände im Sinne der Abwehrspannung oder des „brettharten Bauchs" können als Resistenz angesprochen werden.

► **Hernien.** Bei den Hernien (Brüchen) handelt es sich um Vorwölbungen im Bereich des Abdomens, bei denen klassischerweise eine Bruchpforte und ein Bruchsack aus Peritoneum und abdominellem Inhalt (Darm oder Netz) vorhanden sind. Sie werden sichtbar im Bereich der typischen Bruchpforten. Grundsätzlich unterscheidet man:

- **angeborene Hernien:** von Geburt an offene Bruchpforten, z. B. bei unvollständigem Verschluss des Leistenkanals oder bei Nabelhernien
- **erworbene Hernien:** durch übermäßige Belastung bei entsprechender Schwäche des Bindegewebes
- **Narbenhernien:** iatrogen nach operativen Eingriffen im Bauchraum, meist im Zusammenhang mit Wundheilungsstörungen im Narbenbereich

Die häufigsten Hernien sind:

- Leistenhernie (K40.90)
- Skrotalhernie (K40.90)
- Schenkelhernien (K41.9)
- Nabelhernien (K42.9)
- epigastrische Hernien (K43.90)
- Treitz-Hernien
- Hiatushernien (Zwerchfellbrüche, K44.9): Kap. 34.77
- Hydrocele testis (sog. Wasserbruch, N43.3): Kap. 34.81
- Narbenhernien (iatrogen) (K43.2)

25

Merke

Mit der Frage von Resistenzen oder Hernien ist man als Allgemeinarzt bei jeder Untersuchung des Abdomens konfrontiert. Leistenhernien sind bei Männern häufiger als bei Frauen.

25.16.2 Differenzialdiagnostische Überlegungen

Abwendbar gefährlicher Verlauf

Resistenzen im Sinne von **Abwehrspannungen** sind akuten entzündlichen Prozessen im Abdomen zuzuordnen, die über eine umschriebene (z. B. akute Appendizitis, Divertikulitis, Cholezystitis) oder allgemeine peritoneale Reizung (z. B. diffuse Peritonitis) zu einer Abwehrspannung der Bauchmuskulatur führen. Beide Formen sind im Sinne des „akuten Abdomens" zur weiteren Abklärung in eine chirurgische Klinik einzuweisen.

Regionale Resistenzen sind dem Oberbauch, dem Unterbauch, dem Mittelbauch bzw. den darin befindlichen inneren Organen zuzuordnen:

- **Magen**
  - Tumoren
- **Leber**
  - diffuse Lebervergrößerung:
    - Fettleber, alimentär, ethyltoxisch oder nach Hepatitis
    - Leberzirrhose infolge einer Hepatitis oder nutritiv-toxischen Schädigung, Prüfung auf Aszites, Hepatitisserologie
    - Stauungsleber bei Herzinsuffizienz, auch hier kann Aszites vorkommen
    - diffuse Lebervergrößerung bei Infektionen
    - Lymphknotenstatus und Milzvergrößerung beachten
    - Lebervergrößerung bei Bluterkrankungen (myeloische Leukämie)
  - knotige Veränderungen der Leber:
    - fein bis grobknotige Leberzirrhosen
    - isolierte Knoten bei Leberzysten, z. B. idiopathisch, Echinokokkuszysten, Tumoren
    - Hämangiome
- **Gallenblase**
  - akute Cholezystitis
  - Gallenblasenhydrops
  - Porzellangallenblase
  - Erkrankungen mit Abflusshindernis im Gallengangbereich bis zur Papilla Vateri → Ikterus
    - nur bei ausgedehnten Karzinomen ist eine palpable Resistenz nachzuweisen
    - Diagnostik durch Sonografie und endoskopische retrograde Cholangiopankreatografie (ERCP), Therapie durch ERCP (Papillotomie, Steinextraktion, Pigtail-Katheter zur Drainage bei Gallengangs- oder Pankreaskopfkarzinom)
- **Pankreas**
  - akute Pankreatitis
  - chronische Pankreatitis
  - Pankreaskarzinome
- **weitere Organe**
  - Milzvergrößerung bei Infektionen (Mononukleose/Sepsis) oder hämatologischen Erkrankungen
  - Aortenaneurysma: typischerweise pulsierender Tumor im Mittelbauch
  - Nierenzysten oder Nierentumoren, Hufeisennieren
  - Gravidität
  - Uterus myomatosus
  - Ovarialtumoren
  - akute Appendizitis
  - Morbus Crohn mit entzündlichem Konglomerattumor, Colitis ulcerosa
  - Kolonkarzinom

25.16.3 Diagnostische Möglichkeiten in der Praxis

Die Diagnostik umfasst:

- **Anamnese**
- **abdominelle Palpation:**
  - Abwehrspannung?
  - regionale Resistenzen?
- **Lymphknotenpalpation:**
  - **inguinale Lymphknoten** (bei der abdominellen Palpation stets mitbeurteilen): bei Vergrößerung ist nach der Ursache zu fahnden → Entzündungen in ihrem Drainagebereich? Tumormetastasen? Lymphatische Systemerkrankung?
  - die **linke supraklavikuläre Lymphknotenregion** ist bei Karzinomen des Magens früh betroffen (an der sog. Virchow-Drüse, Einmündung des Ductus thoracicus)

- **Hernienpalpation:**
  - bei der Palpation tastet man den fluktuierenden Darminhalt
  - in der Regel Reposition möglich, danach wird auch die Bruchpforte deutlich darstellbar
- **Labordiagnostik** (je nach Tastbefund) nach den vermuteten und differenzialdiagnostisch in Betracht kommenden Erkrankungen
- **Spezialuntersuchungen:** z. B. Serologie, Hämatologie, Sonografie, ggf. weitere fachärztliche Diagnostik

Merke

Labordiagnostik, Serologie und die verschiedenen Tumormarker haben das diagnostische Spektrum stark erweitert und müssen zur Abklärung und Verlaufskontrolle differenziert eingesetzt werden.

Für die **ergänzende Diagnostik** haben sich die Untersuchungsmöglichkeiten durch neu entwickelte diagnostische Verfahren in den letzten Jahrzehnten sehr verbessert:

- Sonografie des Abdomens
- CT und MRT
- Szintigrafie
- Angiografie
- Endoskopie mit flexiblen Gastroskopen und Koloskopen
  - diagnostisch mit der Möglichkeit zur gezielten Probeentnahme
  - therapeutisch mit z. B. Polypektomie, Sklerosierung von Ösophagusvarizen, Unterspritzen von Ulkusblutungen
- ERCP (endoskopische retrograde Cholangiopankreatografie) mit endoskopischen Operationsverfahren hat zur Pankreas- und Gallenwegsdiagnostik und -therapie (z. B. Entfernung von präpapillären Gallensteinen durch Papillotomie)

Abwendbar gefährlicher Verlauf

- Ist eine Hernie nicht reponibel, besteht der Verdacht auf eine **eingeklemmte Hernie**, die bei Drehung der Darmschlingen inkarzeriert. Eine eingeklemmte Hernie ist ein chirurgischer Notfall, der sofort operiert werden muss.
- Bei Milzvergrößerungen kann es, da die Milz ein relativ weiches Organ mit einer zarten Kapsel ist, bei Traumata zur **Milzruptur** kommen. Ebenfalls sind Milzrupturen (S 36.08) gefürchtet bei entzündlichen Milztumoren (D 37.78) wie bei Mononukleose (B27.9). Bei einer Ruptur entwickelt sich neben dem Bild des akuten Abdomens auch eine Schocksymptomatik wegen des großen Blutverlusts ins Abdomen.
- Die Ruptur eines **Aortenaneurysmas** (I71.9) ist häufig ein letales Ereignis durch den unbeherrschbaren Blutungsschock.
- Die **Appendizitis** (K37), insbesondere die Altersappendizitis, kann erhebliche diagnostische Schwierigkeiten bereiten, da sie relativ symptomarm verlaufen kann.

25.16.4 Leitlinien

Deutsche Gesellschaft für Gastroenterologie, Verdauungs- und Stoffwechselkrankheiten. AWMF-S 2k-Leitlinie 021–013. **Gastroösophageale Refluxkrankheit.** Im Internet: www.dgvs.de; Stand: 20.01.2016

Deutsche Gesellschaft für Kinderchirurgie. AWMF-S 1-Leitlinie 006–030. **Leistenhernie, Hydrozele.** Im Internet: www.awmf.org/leitlinien; Stand: 20.01.2016

Deutsche Gesellschaft für Kinderchirurgie. AWMF-S 1-Leitlinie 006–087. **Zwerchfellhernie, Zwerchfelldefekt.** Im Internet: www.awmf.org/leitlinien; Stand: 20.01.2016

25

25.17 Psychische Auffälligkeiten (F32.2)

P. Engeser

25.17.1 Definition

Unter psychischen Auffälligkeiten versteht man alle Verhaltensstörungen auf der Basis von Wesensveränderungen, die ihren Ursprung im psychischen und/oder organischen Bereich haben. Wesensveränderungen sind deutlich erkennbare (neue) Verhaltensweisen, die sich im Krankheitsverlauf herausbilden. Die Patienten wirken geistig gehemmt, unflexibel, dann aber auch wieder unbeherrscht. Die Persönlichkeit erscheint im Gegensatz zu früher im Ganzen vergröbert und entdifferenziert.

25.17.2 Differenzialdiagnostische Überlegungen

Wesensveränderungen, zumeist bei älteren Patienten, lassen denken an:

- **zerebrovaskuläre Veränderungen** (vaskuläre Demenz): rascher Beginn des Beschwerdebildes, dann langsamer, schubweiser Verlauf
- **Demenz vom Alzheimer-Typ:** schleichendes Einsetzen und stetige Zunahme der psychischen Auffälligkeiten
- **Depression:** geprägt von Antriebslosigkeit und Ängsten
- andere **neurologische Erkrankungen** wie Hirntumor, Enzephalitiden, Morbus Parkinson und Epilepsie
- **Hypo- oder Hyperthyreose** mit entsprechender Klinik
- weitere **Stoffwechselerkrankungen** wie Hyperparathyreoidismus, Blutzucker- und Elektrolytstörungen, Exsikkose
- **pulmonale** und **kardiovaskuläre Erkrankungen** als Ursache einer zerebralen Minderversorgung
- fieberhafte Erkrankungen wie **Pneumonie** oder **Pyelonephritis**

Merke

Auch bei jüngeren Patienten kommt ein Hirntumor als Ursache infrage.

Eine besondere Form psychischer Auffälligkeiten stellen die **Phobien** dar. Häufig sind es bestimmte Ängste, z. B. vor bestimmten Tieren, vor dem Überqueren eines freien Platzes oder vor dem Aufenthalt in engen Räumen besonders zusammen mit vielen Menschen. Die Erkrankung macht den Menschen unfrei, zwingt ihn zum sozialen Rückzug, zur immer stärkeren Isolation. Er wird psychisch für seine Mitmenschen auffällig (s. a. Kap. 24.25).

25.17.3 Diagnostische Möglichkeiten in der Praxis

Zur Diagnostik gehören:

- **Anamnese:**
  - sorgfältig und ausführlich, wenn möglich ergänzt durch eine Fremdanamnese
  - wichtige Hinweise zum Schweregrad der psychischen Auffälligkeiten
  - wichtig sind Fragen zur örtlichen, zeitlichen und persönlichen Orientierung, um einer evtl. drohenden Hilflosigkeit zu begegnen
- **körperliche Untersuchung:** Ausschluss einer primär organischen Erkrankung, z. B. des Herz-Kreislauf-Systems
- **Labordiagnostik:** Blutbild, Blutzucker, CRP, Leber- und Nierenfunktion, Elektrolyte und Schilddrüsenwerte sowie Urinstatus

Als **ergänzende Diagnostik** sollte entsprechend dem Erscheinungsbild der psychischen Auffälligkeit ein psychiatrischer Status sowie eine neurologische Untersuchung einschließlich EEG, Karotis-Doppler, CT oder MRT durchgeführt werden. Auch eine kardiologische Untersuchung mit Farbechokardiografie kann erwogen werden.

Abwendbar gefährlicher Verlauf

Die evtl. auslösende Grundkrankheit muss festgestellt werden und eine entsprechende Therapie vorgenommen werden.

25.17.4 Leitlinien

Deutsche Gesellschaft für Neurologie. AWMF-S 2e-Leitlinie 030–125. **Exekutive Dysfunktionen bei neurologischen Erkrankungen, Diagnostik und Therapie.** Im Internet: www.awmf.org/leitlinien; Stand: 20.01.2016

Deutsche Gesellschaft für Psychiatrie und Psychotherapie, Psychsosomatik und Nervenheilkunde. AWMF-S 3-Leitlinie 038–020. **Psychosoziale Therapien bei schweren psychischen Erkrankungen.** Im Internet: www.awmf.org/leitlinien; Stand: 20.01.2016

Deutsche Gesellschaft für Psychosomatische Medizin und ärztliche Psychotherapie. AWMF-S 2k-Leitlinie 051–029. **Begutachtung psychischer und psychosomatischer Erkrankungen.** Im Internet: www.awmf.org/leitlinien; Stand: 20.01.2016

25.18 Hyperventilation (R06.4)

P. Engeser

25.18.1 Definition und Epidemiologie

Durch eine gesteigerte Ventilation wird verstärkt Kohlendioxid abgeatmet. Die Folge ist eine Hypokapnie und Alkalose. Hyperventilationen kommen in der hausärztlichen Praxis immer wieder vor, betroffen sind meist jüngere Patienten, überwiegend Frauen.

Von einer unruhigen Hyperventilation bis zum Hyperventilationsanfall mit normokalzämischer Tetanie finden sich alle **Schweregrade.** Unter Tetanie versteht man eine anfallsweise Störung der Motorik als Ausdruck einer neuromuskulären Übererregbarkeit. Beispiel: Pfötchenstellung der Hand. Leitsymptom ist eine unphysiologische Steigerung der Atmungsgröße, überwiegend durch eine erhöhte Atemfrequenz.

25.18.2 Differenzialdiagnostische Überlegungen

In der Regel ist die Hyperventilation eine rein funktionell-psychogene Störung. Weitere mögliche Ursachen sind:

- metabolisch, z. B. durch Fieber oder durch eine Hyperthyreose
- Störungen des Atemzentrums
- andere Erkrankungen des ZNS
- Störungen des Säure-Basen-Haushalts (metabolische Azidose), z. B. bei Nierenversagen, durch Galle- oder Pankreasfisteln, bei Diarrhö oder Ileus
- Medikamente wie Adrenalin oder Salizylsäure
- hypoxische Zustände finden sich bei Anämien, Aufenthalt in großen Höhen, bei Vergiftungen sowie bei Herzinsuffizienz und bei Gefäßverschlüssen

25.18.3 Diagnostische Möglichkeiten in der Praxis

Die Diagnostik umfasst:

- Anamnese
- körperliche Untersuchung:
  - Beobachtung von Atemfrequenz und Atemgröße
  - positives Chvostek-Zeichen: bei Beklopfen des N. facialis im Bereich der Wange wird ein Zucken des Mundwinkels ausgelöst
  - Trousseau-Zeichen: Pfötchenstellung der Finger nach Anlegen einer Blutdruckmanschette
- beruhigendes Zureden und ggf. Rückatmung in eine Plastiktüte: wenn der Anfall damit beendet werden kann, ist von einer rein funktionellen Störung auszugehen

Merke

Eine Tachypnoe ist häufig Ausdruck einer Angststörung. Der strukturierenden, beruhigenden ärztlichen Intervention kommt daher eine große Bedeutung zu.

Mit der **erweiterten Diagnostik** müssen schwere Allgemeinerkrankungen mit Hypoxie sowie Erkrankungen des ZNS traumatischer, entzündlicher, vaskulärer oder auch toxischer Genese ausgeschlossen werden. Eine Lungenfunktionsprüfung sowie die Bestimmung der Blutgase sind bei einer rezidivierenden Hyperventilation angezeigt.

Abwendbar gefährlicher Verlauf

Durch die Ventilationssteigerung kommt es über die Alkalose (E87.3) zu einer verminderten zerebralen Durchblutung und dadurch zu Schwindel bis hin zu leichten Bewusstseinsstörungen. Die pH-Verschiebung führt zu tetanischen Zuständen. Eine medikamentöse Behandlung (z. B. mit Kalzium) ist jedoch in der Regel nicht indiziert. Die zugrunde liegende Angststörung muss jedoch in jedem Fall ernstgenommen und behandelt werden.

25.18.4 Leitlinien

Deutsche Gesellschaft für Kinder- und Jugendpsychiatrie, Psychosomatik und Psychotherapie. AWMF-S 1-Leitlinie 028–022. **Angststörungen (F41, F93.0).** Im Internet: www.awmf.org/leitlinien; Stand: 26.11.2015

25.19 Unruhige Beine („restless legs“, G25.81)

H.-D. Klimm

25.19.1 Definition und Epidemiologie

Beim Restless-Legs-Syndrom kommt es ausschließlich unter Ruhebedingungen, meist am Abend und in der Nacht, zu verstärkten Missempfindungen im Bereich der Beine (Kribbeln, Krämpfe, Schmerzen), die mit (oft zwanghaftem) Bewegungsdrang einhergehen und durch Bewegung sistieren oder deutlich gelindert werden können. Die Erkrankung wird zu den extrapyramidalen Hyperkinesien gerechnet. Die Prävalenz liegt bei 2–10 % der Normalbevölkerung, wobei zu ⅔ Frauen und zu ⅓ Männer betroffen sind.

Typischerweise entsteht das Syndrom beim Zubettgehen, Schlafen, ruhigen Liegen und Sitzen, bei längeren Autofahrten und Busreisen bzw. im Rahmen von Ein- und/oder Durchschlafstörungen. Typisch ist die sofortige Linderung durch Muskeltätigkeit, d. h. Bewegen der betroffenen Gliedmaßen.

25.19.2 Differenzialdiagnostische Überlegungen

Neurologische Erkrankungen wie Polyneuropathie, Radikulopathie oder Kompressionssyndrom müssen ebenso ausgeschlossen werden wie Störungen der Durchblutung, seien sie arteriell (AVK) oder venös (chronisch venöse Insuffizienz).

25.19.3 Diagnostische Möglichkeiten in der Praxis

Die Diagnostik umfasst:

- **Anamnese:**
  - sorgfältige und ausführlich, insbesondere genaue Schlafanamnese
  - Erfragen der essenziellen Kriterien (die obligat vorhanden sein müssen):
    - Bewegungszwang der Extremitäten, meist assoziiert mit Missempfindungen oder Schmerzen, motorische Unruhe
    - Auftreten bzw. Zunahme der Beschwerden in Ruhe
    - zumindest teilweise und vorübergehend Besserung der Symptome bei Bewegung
    - Beschwerdezunahme abends oder nachts
  - Erfragen von Zusatzkriterien:
    - Ein- und/oder Durchschlafstörungen
    - Tagesmüdigkeit, Erschöpfung
    - periodische Beinbewegung („periodic lymph movement"), unwillkürliche Beinbewegungen im Wachzustand und in Ruhe
    - unauffälliger neurologischer Untersuchungsbefund, bisheriger klinischer Verlauf (verläuft häufig fluktuierend, später oft chronisch progredient)
    - positive Familienanamnese (autosomal-dominante Erbkrankheit)
- neurologische und internistische **Untersuchungen** zum Ausschluss neurologischer Grundkrankheiten und Durchblutungsstörungen
- **Labordiagnostik:** Hämoglobin, Erythrozyten, Leukozyten, Eisen, Ferritin, Transferrin, Kreatinin, Kalium, γ-GT, Blutzucker, Vitamin B_{12} (funikuläre Myelose)

Merke

Anhand des **Restless-Legs-Diagnose-Index**, in dem die essenziellen und Zusatzkriterien operationalisiert werden, kann eine diagnostische Entscheidung getroffen werden.

Als **ergänzende Diagnostik** muss bei unklarem Befund eine erweiterte neurologische Diagnostik, z. B. EMG, ebenso angestrebt werden wie eine erweiterte angiologische Diagnostik, z. B. Duplexsonografie, Phlebografie.

Abwendbar gefährlicher Verlauf

Unmittelbar gefährliche Probleme wie akute Kompressionssyndrome, spinale Prozesse oder ein fortgeschrittenes diabetisches Fußsyndrom müssen ausgeschlossen werden.

25.19.4 Leitlinien

Deutsche Gesellschaft für Neurologie. AWMF-S 1-Leitlinie 030–081. **Restless-Legs-Syndrom (RLS) und Periodic Limb Movement Disorder (PLMD).** Im Internet: www.awmf.org/leitlinien; Stand: 20.01.2016

25.20 Literatur

[1] Narayana S, McGee S. Bedside Diagnosis of the „Red Eye": A Systematic Review. Am J Med 2015; 128:1220–1224

Teil 4

Therapie in der Praxis

26 Gesprächstherapie

26.1 Einleitung

H.-D. Klimm

► **Bedeutung von Gesprächen.** Eine gute Kommunikation zwischen Patient und Hausarzt ist eine wichtige Voraussetzung zur Bildung und Erhaltung einer tragfähigen Arzt-Patient-Beziehung. Wie in vielen Umfragen immer wieder betont wird, ist das Gespräch das zentrale Moment in der Arzt-Patient-Beziehung; die Patienten wünschen Gespräche! Im Schnitt schätzt man eine durchschnittliche Gesprächszeit von 7,8 min/Patientenkontakt. Der Zeitmangel wird nicht nur von den Patienten, sondern auch von den Ärzten seit Langem thematisiert. Trotz des bekannten Zeitmangels betonten gerade Patienten in der Allgemeinpraxis in Studien immer wieder, dass sie gerade deshalb zu ihrem Hausarzt gehen, weil er sich Zeit nehmen würde für das Gespräch.

Der Wunsch der Patienten, mehr Zeit für ein Gespräch zu haben, und der Wunsch der Ärzte, mehr Zeit für die Patienten zu haben, ist in Deutschland – wenn überhaupt – nur durch die Verringerung der Zahl der Patienten-Arzt-Kontakte zu erreichen.

► **Strukturierte Gespräche.** Wenn schon die Zeit für Gespräche bemessen ist, muss das Gespräch strukturiert ablaufen, um effektiv zu sein. Nach Köhle [1] gilt es, 6 Elemente dabei zu beachten:

- Beziehung aufbauen, d. h. Vertraulichkeit ermöglichen, Störungen vermeiden, Blickkontakte aufnehmen und halten, Gesprächsziele verdeutlichen
- Anliegen anhören, d. h. stets mit offener Frageformulierung das Gespräch eröffnen, erzählen lassen, aktiv zuhören, ermutigen zum Weitersprechen
- Emotionen zulassen, d. h. Emotionen beobachten, empathisch antworten, Emotionen benennen
- Details explorieren, d. h. die Dimension der Beschwerden erfragen, auch der Versuch der Objektivierung, z. B. durch Schmerzskalen
- Weiteres Vorgehen abstimmen, d. h. Befunde erklären, Plan für Diagnostik und Therapie erörtern, Konsens herstellen
- Resümee, d. h. Ergebnisse zusammenfassen, Klärung der offenen Fragen anbieten, Folgetermine vereinbaren

Merke

Optimierte Gesprächsführung: möglichst offene Fragen formulieren, wenig unterbrechen, Pausen zulassen, keine Suggestivfragen, Disziplin zum Zuhören!

26.2 Permanenter Dialog

H.-D. Klimm

Nach Pillau [6] sind 50 % der Patienten länger als 5 Jahre dem Hausarzt bekannt, bei mehr als 80 % der Patienten ist der Hausarzt auch gleichzeitig Arzt des Vertrauens der ganzen Familie. In bis zu 70 % der Fälle sind Patienten konstant bei ihrem Hausarzt in ärztlicher Betreuung.

Nach Daten des Barmer Arztreportes gibt es in der BRD durchschnittlich 17,7 Arztkontakte im Jahr, was deutlich macht, dass es trotz der relativ kurzen Gesprächsdauer pro Kontakt im Laufe der Jahre durch die Vielzahl der Kontakte zu einer Vielzahl von Gesprächen kommt, eine Fülle von Informationen daraus entsteht und eine Vielzahl von Interventionen daraus resultieren. Der Begriff der erlebten Anamnese zeigt auch, dass die vielen Kontakte und die vielen wiederkehrenden Gespräche nicht nur eine Fülle von Informationen ergeben, sondern dass ein Gespräch, das heute beendet werden musste, morgen wieder fortgeführt werden kann, d. h. es gibt eine Vielzahl langer Gesprächsinhalte über insgesamt mehrere Stunden (permanenter Dialog).

Merke

Permanente Betreuung bedeutet auch, dass ein permanenter Dialog stattfindet. Die tatsächliche jährliche Gesprächszeit pro Patient lässt sich nur grob schätzen. Nach Studien kann man davon ausgehen, dass in Deutschland die geschätzte jährliche Konversationszeit pro Patient bei mindestens 100 Minuten liegt.

Grundlagen für eine richtige Gesprächsführung sind:

- Zuhören ist für den Arzt wichtiger als Reden
- Stets daran denken: Der Kranke sucht Hilfe, er hat Fragen, die wir beantworten sollen
- Sprechweise wie Verhalten des Patienten sind Botschaften!
- „professionelles" Verhalten stößt ab, Empathie öffnet die Gespräche
- keinen Zeitdruck entstehen lassen
- der Arzt ist weder Richter noch Schulmeister
- ist der Arzt aufrichtig, wird der Patient es auch sein
- möglichst in gleicher Sprache sprechen
- dem Gespräch stets ein Ziel geben, wenn möglich Arbeitsbündnis aufbauen
- „leere Sprüche sind hohle Sprüche"
- Hoffnungen wecken
- keine eigenen Gefühle einbringen
- immer nur dann Gespräche führen, wenn der Patient es will; ihm aber zeigen, dass der Patient jederzeit mit seinem Arzt reden kann, wenn er das Bedürfnis dazu hat

Abwendbar gefährlicher Verlauf

Gefahr der Voreingenommenheit durch erlebte Anamnese (Kap. 3).

26.3 Adhärenz

R. Schäfert, W. E. Haefeli

26.3.1 Begrifflichkeiten

Behandlungsempfehlungen können nur wirken, wenn sie auch umgesetzt werden. Parallel zur Veränderung des Modells der Arzt-Patient-Beziehung kam es diesbezüglich in den letzten Jahren zu folgender Weiterentwicklung der Begrifflichkeiten:

- **Compliance** (engl. Befolgung, Einhaltung) = Therapietreue; Ausmaß, wie das Verhalten eines Betroffenen mit den therapeutischen Empfehlungen übereinstimmt; Begriff aus den späten 70er Jahren; patriarchales Modell der Arzt-Patient-Beziehung: Patient wird als Empfänger ärztlicher Anordnungen gesehen, für deren Einhaltung und Umsetzung er die Verantwortung trägt.
- **Adhärenz** = Therapiemotivation; Ausmaß, wie der Betroffene mit den therapeutischen Empfehlungen einverstanden ist und wie sein Verhalten damit übereinstimmt. Diesem neueren Begriff liegt ein partizipatives, partnerschaftliches Modell der Arzt-Patient-Beziehung zugrunde, nach dem der Patient aktiv in die Therapieplanung einbezogen werden soll. Im Vordergrund steht bei der Erstellung und Erreichung von Therapiezielen die Zusammenarbeit zwischen Patienten und Behandlern. Vor allem im englischen Sprachraum wird Adhärenz auf das tägliche Behandlungsregime hinsichtlich Einnahmezeitpunkt, Frequenz/Intervall und Dosis bezogen.
- **Konkordanz** = Übereinstimmung; fokussiert direkt auf die Arzt-Patient-Beziehung und bezeichnet die Übereinkunft zwischen Arzt und Patient darüber, ob und in welcher Weise eine Therapie durchgeführt wird. Ein wesentliches Element der Konkordanz ist die ausdrückliche Zustimmung des Patienten zu den ärztlichen Empfehlungen.
- **Persistenz** = Beharrlichkeit, Ausdauer; kontinuierliche Fortführung der Medikation über die verordnete Behandlungsdauer.

26.3.2 Dimensionen der Adhärenz

Die WHO hat folgende 5 Dimensionen herausgearbeitet, die Einfluss auf die Adhärenz nehmen:

- **Patientenbezogene/individuelle Faktoren:** Persönlichkeit, psychosozialer Stress, emotionaler Status (Depression), kognitive Dysfunktionen, Gesundheitsvorstellungen, Wissen über die Erkrankung, Vertrauen in die Therapie, Angst vor Nebenwirkungen, Motivation
- **Soziale/ökonomische Faktoren:** Alter, Geschlecht, ethnische Herkunft, soziales Umfeld (Unterstützung), Bildungsniveau, finanzielle Situation
- **Krankheitsbedingte Faktoren:** Schwere der Erkrankung/der Symptome, Grad der Beeinträchtigungen, Progressionsrate, Komorbidität, Verfügbarkeit wirksamer Therapien
- **Therapiebezogene Faktoren:** Art und Komplexität der Therapie, Therapiedauer, Nebenwirkungen, Häufigkeit von Therapieänderungen, vorangegangenes Therapieversagen, Kosten
- **Medizinische Betreuung/Gesundheitssystembedingte Faktoren:** Arzt-Patient-Beziehung, Vertrauen, Aufklärung und Schulung des Patienten, Systemkapazität, Follow-up

26.3.3 Non-Adhärenz

► **Muster.** Non-Adhärenz betrifft regelmäßig > 50 % der Behandelten. Es sollte jeweils erfasst werden, welches spezifische Muster von Non-Adhärenz vorliegt:

- **Non-Starter (primäre Non-Adhärenz):** von Anfang an wird gar keine Medikation eingenommen, Rezept wird nicht eingelöst; betrifft im Mittel ca. 5 % (Gesamt-Range 2–50 %) der Patienten
- **selektiv:** einzelne Tabletten/Substanzen werden nicht oder unregelmäßig eingenommen, z. B. diejenigen, die nicht aus dem Blister entnommen oder schlecht geschluckt werden können
- **global:** alle verordneten Medikamente werden unregelmäßig eingenommen
- **passager:** die Behandlung wird vorübergehend abgesetzt („drug holidays")
- **permanent:** die Behandlung wird dauerhaft abgesetzt

► **Risikofaktoren.** Unterschieden wird zwischen

- intentionaler (Therapieabbruch wegen UAW, erneutem Ereignis) und
- nicht-intentionaler Non-Adhärenz (kognitive Defizite, psychische Komorbidität [Depression], Einschränkungen des Seh-/Tastvermögens, der Handgeschicklichkeit).

Risikofaktoren für Non-Adhärenz sind:

- Non-Adhärenz in der Vorgeschichte
- asymptomatische Erkrankung
- mangelndes Krankheitsverständnis
- fehlende Krankheits-/Behandlungsakzeptanz
- viele UAW, Angst vor UAW
- mangelnde Wirksamkeitsüberzeugung
- schlechte Behandler-Patient-Beziehung
- Termine, die vom Patienten nicht wahrgenommen werden
- wenig soziale Unterstützung
- Stress

Adoleszente erfordern besondere Aufmerksamkeit bzgl. ihrer Adhärenz.

► **Unterstützung von Adhärenz mit der Arzneimitteltherapie.** Um in der Pharmakotherapie eine hohe Adhärenz zu erreichen, müssen die Patienten genau über die Einnahmevorschriften informiert werden:

- Handelsname/Inhaltsstoff: Was?
- Indikation: Wofür – wogegen?
- Einzeldosis: Wie viel?
- Applikation (Weg): Wie?
- Dosierungsschema (inkl. Bezug zur Nahrungsaufnahme): Wann, Wie oft?
- Therapiedauer: Wie lange?
- Nebenwirkungen (UAW)

Folgende Maßnahmen können die Arzneimittel-Adhärenz erleichtern:

- geringe Komplexität der Gesamtverordnung (Verwendung von Kombinationspräparaten, Optimierung der Einnahmezeitpunkte)
- klare Information (Medikationsplan mit Anwendungshinweisen)
- Anwendungsschulung: gute praktische Kenntnisse der richtigen Anwendung, besonders bei fehleranfälliger Galenik (s. c. Injektion, Pflaster, Inhalatoren, Augentropfen, Tabletten-Teilen, Sondengabe)
- Selbst-Monitoring der Behandlung (u. a. Medikamentenspender, Blutdruck-Selbstmessung), ggf. unterstützt durch Selbstmanagement-Programme

Merke

Die Einnahme der Medikamente darf den Patienten technisch nicht überfordern.

Daneben hat sich zum Aufbau und zur Erhöhung von Adhärenz die **5-A-Strategie** bewährt:

- **Assess (Erheben):** Informationsstand des Patienten, Überzeugungen, Verhalten und Wissen
- **Advise (Beraten):** Bereitstellung spezifischer Informationen über Gesundheitsrisiken und Vorteile einer Verhaltensänderung
- **Agree (Einigen):** gemeinsame Zielsetzung, basierend auf den Überzeugungen des Patienten und dem Vertrauen in seine Fähigkeiten zur Verhaltensänderung oder -beibehaltung
- **Assist (Unterstützen):** Identifizieren persönlicher Barrieren, Strategien, Techniken zur Problemlösung und sozialen Unterstützung
- **Arrange (Vereinbaren):** Festlegung einer Follow-up-Strategie (Konsultationen, Telefonkontakte, postalische Erinnerungen usw.)

Daraus resultiert ein **individueller Handlungsplan:** Auflisten spezifischer verhaltensbezogener Ziele, Auflisten von Barrieren und Strategien zu deren Überwindung, Festlegen eines spezifischen

„Nachsorge“-Plans, Miteinbeziehung des Praxisteams und des sozialen Umfelds des Patienten in das Follow-up.

▶ **Messung von (Non-)Adhärenz.** Ärzte überschätzen meist die Adhärenz ihrer Patienten; bei Patienten liegt ebenfalls oft eine Überschätzung im Selbstbericht vor. Optionen für die Messung von (Non-)Adhärenz sind:

- Vorlegen von Medikamentenpackungen
- Bestimmung von Serum-/Urinspiegeln
- Fragebögen: Medication Adherence Report Scale (MARS) [5], Beliefs about Medicine Questionnaire (BMQ) [3], Adhärenz-Index [2]

▶ **Management von Adhärenz-Problemen und Adhärenz-Optimierung.** Bei Adhärenz-Problemen empfehlen sich eine Diagnostik der aktuellen Motivationslage und eine entsprechende Beratungsstrategie entlang dem transtheoretischen Modell der Verhaltensänderung (TTM) von Prochaska und DiClemente (▶ Tab. 26.1) [9].

26.4 Beratung des Patienten

H.-D. Klimm

26.4.1 Allgemeine Beratung

Ziele des beratenden Gesprächs mit den Patienten sind:

- Information des Patienten
- Verhinderung somatischer Fixierung
- Verhinderung psychischer Dekompensationen
- Vermittlung sozialer medizinischer Hilfen
- allgemeine Gesundheitsberatung
- allgemeine Lebensberatung

Tab. 26.1 Diagnostik und phasensynchrone Beratungsstrategien nach dem transtheoretischen Modell (TTM) der Verhaltensänderung.

Stufen: Phasen der Verhaltensänderung	Diagnostik: Motivationslage/Veränderungsbereitschaft	Therapie: phasensynchrone Beratungsstrategien
Sorglosigkeit/Prä-Kontemplation	• kein Problembewusstsein • Verleugnung, Widerstand • destruktive Diskussionen	• Informationsstand erfragen und erweitern • Diskrepanzen zwischen Meinung des Patienten und Rückmeldungen aus der Umgebung • motivieren, sich weiter zu informieren
Bewusstwerdung/Kontemplation	• Ambivalenz • Patient ist bereit, über das Problem zu sprechen	• Pro und Contra sammeln • Auflösen der Ambivalenz/Entscheidungsbalance
erste Schritte/Vorbereitung der Verhaltensänderung	• Patient erkennt, dass er sein Verhalten ändern muss • Planen und Vorbereiten einer Strategie	• Gründe für Verhaltensänderung zusammenfassen • Zielplanung – in kleinen Schritten; Commitment erhöhen: Entscheidung öffentlich machen, Follow-up-Termin
Handlung/Verhaltensänderung	• Patient hat konkrete Schritte der Verhaltensänderung umgesetzt	• gelingendes Verstärken: Stärkung des Vertrauens in die eigenen Fähigkeiten • Mobilisierung sozialer Unterstützung • Hürden thematisieren, Hilfen anbieten
Aufrechterhaltung	• Konsolidierung des Wunschverhaltens, auch gegenüber Hindernissen	• Anerkennung für Veränderung • Abgleich mit früher formulierten Zielen • Automatisierung des Zielverhaltens
Rückfall	• Rückfall bedeutet nicht, zum Ausgangspunkt zurückzukehren	• Prophylaxe: Risikosituationen analysieren, präventive Maßnahmen • Stopp-Strategien • Rückfall als Lernmöglichkeit

Der Hausarzt wird von der meisten Patienten als kompetenter Gesprächspartner für die genannten Themen vor Inanspruchnahme anderer Gesprächsangebote (Facharzt, Geistlicher, Beratungsstellen) aufgesucht.

Besonderheiten des hausärztlichen Beratungsgesprächs sind:

- Gesprächsorientiertes Handeln steht bei den meisten Patienten im Vordergrund, was nicht ausschließt, dass ein Großteil der Patientenprobleme (z. B. Wundversorgung oder Zerumenentfernung) keinen intensiven ärztlichen Gesprächen bedarf. Der Vorwurf der „5-Minuten-Medizin" ist hier unzutreffend, er resultierte aus einem zeitlichen Mittelwert aller Arzt-Patienten-Kontakte.
- Langzeitbetreuung und „erlebte Anamnese" ermöglichen die Kontinuität des Gesprächs, auch über lange Zeiträume hinweg. Ganze Familien und soziale Gruppen werden einbezogen.

26.4.2 Soziale Beratung

Der Allgemeinarzt gilt gewöhnlich auch als Sozialanwalt seiner Patienten. Daraus ergibt sich die Einleitung und Koordinierung von Hilfen zur Stabilisierung und Sicherung der gesundheitlichen und sozialen Situation des Patienten. Dies setzt umfassende Kenntnisse voraus, welchen Bedarf der Patient hat und welche Möglichkeiten im Netz sozialer Leistungsmöglichkeiten bestehen.

Im Mittelpunkt stehen das soziale System und Patienten mit ihren Bedürfnissen sowie die Lösungserarbeitung für Fragen und Probleme. Wichtigste **soziale Hilfen** durch den Allgemeinarzt (zum Vorgehen im Einzelnen s. Kap. 14):

- Krankenpflege im häuslichen Milieu
- Anerkennung von Schwerpflegebedürftigkeit
- Verordnung von Arznei- und Hilfsmitteln
- Rehabilitationsmaßnahmen und Kurbehandlungen
- Anerkennung als Schwerbehinderte
- Berentung
- Feststellung von Arbeitsunfähigkeit
- Information und Beratung über existenzielle Hilfen, z. B. SGB II, Hartz4, SGB VII und andere Sozialleistungsträger
- Vermittlung und Einbezug von spezialisierten Fachdiensten (Eheberatung, Suchtberatung, sozialpsychiatrischer Dienst)
- Einbeziehung ehrenamtlicher Helfer
- Einbeziehung psychosozialer Kontakte und Beratungsstellen
- Kontakt und Mitarbeit in Selbsthilfegruppen

Spezifische Besonderheit der hausärztlichen sozialen Beratung ist die Einbeziehung des familiären und sozialen Umfelds in Kenntnis der Familiendynamik bzw. der sozialen Verhältnisse.

26.5 Kleine Psychotherapie

H.-D. Klimm

Spezielle psychotherapeutische Behandlungen wie Psychoanalyse und auch Verhaltenstherapie sollten nur von fundiert ausgebildeten Psychotherapeuten durchgeführt werden. Da jedoch gerade der Hausarzt in der Regel zuerst von psychischen Erkrankungen seiner Patienten „erfährt" bzw. sie miterlebt, ist die „kleine Psychotherapie" eine wichtige Aufgabe des Allgemeinarztes. Auch der nicht psychiatrisch/psychotherapeutisch tätige Arzt kann durch unterstützende und annehmende Zuwendung eine oft entscheidende psychotherapeutische Rolle spielen. Das Gespräch mit depressiven Menschen (z. B. auch die Intervention in Krisen, Kap. 26.7) und das Gespräch bei einem somatischen Krankheitsbild sind Grundaufgaben des allgemeinmedizinisch tätigen Arztes.

Merke

Die Zusatzbezeichnung Psychotherapie oder Psychoanalyse kann auch von Allgemeinärzten erlangt werden. Über die jeweiligen Ausbildungsgänge informiert die Weiterbildungsordnung.

Die **Delegation von Behandlungen** an einen Psychotherapeuten wird nach Ausschluss einer organischen Erkrankung (Ausstellung eines Konsiliarberichts) durch den Hausarzt veranlasst. Die Kosten für eine Kurztherapie werden nach Antragstellung, auch ohne Gutachterbeurteilung, von den Krankenkassen übernommen.

Die **psychosomatische Grundversorgung** hat die Aufgabe, das Verständnis der Psychosomatik zu fördern und eine adäquate Versorgung der Patienten auf diesem Gebiet zu gewährleisten. Seit 2003 gehört die psychosomatische Grundversorgung zum Weiterbildungsanteil in der Weiterbildung zum Facharzt für Allgemeinmedizin. Die Grundversorgung besteht aus 3 Teilen:

- Basisdiagnostik: Erkennen von psychischen Einflüssen oder Störungen bzw. der psychosozialen Komponenten des Krankheitsgeschehens
- Basistherapie: basale psychosomatische Behandlung in einer vertrauensvollen Arzt-Patient-Beziehung
- Kooperation: Kooperation mit dem psychosozialen Versorgungssystem für notwendige psychotherapeutische Behandlungen

Im Rahmen der psychosomatischen Grundversorgung werden versorgt:

- psychische Erkrankungen, z. B. Depressionen oder Angststörungen
- funktionelle Störungen (z. B. somatoforme Erkrankungen)
- psychosomatische Erkrankungen (körperliche Erkrankungen, deren Pathogenese mit psychosozialen Faktoren in Verbindung zu bringen sind)
- somatopsychische Störung (psychische Probleme, die aus der Krankheitsbewältigung schwerer Leiden, z. B. Krebs, entstehen)

26.6 Sexualmedizin

H.-D. Klimm

Relativ selten sprechen Patienten ihren Arzt direkt auf sexuelle Störungen an und bitten um Auskunft und Hilfestellung. Häufiger entsteht dagegen der Eindruck im Rahmen eines Gesprächs, dass es sich um eine sexuelle Störung handeln könnte, ohne dass der Patient dies angibt.

Bei der direkten Kontaktaufnahme durch den Patienten werden der Häufigkeit nach folgende Probleme artikuliert:

- Störung der sexuellen Reifung (z. B. Pubertas tarda)
- Störung der sexuellen Orientierung (z. B. Angst vor Homosexualität)
- Störung der sexuellen Idendität
- Störung der sexuellen Beziehung

Der Allgemeinarzt sollte dann signalisieren, dass er auch für diese Probleme eine Lotsenfunktion im Gesundheitssystem übernehmen und eine gezielte Zuweisung an geeignete Kollegen sicherstellen kann. Der Einsatz von Screeningfragen könnte hilfreich sein:

- **zur Sexualstörung:**
  - Haben Sie Veränderungen Ihrer Sexualität bemerkt?
  - Leiden Sie darunter?
  - Möchten Sie daran etwas ändern?
- **zur Partnerschaft:**
  - Leben Sie in einer festen Beziehung
  - Fühlen Sie sich aufgehoben, lieben Sie sich?
  - Hat Ihr Partner gesundheitliche oder sexuelle Probleme?
  - Was bedeutet Ihnen die Intimität mit Ihrem Partner?

Etwa 1 von 1000 jungen Frauen im Alter von 15–19 Jahren wird ungewollt schwanger, wobei Frauen aus unteren, sozial schwächeren Schichten 5-mal häufiger betroffen sind. Obwohl nach Studienlage 75 % der Jugendlichen Kenntnisse über Sexualität, Fortpflanzung und Verhütung aus dem Schulunterricht haben, ist gerade der Hausarzt und Familienarzt aufgerufen, hier „nachzubessern" und Aufklärung ebenso zu leisten wie Information und Hilfe, auch bei der Verhütung. Großer Bedarf besteht bei der Aufklärung sexuell übertragbarer Infektionen, insbesondere ausreichendem HPV-Impfschutz vor dem ersten Verkehr und damit auch vor Condylomata acuminata.

26.7 Krisenintervention

H.-D. Klimm

26.7.1 Definition und Ziele

Unter Krisenintervention ist eine kurzfristige Einflussnahme von außen zu verstehen, wenn sich für einen Patienten eine Situation akut bedrohlich zuspitzt. Ziel dabei ist es, eine kritische Entwicklung zur möglichen Katastrophe aufzuhalten und zu bewältigen.

Ziele der Krisenintervention sind:

- akute Gefahren abwenden
- situative Klärung herbeiführen
- gewisse Distanzierung von der aktuellen Situation und Beruhigung des Patienten erreichen
- Art und Ausmaß des akuten Hilfsbedarfs feststellen

26.7.2 Suizide und Suizidversuche

Die Suizidziffer, d. h. der Anzahl der Suizide pro 100 000 Einwohner, liegt bei 12,5 (Männer 18,9, Frauen 6,4), das sind knapp über 10 000 im Jahr 2013 (zum Vergleich: 3 339 Verkehrstote; ca. 20 000 Menschen mit unerwünschten Arzneimittelwirkungen). Die Zahl der Selbstmord*versuche* hingegen ist mindestens 10-mal höher und nimmt zu. Anders ausgedrückt: Alle 52 Minuten nimmt sich ein Mensch selbst das Leben, alle 5 Minuten findet ein Suizidversuch statt. Über 90 % der Patienten, die einen Suizidversuch unternommen haben und 25 % der Suizidvollender kontaktieren in irgendeiner Weise zuvor ihren Hausarzt, wobei sie die Suizidgedanken meist „maskiert" in Form von Bagatellbeschwerden zum Ausdruck brachten.

► **Ursachen für Suizidgedanken.** Häufige Ursachen für Suizidgedanken sind:
- Partnerverlust
- unheilbare Krankheit
- wirtschaftliches Versagen

Nicht die Schwere des Ereignisses ist hierbei entscheidend für die Auslösung aktueller Krisen, sondern die individuelle Erlebnisverarbeitung. Neben „lauten" demonstrativen Krisen stehen sehr viele „stumme". In 64 % der Fälle dominiert die Intoxikation bei den Suizidmethoden vor der Schnittverletzung (16 %) oder dem Sturz aus der Höhe, Erhängen, Erdrosseln und Ersticken (4 %).

► **Präsuizidales Syndrom.** Das präsuizidale Syndrom beschreibt:
- zunehmende Einengung
- situative Einengung
- dynamische Einengung (einseitige Ausrichtung und Apperzeption der Assoziationen, der Verhaltensmuster, der Affekte und Abwehrmechanismen)
- Einengung der zwischenmenschlichen Beziehung
- Aggressionsstauung und Wendung der Aggression gegen die eigene Person
- Selbstmordphantasien (anfangs aktiv intendiert, später sich passiv aufdrängend)

26.7.3 Abschätzung der Suizidalität

► **Risikofaktoren.** Als Risikofaktoren bei der Abschätzung der Suizidalität sind nach Pöldinger und Adams zu nennen [7]:
- Suizidhinweise
- frühere Suizidversuche
- Selbstmorde in Familie und Umgebung
- direkte oder indirekte Suiziddrohung
- Äußerung konkreter Vorstellungen über Vorbereitung oder Durchführung eines Suizids
- Verhalten und Befinden des Patienten: „unheimliche Ruhe" nach Unruhe und Suiziddrohung, ängstlich agitiertes Verhalten, Schuld- und Insuffizienzgefühl, Affekt- und Aggressionsstauung, quälende Insomnie, Selbstvernichtungs-, Sturz- und Katastrophenträume
- kritische Situation: Beginn und Abklingen depressiver Phasen, Versündigungs- und Krankheitswahn, biologische Krisenzeiten (Pubertät, Gravidität, Puerperium, Klimakterium), Alkoholismus, Toxikomanie, unheilbare Krankheiten
- Umweltverhältnisse: familiäre Zerrüttung in der Kindheit, berufliche und finanzielle Schwierigkeiten, kein Aufgabenbereich, kein Lebensziel, Verlust oder primäres Fehlen mitmenschlicher Kontakte, Liebesenttäuschungen, Ehescheidung, Vereinsamung, keine tragfähige Bindung

► **Fragenkatalog nach Pöldinger.** Zur Abschätzung der Suizidalität hat sich der Fragenkatalog nach Pöldinger bewährt (► Tab. 26.2) [8]. Je mehr Fragen dabei mit „ja" oder „häufig" bei den Ja-Fragen und mit „nein" bei den Nein-Fragen beantwortet werden, desto höher ist das Suizidrisiko zu bewerten.

► **Aufgabe des Hausarztes.** Wichtigste Aufgaben des Hausarztes sind:
- stets an die Möglichkeit eines Suizids denken
- die mögliche Absicht zur Suizidhandlung beim geringsten Verdacht sowie generell in depressiven Phasen dem Patienten gegenüber ansprechen
- bei endogener Depression Einweisung in psychiatrische Klinik anstreben oder Fremdbetreuung durch zuverlässige Personen, z. B. Familienmitglieder, verbindlich absprechen

Tab. 26.2 Fragenkatalog zur Abschätzung der Suizidalität (nach Pöldinger) [8]. Je mehr Fragen im Sinne der angegebenen Antwort beantwortet werden, desto höher ist das Suizidrisiko zu bewerten.

Frage	ja/nein
Haben Sie in letzter Zeit daran denken müssen, sich das Leben zu nehmen?	ja
Häufig?	ja
Haben Sie auch daran denken müssen, ohne es zu wollen?	ja
Haben sich Selbstmordgedanken aufgedrängt?	ja
Haben Sie konkrete Ideen, wie Sie den Selbstmord durchführen?	ja
Haben Sie Vorbereitungen getroffen?	ja
Haben Sie schon zu jemanden über Ihre Selbstmordabsichten gesprochen?	ja
Haben Sie einmal einen Selbstmordversuch unternommen?	ja
Hat sich in Ihrer Familie oder Ihrem Freundes- und Bekanntenkreis schon jemand das Leben genommen?	ja
Halten Sie Ihre Situation für aussichts- und hoffnungslos?	ja
Fällt es Ihnen schwer, an etwas anderes als Ihre Probleme zu denken?	ja
Haben Sie in letzter Zeit weniger Kontakt zu Ihren Verwandten, Bekannten oder Freunden?	ja
Haben sie noch Interesse daran, was in Ihrem Beruf und in Ihrer Umgebung vorgeht?	nein
Interessieren Sie sich noch für Hobbys?	nein
Haben Sie jemanden, mit dem Sie offen und vertraulich über Ihre Probleme sprechen können?	nein
Wohnen Sie in Ihrer Wohnung, in einer Wohngemeinschaft, mit Familienmitgliedern oder Bekannten?	nein
Fühlen Sie sich unter starken familiären oder beruflichen Verpflichtungen stehend?	nein
Fühlen Sie sich in einer religiösen bzw. weltanschaulichen Gemeinschaft verwurzelt?	nein

26.7.4 Verhalten des Arztes

Der Arzt sollte bei einer akuten Krise des Patienten **Folgendes nicht tun:**

- den Patienten auffordern, sich zusammenzureißen
- Vorschläge unterbreiten (z. B., dass der Patient in Kur oder Ferien gehen soll)
- den Patienten auffordern, Entscheidungen zu treffen, schon gar nicht sofort
- Wahnideen anzweifeln
- behaupten, es ginge dem Patienten schon besser

Vielmehr sollte der Arzt möglichst wie nachfolgend aufgeführt mit dem Patient umgehen:

- immer daran denken, dass ein Suizid droht
- stets offen sein zum Gespräch
- immer wieder das Gespräch suchen, auch beim Hausbesuch
- gemeinsame Problembesprechung durchführen und aktive Hilfe anbieten (z. B. Gesprächsbereitschaft, medikamentöse Therapie)
- einen „Vertrag“ mit dem Patienten schließen, dass dieser seine Selbstmordgedanken nicht umsetzt
- engmaschige Kontrollen anbieten
- „fachkompetente Hilfe“ anstreben, (z. B. Psychiater, Psychotherapeut, Sozialarbeiter)
- vor Klinikeinweisung nicht zurückschrecken, notfalls mit Hilfskräften
- bei Verschreibung eines Medikaments für den Patienten in sozialen Krisen immer bedenken, dass jedes verschriebene Medikament auch von dem Patienten als Suizidmittel eingesetzt werden könnte
- bei suizidaler Tabletteneinnahme stets Klinikeinweisung herbeiführen
- bei erheblicher Selbst- oder Fremdgefährdung Zwangseinweisung veranlassen

Merke

Jede Art der Beihilfe zum Suizid ist dem Arzt in Deutschland verboten!

26.8 Gruppentherapie

H.-D. Klimm

26.8.1 Ziele

Eine besondere Form der Behandlung in der Praxis besteht in der Therapie mit und in Gruppen. Ziele sind:

- Verhaltensveränderungen bei Patienten (aber auch Ärzten) zu bewirken
- durch das Erkennen, Verstehen und Akzeptieren vorliegender Probleme Trendwenden im Verhalten zu beginnen hin zur besseren Lebensbewältigung und zu „gesünderer" Lebensführung

Die Mitarbeit in einer Gruppe, insbesondere einer Gruppenleitung, setzt allerdings neben medizinischen Kenntnissen entsprechende Erfahrungen und Übungen voraus, wozu es entsprechende Ausbildungs- und Fortbildungsinhalte gibt.

26.8.2 Gruppentherapie als Präventivmaßnahme

Herz- und Kreislauferkrankungen, die in erster Linie auf besondere Risikofaktoren (z. B. Hypertonie, Diabetes mellitus, Hyperlipidämie, Übergewicht) zurückzuführen sind, gehen mit der höchsten Morbidität und Mortalität einher. Studien haben gezeigt, dass es „in der Gruppe" „besser" gelingt, abgesehen von den genetischen Dispositionen, schwerpunktmäßig oft Folgen von pathologischem Verhalten zu entdecken und daraufhin das eigene Verhalten zu ändern. Erfolgreiche Beispiele für sinnvolle wie effektive Gruppentherapie sind:

- ambulante Herzgruppen
- ambulante Gefäßsportgruppen
- Hypertonie im Gespräch
- Diabetes-Schulungsprogramme
- Asthma-Schulungsprogramme
- Adipositas-Gruppenschulung
- Selbsthilfegruppen: Kap. 26.10

Wie in vielen Studien gezeigt, ist es möglich, in diesen Gruppen durch gesundheitsförderndes Verhalten einem weiteren Fortschreiten oder dem Rückfall in die Erkrankung vorzubeugen, die Lebensqualität zu verbessern und die Wiedereingliederung der Patienten in den Alltag zu ermöglichen.

26.8.3 Gruppen-Psychotherapie

Frühere Bearbeitung durch C. Eicher

Die Gruppen-Psychotherapie nutzt die in einer Gruppe (etwa 7 Personen, minimal 4, maximal 12) auftretenden, speziellen Phänomene wie Gruppendynamik und Übertragung in die Psychotherapie, wobei mehrere Patienten in der Gruppe gleichzeitig behandelt werden. Man kann 3 Kategorien unterscheiden:

- Erkennen der Persönlichkeitsstrukturen der Teilnehmer durch
  - freies Assoziieren
  - Bewusstmachen und Verändern (mithilfe des Therapeuten)
  - individuelle Probleme der Mitglieder sind Gegenstand einer gemeinsamen Suche nach den Ursachen und Lösungen
- verhaltenstherapeutischer Ansatz mit dem Ziel, das Verhalten der Teilnehmer zu verändern
  - problem- und zielorientiertes Training in Arbeitsgruppen, die an vergleichbaren Problemzuständen arbeiten mit dem Ziel der Problemlösung
  - nur in Kombination mit Einzeltherapie (Hauptindikation: Ängste und Zwänge)
- Gruppentherapie mit dem Ziel, Interaktionen zwischen den Gruppenmitgliedern im Mittelpunkt zu sehen, z. B. Familien- oder Paar-Therapie

Die Teilnehmer sprechen über das, was sie beschäftigt, teilen Einfälle und Phantasien frei miteinander. Der Therapeut verhält sich neutral und abstinent.

Abwendbar gefährlicher Verlauf

Psychosen können durch Erlebnisbezug aktiviert werden!

26.8.4 Weitere Gruppentherapieformen

Frühere Bearbeitung durch C. Eicher

► **Autogenes Training.** Das autogene Training soll entspannen, eine vermehrte Selbstkontrolle und Schmerzbekämpfung ermöglichen und zur Leistungssteigerung oder zur Verbesserung des Körpergefühls beitragen:

- Indikationen:
  - funktionelle Körperbeschwerden
  - Arbeits- und Schlafstörungen
- Kontraindikationen: Psychosen und Charakterneurosen
- Grundformeln:
  - die Ruheformel: Ich bin ganz ruhig
  - die Schwereformel: Der rechte Arm ist schwer
  - die Wärmeformel: Der rechte Arm ist warm
  - die Atemformel: Die Atmung ist ruhig, es atmet mich

▶ **Progressive Muskelrelaxation.** Die progressive Muskelrelaxation nach Jacobson ist eine Methode, die durch gezieltes systematisches und kräftiges Anspannen und anschließendem Entspannen von Muskelgruppen tiefe körperliche Entspannung erzielen kann. Die Methode ist besonders geeignet bei Menschen, die ein nur gering entwickeltes Körperwahrnehmungsgefühl haben.

- Durchführung: Dauer ca. 20–30 min im Liegen oder Sitzen
- folgende Muskelpartien werden nacheinander an- und entspannt:
  - rechte Hand/rechter Unterarm/rechter Oberarm – Wechsel linke Seite
  - Stirn/Augenpartie/Nase-Mund-Partie/Unterkiefer/Nacken/Schulter/Rücken
  - Bauch
  - rechter Fuß/rechter Unterschenkel/rechter Oberschenkel – Wechsel linke Seite
- Anspannen der einzelnen Muskelgruppen ca. 5s

▶ **Balintgruppe.** Eine „besondere Form" der Gruppentherapie ist die Balintgruppe, bei der es unter Supervision zur Bearbeitung der Beziehungen von Therapeuten zu ihren Klienten, sprich Patienten, geht. Sie ist zentriert auf die berufliche Kompetenz. Ein Teilnehmer der Gruppe berichtet unter Leitung eines Therapeuten eine spezifische problembeladene Arzt-Patienten-Begegnung. Durch Erleben und Widerspieglung der Arzt-Patienten-Situationen gewinnt im Grundprozess ein teilnehmender Arzt die Fähigkeit zu neuen Einsichten in Erleben und Handeln des Patienten und die eigene Reaktion darauf. Dies fördert ein besseres Verständnis für Arzt-Patient-Beziehungen, insbesondere im Umgang mit schwierigen Patienten.

26.9 Familientherapie

H.-D. Klimm

Aus Studien von Infas und Wido weiß man, was der Patient an seinem Hausarzt schätzt: Er kennt mich und meine Krankheit, er kennt vor allem meine Familie und das Umfeld, er ist der Arzt meines Vertrauens und mit ihm kann ich reden.

Familientherapie ist ein Verfahren für Familien, bei denen die Familie als soziales System im Zentrum der Intervention steht. Bei der Familientherapie werden positive Veränderungen in der Beziehung zwischen Familienmitgliedern angestrebt. Ziel der hausärztlichen Familientherapie muss es sein, die ganze Familie zu einem gemeinsamen Gespräch zu bewegen, Problemlösungen zu suchen, durchzusprechen und umzusetzen.

Dabei gilt es zu bedenken:

- Der Hausarzt muss sich am Kräftereservoir der ganzen Familie orientieren.
- Der Hausarzt darf nicht mit einem Familienmitglied alleine gegen die anderen arbeiten, er muss für jedes Familienmitglied gleichwertiger Gesprächspartner und Therapeut sein.
- Die Familiendiagnose hat stets Vorrang vor der Individualdiagnose.
- Ziel der Behandlung ist die Entlastung aller Familienmitglieder und Umstellung ihrer Gefühlslage.

Familientherapie erscheint im ersten Moment aufwendig, insbesondere, wenn sie in den normalen Praxisablauf integriert werden muss. In der Regel reichen 2 Termine/Woche von ca. 60 min Dauer. Nach Untersuchungen von Christie und Selly [10] reichen zumeist 1–3 Sitzungen aus, um die Probleme zu definieren und Lösungsansätze zu entwickeln. Bereits schon alleine die „neue Erfahrung" ist von Nutzen, dass man wieder miteinander sprechen und einer zuhören kann.

Grundsätze der hausärztlichen Familientherapie:

- Jeder Konflikt hat nur eine Chance zur Lösung, wenn er angesprochen wird.
- Gespür für vorhandene Konfliktpotenziale entwickeln und ebenso die Fähigkeit, diese dem Patienten gegenüber zu verbalisieren
- vor Familienkonfrontationen muss gewarnt werden
- Problembewusstsein bei den einzelnen Familienmitgliedern herstellen

- eine vertrauensvolle Beziehung zu den einzelnen Patienten ebenso aufbauen wie zur ganzen Familie! (keine Parteilichkeit)
- permanente Gesprächsbereitschaft anbieten
- ständige Reflexion über die eigene Rolle im Gesprächsprozess anstreben
- eigene Grenzen kennen!
- rechtzeitiges Weitergeben an einen psychotherapeutisch ausgebildeten Familientherapeuten

26.10 Zusammenarbeit mit Selbsthilfegruppen

H.-D. Klimm

Selbsthilfegruppen sind selbst organisierte Zusammenschlüsse von Menschen, die ein gleiches Problem oder Anliegen haben und gemeinsam etwas dagegen oder dafür unternehmen möchten. Die Zahl der Selbsthilfegruppen in Deutschland wird auf 70 000–100 000 geschätzt. Etwa 10 % der erwachsenen Bevölkerung in Deutschland war schon einmal oder ist aktuell Teilnehmer einer Selbsthilfegruppe. Die Anteilnahme schätzt man auf 2,8 % der Bevölkerung.

Bei vielen chronischen, somatischen, psychischen oder psychosozial bedingten Krankheiten (z. B. Mobbing, Mobbing-Folgeerkrankungen) ist für den Patienten eine vollständige Wiederherstellung der Gesundheit und damit besseren Lebensqualität nicht mehr möglich. Die daraus resultierenden emotionalen Belastungen verlangen u. a. eine soziale Unterstützung zur Krankheitsbewältigung. Dies übernehmen Familienmitglieder und Freunde, auch der Hausarzt, und zunehmend häufiger auch Selbsthilfegruppen, bei denen sich Patienten mit verschiedenen Erkrankungen oder Problemen treffen und austauschen, um so einen gemeinsamen Weg zur besseren Krankheitsbewältigung zu suchen und zu finden.

Typische Merkmale von Selbsthilfegruppen sind:

- Betroffenheit durch ein gemeinsames Problem
- keine oder geringe Mitwirkung von professionellen Helfern
- keine Gewinnorientierung
- gemeinsames Ziel
- Selbst- und/oder Veränderungen?
- gleichberechtigte Zusammenarbeit
- gegenseitige Hilfe

In solchen Selbsthilfegruppen versuchen Menschen in kontinuierlichem gemeinsamem Gespräch oft unter Mitwirkung eines therapeutischen Experten, ihre persönlichen Probleme und Konflikte besser kennenzulernen und zu lösen. Offene Gespräche, Spontaneität, Selbstbeobachtung und Selbstaktualisierung bringen entsprechende Entlastung. Die Zusammenarbeit mit Ärzten und Experten ist auf Zeit gewünscht. Eine besondere Art in der Kooperation und Motivation spielt der Hausarzt:

- Erkennen einer Belastung beim oder um den Patienten
- gemeinsam mit dem Patienten und seinen Angehörigen Beschreiben des Konflikts
- Motivation zum Gruppenbesuch und Abbau von Ängsten
- Motivation und Aktivieren des primären Netzwerks der Patienten (z. B. Familienangehörige, Freundeskreis)

Selbsthilfegruppen bieten wichtige Bezugspersonen für Kranke und deren Angehörige, sie können der emotionalen Krankheitsverarbeitung zuträglich sein, oft auch mittelbar zur besseren Patientencompliance beitragen. Selbsthilfegruppen fördern darüber hinaus, insbesondere bei aktiver hausärztlicher Mitarbeit, die Patientenbindung, entlasten aber auch den Arzt, insbesondere bei der Betreuung zuwendungsbedürftiger Patienten.

Die häufigste Rechtsform von Selbsthilfegruppen ist der eingetragene Verein. Selbsthilfegruppen ohne Angabe der Rechtsform werden als Gesellschaft des bürgerlichen Rechts (§ 705 ff. BGB) behandelt. Gesundheitliche Selbsthilfegruppen werden von der gesetzlichen Krankenversicherung gefördert (§ 20h des SGB V) [10].

26.11 Literatur, Links und Leitlinien

[1] Christie-Seely J. Teaching the family system concept in family medicine. J Fam Pract 1984; 13: 391–401

[2] Glombiewski JA, Nestoriuc Y, Rief W et al. Medication Adherence in the General Population. PLoS ONE 2012; 7: e50 537; doi:10.1371/journal.pone.0 050 537

[3] Horne, Weinman, Hankins. Beliefs about Medicine Questionnaire (BMQ). Psychology and Health 1999; 14, 1–24

[4] Köhler K. Komplikationen. In: Adler RH, Hrsg. Lehrbuch der psychosomatischen Medizin. 3. Aufl. München/Jena: Urban und Fischer 2003

[5] Mahler C, Hermann K, Horne R et al. Assessing reported adherence to pharmacological treatment recommendations. Translation and evaluation of the Medication Adherence Report Scale (MARS) in Germany. J Eval Clin Pract 2010; 16: 574–579

[6] Pillau H. Der Arzt und sein Patient. Stuttgart: Hippokrates 1982

[7] Pöldinger W. Erkennung und Beurteilung von Suizidalität. In: Reimer C (Hrsg). Suizid: Ergebnisse und Therapie. Berlin Heidelberg: Springer; 1982

[8] Pöldinger W. Die Abschätzung der Suizidalität. Bern: Huber; 1968

[9] Prochaska JO, DiClemente CC, Norcross JC. In search how people change: Application to addictive behaviours. American Psych 1992; 47: 1102–1114

[10] SGB V, Förderung der Selbsthilfe. Im Internet: www.gesetze-im-internet.de/sgb_5/__20h.html; Stand: 04.12.2015

[11] WHO. Adherence to Long-Term Therapies – Evidence for Action. 2003. Im Internet: apps.who.int/medicinedocs/en/d/Js4883e/7.2.html; Stand: 20.01.2016

27 Medikamentöse Therapie

27.1 Rezeptschreibung

H. Seidling

Das ärztliche Rezept gehört zu den wichtigsten Kommunikationsmitteln zwischen Arzt, Patient und Apotheker. Zugleich ist es ein hochreguliertes Dokument, das umfassenden formalen (und sich häufig ändernden) Kriterien im Detail entsprechen muss, damit die verordneten Positionen von den Krankenkassen erstattet werden. Regulatorische Änderungen in der Rezeptschreibung werden z. B. über die Newsletter der Kassenärztlichen Vereinigung kommuniziert, so auch z. B. neue Pflichtangaben wie der Aufdruck der Telefonnummer und des Vornamens des Verordners.

Handschriftliche Verordnungen haben ein hohes Risiko, formale Fehler zu enthalten; bis zu 30 % der handschriftlich ausgestellten Rezepte machten in Hochschulambulanzen eine Rückfrage aus der Apotheke vor der finalen Belieferung nötig. Umgekehrt helfen elektronische, KBV-zertifizierte Softwaresysteme die häufigsten formalen Fehler im niedergelassenen Bereich zu verhindern. Dazu zählen die Verordnung von Präparaten, die missverständlich notiert oder nicht mehr im Handel sind.

Zum heutigen Stand (2016) gibt es 5 verschiedene Rezepttypen, die zur Verordnung von Medizinprodukten, Arznei- und Hilfsmitteln verwendet werden müssen bzw. empfohlen sind:

- das Rezeptformular Muster16 „rosa Rezept" hauptsächlich zur Verordnung von erstattungsfähigen Positionen für gesetzlich versicherte Patienten
- eine Formularvorlage für die Verordnung von rezeptpflichtigen, nicht erstattungsfähigen Positionen für gesetzlich Versicherte und die Verordnungen für Privatpatienten
- das „grüne Rezept" für die Verordnung von nicht erstattungsfähigen, apothekenpflichtigen Positionen
- das Betäubungsmittelrezept zur Verordnung von Betäubungsmitteln
- das T-Rezept für die Verordnung von Thalidomid, Pomalidomid und Lenalidomid

Grundsätzlich müssen die Rezeptformulare neben dem Ausstellungsdatum Angaben zum Patienten und seinem Versicherungsstatus, zur verordneten Position und zum Verordner (einschließlich Unterschrift) enthalten. Die genaue Spezifikation der Angaben (z. B. ob konkrete Angaben zur Dosierung enthalten sein müssen und ob neben der Angabe der genauen Stückzahl oder auch das Kreuzen der Einhaltung der Sicherheitsbestimmungen beim T-Rezept angegeben werden muss) ist dabei abhängig vom Rezepttyp und vom verordneten Produkt. So müssen z. B. bei Hilfsmitteln zu Lasten der GKV auch die Diagnosen auf dem Rezept angegeben werden; bei apothekenpflichtigen Arzneimitteln, die nur bei spezifischen Diagnosen erstattungsfähig sind, ist hingegen eine Dokumentation der entsprechenden Diagnose in der Patientenakte ausreichend.

Merke

Die Rezeptausstellung ist eine Tätigkeit, deren formale Anforderungen sich erstaunlich häufig ändern und bei der formale Fehler den darauf folgenden Medikationsprozess erschweren oder verzögern und damit die Arzneimitteltherapiesicherheit beeinträchtigen können.

Darüber hinaus können formale Fehler zu Regressen beim verordnenden Arzt bzw. Retaxationen der beliefernden Apotheke führen und damit einen wirtschaftlichen Schaden nach sich ziehen. Umso wichtiger ist daher die Nutzung aktueller, zertifizierter, elektronischer Praxissoftware und bei Unklarheiten der Austausch mit den öffentlichen Apotheken.

27.2 Ansetzen und Beenden von Therapien

I. Walter-Sack

▸ **Kurzzeitige Behandlung.** Für eine kurzzeitige medikamentöse Behandlung werden meist Standarddosierungen eingesetzt, d. h. Anfangs-, Erhaltungs- und Enddosis sind gleich (z. B. nichtopioide Analgetika, Antibiotika). Ausnahmsweise kann die Gabe einer höheren Sättigungsdosis („loading dose") zu Beginn der Therapie erforderlich sein, wenn wegen einer langen Eliminationshalbwertszeit wirksame Konzentrationen verzögert und der

Wirkungseintritt klinisch (zu) spät erreicht würde (z. B. Doxyzyklin). Die Arzneimittelgabe kann meist abrupt beendet werden. Dies gilt auch für die kurzfristige Glukokortikoidgabe, z. B. bei akuter Asthma-Exazerbation.

▸ **Langzeittherapien.** Bei vielen Langzeittherapien muss die Dosierung je nach Art und Schwere der Erkrankung, individuellem Ansprechen und Begleiterkrankungen individuell ermittelt werden. Bei einzelnen Erkrankungen müssen die Anfangsdosen besonders niedrig gewählt werden, da schwere, z. T. gefährliche unerwünschte Wirkungen auftreten können (schwere Hypotonie durch ACE-Hemmer, akute kardiale Dekompensation durch Betablocker bei Herzinsuffizienz). Danach darf die Dosis nur langsam, „einschleichend", gesteigert werden (Dosistitration). Ein solches Vorgehen ist z. B. auch bei Antidepressiva erforderlich. Wenn dagegen rasch die volle Arzneimittelwirkung notwendig ist, kann auch hier ein Aufsättigen angezeigt sein (z. B. bei Amiodaron, Digoxin). Bei einer Dosisreduktion und beim Therapieende muss der Wirkmechanismus der Arzneimittel berücksichtigt werden. Die meisten Substanzen können abrupt abgesetzt werden. Bei bestimmten Stoffgruppen ist aber ein langsames „Ausschleichen" erforderlich, da bei zu rascher Beendigung der Behandlung oder zu langem Dosierungsintervall ein Entzugssyndrom auftritt (UAW Typ E). Das gilt z. B. für Glukokortikoide, Opioide, SSRI und Antiepileptika (einschließlich Carbamazepin und Benzodiazepine), bei Koronarpatienten auch für Betablocker.

27.3 Polypharmazie und Interaktionen

W. E. Haefeli, H. Seidling

27.3.1 Polypharmazie

Werden gleichzeitig 5 oder mehr Arzneimittel eingenommen, spricht man von Polypharmazie. Erwartungsgemäß kommt Polypharmazie gehäuft bei Patienten mit Multimorbidität (> 1 chronische Krankheit) vor; allerdings ist auch bei leitliniengerechter Behandlung einzelner schwerer Erkrankungen (z. B. chronische Herzinsuffizienz, COPD) bereits eine Polypharmazie möglich. Mit der gleichzeitigen Verordnung mehrerer Arzneimittel entstehen neue Herausforderungen zur Qualitätssicherung: Doppelverordnungen sollten ausgeschlossen, Wechselwirkungen erkannt und berücksichtigt und die Komplexität der gesamten Medikation reduziert werden (z. B. durch Abstimmen von Einnahmezeitpunkten).

27.3.2 Wechselwirkungen (Interaktionen)

Eine Wechselwirkung liegt vor, wenn ein Arzneistoff die Konzentrationszeitprofile (Pharmakokinetik) eines anderen Arzneistoffs beeinflusst, wodurch es zu Expositions- und Wirkungsänderungen kommen kann. Außerdem können Arzneistoffe sich auch direkt auf der Wirkungsebene beeinflussen, ohne dass ihre Exposition betroffen ist (pharmakodynamische Wechselwirkung). Während dies in der Regel zwischen allen Vertretern der entsprechenden Arzneistoffklasse zu beobachten ist (Klassenphänomen), sind pharmakokinetische Wechselwirkungen typischerweise substanz-, jedoch nicht klassenspezifisch.

Pharmakokinetische Wechselwirkungen

Pharmakokinetische Wechselwirkungen können jeden Prozess der Kinetik betreffen; so kann durch Komplexbildung mit mehrwertigen Kationen (z. B. bei Fluorchinolonen oder Tetrazyklinen) oder pH-Verschiebungen im Magen (z. B. bei Azolen) die Resorption von Arzneimitteln substanziell verringert werden. Häufiger betreffen Wechselwirkungen allerdings die Arzneistoffausscheidung (Clearance) über Cytochrom-P450-(CYP-)Enzyme. Über 70 % aller Arzneistoffe werden wesentlich durch diese vorwiegend hepatischen Enzyme ausgeschieden, wobei das einflussreichste Enzym CYP3A4 etwa die Hälfte aller Arzneistoffe verstoffwechselt.

▸ **CYP3A4.** Entsprechend wichtig ist es, die potentesten **CYP3A4-Inhibitoren** (z. B. Azol-Antimykotika wie Itraconazol, Makrolide wie Clarithromycin und Erythromycin [aber nicht Azithromycin], HIV-Protease-Inhibitoren wie Ritonavir) zu kennen, die diesen Ausscheidungsweg praktisch komplett blockieren und innerhalb weniger Stunden zu einer Expositionserhöhung der Substrate führen. Es ist aber auch möglich, dass die Expression von CYP3A4 verstärkt wird (Induktion), wodurch die

Ausscheidung von CYP-Substraten (z. B. orale Kontrazeptiva, Immunsuppressiva wie Ciclosporin, orale Antikoagulanzien wie Phenprocoumon, Rivaroxaban und Apixaban) vervielfacht und beschleunigt wird. Innerhalb von 1–2 Wochen kann dies zur Wirkungslosigkeit der Substrate (Pillenversagen, Abstoßungsreaktionen, Thromboembolien) führen, die auch nach Absetzen des Induktors noch für 1–2 Wochen anhält. Wichtige **CYP3A4-Induktoren** sind u. a. Carbamazepin, Johanniskraut, Phenytoin, Phenobarbital, Rifampicin, Enzalutamid, und Mitotan.

► **Weitere CYP-Enzyme.** Neben Wechselwirkungen auf CYP3A4 spielen in der Allgemeinmedizin auch Wechselwirkungen auf anderen CYP-Enzymen eine klinisch relevante Rolle:

- CYP1A2
  - Beispielsubstrate: Theophyllin, Tizanidin
  - Inhibitoren: Ciprofloxacin, Fluvoxamin
- CYP2C9
  - Beispielsubstrate: Warfarin, Phenprocoumon
  - Inhibitoren: Fluconazol, Cotrimoxazol
- CYP2C19
  - Beispielsubstrate: Clopidogrel
  - Inhibitoren: Omeprazol
- CYP2D6
  - Beispielsubstrate: Metoprolol, viele trizyklische Antidepressiva
  - Inhibitoren: Chinidin, Paroxetin

► **Membrantransporter.** Außer CYP können auch Membrantransporter beeinflusst werden, die Arzneistoffe aktiv aus Zellen hinaus (Efflux-Transporter wie z. B. **P-Glykoprotein, P-gp**) oder in Zellen hinein befördern (Uptake-Transporter wie z. B. verschiedene organische Anionen-transportierende Polypeptide, **OATP**). Wird P-gp gehemmt (z. B. durch Clarithromycin), kommt es zur Akkumulation (z. B. von Digoxin), wird P-gp induziert (z. B. durch Carbamazepin), kommt es zur Expositionsabnahme der Substrate (z. B. Dabigatran-etexilat, Digoxin). Wird OATP1B gehemmt (z. B. durch Ciclosporin), so werden dessen Substrate (z. B. Statine) weniger rasch in die Leber aufgenommen und das Risiko für UAW (Rhabdomyolyse) steigt.

► **Maßnahmen.** Viele dieser pharmakokinetischen Wechselwirkungen können durch entsprechendes Management (z. B. zeitlich versetzte Gabe von Ca^{2+} und Ciprofloxacin oder Dosisreduktion bzw. -erhöhung des betroffenen Substrates bei unvermeidbarer Kombination mit einem Inhibitor bzw. Induktor) berücksichtigt werden. Gelegentlich ist allerdings das Ausmaß der Interaktion so groß, dass eine Dosisanpassung technisch nicht möglich ist; in diesen Fällen ist die Kombination kontraindiziert.

Pharmakodynamische Wechselwirkungen

Mechanistisch führen pharmakodynamische Wechselwirkungen z. B. zu Verdrängungsreaktionen an einem Rezeptor (z. B. verhindert Ibuprofen die COX-Azetylierung durch Azetylsalizylsäure) oder zur Verstärkung von Second-Messenger-Wegen (z. B. hemmt Sildenafil den Abbau von cGMP, das durch Glyzeroltrinitrat gebildet wurde). Solche Wechselwirkungen sind oft kaum steuerbar, weshalb die entsprechenden Kombinationen dann kontraindiziert sind oder, im Falle von ASS/Ibuprofen, ASS 2h vor Ibuprofen verabreicht werden muss.

Merke

Wichtige Quellen für Wechselwirkungsinformation sind die (leider oft unvollständigen und inkonsistenten) Fachinformationen der eingesetzten Arzneimittel; eine effiziente Wechselwirkungsprüfung setzt aber gute elektronische Datenbanken voraus, die Managementhinweise geben und unzutreffende Falschmeldungen (Overalerting) minimieren.

27.4 Dosierung bei Leber- und Niereninsuffizienz

D. Czock

Bei Leber- und Niereninsuffizienz gibt es verschiedene arzneimittelassoziierte Risiken (► Tab. 27.1). Unter anderem kann die Arzneimittelelimination verlangsamt sein, sodass die wiederholte Gabe einer normalen Dosis zu erhöhten Arzneimittelkonzentrationen (Akkumulation) und einem erhöhten Risiko konzentrationsabhängiger unerwünschter Arzneimittelwirkungen (UAW Typ A, Kap. 27.13) führen kann.

Tab. 27.1 Risiken bei Leber- und Niereninsuffizienz.

Risiko	Beispiele
erhöhtes UAW-Risiko	
• UAW durch Akkumulation	Sulfonylharnstoff (Hypoglykämie)
• UAW auch ohne Akkumulation	AT_1-Antagonisten (Hyperkaliämie)
• Nephrotoxizität	NSAIDs, jodhaltige Röntgenkontrastmittel
• Hepatotoxizität	Paracetamol
• sonstige Toxizität	nephrogene systemische Fibrose nach Gd-haltigen Kontrastmitteln
Wirkverlust	
	Diuretika SGLT 2-Inhibitoren

27.4.1 Niereninsuffizienz

▸ **Nierenfunktion.** Zur Diagnose und zum Staging einer chronischen Nierenerkrankung haben sich die MDRD- und die CKD-EPI-Formeln etabliert. Zur Dosierung von Arzneimitteln sollte weiterhin die Kreatinin-Clearance (CL_{krea}) verwendet werden, die mit der Cockcroft-Gault-Formel geschätzt werden kann.

$$CL_{krea} = \frac{(140 - \text{Alter}) \times \text{Gewicht}}{\text{Serumkreatinin} \times 72} \times (0,85 \text{ bei Frauen})$$

(Alter in Jahren, aktuelles Gewicht in kg, Serumkreatinin in mg/dl)

Bei Patienten mit geringer Muskelmasse ist der Schätzwert zu hoch (wie bei den MDRD- und CKD-EPI-Formeln auch). Auch bei Über- und Untergewicht kann der Wert unzuverlässig sein. Eine Verwendung anderer Körpergewichtsmaße (z. B. „lean body weight") wird nicht empfohlen, da unklar ist, ob diese zu einer besseren Schätzung führen.

▸ **Nierenabhängige Elimination.** Der renal eliminierte Anteil eines Arzneimittels wird mit dem Q_0-Wert beschrieben (z. B. 1,0 = ausschließlich nichtrenale Elimination; 0,3 = 70 % renale und 30 % nichtrenale Elimination). Zusätzlich sind ggf. noch aktive oder toxische Metaboliten zu berücksichtigen (z. B. Glibenclamid, Glimepirid, Nateglinid, Morphin, Codein, Pethidin, Nitrofurantoin, Isoniazid).

▸ **Alternative Arzneimittel.** Der Wechsel auf ein „nierenunabhängiges" Arzneimittel ist sinnvoll, wenn es ein gleich gutes Arzneimittel gibt, mit dem man Erfahrung hat und/oder wenn sich erhöhte Risiken durch eine Dosisanpassung nicht vermeiden lassen (z. B. Digoxin → Digitoxin; Glibenclamid, Glimepirid → Gliquidon).

▸ **Dosisanpassung bei Niereninsuffizienz.** Zuerst werden Dosis und Dosierungsintervall festgelegt. Ob eine Dosisreduktion, eine Intervallverlängerung oder eine Kombination aus beidem sinnvoll ist, muss im Einzelfall entschieden werden. Danach wird über eine erhöhte Startdosis entschieden, was bei Arzneimitteln mit durch die Niereninsuffizienz verlängerter Halbwertszeit und entsprechender Dosisanpassung nötig ist, wenn man schnell wirksame Konzentrationen erreichen möchte (insbesondere bei Antibiotika, Kap. 27.2). Schließlich wird geprüft, ob ggf. weitere Faktoren zu berücksichtigen sind (z. B. Dialyse, Leberfunktion, Wechselwirkungen) und ob ein therapeutisches Drug Monitoring sinnvoll und möglich ist.

27.4.2 Leberinsuffizienz

▸ **Leberfunktion.** Es gibt kein einfaches etabliertes Verfahren zur Schätzung der Leberfunktion (bezüglich der Arzneimitteleliminationskapazität). Bei Patienten mit Leberzirrhose ist eine grobe Schätzung mit dem Child-Pugh-Score (CP-Score) möglich. Bei onkologischen Patienten mit Lebermetastasen kann das Bilirubin dosierungsrelevant sein (z. B. Irinotecan).

▸ **Leberabhängige Elimination.** Arzneimittel, die nicht nierenabhängig eliminiert werden, werden meist hepatisch eliminiert (manche jedoch auch unabhängig von beiden Organen). Neben der Akkumulation bei wiederholter Gabe kann es (bei oral verabreichten Arzneimitteln mit hohem First-Pass-Effekt) schon nach der ersten Gabe zu relevant erhöhten Arzneimittelkonzentrationen kommen.

▶ **Alternative Arzneimittel.** Als Alternativen bieten sich Arzneimittel an, bei denen der Einfluss der Lebererkrankung auf die hepatische Elimination dieses Arzneimittels nur gering ist oder solche, die hauptsächlich renal eliminiert werden. Allerdings besteht bei fortgeschrittener Leberzirrhose oft auch eine Niereninsuffizienz.

▶ **Dosisanpassung bei Leberinsuffizienz.** Bei der Dosisanpassung richtet man sich am besten nach den Empfehlungen in der Fachinformation, wobei in vielen Fällen „leichte", „mittlere" und „schwere" Lebererkrankung als Leberzirrhose CP A, B und C interpretiert werden können, sofern nicht anders angegeben. Eine erhöhte Startdosis ist in der Regel nicht notwendig.

27.5 Besonderheiten der Arzneimitteltherapie bei Kindern

V. Ziesenitz

In der Pharmakotherapie von Kindern ist zu beachten, dass Kinder **keine kleinen Erwachsenen** sind. Sie erhalten häufig Medikamente außerhalb ihrer Zulassung (Off-Label-Use), worüber die Eltern aufzuklären sind.

▶ **Entwicklungsprozesse. Früh-** (Gestationsalter < 37 Wochen) und **Neugeborene** (Alter: 0–27 Tage) haben ein erhöhtes Risiko für unerwünschte Arzneimittelwirkungen (UAW), da die Plasma-Halbwertszeiten (HWZ) vieler Arzneimittel aufgrund unreifer hepatischer (CYP3A, Glukuronyltransferasen) und renaler Eliminationsmechanismen (glomeruläre Filtration und tubuläre Sekretion) verlängert sind. Bei Früh- und Neugeborenen kann Bilirubin durch stark proteingebundene Arzneimittel (▶ Tab. 27.2) verdrängt werden und einen Kernikterus begünstigen.

In der **Säuglings-** (4 Wochen bis 12 Monate) und **Kleinkindphase** (12 Monate bis 2 Jahre) reifen die hepatischen und renalen Ausscheidungssysteme. Im Kleinkind- und frühen Kindesalter besteht daher für einige Medikamente eine erhöhte metabolische Kapazität im Vergleich zu Erwachsenen, weshalb sie eine relativ höhere Dosis (pro kg Körpergewicht) benötigen.

▶ **Besonderheiten der Dosierung.** In der Pädiatrie werden Arzneimittel meist nach Körpergewicht, seltener nach der Körperoberfläche (z. B. Hydrokortison) dosiert, müssen also stets individuell angepasst werden.

▶ **Besonderheiten der Arzneimittelwahl.** Das ideale Arzneimittel für Kinder ist altersgerecht, dem Körpergewicht und dem physiologischen Entwicklungsstand angepasst, schmeckt gut und kann in einer leicht zu dosierenden oralen Formulierung unkompliziert verabreicht werden. Fehldosierungen können durch Auswahl leicht zu dosierender Präparate vermieden werden.

▶ **Adhärenz-Problematik.** Bei Säuglingen und Kleinkindern liegt die Verantwortung für die Adhärenz bei den Eltern. Die Adhärenz kann durch Verschreibung kindgerechter Darreichungsformen gesteigert werden (Verhinderung des „täglichen Kampfes"). Chronisch kranke Kinder (z. B. Typ-1-Diabetiker) übernehmen ab dem Schulalter zunehmend die Verantwortung für ihre Therapie. Dies kann zu Adhärenz-Problemen führen, wenn Krankheitsakzeptanz und Therapieverständnis nicht gegeben sind.

▶ **Besonderheiten der Applikation.** Für Säuglinge und Kleinkinder eignen sich flüssige orale Darreichungsformen, die eine individuelle und unter Verwendung geeigneter Messbehälter (z. B. orale Spritzen) exakte Dosierung gewährleisten, oder Zäpfchen zur rektalen Verabreichung. Tabletten können, je nach Größe, etwa ab dem Schulalter geschluckt werden.

▶ **Besondere Risiken bei Kindern.** In der pädiatrischen Arzneimitteltherapie besteht ein geringes Bewusstsein für altersspezifische UAW, da Kinder diese meist nicht selbst erkennen. Wichtige UAW bei Kindern (2–12 Jahre) sind:

- Müdigkeit (häufig bei Antihistaminika, Betablockern und Psychopharmaka) → nach Konzentrations- und Leistungseinschränkungen in der Schule fragen!
- verzögertes Längenwachstum und erhöhtes Gewicht (bei Glukokortikoiden) → auf die Wachstumsgeschwindigkeit achten!
- Inappetenz und Gewichtsabnahme (bei Stimulanzien)

Tab. 27.2 Arzneimittel mit besonderen Risiken bei Kindern.

Medikament	UAW	Konsequenz
Angiotensin-Converting-Enzym-Hemmer (ACE-Hemmer)	Neugeborene: Hypotension mit akutem Nierenversagen	strenge Indikationsstellung, engmaschige Blutdruckkontrolle
Azetylsalizylsäure (ASS)	Reye-Syndrom mit Enzephalopathie und Leberversagen	Vermeidung von ASS bei fieberhaften Infekten im Kindesalter
Cefaclor	Serumkrankheit-ähnliche Reaktion	Vermeidung von Cefaclor nach Erstmanifestation
Digoxin	Neugeborene: Arrhythmien mit Hirnblutungen bei verlängerter HWZ (v. a. in Kombination mit Indometacin)	Dosisanpassung, Kontrollen des Plasmaspiegels
Furosemid	Neugeborene: bei längerfristiger Anwendung Nephrokalzinose	regelmäßige Nierensonografie; Alternative bei langfristiger Anwendung: Thiaziddiuretika
Gyrasehemmer (Chinolone)	in der Wachstumsperiode: reversible Arthralgien, (tierexperimentell: Gelenkknorpelschädigung)	nur bei Kindern mit zystischer Fibrose zugelassen
Ibuprofen, Indometacin	Neugeborene: akutes Nierenversagen, Hypoperfusion der Niere bei verlängerter HWZ	Dosisanpassung, ausreichende Hydrierung
Metoclopramid	extrapyramidal-motorische Bewegungsstörungen durch Dopamin-Antagonismus	strenge Indikationsstellung (z. B. Zytostatika-Therapie)
Paracetamol	Leberversagen bei Überdosierung	alters- und gewichtsabhängige Maximaldosis beachten und mit z. B. Ibuprofen abwechseln
Phenobarbital	Neugeborene: verlängerte HWZ, Apnoen	Dosisanpassung, Kontrollen des Plasmaspiegels
Sulfonamide, Sulfonylharnstoffe, Ceftriaxon	Neugeborene: Kernikterus	bei Neugeborenen kontraindiziert
Tetrazykline	Komplexbildung mit Kalzium, Schmelzverfärbung und Kariesanfälligkeit der Zähne, Wachstumsverzögerung	kontraindiziert < 8 Jahre
Xylometazolin u. a. α-Sympathomimetika	Kreislauf- und ZNS-Depression bei Anwendung von Nasentropfen	kontraindiziert < 2 Jahre

Besonderheiten bei Jugendlichen (13–17 Jahre):

- Psychische Instabilitäten in der Pubertät erhöhen das Risiko, psychotrope Arzneimittel oder Drogen einzunehmen; Hormone, Laxanzien oder Vitaminpräparate werden bei Unzufriedenheit mit dem eigenen Körper eingenommen.
- Teratotoxische Arzneimittel sollten bei Mädchen vermieden werden, solange eine Schwangerschaft nicht ausgeschlossen ist. Außerdem sind Arzneimittelinteraktionen mit hormonellen Kontrazeptiva zu berücksichtigen!

▶ Tab. 27.2 gibt einen Überblick über Medikamente, die in der Pädiatrie kontraindiziert sind oder nur mit besonderer Vorsicht angewendet werden sollen.

27.6 Besonderheiten der Arzneimitteltherapie bei Erwachsenen

A. Send

▶ **Wahl des Wirkstoffs.** Nach Diagnosestellung muss ein geeigneter, für die Erkrankung zugelassener Wirkstoff ausgewählt werden. Insbesondere wenn nur eine Erkrankung vorliegt, können Leitlinien hierbei hilfreich sein, während sich verschiedene Leitlinien bei multimorbiden Patienten widersprechen können. Bereits diese Auswahl muss patientenindividuell angepasst werden, um z. B. Allergien und Unverträglichkeiten oder Ge-

genanzeigen aufgrund von Begleitkrankheiten („drug-disease interaction") zu berücksichtigen.

► **Wahl der Dosis.** Ist der Wirkstoff ausgewählt, müssen die Dosen festgelegt werden. Viel mehr als bei der Wahl der Startdosis, die davon abhängt, ob aufgesättigt werden muss (Kap. 27.2), muss die Erhaltungsdosis die individuellen Ausscheidungsverhältnisse (Clearance) berücksichtigen. Dazu zählen:
- genetische Faktoren (z. B. Polymorphismen von Cytochrom-P450-Isoenzymen)
- personenbezogene Faktoren wie die aktuelle Leistung der Eliminationsorgane (Kap. 27.4) sowie
- die Clearance beeinflussenden Umgebungsfaktoren (z. B. interagierende Begleitmedikation, Kap. 27.3)

Außerdem sollte geprüft werden, ob der Patient mit der gewählten Darreichungsform zurechtkommt und diese verlässlich anwenden kann (Kap. 27.14). Schließlich sollten zu diesem Zeitpunkt bereits geeignete Monitoringmaßnahmen festgelegt (Kap. 27.12) und ggf. Ausgangs(labor)werte erhoben werden.

► **Arzneimittelinformationen.** Nach dem individuellen Festlegen des Dosierungsschemas sind die Vermittlung von Informationen zur Arzneimitteltherapie und die praktische Schulung des Patienten essenziell, um Anwendungsfehler zu vermeiden und eine erfolgreiche Therapie zu sichern. Die Menge an hierfür notwendigen Informationen kann sehr variabel sein und hängt von vielen Faktoren ab (z. B. Anzahl der anzuwendenden Präparate, Komplexität der Arzneimittelhandhabung oder Kenntnisse und Fähigkeiten des Patienten). Inhaltlich sollten Informationen zur Arzneimitteltherapie alle Aspekte für eine sichere Anwendung abdecken. Dazu zählen:
- Informationen zu Einzel- und Tagesdosis
- Dosisfrequenz
- Arzneimittel- und Wirkstoffnamen
- Anwendungsweg und -ort
- Durchführung der Anwendung
- Einnahmedauer

Zusätzlich soll über wichtige unerwünschte Arzneimittelwirkungen aufgeklärt werden (Kap. 27.13), um den Patienten zum mündigen Monitor seiner Therapie zu machen. Dies ist insbesondere bei der Erstverordnung eines Arzneimittels wichtig und aufwendig, wird doch erwartet, dass der Patient die neuen Informationen versteht, verinnerlicht und für die spätere Anwendung abrufen kann. Deshalb soll die Aufklärung in einer für den Patienten einfachen und verständlichen Sprache erfolgen, in der Fachbegriffe möglichst vermieden werden.

► **Medikationsplan.** Daneben sollte die mündliche Aufklärung grundsätzlich mit schriftlichen Informationen, z. B. in Form eines Medikationsplanes, ergänzt werden. Sofern aktuell und umfassend (inkl. verschreibungsfreie Präparate), können Medikationspläne die Arzneimitteltherapiesicherheit unterstützen und es den Patienten ermöglichen, ihre Therapie sicher und korrekt durchzuführen. Ein gut geführter Medikationsplan erweist sich nicht nur für Patienten, sondern auch für die am Medikationsprozess beteiligten Gesundheitsdienstleister als Segen: Informationen zu den Arzneimitteln können schnell und vollständig übermittelt, Risikobewertungen bei geplanten Therapieänderungen rascher durchgeführt und Fehler in der Therapie (z. B. Doppelverordnungen, Interaktionen oder fehlende Indikation) vermieden werden.

27.7 Besonderheiten der Arzneimitteltherapie bei Betagten

W. E. Haefeli, H. Seidling

► **Polypharmazie, Multimorbidität, Begleiterkrankungen.** Die meisten Arzneimittel werden von Patienten über 65 Jahren eingenommen; in Deutschland nimmt etwa jeder 3. Patient zwischen 60 und 69 Jahren 5 oder mehr Präparate ein, bei den 70–79-Jährigen sind es ca. 50 %. **Polypharmazie** (s. a. Kap. 27.3) und damit assoziierte Besonderheiten (UAW, Interaktionen) sind damit sehr häufig. Im Gegensatz zu jüngeren Patienten, die oft nur an einer Krankheit leiden, nimmt mit steigendem Alter auch die Zahl gleichzeitig zu behandelnder Krankheiten zu (**Multimorbidität**). Entsprechend sind oft mehrere Behandlungsstrategien (Leitlinien) im Verbund zu berücksichtigen, die sich auch widersprechen können und eine entsprechend sorgfältige Prüfung der Arzneimittelwahl erfordern. Außerdem können Begleitkrankheiten (z. B. **Niereninsuffizienz,** Kap. 27.4) besondere Dosisanpassungen erfordern oder den Einsatz gewisser Arzneistoffe verbieten (Kontraindikationen in Form von Drug-Disease-Interaktionen).

► **Behandlungsziele.** Mit zunehmender Krankheitslast und fortschreitendem Alter ändern sich allmählich auch die Behandlungsziele: Standen Heilung und Senkung der Mortalität initial im Vordergrund, so gewinnen allmählich andere Therapieziele an Bedeutung. Dazu gehören vor allem Faktoren, die die Funktionalität im häuslichen Umfeld bestimmen (**Aktivitäten des täglichen Lebens**, Barthel-Index) und so schlussendlich entscheiden, ob momentane Selbstständigkeit, Pflegebedürftigkeit und verfügbare Hilfen den Verbleib im eigenen Haushalt zulassen. Entsprechend sind Mobilität (***Cave:*** sturzfördernde Psychopharmaka), Kognition (***Cave:*** anticholinerge Arzneistoffe), Ernährung (***Cave:*** funktionales Gebiss) und Kontinenz (***Cave:*** Diuretika) besonders wichtig. Mit weiterem Fortschreiten der Erkrankungen treten zunehmend Fragen der **Lebensqualität** in den Vordergrund, was Kenntnisse der **Präferenzen** des Patienten erfordert (präferenzsensitive Versorgung), um therapeutisch auf die individuell vordringlichen Probleme zu fokussieren. Schließlich kann sich eine Palliativphase anschließen, in der alle anderen Therapien einer symptomatischen Behandlung (v. a. Schmerzbekämpfung) unterzuordnen sind.

Merke

Mit dem Fortschreiten der Krankheitslast ändern sich typischerweise die Behandlungsziele und es muss periodisch geprüft werden, ob die gewählte Behandlungsstrategie den aktuellen Bedürfnissen entspricht.

Da die intraindividuelle Variabilität der Patienten mit zunehmendem Alter ansteigt, lohnt sich bei Beginn chronischer Therapien, die Behandlung mit kleinen Dosen zu beginnen („start-low") und langsam zu steigern („go-slow"), wobei wegen der oft eingeschränkten Eliminationskapazität oft geringere Dosierungen ausreichen („stay-low").

► **Qualitätssicherung.** Jede Bewertung und Änderung einer Therapie setzt voraus, dass die aktuelle (Kombinations-)Therapie vollständig bekannt ist, was periodisch z. B. als Brown-Bag-Review geprüft werden kann (Medication Reconciliation). Anschließend sollte die Medikation strukturiert geprüft werden:

- Sind die Arzneimittel adäquat dosiert?
- Welche potenziellen UAW bestehen (um Verordnungskaskaden und Interaktionen zu vermeiden)?
- Ist eine Indikation für alle Medikamente vorhanden?
- Sind potenziell inadäquate Medikamente verschrieben, die durch risikoärmere Alternativen ersetzt werden könnten (z. B. anhand der Priscus-Liste oder der STOPP-2- oder FORTA-Kriterien)?
- Liegen Doppelverordnungen vor?
- Sind die gewählten Therapien auch in der betagten Bevölkerung nachweislich wirksam, entsprechen sie den Präferenzen des Patienten und kann vor dem Hintergrund der individuellen gesundheitlichen Situation des Patienten noch ein Nutzen erwartet werden („time-to-benefit")?
- Wurden evtl. wichtige Therapieoptionen übersehen („underuse", z. B. anhand der START-2-Kriterien)?
- Ist die Bereitschaft und Motivation des Patienten (Adhärenz, Kap. 26.3) für eine korrekte Durchführung vorhanden?
- Sind ausreichende Kenntnisse (schriftlicher, aktueller Medikationsplan) vorhanden?
- Sind die erforderlichen Fertigkeiten vorhanden (korrekte Handhabung, Kap. 27.14)?
- Lassen sich (insbesondere bei Polypharmazie-Patienten) komplexe Therapieschemata vereinfachen, z. B. indem ein Tablettenteilen vermieden wird, Einnahmezeitpunkte zusammengelegt und die Anzahl der Arzneimittel durch die Verordnung von Kombinationspräparaten reduziert werden?

27.8 Medikamente während Schwangerschaft und Stillzeit

A. Blank

27.8.1 Nutzen-Risiko-Abwägung

Bei der Pharmakotherapie in Schwangerschaft und Stillzeit liegen Nutzen und Risiko oft eng beieinander. Embryos, Feten und Säuglinge können durch teratogene oder toxische Arzneimitteleffekte, aber auch durch Folgen einer unbehandelten mütterlichen Erkrankung geschädigt werden. Andererseits kann die Gesundheit der Schwangeren bei Verzicht auf Therapie gefährdet sein. Die Entscheidung für eine Pharmakotherapie in der Schwangerschaft sollte stets individuell unter Abwägung der Risiken und Vorteile für Mutter und Kind gefällt werden. In begründeten Fällen kann diese auch zu einer Verschreibung außerhalb des Zulassungstextes führen. Eine ausgewogene Darstellung des Nutzen-/Risikoverhältnisses verschiedener Substanzen mit möglichen Alternativen findet man unter www.embryotox.de.

27.8.2 Schwangerschaft

Vor Gabe jedes Medikamentes an prämenopausale Frauen muss im ärztlichen Gespräch eine mögliche Schwangerschaft erfragt und ggf. die Notwendigkeit einer effektiven Verhütung besprochen werden. Vielen Frauen ist eine Schwangerschaft in der frühen Gestation nicht bewusst, die Sensitivität für Schädigungen ist jedoch im 1. Trimenon am höchsten. In dieser Zeit führen mögliche Schäden vorwiegend zu sichtbaren, sog. grobstrukturellen Fehlbildungen. Im 2. und 3. Trimenon führen Medikamente häufiger zu Schäden in Reifungsprozessen. Perinatal müssen Medikamente mit Auswirkung auf die Vitalfunktionen, wie z. B. Atmung, mit besonderer Vorsicht eingesetzt werden. Einige relevante Therapiesituationen für die hausärztliche Praxis finden sich in ▶ Tab. 27.3.

27.8.3 Stillzeit

Medikamente können über die Muttermilch in den kindlichen Organismus gelangen und dort unerwünschte Auswirkungen haben. Der Spiegel des Arzneimittels in der Muttermilch folgt dem Spiegel im Plasma. Je weiter der Stillzeitpunkt vom Einnahmezeitpunkt entfernt und je geringer die zugeführte Milchmenge ist, umso geringer wird die kindliche Exposition. Eltern sollen ihre Säuglinge

Tab. 27.3 Ausgewählte Therapiesituationen in der hausärztlichen Praxis: Medikamente mit teratogenem Potenzial.

Medikamente	Vorgehen
Retinoide (z. B. Akne- oder Psoriasis-Therapie)	• Behandlung während der Schwangerschaft absolut vermeiden (topisch und systemisch) • Aufklärung über teratogenes Potenzial (dokumentieren!) • Schwangerschaftstest zu Therapiebeginn und regelmäßige Testwiederholung • kontinuierliche effektive Verhütung notwendig, rechtzeitig vor Therapie beginnend • Empfängnisverhütung bis zu 2 Jahre nach Therapieende indiziert
Antiepileptika	• Aufklärung über teratogenes Potenzial vor einer Schwangerschaft wichtig • Absetzen von Valproat vor Schwangerschaft anstreben • umsichtige Auswahl der Einzelsubstanz (z. B. Lamotrigin) • Therapiekontrolle mit therapeutischem Drug Monitoring
RAAS-Modulatoren (ACE-Hemmer, AT_1-Rezeptorantagonisten, Reninninhibitoren)	• alle RAAS-Modulatoren bei Frauen im gebärfähigen Alter vermeiden • vorbestehender essenzieller Hypertonus: Metoprolol, Kalziumantagonisten (Dihydropyridine) • Alternative speziell während der Schwangerschaft: α-Methyldopa
Vitamin-K-Antagonisten: Phenprocoumon und Warfarin	• Substanzen meiden und durch niedermolekulare Heparine ersetzen • nach Aortenklappenersatz individuelle Entscheidung durch den Kardiologen notwendig
Antibiotika	• Tetrazykline und Aminoglykoside meiden • Penicilline, Aminopenicilline, Cephalosporine und Makrolide sind in der Regel vertretbar • ***Cave:*** auch Substanzen innerhalb einer Gruppe können unterschiedliche teratogene Profile haben (z. B. Erythromycin/Clarithromycin): sorgfältige Auswahl der Einzelsubstanzen notwendig
Schmerz: • nicht steroidale Antiphlogistika • Metamizol • Opioide	• ASS und Metamizol meiden • Mittel der Wahl: Paracetamol, zweite Wahl: Ibuprofen, beide kurzzeitig und in möglichst niedriger Dosierung • Opioide: kurzzeitig und in geeigneter Dosierung vertretbar

sorgfältig beobachten, um mögliche Medikamentennebenwirkungen frühzeitig erkennen zu können.

27.9 Medikamentöse Schwangerschaftsverhütung

A. Blank

▶ **Mögliche Formen der Verhütung.** Neben mechanischen (Kondom) und natürlichen Methoden ist die Empfängnisverhütung über orale („Pille"), lokale (Hormonspiralen, Vaginalring), transdermale (Hormonpflaster) oder subkutane (Depotpräparate für 3 Jahre) Gabe von Hormonen (Östrogen-Gestagen-Kombinationen sowie Gestagen-Monopräparate) die gängigste Form der Verhütung. Nebenwirkungen wie Libidoverlust und Befindlichkeitsstörungen treten bei den niedrigen Dosierungen nur selten auf. Frauen müssen aber über das erhöhte Risiko bezüglich venöser Thrombembolien, das durch Rauchen noch gesteigert wird, aufgeklärt werden. Weitere Nebenwirkungen können eine gestörte Glukosetoleranz oder ein Hypertonus sein. Frauen nach thrombembolischen Ereignissen oder mit gynäkologischen Tumoren müssen eine nicht hormonelle Verhütung wählen.

▶ **Wechselwirkungen.** Kontrazeptiva können durch Wechselwirkungen mit anderen Medikamenten ihre Wirkung verlieren: Starke Induktoren des hepatischen Metabolismus wie z. B. Barbiturate, Carbamazepin, Johanniskraut, Phenytoin oder Rifampicin führen über eine beschleunigte Elimination der Sexualhormone zum Wirkungsverlust. Ebenso ist bei Antibiotika mit starker Wirkung auf die Darmflora Vorsicht geboten (Beeinträchtigung des enterohepatischen Kreislaufs mit Wirkungsverlust).

▶ **Notfallverhütung.** Die „Pille danach", Ulipristalacetat, gilt als Notfallverhütung und wird in Deutschland seit 2015 in den Apotheken rezeptfrei abgegeben. Übelkeit, Erbrechen und Zyklusstörungen sind häufige Nebenwirkungen. Bei einem Körpergewicht von > 90 kg verliert Ulipristalacetat seine Wirkung. Außer einem bekannten Wirkungsverlust durch Enzyminduktoren kann die Wirkung der Notfallverhütung möglicherweise auch durch einen erhöhten Magen-pH-Wert reduziert werden (***Cave:*** Omeprazol, Esomeprazol).

27.10 Gerinnungshemmer und Bridging

D. Czock

27.10.1 Gerinnungshemmer

Gerinnungshemmer (Antithrombotika) wirken durch Hemmung der Thrombozytenfunktion oder durch Hemmung der plasmatischen Gerinnung. Ein routinemäßiges Monitoring oraler Antikoagulanzien ist bei Vitamin-K-Antagonisten notwendig (▶ Tab. 27.4).

Wenn früh auffällt, dass die Einnahme eines Gerinnungshemmers vergessen wurde, kann diese nachgeholt werden (Clopidogrel bis zu 12h nach dem vorgesehenen Einnahmezeitpunkt; Vitamin-K-Antagonisten am gleichen Tag; Dabigatran bis 6h vor der nächsten Gabe; Rivaroxaban am gleichen Tag). Eine Dosisverdopplung sollte vermieden werden.

Die Wirkdauer nach Absetzen von reversiblen Gerinnungshemmern hängt von deren Halbwertszeit ab, welche in einigen Fällen durch Niereninsuffizienz (Bivalirudin, Dabigatran, Fondaparinux, Heparine) oder durch Arzneimittelwechselwirkungen (Faktor-Xa- oder Vitamin-K-Antagonisten), verlängert sein kann. Bei nicht reversibel wirkenden Gerinnungshemmern (Azetylsalizylsäure, Clopidogrel, Prasugrel, Ticlopidin, Phenprocoumon, Warfarin) hängt die Wirkdauer zusätzlich vom Umsatz der betroffenen Zellen bzw. Gerinnungsfaktoren ab.

27.10.2 Bridging

Bei geplanten operativen Eingriffen muss grundsätzlich das Thrombose- bzw. Embolierisiko bei Unterbrechung der Therapie (niedrig, mittel, hoch) gegen das periprozedurale Blutungsrisiko (niedrig, hoch) abgewogen werden. Ein besonders hohes Thromboserisiko besteht u. a. bei Herzklappenmechanoprothesen (insbesondere in Mitralklappenposition), Stentimplantation in den letzten Monaten (abhängig von der Art des Stents), venöser Thromboembolie < 3 Monate, schwerer Thrombophilie oder Vorhofflimmern mit einem hohen CHA_2DS_2-VASc-Score. Ein besonders hohes Blutungsrisiko besteht u. a. bei urologischen Eingriffen, ausgedehnten Operationen, Darm-, Leber-, Milz- oder Niereneingriffen. Bei zahnärztlichen

Tab. 27.4 Gerinnungshemmer.

Gruppe	Arzneistoff	Absetzen vor Operationen[1]	Monitoring
Thrombozytenhemmung			
COX-1-Hemmer	Azetylsalizylsäure	4–6 Tage	
ADP-Rezeptor-Antagonisten	Clopidogrel	5–7 Tage	
	Prasugrel	7 Tage	
	Ticagrelor	5–7 Tage	
	Ticlopidin	10 Tage	
PAR-1-Antagonisten	Vorapaxar	30 Tage	
GP-IIb/IIIa-Antagonisten	Abciximab[2]		
	Eptifibatid[2]		
	Tirofiban[2]		
Antikoagulanzien			
Heparin-Gruppe	UFH	4–5 Stunden[3]	aPTT
	LMWH	1 Tag	Anti-Xa
	Danaparoid		Anti-Xa
synthetische Pentasaccharide	Fondaparinux		Anti-Xa
Vitamin-K-Antagonisten	Phenprocoumon	ca. 7 Tage[4]	INR
	Warfarin	ca. 5 Tage[4]	INR
direkte Thrombinhemmer	Argatroban[2]		aPTT
	Bivalirudin[2]		ACT
	Dabigatran	1–2 Tage	Dabigatran-Konzentration
direkte Xa-Hemmer	Apixaban	1–2 Tage	Anti-Xa
	Rivaroxaban	1 Tag	Anti-Xa

ACT = Activated Clotting Time; ADP = Adenosindiphosphat; aPTT = aktivierte partielle Thromboplastinzeit; COX = Zyklooxygenase; GP = Glykoprotein; INR = International Normalized Ratio; LMWH = Low-molecular-weight-Heparin; PAR = Protease-aktivierter Rezeptor; UFH = unfraktioniertes Heparin

1 nur nach individueller Nutzen-Risiko-Abwägung!

2 nur zur intravenösen Gabe

3 bei intravenöser Gabe

4 die Zeit bis INR < 2,0 ist kürzer!

Eingriffen sollten Gerinnungshemmer in aller Regel unverändert fortgeführt werden!

Falls ein Gerinnungshemmer periprozedural abgesetzt werden soll, stellt sich die Frage, ob und wann eine überbrückende, kurz wirksame (gut steuerbare) Antikoagulation (Bridging) gegeben werden sollte. Dies sollte ggf. gemeinsam in Absprache mit einem Kardiologen und dem Operateur festgelegt werden.

Zum Bridging bei hohem Thromboserisiko wird meist Enoxaparin in therapeutischer Dosierung verwendet (1 mg/kg s. c. zweimal am Tag), das dazu jedoch nicht zugelassen ist und bei Niereninsuffizienz dosisangepasst werden muss. Unter stationären Bedingungen ist ein Bridging mit intravenösem unfraktioniertem Heparin möglich. Da bisher generell zu wenige Daten aus Studien vorliegen, ist zu erwarten, dass sich aktuelle Empfehlungen zum Bridging regelmäßig ändern werden [1].

27.11 Medikamentöse Therapie neoplastischer Erkrankungen (Chemotherapie)

N. Hohmann, G. Mikus

27.11.1 Prinzipien

Eine medikamentöse Tumortherapie ist in kurativer oder palliativer Absicht alleine oder (neo-)adjuvant zur Strahlentherapie oder operativen Therapie möglich. Die **adjuvante Chemotherapie** wird nach der Operation begonnen, um nicht nachweisbare Mikrometasen zu behandeln und den langfristigen Therapieerfolg zu verbessern. Die **neoadjuvante Chemotherapie** findet vor der Operation statt, um die Tumormasse zu reduzieren.

Bei den Wirkprinzipien sind zu unterscheiden:

- **zytostatisch oder zytotoxisch:** betrifft neoplastische und schnell proliferierende gesunde Zellen (Knochenmark, Haare und Nägel, Darmepithelzellen, Mukosa); gehen zu viele Tumorzellen gleichzeitig unter, droht ein Tumorlyse-Syndrom
- neuere Wirkprinzipien:
  - **monoklonale Antikörper (mAbs)**: wirken gegen Oberflächenproteine und lösen eine antikörpervermittelte zelluläre Toxizität aus
  - **„gezielten Therapie":** blockiert Signaltransduktionswege von Proliferationsreizen durch Tyrosinkinaseinhibitoren (TKI) oder mAbs
  - **Immuntherapie des Tumors**: Steigerung der Antwort des Immunsystems gegen die neoplastischen Zellen

Zytostatika werden nach definierten Protokollen mit geplanten Therapiepausen in Zyklen verabreicht, wobei man sie i. d. R. intravenös über einen Portkatheter gibt. Die häufigsten Komplikationen eines Ports sind Infektion (Rötung) und Thrombose (nicht durchgängig). **Tyrosinkinaseinhibitoren** werden oral verabreicht, wobei sie in der Regel täglich, selten auch in ON/OFF-Zyklen genommen werden. Eine Dosisanpassung anhand auftretender Nebenwirkungen kann notwendig werden (Fachinformation).

Merke

Bei oralen Arzneimitteln ist die Variabilität der Aufnahme und Verfügbarkeit im Körper höher als bei intravenöser Gabe. Auf den Einfluss der Nahrungsaufnahme und der Einnahme von Protonenpumpenhemmern auf die Resorption der Tyrosinkinaseinhibitoren sowie auf Wechselwirkungen mit rezeptfreien (z. B. Ibuprofen) und pflanzlichen Präparaten (z. B. Johanniskraut) ist zu achten.

Bei **Resistenz des Tumors** bzw. einzelner Tumorzellen geht die Wirksamkeit der Therapie verloren. Kommt es zum Fortschreiten einer Erkrankung unter der Erstlinientherapie, sollte, falls verfügbar, eine andere Therapie gewählt werden.

27.11.2 Begleitmedikation

Als Begleitmedikation kommen infrage:

- **Antiemetika:** wirksam sind z. B. Granisetron, Ondansetron, Aprepitant, Dexamethason und Neuroleptika (z. B. Olanzapin)
- **Thromboseprophylaxe,** z. B. mit einem niedermolekularen Heparin
- **Wachstumsfaktoren,** ggf. bei Anämie (Erythropoetin) oder ausgeprägter Neutropenie (GM-CSF)
- **Komplementär- und Alternativmedizin (CAM):** wird von den meisten onkologischen Patienten verwendet, ersetzt aber nicht die antineoplastische Therapie; auf das Wechselwirkungspotenzial der Präparate ist zu achten (z. B. möglicher Wirkungsverlust bei gleichzeitiger Gabe von Johanniskrautpräparaten)

27.11.3 Unerwünschte Arzneimittelwirkungen/Toxizität

Häufige UAW sind:

- **Myelotoxizität:** häufig und dosislimitierend → bei Agranulozytose (Neutrophile < 0,5/nl) über 7 Tage ist eine Antibiotikaprophylaxe indiziert
- **Übelkeit und Erbrechen:** kann bis zu 72h nach Gabe und länger auftreten → Antiemetika über mehrere Tage nötig
- **Neurotoxizität:** Polyneuropathie möglich und dosislimitierend → Antikonvulsiva (z. B. Gabapentin) zur Linderung
- **Alopezie:** ungefährlich, aber möglicherweise psychisch belastend → für Frauen ist eine Perücke rezeptierbar, bei Männern nur in Ausnahmefällen
- **Hand-Fuß-Syndrom:** insbesondere bei Tyrosinkinaseinhibitoren → symptomatische Behandlung
- **Infusionsreaktionen auf Antikörper:** verlaufen ähnlich wie allergische Reaktionen mit Flush, Luftnot, Hypo- oder Hypertension, Hyperthermie und Pulsanstieg

27.12 Monitoring der Therapie inklusive therapeutisches Drug-Monitoring

G. Mikus

▸ **Monitoring des Medikationsprozesses.** Medikamentöse Therapien sind längst nicht bei allen Patienten wirksam und sicher. Deshalb sollten

27

Qualität und Sicherheit jeder Therapie gemessen und der gesamte Medikationsprozess kontinuierlich überprüft werden. Dazu gehört die Bestandsaufnahme, die Bewertung der aktuellen Medikation (Indikation, Kontraindikationen, Interaktionen), die Verordnung, die Kommunikation (idealerweise ein Medikationsplan), auch die Arzneimittelabgabe durch die Apotheke, die Arzneimittelanwendung und schließlich das Monitoring. Mit dem Monitoring schließt sich der Kreis, denn dies ist wiederum eine Bestandsaufnahme zur Überprüfung der Behandlungsergebnisse und Erfassung unerwünschter Wirkungen (UAW).

► **Überprüfung von Wirksamkeit und Risiken.** Grundsätzlich sollte die **Wirksamkeit** jeder Behandlung in regelmäßigen Abständen überprüft werden. Dies ist möglich, indem:

- sie direkt gemessen wird, beispielsweise der Blutdruck bei der Hypertonie, FEV_1 bei der COPD, die Viruslast bei HIV, HbA_{1c} und evtl. Blutzucker bei Diabetes mellitus
- indirekte Parameter wie die INR bei Antikoagulanzien oder CRP bei rheumatischen Krankheiten verwendet werden

Vielfach müssen auch **spezifische Risiken** medikamentöser Therapien zwingend ausgeschlossen werden, wie etwa:

- Leuko- und Thrombozytopenien (Zytostatika)
- Leberwerterhöhungen (Bosentan, Rifampicin)
- Niereninsuffizienz (Nitrofurantoin)
- Schwangerschaften (Thalidomid und verwandte Substanzen)
- QTc-Verlängerung (selektive Serotonin-Reuptake-Inhibitoren)

Der optimale **Monitoring-Zeitpunkt ist** abhängig von den verwendeten Arzneimitteln, da die Wirkungsmaxima oft erst nach längerer Behandlung eintreten (z. B. erst nach Wochen bei Antidepressiva, Antihypertonika und Cholesterinsenkern). **Neu zugelassene Arzneimittel** (beschränkte Erfahrung in der Bevölkerung) oder Arzneimittel mit neu entdeckten Risiken unterliegen einer besonderen Überwachung durch die Zulassungsbehörden und werden mit einem schwarzen Dreieck (▾) in der Fachinformation gekennzeichnet. Dieses fordert Patienten und Angehörige der Gesundheitsberufe dazu auf, jeden Verdacht auf eine UAW beim Gebrauch dieses Arzneimittels zu melden.

► **Therapeutisches Drug-Monitoring.** Die Therapie einer chronischen Erkrankung soll durch wiederholtes Überprüfen geeigneter Parameter und anschließendes Anpassen (Individualisierung) optimiert werden. Monitoring soll Therapieerfolg, -misserfolg oder Toxizität verlässlich erkennen oder vorhersagen. Für viele Arzneistoffe korrelieren die Blutkonzentrationen mit der Wirkung oder einer UAW und ihre Messung bildet die Grundlage des „therapeutischen Drug-Monitorings" (TDM), d. h. der Dosisanpassung anhand von Konzentrationsmessungen.

Für die praktische Durchführung eines TDM sind in der Regel folgende Dinge zu beachten:

- Arzneimittel sollte im Steady-State sein (nach 5 Halbwertszeiten) und
- die Blutentnahme soll am Ende des Dosisintervalls unmittelbar vor der nächsten Einnahme erfolgen (außer Ciclosporin)

Nach der Konzentrationsmessung müssen die Werte im klinischen Kontext interpretiert werden, wofür Therapiedauer, Dosen, Komedikation und ggf. Leber- und Nierenfunktion bekannt sein müssen. Eine Dosisoptimierung durch TDM kann bei richtiger Anwendung eine individualisierte Pharmakotherapie bewirken, zum Wohl des Patienten. Umgekehrt kann es gefährlich sein, die Konzentration des Arzneistoffs ohne Grund in den therapeutischen Bereich zu zwingen.

27.13 Unerwünschte Arzneimittelwirkungen

W. E. Haefeli, H. Seidling

► **Definition.** Unerwünschte Arzneimittelwirkungen (UAW) sind in Deutschland durch das Arzneimittelgesetz (AMG) als schädliche und unbeabsichtigte Reaktionen auf das Arzneimittel definiert. Dabei ist es unwesentlich, ob die UAW inhärent mit dem Arzneimittel verbunden ist (z. B. gastrointestinale Blutungen unter NSAR-Therapie), oder durch einen Fehler im Therapieprozess (Medikationsfehler) getriggert wurde (z. B. gastrointestinale Blutungen unter NSAR-Therapie bei gleichzeitiger Glukokortikoid-Therapie und fehlendem Magenschutz).

► **Kausalitätsabklärung.** Inhärente UAW treten bei gewissen Therapien praktisch bei allen Patienten auf (z. B. zytotoxische Therapie) und sind bei anderen Therapien (z. B. Sartane) nahezu auf Placeboniveau, was einer Prävalenz von etwa 5 % entspricht. Berichtet der Patient über ein neues Symptom, so sollten bei der Differenzialdiagnose immer auch iatrogene Ursachen berücksichtigt werden, um Verordnungskaskaden zu vermeiden (z. B. Verordnung von Allopurinol bei einer Erhöhung der Harnsäurewerte und Thiazidtherapie). Bei der Kausalitätsabklärung spielt aber nicht nur die Symptomatik der (vermuteten) UAW eine wichtige Rolle; auch die zeitlichen Zusammenhänge sind oft pathognomonisch. So ist es charakteristisch, wie schnell nach Therapiebeginn eine bestimmte UAW auftritt (First-Dose-Hypotonie unter ACE-Hemmern in wenigen Stunden, Hyperkaliämie frühestens nach Tagen, Angioödeme zu beliebigem Zeitpunkt) und wie schnell sie nach Absetzen verschwindet (Dechallenge). Unabhängig davon können der Ausschluss weiterer Ursachen und das Wiederauftreten einer UAW nach (oft auch nicht beabsichtigtem) Wiederansetzen den kausalen Zusammenhang einer UAW bestärken (Rechallenge).

► **Mechanismen.** Es ist wichtig, den Mechanismus einer UAW zu kennen, da dies die einzuleitenden Maßnahmen (Dosisreduktion, Absetzen, Wiederansetzen) bestimmen wird. Mindestens 6 verschiedene Mechanismen müssen unterschieden werden (► Abb. 27.1):

- **Typ A, „augmented“:** Am häufigsten (ca. 80 %) sind dosisabhängige UAW, die Folge einer übermäßigen pharmakologischen Wirkung sind und nach Dosisreduktion abnehmen oder verschwinden. Typische Beispiele sind Bradykardien unter Betablockern, Hypoglykämien unter Sulfonylharnstoffen oder Insulinen, Blutungen unter Antikoagulanzien oder Kristallurie unter Sulfadiazin oder Aciclovir.
- **Typ B, „bizarr“:** Am zweithäufigsten sind überraschende, idiosynkratische, allergische, pseudoallergische UAW und Intoleranzphänomene, die oft schwerwiegend verlaufen. Hierzu gehören angioneurotische Ödeme unter ACE-Hemmern, Bronchospasmen unter NSAID, allergische Hepatopathien und auch viele Proarrhythmien unter Antiarrhythmika. In diesen Fällen muss die Behandlung in der Regel dauerhaft unterbrochen werden.

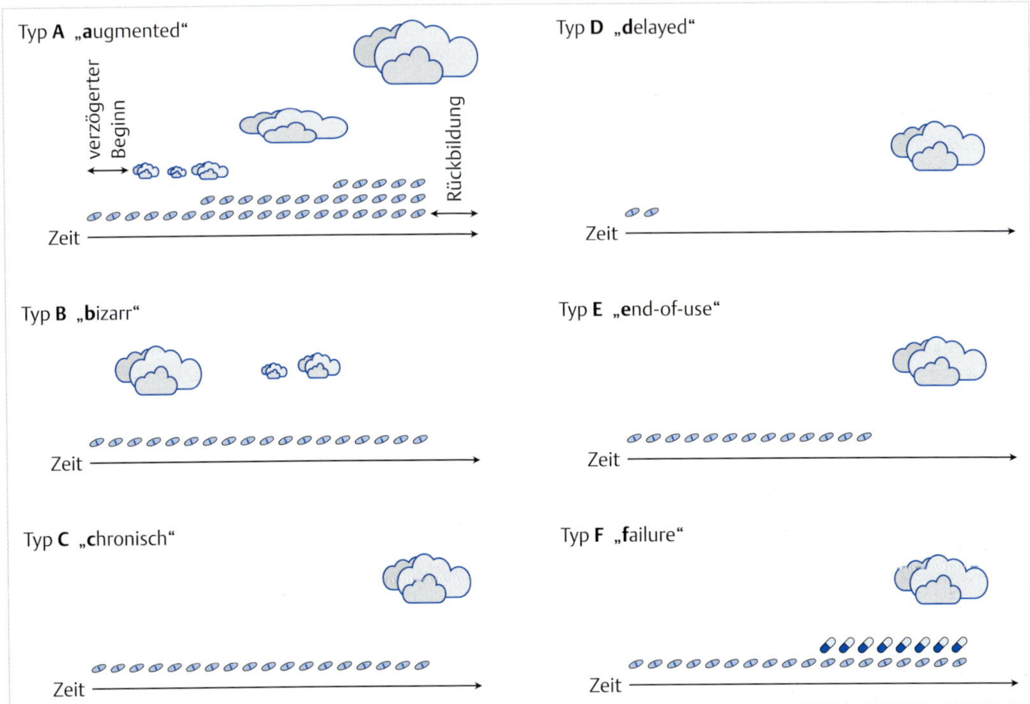

Abb. 27.1 Charakteristika der verschiedenen UAW-Typen A bis F. A steht für „augmented“, B für „bizarr“, C für „chronisch“, D für „delayed“, E für „end-of-use“ und F für „failure“.

- **Typ C, „chronisch“:** Tritt eine UAW erst nach langfristigem Arzneimittelgebrauch auf (Analgetika-Nephropathie, Lungenfibrose unter Amiodaron, Herzinsuffizienz unter Anthrazyklinen), muss die Therapie in der Regel abgesetzt werden. Im Gegensatz zu UAW vom Typ A oder B sind Typ-C-UAW jedoch häufig nicht oder nur zum Teil reversibel.
- **Typ D, „delayed“:** Einige UAW, wie z. B. Sekundärtumoren nach initialer zytostatischer Therapie, treten spät und lange nach dem Absetzen der auslösenden Therapie auf.
- **Typ E, „end-of-use“:** Andere UAW werden bereits kurz nach abruptem Absetzen einer Therapie manifest. Dabei handelt es sich um Entzugssyndrome, wie sie nach langfristigem Gebrauch von Benzodiazepinen, Opioiden, aber auch Serotonin-Reuptake-Inhibitoren oder Clonidin beobachtet werden. Hier ist die Therapie der UAW klassischerweise das rasche Wiederansetzen und anschließend langsame Ausschleichen über viele Tage oder ggf. Wochen.
- **Typ F, „failure“:** Der letzte UAW-Mechanismus beschreibt das Versagen einer vorbestehenden Therapie nach Ansetzen eines interagierenden Medikaments, wie es z. B. bei der Gabe von Enzyminduktoren (z. B. Johanniskraut, Carbamazepin) beobachtet wird.

► **Schwerwiegende UAW.** Im AMG ist auch festgelegt, was unter schwerwiegenden („serious“) UAW zu verstehen ist. Hier werden UAW subsumiert, die tödlich verlaufen, manifest lebensbedrohend sind, invalidisieren, Fehlbildungen verursachen oder zu einer Hospitalisierung bzw. einer Verlängerung eines Krankenhausaufenthaltes führen.

► **Häufigkeitsbezeichnungen.** In Europa (und auch Deutschland) sind die Häufigkeitsbezeichnungen von UAW durch die Arzneimittelbehörden geregelt und wie folgt definiert:

- sehr häufig (≥ 10 %)
- häufig (≥ 1–9 %)
- gelegentlich (≥ 0,1 – < 1 %)
- selten (≥ 0,1‰ – < 1‰)
- sehr selten (< 0,1‰)

Für viele Menschen widerspricht das dem allgemeinen Sprachverständnis, was im ärztlichen Gespräch berücksichtigt werden muss.

► **Informationsquellen.** Die Fachinformation eines Präparates listet im Abschnitt 4.8 (Nebenwirkungen) die aktuell bekannten UAW, sortiert nach Organsystemen und Häufigkeiten, auf und ist deshalb eine wichtige erste Quelle bei der UAW-Abklärung. Neue Hinweise zu relevanten UAW werden auch über Rote-Hand-Briefe oder sog. Drug Safety Mails, z. B. der Arzneimittelkommission der deutschen Ärzteschaft (AkdÄ), kommuniziert.

Merke

In Deutschland sind Ärzte gemäß Berufsordnung verpflichtet, eine UAW (auch, wenn sie durch einen Medikationsfehler ausgelöst wurde) im Verdachtsfall an die AkdÄ zu melden, während Vorkommnisse bei Medizinprodukten dem Bundesinstitut für Arzneimittel und Medizinprodukte (BfArM) mitzuteilen sind.

27.14 Arzneimittel richtig anwenden

A. Lampert

Jede Darreichungsform stellt besondere Herausforderungen an den Anwender. Insbesondere erschweren fehlendes Wissen und nachlassende körperliche Fähigkeiten (z. B. Fingerkraft oder Sehvermögen) z. B. das Entnehmen von Tabletten aus dem Blister, das Öffnen einer kindergesicherten Verpackung, die Betätigung eines Insulin-Pens, die Anwendung von Augentropfen, Inhalatoren oder eines Glyzeroltrinitrat-Sprühfläschchens sowie das Teilen von Tabletten. Besonders komplexe, fehleranfällige Anwendungsprozesse haben Inhalatoren, Augentropfen, transdermale therapeutische Systeme (TTS), Insulin-Pens oder Fertigspritzen.

► **Inhalatoren.** Viele Patienten inhalieren nicht ausreichend tief oder exhalieren zu früh nach der Inhalation (< 4 Sekunden), sodass der abgegebene Wirkstoff nicht in die Bronchien gelangt und dort verbleibt. Oft wird in den Inhalator geatmet, sodass sich bei Pulverinhalatoren durch feuchte Atemluft Pulveragglomerate bilden und bei der nächsten Inhalation eine ungenaue Dosis abgegeben wird.

▸ **Augentropfen.** Patienten, die Augentropfen anwenden, haben oft Schwierigkeiten, den Tropfen gezielt in den Bindehautsack einzubringen, sodass häufig mehrere Tropfen verabreicht werden, was systemische UAW, aber auch höhere Therapiekosten durch höheren Verbrauch verursachen kann. Zusätzlich können durch nasolakrimale Okklusion und Schließen der Augen, der Verbleib des Wirkstoffs am Auge erhöht und systemische UAW signifikant reduziert werden.

▸ **TTS.** Transdermale therapeutische Systeme zur Schmerzbehandlung werden von Patienten in der Erwartung eines lokalen analgetischen Effekts bisweilen gleichzeitig auf mehrere schmerzende Stellen am Körper appliziert, was zu lebensbedrohlichen und zum Teil tödlichen Überdosierungen führen kann. Während der Anwendung eines TTS sollte auf Wärme verzichtet und bei erhöhter Körpertemperatur (z. B. durch Fieber oder gesteigerte körperliche Aktivität) das TTS pausiert werden, da die Wirkstoffresorption durch gesteigerte Durchblutung der Haut signifikant gesteigert werden kann. Zusätzlich sollten TTS für andere unzugänglich aufbewahrt und entsorgt werden, z. B. mit der Klebeseite nach innen zusammengeklebt in einem geschlossenen Behälter.

▸ **Subkutane Injektion.** Die Injektionstechnik mit einem Insulin-Pen und die Homogenisierung eines NPH-Insulins durch entsprechendes Schwenken können die Insulindosis und somit unmittelbar die Kontrolle des Blutzuckers beeinflussen. Viele Patienten verzichten auf den regelmäßigen Wechsel der Injektionsnadel ihres Insulin-Pens, was jedoch zu Narbenbildung und Infektionen führen und den Injektionsschmerz erhöhen kann.

▸ **Tabletten und Kapseln.** Auch vermeintlich einfach zu schluckende Tabletten oder Kapseln können häufig Schwierigkeiten bei der Anwendung bereiten, die mit einfachen Techniken (z. B. Vorbeugen des Kopfes beim Schlucken von Kapseln) leicht behoben werden können. Außerdem werden viele Tabletten zum Teilen verordnet, die von Patienten nicht geteilt werden können (Tablettenteiler verordnen) oder sollen (Alternative verordnen).

Merke

Die Information über die richtige Anwendungsmodalität sollte fester Bestandteil jeder Arzneimittelverordnung sein, weil Arzneimittelanwender selten aktiv nach Unterstützung bei der Arzneimitteltherapie fragen, sich oft scheuen, Probleme im Umgang mit ihren Arzneimitteln zu äußern oder bestehende Probleme nicht als solche identifizieren.

Abhilfe kann die wiederholte Überprüfung der Anwendungskompetenz schaffen, die, z. B. durch Beobachten der Arzneimittelanwendung und gezielter Befragung der Patienten zu individuellen Schwierigkeiten, Aufschluss über notwendigen Unterstützungsbedarf geben kann. Daraus können Änderungen der Verordnung (z. B. Wechsel der Darreichungsform) oder auch gezielte Schulungsmaßnahmen resultieren.

27.15 Selbstmedikation

H. Seidling

In der Selbstmedikation werden im Rahmen einer eigenverantwortlichen oder durch die öffentliche Apotheke gestützte Behandlung apothekenpflichtige und freiverkäufliche (rezeptfrei erhältliche) Arzneimittel, Medizinprodukte und potenziell auch Nahrungsergänzungsmittel eingesetzt (allgemein auch OTC-Arzneimittel genannt [OTC = „over the counter"]). In Deutschland werden circa ein Drittel aller Präparate in der Selbstmedikation angewendet – üblicherweise, ohne dass die Hausärzte zwingend über diese Therapie informiert sind. Häufig in der Selbstmedikation eingesetzte Arzneimittel sind:

- Topika einschließlich Präparate zur Wundheilung
- Erkältungspräparate
- Laxanzien und Präparate bei gastrointestinalen Beschwerden (z. B. Antazida, Omeprazol 20 mg, Pantoprazol 20 mg)
- Schmerzmittel (z. B. ASS, Paracetamol, Ibuprofen bis 400 mg, Diclofenac bis 25 mg, Naproxen bis 250 mg)

Tatsächlich waren in Deutschland bei knapp 4 % der arzneimittelbedingten Hospitalisierungen (potenzielle) OTC-Präparate involviert und das Interaktionspotenzial einiger OTC-Präparate wie z. B. Johanniskraut oder mehrwertige Kationen wie Mg, Ca, Fe oder Zn darf nicht unterschätzt werden. Umso wichtiger ist daher der Hinweis an den Patienten, Präparate der Selbstmedikation ggf. auch mit ihrem Hausarzt abzusprechen und die entsprechenden Präparate auf dem Medikationsplan aufzuführen und zu aktualisieren. Zudem sollte in diesem Kontext auch die Zusammenarbeit mit der öffentlichen Apotheke gesucht werden.

27.16 Literatur, Links und Leitlinien

[1] Deutsche Gesellschaft für Allgemeinmedizin und Familienmedizin. AWMF-S 1-Leitlinie 053–027. Bridging. Im Internet: www.awmf.org/uploads/tx_szleitlinien/053-027l_S1_Bridging_2015-09.pdf; Stand: 04.12.2015

[2] Knopf H, Grams D. Medication use of adults in Germany: results of the German Health Interview and Examination Survey for Adults (DEGS 1). Bundesgesundheitsblatt Gesundheitsforschung Gesundheitsschutz 2013; 56: 868–877

[3] Schmiedl S, Rottenkolber M, Hasford J et al. Self-medication with over-the-counter and prescribed drugs causing adverse-drug-reaction-related hospital admissions: results of a prospective, long-term multi-centre study. Drug Saf 2014; 37: 225–235

► **Informationsquellen**

[4] Fachinformation (z. B. via www.fachinfo.de)

[5] Internetquellen (z. B. www.dosing.de)

28 Heil- und Hilfsmittel

C. Eicher, S. Karstens

28.1 Einleitung und Definition

Heil- und Hilfsmittel werden regelmäßig in hausärztlichen Praxen verordnet. Im Vergleich zu anderen Facharztgruppen stellen Hausärzte die meisten Verordnungen aus.

28.1.1 Heilmittel

Die Grundlagen für die Verordnung von Heilmitteln werden im SGB V festgelegt. Das zur Verfügung stehende Ausgabevolumen wird jährlich festgesetzt. Laut § 84 SGB V [14] werden zwischen den Landesverbänden der Krankenkassen und der Ersatzkassen „gemeinsam und einheitlich" und der Kassenärztlichen Vereinigung zur Sicherstellung der vertragsärztlichen Versorgung mit Leistungen nach § 31 […] eine Arzneimittelvereinbarung getroffen. Die Vereinbarung umfasst

- ein Ausgabenvolumen für die insgesamt von den Vertragsärzten nach § 31 veranlassten Leistungen
- Versorgungs- und Wirtschaftlichkeitsziele und konkrete, auf die Umsetzung dieser Ziele ausgerichtete Maßnahmen, insbesondere Verordnungsanteile […], insbesondere zur Information und Beratung
- Kriterien für Sofortmaßnahmen zur Einhaltung des vereinbarten Ausgabenvolumens innerhalb des laufenden Kalenderjahrs

Merke

Zwischen den Kassenärztlichen Vereinigungen und den Krankenkassen werden arztgruppenspezifische fallbezogene Richtgrößen als Durchschnittswerte vereinbart.

Für Heilmittel liegen die Richtgrößen nach Stand 2012 je nach Facharzt- und Patientengruppe etwa zwischen 6 € und 12 €. Vor dem Hintergrund des Spannungsfeldes „ausreichender, zweckmäßiger und wirtschaftlicher" Verordnung („Wirtschaftlichkeitsgebot" im SGB V) stellt die Einhaltung des Volumens aber für alle Beteiligten eine Herausforderung dar. Für den Arzt kann sich im Zuge des Verordnungsprozesses ein Zwiespalt durch seine Rollen als einerseits Patientenfürsprecher/-vertreter und Budgetmanager andererseits ergeben. Die Überschreitung des Richtgrößenvolumens kann eine Wirtschaftlichkeitsprüfung auslösen.

28.1.2 Hilfsmittel

► **Hilfsmittelverzeichnis.** Analog zu den Heilmitteln wird die Verordnung von Hilfsmitteln im SGB V geregelt. In einem systematischen Verzeichnis werden Hilfsmittel aufgeführt [12], deren Kosten erstattet werden und die unter die Leistungspflicht der GKV fallen. Es besteht Anspruch auf die Versorgung mit Hilfsmitteln, um den Erfolg der Krankenbehandlung zu sichern oder eine Behinderung auszugleichen. Auch hier gilt es, eine ausreichende, zweckmäßige und wirtschaftliche sowie in der Qualität gesicherte Versorgung zu ermöglichen. Der Anspruch umfasst auch die notwendige Änderung, Instandsetzung und Ersatzbeschaffung von Hilfsmitteln sowie die Ausbildung in ihrem Gebrauch. Hilfsmittel müssen in der Regel ärztlich verordnet und vor dem Kauf durch die Krankenkasse bewilligt werden.

► **Festbeträge.** Im Hilfsmittelkatalog werden funktional gleichartige und gleichwertige und damit grundsätzlich miteinander austauschbare Hilfsmittel in Gruppen zusammengefasst, für die ein gemeinsamer Festbetrag gesetzt wird. Festbeträge begrenzen die Leistungspflicht der gesetzlichen Krankenkassen und damit den Versorgungsanspruch der Versicherten. Besteht ein Versicherter auf einer Versorgung, die den Festbetrag übersteigt, so muss er den Mehrbetrag selbst leisten. Derzeit fallen u. a. Hörhilfen, Prothesen, Rollstühle, Gehhilfen, aufsaugende Inkontinenzprodukte, Hilfsmittel zur Kompressionstherapie sowie Stomaartikel unter die Festbetragsrichtlinie.

28.2 Heilmittel

28.2.1 Heilmittelerbringer

Heilmittelerbringer sind Physiotherapeuten, Masseure, Stimm-, Sprech- und Sprachtherapeuten (Logopäden), Ergotherapeuten und Podologen.

Tab. 28.1 Definitionen zu den Begriffen und entsprechenden Berufen Ergotherapie, Logopädie, Massage und Physiotherapie.

Ergotherapie	Logopädie	Massage	Physiotherapie
„Ergotherapie unterstützt und begleitet Menschen jeden Alters, die in ihrer Handlungsfähigkeit eingeschränkt oder von Einschränkung bedroht sind. Ziel ist, sie bei der Durchführung für sie bedeutungsvoller Betätigungen in den Bereichen Selbstversorgung, Produktivität und Freizeit in ihrer persönlichen Umwelt zu stärken. Hierbei dienen spezifische Aktivitäten, Umweltanpassung und Beratung dazu, dem Menschen Handlungsfähigkeit im Alltag, gesellschaftliche Teilhabe und eine Verbesserung seiner Lebensqualität zu ermöglichen.“ [6]	„Logopäden und Logopädinnen sind darin ausgebildet festzustellen, ob eine Sprach-, Sprech-, Stimm- oder auch Schluckstörung vorliegt und wie sie zu behandeln ist. Sie diagnostizieren und therapieren auf der Grundlage einer ärztlichen Verordnung und beraten Patienten und ihre Angehörigen. Im Vorfeld von Erkrankungen können logopädische Beratung und Präventionsangebote dazu beitragen, Kommunikationsstörungen vorzubeugen. Auch während einer Erkrankung können Logopäden helfen, mögliche Folgen für die Sprache, das Sprechen oder die Stimme abzuwenden beziehungsweise abzumildern.“ [5]	„[...] Komplex von Handgriffen, die systematisch am menschlichen Körper zu Heilzwecken und zu Zwecken der individuellen Hygiene angewandt werden [...]“. [15] „Haut, Bindegewebe und Muskulatur [werden] durch Dehnungs-, Zug- und Druckreiz [mechanisch beeinflusst].“ [16]	„Physiotherapie [...] umfasst die physiotherapeutischen Verfahren der Bewegungstherapie [...] sowie die physikalische Therapie [...]. Physiotherapie nutzt als natürliches Heilverfahren die passive – z. B. durch den Therapeuten geführte – und die aktive, selbstständig ausgeführte Bewegung des Menschen sowie den Einsatz physikalischer Maßnahmen zur Heilung und Vorbeugung von Erkrankungen. [...]“ [7]

Leistungen zulasten der GKV dürfen nur durch Anbieter erbracht werden, die durch die GKV zugelassen sind. Definitionen zu den Begriffen/Berufen Ergotherapie, Logopädie, Massage und Physiotherapie finden sich in ▶ Tab. 28.1. Rechtsgrundlage für die Tätigkeit von Therapeuten sind die entsprechenden Berufsgesetze [9], [10], [11], die Ausbildung ist in den Ausbildungs- und Prüfungsverordnungen geregelt [1], [2], [3]. Die Qualifikation der Therapeuten kann variieren. Eine Rolle spielen Fortbildungen, außerdem wird ein Teil der Ergotherapeuten, Logopäden und Physiotherapeuten heute an Hochschulen ausgebildet oder parallel zur Ausbildung akademisch qualifiziert. Ein grundständiges Studium wurde 2009 für diese Berufsgruppen durch eine Modellklausel ermöglicht [4].

Der therapeutische Prozess kann in verschiedene Phasen unterteilt werden. Die prominentesten Phasen sind die Untersuchung und die Behandlung. Die Untersuchungsbefunde liefern eine Grundlage für die aufbauende Behandlung. Für die Therapieberufe beschriebene Strategien der klinischen Entscheidungsfindung („clinical reasoning“) differenzieren weitere Schritte, auf die an dieser Stelle aber nicht weiterführend eingegangen werden soll.

28.2.2 Verordnung von Heilmitteln

Die folgenden Ausführungen zur Verordnung von Heilmitteln orientieren sich an der Heilmittelrichtlinie in der Version von 2011.

▶ **Heilmittelkatalog.** Die verordnungsfähigen Heilmittel werden im zugeordneten Heilmittelkatalog aufgeführt (Überblick in [13]). In ihm wird für Diagnosegruppen beschrieben, welche Heilmittel unter Verordnung welchen Umfangs im sog. Regelfall (für den „typischen Patienten“) zu einer angemessenen Versorgung führen. Kritisiert wird der Heilmittelkatalog in seiner letzten Fassung von 2011 hinsichtlich der Evidenzbasierung. Der verordnende Arzt ist selbst gefordert, ihn beispielsweise mit aktuellen Leitlinien abzugleichen (Kap. 24, Kap. 34). Im Heilmittelkatalog sind die Heilmittel der physikalischen Therapie, der Ergotherapie sowie der Stimm-, Sprech- und Sprachtherapie aufgeführt. Er gliedert sich nach Diagnosegruppen. Der Indikationskatalog für Maßnahmen der physikalischen Therapie gliedert sich in 2 Teile (A und B):

- Teil A
  - Erkrankungen der Stütz- und Bewegungsorgane
  - Erkrankungen des Nervensystems
  - Erkrankungen der inneren Organe
  - sonstige Erkrankungen
- Teil B
  - Maßnahmen der podologischen Therapie zum diabetischen Fußsyndrom (s. u.)

Merke

Es empfiehlt sich die Version des Heilmittelkatalogs im Internet [13] oder in Buchform anzusehen, um sich einen Überblick über die gegebenen Möglichkeiten zu verschaffen. Bei Verwendung von Praxissoftware ist dieser nicht immer gegeben.

► **Verordnungen.** Für die Verordnung sind die vorgegebenen Vordrucke zu verwenden. Vor der Ausstellung einer Erst- wie auch von Folgeverordnungen muss der Patient untersucht und sein Zustand dokumentiert werden. Dies gilt auch für die Ausstellung von Folgeverordnungen. Nachdem die Diagnosegruppe festgestellt wurde, ist die Leitsymptomatik zu bestimmen. Im Zusammenhang mit den verschiedenen Leitsymptomatiken sind Therapieziele im Heilmittelkatalog fixiert. Der Arzt hinterlegt auf der Verordnung den Indikationsschlüssel sowie den ICD-Code, vermerkt das Heilmittel und legt die Verordnungsmenge fest.

► **Physikalische Therapie.** In der Praxis dominieren bei der physikalischen Therapie Krankengymnastik, manuelle Therapie, Krankengymnastik zur Behandlung von zentralen Bewegungsstörungen, manuelle Lymphdrainage und klassische Massagetherapie. Für die Durchführung und Abrechnung bestimmter Positionen wie beispielsweise manuelle Therapie (MT) oder Krankengymnastik nach Bobath (KG-ZNS) ist eine Weiterbildung des Therapeuten erforderlich („Zertifikatsposition"). Je nach Leitsymptomatik kann die Verordnung eines ergänzenden Heilmittels wie beispielsweise Thermo oder Elektrotherapie möglich sein. Eine Spezifizierung der Maßnahme durch den Arzt über die Basisanforderungen hinaus erscheint nur bei entsprechend gegebener aktueller Fortbildung oder ggf. in Absprache mit dem Therapeuten sinnvoll (s. u.).

Merke

Soweit dies nicht durch Praxissoftware gesichert ist, sollte in der Praxis darauf geachtet werden, dass die im Katalog vorgegebenen Kombinationen von Leitsymptomatik, Zielstellung und Heilmittel hinterlegt werden. Nicht dem Katalog entsprechende Verordnungen stellen in der Praxis ein häufiges Problem dar.

Wenn es medizinisch erforderlich ist und die für den Regelfall definierte Gesamtverordnungsmenge dies erlaubt, können Folgeverordnungen ausgestellt werden. Ist die Gesamtverordnungsmenge ausgeschöpft, das Therapieziel aber noch nicht erreicht, besteht zudem die Möglichkeit, eine Verordnung „außerhalb des Regelfalls" auszustellen. Die Verordnungsmenge richtet sich dann nach den medizinischen Erfordernissen des Einzelfalls. Verordnungen außerhalb des Regelfalls sind üblicherweise der Krankenkasse vorzulegen. Menschen mit schweren dauerhaften funktionellen/strukturellen Schädigungen können ebenfalls eine langfristige Genehmigung erhalten ohne erneute Überprüfung des Behandlungsbedarfs.

► **Ergotherapie und Logopädie.** Auf vergleichbare Weise werden Heilmittel aus den Bereichen Ergotherapie und Logopädie verordnet. Für die **Logopädie** gliedert sich der Indikationskatalog in Maßnahmen, die verordnet werden können bei:

- Störungen der Stimme
- Störungen der Sprache
- Störungen des Redeflusses
- Störungen der Stimm- und Sprechfunktion
- Störungen des Schlucktrakts

Für die **Ergotherapie** gliedert er sich in Maßnahmen, die verordnet werden können bei:

- Erkrankungen des Stütz- und Bewegungssystems
- Erkrankungen des Nervensystems
- psychische Störungen

► **Podologische Behandlung.** Das Podologengesetz (PodG) und die Ausbildungs- und Prüfungsverordnung für Podologinnen und Podologen (PodAPrV) regeln in Deutschland das Berufsbild und die Ausbildung zum Podologen. Im Gegensatz zur (kosmetischen) Fußpflege wird ein fundiertes medizinisches Fachwissen verlangt und eine enge

Zusammenarbeit mit dem behandelnden Arzt. Eine podologische Versorgung („medizinische Fußpflege“) bedarf einer ärztlichen Verordnung und kann von allen Fachgruppen verschrieben werden. Im Ranking der 15 umsatzstärksten Heilmittel (angeführt von Krankengymnastik) liegen die podologischen Verordnungen auf Platz 9.

- Eine podologische Fußbehandlung umfasst am Nagel
  - das Abtragen des Nagels
  - Spangenkorrekturen
  - Nagelfalztamponaden sowie
  - Nagelprothetik
- an der Haut
  - das Abtragen von Hornhaut, Schwielen und Hühneraugen und deren Versorgung sowie
  - eine Zehenkorrektur durch Druckentlastung mittels Orthesen.

Im Heilmittelkatalog ist die Erstattung einer podologischen Behandlung bisher nur für Risikopatienten mit Diabetes mellitus (diabetisches Fußsyndrom) gesetzlich geregelt und umfasst die folgenden podologischen Behandlungen:

- Hornhautabtragung (bei Hyperkeratose)
- Nagelbearbeitung (bei pathologischem Nagelwachstum)
- podologische Komplexbehandlung (bei Hyperkeratose und pathologischem Nagelwachstum)

► **Austausch zwischen Arzt und Therapeut.** Der Austausch zwischen Arzt und Therapeut ist im Rahmen der Heilmittelversorgung von großer Bedeutung. Die hierfür durch die Heilmittelrichtlinie gegebenen Möglichkeiten sind aber stark begrenzt. Dennoch soll an dieser Stelle angeregt werden, telefonisch oder persönlich den Kontakt zu Therapeuten zu suchen, mit denen viele Patienten gemeinsam betreut werden. Im Zuge der Ausstellung der Verordnung können sie wertvolle Tipps beispielsweise zu geeigneten Heilmitteln geben oder helfen, Fehler bei der Ausstellung zu vermeiden. Insbesondere bei komplexen Fällen, bei denen eine Verordnung außerhalb des Regelfalls erforderlich werden könnte, wird empfohlen, einen Therapiebericht anzufordern.

28.3 Hilfsmittel

Für die hausärztliche Praxis besonders bedeutsame Hilfsmittel sind Hörhilfen, Prothesen, Rollstühle, Gehhilfen und aufsaugende Inkontinenzprodukte. Gesetzeskonform muss jedes Hilfsmittel durch die Krankenkasse genehmigt werden. Weniger teure Hilfsmittel wie Bandagen oder Stützen werden zumeist aber direkt abgegeben. Die Kasse kann jedoch jegliche Versorgung prüfen und ggf. auch nach Einbeziehung des Medizinischen Dienstes der Krankenversicherung (MDK) stornieren. Daher wird empfohlen, die Entscheidung in nicht dringlichen Fällen abzuwarten.

28.3.1 Prothesen

► **Indikation.** Die Indikation für eine Prothese ist eine Amputation. Sie „ersetzt“ Körperteile des Patienten, die beispielsweise infolge eines Traumas oder einer Erkrankung fehlen bzw. operativ entfernt wurden. Die Prothese sollte so früh wie möglich – in der Regel im Zuge der Rehabilitation – angepasst werden. Dies fördert das Zusammenspiel von Stumpf und Prothese und kann außerdem einen positiven Einfluss auf die Körperwahrnehmung des Patienten haben. Nach der Operation erhalten Patienten zunächst eine Interimsprothese, da sich der Stumpf zu Beginn noch deutlich verändert. Etwa nach einem viertel bis halben Jahr ist der Stumpf fest und geformt und eine Definitivprothese kann angepasst werden. Wird eine in Modulbauweise konzipierte Prothese gewählt, lassen sich einzelne Elemente auch später noch anpassen.

► **Verordnung.** Prothesen werden in der Regel bereits durch den in der Klinik behandelnden Arzt verordnet. Der durch den Orthopädiemechaniker erstellte Kostenvoranschlag ist zur Genehmigung bei der Krankenkasse einzureichen.

28.3.2 Gehhilfen: Unterarmgehstütze, Handstock, Rollator

Es gibt eine ganze Reihe unterschiedlicher Gehhilfen mit jeweils verschiedenen Einsatzbereichen. Verbreitet ist der Einsatz von Unterarmgehstützen, Handstöcken und Rollatoren. Sie sollten von einem Experten an die Körpergröße des Patienten angepasst werden.

► **Unterarmgehstützen.** Sie kommen zum Einsatz, wenn die Belastung der unteren Extremitäten eingeschränkt ist oder wenn der Patient Probleme mit dem Gleichgewicht hat. Die Ursache kann dabei sehr unterschiedlich sein. Häufig sind Traumata, Operationen oder auch degenerative Veränderungen bzw. Entzündungen der Anlass. Ausgeführt werden können verschiedene Gangarten, durch die die unteren Extremitäten unterschiedlich bebzw. entlastet werden können. Voraussetzung für ihren Einsatz ist, dass die oberen Extremitäten belastbar sind und genügend Kraft aufbringen, damit der Patient den Unterarmstütz ausführen kann. Zudem ist der Patient gefordert, das Gleichgewicht zu halten.

► **Handstöcke.** Ein Handstock – auch Fritzstock – hat einen mit Unterarmgehstützen vergleichbaren Einsatzbereich. Da der Handstock aber nur in einer Hand – der kontralateralen – geführt wird, ist zu bedenken, dass das Bein nur wenig entlastet wird.

► **Rollatoren.** Ein Rollator wird häufig in der Geriatrie verordnet. Er bietet deutlich mehr Unterstützung als die voranstehend beschriebenen Gehhilfen und eignet sich entsprechend bei größerer Gangunsicherheit. Auch bei Nutzung eines Rollators lassen sich verschiedene Gangarten ausführen. An Rollatoren kann zudem ein Korb zum Transport kleinerer Gegenstände befestigt sein und sie können evtl. eine Sitzfläche bieten, die von dem Patienten bei längeren Strecken für eine Pause genutzt werden kann.

► **Verordnung.** Gehhilfen können von allen Facharztgruppen verordnet werden. Auch sie sind grundsätzlich genehmigungspflichtig, was insbesondere bei hochpreisigen Produkten zum Schutze des Patienten beachtet werden sollte. Nach Unfällen oder Operationen erhält der Patient die Gehhilfen zumeist bereits in der Klinik.

28.3.3 Rollstuhl

► **Indikation.** Ist ein Patient beim Gehen beeinträchtigt und können andere funktionellere Hilfsmittel nicht effektiv genutzt werden, kann ein Rollstuhl indiziert sein. Er kommt insbesondere in der Geriatrie oder bei Mehrfachbehinderungen zum Einsatz, in der Pädiatrie häufig bei gleichzeitiger geistiger Behinderung. Konkrete Indikationen können beispielsweise eine Querschnittslähmung oder eine doppelte Beinamputation sein.

► **Kategorien.** Rollstühle lassen sich unterschiedlich kategorisieren. Eine erste grobe Differenzierung unterscheidet die Antriebsform: manuell oder elektrisch. Leichtgewichtrollstühle können im Gegensatz zu Standardrollstühlen individueller an die Bedürfnisse des Patienten angepasst werden und bei Bedarf auch eine dauerhafte Nutzung abdecken. Multifunktionsrollstühle bieten besonders vielfältige Möglichkeiten der Anpassung an den Grad der Beeinträchtigung des Patienten gerade auch bei schwerer Behinderung. Aktivrollstühle sollen ein größeres Maß an Aktivität ermöglichen, auch sie werden sehr individuell angepasst bis hin zu sportartspezifischen Rollstühlen.

► **Anpassungen.** Komponenten des Rollstuhls, die beispielsweise angepasst werden können, um den jeweiligen Bedürfnissen des Patienten bzw. dem Indikationsbereich gerecht zu werden, sind die Bremsen, die Arm- oder die Fußteile.

► **Verordnung.** Verordnet werden kann ein Rollstuhl von sämtlichen Facharztgruppen oder durch in einer Klinik tätige Ärzte. Auch für einen Rollstuhl wird in der Folge ein bei der Krankenkasse zur Genehmigung einzureichender Kostenvoranschlag erstellt.

28.3.4 Inkontinenzhilfen

► **Indikation.** Inkontinenzhilfen dienen Personen, die nicht in der Lage sind, Harn und/oder Stuhlabgang willkürlich zu kontrollieren (Fehlbildungen, Krankheits-/Verletzungsfolgen). Eine Leistungspflicht der GKV besteht, wenn eine mindestens mittelgradige (Richtwert: 100 ml in 4 Stunden) Harn- und/oder Stuhlinkontinenz vorliegt und der Einsatz der Inkontinenzhilfen – medizinisch indiziert – im Einzelfall erforderlich ist und den Versicherten in die Lage versetzt, Grundbedürfnisse des täglichen Lebens zu befriedigen. Vor der Verordnung von Inkontinenzhilfen ist eine fachärztliche (urologische, gynäkologische) Abklärung anderer Therapiemöglichkeiten unbedingt erforderlich.

Merke

Die Kosten sind in den letzten Jahren deutlich gestiegen, daher besteht die Notwendigkeit, eine Inkontinenzversorgung in regelmäßigen Abständen zu überprüfen, damit es nicht zu einer routinemäßigen Hilfsmittelversorgung kommt.

► **Kategorien.** Unterschieden werden Hilfsmittel zur Versorgung bei Harn- und bei Stuhlinkontinenz:

- Hilfsmittel zur Urininkontinenzversorgung fangen Harnausscheidungen auf, leiten hautfern ab und speichern sammelnd zur Vermeidung von Infektionen und Hautläsionen.
- Die Versorgung bei Stuhlinkontinenz erfolgt bei einer direkten oder indirekten Störung der analen Schließmuskelfunktion.

Inkontinenzhilfen lassen sich in 4 wesentliche Gruppen einteilen:

- aufsaugende Versorgung: saugen Körperausscheidungen auf, vermeiden eine Dauerbefeuchtung der Haut im Anwendungsbereich, z. B. anatomische Vorlage mit Netzhose oder Inkontinenzhosen (Windelhosen/Inkontinenz-Unterhosen)
- ableitende Versorgung: leiten Harn bzw. Stuhl direkt oder über Verbindungsschläuche in entsprechende Auffangbeutel (Urinalkondome, Katheter verschiedener Art, Urin- und Stuhlauffangbeutel)
- Training der Beckenbodenmuskulatur: dient der Übungsbehandlung zur Verbesserung der Kontrolle des Harndrangs/Stuhldrangs:
    - Trainingsgewichte und Konen: automatisiertes, passives Training der vaginalen/rektalen Beckenbodenmuskulatur
    - mechanische Druckaufnahmesysteme: optische und/oder akustische Anzeige der registrierten Beckenbodenmuskelaktivität (vaginal, rektal); kann im Sinne des Biofeedback-Trainings zu einer verbesserten Übungsarbeit befähigen
    - Training der Beckenbodenmuskulatur: Inkontinenztherapiegeräte mit Therapiespeicher und Biofeedback bewirken eine Stimulation der noch innervierten Beckenbodenmuskulatur. Der erstmalige Einsatz setzt die Sicherung der Diagnose und die Quantifizierung des Harn-/Stuhlverlustes sowie die Compliance des Patienten voraus
    - Indikation: Inkontinenz bei erhaltener Beckenbodeninnervation und intaktem bzw. ggf. chirurgisch rekonstruiertem Sphinkter: Stress-/Belastungsinkontinenz der Frau, Inkontinenz des Mannes nach radikaler Prostatektomie, Stuhlinkontinenz durch Sphinkterinsuffizienz
    - Kontraindikationen und Anwendungseinschränkungen: nicht bei Patienten mit aktiven Implantaten (z. B. Schrittmacher, Defibrillator) und metallischen Implantaten, sensibilitätsgestörter Haut, Haut-/Schleimhautdefekte, Gravidität
- intrauretrale/Intravaginale Inkontinenztherapiesysteme: zur Initialbehandlung bei Stress-/Belastungsinkontinenz der Frau

Als Hilfsmittel zur Wecktherapie dienen Klingelhosen/Klingelmatten bei harninkontinenten Kindern nach dem 3. Lebensjahr dem nächtlichen Training zum Erreichen einer Kontinenz.

► **Verordnung.** Die Verordnung ist durch sämtliche Facharztgruppen möglich.

28.3.5 Hörhilfen

► **Indikation.** 2012 wurden in der gesamten GKV rund 500 000 Menschen mit Hörhilfen versorgt. Schwerhörigkeit alleine ist keine Indikation für eine Hörgeräteversorgung. Die Notwendigkeit einer Versorgung entsteht erst dann, wenn ein Hörverlust gemäß den Vorgaben der Hilfsmittelrichtlinie des GBA vorliegt und der dort geforderte Hörgewinn mit einer Hörhilfenversorgung erzielt werden kann. Der Patient muss willens sein, dass Hörgerät zu tragen, und er oder eine Bezugsperson muss in der Lage sein, das Hörgerät sachgerecht zu bedienen.

Ziel ist ein möglichst weitgehender Ausgleich des Funktionsdefizits, wobei, soweit möglich, ein Sprachverstehen auch bei Umgebungsgeräuschen oder in größeren Personengruppen erreicht werden soll. Um einem Schwerhörigen ein möglichst weitgehendes Sprachverstehen zu ermöglichen, benötigt man:

- eine Mehrkanal-Verstärkertechnik
- eine digitale Signalverarbeitung
- mindestens 3 frei programmierbare, akustisch übertragende Hörprogramme (Sprachverstehen in Ruhe, im Umgebungsgeräusch und Hören im Störschall)
- eine Störschallunterdrückung
- eine Rückkoppelungsunterdrückung
- eine Verstärkungsleistung für Hörgeräte für Schwerhörige und für Menschen mit an Taubheit grenzender Schwerhörigkeit

► **Hörgerätetypen.** Unterschieden werden Luftleitungshörgeräte, das klassische „Hinter-dem-Ohr"-Gerät (HdO-Gerät), das „Im-Ohr"-Gerät (IO-Gerät) sowie die Knochenleitungshörgeräte.

► **Verordnung.** Hörhilfen werden üblicherweise von Hals-Nasen-Ohren-Ärzten verordnet und von Hörgeräte-Akustikern angepasst.

28.4 Literatur, Links und Leitlinien

[1] Ausbildungs- und Prüfungsordnung für Logopäden (LogAPrO). Im Internet: www.gesetze-im-internet.de/logapro/BJNR018920980.html; Stand: 07.12.2005

[2] Ausbildungs- und Prüfungsverordnung für Ergotherapeuten – ErgThAPrV. Im Internet: www.gesetze-im-internet.de/ergthaprv/BJNR173100999.html; Stand: 07.12.2005

[3] Ausbildungs- und Prüfungsverordnung für Physiotherapeuten (PhysTh-APrV). Im Internet: www.gesetze-im-internet.de/physth-aprv/BJNR378600994.html; Stand: 07.12.2005

[4] Bundesgesetzblatt Jahrgang 2009, Teil I, Nr. 64. Im Internet: www.bgbl.de/xaver/bgbl/start.xav?start=%2F%2F*[%40attr_id%3D%27bgbl109064.pdf%27]#__bgbl__%2F%2F*[%40attr_id%3D%27bgbl109064.pdf%27]__1449590406314; Stand: 07.12.2005

[5] Deutscher Bundesverband für Logopädie e. V., dbl, 2013. Im Internet: www.dbl-ev.de; Stand: 07.12.2015

[6] Deutscher Verband der Ergotherapie e. V., DVE, 2007. Im Internet: www.dve.info/ergotherapie/definition.html; Stand 07.12.2015

[7] Deutscher Verband für Physiotherapie/Physio Deutschland, 2015. Im Internet: www.physio-deutschland.de/patienten-interessierte/physiotherapie/definition.html; Stand: 07.12.2015

[8] Gemeinsamer Bundesausschuss: Heilmittel-Richtlinie; 2. Teil der Richtlinie: Zuordnung der Heilmittel zu Indikationen (Heilmittelkatalog). 2011

[9] Gesetz über den Beruf der Ergotherapeutin und des Ergotherapeuten (ErgThG). Im Internet: www.gesetze-im-internet.de/bearbthg/BJNR012460976.html; Stand: 07.12.2005

[10] Gesetz über den Beruf des Logopäden (LogopG). Im Internet: www.gesetze-im-internet.de/logopg/BJNR005290980.html; Stand: 07.12.2005

[11] Gesetz über die Berufe in der Physiotherapie (Masseur- und Physiotherapeutengesetz – MPhG). Im Internet: www.gesetze-im-internet.de/mphg/BJNR108400994.html; Stand: 07.12.2005

[12] GKV-Spitzenverband, Referat Hilfsmittelstelle. Hilfsmittelverzeichnis gemäß § 139 SGB V. Im Internet: hilfsmittel.gkv-spitzenverband.de/home.action; Stand: 20.01.2016

[13] IntelliMed GmbH Verlag und Medien. Heilmittelkatalog online. Im Internet: www.heilmittelkatalog.de/heilmittelkatalog-online.html; Stand: 07.12.2015

[14] SGB V – Gesetzliche Krankenversicherung – (Artikel 1 des Gesetzes v. 20. Dezember 1988, BGBl. I S. 2477); § 84 Arznei- und Heilmittelvereinbarung; Richtgrößen. Im Internet: www.gesetze-im-internet.de/sgb_5/__84.html; Stand: 04.12.205

[15] Zabludowski I. Massage. In: Goldscheider A, Jacob P (Hrsg). Handbuch der physikalischen Therapie. Leipzig: Georg Thieme; 1901; 1–142

[16] Zalpour C. Springer Lexikon Physiotherapie. Heidelberg: Springer; 2010

29 Komplementärmedizin

S. Joos

29.1 Grundlagen

29.1.1 Begriffsdefinition

Komplementärmedizin ist als Überbegriff zu verstehen für eine Vielzahl traditioneller Diagnose- und Therapieformen. Hierbei unterscheidet man die sog. klassischen Naturheilverfahren von den nicht klassischen komplementären Verfahren:

- Die klassischen Naturheilverfahren (z. B. Phytotherapie) stehen der naturwissenschaftlich orientierten Denkweise in der Medizin nahe.
- Die Konzepte der nicht klassischen Verfahren speisen sich häufig aus anderen Kulturen (z. B. Akupunktur), aus sozial-gesellschaftlichen Strömungen (z. B. Anthroposophie) oder Überzeugungen Einzelner (z. B. Homöopathie).

Dem überwiegenden Teil dieser Verfahren gemein ist ein patientenorientierter, ganzheitlicher Ansatz mit dem Ziel, die körpereigenen Selbstheilungskräfte zu fördern. Die Verfahren werden unter Anleitung von Patienten selbst, von Ärzten oder anderen Berufsgruppen (z. B. Heilpraktiker, Pflegefachkräfte) durchgeführt.

29.1.2 Verbreitung

Kulturelle und gesellschaftliche Aspekte beeinflussen in starkem Maße die Nachfrage nach Komplementärmedizin:

- In der westlichen Welt ist die Inanspruchnahme in den letzten Jahren stark gestiegen, wobei überwiegend Frauen aus sozioökonomisch höheren Schichten mit chronischen Erkrankungen unter den Nutzern sind [5].
- In Entwicklungs- und Schwellenländern hingegen spielen naturheilkundliche Heilverfahren aufgrund ihrer traditionellen Verankerung eine große Rolle in der Breitenversorgung der Bevölkerung [3].

Viele **Patienten** insbesondere mit chronischen Erkrankungen nehmen parallel zu ihrer konventionellen Behandlung komplementärmedizinische Verfahren in Anspruch, aber nur ca. 50 % informieren ihre Hausärzte darüber [1]. Eine umfassende Anamnese sollte deshalb immer auch die Frage nach Komplementärmedizin einschließen, insbesondere im Hinblick auf mögliche Wechselwirkungen beispielsweise bei pflanzlichen Präparaten.

Auch im **ärztlichen Bereich** ist das Interesse an komplementärmedizinischen Verfahren deutlich angestiegen, dies zeigt sich z. B. an den ärztlichen Zusatzweiterbildungen (Naturheilverfahren, manuelle Medizin, Homöopathie, Akupunktur), deren Anzahl sich in den letzten 15 Jahren verdreifacht hat. Gerade im hausärztlichen Bereich finden komplementärmedizinische Verfahren häufig Anwendung. So gaben in einer bundesweiten Umfrage rund 60 % der Hausärzte an, in ihrem ärztlichen Alltag komplementärmedizinische Verfahren zu nutzen. Als häufigste Beratungsanlässe wurden grippale Infekte, Schmerzerkrankungen, psychische Beschwerden und Allergien genannt [4].

29.1.3 Forschungsstand

Während früher die individuelle Erfahrung des Therapeuten der einzige Wirksamkeitsbeleg war, wurden in den letzten 20 Jahren zunehmend wissenschaftliche Studien durchgeführt. Heute finden sich 183 000 wissenschaftliche Veröffentlichungen zur Komplementärmedizin, darunter 12 500 randomisierte, kontrollierte Studien (Recherche Medline-Datenbank, Mesh Begriff „complementary therapies“, Stand 07/2015). Die meisten Studien liegen für die Phytotherapie und die Akupunktur vor.

29.1.4 Kostenübernahme

Nur ein geringer Anteil der komplementärmedizinischen Verfahren ist durch die gesetzlichen Krankenkassen abgedeckt. Hierunter fallen Leistungen im Rahmen der physikalischen Therapie und Rehabilitation, manuelle Medizin in begrenztem Umfang, Akupunktur bei Knie- und Rückenschmerzen sowie ein paar wenige Phytotherapeutika bei bestimmten Indikationen (s. u.). Alle anderen Verfahren werden als Selbstzahlerleistungen (IGeL) oder über private Versicherungen abgerechnet.

29.2 Klassische Naturheilverfahren

Den klassischen Naturheilverfahren ordnet man 5 Verfahren zu, die auf die Lehre von Sebastian Kneipp (1821–1897), einem bayrischen Priester, zurückgehen:

- Hydrotherapie
- Phytotherapie
- Diätetik
- Bewegungslehre
- Ordnungstherapie

Den Verfahren gemeinsam ist, dass sie sich bevorzugt natürlich vorkommender Mittel oder Reize bedienen (z. B. Wasser, Temperatur[unterschiede], Wechsel von Ruhe und Bewegung, Pflanzen). Auf ihrer Basis verbreitete sich das Kurwesen im deutschsprachigen Raum.

29.2.1 Hydrotherapie

► **Definition.** Hydrotherapie (von altgriechisch hýdor, „Wasser" und therapía, „die Therapie") beschreibt die Anwendung von Wasser in allen Aggregatzuständen (Eis, kaltes/temperiertes/warmes Wasser und Dampf) zu Zwecken der Prävention, Therapie und Rehabilitation.

► **Maßnahmen.** Therapeutisch genutzt wird der Temperaturreiz des Wassers sowie in geringerem Maße Druck und Auftrieb im Wasser. Folgende Maßnahmen werden in der Hydrotherapie häufig eingesetzt:

- Waschungen und Güsse (z. B. Arm-, Knie-, Ganzkörperguss)
- Bäder (Voll- und Teilbäder, Wechselbäder)
- Wickel und Packungen (warm/kalt; mit und ohne Zusätze)
- Sauna, Dampfanwendungen inkl. Inhalationen

Viele hydrotherapeutische Anwendungen erfreuen sich als Hausmittel einer großen Beliebtheit, beispielsweise Wadenwickel bei Fieber, Dampfinhalationen bei Sinusitis und die Anwendung einer Wärmflasche bei Dysmenorrhö. Auch Wickel mit Zusätzen werden häufig genutzt, z. B. kühlende Quarkwickel bei Mastitis oder aktivierter Gonarthrose und Zwiebelsäckchen bei Ohrenschmerzen insbesondere bei Kindern.

► **Wirkung.** Hydrotherapeutische Anwendungen bewirken eine Durchblutungsänderung der Haut sowie eine Reizung von Druck-, Mechano-, Thermo- und Schmerzrezeptoren in der Haut mit Auslösung vegetativer Begleitreaktionen:

- Mit hydrotherapeutischen Anwendungen kann über die Körperoberfläche gezielt und wiederholt die Temperaturregulation des Körpers beeinflusst werden. Dadurch wird der Körper trainiert, Kälte- und Wärmereize der Umwelt zu verkraften, was in der Folge zu einer verbesserten Immunabwehr führen kann [2]. Nach heutigem Forschungstand ist für diesen sog. **Abhärtungseffekt** vor allem der Kältereiz verantwortlich, wobei dieser durch vorgeschaltete Wärmephasen wie z. B. bei Wechselbädern oder beim Saunabesuch verstärkt wird.
- Hydrotherapeutische **Wärmeanwendungen** können gezielt eingesetzt werden zur Schmerzlinderung und Muskeldetonisation bei muskuloskelettalen Beschwerden (z. B. Muskelverspannungen). Wärme sollte dagegen nicht bei aktivierten Gelenkarthrosen, Entzündungen, Vaskulitiden und schweren Herz- und Kreislauferkrankungen angewendet werden.
- Durch **Kältezufuhr** erreicht man eine anhaltende Abkühlung des Gewebes mit einer Reduktion von Durchblutung und lokalem Stoffwechsel. Vor diesem Hintergrund können hydrotherapeutische Kälteanwendungen z. B. in Form von „cold packs" unterstützend z. B. bei akuten Arthritiden, Entzündungsprozessen und Gelenkdistorsionen angewendet werden. Ziel hierbei ist Schmerzlinderung, Abschwellung und Entzündungshemmung. Cold Packs sollten nie direkt auf die Haut, sondern immer, mit einem Baumwolltuch umwickelt, für nicht länger als ca. 10 Minuten angewendet werden.

29.2.2 Phytotherapie

► **Definition.** Pflanzenmedizin umfasst die Behandlung mit ganzen Pflanzen, Pflanzenteilen oder Pflanzenextrakten. Die Behandlung mit Einzelstoff aus Pflanzen, wie z. B. der Salizylsäure, gewonnen aus der Weidenrinde, ist definitionsgemäß keine Pflanzenheilkunde. Phytotherapie entspricht definitionsgemäß somit immer einer Behandlung mit einem Vielstoffgemisch, welches aus zahlreichen potenziell aktiven Substanzen besteht.

► **Wirkung.** Die konventionelle Pharmakotherapie und Phytotherapie unterscheiden sich hinsichtlich ihrer grundlegenden Wirkvorstellungen nicht. Jedoch sind Wirkweise und mögliche Interaktionen von Phytotherapeutika aufgrund der Vielzahl an Substanzen, die sie enthalten können, sehr komplex.

► **Einsatzgebiete.** Systematische Reviews und Metaanalysen kontrollierter Studien zeigen für einige pflanzliche Extrakte eine gute Wirksamkeit. Daraus ergeben sich die wichtigsten Einsatzgebiete für Phytotherapeutika in der hausärztlichen Praxis. Diese sind u. a.:

- Johanniskraut bei milder bis moderater Depression
- Ginkgo biloba bei Alzheimer-Demenz
- Mistel zur Verbesserung der Lebensqualität bei Krebspatienten
- Thymian, Salbei, Kapland-Pelargonie, Eukalypus bei grippalen Infekten
- Knoblauch bei Hypercholesterinämie
- Ingwer bei Übelkeit und Erbrechen
- Weißdorn bei leichter Herzinsuffizienz
- Rosskastanie bei chronisch venöser Insuffizienz
- Lavendel bei Angststörungen
- Baldrian bei Schlafstörungen
- Pfefferminze bei Reizdarmsyndrom sowie extern bei Kopfschmerzen

Für viele andere Phytotherapeutika konnte der Wirksamkeitsnachweis noch nicht erbracht werden oder die Ergebnisse der Studien sind widersprüchlich.

► **UAW und Interaktionen.** Pflanzliche Präparate sind keineswegs pauschal nebenwirkungsärmer als synthetische Arzneimittel. Eine Vielzahl pflanzlicher Substanzen ist mit milden Nebenwirkungen assoziiert. Einige Präparate sind zudem bekannt für Interaktionen mit anderen Wirkstoffen. In vielen Ländern, neuerdings auch in Deutschland, werden pflanzliche Mittel als Nahrungsergänzungsmittel angeboten und unterliegen geringeren Qualitätskontrollen, was zu Sicherheitsproblemen führen kann.

► **Verordnungsfähigkeit.** Seit dem 01.04.2004 werden die Kosten für Phytotherapeutika für Jugendliche über 12 Jahren und Erwachsene nicht mehr von der gesetzlichen Krankenkasse erstattet. Ausgenommen sind Extrakte aus Ginkgo, Johanniskraut, Mistel und Flohsamen bei den o. g. Indikationen. Zunehmend bieten Krankenkassen jedoch Zusatztarife und in einem gewissen Rahmen eine Kostenerstattung für Phytotherapeutika an.

29.2.3 Ordnungstherapie

► **Definition.** Die Ordnungstherapie nimmt als nichtstoffliches Verfahren eine Sonderstellung unter den klassischen Naturheilverfahren ein. Der Begriff bezieht sich auf die Lebensgestaltung des Menschen insbesondere in den Bereichen Arbeit, Bewegung, Entspannung, Ernährung, Freizeit und soziales Eingebundensein. Ziel der Ordnungstherapie ist die Schaffung einer Balance dieser Bereiche im konkreten Bemühen, einen gesundheitsförderlichen Lebensstil zu erhalten oder zu entwickeln.

► **Methoden.** Die Methoden der Ordnungstherapie orientieren sich am aktuellen Zeitgeist und Wissensstand der Medizin. Der Ordnungstherapie zuzurechnen sind Entspannungsverfahren, Verhaltensschulung, Stressreduktionsprogramme, psychotherapeutische Beratung oder Soziotherapie. Moderne Entsprechungen finden sich im Konzept der sog. Mind-Body-Medizin mit Verfahren wie Yoga, achtsamkeitsbasierte Stressreduktion, Selbsthypnose u. a.

Merke

Die Ordnungstherapie ist ein übergreifender Ansatz, der im hausärztlichen Alltag im Rahmen von Beratungsgesprächen, z. B. beim Check-up 35 Eingang finden kann.

29.3 Nicht klassische komplementäre Verfahren

In Deutschland sind neben den klassischen Naturheilverfahren eine Reihe weiterer Verfahren verbreitet, die auch in hausärztlichen Praxen zur Anwendung kommen:

- traditionelle chinesische Medizin (TCM) mit Akupunktur
- manuelle Medizin
- Homöopathie
- anthroposophische Medizin
- Neuraltherapie

Akupunktur, manuelle Medizin und Homöopathie als am häufigsten angewendete Methoden unter den nicht klassischen Verfahren sollen im Folgenden kurz erläutert werden.

29.3.1 TCM/Akupunktur

► **Definition.** Die Akupunktur (aus dem Lateinischen für acus: Nadel und pungere: stechen) gilt neben Arzneimitteltherapie, Diätetik, Massage (Tuina) und Bewegungstherapie (Qi Gong) als eine der Säulen der TCM. Krankheit wird in der TCM als Dysbalance der gegensätzlichen Zustände Yin (z. B. Dunkelheit, Kälte) und Yang (z. B. Licht, Wärme) interpretiert. Eine Methode, die Balance wieder herzustellen, ist das Einstechen von Nadeln in definierte Akupunkturpunkte entlang der Meridiane. Außer durch Nadeln können die Punkte manuell durch Druck behandelt werden (= Akupressur).

► **Wirkung.** Bisher konnte für die Meridiane noch kein morphologisches Korrelat gefunden werden. Moderne neurophysiologische Untersuchungen zeigen eine Aktivierung von Hirnstrukturen mit der Freisetzung von Neurotransmittern sowie inhibitorischer neuronaler Kontrollsysteme. Als relevante Transmittersubstanz, die an der peripheren Übermittlung der Akupunkturwirkung beteiligt ist, konnte Adenosin identifiziert werden.

► **Einsatzgebiete.** Akupunktur kann überall da eingesetzt werden, wo die Funktion des Organismus gestört ist. Häufige Einsatzgebiete in der Hausarztpraxis sind Migräne, Rhinitis allergica und muskuloskelettale Schmerzzustände. Metaanalysen zeigen positive Belege für Rückenschmerzen, Übelkeit und Erbrechen, Zahnschmerzen, Migräne sowie Schmerzen bei Kniegelenkarthrose. Für alle anderen untersuchten Krankheitszustände ist die Datenlage kontrovers oder Studien fehlen. Schwerwiegende Komplikationen bei Akupunktur (z. B. Pneumothorax oder Infektionen) sind extrem selten, solange die Akupunktur von Geübten ausgeführt wird.

► **Verordnungsfähigkeit.** Seit 2007 übernimmt die GKV die Kosten für Akupunktur bei Rücken- und Knieschmerzen für Ärzte mit der Zusatzbezeichnung Akupunktur.

29.3.2 Homöopathie

► **Definition.** Die Homöopathie ist eine in Deutschland weitverbreitete Methode, begründet vom deutschen Arzt Samuel Hahnemann um 1800. Ihr wichtigster und namengebender Grundsatz ist das Ähnlichkeitsprinzip: „Ähnliches wird durch Ähnliches geheilt" (similia similibus curentur). Ein homöopathisches Arzneimittel wird danach ausgewählt, dass es an Gesunden ähnliche Symptome hervorrufen kann wie die, an denen der Kranke leidet. Die homöopathischen Arzneimittel werden häufig in besonders verdünnter, sog. „potenzierter" Form verordnet. Bei der „Potenzierung" kann die Arzneisubstanz schrittweise unter die chemische Auflösungsgrenze (D 23) verdünnt werden.

► **Wirkung.** Im Unterschied zur konventionellen Arzneitherapie oder zur Phytotherapie wirkt ein so potenziertes Mittel mit einer immateriellen, daraus freigewordenen „spezifischen Arzneikraft". In bisherigen Untersuchungen konnte dieser von Hahnemann postulierte Wirkmechanismus allerdings nicht bestätigt werden. Die Verdünnung unter die chemische Auflösungsgrenze ist jedoch kein zwingendes Element der Homöopathie. Viele Homöopathen (Ärzte, Heilpraktiker) arbeiten in Deutschland auch mit Niedrigpotenzen (z. B. D 4, D 6), in denen die Stoffe noch in nennenswerter Konzentration vorliegen.

Merke

Bei höchst widersprüchlicher Evidenzlage ist die Homöopathie bis zum heutigen Zeitpunkt eines der umstrittensten komplementärmedizinischen Verfahren.

► **Einsatzgebiete.** Die Homöopathie ist in der Bevölkerung sehr verbreitet, sodass Patienten gelegentlich mit einem konkreten homöopathischen Behandlungswunsch in die Sprechstunde kommen. Während für die Einzelmittelhomöopathie entsprechende Kenntnisse erforderlich sind, die z. B. im Rahmen einer Zusatzqualifikation erworben werden können, werden Komplexmittel von vielen Ärzten bei funktionellen Störungen (z. B. Reizdarm) oder selbstlimitierenden Erkrankungen (z. B. grippaler Infekt) eingesetzt.

▶ **Verordnungsfähigkeit.** Die Kosten für Homöopathika werden außer für Kinder bis 12 Jahren nicht von den gesetzlichen Krankenkassen im Rahmen der regulären Verträge erstattet. Zunehmend bieten Krankenkassen jedoch Sondertarife und in einem gewissen Rahmen eine Kostenerstattung für Homöopathika an.

29.3.3 Manuelle Medizin

▶ **Definition.** Die manuelle Medizin (früher: Chirotherapie) umfasst die Diagnostik und Therapie von Funktionsstörungen am Bewegungsapparat und nutzt hierfür definierte Handgriffe. Angriffspunkte dieser Handgriffe sind funktionell-reversible Störungen im Regelkreis Gelenkspiel – nozizeptive Afferenz – motorische Efferenz – Schmerzempfindung.

▶ **Einsatzgebiete.** Die Anwendung manueller Techniken erfordert eine manuell-medizinische Untersuchung sowie die korrekte Lagerung und Fixierung. Am häufigsten werden manuelle Techniken bei Rückenschmerzen im Bereich der LWS und der Ileosakralgelenke eingesetzt. Bei der Anwendung müssen eine Reihe von Kontraindikationen beachtet werden, u. a. Knochenerkrankungen (z. B. Osteoporose), Neoplasien (z. B. Knochenmetastasen), akuter Bandscheibenvorfall oder arterielle Durchblutungsstörungen der Halswirbelsäule.

Merke

Manuelle Techniken dürfen nur von einem entsprechend weitergebildeten Arzt oder Physiotherapeuten unter Kenntnis von Indikationen und Kontraindikationen durchgeführt werden.

▶ **Verordnungsfähigkeit.** Soweit die Therapie von einem Arzt mit entsprechender Zusatzqualifikation durchgeführt oder als Heilmittel verordnet wurde, ist eine Kostenübernahme durch die gesetzlichen Krankenkassen in begrenztem Umfang möglich.

29.4 Literatur

[1] Davis EL, Oh B, Butow PN et al. Cancer patient disclosure and patient-doctor communication of complementary and alternative medicine use: a systematic review. Oncologist 2012; 17(11): 1475–1481

[2] Goedsche K, Förster M, Kroegel C et al. Repeated cold water stimulations (hydrotherapy according to Kneipp) in patients with COPD. Forsch Komplmentmed 2007; 14(3): 158–166

[3] Innocent E. Trends and challenges toward integration of traditional medicine in formal health-care system: Historical perspectives and appraisal of education curricula in Sub-Sahara Africa. J Intercult Ethnopharmacol 2016; 5(3): 312–316

[4] Joos S, Musselmann B, Szecsenyi J. Integration of complementary and alternative medicine into family practices in Germany: results of a national survey. Evid Based Complement Alternat Med 2011; 2011: 495 813

[5] Linde K, Aischer A, Friedrichs C et al. The use of complementary and alternative therapies in Germany – a systematic review of nationwide surveys. Forsch Komplmentmed 2014: 21(2): 111–118

30 Ernährungstherapie

N. Schurig

30.1 Säuglinge

▸ **Muttermilch.** Muttermilch ist in den ersten 6 Monaten die optimale Ernährung für das Kind. Die Einführung der Beikost steht ab dem 4. Monat zur optimalen Versorgung mit Mikronährstoffen, insbesondere Eisen und Vitaminen im Mittelpunkt. Auch Säuglinge mit Allergien oder einem erhöhten Allergierisiko (definiert als erstgradige Verwandte mit Asthma, Neurodermitis oder allergischer Rhinitis) sollten mindestens 4 Monate Muttermilch erhalten. Nur, falls dies nicht möglich ist, sollte in diesem Fall bevorzugt hypoallergene Säuglingsnahrung (HA-Produkte) mit hydrolysiertem Eiweiß eingesetzt werden.

▸ **Beikost.** Bis zum Ende des 1. Lebensjahrs decken Säuglinge ungefähr die Hälfte ihres Energiebedarfs durch Beikost. Da Beikost eher mit dem Löffel als in Flaschen gelöst gefüttert wird, sollten die Säuglinge unterstützt selbstständig sitzen können. Als Beikost-Beginn eignen sich Gemüsebreie und Obstsorten, wobei auf den Vitamin-C-Gehalt geachtet werden sollte. Nicht empfehlenswert sind Nachsalzen oder zusätzlicher Zucker sowie Honig oder auch bröckelige Nahrungsmittel mit Aspirationsrisiko; Obstsäfte und sog. „Smoothies" sollten nur begrenzt angeboten werden. Potenziell allergene Nahrungsmittel müssen nicht gemieden werden: Selbst Säuglinge mit Allergierisiko sollten im Verlauf (nach erfolgreicher Einführung der ersten Beikost) auf allergene Nahrungsmittel nicht verzichten.

Tab. 30.1 Hauptkomponenten der vollwertigen Ernährung [5].

Nahrungskomponenten, Hauptbestandteile	Anteil an der Ernährung
Kohlenhydrate	> 50 %
Fett	30 %
Proteine (Eiweiß)	15 %

Tab. 30.2 Energiegehalte pro 1 Gramm [5].

Nahrungsbestandteil	Energie pro Gramm
Kohlenhydrate	17 kJ (4 kcal)
Fett	37 kJ (9 kcal)
Protein	17 kJ (4 kcal)
Alkohol	29 kJ (7 kcal)
Ballaststoffe	8 kJ (2 kcal)

▸ **Ernährung in den ersten beiden Lebensjahren.** In den ersten beiden Lebensjahren werden Ernährungsgewohnheiten erlernt, die einen lebenslangen Einfluss auf die Ernährung haben. Bereits Säuglinge steuern die Menge der Nahrungsaufnahme nach ihren Bedürfnissen. Eltern können den Säugling durch das Anbieten verschiedener Beikost unterstützen, sollten ihm aber etwas Freiheit lassen, bezüglich des „Wieviel, Was und Wann". Obwohl Zwischenmahlzeiten bei Säuglingen (bis zu 6 pro Tag) dazugehören, ist es empfehlenswert, Kinder bis zum 3. Lebensjahr an 3 vollwertige Hauptmahlzeiten (▸ Tab. 30.1, ▸ Tab. 30.2) zu gewöhnen. Kontinuierliches Snacken, insbesondere mit Fruchtgetränken, sollte vermieden werden. Dazu gehört auch, dass Lebensmittel keine Erziehungsmittel sind; Belohnungen oder Bestrafungen dürfen nicht über die Ernährung erfolgen.

30.2 Jugendliche

Die Ernährung bei Jugendlichen muss einerseits an ein rasantes Wachstum und eine erhöhte Aktivität angepasst sein. Andererseits kommen neue Ernährungseinflüsse durch Unabhängigkeitsbestrebungen in der Pubertät, Gleichaltrige sowie Essen außer Haus hinzu. Ein Überangebot von energiereichem Fast Food mit zu viel Fetten und Zuckern (aus Getränken) geht häufig einher mit einem Mangel an Mikronährstoffen wie Eisen, Kalzium und Vitaminen.

Jugendliche sollten keine Mahlzeit auslassen – auch bei irregulären Stundenplänen ist insbesondere auf das Frühstück Wert zu legen. Erwähnenswert hierbei ist, dass das Auslassen („Skipping") von Mahlzeiten nicht zu einer Gewichtsab-, sondern längerfristig zu einer Gewichtszunahme führt.

Merke

Da Fast Food aus dem Leben vieler Jugendlicher nicht mehr wegzudenken ist, sind Empfehlungen bezüglich der Speiseauswahl in Fast-Food-Restaurants hilfreicher als Verbote.

Anamnestisch wichtig zu erfragen ist die Nahrungsaufnahme während Medienkonsums, da diese nachweislich zu einer Gewichtszunahme führt.

Ein weiteres Augenmerk sollte bei Jugendlichen, insbesondere bei heranwachsenden Frauen, auf die Prävention von Essstörungen gelegt werden [1]. Gute Materialien für Jugendliche zum Thema Ernährung und Fast Food finden sich bei der Bundeszentrale für gesundheitliche Aufklärung.

30.3 Schwangerschaft

▸ **Allgemeine Hinweise.** Grundsätzlich gelten für Schwangere die Empfehlungen der Deutschen Gesellschaft für Ernährung für eine vollwertige Ernährung (▸ Tab. 30.1) [6]. Zur Vermeidung von Ernährungsdefiziten sollte keine Mahlzeit ausgelassen und eine einseitige Diät vermieden werden. Eine ausgewogene vegetarische Ernährung mit Anteilen tierischer Proteine ist in der Schwangerschaft nicht schädlich, eine vegane Diät ist jedoch durchaus problematisch. Schwangere und Stillende mit Atopie brauchen potenziell allergieauslösende Nahrungsmittel nicht zu meiden.

▸ **Erhöhter Bedarf und Supplementation.** In der Schwangerschaft ist der Bedarf an **Kalzium** und **Eisen** erhöht, wobei eine ausreichende Eisenzufuhr über eine vollwertige Ernährung sichergestellt werden kann – eine routinemäßige Supplementierung ist nicht indiziert. **Folsäure** sollte, wenn möglich, mindestens 4 Wochen vor einer geplanten, spätestens aber mit der festgestellten Schwangerschaft zur Vermeidung von Neuralrohrdefekten (400 µg/d) bis zum Ende des 1. Drittels der Schwangerschaft supplementiert werden. Falls eine ausreichende **Jodzufuhr** über jodiertes Speisesalz und Seefisch 2-mal pro Woche nicht sichergestellt werden kann, bietet sich eine Kombinationssupplementierung aus Folsäure und Jod an (s. a. Kap. 30.10).

Merke

Zusätzliche Vitamine oder Nahrungsergänzungsmittel sind bei vollwertiger Ernährung überflüssig und können in hohen Dosen sogar schaden (Teratogenität von hohen Vitamin-A-Dosen, Verzehr von Leber).

▸ **Risiken minimieren.** Da der maternale Koffeinmetabolismus während der Schwangerschaft reduziert ist, sollten während der Stillzeit täglich nicht mehr als 300 mg Koffein pro Tag (ca. 2 Tassen Kaffee) zugeführt werden. Zur Vermeidung nahrungsmittelassoziierter Erkrankungen, insbesondere Toxoplasmose und Listeriose, sei auf Informationen der Bundeszentrale für gesundheitliche Aufklärung für Schwangere verwiesen.

30.4 Mangelernährung

Mangelernährung ist keine Blickdiagnose und muss keineswegs mit Untergewicht einhergehen! Auch bei einem Gewicht innerhalb des Normbereichs (BMI 18,5–25 kg/m²) oder darüber kann eine therapiebedürftige Mangelernährung vorliegen – problematisch ist oft die übermäßige Zufuhr kalorienreicher, aber mikronährstoffarmer Nahrungsmittel. In besonderem Maße gefährdet sind:

- chronisch kranke Patienten, v. a. auch Patienten mit chronisch entzündlichen Darmerkrankungen
- dialysepflichtige Patienten
- Patienten mit malignen Erkrankungen
- Patienten, die einseitige Diäten einhalten (z. B. Veganer)
- alte Patienten (Kap. 30.5)
- bariatrisch operierte Patienten (Kap. 30.7)

Die Mangelernährung kann also einerseits Folge einer verringerten quantitativen und/oder qualitativen Nährstoffzufuhr sein, andererseits aber auch Folge einer Erkrankung.

▸ **Screening-Instrumente.** Deshalb ist der Einsatz von Screening-Instrumenten notwendig. Für den ambulanten Bereich wird von den Fachgesellschaften der sog. „MUST" (Malnutrition Universal Screening Tool) empfohlen. Neben dem aktuellen BMI werden der Gewichtsverlauf über einen definierten Zeitraum und die Krankheitsschwere erfasst und in einem Punktescore abgebildet (Originalformular bei der Deutschen Gesellschaft für Ernährungsmedizin). Ergänzend ist die sehr einfach und schnell durchzuführende Handkraftmessung mittels eines einfachen Gerätes sinnvoll. Die so gemessene Kraft korreliert in hohem Maße mit der fettfreien Körpermasse und ist damit eine preiswerte Methode zur ergänzenden Diagnostik und Verlaufskontrolle der Mangelernährung.

▸ **Nährstoffmangel.** Bei Patienten, die einseitige Diäten einhalten, besteht ein deutlich erhöhtes Risiko für quantitativen und qualitativen Nährstoffmangel. Problematisch sind hier die Versorgung mit Eisen, Zink, Vitamin B_{12} und Eiweiß. Gegebenenfalls ist eine entsprechende Supplementierung indiziert.

▸ **Erkrankungsfolge.** Ist die Mangelernährung Folge einer Erkrankung, liegen zusätzlich bestimmte Stoffwechselveränderungen vor, die als „Aggressionsstoffwechsel" bezeichnet werden. Auslöser dieser inflammatorischen Stoffwechselveränderungen ist die Ausschüttung verschiedenere Hormone und Zytokine, die zu einem vermehrten Abbau der Skelettmuskulatur, einer Insulinresistenz und gesteigertem Abbau von Fettgewebe führen. Das Ausmaß dieser Stoffwechselveränderungen wird durch die Stärke der Inflammation bestimmt und kann im Gegensatz zum Hungerstoffwechsel durch Nahrungszufuhr nicht unmittelbar beeinflusst werden. Der im Hungerstoffwechsel vorhandene Eiweißsparmechanismus kommt im Aggressionsstoffwechsel nicht zum Tragen. Trotz möglicherweise in ausreichender Menge vorhandenen Fettgewebes wird vermehrt Muskeleiweiß abgebaut. Folgen dieses Abbaus körpereigenen Eiweißes sind: Atrophie der Skelettmuskulatur mit Kraftverlust und erhöhter Sturzgefahr, Verringerung der Herzmuskelmasse, verminderte Eiweißsynthese in der Leber, Atrophie der gastrointestinalen Mukosa, gestörte Wundheilung, erhöhtes Dekubitus-Risiko und Abbau der Atemmuskulatur.

▸ **Therapie der Mangelernährung.** Bei erkrankungsbedingter Mangelernährung ist eine frühzeitige ernährungsmedizinische Diagnostik und Intervention sinnvoll und zielführend (Verringerung von Morbidität und Mortalität, Gewinn von Lebensqualität, Aufrechterhalten von Therapieoptionen). Ernährungsberatung durch qualifizierte Ernährungsfachkräfte sollte also frühzeitig in die jeweiligen Behandlungskonzepte einbezogen werden. Die therapeutischen Optionen umfassen u. a.:

- Anreicherung der normalen Ernährung mit hochwertigen Fetten (z. B. Rapsöl), Eiweiß- und/oder Kohlenhydratpulvern und vollbilanzierten Pulvern
- ergänzende oder ausschließliche Gabe von Trinknahrungsprodukten
- ergänzende oder totale parenterale Ernährung über dauerhaft implantierte Kathetersysteme (Port- oder Hickman-Broviac-Katheter) bei schwerkranken Patienten mit onkologischen Erkrankungen oder Patienten mit anatomischem oder funktionellem Kurzdarmsyndrom (die Initiierung und Überwachung sollte spezialisierten Zentren vorbehalten bleiben)

30.5 Alter

▸ **Unter- und Mangelernährung.** Unter- und Mangelernährung im Alter sind häufig, die Prävalenz liegt bei zu Hause lebenden älteren Menschen zwischen 5 und 10 %, bei älteren Patienten im Pflegeheim oder Krankenhaus bei bis zu 60 %. Die Ursachen hierfür sind vielfältig:

- Veränderungen von Geruchs- und Geschmackssinn
- verminderter Appetit als Folge von Veränderungen der hormonellen Regulation
- funktionelle Probleme des gesamten Verdauungstrakts
- Nebenwirkungen von Medikamenten
- demenzielle Erkrankungen
- soziale und wirtschaftliche Faktoren

▸ **Nährstoffbedarf.** Wegen des relativ niedrigen Energiebedarfs bei gleichzeitig verringerter Verdauungs- und Resorptionsleistung benötigen alte Menschen besonders hochwertige Nahrung. Der **Eiweißbedarf** ist im Alter erhöht (ca. 1,2 g Eiweiß pro kgKG), wobei nicht nur die Menge, sondern auch die Wertigkeit, d. h. der Gehalt an den verschiedenen essenziellen Aminosäuren eine entscheidende Rolle spielt. Die Kombination von pflanzlichem und tierischem Eiweiß liefert besonders hochwertige Aminosäuremischungen (z. B. Kartoffeln und Milchprodukte, Kartoffeln und Ei, Getreide und Milchprodukte, Hülsenfrüchte und Milchprodukte). Die **Fettzufuhr** sollte im Alter in erster Linie über hochwertige Pflanzenöle (z. B. Olivenöl, Rapsöl) erfolgen. Als Streichfett sind Butter oder nicht gehärtete Pflanzenmargarine geeignet.

▸ **Diagnostik.** Zur Bestimmung des Ernährungszustandes älterer Patienten wurde das MNA (Minimal Nutritional Assessment) entwickelt (Originalformular bei der Deutschen Gesellschaft für Ernährungsmedizin).

► **Ergänzung oder Ersatz der Nahrung.** Wenn der Nährstoffbedarf bei älteren Patienten nicht mehr über die normale Ernährung gedeckt werden kann, sind voll bilanzierte (d. h. alle notwendigen Nährstoffe enthaltende) Trinknahrungsprodukte eine sinnvolle Ergänzung oder ein Ersatz. Diese Produkte werden in großer geschmacklicher Vielfalt angeboten, neben flüssigen Produkten gibt es auch Produkte in cremiger Konsistenz oder in geschmacksneutraler Pulverform. Bei eingeschränkter Fähigkeit zur normalen Ernährung werden die Kosten für die genannten Produkte von den Kassen übernommen. Auf dem Rezept sollte ein entsprechender Vermerk notiert werden.

► **Künstliche Ernährung.** Die Entscheidung hinsichtlich künstlicher Ernährung über gastrointestinale Sonden (PEG) im Alter ist oft schwierig, insbesondere bei Demenzkranken und sollte individuell und bei nicht einwilligungs- und entscheidungsfähigen Patienten unter Berücksichtigung des mutmaßlichen Willens des Patienten getroffen werden. Die Indikation besteht, wenn z. B. aufgrund von Schluckstörungen eine ausreichende orale Ernährung nicht mehr möglich ist und die Verlaufsprognose insgesamt positiv ist (also nicht in terminalen Krankheitsstadien).

Merke

Der Richtwert für die Energie- bzw. Eiweiß- und Volumenzufuhr liegt bei etwa 30 kcal, 1–1,2 g Eiweiß/kgKG und 35 ml Flüssigkeit/kgKG/Tag. Je nach Ernährungszustand, Gewichtsverlauf, Aktivität, Stoffwechselsituation und Toleranz müssen diese Werte angepasst werden.

30.6 Untergewicht

Bei einem BMI < 18,5 kg/m² liegt bei Erwachsenen unter 65 Jahren per definitionem Untergewicht vor; bei Patienten über 65 Jahre gilt ein BMI von 20 kg/m² als unterer Grenzwert. Für Kinder und Jugendliche wird Untergewicht anhand von alters- und geschlechtsspezifischen BMI-Perzentilen einer repräsentativen Stichprobe der Normalbevölkerung definiert. Untergewicht ist die Folge eines Missverhältnisses zwischen Energiezufuhr und Energiebedarf. Ernährungsmedizinische Maßnahmen sollen aber nicht erst bei Unterschreiten eines bestimmten BMI-Wertes, sondern generell bei Nachweis einer Mangelernährung (Kap. 30.4) eingeleitet werden.

30.7 Übergewicht und Adipositas

Übergewicht (BMI 25–29,9 kg/m²) und Adipositas (BMI > 30 kg/m², s. a. Kap. 34.4) reduzieren nicht nur die Lebensqualität der Betroffenen, sie erhöhen auch das Risiko für Typ-2-Diabetes, KHK, arterielle Hypertonie und weitere Erkrankungen.

► **Verhaltensänderungen.** Um das Gewicht nachhaltig zu reduzieren, sind langfristige Verhaltensänderungen notwendig. Wesentliche Ernährungsempfehlungen zur dauerhaften Gewichtsreduktion sind die Einhaltung regelmäßiger Mahlzeiten sowie eine abwechslungsreiche Mahlzeitengestaltung mit geringer Energiedichte und komplexen Kohlenhydraten. Die Nahrungsaufnahme sollte zudem bewusst wahrgenommen werden und möglichst nicht nebenbei erfolgen. Weiterhin ist auf eine ausreichende Zufuhr kalorienfreier Getränke zu achten. Über eine Steigerung der Alltagsaktivität (z. B. Spaziergänge, Treppensteigen) und sportliche Betätigung kann der Energieverbrauch gesteigert und gleichzeitig etwas für das Wohlbefinden getan werden. Für viele Patienten ist der Einsatz eines Schrittzählers motivierend und hilfreich.

► **Multimodale Therapie.** Starkes Übergewicht entsteht meist nicht nur aufgrund mangelnden Ernährungswissens, sondern ist oft Folge psychologischer Ursachen. Aus diesem Grund sind im Rahmen der Adipositastherapie ein verhaltenstherapeutischer Ansatz und eine langfristige Anbindung an eine ernährungsmedizinische Schwerpunktpraxis wichtig. Multimodale Therapiekonzepte gibt es für verschiedene BMI-Grade. Es gibt die evaluierten Programme Optifast, Mobilis oder Doc Weight, deren Kosten von Krankenkassen bezuschusst werden können.

► **Medikamentöse Therapie.** Eine wirksame und sichere medikamentöse Therapie zur Gewichtsreduktion gibt es bisher nicht. Für viele Patienten ist eine bariatrische Operation oft die Ultima Ratio zur Gewichtsreduktion. Voraussetzung für einen operativen Eingriff ist ein BMI > 40 kg/m² bzw. ein

BMI > 35 kg/m² mit mindestens einer Begleiterkrankung (z. B. Typ-2-Diabetes oder arterielle Hypertonie). Patienten, die sich für eine bariatrische Operation entscheiden, müssen bereits im Vorfeld auf die operationsbedingten Veränderungen des Essverhaltens sowie die Notwendigkeit einer lebenslangen Nachsorge mit der dauerhaften Supplementation von Vitaminen, Mineralstoffen und Spurenelementen hingewiesen werden. Da das Osteoporose-Risiko nach bariatrischer Chirurgie erhöht ist, sollte die Knochendichte in jährlichen Abständen gemessen werden.

30.8 Ballaststoffe

Ballaststoffe oder Faserstoffe sind integraler Bestandteil einer vollwertigen Ernährung. Sie kommen insbesondere in Gemüse, Obst, Hafer und Vollkornprodukten vor, fehlen jedoch weitgehend in hellen Teigprodukten oder auch geschältem Reis. Man unterscheidet:

- lösliche Ballaststoffe, z. B. Guar, Pektin oder Inulin, die im Kolon von der mikrobiellen Flora unter Bildung kurzkettiger Fettsäuren abgebaut werden
- wasserunlösliche Ballaststoffe, z. B. Lignin, Zellulose, Hemizellulose, die kaum fermentiert werden, aber eine hohe Wasserbindungskapazität aufweisen und deswegen auch als Füllstoffe bezeichnet werden (▸ Tab. 30.2)

Idealerweise sollte das Verhältnis von löslichen zu unlöslichen Ballaststoffen bei 1:3 liegen. Wegen der genannten Eigenschaften wirken Ballaststoffe in der Ernährung einer Obstipationsneigung entgegen, verzögern die Kohlenhydratresorption und regulieren die Darmflora.

Beim metabolischen Syndrom reduziert eine ausreichende Faserstoffzufuhr von ca. 30 Gramm pro Tag das Risiko für Folgeerkrankungen, und auch beim manifesten Diabetes mellitus verbessert es die Blutglukose-Kontrolle. Umgekehrt ist eine zu niedrige Faserstoffaufnahme mit einem erhöhten Risiko für kolorektale Karzinome assoziiert.

30.9 Vitamine und Ersatzstoffe

Bei bestimmten Personengruppen besteht ein erhöhter Bedarf an Mikronährstoffen, hierzu zählen Schwangere, Stillende (Kap. 30.3), Säuglinge (Kap. 30.1), alte Menschen (Kap. 30.5), einige chronisch kranke Patienten und Personen, die einseitige Diäten einhalten (z. B. Veganer) und bariatrisch operierte Patienten (Kap. 30.7); bei diesen besonderen Gruppen kann eine Mikronährstoffsupplementierung indiziert sein.

Für alle anderen Menschen in Industrieländern, die sich vollwertig ernähren und bezüglich Vitamin D ausreichend sonnenlichtexponiert sind (definiert als täglich mindestens 30 Minuten Sonnenlicht [April bis September] auf Gesicht und Arme), sind Nahrungsergänzungsmittel und Multivitaminpräparate nicht indiziert und möglicherweise schädlich.

30.10 Jodstoffwechsel

Nach Kriterien der Weltgesundheitsorganisation ist Deutschland kein Jodmangelgebiet mehr, seitdem jodiertes Speisesalz verwendet und dem Futter der Milchkühe Jod zugesetzt wird. In Deutschland enthält 1 Gramm Speisesalz 15–25 µg Jod, sodass ein Bundesbürger angesichts der Empfehlungen der WHO (▸ Tab. 30.3) mit einer Salzzufuhr von aktuell durchschnittlich mehr als 10 Gramm (bei einer empfohlenen Zufuhr von 6 g/d) bereits überversorgt ist.

Die Empfehlung der WHO/DGE zur Verwendung jodierten Speisesalzes und zum Verzehr von Seefisch (Tabelle) zweimal pro Woche stellt für die Normalbevölkerung einen sicheren Schutz vor Jodmangel dar. 200 µg Jod (Tagesbedarf) sind enthalten in:

- 75 g Seelachs
- 100 g Scholle
- 150 g Kabeljau

Falls Schwangere/Stillende ihren Jodbedarf wie oben geschildert nicht decken können, kann (trotz unbefriedigender Datengrundlage) nach Weltgesundheitsorganisation eine Jodsupplementierung empfohlen werden.

Tab. 30.3 Richtwerte der WHO zur empfohlenen Jodversorgung [14].

Personengruppe	Empfehlung für die tägliche Aufnahme
Säuglinge	50–80 µg
Kinder bis 9 Jahre	100–140 µg
Jugendliche und Erwachsene	180–200 µg
Schwangere	230 µg
stillende Mütter	260 µg

IV

30.11 Ernährungstherapie bei bestimmten Erkrankungen

30.11.1 Diabetes mellitus Typ 1 und Typ 2

Typ-1-Diabetes

Bei Patienten mit Diabetes mellitus Typ 1 sollten durch interdisziplinäre Schulungen stationär und ambulant folgende ernährungsmedizinische Schwerpunkte gesetzt und bis ins Erwachsenenalter in regelmäßigen Abständen aufgefrischt werden:

- Nahrungsmittelkunde zur korrekten Berechnung der Kohlenhydratmengen
- vorausschauende Anpassung der Ernährung an wechselnde Blutzuckerspiegel im Rahmen der Insulintherapie

Gerade in der Adoleszenz sollten Essstörungen (Bulimie, Anorexie) und stark schwankende Blutzuckerspiegel, auch durch Weglassen notwendiger Insulindosen, über diabetologische Schwerpunktpraxen interprofessionell angegangen werden.

Typ-2-Diabetes

Ziel der ernährungsmedizinischen Therapie bei Diabetes-Typ-2-Patienten sind weitgehend normoglykäme Blutzuckerspiegel unter Berücksichtigung der Begleitmedikation und der (oft eingeschränkten) Aktivität des Patienten.

▸ **Gewichtsreduktion.** Aufgrund des meist parallel vorhandenen Übergewichts ist eine langfristige Strategie zur Gewichtsreduktion durch Kalorienrestriktion und körperliche Aktivität nützlich (Kap. 30.7).

▸ **Ernährungsmedizinische Begleitung.** Neben der Vermeidung kurzfristiger Probleme wie Hypoglykämien birgt die ernährungsmedizinische Begleitung des Patienten mehr Potenzial als die medikamentöse Therapie im Hinblick auf die Vermeidung diabetologischer Spätschäden und Komorbiditäten. Etabliert sind bei Patienten mit Diabetes mellitus multimodale Schulungsprogramme, auch im Rahmen der Chronikerprogramme, welche Nahrungsmittelkunde, Prinzipien der vollwertigen Ernährung, Wirkungen und Wechselwirkungen mit medikamentösen Therapien sowie körperlicher Aktivität nachhaltig vermitteln.

Einige ernährungsmedizinische Besonderheiten bei Patienten mit Diabetes mellitus Typ 2 sind:

- Glykämischer Index: Nahrungsmittel mit gleichem Kohlenhydratanteil können unterschiedliche Blutzuckerwirkungen haben. Ballaststoffreiche Lebensmittel haben meist einen niedrigeren glykämischen Index, der Blutzuckerspiegelanstieg verläuft hier moderater. Da sich dies positiv auf die postprandialen Blutzuckerspiegel auswirkt und auch dadurch eine Senkung des HbA_{1c}-Wertes um 0,5 % erzielt werden kann, sollten Patienten darauf achten.
- Nahrungsmittelsupplemente und -ergänzungen: Diese werden für Typ-2-Diabetiker nicht empfohlen, ebenso wenig benötigen sie eine spezielle „Diabetiker-Ernährung“. Eine vollwertige Ernährung [6] ist, auch im Hinblick auf die Begleiterkrankungen, beim oft parallel bestehenden metabolischen Syndrom die beste Empfehlung.
- Zucker und Zuckeraustauschstoffe, aber auch Alkohol, sind unterhalb der empfohlenen Maximalzufuhr auch bei Typ-2-Diabetikern unbedenklich.

30.11.2 Hyperlipidämie

Neben der Lebensstilmodifikation mittels Gewichtsreduktion und Bewegung ist die ernährungsmedizinische Betreuung auch bei Hyperlipidämien essenziell und kann die Blutfettwerte signifikant verbessern: Eine Normoglykämie ist anzustreben, da „schnelle“ Kohlenhydrate und Zucker, insbesondere Fruktose aus Süßgetränken, über den Leberstoffwechsel negative Auswirkungen auf die Blutfettwerte haben. Eine vermehrte Zufuhr von günstigen Fettsäuren aus Seefischen wie Hering und Makrele und aus Ölen (Raps-, Oliven-, Distelölen) kann Patienten empfohlen werden, am besten im Rahmen der „mediterranen Kost“.

30.11.3 Hyperurikämie

Falls eine Hyperurikämie mit Gichtanfällen einhergeht, kann eine Änderung der Ernährungsgewohnheiten Rezidive auch ohne Medikamente oft wirkungsvoll verhindern. Gewichtsreduktion kann bei Übergewichtigen effektiver Rezidiven vorbeugen, als dies eine – früher oft empfohlene (und selten strikt eingehaltene) – streng purinarme Diät auf Dauer leisten kann.

Dies zusammenfassend könnte ein kurz gefasster Ernährungsratschlag an den Patienten lauten:

Essen Sie mehr vegetarische Proteine wie fettarme Milchprodukte und Käse sowie Gemüse und Vollkornprodukte. Reduzieren Sie Fleisch und Fische sowie Alkohol, zuckerreiche Speisen und Getränke. Bei der Auswahl der Nahrungsmittel gilt:

- Nahrungsmittel mit negativem Einfluss: Innereien, fette Fleisch-, Wurst- und Fischwaren, große Mengen von Fett und Öl, fettreiche Milch und Milchprodukte, große Mengen Alkohol
- Nur bedingt geeignete Nahrungsmittel: mageres Fleisch und Wurst, Geflügel ohne Haut, fettarmer Fisch, Hülsenfrüchte, Gemüse wie Schwarzwurzel, Spinat, Mangold, Blumenkohl
- Nahrungsmittel ohne Bedenken: magere Milchprodukte, 2–3 Eier/Woche, Gemüse, alle Obstsorten (außer getrocknete Früchte), Getreide, Getreideprodukte, Mineralwasser, Tee, Kaffee

30.11.4 Lebererkrankungen

Bei leichten Lebererkrankungen, wie der nicht alkoholischen Fettleber, ist eine Gewichtsabnahme die einzige gut belegte Therapie. Alkoholverzicht ist anzuraten. Ob Vitamin E in moderaten Dosen (400–800 IE pro Tag) hilfreich ist, kann derzeit noch nicht abschließend beantwortet werden. Durch die erhöhte Zufuhr von Omega-3-Fettsäuren konnte in Studien eine moderate Verbesserung erzielt werden.

Bei manifester Leberzirrhose hingegen ist Malnutrition durch mangelnde Protein- und Mikronährstoffzufuhr häufig und nur durch engmaschige Anbindung erkenn- und behandelbar. Als Faustregel (European Society for Clinical Nutrition and Metabolism [ESPEN]) gelten für alle Stadien der Zirrhose gleich welcher Genese:

- als Energiezufuhr 35–40 kcal pro kgKG pro Tag
- als Proteinzufuhr 1,2–1,5 g pro kgKG pro Tag

Falls die orale Zufuhr mit vollwertiger Nahrung nicht sichergestellt werden kann, ist voll bilanzierte Trinkzusatznahrung in allen Stadien der Zirrhose einsetzbar, insbesondere bei Aszites.

Merke

Es gibt keine „Leber-Diät"!

30.11.5 Pankreaserkrankungen

Patienten mit chronisch (rezidiverenden) Pankreatitiden und Pankreasinsuffizienz leiden oft unter Maldigestion und sollten diesbezüglich kontrolliert werden. Kleinere, eher fettreduzierte Mahlzeiten sind sinnvoll. Generell sollte die Fettzufuhr bei Steatorrhö nach Verträglichkeit reduziert werden, 50 g Fett (in Kombination mit Pankreasenzymen) können als Faustregel gelten. MCT-Fette (MCT = mittelkettige Triglyzeride) werden lipaseunabhängig resorbiert und sollten daher einschleichend in den Speiseplan aufgenommen werden, um einen Gewichtsverlust zu vermeiden. Gegebenenfalls müssen fettlösliche Vitamine substituiert werden, ebenso wie Vitamin B_{12} bei laborchemisch nachgewiesener Unterversorgung. Bei darunter persistierender Steatorrhö sollten fettlösliche Vitamine substituiert werden.

30.11.6 Osteoporose

Osteoporose ist eine systemische Skeletterkrankung, die durch eine niedrige Knochenmasse und ein steigendes Frakturrisiko charakterisiert ist.

Bezüglich der Ernährung ist auf eine optimale Zufuhr von Proteinen und den Mineralstoffen Kalzium, Phosphor und Magnesium zu achten:

- Die tägliche **Kalziumzufuhr** sollte für Jugendliche bei 1200 mg und für Erwachsene bei 1000 mg, bei erhöhtem Risiko oder bereits bestehender Osteoporose bei 1200–1500 mg/d liegen. Kalziumreiche Lebensmittel sind: Milch und Milchprodukte, Gemüse (Fenchel, Broccoli, Lauch, Kohl), Obst (v. a. Orange, Beerenfrüchte, Trockenobst), kalziumreiche Mineralwässer (> 150 mg/l).
- Gute Quellen für **Magnesium** sind Vollkornprodukte, Nüsse, Samen und magnesiumreiche Mineralwässer.
- In Deutschland liegt die Zufuhr an **Phosphor** mit > 1 g/d über den Zufuhrempfehlungen, eine weitere Zufuhr ist also im Allgemeinen nicht nötig; Ausnahme sind extreme Mangelernährungszustände, wo es im Rahmen des sog. „Refeeding Syndroms" nach Wiederbeginn der Ernährung zu starkem Abfall von Phosphat (aber auch von Kalium, Magnesium) kommen kann.

30

Außerdem zu berücksichtigen sind:

- Eine salzreiche Kost erhöht die Kalziumausscheidung in der Niere; daher sollte die **Kochsalzzufuhr** reduziert werden.
- **Vitamin C** ist von entscheidender Bedeutung für die Kollagenbiosynthese; 5 Portionen Obst und Gemüse täglich beugen einem Mangel vor.
- **Vitamin D** spielt eine entscheidende Rolle im Kalziumstoffwechsel: Im Darm erhöht es die Kalziumabsorption, im Knochen sorgt es für die ausreichende Mineralisierung, in der Niere wird die Rückresorption von Kalzium durch die bei Vitamin-D-Mangel erhöhte Parathormonausschüttung gesteigert.

30.12 Literatur

[1] Bundeszentrale für gesundheitliche Aufklärung. Essstörungen. Im Internet: www.bzga-essstoerungen.de/; Stand: 09.12.2015

[2] Deutsche Adipositas-Gesellschaft. AWMF-S 3-Leitlinie 050-001. Adipositas: Prävention und Therapie. Im Internet: www.awmf.org/uploads/tx_szleitlinien/050-001l_S 3_Adipositas_Pr%C 3 %A4vention_Therapie_2014-11.pdf; Stand: 20.01.2016

[3] Deutsche Gesellschaft für Allgemein- und Viszeralchirurgie. AWMF-S 2-Leitlinie 021-020. Divertikulitis. Im Internet: www.awmf.org/uploads/tx_szleitlinien/021-020l_S 3_Divertikelkrankheit_Divertikulus_2014-05.pdf; Stand: 20.01.2016

[4] Deutsche Gesellschaft für Allgemeinmedizin und Familienmedizin. AWMF-S 1-Leitlinie 053-032a. Gicht: Häufige Gichtanfälle und Chronische Gicht in der hausärztlichen Versorgung. Im Internet: www.awmf.org/uploads/tx_szleitlinien/053-032al_S 1_Chronische_Gicht_2014-05.pdf; Stand: 20.01.2016

[5] Deutsche Gesellschaft für Ernährung. D-A-CH-Referenz-Werte. Im Internet: www.dge.de; Stand: 09.12.2015

[6] Deutsche Gesellschaft für Ernährung. Vollwertige Ernährung. Im Internet: www.dge.de/ernaehrungspraxis/vollwertige-ernaehrung/10-regeln-der-dge/; Stand: 09.12.2015

[7] Deutsche Gesellschaft für Ernährungsmedizin. AWMF-S 3-Leitlinie 073-024. Klinische Ernährung in der Gastroenterologie (Teil 1) – Leber. Im Internet: www.awmf.org/uploads/tx_szleitlinien/073-024l_S 3_Klinische_Ern%C 3 % A4hrung_Gastroenerologie_Leber_2014-04.pdf; Stand: 20.01.2016

[8] Deutsche Gesellschaft für Gastroenterologie, Verdauungs- und Stoffwechselkrankheiten. AWMF-S 3-Leitlinie 021-003. Chronische Pankreatitis. Im Internet: www.awmf.org/uploads/tx_szleitlinien/021-003l_S 3_Chronische_Pankreatitis_08-2012.pdf; Stand: 20.01.2016

[9] Deutsche Gesellschaft für Gastroenterologie, Verdauungs- und Stoffwechselkrankheiten. AWMF-S 3-Leitlinie 021-018. Definition, Pathophysiologie, Diagnostik und Therapie intestinaler Motilitätsstörungen. Im Internet: www.awmf.org/uploads/tx_szleitlinien/021-018l_S 3_Intestinale_Motilitaetsstoerungen_Definition_Pathophysiologie_Diagnostik_Therapie_abgelaufen.pdf; Stand: 20.11.2015

[10] Deutsche Gesellschaft für Gastroenterologie, Verdauungs- und Stoffwechselkrankheiten. AWMF-S 2k-Leitlinie 021-019. Chronische Obstipation bei Erwachsenen. Im Internet: www.awmf.org/uploads/tx_szleitlinien/021-019l_S 2k_Chronische_Obstipation_2013-06_01.pdf; Stand: 08.11.2015

[11] Deutsche Gesellschaft für Gastroenterologie, Verdauungs- und Stoffwechselkrankheiten. AWMF-S 2k-Leitlinie 021-025. Nicht-alkoholische Fettlebererkrankungen. Im Internet: www.awmf.org/uploads/tx_szleitlinien/021-025l_S 25_NASH_Nicht_alkoholische_Fettlebererkrankung_2015-01.pdf; Stand: 20.01.2016

[12] Deutsche Gesellschaft für Suchtforschung und Suchttherapie. AWMF-S 3-Leitlinie 076-001. Alkoholbezogene Störungen: Screening, Diagnose und Behandlung. Im Internet: www.awmf.org/uploads/tx_szleitlinien/076-001l_S 3-Leitlinie_Alkohol_2015-04.pdf; Stand: 20.01.2016

[13] Deutsche Krebsgesellschaft, Deutsche Gesellschaft für Gastroenterologie, Verdauungs- und Stoffwechselkrankheiten. AWMF-S 3-Leitlinie 032-010OL. Exokrines Pankreaskarzinom. Im Internet: www.awmf.org/uploads/tx_szleitlinien/032-010OLl_S 3_Exokrines_Pankreaskarzinom_21 112 013.pdf; Stand: 20.01.2016

[14] World Health Organization (WHO). Guideline: fortification of food – grade salt with iodine for the prevention and control of iodine deficiency disorders. Genf: WHO; 2014

▸ Links

[15] Bundesministerium für Ernährung und Landwirtschaft. Essen lernen. Im Internet: www.gesund-ins-leben.de/fuer-familien/kleinkinder/essen-lernen; Stand: 20.01.2016

[16] Bundeszentrale für gesundheitliche Aufklärung. Gesundheit und Ernährung. Im Internet: www.familienplanung.de/schwangerschaft/gesundheit-und-ernaehrung; Stand: 20.01.2016

[17] Bundeszentrale für gesundheitliche Aufklärung. Essstörungen. Im Internet: www.bzga-essstoerungen.de/; Stand: 09.12.2015

31 Bewegungstherapie

G. Ulrich

31.1 Definition

Folgt man dem Deutschen Verband für Gesundheitssport und Sporttherapie (DVGS), ist Bewegungstherapie „eine ärztlich indizierte und verordnete Bewegung mit verhaltensorientierten Komponenten, die vom Therapeuten geplant, dosiert, gemeinsam mit dem Arzt kontrolliert und mit dem Patienten alleine oder in der Gruppe durchgeführt wird". Bewegungstherapie umfasst eine Vielzahl an unterschiedlichen Interventionen aus der Sporttherapie, Physiotherapie, Ergotherapie und Rekreationstherapie, bei denen körperliche Bewegung als Therapie eingesetzt wird. Da Bewegungstherapie ein ganzheitlich ausgerichtetes therapeutisches Verfahren ist, soll körperliche Bewegung als therapeutische Intervention den Menschen nicht nur auf physischer, sondern auch auf psychischer und sozialer Ebene unterstützen. Die mehrdimensionalen Lernziele der Bewegungstherapie auf funktioneller, psychosozialer und pädagogischer Ebene folgen damit den von der WHO postulierten Grundprinzipien der „International Classification of Functioning, Disability and Health" (ICF).

31.2 Körperliche Aktivität und Gesundheit

Laut WHO gilt körperliche Inaktivität („Exercise Deficiency Syndrom") neben Hypertonie, Rauchen und hohem Blutzucker als viertstärkster Risikofaktor für die weltweite (vorzeitige) Sterblichkeit.

Umgekehrt ist die positive Auswirkung von Sport und körperlicher Aktivität auf die Gesundheit und die Prävention und Rehabilitation vieler chronischer Erkrankungen durch viele Studien gesichert:

- Körperliche Aktivität reduziert das Risiko des vorzeitigen Todes und die Wahrscheinlichkeit der Erkrankungen KHK, Schlaganfall, Bluthochdruck, Typ-2-Diabetes, Brust und Darmkrebs, Depression, Demenz und Osteoporose. Im Allgemeinen geht man bei den meisten der genannten Erkrankungen von einer Risikoreduktion (Morbidität und Mortalität) von 20–30 % aus.
- Körperliche Aktivität hat gesicherte positive Auswirkungen auf die Lebensqualität, die Schlafqualität und die Funktonalität im Alltag bei Älteren.
- Körperliche Aktivität kann gewinnbringend zur Therapie der erwähnten und vieler weiterer Erkrankungen eingesetzt werden.
- Nicht nur Sport an sich, sondern bereits Alltagsaktivitäten wie Treppensteigen, Gartenarbeit oder regelmäßiges Gehen haben einen nennenswerten positiven Einfluss auf die vorzeitige Mortalität und die Wahrscheinlichkeit und den Verlauf einer Vielzahl von Krankheiten.

Aufgrund dieser positiven gesundheitlichen Effekte körperlicher Aktivität fordern z. B. die Deutsche Gesellschaft für Sportmedizin und Prävention (DGSP) und das American College of Preventive Medicine, Fragen und Empfehlungen zur körperlichen Aktivität in jedes Patientengespräch aufzunehmen. Dem Allgemeinarzt kommt in diesem Rahmen eine bedeutende Stellung zu, da viele Patienten Gesundheitsfragen am häufigsten an ihn richten.

31.3 Aktivitätsempfehlungen der WHO

Die ausgesprochen positive Evidenzlage der körperlichen Aktivität zur Prävention führte bei vielen einschlägigen Organisationen zu überwiegend einheitlichen Empfehlungen und Leitlinien. Auf Basis dieser Leitlinien, Reviews und Evidenzreviews hat die WHO Empfehlungen zur körperlichen Aktivität in den „Global Recommendations on Physical Activity for Health, 2010" aufgegriffen und Aktivitätsstandards für gesunde Kinder und Jugendliche, Erwachsene und Ältere definiert [10]. Die wichtigsten Aktivitätsempfehlungen zur Primärprävention vieler Zivilisationskrankheiten sollen im Folgenden skizziert werden:

- Aktivitätsempfehlungen für 5- bis 17-Jährige:
  - insgesamt mindestens 60 Minuten/Tag bei moderater bis hoher Intensität durch abwechslungsreiche und freudbetonte Aktivität
  - es sollten hauptsächlich aerobe (moderate) Belastungen integriert werden, wobei an mindestens 3 Tagen/Woche ein Krafttraining (hohe

31

Intensität) für die großen Muskelgruppen empfohlen wird
- Aktivitätsempfehlungen für 18- bis 64-Jährige:
  - mindestens 150 Minuten/Woche mit moderater Intensität oder mindestens 75 Minuten/Woche mit hoher Intensität oder eine gleichwertige Kombination beider Aktivitätsempfehlungen
  - an mindestens 2 Tagen/Woche sollte ein Krafttraining für die großen Muskelgruppen integriert werden
- Aktivitätsempfehlungen für über 65-Jährige:
  - mindestens 150 Minuten/Woche mit moderater Intensität oder mindestens 75 Minuten/Woche mit hoher Intensität oder eine gleichwertige Kombination beider Aktivitätsempfehlungen
  - an mindestens 2 Tagen/Woche sollte ein Krafttraining für die großen Muskelgruppen integriert werden
  - Übungen zur Verbesserung der Gleichgewichtsfähigkeit bzw. zur Sturzprophylaxe sollten an 3 Tagen/Woche integriert werden

Die empfohlenen Zeiten können auch über mehrere aktive Einheiten von mindestens 10-minütiger Dauer erbracht werden, was die Umsetzungen in den Alltag der Zielgruppen erleichtern könnte.

Im Vordergrund steht das Training der aeroben Ausdauer unter Einbezug großer Muskelgruppen, die z. B. durch Sportarten wie Walking, Joggen, Laufen, Radfahren, Langlauf oder Schwimmen angesprochen wird. Übungen zur Schulung der Kraft, der Beweglichkeit und der Koordination sollten zusätzlich ins Trainingsprogramm aufgenommen werden.

Auf Basis des derzeitigen Wissenstandes könnten einfache Empfehlungen für Gesunde lauten:
- Es sollte vermieden werden, inaktiv zu sein.
- Etwas Bewegung (z. B. Gartenarbeit, Hausarbeit oder Spazierengehen) ist besser als keine Bewegung.
- Substanzielle gesundheitliche Benefits werden bei einer moderaten körperlichen Aktivität von mind. 150 Minuten/Woche erzielt.
- Ein sehr hoher Umfang an körperlicher Aktivität (z. B. > 5 × 60 Minuten/Woche) hat nur noch moderate Steigerungen gesundheitlicher Benefits zur Folge.

Für eine ausführlichere Recherche können die Aktivitätsempfehlungen der WHO im Internet abgerufen werden [10]. Weitere Trainingsempfehlungen zur Prävention können auch auf der Homepage der European Federation of Sports Medicine Association unter „Exercise Prescription for Health“ [7] entnommen und z. B. in Form eines Rezepts für Bewegung konkretisiert werden (Kap. 31.5). Diese Aktivitätsempfehlungen lassen sich auch auf Erwachsene und ältere Erwachsene mit chronischen Erkrankungen und Zivilisationserkrankungen, wie z. B. Hypertonie, übertragen.

31.4 Sportmedizinische Basisuntersuchung

Es gibt nur wenige absolute Kontraindikationen gegen Sport bzw. körperliche Aktivität – meistens akute Krankheiten. Patienten sollten auf die Möglichkeit einer sportmedizinischen Basisuntersuchung (Sporttauglichkeitsuntersuchung) hingewiesen werden. Das Risiko kardiovaskulärer Ereignisse oder eines sehr seltenen plötzlichen Herztods bei körperlicher Aktivität ist v. a. bei Neu- und Wiedereinsteigern nach längerer Sportpause und bei Personen ab 35 Jahren erhöht.

Merke

Bei einer sportmedizinischen Basisuntersuchung geht es darum, latente oder bereits manifeste Erkrankungen zu erkennen, um die Sporttauglichkeit und die aktuelle Belastbarkeit abzuleiten.

► **Inhalte.** Obligate Inhalte der sportmedizinischen Basisuntersuchung sind:
- Anamnese (mit Eigen-, Familien- und Sportanamnese)
- klinische Untersuchung
- 12-Kanal-Ruhe-EKG

Ein Belastungs-EKG sollte bei allen Personen mit Auffälligkeiten und bei Personen > 65 Jahren (auch ohne Symptome) obligat als Vorsorgeuntersuchung eingesetzt werden. Bei bestimmten Symptomen sind weiterführende Untersuchungen, wie z. B. eine Spiroergometrie oder eine Echokardiografie, angezeigt.

► **Leitlinie.** Hilfreich für den Allgemeinarzt kann die S 1-Leitlinie „Vorsorgeuntersuchung im Sport“ der Deutschen Gesellschaft für Sportmedizin und

Prävention (DGSP) sein, die standardisierte Erhebungsbögen zur Anamnese und zur klinischen Untersuchung enthält [6]. Besonders empfehlenswert für sportinteressierte Patienten ist der PAR-Q-Fragebogen (Physical Activity Readiness Questionnaire), über den Patienten mittels 7 Fragen selbst evaluieren können, ob sie vor Aufnahme einer körperlichen Aktivität einen Arzt aufsuchen sollten oder nicht.

► **Kosten.** Die Kosten für eine sportmedizinische Untersuchung werden mittlerweile anteilig von einigen Krankenkassen übernommen. Die Untersuchung muss dann aber in der Regel von einem Arzt mit Zusatzbezeichnung Sportmedizin durchgeführt werden.

31.5 Präventionssport

Merke

Präventionssport – nach § 20 SGB V – richtet sich weitgehend an gesunde Menschen und folgt der Maxime „allgemeinen Gesundheitszustand verbessern".

► **Rezept für Bewegung.** Um die in Kap. 31.2 erwähnten Benefits körperlicher Aktivität in konkrete Angebote und Empfehlungen einzurahmen und Patienten für Präventionssportangebote zu sensibilisieren, ist das „Rezept für Bewegung" eine sinnvolle Möglichkeit. Dieses Rezept für Bewegung wurde vom Deutschen Olympischen Sportbund (DOSB), der Bundesärztekammer (BÄK) und der DGSP gemeinsam erarbeitet und kann den Patienten mittlerweile in 11 Bundesländern ausgestellt werden. Laut DOSB richtet sich das Rezept an alle Patienten ohne akute Erkrankung oder besondere gesundheitliche Vorbelastung. Die Ausstellung dieses Rezeptes ist eine freiwillige Leistung und kann nicht über die gesetzlichen Krankenkassen abgerechnet werden. Jedoch können dem Patienten die Kosten von Präventionssportkursen anteilig oder vollständig von den Krankenkassen erstattet werden. Voraussetzung dafür ist, dass die angebotenen Sport- und Bewegungsangebote zur Prävention entsprechend zertifiziert und von den Krankenkassen anerkannt sind. Seit dem Jahr 2014 müssen alle Präventionsangebote von der Zentralen Prüfstelle für Prävention geprüft und zertifiziert werden. Versicherte können diese geprüften Bewegungsangebote über ihre Krankenkasse erfragen.

► **SPORT PRO GESUNDHEIT.** Eine weitere Hilfe bei der Suche nach zertifizierten Angeboten ist das Qualitätssiegel „SPORT PRO GESUNDHEIT" des DOSB [5]. Mit dem Qualitätssiegel „SPORT PRO GESUNDHEIT" ausgezeichnete Bewegungsangebote decken insbesondere die Schwerpunkte Herz-Kreislauf, Muskel- und Skelettsystem, Entspannung/Stressbewältigung und Koordination/motorische Förderung ab und sind bundesweit verfügbar. Dem Siegel „SPORT PRO GESUNDHEIT" sind auch die Siegel „PLUSPUNKT GESUNDHEIT.DTB" des Deutschen Turner-Bundes und „Gesund und fit im Wasser" des Deutschen Schwimmverbandes untergliedert.

Weiterführende Informationen zur Aktion „SPORT PRO GESUNDHEIT" und zum „Rezept für Bewegung" sowie zu zertifizierten Angeboten in Ihrer Nähe finden sich im Internet [5]. Dort können auch Broschüren, Poster und Flyer bestellt werden.

31.6 Rehasport

Rehabilitationssport (kurz Rehasport) – im § 44 Abs. 1 Nr. 3 und 4 SGB IX festgeschrieben – richtet sich an Menschen mit Behinderung, an Menschen mit drohender Behinderung sowie an chronisch Kranke und ist seit Einführung des SGB IX (Untertitel: „Rehabilitation und Teilhabe behinderter Menschen") eine Pflichtleistung der Kostenträger (hauptsächlich GKV, gesetzliche Unfallversicherung, Träger der gesetzlichen Rentenversicherung, Großteil der PKVs).

► **Indikationen und Verordnung.** Indikationen für Rehasport sind v. a. Schlaganfall, Morbus Bechterew, Morbus Parkinson, Multiple Sklerose, chronische Herzkrankheiten, Krebserkrankungen und ca. 30 weitere Indikationen. Abhängig von der Indikationsstellung des Arztes beträgt die Dauer des Rehasports 6, 18 oder 36 Monate bzw. der Umfang 50–120 Übungseinheiten (Regelfall: 50 Übungseinheiten in 18 Monaten). Dazu erhält der Patient vom Arzt eine Verordnung für den Rehabilitationssport über das sog. Formular 56 „Antrag auf Kostenübernahme für Rehabilitationssport/Funktionstraining" [8]. Die Kostenübernahme muss von der Krankenkasse genehmigt werden (Kap. 20.3, Kap. 20.4).

31

► **Durchführung und Ziel.** Rehasport findet immer in der Gruppe statt, wird von entsprechend qualifizierten Übungsleitern durchgeführt und zielt darauf ab, mithilfe der Mittel des Sports und des sportlichen Spiels, den Verlauf von Krankheiten auch im Sinne der Hilfe zur Selbsthilfe positiv zu beeinflussen.

► **Anbieter.** Anbieter des Rehasports sind insbesondere Sportvereine, aber auch Therapiepraxen oder Fitnessstudios, die über die Landesbehinderten-Sportverbände dem Deutschen Behindertensportverband (DBS) eingegliedert sind. Auf der Homepage des DBS können die nach bundesweit einheitlichen Standards zertifizierten Rehasportangebote abgefragt werden [4]. Dort finden sich zudem weitere Infoflyer für Ärzte und Patienten sowie die „Rahmenvereinbarung für den Rehabilitationssport und das Funktionstraining" vom 01.01.2011, herausgegeben von der Bundesarbeitsgemeinschaft für Rehabilitation in Kooperation mit den Rehabilitationsträgern.

31.7 Funktionstraining

Das Funktionstraining – ebenfalls im § 44 Abs. 1 Nr. 3 und 4 SGB IX festgeschrieben – wurde von der Deutschen Rheuma-Liga speziell für Rheuma-Patienten entwickelt, die weiterführende Informationen und kostenloses Informationsmaterial auf ihrer Homepage bereitstellt [2].

► **Durchführung und Ziel.** Es wird in der Gruppe entweder als Wassergymnastik oder als Trockengymnastik angeboten und von gut geschulten Therapeuten durchgeführt. Ziel des Funktionstrainings ist der Erhalt der Funktion des Gelenks, die Verbesserung der Beweglichkeit, aber auch der bessere Umgang mit der rheumatischen Krankheit im Sinne der Hilfe zur Selbsthilfe.

► **Verordnung und Kostenübernahme.** Die Verordnung für das Funktionstraining erfolgt wie beim Rehasport über das Formular 56 „Antrag auf Kostenübernahme für Rehabilitationssport/Funktionstraining" durch den Arzt (Regelfall: 12 Monate). Nach der „Rahmenvereinbarung für den Rehabilitationssport und das Funktionstraining" ist es möglich, dass die Krankenkassen die Kosten für das Funktionstraining für einen bestimmten Zeitraum übernehmen. Eine weiterführende Verordnung muss schlüssig begründet werden. Auf eigene Kosten können Patienten selbstverständlich weiterhin am Funktionstraining teilnehmen.

► **Anbieter.** Anbieter von Funktionstraining finden sich über die Homepages der Deutschen Rheuma-Liga [2], des Bundesselbsthilfeverbandes für Osteoporose [1], des Osteoporose-Selbsthilfegruppen-Dachverbandes [9] sowie der Deutschen Vereinigung Morbus Bechterew [3].

31.8 Literatur

[1] Bundesselbsthilfeverband für Osteoporose. Im Internet: www.osteoporose-deutschland.de; Stand: 26.06.2016

[2] Deutsche Rheuma-Liga. Im Internet: www.rheuma-liga.de; Stand: 26.06.2016

[3] Deutsche Vereinigung Morbus Bechterew. Im Internet: www.bechterew.de/; Stand: 26.06.2016

[4] Deutscher Behindertensportverband. Zertifizierte Reha-sport-Angebote. Im Internet: www.dbs-npc.de; Stand: 26.06.2016

[5] Deutscher Olympischer Sportbund. Sport pro Gesundheit. Im Internet: www.sportprogesundheit.de; Stand: 26.06.2016

[6] DGSP. Sportärztliche Untersuchung. Im Internet: www.dgsp.de/sportaerztliche-untersuchung-antrag-leitlinien-fuer-aerzte.php; Stand: 26.06.2016

[7] European Federation of Sports Medicine Association. Exercise Prescription for Health. Im Internet: www.efsma.net/eph/fitt.htm; Stand: 26.06.2016

[8] Kassenärztliche Bundesvereinigung. Formular 56. Im Internet: www.kbv.de/html/formulare.php; Stand: 26.06.2016

[9] Osteoporose-Selbsthilfegruppen-Dachverband. Im Internet: www.osd-ev.org/index.php; Stand: 26.06.2016

[10] WHO. Global Strategy on Diet, Physical Activity and Health. Im Internet: www.who.int/dietphysicalactivity/publications/pa/en/; Stand: 26.06.2016

32 Besondere Therapieverfahren

32.1 Vorbereitung und Nachsorge bei Operationen

H.-D. Klimm

32.1.1 Indikation

Immer wieder ist der Hausarzt in der Vorbereitung von Operationen und in ihre Nachbetreuung involviert. Prinzipiell besteht die Indikation für diese Betreuung bei jeder Operation, die einer stationären Behandlung bedarf.

32.1.2 Methodik

Die Maßnahmen der Vorbereitung und Nachsorge umfassen:

- **Vorbereitung einer Operation**:
  - körperliche Untersuchung
  - EKG zum Erkennen von Rhythmusstörungen
  - Laborscreening, insbesondere Blutgerinnungstest, Zucker, γ-GT, Kreatinin, Blutbild
  - Besprechen der Medikation, die auch bei der Operation beibehalten werden kann und muss
  - Besprechen der Medikamente, die vor der Operation abgesetzt und durch andere ersetzt werden müssen, z. B. blutgerinnende Medikamente (Bridging, Kap. 27.10)
- **Nachsorge nach Operation:**
  - Besprechung des Entlassungsberichts mit dem Patienten in Bezug auf Diagnose und einzuschlagende Therapie
  - Nachfragen, ob Beschwerden noch vorliegen oder neu aufgetreten sind, z. B. Schmerzen, Fieber
  - Inspektion der Wunden: Rötung, Schwellung, Dehiszenz, Sekretion (blutig, serös, eitrig)
  - Palpation der Wundumgebung: Schwellung, Schmerzhaftigkeit, Abwehrspannung
  - Verbandswechsel (Wundmanagement, Kap. 32.2)
  - Anordnungen durchführen
  - Laborparameter überprüfen, z. B. Quick und INR bei laufender Blutgerinnungstherapie und evtl. bevorstehendem Wechsel (Bridging, Kap. 27.10)
  - Erstellen eines neuen Medikamentenplans
  - Termin zur Kontrolle vereinbaren

32.1.3 Kosten

Die präoperative Diagnostik kann nach den EBM-Ziffern 31 010 bis 31 013, die postoperative Behandlung nach der EBM-Ziffer 31 600 abgerechnet werden (präoperativer Komplex nur einmal im Behandlungsfall und bei vollstationärer Operation und Behandlung im Krankenhaus nicht berechnungsfähig!).

32.2 Wundmanagement

H.-D. Klimm

32.2.1 Indikation

Alle Wunden, insbesondere die chronisch rezidivierenden und persistierenden, bedürfen eines konsequenten Wundmanagementverfahrens. Dieses besteht aus Wundanamnese, Beobachtung der Wundheilung mit Wundheilungsphasen, Wundbehandlung, Schmerzmanagement und Wunddokumentation.

32.2.2 Methodik

► **Wundheilung.** Die Wundheilung durchläuft die folgenden Phasen mit unterschiedlichen Anforderungen an die Wundbehandlung:

- Reinigungsphase (Resorptions- oder Exsudationsphase): Es ist besonders viel Exsudat zu erwarten, die Infektionsgefahr ist hoch. Der Verband muss das Exsudat aufnehmen können und Schutz vor einer neuen Kontamination garantieren.
- Granulationsphase: Gefäße bilden sich neu und das Bindegewebe proliferiert. Dazu ist ein feuchtes Milieu erforderlich. Der Verband muss Sekret absorbieren können, darf die Wunde aber nicht austrocken. Der Schutz vor Infektionen muss gewährleistet sein.
- Epithelisierungsphase (reparative Phase): Voraussetzung für eine reife Granulation ist eine feuchte Kriechfläche für die Epithelzellen. Es findet nur noch eine geringe Exsudation statt. Der Verband muss die Wunde feucht halten, aber überschüssiges Exsudat auch aufnehmen können, da sonst die Epithelzellen ausgeschwemmt werden könnten. Die Wunde darf nicht austrocknen.

32

IV

Risikoeinschätzung zur Verbesserung des Behandlungsverlaufs gefäßbedingter Wunden

Patienten ID : **Aufnahmedatum:**
Geburtsdatum: **Geschlecht :**

- ☐ Ulcus cruris (arteriell, venös, mix)
- ☐ pAVK mit Nekrosen (Stadium IV)
- ☐ DFS mit Verdacht auf angiopathische Komponente

Wunde älter als: ☐ 3 Monate ☐ 1 Jahr ☐ 2 Jahre

- ☐ vorhandene Gefäßdiagnostik
- ☐ Alkohol - Drogenabusus
- ☐ Kausaltherapie
- ☐ derzeitig onkologische Begleittherapie

Risikofaktoren

- ☐ BMI > 32
- ☐ Raucher ☐ Ex Nikotin
- ☐ Anzahl Arzneimittel > 5 davon:
  - ☐ Antihypertonika
  - ☐ Antidiabetika
  - ☐ Lipidsenker
  - ☐ Analgetika
  - ☐ Antibiotika
  - ☐ Sonstige:
- ☐ Diabetes mellitus Typ 1 oder 2
- ☐ Dialysepflichtig ☐ Niereninsuffizienz
- ☐ Co-Morbiditäten
  - ☐ Hauterkrankung
  - ☐ Malignom
  - ☐ Amputation: major, minor
  - ☐ KHK
  - ☐ Herzinsuffizienz
  - ☐ Sonstige:

Risikobewertung angelehnt an WIFI Score

Wunde :

- ☐ klein, oberflächlich; geringer Gewebsverlust an den unteren Extremitäten; keine freiliegenden Knochen kein Gangrän, Amputation < 2 Zehen, Hautdeckung
- ☐ tiefer; größerer Gewebsverlust; Knochen, Gelenk oder Sehne sichtbar, Ferse meist nur oberflächliche betroffen Zehen gangränös; Amputation ≥ 3 Zehen, transmetatarsale Amputation und/oder Hautdeckung
- ☐ tief; großflächiger Gewebsverlust an Vor- bzw. Mittelfuß; tiefschichtige Fersen- bzw. Fersenbeinulceration großflächiges Gangrän des Vor- und Mittelfußes, komplexe Rekonstruktion des Fußes notwendig

Ischämie:

RR ; Knöcheldruck (mm HG) links: ☐ ADP:________ ☐ ATP:________ ☐ AF:________
rechts: ☐ ADP:________ ☐ ATP:________ ☐ AF:________

Infektion:

☐ leicht / kontaminiert ☐ mäßig / infiziert ☐ stark / Phlegmone, Sepsis

Absender:
Name :
Strasse/Nr. :
PLZ/Ort :
FON :
FAX :
E Mail :

Foto MMS:
- ☐ ja
- ☐ nein

Abb. 32.1 **Risikoeinschätzung zur Verbesserung des Behandlungsverlaufs gefäßbedingter Wunden des Wundkompetenznetz Mittlerer Oberrhein.** (Mit freundlicher Genehmigung von Dr. Marc Schmidt, MedNetService GmbH, Karlsruhe und Prof. Dr. Martin Storck, Städtisches Klinikum Karlsruhe).

▶ **Wundbehandlung.** Die Wundbehandlung umfasst:

- Wundanamnese
  - Primäre oder sekundäre Wundheilung?
  - In welcher Wundheilungsphase befindet sich die Wunde?
  - Sezernierung?
  - Wie tief ist die Wunde?
  - Infektion?
  - Ursache der Wunde?
    - mechanische Verletzungen (Schürf-, Stich-, Schuss- oder Bisswunden, Amputationen)
    - thermische Verletzungen (Verbrennung, Erfrierung, Strom)
    - chemische Verletzungen (Verätzungen mit Säure, Lauge)
    - strahlenbedingte Wunden (UV-Strahlen, Röntgenstrahlen)
    - chronische Wunden (Ulcus cruris venosum, Ulcus arteriosum, diabetisches Fußsyndrom, Dekubitus, ulzerierende Tumoren)
    - iatrogene Wunden (Inzisionen, Punktion, Amputation)
- Wundbeobachtung
  - Wo ist die Wunde?
  - Wie groß ist die Wunde (Durchmesser, Tiefe, Fisteln)?
  - Exsudation (Länge, Farbe, Geruch, Konsistenz)?
  - Beschaffenheit der Wunde (am Wundrand, Wundgrund, an der Wundumgebung)?
- Wundversorgung
  - Wundreinigung: Nacl 0,9 %
  - Wundabdeckung, Schutz vor mechanischer, chemischer Reizung, Eintritt von Erregern, Verlust von Körperflüssigkeit, Austrocknung
  - bei schweren großen Ulzerationen spezialisierten Wundmanagementdienst hinzuziehen
- Wunddokumentation
  - konsequent und kontinuierlich, auch fotografisch!
  - ggf. Risikoeinschätzung gemäß Wundkompetenznetz (▶ Abb. 32.1)

32.2.3 Kosten

In Deutschland werden jährlich über 4 Millionen Patienten mit chronischen Wunden behandelt. Die Kosten belaufen sich dabei auf über 4 Milliarden Euro/Jahr. Ein erheblicher Anteil dieser Kosten wird im Rahmen der stationären und ambulanten Versorgung von Betroffenen mit Ulcus cruris, diabetischem Fußsyndrom und pAVK verursacht (Wundkompetenznetz Mittlerer Oberrhein) [1].

Abgerechnet werden kann die Versorgung chronischer Wunden nach EBM:

- chronische Wunden: Nr. 02 310 (nur 1 im Quartal)
- ein oder mehrere chronisch venöse Ulcera cruris: EBM 02 312 (zu Beginn und alle 4 Wochen)
- chronisches Ulkus bei diabetischem Fuß-Syndrom: EBM 02 311 (***Cave:*** Genehmigung durch die KV)

32.2.4 Delegationsverfahren

Zur Verbesserung der Versorgungslage dient die Entwicklung regionaler Wundkompetenznetze, z. B. Wundkompetenznetz Mittlerer Oberrhein), bei dem neben dem Hausarzt Kliniken, niedergelassene Fachärzte, ambulante Dienste, Alten- und Pflegeheime sowie MDK, Krankenkassen, Pflegekassen und Fachgesellschaften integriert zusammenarbeiten.

32.3 Dekubitusbehandlung

H.-D. Klimm

32.3.1 Indikation

Die Behandlung sollte so früh wie möglich beginnen (▶ Abb. 32.2). Jede Hautveränderung in einer der besonders gefährdeten Regionen, die bei Risikopatienten auf einen Dekubitus verdächtig ist (Kap. 34.39), muss inspiziert und ggf. behandelt werden. Immer gilt als wichtiger Grundsatz: „Prophylaxe ist besser als die oft undankbare lange Therapie."

32.3.2 Methodik

Die **Prophylaxe** von Dekubitalgeschwüren umfasst (▶ Abb. 32.3):

- Vermeidung durch Information und Einweisung der Pflegeperson
- Lagerung, Lagewechsel (1–2-stündig, je öfter, desto besser)
- Druckentlastung durch Fellpolsterung der gefährdeten Region
- Wechseldruckmatratzen
- Trockenföhnen der Feuchtigkeitsgebiete
- Optimierung der Therapie der Grundkrankheit

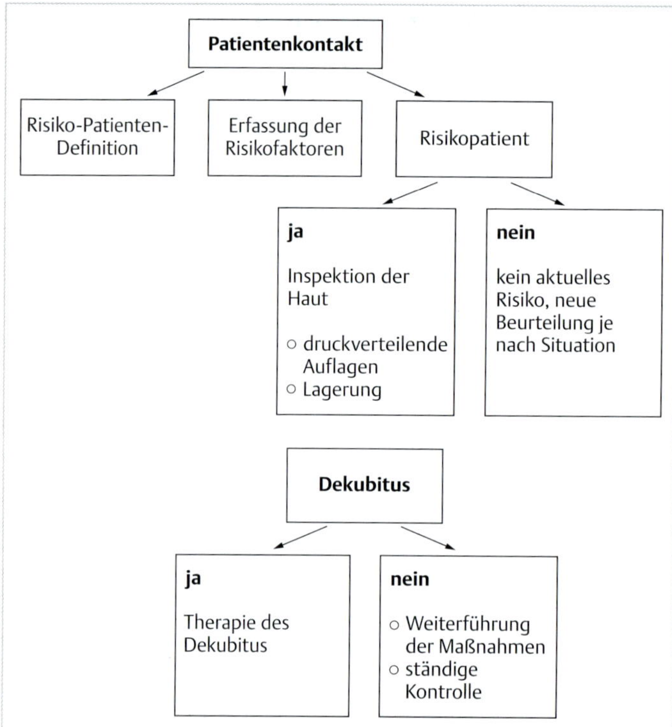

Abb. 32.2 Vorgehen bei Verdacht auf Dekubitus und bei bereits bestehendem Dekubitus. (Quelle: [6]. Mit freundlicher Genehmigung der Mediengruppe Oberfranken-Fachverlage GmbH & Co. KG).

- auf Medikation achten: mehrere Medikamentengruppen können infolge unterschiedlichster Mechanismen sowohl pharmakodynamisch als auch pharmakokinetischer Art das Dekubitusrisiko erhöhen:
  - Analgetika schwächen Stimuli ab (z. B. Morphin)
  - Sedativa und Hypnotika führen durch vermehrte Schläfrigkeit zur Immobilität (Barbiturate, Benzodiazepine)
  - kreislaufaktive Medikamente führen zur peripheren Vasokonstriktion und sekundären Gewebehypoxie

Die **Therapie** erfordert Geduld, sowohl vonseiten des Arztes als auch vonseiten des Pflegepersonals und der Angehörigen! Therapeutische Maßnahmen sind:

- Lokalbehandlung
- Wundmanagement: Kap. 32.2
- druckentlastende Verbände und Maßnahmen
- systemische Antibiotikatherapie (bei septischen Temperaturen und Schüttelfrost Blutkultur abnehmen)
- Wundabstriche zur Klärung der Erreger und Resistenzsituation (häufig sind bakterielle und mykotische [Candida!] Mischinfektionen)
- chirurgische Deckung durch Verschiebeplastiken, Entfernung von Fistelsystemen, die sich bei chronischen Ulzerationen bilden können

Merke

Therapeutische Maßnahmen: Ohne Beseitigung der Ursache heilt ein Dekubitus nicht ab! ***Cave:*** Keine Verbände anlegen! Sterile Kompressen direkt auf der Wunde saugen sich voll und produzieren instabile Wundverhältnisse. Ein Eintrocknen der Kompresse provoziert starke Schmerzen bei Verbandswechsel.

32.3.3 Ergebnisse

Die Therapie ist oft langwierig und für alle Beteiligten belastend. Daher kann die Bedeutung prophylaktischer Maßnahmen nicht genügend oft betont werden.

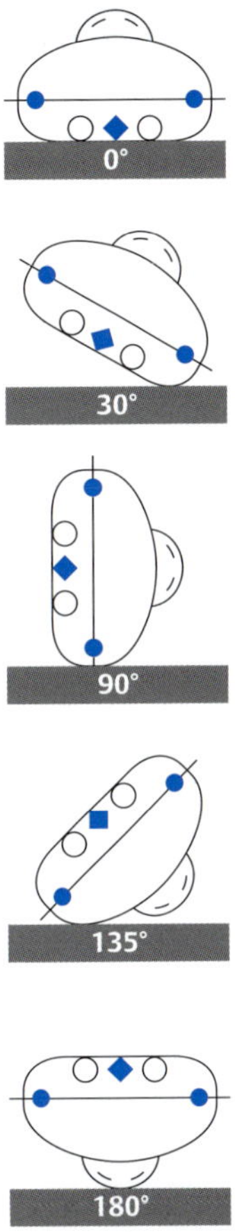

Rückenlage: Sakrum und Fersen sind druckbelastet und dekubitusgefährdet.

30°-Schräglage: Alle Prädilektionsstellen sind ohne Belastung. Optimallagerung von der Prophylaxe an.

90°-Seitenlage: Der aufliegende Trochanter ist druckbelastet. Die Seitenlage ist zu vermeiden.

135°-Schräglagerung: Die Spina iliaca anterior ist druckbelastet und muss mit Kissen unterlagert werden.

Bauchlage: Keine Prädilektionsstelle ist gefährdet. Die Bauchlage wird von Patienten in höherem Lebensalter wegen Wirbelsäulenbeschwerden und Lungenemphysem nicht toleriert.

Abb. 32.3 Prophylaxe von Dekubitalgeschwüren. (Quelle: [6]. Mit freundlicher Genehmigung der Mediengruppe Oberfranken-Fachverlage GmbH & Co. KG).

32.3.4 Kosten

Pflegerische Maßnahmen zur Dekubitusprophylaxe sind nicht verordnungsfähig. Im häuslichen Bereich müssen diese im Rahmen der Pflegeversicherung (SGB XI) erbracht werden. Ein genauer Behandlungsplan und ein Betreuungsnetz sind erforderlich.

32.3.5 Delegationsverfahren

In schwierigen Fällen ist die Behandlung in Spezialzentren mit Spezialbetten und besonders geeigneten intensiven Pflegemöglichkeiten indiziert.

32.4 Sondenernährung

P. Engeser

32.4.1 Einleitung

Mangelernährung im Alter sowie Unter-, Über- und Fehlversorgung der betroffenen Patienten sind zunehmend in den Blickpunkt einer kritischen Öffentlichkeit gerückt. Der Ernährungszustand ist Grundlage und Ausdruck von Gesundheit. Fehlernährung umfasst alle klinisch relevanten Ernährungsdefizite:

- Unterernährung beschreibt dabei einen Zustand verringerter Energiespeicher.
- Mangelernährung beschreibt einen krankheitsassoziierten Gewichtsverlust, Eiweißmangel oder speziellen Nährstoffmangel (z. B. Vitamine, Mineralstoffe, Spurenelemente, Wasser, freie Fettsäuren).

Klinisch wird der EZ in Übereinkunft nach dem Body Mass Index erfasst (BMI). Der Grenzwert von Fehlernährung für Erwachsene liegt bei $< 18{,}5\,kg/m^2$. Häufigster Konfliktgrund ist die Ernährungstherapie und das Anlegen einer PEG-Sonde. Grundkenntnisse zur enteralen Ernährung mittels Ernährungssonden, der Pflege der Sonden und der Komplikationsprophylaxe sind eine Voraussetzung der ambulanten oder heimstationären Versorgung solcher Patienten.

32.4.2 Indikationen und Kontraindikationen

Zur Indikation einer Ernährungssonde bedarf es eines definierten Therapieziels und dessen kontinuierlicher Überwachung. Die Analyse der klinischen Indikationen zur Sondenanlage ergibt 60 % benigne und 40 % maligne Erkrankungen. Dabei weisen die Patienten in ca. 50 % neurologische Grunderkrankungen auf und in 30 % handelt es sich um Patienten mit malignen Tumoren im Mund-Rachen-Bereich.

► **Gesicherte Indikation.** Als einzige gesicherte Indikation mit guter Datenlage kann die neurologisch bedingte Schluckstörung gelten, speziell nach apoplektischem Insult mit Schlucklähmung. Da der Verlauf vorübergehender Natur sein kann, ist hier eine Schlucktherapie indiziert und, falls notwendig, vorübergehend die Anlage einer nasogastralen Sonde. Die Dysphagie verschwindet in den ersten 2 Wochen bei 75 % der Patienten spontan. Prognostisch kann sich auch noch zu einem späteren Zeitpunkt die Schlucklähmung wieder zurückbilden.

▶ **Weitere mögliche Indikationen.** Weiche Empfehlungen zur Sondenanlage sind:

- drohende oder manifeste Mangelernährung, wenn frühzeitig mit der Therapie begonnen wird
- multimorbide, gebrechliche Senioren
- Schädel-Hirn-Trauma oder große chirurgische Eingriffen (für kurze Zeit)
- schwere Depression mit Essstörung

Merke

Das Therapieziel muss vom Behandler regelmäßig überprüft werden und somit die Indikation immer wieder hinterfragt werden. Fällt die Indikation zur Sondenernährung weg, muss diese beendet werden.

▶ **Kontraindikationen.** Eine Ernährungssonde darf nicht allein zur Pflegeerleichterung angewandt werden. Sie ist in infausten Situationen wie im Sterbeprozess kontraindiziert. Wenn aus dem Verlauf erkennbar wird, dass die Ernährungstherapie den Sterbeprozess verlängert, ist die weitere Indikation kritisch zu prüfen. Als Kontraindikationen für nasogastrale Sonden gelten Schädelbasisfraktur, Ösophagusruptur und eine Behandlungsdauer länger als 1–2 Wochen. Gegen die Anlage einer PEG sprechen schwere Gerinnungsstörungen, Peritonitis, ausgedehnte Peritonealkarzinose, massiver Aszites, Anorexia nervosa, schwere Psychosen und eine stark eingeschränkte Lebenserwartung. Magenulzera sollen vor Anlage einer PEG abgeheilt sein.

32.4.3 Methodik

▶ **Zugangswege.** Als Zugangswege für eine Sondenernährung kommen der nasale und der perkutane Zugang infrage:

- **Nasaler Zugang:** Nasogastrale (NGS) oder nasojejunale Sonden (NLS) haben ein Innenlumen von bis zu 8 Charrière. Nach einer Verwendung von maximal 7 Tagen muss der Zugangsweg gewechselt werden.
- **Perkutaner Zugang:** Sonden bei der perkutanen endoskopischen Gastrostomie (PEG) bzw. Jejunostomie (PEJ) haben ein Innenlumen bis 15 Charrière. Das Sondenende liegt im Regelfall gastral – nur nach Magen-OP, bei Retention oder Passagebehinderung sowie bei häufigem Erbrechen wird eine jejunale Sondenlage angestrebt.

Die PEG ist indiziert, wenn eine Ernährungstherapie länger als 14 Tage durchgeführt werden soll. Dann ist die PEG der NGS deutlich überlegen: Vorteile liegen in einer größeren ET-Menge durch den größeren Durchmesser und einer geringeren Komplikationsrate. Die Verweildauer einer gepflegten PEG-Sonde ist nur durch das Material begrenzt. Der Einsatz von Schwerkraftsystemen ist fast immer ausreichend (Ausnahme: sehr große Flüssigkeitsmengen).

▶ **Arzneimittelgabe durch Sonden.** Generell ist bei der Arzneimittelgabe über Sonden Vorsicht geboten, da durch die Zerstörung vorgegebener Applikationsformen (z. B. Retardierung) höhere Plasmaspiegel sofort nach Medikamentengabe resultieren können. Möglich ist auch, dass die resorbierte Gesamtmenge durch eine beschleunigte Magen-Darm-Passage niedriger ausfallen kann. Bei absorptiven Interaktionen ist evtl. eine Nahrungspause 1–2 Stunden vor und bis 1 Stunde nach Arzneimittelgabe einzulegen. Weiterhin sollten Arzneimittel nicht der Sondennahrung zugemischt werden, keine quellenden Pellets appliziert werden und extreme pH-Werte vermieden werden. Die Sonden müssen vor und nach der Arzneimittelgabe mit ca. 50 ml Wasser gespült werden. Alternativ müssen andere Arzneiformen eingesetzt werden.

32.4.4 Ergebnisse

▶ **Wirksamkeit.** Ernährungstherapie ist eine wirksame ärztliche Behandlungsform zu Erhalt und Wiederherstellung der Gesundheit bei Mangelernährung (Kap. 30.4). Entscheidend für den Patienten ist eine sichere Indikationsstellung.

▶ **Komplikationen.** Als Komplikation von Ernährungssonden treten Blutung, vorzeitige Sondenentfernung, Fistelbildung, Einwachsen der inneren Halteplatte sowie (selten) Tumorverschleppung auf. Schmerzen treten bei 20 %, lokal begrenzte Infektionen bei 8–30 %, schwere Infektionen bei

1–3 % der Patienten auf. Hierbei wird die Mortalität mit 0–2 % der Patienten angeben, besonders im Gefolge von Aspirationspneumonie, Peritonitis und Fasziitis mit nachfolgender chirurgischer Intervention. An Langzeitkomplikationen werden Sondenokklusion, Perforation, Leckage, Zellulitis, Ekzem und Hypergranulationsgewebe berichtet.

32.5 Stomaversorgung

C. Lutz

32.5.1 Einleitung

Ein Stoma (gr. Mund, Öffnung) (Z.93.–) ist eine operativ geschaffene Öffnung an einem Hohlorgan. Aussagekräftig wird die Bezeichnung durch Hinzufügen der anatomischen Lokalisation (z. B. Ileostoma, Descendostoma). Die harnableitenden Stomata haben Eigennamen, die häufig aber auch Hinweise auf die anatomisch verwendeten Strukturen geben, z. B. Ileumconduit, Uretereokutaneostomie.

32.5.2 Indikation

Die Indikationen für eine Stomaanlage sind:

- Krebserkrankungen, v. a. Darm- und Blasenkrebs, familiäre Polyposis
- entzündliche Darmerkrankungen
- sonstige (Fehlbildungen, Unfall, Durchblutungsstörungen)

32.5.3 Methodik

► **Stomaanlage.** Dank verbesserter Operationsmethoden können eine Vielzahl von Stomata nur temporär angelegt werden, um sie später zurückzuverlegen. Folgende Stomata sind häufig:

- Kolostomie
- Ileostomie (sehr seltene kontinente Form nach Kock-Pouchanlage)
- Urostomie (kontinente Form bei Nabelstomaanlage)

► **Hilfsmittel.** Für die Versorgung eines Stomas steht heute eine Vielzahl an Hilfsmitteln zur Auswahl:

- Die Haftmaterialien der Versorgungsprodukte basieren im Wesentlichen auf den 3 Grundkomponenten Gelatine, Pektin und Zellulose. Deren Haupteigenschaften (granulationsanregend, feuchtigkeitsbindend und hypoallergen) sind aus der Wundversorgung bekannt.
- Stomaversorgungen gibt es entweder als ein- oder als zweiteilige **Systeme**, d. h., dass Beutel und Hautschutzmaterialien miteinander verbunden oder koppelbar sind. In der Regel sind die Haftflächen plan. Für den Einsatz bei Stomaretraktionen, Anlagen in Hautfalten oder trichterförmigen peristomalen Einziehungen gibt es auch konvexe Hautschutzflächen. Für flüssige bzw. breiige Ausscheidung werden offene Beutel oder Ausstreifbeutel, für feste bzw. geformte Ausscheidung geschlossene Beutel verwendet. Für Urin (und Sekrete) gibt es sog. Urostomabeutel mit Rückflusssperre und Ablassventil. Es gibt zudem ergänzende Hilfsmittel wie Abdichtpasten, Gürtel oder Hautpflegemittel.

► **Wechselhäufigkeit.** Die Wechselhäufigkeit richtet sich bei unauffälligem Befund von Stoma und parastomaler Haut nach dem verwendeten Versorgungssystem. Bei Auffälligkeiten kann ein Wechsel täglich erforderlich sein, bzw. bei Undichtigkeit jeweils sofort, um Hautschäden durch Ausscheidungen zu vermeiden.

Abwendbar gefährlicher Verlauf

- Je nach Stoma kommen Dehydratation und Elektrolytstörungen unterschiedlich häufig vor, sind aber insbesondere bei interkurrenten zusätzlichen Auslösern rechtzeitig zu erfassen!
- Intraindividuelle Änderungen der Ausscheidungen hinsichtlich Art, Menge und Konsistenz geben Hinweise auf pathologische Abweichungen und müssen beurteilt und ggf. abgeklärt werden.

32.5.4 Ergebnisse

► **Inkontinenz.** In der Regel sind Stomaanlagen inkontinente Formen der Stuhl- oder Harnableitung. Je nach ausgeleitetem Darmabschnitt stehen dem Körper weitere Funktionen durch Entfernung oder Stilllegung von Darmanteilen nicht zur Verfügung.

► **Auswirkungen.** Für den Betroffenen und sein soziales Umfeld hat die Stomaanlage vielfältige Auswirkungen auf nahezu alle Bereiche des Lebens.

32.5.5 Delegationsverfahren

Eine Einführung und gezielte Beratung durch Fachkräfte für die Stomapflege sind heute Standard [4]:

- Betreuung schon vor der Operation, um Fragen des Betroffenen zu klären
- intensive Schulung im Umgang mit den Versorgungsmaterialien nach der Operation
- individuelles Beratungs- und Informationsangebot für Patient und Angehörige

Darüber hinaus stellen Selbsthilfegruppen in vielen Fällen eine hilfreiche Ergänzung dar, z. B. durch Regionalgruppen der Selbsthilfevereinigung für Stomaträger und Menschen mit Darmkrebs [4].

32.6 Schmerztherapie

P. Engeser

32.6.1 Einleitung

▸ **Bedeutung.** Schmerzen haben einen großen Einfluss auf die gesundheitsbedingte Lebensqualität und das Wohlbefinden der Menschen. Sie sind ein sehr komplexes Problem, das häufig durch psychische Komponenten beeinflusst wird (s. a. Kap. 23). Schmerz ist ein Leitsymptom in der Praxis und eine der häufigsten Störungen des Organismus im Alltag. Man unterscheidet akute und chronische Schmerzen: In der Akutphase hat Schmerz eine wichtige Funktion als Warnzeichen, in der chronischen Phase kommt es häufig zu einer Verselbstständigung dieses unangenehmen Phänomens.

▸ **Epidemiologie.** Es gibt große geschlechts- und altersspezifische Unterschiede. Grundsätzlich zeigen Frauen unabhängig vom Alter eine höhere Schmerzprävalenz. Bei beiden Geschlechtern nimmt die Häufigkeit von Schmerzen in allen Körperregionen mit dem Alter zu – mit der Ausnahme von Kopfschmerzen, deren Häufigkeit mit zunehmendem Alter abnimmt. Bei Männern bestehen am häufigsten Rückenschmerzen (31 %) (Kap. 23.7), bei Frauen Kopfschmerzen (36 %) (Kap. 23.1).

32.6.2 Indikation

Ziel jeder Schmerztherapie ist eine Linderung der aufgetretenen Schmerzen mit Verbesserung der Lebensqualität. Eine strukturierte Schmerztherapie hilft, akute Schmerzen zu lindern und einer Chronifizierung von Schmerzen vorzubeugen. Letztlich ist sie zur Behandlung chronischer Schmerzen unabdingbar. Das Stufenschema zur Tumorschmerztherapie der WHO ist ein wichtiges Instrument zur strukturierten Schmerztherapie (▸ Abb. 32.5). Bei Nichttumorschmerz sind häufig weitere Therapieverfahren notwendig und indiziert.

Merke

Der kritiklose Einsatz von Schmerzmedikamenten über längere Zeit ist unbedingt zu vermeiden.

32.6.3 Methodik

▸ **Pathophysiologie des Schmerzes.** Schmerz entsteht bei einer Gewebeschädigung durch eine einwirkende Noxe. Hierdurch werden spezifische Mediatoren freigesetzt, die zu einer Reizung spezieller Nozizeptoren führt. Diese Reizungen werden dann zum Gehirn weitergeleitet. Grundsätzlich unterscheidet man:

- nozizeptiver Schmerz (scharf, stechend, gut lokalisierbar)
- neuropathischer Schmerz (brennend, einschießend, elektrisierend)
- zentraler Schmerz (Thalamusschmerz, Phantomschmerz, Allodynie)

▸ **Schmerzskala.** Häufig sind verschiedene Qualitäten des Schmerzes bei einem Patienten zu eruieren („mixed pain“). Zur Qualifizierung des Schmerzes einerseits und zur Einleitung der Therapie andererseits dient in der Praxis die konsequente Anwendung der Schmerzskala (▸ Abb. 32.4) und das Führen eines Schmerztagebuchs.

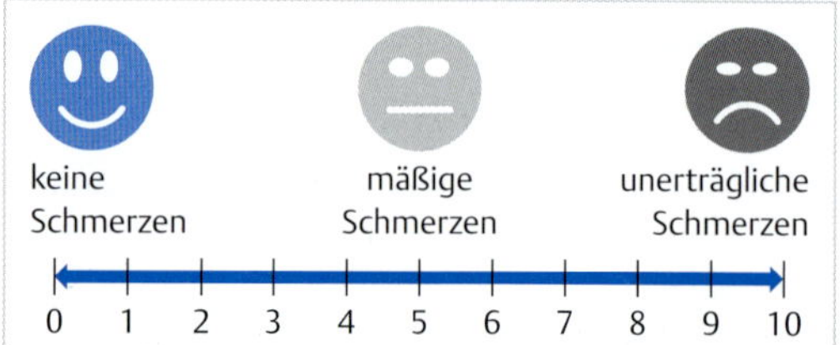

Abb. 32.4 Schmerzskala.

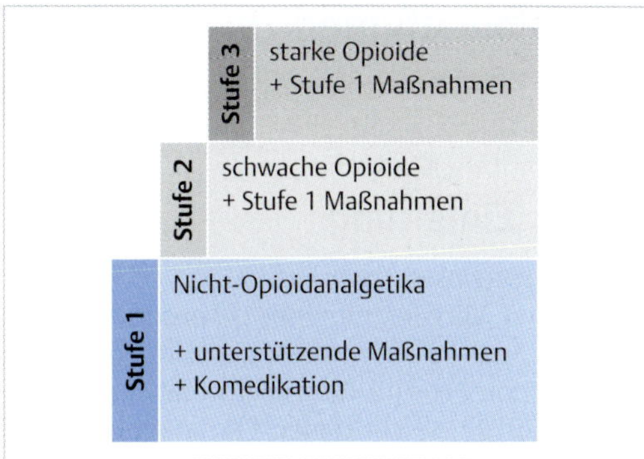

Abb. 32.5 Stufenschema zur (Tumor-)Schmerztherapie der WHO. [7].

▸ **Strategie.** In der Therapie werden zunächst Allgemeinmaßnahmen ausgeschöpft (Wärme, Kälte, Lagerung, Bewegung, Entspannung). Im Therapieverlauf wird dann zunehmend Stufe um Stufe der WHO-Leiter (▸ Abb. 32.5) gesteigert oder wieder gesenkt. Bezogen auf die Applikationsintervalle sind eine Basis- und eine Notfalltherapie die wichtigsten Elemente der Therapie:

- Bei der Basistherapie handelt es sich um eine Schmerzprophylaxe nach festem Zeitschema.
- Die Notfalltherapie ist eine Bedarfsmedikation bei akuten Schmerzspitzen, die immer wieder auftreten können. Im Gegensatz zur Basistherapie wird bei der Notfallmedikation ein Präparat mit schnell freisetzender Galenik gewählt.

▸ **WHO-Schmerztherapie.** Das Stufenschema zur (Tumor-)Schmerztherapie der WHO ist in ▸ Abb. 32.5 dargestellt (s. a. Kap. 34.34, ▸ Tab. 34.9). Die Empfehlungen der WHO zur Behandlung starker Schmerzen lassen sich wie folgt zusammenfassen:

- orale Therapieformen
- nach festem Zeitplan
- nach Stufenschema
- Nichtopioide und Opioide werden gemeinsam verwendet
- Opioide der Stufe 2 und 3 sollen nicht kombiniert werden

▸ **WHO-Stufe 1.** Zur WHO-Stufe 1 (Nichtopioid-Analgetika) gehören die Substanzen Paracetamol, Azetylsalizylsäure und Metamizol. Diese sind wegen fehlender antiphlogistischer Wirksamkeit bei Knochen- und Weichteilschmerzen wenig effektiv, weshalb häufig nicht steroidale Antiphlogistika wie Diclofenac, Ibuprofen oder Naproxen zum Einsatz kommen. Auch Coxibe sind als Mittel der zweiten Wahl eine Alternative. Im Zusammenhang mit einer Opioid-Behandlung sind gemäß der Arzneimittelrichtlinien auch nicht verschreibungspflichtige Analgetika erstattungsfähig (F.16, sog. OTC-Liste). Eine parenterale Gabe von NSAR bietet für den Patienten keinerlei Vorteile, ist aber mit einem hohen Risiko unerwünschter Arzneimittelwirkungen verbunden und gilt daher als Kunstfehler! Bei Migräne wird der frühzeitige Einsatz von Antiemetika empfohlen. Nach Ausschöpfung der Basistherapie werden bei mittelschweren und schweren Attacken zusätzlich Triptane mit großem Erfolg eingesetzt.

▸ **WHO-Stufe 2.** Zur WHO-Stufe 2 (schwach wirksame Opioide) zählt die Arzneimittelkommission der deutschen Ärzteschaft neben Dihydrocodein auch Tramadol oder Tilidin/Naloxon. Das halbsynthetische Dihydrocodein ist dreifach so wirksam wie Codein.

▸ **WHO-Stufe 3.** In der WHO-Stufe 3 (stark wirksame Opioide) werden neben Morphin, Hydromorphon, Fentanyl, Buprenorphin und Oxycodon gezählt. Neuester Vertreter dieser Gruppe ist das Tapentadol. Diese Substanzen unterliegen alle der Betäubungsmittel-Verschreibungsverordnung (BtMVV).

32.6.4 Ergebnisse

▸ **Opioide.** Aufgrund der langjährigen Erfahrungen, der hohen Wirksamkeit, der vergleichsweise niedrigen Kosten und des Vorhandenseins diverser Darreichungsformen gilt innerhalb der stark wirksamen Opioide Morphin als Leitsubstanz. Morphin ist aufgrund der vergleichsweise kurzen Halbwertszeit gut steuerbar. Obgleich das Spektrum unerwünschter Arzneimittelwirkungen bei Opioiden im Wesentlichen gleich sein soll, können diese je nach Wirkstoff unterschiedlich ausgeprägt sein. Daher sollte bei Ineffektivität oder intolerablem Umfang der UAW ein Opioidwechsel („opioid rotation") in äquipotenter Dosis erwogen werden. Nach Möglichkeit sollte wegen der besseren Steuerung stets die orale Opioidgabe bevorzugt werden. Jedoch stellt die transdermale Applikation von Pflastern eine Alternative zur oralen Gabe bei Patienten dar, die eine Dysphagie, eine Schlucklähmung bzw. ein gastrointestinales Passagehindernis aufweisen.

▸ **Koanalgetika.** Häufig können Schmerzen von Patienten durch die alleinige Gabe von Analgetika nicht ausreichend gelindert werden. Trotz hoher Dosen von peripher und zentral wirksamen Schmerzmitteln empfindet der Betroffene noch starke Schmerzen oder leidet unter starken Nebenwirkungen. Daher ist eine genaue Schmerzanalyse zwingend notwendig! Nozizeptive Schmerzen sprechen meist sehr gut auf Opioide an, neuropathische und zentrale Schmerzen können häufig aber durch Analgetika oder nicht steroidale Antirheumatika allein nicht ausreichend gelindert werden. Dann ist es notwendig, weitere Medikamente aus anderen Substanzgruppen in die Schmerztherapie einzubeziehen. Diese Medikamentengruppen werden im Allgemeinen als Koanalgetika bezeichnet. In der Schmerztherapie sind Antidepressiva, Antikonvulsiva, Glukokortikosteroide und Biphosphonate erprobt und deren Wirksamkeit gesichert. Weniger häufig werden Spasmolytika, Muskelrelaxanzien und Lokalanästhetika als Koanalgetika eingesetzt. Aber auch deren Wirksamkeit ist gut belegt. Vereinzelt werden auch Baclofen, Clonidin und Ketamin bei therapieresistenten Schmerzen eingesetzt.

▸ **Adjuvanzien.** Aufgrund der Gefahr einer starken Obstipation muss bei der Verordnung von Opioiden gleichzeitig eine Laxanzientherapie begonnen werden. Ballaststoffreiche Kost, reichlich Flüssigkeitszufuhr und Bewegung sind zur Aufrechterhaltung einer geregelten Darmfunktion sehr hilfreich. Allerdings sind diese allgemeinen Maßnahmen bei einer Opiattherapie nicht ausreichend wirksam. Als Basistherapie stehen Macrogol (15–40 g/d) und Lactulose (10–30 g/d) zur Verfügung. Bei fehlender Wirksamkeit können Natriumpicosulfat, Bisacodyl oder Sennaalkaloide zum Einsatz kommen. Wichtigste unerwünschte Wirkungen aller dieser Substanzen sind Blähungen, kolikartige Schmerzen und Flatulenz. Weiterhin kann Paraffin als Gleitmittel bei hartnäckiger Verstopfung verwendet werden. Reichen diese Maßnahmen nicht aus, können Suppositorien, Klysmen oder hohe Einläufe notwendig werden. Als letzte Maßnahme ist bei starkem Kotstau ggf. eine manuelle Ausräumung nötig. Auch Prokinetika wie Prucaloprid und Methylnaltrexon kommen zum Einsatz, darüber hinaus Substanzen die zur Koloskopievorbereitung dienen.

32.7 Palliativmedizin

P. Engeser

32.7.1 Einleitung

Palliativmedizin ist nach Definition der WHO ein „Ansatz zur Verbesserung der Lebensqualität von Patienten und ihren Familien, die mit den Problemen konfrontiert sind, die mit einer lebensbedrohlichen weit fortgeschrittenen Erkrankung einhergehen, und zwar durch Vorbeugen und Lindern von Leiden, durch frühzeitiges Erkennen, sorgfältige Einschätzung und Behandlung von Schmerzen sowie anderen Beschwerden körperlicher, psychosozialer und spiritueller Art." Die Palliativmedizin konzentriert sich somit auf die bestmögliche medizinische, pflegerische, psychosoziale und spirituelle Behandlung und Begleitung schwerstkranker und sterbender Menschen sowie ihrer Angehörigen.

32.7.2 Indikation

Gemeinsames Ziel ist es, für weitgehende Linderung der Symptome und Verbesserung der Lebensqualität zu sorgen – in welchem Umfeld auch immer Betroffene dies wünschen. Es handelt sich somit um die aktive und ganzheitliche Behandlung schwerstkranker Patienten, bei denen ein kurativer Ansatz in der Behandlung nicht mehr möglich ist.

Merke

Im Mittelpunkt der Betreuung steht die Lebensqualität des Patienten und nicht mehr die Überlebenszeit.

32.7.3 Methodik

▸ **Konzept.** Wesentliche Komponenten der Palliativmedizin sind Symptomkontrolle, psychosoziale Kompetenz, Teamarbeit und Sterbebegleitung. Palliativmedizin ist ein Teilbereich des Gesamtkonzepts „Palliative Care". Neben dem Patienten sind im Konzept der Palliativmedizin immer auch die Angehörigen im Fokus. Einerseits können Patienten nur dann zu Hause versterben, wenn sie durch

Angehörige unterstützt werden, andererseits sind diese durch die Erkrankung des Nächsten häufig persönlich stark belastet. Nach Cicely Saunders, die als Begründerin der modernen Palliativmedizin gilt, wurden folgende Prinzipien aufgestellt (Kap. 5.8):

- Die Behandlung des Patienten erfolgt in der Umgebung seiner Wahl.
- Die physischen, psychischen, sozialen und spirituellen Bedürfnisse von Patienten, Angehörigen und Behandlungsteam werden beachtet.
- Es gilt der Grundsatz „high person, low technology", d. h. das Menschliche tritt in den Vordergrund, das medizinisch mit viel technischem Aufwand Machbare in den Hintergrund. Ziel der Therapie ist die Lebensqualität des Patienten.
- Die individuelle Behandlung jedes Patienten übernimmt ein multidisziplinäres Team.
- Offenheit und Wahrhaftigkeit sind Grundlage des Vertrauensverhältnisses zwischen allen Beteiligten.
- Ehrenamtliche werden in die Behandlung integriert.
- Die kontinuierliche Betreuung des Patienten und seiner Angehörigen dauert an bis zum Tod bzw. in die Trauerzeit.
- Grundlage ist die Bejahung des Lebens und die Akzeptanz von Sterben und Tod als Teil des Lebens. Der Tod wird weder beschleunigt noch hinausgezögert. Aktive Sterbehilfe wird strikt abgelehnt.

▸ **Hausärztliche Palliativmedizin.** Hausärztliche Palliativmedizin wird zur allgemeinen Palliativversorgung gezählt, die als Basis der Palliativversorgung gesehen wird und bei Bedarf durch eine spezialisierte Palliativversorgung ergänzt werden kann (Kap. 5.8). Hinweise für die Festlegung einer Versorgung in der spezialisierten Palliativversorgung sind:

- Patientenbedürfnisse erfordern eine komplexere und aufwendigere Versorgungsleistung als in der allgemeinen Palliativversorgung.
- Leistungserbringer verfügen über spezifische palliativmedizinische Qualifikation und Erfahrung.
- Teamansatz und Multiprofessionalität sind konzeptionelle und strukturelle Voraussetzung.
- Die 24-Stunden-Verfügbarkeit der Komplexleistung ist gewährleistet.

Hausärztliche Behandlung schließt schon immer auch die Betreuung und Begleitung Schwerstkranker und Sterbender ein. Typische Erkrankungen im Bereich der Palliativmedizin sind Tumorerkrankungen im Endstadium, fortgeschrittene Herzinsuffizienz, chronisch obstruktive Lungenerkrankung, Lungenfibrose, Leberzirrhose, Morbus Parkinson und Patienten mit fortgeschrittener oder rezidivierender zerebraler Ischämie. Auch Menschen mit einer fortgeschrittenen Demenz werden häufig unter palliativmedizinischen Gesichtspunkten betreut.

32.7.4 Ergebnisse

Die wichtigsten Symptome der Patienten in palliativer Betreuung sind: Schmerz (70 %), Xerostomie (67 %), Anorexie/Kachexie (61 %), Fatigue (47 %), Obstipation (45 %), Dyspnoe (42 %), Übelkeit und Erbrechen (36 %), neuropsychiatrische Symptome wie Delir, Agitiertheit, Verwirrtheit, Krämpfe oder Schwindel (19 %). Die meisten dieser Symptome können palliativmedizinisch gut beeinflusst werden.

Bezüglich der Linderung von Schmerz und Obstipation wird auf Kap. 32.6 verwiesen.

▸ **Mundtrockenheit.** Mundtrockenheit ist ein sehr belastendes Symptom und muss daher sehr intensiv mit kreativen Ideen behandelt werden. Eine gute Mundpflege kann die Xerostomie fast immer suffizient lindern. Je nach Geschmack kann die Mundhöhle mit verschiedenen Säften oder Tees feucht gehalten werden, auch verschiedene Öle wie Olivenöl oder Rosenöl haben sich bewährt. Ebenfalls können gefrorene Speisen und Früchte oder Eis zum Einsatz kommen. Wichtig ist neben der Auswahl der Mundpflegemittel die Frequenz der Pflege. Die häufig eingesetzten Lemon-Glyzerin-Sticks sollten nicht mehr zum Einsatz kommen.

▸ **Appetitlosigkeit.** Ein ebenfalls sehr belastendes Symptom ist die Appetitlosigkeit mit einhergehender Anorexie bzw. Kachexie. Auch in der Betreuung dieses Symptoms wird viel Phantasie benötigt. Wichtig sind die Auswahl und Qualität der Nahrung, die Art der Zubereitung und appetitliche Präsentation sowie der Kaloriengehalt. Auch ist das Essen in Gemeinschaft häufig ein wichtiger Faktor für die Qualität der Nahrungsaufnahme. Kalorienreiche Nahrungsbestandteile wie Fette und Kohlenhydrate können großzügig in Form von Butter, Sahne oder Zucker verwendet werden. Auch kohlenhydratreiche Getränke wie Säfte, Bier oder Limonaden kommen häufig zum Einsatz. Die „Astronautennahrung" kann für manchen Patienten eine Alternative sein. Bei der Frage der parenteralen Ernährung in palliativem Krankheitsstadium sind die Patientenpräferenzen und die Prognose der Erkrankung besonders zu berücksichtigen. Darüber hinaus können einige Medikamente wie Steroidhormone, Antidepressiva, Neuroleptika oder auch Cannabinoide den Appetit kräftig anregen und kommen häufig zum Einsatz.

► **Fatigue.** Die Beeinflussung der häufig sehr belastenden Fatigue ist besonders schwierig. Hier sind die medikamentösen Möglichkeiten sehr begrenzt. Der Schwerpunkt der Betreuung liegt auf aktivierenden Maßnahmen, ohne die Patienten zu überfordern. Wichtig ist, eine zugrunde liegende Depression nicht zu übersehen, die dann natürlich fachgerecht behandelt werden muss.

► **Übelkeit und Erbrechen.** Für die Therapie von Übelkeit und Erbrechen stehen dem Hausarzt eine Fülle von Medikamenten zur Verfügung. Zu nennen sind Metoclopramid, Domperidon, Dimenhydrinat, Haloperidol, Ondansetron, Levomepromazin, Dexamethason und Cannabinoide. Häufig wird Haloperidol im Zusammenhang mit einer Opioidtherapie in niedriger Dosierung eingesetzt.

► **Atemnot.** Eines der Symptome, das Patienten am stärksten belastet ist die Atemnot. Die Möglichkeit des Erstickens ist für die meisten Menschen mit starken Ängsten besetzt. Um den Circulus virtuosus zwischen Atemnot, Angst und Panik zu durchbrechen, wird Morphin allein oder in Kombination mit Lorazepam und Midazolam eingesetzt. Sauerstoff wird nur bei nachgewiesener Hypoxämie empfohlen.

► **Neuropsychiatrische Symptome.** Neuropsychiatrische Symptome müssen differenzialdiagnostisch abgeklärt werden und entsprechend der Ursache therapiert werden. Hier kommen häufig Antidepressiva, Neuroleptika oder Steroide zum Einsatz. Wichtig sind zusätzlich sehr oft psychosoziale Betreuung (z. B. ambulanter Hospizdienst, sozialtherapeutische Dienste) und psychotherapeutische Unterstützung.

Abwendbar gefährlicher Verlauf

- Auch bei Palliativpatienten ist bei Veränderungen im Krankheitsverlauf immer wieder zu hinterfragen, ob eine weitergehende Diagnostik für den Patienten sinnvoll ist. Häufig kann auch in palliativer Situation unnötiges Leiden durch rechtzeitiges Handeln vermieden werden!
- Es sollen die physischen, psychischen, sozialen und spirituellen Bedürfnisse sowie die Belastungen und Informationsbedürfnisse der Patienten und Angehörigen wiederholt und bei einer Änderung der klinischen Situation erfasst werden.
- Es soll die Komplexität der Situation wiederholt eingeschätzt werden; inkl. Patienten- und Angehörigenbedürfnisse, den Funktionsstatus des Patienten und die Krankheitsphase.
- Bei einer hohen Komplexität ihrer Situation sollen Patienten eine spezialisierte Palliativversorgung angeboten bekommen.

32.8 Schlafstörungen

K.-C. Münter

32.8.1 Einleitung

Störungen des Schlaf-wach-Rhythmus werden als Schlafstörungen bezeichnet. Allgemein wird unterschieden zwischen Einschlaf- und Durchschlafstörungen sowie abnormer Tagesmüdigkeit (Kap. 24.23).

► **Schlafbedürfnis.** Das individuelle Schlafbedürfnis ist allerdings sehr unterschiedlich und variiert zudem erheblich mit dem Lebensalter. Für Erwachsene mittleren Alters wird es mit 6–10 Stunden angegeben, der Mittelwert von 8 Stunden soll auch das häufigste anzutreffende Maß sein. Studien aus Regensburg, Warwick und London sehen allerdings die mittlere Schlafdauer niedriger – bei knapp 7 Stunden. Während Neugeborene bis zu 18 Stunden, verteilt über den Tag, schlafen können, gelingen alten Menschen häufig nur zwischen 4 und 6 Stunden (allerdings liegen sie deutlich länger im Bett und neigen zu einem Mittagsschlaf).

▸ **Schlafmangel.** Einschlafstörungen haben häufig psychogene Ursachen, zu Durchschlafstörungen kann es im Verlauf diverser innerer, psychiatrischer und neurologischer Krankheiten kommen (Kap. 24.23). Mangelnder oder als mangelnd empfundener Schlaf führt zur Tagesmüdigkeit mit Konzentrationsschwäche und Gereiztheit, im gefährlichen Fall auch zum sog. Sekundenschlaf.

Eine Sonderform des Schlafmangels ist der Schlafentzug. Er kommt vor als therapeutischer Schlafentzug in der Behandlung von Depressionen, diagnostischer Schlafentzug in der Epilepsiediagnostik sowie als Foltermethode.

32.8.2 Indikation

Bei **Einschlafstörungen** ist nicht in jedem Fall eine spezielle Therapie erforderlich (Beispiel Prüfungsangst), sie sollte allerdings erwogen werden, wenn die Betreffenden sich durch die Schlafstörung in der Bewältigung ihres Tagesablaufs gehindert fühlen. **Durchschlafstörungen** bedürfen der spezifischen Therapie.

32.8.3 Methodik

▸ **Anamnese und Diagnostik.** Von Patienten geklagte Schlafstörungen sind immer ernst zu nehmen. Die ausführliche Anamnese umfasst die berufliche, soziale und familiäre Situation, die Medikamentenanamnese und das Abfragen von Suchtmitteln (Alkohol, Nikotin, Drogen). Ergeben sich Hinweise auf organische Krankheiten, erfolgt eine weitere zielgerichtete Diagnostik.

▸ **Beratung.** Ergeben sich bei der Diagnostik keine Hinweise auf organische Ursachen, werden die Grundzüge der Schlafhygiene erläutert: Licht, Lärm, Temperatur, beengende Schlafkleidung, Konsum von Alkohol oder Koffein spätabends, üppige Mahlzeiten zur Nacht, schlechte Matratzen und vieles mehr können als Störfaktoren benannt werden. Ein besonderes Problem stellt die Schichtarbeit mit häufig wechselnden Aufsteh- und Zubettgehzeiten dar. Die Beratung richtet sich auf die Rhythmisierung des Tagesablaufs, die Schaffung einer optimalen Schlafumgebung und das Einüben von Schlafritualen bzw. Entspannungstechniken.

▸ **Einschlafstörungen.** Entspannungstechniken wie autogenes Training, progressive Muskelrelaxation oder Atemtraining können hier hilfreich sein.

▸ **Durchschlafstörungen.** Die spezifische Therapie orientiert sich an der Ursache der Schlafstörungen. Besonders häufig treten in der Hausarztpraxis dabei nächtliche Wadenkrämpfe, „restless legs" und häufiger Harndrang auf:

- **nächtliche Wadenkrämpfe:**
  - vielfach wird ein Magnesiummangel verantwortlich gemacht, weitere mögliche Ursachen sind: einseitige oder zu geringe Ernährung, körperlicher Stress durch Arbeit oder Sport, chronische Leber- und Nierenerkrankungen, Polyneuropathie, aber auch Medikamente und Alkohol
  - Magnesium wird zu 99 % intrazellulär gespeichert → Blutuntersuchung hilft diagnostisch nicht weiter
  - Therapieversuch mit Magnesiumtabletten (in der Regel schon von den Patienten unternommen)
  - ausgewogene Kost, regelmäßige Bewegung und Absprühen der Beine mit kühlem (nicht zu kaltem) Duschstrahl, auch als Wechseldusche warm – kalt, vor dem Zubettgehen
- **Restless-Legs-Syndrom:**
  - neurologisches Krankheitsbild, das von anderen Erkrankungen differenziert werden muss (Kap. 25.19)
  - Dopamingabe bessert die Symptome schlagartig → diagnostisches Testverfahren
  - genetisch bedingte idiopathische Form oder sekundäre Form bei einer Reihe von Erkrankungen, aber auch unter bestimmten Medikamenten (vor allem Antidepressiva)
  - Therapie mit Dopamin, ggf. in der Kombination mit Dopaminagonisten
- **nächtlicher Harndrang:**
  - eines der Symptome eines Harnwegsinfekts, führt meist am nächsten Morgen zum Arzt → antibiotische Therapie
  - bei älteren Männern schmerzlos im Rahmen der Prostatahypertrophie möglich → diagnostische Abklärung und Ausschluss eines malignen Hintergrunds → pflanzliche Wirkstoffe wie Sägepalmenfrüchte, Brennnesselwurzeln oder Kürbiskerne in verschiedenen Kombinationen oder als Monotherapie, medikamentös α_1-Rezeptorenblocker (z. B. Tamsulosin)

► **Schlafmedikamente.** Schlafmedikamente werden von ca. 5 % der männlichen und 12 % der weiblichen Bevölkerung zumindest gelegentlich eingesetzt. Zugelassen sind vor allem Benzodiazepine, benzodiazepinähnliche Präparate wie die sog. „Z-drugs" (Zolpidem, Zopiclon, Zaleplon – wegen ihrer geringeren Halbwertszeit die aktuell am häufigsten verordnete Medikamentengruppe), Antidepressiva (z. B. Opipramol) und Antihistaminika. Um vor allem der Abhängigkeit von Benzodiazepinen (geschätzte 1,2 Millionen Menschen in Deutschland) vorzubeugen, wird die Intervalltherapie empfohlen, bei der die Patienten maximal 2–3-mal pro Woche ein Medikament einnehmen. Generell soll die Verordnung nur kurzzeitig erfolgen.

► **Depressionen.** Bei jahreszeitlich bedingten Depressionen mit Schlafstörungen (Winterdepression) findet die Lichttherapie Einsatz.

Abwendbar gefährlicher Verlauf

Abnorme Tagesmüdigkeit sollte immer zur Abklärung eines möglichen **Schlafapnoesyndroms** führen. Der beim Schlafapnoesyndrom mögliche Sekundenschlaf kann insbesondere während des Autofahrens zu lebensbedrohlichen Situationen führen. Die Therapie ist hingegen einfach und effektiv.

32.9 Zwangseinweisung

H.-D. Klimm

32.9.1 Indikation

Voraussetzung für eine Zwangseinweisung ist, dass der psychisch Kranke sich selbst oder andere gefährdet (z. B. Selbstmordgefährdung, aggressives Verhalten).

Die Hauptgründe für eine zwanghafte Unterbringung sind:

- schizophrene Erkrankungen
- manisch depressive Erkrankungen
- krisenbedingte ernste Suizidabsichten
- erhebliche Selbst- oder Fremdgefährdung

Von Fremdgefährdung kann gesprochen werden, wenn:

- Personen unkontrolliert am Straßenverkehr teilnehmen
- Personen aufgrund wahnhafter Verkennung angegriffen werden
- der Betroffene Zerstörung mit großem Schaden vornimmt
- wenn die öffentliche Sicherheit und Ordnung gestört ist
- massiv andere öffentliche Rechtsgüter gefährdet werden

32.9.2 Methodik

Der einweisende Arzt muss die Zwangseinweisung schriftlich begründen. Nach Rücksprache mit dem aufnehmenden Arzt in der geschlossenen Abteilung ist die für die Zwangsmaßnahme zuständige Behörde (Polizei, Ordnungsamt) zu informieren. Die Zwangseinweisung muss innerhalb einer kurzen Frist (nach Begutachtung durch einen Psychiater) durch den Amtsrichter bestätigt werden.

Die zwangsweise Einweisung eines psychisch Kranken in eine geschlossene psychiatrische Einrichtung unterliegt unterschiedlichen landesrechtlichen Bestimmungen. In Baden-Württemberg, Bayern und Saarland heißen die Bestimmungen: „Gesetze über Schutz und Hilfe psychisch kranker Menschen", in Hessen handelt es sich um das „Freiheitsentziehungsgesetz".

32.10 Literatur

[1] Deutsche Gesellschaft für Kinder- und Jugendpsychiatrie, Psychosomatik und Psychotherapie. AWMF-S 1-Leitlinie 028–012. Nichtorganische Schlafstörungen (F51). Im Internet: www.awmf.org/uploads/tx_szleitlinien/028-012l_S 1_Nichtorganische_Schlafst%C 3 %B6rungen_2013-abgelaufen.pdf; Stand: 20.01.2016

[2] Deutsche Gesellschaft für Schlafforschung und Schlafmedizin. AWMF-S 3-Leitlinie 063–001. Nicht erholsamer Schlaf – Schlafstörungen. Im Internet: www.awmf.org/uploads/tx_szleitlinien/063-001l-abgelaufen.pdf; Stand: 20.01.2016

[3] Deutsche Gesellschaft für Wundheilung und Wundbehandlung. AWMF-S 3-Leitlinie 091–001. Lokaltherapie chronischer Wunden bei Patienten mit den Risiken periphere arterielle Verschlusskrankheit, Diabetes mellitus, chronische venöse Insuffizienz. Im Internet: www.awmf.org/uploads/tx_szleitlinien/091-001l_S 3_Lokaltherapie_chronischer_Wunden_2012-06.pdf; Stand: 10.12.2015

[4] Deutsche ILCO e. V., Selbsthilfevereinigung für Stomaträger und Menschen mit Darmkrebs. Im Internet: www.ilco.de/home.html; Stand: 12.10.2015

[5] Fachgesellschaft Stoma, Kontinenz und Wunde. Im Internet: www.fgskw.org/; Stand: 12.10.2015

[6] Klimm HD, Klimm S, Peters-Klimm F et. al. Dekubitusprophylaxe. Palliativmedizin. In: Elkeles B, Schwandner O, Scoha U et.al, Hrsg. Der Ältere Patient. München: Hans Marseille Verlag; 2012.

[7] World Health Organization. WHO's cancer pain ladder for adults. Im Internet: www.who.int/cancer/palliative/painladder/en/. Stand: 13.06.2016.

33 Häusliche und lokale Pflege- und Hilfsdienste und andere Heilberufe

H.-D. Klimm

Die meisten Menschen in Deutschland wünschen sich im Alter und auch bei Hilfs- und Pflegebedürftigkeit, im gewohnten Bereich und ihrer bisherigen Umgebung leben zu können. Über 90 % der über 75 Jahre alten befragten Bundesbürger äußern diesen Wunsch.

Wesentliche Aufgabe des Hausarztes ist die Koordination der verschiedenen Hilfsmöglichkeiten und Informationen des Patienten über die Gegebenheiten der finanziellen und sonstigen Unterstützung:

- Ambulante Pflegedienste: von vielen privaten, kommunalen und gemeinnützigen Trägern angeboten für unterschiedliche Leistungsangebote und Qualitäten
- Hilfsorganisationen und Wohlfahrtsverbände: Essen auf Rädern, Transportdienste, Kurse für pflegende Angehörige, Notrufanlagen u. a.
- medizinische Fachberufe: z. B. Physiotherapeuten, Logopäden, Ergotherapeuten
- nicht medizinische Berufe: Sozialarbeiter, Psychologen, Diätberater, Geistliche
- teilstationäre Einrichtungen der Tages- und Nachtpflege

Ambulante Pflegedienste und Sozialstationen erbringen Leistungen der gesetzlichen Krankenversicherung (SGB V) und der Pflegeversicherung (SGV XI) sowie der Sozialhilfe (SGB XII). Ambulante Pflegedienste haben entsprechende Leistungs- und Vergütungsvereinbarungen mit dem jeweiligen Kostenträger abgeschlossen.

Teil 5

Ausgewählte Krankheitsbilder

5

34 Ausgewählte Krankheitsbilder

34.1 Abort (O06.9)

H.-D. Klimm

34.1.1 Definition

Eine Fehlgeburt, Abort, ist eine vorzeitige Beendigung der Schwangerschaft durch Ausstoßung und/oder Absterben einer unter 500 g wiegenden Frucht innerhalb der ersten 28 Wochen post menstruationem (Frühabort bis 16. Woche, Spätabort 17.–28. Woche p.m.).

34.1.2 Epidemiologie

Exakte Daten gibt es nicht, weil Fehlgeburten in den ersten Schwangerschaftswochen oft subklinisch verlaufen und als Unregelmäßigkeiten des Menstruationszyklus fehlgedeutet werden. In der Gruppe der 20–30-jährigen Frauen kommt es in etwa der Hälfte der befruchteten Eizellen zum Abort. Generell schätzt man, dass jede 10. Schwangerschaft durch Spontanabort endet. Etwa 30 % der Frauen sind im Verlauf ihres Lebens von einer oder mehreren Fehlgeburten betroffen.

34.1.3 Ätiologie

Man unterscheidet zwischen Spontanabort und artifiziellem Abort. Beim Spontanabort sind fetoplazentare, maternale, paternale und andere Gründe möglich. Der Großteil der frühen Entwicklungshindernisse hat seinen Ursprung im Genom: Chromosomale Aberrationen verursachen ca. 75 % aller Spontanaborte! Beispiele sind größere Chromosomenmutationen oder numerische Aberrationen.

- **fetoplazentare Gründe:**
  - mutagene Einflüsse wie ionisierende Strahlen
  - teratogene Einflüsse während der Schwangerschaft (Medikamente, Chemikalien, Genussmittel wie Alkohol und Nikotin)
  - Infektionen wie Rötelnembryopathie oder Toxoplasmose
- **maternale Gründe:**
  - erworbene oder angeborene Uterus- und Zervixanomalien
  - Tumoren
  - Entzündungen wie Endometritis, Synechien
  - Zervixinsuffizienz
  - Ovarialfunktionsstörungen, die zu einer unvollständigen Nidation führen
  - chromosomale Aberrationen und Störungen in der Immuntoleranz
- **paternale Gründe:**
  - eindeutiger Zusammenhang zwischen dem Alter des Mannes und der Wahrscheinlichkeit einer Fehlgeburt: Rate von Fehlgeburten beträgt bei Männern zwischen 30 und 40 Jahren 16,7 %, bei Männern zwischen 35 und 39 Jahren 19,5 % und bei Männern über 40 Jahren 33 %
  - Auch die Wahrscheinlichkeit eines Kindes mit Down-Syndrom steigt mit zunehmendem Alter des Mannes.

34.1.4 Leitsymptome und Diagnostik

Die Symptome hängen vom Verlauf ab:

- Abortus imminens, drohender Abort (O20.0): Blutungen bis Mensesstärke, ggf. Wehen, geschlossener Zervikalkanal
- Abortus incipiens (O06.9): vaginale Blutungen, Zervixkanal geöffnet
- Abortus incompletus (O06.4): unvollständiger Fruchtabgang
- Abortus completus (O06.9): nach vollständigem und gleichzeitigem Abgang der gesamten Frucht (Fötus, Eihäute, Plazenta) Uterus kontrahiert, Sistieren der Blutung

Bei komplizierten Verläufen zeigen sich:

- Missed abortion (O02.1): verhaltener Abort, Fruchttod, aber nicht aus der Gebärmutter ausgestoßen, Zervixkanal geschlossen, Wachstumsretardierung der Gebärmutter bei Routineschwangerschaftskontrolle! (Chorionepitheliom)
- septischer Abort (O08.0): aszendierende Infektion, Fieber (Endotoxinschock)

Zur prognostischen Einschätzung dienen:

- **Sonografie** (ggf. transvaginal): Phase der Amnionhöhle bzw. des Embryos/Fötus bezogen auf das Gestationsalter, Vitalzeichen (Bewegung, Herzaktion), Wachstum bei Verlaufskontrollen
- **β-HCG im Serum** als Verlaufsparameter, ggf. auch bei Verdacht auf Abortreste

34.1.5 Differenzialdiagnostik

- bei Blutungen und Unterleibsschmerzen in der Frühschwangerschaft: Extrauteringravidität (O00.9, Kap. 34.52)
- vaginale Blutungen: Varizenblutung, Polypenblutung, Ektopieblutung, Zervixkarzinom, mechanische Verletzungen, vorzeitige Plazentalösung, Plazenta praevia

34.1.6 Therapie

Die Therapie orientiert sich an Form und Status des Aborts. Bei Abortus imminens → Bettruhe und Sedierung (Diazepam). Stets Zusammenarbeit mit Gynäkologen anstreben zur Indikation und Durchführung von Cerclagen oder zur Abort-Kürettage, wenn der Abort nicht mehr aufzuhalten ist. Bei Verdacht auf septischen Abort sofortige klinische Einweisung!

Abwendbar gefährlicher Verlauf

- Verbrauchskoagulopathien (D 75.1) und Exitus bei septischem Schock!
- Chorionepitheliom (C 58) bei unvollständigem Fruchtabgang, Dead-Foetus-Syndrom (verbleibt der abgestoßene Foetus länger als 12 Wochen in der Gebärmutter, kann es zur Einschwemmung von thromboplastischem Material in den mütterlichen Blutkreislauf kommen mit lebensbedrohlicher disseminierter intravasaler Gerinnung)
- Induktion einer Rhesusinkompatibilität (D 55.0) mit der Folge eines Morbus haemolyticus (P55.9) bei späteren Schwangerschaften ist möglich, wenn eine induzierte Anti-D-Prophylaxe unterbleibt (Blutgruppe und Rhesusbestimmung auch beim Frühabort stets veranlassen!)

34.1.7 Leitlinien

Deutsche Gesellschaft für Gynäkologie und Geburtshilfe. AWMF-S 1-Leitlinie 015–050. **Spontanabort, Diagnostik und Therapie beim wiederholten ...** Im Internet: www.awmf.org/leitlinien; Stand: 20.01.2016

34.2 Abszess (L 02.9)

F. Peters-Klimm

34.2.1 Definition

Unter einem Abszess versteht man eine einschmelzende Infektion mit Eiterbakterien (bei Abszessen der Körperoberfläche meist Staphylokokken, sonst weitere Erreger, z. B. E. coli) mit Kapselbildung. Abszesse treten auf als:

- organbezogene Abszesse im Körper (z. B. perityphlitischer Abszess, Abszess bei Divertikulitis, Leberabszess [Amöben!], Lungenabszess, perirenaler Abszess, subphrenischer Abszess)
- periphere Weichteilentzündungen (kutan oder subkutan)

34.2.2 Epidemiologie

Organbezogene Abszesse des Körperinneren sind in der Allgemeinpraxis selten und zumeist hochakute Krankheitsbilder, die einer sofortigen stationären Abklärung bzw. Behandlung bedürfen. Die weitere Darstellung bezieht sich daher ausschließlich auf periphere Weichteilabszesse.

34.2.3 Ätiologie

Periphere Weichteilabszesse entstehen durch das Eindringen pathogener Keime:

- entlang der Hautanhangsgebilde (Haarbälge mit Talgdrüsen, Schweißdrüsen)
- durch infizierte Fremdkörper (z. B. Holzsplitter, Dornen, Insektenstachel)
- durch Verletzungen (direkte Keimeinschleppung und infiziertes Hämatom)
- iatrogen (z. B. Spritzenabszess)

Abszesse finden sich prinzipiell an allen Körperstellen. Gehäuft treten sie auf:

- an Körperstellen mit starker Talgbildung und Behaarung, z. B. Nacken- und Rückenpartie, auch Brust- und Bartregion; oft Entwicklung über Follikulitis, Furunkel („kleiner" Abszess), Karbunkel (konfluierende Furunkel) zum fluktuierenden Abszess
- unter den Axillae als Schweißdrüsenabszess (Hidradenitis suppurativa)
- an feuchten, schwitzigen und mechanisch gereizten Körperstellen, z. B. inguinal, gluteal
- als Panaritium am Finger: Kap. 34.133

34.2.4 Leitsymptome und Diagnostik

Zumeist handelt es sich um eine einfache Blickdiagnose. Die entsprechende Körperstelle ist geschwollen, fluktuierend, heiß, rot und schmerzhaft. Bei Beschränkung auf die Haut bestehen meist keine Allgemeinsymptome. Wiederholte oder größere Abszesse sollten mikrobiologisch anhand von Abstrich, Kultur und ggf. Resistenzbestimmung abgeklärt werden.

34.2.5 Differenzialdiagnostik

Differenzialdiagnostisch ist an das („infizierte") Atherom (Kap. 34.21) zu denken.

34.2.6 Therapie

Eine lokale antiphlogistische Behandlung (z. B. mit Polyvidon-Iod) ist nur bei kleineren Abszessvorstufen (ohne Fluktuation) unter kurzfristiger Beobachtung indiziert. Ansonsten muss jeder Abszess unverzüglich eröffnet werden („ubi pus, ibi evacua"):

- Schnitt in Hautfaltlinien
- gründliche Entleerung der Abszesshöhle
- durch Schnittechnik, z. B. Kreuzschnitt und/oder Einlegen einer Drainage sicherstellen, dass ein kontinuierlicher Sekretabfluss möglich ist
- Lokalanästhesie ist nur als Leitungsanästhesie im sicher nicht infizierten Gebiet gestattet
- Chlorethylspray („Vereisung") nicht anwenden, da meist durch ungenügende Anästhesie keine genügende Spaltung und gründliche Abszesshöhlenreinigung vorgenommen wird
- in der Nachbehandlung täglicher Verbandswechsel mit Drainagewechsel, bis die Gefahr der oberflächlichen Abszesshöhlenschließung mit Sekretverhalt nicht mehr gegeben ist

Merke

Größere Abszesse stets zum Chirurgen überweisen, da erfahrungsgemäß nur unter Kurznarkose eine vollständige Abszesshöhlenreinigung möglich ist. Oft ist die Abszessausdehnung viel größer, als durch alleinige Inspektion vermutet wurde!

Abwendbar gefährlicher Verlauf

Durch rechtzeitige Eröffnung peripherer Weichteilabszesse lassen sich Komplikationen vermeiden. Diese sind:

- **Lymphangitis** (I89.1) und **Lymphadenitis** (I88.9) („roter Streifen" proximal des Abszesses): sofortige Abszesseröffnung, Ruhigstellung (z. B. Extremität), antibiotische Abdeckung (z. B. Cephalosporin) (s. a. Kap. 34.107) bei zunächst lymphogener Ausbreitung
- **Sepsis** (A41.9): hochakutes Krankheitsbild, sofortige Krankenhauseinweisung, hämatogene Streuung bei Überschreiten des Ductus thoracicus oder durch direkte Blutgefäßarrodierung möglich
- Abszesse kranial ab Oberlippenbereich erfordern besondere Wachsamkeit und antibiotische (evtl. stationäre intravenöse) Therapie wegen der Gefahr der septischen Sinus-cavernosus-Thrombose durch Keimverschleppung
- Schwellung und Schmerzen im Oberlippen- und Wangenbereich (Parulis) sind meist Zeichen eines dentogenen Abszesses: Überweisung zum Zahnarzt
- Rezidivierende Furunkel oder Abszesse können Zeichen einer Immunsuppression (Diabetes mellitus, chronische Infektion wie z. B. durch HIV oder Leukämie) sein.

34.2.7 Leitlinien

Deutsche dermatologische Gesellschaft. AWMF-S 2k-Leitlinie 013–038. **Staphylococcus aureus bedingte Infektionen der Haut und Schleimhäute, Diagnostik und Therapie.** Im Internet: www.awmf.org/leitlinien; Stand: 20.01.2016

Deutsche Gesellschaft für Allgemein- und Viszeralchirurgie. AWMF-S 3-Leitlinie 088–005. **Analabszess.** Im Internet: www.awmf.org/leitlinien; Stand: 20.01.2016

Deutsche Gesellschaft für Koloproktologie. AWMF-S 3-Leitlinie 081–009. **Sinus pilonidalis.** Im Internet: www.awmf.org/leitlinien; Stand: 20.01.2016

34.3 Achillessehnenruptur (M66.5)

U. Müller-Bühl

34.3.1 Definition

Die Achillessehnenruptur ist ein Riss mit Funktionsverlust der Achillessehne (Tendo calcanei). Sehneneinrisse, -teilabrisse und komplette Rupturen sind ebenso wie eine Abrissfraktur am Fersenbein möglich.

34.3.2 Epidemiologie

Die Achillessehnenruptur ist bei Männern im Alter von 30–50 Jahren überdurchschnittlich häufig. Mit 1–2 % ist sie jedoch insgesamt eine eher seltene Verletzung bei Sportlern. Durch Freizeitsport und -aktivitäten nimmt die Inzidenz in der Bevölkerung in letzten Jahren zu, insbesondere bei Wiederaufnahme nach jahrelangem trainingsfreiem Intervall.

34.3.3 Ätiologie

Ausgelöst wird die Ruptur vornehmlich durch Sportarten mit hoher Beanspruchung von Wadenmuskulatur und Sprunggelenk (Handball, Fußball) durch abrupte Belastung und indirekte Traumata. Die normale Zugfestigkeit der Sehne kann auch bei Nichtsportlern durch eine Vorschädigung vermindert (Diabetes, Ehlers-Danlos-Syndrom, Mikrotraumata) oder durch intra- oder paratendinöse Kortisoninjektionen bzw. die Einnahme bestimmter Medikamente (Gyrasehemmer, Kortison, Immunsuppressiva) herabgesetzt sein.

34.3.4 Leitsymptome und Diagnostik

► **Symptome.** Typisch sind die folgenden Symptome:

- abrupter, manchmal als geräuschvoll beschriebener („Schnalzen", „Peitschenknall") Schmerz im Fersenbein
- Plantarflexion des Fußes im Liegen eingeschränkt oder nicht mehr möglich: restliche Beugefunktion durch tiefe Unterschenkelbeuger und lange Zehenbeuger meist vorhanden
- lokale umschriebene schmerzhafte Schwellung und Hämatom, bei frischen Rupturen auch tastbare Delle kranial des Fersenbeins

► **Diagnostik.** Die Verdachtsdiagnose wird anhand der Anamnese und klinisch gestellt. Weitere diagnostische Maßnahmen sind:

- Thomson-Test: Kompression der Wade führt nicht zu Spitzfußstellung
- Sonografie, Röntgen (Abrissfraktur Fersenbein?), MRT

34.3.5 Differenzialdiagnostik

- Muskelfaserriss (S 86.9): Schmerzlokalisation in der Wade, Achillessehne unauffällig
- Achillodynie (M76.6): Insertionstendopathie, chronischer belastungsabhängiger Verlauf
- Achillobursitis (M76.9): lokale Schwellung, meist belastungsabhängiger Verlauf

34.3.6 Therapie

- Versorgung:
  - konservativ (Gips, Spezialschuh, Orthese) oder
  - chirurgische Versorgung minimal-invasiv oder mit offener Operation
- anschließend Fixation des Unterschenkels eine Woche in Spitzfußstellung, dann 6 Wochen im Spezialstiefel mit stufenweise Reduzierung der Fersenerhöhung
- Thromboseprophylaxe mit Heparin wichtig!
- danach Reha-Programm mit stufenweise steigender, krankengymnastisch kontrollierter Belastung
- mit lockerem Lauftraining wird nach 4–6 Monaten begonnen

Abwendbar gefährlicher Verlauf

Die Zugbelastung der Achillessehne ist trainierbar! Daher eine Minderung des Risikos bei geplanter Aufnahme oder Durchführung einer intensiven sportlichen Aktivität durch „Aufwärmprogramm" inkl. Dehnungsübungen der Wadenmuskulatur besprechen. Kortisoninjektionen in Sehne oder Bursa nach Möglichkeit vermeiden.

34.3.7 Leitlinien

BÄK, KBV, AWMF. AWMF-S 3-Leitlinie NVL-001C. **Nationale VersorgungsLeitlinie Typ-2-Diabetes: Präventions- und Behandlungsstrategien für Fußkomplikationen.** Im Internet: www.awmf.org/leitlinien; Stand: 20.01.2016

34.4 Adipositas (E66.99)

K.-C. Münter

34.4.1 Definition

Liegt der **Body Mass Index** (BMI, kg/m^2), also das Körpergewicht in Kilogramm geteilt durch die Körpergröße in Metern zum Quadrat, oberhalb des sog. **Normalgewichts,** d. h. des durchschnittlichen Körpergewichts innerhalb einer Altersgruppe der Bevölkerung, spricht man von Übergewicht (BMI 25–30) bzw. Adipositas (BMI > 30, ▶ Tab. 34.1). Wegen verschiedener Einschränkungen (bei Kindern, Sportlern oder amputierten Menschen) wird zur Diagnostik auch häufig der Bauchumfang verwendet. Nach Definition der National Institutes of Health (USA) sollte der Bauchumfang bei Männern nicht über 102 cm und bei Frauen nicht über 88 cm liegen.

Nach der regionalen Fettverteilung wird die **androide** (abdominale, stammbetonte) und die **gynoide** (gluteofemorale, periphere) Adipositas unterschieden. Sie ist abschätzbar durch die in der Praxis leicht durchzuführende Messung des Taillen- und Hüftumfangs (▶ Tab. 34.2), wobei die abdominale (androide) Fettverteilung für das Auftreten von Begleitkrankheiten prognostisch ungünstiger ist.

34.4.2 Epidemiologie

Nach Zahlen des statistischen Bundesamtes waren 2013 52 % aller Erwachsenen in Deutschland übergewichtig (Männer 62 %, Frauen 43 %), sodass sich der Begriff „Normalgewicht" relativiert.

34.4.3 Ätiologie

Ätiologisch spielen in erster Linie Überernährung und Inaktivität, seltener genetische, neuroendokrine, iatrogene, soziokulturelle und psychologische Faktoren eine Rolle. Beispielsweise können Persönlichkeits- und/oder Entwicklungsstörungen einem gestörten Essverhalten zugrunde liegen.

34.4.4 Leitsymptome und Diagnostik

▶ **Symptome.** Im Vordergrund der Symptomatik stehen mechanische und funktionelle Beeinträchtigungen durch die Körperfülle bzw. deren Komplikationen. Dazu gehören verminderte Leistungsfähigkeit, Kurzatmigkeit, Rücken- und Gelenkbeschwerden, Herz-Kreislauf-Beschwerden oder Verdauungs- und Stoffwechselstörungen. Davon unabhängig kann Übergewicht jedoch auch als Schutzfaktor wirken und zur psychischen Stabilisierung beitragen.

▶ **Diagnostik.** Zu den diagnostischen Möglichkeiten gehören:

- **Anamnese:**
  - familiäre Belastungen erfragen (begann die Adipositas schon in der Kindheit oder Jugendzeit, ist an ein gestörtes Körperbild und ein gestörtes Hungerempfinden zu denken)

Tab. 34.1 Schweregrade der Adipositas.

Körpergewicht	BMI (kg/m^2)	Adipositas	Risiko Komorbidität
Normalgewicht	20–25	Grad 0	durchschnittlich
Übergewicht	25–30	Grad I	leicht erhöht
Adipositas	> 30	Grad II	hoch
krankhafte (morbide) Adipositas	> 40	Grad III	sehr hoch

Tab. 34.2 Verhältnis von Taille/Hüftumfang.

Geschlecht	Android (abdominal)	Gynoid (gluteofemoral)
Männer	1,0	< 1,0
Frauen	> 0,85	< 0,85

  - psychische Belastungen erfragen (können zu einem gestörten Körperbild führen)
  - Auskünfte zum aktuellen Essverhalten sind oft unergiebig
- **körperliche Untersuchung:**
  - Feststellung von Körpergröße und -gewicht
  - Inspektion (Körperbau und Fettverteilung)
  - Ermittlung des BMI, wobei das Körpergewicht und die Körpergröße in den Praxen mit leichter Oberbekleidung und ohne Schuhe gemessen werden sollten
- **weitere Untersuchungen:** ggf. erforderlich zum Ausschluss von Begleit- bzw. Folgeerkrankungen wie z. B. Hypertonus, Fettstoffwechselstörung, Diabetes mellitus

34.4.5 Differenzialdiagnostik

Von der Gewichtszunahme aufgrund von Hyperalimentation und/oder Bewegungsmangel sind abzugrenzen:

- nephrogene und kardiale Ödeme
- raumfordernde Prozesse (z. B. Ovarialtumor)
- biografische Faktoren (Schwangerschaft, Nikotinentwöhnung)
- psychische Faktoren
- endokrine Ursachen, z. B. Hormonstörungen bei Morbus Cushing, auch iatrogen (selten), Hypothyreosen (seltener), insulinsezernierende Adenome (sehr selten)

34.4.6 Therapie

▸ **Zielsetzung.** Ein dauerhafter Therapieansatz beginnt mit einer realistischen Zielsetzung: Ein Gewichtsverlust von 5–10 % (im Durchschnitt 5–10 kg oder 5–10 cm Taillenumfang) kann von den meisten Patienten innerhalb von 3–4 Monaten durch eine verminderte Energieaufnahme erreicht werden.

▸ **Multimodale Therapie.** Neben diätetischen Maßnahmen kommen **Verhaltensmodifikationen** (Verhaltenstherapie, Psychotherapie, Gruppentherapie) und eine Steigerung der **körperlichen Aktivität** zur Anwendung. Adipositastherapie ist demnach eine interdisziplinäre Langzeitbehandlung, bei der stets mit Rückfällen zu rechnen ist, da sie mit Verzicht und Entsagungen durch Diäten und Verlust liebgewonnener Gewohnheiten verbunden wird. Die ärztliche Feststellung der Behandlungsnotwendigkeit allein ist deshalb unzureichend, denn die **Motivation** des Patienten zum beabsichtigten Gewichtsverlust ist für den weiteren Verlauf entscheidend. Hier besteht die hausärztliche Aufgabe in der Beratung, dem Aufzeigen von Wahlmöglichkeiten, indem die positiven Seiten der Gewichtsreduktion wie Steigerung des Wohlbefindens, des Selbstvertrauens und der Körperwahrnehmung betont werden. Bewährt hat sich, dem Patienten initial Beobachtungsaufgaben zu stellen, indem er ein Tagebuch über seine Energieaufnahme führt (z. B. anhand von Nährwerttabellen „Kalorien-Joule-Kompass“). Dies gibt Aufschluss über die Motivation und erlaubt eine Rückkoppelung bei wöchentlichen Arztkontakten.

▸ **Ernährung.** Zur Deckung des Energieverbrauchs werden bezogen auf das Normalgewicht rund 25–30 kcal/kgKG benötigt, tatsächlich werden aber durchschnittlich mehr als 3 000 kcal/d konsumiert. Die Ernährung sollte daher als kalorienreduzierte Mischkost (1000–1500 kcal/d) abwechslungsreich und ausgewogen sein. Spezielle Diäten bringen meist einen sog. Jojo-Effekt mit sich: Das ursprüngliche Gewicht wird nach dem Ende der Reduktionsdiät schnell wieder erreicht, sodass die kurzfristigen Erfolge zwar beachtlich sein können, ein langfristiger Effekt aber ausbleibt. Die allgemeine Ernährungsempfehlung lautet: weniger hochkalorisches Fett (9 kcal/g) und mehr ballaststoffreiche, sättigende Kohlenhydrate (4 kcal/g, ebenso wie Proteine) aufzunehmen. Auf ausreichende Flüssigkeitszufuhr (2,5 l täglich) ist zu achten, wobei Wasser null Kalorien aufweist.

Merke

Häufig ist schon durch reduzierte Alkohol- und Süßigkeitenzufuhr eine mäßige Gewichtsreduktion zu erreichen.

▸ **Verhaltensmodifikationen.** Verhaltensmodifikationen, z. B. Probleme nicht mit dem Essen zu lösen, spielen ebenso eine Rolle, wie Veränderungen der Situation beim Essen (z. B. kleine Teller, keine Süßigkeiten zwischen den Mahlzeiten). Hier kann eine begleitende Verhaltens- bzw. Psychotherapie, z. B. als gruppentherapeutische Patientenbetreuung helfen, Misserfolge im Ernährungsverhalten zu bewältigen, bzw. die Motivation und damit die Therapieadhärenz zu verbessern.

► **Körperliche Aktivität.** Zur Steigerung der körperlichen Aktivität sind Betätigungen geeignet, die große Muskelgruppen mit hohem Energieverbrauch unter gleichzeitiger Gelenkentlastung einsetzen (Treppensteigen statt Fahrstuhlbenutzung, Radfahren, Walking oder Schwimmen). Dies ist besonders in der Erhaltungsphase wichtig. Sättigungsverstärker (z. B. Methylzellulose), Mittel zur Verhinderung der Nahrungsmittelassimilation, sollten nur als flankierende Maßnahme eingesetzt werden, da sie keine der anderen Maßnahmen (Diät, körperliche Aktivität, Verhaltens-/Psychotherapie) ersetzen. Amphetamine sollten wegen ihres Abhängigkeitspotenzials nicht mehr verordnet werden.

Nach der 2014 erstellten S 3-Leitlinie der Deutschen Adipositas-Gesellschaft, erarbeitet unter Mitwirkung der Deutschen Gesellschaft für Allgemeinmedizin, soll (bzw. sollte – Sondervotum der DEGAM) die Indikation zu chirurgischen Verfahren gestellt werden bei folgenden Patientengruppen [11]:

- Adipositas Grad III (BMI ≥ 40)
- Adipositas Grad II (BMI ≥ 35 und < 40) mit erheblichen Folge- bzw. Begleiterkrankungen
- Adipositas Grad I (BMI > 30 und < 35) bei Patienten mit Typ-2-Diabetes (Sonderfälle)

Es kommen hierbei verschiedene chirurgische Verfahren zur Anwendung [15]. Voraussetzung ist eine über längere Zeit ohne bleibenden Erfolg durchgeführte multimodale Therapie (Kap. 30.7).

Abwendbar gefährlicher Verlauf

Mögliche Folgen der Adipositas sind insbesondere Herz-Kreislauf- und Stoffwechselerkrankungen, die häufig alleine durch Gewichtsreduktion günstig zu beeinflussen sind. Die stammbetonte (androide) Adipositas bildet zusammen mit Diabetes mellitus Typ II, Hypertonie und Dyslipoproteinämie das metabolische Syndrom.

34.4.7 Leitlinien

Deutsche Adipositas-Gesellschaft. AWMF-S 3-Leitlinie 050–001. **Prävention und Therapie der Adipositas.** Im Internet: www.awmf.org/leitlinien; Stand: 12.12.2015

Deutsche Gesellschaft für Allgemein- und Viszeralchirurgie. AWMF-S 3-Leitlinie 088–001. **Chirurgie der Adipositas.** Im Internet: www.awmf.org/leitlinien; Stand: 12.12.2015

34.5 Adnexitis (N70, N70.0, N70.1)

N. Buhlinger-Göpfarth

34.5.1 Definition

Die Adnexitis ist eine kombinierte Entzündung von Ovarien, Tuben (Salpingitis) und umgebendem Gewebe. Die Adnexitis kann ein- oder beidseitig auftreten. Akute und chronische Verläufe mit Exazerbationen sind möglich.

34.5.2 Epidemiologie

Die akute Adnexitis tritt häufig bei jungen, sexuell aktiven und nicht schwangeren Frauen auf. Der Altersgipfel liegt zwischen 16 und 25 Jahren. Die Häufigkeit nimmt mit zunehmendem Alter ab.

34.5.3 Ätiologie

Es handelt sich bei der Adnexitis meist um eine aszendierende Infektion, das Erregerspektrum entspricht im Wesentlichen Bakterien der Scheiden- und Darmflora, z. B. Gardnerella vaginalis, Anaerobier, Haemophilus influenzae, Enterokokken. Eine große Rolle spielen sexuell übertragbare Keime, hier v. a. Chlamydien, Mykoplasmen, seltener auch Neisseria gonrorrhoeae. Häufig werden Mischinfektionen gefunden.

Selten tritt die Adnexitis deszendierend auf, z. B. bei der Appendizitis oder bei einem Morbus Crohn. Iatrogen kann eine Adnexitis nach transzervikalen intrauterinen Eingriffen entstehen.

34.5.4 Leitsymptome und Diagnostik

► **Symptome.** Leitsymptome einer **akuten Adnexitis** sind:

- Unterbauchschmerzen (ein- oder beidseitig)
- Fieber
- herabgesetzter Allgemeinzustand
- zervikaler oder vaginaler Fluor
- Portioschiebeschmerz
- peritoneale Reizung

Bei der **chronischen Adnexitis** steht der unspezifische ein- oder beidseitige Unterbauchschmerz im Vordergrund. Der Schmerzcharakter ist meist ziehend, die Schmerzen verstärken sich bei Anstrengung, es besteht ein allgemeines Krankheitsgefühl, subfebrile Temperaturen oder Fieberschübe können auftreten.

▸ **Diagnostik.** Zur Diagnostik gehören:

- **Anamnese:**
  - Regelanamnese, Sexualgewohnheiten, Alter der Patientin (die Adnexitis ist eine Infektion der sexuell aktiven Frau!)
  - Miktionsbeschwerden
  - Stuhlanamnese
  - zurückliegende intrauterine Eingriffe
- **körperliche Untersuchung:**
  - Fieber messen, Beurteilung des Allgemeinzustandes
  - abdominelle Untersuchung: Druckschmerz mit dem Punctum maximum oft kaudal und medial vom McBurney-Punkt, ggf. Peritonismus, die Darmgeräusche sind oft normal, Nierenlager frei
  - rektale Untersuchung: oft Portioschiebeschmerz
- **gynäkologische Untersuchung:** typisch sind:
  - dolente und verdickte Adnexe
  - Portioschiebeschmerz
  - zervikaler Fluor (im Nativpräparat massenhaft Leukozyten)
  - grundsätzlich bakteriologische Zervixabstriche entnehmen!
- **Labor:**
  - massive BSG-Erhöhung, CRP
  - BB (Leukozytose oft weniger ausgeprägt)
  - β-HCG im Serum zum Schwangerschaftsausschluss

Als **ergänzende Diagnostik** (ggf. Überweisung) kommen eine Sonografie (ggf. transvaginal: freie Flüssigkeit, Abszess, Pyosalpinx) und/oder eine Laparoskopie (DD: Appendizitis, Extrauteringravidität) infrage.

34.5.5 Differenzialdiagnostik

Die Abgrenzung zur **akuten Appendizitis** ist oft schwierig (Übelkeit, Erbrechen, Obstipation, kein Portioschiebeschmerz bei rektaler Untersuchung, im Labor eher Leukozytose im Vordergrund, Kap. 34.18). Im Zweifelsfall sollte immer zum Fachgynäkologen oder stationär zur diagnostischen Laparoskopie überwiesen werden.

Extrauteringravidität, torquierte Ovarialzyste, Urolithiasis und **Urozystitis** sind weitere häufigere Differenzialdiagnosen. Bei chronischem Verlauf muss an weitere somatische Ursachen wie z. B. Endometriose, Genitaltuberkulose und Ileokolitis, aber auch an psychische Störungen wie z. B. somatoforme oder auch affektive Störungen gedacht werden.

34.5.6 Therapie

Stationäre Einweisung bei Appendizitis, Peritonitis, immunsupprimierten oder schwangeren Patientinnen.

In der **ambulanten Therapie** beginnt man sofort mit Antibiotika, die ein breites Wirkspektrum gegen aerobe und anaerobe Keime besitzen und die Chlamydia trachomatis und Neisseria gonorrhoeae mit erfassen. Später wechselt man ggf. auf eine antibiogrammgerechte Therapie, wobei zu bedenken ist, dass Abstriche oft nur unzureichend alle verantwortlichen Erreger erfassen. Insbesondere Anaerobier, die fast immer am Krankheitsgeschehen beteiligt sind, entziehen sich häufig der kulturellen Diagnostik. Daher sind Kombinationstherapien bei Mischinfektionen zu empfehlen. Geeignet sind:

- Doxyzyklin 2 × 100 mg plus Ampicillin/Sulbactam 2 × 375 mg; Therapiedauer 14 Tage
- Ofloxacin 2 × 400 mg plus Metronidazol 2 × 500 mg; Therapiedauer 14 Tage
- Trovafloxacin 200 mg/d; Therapiedauer 14 Tage

Im **chronischen Stadium** sind Moorbäder, Kurzwellenbestrahlungen und Antiphlogistika (ggf. in Zusammenarbeit mit dem Gynäkologen auch Kortikoide in absteigender Dosierung) indiziert.

Abwendbar gefährlicher Verlauf

- Das Hauptrisiko einer akuten Adnexitis besteht in der Verwechslung mit der **Appendizitis**, die auch als Begleitappendizitis auftreten kann.
- Die **Chlamydienadnexitis** verläuft häufig klinisch wenig eindrucksvoll bis asymptomatisch. Immer muss auch der Partner behandelt werden! Bei chronischem Verlauf sind schwere Zerstörungen der Adnexe mit Sterilität die Folge. Bei Unterbauchschmerzen der jungen, sexuell aktiven Frau sollte deshalb unbedingt eine Chlamydienadnexitis ausgeschlossen werden.

34.5.7 Leitlinien

Deutsche Gesellschaft für Allgemeinmedizin und Familienmedizin. AWMF-S 3-Leitlinie 053–001. **Brennen beim Wasserlassen.** Im Internet: www.awmf.org/leitlinien; Stand: 20.01.2016

Deutsche Gesellschaft für Psychosomatische Medizin und ärztliche Psychotherapie. AWMF-S 2k-Leitlinie 016–001. **Chronischer Unterbauchschmerz der Frau.** Im Internet: www.awmf.org/leitlinien; Stand: 20.01.2016

V

34.6 AIDS und HIV-Infektion (B24)

F. Peters-Klimm

34.6.1 Definition

AIDS („acquired immune deficiency syndrome") bezeichnet eine ausgeprägte zelluläre Immunschwäche, gekennzeichnet durch Erkrankungen opportunistischer Erreger, Parasiten und maligner Tumoren. AIDS ist das 3. Stadium der Erkrankung nach Infektion durch die neuro- und lymphotropen Retroviren HIV-1 und HIV-2 (HIV = „human immunodeficiency virus").

Als infiziert gelten Personen, bei denen HIV (Antigen) oder Antikörper gegen HIV nachgewiesen sind.

34.6.2 Epidemiologie

AIDS ist eine weltweit verbreitete Erkrankung, die 1981 in den USA entdeckt und vermutlich aus Afrika über Haiti eingeschleppt wurde. Weltweit sind heute ca. 40 Millionen Menschen infiziert, davon > 95 % in den armen Ländern. In Deutschland wird das HIV vorwiegend durch Geschlechtsverkehr (60 % homo-, 19 % heterosexuell), parenteral (3 % bei Nadeltausch, nahezu in 0 % durch Blutprodukte) oder vertikal durch infizierte Mütter (0,6 %) übertragen. So gibt es ca. 80 000 Infizierte, ca. 10 % Frauen. Von den Infizierten erkranken pro Jahr durchschnittlich 4–5 %.

34.6.3 Ätiologie

Ziel- bzw. Wirtszellen der RNA-Viren HIV-1 und HIV-2 sind T-Helfer-Lymphozyten, Makrophagen, Monozyten, Langerhans-Zellen der Epidermis und Teile der Mikroglia, die CD4-Oberflächenantigen tragen. Mittels des Enzyms Reverse Transkriptase schreiben sie ihre RNA in provirale-DNA um und bauen sie in das Genom der Wirtszellen ein. Ruhende Viren findet man in den Makrophagen. Die Zerstörung der CD4-positiven (T4) T-Helfer-Lymphozyten führt zur Schädigung des Immunsystems (Normgrenze: 400/l). Erniedrigt sich der Quotient T-Helfer-Zellen/T-Suppressorzellen auf Werte < 1,2 (normal um 2) sind opportunistische Infektionen und Malignome die Folge.

34.6.4 Leitsymptome und Diagnostik

▸ **Stadieneinteilung.** Nach der noch gebräuchlichen **CDC-Klassifikation** (▸ Tab. 34.3) zur Erfassung verschiedener Manifestationen der HIV-Infektion kategorisiert man nach wie vor die Zahl der T4-Zellen und die klinischen Kategorien. Die jeweils erreichte Kategorie wird nicht rückklassifiziert, obwohl eine immunologische Erholung durch die modernen Therapieschemata möglich ist. Zusätzlich fehlt die Angabe der prognostisch wichtigen Viruslast:

- **Kategorie A:**
  - akute HIV-Krankheit ähnlich zu einem symptomatischen EBV-Infekt
  - Latenzphase (asymptomatische Infektion) im Mittel 10 Jahre, gekennzeichnet durch Virus-

Tab. 34.3 CDC-Klassifikation der HIV-Infektion [10].

T-Helfer-Lymphozytenzahl (/µl)	klinische Kategorien bzw. Stadien		
	A	B	C
	asymptomatisch oder akute HIV-Krankheit oder Lymphadenopathie-Syndrom	symptomatisch, aber nicht A oder C	AIDS-Indikator-Krankheiten
> 500	A1	B1	C1
200–499	A2	B2	C2
< 200	A3	B3	C3

vermehrung im lymphatischen Gewebe, ansteckungsfähig
  - Lymphadenopathie-Syndrom: persistierende (> 3 Monate) Lymphknotenschwellungen an mindestens 2 extrainguinalen Stellen (in ca. 40 % der Fälle)
- **Kategorie B: nicht AIDS-definierende Erkrankungen** (durch Immundefekt begünstigt, aber nicht zu Erkrankungen der Kategorie C gehörig), z. B.:
  - HIV-assoziierte periphere Neuropathie (ca. 40 %)
  - bazilläre Angiomatose
  - oropharyngeale oder vulvovaginale Candidosen (> 1 Monat)
  - Zoster
  - orale Haarleukoplakie (Folgen eines EBV-Infekts des Zungenrandes)
  - nicht AIDS-definierende Malignome (Hodgkin-Lymphome, invasives Analkarzinom)
- **Kategorie C: AIDS-definierende Krankheiten**, z. B.:
  - ungewollter Gewichtsverlust von > 10 % des Körpergewichts und Diarrhö oder Fieber
  - HIV-assoziierte Enzephalopathie aufgrund Mikrogliabefall: kognitive, motorische und emotionale, selten vegetative Einschränkungen
  - opportunistische AIDS-definierende Infektionen: Infekte durch Protozoen (Toxoplasmose), Pilze (Pneumocystis jiroveci, Candidose, Kryptokokkose, Histoplasmose, Kokzidioidomykose), Bakterien (bakterielle Pneumonien, atypische Mykobakteriose, Salmonellen), Virusinfektionen (Zytomegalie, Herpes simplex, Varizella-Zoster-Virus, JC-Virus)
  - AIDS-definierende Malignome: Kaposi-Sarkom, Non-Hodgkin-Lymphome, invasives Zervixkarzinom

Üblicherweise bestimmen eine Risikoexposition (asymptomatisch) und die serologische Diagnostik die Ausganssituation in der Hausarztpraxis. Ansonsten gelten die Symptome, die sich aus den o. g. Erkrankungen ergeben. Hierbei gilt insbesondere, daran zu denken, gefolgt von Anamnese und Testung!

► **Diagnostik.** Die Diagnostik umfasst:
- **Anamnese:**
  - ausgiebige und einfühlsame Befragung bezüglich Reisen in gefährdete Regionen (z. B. Afrika)
  - Fragen nach Sexualverhalten (z. B. Homosexualität)
  - Fragen nach Drogenmissbrauch (insbesondere von i. v. zu verabreichenden Drogen)
  - Fragen nach früher erhaltenen Bluttransfusionen oder Blutersatzstoffen
- **eingehende körperliche Untersuchung inkl. Inspektion:**
  - Suche nach Lymphknotenvergrößerungen
  - Suche nach opportunistischen Infektionen und Tumoren
- **Labor:**
  - **Suchtest:**
    - Nachweis von Antikörpern gegen das Hüllprotein des Virus (**ELISA**), im Mittel ca. 6 Wochen nach Infektion positiv
    - ein negatives Testergebnis schließt eine HIV-Infektion aber nur dann mit großer Wahrscheinlichkeit aus, wenn 6 Monate vor dem Test keine Infektionsmöglichkeit bestanden hat
  - **Voraussetzung** für die Testung beim Patienten ist:
    - Gewährleistung von Vertraulichkeit der Patienteninformation
    - Verschwiegenheit von Arzt und Praxispersonal
    - der Test muss freiwillig und auf Wunsch anonym durchgeführt werden
    - kein Test ohne ärztliche Beratung vor und nach der Blutentnahme
    - keine Befundmitteilung ohne Arzt
    - keine telefonische Mitteilung
  - **Befundbestätigung:**
    - durch Nachweis von Antikörpern gegen virale Proteine (**Western-Blot**)
    - um Verwechslungen auszuschließen, eine **2. Serumprobe** mittels ELISA anstreben (Nachweis von p24-Antigen im Serum mittels ELISA häufig schon 2–3 Wochen nach Infektion möglich; nach 8–12 Wochen nicht mehr nachweisbar, erneutes Auftreten weist auf bevorstehenden Krankheitsausbruch hin!)
  - **Nukleinsäurenachweis-Test** zum Nachweis von Virusbestandteilen (optional)
  - **Virusquantifizierung** (z. B. mittels PCR) zur Therapie- und Verlaufskontrolle und Prognoseabschätzung: Das Absinken der HIV-Replikation unter die Nachweisgrenze (< 20–50 Kopien/ml) ist das Therapieziel. Bei Nichterreichen evtl. Therapieschema-Wechsel

  - Bestimmung der T-Helferlymphozyten (CD4-Zellzahl) (siehe Kategorisierung) zur Therapie- und Prognoseeinschätzung; bei Werten < 200/µl antiretrovirale Therapie und Prophylaxe gegen opportunistische Erreger zwingend
  - HIV-Resistenzbestimmung (in ca. 10 % der Fälle vorkommend)
  - Serumspiegelbestimmung der antiretroviralen Medikamente bei Verdacht auf mangelnde Compliance oder Bioverfügbarkeit
- **Kontrolluntersuchungen (in der Regel durch den Gebietsarzt):** im Verlauf von bekannten Erkrankungen in regelmäßigen Abständen (halb-, später vierteljährlich):
  - körperliche Untersuchung (Lymphknoten, Hautveränderungen)
  - anorektale Untersuchung
  - Leber, Milz, Labor (großes Blutbild, Thrombozyten, Transaminasen, Kreatinin)

Merke

Beim geringsten Zweifel, insbesondere bei positivem Ausfall des HIV-Tests stets gebietsärztliche Absicherung und Therapie!

34.6.5 Differenzialdiagnostik

Es kommen Immunschwächen anderer Genese infrage, z. B. eine idiopathische CD4-Lymphozytopenie oder konsumierende Erkrankungen wie Neoplasien.

34.6.6 Therapie

▸ **Allgemeinmaßnahmen.** Allgemeinmaßnahmen umfassen die Förderung einer gesunden Lebensführung, eine kontinuierliche psychosoziale Unterstützung und die Prophylaxe und Therapie opportunistischer Infektionen u. a. Komplikationen.

▸ **Antiretrovirale Therapie.** Für die hochaktive antiretrovirale Therapie („highly active antiretroviral therapy“ = HAART) gilt:

- bei symptomatischer HIV-Infektion sofortiger Therapiebeginn
- bei asymptomatischer HIV-Infektion:
  - bisher gemäß WHO (2013) Therapiebeginn bei asymptomatischer HIV-Infektion, falls CD4-Zellzahl ≤ 500/µl
  - neueste Studien zeigen, dass eine Frühtherapie (Zellzahl > 500/µl) die Rate von AIDS-Erkrankungen und schwerwiegenden nicht AIDS-assoziierten Erkrankungen senkt, ohne dass schwerwiegende unerwünschte Effekte zunehmen → mit einer Empfehlungsänderung ist zu rechnen
- Stoffgruppen: Nukleosidanaloga (Nukleosidische Reverse-Transkriptase-Hemmer = NRTI), Nukleotidanaloge RTI (NtRTI), NNRTI = Nicht-nukleosidische RTI, Protease-Inhibitoren (PI), Entry-Inhibitoren (= Fusionsinhibitoren), Integrase-Inhibitoren
- Kombinationsbehandlung mit mindestens 3 antiretroviralen Substanzen (gemäß Deutsch-Österreichischer Leitlinie 2012)
- HAART ist eine lebenslange Therapie und verlangt eine hohe Einnahmetreue; Compliance von ca. 95 % ist nötig, um eine Ansprechrate über 80 % zu erzielen

Merke

- Indikationsstellung und Therapiedurchführung einer antiretroviralen Therapie nur durch und in Zusammenarbeit mit einem erfahrenen Zentrum bzw. Gebietsarzt!
- Medikamenteninteraktionen sind nicht selten. Abhilfe können schaffen:
  - Austausch über die jeweils verordneten Pharmaka (Medikamentenmanagement!)
  - Medikamentenspiegelmessungen
  - Interaktionsdatenbanken und –hotlines
- Alle Infizierten zeigen früher oder später Symptome von Depressivität. Hier ist eine individuelle Betreuung erforderlich.

▸ **Prognose.** Sie ist u. a. abhängig von Viruslast, niedriger T-Helferzellzahl bei Erstdiagnose oder Abfall der T-Helferzellzahl im Verlauf. Bei leitliniengerechter, frühzeitiger HAART, d. h. vor Auftreten klinischer Manifestationen und höherer T-Helferzellzahl, ist die Lebenserwartung für einen nicht ko-infizierten 25-jährigen Mann ohne Drogenabusus fast normal! Bei 30 % der Fälle ist dies leider nicht der Fall! Die Malignome sind die führende Todesursache, weshalb Krebsfrüherkennung hier eine Rolle spielt!

Abwendbar gefährlicher Verlauf

Insbesondere akute opportunistische Infektionen können das Leben unmittelbar bedrohen. Sie müssen systematisch eruiert und behandelt werden. Jede Möglichkeit zur Präventionsberatung muss genutzt werden.

34.6.7 Leitlinien und Links

Deutsche AIDS-Gesellschaft (DAIG). AWMF-S 2k-Leitlinie 055–001. **Deutsch-Österreichische Leitlinien zur antiretroviralen Therapie der HIV-Infektion.** Im Internet: www.awmf.org/leitlinien; Stand: 16.12.2015

www.foodmedinteractions.com

www.hiv.net

www.hopkins-aids.edu

www.iapac.org

www.hiv-druginteractions.org

www.medicine.iupui.edu/flockhart

Interaktions-Hotline des ifi: Tel. 0160–90 244 100, E-Mail: interaktion@ifi-infektiologie.de

34.7 Akne vulgaris (L 70.9)

H.-D. Klimm, S. Klimm

34.7.1 Definition

Akne ist eine Sammelbezeichnung für Erkrankungen des Talgdrüsenapparats und der Haarfollikel, geprägt durch übermäßige Talgsekretion (Seborrhö), besonders im Bereich des Gesichts und des Oberkörpers (Schulter, Nacken, Brust und Rücken).

34.7.2 Epidemiologie

Akne ist die häufigste Hauterkrankung. 70–90 % aller Jugendlichen weisen Aknehautveränderungen auf, überwiegend männliche Jugendliche ab dem 8. Lebensjahr, meist zu Beginn der Pubertät mit Maximum zwischen dem 15. und 18. Lebensjahr. Meist bildet sich die Akne nach der Pubertät spontan zurück. Bei 10 % der Fälle besteht die Erkrankung über das 25. Lebensjahr hinaus, bei 2–7 % aller Fälle resultieren erhebliche Narbenbildungen.

Je nach Lebensalter kann man unterscheiden zwischen:

- Akne neonatorum (Neugeborenenakne)
- Akne infantum (Akne im vorpubertären Kindesalter, ab dem 3. Lebensjahr)
- Akne tarda (Akne im fortgeschrittenen Erwachsenenalter, jenseits des 25. Lebensjahres)

34.7.3 Ätiologie

Bei den bakteriellen Erregern handelt es sich meist um Staphylokokken und um Propionibacterium acnes.

Außer den endogen bedingten Ursachen der Akne gibt es auch exogen bedingte Akneformen:

- Akne aestivalis (Mallorca-Akne), bedingt durch UV-Einwirkung
- Akne cosmetica (Anwendung komedogener Kosmetika)
- Akne medicamentosa (Barbiturate, Lithium und kortikoidhaltige Medikamente)
- Akne venenata (Kontaktakne, z. B. Chlor-, Öl-, Teerakne)
- Berufsakne (durch Öle, Teer oder Chlorphenol, Perchlornaftalin [Per- bzw. Perna-Krankheit]); bei einzelnen Formen ist die Erkrankung als Berufskrankheit der zuständigen Berufsgenossenschaft zu melden

34.7.4 Leitsymptome und Diagnostik

Überwiegend bei Jugendlichen treten mit Beginn der Pubertät an den Prädilektionsstellen die typischen Hauteffloreszenzen auf. Man unterscheidet zwischen „whiteheads" (hautfarbene, geschlossene Komedonen) und „blackheads" (schwarze, offene Komedonen, die bakteriell besiedelt sind).

Verlaufsformen:

- Bei der Akne bilden sich Komedonen (Mitesser) aus = Akne comedonica (L 70.0).
- Infolge verstopfter Ausführungsgänge kommt es zu Talgretentionszysten (Akne zystica [L 70.9]).
- Durch bakterielle Entzündungen bilden sich daraus Papeln (Akne papulosa [L 70.9]), die bei oberflächlicher Einschmelzung in eine Akne pustulosa (L 01.0) mit zentralen Pusteln übergeht und bei tiefer Einschmelzung zu furunkelähn-

34

lichen, abszedierenden Knoten (Akne indurata [L 73.0]).
- Mit der Ausbildung von sich zusammenschließenden abszedierenden Talghöhlen kommt es zur Akne conglobata (L 70.9), die immer zur Narbenbildung und zu Narbenkeloiden führt.

Die Akne fulminans ist eine Sonderform der Akne, die primär männliche Jugendliche betrifft mit Fieber, hämorrhagischen Nekrosen, beschleunigter BSG und Leukozytose (bis 30 000 Zellen).

34.7.5 Differenzialdiagnostik

Es handelt sich um eine typische Blickdiagnose. Nur bei schwer entzündeten, ausgeprägten Akne-pustulosa-Formen sind Abstriche zum Erregernachweis und zur Resistenzbestimmung indiziert.

34.7.6 Therapie

Meist werden schon vor Aufsuchen des Arztes Selbstbehandlungsversuche durchgeführt, wobei sich die Akne durch übertriebene therapeutische Interventionen, intensive Waschungen und Behandlungsversuche mit desinfizierenden Tinkturen oder Kosmetika noch verschlechtern kann.

Die **allgemeine Therapie** umfasst:
- ausgeglichene Ernährung, Verringerung tierischer Fette
- Bewegung im Freien mit Sonnenbestrahlung (UV-Erythem) als Prophylaxe (vor übertriebener UV-Bestrahlung und Sonnenbränden muss jedoch gewarnt werden)
- Reinigen:
  - Körperpflege mit pH-neutralen Seifen und Duschmitteln
  - Haare mehrfach wöchentlich waschen mit pH-neutralem Shampoo
- desinfizieren, antiseborrhoisch und keratolytisch:
  - alkoholische Lösung: Spiritus mit antiseborrhoischen Zusätzen
  - Resorptinschwerverbindungen, Salizylsäure
  - ***Cave:*** durch übertriebene Anwendung kann das Superinfektionsrisiko durch Rhagadenbildung vergrößert werden
- antibiotisch:
  - Tetrazyklin (Doxyzyklin 1 × tgl. 100 mg oder Minozyclin 1 × tgl. 50 mg)
  - Erythromycin (2 × tgl. 250 mg als Langzeittherapie) (A) nur bei schweren Formen!
  - ***Cave:*** Wechselwirkung! Die topische Anwendung mit Antibiotika wird generell nicht empfohlen wegen starker Resistenzentwicklung
- hormonell:
  - bei Frauen → antiandrogen wirkende Substanzen, die die Talgproduktion und Verhornungsvorgänge der Hautfollikel beeinflussen
  - oft Kombination von synthetischem Östrogen mit synthetischem Gestagen, entsprechende Hormonpräparate dienen gleichzeitig der Empfängnisverhütung
- Salizylsäure:
  - wirkt keratolytisch und antibakteriell
  - wiederholtes Peeling mit 30 %iger Salizylsäure, Behandlung signifikant effektiv
- Vitamin-A-Säurepräparate in niedriger Konzentration (stets in Zusammenarbeit mit dem Dermatologen, Hautreizung!)
- Benzoylperoxid (3,5–10 %)
  - wirkt antibakteriell und keratolytisch
  - in 10 % der Fälle Kontaktallergie möglich!
- Kortikoidzusätze: bei schweren Verlaufsformen, bei systemisch entzündlichen Komplikationen zur Verminderung von Keloidbildung

Eine **systemische Therapie** ist nur bei schweren Formen der Akne indiziert und sollte stets mit dem Hautarzt koordiniert werden. Zur Anwendung kommen Vitamin-A-Säureabkömmlinge:
- Isotretinoin (orale Behandlungsform) (A)
- ***Cave:*** Teratogenitätsrisiko! Aufklärung! Gleichzeitig Antikonzeption, Sicherheitsabstand einhalten, da bei Ungeborenen schwere Fehlbildungen auftreten können

Abwendbar gefährlicher Verlauf

- Vermeiden des Übergangs zur Narbenbildung.
- Patienten mit Akne fulminans und Fieber stets stationär einweisen!
- Da die Akne unterschiedlich starke Verlaufsformen bieten kann in einer prägenden Phase der Persönlichkeitsbildung, Partnerschaftsbeziehung und Sexualität besteht bei den Patienten oft ein erheblicher Leidensdruck mit Störung der Ich-Findung, Desorientierung bis hin zum Suizid. Bei der Vitamin-A-Therapie gilt eine Induktion von Depressionen mit suizidaler Reaktionen besonderer Beachtung!

34.7.7 Leitlinien

Deutsche dermatologische Gesellschaft. AWMF-S 2k-Leitlinie 013–017. **Behandlung der Akne.** Im Internet: www.awmf.org/leitlinien; Stand: 20.01.2016

34.8 Alkoholbezogene Störungen (F10.X)

R. Schäfert

34.8.1 Definition

Alkoholbezogene Störungen werden anhand verschiedener Konsumklassen (▶ Tab. 34.4) eingeteilt.

34.8.2 Epidemiologie

Die Häufigkeit einiger Konsumklassen der Alkoholkrankheit ist in ▶ Tab. 34.4 wiedergegeben.

34.8.3 Ätiologie

Folgende Faktoren lassen sich unterscheiden:

- **biologische Faktoren:** genetische Disposition (50 %), Schädigung im zerebralen Belohnungssystem (mesolimbisch-mesokortikales Dopamin-System)
- **psychologische Faktoren:** psychosoziale Belastungen und Traumata in Kindheit und Jugend, niedrige Stresstoleranz, Arbeitslosigkeit
- **soziokulturelle Faktoren:** Trinksitten, Verfügbarkeit

34.8.4 Leitsymptome und Diagnostik

▶ **Symptome.** Die Leitsymptome sind in ▶ Tab. 34.4 wiedergegeben.

▶ **Screening.** Es wird ein flächendeckendes Screening gefordert. Hierzu soll bei allen Patienten in allen Settings (KKP) als Fragebogenverfahren der **AUDIT** („alcohol use disorders identification test") der WHO eingesetzt werden (EG A). Er enthält 10 Fragen zu Trinkmenge, -muster, gesundheitlichen und sozialen Alkoholfolgen. Ein Verdacht auf eine alkohlbezogene Störung besteht bei einem Score ≥ 8 [75]. Wenn der AUDIT zu aufwendig ist, soll die Kurzform, der AUDIT-C eingesetzt werden (KKP), der aus den folgenden 3 Screening-Fragen besteht [74],[80]:

- Wie oft trinken Sie Alkohol?
  - nie → 0 Punkte
  - ≤ 1 × /Monat → 1 Punkt
  - 2–4 × /Monat → 2 Punkte
  - 2–3 × /Woche → 3 Punkte
  - ≥ 4 × /Woche → 4 Punkte
- Wenn Sie Alkohol trinken, wie viele Gläser trinken Sie dann üblicherweise an einem Tag (1 Glas Alkohol enstpricht 0,33 l Bier, 0,25 l Wein/Sekt, 0,02 l Spirituosen)?
  - 1–2 Gläser/d → 0 Punkte
  - 3–4 Gläser/d → 1 Punkt
  - 5–6 Gläser/d → 2 Punkte
  - 7–9 Gläser/d → 3 Punkte
  - ≥ 10 Gläser/d → 4 Punkte
- Wie oft trinken Sie 6 oder mehr Gläser Alkohol bei einer Gelegenheit (z. B. beim Abendessen, auf einer Party)?
  - nie → 0 Punkte
  - ≤ 1 × /Monat → 1 Punkt
  - jeden Monat → 2 Punkte
  - jede Woche → 3 Punkte
  - (fast) jeden Tag → 4 Punkte

In Deutschland hat sich ein „cut-off" von 5 Punkten bei Männern und 4 Punkten für Frauen bewährt. Eine höhere Spezifität wird mit einer Erhöhung des „cut-offs" auf 6 Punkte erreicht.

▶ **Diagnostik.** Die weitere Diagnostik umfasst:

- **Labor** (auch Verlaufskontrolle):
  - Serumtransaminasen – De-Ritis-Quotient: GOT/GPT = ASAT/ALAT > 1 oder gar > 2 ist ein wichtiger Anhaltspunkt für eine äthyltoxische Genese
  - Kombination des AUDIT(-C)-Fragebogens mit indirekten Zustandsmarkern aus Serum und Blutbild, z. B. GGT (> 150 U/l) und MCV (> 92 fl) und Carbohydrate deficient Transferrin (CDT) kann die Sensitivität und Spezifität erhöhen [80] [EG A]
  - direkte Ethanolmetaboliten, z. B. Ethylglucuronid (ETG; Urin oder Haare) oder Phosphatidylethanol (PEth; Vollblut) für den sicheren Nachweis eines chronischen Alkoholkonsums; aber nur, wenn mit therapeutischen Konsequenzen verknüpft [80] [EG A]

Tab. 34.4 Konsumklassen.

Konsumklasse/Prävalenz	Männer	Frauen
gering risikoreich	≤24–40 g/d Reinalkohol	≤12–20 g/d Reinalkohol
riskanter Konsum: 14,2 %		
• mittleres Risiko	40–60 g/d Reinalkohol	20–40 g/d Reinalkohol
• hoch risikoreich	60(–120) g/d Reinalkohol	40(–80)g/d Reinalkohol
Rauschtrinken („binge drinking“): ♂: 28,4 %; ♀: 12,9 %	Einnahme großer Alkoholmengen innerhalb kurzer Zeit	
	≥5 Standardgetränke bei einer Gelegenheit	≥4 Standardgetränke bei einer Gelegenheit
akute Intoxikation (akuter Rausch, F10.0)	vorübergehender Zustand nach Aufnahme von Alkohol mit Störungen von Bewusstsein, kognitiven Funktionen, Wahrnehmung, Affekt, Verhalten oder anderen psychophysiologischen Funktionen und Reaktionen	
schädlicher Alkoholgebrauch (F10.1): 3,1 %	nachweisliche Folgeschädigung der psychischen oder physischen Gesundheit durch Alkoholgebrauch; schädliches Verhalten wird häufig von anderen kritisiert und hat oft negative soziale Folgen	
Alkoholabhängigkeitssyndrom (F10.2): 3,4 %	≥3 der folgenden Kriterien („AZTEKE“) während des letzten Jahres: • **a**nhaltender Alkoholgebrauch trotz eindeutiger schädlicher Folgen • **Z**wang oder starkes Verlangen, Alkohol zu konsumieren (Craving) • **T**oleranzentwicklung gegenüber den Wirkungen der Substanz • **E**ntzugssyndrom, wenn Alkohol reduziert oder abgesetzt wird • **K**ontrollverlust (bezüglich Beginn, Beendigung und Menge des Konsums) • **E**inengung des sozialen und Freizeitverhaltens zugunsten des Alkoholkonsums	

Alkoholentzugssyndrom (F10.3); mögliche Komplikationen: Krampfanfälle (F10.31), Delir (F10.4) mit (F10.41)/ohne Krampfanfälle (F10.40)	• relativer oder absoluter Entzug von Alkohol bei Reduktion oder Absetzen nach wiederholtem und meist lang anhaltendem Konsum in hoher Dosis
	• ≥3 Symptome unterschiedlicher Zusammensetzung und mit wechselndem Schweregrad:
	  ○ Tremor der vorgehaltenen Hände, der Zunge oder der Augenlider
	  ○ Schwitzen
	  ○ Übelkeit, Würgen und Erbrechen
	  ○ Tachykardie oder Hypertonie
	  ○ psychomotorische Unruhe
	  ○ Kopfschmerzen
	  ○ Schlafstörungen
	  ○ Krankheitsgefühl oder Schwäche	

Alkoholkonsumstörung (DSM-5)	• 11 Kriterien: Toleranzentwicklung, Entzugserscheinungen, mehr oder länger konsumiert als beabsichtigt, Kontrollminderung, hoher Zeitaufwand, Einschränkung wichtiger Tätigkeiten, Konsum trotz Folgen, Schwierigkeiten bei der Arbeit, Verletzungsgefahr, soziale Problem, Craving
	• 3 Schweregrade nach Kriterienzahl:
	  ○ mild: 2–3
	  ○ moderat: 4–5
	  ○ schwer: ≥6	

1 Standardgetränk = 10–12 g Reinalkohol, z. B. 0,33 l Bier, 0,25 l Wein/Sekt, 0,02 l Spirituosen

- **körperliche Untersuchung:**
  - Zeichen der Leberzirrhose (Plethora, Spider naevi, gerötete Handinnenflächen, vergrößerte, verhärtete Leber)?
  - Polyneuropathie?
- Abdomensonografie
- Alkoholfolgeerkrankungen:
  - allgemein-internistisch: Leberzirrhose, Pankreatitis, Gastritis, Kardiomyopathie
  - neurologisch: Polyneuropathie, Myopathie, Wernicke-Enzephalopathie, Korsakow-Syndrom
- **psychische Komorbidität:** Bei Patienten mit psychischen Störungen (Angst, Depression, Bipolare Störung, Schizophrenie, ADHS, PTBS) findet sich überzufällig häufig eine begleitende alkoholbezogene Störung [80].

34.8.5 Differenzialdiagnostik

Differenzialdiagnostisch sind insbesondere andere Suchterkrankungen, die Konsumklasse sowie psychische und somatische Folge- und Begleiterkrankungen abzuklären.

34.8.6 Therapie

Aspekte der Therapie sind:

- Therapieziele:
  - Abstinenz ist primäres Therapieziel bei Alkoholabhängigkeit.
  - Ist die Erreichung von Abstinenz zurzeit nicht möglich oder liegt riskanter bzw. schädlicher Konsum vor, soll eine Reduktion des Konsums (Menge, Zeit, Frequenz) im Sinne einer Schadensminimierung angestrebt werden (EL 1a, EG A).
- **motivierende Gespräche** nach folgenden Grundprinzpien:
  - Empathie zeigen: Wertschätzung, aktives Zuhören, Einlassen auf das Tempo des Patienten
  - Diskrepanz erzeugen: Lebensperspektiven, Zukunftswünsche – pro und kontra Alkoholkonsum
  - Beweisführung vermeiden: Konfrontationen vermeiden, stets Geduld und Empathie einsetzen
  - Widerstand aufnehmen: Ambivalenzen, Eigenverantwortung; realistische Perspektive
  - Selbstwirksamkeitserwartung fördern: Zuversicht und Vertrauen in die Fähigkeiten des Patienten zeigen
- **Entgiftung/Entzugsbehandlung:**
  - **stationäre Behandlung** (Entgiftung oder besser qualifizierte Entzugsbehandlung [QE]) wird empfohlen bei [65]:
    - Risiko eines alkoholbedingten Entzugsanfalls und/oder Entzugsdelirs (El 2, EG A)
    - Vorliegen gesundheitlicher bzw. psychosozialer Rahmenbedingungen, unter denen Alkoholabstinenz im ambulanten Setting nicht erreichbar erscheint (El 2, EG A)
    - (zu erwartenden) schweren Entzugssymptomen (KKP)
    - schweren und multiplen somatischen oder psychischen Begleit- oder Folgeerkrankungen (KKP)
    - Suizidalität (KKP)
    - fehlender sozialer Unterstützung (KKP)
    - Misserfolg bei ambulanter Entgiftung (KKP)
  - **ambulante Entzugsbehandlung** kann erfolgreich sein, wenn eine stationäre Behandlung nicht oder nicht mehr erforderlich ist und der Patient
    - über die zur Inanspruchnahme der Behandlung notwendige physische und psychische Belastbarkeit verfügt
    - ein soziales Umfeld mit stabilisierender/unterstützender Funktion hat
    - über eine stabile Wohnsituation verfügt
    - ausreichende Adhärenz besteht (KKP)
    - Unabdingbar sind engmaschige klinische Kontrolluntersuchungen inkl. Verhaltensbeobachtung und die organisatorische Sicherstellung einer 24-h-Erreichbarkeit eines Notfalldienstes, insbesondere einer kurzfristigen Verfügbarkeit stationärer Weiterbehandlung bei Auftreten schwerer Entzugsverläufe bzw. -komplikationen [65].
  - **qualifizierte Entzugsbehandlung** [QE]: Eine QE sollte statt einer reinen körperlichen Entgiftung angeboten werden, wenn verfügbar und insbesondere, wenn der Patient weiterführenden Behandlungsmaßnahmen ambivalent gegenübersteht [65]. Die Behandlungsdauer der QE beträgt in der Regel bis zu 3 Wochen, bei komplizierter Detoxifikationsphase und in besonders gelagerten und begründeten Einzelfällen kann sie bis zu 6 Wochen dauern. Es liegen Hinweise auf eine bessere Wirksamkeit einer QE im Vergleich zu einer reinen körperlichen Entgiftung vor.
- **Entwöhnung und Follow-up:**
  - Bei Alkoholabhängigkeit soll eine Entwöhnung als Komplexbehandlung angeboten werden, die eine Kombination verschiedener Interventionen umfasst und durch ein multiprofessionelles Team durchgeführt wird (KKP) [65].
  - Folgeinterventionen: 14-tägig für 6 Monate, dann mindestens 8 × /Jahr
  - Anbindung Suchtberatung, Selbsthilfegruppe
  - im Rahmen der Postakutbehandlung sollen angeboten werden [65]:
    - motivationale Interventionsformen (EL 1a, EG A)
    - Kognitive Verhaltenstherapie (EL 1a, EG A)
    - Kontingenzmanagement (d. h. systematischer und kontrollierter Verstärkereinsatz) (EL 2b, EG B)
    - Angehörigenarbeit (EL 1b, EG A)
    - Paartherapie (EL 1b, EG A)

- psychodynamische Kurzzeittherapie (EL 1b, EG B)
- angeleitete Patientengruppen (EL 2b, EG B)

◦ Rückfallprophylaxe: Risikosituationen identifizieren, Prävention, Rückfall begrenzen und stoppen
◦ Acamprosat oder Naltrexon im Rahmen eines Gesamtbehandlungsplans (EL 1a, EG A)
◦ bei fehlendem Therapieerfolg: Überweisung an Suchtspezialisten

Abwendbar gefährlicher Verlauf

- Übersehen oder Übergehen einer Alkoholproblematik
- in folgenden **Akutsituationen** ist eine stationäre Behandlung dringlich indiziert:
  - schwerer Rauschzustand/akute schwere Intoxikation oder Mischintoxikation
  - begleitende Traumen, vor allem Schädel-Hirn-Traumen (ggf. zerebrale Bildgebung!)
  - Suizidalität
  - fremdaggressives Verhalten unter Alkohol
  - Fahrenwollen unter Trunkenheit
  - Somnolenz, Sopor, Koma
- **Alkoholentzugssyndrom** (F10.3) → Pharmakotherapie:
  - generell ist eine Pharmakotherapie des mittelschweren bis schweren Alkoholentzugssyndroms gegenüber einer Nichtbehandlung überlegen
  - stärkste Effekte bei der Verhinderung schwerwiegender Komplikationen, insbesondere entzugsbedingter epileptischer Krampfanfälle [65]
  - Bestimmung der Entzugsschwere:
    - international mit der CIWA-AR-Skala (Clinical Institute Withdrawal Assessment of Alcohol Scale, Revised): leicht = ≤ 8 Punkte, mittelschwer = 9–14 Punkte, schwer = ≥ 15 Punkte
    - in Deutschland oft mit der Alkohol-Entzugssyndrom-Skala (AES) [77]
  - eintitrieren: Diazepam p. o. oder i. v. in 2,5 mg-Schritten alle 6 h, Clonidin, ggf. Betablocker, Carbamazepin (2–3 × 200 mg ret.), Clomethiazol (nicht ambulant)
- **Entzugssyndrom mit Delir** (F10.4):
  - Trias aus Bewusstseinstrübung und Verwirrtheit, lebhaften Halluzinationen/Illusionen jeglicher Qualität und ausgeprägtem Tremor
  - Akuttherapie: Diazepam 2,5–10 mg p. o. oder i. v. und Haldol 5–10 mg p. o., nach Bedarf titrieren bis zum Eintreffen des Notarztes
- **Wernicke-Enzephalopathie** (E51.2):
  - Bewusstseinsstörung und Desorientiertheit, Augenmuskelstörungen und Nystagmen sowie Gangataxie
  - Akuttherapie: 50 mg Thiamin i. v. und 50 mg Thiamin i. m.
- **Korsakow-Syndrom** (F10.6):
  - Trias aus Desorientiertheit, Zeitgitterstörung und Gedächtnisstörungen mit Konfabulationen
  - Akuttherapie: 50 mg Thiamin i. v. und 50 mg Thiamin i. m.

34.8.7 Leitlinien

Deutsche Gesellschaft für Neurologie. AWMF-S 1-Leitlinie 030–006. **Alkoholdelir und Verwirrtheitszustände.** Im Internet: www.awmf.org/leitlinien; Stand: 26.08.2016

Deutsche Gesellschaft für Suchtforschung und Suchttherapie. AWMF-S 3-Leitlinie 076–001. **Alkoholbezogene Störungen: Screening, Diagnose und Behandlung.** Im Internet: www.awmf.org/leitlinien; Stand: 26.08.2016

Suchtforschungsverbund Baden-Württemberg. **Ambulantes Qualitätsmanagement alkoholbezogener Störungen in der hausärztlichen Praxis.** Im Internet: www.alkohol-leitlinie.de; Stand: 26.08.2016

34.9 Analekzem (L 30.4)

J. Barlet

34.9.1 Definition

Die akute oder chronische Intertrigo im Analbereich mit starkem Juckreiz wird als Analekzem bezeichnet.

34.9.2 Epidemiologie

Das Analekzem ist ein häufiges Krankheitsbild in der Allgemeinpraxis und wird oft im Rahmen der Krebsvorsorgeuntersuchung diagnostiziert. Es ist unabhängig von Geschlecht und Alter verbreitet und kommt besonders oft bei Säuglingen im Rahmen einer Windeldermatitis vor.

34.9.3 Ätiologie

Die Ursache jenseits des Säuglingsalters ist meist ein Hämorrhoidalleiden, eine Hyperhidrosis oder Inkontinenz. Begleitend bestehen gelegentlich Analfisteln und Analfissuren (Kap. 34.10).

34.9.4 Leitsymptome und Diagnostik

▸ **Symptome.** Die typischen Veränderungen zeigen sich in einer Rötung, häufig mit starken Kratzspuren und gelegentlich sekundärer Superinfektion, einer Verdünnung der Haut, die oft feucht ist und einen ausgeprägten perianalen Juckreiz hervorruft.

▸ **Diagnostik.** Der Inspektionsbefund der gespreizten Nates ist richtungsweisend für die Diagnose. Als erweiternde Diagnostik kann ein mykologischer oder bakterieller Abstrich erfolgen mit anschließender Kultur. Auch Stuhluntersuchungen auf Candida sind wegweisend. Es sollte möglichst immer eine proktologische Untersuchung (Proktorektosigmoidoskopie) angestrebt werden, um ein Hämorrhoidalleiden, aber auch Tumoren und Fisteln auszuschließen.

34.9.5 Differenzialdiagnostik

Differenzialdiagnostisch muss an eine Psoriasis vulgaris (L 40.9, Kap. 34.155), ein atopisches Ekzem (L 20.9, Kap. 34.46), ein Lichen ruber (L 90.0) oder ein Lichen sclerosus et atrophicus gedacht werden. Gelegentlich sind im Analbereich die einzigen Manifestationen dieser Erkrankungen festzustellen.

34.9.6 Therapie

Hygienemaßnahmen stehen im Vordergrund, besonders eine übertriebene Waschung mit Seifen und Duftstoffen ist zu unterlassen. Kurzfristig werden kortikoidhaltige Salben zur Linderung des Juckreizes eingesetzt (keine Dauertherapie!). Außerdem verwendet man antimykotische oder antibakterielle Externa bei positivem Abstrichergebnis. Zur weiteren heilenden Therapie eignen sich Kamillen- oder Ölsitzbäder, Feuchtigkeitscremes und zinkhaltige Externa. Grundsätzlich sollte die Behandlung des Grundleidens, d. h. meist der Hämorrhoiden, durch Sklerosierung oder Operation angestrebt werden.

Abwendbar gefährlicher Verlauf

- Ausschluss einer Colitis ulcerosa, eines Morbus Crohn und eines Sinus pilonidalis (Suche nach Fistelgängen)
- Tumorleiden ausschließen

34.9.7 Leitlinien

Deutsche Dermatologische Gesellschaft. AWMF-S 1-Leitlinie 013–007. **Analekzem.** Im Internet: www.awmf.org/leitlinien; Stand: 20.01.2016

34.10 Analfissur (S 31.80)

J. Barlet

34.10.1 Definition

Unter einer Analfissur versteht man einen chronifizierten Schleimhautriss des Afters. Sie ist oft ein Begleitsymptom des Hämorrhoidalleidens.

34.10.2 Leitsymptome und Diagnostik

▸ **Symptome.** Die Analfissur ist eine mit einem stetigen Schmerz verbundene Erkrankung. Aufgrund des Schmerzes bei der Defäkation kommt es oft zu Stuhlverhalt und Obstipation. Die Fissur reißt immer wieder auf, wird tiefer und tiefer und bildet eine Vorpostenfalte.

▸ **Diagnostik.** Diagnostisch ist eine Analfissur am besten mit dem Spreizspekulum bei der proktologischen Untersuchung darzustellen:
- typische Fissur bei 6 Uhr (in Steinschnittlage)
- Sphinkterspasmus tastbar

34.10.3 Therapie

In einem Frühstadium kann die Fissur durch regelmäßige Unterspritzung mit einem Lokalanästhetikum und Salbenbehandlung (z. B. Hamamelispräparate) ausheilen. Bei chronischen Fissuren wird Glyzeroltrinitrat, z. B. Rectogesic, gegeben. Wenn die Fissur jedoch tief ist und sich eine Vorpostenfalte entwickelt hat, hilft nur noch die chirurgische

Exzision. Die Nachbehandlung besteht aus Sitzbädern mit Kamille, Salbenbehandlung und Weitung des Afters mit Analdehnern. Wie bei dem Analekzem muss auch bei der Analfissur das Grundleiden (Hämorrhoiden) therapiert werden. Prophylaktisch wirkt eine Stuhlregulierung.

Abwendbar gefährlicher Verlauf

- Tumorgeschehen im Analbereich immer zuerst ausschließen
- Entwicklung eines periproktitischen Abszesses (K61.1)

34.10.4 Leitlinien

Deutsche Gesellschaft für Allgemein- und Viszeralchirurgie. AWMF-S 3-Leitlinie 088–005. **Analabszess.** Im Internet: www.awmf.org/leitlinien; Stand: 20.01.2016

Deutsche Gesellschaft für Koloproktologie. AWMF-S 1-Leitlinie 081–007. **Hämorrhoidalleiden.** Im Internet: www.awmf.org/leitlinien; Stand: 20.01.2016

34.11 Anämie (D 64.9)

F. Peters-Klimm

34.11.1 Definition

Eine Anämie ist definiert als Verminderung der Hämoglobinkonzentration, des Hämatokrits oder der Erythrozytenzahl im Blut unter die altersentsprechende Norm. Folge ist eine zu geringe Transportkapazität für Sauerstoff. Laut WHO-Definition besteht eine Anämie bei einer Hämoglobinkonzentration von < 12 g/dl (Frauen) bzw. < 13 g/dl (Männer). Aus Platzgründen können nur die Prinzipien, nicht aber alle Anämieformen erschöpfend besprochen werden.

34.11.2 Epidemiologie

Häufige Formen in der Hausarztpraxis sind Anämie bei chronischer Krankheit (ACD; Entzündungs-/Infekt-/Tumoranämie) und die Eisenmangelanämie.

34.11.3 Ätiologie

Anämien lassen sich nach verschiedenen Kriterien – allerdings nur unbefriedigend – systematisieren. Die Einteilung wird dadurch erschwert, dass „Anämie" häufig keine eigenständige Erkrankung ist, sondern ein abklärungsbedürftiger Befund. Die **physiologische Klassifikation** differenziert Anämien nach dem Retikulozytenproduktionsindex (RPI) und der Erythrozytenmorphologie:

$$\text{RPI} = \frac{\text{Retikulozytenzahl } (\%) \times \text{tatsächlicher HK } (\text{l/l})}{\text{shift} \times 0{,}45}$$

shift abhängig vom HK:
HK = 0,45 ergibt shift von 1;
0,35 ergibt 1,5;
0,25 ergibt 2;
0,15 ergibt 2,5

- **(RPI < 2,5) normochrom-normozytärer hypoproliferativer Produktionsstörungen** im Knochenmark aufgrund z. B.:
  - Knochenmarkinsuffizienz durch Aplasie, Infiltration oder Fibrose
  - Eisenmangel
  - verminderte Stimulation
- **(RPI < 2,5) Reifungsstörungen** (inneffektive Erythropoese):
  - im Zytoplasma (hypochrom-mikrozytär): Eisenmangel, Thalassämie, sideroblastische Anämie
  - in der Kernreifung (makrozytär, „megaloblastär"): Folsäure-/Vitamin-B_{12}-Mangel
- **(RPI > 2,5) hyperregenerative Anämien** (verkürzte Überlebenszeit der Erythrozyten):
  - Blutverlust
  - intravaskuläre Hämolyse
  - extravaskuläre Hämolyse
  - metabolischer Defekt
  - Membraninstabilität
  - Hämoglobinopathie

34.11.4 Leitsymptome und Diagnostik

► **Symptome.** Anämiesymptome sind Blässe (Kap. 25.5), Abgeschlagenheit, verminderte Leistungsfähigkeit, Müdigkeit, Kopfschmerzen, (orthostatischer) Schwindel, ggf. Belastungsdyspnoe und (kompensatorische) Tachykardie.

► **Diagnostik.** An diagnostischen Maßnahmen kommen infrage:

- **Anamnese und körperliche Untersuchung:**
  - liefern oft wertvolle Hinweise zur ätiologischen Klärung (z. B. medizinische Vorgeschichte, Hinweise auf akuten oder chronischen [gastrointestinalen, vaginalen] Blutverlust, Polyneuropathie, Ataxie)
  - Alkoholanamnese, Medikamentenanamnese: z. B. Folsäureantagonisten
  - digital rektale Untersuchung
  - Blutdruck und Puls dürfen nicht fehlen!
- **Labor:** laboratoriumsmedizinische **Stufendiagnostik** → ► Abb. 34.1 wie von der KBV empfohlen; sinnvolle „Bausteine" sind:
  - großes Blutbild zur Beurteilung von Erythrozyten-, Leukozyten-, Thrombozyten- und Retikulozytenzahl (und RPI), Erythrozytenindizes
  - ggf. Blutausstrich zur Beurteilung von Erythrozyten- und Thrombozytenmorphologie

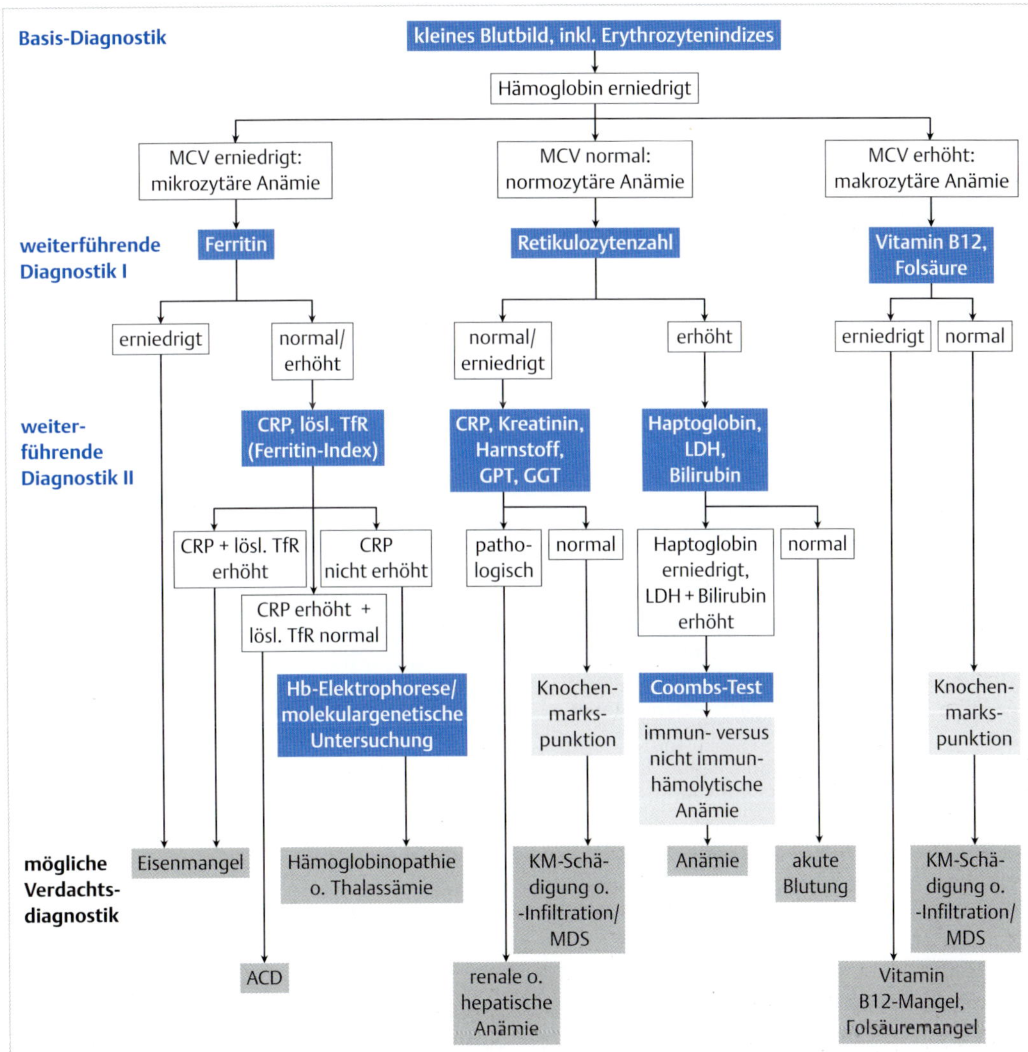

Abb. 34.1 Empfehlungen für eine laboratoriumsmedizinische Stufendiagnostik zur Diagnose einer Anämie.
ACD = Anemia of Chronic Disease, ALT = Alaninaminotransferase, BUN = Blood Urea Nitrogen, CRP = C-reaktives Protein, GGT = γ-Glutamyltransferase, LDH = Laktatdehydrogenase, KM = Knochenmark, MCH = mittlerer korpuskulärer Hämoglobingehalt, MCHC = mittlere korpuskuläre Hämoglobinkonzentration, MDS = Myelodysplasie, MVC = mittleres korpuskuläres Volumen, RDW = Red Cell Distribution Width, lösl. TfR = löslicher Transferrinrezeptor, o. = oder [59].

34

- ◦ Ferritin, CRP; ggf. löslicher Transferrinrezeptor (mikrozytär-hypochrome Anämie)
- ◦ ggf. Hämolyseparameter (indirektes Bilirubin, freies Hämoglobin im Serum, Haptoglobin, LDH)
- ◦ Homozystein, Vitamin B_{12}, Folsäure (makrozytär-hyperchrom)
- ◦ „spezielle" Untersuchungen: z. B. Kreatinin, Erythropoetin, TSH, direkter Coombs-Test, Hämoglobin-/Serumelektrophorese, Autoantikörper gegen Parietalzellen des Magens und Intrinsic Factor, Erythrozytenenzyme

► **Ergänzende Diagnostik.** Die weitere Diagnostik richtet sich nach der vermuteten Grundkrankheit, ggf. ist eine (auch konsiliarische) Überweisung zum Hämatologen (Labordiagnostik, Knochenmarkpunktion), Gastroenterologen (Gastro-/Koloskopie, Kapseluntersuchung), Nephrologen oder Gynäkologen erforderlich.

34.11.5 Therapie

Bei der Anämie bei chronischer Krankheit und bei der Eisenmangelanämie steht die **Therapie der Grundkrankheit** im Zentrum. Der maximale Gesamtbedarf an Eisen in mg sollte zur Therapieplanung herangezogen werden und kann mit der Ganzoni-Formel berechnet werden:
Hb-Defizit in g/dl × Körpergewicht in kgKG × 3
Zur **Eisensubstitutionstherapie** gilt:

- Bei oraler Eisentherapie wird meist 100–200 mg zweiwertiges Eisen verordnet, es wird nur 10–20 % der Dosis aus dem Darm resorbiert. Hämoglobin und Ferritin müssen sich normalisieren, es sollte 3–6 Monate zusätzlich behandelt werden.
- Die parenterale Eisentherapie kann z. B. sinnvoll sein bei deutlicher Anämie mit Symptomen, aber nicht zwingender Indikation zur Erythrozytensubstitution. Kurzinfusionen mit Eisen-III-hydroxid-Polymaltose erlaubt die höchsten Einzeldosen. Hämoglobin und Ferritin sollten frühestens nach 8 Wochen bestimmt werden, wichtiger ist die ausreichende Substitution.
- Eine Erythrozytensubstitution ist bei sonst Gesunden ca. ab einem Hämoglobin < 7 mg/dl indiziert. Symptome, Umstände und Präferenzen des Patienten sollten allerdings berücksichtigt werden. Bei internistischen Erkrankungen wie Herzinsuffizienz oder COPD ist die Indikation zur Verhinderung einer Dekompensation je nach Schweregrad und Symptomen schon bei Werten < 10 mg/dl gegeben.

Merke

- Ein von Patienten vermuteter „Eisenmangel" ist ein sehr häufiger Beratungsanlass. Lediglich die manifeste Eisenmangelanämie erlaubt eine Eisensubstitution auf Kosten der GKV (rotes Rezept), nicht aber ein prälatenter (lediglich erniedrigtes Ferritin) oder latenter (zusätzlich u. a. erhöhter löslicher Transferrinrezeptor) Eisenmangel! Natürliche Eisenzufuhr als Basis der (Ernährungs-)Beratung nicht vergessen!
- Bei perniziöser Anämie ist eine lebenslange parenterale Vitamin-B_{12}-Substition (s. c.) indiziert. Bis zur Normalisierung sollte zusätzlich Eisen, Folsäure und ggf. Kalium verabreicht werden. Nach Normalisierung des Blutbildes reicht aufgrund der Speicherung in der Leber eine Gabe alle 3–6 Monate (z. B. 1000 µg)!

Abwendbar gefährlicher Verlauf

- Die meisten Anämien werden als „Zufallsbefund" bzw. im Rahmen einer Abklärung von Leitsymptomen festgestellt, die immer ernst genommen werden sollten.
- Bei deutlichen Symptomen an sub-/akute gastrointestinale Blutungen denken, Teerstuhl wird oft nicht vom Patienten bemerkt und muss überprüft werden!
- Perniziöse Anämien benötigen jährliche Gastroskopien (Magenkarzinomrisiko).

34.11.6 Leitlinien

Gesellschaft für pädiatrische Onkologie und Hämatologie. AWMF-S 1-Leitlinie 025–021. **Eisenmangelanämie.** Im Internet: www.awmf.org/leitlinien; Stand: 20.01.2016

Gesellschaft für Pädiatrische Onkologie und Hämatologie. AWMF-S 1-Leitlinie 025–027. **Anämiediagnostik im Kindesalter.** Im Internet: www.awmf.org/leitlinien; Stand: 20.01.2016

34.12 Angstanfall (Panikattacke, F41.0)

P. Engeser

34.12.1 Definition

Die Panikattacke ist eine kurze Episode heftiger, unerklärlicher, nicht situations- oder objektgebundener Angst, oft mit nachfolgender sekundärer Agoraphobie.

34.12.2 Epidemiologie

Etwa 10 % der Frauen und 7 % der Männer hatten wenigstens einmal eine Panikattacke, 2 % haben chronische Panikattacken.

34.12.3 Leitsymptome und Diagnostik

► **Symptome.** Neben der massiven psychischen Erregung kommt es zu **körperlichen Beschwerden** wie starkem Herzklopfen und Schwitzen bis zur Hyperventilation.

► **Diagnostik.** Da die Situation rasches Handeln erfordert, beschränkt sich die Diagnostik in der Akutsituation auf die Einschätzung des klinischen Bildes, z. B., ob evtl. eine Hyperthyreose vorliegen könnte. Wichtig ist die Frage nach schon früher aufgetretenen Angstanfällen. Nach Abklingen der Panikattacke sollte der Allgemeinarzt zur weiteren Abklärung diagnostisch folgendermaßen vorgehen:

- Frage nach früheren Panikattacken
- Frage nach sekundärer Agoraphobie, entsprechend den körperlichen Angstkorrelaten organische Untersuchungen (z. B. EKG bei Herzrasen oder Schmerzen in der Brust)
- körperliche Untersuchung (Fokus: kardial, neurologisch, psychiatrisch)
- laborchemischer Ausschluss einer Stoffwechselstörung
- ggf. störungsspezifische Diagnostik durch den Fachspezialisten

34.12.4 Differenzialdiagnostik

Differenzialdiagnostisch kommen infrage:

- akute Psychosen wie Depressionen und Schizophrenien
- Intoxikationen (inkl. Drogenmissbrauch), aber auch Alkoholentzug
- Stoffwechselstörungen wie Hyperthyreose oder Blutzuckerentgleisungen
- Epilepsien und temporale Hirntumoren (Angstanfälle oft vor Einsetzen der neurologischen Symptomatik)
- neurotische Reaktionen (z. B. Examensangst)

34.12.5 Therapie

Hier ist auch im Notfalleinsatz ruhiges ärztliches Handeln wesentlich und durch geeignete Maßnahmen, auch medikamentös, das Symptom der Angst zu beeinflussen. Im Mittelpunkt der akuten Behandlung steht das **beruhigende Gespräch**, unterstützt von einer **Medikamentengabe**, z. B. Diazepam 5–10 mg oral oder parenteral, Lorazepam als schnell wirksame Expidetzubereitung oder Alprazolam 0,5–4 mg p. o.

Merke

Langzeittherapie wegen Rückfallrisiko und Abhängigkeitsrisiko vermeiden! Dieses Risiko und die Kurzfristigkeit dieser Therapie muss dem Patienten kommuniziert werden, da sie sonst immer wieder nachgefragt werden wird!

In der Langzeittherapie ist die **Psychotherapie** indiziert, oft ist die Verhaltenstherapie besonders geeignet.

Zur **medikamentösen Dauertherapie** (Prophylaxe) eignen sich Antidepressiva, vor allem Trizyklika (z. B. Opipramol, Imipramin) oder SSRI (z. B. Paroxetin).

Abwendbar gefährlicher Verlauf

Bei Gefährdung des Patienten oder anderer durch den Patienten ist eine stationäre Behandlung in einer psychiatrischen Klinik erforderlich, ggf. auch gegen den Willen des Patienten. Die Unterbringungsgesetze der einzelnen Bundesländer sind dabei natürlich zu beachten.

34.12.6 Leitlinien

Deutsche Gesellschaft für Allgemeinmedizin und Familienmedizin. AWMF-S 1-Leitlinie 053–038. **Hausärztliche Beratung „Ganz am Ende des Lebens" unter Berücksichtigung der rechtlichen Aspekte.** Im Internet: www.awmf.org/leitlinien; Stand: 26.11.2015

Deutsche Gesellschaft für Kinder- und Jugendpsychiatrie, Psychosomatik und Psychotherapie. AWMF-S 1-Leitlinie 028–022. **Angststörungen (F41, F93.0).** Im Internet: www.awmf.org/leitlinien; Stand: 26.11.2015

34.13 Angulus infectiosus (K13.0)

F. Peters-Klimm

34.13.1 Definition

Der Angulus infectiosus, auch als Perlèche oder Faulecken bekannt, ist eine meist rhagadenförmige Entzündung der Mundwinkel und gehört zu den irritativen „mikrobiellen" Ekzemen.

34.13.2 Ätiologie

An der Entstehung und Unterhaltung des Angulus infectiosus ist eine Durchfeuchtung (Mazeration) der Haut sowie der daraus resultierenden Proliferation der Hautkeime bzw. deren Produkte beteiligt. Bei Kindern finden sich zumeist **Strepto-** oder **Staphylokokken**, bei Älteren überwiegend **Candida albicans**. Zusätzlich können mechanische Faktoren wie Zahnprothesen etc. eine Rolle spielen oder sie kann Hinweis auf eine Atopie (Neurodermitis), ein seborrhoisches Ekzem oder das Sjögren-Syndrom sein.

34.13.3 Leitsymptome und Diagnostik

► **Symptome.** Typisch ist zunächst die Rötung der Mundwinkel, dann eine meist rhagadenförmige, krustige Entzündung. Bei Candida-Befall sind weißliche Beläge möglich, gelbliche Krusten sprechen mehr für eine bakterielle Ursache. Es können mäßige Schmerzen auftreten, wegen laufender mechanischer Irritation der Wunde ist die Spontanheilung nur sehr zögerlich.

► **Diagnostik.** Zumeist handelt es sich um eine eindeutige Blickdiagnose. Ein direkter Erregernachweis ist nur selten (nach frustraner Therapie) durch Abstrich nötig.

34.13.4 Differenzialdiagnostik

Man sollte auch an eine sekundäre Syphilis denken.

34.13.5 Therapie

Bei Verdacht auf eine bakterielle Ursache ist die lokale Behandlung mit topischen Antibiotika, bei einer Candida-Infektion mit Antimykotika indiziert; in Zweifelsfällen können auch kortikoidhaltige Mischpräparate in Salbenform gegeben werden.

Abwendbar gefährlicher Verlauf

Faulecken sind nur selten Ausgangspunkt weiterer Infektionen. Erst bei frustraner Therapie oder in der rezidivierenden Form sollten ggf. Mangelerkrankungen (Eisenmangelanämie, Vitaminmangel, z. B. Vitamin B_2) und innere Krankheiten (Diabetes mellitus, Lues II, Leberzirrhose und Sjögren-Syndrom) abgeklärt werden.

34.13.6 Leitlinien

Deutsche Gesellschaft für Mund-, Kiefer- und Gesichtschirurgie. AWMF-S 2-Leitlinie 007–054. **Infektiöse Mundschleimhauterkrankungen.** Im Internet: www.awmf.org/leitlinien; Stand: 20.01.2016

34.14 Anorexia nervosa (Magersucht) (F50.0)

R. Schäfert

34.14.1 Definition

Die Anorexia nervosa (AN, Magersucht) ist eine Essstörung mit erheblichem selbstverursachtem Gewichtsverlust und Aufrechterhalten eines zu niedrigen Körpergewichts, getrieben von der Wahrnehmung, trotz Untergewichts zu dick zu sein und von der Angst vor Gewichtszunahme.

34.14.2 Epidemiologie

Eine AN tritt überwiegend bei jungen Frauen der gehobenen Mittelschicht auf und beginnt meistens in der Pubertät im Alter von 14–18 Jahren; für Frauen liegt die Punktprävalenz für das Risikoalter zwischen 15 und 35 Jahren bei ca. 0,4 %. Männer sind in ca. 5 % der Erkrankungsfälle betroffen.

34.14.3 Ätiologie

Ursachen und relevante Umgebungsbedingungen sind:

- **Hochrisikogruppen für die Erkrankung:**
  - ♀: 10-fach höheres Risiko; Frühgeburtlichkeit, perinatale Komplikationen
  - Sportler in ästhetisch geprägten Sportarten (z. B. Gymnastik, Ballett), Ausdauersport (z. B. Langstreckenlauf), Sportarten mit Gewichtsklassen (z. B. Boxen, Ringen)
- **soziokulturelle Aspekte:**
  - kulturunabhängig nachweisbar, aber Prävalenz in westlichen Industrienationen größer als in nicht industrialisierten Ländern
  - Unzufriedenheit mit dem eigenen Körper durch Schlankheitsideal westlicher Länder
- **genetische und neurobiologische Aspekte:**
  - genetische Prädisposition (Heritabilität 48–76 %)
  - mögliche Dysregulation in Belohnungssystem und Affektregulation
- **individuelle und entwicklungspsychologische Faktoren:**
  - gestörtes Essverhalten (z. B. Fütterstörung) und vermehrte gastrointestinale Probleme im Säuglings- und Kleinkindalter
  - vermehrtes Schlankheitsstreben, restriktives Essverhalten
  - hohe psychische Komorbidität (s. u.)
  - vermindertes Selbstwertgefühl bzw. negatives Selbstkonzept
  - prämorbide Persönlichkeitsstruktur mit Affektlabilität und Überwiegen negativer Affekte (Neurotizismus)
  - Schwierigkeiten bei der Bewältigung pubertärer Entwicklungsschritte (körperliche Reifung, Bildung der Geschlechtsidentität, Lösung von primären Bezugspersonen, Autonomieentwicklung)
- **aufrechterhaltende Faktoren:** pathologische familiäre Interaktionen, Folgen des Hungerzustandes

34.14.4 Leitsymptome und Diagnostik

▸ **Symptome.** Charakteristisch sind:

- Körpergewicht mindestens 15 % unter dem erwarteten BMI oder BMI ≤ 17,5 kg/m^2
- selbst herbeigeführter Gewichtsverlust durch Vermeidung hochkalorischer Speisen und/oder subtypspezifisches gewichtsregulierendes Verhalten (s. u.)
- Körperschemastörung: Die Patientinnen und Patienten nehmen sich trotz Untergewichts als zu dick wahr
- Gewichtsphobie: Angst vor Gewichtszunahme
- endokrine Störungen (♀: primäre/sekundäre Amenorrhö, ♂: Libido- und Potenzverlust)
- Verzögerung der Pubertät bei präpubertärem Erkrankungsbeginn (z. B. Wachstumsstopp)

▸ **Diagnostik.** Die **psychosoziale Diagnostik** umfasst:

- Essprotokoll: s. Links
- Festlegung des Subtyps:
  - Binge-Purging-Typus/AN mit aktiven Maßnahmen zur Gewichtsabnahme (F50.01): Essanfälle, selbstinduziertes Erbrechen, Purging-Verhalten (Abusus von Laxanzien, Diuretika)
  - rein restriktiver Typus: AN ohne aktive Maßnahmen zur Gewichtsabnahme (F50.00)
  - Excercising: übertriebene körperliche Aktivität zur Gewichtsregulation, Bewegungsunruhe
- **psychische Komorbidität:**
  - Depression (31–89 %), Angst (60 %), Zwangserkrankungen (5–37 %)
  - Assoziation mit vermeidenden, abhängigen und anankastischen Persönlichkeitszügen
- **Fremdanamnese:** Da die Essstörung oft verheimlich wird, sollten Familie/Angehörige einbezogen werden, auch um sie über die Essstörung und ihre Behandlung zu informieren.

Die **medizinische Diagnostik** dient der Abschätzung des akuten medizinischen Risikos durch Untergewicht und Folgen des Erbrechens (▸ Tab. 34.5), der somatischen Ausschlussdiagnostik und dem Vermeiden von Folgeschäden:

- **internistische Untersuchung:** Abdomen, Thorax, Inspektion von Mundhöhle, Speicheldrüsen, Zähnen, Haut, Körperperipherie (Gefäßstatus, Ödeme); Herzauskultation, Orthostasetest
- **neurologische Untersuchung:** höhere kortikale Funktionen (Gedächtnis, Rechnen, Praxie), Stand

Tab. 34.5 Untersuchungen zur Beurteilung des akuten medizinischen Risikos.

Untersuchungen	Parameter	Gefährdung	akute Gefährdung
Gewichtsentwicklung	Größe, Gewicht; BMI (kg/m2)	< 15	< 13
	Gewichtsabnahme/Woche	< 0,5 kg	> 1 kg
Anamnese	Auftreten von Synkopen?	ja, zurückliegend	ja, aktuell
körperliche Untersuchung	Muskelkraft: „Squat Test" (Aufstehen aus der Hocke)	Einsatz der Arme zur Balance	Arme zur aktiven Unterstützung
	Hypothermie	< 35 °C	< 34,5 °C
Blutdruck	systolischer Blutdruck (mmHg)	< 90	< 80
	diastolischer Blutdruck (mmHg)	< 70	< 60
EKG	Puls, EKG	< 50	< 40
	QT-Zeit (frequenzkorrigiert)		> 450 ms
Elektrolyte	Kalium (mmol/l)	< 3,5	< 3,0
	Natrium (mmol/l)	< 135	< 130
	Phosphat (mg/dl)	0,5–0,8	< 0,5
Blutbild	Hb (g/dl)	< 11	< 9
	Leukozyten (/nl)	< 4 oder > 10	< 3 oder > 12
	Thrombozyten (/nl)	< 130	< 110
Leber			
• Transaminasen	GOT (U/l)	> 40	> 80
• Cholestase	alkalische Phosphatase (U/l)	< 35	> 200
	Bilirubin (mg/dl)	> 1,2	> 2,3
• Synthese	Quick (%)	< 70	< 50
Nierenfunktion	Kreatinin (mg/dl)	> 1,3	> 1,8
	Harnstoff (mg/dl)	> 42	> 60
Entzündungszeichen	CrP (mg/l)	> 5	> 30
sonstiges	Blutglukose (g/dl)	< 65	< 45
	Albumin (g/dl)	< 3,5	< 3,2

und Gang, Hirnnerven, motorisches System, Feinbewegungen und Koordination, Sensibilität, Muskeleigenreflexe, autonomes Nervensystem

- **sonstiges:** Urinstatus (Eiweiß, Zucker, Keton, Sediment); TSH; Amylase; Elektrophorese
- **apparativ:** evtl. Sono Abdomen, Röntgen-Thorax; Knochendichtemessung bei Amenorrhö > 2 J.

34.14.5 Differenzialdiagnostik

Differenzialdiagnostisch ist zwischen psychiatrischen und somatischen Differenzialdiagnosen zu unterscheiden:

- **psychiatrische DD:** depressive Esshemmung, Angst, Zwang, somatoforme Störung, Schizophrenie, Sucht (Polytoxikomanie, Heroin, Amphetamine)
- **somatische DD:** endokrine Störungen (Hyperthyreose, Diabetes, Panhypopituitarismus, Morbus Addison), Malabsorptionsstörungen (z. B. Zöliakie), CED, Infektkachexie (z. B. Tuberkulose, AIDS), RF und Strikturen im GIT, Tumorkachexie (Hirn, Magen, Pankreas, Lunge, Lymphome, Leukämie)

34.14.6 Therapie

Die Therapie umfasst:

- Aufbau eines therapeutischen Arbeitsbündnisses; klar sein, um Halt zu geben, Motto: „tanzen statt ringen"
- Informationsvermittlung, Konfrontation mit der Schwere der Erkrankung
- Phasen:
  - symptomzentriert: Essen, Gewicht
  - orientiert an Konflikt und Persönlichkeitsstruktur

- Essvertrag mit Ausgangs- und Zielgewicht, wöchentliche Gewichtssteigerung, Konsequenzen
- Etablieren einer festen Mahlzeitenstruktur: 3 Haupt-, 3 Zwischenmahlzeiten
- Die Patientinnen sollten regelmäßig morgens ungefähr um die gleiche Zeit in leichter Bekleidung gewogen werden (klinischer Konsenspunkt, KKP); bei BMI < 15 kg/m² ist eine stationäre Behandlung indiziert.
- Die Therapie sollte störungsorientiert sein und die körperlichen Aspekte bei AN berücksichtigen (KKP).
- Behandlungen sollten in Einrichtungen oder bei Therapeuten erfolgen, die Expertise in der Therapie mit Essstörungen haben und störungsspezifische Therapieelemente bereithalten (KKP).
- Besonders bei jüngeren Patienten sollte die Familie in die Behandlung einbezogen werden (EG B).
- Im ambulanten Rahmen sollte eine Gewichtszunahme von 200–500 g/Woche angestrebt werden, im stationären Rahmen von 500–1000 g/Woche; Richtwert hierfür: 2400 kcal/d; ggf. Unterstützung mit hochkalorischer Zusatzkost und Magensonde (stationär)
- Psychopharmakotherapie ggf. mit Mirtazapin, Promethazin oder Olanzapin niedrig dosiert
- Bei stationärer Behandlung ist eine weitgehende Gewichtsrestitution anzustreben (EG B).
- Bei der Behandlung sollte berücksichtigt werden, dass der Heilungsprozess in der Regel einen Zeitraum von vielen Monaten, wenn nicht Jahren umfasst (KKP).

Abwendbar gefährlicher Verlauf

- Die AN hat die höchste **Mortalität** aller psychischen Erkrankungen: Es werden „Crude Mortality Rates“ (CMR) (% der Verstorbenen in einer Stichprobe) zwischen 7,7 % und 15,6 % und „Standardized Mortality Rates“ (SMR) (Werte > 1 drücken Übersterblichkeit aus) zwischen 3,3 (95 %-KI: 2,2–4,9) und 10,5 (95 %-KI: 5,5–15,5) berichtet. Haupttodesursachen sind in absteigender Häufigkeit Infektionen, Herz-Kreislauf-Versagen und Suizid. Die ernste Prognose unterstreicht die Notwendigkeit von Früherkennung und frühzeitiger Intervention.
- Bei vitaler Gefährdung ist eine akutinternistische Aufnahme notwendig.
- Während Gewichtsrestitution auf *Refeeding-Syndrom* achten: präventive Phosphatsubstitution: z. B. Reducto spezial; engmaschige Kontrolle von Elektrolyten (Na^+, K^+, Ca^{2+}, Mg^{2+}, Phosphat) und entsprechende Substitution, Leber- und Nierenwerten.

34.14.7 Leitlinien und Links

Deutsche Gesellschaft für Psychosomatische Medizin und Ärztliche Psychotherapie. AWMF-S 3-Leitlinie 051–026. **Ess-Störungen, Diagnostik und Therapie.** Im Internet: www.awmf.org/leitlinien; Stand: 20.01.2016

Mück H. Essprotokoll. Im Internet: www.dr-mueck.de/pdfs/Esssprotokoll.pdf; Stand: 20.01.2016

34.15 Aortenaneurysma (thorakal, abdominal) (I71.–)

U. Müller-Bühl

34.15.1 Definition

Das Aortenaneurysma ist eine pathologische Ausweitung der Hauptschlagader, die mindestens das Zweifache des angrenzenden gesunden Gefäßlumens beträgt. Aortenaneurysmen werden eingeteilt in abdominale Aortenaneurysmen (AAA) sowie thorakoabdominale Aneurysmen (TAAA). Ein AAA ist definiert als Ektasie der Bauchaorta ≥ 3 cm, in über 80 % besteht eine infrarenale Lokalisation.

34.15.2 Epidemiologie

In populationsbasierten Studien ist die Prävalenz eines AAA mit einem maximalen Durchmesser von ≥ 3,0 cm altersabhängig und beträgt 4–8 % bei > 65-jährigen Männern und 0,5–1,5 % bei Frauen. Das TAAA korreliert mit dem Alter und betrifft in 62 % Männer. Seine jährliche Inzidenz wird mit etwa 10 pro 100 000 Einwohner angegeben.

34.15.3 Ätiologie

Aortenaneurysmen sind ganz überwiegend Folge degenerativ-atherosklerotischer Veränderungen der Arterienwand, oft in Kombination mit erhöhten Blutdruckwerten. In seltenen Fällen können abdominale Aneurysmen entzündlicher Genese sein (inflammatorisches AAA, Aortitis). Etwa 20 % thorakoabdominaler Aneurysmen entstehen durch eine Dissektion der Aortenwand (z. B. bei Aortenvitien, Marfan-, Danlos-Ehlers-Syndrom).

34.15.4 Leitsymptome und Diagnostik

Typisch für das **Bauchaortenaneurysma** sind:
- asymptomatisch: meist Zufallsbefund im Rahmen einer abdominalen Sonografie; bei schlanken Menschen pulsierender Tumor im Bauchraum tastbar
- symptomatisch: diffuse abdominelle Beschwerden, Rücken- und Flankenschmerzen
- rupturiert:
  - gedeckte Ruptur: anhaltende Schmerzen im Bauchraum mit Schmerzausstrahlung in Rücken und Flanke; häufig Anämie
  - freie Ruptur: Bild eines akuten Abdomens mit plötzlich einsetzenden Schmerzen und rapidem Blutdruckabfall; meist letaler Ausgang
- Typisch für das **thorakoabdominale Aneurysma** sind:
- asymptomatisch: Zufallsbefund im Rahmen einer Röntgen-Thorax-, CT- oder kardiologischen Untersuchung
- symptomatisch: zunehmende Rückenschmerzen, Heiserkeit, Dysphagie

Für die Diagnostik stehen Sonografie, MRT und CT zur Verfügung.

34.15.5 Differenzialdiagnostik

Differenzialdiagnosen des symptomatischen **Bauchaortenaneurysmas** sind:
- Lumbalsyndrom (M54.-)
- intestinale Erkrankungen, z. B. Pankreatitis (K85.-): Kap. 34.135
- Hinterwandinfarkt (I21.-): Kap. 34.74
- Differenzialdiagnosen des symptomatischen **thorakoabdominalen Aneurysmas** sind:
- Myokardinfarkt (I21.-): Kap. 34.74
- Spontanpneumothorax (J93.-)
- akutes Abdomen, z. B. perforiertes Ulcus ventriculi (K25.1)

34.15.6 Therapie

In der konservativen Therapie werden vaskuläre Risikofaktoren behandelt, in erster Linie wird dabei der Blutdruck eingestellt. Die chirurgische Therapie des BAA hat eine Indikation ab einem Durchmesser von 55 mm und ist abhängig von Lokalisation, Konfiguration und Wachstumsrate des BAA und individuellen Patientenfaktoren. Die chirurgische Therapie des TAAA erfolgt bei:
- degenerativem TAAA und chronisch dissezierendem TAAA: Durchmesser > 55–60 mm
- TAAA bei hereditären Bindegewebserkrankungen: Durchmesser > 50 mm

Seit Ende der 1990er Jahre steht alternativ zur offenen Operation die **endovaskuläre Ausschaltung** von Aortenaneurysmen zur Verfügung:
- „thoracic endovascular aortic repair" (TEVAR)
- „endovascular aortic repair" (EVAR)

Abwendbar gefährlicher Verlauf

Bei fortgeschrittenem und progredientem Aneurysma droht eine Ruptur (I72.9) mit einer hohen Letalität.

34.15.7 Leitlinien

Deutsche Gesellschaft für Angiologie - Gesellschaft für Gefäßmedizin. AWMF-S 3-Leitlinie 065–003. **Periphere arterielle Verschlusskrankheit (PAVK), Diagnostik, Therapie und Nachsorge.** Im Internet: www.awmf.org/leitlinien; Stand: 20.01.2016

Deutsche Gesellschaft für Neurologie. AWMF-S 1-Leitlinie 030–030. **Unrupturierte intrakranielle Aneurysmen.** Im Internet: www.awmf.org/leitlinien; Stand: 20.01.2016

34.16 Aphthen (B00.2)

H.-D. Klimm

34.16.1 Definition

Aphthen sind einzelne oder in Gruppen auftretende flache, rundliche oder ovale schmerzhafte Ulzerationen mit intensiv rotem Randwall der Mundschleimhaut, einschließlich der Lippen, Tonsillen und der Zunge.

34.16.2 Epidemiologie

In der Allgemeinpraxis dominieren meist sog. **Aphthenerkrankungen** mit solitären bzw. habituellen Aphthen, die gelegentlich in geringer Anzahl (solitär oder einzeln, ca. 2–4) auftreten und rezidivieren können. Sie kommen in jedem Lebensalter vor und gehören zu den häufigsten Läsionen des Mundbereichs.

Der **Morbus Behçet** (M35.2) ist außerhalb des Mittelmeerraums in Europa selten, in Japan jedoch häufig. Männer sind 5–10-mal häufiger befallen als Frauen, autoimmunologische Krankheitsprozesse und/oder Virusinfektionen und genetisch Prädispositionen (HLA-B-Typen) werden diskutiert.

Die **Herpes-simplex-Virusinfektion** führt bei Kleinkindern zur gefürchteten fieberhaften Gingivostomatitis herpetica (B00.2) (HSV-Typ 1 oder 2), bei der es nach einer Inkubationszeit von 2–7 Tagen zu den typischen serösen Veränderungen kommt. Durch die hohe Kontagiösität sind Endemien in Kindergärten möglich. Bei Erwachsenen wird diese Form bei Patienten mit verminderter Immunkompetenz (HIV-Infektion, Chemotherapie) beobachtet.

34.16.3 Ätiologie

3 ätiologisch unterschiedliche Erkrankungen gilt es zu unterscheiden:
- **Aphthenerkrankung:** einzelne oder einige Aphthen rezidivierend in der Mundschleimhaut und im Lippenbereich, Ätiologie unklar
- **Morbus Behçet:** in Japan und im Mittelmeerraum gehäuft auftretende Erkrankung mit Beteiligung verschiedener Organsysteme; Symptome: orale, genitale Aphthen und Augensymptome (Hypopyon-Iritis)
- **Gingivostomatitis herpetica** (Mundfäule): schwere fieberhafte Erkrankung im Kleinkindesalter mit zahlreichen Aphthen, hervorgerufen durch den Herpes-simplex-Virus (HSV-Virus)

34.16.4 Leitsymptome und Diagnostik

▶ **Symptome.** Typisch sind Schmerzen im Mund- und Zungenbereich, besonders bei der Nahrungsaufnahme und bei heißen und sauren Getränken. Auch das Sprechen, Schlucken von Wasser und Speichel ist schmerzhaft. Nicht die Größe der Aphthen ist ausschlaggebend für den Schmerz, sondern die Lokalisation. Die Kombination orale und genitale Aphthen (bipolare Aphthen) sowie die Augensymptomatik führen richtungsweisend zur Diagnose.

▶ **Morbus Behçet.** Bei der Gingivostomatitis herpetica bei Kleinkindern dominiert die Vielzahl der Aphthen und ein ausgeprägter Mundgeruch (sog. Mundfäule). Hinzu kommen schmerzhafte Lymphknotenschwellungen und Allgemeinsymptome wie Abgeschlagenheit und Müdigkeit.

▶ **Diagnostik.** Es handelt sich um eine Blickdiagnose! Typisch sind flache Ulzerationen mit oberflächlichen, schmutzig-grauen Belägen. Die Beläge sind nur schwer abstreifbar, kleine Aphthen (Miniform) haben einen Durchmesser von < 1 cm, bei der Majorform sind die Aphthen etwas über 30 mm groß. Sie können monatelang persistieren.

Beim **Morbus Behçet** wird die Diagnostik ergänzt durch:
- Labordiagnostik wie bei Erkrankungen des rheumatischen Formenkreises (Kap. 34.160), inklusive HLA-B-Diagnostik
- Überweisung zum Facharzt

Bei der **Gingivostomatitis herpetica** kommen infrage:
- serologische Differenzierungsmöglichkeiten Typ 1, Typ 2 und PCR-Virusnachweisverfahren
- bei Meningoenzephalitis kulturelle Anzuchtverfahren der Herpesviren zum Nachweis bestehender Infektionen

34.16.5 Differenzialdiagnostik

Stomatitiden und Ulzeratioen anderer Genese sind in Betracht zu ziehen:
- Soorbeläge: lassen sich abstreifen; Kultur auf Nickerson-Indikatornährboden innerhalb von 24 Stunden anlegen
- bakterielle Stomatitiden: kultureller Abstrich und Antibiogramm; bei fieberhaften Begleiterscheinungen systemische Antibiotikatherapie
- Druckstellen durch Prothesen
- ulzerierende Tumoren: schleimhautbioptische Abklärung

34.16.6 Therapie

Die therapeutischen Möglichkeiten sind:

- **Aphthen**:
  - Aufklärung über die Harmlosigkeit der Erkrankung und deren Selbstlimitierung
  - Lokalbehandlung mit:
    - Mundgel mit Lokalanästhetika (z. B. Dynexan Gel)
    - desinfizierende Gurgellösungen (Wasserstoffperoxid, Kamille)
    - adstringierende Mittel: Myrrhentinktur, Jod-PVP-Mundspüllösung (z. B. Betaisodona)
    - Mundgel: zur Stabilisierung der Flora (z. B. Mulgatol Gel)
    - naturheilkundliche Mittel: Teebaumöl, Melissenextrakt, Kamillen- und Salbeitee
- **Morbus Behçet (M35.2)**:
  - Behandlung nur mit Spezialisten
  - Kortikosteroide, Immunsuppressiva und Zytostatika
- **Gingivostomatitis herpetica (B00.2)**:
  - wegen der starken Schluckbeschwerden Gefahr der gestörten Nahrungsaufnahme und Exsikkose → stationäre Einweisung
  - zur Therapie Aciclovir

Abwendbar gefährlicher Verlauf

- Gingivostomatitis herpetica (B00.2): schweres Krankheitsbild → stationäre Einweisung zur parenteralen Ernährung
- Meningoencephalitis herpetica (B00.4): bei geringstem Verdacht stationäre Einweisung, meldepflichtig!
- karzinomatöse Ulzerationen (C 80.9): sofortige Abklärung bei HNO-Arzt oder Mund- und Kieferchirurgen erforderlich
- Primärkomplexe oder Tuberkulosen (A16.9) sollten bedacht werden!

34.16.7 Leitlinien

Deutsche Gesellschaft für Mund-, Kiefer- und Gesichtschirurgie, Deutsche Gesellschaft für Zahn-, Mund- und Kieferheilkunde. AWMF-Leitlinie 007–101. **Aphthen und aphtoide Läsionen der Mundschleimhaut: Diagnostik und Therapieoptionen.** Im Internet: www.awmf.org/leitlinien; Stand: 20.01.2016

34.17 Apoplektischer Insult (I63.0, I64.0)

U. Müller-Bühl

34.17.1 Definition

Apoplexia cerebri, zerebraler oder apoplektischer Insult, Stroke, Schlaganfall oder Gehirnschlag bezeichnen einen plötzlich einsetzenden neurologischen Symptomenkomplex. Der Begriff „Apoplex" ist veraltet, besser sollte von einem zerebrovaskulären Insult gesprochen werden.

34.17.2 Epidemiologie

Die jährliche Inzidenz des Schlaganfalls beträgt 1,82 auf 1000 Einwohner. Von den rund 150 000 neuen Schlaganfällen/Jahr in Deutschland sind 78 % Hirninfarkte, 13 % Hirnblutungen, 4 % Subarachnoidalblutungen und 5 % unklarer Genese. Der Schlaganfall steht bei Männern und Frauen an 3. Stelle der Todesursachenstatistik.

34.17.3 Ätiologie

Beim Schlaganfall handelt es sich entweder um eine lokale Hirndurchblutungsstörung durch einen thrombotischen oder thrombembolischen **Gefäßverschluss** (Hirninfarkt) oder um eine **Gefäßruptur** mit intrazerebraler oder subarachnoidaler Blutung (Hirnblutung).

34.17.4 Leitsymptome und Diagnostik

► **Symptome.** Unabhängig von der Genese der zerebralen Durchblutungsstörung äußert sich die Symptomatik gleich: perakut oder subakut einsetzende periphere Lähmungserscheinungen, Seh- und Sprachstörungen, evtl. mit teilweiser Rückbildung, Schluckstörungen, Harn- und Stuhlinkontinenz, mehr oder weniger ausgeprägte Beeinträchtigung des Bewusstseins bis zum Koma und Tod. Als Prodromalsymptome können heftigste Kopfschmerzen oder Bewusstseinstrübungen vorausgehen. Die klinische Symptomatik kann je nach Lokalisation des Insults beträchtlich variieren (► Tab. 34.6). Thrombotische Gefäßverschlüsse treten am häufigsten in der A. cerebri media auf und führen zur typischen Hemiparese. Hirnblu-

Tab. 34.6 Symptomatik bei zerebrovaskulärem Insult.

neurologische Symptomatik	Gefäßregion
beinbetonte sensomotorische Hemiparese, Gangapraxie	A. cerebri anterior
Hemihypästhesie, homonyme Hemianopsie, Dyslexie	A. cerebri posterior
brachiofaziale sensomotorische Hemiparese, homonyme Hemianopsie, Aphasie	A. cerebri media
ipsilaterale Amaurosis fugax	A. carotis interna
Schwindel, „drop attacks", Ataxie, Doppelbilder, Dysarthrie, Singultus, Schluckstörungen	Vertebralisstromgebiet

tungen brechen mitunter in die Capsula interna oder das Ventrikelsystem ein, meist mit der Folge einer komatösen Bewusstseinsstörung. Blande, rezidivierende Infarkte können zu einer Multiinfarktdemenz führen.

► **Verlaufsformen.** Nach der Verlaufsform zerebraler Durchblutungsstörungen werden unterschieden:

- TIA (transitorische ischämische Attacke): kurzzeitige, rezidivierende, meist brachiofaziale sensomotorische Ausfallerscheinungen, Sehstörungen (Amaurosis fugax) oder Sprachstörungen (Dys- und Aphasie) mit vollständiger Restitution innerhalb von 24 Stunden (Kap. 34.182)
- progredienter Insult („stroke in evolution") mit zunehmender Symptomatik
- kompletter Insult („completed stroke") mit über 24 Stunden anhaltenden neurologischen Störungen

► **Diagnostik.** Die Diagnostik umfasst Anamnese und klinische Untersuchung:

- **Anamnese,** ggf. Fremdanamnese:
  - Prodromi, flüchtige Seh-, Sprach- oder sensomotorische Störungen
  - Risikofaktoren atherosklerotischer Gefäßkrankheiten wie Hypertonie, Diabetes mellitus, Nikotin und Hyperlipidämie, Herzerkrankungen wegen möglicher Thrombembolie (Klappenvitien, Herzinsuffizienz, Rhythmusstörungen, Vorhofflimmern, prothetischer Klappenersatz)
- **klinische Untersuchung:**
  - Bewusstseinslage
  - Reflexstatus
  - Meningismus (Subarachnoidalblutung)
  - Pyramidenbahnzeichen (Babinski-, Trömner-Reflex)
  - Seitendifferenzen der Muskelkraft, schlaffe oder spastische Lähmungen

34.17.5 Differenzialdiagnostik

Differenzialdiagnostisch kommen viele Erkrankungen in Betracht:

- Hypoglykämie, Hyperglykämie
- Hypotonie, hypertone Krise
- Fieber, insbesondere mit Dehydratation
- Epilepsie, z. B. Todd-Parese nach fokalem Anfall
- Hirntumor oder -metastasen
- Subarachnoidalblutung (plötzlicher heftiger Kopfschmerz und Nackensteife)
- entzündliche Hirnerkrankungen (Enzephalitis, Meningitis)
- Sinus- oder Hirnvenenthrombosen
- Migräne (halbseitiges Defizit vor Auftritt der Kopfschmerzen)
- spinale Erkrankung oder Läsion peripherer Nerven
- Commotio cerebri, Contusio cerebri nach Trauma
- Intoxikationen
- Elektrolytentgleisungen, z. B. hypokaliämische Lähmung
- psychogene Lähmung

34.17.6 Therapie

Therapie vor stationärer Behandlung

Die vordringliche hausärztliche Aufgabe besteht in einer sofortigen stationären Einweisung in eine Stroke Unit über den Rettungsdienst (Telefon 112) oder die unverzügliche Entscheidung über eine etwaige Nichteinweisung. Bei Nichterreichbarkeit des Hausarztes Alarmierung des Rettungsdienstes bei Schlaganfallverdacht über das Praxispersonal.

Empfohlene **Basismaßnahmen** bei akutem ischämischem Schlaganfall sind [24]:

- Atemwege freihalten
- geeignete Lagerung

- ausreichende Versorgung mit Sauerstoff per Nasensonde (2–4l)
- peripherer venöser Zugang, Infusion isotonischer Kochsalzlösung
- Kontrolle des Blutdrucks:
  - **keine Intervention bei Werten unter 220/120 mmHg**
  - moderate Blutdrucksenkung nur bei höheren Werten oder bei Komplikationen (Lungenödem, Myokardinfarkt, hypertensiver Enzephalopathie), z. B. mit Captopril 6,25–12,5 mg oral oder Urapidil 10–50 mg i. v.
  - zu vermeiden ist der Einsatz von (nichtretardiertem) Nifedipin, Nimodipin und aller Maßnahmen, die zu einem drastischen Blutdruckabfall führen
- Testung des Blutzuckers

Unterlassen werden sollen die Gabe von Heparin, ASS, Steroiden sowie intramuskuläre Injektionen.

Wichtige **Informationen an die Klinik** sind:

- Dokumentation des Erstauftretens der Symptome
- Vorerkrankungen, Zeitpunkt und Art der letzten Operation
- Medikamentenplan
- bei aphasischen Patienten: Telefonnummer der nächsten Angehörigen angeben

Therapie nach stationärer Behandlung

Die hausärztlichen Aufgaben nach stationärer Entlassung konzentrieren sich auf die Überwachung der Pflege und Rehabilitation:

- Lagerung zur Kontraktur- und Dekubitusprophylaxe (Verordnung geeigneter Krankenunterlagen, Dekubitusmatratzen, Fersenpolster)
- Anleitung und Überwachung des Pflegepersonals bzw. der pflegenden Angehörigen
- Verordnung von z. B. Ergotherapie, Krankengymnastik, Logopädie
- medikamentöse Behandlung von Erregungszuständen, z. B. mit Neuroleptika (Promethazin, Pipamperon, Melperon, Levomepromazin)
- ggf. Veranlassung einer stationären Rehabilitation
- **Sekundärprävention:**
  - Maßnahmen zur Beeinflussung der Risikofaktoren, insbesondere Überwachung des Blutdrucks
  - präventive Gabe von Thrombozytenaggregationshemmern oder oralen Antikoagulanzien (nach $CHADS_2$-Score bei Vorhofflimmern)
  - operative Intervention (Karotisendarteriektomie/Stentangioplastie)

Nach einem zerebralen Insult gelten die folgenden **ICD-Codes:**

- nach Entlassung aus dem Krankenhaus:
  - bei ambulanter Weiterbehandlung (z. B. Krankengymnastik, Logopädie) wird der akute Schlaganfall mit dem Zusatzkennzeichen G verschlüsselt (s. AKR A03)
  - spätestens **nach 12 Monaten** Umstellung der Kodierung auf „Folgen einer zerebrovaskulären Erkrankung“, ICD-Code I69.0–I69.8, inkl. Zusatzkennzeichen G
- jahrelang zurückliegender Schlaganfall:
  - Verschlüsselung des Schlaganfalls mit ICD-Code I69.0–I69.8
  - eventuelle Folgen des Schlaganfalls werden ebenfalls kodiert, z. B.:
    - G81.– = Hemiparese und -plegie
    - G82.– = Paraparese und -plegie
    - R13.– = Dysphagie
    - R47.0 = Dysphasie und Aphasie
    - H53.4 = Gesichtsfelddefekte (Hemianopsie)
    - R29.5 = Neglect

Abwendbar gefährlicher Verlauf

Gemäß dem „Time-is-brain“-Konzept ist Zeitgewinn der wichtigste Faktor in der Behandlung des akuten Schlaganfalls, vor allem in den ersten Stunden nach Auftreten der Symptome. Schlaganfallpatienten sind immer als medizinischer Notfall zu betrachten, auch wenn die Symptomatik nur mild ausgeprägt ist. Sie sollten unverzüglich in eine Stroke Unit gebracht werden, da eine rtPA-Fibrinolyse nur in einem Zeitfenster von 4,5 Stunden sinnvoll ist.

34.17.7 Leitlinien

Deutsche Gesellschaft für Allgemeinmedizin und Familienmedizin. AWMF-S 3-Leitlinie 053–011. **Schlaganfall.** Im Internet: www.awmf.org/leitlinien; Stand: 20.01.2016

Deutsche Gesellschaft für Neurologie. AWMF-S 1-Leitlinie 030–046. **Ischämischer Schlaganfall, Akuttherapie.** Im Internet: www.awmf.org/leitlinien; Stand: 20.01.2016

Deutsche Gesellschaft für Neurologie. AWMF-S 3-Leitlinie 030–133. **Schlaganfall: Sekundärprophylaxe ischämischer Schlaganfall und transitorische ischämische Attacke.** Im Internet: www.awmf.org/leitlinien; Stand: 20.01.2016

34.18 Appendizitis (K37)

K.-C. Münter

34.18.1 Definition

Eine Entzündung des Wurmfortsatzes des Blinddarms (Appendix vermiformis) wird als Appendizitis bezeichnet. Pathologisch-anatomisch werden phlegmonöse, ulzerierende und nekrotisierende Formen unterschieden. Neben dem bakteriellem Befall können Lumenobliterationen, Schleimhautulzerationen oder eine lymphatische Hyperplasie Ursache sein.

34.18.2 Epidemiologie

Die akute Appendizitis tritt bei beiden Geschlechtern und in jedem Lebensalter auf. Bevorzugt jedoch sind junge Menschen zwischen dem 10. und 30. Lebensjahr mit leichtem Überwiegen des männlichen Geschlechts betroffen.

34.18.3 Leitsymptome und Diagnostik

► **Schmerzen.** Typischerweise beginnt der Schmerz im Epigastrium und verlagert sich nach 2–12 Stunden in den rechten Unterbauch. Begleitet wird der Schmerz von Appetitlosigkeit, Übelkeit, Erbrechen und leichter Temperaturerhöhung. Häufig kann der maximale Schmerzpunkt vom Patienten genau lokalisiert werden, besonders wenn eine Schmerzzunahme beim Husten besteht. Bei **Kindern** findet sich oft ein periumbilikaler Schmerzbeginn. Bei der **Altersappendizitis** sind die Symptome und auch der Palpationsbefund häufig untypisch.

► **Stadieneinteilung.** Die Blinddarmentzündung tritt in verschiedenen Stadien auf – beginnend mit der leichten Begleitappendizitis bei anderen Infekten über chronisch rezidivierende Verläufe bis zu akuten Formen, die schnellstens einer Operation bedürfen.

► **Diagnostik.** Die Diagnostik umfasst:

- **Anamnese:**
  - Schmerzverlagerung vom Ober- in den rechten Unterbauch und meist akuter Beginn
  - besonders nach den Begleitsymptomen fragen: Appetit, Stuhlgang, Wasserlassen, Erbrechen, Übelkeit
- **körperliche Untersuchung:**
  - rektal-axilläre Temperaturdifferenz von rund 1 °C
  - Druck- und Klopfschmerz um den McBurney-Punkt (Mittelpunkt der Verbindungslinie zwischen Nabel und Spina iliaca anterior superior rechts) mit den Zeichen der peritonealen Reizung; bei Lageanomalien (retrozäkal, kleines Becken, subhepatisch) kann eine andere Schmerzlokalisation vorkommen
  - da bei Kleinkindern, Schwangeren und Älteren der Befund häufig untypisch ist, muss aufgrund der Häufigkeit immer eine Appendizitis auch bei uncharakteristischem Befund differenzialdiagnostisch erwogen werden
  - **rektale Untersuchung** bei unklaren Beschwerden obligat
- **Labor:**
  - meist nicht nötig, da der klinische Befund entscheidend ist
  - gelegentlich leicht ausgeprägte Leukozytose von 10 000–20 000/µl und mäßige BSG-Beschleunigung
  - Urinuntersuchung ggf. differenzialdiagnostisch bedeutsam
- **Sonografie:** insbesondere zur Abklärung der gynäkologischen Differenzialdiagnose wertvoll

► **Vorgehen in der Praxis.** Da Begleitappendizitiden im Rahmen anderer – meist viraler – gastrointestinaler Infekte oft beobachtet werden, sind bei zunächst uncharakteristischen und wenig ausgeprägten Beschwerden **engmaschige Verlaufsbeobachtungen** mit Ausschluss einer auftretenden Abwehrspannung von großer Bedeutung. Eine lokale Abwehrspannung findet sich bei Peritonealbeteiligung und erfordert eine **Klinikeinweisung**.

Merke

Nach **Perforation** kann ein schmerzfreies Intervall auftreten, wodurch evtl. das akute Krankheitsgeschehen übersehen wird. Da eine Perforation fast nie innerhalb der ersten 8 Stunden vorkommt, ist die Verlaufsbeobachtung in diesem Zeitraum ohne Gefahr möglich.

34.18.4 Differenzialdiagnostik

Es kommen infrage:
- gastrointestinale Erkrankungen: z. B. Gastroenteritis, Cholezystitis, Pankreatitis
- urologische Erkrankungen: z. B. Pyelonephritis, Zystitis
- gynäkologische Erkrankungen: z. B. Adnexitis, Zystentorsion, Endometriose
- pneumologische Erkrankungen: z. B. Pleuritis
- systemische Erkrankungen: z. B. Porphyrien

Eine engmaschige klinische **Verlaufsbeobachtung** kann bei unklarem Befund dem Allgemeinarzt in der Entscheidung über das weitere Prozedere helfen.

34.18.5 Therapie

Die Appendizitis erfordert ein chirurgisches Vorgehen, in der Regel laparoskopisch. Bei einer Begleitappendizitis kann zunächst abgewartet werden (Bettruhe, Tee und Zwieback). Im Zweifelsfall den Patienten nüchtern lassen und engmaschig beobachten.

Abwendbar gefährlicher Verlauf

Bei zu spät gestellter Diagnose können ein perityphlitischer oder subphrenischer Abszess oder eine Perforation mit Peritonitis auftreten.

34.18.6 Leitlinien

Deutsche Gesellschaft für Gastroenterologie, Verdauungs- und Stoffwechselkrankheiten. AWMF-S 2k-Leitlinie 021–024. **Gastrointestinale Infektionen und Morbus Whipple.** Im Internet: www.awmf.org/leitlinien; Stand: 20.11.2015

Gesellschaft für Pädiatrische Radiologie. AWMF-S 1-Leitlinie 064–016. **Bauchschmerz - Bildgebende Diagnostik.** Im Internet: www.awmf.org/leitlinien; Stand: 20.01.2016

34.19 Arthrose (M19.0)

U. Müller-Bühl

34.19.1 Definition

Die Arthrose ist eine degenerative Gelenkerkrankung durch langjährige Fehl- und Überbelastung mit progredienter Veränderung der Knorpel- und Knochenstruktur und letztlicher Gelenkdeformation.

34.19.2 Epidemiologie

Weltweit ist die Arthrose die häufigste Gelenkerkrankung des erwachsenen Menschen. Die Daten zu Inzidenz und Prävalenz variieren erheblich, da der radiologische Nachweis einer Arthrose nicht mit der Häufigkeit klinischer Beschwerden korreliert. Nach Umfragen des Robert-Koch-Instituts lag die Lebenszeitprävalenz der Arthrose in Deutschland bei Frauen im Jahr 2010 bei ca. einem Viertel, bei Männer bei ca. einem Sechstel. Im Zeitverlauf von 2003 bis 2010 ist ein Anstieg der Arthrose-Prävalenz bei Frauen (2003: 22,6 %; 2010: 27,1 %) und Männern (2003: 15,5 %; 2010: 17,9 %) zu verzeichnen. Den größten Anteil macht die Gonarthrose aus. In der Altersgruppe der 70- bis 74-Jährigen steigt der Anteil derjenigen, die an einer Gonarthrose erkranken, auf bis zu 40 % an. Werden der Diagnose alleine klinische Beschwerden zugrunde gelegt, sinkt die Prävalenz im Erwachsenenalter auf 10 %.

34.19.3 Ätiologie

Die Ursache der primären (idiopathischen) Arthrose ist nicht bekannt. Angeborene oder erworbene Gelenkdeformitäten führen zu sekundären Arthrosen.

34.19.4 Leitsymptome und Diagnostik

▸ **Symptome.** Allgemeine Merkmale einer Arthrose sind Anlauf- und Ermüdungsschmerz, Steifigkeit nach Ruheperioden, Wetterfühligkeit, nächtliche Missempfindungen sowie Atrophie und Verspannungen der benachbarten Muskulatur. Gelegentlich werden beschwerdearme Intervalle mit mäßigen lage- und belastungsabhängigen Schmerzen durch hochschmerzhafte **arthritische Zustände** unterbrochen (z. B. aktivierte Gonarthrose).

▸ **Diagnostik.** Die Anamnese und körperliche Untersuchung erlaubt meist die Zuordnung des Beschwerdebildes zu einer arthrotischen Gelenkerkrankung. Häufig finden sich **prädisponierende Faktoren** wie Übergewicht, beruflich bedingte Gelenkbelastungen, angeborene Fehlbildungen (z. B. Pfannendysplasie, Subluxationen):

- **klinische Untersuchung:** Deformierung und periartikuläre Weichteilschwellung, aktiver und passiver Bewegungsschmerz, Knirsch- und Reibephänomene, Achsabweichungen (z. B. Varusgonarthrose)
- **Röntgen:** Gelenkspalt verschmälert, periartikuläre Weichteile verdickt, gelenknaher Knochen verdichtet
- **Ultraschall:** Gelenkerguss, Baker-Zyste
- **MRT**

34.19.5 Differenzialdiagnostik

Differenzialdiagnostisch kommen infrage:

- Arthritis (reaktiv, infektiöser Genese, enteropathische Arthritis, M03.–)
- Chondrokalzinose (Synonym: Pseudogicht, M11.–)
- Bandscheibenprolaps, -protrusion (M51.–)
- Arthritis urica (Gicht, M10.–): Kap. 34.85
- Morbus Bechterew (Spondylitis ankylosans, M45.–)
- Morbus Reiter (Arthritis in Kombination mit Konjunktivitis, Urethritis und Hautveränderungen, M02.–)
- Psoriasisarthritis (M09.–): Kap. 34.155
- rheumatoide Arthritis (M08.–): Kap. 34.160

34.19.6 Therapie

Bei **akuten Schmerzzuständen** kommen infrage:

- intraartikuläre Injektionen (z. B. Analgetika, Kortison), ggf. Ergusspunktion (1a)
- orale oder parenterale antiphlogistisch-analgetische Medikation mit nicht steroidalen Antirheumatika (Diclofenac, Ibuprofen, Indometacin, Salizylate, COX-2-Hemmer) (1a)
- symptomatische Therapie mit Entlastung, Kälteanwendungen, Salbenverbänden und Umschlägen

Ein **chronisches Schmerzsyndrom** wird therapiert mit:

- aktiven und passiven krankengymnastischen Bewegungsübungen (1a)
- isometrischem Muskeltraining
- medikamentöser Schmerzlinderung
- Wärmeanwendungen in Form von Bädern, Packungen und Diathermie (fördern Hyperämie und Muskelrelaxation)
- **Operation** (bei hohem Leidensdruck, Schmerzmittelabusus und verschlimmernden Sekundärschäden, z. B. Skoliose) (1):
  - Synovektomie
  - Umstellungsosteotomie
  - Arthrodese
  - Implantation von Endoprothesen

Mögliche **prophylaktische Maßnahmen** sind:

- Vermeidung statisch-dynamischer Belastungen (z. B. im Beruf)
- gesundheitsfördernde Maßnahmen (Gewichtsabnahme)
- Beseitigung präarthrotischer Deformitäten (X- und O-Bein-Korrekturen, Achsenbegradigung, Stellung von Frakturfragmenten)
- Vermeiden von Kälte und Nässe, Warmhalten der Gelenke (Mikroklima)
- lockernde sportliche Gymnastik
- Schwimmen im warmen Wasser
- Benutzen von Schuhen mit weichen Sohlen (Pufferabsätze)

Einen hohen Stellenwert hat die hausärztliche Beratung über Sinn und Effekte invasiver therapeutischer Maßnahmen. Zum Beispiel veröffentlichte das IQWiG 2013 die vorläufigen Ergebnisse einer Auswertung wissenschaftlicher Studien zur therapeutischen Arthroskopie bei Gonarthrose. Demnach hat die Arthroskopie im Vergleich zu nichtaktiven und den meisten aktiven Vergleichsinterventionen keinen Nutzen.

In einigen europäischen Ländern hat die Implementierung zertifizierter Endoprothetikzentren sowie eines Endoprothesenregisters zu einer Reduzierung von Rezidiveingriffen geführt. In Schweden, in dem bereits seit den 1970er Jahren ein Endoprothesenregister eingeführt wurde, konnten die Revisionsraten bis heute nahezu halbiert werden.

Abwendbar gefährlicher Verlauf

Auf direktem (Punktion, postoperativ) oder indirektem (hämatogenem) Infektionsweg kann eine **bakterielle Arthritis** (Pyarthros, M00.99) entstehen.

34.19.7 Leitlinien

Deutsche Gesellschaft für Allgemeinmedizin und Familienmedizin. AWMF-S 1-Leitlinie 053–036. **Chronischer Schmerz.** Im Internet: www.awmf.org/leitlinien; Stand: 10.11.2015

34.20 Asthma bronchiale (J45.9)

F. Peters-Klimm

34.20.1 Definition

Unter Asthma bronchiale versteht man eine variable (teil-)reversible Atemwegsobstruktion infolge Entzündung der Schleimhäute und Hyperreagibilität der Atemwege.

34.20.2 Epidemiologie

In der gesamten Bevölkerung beträgt die Prävalenz 6–8 %, bei Kindern und Jugendlichen bedingt durch die allergischen Formen (s. u.) ca. 10 %, mit steigender Tendenz. Die Steigerung wird auf die moderne Lebensweise zurückgeführt (u. a. geringere Anzahl an durchgemachten Infekten). Bei Kindern heilt allerdings ein hoher Prozentsatz (bis 50 %) beim Eintritt ins Erwachsenenalter vollständig aus. Bei der Erstmanifestation im Erwachsenenalter dominieren mehr die nicht allergischen Formen (s. u.).

34.20.3 Ätiologie

Genetische Veranlagung und exogene Auslöser (Atopien und Infekte) führen zu vorwiegend eosinophiler bronchialer Entzündung, man unterscheidet:

- allergisches („extrinsic") Asthma (J45.0):
  - auslösende Allergene sind z. B. Pollen, Hausstaubmilben, Tierhaare, Schimmelpilze
  - in der Arbeitswelt auch Mehlstaub, Isozyanate, Latex (kommen in der Arbeitswelt vor) → Berufskrankheit!
- nicht allergisches („intrinsic") Asthma (J.45.1):
  - ausgelöst durch respiratorische Infekte
  - Pseudoallergien, insbesondere ASS und NSAR (Analgetika-Asthma) oder Sulfide in der Nahrung
  - irritative Noxen: physikalische Noxen (z. B. kalte Luft, Nebel, Staub), chemisch (z. B. Zigarettenrauch, Ozon)
  - ungewohnte Anstrengung (Anstrengungsasthma)
  - gastroösophagealer Reflux

Psychische Stimuli (Angst oder Aufregung) verstärken oft die Symptomatik, verursachen sie aber nicht.

Akut kommt es zur endobronchialen Obstruktion aufgrund der Trias aus Bronchospasmus, Schleimhautödem und Hypersekretion eines zähen Schleims (Dyskrinie). Unbehandelt finden Umbauvorgänge (Remodeling) statt, die in der **Spätform** zu einer irreversiblen Dauerobstruktion führen kann und durch adäquate antientzündliche Therapie zu verhindern ist.

34.20.4 Leitsymptome und Diagnostik

► **Symptome.** Charakteristische Symptome sind:

- rezidivierender, anfallsartiger **Husten**, v. a. nachts und am frühen Morgen, mit beschwerdefreien Intervallen, bei Spätformen chronischer Husten durch teil-/irreversible Obstruktion
- **Atemnot**, oft anfallsartig, kann fehlen; eine bronchiale Obstruktion wird oft als **Brustenge** wahrgenommen
- **Sputum** (selten, da zäh, glasig)
- Keuchatmung, verlängertes Exspirium (in schweren Fällen auch ohne Auskultation deutlich hörbar)
- exspiratorischer Stridor im Status asthmaticus
- zusätzlich Orthopnoe, Tachypnoe, Unruhe, Angst

Merke

Trockener, nächtlicher Husten ohne sonstige Erklärung kann ein Hinweis auf ein Asthma bronchiale sein!

▸ **Diagnostik.** Die Diagnostik umfasst:

- **Anamnese:**
  - genaue Anamnese mit besonderer Berücksichtigung der möglichen auslösenden Stimuli und der Familienanmnese
  - saisonales Auftreten bei saisonalen Allergien als Auslöser
- **körperliche Untersuchung:**
  - besondere Berücksichtigung der pulmonalen Befunde (Giemen, bei leichteren Formen nur bei forcierter Exspiration hörbar, Pfeifen und Brummen, bei Überblähung tief stehende Lungengrenzen, hypersonorer Klopfschall)
  - bei schwerem Anfall durch Überblähung der Lunge nur geringer Auskultationsbefund („silent lung")
  - bei Kleinkindern thorakale Einziehungen
- **Lungenfunktion:** für die Allgemeinpraxis reicht die exspiratorisch gemessene Spirometrie, Diagnosekriterien sind:
  - FEV_1/VK (= Tiffeneau-Test) < 70 %, bei Kindern < 75 % **und**
  - **Reversibilität im Bronchospasmolysetest:** 2 Hübe eines β_2-Mimetikums als Dosieraerosol, nach 10–15 Minuten Wiederholung der Lungenfunktion
    - positiv bei Besserung der FEV_1 > 15 % (oder 200 ml bei Erwachsenen)
    - falls Bronchospasmolysetest negativ und weiterhin Verdacht auf Asthma → 4 Wochen hochdosiert inhalative Kortikosteroide (Reversibilitätskriterien in der Spirometrie wie oben)
  - **Bronchoprovokationstest** mit Metacholin diagnosesichernd bei Abfall der FEV_1 ≥ 20 % bzw. zum Nachweis einer bronchialen Hyperreagibilität
  - **Peak-Flow-Protokoll** über 4 Wochen: Schwankungen über 20 % (höchster – niedrigster PEF-Wert/höchster Wert in %)
  - ***Cave:*** Im freien Intervall können völlig normale Befunde erhoben werden!
- **EKG:** Zeichen der Rechtsbelastung, evtl. kardiale Grunderkrankung bei differenzialdiagnostischen Überlegungen
- **Labor:** selten nötig, nach klinischer Indikation (z. B. Blutbild, CRP bei Verdacht auf Superinfektion, IgE und spezifischer RAST bei Verdacht auf allergische Ursache)

Als **weitergehende Diagnostik** sollte bei jedem Asthmakranken ein Röntgen-Thoraxbild angefertigt werden (Ausschluss anderer pulmonaler Erkrankungen sowie Beurteilung der kardialen Situation: Herzgröße und -konfiguration, Stauung).

Mit diesem Basisprogramm lassen sich oft symptomatisch Asthmakranke hinreichend sicher diagnostizieren und in der Langzeitbehandlung betreuen.

▸ **Asthma-Ausschluss.** Ein hinreichend sicherer Asthma-Ausschluss ist mit den Mitteln der Hausarztpraxis allerdings nicht möglich: Bei nicht ausreichender Ausstattung, Unsicherheit oder in Zweifelsfällen ist die Zusammenarbeit mit dem Pneumologen angezeigt (z. B. inspiratorische Lungenfunktion, Ganzkörperplethysmografie, Bronchoprovokationstest, Blutgasanalyse, Allergietest). Näheres ist im Algorithmus zur Asthmadiagnostik der NVL angegeben [4].

34.20.5 Differenzialdiagnostik

Differenzialdiagnostisch kommen infrage:

- rezidivierende viral bedingte obstruktive Bronchitis: Anamnese, meist bei Kindern, aber auch bei Erwachsenen; ***Cave:*** Die Diagnose Asthma sollte in diesen Fällen nicht vor dem 7. Lebensjahr gestellt werden!
- COPD mit und ohne Lungenemphysem: Anamnese, Raucheranamnese, nur leichte Reversibilität der Obstruktion, Bodyplethysmografie (Kap. 34.35)
- Husten durch ACE-Hemmer: verschwindet nach Absetzen!
- Sarkoidose: Nachweis pulmonaler und extrapulmonaler Manifestationen, ggf. Biopsie, Zytologie, ACE-Serumspiegel
- Inhalation von Reizgasen
- Tumoren mit Kompression der Luftwege
- Fremdkörperaspiration
- Stimmbanddysfunktion („vocal cord dysfunction"): paradoxer, intermittierender Stimmbadverschluss mit akuter Atemnot von kurzer Dauer (30 s bis 3 min!), in bis zu 5 % bei Asthma-Patienten, Reflux als Auslöser, angstauslösend, auf Zwerchfellatmung ansprechend
- Asthma cardiale: Vorgeschichte? Kardiopulmonale Stauung? Feuchte Rasselgeräusche?
- Lungenembolie: Kap. 34.105
- extrathorakal: Adipositas, Kompression der Trachea durch Struma, akute allergische Verlegung der oberen Atemwege, z. B. Epiglottitis, Quincke-Ödem des Kehlkopfs

- **iatrogen:** Verabreichung potenziell obstruktiv wirkender Medikamente (Betablocker, ASS, nicht steroidale Analgetika)

34.20.6 Therapie

Falls möglich, sollte eine **Allergen- und Schadstoffkarenz** angestrebt werden. Bei Kindern und jüngeren Erwachsenen kann die **spezifische Hyposensibilisierung** (z. B. gegen Hausstaubmilben) Erfolge zeigen. Diese ist bei älteren Erwachsenen meist frustran. Bei Kindern und Jugendlichen immer die Hyposensibilisierung bei Pollinosis anstreben, um so den späteren Übergang in ein Asthma zu vermeiden (sog. Etagenwechsel)! Die meisten Asthmakranken müssen **symptomatisch** behandelt werden, wobei die Behandlung stets individuell anzupassen ist (z. B. Dosieraerosole nicht möglich bei alten Patienten mit Arthrose der Finger).

▸ **Antiasthmatika.** Entsprechend der Bedarfs- gegenüber der Dauermedikation werden 2 Gruppen von Antiasthmatika unterschieden:

- Bronchodilatatoren (Reliever):
  - β_2-Mimetika (kurz und lang wirksame: RABA und LABA)
  - Anticholinergika
  - Antileukotriene
  - Theophylline (nur in besonderen Situationen)
- antiinflammatorische Medikamente (Controller):
  - Glukokortikosteroide
  - Cromoglicinsäure (DNCG) (wird nicht mehr empfohlen)
  - Leukotrienrezeptorantagonist (Montelukast)
  - Immunsuppressiva (kaum in der Allgemeinpraxis)

▸ **Schweregrade und Asthmakontrolle.** Im Vergleich zur bisherigen Einteilung nach Schweregraden, die nur für den unbehandelten Patienten gilt, ist die Bestimmung des **Grads der Asthmakontrolle** (kontrolliertes, teilkontrolliertes und unkontrolliertes Asthma) als Grundlage für weitere Therapieanpassungen zielführender (▸ Tab. 34.7).

Ein **Algorithmus zur Therapieanpassung**, der sich am Grad der Asthmakontrolle orientiert, hilft bei der Entscheidung über Reduktion oder Intensivierung der Therapie (▸ Abb. 34.2). Das **Stufenschema** für Erwachsene und Kinder zur medikamentösen Langzeittherapie gibt vor, welche nächste Therapiestufe angestrebt werden sollte [8].

Merke

- Prinzipiell gilt: „So wenig wie möglich und so viel wie nötig“!
- Therapieadhärenz, Inhalationstechnik, Allergie-/Umweltkontrolle und Sicherheit der Diagnose muss bei nicht kontrolliertem Asthma überprüft und angegangen werden.

Tab. 34.7 Grade der Asthmakontrolle [7], [52].

Kriterium	kontrolliertes Asthma (alle Kriterien erfüllt)	teilweise kontrolliertes Asthma (1–2 Kriterien innerhalb einer Woche erfüllt)	unkontrolliertes Asthma
Symptome tagsüber	≤ 2 × pro Woche	> 2 × pro Woche	3 oder mehr Kriterien des „teilweise kontrollierten Asthmas“ innerhalb einer Woche erfüllt
	nein	ja	
Einschränkung von Aktivitäten im Alltag	nein	ja	
nächtliche/s Symptome/Erwachen	nein	ja	
Einsatz einer Bedarfsmedikation/Notfallbehandlung	≤ 2 × pro Woche	> 2 × pro Woche	
	nein	ja	
Lungenfunktion (PEF oder FEV_1)	normal	< 80 % des Sollwertes (FEV_1) oder des persönlichen Bestwertes (PEF)	
Exazerbation[1]	nein	eine oder mehrere pro Jahr	eine pro Woche

Die Angaben beziehen sich auf eine beliebige Woche innerhalb der letzten vier Wochen.
[1] Jegliche Exazerbation in einer Woche bedeutet definitionsgemäß ein „unkontrolliertes Asthma“. Definition Exazerbation: Episode mit Zunahme von Atemnot, Husten, pfeifenden Atemgeräuschen und/oder Brustenge, die mit einem Abfall von PEF oder FEV_1 einhergeht.

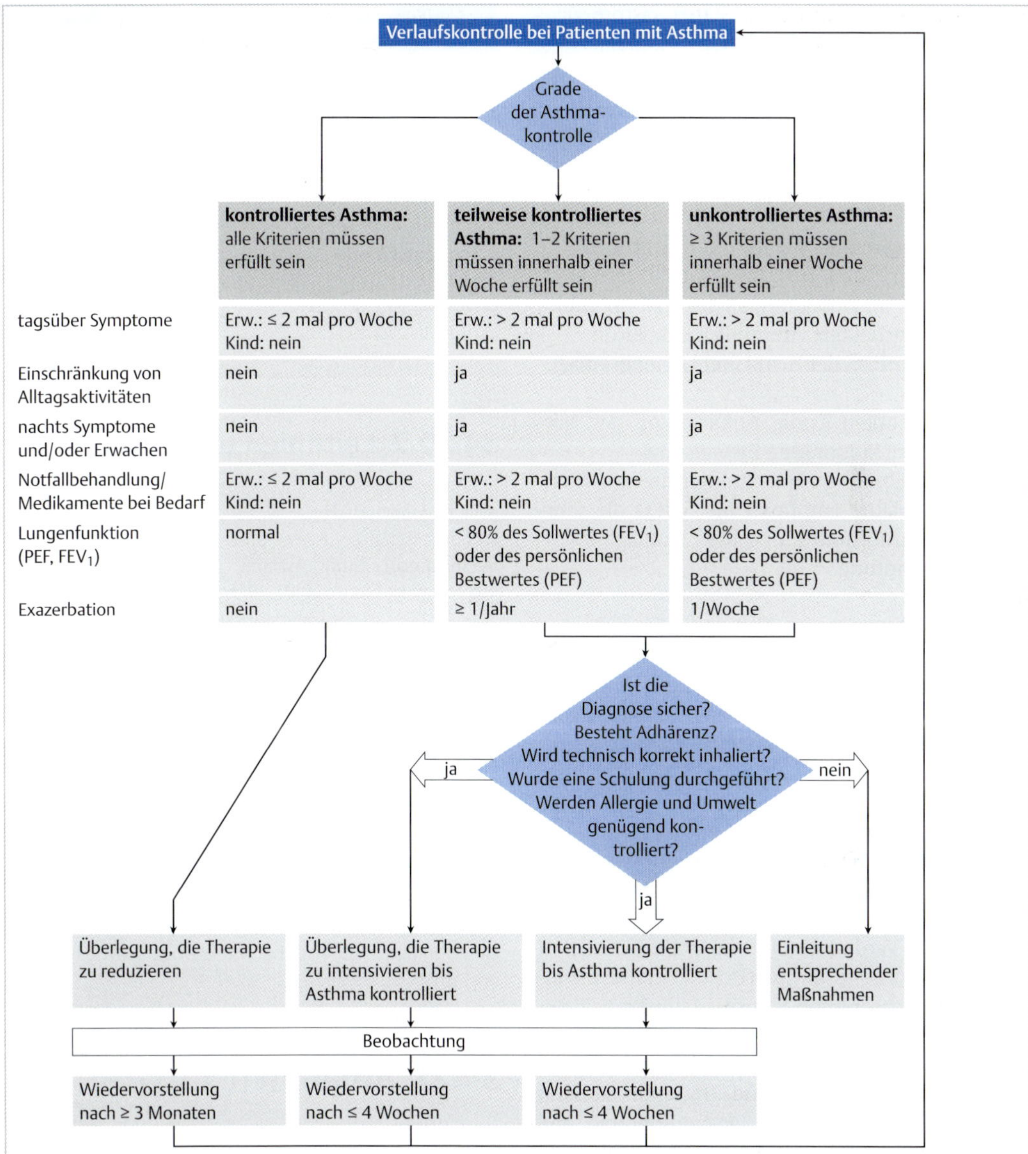

Abb. 34.2 Algorithmus zur Therapieanpassung. Je nach Grad der Asthmakontrolle wird die Therapie reduziert oder intensiviert [7], [51].

- Schulungen, die im Rahmen des DMP angeboten werden können, sind ein hilfreiches Unterstützungsangebot für den Patienten.
- Inhalative Glukokortikosteroide (ICS) spielen als antientzündliche Therapie eine wichtige Rolle (z. B. Stufe 1–3: A,I).
- „Angst vor Kortison" sollte unbedingt angesprochen und abgebaut werden!

- Eine Langzeit-Monotherapie mit LABA soll nicht verordnet werden (A, I).
- Als Bedarfsmedikation (Reliever) in allen Stufen werden kurz wirksame β_2-Mimetika (RABA) eingesetzt.

34

► **Status asthmaticus.** Der Status asthmaticus kann mit folgenden Maßnahmen behandelt werden:

- wenn vorhanden, Sauerstoffgabe (2–4 l/min)
- kontrollierte Inhalation eines RABA via Spacer oder vor offenem Mund (2–4 Hübe)
- Glukokortikosteroide oral oder i. v. (Prednisolon 25–100 mg)
- Ipratropiumbromid (4 Hübe oder 5 mg durch Verneblung)
- Theophyllin im ambulanten Setting ist überholt!
- Selbsthilfetechniken: Atemhilfsmuskulatur durch Aufstützen der Arme und Lippenbremse!

Bei ausbleibendem Erfolg Anforderung des Notarztwagens zur stationären Einweisung.

Zur Vermeidung von Hospitalisierung bzw. komplizierter Verläufe empfiehlt die STIKO die **jährliche Influenzaimpfung** und die einmalige **Pneumokokkenimpfung**.

► **Nicht medikamentöse Therapie.** An nicht medikamentösen Therapiemöglichkeiten stehen zur Verfügung und sollten, wenn möglich und indiziert, zur Anwendung kommen: Patientenschulung, Vermittlung von Selbsthilfegruppen, Atemgymnastik, autogenes Training, Psychotherapie, Klimakuren.

► **Infektbedingte Exazerbationen.** Infektbedingte Exazerbationen scheinen bei Asthmatikern häufig aufzutreten und müssen konsequent behandelt werden. Bei Verdacht auf bakterielle Genese ist eine kalkulatorische, antibiotische Therapie oft indiziert. Eine chronische Sinusitis (sinubronchiales Syndrom) muss unbedingt saniert werden!

► **Langzeitüberwachung und DMP.** Ein äußerst wertvolles Instrument zur Langzeittherapie und Überwachung ist die Bestimmung des **Peak Flow** (kleines einfaches Gerät, ausreichend valide und reliabel), mit dem der Patient täglich seinen Wert bestimmen kann und so schon vor einer klinisch manifesten Atemnot die Obstruktionen erkennen und entweder (nach Schulung) selbst behandeln oder seinen Arzt konsultieren kann. Das **DMP Asthma** kann in der Strukturierung der Versorgung von Asthma-Patienten sehr hilfreich sein (Kap. 20.4.3)!

Abwendbar gefährlicher Verlauf

Übergang in ein irreversibles Stadium und Status asthmaticus (mit immer noch hoher Letalität) möglichst verhindern durch engmaschige Kontrollen, Allergen- und Schadstoffkarenz, frühzeitige antibiotische Behandlung interkurrenter Infekte, häusliche Selbstkontrolle (Peak Flow), konsequente medikamentöse Langzeittherapie (Controller) sowie schnelle und suffiziente Therapie bei Verschlechterung

34.20.7 Leitlinien und Links

Bundesärztekammer, Kassenärztliche Bundesvereinigung, Arbeitsgemeinschaft der Wissenschaftlichen Medizinischen Fachgesellschaften. AWMF-S 3-Leitlinie NVL-002. **Nationale VersorgungsLeitlinie Asthma.** Im Internet: www.awmf.org/leitlinien; Stand: 20.01.2016

Gesellschaft für Pädiatrische Pneumologie (GPP), Gesellschaft für Pädiatrische Allergologie und Umweltmedizin (GPA), Arbeitsgemeinschaft Asthmaschulung im Kindes- und Jugendalter (AGAS), Gesellschaft für Pädiatrische Rehabilitation. **Leitlinie zum Asthma bronchiale im Kindes- und Jugendalter.** Monatsschr Kinderheilkd 2007; 155: 957–960

Deutsche Atemwegsliga e. V. Hilfreiche Kurzfilme zur sachgemäßen Anwendung von Inhalativa, Asthmakontrolltest usw. Im Internet: www.atemwegsliga.de; Stand: 20.01.2016

Global Initiative for Asthma. Im Internet: www.ginasthma.org; Stand: 20.01.2016

34.21 Atherom (L 72.1)

H.-D. Klimm

34.21.1 Definition

Das Atherom (Trichilemmalzyste, Talgzyste, auch Grützbeutel) ist eine gutartige, stecknadelkopf- bis über hühnereigroße zystische Veränderung im Unterhautzellgewebe.

34.21.2 Epidemiologie

In der Praxis ist das Atherom ein ungemein häufig vorkommender tumoröser Prozess, der oft familiär gehäuft auftritt.

34.21.3 Ätiologie

Atherome entstehen schwerpunktmäßig dort, wo Haare wachsen, d. h. auf dem Kopf und an der vorderen und hinteren Schweißrinne am Thorax. Durch Verschluss des Ausführungsgangs kommt es zu Talgdrüsensekretstau. Atherome können einzeln oder auch vermehrt gleichzeitig auftreten.

34.21.4 Leitsymptome und Diagnostik

Es handelt sich um einen tastbaren Knoten, der prall elastisch ist und in oder unter der Haut liegt. Das Atherom ist eine „Blick- und Tastdiagnose".

34.21.5 Differenzialdiagnostik

Differenzialdiagnostisch sind zu berücksichtigen:
- Lipom (D 17.9)
- Fibrom (D 21.9)
- Histiozytom (D 23.9)

34.21.6 Therapie

Wenn die Atherome kosmetisch oder mechanisch stören, sollten sie operativ entfernt werden. Dies ist in der Praxis nach Lokalanästhesie jederzeit möglich. Hierbei ist zu beachten, dass die Schnittführung in Richtung Hautfaltlinien erfolgen sollte und die Präparation der Zystenkapsel vorsichtig erfolgen muss, um sie nicht zu eröffnen. Möglichst total entfernen, keine Zystenreste zurücklassen, um Rezidive zu verhindern.

Abwendbar gefährlicher Verlauf

- eitrige Einschmelzung und Abszessbildung (L 05.0): roter und schmerzhafter Knoten mit Schwellung der Umgebung; bei Berührung evtl. Abgang von Eiter und Blut
- Bei Abgrenzungsschwierigkeiten zwischen sonstigem Tumor oder Lymphknoten stets histologische Abklärung anstreben!

34.21.7 Leitlinien

Arbeitskreis Krankenhaus und Praxishygiene. AWMF-S 1-Leitlinie 029–031. **Postoperative Wundinfektionen: Strategien zur Prävention.** Im Internet: www.awmf.org/leitlinien; Stand: 20.01.2016

Deutsche Dermatologische Gesellschaft. AWMF-S 1-Leitlinie 013–012. **Acne inversa / Hidradenitis suppurativa.** Im Internet: www.awmf.org/leitlinien; Stand: 20.01.2016

Deutsche Gesellschaft für Koloproktologie. AWMF-S 3-Leitlinie 081–009. **Sinus pilonidalis.** Im Internet: www.awmf.org/leitlinien; Stand: 20.01.2016

34.22 Balanitis (N48.1)

J. Barlet

34.22.1 Definition

Unter Balanitis versteht man die Entzündung der Glans penis und meist mitbegleitend der inneren Umschlagsfalten der Vorhaut.

34.22.2 Epidemiologie

Sie kommt sicher häufiger vor, als sie im Patientengut des Allgemeinarztes erscheint, da sie oft aus Scham oder wegen Partnerproblemen verschwiegen und selbst behandelt wird. Die Balanitis kommt in jedem Alter vor: von der Adoleszenz bis ins hohe Alter.

34.22.3 Ätiologie

Man unterscheidet infektiöse und nicht infektiöse Formen:
- infektiöse Balanitis:
  - mykotisch (Candida)
  - bakteriell (Staphylokokken, Mykobakterien, Gardnerella vaginalis)
  - ulzerativ (Lues)
  - viral (Herpes simplex, Condylomata acuminata)
  - parasitär (Scabies)
- nicht infektiöse Balanitis:
  - mechanisch
  - allergischer Kontakt
  - chronische Krankheiten (Lichen sklerosus, Morbus Reiter, Psoriasis)

34

34.22.4 Leitsymptome und Diagnostik

Die Diagnostik umfasst:

- **Anamnese:**
  - Fragen nach Gebrauch von Kondomen oder besonderen Waschriten (Reinigungs-Balanitis)
  - Frage nach Erkrankungen des Sexualpartners
- **Inspektion** (am wichtigsten):
  - Wie sehen Glans und Vorhaut aus? Alles verschwollen und ödematös? Sind einzelne Flecken oder Ulzerationen zu sehen?
  - Kann die Vorhaut zurückgestreift werden?
  - Besteht Sekretabsonderung (mit unangenehmem Geruch)?

Als weitere Diagnostik können Abstriche und Kulturen durchgeführt werden. Natürlich müssen Grunderkrankungen wie z. B. eine Psoriasis ausgeschlossen werden.

34.22.5 Therapie

Da es sich in den meisten Fällen um nicht infektiöse oder mykotische Balanitiden handelt, ist eine Therapie ex juvantibus mit einem Kortikoid plus Antimykotikum durchaus gangbar. Wichtig sind kurzfristige klinische Kontrollen. Wenn es nach einer Woche nicht zu einer deutlichen Besserung gekommen ist, sollte man einen Spezialisten hinzuziehen. Bei rezidivierender Balanitis mit einer deutlichen Phimose sollte eine Operation in Erwägung gezogen werden.

Abwendbar gefährlicher Verlauf

- Wenn bei der Inspektion sich der Verdacht auf einen Primäraffekt bei Syphilis ergibt, ist umgehend eine Diagnostik und spezifische Therapie beim Spezialisten angezeigt.
- Bei älteren Männern sollte immer auch ein beginnendes Karzinom ausgeschlossen werden.

34.23 Basaliom (C 44.9)

H.-D. Klimm

34.23.1 Definition

Das Basaliom ist ein maligner Hauttumor, der langsam destruierend, aber nie metastasierend wächst.

34.23.2 Epidemiologie

Es handelt sich um den häufigsten, nicht benignen Tumortyp der Haut. Der Erkrankungsgipfel liegt im höheren bis hohen Lebensalter, die Erkrankung ist nicht geschlechtsspezifisch. Die Basaliome stellen mit 65 % den größten Anteil der malignen Hauttumoren dar, die Prävalenz schwankt zwischen 20 und 50 in Mitteleuropa und 250 in Australien (auf 100 000 Einwohner). In Deutschland kommt es zu ca. 171 000 Neuerkrankungen/Jahr.

34.23.3 Ätiologie

Basaliome gehen wahrscheinlich von persistierenden, „primordialen“ Haarfollikelkeimen aus.

34.23.4 Leitsymptome und Diagnostik

Zu 90 % haben Basaliome einen zentrofaszialen Sitz, sie treten nie an Körperstellen ohne Haaranlagen auf. Es bildet sich ein Knoten oder Tumor mit Randwallbildung, der perlmuttartig glänzt und meist hautfarben ist – es ist jedoch auch eine Pigmentierung möglich. Exulzerationen kommen vor. Die Diagnose wird durch eine Probeexzision (Stanze) und histologische Untersuchung gesichert.

Man unterscheidet (nach Formen und klinischem Verlauf):

- rundes, solides Basaliom (halbkugeliges Erscheinungsbild)
- oberflächliches multizentrisches Basaliom (Rumpfhautbasaliom)
- pigmentiertes Basaliom (***Cave:*** leicht zu verwechseln mit Melanom)
- sklerodermiformes Basaliom (mit bloßem Auge nicht von der Haut abzugrenzen)
- exulzerierend wachsendes Basaliom (Ulkus rodens)
- destruierend wachsendes Basaliom (Ulkus terebrans mit schweren Verstümmelungen)

34.23.5 Differenzialdiagnostik

Differenzialdiagnostisch kommen infrage:
- Hämatom (T 14.05): Trauma in der Vorgeschichte, lokale Schwellung, Schmerzhaftigkeit
- blauer Naevus (D 22.9): langsam wachsend, bis 1 cm groß, halbkugelig, prominent, meist glatt, stahl- bis blaugraue Verfärbung
- malignes Melanom (C 43.9): Kap. 34.111

34.23.6 Therapie

Basaliome werden mit Sicherheitsabstand von 1–2 cm exzidiert. Das Exzidat muss zur histologischen Untersuchung eingesandt werden! Da ein Basaliom nur regional wächst und nicht metastasiert, sind auch andere Methoden der Basaliom-Gewebszerstörung (z. B. Radiatio) nach histologischer Sicherung der Diagnose zulässig.

34.23.7 Leitlinien

Deutsche dermatologische Gesellschaft. AWMF-S 2k-Leitlinie 032–021. **Basalzellkarzinom.** Im Internet: www.awmf.org/leitlinien; Stand: 20.01.2016

34.24 Morbus Bechterew (M45.09)

H.-D. Klimm

34.24.1 Definition

Der Morbus Bechterew (Spondylarthritis ankylopoetica/Spondylitis ankylosans) ist eine chronisch entzündliche rheumatische Erkrankung der Wirbelsäule mit Wirbelsäulenversteifung.

34.24.2 Epidemiologie

Etwa 1 % der Bevölkerung ist davon betroffen, Männer 3-mal mehr als Frauen. Ein deutlich erhöhtes Erkrankungsrisiko haben Verwandte. Die Erstmanifestation liegt zwischen dem 20. und 40. Lebensjahr.

34.24.3 Ätiologie

Der Morbus Bechterew zählt zum rheumatischen Formenkreis, die Ätiologie ist nicht bekannt, es gibt jedoch eine deutlich genetische Komponente, die Patienten sind in 90–95 % der Fälle HLA-B-27-positiv.

34.24.4 Leitsymptome und Diagnostik

▶ **Symptome.** Befallen sind in erster Linie Intervertebralgelenke und Iliosakralgelenke mit Neigung zur Fibrosierung und Versteifung. Je nach Stadium kann man unterscheiden:
- Frühsymptome:
  - Morgensteifigkeit
  - „tiefer" nächtlicher Schmerz im Kreuz und Gesäßbereich
  - rezidivierende Monarthritis
  - Iritis
  - Schmerzen im Bereich des Achillessehnenansatzes
- im weiteren Verlauf:
  - Einengung der Atembereiche des Brustkorbs
  - zunehmende Versteifung der Wirbelsäule, vor allem im Lendenbereich (Schober)
  - Kyphose
  - sekundäre quere Bauchfalte
  - Schmerzen im Bereich der Kreuz-Dammbeinfugen
  - Arthritis asymmetrisch auftretend, in allen Gelenken bis zu 30 %
- Endstadium:
  - komplette Versteifung der Wirbelsäule und des Thorax
  - sekundäre Muskelkontraktur
  - „Schmerzarmut"

▶ **Diagnostik.** Zur Diagnostik gehören:
- **Anamnese:**
  - positive Familienanamnese
  - Prodromi wie nächtlicher Kreuzschmerz
- **klinische Untersuchung:**
  - Inspektion (Formung der Wirbelsäule)
  - Funktionstests:
    - Finger-Fußboden-Abstand: mehr als 20 cm
    - Schober-Zeichen
    - Mennel-Zeichen: Kreuzschmerzen in Seitenlage, wenn das untere Bein maximal gebeugt und das oberen Bein retroflektiert wird
    - Ott-Zeichen: Markierung HWK 7 und 30 cm darunter; Beurteilung: normal mindestens 2 cm

- **erweiterte Diagnostik:**
  - Labor: Hämoglobin, Erythrozyten, Leukozyten, BSG (beschleunigt), CRP (erhöht), HLA-B-27
  - Röntgen:
    - Iliosakralgelenke (verwaschene Gelenkstruktur, später Erosionen, Sklerosierungen, Ankylose)
    - BWS und LWS: Syndesmophyten, Verkalkungen des vorderen und hinteren Längsbandes (Bambus-Wirbelsäule)
  - Überweisung zum Rheumatologen: schon bei Verdacht auf einen Morbus Bechterew sofortige Überweisung anstreben

Merke

Ein positiver HLA-B-27-Nachweis ist kein geeignetes Diagnosekriterium, weil bis zu 80 % der Normalbevölkerung ebenfalls positiv ist!

34.24.5 Differenzialdiagnostik

Differenzialdiagnostisch kommen infrage:

- bakterielle Spondylitis (A04.9), Spondylodiszitis (M46.49) (z. B. Tuberkulose)
- seronegative Spondylarthritis (M45.09): Morbus Reiter (M02.39), Psoriasisarthritis (L 40.5)

34.24.6 Therapie

▸ **Schmerztherapie.** Da eine kausale Therapie nicht möglich ist, steht die Schmerzlinderung durch nicht steroidale Antiphlogistika stets im Vordergrund (EG A, 1). Ihre Dosierung richtet sich nach der Beschwerdeintensität. Die klinische Wirksamkeit soll erst nach 2–3 Wochen kontrolliert werden, wobei dann ggf. auf ein anderes NSAR oder Coxibe gewechselt werden sollte.

▸ **Kortikosteroide.** Die systemische Langzeitgabe von Kortikosteroiden wird bei Patienten mit Achsenskelettbeteiligung nicht empfohlen. Für die Wirksamkeit einer kurzfristigen Therapie mit Kortikosteroiden gibt es keine ausreichende Evidenz (EG 0, 4).

▸ **TNF-Blocker.** Eine Therapie mit TNF-Blocker (nur durch/mit einem Rheumatologen) soll bei Patienten mit persistierend aktiver axialer Spondylarthritis einschließlich Spondylitis ankylosans und unzureichendem Ansprechen auf eine NSAR-Therapie begonnen werden (EG A, 1), z. B. Adalimumab oder Etanercept (Leitlinie [42]).

▸ **Krankengymnastik.** Ganz im Vordergrund in der hausärztlichen Praxis stehen konsequente krankengymnastische Maßnahmen, um einer Versteifung vorzubeugen und Fehlhaltungen zu minimieren (B, 1/2 +).

Abwendbar gefährlicher Verlauf

- In 5 % der Fälle ist nach vielen Jahren der Erkrankung eine Versteifung der Wirbelsäule zu erwarten.
- Bei Verdacht auf karzinomatöse Wirbelsäulenveränderungen erweiterte radiologische Diagnostik mittels Szintigrafie, CT, MRT.

34.24.7 Leitlinien

Deutsche Gesellschaft für Rheumatologie AWMF-S 3-Leitlinie 060–003. **Axiale Spondyloarthritis inklusive Morbus Bechterew und Frühformen.** Im Internet: www.awmf.org/leitlinien; Stand: 20.01.2016

34.25 Blasenkarzinom (C 67.9)

J. Barlet

34.25.1 Definition

Das Blasenkarzinom ist eine maligne Tumorerkrankung der Harnblase, die fast immer von der Schleimhaut ausgeht. Die am häufigsten auftretende Form ist das papilläre Blasenkarzinom, außerdem kommen aber auch solide Blasenkrebse vor, die z. T. blumenkohlartig in die Blase hineinwachsen. 90 % der Harnblasenkarzinome sind Übergangszell- oder Transitionalzellkarzinome, in 7 % finden sich Plattenepithelkarzinome.

34.25.2 Epidemiologie

In Deutschland erkranken jährlich ca. 25 000 Patienten neu an einem Harnblasentumor. Damit handelt es sich um die vierthäufigste maligne Erkrankung beim Mann und die zehnthäufigste bei der Frau. Das Durchschnittsalter liegt bei 65–70 Jahren.

34.25.3 Ätiologie

Als Hauptursache für Blasenkarzinome gelten aromatische Amine. Auch bei Rauchern liegt eine erhöhte Inzidenz vor. Die Latenzzeit zwischen der Einwirkung des Karzinogens und der Tumorstörung beträgt im Allgemeinen 10–40 Jahre.

Merke

Blasentumoren werden bei Exposition mit aromatischen Aminen in entsprechenden Betrieben (Textil-, Leder-, Farbstoffindustrie) als Berufskrankheit nach der Berufskrankheitenverordnung anerkannt!

34.25.4 Leitsymptome und Diagnostik

► **Symptome.** Das häufigste Primärsymptom ist die schmerzlose Makrohämaturie, häufig kommt es zu einer Begleitzystitis und Pollakisurie. Das fast immer bestehende Frühsymptom Mikrohämaturie wird häufig übersehen bzw. anders gedeutet.

► **Diagnostik.** Diagnostisch wegweisend ist die Zystoskopie mit der Probeexzision. Im Vorfeld kann durch rektale Untersuchung und Sonografie schon der Verdacht auf ein Blasenkarzinom gestellt werden. Durch eine CT werden die Tiefe des Wachstums und eine Metastasierung diagnostisch festgelegt. Die Fluoreszenzzystoskopie zeigt die befallenen Areale deutlich.

34.25.5 Differenzialdiagnostik

Bei jeder Hämaturie muss an Erkrankungen im gesamten Urogenitalsystem gedacht werden. Auch heute darf dabei die Tuberkulose nicht vergessen werden, auch wenn sie gegenüber früheren Jahren deutlich an Häufigkeit abgenommen hat.

34.25.6 Therapie

In **frühen Stadien** (wenn die Muscularis noch nicht durchbrochen ist) können die Geschwülste lokal in der Blase abgetragen werden. Man wird danach eine lokale Chemotherapie mittels Iontophorese durchführen. BCG-Instillationen (Bacillus Calmette-Guérin) in die Harnblase als Krebs-Immuntherapie reduzieren Rückfälle bei Blasenkarzinom.

Bei **weiter fortgeschrittenen Stadien** ist eine operative Therapie oder eine alleinige Strahlentherapie sinnvoll. Im schlimmsten Fall erfolgt palliativ eine Blasenexstirpation, wobei dann der Harn durch einen künstlichen Ausgang abgeleitet werden muss (evtl. Blasenersatzplastik). Die 5-Jahres-Überlebenszeit beträgt 30–40 %.

Die **Prognose** des metastasierenden Urothelkarzinoms ist in der Regel infaust. Die mediane Gesamtüberlebenszeit des unbehandelten metastasierten Urothelkarzinoms beträgt weniger als 6 Monate. Eine zusätzliche systemische cisplatinhaltige Polychemotherapie kann die mediane Gesamtüberlebenszeit zwar auf 13 Monate verlängern, allerdings bleibt der palliative Charakter der Chemotherapie bestehen.

Abwendbar gefährlicher Verlauf

- Jeder Makro- und Mikrohämaturie (R31) muss so lange nachgegangen werden, bis die Ursache bekannt ist!
- Harnstau (N13.3)
- Infiltration in Nachbarorgane (Prostata, Gebärmutter, Scheide)

34.25.7 Leitlinien

Deutsche Gesellschaft für Urologie. AWMF-S 3-Leitlinie 032–038OL. **Harnblasenkarzinom; Früherkennung, Diagnose und Therapie der verschiedenen Stadien.** Im Internet: www.awmf.org/leitlinien; Stand: 20.01.2016

34.26 Borreliose (A69.2)

U. Müller-Bühl

34.26.1 Definition

Borreliose ist eine allgemeine Bezeichnung für verschiedene Infektionskrankheiten, die durch Bakterien der Gattung Borrelia aus der Gruppe der Spirochäten ausgelöst werden. Die Lyme-Borreliose (nach der Ortschaft Lyme, Connecticut) wird durch das Bakterium Borrelia burgdorferi oder verwandte Borrelien ausgelöst. Die Erkrankung kann verschiedene Organe in unterschiedlichen Stadien und Ausprägungen betreffen, speziell Haut, Nervensystem und Gelenke. Die Infektion mit Borrelia burgdorferi kommt beim Menschen, aber auch Säugetieren und Vögeln vor.

34.26.2 Epidemiologie

Die geschätzte jährliche **Inzidenz** einer Borreliose liegt in Deutschland bei 0,16–1,4 pro 1000 Einwohner, die eines Erythema migrans bei ca. 7 pro 1000 Einwohner.

Nach D. Hassler [55] sind etwa 15 % der Zecken mit Borrelien infiziert, nur jeder 4. Biss einer infizierten Zecke führt zur Infektion beim Menschen. Demnach ziehen nur **4 % aller Zeckenbisse eine Borrelieninfektion** nach sich. In einigen Bundesländern besteht Meldepflicht.

Die Häufigkeit positiver **Antikörperreaktionen** beim Menschen variiert je nach geografischer Region und Infektiosität der regionalen Zecken (z. B. Durchschnittsbevölkerung Süddeutschland 11 %, Pfadfinder 26 %, Waldarbeiter 33 %, Jäger 60 %). Borrelienspezifische Serumantikörper sind in 10–50 % der Haus- und Weidetiere nachweisbar.

34.26.3 Ätiologie

Übertragen wird der Erreger der Borreliose – die Spirochäte **Borrelia burgdorferi** – durch Zecken. In Nordamerika dominieren die Zeckenarten Ixodes dammini, pacificus oder scapularis. In Europa überträgt der Gemeine Holzbock (**Ixodes ricinus**) die Lyme-Borreliose. Man schätzt, dass in Mitteleuropa 20–30 % der adulten Zecken, 10 % der kleineren Nymphen und 1–3 % der winzigen 6-beinigen Larven mit Borrelia burgdorferi infiziert sind. Nach erfolgter Infektion erkranken lediglich 50 % der Menschen.

34.26.4 Leitsymptome und Diagnostik

Während Frühformen der Erkrankung Folge einer direkten Schädigung durch das Bakterium sind, werden Spätformen als Autoimmunprozesse angesehen. Nur ein kleiner Teil der Infizierten gelangt in das 2. oder 3. Krankheitsstadium. Die Symptomatik hängt vom **Krankheitsstadium** ab:

▸ **Stadium I, Erythema migrans („Wanderröte").** 3 Tage bis 6 Wochen nach dem Zeckenbiss entsteht ein scharf begrenztes Erythem mit zentraler punktförmiger Schwellung, das von innen nach außen abblasst. Besteht das Erythem länger als 4 Wochen, wird es als Erythema chronicum migrans bezeichnet. Bei massiver lymphozytärer Reaktion bilden sich knotige bis flächenhafte bläuliche Hautinfiltrate (Lymphadenosis cutis benigna, Bäfverstedt-Syndrom). In etwa 20 % zusätzlich entsteht eine katarrhalische Symptomatik, Lymphknotenschwellungen, Kopfschmerzen und Abgeschlagenheit.

▸ **Stadium II, Organmanifestation.** 2–6 Wochen nach Abklingen des Erythems entwickelt sich eine insbesondere nachts schmerzhafte Meningoradikulitis durch Befall der Nervenwurzeln (**Bannwarth-Syndrom**), begleitet von Kopfschmerzen, leichtem Meningismus und gelegentlich ein- oder doppelseitiger Fazialisparese. Bei **Gelenkmanifestation** kommt es zu einer „wandernden" Arthritis der Knie-, Sprung-, Hand- und Zehengelenke, bei **kardialer Beteiligung** zu Myo-, Peri- und Pankarditis mit Herzrhythmusstörungen (0,3–10 %).

▸ **Stadium III, chronisch degenerativer Krankheitsverlauf.** Nach 6 Monaten bis Jahren sind in Gelenknähe Indurationen und livide Verfärbungen der Haut mit fibroiden Knötchen zu finden (**Acrodermatitis chronica atrophicans**), aus der sich noch nach Jahren Borrelien anzüchten lassen. Möglich ist eine **Mono-, Oligo- bzw. Polyarthritis** wechselnder Intensität und Lokalisation mit begleitender Tendosynovitis, Myositis, Fasziitis. Das Achsenskelett ist nicht beteiligt. Selten kommt es zur **Borrelienenzephalomyelitis** mit Gangataxie und neurologischen Herdzeichen, Demenzprozessen und Wesensänderung.

▸ **Diagnostik.** Die Diagnostik umfasst:

- **Anamnese:** Fragen nach Aufenthalt in endemischem Zeckengebiet und besonderer Zeckenexposition
- **EKG:** Myokarditis? Rhythmusstörungen?
- **Labor:**
  - laborchemischer Routinestatus
  - Serodiagnostik: zunächst Versuch des indirekten IgG- und IgM-Antikörpernachweises (ELISA der 2. oder 3. Generation), falls positiv, als Bestätigungstest Immunoblot oder Line-Blot, evtl. Versuch des direkten Erregernachweises aus Hautexzisionen, Abstrichen, Liquor

Die Bewertung der Serodiagnostik ist stets nur im Zusammenhang mit der klinischen Symptomatik möglich; mit den folgenden Unsicherheiten muss gerechnet werden:

- Nicht selten ist die Immunantwort verzögert, sodass die negative Serologie eine Borreliose im Frühstadium nicht sicher ausschließt.
- Im frühen Stadium I sind nur ca. 70 % der Patienten mit sicherer Erkrankung seropositiv.
- Auch nach erfolgreicher Therapie besteht oft noch über längere Zeit eine hohe Seropositivität.

Generell erlaubt die Serodiagnostik nicht die Feststellung, ob es sich um eine akute oder ausgeheilte Infektion handelt. Deshalb ist es auch nicht möglich, aufgrund der serologischen Ergebnisse nach einer Behandlung mit Antibiotika festzustellen, ob diese wirksam war und die Borreliose nun ausgeheilt ist.

Der Direktnachweis von Borrelien-DNA aus Zecken wird von verschiedenen Laboren kostenpflichtig angeboten. Ein positiver Nachweis in der Zecke besagt nicht, dass auch im Menschen eine Infektion stattgefunden hat. Ein Borreliennachweis in einer eingesandten Zecke ohne Symptome und ohne positive Serologie ist keine Indikation für eine antibiotische Therapie.

34.26.5 Differenzialdiagnostik

Je nach betroffenem Organ kommen die folgenden Differenzialdiagnosen infrage:

- **Haut:**
  - Thrombophlebitis (I80.–): Kap. 34.177
  - Erysipel (A46.–): Kap. 34.51
  - Stauungsdermatitis bei chronischer venöser Insuffizienz (I83.–): Kap. 34.192
  - Erythema nodosum (L52.–)
- **Gelenke:**
  - Monarthritis anderer Genese (reaktiv, bakteriell, urikämisch, rheumatisch) (M13.–)
  - rheumatische Polyarthritis (M05.–)
  - Polymyalgia rheumatica (M31.5): Kap. 34.149
- **Gehirn:**
  - Multiple Sklerose (G35.–): Kap. 34.121
  - Enzephalomyelitis anderer Genese (G04.–)
  - idiopathische Fazialisparese (G51.–): Kap. 34.53

34.26.6 Therapie

► **Zeckenentfernung.** Eine saugende Zecke ist mittels Pinzette rasch zu entfernen. Der Kopf wird dabei gelegentlich abgerissen, er ist nicht infektiös und wird von selbst abgestoßen. Bestreichen mit Klebstoff, Speiseöl u. Ä. ist überflüssig.

► **Antibiotika.** Eine prophylaktische Antibiose nach Zeckenbiss oder bei positiver Serologie ohne klinische Symptomatik ist nach heutigen Kenntnissen nicht erforderlich. Da es nach einem Zeckenbiss eine serodiagnostische Lücke (bis zur Bildung von Antikörpern) gibt, sollte bei einem Erythema migrans mit einer antibiotischen Behandlung begonnen werden. Ebenso sollte eine Serokonversion nach Zeckenbiss Anlass zur Behandlung sein:

- Stadium I:
  - Doxyzyklin 2 × 100 mg (Kinder ab 9. Lj. 2–4 mg/kgKG/d) für 14–21 Tage oder
  - Amoxicillin 3 × 0,5–1 g (Kinder 50 mg/kgKG/d) für 14–21 Tage
- Stadium II und III:
  - Doxyzyklin hochdosiert 2 × 200 mg über 21 Tage oder
  - ein Cephalosporin i. v., z. B. Ceftriaxon 2 g (Kinder 50 mg/kgKG/d) als einmal tägliche Kurzinfusion über 14–21 Tage
- In **Spätstadien** ist mitunter eine mehrfache, längere und höher dosierte antibiotische Behandlung erforderlich, da 20–30 % der Patienten noch nach einem Jahr persistierende Arthritiden aufweisen.

Abwendbar gefährlicher Verlauf

- Die Infektionswahrscheinlichkeit ist umso höher, je länger die Zecke in der Haut verbleibt, daher immer schnellstmögliche Zeckenentfernung.
- Spätstadien weisen nach einer effektiven Behandlung eine gute Prognose auf. Fulminante Krankheitsverläufe sind nicht bekannt.

34.26.7 Leitlinien

Deutsche Gesellschaft für Unfallchirurgie. AWMF-S 1-Leitlinie 012–010. **Bakterielle Gelenkinfektionen.** Im Internet: www.awmf.org/leitlinien; Stand: 20.01.2016

Deutsche Gesellschaft für Kinder- und Jugendmedizin e. V. AWMF-S 1-Leitlinie 027–056. **Lyme Arthritis.** Im Internet: www.awmf.org/leitlinien; Stand: 20.01.2016

Deutsche Gesellschaft für Neurologie. AWMF-S 1-Leitlinie 030–071. **Neuroborreliose.** Im Internet: www.awmf.org/leitlinien; Stand: 20.01.2016

Deutsche Gesellschaft für Allgemeinmedizin und Familienmedizin. AWMF-S 3-Leitlinie 053–002. **Müdigkeit.** Im Internet: www.awmf.org/leitlinien; Stand: 22.11.2015

Deutsche Dermatologische Gesellschaft. AWMF-S 3-Leitlinie 013–080. **Lyme Borreliose, Diagnostik und Therapie.** Im Internet: www.awmf.org/leitlinien; Stand: 20.01.2016

Deutsche Dermatologische Gesellschaft. AWMF-S 1-Leitlinie 013–044. **Kutane Manifestationen der Lyme Borreliose.** Im Internet: www.awmf.org/leitlinien; Stand: 20.01.2016

34.27 Bronchialkarzinom (C 34.9)

F. Peters-Klimm

34.27.1 Definition

Das Bronchialkarzinom bezeichnet maligne epitheliale Tumoren. Neben diesen treten in der Lunge noch andere Tumoren des Mesothels, der Lymphknoten und des Stromas auf. Innerhalb der epithelialen Tumoren werden nach der WHO-Klassifikation folgende 4 Entitäten gezählt:

- **kleinzelliges Bronchialkarzinom** (SCLC = „small cell lung cancer“), ca. 15 %
- **nicht kleinzelliges Bronchialkarzinom** (NSCLC = „non small cell lung cancer“), ca. 85 %
    - Adenokarzinom (einschließlich bronchiolo-alveoläres Karzinom), ca. 40 %
    - Plattenepithelkarzinom, ca. 35 %
    - großzelliges Karzinom, ca. 10 %
    - andere, seltene Formen

Prognostisch ungünstig wirken sich beim SCLC die frühe Metastasierung mit meist Inoperabilität und das schlechtere Ansprechen auf Radiatio aus.

34.27.2 Epidemiologie

Die Inzidenz liegt bei Männern bzw. Frauen bei ca. 70 bzw. 20 Fällen pro Jahr und 100 000 Einwohnern – dies entspricht knapp 15 % aller Krebsneuerkrankungen beim Mann und 6 % bei der Frau. Das Lungenkarzinom ist mit jährlich über 40 000 Sterbefällen in Deutschland die vierthäufigste Todesursache und die häufigste Krebstodesursache (25 % aller männlichen und 12 % aller weiblichen Krebstodesfälle). Zumeist finden sich Bronchialkarzinome bei über 40-Jährigen mit einem Häufigkeitsgipfel um die 55–60 Jahre.

34.27.3 Ätiologie

Der wichtigste **Risikofaktor** ist die Zigarettenrauchinhalation (auch das Passivrauchen), es ist für ca. 85 % aller Karzinomfälle verantwortlich. Die Packungsjahre („pack years“ = Zahl der gerauchten Packungen × Raucherjahre) korreliert mit der Erkrankungshäufigkeit. Nach Abstinenz sinkt das Risiko wieder, jedoch nicht auf jenes eines Nichtrauchers. Weitere Risikofaktoren sind Exposition mit Asbest, Arsen, Chrom, Nickel, Cadmium, polyzyklischen aromatischen Kohlenwasserstoffen, radioaktiver Strahlung (z. B. Radon, Uranbergbau) sowie Lungennarben und genetische Disposition.

Merke

Bemühungen zur Raucherentwöhnung sind eine wichtige Aufgabe im Sinne der Primärprävention.

34.27.4 Leitsymptome und Diagnostik

▸ **Symptome.** Leider gibt es kein typisches Leitsymptom und besonders die **Frühformen** können über lange Zeit völlig asymptomatisch verlaufen. Etwa ein Drittel der Symptome wird durch den Primärtumor verursacht. In einem weiteren Drittel der Erkrankungsfälle entwickeln sich systemische Symptome wie Anorexie, Gewichtsverlust oder Schwächegefühl (Asthenie), und in wiederum einem Drittel der Erkrankungen sind für einen definierten Metastasierungsort spezifische Symptome vorhanden. Symptome, die immer auch an einen Lungentumor denken lassen sollten, sind:

- Husten (8–75 %)
- Gewichtsverlust (0–68 %)
- Luftnot (3–60 %)
- Brustschmerzen (20–49 %)
- Hämoptyse (6–35 %)

- Knochenschmerzen (6–25 %)
- Trommelschlegelfinger (0–20 %)
- Fieber (0–20 %)
- Schwächegefühl (0–10 %)

(Meist) erst im **späten Stadium** mit Metastasen kommt es zu:

- Zeichen der mechanischen Alteration von Nachbarstrukturen (plötzlich auftretender Stridor, plötzliches massives Blutabhusten, Pancoast-Syndrom mit Schulterschmerz, Horner-Syndrom und Parästhesien im Bereich der Armnerven, venöse Einflussstauung bei Kompression der V. cava superior, Pleuraerguss, Durchbruch in den Ösophagus)
- tastbaren supraklavikulären Lymphknoten
- allgemeinen Malignomzeichen (z. B. Gewichtsverlust, extreme Müdigkeit)

Die **paraneoplastischen Syndrome** wie Thrombophlebitis saltans, Hyperkalzämiesyndrom oder Polyneuropathie werden selten und nur beim kleinzelligen Karzinom häufiger beobachtet.

▸ **Diagnostik.** Zur Diagnostik gehören:

- **Anamnese:**
  - meist unergiebig
  - trotzdem genaue Befragung nach der Husten- und Auswurfqualität sowie nach der Rauchgewohnheit, ggf. auch nach Berufsstäuben
- **körperliche Untersuchung:**
  - besonders bei den Frühformen oft unergiebig
  - Entdeckung von Lungentumoren häufig über die Zeichen einer pulmonalen Folgeerkrankung, z. B. Bronchitis, Bronchopneumonie, Pleuraerguss mit den entsprechenden körperlichen Untersuchungsmerkmalen und die sich anschließende Folgediagnostik
  - Spätzeichen wie supraklavikuläre Lymphknoten, Bluthusten oder Horner-Syndrom sind natürlich richtungsweisend
- **Labor:**
  - sehr häufig BSG-Beschleunigung (wohl meist durch die begleitende Entzündungskomponente)
  - trotzdem gibt es keine verlässlichen Laborparameter – besonders nicht bei den Frühformen
  - Sputumuntersuchung auf pathologische Zellen → große Fehlerquote und meist unnötige Diagnoseverschleppung, daher nur in begründeten Spezialfällen
  - Tumormarker nur zur Verlaufskontrolle
- **weiterführende Diagnostik:** bei jedem begründeten Verdacht auf einen Lungentumor → unverzüglich weitere Diagnostik (z. B. Röntgen-Thorax, CT, ggf. Bronchoskopie durch Gebietsarzt oder stationär)

▸ **Schweregrade und Stadieneinteilung.** Je fortgeschrittener das Bronchialkarzinom, desto geringer ist die Möglichkeit der kurativen – meist chirurgischen, bei den kleinzelligen Formen auch radiochemotherapeutischen – Heilung. Rund die Hälfte aller Patienten mit Bronchialkarzinom hat bereits Metastasen zum Zeitpunkt der Erstdiagnose. Die **lymphogene Metastasierung** erfolgt zunächst in die bronchialen und mediastinalen Lymphknoten, die **hämatogene Aussaat** zumeist in Leber, Knochen, Gehirn und Nebennieren. Die exakte onkologische Stadieneinordnung erfolgt bei den nicht kleinzelligen Bronchialkarzinomen mithilfe der TNM-Klassifikation [79]):

- **TX:** positive Zytologie, sonst kein Tumor nachweisbar
- **Tis:** Carcinoma in situ
- **T 1a:** ≤ 2 cm
- **T 1b:** > 2–3 cm
- **T 2:** Entfernung zur Karina mehr als 2 cm; Tumor infiltriert viszerale Pleura; assoziierte Atelektase oder obstruktive Entzündung bis zum Hilus
- **T 2a:** > 3–5 cm
- **T 2b:** > 5–7 cm
- **T 3:** > 7 cm, Entfernung zur Karina weniger als 2 cm; weiteres Einwachsen in Brustwand, Zwerchfell, mediastinale Pleura etc.
- **T 4:** weiteres Einwachsen, Karina befallen, Satellitentumor(en) ipsilateral
- **NX:** Lymphknoten nicht beurteilbar
- **N0:** keine Lymphknotenmetastasen
- **N1:** Lymphknotenmetastasen peribronchial oder ipsilateral hilär
- **N2:** Lymphknotenmetastasen ipsilateral, mediastinal und/oder subkarinal
- **N3:** Lymphknotenmetastasen kontralateral mediastinal oder hilär; oder supraklavikulär
- **MX:** Fernmetastasierung nicht beurteilbar
- **M0:** keine Fernmetastase(n)
- **M1a:** separater Tumorherd kontralateral, Pleurametastasen, maligner Pleura- oder Perikarderguss
- **M1b:** Fernmetastase(n)

Für nicht kleinzellige Bronchialkarzinome sind die folgenden Stadien definiert:

- **Stadium 0:** Tis, N0, M0

- **Stadium IA:** T 1, N0, M0
- **Stadium IB:** T 2a, N0, M0
- **Stadium IIA:** T 2b, N0, M0 oder T 1a–T 2b, N1, M0
- **Stadium IIB:** T 2b, N1, M0 oder T 3, N0, M0
- **Stadium IIIA:** T 1–T 2, N2, M0 oder T 3, N1–N2, M0 oder T 4, N0–N1, M0
- **Stadium IIIB:** T 4, N2, M0 oder T 1–T 4, N3, M0
- **Stadium IV:** T 1–T 4, N0–N3, M1

Bei kleinzelligen Bronchialkarzinomen unterscheidet man:

- **sehr begrenztes Stadium** („very limited disease": T 1–T 2, N0–N1): ca. 5 % der Fälle
- **begrenztes Stadium** („limited disease": T 3–T 4, N0–N1 und T 1–4, N2–3): ca. 25 %, Begrenzung auf die befallene Thoraxhälfte samt Lymphknotenmetastasen
- **ausgedehntes Stadium** („extensive stage disease": M1): ca. 75 %

Die pathologisch-anatomische Beurteilung wird zur Klassifikation des Lungentumors (Typing), zur Bestimmung der Tumorausdehnung am Resektat (p-Staging), zur Beurteilung der Resektionsränder, zur Bestimmung des Differenzierungsgrades (Grading), zur Bestimmung des Regressionsgradings, zur Bestimmung von prognoseassoziierten Markern und zur Bestimmung von Therapiemarkern durchgeführt.

34.27.5 Differenzialdiagnostik

Das differenzialdiagnostische Denken konzentriert sich zum einen auf die **kombinierten Symptome** wie Husten, Brustschmerzen, Auswurf (Hämoptyse) und ggf. Gewichtsverlust, die ein Bronchialkarzinom vermuten lassen und zum anderen recht häufig auf röntgenologische, **isolierte Lungenrundherde** nach Vorliegen einer Thorax- oder CT-Aufnahme.

Als **Rundherde** können imponieren:

- maligne Lungentumoren: Alveolarzellkarzinom, Lungensarkom
- benigne oder semimaligne Lungentumoren: Bronchuskarzinoid, Bronchusadenom, Hamartom, Lipom, Chondrom
- Tuberkulome, pneumonische Infiltrate, Lungenmetastasen bei anderen Primärtumoren, interlobuläre Ergüsse, Sarkoidose, Lungeninfarkt, Lungenabszess, Morbus Hodgkin und Non-Hodgkin-Lymphom

Für Lungenrundherde gelten die folgenden **Empfehlungen:**

- Bei jedem Patienten mit einem neu aufgetretenen, isolierten Lungenrundherd (≤ 3 cm Durchmesser) soll in Abhängigkeit vom Alter, vom Durchmesser, von der Morphologie (z. B. Spiculae, Verkalkung), von der Lokalisation, vom Raucherstatus und von einer extrathorakalen Malignomerkrankung die Wahrscheinlichkeit für Malignität abgeschätzt werden (Empfehlungsgrad A).
- Es soll ein Vergleich mit früher durchgeführten Röntgen- und CT-Untersuchungen angestrebt werden (Empfehlungsgrad A).
- Im Falle einer Größenkonstanz des Lungenrundherdes in der CT über einen Zeitraum von mindestens 2 Jahren sollte keine weiterführende Abklärung durchgeführt werden (Empfehlungsgrad B).
- Bei einem malignomverdächtigen, isolierten Lungenrundherd > 8–10 mm Durchmesser soll in der Regel eine chirurgische Abklärung durchgeführt werden (Empfehlungsgrad A).
- Bei einem isolierten Lungenrundherd > 8–10 mm Durchmesser und einer geringen Wahrscheinlichkeit für Malignität oder bei einem isolierten Lungenrundherd < 8–10 mm Durchmesser sollen radiologische Verlaufskontrollen durchgeführt werden (Empfehlungsgrad A). CT- oder Low-Dose-CT-Untersuchungen sollten nach 3, 6, 12 und 24 Monaten durchgeführt werden (Empfehlungsgrad B).

34.27.6 Therapie

Die Therapie wird meist beim Gebietsarzt oder stationär entsprechend dem histologischen Typ, der Lokalisation, der Ausdehnung und der Metastasierung festgelegt. Zur Beratung des Patienten sollte der Allgemeinarzt jedoch die allgemeinen Therapierichtlinien und -möglichkeiten kennen:

- Beim **nicht kleinzelligen Karzinom** wird – sofern möglich – die Operation angestrebt, die zumeist durch eine postoperative Bestrahlung ergänzt wird. Die Ansprechrate auf eine Chemotherapie ist hier gering. Liegen bestimmte **Therapiemarker** vor, kommen Hemmstoffe des „epidermal growth factor receptor" EGFR (Tyrosinkinasehemmer Erlotinib und Gefitinib) und EGFR-Antikörper (Cetuximab) infrage.
- Das **kleinzellige Karzinom** ist nur in seltenen Fällen operabel. Die **Chemotherapie** wird mit

guter Ansprechrate nach verschiedenen Schemata, evtl. in Kombination mit Bestrahlung, angewandt.

Trotz der Fortschritte in der Diagnostik und Therapie liegt die das mittlere Überleben bei etwas mehr als einem Jahr. Die 5-Jahres-Überlebensrate der Patienten mit Lungenkarzinom in europäischen und nordamerikanischen Ländern liegt in einem Bereich von 5,5–15,7 %.

Angesichts dieser weiterhin miserablen Prognose laufen seit einigen Jahren Studien zu **Früherkennungsmaßnahmen** (Thorax-Röntgenaufnahme oder CT des Thorax) mit der Hoffnung auf höhere Heilungschancen. Diese sind derzeit ohne Nutzenbeleg und sollten nicht empfohlen werden. Am anderen Ende des Spektrums ist nicht nur bei Rezidiven bzw. Progress oder primärtherapeutisch nicht angehbarer Situation **palliativmedizinisches Denken und Handeln** möglichst frühzeitig zu erwägen und die Bedürfnislage des Patienten immer wieder mutig und sensibel zu überprüfen. Neben der eigens zu praktizierenden hausärztlichen allgemeinen Palliativversorgung gibt es vielerorts spezialisierte ambulante palliative Versorgungen (SAPV), die je nach Bedarf auf Antrag von beratend über additiv unterstützend bis hin zu vollversorgend tätig werden können.

Merke

Palliative Versorgungsangebote liefern ggf. einen wichtigen Beitrag zur patientenorientierten Versorgung und ggf. quartären Prävention.

Abwendbar gefährlicher Verlauf

- Die Konstellation von Hämoptyse und unauffälligem Röntgenbild der Thoraxorgane bei > 40-jährigen Patienten mit COPD und Raucheranamnese sollte Anlass sein, die Indikation für eine weitere Diagnostik wie CT-Thorax zu prüfen.
- Auch darf nie die Kontrollaufnahme nach Therapie pneumonischer Herde unterlassen werden. („poststenotische Pneumonie"!)

34.27.7 Leitlinien

Deutsche Gesellschaft für Pneumologie und Beatmungsmedizin. AWMF-S 3-Leitlinie 020–007. **Lungenkarzinom – Prävention, Diagnostik, Therapie und Nachsorge.** Im Internet: www.awmf.org/leitlinien; Stand: 20.01.2016

34.28 Bronchitis (J20.9)

H.-D. Klimm

34.28.1 Definition

Die Bronchitis ist eine reversible Entzündung der Schleimhaut des Tracheobronchialraums.

34.28.2 Epidemiologie

Die Bronchitis ist weltweit verbreitet und eine der häufigsten Erkrankungen im hausärztlichen Bereich.

34.28.3 Ätiologie

Erreger sind meist Viren (Influenza, Rhinoviren, Parainfluenza), oft bakteriell superinfiziert (Pneumokokken, Haemophilus influenzae), oft begünstigt durch Feuchtigkeit, Kälte, Staub, Gas und Rauchen.

34.28.4 Leitsymptome und Diagnostik

► **Symptome.** Die Erkrankung beginnt normalerweise mit trockenem, auch schmerzhaftem Husten, minimalem Auswurf und gelegentlichem Fieber. Typischerweise geht sie dann in starken Husten mit gelblich-grünem Auswurf und häufiger Spastik über.

► **Diagnostik.** Zur Diagnostik gehören:
- **Anamnese:**
  - kurze Vorgeschichte
  - prädisponierende Faktoren wie Leben und Arbeiten in Feuchtigkeit, Kälte, Staub und Gas
  - Risikofaktoren: Rauchen
- **Auskultation:** grobblasige Rasselgeräusche, Spastik möglich

- **erweiterte Diagnostik:**
  - Labor: BSG, Hämoglobin, Erythrozyten, Leukozyten, Differenzialblutbild, CRP
  - evtl. kultureller Erregernachweis (meist wenig ergiebig)
  - Spirometrie: bei 60 % der Fälle ähnliche Werte wie bei einem milden Asthma bronchiale
  - Röntgen-Thorax: bei Persistenz

34.28.5 Differenzialdiagnostik

Differenzialdiagnostisch kommen infrage (s. a. Kap. 24.7):

- Pertussis (A37.9): Kap. 34.92
- akute Herzinsuffizienz (I50.9): Kap. 34.75
- Refluxösophagitis (K21.0): Kap. 34.158

34.28.6 Therapie

▸ **Allgemeinmaßnahmen.** Bei leichten Fällen ist keine Behandlung nötig. Für die anderen Fälle gilt:

- Bettruhe bis zur Entfieberung
- meist Beschränkung auf symptomatische Behandlung des Hustens mit Antitussiva, z. B. Kodein, Noscapin
- Sekretolytika: Ambroxol

▸ **Antibiotika.** Eine unkomplizierte akute Bronchitis soll nicht mit Antibiotika behandelt werden (A, I), bei Patienten mit Asthma bronchiale oder mit schwerem und lange anhaltendem Verlauf von mehr als 7 Tagen ist die Rolle einer Antibiotikatherapie nicht geklärt und kann im Einzelfall nach klinischer Einschätzung erwogen werden (C). Zur Senkung der Rate unnötiger Antibiotikaverordnungen eignen sich die folgenden Strategien:

- „delayed prescribing“: Abholung eines Rezeptes ohne Arztkontakt
- vorbehaltliches Verschreiben: Rezeptaushändigung, nach z. B. gemeinsam vereinbarten 2–3 Tagen kann der Patient direkt das Antibiotikum beziehen
- Beachtung und Exploration der Erwartungshaltung und offen Thematisierung des Für und Wider einer Antibiotikatherapie i. S. einer partizipativen Entscheidungsfindung

Abwendbar gefährlicher Verlauf

- **Spastik** (R25.2): besonders bei Kindern und Patienten mit chronischer Rauchanamnese
- **Bronchopneumonie** (J18.0): insbesondere bei inkonsequenter Behandlung und Immunschwäche
- Übergang in **chronische Bronchitis** bei inkonsequenter Behandlung oder Persistenz von begünstigenden Faktoren wie Staubexposition, Nikotinabusus

34.28.7 Leitlinien

Deutsche Gesellschaft für Allgemeinmedizin und Familienmedizin. AWMF-S 3-Leitlinie 053–013. **Husten.** Im Internet: www.awmf.org/leitlinien; Stand: 20.01.2016

Paul-Ehrlich-Gesellschaft für Chemotherapie, Deutsche Gesellschaft für Pneumologie und Beatmungsmedizin, Deutsche Gesellschaft für Infektiologie. AWMF-S 3-Leitlinie 082–001. **Tiefe Atemwegsinfektion und Pneumonie bei Erwachsenen, ambulant erworben: Epidemiologie, Diagnostik, antimikrobielle Therapie, Management.** Im Internet: www.awmf.org/leitlinien; Stand: 20.01.2016

34.29 Bulimia nervosa (F50.2)

R. Schäfert

34.29.1 Definition

Die Bulimia nervosa (BN, Ess-Brech-Sucht) ist durch wiederholte Episoden von Fressanfällen mit Kontrollverlust, gefolgt von dem Versuch, dem dickmachenden Effekt der Nahrung durch gegenregulierendes Verhalten (Erbrechen, Laxanzienabusus, Fasten etc.) entgegenzuwirken, charakterisiert.

34.29.2 Epidemiologie

Die Auftretenswahrscheinlichkeit der BN liegt ca. 3-mal höher als die der Anorexia nervosa (Kap. 34.14). Betroffen sind überwiegend Frauen der mittleren und oberen Gesellschaftsschicht mit Erkrankungsbeginn im späten Jugend- und frühen Erwachsenenalter, meist zwischen 18 und 35 Jahren. Die Neuerkrankungsrate ist bei Frauen deutlich höher (w:m = 33:1). Die Punktprävalenz liegt bei knapp 1 %, im jungen Erwachsenenalter bei 1–3 %, die Lebenszeitprävalenz beträgt 1,5 %.

Merke

Da die BN den Betroffenen durch den meist normalen BMI nicht anzusehen ist und aus Scham oft verheimlicht wird, ist von einer größeren Dunkelziffer auszugehen.

34.29.3 Ätiologie

Aspekte der multifaktoriellen Ätiologie und relevante Umgebungsbedingungen sind:

- **individuelle psychologische Risikofaktoren** vor allem angesichts der Herausforderungen in Adoleszenz und jungem Erwachsenenalter:
  - geringer Selbstwert
  - sexueller Missbrauch
  - körperliche Vernachlässigung
  - Sorgen um Gewicht und Figur, häufiges Diät halten
  - geringe soziale Unterstützung
  - „Borderline-Merkmale“, insbesondere gesteigerte Impulsivität
  - Suchtdynamik
- **familiale Einflussfaktoren**, die sich über eine „Indexpatientin“ ausdrücken:
  - erhöhte Prävalenz von psychischen Störungen (Depression, Sucht) und Essstörungen (auch Adipositas) in der Herkunftsfamilie
  - „familiale Transmission“ dysfunktionaler Einstellungen zu Essen, Gewicht, Figur
- **soziokulturelle Einflüsse:**
  - Dominanz des weiblichen Geschlechts
  - gehäuftes Auftreten in westlichen Industriestaaten, Schlankheits- und Schönheitsideal westlicher Länder
- **genetische Prädisposition** (Heritabilität 54–83 %)
  - in betroffenen Familien sind überzufällig häufig auch andere Familienmitglieder mit BN zu finden
  - Erkrankungsrisiko dann um Faktor 3,7 erhöht
- **biologische und neurobiologische Aspekte:**
  - viele Ähnlichkeiten zwischen Anorexia nervosa und BN, vor allem Veränderung des serotonergen Systems: Es wird vermutet, dass Patientinnen mittels kohlenhydratreicher Ernährung – wie im Rahmen von Essanfällen – via Tryptophan- und Serotoninsynthese Stress und negative Affekte modulieren
  - Komplikationen während Schwangerschaft und Geburt
  - gesundheitliche Probleme in der Kindheit
  - früh einsetzende körperliche Reifung

34.29.4 Leitsymptome und Diagnostik

► **Symptome.** Die folgenden Symptome definieren die BN:

- andauernde Beschäftigung mit Essen, unwiderstehliche Gier nach Nahrungsmitteln
- Essattacken, bei denen in kurzer Zeit sehr große Mengen an Nahrung konsumiert werden
- Stadien:
  - Stadium I = ≥ 2 Heißhungerattacken pro Woche während eines 3-monatigen Zeitraums
  - Stadium II = tägliche Attacken
  - Stadium III = Attacken mehrmals täglich
- Versuch, dem dickmachenden Effekt durch gegenregulierendes Verhalten entgegenzusteuern:
  - selbst induziertes Erbrechen
  - Abusus von Laxanzien, Appetitzüglern, Schilddrüsenpräparaten oder Diuretika
  - zeitweilige Hungerperioden
  - Vernachlässigung der Insulintherapie bei Diabetes mellitus
- krankhafte Furcht, dick zu werden; scharf definierte Gewichtsgrenze weit unter dem prämorbiden Gewicht bzw. einem Gewicht, das medizinisch als „gesund“ betrachtet wird
- häufig Vorgeschichte einer Episode mit Anorexia nervosa mit einem Intervall von einigen Monaten bis mehreren Jahren; diese Episode kann voll ausgeprägt gewesen sein oder eine verdeckte Form mit mäßigem Gewichtsverlust und/oder vorübergehender Amenorrhö

► **Diagnostik.** In der psychosozialen Diagnostik spielen eine Rolle:

- familiäre Vorgeschichte von essensbezogenen Verhaltensweisen und Essstörungen
- biografische Vorgeschichte:
  - emotionale Vernachlässigung, körperliche oder sexuelle Gewalterfahrung
  - Selbstwertprobleme und Probleme der Impulskontrolle, Diätverhalten und exzessive Beschäftigung mit dem eigenen Körper (klinischer Konsenspunkt, KKP)

- psychische Komorbidität:
  - Angststörungen (vor allem soziale Phobie)
  - Depressionen
  - Substanzmissbrauch/-abhängigkeit
  - Persönlichkeitsstörungen der Cluster B oder C
- Fremdanamnese: da die Essstörung oft verheimlich wird, sollten Familie/Angehörige einbezogen werden, auch um sie über die Essstörung und ihre Behandlung zu informieren

Die **medizinische Diagnostik** entspricht generell der bei Anorexia nervosa (Kap. 34.14). Speziell ist auf Folgen des Erbrechens zu achten: Elektrolytentgleisungen, Erosionen an den Zähnen durch das saure Erbrechen, Pharyngitis, Ösophagitis.

34.29.5 Differenzialdiagnostik

Somatische Differenzialdiagnosen bei Erbrechen sind:

- gastrointestinale Erkrankungen (Magen-/Duodenalulzera, chronische Pankreatitis, intestinale Parasitosen, Bindegewebsstörungen mit Beteiligung des Gastrointestinaltrakts wie Sklerodermie)
- endokrinologische Erkrankungen (Diabetes mellitus, Schwangerschaftserbrechen)
- Hirntumoren (insbesondere hypothalamische Tumoren)

Psychiatrische Differenzialdiagnosen sind depressive Esshemmungen, Schizophrenie, Sucht, Angst, Zwang, Anorexia nervosa und Binge-Eating-Störung (BES, F50.9). Als diagnostische Kriterien der BES gelten:

- wiederholte Episoden von Essanfällen mit folgenden beiden Kriterien:
  - Essen einer Menge in einem abgrenzbaren Zeitraum (z. B. 2h), die größer ist, als die meisten Menschen in ähnlicher Zeit unter ähnlichen Umständen essen würden
  - Kontrollverlust über das Essen während der Episode (was, wie viel, Aufhören)
- Episoden von Essanfällen gemeinsam mit ≥ 3 der folgenden Symptome:
  - wesentlich schneller essen als normal
  - bis zu einem unangenehmen Völlegefühl
  - Essen großer Nahrungsmengen, obwohl man sich nicht hungrig fühlt
  - alleine essen aus Verlegenheit über die Menge, die man isst
  - nachfolgend Ekelgefühle gegenüber sich selbst, Deprimiertheit oder große Schuldgefühle
- deutliches Leiden wegen der Essanfälle
- Essanfälle im Durchschnitt an ≥ 2 Tagen/Woche während mindestens 6 Monaten
- Essanfälle ohne regelmäßigen Einsatz von unangemessenen kompensatorischen Verhaltensweisen und nicht ausschließlich im Verlauf einer Anorexia nervosa oder BN
- Epidemiologie der BES: 1-Jahres-Prävalenz (nach den wenigen vorliegenden Ergebnissen): ♀: ca. 1,6 %, ♂: ca. 0,8 %; BES ist bei Männern deutlich häufiger als andere Essstörungen
- Behandlungsziele bei BES:
  - Symptome der BES (Essanfälle, ggf. Übergewicht/Adipositas, essstörungsspezifische Psychopathologie)
  - weitere ggf. vorliegende psychische Beschwerden (z. B. Selbstwert-/Schamproblematik, Affektregulation)
  - komorbide psychische Störungen (z. B. Depression, soziale Angst)
  - Prävention bzw. Rückfallprophylaxe

34.29.6 Therapie

Bei BN soll frühzeitig eine Therapie angeboten werden, um Chronifizierung zu vermeiden. Nicht wenige Patientinnen mit BN stehen einer Veränderung ihres Essverhaltens ambivalent gegenüber und müssen daher aktiv für eine Behandlung motiviert werden (KKP). Für die Therapie gilt:

- Ein Ernährungstagebuch kann Frequenz, Ablauf und situative Besonderheiten der Heißhungerattacken erfassen und Aufschluss über die zugeführte Nahrung geben, s. Links (S. 383).
- Störungsorientierte Psychotherapie (vor allem kognitive Verhaltenstherapie, KVT) ist Therapie der Wahl (EL Ia, EG A).
- Behandlungen sollten in Einrichtungen oder bei Therapeuten erfolgen, die Expertise in der Therapie mit Essstörungen haben und störungsspezifische Therapieelemente bereithalten (KKP).
- Besonders bei jüngeren Patientinnen sollte die Familie in die Behandlung einbezogen werden (KKP).
- Für einige Betroffene kann ein auf KVT beruhendes evidenzbasiertes Selbsthilfeprogramm, das unter Anleitung erfolgt (angeleitete Selbsthilfe) ausreichend sein (EL Ia, EG B).

- Bei Komorbiditäten, z. B. Borderline-Symptomatik, sollte die Therapie um störungsorientierte therapeutische Elemente ergänzt werden (KKP).
- Pharmakotherapie: zugelassen ist nur Fluoxetin (20–)60 mg/d (1–0–0) in Kombination mit Psychotherapie (EL Ia, EG B); Mindestdauer: 4 Wochen, bei Therapieerfolg länger (KKP)

Indikationskriterien für eine **stationäre Therapie** bei BN (und Binge-Eating-Störung) sind (KKP):
- Scheitern ambulanter Therapie oder fehlende Möglichkeiten wohnortnaher ambulanter Therapie
- ausgeprägte psychische (z. B. Suizidalität, Selbstverletzung, Drogen-/Alkoholabhängigkeit) und körperliche Komorbidität (Typ-1-Diabetes)
- Krankheitsschwere (z. B. geringe Motivation, ausgeprägte Habituation der Symptomatik, sehr chaotisches Essverhalten)
- therapieverhindernde Umstände durch erhebliche Konflikte im sozialen und familiären Umfeld
- Notwendigkeit der Therapie durch ein multiprofessionelles Team mittels stationärer Intensivtherapie

Abwendbar gefährlicher Verlauf

- Elektrolytentgleisungen durch Erbrechen, Laxanzien-/Diuretika-Abusus; Kontrolle und Substitution: K^+-Chlorid (z. B. Rekawan) 3–4 × 13,4 mmol K^+/d; physiologisch besser als K^+-Zitrat
- bei Chronifizierung evtl. Magendilatation oder Pankreatitiden nach Essanfällen
- bei vitaler Gefährdung → akutinternistische Aufnahme
- Mortalität bei BN und BES deutlich niedriger als bei Anorexia nervosa; BN: standardisiertes Mortalitätsrisiko (SMR) 1,6 (95 %-KI: 0,8–2,7)

34.29.7 Leitlinien und Links

Deutsche Gesellschaft für Psychosomatische Medizin und Ärztliche Psychotherapie. AWMF-S 3-Leitlinie 051–026. **Ess-Störungen, Diagnostik und Therapie.** Im Internet: www.awmf.org/leitlinien; Stand: 20.01.2016

ANAD e. V. Salut – Bulimie-Selbsthilfe-Programm. Im Internet: www.anad.de; Stand: 20.01.2016

Mück H. Essprotokoll. Im Internet: www.dr-mueck.de/pdfs/Esssprotokoll.pdf; Stand: 20.01.2016

34.30 Bursitis (M71.99)

H.-D. Klimm

34.30.1 Definition

Bei der Bursitis handelt es sich um eine aseptische Schleimbeutelentzündung.

34.30.2 Epidemiologie

Bursitiden kommen in der Praxis relativ häufig vor, hauptsächlich als Bursitis olecrani und Bursitis prepatellaris.

34.30.3 Leitsymptome und Diagnostik

► **Symptome.** Charakteristische Symptome sind die Schwellung und Fluktuation über den Gelenken, z. B. über der Ellenbogenspitze bei Bursitis olecrani oder über dem unteren Anteil der Kniescheibe bei Bursitis prepatellaris. Oft geben die Patienten ein reibendes, brennendes Gefühl bis hin zu starken Schmerzen bei Belastung an.

► **Diagnostik.** Die Diagnostik umfasst:
- **Anamnese:**
  - z. B. vorausgegangenes Trauma oder
  - chronische und mechanische Reibung oder
  - Überforderungssyndrome (Arbeitsplatz, Sport [Ringer])
- Inspektion und Palpation:
  - geringfügige Rötung, Schwellung und Fluktuation
  - Druckempfindlichkeit
- erweiterte Diagnostik
  - Labor: BSG, Hämoglobin, Erythrozyten, Leukozyten, Rheumaserologie zum Ausschluss rheumatischer Erkrankungen, Harnsäure, γ-GT, Cholesterin, Triglyzeride zum Ausschluss einer stoffwechselbedingten Erkrankung
  - Punktion mit anschließender bakteriologischer Untersuchung des Punktats (***Cave:*** Infektionsgefahr)

34.30.4 Differenzialdiagnostik

Als Differenzialdiagnosen kommen infrage:
- bakterielle Arthritis (A49.9): Vorgeschichte (z. B. Gelenkpunktion, Operation, offene Verletzungen), stark geschwollenes Gelenk, überwärmt,

bewegungsschmerzhaft, Erguss, Temperatur fieberhaft erhöht, hohe BSG, Leukozytose, Linksverschiebung im Differenzialblutbild, Gelenkerguss (zunächst serös, später eitrig)
- Arthritis urica (M10.09): Kap. 34.85

34.30.5 Therapie

Therapeutische Optionen sind:
- Ruhigstellung und Kälteapplikation
- nicht steroidale Antiphlogistika (z. B. Diclofenac)
- Abpunktieren mit sekundärem Kompresisonsverband (***Cave:*** aseptische Bedingungen einhalten!)
- bei ausgeprägter Bursitis, insbesondere bei rezidivierenden Bursitiden, stets Vorstellung beim Orthopäden oder Chirurgen zur Bursektomie

Prophylaktisch können Berufsgruppen mit besonders gelenkbelastenden Tätigkeiten wie z. B. Fliesenleger Ellenbogen- und Knieschoner tragen.

34.30.6 Leitlinien

Deutsche Gesellschaft für Unfallchirurgie. AWMF-S 1-Leitlinie 012–017. **Patellafraktur.** Im Internet: www.awmf.org/leitlinien; Stand: 20.01.2016

34.31 Chalazion (Hagelkorn, H00.1)

H.-D. Klimm

34.31.1 Definition

Das Chalazion ist eine chronische, schmerzlose granulomatöse Schwellung einer Meibom-Liddrüse.

34.31.2 Epidemiologie

In der Praxis eher selten.

34.31.3 Ätiologie

Das Chalazion entsteht durch Verlegung des Ausführungsgangs (Lipogranulom), meist nach Entzündungen, aber auch spontan. Risikofaktoren können eine chronische Lidrandentzündung, Akne rosacea, Seborrhö, Tuberkulose oder Virusinfektionen des Auges sein.

34.31.4 Leitsymptome und Diagnostik

Unter der Haut des Ober- und Unterlides findet sich ein kleiner, derber, indolenter Tumor, der beim Ektropionieren im Tarsusbereich sichtbar wird. Lidödem und Schmerzen weisen auf eine Entzündung hin. Oft besteht nur ein leichtes Fremdkörpergefühl.

34.31.5 Differenzialdiagnostik

Erkrankungen mit ähnlicher Symptomatik sind:
- Hordeolum (H00.0): im Gegensatz zum Chalazion stets schmerzhaft (Kap. 34.80)
- Meibom-Karzinome (C 44.3), Basaliom oder maligne Erkrankungen der Lider müssen bedacht werden

34.31.6 Therapie

In der Anfangsphase sind antibiotikahaltige Augensalben indiziert. Die Heilung kann durch das Auflegen warmer Kompressen auf das betroffene Auge für ca. 10 Minuten (4–6-mal am Tag) gebessert werden. Oft kommt es auch nach Monaten zu einer spontanen Rückbildung. Bei anhaltenden Symptomen ist die Exzision in Lokalanästhesie indiziert (Überweisung zum Augenarzt).

34.32 Cholelithiasis (K80.2)

F. Peters-Klimm

34.32.1 Definition

Cholelithiasis ist der allgemeine Überbegriff für Gallensteine, die meist in der Gallenblase lokalisiert sind (**Cholezystolithiasis**), aber auch in den Gallenwegen gefunden werden können (im Ductus cysticus = **Zystikusstein** und/oder im Ductus choledochus = **Choledocholithiasis**). Die Steine werden in verschiedener Größe und Anzahl angetroffen (großer Solitärstein, multiple kleine Gallensteine, Gallengrieß/-schlamm, „sludge").

34.32.2 Epidemiologie

In der Bevölkerung haben ca. 15 % der Frauen und ca. 8 % der Männer Gallensteine. Jährlich werden in Deutschland mehr als 190 000 Cholezystektomien durchgeführt.

34.32.3 Ätiologie

Meist handelt es sich um Cholesterinsteine (80 %), sonst um Pigmentsteine (Bilirubin) mit jeweils wechselndem Kalziumanteil:

- Die **Cholesterinsteine** entstehen durch eine relative Übersättigung von Cholesterin, es kommt zur Auskristallisation von Cholesterin. Risikofaktoren sind u. a. genetische Faktoren, Geschlecht (Schwangerschaft, Einnahme von Östrogen), zunehmendes Alter, Adipositas und Ernährung (Gewichtsabnahme, fettreiche Ernährung).
- **Pigmentsteine** entstehen durch eine relative Anhäufung von unkonjugiertem bzw. dekonjugiertem Bilirubin bei verschiedenen Erkrankungen, u. a. bei chronischer Hämolyse, Leberzirrhose, Gilbert-Syndrom, Erkrankungen bzw. Operationen des Ileums.

34.32.4 Leitsymptome und Diagnostik

► **Symptome.** Klinisch zu unterscheiden sind asymptomatische Gallensteinträger (75 %) von **symptomatischen Gallensteinkranken** (ca. 25 %):

- **postprandiale dyspeptische Beschwerden** gehäuft nach fettreichen, üppigen Mahlzeiten
- **rezidivierender Schmerz** im rechten Oberbauch, ausstrahlend in den epigastrischen Winkel, den Rücken und auch die rechte Schulter
- **Gallenkolik:**
  - charakterisiert durch einen viszeralen Schmerz von mehr als 15 min
  - ausgelöst durch Steinpassage oder -einklemmung, beginnt plötzlich, ist lokalisiert im rechten und mittleren Oberbauch, kann in die Schulter, in den Rücken ausstrahlen, dauert Minuten bis Stunden, kann allmählich oder schnell abklingen
  - Schmerzen über 5 Stunden sollten an eine akute Cholezystitis denken lassen, sie entsteht in 90 % durch eine temporäre Verlegung des Ductus cysticus
- **Komplikationen**: akute Cholezystitis, Hydrops, Empyem, Gangrän, Steinperforation, Cholangitis, biliäre Pankreatitis

Merke

Ikterus, heller Stuhl und dunkler Urin sind Zeichen einer über einige Tage bestehenden Verlegung der Gallenwege, die u. a. auch durch einen Stein (Choledocholithiasis) bedingt sein kann, jedoch immer malignomverdächtig ist.

► **Diagnostik.** Zur Diagnostik gehören:

- **Anamnese:**
  - besondere Berücksichtigung der Risikofaktoren
  - mögliche Auslöser und zeitliche Zusammenhänge, z. B. fettreiche Mahlzeiten
- **körperliche Untersuchung:**
  - genaue körperliche Untersuchung mit besonderer Berücksichtigung des Oberbauchs
  - **Murphy-Zeichen**: inspiratorisch ausgelöster Schmerz bei Palpation der Gallenblasenregion
- **Labor:**
  - BSG-Beschleunigung und Leukozytose bei sekundärer Cholezystitis oder Cholangitis
  - GGT-, GOT- und GPT-Erhöhung bei parenchymatöser Leberbeteiligung
  - Bilirubin, alkalische Phosphatase erhöht bei Verlegung der Gallenwege
  - Amylase- und Lipaseerhöhung bei Pankreasbeteiligung
  - weiteres Labor nach klinischer Situation
- **Laborscreening:** auf Risikofaktoren bei jedem Gallensteinträger (z. B. Cholesterin, Triglyzeride, Blutzucker) nötig
- **Oberbauchsonografie:**
  - sehr gute Aussagekraft bezüglich Cholezystolithiasis, Gallenblasengröße, Gallenblasenwanddicke, Zystikusstein, Choledocholithiasis mit Ausnahme präpapillärer Steine, die sich meist nicht darstellen lassen
  - die Weite des Choledochus (Durchmesser > 7 mm, nach Cholezystektomie > 9 mm) ist ein indirekter Hinweis auf ein Abflusshindernis
  - zur Beurteilung der Durchgängigkeit des Ductus cysticus ggf. prä- und postprandiale Beurteilung nach Reizmahlzeit (Verkleinerung der Gallenblase?)

Merke

- Die unkomplizierte Cholelithiasis weist einen völlig normalen Untersuchungsbefund auf.
- Die meisten der asymptomatischen und leicht symptomatischen Gallensteinträger haben keine verwertbaren Laborabweichungen.

Die erweiterte, abgestufte Diagnostik umfasst:
- Endosonografie
- Magnetresonanz-Cholangiopankreatikografie, ggf. CT
- gastroenterologische Spezialuntersuchungen mit Interventionsmöglichkeit (z. B. endoskopische retrograde Cholangiopankreatografie [ERCP], Cholangioskopie)

34.32.5 Differenzialdiagnostik

Differenzialdiagnostisch kommen infrage (Kap. 23.5, Bauchschmerz):
- Gastritis, Ulcus ventriculi, Magenperforation, Ulcus duodeni: Kap. 34.187, Kap. 34.188
- Pankreatitis: Kap. 34.135
- akute (retrozäkale, „hochgeschlagene") Appendizitis
- rechtsseitige Pyelonephritis (Kap. 34.70, Harnwegsinfekt)
- rechtsseitige Nephrolithiasis: Kap. 34.124
- Tumoren des Oberbauchs (Magen, Galle, Leber, Pankreas, Kolon)
- rechtsseitige Pneumonie: Kap. 34.147
- Herzinfarkt: Kap. 34.74
- Lungenembolie: Kap. 34.105
- Kolitis: Kap. 34.95
- Angina abdominalis oder akuter Mesenterialarterienverschluss

34.32.6 Therapie

Bei **asymptomatischen Gallensteinen** beträgt das Risiko, symptomatisch zu werden, bei 1–2 %/Jahr, weshalb allgemein keine OP-Indikation besteht (B, III). Ausnahmen sind:
- Gallenblasenpolyp > 10 mm (B, II)
- Porzellangallenblase (B, III): sonografisch Gallenblasenwandverdickung, radiologisch röntgendichte Kalkeinlagerungen in der Wand
- evtl. bei Stein > 3 cm (B, II), Anomalien der Gallenblase → beobachten und ggf. Korrektur der Risikofaktoren

Bei **symptomatischen Steinen** können die folgenden Situationen unterschieden werden:
- **rezidivierende dyspeptische Beschwerden,** die nach Abklärung nicht anderweitig erklärt werden können: Vorgehen prinzipiell wie oben, in der Regel aber Indikation zur Cholezystektomie (A, I), da ca. 70 % innerhalb von 2 Jahren wieder symptomatisch werden bei einem Risiko von Komplikationen von 1–3 %/Jahr
- **akute Gallenkolik**: oft Hausbesuchssituation
  - Schmerz- und Krampfbekämpfung durch Spasmolytika und Analgetika: z. B. N-Butylscopolamin 20–40 mg i. v. in Kombination mit peripher wirksamen Analgetika (z. B. Diclofenac [A, I], Metamizol [A, II], bei schwerer Symptomatik Opiatderivate [z. B. 100–200 mg Tramadol i. v., ggf. Pethidin, Buprenorphin i. v.] [C, IV])
  - bei Nichtansprechen und/oder unklarer Situation Krankenhauseinweisung
  - gute Erfolge auch mit Nitro als Spray oder Zerbeißkapsel, besonders als Selbstmedikation bei bekannten Steinleiden
- **Zustand nach Gallenkolik(en)**: Indikation zur Cholezystektomie (A, I), laparoskopische Verfahren Methode der Wahl (A, I)
- **Cholestase und Verdacht auf Choledochusstein**: Indikation zur gastroenterologischen Spezialuntersuchung oder Krankenhauseinweisung (s. o.)

Die allgemeine Therapie bei **nicht operierten Steinträgern** umfasst:
- eine gute Aufklärung des Patienten über ggf. mögliche Symptome in Zukunft
- Empfehlung von fettreduzierten, kleinen Mahlzeiten zur Vermeidung von Gallenkoliken; auch dyspeptische Beschwerden wie Völlegefühl oder Übelkeit sind meist durch Diätfehler bedingt
- Litholyse mit Ursodeoxycholsäure (UDCA, 10 mg/kgKG/d) in Einzelfällen bei symptomatischen Gallenblasensteinen ohne Komplikationen bei Patienten mit kleinen (≤ 5 mm), nicht kalkhaltigen Steinen bei sonografisch gut kontrahierender Gallenblase (A, I), für weitere 3 Monate nach verifizierter Steinfreiheit (B,O)

Die extrakorporale Stoßwellenlithotripsie (ESWL) der Gallenblasensteine soll nicht mehr durchgeführt werden (A, II).

Nach einer Cholezystektomie besteht die allgemeine Therapie aus:

- Diättherapie mit häufigen, kleinen fettreduzierten Mahlzeiten
- evtl. vorübergehende Fermentsubstitution zu den Mahlzeiten (da die Gallenblase als „Reservoir" weggefallen ist)

Bei Oberbauchbeschwerden nach der Operation (sog. **Postcholezystektomie-Syndrom** [K91.5]) muss an eine andere Ätiologie gedacht werden (Fehldiagnose mit falscher Indikationsstellung!). Möglich sind übersehene Choledochussteine, eine Gallengangstriktur, eine Papillenstenose oder eine neue Erkrankung.

Abwendbar gefährlicher Verlauf

- Auch bei eindeutigem Nachweis von Gallensteinen müssen Oberbauchbeschwerden immer genau abgeklärt werden, da sonst bei der relativen Häufigkeit von asymptomatischen Gallensteinen die Gefahr sehr groß ist, andere Erkrankungen bis hin zu Malignomen zu übersehen.
- Die akute Cholezystitis, die Gallenblasenperforation, die akute Cholangitis und die biliäre Pankreatitis stellen die häufigsten klinisch relevanten Komplikationen dar.

34.32.7 Leitlinien

Deutsche Gesellschaft für Gastroenterologie, Verdauungs- und Stoffwechselkrankheiten (DGVS) und Deutsche Gesellschaft für Allgemein- und Viszeralchirurgie e. V. (DGAV). AWMF-S 3-Leitlinie 021–008. **Gallensteine, Diagnostik und Therapie.** Im Internet: www.awmf.org/leitlinien; Stand: 20.01.2016

34.33 Cholezystitis (K80.2)

F. Peters-Klimm

34.33.1 Definition

Die **akute Cholezystitis** (K80.0, K81.0) ist die plötzlich und zu ca. 90 % durch einen steinbedingten Zystikusverschluss entstehende Entzündung der Gallenblase, die **chronische Cholezystitis** (K81.1) entsteht zumeist durch rezidivierende Entzündungen bei Gallensteinen. Der Endzustand ist die Schrumpfgallenblase.

34.33.2 Epidemiologie

Genaue Zahlen liegen nicht vor. Für Deutschland schätzt man deutlich mehr als 60 000 Fälle pro Jahr. Die Inzidenz steigt mit zunehmendem Alter, der Gipfel liegt zwischen dem 70. und 75. Lebensjahr.

34.33.3 Ätiologie

Die akute Cholezystitis entsteht in ca. 90 % durch einen Zystikusverschluss bei Gallensteinen (Kap. 34.32). Steinlose Cholezystitiden können in der Hälfte der Fälle nicht erklärt werden, ansonsten findet man eine Reihe von Ursachen, z. B. Salmonelleninfektionen, Z. n. Geburt oder Z. n. sonstiger Operation. Die chronische Cholezystitis ist meist Folge rezidivierender Entzündungen bei Gallensteinen, wobei in ca. 25 % Bakterien nachgewiesen werden können (infizierte Galle).

34.33.4 Leitsymptome und Diagnostik

► **Akute Cholezystitis.** Symptome sind Gallenkolik (Kap. 34.32), oft Schüttelfrost, **Fieber**, deutliche **Druckschmerzhaftigkeit im rechten Oberbauch** (peritoneale Reizung). Bei zusätzlich **Ikterus** ist die **Charcot-Trias** erfüllt, welche für eine **Cholangitis** spricht. Bei Vorstellung in der Praxis kann mit der Oberbauchsonografie und Entzündungszeichen im Labor meist relativ sicher die Verdachtsdiagnose gestellt werden.

► **Chronische Cholezystitis.** Die Symptome entsprechen jenen der Cholelithiasis (Kap. 34.32), wobei sich leichte dyspeptische Beschwerden, mittelschwere Symptome und Gallenkoliken bei zwischenzeitlich auch freien Intervallen ablösen können. Häufiger als bei der unkomplizierten Cholelithiasis ist die Gallengegend bei der Palpation schmerzhaft. Auch diagnostisch entspricht das Vorgehen bei der chronischen Cholezystitis dem bei der Cholelithiasis (Kap. 34.32), wobei zusätzlich wegweisend sind:

- in der Oberbauchsonografie zusätzlich zum Steinnachweis eine verdickte Gallenblasenwand (normale Dicke nicht kontrahiert 3–4 mm)
- im Labor wiederholt erhöhte Entzündungszeichen, z. B. mäßiggradige BSG-Beschleunigung

34.33.5 Differenzialdiagnostik

Bei der chronischen Cholezystitis entsprechen die differenzialdiagnostischen Überlegungen denen der Cholelithiasis (Kap. 34.32).

34.33.6 Therapie

▸ **Akute Cholezystitis.** Die frühelektive laparoskopische Cholezystektomie (möglichst innerhalb von 72h nach Diagnosestellung) ist die Therapie der Wahl (A, I).

Merke

In 25 % der Fälle treten Komplikationen auf (z. B. Hydrops, sekundäre Keimbesiedelung bis hin zum Empyem). Deshalb ist die sofortige Krankenhauseinweisung obligat.

▸ **Chronische Cholezystitis.** Die chronische Cholezystitis ist eine Indikation zur **Cholezystektomie**. Die besonders bei älteren Patienten nach langjähriger „Gallenblasenanamnese" anzutreffende **Schrumpfgallenblase** bei Lithiasis ist meist asymptomatisch geworden und im Sinne einer „Selbstheilung" nicht therapiebedürftig, sofern eine maligne Verlaufsform ausgeschlossen wurde (meist durch Sonografie hinreichend genau möglich).

Abwendbar gefährlicher Verlauf

- Die akute Cholezystitis ist ein abwendbar gefährlicher Verlauf.
- Die chronische Cholezystitis kann zur aufsteigenden Cholangitis führen und ist ein Risikofaktor für die Entwicklung eines Karzinoms. Eine frühzeitige Cholezystektomie ist indiziert.

34.33.7 Leitlinien

Deutsche Gesellschaft für Gastroenterologie, Verdauungs- und Stoffwechselkrankheiten (DGVS) und Deutsche Gesellschaft für Allgemein- und Viszeralchirurgie e. V. (DGAV). AWMF-S 3-Leitlinie 021–008. **Gallensteine, Diagnostik und Therapie.** Im Internet: www.awmf.org/leitlinien; Stand: 20.01.2016

34.34 Chronische Schmerzsyndrome

R. Schäfert

34.34.1 Definition

Chronische Schmerzen werden von der Internationalen Gesellschaft zur Erforschung des Schmerzes (IASP) 1986 als ständige oder häufig auftretende Schmerzen in den letzten 3 Monaten definiert; weitere Merkmale sind die Intensität und die schmerzassoziierte Beeinträchtigung.

34.34.2 Epidemiologie

Die Prävalenz chronischer Schmerzen lag im Jahr 2013 gemäß der IASP in einer repräsentativen Stichprobe der deutschen Bevölkerung (≥ 14 Jahre) bei 28,3 %. Dabei fand sich folgende Verteilung auf die Schmerzstadien (s. u.):

- Grad 1: 41,1 %
- Grad 2: 31,4 %
- Grad 3: 18,5 %
- Grad 4: 9,0 %

Extrapoliert geben 600 000 Deutsche starke und beeinträchtigende Schmerzen an (Grad 3 und 4). In der Hausarztpraxis leidet ca. jeder 5. Patient unter chronischen Schmerzen.

34.34.3 Ätiologie

(Chronischer) Schmerz ist aufgrund seiner zentralnervösen Verarbeitung immer bio-psycho-sozial:

- **sensorisch-diskriminative Komponente („wo es schmerzt"):** laterales Schmerzsystem: lateraler Thalamus → somatosensorischer Kortex (Lokalisation, Stimulus-Intensität, Schmerzerwartung)
- **kognitive und affektive Komponenten („wie es schmerzt"):** medialer Thalamus → Cortex prefrontalis (Bewertung), Amygdala/Hippocampus (Emotionen, Stress), Insula (Schmerzintensität, Alarmsystem), Gyrus cingulum (Schmerzerwartung, -aufmerksamkeit, negative Affekte)
- **Disposition:** oft Trauma
- **Chronifizierung:** Stress, Bahnung/Schmerzgedächtnis, zentrale Sensitivierung

34.34.4 Leitsymptome und Diagnostik

► **Symptome.** Die häufigsten **Schmerzlokalisationen** in der Allgemeinbevölkerung sind Rücken (Kreuz, Nacken) und Kopf. Regionale Schmerzen (2–5 Schmerzorte) sind häufiger als lokale Schmerzen (1 Schmerzort). Etwa 9 % der Bevölkerung berichten über Schmerzen in mehreren Körperregionen. Die Anzahl der Schmerzorte und weitere körperliche und seelische Beschwerden korrelieren hoch miteinander.

► **Diagnostik.** Die Diagnostik umfasst:

- **Anamnese:** Schmerzqualität, Auslöser, Krankheitskonzept, aufrechterhaltende Faktoren („yellow flags"), Dauer der Episoden, Begleitsymptomatik (Übelkeit, Schwindel), Medikamenteneinnahme
- **Schmerzanalyse:**
  - Schmerz-Intensität: NRS, VRS, 11-stufige VAS (0 = kein; 10 = maximaler Schmerz)
  - Schmerz-Lokalisation: Die Patienten sollen alle Schmerzorte in einer Schmerzskizze eintragen.
  - Beeinträchtigung: Wohlbefinden, Alltagsfunktion, Aktivität, Sozialleben, Stimmung, Schlaf
  - Schmerz-Stadien: Chronic Pain Scale (von Korff et al. 1992)
    - Grad 1: geringe Intensität und geringes Beeinträchtigungserleben
    - Grad 2: hohe Intensität und geringes Beeinträchtigungserleben
    - Grad 3: hohes Beeinträchtigungserleben und mäßige Einschränkungen
    - Grad 4: hohes Beeinträchtigungserleben und schwere Einschränkungen in Alltagsfunktionen
- **Komorbiditäten:** häufig sind Angst, Depression, somatoforme Störung, posttraumatische Belastungsstörung
- **körperliche Untersuchung:** orientiert an Beschwerdedarstellung und Voruntersuchungen
- **Bildgebung** ist nicht regelhaft notwendig, sondern vor allem bei abwendbar gefährlichen Verläufen oder Klärung von Interventionsbedarf
- **Verlauf:** Verhaltensbeobachtungen (Vermeidungsverhalten), Funktionstests (Bewegungsprüfung)

34.34.5 Differenzialdiagnostik

Essenziell ist es, die Schmerzarzt zu bestimmen, da sie therapieleitend ist (► Tab. 34.8); häufig liegen Mischformen vor. Beim Screening auf neuropathische Schmerzen hilft der painDETECT-Schmerz-Fragebogen [50].

34.34.6 Therapie

Die Therapie umfasst:

- **Aufklärung:** Bedeutung psychosozialer Faktoren, aktive Bewältigungsstrategien
- **Behandlungsplanung:**
  - Therapieziele gemeinsam mit dem Patienten realistisch festlegen
  - individuellen Behandlungsplan mit dem Patienten bezogen auf Schmerzlinderung (30 % Verbesserung), Verbesserung von Lebensqualität, Funktion, Stimmung, private, berufliche

Tab. 34.8 Schmerzarten.

Schmerzart		Beispiel	Qualität	Therapieschema	zusätzliches Analgetikum
nozizeptiver Schmerz (bei Gewebeschädigung)	viszeral	Leberkapselschmerz	kolikartig, nächtlicher Schmerz	Metamizol ± Opioid	Dexamethason
	somatisch	Gelenkschmerz	bewegungsabhängig	NSAR ± Opioid	–
neuropathischer Schmerz (bei Nervenläsionen)	einschießend	Nervenkompression	attackenartig, keine Linderung in Ruhe, Sensibilitätsstörungen, Parästhsien, Allodynie	NSAR ± Opioid	Antikonvulsivum
	mit Brennschmerz	zentraler Schmerz (Thalamusschmerz)		NSAR ± Opioid	Antidepressivum
funktioneller Schmerz (als Ausdruck psychischer Beeinträchtigung)	bei funktionellen Störungen	Reizdarmsyndrom	häufig multilokulär, hohe Inanspruchnahme	Metamizol	symptomorientiert
	bei psychischen Störungen	Depression			Antidepressivum

und soziale Partizipation sowie Reduktion des Analgetikakonsums erstellen

- **multimodale Therapie:**
  - physikalische (Wärme, Kälte) und physiotherapeutische Maßnahmen (Massage, Krankengymnastik, Funktionstraining, Sport)
  - medikamentöse Schmerztherapie, individuelle Dosistitration
    - spezifische Therapien beachten (z. B. Migräne, Hemikranie, Koliken)
    - *nozizeptiv:* WHO-Stufenschema (▶ Tab. 34.9):
      Stufe 1 = Nichtopioide ± Adjuvanzien
      Stufe 2 = niederpotente Opioide + Nichtopioide ± Adjuvanzien ± Begleitmedikamente
      Stufe 3 = hochpotente Opioide ± Nichtopioide ± Adjuvanzien ± Begleitmedikamente
    - *neuropathisch:* Antikonvulsiva, Antidepressiva, langwirksame Opioide, Lidocain/Capsaicin-TTS (TTS = transdermales Pflaster)
    - *funktionell:* ggf. Antidepressiva, keine Opioide
  - psychosoziale Maßnahmen:
    - aktivierende Maßnahmen (!)

V

Tab. 34.9 WHO-Stufentherapie bei Schmerzen.

Analgetika	Präparat	Beispiel	Dosierung	Besonderheiten
Stufe 1: Nichtopioide				
Antipyretika	Paracetamol	Benuron	1–4 × 10–15 mg/kgKG	hepatotoxisch, maximal 6 g/d
	Metamizol	Novalgin	1–4 × 8–16 mg/kgKG	Agranulozytose
NSAR	Ibuprofen	Ibu	1–3 × 200–600 mg	PPI
	ASS	Aspirin	1–3 × 500–1000 mg	PPI; maximal 3 g/d
	Diclofenac	Voltaren	2 × 75 mg, 1 × 100 mg retard	maximal 150 mg/d retard
COX-2-Inhibitoren	Celecoxib	Celebrex	1–2 × 100–200 mg	
	Etoricoxib	Arcoxia	1 × 60–120 mg	Ödeme, geringere GIT-UAW
Stufe 2: Niederpotente Opioide				
	Tramadol (retard)	Tramal (long)	4 × 50–100 mg; 1(–2) × 50–200 mg retard	***Cave:*** stimuliert 5-HT-Freisetzung
	Tilidin + Naloxon	Valoron	4 × 50–100 mg + 4–8 mg 2 × 50–200 mg + 4–18 mg retard	nicht mit anderen Opioiden kombinieren! maximal 600 mg + 48 mg/d
	Dihydrocodein	DHC	2 × 60–120 mg (retard)	
	Pethidin	Dolantin	25–150 mg, Wiederholung nach Bedarf	maximal 500 mg/d
Stufe 3: Hochpotente Opioide				
	Morphin	MST retard	1–3 × 5–30 mg	
	Oxycodon	Oxygesic	2 × (5–)10–20(–50)mg	
	Buprenorphin TTS	Temgesic	35/52,5/70 µg/h, Wechsel alle 72h	wenig obstipierend
	Fentanyl TTS	Durogesic	25/50/75/100 µg/h, Wechsel alle 72h	wenig obstipierend
	Hydromorphon	Palladon	2 × 4–24 mg	geeignet bei Multimorbidität, Niereninsuffizienz
	Tapentadol	Palexia	2 × 50–250 mg	
± Begleitmedikamente				
Laxanzien	Macrogol (Movicol), Natrium-Picosulfat (Laxoberal), Bisacodyl (Dulolax), Prucaloprid (Resolor)			
Antiemetika	Dimenhydrinat	Vomex A	3–4 × 50–100 mg, 2 × 120–200 mg retard; 3–4 × 80–150 mg rektal	Müdigkeit

Tab. 34.9 Fortsetzung

Analgetika	Präparat	Beispiel	Dosierung	Besonderheiten
± Adjuvanzien				Indikationsgebiete
Trizyklika	Amitriptylin	Saroten	3 × 10–25 mg bis 3 × 50 oder 2 × 75 mg (langsam eindosieren)	neuropathischer Schmerz (Brennschmerz, Dysästhesien)
SNRI	Duloxetin	Cymbalta	1 × 30–60 mg	
Antikonvulsiva	Pregabalin	Lyrica	1–3 × 25–150 mg; maximal 600 mg/d	neuropathischer Schmerz (einschießend)
	Carbamazepin	Tegretal	1–2 × 100–200 mg retard, steigern	maximal 1200 mg/d
	Gabapentin	Neurontin	• Tag 1: 300 mg/d, 1 Einzeldosis • Tag 2: 600 mg/d, 2 Einzeldosen • Tag 3: 900 mg/d, 3 Einzeldosen • dann 1200–2400 mg/d in 3 Einzeldosen	maximal 3 600 mg/d
Muskelrelaxanzien	Tolpersion	Mydocalm	3 × 50–100 mg; max. 3 × 150 mg	Spastiken
	Flupiritin	Katadolon	3–4 × 100 mg, 1 × 400 mg retard	direkt analgetisch + muskelrelaxierend
	Baclofen	Lioresal	initial 3 × 5 mg, um 5 mg/Einzeldosis steigern	Erhaltungsdosis 30–75 mg/d
Spasmolytika	Butylscopolamin	Buscopan	3–5 × 10–20 mg; maximal 100 mg/d	viszerale Schmerzen, Koliken
	Mebeverin	Duspatal	1–3 × 135 mg, 2 × 200 mg retard	
Kortikosteroide	Dexamethason		8–16 mg/d	Nervenkompression, Hirndruck, Leberkapselschmerz, Weichteilinfiltration
Bisphosphonate	Alendronsäure	Fosamax	1 × 70 mg/Woche	Knochenschmerzen
	Zoledronsäure	Aclasta	5 mg alle 12 Monate i. v.	

PPI = Protonenpumpeninhbitoren, GIT = Gastrointestinaltrakt, UAW = unerwünschte Arzneimittelwirkung, SNRI = Serotoninwiederaufnahmehemmer

  - Entlastungsgespräche
  - Entspannungstraining (progressive Muskelrelaxation, autogenes Training, Biofeedback)
  - Stressbewältigungsverfahren
  - Psychotherapie (z. B. Verhaltenstherapie, Traumatherapie)
  - weitere Maßnahmen: Selbsthilfegruppen, ggf. Antrag auf Rehabilitation, sozialrechtliche Beratung (z. B. Rentenansprüche, Finanzhilfen)
- **strukturierte Patientenführung:** regelmäßige Wiedereinbestellung und Evaluation, um eine Exazerbation der Beeinträchtigungen zu vermeiden

Abwendbar gefährlicher Verlauf

Malignität, entzündlicher Schmerz, Fraktur, Infektion, akute Schmerzursache bei chronischem Schmerzsyndrom, interventionsbedürftige Nervenkompression, Medikamentenübergebrauch.

34.34.7 Leitlinien

Bundesärztekammer, Kassenärztliche Bundesvereinigung, Arbeitsgemeinschaft der Wissenschaftlichen Medizinischen Fachgesellschaften. AWMF-S 3-Leitlinie NVL-001E. **Nationale VersorgungsLeitlinie: Neuropathie bei Diabetes im Erwachsenenalter.** Im Internet: www.awmf.org/leitlinien; Stand: 20.01.2016

Bundesärztekammer, Kassenärztliche Bundesvereinigung, Arbeitsgemeinschaft der Wissenschaftlichen Medizinischen Fachgesellschaften. AWMF-S 3-Leitlinie NVL-007K. **Nationale VersorgungsLeitlinie: Kreuzschmerz.** Im Internet: www.awmf.org/leitlinien; Stand: 09.11.2015

Deutsche Gesellschaft für Allgemeinmedizin und Familienmedizin. AWMF-S 3-Leitlinie 053–007. **Nackenschmerzen.** Im Internet: www.awmf.org/leitlinien; Stand: 20.01.2016

Deutsche Gesellschaft für Allgemeinmedizin und Familienmedizin. AWMF-S 1-Leitlinie 053–036. **Chronischer Schmerz.** Im Internet: www.awmf.org/leitlinien; Stand: 10.11.2015

Deutsche Gesellschaft für Neurologie. AWMF-S 2k-Leitlinie 030–058. **Radikulopathie, lumbale.** Im Internet: www.awmf.org/leitlinien; Stand: 20.01.2016

Deutsche Gesellschaft für Neurologie. AWMF-S 2k-Leitlinie 030–102. **Chronische Schmerzen: Ärztliche Begutachtung von Menschen mit ...** Im Internet: www.awmf.org/leitlinien; Stand: 20.01.2016

Deutsche Gesellschaft für Neurologie. AWMF-S 1-Leitlinie 030–114. **Chronische neuropathische Schmerzen, Pharmakologische nicht interventionelle Therapie.** Im Internet: www.awmf.org/leitlinien; Stand: 20.01.2016

Deutsche Gesellschaft für Neurologie. AWMF-S 1-Leitlinie 030–132. **Neuropathische Schmerzen, Diagnostik.** Im Internet: www.awmf.org/leitlinien; Stand: 20.01.2016

Deutsche Gesellschaft für Psychosomatische Medizin und Ärztliche Psychotherapie. AWMF-S 3-Leitlinie 051–001. **Nicht-spezifische, funktionelle und somatoforme Körperbeschwerden, Umgang mit Patienten.** Im Internet: www.awmf.org/leitlinien; Stand: 20.01.2016

Deutsche Interdisziplinäre Vereinigung für Schmerztherapie. AWMF-S 3-Leitlinie 001–025. **Behandlung akuter perioperativer und posttraumatischer Schmerzen.** Im Internet: www.awmf.org/leitlinien; Stand: 20.01.2016

Deutsche Interdisziplinäre Vereinigung für Schmerztherapie. AWMF-S 3-Leitlinie 041–004. **Fibromyalgiesyndrom: Definition, Pathophysiologie, Diagnostik und Therapie.** Im Internet: www.awmf.org/leitlinien; Stand: 20.01.2016

Deutsche Schmerzgesellschaft. AWMF-S 3-Leitlinie 145–003. **Opioide, Langzeitanwendung zur Behandlung bei nicht tumorbedingten Schmerzen.** Im Internet: www.awmf.org/leitlinien; Stand: 20.01.2016

34.35 Chronisch obstruktive Lungenkrankheit (J44.–)

F. Peters-Klimm

34.35.1 Definition

Die chronisch obstruktive Lungenkrankheit (COPD) ist definiert als ein prinzipiell verhinderbarer Zustand, der durch eine nicht (vollständig) reversible, ggf. progrediente Atemwegsobstruktion gekennzeichnet ist. Dies schließt die chronische Bronchitis (Kap. 34.28), das Lungenemphysem (Kap. 34.106) und die Erkrankung der kleinen Atemwege ein.

34.35.2 Epidemiologie

Chronische Atemwegserkrankungen gehören mit zu den häufigsten Beratungsanlässen in der Hausarztpraxis. Valide Angaben zur Prävalenz der COPD in Deutschland liegen nicht vor. Die Prävalenz der chronischen Bronchitis wird bei der erwachsenen Bevölkerung in Deutschland auf 10–15 % geschätzt. Der Anteil der chronisch obstruktiven Bronchitis – Husten, Auswurf und Atemwegsobstruktion – an der Gesamtprävalenz ist nicht genau bekannt. Es wird mit einer weltweiten Zunahme gerechnet. Die direkten und indirekten Krankheitskosten sind enorm.

34.35.3 Ätiologie

▸ **Ursachen.** Ganz überwiegend wird eine COPD durch **Zigarettenrauchen** (auch passiv), seltener durch Luftschadstoffe (z. B. Nitrosegase, SO_2) und den genetisch bedingten **α_1-Antitrypsinmangel** verursacht. Häufige bronchopulmonale Infekte führen zu akuten Exazerbationen (AECOPD), welche die Progression beschleunigen.

▸ **Pathogenese.** Pathogenetisch führt eine chronische Entzündung zu einer irreversiblen Schädigung des Flimmerepithels (Plattenepithelmetaplasie mit verminderter Reinigungsfunktion) mit konsekutiver Vermehrung der serösen und mukösen Drüsen (vermehrte Schleimproduktion), entzündlich bedingter Infiltration der Bronchialschleimhaut und irreversibler Kontraktion der Bronchialmuskulatur (auch durch vagale Reflexbronchokonstriktion) sowie Bronchiolenkollaps bei forcierter

Exspiration. Als Endzustand entsteht dann durch Zerstörung der terminalen Bronchiolen und Alveolarsepten das Lungenemphysem.

34.35.4 Leitsymptome und Diagnostik

► **Symptome.** Leitsymptome sind chronischer Husten, Auswurf und eine verschieden stark ausgeprägte Dyspnoe.

► **Diagnostik.** Diagnostische Möglichkeiten sind:

- **Anamnese:**
  - Erfragen von Husten, Auswurf, Dyspnoe, Nikotinabusus
  - bei bekannter COPD Anzahl der Exazerbationen/Jahr bestimmen
- **körperliche Untersuchung:**
  - gezielte Suche nach verlängerter Exspirationsdauer und pathologischen Geräuschen/Nebengeräuschen
  - **Lungenemphysem**: abgeschwächtes Atemgeräusch, hypersonorer Klopfschall bei sonst normaler Auskultation
  - bei schwerer COPD → Lippenzyanose, pulmonale Kachexie und Zeichen der Rechtsherzinsuffizienz (periphere Ödeme, Halsvenen- und Leberstauung)
- **Spirometrie** (sollte in keiner Hausarztpraxis fehlen!)
  - Ermittlung des Stadiums nach den GOLD-Leitlinien (Messwerte s. o.)
  - wichtig für die Therapiefindung
  - **Bronchospasmolysetest**
    - 15 Minuten nach 2 Hub eines kurz wirksamen β_2-Sympathomimetikums Zunahme der FEV_1 weniger als 15 % des Ausgangswerts und weniger als 200 ml
    - eine nicht vorhandene oder nur sehr geringe Verbesserung der Obstruktion ist wegweisend für eine COPD
- **Röntgen:**
  - Thorax zum Ausschluss eines Bronchialtumors bei Nikotinabusus und der Beurteilung der Entzündung (Bronchitis, Pneumonie, Bronchiektasen)
  - NNH (bei Verdacht auf Fokus bzw. sinubronchiales Syndrom)
- **Sputumuntersuchung**:
  - erst nach Versagen der initialen antibiotischen Therapie einer Infektexazerbation
  - bleibt komplizierten Fällen (schwere Obstruktion und mehr als 2 Exazerbationen pro Jahr) vorbehalten
- **Labor:**
  - abgesehen von Blutbild und CRP zumeist wenig ergiebig
  - alle Patienten mit chronisch obstruktiver Atemwegserkrankung sollten einmal im Leben auf α_1-AT-Mangel getestet werden (Kap. 34.106)
- **EKG** bei Verdacht auf Rechtsherzbelastung: Rechtstyp, RSB, P-pulmonale, Rhythmusstörungen

Die häufig assoziierte kardiovaskuläre Komorbidität sollte, falls noch nicht manifest, mit in die diagnostisch-therapeutischen Überlegungen einbezogen werden (z. B. KHK).

► **Klassifikation und Schweregrade.** Die Einschränkung der Lungenfunktion gemäß GOLD (Global Initiative for chronic obstructive Lung Disease) wird basierend auf der Lungenfunktion (FEV_1-Wert) nach Bronchospasmolysetest in 4 Stadien eingeteilt (► Tab. 34.10). Voraussetzung ist außer bei Stadium 0 der Nachweis einer Obstruktion (Tiffeneau-Index: $FEV_1/VK < 70\,\%$):

- Stadium I (leichtgradig): $FEV_1 \geq 80\,\%$
- Stadium II (mittelgradig): $50\,\% \leq FEV_1 < 80\,\%$
- Stadium III (schwer): $30\,\% \leq FEV_1 < 50\,\%$
- Stadium IV (sehr schwer): $FEV_1 < 30\,\%$ oder wie Stadium III mit zusätzlich respiratorischer Insuffizienz oder Zeichen der Rechtsherzinsuffizienz

Tab. 34.10 Schweregrade der COPD als Basis für die spätere Therapieempfehlung.

Schweregrad	FEV_1/FVC	FFV_1
1 (leicht)	< 70 %	80 %
2 (mittel)	< 70 %	50–80 %
3 (schwer)	< 70 %	30–50 %
4 (sehr schwer)	< 70 %	< 30 % oder < 50 % und chron. respiratorische Insuffizienz

FEV_1 = forciertes exspiratorisches Volumen in der ersten Ausatmungssekunde Einsekundenkapazität, hier nach Anwendung eines bronchienerweiternden Medikaments (Bronchodilatator); FVC = forcierte Vitalkapazität

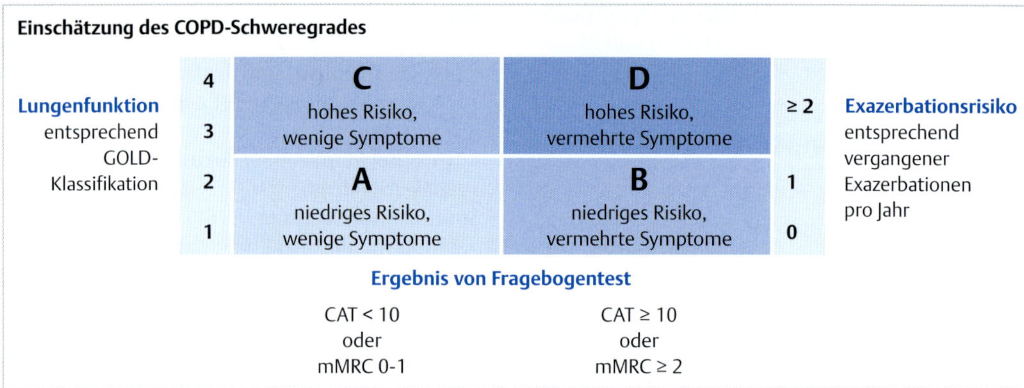

Abb. 34.3 Einschätzung des COPD-Schweregrades. GOLD = Global Initiative for chronic obstructive Lung Disease, CAT = COPD Assessment Test, mMRC = modified Medical Research Council Dyspnoe. (Quelle: [76]. Mit freundlicher Genehmigung von Univadis – ein Service von MSD). Der CAT-Fragebogen findet sich online unter www.catestonline.org/english/index_German.htm.

Bei der Schweregradeinteilung werden neben dem GOLD-Stadium auch das **Exazerbationsrisiko** sowie Fragebögen zur **Symptomschwere** berücksichtigt. Das Exazerbationsrisiko wird anhand der GOLD-Stadien (FEV_1), vorangegangener Exazerbationsphasen und der subjektiven Selbsteinschätzung durch den Patienten, die mittels standardisierter Fragebögen (z. B. COPD Assessment Test [CAT]; 0–40 Punkte [keine bis maximale Symptomausprägung] oder modified Medical Research Council Dyspnoe [**mMRC**]; Stadien 0–4, z. B. Grad 2 = langsameres Gehen als Gleichaltrige aufgrund von Dyspnoe, Grad 3 = Dyspnoe bei Gehstrecke um 100 m) quantifiziert wird, eingeschätzt. Daraus ergeben sich 4 Gruppen (A bis D), die die Basis für die spätere Therapieempfehlung sind (▶ Abb. 34.3).

34.35.5 Differenzialdiagnostik

Als Differenzialdiagnosen kommen infrage (s. a. Kap. 24.7)

- Asthma bronchiale: im Gegensatz zur COPD Raucheranamnese von untergeordneter Rolle, meist anfallsartiger Husten, reversible Spastik
- weitere Lungenerkrankungen wie Bronchialkarzinom, interstitielle Lungenerkrankungen, Bronchiektasen, Tuberkulose, Fremdkörperaspiration
- Linksherzinsuffizienz

34.35.6 Therapie

Für alle Formen der COPD sollte strikte **Nikotinkarenz**, ggf. auch Meidung weiterer Noxen, selbstverständlich sein, auch wenn die Praxiserfahrung zumeist das Gegenteil aufzeigt.

Standardtherapie

Weitere Therapiemöglichkeiten in der Standardtherapie der COPD sind:

- medikamentöse Therapie
  - insbesondere **Anticholinergika** (A) und lang-/kurz-/rasch wirksame **β_2-Sympathomimetika** (B) (Patienten sollen in der korrekten Inhalationstechnik angeleitet und vom Arzt oder einer medizinischen Fachkraft überprüft werden [A])
  - **inhalative Steroide**
    - haben im Gegensatz zum Asthma bronchiale bei der COPD eine viel geringere Ansprechrate (bei COPD keine eosinophile Entzündung!), werden aber empfohlen in Stadium C und D (hohes Risiko für AECOPD: Stadium III/IV und mehr als 2 therapiepflichtig durch Infekt bedingten Exazerbationen pro Jahr (B)
    - Langzeittherapie mit oralen Kortikosteroiden wird nicht empfohlen (A)
  - **Theophylline** sind wegen der geringeren Effizienz, zahlreicher Interaktionen und der geringen therapeutischen Breite Mittel der zweiten Wahl (A)

Tab. 34.11 Therapien gemäß der Risikogruppen A–D.

Auswahl	A	B	C	D
erste Wahl	SAMA oder RABA	LAMA oder LABA	ICS + (LABA oder LAMA)	
zweite Wahl	LAMA oder LABA oder RABA + SAMA	LAMA + LABA	LAMA + LABA	ICS + LAMA oder ICS + LAMA + LABA oder ICS + LAMA + PDE-4-Hemmer oder LAMA + LABA oder LAMA + PDE-4-Hemmer
alternative Wahl (alleine oder beliebig zu kombinieren)	Theophyllin	SABA und/ oder SAMA	PDE-4-Hemmer RABA und/ oder SAMA Theophyllin	Carbozystein SABA und/oder SAMA Theophyllin

ICS = inhalatives Kortikosteroid, LABA = langwirksames β_2-Sympathomimetikum (Long-Acting Beta2-Agonist), LAMA = langwirksames Anticholinergikum (Long Acting Antimuscarinic Agent), PDE-4-Hemmer = Phosphodiesterase-4-Hemmer (Roflurninast), RABA) raschwirksames β_2-Sympathomimetikum (Rapid-Acting Beta2-Agonist), SAMA = kurzwirksames Anticholinergikum (Short Acting Antimuscarinic Agent)

  - **Mukolytika** (B) werden nicht allgemein empfohlen, haben aber oft hohe Patientenakzeptanz
  - **Antitussiva** nur bei quälendem, nicht produktivem Husten zeitlich befristet verordnen (***Cave:*** Hyperkapnie und Atemdepression) (B)
- **physikalische Therapie** (bewährte Methoden!)
  - Atemgymnastik mit „Lippenbremse“
  - Inhalationstherapie
  - Sekretmobilisation (z. B. RC-Cornet)
  - dosiert gesteigertes körperliches Training („Lungensport“) (A)
- **Langzeittherapie** entsprechend den Risikogruppen A bis D; es werden Medikamente der 1. und 2. Wahl sowie Alternativen empfohlen (▸ Tab. 34.11)

Therapie der AECOPD

Akute Exazerbationen (AECOPD) sind erkennbar an einer Zunahme von Atemnot, Husten, Auswurf, Obstruktion oder thorakaler Beklemmung (selten Fieber), die eine Änderung der Behandlung erfordert. Die Hauptursachen sind (meist virale) Bronchialinfekte.

▸ **Hospitalisierung.** AECOPDs müssen hinsichtlich ihrer Hospitalisierungsbedürftigkeit beurteilt werden. Faktoren, die für eine Hospitalisierung sprechen können sind:

- schwere Atemnot
- schlechter Allgemeinzustand
- rasche Progredienz der Symptomatik
- Bewusstseinstrübung
- Zunahme von Ödemen und Zyanose
- kein Ansprechen auf die Therapie
- diagnostische Unklarheiten
- bedeutsame Komorbidität
- höheres Lebensalter
- unzureichende häusliche Betreuung

▸ **Antibiotikum.** Bei Versagen der ambulanten Therapieintensivierung (Prednisonäquivalent 20–40 mg für maximal 14 Tage p. o. [A] und Intensivierung der inhalativen Therapie [A]) sollte bei vermehrter Purulenz und Volumen des Sputums ein Antibiotikum für in der Regel 5–10 Tage (B) verordnet werden (Aminopenicilline ggf. mit Betalactamase-Inhibitoren, Cephalosporine oder Makrolide; bei unkomplizierten Fällen auch Tetrazykline, bei fehlendem Ansprechen Fluorchinolone der Gruppe IV, z. B. Moxifloxacin).

▸ **Theophyllin.** Theophyllin sollte auch bei Exazerbation erst in der 2. Linie bei Nichtansprechen der o. g. Therapie eingesetzt werden (B).

Rehabilitation und Langzeitbetreuung

▸ **Rehabilitation.** Die ambulante oder stationäre pneumologische Rehabilitation soll insbesondere bei COPD-Patienten ab einem mittleren Schweregrad und auch bei höherem Lebensalter durchgeführt werden (A).

▸ **Langzeitbetreuung.** Die Langzeitbetreuung der Patienten und die Koordination der Versorgung sowie deren Dokumentation im Rahmen eines strukturierten Behandlungsprogramms **(DMP)** erfolgt grundsätzlich durch den Hausarzt (ggf. Pneumologen). Dabei sind u. U. folgende Maßnahmen sinnvoll:

- **Patientenschulungen** (z. B. COBRA, 6 Unterrichtseinheiten) können sehr hilfreich sein und sollten angeboten werden (B).
- Bei folgenden Indikationen bzw. Anlässen ist zu prüfen, ob eine **Überweisung/Weiterleitung** zur Mitbehandlung und zur erweiterten Diagnostik von Patienten zum Fachspezialisten erfolgen soll:
  - bei unzureichendem Therapieerfolg trotz intensivierter Behandlung
  - wenn eine Dauertherapie mit Kortikosteroiden erforderlich wird
  - nach vorausgegangener Notfallbehandlung
  - zum Beenden einer antientzündlichen Dauertherapie
  - bei bedeutsamer Komorbidität
  - bei Verdacht auf berufsbedingte Atemwegserkrankungen
- Die **Langzeit-Sauerstoffbehandlung** (< 16h/d) ist bei chronischer Hypoxämie in Ruhe (arterieller Sauerstoffpartialdruck ≤ 55 mmHg, bei Cor pulmonale pO_2 < 60 mmHg) indiziert (A).
- **Schutzimpfungen:** Influenza jährlich (B) und Pneumokokken einmalig (B)

Abwendbar gefährlicher Verlauf

- Das **Erfassen der Frühformen** der COPD mit entsprechender therapeutischer Konsequenz ist eine große Herausforderung für die Hausarztmedizin. Maßnahmen zur Raucherentwöhnung sollten beharrlich vermittelt werden (A). In allen Verdachtsfällen und bei allen Schweregraden der COPD sollte eine Spirometrie in der Hausarztpraxis durchgeführt werden.
- Zur Vermeidung unnötiger **Hospitalisierungen** sollte dem Management akuter Exazerbationen (AECOPD) ausreichend Aufmerksamkeit gewidmet werden.

34.35.7 Leitlinien und Links

Bundesärztekammer, Kassenärztliche Bundesvereinigung, Arbeitsgemeinschaft der Wissenschaftlichen Medizinischen Fachgesellschaften. AWMF-S 3-Leitlinie NVL-003. **Nationale VersorgungsLeitlinie: COPD.** Im Internet: www.awmf.org/leitlinien; Stand: 20.01.2016 (in Überarbeitung, abgelaufen)

Deutsche Gesellschaft für Pneumologie und Beatmungsmedizin. AWMF-S 3-Leitlinie 020–005. **Tabakentwöhnung bei COPD.** Im Internet: www.awmf.org/leitlinien; Stand: 20.01.2016

Deutsche Gesellschaft für Pneumologie und Beatmungsmedizin. AWMF-S 2k-Leitlinie 020–017. **Spirometrie.** Im Internet: www.awmf.org/leitlinien; Stand: 20.01.2016

Global Initiative for Chronic Obstructive Lung Disease (GOLD). Im Internet: www.goldcopd.org; Stand: 20.01.2016

34.36 Commotio (F06.0)

J. Barlet

34.36.1 Definition

Unter Commotio wird im allgemeinen Sprachgebrauch die Gehirnerschütterung oder nach medizinischen Kriterien das leichte Schädel-Hirn-Trauma (SHT) angesehen. Die SHT werden nach der Glasgow-Koma-Skala eingeteilt in:

- leichtes SHT mit 15–13 Punkten
- mittelschweres SHT mit 12–9 Punkten
- schweres SHT mit 8–3 Punkten

Unter dem leichten SHT versteht man Ereignisse, die kürzer als 10 Minuten dauern mit Bewusstseinsstörungen, eventuell retrograder Amnesie, Übelkeit und Erbrechen. Als allgemeine Symptome können noch Apathie, Kopfschmerzen, Schwindel und Nackenschmerzen dazukommen.

34.36.2 Epidemiologie

28 % der Gehirnerschütterungen betreffen Jugendliche unter 16 Jahren.

34.36.3 Ätiologie

In der Allgemeinpraxis wird man meist mit Patienten konfrontiert, die sich beim Sport verletzt haben, oder mit Kindern, die gestürzt sind.

34.36.4 Leitsymptome und Diagnostik

▸ **Symptome.** Leitsymptome sind Kopf- und Nackenschmerzen, ein häufig verschwommenes Sehen. Es bestehen oft Benommenheit, Schwindel und eine gewisse Apathie.

▸ **Diagnostik.** Zur Diagnostik gehören:
- **Anamnese:**
  - deutet auf die Schwere der Erkrankung hin, ist richtungweisend
  - nach Bewusstseinsstörungen, nach einer retrograden Amnesie und nach Erbrechen fragen
- **klinische Untersuchung:**
  - Untersuchung der Vitalparameter
  - klinisch-neurologische Untersuchung, Überprüfung nach GCS
  - Meningismus ausschließen
  - bei Augenuntersuchung auf Schielen und Pupillendifferenz achten
- **weitergehende Diagnostik:**
  - meist nicht notwendig, wenn die eingehenden Untersuchungen alle unauffällig waren
  - bei Verdacht auf eine schwerwiegendere Erkrankung immer kurzfristig CT veranlassen bzw. bei Kindern wegen der Strahlenbelastung ein MRT

34.36.5 Therapie

Therapeutische Maßnahmen sind
- 24-stündige ärztliche Überwachung
- einige Tage Bettruhe und körperliche Schonung

Abwendbar gefährlicher Verlauf

- Bei Kindern unter 2 Jahren, die verlangsamt erscheinen, schläfrig sind und apathisch wirken, stationäre Behandlung einleiten! Bei Verdacht auf eine schwerere Erkrankung sollte ebenfalls immer eine stationäre Einweisung erfolgen, damit der Verunfallte überwacht und beobachtet werden kann.
- Häufig ergeben sich im Intervall, d. h. in den nächsten 12 Stunden, Symptome, die beim mittelschweren oder schweren SHT auf eine lebensbedrohliche Erkrankung hindeuten.

34.36.6 Leitlinien

Deutsche Gesellschaft für Neurochirurgie. AWMF-S 2-Leitlinie 008–001. **Schädel-Hirn-Trauma im Erwachsenenalter.** Im Internet: www.awmf.org/leitlinien; Stand: 20.01.2016

Gesellschaft für Neonatologie und pädiatrische Intensivmedizin. AWMF-S 2k-Leitlinie 024–018. **Das Schädel-Hirn-Trauma im Kindesalter.** Im Internet: www.awmf.org/leitlinien; Stand: 20.01.016

34.37 Morbus Crohn (K50.0)

K.-C. Münter

34.37.1 Definition

Der Morbus Crohn ist eine entzündliche chronisch rezidivierende Darmerkrankung, die zumeist den unteren Dünndarm betrifft, jedoch in allen Abschnitten des Magen-Darm-Trakts auftreten kann. Synonyme sind Ileitis terminalis und Enteritis regionalis Crohn, da häufig die letzte Ileumschlinge segmentär befallen ist. Im Unterschied zur Colitis ulcerosa (Kap. 34.95) sind alle Wandschichten (transmural) betroffen.

34.37.2 Epidemiologie

Die bei beiden Geschlechtern gleich häufige jährliche Neuerkrankungsrate liegt bei 4 pro 100 000 der Bevölkerung, die Prävalenz wird auf 20–40 Fälle pro 100 000 Einwohner geschätzt. Drei Viertel der Fälle beginnen im terminalen Ileum und im anschließenden proximalen Colon ascendens (Ileokolitis). In je einem Viertel sind nur das Ileum oder Kolon allein betroffen. Der Erkrankungsbeginn liegt meist vor dem 30. Lebensjahr, die 15- bis 35-Jährigen sind die am häufigsten betroffene Altersgruppe. Etwa 70 % der Crohn-Patienten müssen im Laufe ihrer Erkrankung mindestens einmal operiert werden.

34.37.3 Ätiologie

Die Ätiologie ist unbekannt: Infektiöse, autoimmunologische und psychische Faktoren werden diskutiert.

34.37.4 Leitsymptome und Diagnostik

► **Symptome.** Allgemeinsymptome sind:
- Schwäche
- Appetitlosigkeit
- Gewichtsverlust
- subfebrile Temperaturen

Überhäufig ist die Trias:
- chronische Durchfälle (breiig, ohne Blut und Eiter, mehr als 3-mal/d)
- Gewichtsverlust
- kolikartige Schmerzen im rechten Unterbauch

Dazu können **Gelenkbeschwerden, Fieberepisoden, Augen-** (Episkleritis, Uveitis), **Hautsymptome** (Erythema nodosum, Stomatitis aphthosa, Pyoderma gangraenosum) und **perianale Erkrankungen** wie Fisteln oder Abszesse auftreten.

Merke

Bei chronischen Analfisteln und -fissuren muss gezielt nach einem Morbus Crohn geforscht werden.

► **Stadieneinteilung.** Klinisch können eine vorübergehende Krankheitsremission und leicht, mittelschwer oder schwer verlaufende akute Schübe anhand folgender Kriterien unterschieden werden:
- Beeinträchtigung des Allgemeinbefindens
- Blutarmut
- Fieber und Durchfälle
- Auftreten von Fisteln, Gewichtsabnahme und Eiweißverlustsyndrom

► **Diagnostik.** Die Diagnostik erfolgt anhand des klinischen Bildes. Obligat sind:
- **Anamnese:**
  - Stuhlkonsistenz und -frequenz
  - Fieber, Schmerzen
  - Blutbeimengungen im Stuhl oder frühere Darmresektionen
- **körperliche Untersuchung:**
  - Feststellung von Körpertemperatur und -gewicht
  - Ernährungs- und Allgemeinzustand
  - Inspektion der Skleren und Mundschleimhaut
  - abdominelle Palpation und Auskultation
  - auf extraintestinale Manifestationen achten!
- **Labor:**
  - großes Blutbild, Serumalbumin, BSG,CRP
  - Stuhlkulturen auf pathogene Keime, Wurmeier, Parasiten. Test auf okkultes Blut
  - Test auf Lactoseintoleranz durch Auslassversuch
  - Calprotectin und Lactoferrin im Stuhl (Marker für Schleimhautentzündung)

Die Frage weiterer Laboruntersuchungen richtet sich nach der Schwere der Erkrankung.

Die erweiterte Diagnostik umfasst:
- Koloskopie mit Versuch der Sondierung des terminalen Ileums und mit Biopsieentnahme
- MRT nach Sellink
- Sonografie

Häufig ist eine Klinikeinweisung zur Diagnostik und Therapie sinnvoll. Für den Verlauf und die Prognose ist die klinische, nicht die endoskopisch-morphologische Remission entscheidend, sodass routinemäßige endoskopische Verlaufskontrollen entfallen können.

34.37.5 Differenzialdiagnostik

Differenzialdiagnostisch sind zu erwägen:
- funktionelle Bauchbeschwerden (R10.4)
- Appendizitis (K35.2) (besonders bei Erkrankungsbeginn, hier auch häufige Fehldiagnose)
- Divertikulitis (K57.–)
- ischämische Kolitis (K55.1)
- Strahlenkolitis (K52.0)
- infektiöse und parasitäre Kolitiden (Yersinosen, Amöben, Tuberkulose)
- Colitis ulcerosa (K51.0): Differenzierung zur Colitis ulcerosa kann große Schwierigkeiten bereiten
- Darmtumoren (D 37.5)
- AIDS (B20.0)
- Lactoseintoleranz (E73.9)

34.37.6 Therapie

Wegen der Chronizität, der Tendenz zu Stenose- und Fistelbildung sowie der postoperativen Rezidivneigung ist die Behandlung häufig schwierig. Zudem ist eine differenzierte Pharmakotherapie aufgrund von Ausbreitungsmustern notwendig. Deshalb sollte die Zusammenarbeit mit einem frühzeitig einzubeziehenden Gastroenterologen erfolgen.

► **Pharmakotherapie.** Medikamentös kommen zur Anwendung:
- Sulfasalazin/Mesalazin (5-ASA)
- Kortikosteroide
  - Budesonid oral oder als Klysma
  - eine langfristige systemische Steroidtherapie soll vermieden werden (I, A)
- Immunsuppressiva, Biologicals
  - z. B. Azathioprin bzw. 6-Mercaptopurin, Anti-TNFα-Antikörper

Unter einer Therapie mit Immunsuppressiva inklusive Steroide sollte besonders auf infektiöse Komplikationen der Therapie geachtet werden (II, B).

► **Endoskopie und Chirurgie.** Interventionelle Endoskopie und möglichst darmerhaltende chirurgische Maßnahmen zielen auf die Wiedereröffnung stenosierter Darmabschnitte und den Verschluss von Fisteln.

► **Extraintestinale Manifestationen.** Die Therapie bei extraintestinalen Manifestationen beinhaltet:
- periphere Oligoarthritis: Sulfasalazin (2–4 g/d), keine nicht steroidalen Antirheumatika, da diese Schübe auslösen können
- Sakroileitis: physikalische Therapie
- Pericholangitis: Ursodeoxycholsäure (10–15 mg/kgKG)
- Erythema nodosum: Glukokortikoide

► **Langzeitbehandlung.** In der Langzeitbehandlung ist eine **ausgewogene Ernährung** von Bedeutung, obwohl es eine spezifische Diät nicht gibt. Mangelzustände (Unterernährung, Eiweiß-, Vitamin-, Eisenmangel) sind zu verhüten bzw. auszugleichen. Grobe und blähende Speisen sind zu meiden. Bei hauptsächlicher Kolonbeteiligung sind Ballaststoffe zuzuführen, jedoch nicht bei obstruktiven Symptomen. Bei Zustand nach Ileumresektionen sind gezielte Ergänzungen notwendig (mittelkettige Fettsäuren, Vitamine). Nur ein Teil der Patienten bedarf der langfristigen psychotherapeutischen Betreuung. Patientengruppen (z. B. Deutsche Crohn/Colitis-ulcerosa-Vereinigung, DCCV e. V.) können hilfreich sein.

Abwendbar gefährlicher Verlauf

- **Stenosen** mit Ileussymptomatik, Fistel- und Abszessbildung sowie Perforation und Blutung machen die chirurgische Intervention notwendig.
- Obwohl Patienten mit Morbus Crohn verstärkt **psychologische Probleme** haben, ist ihr Gesundheitsstatus meist einigermaßen gut.
- Die **Rezidivrate** beträgt 20 % nach 5 Jahren und 34 % nach 10 Jahren.

34.37.7 Leitlinien

Deutsche Gesellschaft für Gastroenterologie, Verdauungs- und Stoffwechselkrankheiten. AWMF-S 3-Leitlinie 021–004. **Morbus Crohn, Diagnostik und Therapie des ...** Im Internet: www.awmf.org/leitlinien; Stand: 20.01.2016

34.38 Cushing-Syndrom (E24.9)

H.-D. Klimm

34.38.1 Definition

Beim Cushing-Syndrom ist die Konzentration von Kortisol – aus verschiedenen Ursachen (s. u.) – im Blut erhöht.

34.38.2 Epidemiologie

Das exogene (iatrogene) Cushing-Syndrom gilt als relativ häufig, das endogene Cushing-Syndrom (selten, 2–3 Fälle/1 Mio. Einwohner/Jahr).

34.38.3 Ätiologie

Mögliche Ursachen der Kortisolerhöhung sind:
- **exogen** durch Langzeitbehandlung mit Glukokortikosteroiden oder ACTH (häufig)
- **endogen** bedingte erhöhte Sekretion von Kortisol oder ACTH (selten):
  - ACTH-abhängige Form mit sekundärer NNR-Hyperplasie:
    - zentrales Cushing-Syndrom (= Morbus Cushing) (ca. 75 %) überwiegend bei Frauen im mittleren Alter; in 80 % d.F. durch hormonaktives Mikroadenom des Hypophysenvorderlappens

  - ektope (paraneoplastische) ACTH-Sekretion (bis 10 %)
  - seltener ektope CRH-Sekretion oder alkoholinduziert
- ACTH-unabhängige primäre Form: adrenales Cushing-Syndrom (15 %) durch kortisolproduzierende NNR-Tumoren oder mikro- oder makronoduläre Dysplasien

34.38.4 Leitsymptome und Diagnostik

V

► **Symptome.** Mögliche Symptome sind rotes Vollmondgesicht, Büffelnacken, grazile Extremitäten, Stammfettsucht, rote Striae, Muskelschwäche, Hypertonie, Potenzstörungen, Oligo-/Amenorrhö, Hirsutismus (Frauen), Akne, diabetogene Stoffwechsellage und Hypertonie.

► **Diagnostik.** Zur Diagnostik gehören:

- **Anamnese:**
  - äußerliche Veränderung (z. B. im Vergleich zu früheren Fotos)
  - progrediente Müdigkeit und Muskelschwäche trotz guten „Aussehens"
  - Wirbelsäulen- und Knochenschmerzen, Neigung zu Knochenbrüchen
  - Gewichtszunahme
  - Leistungsknick
  - Sexualanamnese (Libidoverlust, Zyklusstörungen, Potenzstörungen)
  - psychische Veränderungen (Depression)
  - Glukokortikoid-Langzeitbehandlung
  - Sehstörungen
  - Kopfschmerzen
  - Wasseransammlungen im Körper
- **Labor:**
  - Kortisol erhöht im Serum und im Urin
  - Kalium erniedrigt
  - Nüchtern-Blutzucker erhöht, gestörter oraler Glukosetoleranztest
  - Blutbild: Polyglobulie, Granulozytose, Eosinopenie

Zur **erweiterten Diagnostik** gehören:

- Dexamethason-Kurztest („low-dose"): Abfall des Kortisols auf weniger als 80 mmol/l schließt ein Cushing-Syndrom aus; kein oder ungenügender Abfall → Verdacht auf Cushing-Syndrom
- Kortisol-Tagesprofil: aufgehobene Rhythmik (erhöhter mitternächtlicher Kortisolspiegel)
- ACTH-Bestimmung
- Dexamethason-Test („high-dose")
- CRH-Test
- Erhöhung von Kortisol im 24-Stunden-Urin
- bildgebende Verfahren:
  - MRT: Hypophysentumor
  - Nebennierenrinden-Sonografie/Nebennierenrinden-CT/Nebennierenrinden-MRT zur Erkennung von Nebennierentumoren
  - Röntgen-Wirbelsäule
  - Osteodensitometrie: Osteoporose
- Überweisung zum Augenarzt: Gesichtsfeldeinschränkung, Visusverlust bei Hypophysentumor
- Überweisung zum Endokrinologen

34.38.5 Differenzialdiagnostik

Differenzialdiagnostisch kommen infrage:

- Pseudocushing (z. B. bei Alkoholabusus)
- Adipositas
- andere virilisierende Ursachen wie Adrenogenitalsyndrom, androgen produzierende Ovarialtumore
- Ursachen wie Adipositas, Gravidität

34.38.6 Therapie

Mögliche therapeutische Maßnahmen sind:

- Hypophysentumoren müssen neurologisch selektiv (transnasal/transsphenoidal) entfernt werden
- postoperativ Substitution mit Hydrokortison
- bei Nebennierenrindentumoren ebenfalls operatives Entfernen anstreben
- postoperative Hormonkontrolle und entsprechende Substitutionsbehandlung stets in Zusammenarbeit mit dem Endokrinologen
- führt die Hypophysenoperation nicht zur Heilung der Cushing-Erkrankung, ist eine 2. Operation nicht sinnvoll oder nicht erfolgreich – im Gegensatz zu einer Bestrahlung der Hypophyse

Abwendbar gefährlicher Verlauf

- drohende **Erblindung** durch Hypophysentumor (D 44.3)
- **Spontanfrakturen** bei Osteoporosen (M84.49)
- **Hyopkaliämie** (E87.6)
- ***Cave:*** Muskelschwäche, Muskelkrämpfe

34.38.7 Leitlinien

Deutsche Gesellschaft für Kinder- und Jugendmedizin AWMF-S 1-Leitlinie 027–033. **Cushing-Syndrom.** Im Internet: www.awmf.org/leitlinien; Stand: 20.01.2016

34.39 Dekubitus (L 89.99)

H.-D. Klimm

34.39.1 Definition

Der Dekubitus ist ein Druckgeschwür, das durch physikalische Schädigung der Haut entsteht, wobei die Haut empfindlich gegen folgende Noxen ist:

- Dauerdruck → Nekrose (meist reichen wenige Stunden aus)
- Dauerfeuchtigkeit → nässende Entzündungen, Ekzeme, Superinfektionen
- Dauerzug → durch unter Zug aufgeklebtes Pflaster entstehen Blasen, ggf. mit nachfolgender Entzündung

34.39.2 Epidemiologie

Durch die Zunahme alter und pflegebedürftiger Personen, die mit Unterstützung des Pflegedienstes zu Hause versorgt werden können oder in Altenheimen versorgt werden müssen, wird jeder Allgemeinarzt Dekubitalgeschwüre zu behandeln haben. Bei 1–2 % der schwerkrank im Bett liegenden Patienten im häuslichen Bereich oder in Pflegeeinrichtungen werden Druckgeschwüre beobachtet. Exakte Daten über die Häufigkeit der Patienten mit sekundären Dekubitusentwicklungen und die daraus resultierenden finanziellen Belastungen gibt es nicht.

34.39.3 Ätiologie

Eine gefährliche Druckeinwirkung ist dann gegeben, wenn Arteriolen und Venolen für mehr als 2 Stunden an der gleichen Stelle mit einem Druck komprimiert werden, der den mittleren Kapillardruck übersteigt. Die Schädigungen treten umso rascher ein, je schlechter die Abwehrsituation des Patienten allgemein (z. B. Pflegefälle, Kachexie) bzw. je schlechter die Ernährungssituation der Haut ist, z. B. durch Hypotonie (RR systolisch < 90 mmHg) oder arterielle Durchblutungsstörungen. Störungen der Sensibilität (systemische Neuropathien) und/oder Mobilität (Lähmungen) sind weitere Risikofaktoren eines Dekubitus, da Schmerzreize fehlen oder die Druckentlastungen durch Unterlagen nicht richtig funktionieren.

Gefährdete Personen sind:

- Bettlägerige bzw. Pflegebedürftige, die sich wenig bewegen können (z. B. Apoplex, häufig bei Multipler Sklerose, progressiver Muskeldystrophie und anderen Muskelerkrankungen mit verminderter Mobilität)
- Bewusstlose und/oder Patienten, die schwer geschwächt sind – insbesondere auch im präterminalen Zustand bei Karzinomen
- Querschnittsgelähmte und Patienten mit (Poly-) Neuropathien, bei denen der Schmerz als Signal zum Umlagern fehlt; die Haut ist durch die veränderte Trophik infolge der ebenfalls betroffenen vegetativen Nervensysteme besonders empfindlich
- inkontinente Patienten (Risikofaktor ist die Dauerfeuchtigkeit bei Harninkontinenz) → Abhilfe durch:
  - Trockenföhnen der Haut nach Wechsel der Windel
  - Dauerkatheter trotz vieler Probleme (chronische Pyelonephritis, Schrumpfblase, Katheterdekubitus in der Vulva; suprapubische Dauerkatheter lassen sich zu Hause wegen der Infektionsgefahr nicht wechseln)
  - bei Stuhlinkontinenz besteht eine zusätzliche massive Infektionsgefahr
- exsikkierte, dehydrierte Patienten
- Patienten mit einer Anämie (Hb < 8 g/dl)
- Patienten mit peripherer arterieller Durchblutungsstörung

34.39.4 Leitsymptome und Diagnostik

► **Symptome.** Zu Beginn ist auf folgende Symptome zu achten:

- persistierende Erytheme, nicht wegdrückbare Hyperämie
- umschriebenes Ödem
- umschriebene Überwärmung
- umschriebene Induration

Später kommt es zu folgenden Symptomen:

- livide oder schwarze, abgestorbene Hautareale mit beginnender Ulzeration
- Blasenbildung

34

► **Gefährdete Regionen.** Gefährdete Regionen sind vor allem:
- Kreuzbein, Steißbein, selten auch der Beckenkamm
- untere Extremität: Trochanter major, Hacken- und Knöchelregion, Knie
- obere Extremität: Schulterblätter, Schultergelenksbereiche, ggf. auch Handgelenke
- bei Kontrakturen und besonderen Lagen kommen weitere Druckstellen infrage (z. B. durch Bettgestelle, Rollstuhlkanten)
- bei sitzenden Patienten, insbesondere bei Rollstuhlpatienten, Sitzhöcker und Kontaktstellen zum Rollstuhl (auch Knöchel und Füße) beachten

► **Schweregrade bzw. Stadieneinteilung.** Für die Dokumentation und Verlaufskontrolle besteht gemäß Bundesgerichtshof eine Verpflichtung zum Nachweis einer dem aktuellen Standard entsprechenden ärztlich-pflegerischen Versorgung des Patienten. Nach der Tiefe der betroffenen Gewebsschichten unterscheidet das nach EPUAP (European Pressure Ulcer Advisory Panel):
- Stadium 1: Nicht wegdrückbare Rötung intakter Haut. Bei dunkel pigmentierter Haut können Hautverfärbungen, Überwärmungen, Ödeme oder Verhärtungen Indikatoren für das Stadium 1 sein.
- Stadium 2: Teilverlust der Haut mit Schädigung von Epidermis, Dermis oder beider Schichten. Das Druckgeschwür ist oberflächlich und manifestiert sich klinisch als Blase oder Hautabschürfung.
- Stadium 3: Verlust aller Hautschichten, einschließlich Schädigung oder Nekrose des subkutanen Gewebes, die bis auf, aber nicht unter die darunterliegende Faszie reichen kann.
- Stadium 4: Ausgedehnte Zerstörung, Gewebsnekrose oder Schädigung von Muskeln, Knochen, unterstützende Strukturen, mit oder ohne Verlust aller Hautschichten.

Merke

Neben dem Stadium sind auch die Lokalisationen zu dokumentieren (Fotodokumentation, Verlaufsdokumentation). Eine konsequente Fotodokumentation hilft auch vor unbegründeten Kunstfehlervorwürfen!

► **Diagnostik.** Die Diagnostik ist durch eine konsequente Inspektion möglich!

34.39.5 Differenzialdiagnostik

Besonders im Stadium IV ist bei Nekrosen an eine arterielle Verschlusskrankheit (AVK) zu denken! Bei Diabetikern mit diabetischem Fußsyndrom kann eine fistelnde Osteomyelitis bestehen.

34.39.6 Therapie

Die Therapie erfordert Geduld, sowohl vonseiten des Arztes als auch des Pflegepersonals und der Angehörigen (Kap. 32.3).

Abwendbar gefährlicher Verlauf

- ***Cave:*** Sepsis (A41.9)! Dabei können sich differenzialdiagnostische Schwierigkeiten ergeben, wenn die Patienten, z. B. Dauerkatheterträger, auch eine von einer Pyelonephritis ausgehende septische Streuung haben könnten.
- Mehrere große Dekubitalgeschwüre (L 89.99) können die körpereigene Abwehr des Patienten überfordern und dann beschleunigt zum Tode führen.
- Die **AVK im Stadium IV** erfordert operative Maßnahmen zur Verbesserung der Durchblutung oder führt zu Amputationen.
- Die fistelnden **Osteomyelitiden** des Diabetikers erfordern eine Beseitigung der Infektionen, meist ebenfalls durch chirurgische Maßnahmen.
- Aus forensischen Gründen ist eine sorgfältige Verlaufsdokumentation erforderlich, nicht nur bei Heim-Patienten, sondern auch im häuslichen Bereich.

34.39.7 Leitlinien

Deutsche Gesellschaft für Kinderchirurgie. AWMF-S 1-Leitlinie 006–129. **Wunden und Wundbehandlung.** Im Internet: www.awmf.org/leitlinien; Stand: 20.01.2016

Deutsche Gesellschaft für Wundheilung und Wundbehandlung. AWMF-S 3-Leitlinie 091–001. **Lokaltherapie chronischer Wunden bei Patienten mit den Risiken periphere arterielle Verschlusskrankheit, Diabetes mellitus, chronisch venöse Insuffizienz.** Im Internet: www.awmf.org/leitlinien; Stand: 20.01.2016

34.40 Demenz (F03)

P. Engeser

34.40.1 Definition

Demenz ist definiert als Erkrankung infolge einer meist chronischen oder fortschreitenden Veränderung des Gehirns mit Störung vieler höherer kortikaler Funktionen, einschließlich des Gedächtnis und des Denkens, der Orientierung, der Lernfähigkeit und der Auffassungsgabe sowie der Sprache und des Sprechens. Darüber hinaus kommt es zur Zerstörung des Urteilsvermögens im Sinne der Fähigkeit zur Entscheidung. In fortgeschrittenen Stadien ist neben kognitiven Einbußen auch die Orientierung gestört und die Persönlichkeit verändert. Der Patient verliert im chronischen oder treppenartig fortschreitenden Verlauf letztlich seine Alltagskompetenz.

34.40.2 Epidemiologie

Die Anzahl der Demenzkranken in Deutschland wird auf ca. 1,2 Millionen geschätzt. Mit der wachsenden Zahl der älteren Menschen nimmt auch die Häufigkeit demenzieller Erkrankungen (nach Beske in der Altersgruppe von 75–79 Jahre 10–12 % der Patienten, und von 80–90 Jahre 24 %) zu.

34.40.3 Ätiologie

Man unterscheidet primäre und sekundäre Demenzformen:

- Zur **primären Demenz**, die in 90 % der Fälle vorliegt, gehören degenerative Demenzformen (Alzheimer-Typ, 50–70 % aller Demenzen), vaskuläre Formen (ca. 15–25 % aller Demenzen, z. B. Multi-Infarkt-Demenz, subkortikale vaskuläre Demenz) und Mischtypen (oft im höheren Lebensalter), ferner seltenere Formen wie Demenz bei Morbus Parkinson, Lewy-Körperchen-Demenz, Demenz bei Pick-Krankheit (frontotemporale Demenz).
- **Sekundäre Demenzen (Demenzsyndrom ▸)** entstehen infolge endokriner Störungen sowie als Folge von Stoffwechselkrankheiten, Elektrolytstörungen und Vitaminmangelzuständen. Zum Teil reversible Demenzzustände entstehen auch bei Enzephalitiden, Fällen von Hirntumoren und Intoxikationen.

34.40.4 Leitsymptome und Diagnostik

▸ **Charakteristika.** Die **Demenz vom vaskulären Typ** und die **Demenz vom Alzheimer-Typ** unterscheiden sich vor allem im Verlauf. Die Demenz vom vaskulären Typ beginnt plötzlich und zeichnet sich durch eine schrittweise (schubweise) Verschlechterung aus. Die Demenz vom Alzheimer-Typ setzt schleichend ein, ist langsam progredient und äußert sich durch einen deutlichen Gedächtnisverlust und durch psychische Auffälligkeiten (Desorientiertheit). Häufig sind auch Mischformen.

▸ **Schweregrade.** Von der nur geringen Beeinträchtigung von Kurz- und Langzeitgedächtnis bis zum ausgeprägten Bild einer degenerativen Demenz vom Alzheimer-Typ (DAT) mit Pflegebedürftigkeit liegen die unterschiedlichsten Schweregrade vor.

▸ **Diagnostik.** Eine Demenz-Diagnostik im Sinne eines „case-findings" soll nur im Einverständnis mit und nach Information der Betroffenen durchgeführt werden. Neuropsychologische und weitere Tests sollen nur im Einklang mit dem Willen und Bedürfnissen der Betroffenen eingesetzt werden.

- **Anamnese:**
  - Fragen nach kurzzeitig zurückliegenden Ereignissen zum Feststellen von Gedächtnisstörungen
  - Fragen nach der Einschätzung der eigenen Lebenssituation zur Überprüfung der Urteilsfähigkeit
  - Überprüfung der Orientiertheit
  - Achten auf Wortfindung, Sprachfluss, Wachheit und Reaktionsbereitschaft
  - Arzt-Angehörigen-Gespräch zur Verlaufseinschätzung: Charakteristisch ist das schleichende Einsetzen und die stetige Zunahme der psychischen Auffälligkeiten.
- **Labor:**
  - Basisdiagnostik: Blutbild, Elektrolyte, Nüchtern-Blutzucker, TSH, CRP, GOT, γ-GT, Harnstoff, Kreatinin und Vitamin B_{12} (B, Leitlinienadaptation NICE-SCIE 2007)
  - gezielt weitergehende Laboruntersuchungen bei klinisch unklarer Situation oder spezifischen klinischen Verdachtsdiagnosen: z. B. Differenzialblutbild, Blutgasanalyse (BGA), Drogenscreening, Urinuntersuchungen, Lues-

34

Serologie, HIV-Serologie, Konzentrationsmessungen von Phosphat, Homozystein, fT 3, fT 4, Schilddrüsenantikörper, Kortisol, Parathormon, Coeruloplasmin, Vitamin B_6, Borrelien-Serologie, Pb, Hg, Cu, Folsäure
- **neurologischer** und **psychiatrischer Status** (wichtige Abgrenzung Demenz/Depression):
  - zur Diagnostik unverzichtbar
  - besonders häufig bei Demenzkranken: amnestische und sensorische Aphasie, bilaterale Apraxie und räumliche Orientierungsstörungen
  - häufig leichte Reflexdifferenzen
  - psychomotorische Testverfahren:
    - nur bei Verdacht auf Demenz als Basisdiagnostik, nicht als Screening
    - zur Quantifizierung der kognitiven Leistungseinbuße
    - z. B. Uhrentest, der Dem-Tect, der Mini-Mental-Status-Test (MMST), der Test zur Früherkennung von Demenzen mit Depressionsabgrenzung (TFDD) oder die Skala zur Messung der Alltagsaktivitäten (Beier-ADL [activities of daily livings])
- **apparative Zusatzuntersuchungen:** EEG, Schädel-CT oder -MRT zum Ausschluss von sekundären bzw. dem Erkennen von vaskulär bedingten Demenzformen

V

34.40.5 Differenzialdiagnostik

Zu denken ist an:
- depressive Syndrome (F29.9): hier bestehen z. B. keine Orientierungsstörungen
- Apoplex (I64)
- Enzephalitiden (G07.9)
- Hirntumor (G43.2)
- chronisch subdurales Hämatom (I62.09)
- andere neurologische Erkrankungen
- chronischer Alkoholismus (F10.2)

34.40.6 Therapie

Sekundäre Demenzformen, z. B. die Folgen einer Hypothyreose oder eines Vitaminmangelzustands, können durch frühzeitige Behandlung der Grundkrankheit erfolgreich therapiert werden.

Eine kausale Therapie der **primären Demenzformen** ist bisher nicht möglich. Der Schwerpunkt der Behandlung liegt in der **psychosozialen Therapie** (soziale Entbindung, Erstellen eines Pflegeplans) sowie in der geistigen und körperlichen Aktivierung des Patienten zur Alltagskompetenz. Zusätzliche Verordnung von Nootropika, Azetylcholinesterasehemmern oder Phytopharmaka (z. B. Donepezil, Mematin, Ginkgo-biloba-Extrakt,) kann nach derzeitigem Wissen die Progredienz der demenziellen Symptomatik ein wenig verzögern [40].

Merke

- Bevor Patientinnen und Patienten mit Demenz in der Hausarztpraxis medikamentös behandelt werden, soll nach Möglichkeit eine Medikation mit anticholinergen Substanzen beendet werden.
- Die Arzneimittelrichtlinie lässt eine Verordnung von Antidementiva zulasten der GKV nur zu, wenn Verlaufskontrollen durchgeführt werden und diese Kontrollen nicht eine deutliche Verschlechterung zeigen. Vor einer Behandlung sollen darum die Betroffenen und ggf. ihre Angehörigen darauf hingewiesen werden, dass eine Verlaufskontrolle geplant wird und ggf. zu einem Abbruch der Behandlung führen kann.

Vom **Allgemeinarzt** wird neben der hausärztlichen Begleitung besonders erwartet, dass er:
- soziale Hilfen (z. B. Sozialstation, Nachbarschaftshilfe, Pflegeversicherung) einleitet und koordiniert
- Angst, Aggressivität und innere Unruhe, Störungen des Schlaf-wach-Rhythmus und motorische Störungen des Patienten behandelt
- die Angehörigen betreut und unterstützt, wobei der Kontakt zu anderen Betroffenen in einer Angehörigengruppe zusätzlich entlastend wirken kann

34.40.7 Leitlinien

Deutsche Gesellschaft für Allgemeinmedizin und Familienmedizin. AWMF-S 2e-Leitlinie 053–021. **Demenz.** Im Internet: www.awmf.org/leitlinien; Stand: 20.01.2016 (derzeit nicht erreichbar)

Deutsche Gesellschaft für Psychiatrie und Psychotherapie, Psychosomatik und Nervenheilkunde (DGPPN), Deutsche Gesellschaft für Neurologie (DGN). **Konsultationsfassung der S 3-Leitlinie "Demenzen".** Im Internet: www.dgn.org; Stand: 10.01.2016

34.41 Depression (F32, F33, F31)

R. Schäfert

34.41.1 Definition

Die Depression (lat. deprimere = niederdrücken) ist ein Syndrom mit Veränderungen in verschiedenen Bereichen:

- somatisch: Antrieb ↓, Libido ↓, Schmerzempfindlichkeit ↑, Appetit ↓ (/↑), Gewicht ↓ (/↑), Schlaf ↓ (/↑)
- emotional: Niedergeschlagenheit, Interesseverlust, Hilf- und Hoffnungslosigkeit, Schuldgefühle, Wertlosigkeit, innere Unruhe
- kognitiv: Grübeln, Selbstkritik, Pessimismus, Gedächtnis ↓, Konzentration ↓, Entscheidungsunfähigkeit, Sinnlosigkeit, Suizidalität
- behavioral: Aktivität ↓, Verlangsamung, sozialer Rückzug

34.41.2 Epidemiologie

Die Punktprävalenz liegt weltweit bei ca. 5%; das Lebenszeitrisiko beträgt ca. 20% und betrifft vor allem Patienten in der 4. und 5. Lebensdekade; ♀:♂ = 2:1. Weltweit steht die Depression an 4. Stelle der kostenintensivsten Erkrankungen; Hausärzte behandeln mindestens zwei Drittel aller depressiv Erkrankten; die Häufigkeit in der Hausarztpraxis liegt bei ca. 10%.

34.41.3 Ätiologie

Die Depression hat eine multifaktorielle Genese:

- genetische Prädisposition
- Persönlichkeitsfaktoren: z. B. Introversion
- traumatische Erfahrungen, Verlusterlebnisse, erlernte Hilflosigkeit
- saisonale/physikalische Einwirkungen: z. B. Lichtentzug
- aktuelle psychosoziale Belastungen: Partnerschaft/Familie, Arbeit, kritische Lebensereignisse
- **Auslenkung der Neurotransmitter-Systeme:** Serotoninmangel, Noradrenalinmangel, neuroendokrine Störung der HPA-Achse, d. h. gestörte Stresshormonregulation: Kortisolspiegel sind bei Depression erhöht, typische Tageschwankungen sind abgeflacht
- **depressiogene Medikamente** (EL 4, EG B): Steroide (Glukokortikoide), Antiepileptika (Barbiturate, Clonazepam), Interferone, Antihypertensiva (Reserpin, Clonidin), Betablocker, Benzodiazepine, Antiinfektiva (Ethambutol, Mefloquin, Sulfonamide), Chemostatika (Vincristin), Depot-Kontrazeptiva, psychotrope Substanzen (Alkohol, Amphethamine, Kokain) – vor allem Intoxikation und Entzug

34.41.4 Leitsymptome und Diagnostik

Da depressive Patienten selten spontan über typische depressive Kernsymptome berichten und eher unspezifische und/ oder körperliche Beschwerden angeben, soll das Vorliegen einer depressiven Störung **aktiv exploriert** werden (EL 4, EG A).

Cave: 70% der depressiven Patienten kommen primär aufgrund körperlicher Symptome zum Hausarzt: Schlafstörungen mit morgendlichem Früherwachen, Müdigkeit/Erschöpfung, Appetitminderung/Gewichtsverlust, Übelkeit/Erbrechen, Obstipation, allgemeine Kraftlosigkeit, Schmerzen (Rücken, Gelenke, Kopf, Brustschmerz), Konzentrationsstörung.

- **Screening-Fragen** nach 2 Hauptsymptomen (erreichen Sensitivität von 97%, Spezifität von 67%):
  - Waren Sie in den letzten 2 Wochen durch wenig Interesse oder Freude an Ihren Tätigkeiten beeinträchtigt?
  - Fühlten Sie sich niedergeschlagen, schwermütig oder hoffnungslos?
- **Schweregrad-Zuordnung:**
  - Erfragen der 3 Haupt- und 7 Zusatzsymptome (▸ Abb. 34.4)
  - **mit/ohne „somatisches Syndrom"** → ≥ 4 der folgenden 8 Symptome müssen feststellbar sein:
    - Interessenverlust oder Verlust der Freude an normalerweise angenehmen Aktivitäten
    - mangelnde Fähigkeit, auf freundliche Umgebung oder freudige Ereignisse emotional zu reagieren
    - frühmorgendliches Erwachen
    - Morgentief
    - psychomotorische Hemmung oder Agitiertheit
    - deutlicher Appetitverlust
    - Gewichtsverlust
    - Libidoverlust

V

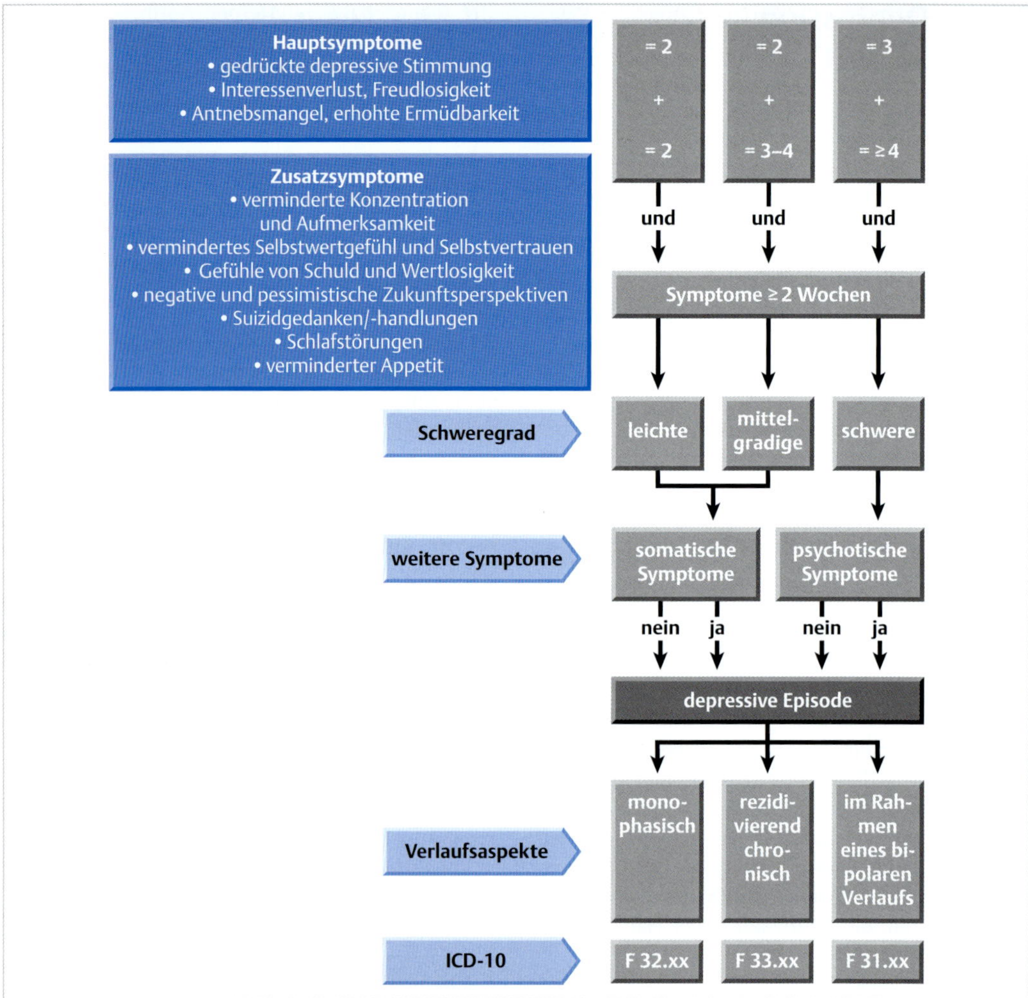

Abb. 34.4 Diagnose depressiver Episoden nach ICD-10-Kriterien. Die Zahlen („ = 2“ oder „ = 3–4“) beziehen sich auf das Vorhandensein von Hauptsymptomen (obere Reihe) und Zusatzsymptomen (untere Reihe) (Quelle: [9]).

  - **mit/ohne psychotische Symptome:**
    - Wahnideen (mit Wahngewissheit): Verarmungs-/Versündigungswahn
    - Halluzinationen: akustisch (diffamierende/anklagende Stimmen), olfaktorisch (Fäulnis)
    - depressiver Stupor: schwere psychomotorische Hemmung (Patient wirkt wie erstarrt)
- **Verlaufstyp:**
  - monophasisch, 15 % (F32.XX)
  - rezidivierend, 50 %
  - chronisch (> 2 Jahre), 10–20 % (F33.XX)
  - bipolarer Verlauf mit depressiven und (sub-)manischen Phasen, 20–30 % (F31.XX)
- **Suizidalität** (und ebenso Fremdgefährdung) sollte bei depressiven Patienten immer direkt thematisiert, präzise und detailliert (Risikofaktoren!?) erfragt, vor dem Hintergrund vorhandener Ressourcen beurteilt und sorgfältig dokumentiert werden (KKP):
  - passive Todeswünsche, Suizidgedanken, -intention, -pläne, -vorbereitungen, -handlungen aktuell, in Vorgeschichte, Umfeld?
  - Handlungsdruck, Distanzierung und Absprachefähigkeit
  - Verfügbarkeit von sozialer Unterstützung und Ressourcen

  - Hoffnung, Entlastung durch Gespräch? → ggf. Krisenintervention (Kap. 26.7), im Zweifel psychiatrische Vorstellung (EG A)
- **psychosoziale Anamnese:**
  - Belastungen in der Lebenssituation (Partnerschaft/Familie, Arbeit, kritische Lebensereignisse) oder in der Biografie (Verluste, Traumata)?
  - kultur- und migrationsspezifische Faktoren im Rahmen der Anamnese, Diagnostik und Therapie depressiver Erkrankungen berücksichtigen (KKP)

34.41.5 Differenzialdiagnostik

Differenzialdiagnostisch sind sowohl organische Ursachen als auch psychische Differenzialdiagnosen zu berücksichtigen (EL 4, EG B):

- **Ausschluss organischer Ursachen:** Endokrinopathien (Hypothyreose, Hyperparathyreoidismus, Morbus Cushing), Mangelzustände (Vitamin D, Vitamin B_{12}, Folsäure, Eisen, Anämie), maligne Erkrankungen, Systemerkrankungen, depressiogene Medikamente [s. o.])
- **psychische DD** (evtl. auch Komorbidität): Anpassungsstörung, Dysthymie, Angst, Zwang, Essstörung, posttraumatische Belastungsstörung, Persönlichkeitsstörung, Sucht

Zu beachten ist insbesondere auch eine **depressive Komorbidität** bei körperlicher Grunderkrankung (EL 4, EG B): 20–30 % aller Patienten mit chronischen somatischen Krankheiten leiden an behandlungsbedürftigen Depressionen. Das Depressionsrisiko steigt stetig mit der Anzahl komorbider Krankheiten:

- kardiovaskuläre Erkrankungen: KHK, Status nach Myokardinfarkt, Herzinsuffizienz
- Diabetes mellitus
- chronische Schmerzen
- neurologische Erkrankungen: Demenz/Morbus Alzheimer, Morbus Parkinson, Schlaganfall
- Infektionskrankheiten: Hepatitis, HIV/AIDS
- Alkohol/Drogen

Depression verschlechtert den Verlauf und die Prognose der somatischen Erkrankung; deshalb sollte sie möglichst früh erkannt und behandelt werden.

34.41.6 Therapie

Einteilung

Die Therapie wird gestuft nach **Schweregrad** durchgeführt:

- **leicht:** „wachtful waiting“ (EL 4, EG 0), bei Persistenz (> 14 Tage):
  - Beratung (Counselling)
  - psychoedukativ-supportive Gespräche
  - qualifizierte angeleitete Selbsthilfe (z. B. Selbsthilfebücher/Online-Programme)
  - Problemlöseansätze (Problem-solving)
  - psychiatrisch-psychotherapeutische Basisbehandlung bzw. psychosomatische Grundversorgung (EL 4, EG 0)
- **mittelgradig:** Antidepressiva (EL 1a, EG A) akut gleichwertig mit Psychotherapie, aber weniger nachhaltig
- **schwer:** Ergänzung mit Psychotherapie alleiniger Pharmakotherapie (EL 1a, EG A) überlegen (EL 1a, EG B)

Nach **Behandlungsabschnitten** und -zielen entsprechend den Erkrankungsphasen lassen sich unterscheiden:

- Akuttherapie (6–12 Wochen), Ziel: Remission
- Erhaltungstherapie (4–9 Monate), Ziel: Rückfall verhindern
- Rezidivphrophylaxe (> 1 Jahr), Ziel: stabile Remission, Rezidiv verhindern

Psychosomatische Grundversorgung

Bestandteile der psychosomatischen Grundversorgung sind:

- **Arbeitsbeziehung aufbauen:** aktive und stützende Haltung; den Patienten und seine Krankheit akzeptieren; partizipative Entscheidungsfindung soweit möglich (EL 1b, EG B)
- **Information und Aufklärung** (EL 1b, EG A) in verständlicher Sprache (EL 4, EG A) über Diagnose und Schweregrad, Verlauf (auf vorübergehende Stimmungsschwankungen hinweisen), günstige Prognose betonen und Hoffnung vermitteln, Behandlungsoptionen und Risiken z. B. im Rahmen psychoedukativer Angebote (EL 1b, EG B)
- **strukturiertes Setting:** (erste) Behandlungsschritte erklären, regelmäßige Verlaufstermine
- **Tagesstrukturierung** mit geregelten Aktivitäts- und Ruhephasen
- **körperliches Training:** Patienten mit einer depressiven Störung und ohne Kontraindikation

für körperliche Belastungen sollte ein strukturiertes und supervidiertes körperliches Training empfohlen werden (EL 1b, EG B)
- **Aktivitätsaufbau:** soziale Aktivierung, Ressourcen-Aktivierung
- Orientierung auf **Alltagsbewältigung** und Lösung aktueller Probleme; kurzfristige Therapieziele unterstützen, damit der Patient kleine Erfolge erlebt
- ggf. Einbeziehung der **Familie** und Angehörigen
- Patienten und Angehörige sollen über **Selbsthilfe- und Angehörigengruppen** informiert und, wenn angebracht, zur Teilnahme ermuntert werden (EL 4, EG A)

Psychotherapie

- Grundlage jeder psychotherapeutischen Intervention sollte die Entwicklung und die Aufrechterhaltung einer **tragfähigen therapeutischen Beziehung** sein, deren Qualität in der Regel zum Behandlungserfolg beiträgt (EL 1b, EG B).
- durch Evidenz (RCTs bzw. Reviews/Metaanalysen) belegte **Verfahren** (sind allerdings nicht mit den in Deutschland etablierten Richtlinienverfahren gleichzusetzen):
  - kognitive Verhaltenstherapie
  - interpersonelle Psychotherapie
  - psychodynamische Kurzzeittherapie
  - analytische Langzeitpsychotherapie
  - Gesprächspsychotherapie
- Patienten mit einem erhöhten Risiko für ein Rezidiv längerfristige stabilisierende Psychotherapie (**Rezidivprophylaxe**) anbieten (EL 1a, EG A)
- **postpartale Depressionen:**
  - Prophylaxe einer postpartalen Depression bei Patientinnen mit erhöhtem Depressionsrisiko (z. B. bereits während der Schwangerschaft depressive Symptomatik oder frühere depressive Episoden) → ante- oder postpartal Psychotherapie oder psychosoziale Intervention anbieten (EL 1a, EG A)
  - Behandlung einer postpartalen Depression → Psychotherapie anbieten (EL 1a, EG A)

Antidepressive Medikation

Wirkstoffgruppen, Auswahl, Kontrollen

Zum Einsatz kommen vor allem folgenden **Wirkstoffgruppen:**
- selektive Serotoninwiederaufnahmehemmer (SSRI): Paroxetin, Sertralin, Fluoxetin, [Es]Citalopram
- Serotonin-Noradrenalin-Wiederaufnahmehemmer (SNRI): Venlafaxin, Duloxetin
- noradrenerge und spezifisch serotonerge Antidepressiva (NaSSA): Mirtazapin
- trizyklische Antidepressiva (TZA): Amitriptylin, Doxepin

Entscheidend für die **Auswahl des Antidepressivums** sind:
- eigene Anwendungserfahrungen
- Patientenmerkmale: Alter, psychische Symptomatik (Unruhe, Suizidalität), körperliche Symptomatik (Schlafstörung, Schmerzen, Diarrhö, Obstipation), Schweregrad, Komorbidität (Angst, Zwang, posttraumatische Belastungsstörung), Ansprechen in einer früheren Krankheitsepisode, Patientenpräferenz
- Substanzeigenschaften: Verträglichkeit/Nebenwirkungen (vor allem zu Beginn; sexuelle Dysfunktion, Hypertonie), Kontraindikationen, Handhabbarkeit, Überdosierungssicherheit (***Cave:*** TZA)
- Komedikation und Interaktionen (QT-Verlängerung – ***Cave:*** QTc < 450 ms!)

Notwendige Kontrollen:
- In den ersten 4 Behandlungswochen wird ein wöchentliches Monitoring empfohlen, danach in Intervallen von 2–4 Wochen und nach 3 Monaten in längeren Intervallen (KKP).
- Labor (Elektrolyte, Leber- und Nierenwerte, Blutbild), EKG, Herzfrequenz- und Blutdruck- und Gewichtskontrollen

Weitere Therapiemerkmale

Zu beachten ist außerdem:
- **Serotonerges Syndrom** (EL 1b, EG B):
  - besonders zu Beginn der Therapie mit SSRI (Beginn abrupt innerhalb 1 Tages, 60 % innerhalb der ersten 6 h)
  - Symptomatik:
    - psychisch: Unruhe, Halluzinationen, Angst, Verwirrtheit, Delir
    - vegetativ: Frösteln, Schwitzen, Fieber, Tachykardie, Blutdruckanstieg, Nausea, Erbrechen, Diarrhö, Mydriasis
    - zentral-motorisch: Zittern/Tremor, Akathasie, Ataxie, Hyperreflexie, Myoklonus, Krampfanfälle
  - Therapie: sofortiges Absetzen des SSRI, ggf. intensivmedizinisches Monitoring und Sicherung der Vitalfunktionen

- Die antidepressive Medikation hat eine **Wirklatenz** von 2–3 Wochen in Standarddosierung; die **Response-Rate** liegt bei ca. 50–70 %.
- **Einnahmedauer:**
  - Antidepressiva sollen mindestens 4–9 Monate über die Remission einer depressiven Episode hinaus eingenommen werden, weil sich hierdurch das Risiko eines Rückfalls erheblich vermindern lässt. In dieser Erhaltungsphase soll die Dosierung der Akutphase fortgeführt werden (EL 1a, EG A).
  - Patienten mit 2 oder mehr depressiven Episoden mit bedeutsamen funktionellen Einschränkungen in der jüngeren Vergangenheit sollten dazu angehalten werden, das Antidepressivum mindestens 2 Jahre zur Langzeitprophylaxe einzunehmen (EL 1a, EG B).
- Eine **Therapieoptimierung** ist bei unzureichendem Erfolg nach 3–4 Wochen (ältere Patienten 6 Wochen) erforderlich (EL 4, EG 0):
  - Überprüfung von Diagnose und Adhärenz (Kap. 26.3), vertiefte Psychoedukation, ggf. parallel zusätzliche Strategien (Psychotherapie [EL 1b, EG B], Bewegungstherapie, Lichttherapie, Schlafentzug/Wachtherapie [EL 1b, EG B])
  - **Augmentation** (EL 1a, EG B):
    - bei Patienten, die nicht auf eine Monotherapie mit Antidepressiva ansprechen
    - mit Lithium (2 Wochen Spiegel im therapeutischen Bereich) (EL 1a, EG B) oder den Antipsychotika Quetiapin (zugelassen), Aripiprazol, Olanzapin und Risperidon (jeweils Off-Label-Anwendung) in verhältnismäßig niedrigen Dosierungen
    - Ziel: depressive Symptome reduzieren
  - antidepressive Medikation optimieren: Dosis erhöhen (EL 1b, EG 0), Präparat wechseln, Kombination (mit [Es]Citalopram wegen QTc-Verlängerung oft formal kontraindiziert)
- Beim **Absetzen** sollten Antidepressiva schrittweise (über einen Zeitraum von mindestens 4 Wochen) reduziert werden (KKP).

Andere Behandlungsoptionen

- **Lichttherapie** soll als Behandlungsform bei Patienten mit leicht- bis mittelgradigen Episoden rezidivierender depressiver Störungen, die einem saisonalen Muster folgen, erwogen werden (EL 1a, EG A).
- **Elektrokrampftherapie (EKT)** soll bei schweren, vital bedrohlichen oder therapieresistenten depressiven Episoden als Behandlungsalternative in Betracht gezogen werden (EL 1a, EG A).

Überweisung zum Psychiater bzw. zur stationären Behandlung

Eine **Überweisung zum Psychiater** (begleitet durch regelmäßige „Nachschau-Termine" beim Hausarzt) ist bei ca. 10 % der Depressiven erforderlich, z. B. bei
- unklarer Suizidalität
- diagnostischer Unsicherheit
- bipolarem Verlauf
- psychiatrischer Komorbidität
- Nichtansprechen auf Arznei-/Psychotherapie

Indikationen zur **stationären Behandlung** sind:
- akute/unkalkulierbare Suizidalität, Fremdgefährdung
- psychotische Depression, depressiver Stupor
- drohende Verwahrlosung
- behandlungsgefährdende psychosoziale Probleme
- Therapieresistenz und Chronifizierung
- komplexe rezidivprophylaktische Strategien
- ambulant nicht verfügbare strukturierte Psychotherapiemaßnahmen

Abwendbar gefährlicher Verlauf

- Selbst-/Fremdgefährdung: 3–4 % aller Depressiven versterben durch Suizid → Management bei Suizidgefahr (s. a. Kap. 26.7.2):
  - Suizidalität immer diagnostisch einschätzen (s. o.), ggf. psychiatrische Vorstellung
  - Suizidale Patienten müssen eine besondere Beachtung und Betreuung im Sinne einer Intensivierung des zeitlichen Engagements und der therapeutischen Bindung erhalten. Das konkrete Betreuungsangebot richtet sich nach den individuellen Risikofaktoren, der Absprachefähigkeit des Patienten und Umgebungsfaktoren (KKP).
  - Eine Nachuntersuchung von Patienten, die wegen Suizidalität stationär aufgenommen wurden, soll kurzfristig, max. 1 Woche nach Entlassung, geplant werden, da in der Zeit nach der Entlassung das Risiko für weitere suizidale Handlungen am höchsten ist (EL 3, EG A).
  - Patienten, die wegen Suizidalität stationär behandelt wurden und einen Termin zur Nachuntersuchung nach Entlassung nicht wahrnehmen, sollen unmittelbar kontaktiert werden, um das Risiko für einen Suizid oder Selbstverletzungen abzuschwächen und abzuschätzen (EL 1b, EG A).

- In der Rezidivprophylaxe bei suizidgefährdeten Patienten soll zur Reduzierung suizidaler Handlungen (Suizidversuche und Suizide) eine Medikation mit Lithium in Betracht gezogen werden (EL 1a, EG A).
- nach 6 Wochen erfolgloser hausärztlicher Behandlung → Überweisung zum Spezialisten
- nach 3 Monaten erfolgloser Psychotherapie → Überweisung zum Psychiater

34.41.7 Leitlinien und Links

Bundesärztekammer, Kassenärztliche Bundesvereinigung, Arbeitsgemeinschaft der Wissenschaftlichen Medizinischen Fachgesellschaften. AWMF-S 3-Leitlinie NVL-005. **Nationale VersorgungsLeitlinie: Unipolare Depression.** Im Internet: www.awmf.org/leitlinien; Stand: 28.06.2016

Bundesärztekammer, Kassenärztliche Bundesvereinigung, Arbeitsgemeinschaft der Wissenschaftlichen Medizinischen Fachgesellschaften. Patientenleitlinie zur Nationalen VersorgungsLeitlinie: Unipolare Depression. Im Internet: www.leitlinien.de/mdb/downloads/nvl/depression/depression-1aufl-vers1.0-pll.pdf; Stand: 26.08.2016

Deutsches Bündnis gegen Depression. Im Internet: www.buendnis-depression.de/; Stand: 26.08.2016

Nationale Kontakt- u. Informationsstelle zur Anregung und Unterstützung von Selbsthilfegruppen. Im Internet: nakos.de/; Stand: 26.08.2016

Deutsche Psychologen-Akademie. Psychotherapieplatzsuche. Im Internet: www.psychotherapiesuche.de; Stand: 26.08.2016

34.42 Diabetes mellitus (E10.– bis E14.–)

U. Müller-Bühl

34.42.1 Definition

Diabetes mellitus ist der Sammelbegriff für heterogene Störungen des Stoffwechsels, deren Leitbefund die chronische Hyperglykämie ist.

34.42.2 Epidemiologie

► **Typ-2-Diabetes.** In Deutschland wird die Prävalenz eines Typ-2-Diabetes bei Erwachsenen auf 7,2 % (18–79 Jahre; Frauen 7,4 %, Männer 7,0 %) geschätzt. Die Prävalenz steigt bei ab dem 50. Lebensjahr kontinuierlich bis auf über 20 % in der Altersgruppe 70–79 Jahre an („Studie zur Gesundheit Erwachsener in Deutschland“, 2008–2011). Vor allem durch die veränderte Altersstruktur hat die Prävalenz im Vergleich zu 1998 um 2 % zugenommen.

► **Typ-1-Diabetes.** Etwa 15 000 Kinder und Jugendliche im Alter bis zu 14 Jahren waren 2007 an Typ-1-Diabetes erkrankt. Die jährliche Neuerkrankungsrate hat sich in den letzten Jahren verdoppelt und liegt um 20 %.

34.42.3 Ätiologie

Ursache des Diabetes mellitus ist eine vererbte oder erworbene gestörte Insulinsekretion und/ oder gestörte Insulinwirkung. Man unterscheidet:

- **Typ-1-Diabetes:**
  Zerstörung der Betazellen des Pankreas, was zu einem absoluten Insulinmangel führt
  - autoimmunologische Form, idiopathische Form
  - Unterform LADA („latent autoimmune diabetes in adults“)
- **Typ-2-Diabetes:**
  Insulinresistenz mit relativem Insulinmangel bis vorwiegend sekretorischem Defekt mit Insulinresistenz
  - häufig assoziiert mit sog. metabolischem Syndrom
- **andere spezifische Diabetestypen:**
  - Erkrankungen des exokrinen Pankreas (z. B. Pankreatitis, zystische Fibrose, Hämochromatose)
  - Endokrinopathien (z. B. Cushing-Syndrom, Akromegalie, Phäochromozytom)
  - medikamentös-chemisch bedingt (Glukokortikoide, α-Interferon, Pentamidin)
  - genetische defekte Syndrome, die mit einem Diabetes assoziiert sind
  - Infektionen
- **Gestationsdiabetes:** erstmals während der Schwangerschaft aufgetretene oder diagnostizierte Glukosetoleranzstörung

Zwillings- und Familienstudien zeigen, dass der Typ-2-Diabetes eine starke erbliche Komponente aufweist (geschätzt > 50 %). Es wird von einer genetischen Prädisposition der Patienten ausgegangen, unter bestimmten Manifestationsfaktoren (z. B. ungesundem Lebensstil, sog. metabolisches Syndrom) einen Diabetes zu entwickeln.

Die Entstehung des Typ-1-Diabetes ist bei einem Teil der Betroffenen eine Folge autoimmunologischer Prozesse, die zu einer Zerstörung der Langerhans-Zellen führen (Typ 1). Bei anderen lassen sich keine speziellen Antikörper nachweisen (Typ 2), wobei eine gewisse erbliche Disposition (HLA-Konfiguration) eine Rolle zu spielen scheint. 90 % der Typ-1-Diabetiker stammen aus Familien ohne eine Diabetes-Vorbelastung.

34.42.4 Leitsymptome und Diagnostik

Symptome

Typische Symptome eines Diabetes mellitus sind:

- Polyurie/Polydipsie
- Exsikkose, trockene oder juckende Haut
- Müdigkeit
- Gewichtsverlust
- Wundheilungsstörungen
- Infektanfälligkeit
- Azetongeruch im Atem: Ketoazidose, ausschließlich beim Typ-1-Diabetes

Bei jedem 10. Diabetiker kommt es als Folge der makro- und mikrovaskulären sowie neuropathischen Funktionsstörungen zum **diabetischen Fußsyndrom** (E14.74) bzw. zur diabetischen Gangrän. Bagatelltraumen, subunguale und hyperkeratotische Entzündungen und Gewebsnekrosen werden infolge einer Hypästhesie wochenlang nicht bemerkt. Sekundäre Infektionen können foudroyant verlaufen und führen nicht selten zur Amputation. Bestimmte Faktoren begünstigen die Entstehung einer diabetischen Fußläsion:

- schlechte Diabeteseinstellung
- vorherige(s) Ulkus/Amputation
- sensomotorische Neuropathie
- Trauma: schlechtes Schuhwerk, Barfußgehen, Stürze/Unfälle, Gegenstände in den Schuhen
- Biomechanik: eingeschränkte Gelenkmobilität, Hallux valgus, Fußdeformität/Osteoarthropathie
- periphere arterielle Verschlusskrankheit
- sozioökonomischer Status: niedrige soziale Stellung, schlechter Zugang zu Gesundheitsleistungen, fehlende Compliance/Vernachlässigung, niedriger Bildungsgrad

Ulzerationen am Fuß werden nach Schweregrad und Infektionsstadium in verschiedene Stadien eingeteilt (nach Wagner und Armstrong, siehe Praxisempfehlungen Dt. Diabetes Gesellschaft).

Eine Zerstörungen von Knochen und Gelenken am Fuß wird als **Charcot-Fuß** (I73.9, auch DNOAP = diabetisch-neuropathische Osteoarthropathie) bezeichnet. Einzelne oder mehrere Frakturen werden vom Betroffenen aufgrund einer ausgeprägten Polyneuropathie nicht bemerkt. Klinisch imponiert ein warmer, geröteter und geschwollener Fuß im Vergleich zur Gegenseite. Zum Arzt führen oft die auffällige Deformierung des Fußes oder entstehende Geschwüre.

Diagnostik

Die Diagnose eines Diabetes kann über die Bestimmung der Nüchternplasmaglukose (NPG) und/oder oralen Glukosetoleranztest (OGTT) oder den HbA_{1c}-Wert verifiziert werden (AWMF 2013):

- Zugang über **HbA_{1c}**:
  - Nachweis eines Diabetes → ≥ 48 mmol/mol (≥ 6,5 %)
  - Grenzbereich → 39–48 mmol/mol (5,7–6,5 %) → weitere Abklärung über NPG
  - Ausschluss eines Diabetes → < 39 mmol/mol (< 5,7 %)
- Zugang über **venöse Plasmaglukose** (NPG):
  - Nachweis eines Diabetes → NPG ≥ 7,0 mmol/l (≥ 126 mg/dl) und/oder 2h-OGTT-PG ≥ 11,1 mmol/l (≥ 200 mg/dl)
  - Grenzbereich → NPG 5,6–6,9 mmol/l (100–125 mg/dl) und/oder 2h-OGTT-PG 7,8–11,0 mmol/l (140–199 mg/dl) → Personen mit abnormer Nüchternglukose (IFG = „impaired fasting glucose"), Personen mit gestörter Glukosetoleranz (IGT = „impaired glucose tolerance") → Aufklärung über Diabetes, Lebensstil-Intervention, Behandlung von Risikofaktoren, erneute Kontrolle nach 1 Jahr
  - Ausschluss eines Diabetes → NPG < 5,6 mmol/l (< 100 mg/dl) und/oder 2h-OGTT-PG NPG < 5,6 mmol/l (< 100 mg/dl) und 2h-PG < 7,8 mmol/l (< 140 mg/dl)

Tab. 34.12 Differenzialdiagnostische Kriterien für Typ-1- und Typ-2-Diabetes bei Diagnosestellung.

differenzialdiagnostisches Kriterium	Typ-1-Diabetes	Typ-2-Diabetes
Manifestationsalter	Kinder, Jugendliche und junge Erwachsene	mittleres und höheres Erwachsenenalter
Auftreten/Beginn	akut bis subakut	meist schleichend
Symptome	Polyurie, Polydipsie, Gewichtsverlust, Müdigkeit	häufig keine Beschwerden
Körpergewicht	meist normgewichtig	meist übergewichtig
Ketoseneigung	ausgeprägt	fehlend oder nur gering
Insulinsekretion	vermindert bis fehlend	subnormal bis hoch, qualitativ immer gestört
Insulinresistenz	keine (oder nur gering)	oft ausgeprägt
Familiäre Häufung	gering	typisch
Konkordanz bei eineiigen Zwillingen	30–50 %	> 50 %
Erbgang	multifaktoriell (polygen)	multifaktoriell (sehr wahrscheinlich polygen)
HLA-Assoziation	vorhanden	nicht vorhanden
diabetesassoziierte Antikörper	ca. 90–95 % bei Manifestation (GAD, ICA, IA-2, IAA)	fehlen
Stoffwechsel	labil	stabil
Ansprechen auf ß-zytotrope Antidiabetika	meist fehlend	zunächst meist gut
Insulintherapie	erforderlich	nach jahrelangem Verlauf der Erkrankung mit Nachlassen der Insulinsekretion

GAD = Glutamatdecarboxylase-Autoantikörper; IAA = Insulinautoantikörper; IA2 = Autoantikörper gegen Tyrosinphosphatase; ICA = Inselzellautoantikörper.

Zwischen Typ-1- und Ty-2-Diabetes kann anhand der in ▶ Tab. 34.12 angegebenen Kriterien unterschieden werden.

Allgemeine Therapieziele

Die Therapie soll:

- die krankheitsbezogene Lebensqualität erhalten und verbessern
- die Therapieadhärenz verbessern, indem die Betroffenen in wichtige diagnostische und therapeutische Entscheidungen eingebunden werden und eigenverantwortlich und aktiv an Beratungs- und Schulungsprogrammen teilnehmen
- die Morbidität und Mortalität an makro- und mikrovaskulären Folgeerkrankungen senken
- den Manifestationszeitpunkt eines Typ-2-Diabetes durch Aufklärung der Betroffenen über lebensstilmodifizierende Maßnahmen vermeiden bzw. verschieben
- das diabetische Fußsyndrom vermeiden

Spezielle Therapie des Typ-1-Diabetes

Therapieziele

Beim Typ-1-Diabetes gelten gemäß S 3-Leitlinie von 2011 (Empfehlungsgrad A) folgende Therapieziele [6]:

- Bei Menschen mit Typ-1-Diabetes sollen in Bezug auf die glykämische Kontrolle individualisierte Therapieziele mit den Patienten vereinbart werden.
- Die Wahl des HbA_{1c}-Zielwertes sollte stets als ein Kompromiss zwischen dem Risiko für Hypoglykämien und deren Folgen, dem erwartbaren Nutzen der Risikoreduktion hinsichtlich diabetesbedingter Folgekomplikationen, der Patientenpräferenz und den Möglichkeiten des Patienten zur Therapieadhärenz behandelt werden, wobei etwaige Komorbiditäten zu berücksichtigen sind.

- Bei Menschen mit Typ-1-Diabetes soll der angestrebte HbA_{1c}-Wert < 7,5 % (58 mmol/mol) sein, ohne dass schwerwiegende Hypoglykämien auftreten.

Insulintherapie

► **Konventionelle und intensivierte Therapie.** Bei der Insulintherapie unterscheidet man die konventionelle von der intensivierten Therapie:

- Die **konventionelle Therapie** ist charakterisiert durch eine verbindliche Vorgabe sowohl der Insulindosis als auch der Abfolge und Größe der Mahlzeiten (feste Kohlenhydratportionen). In der Regel werden fixe Insulinmischungen verwendet, die 2-mal täglich zum Frühstück und zum Abendessen verabreicht und soweit möglich an das Essverhalten der Patienten angepasst werden. Eine einfache konventionelle Insulintherapie ist nur bei einem festen Kostplan erfolgversprechend. Die Blutglukoseselbstmessung wird 1–2-mal täglich durchgeführt.
- Die **intensivierte Therapie** ist definiert als Gabe von mindestens 3 Insulininjektionen pro Tag. Eine Substitution von basalem Insulinbedarf mit einem langwirkenden „Basalinsulin" wird mit einem kurzwirksamen „Bolusinsulin" zu den Mahlzeiten ergänzt (Basal-Bolus-Prinzip). Diese Therapie wird mit Insulinspritzen, Insulinpens oder Insulinpumpen durchgeführt. Bei der Injektionstherapie wird die Substitution von basalem und prandialem Insulin strikt getrennt. Eine besondere Form der intensivierten Insulinapplikation stellen Insulinpumpen dar. Bei Typ-1-Diabetikern kann eine **Insulinpumpentherapie** bei folgenden Konstellationen angeboten werden, wenn entsprechende Voraussetzungen erfüllt sind:
  - häufig unregelmäßiger Tagesablauf
  - zur Verbesserung der Lebensqualität
  - bei rezidivierenden schweren Hypoglykämien trotz intensivierter Insulintherapie einschließlich dem Einsatz von Analoginsulinen
  - bei geplanter Schwangerschaft (Beginn präkonzeptionell)

► **Insuline.** Bei den Insulinen gibt es einmal die Humaninsuline und zum anderen Insulinanaloga:

- **Humaninsuline** sind die sog. Normalinsuline und Humaninsuline mit Verzögerungsprinzip (Insulin-Isophan, „Neutral-Protamin-Hagedorn" = NPH). Diese Insuline werden mittels gentechnisch veränderter Mikroorganismen hergestellt und sind mit dem menschlichen Insulin chemisch identisch. Sie stellen zurzeit die Standardpräparate der Insulinersatztherapie bei Typ-1-Diabetes in Deutschland dar (Empfehlungsgrad A). Die Verwendung tierischen Insulins wird nicht empfohlen und in der Regel von den Krankenkassen nicht erstattet.
- Zur Gruppe der **Insulinanaloga** zählen die kurzwirksamen Insulinanaloga Lispro, Aspart und Glulisin sowie die langwirksamen Insulinanaloga Glargin und Detemir. Bei diesen, dem menschlichen Insulin sehr ähnlichen Präparaten wurden einzelne Aminosäuresequenzen modifiziert, um Wirkungseintritt und -verlauf im menschlichen Körper zu verändern.

Die unterschiedliche Pharmakokinetik der verschiedenen Insulinarten (Normalinsuline, Humaninsuline mit Verzögerungsprinzip, kurzwirksame Analoga und langwirksame Analoga) sowie Mischungen verschiedener Insulinarten bestimmen ihren Einsatz in der individuellen Differenzialtherapie.

Merke

Maßnahmen zur Vermeidung von Lipohypertrophien an den Applikationsstellen sollten mit den Patienten besprochen werden. Die Einstichstellen sollten vierteljährlich kontrolliert werden.

Ernährung

Bestimmte Ernährungsformen oder Diäten sind für Menschen mit Typ-1-Diabetes nicht erforderlich. Nahrungsmittel, die als spezielle Diabetikerprodukte angeboten werden (z. B. Diabetikergebäck, Diabetikerschokolade), sind für Menschen mit Typ-1-Diabetes nicht notwendig. Generell sollten die Patienten in der Lage sein, den Kohlenhydratgehalt ihrer Nahrung einzuschätzen, um die Insulindosierung entsprechend anpassen zu können, und über entsprechende Gefahren informiert sein, z. B. Hypoglykämien nach Alkoholkonsum (insbesondere bei abendlichem Konsum).

Schulung/strukturierte Therapieprogramme

Allen Menschen mit Typ-1-Diabetes soll eine umfassende Schulung mit einem validierten Schulungsprogramm von einem speziell ausgebildeten Betreuungsteam angeboten werden (Empfehlungsgrad A).

Psychosoziale Betreuung

Zur psychosozialen Betreuung von Menschen mit Diabetes liegt eine Praxisleitlinie der Deutschen Diabetes-Gesellschaft „Psychosoziales und Diabetes“ vor [13]. Die S3-Leitlinie zur Diagnostik, Therapie und Verlaufskontrolle des Diabetes mellitus im Kindes- und Jugendalter enthält Empfehlungen und Hintergrundtexte zur psychosozialen Betreuung von Kindern und Jugendlichen [15].

Diabetesassoziierte Folge- oder Begleiterkrankungen

Die jährlichen Früherkennungsuntersuchungen ab einer Diabetesdauer von 5 Jahren umfassen in der Regel:

- Bestimmung der Albumin-Kreatinin-Ratio und Berechnung der glomerulären Filtrationsrate (Früherkennung Mikroalbuminurie und Nephropathie)
- Funduskopie durch einen Augenarzt (Früherkennung Retino- oder Makulopathie)
- Anamnese und Untersuchung (Früherkennung Neuropathie, Früherkennung von Fußkomplikationen)
- risikoadaptierte Untersuchung des Herz-Kreislauf-Systems; Basis: körperliche Untersuchung, biochemische Parameter für kardiovaskuläre Risikofaktoren, Ruhe-EKG, Blutdruckmessung
- Bestimmung der Blutlipide: Cholesterin, LDL-/HDL-Cholesterin und Triglyzeride (Früherkennung von Fettstoffwechselstörungen)

Spezielle Therapie des Typ-2-Diabetes

Therapieziele

Bei Menschen mit Typ-2-Diabetes sollen individualisierte Therapieziele vereinbart werden (▶ Tab. 34.13). Orientierungsgrößen der Therapieziele sind für:

- die Nüchtern-/präprandiale Plasmaglukose (venös): 100–125 mg/dl bzw. 5,6–6,9 mmol/l
- die postprandiale Plasmaglukose (venös), 1–2h postprandial: 140–199 mg/dl bzw. 7,8–11,0 mmol/l

Tab. 34.13 Therapieziele für Erwachsene mit Typ-2-Diabetes (Empfehlungsgrad A) [6].

Paramenter		Zielwert
Orientierungswerte		
Blutzucker (venös)	nüchtern/präprandial postprandial (1 bis 2 Std.)	100–125 mg/dl (5,6–6,9 mmol/l) 140–199 mg/dl (7,8–11,0 mmol/l)
individualisierbare Werte		
HbA1c	Primärprävention von Folgekomplikationen	6,5–7,5 % (48–58 mmol/mol) *abhängig von Patientenwille, Alter und Komorbidität, Nutzen und Risiko der Substanzen, Art der eingesetzten Substanz*
Lipide	LDL-Cholesterin-Senkung	< 100 mg/dl (< 2,6 mmol/l) *(Empfehlung DGG/DGIM)* feste Statindosis *(Empfehlung AkdÄ, DEGAM)*
Gewichtsabnahme bei Übergewicht	BMI 27–35 kg/m² BMI > 35 kg/m²	ca. 5 % > 10 %
Blutdruck	systolisch diastolisch	< 140 mmHg 80 mmHg

AkdÄ = Arzneimittelkommission der deutschen Ärzteschaft, DDG = Deutsche Diabetes-Gesellschaft, DEGAM = Deutsche Gesellschaft für Allgemeinmedizin und Familienmedizin, DGIM = Deutsche Gesellschaft für Innere Medizin.

Basismaßnahmen

Grundlage aller therapeutischen Bemühungen sind lebensstilmodifizierende, nicht medikamentöse Basismaßnahmen. Wichtigster Bestandteil sind dabei strukturierte, evaluierte, zielgruppen- und themenspezifische Schulungs- und Behandlungsprogramme sowie Ernährungsempfehlungen. Eine kontinuierliche Dokumentation von Maßnahmen und Kontrolluntersuchungen auf der Basis des „Gesundheits-Pass Diabetes DDG“ dient der Patientenadhärenz.

Pharmakotherapie

Der pharmakotherapeutische Stufenplan bei Typ-2- Diabetes ist in ▶ Abb. 34.5 aufgeführt.

Diabetischer Fuß

Wichtige Regeln zur Vorbeugung diabetischer Fußläsionen in der Praxis sind:

- tägliches Waschen und Inspektion der Füße, speziell der Interdigitalräume
- bequemes, ausreichend weites Schuhwerk
- Baumwollstrümpfe, täglicher Wechsel
- Unterweisung in richtiger Fußpflege, Vermeiden von Verletzungen (Vorsicht bei Pediküre, keine Wärmflaschen im Bett)

Behandeln lassen sich die verschiedenen diabetischen Fußläsionen durch:

- **neuroangiopathisches Druckulkus** in typischer Lokalisation plantar unter dem I. oder II. Metatarsalkopf = sog. Malum perforans: Hyperkeratose ausschneiden, lokal antiseptisch behandeln, Druckentlastung durch orthopädische Schuhe
- **trockene oder infizierte diabetische Gangrän:** trockene antiseptische Behandlung, Entlastung und Wunddebridement, mechanischer Schutz durch Watteverband; bei Superinfektion systemische Antibiotikagabe (Gyrasehemmer), bei Makroangiopathie lumeneröffnende Verfahren anstreben (Bypass, PTA)
- **diabetisch-neuropathische Osteoarthropathie** (DNOAP): umgehende Überweisung in ein spezialisiertes Zentrum mit angeschlossener stationärer Versorgungsmöglichkeit

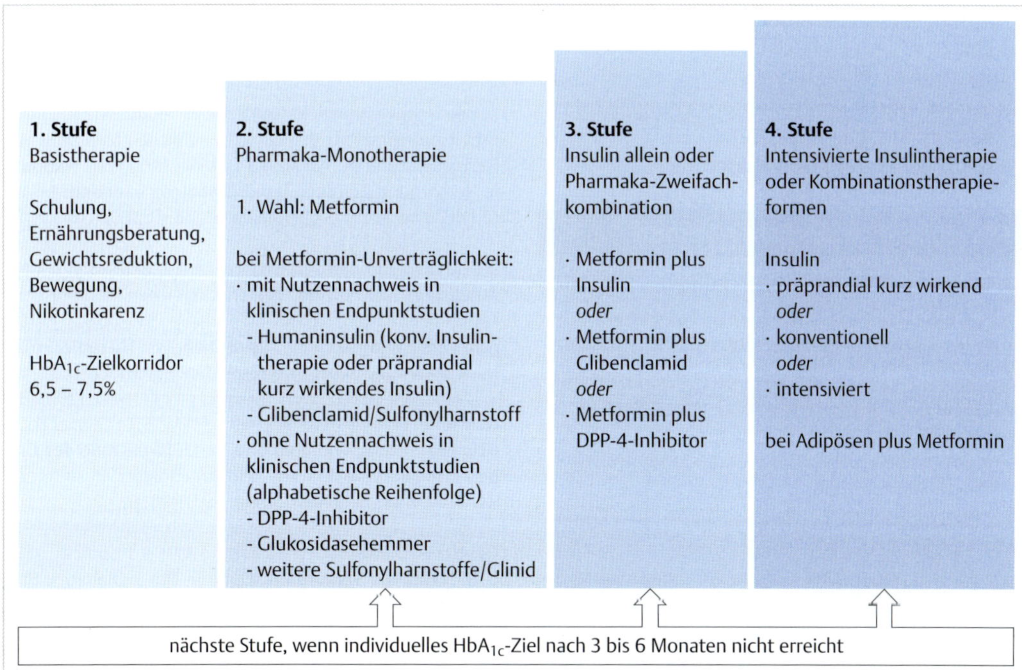

Abb. 34.5 Stufenplan der Therapie des Typ-2-Diabetes. Mit der jeweils nächsten Stufe wird begonnen, wenn das individuelle HbA_{1c}-Ziel mit der vorherigen nach 3–6 Monaten nicht erreicht wird (nach AWMF-Leitlinie 2013). Es werden nur die therapeutischen Empfehlungen der DEGAM/AkdÄ aufgeführt, teilweise weichen die Empfehlungen der DDG/DGIM davon ab [6].

V

Überweisungsempfehlungen

In folgenden Situationen wird die Überweisung an Spezialisten empfohlen:

- diabetologische Schwerpunktpraxis
  - bei Nichterreichen des individuellen HbA_{1c}-Wertes
  - bei geplanter oder bestehender Schwangerschaft
- diabetisches Fußsyndrom
  - spezialisierte, zertifizierte Zentren für Fußkomplikationen/Fußambulanz
    - bei einer Neuropathie oder Fußdeformität
    - ggf. bei akuten, unkomplizierten Fußläsionen (Wagner-Armstrong-Stadien 1A/B und 2A) bei Patienten ohne klassische Risikofaktoren (traumatische Verletzung)
  - spezialisiertes Zentrum mit angeschlossener stationärer Versorgungsmöglichkeit:
    - bei akuten, komplexen Fußläsionen (Wagner-Stadien 2–5 und/oder Armstrong-Grade B/C/D)
    - umgehend bei Verdacht auf eine diabetische Neuroosteoarthropathie
- Neurologe
  - Polyneuropathie mit rascher Progredienz, motorischen Ausfällen oder aszendierendem Verlauf
- Augenarzt
  - augenärztliche Kontrolluntersuchung in mindestens jährlichen Abständen
  - sofort bei akuter Visusminderung

Abwendbar gefährlicher Verlauf

Eine **unmittelbare vitale Bedrohung** des Diabetikers ist durch abrupte hyper- oder hypoglykämische Schwankungen des Blutzuckerspiegels gegeben.

- hypoglykämische krisenhafte Stoffwechselentgleisung (E15):
  - Patient bewusstseinsklar und kooperativ → orale Zuckerzufuhr (z. B. Dextro pur)
  - Patient agitiert, bei Bewusstsein → 30 g Kohlenhydrate in Form von Glukose
  - Patient bewusstlos → 20 ml 50 %ige Glukose im Bolus i. v. oder alternativ (i. v. Zugang nicht verfügbar) 1 mg Glukagon i. m. oder s. c.
- hyperglykämische krisenhafte Stoffwechselentgleisung (Ketoazidose, diabetisches Koma) (R73.9):
  - Flüssigkeit substituieren, beginnend mit 500 ml 0,9 % NaCl-Lösung
  - umgehende stationäre Einweisung

Eine **langfristige Gefährdung** besteht durch die Folgeschäden der Makro- und Mikroangiopathie. Eine besondere Bedrohung stellt hierbei der diabetische Fuß dar. Weitere potenzielle Komplikationen:

- Erblindung (H54.0)
- Amputation (T 87.4)
- Nierenversagen (N19)
- Polyneuropathie (G62.9)
- Angiopathie (E14.15)

34.42.5 Leitlinien

Bundesärztekammer, Kassenärztliche Bundesvereinigung, Arbeitsgemeinschaft der Wissenschaftlichen Medizinischen Fachgesellschaften. AWMF-S 3-Leitlinie NVL-001C. **Nationale VersorgungsLeitlinie Typ-2-Diabetes: Präventions- und Behandlungsstrategien für Fußkomplikationen.** Im Internet: www.awmf.org/leitlinien; Stand: 10.01.2016

Bundesärztekammer, Kassenärztliche Bundesvereinigung, Arbeitsgemeinschaft der Wissenschaftlichen Medizinischen Fachgesellschaften. AWMF-S 3-Leitlinie NVL-001F. **Nationale VersorgungsLeitlinie Typ-2-Diabetes: Schulung.** Im Internet: www.awmf.org/leitlinien; Stand: 10.01.2016

Bundesärztekammer, Kassenärztliche Bundesvereinigung, Arbeitsgemeinschaft der Wissenschaftlichen Medizinischen Fachgesellschaften. AWMF-S 3-Leitlinie NVL-001G. **Nationale VersorgungsLeitlinie Typ-2-Diabetes: Therapie.** Im Internet: www.awmf.org/leitlinien; Stand: 10.01.2016

Deutsche Diabetes-Gesellschaft. AWMF-S 3-Leitlinie 057–016. **Diagnostik, Therapie und Verlaufskontrolle des Diabetes mellitus im Kindes- und Jugendalter.** Im Internet: www.awmf.org/leitlinien; Stand: 10.01.2016

Deutsche Diabetes-Gesellschaft. AWMF-S 3-Leitlinie 057–013. **Nationale VersorgungsLeitlinie Typ-2-Diabetes: Prävention und Therapie von Netzhautkomplikationen.** Im Internet: www.awmf.org/leitlinien; Stand: 10.01.2016

34.43 Distorsionen (T 14.3)

H.-D. Klimm

34.43.1 Definition

Als Distorsion (Verstauchung, Zerrung) wird die traumatische Dehnung des elastischen Bandapparats eines Gelenks, gelegentlich auch mit Zerreißung einzelner Bindegewebsfasern, bezeichnet.

34.43.2 Epidemiologie

Distorsionen sind eine der häufigsten Verletzungsfolgen in der ambulanten hausärztlichen Praxis, besonders häufig sind Knie-, Fuß- und Handgelenke betroffen. In den meisten Fällen handelt es sich um eine Verstauchung im Sprunggelenk, oft auch im Knie- und Handgelenk.

34.43.3 Ätiologie

Eine Distorsion entsteht, wenn der normale Bewegungsspielraum des Gelenks durch Umknicken oder Verdrehen überschritten ist.

34.43.4 Leitsymptome und Diagnostik

▸ **Symptome.** Die typischen Symptome sind:
- lokale Schwellung
- Weichteilbetonung
- schmerzhafte Einschränkung der aktiven wie passiven Beweglichkeit im befallenen Gelenk

▸ **Diagnostik.** Diagnostisch sind relevant:
- **Anamnese:**
  - Erfragung des Unfallmechanismus
  - exakte Aufzeichnung schon aus rechtlichen Gründen, BG beachten!
- **Inspektion und Palpation:**
  - deutliche Schwellung und Hämatombildung sicht- und tastbar
  - Gelenkerguss
- **Funktionsproben:**
  - Überprüfung der aktiven und passiven Beweglichkeit im befallenen Gelenk
  - stets Ausschluss einer knöchernen Verletzung anstreben sowie Ausschluss einer Bandruptur
- **erweiterte Diagnostik:**
  - Röntgenaufnahme des Gelenks in 2 Ebenen zum Frakturausschluss, sog. gehaltene Aufnahmen des OSG zur Beurteilung des Ausmaßes von Bandrupturen des OSG sind nicht mehr Standard!
  - MRT bei Verdacht auf Rupturen, falls therapeutische Konsequenz

34.43.5 Therapie

Mögliche Maßnahmen sind:
- Ruhigstellung, Lagerung
- kühlende Verbände (Eis – Vorsicht Erfrierungen)
- Antiphlogistika extern (z. B. Diclofenac)
- Antiphlogistika intern (z. B. Diclofenac)
- körperliche Schonung für 2–3 Wochen (Arbeitsunfähigkeitsbescheinigung)
- ggf. Schienung (z. B. Aircast) zur Erhaltung der Mobilität

Abwendbar gefährlicher Verlauf

Distorsionen in den Knöchelregionen sind keine Bagatellverletzungen. Mögliche zusätzliche Verletzungen sind:
- Ruptur des medialen Seitenbandapparats (Lig. deltoideum)
- Ruptur der tibiofibularen Bandverbindung (Syndesmose)
- Schäden des fibularen Kapselapparats

Die primär operative Versorgung einer evtl. Bandläsion sollte man in der Regel nur bei ausgeprägten Befunden oder bei Leistungssportlern anstreben, da bei leichteren Formen die mittel- und langfristigen Ergebnisse identisch sind. Bei nicht oder nicht ausreichend versorgten größeren Bandrupturen besteht die Gefahr der sekundären chronischen Gelenkinstabilität mit sekundärer Arthrose (Pseudarthrosen [M84.19]).

34.43.6 Leitlinien

Deutsche Gesellschaft für Unfallchirurgie. AWMF-S 1-Leitlinie 012–022. **Außenbandruptur am Oberen Sprunggelenk.** Im Internet: www.awmf.org/leitlinien; Stand: 20.01.2016

34.44 Divertikulose/ Divertikulitis (K57.–)

K.-C. Münter

34.44.1 Definition

Divertikel kommen als Ausstülpung aller Wandteile (echte Divertikel) oder Teilen davon (falsche Divertikel) im gesamten Verdauungskanal vom Ösophagus bis zum distalen Kolon, aber auch in der Harnblase vor. Die **Divertikulose** im engeren Sinne bezeichnet die säckchenartigen Ausstülpungen der Dickdarmschleimhaut durch präformierte Gefäßlücken in der Darmwand. Die Divertikelwand besteht nur aus einer dünnen Schicht Mukosa und Serosa (falsche Divertikel) und weist einen Durchmesser von 3 mm bis 3 cm auf. Lokalisationen sind meist das Sigma (hoher intraluminaler Druck) und das Colon descendens. Der asymptomatische Verlauf der Divertikulose hat keinen Krankheitswert. Erst die entzündliche Veränderung dieser Ausstülpungen ruft Beschwerden hervor (**Divertikulitis**). Diese kann von milder Leukozyteninfiltration in der Ausstülpung bis zu ausgedehnten entzündlichen Veränderungen der Umgebung im Sinne einer Peridivertikulitis mit Adhäsionen zu anderen nahe gelegenen Beckenorganen reichen.

34.44.2 Epidemiologie

Eine Divertikulose findet sich gehäuft mit zunehmendem Alter: bei ca. 20 % der 60-jährigen und ca. 60 % der 80-jährigen Bevölkerung. Die Entzündung als Komplikation tritt bei wahrscheinlich 10–20 % der Betroffenen irgendwann im Verlauf auf. Es besteht keine erhöhte Karzinomgefahr.

34.44.3 Ätiologie

Begünstigend wirken eine intraluminale Druckerhöhung durch Obstipation bei ballaststoff- und schlackenarmer sowie fettreicher Kost und Bewegungsmangel.

34.44.4 Leitsymptome und Diagnostik

▸ **Symptome.** Bei den Symptomen ist zwischen Divertikulose und Divertikulitis zu unterscheiden:

- Die **Divertikulose** ist meist asymptomatisch, selten bestehen Krämpfe im linken Unterbauch, Flatulenz oder Durchfall und Verstopfung im Wechsel.
- Bei **akuter Divertikulitis** bestehen Schmerzen meist im linken Unterbauch („linksseitige Appendizitis"), begleitet von Fieber, Druckschmerz und uncharakteristischen Entzündungszeichen.
- Bei **chronischer Divertikulitis** finden sich u. U. ein tastbarer, druckempfindlicher Tumor und krampfartige Unterbauchbeschwerden sowie häufig eine Obstipation, gelegentlich im Wechsel mit Durchfall. Schwere Verläufe (peridivertikulitischer Abszess) sind gekennzeichnet durch rektale Blutung, Ileus mit Erbrechen, hohem Fieber und peritonitischen Beschwerden im linken Unterbauch. In seltenen Fällen finden sich entsprechende Symptome im rechten Unter- oder auch Mittelbauch.

▸ **Diagnostik.** Zur Diagnostik gehören neben Anamnese und klinischer Untersuchung:

- **Koloskopie:**
  - **Divertikulose** als Zufallsbefund
  - **chronische Divertikulitis** mit Nachweis der entzündlichen Veränderungen
- **Labor:**
  - bei Divertikulose keine auffälligen Parameter
  - bei Divertikulitis Leukozytenanstieg und BSG-Beschleunigung; bei 20 % ist der Test auf okkultes Blut im Stuhl positiv

Für die weiterführende Diagnostik gilt:

- Ultraschall und/oder CT sollen als diagnostische Verfahren bei Verdacht auf Divertikulitis eingesetzt werden.
- MRT-Untersuchungen sollten eher nicht zur routinemäßigen Diagnostik der Divertikulitis durchgeführt werden.
- Der Kolonkontrast-Einlauf soll nicht mehr zur Diagnose der Divertikulitis eingesetzt werden.
- Gegebenenfalls ist eine Abdomen-Leeraufnahme indiziert.

Merke

Auf eine Koloskopie im akuten Stadium muss wegen der Perforationsgefahr verzichtet werden.

34.44.5 Differenzialdiagnostik

Die wichtigste Differenzialdiagnose ist das **Kolonkarzinom** besonders bei röntgenologisch nachgewiesener Stenose oder Lumenschwankungen. Ferner sind Morbus Crohn, Colitis ulcerosa, Appendizitis, Mesenterialinfarkt, Volvulus, Hämorrhoiden, Leistenhernie, Harnwegsinfekt, Ureterstein und bei Frauen Parametritis, Adnexitis, extrauterine Gravidität oder gedrehte Ovarialzyste zu erwägen.

34.44.6 Therapie

Divertikulose

Bei Divertikulose sind in der Regel keine spezifischen medikamentösen Maßnahmen erforderlich, laxierende Maßnahmen, faserreiche Kost und Quellstoffe sind jedoch empfehlenswert.

Divertikulitis

▶ **Rückbildung der Entzündung.** Bei der Divertikulitis stehen die Verhütung eines akuten Abdomens und die Rückbildung der Entzündung durch Bettruhe, Eisblase, Antibiotika und Spasmolytika bei engmaschiger Verlaufskontrolle durch den Hausarzt im Vordergrund.

▶ **Antibiotika.** Bei akuter unkomplizierter linksseitiger Divertikulitis und arterieller Hypertonie, chronischen Nierenerkrankungen, Immunsuppression oder allergischer Disposition als Risikoindikatoren für einen komplizierten Verlauf sollte eine Antibiotikatherapie (Cefuroxim/Metronidazol oder Ciprofloxacin/Metronidazol, Amoxicillin/Clavulansäure, sowie Moxifloxacin) durchgeführt werden. Ansonsten kann unter engmaschiger klinischer Kontrolle auf eine Antibiotikatherapie verzichtet werden.

▶ **Koloskopie.** Die Indikation zur Koloskopie nach einer konservativ behandelten Divertikulitis sollte großzügig (i. d. R. nach 4–6 Wochen) gestellt werden.

▶ **Komplikationen.** Treten Komplikationen auf (Perforation, Peritonitis, Fistel, parakolischer Abszess oder Blutung), ist die stationäre Einweisung zur parenteralen Ernährung, intravenösen Antibiotikagabe und Operation oder Überwachung indiziert. Die Letalität der Operation liegt beim Elektiveingriff unter 1 %, bei Notoperationen hingegen bei 10–30 %! Hieraus lässt sich die Notwendigkeit einer operativen Frühbehandlung ableiten.

Abwendbar gefährlicher Verlauf

- freie Perforation → Peritonitis (K65.0)
- Fistel- bzw. Abszessbildung (K63.0)
- Ileus (K56.7)
- Sepsis (A41.9)
- Darmblutung (K92.1), die in 90 % spontan innerhalb von 3 Tagen zum Stehen kommt, jedoch auch sehr massiv sein kann

34.44.7 Leitlinien

Deutsche Gesellschaft für Allgemein- und Viszeralchirurgie. AWMF-S 2-Leitlinie 021–020. **Divertikulitis.** Im Internet: www.awmf.org/leitlinien; Stand: 20.01.2016

34.45 Dreitagefieber (B08.2)

H.-D. Klimm

34.45.1 Definition

Das Dreitagefieber (Exanthema subitum) ist eine ansteckende Viruserkrankung, die mit einem Exanthem und einem über etwa 3 Tage anhaltenden Fieber einhergeht.

34.45.2 Epidemiologie

Die Viruserkrankung wird durch direkten Kontakt (Tröpfcheninfektion) übertragen, wobei die bevorzugte Altersgruppe Säuglinge im 2. Lebenshalbjahr und 1–3-jährige Kinder sind.

34.45.3 Ätiologie

Erreger des Dreitagefiebers sind humane Herpesviren (Humanes Herpesvirus Typ 6/HHV-6).

34.45.4 Leitsymptome und Diagnostik

▶ **Symptome.** Typisch ist ein relativ gutes Allgemeinbefinden und ein makulopapulöses, hellrotes Exanthem, das sich vom Rumpf auf Hals, Arme und Gesicht ausbreitet.

► **Diagnostik.** Die Diagnostik beinhaltet:

- **Anamnese:**
  - symptomatisch 3–4 Tage hohes anhaltendes Fieber bei relativ gutem Allgemeinbefinden, dann nach Entfieberung Auftreten des Exanthems
  - Verschwinden des Exanthems nach 1–2 Tagen spontan
- **Klinik:** die Diagnose wird aufgrund des klinischen Bildes in der „Gesamtschau" des zugrunde liegenden Befundes in Verbindung zur Anamnese gestellt
- **Labor:** Laboruntersuchung primär nicht erforderlich, allenthalben Leukopenie mit relativer Lymphozytose

34.45.5 Differenzialdiagnostik

Differenzialdiagnostisch kommen infrage:

- **allergisches Kontaktekzem** (L 45.9): typische Anamnese, typische Expositionsstellen (z. B. Hände), unscharfe Begrenzung, Rötung, Papeln, Juckreiz; bei chronischem allergischem Kontaktekzem Hyperkeratosen und Rhagadenbildung
- **Arzneimittelexanthem** (L 27.0): typische Anamnese, unabhängig vom Alter, Minuten bis Stunden nach Einnahme, alle Formen von Exanthemen möglich
- Virusexantheme (B09), Coxsackie-Viren, Echo- und Adenoviren
- Masern (B05.9) → Kap. 34.113
- Röteln (B06.9) → Kap. 34.162
- Ringelröteln (B08.3) → Kap. 34.161
- Scharlach (A38) → Kap. 34.166
- Mononukleose (B27.9) → Kap. 34.120

34.45.6 Therapie

Es wird symptomatisch mit Antipyretika behandelt. Eine Meldepflicht besteht nicht! Die Erkrankung hinterlässt wahrscheinlich eine lebenslange Immunität.

Abwendbar gefährlicher Verlauf

Initial ist ein **Fieberkrampf** (R56.0) möglich, besonders im Alter von 6 Monaten bis 5 Jahren.

34.46 Ekzem (L 30.9)

J. Barlet

34.46.1 Definition

Das Ekzem ist keine nosologische Einheit. Es handelt sich um eine „entzündliche" Reaktion der Haut, verbunden mit Juckreiz auf die verschiedensten äußeren Noxen. Es wird im angelsächsischen Schrifttum synonym als Dermatitis bezeichnet.

34.46.2 Epidemiologie

Das Ekzem ist die häufigste Hauterkrankung in der Allgemeinpraxis (3–20 %) und betrifft alle Altersgruppen beiderlei Geschlechts.

34.46.3 Ätiologie

Als mögliche Ursachen kommen in Betracht:

- bakterielle Erreger, ggf. mit mykotischer Superinfektion, sowie Parasiten (Krätze, Milben beim sog. Bäckerekzem)
- Allergien, bei Verdacht Austestung erforderlich:
  - topische Ekzeme vor allem durch Nickel (Jeansknöpfe, Gürtelschnallen, Uhren, Modeschmuck), aber auch durch Kosmetika, Farbstoffe und Desodoranzien
  - generalisierte allergische Ekzeme, z. B. Arzneimittel, Nahrungsmittel, Waschmittel, Desinfizienzien
  - berufliche Noxen wie Zement, Chemikalien, Lösungsmittel, Latexhandschuhe
  - endogen, d. h. Ursache unbekannt; es besteht eine persönliche Disposition als „Atopiker" bzw. „Ekzematiker", oft auch in Kombination mit anderen allergischen Reaktionen bzw. Erkrankungen, insbesondere Asthma

Merke

Die Entdeckung der möglichen Ursache eines Ekzems kann wie z. B. beim Nickel-Kontaktekzem offensichtlich sein, sie kann aber auch kriminalistischen Scharfsinn und eine sorgfältige Anamnese erfordern. Da einige der Noxen aus der beruflichen Tätigkeit des Patienten herrühren und als Berufskrankheiten anzuerkennen sind, muss hier besonders sorgfältig recherchiert werden (z. B. Zementkrätze).

34.46.4 Leitsymptome und Diagnostik

Bei den Reaktionsformen der Haut lassen sich akute, subakute und chronische Ekzeme unterscheiden. Dabei machen die akuten Ekzeme die intensivsten Hautreaktionen und Beschwerden.

Morphologisch bestehen mehrere Effloreszenzen nebeneinander, sodass sich klinisch ein **buntes Bild** ergibt: Rötung, Schuppung, Krusten, Nässen, meist mit unscharfer Abgrenzung gegen die gesunde Haut. Ekzeme betreffen niemals Schleimhäute.

Neben den **Lokalreaktionen** Rötung, Schwellung, Nässen und Schuppung kommt es fast immer zu Juckreiz, selten auch zu Schlafstörungen und allgemeinem Krankheitsgefühl. Chronische Ekzeme begleiten die Patienten oft über viele Jahre, können aber bei intensiverem Kontakt mit der auslösenden Ursache auch wieder in akute Schübe übergehen.

Die **Zuordnung** erfordert stets die Inspektion der gesamten Haut. Wenn eine Allergie vermutet wird, muss zur Austestung der infrage kommenden Allergene zum Hautarzt bzw. Allergologen überwiesen werden. Bei Superinfektionen sind Abstriche zum Nachweis von pathogenen Keimen bzw. Pilzen erforderlich.

34.46.5 Differenzialdiagnostik

Differenzialdiagnostisch kommen viele andere Hauterkrankungen in Betracht wie Psoriasis (L 40.9) und seborrhoische Dermatitis (L 21.9). Bei Kindern ist gelegentlich auch an Infektionskrankheiten zu denken. Mykosen (B49), Herpesinfektionen (B00.9) und Parasitosen (B89) wie Skabies (B86) und Läuse (B85.2) können ebenfalls ekzematische Bilder hervorrufen.

34.46.6 Therapie

Die chronischen Ekzeme stellen eine besondere Herausforderung an die Geduld von Patient und Arzt dar und sind eine psychische Belastung für die Patienten.

Primäres Ziel ist die **Eliminierung bzw. Vermeidung des Kontakts** mit der auslösenden Ursache bzw. Noxe. Dieses stößt bei Schmuck und Kleidung teilweise auf wenig Einsicht. Berufliche Noxen müssen als Berufskrankheit gemeldet und ggf. Umschulungsmaßnahmen eingeleitet werden.

Meist parallel dazu wird eine **topische Behandlung** der Hauterscheinungen erforderlich. Dabei muss je nach der Intensität des Ekzems der richtige Grundstoff (Puder, Lösung, Fettsalbe oder zusammengesetzte Träger wie Emulsion, Creme, Paste) ausgewählt werden. Als Grundregel gilt: je akuter, umso feuchter und bei chronischen Ekzemen Fettsalben oder Pasten einsetzen.

Die allergische Reaktion und der Juckreiz können durch **Antihistaminika** lokal und/oder systemisch behandelt werden, z. B. Terfenadin; bei nicht ausreichender Wirksamkeit müssen Kortisonderivate eingesetzt werden.

Die Ekzeme sind die Domäne für die Behandlung mit **Kortison** bzw. seinen Derivaten, da diese die allergischen Reaktionen unterdrücken. Dabei sollte man differenziert die verschiedenen Wirkungsintensitäten der Kortisonderivate einsetzen und sich auf einige wenige (persönliche) „Standardpräparate" beschränken, z. B.:

- schwach: Hydrokortison
- mäßig: Fluocortolon
- stark: Betamethason, Prednicarbat
- sehr stark: Clobetasol

Man sollte versuchen, mit den schwachen Kortikoiden 2-mal täglich zu beginnen, und erst bei ungenügender Wirkung zu den stärkeren Kortikoiden überzugehen. Bei akuten bzw. schweren Reaktionsformen können Kortikoide auch systemisch eingesetzt werden, z. B. Methylprednisolon.

Auch die modernen **Biologicals** bringen lokal gute Erfolge: Pimecrolimus (Elidel) und Tacrolimus (Protopic).

Beseitigung von begleitenden Infektionen:

- Therapie der Mykose, ggf. auch systemisch
- Therapie der bakteriellen Infektion, ggf. auch Antibiotika systemisch
- Abtöten der Parasiten (insbesondere bei Skabies = Krätze)

Erfolgreich, aber nicht unkritisch können auch Mischsalben angewandt werden:

- Kortison + Antibiotikum
- Kortison + Antimykotikum
- Kortison + Antimykotikum + Antibiotikum

Beseitigung anderer Begleitsymptome:

- bei Schmerzen: nicht steroidale Antirheumatika (NSAR) auch wegen des abschwellenden Effekts (***Cave:*** Allergieanamnese)

- bei Intertrigo: lokal ggf. Pasta Zinci, Schüttelmixturen, Bäder mit Eichenrinde oder Tannolact, systemisch Vagolytika (z. B. Vagantin)

Abwendbar gefährlicher Verlauf

- Bei „Ekzemen“, die nicht ausheilen, immer denken an:
  - Hautkarzinome, z. B. Basaliome (C 44.9), Plattenepithelkarzinome (C 80.9) bzw. dessen Vorstufen aktinische Keratosen (L 57.0)
  - Lues II (A53.9)
  - Tuberkulose (A16.9)
- Bei beruflich bedingten Dermatitiden besteht die Verpflichtung zur Meldung an die zuständige Berufsgenossenschaft, um Berufsrenten und/oder eine eventuelle Umschulung in die Wege zu leiten.

34.46.7 Leitlinien

Deutsche Dermatologische Gesellschaft. AWMF-S 1-Leitlinie 013–055. **Kontaktekzem.** Im Internet: www.awmf.org/leitlinien; Stand: 10.01.2016

Deutsche Dermatologische Gesellschaft. AWMF-S 2e-Leitlinie 013–027. **Neurodermitis.** Im Internet: www.awmf.org/leitlinien; Stand: 10.01.2016

34.47 Enuresis nocturna/ Enuresis diurna (R32)

K.-C. Münter

34.47.1 Definition

Beim **Bettnässen** (Enuresis nocturna) oder **Hosennässen** (Enuresis diurna) handelt es sich um einen unkontrollierten Urinabgang bei Kindern jenseits des 3. Lebensjahres, die schon eine willentliche Miktionskontrolle haben. Als **sekundäres Einnässen** bezeichnet man das erneute Auftreten nach einem halbjährigen unauffälligen Zwischenraum. Dem Bettnässen verwandte Störungen, die unter dem Begriff Parasomnie zusammengefasst werden, sind das Schlafwandeln und häufige Alpträume. Bis zum 6. Lebensjahr besteht, soweit keine anatomischen Anomalien oder andere organische Ursachen vorliegen, eine hohe Spontanheilungsrate.

34.47.2 Epidemiologie

Eine primäre Enuresis nocturna wird bei 10 % aller 6-jährigen und bei 3 % aller 12-jährigen Kinder beobachtet. Organische Ursachen machen dabei nur 1–2 % aus, Jungen sind häufiger betroffen als Mädchen.

34.47.3 Ätiologie

Ätiologisch kommen Familienkonflikte und Störungen im sozialen Umfeld, bei denen es zu einem Regressionsverhalten kommt, in Betracht.

34.47.4 Leitsymptome und Diagnostik

Flecken im Bett oder Unterwäsche machen meist die Bezugspersonen aufmerksam. Oft werden die Symptome aus Scham verschwiegen. Die Untersuchung sollte neben dem **körperlichen Befund** mit Schwerpunkt Abdomen die **Urindiagnostik** umfassen. Ergeben sich Anhaltspunkte für organische oder funktionelle Ursachen, sind neben der Sonografie urologische Untersuchungen zu veranlassen (Miktionszystourogramm, Uroflowmessungen, Urethrozystoskopie).

34.47.5 Differenzialdiagnostik

In erster Linie muss ein **Harnwegsinfekt** ausgeschlossen oder behandelt werden. Neben einer Entwicklungsstörung ist an Fehlbildungen, eine neurogene Blasenentleerungsstörung oder an eine infantile Zerebralparese zu denken. Bei psychogenen Störungen kann die Blase nach Aufforderung ohne Restharn entleert werden.

34.47.6 Therapie

Bis zum 6. Lebensjahr besteht, wenn keine Anhaltspunkte für eine organische Ursache vorliegen, kein Grund zur Intervention. Ab dem 6. Lebensjahr sollte die Behandlung zusammen mit dem Psychotherapeut erfolgen.

► **Verhaltenstraining.** Ein Verhaltenstraining mit positiver Verstärkung und Belohnungen ist wichtig. So kann das Kind selbst trockene und nasse Nächte bzw. Tage in einen Kalender (z. B. mit den Symbolen: Sonne/Wolke) eintragen. Im Beratungsgespräch mit den Eltern ist auf die Alltäglichkeit des Einnässens und die gute Rückbildungsmöglichkeit hinzuweisen. Auch kann ein Blasentraining angeregt werden, z.B. mit Systemen, die Alarm geben, wenn das Kind beginnt, sich einzunässen (Erfolgsquote ca. 70 %).

▸ **Weitere Maßnahmen.** Imipramin (Tofranil) kann als Ultima Ratio und zur Nacht antidiuretisches Hormon als Nasenspray gegeben werden. Bei emotionalen Störungen des Kindes oder der Familie kann eine Psychotherapie erforderlich sein.

Abwendbar gefährlicher Verlauf

Familiäre Konflikte können sich verschärfen, wenn die Bezugspersonen nicht ausführlich über die Natur der Störung und die Notwendigkeit gemeinsamer Anstrengungen aufgeklärt werden. Wichtig ist das Aufdecken zugrunde liegender Konflikte oder Probleme. Medikamentöse und apparative Therapieansätze sollten Spezialisten vorbehalten bleiben.

34.47.7 Leitlinien

Deutsche Gesellschaft für Kinder- und Jugendpsychiatrie, Psychosomatik und Psychotherapie. AWMF-S 1-Leitlinie 028–026. **Enuresis und nicht-organische (funktionelle) Harninkontinenz bei Kindern und Jugendlichen.** Im Internet: www.awmf.org/leitlinien; Stand: 20.01.2016

Deutsche Gesellschaft für Neurologie. AWMF-S 1-Leitlinie 030–121. **Neurogene Blasenstörungen, Diagnostik und Therapie.** Im Internet: www.awmf.org/leitlinien; Stand: 20.01.2016

34.48 Epididymitis (N45.9)

U. Müller-Bühl

34.48.1 Definition

Eine Epididymitis ist eine Entzündung des Nebenhodens (Epididymis). Bei Mitbefall des Hodens spricht man von einer Epididymoorchitis.

34.48.2 Epidemiologie

Der Häufigkeitsgipfel der Krankheit liegt bei Männern von 16–30 und von 51–70 Jahren.

34.48.3 Ätiologie

Hoden und Nebenhoden sind durch den Samenstrang und zahlreiche Lymphbahnen unmittelbar mit dem Genitale verbunden. Epididymitis und Orchitis entstehen praktisch immer fortgeleitet von einer Urethritis oder Prostatitis, z.B. bei Dauerkatheter. Der hämatogene Infektionsweg ist selten. Bei sexuell aktiven Männer ist eine Infektion mit Neisseria gonorrhoeae oder Chlamydia trachomatis (etwa 60–70 %) möglich.

34.48.4 Leitsymptome und Diagnostik

▸ **Symptome.** Innerhalb weniger Stunden kommt es zu einer schmerzhaften, hochroten, glänzenden, ein- oder beidseitigen Schwellung des Hodens bzw. Skrotums. Gelegentlich treten auch Symptome eines Harnweginfekts auf (Kap. 34.69).

▸ **Diagnostik.** Die Diagnostik umfasst:
- **Inspektion/Tasten:**
  - die Diagnose ergibt sich aus dem **Inspektions- und Tastbefund**
  - negatives Prehn-Zeichen: Schmerzabnahme bei Anheben des Hodensacks
- **Labor:**
  - Blutbild, CRP
  - Urinuntersuchung mittels Teststreifen
  - mikrobiologische Untersuchung des Harnröhrenabstrichs 3 Stunden nach dem letzten Urinieren
  - bei entsprechendem Verdacht PCR-Test auf Gonokokken oder Chlamydia trachomatis
- Sonografie

34.48.5 Differenzialdiagnostik

Differenzialdiagnostisch kommen infrage:
- Orchitis (N45.–): Prehn-Zeichen negativ: Schmerzabnahme bei Anheben (Kap. 34.128)
- Hodentorsion (N44.0): Prehn-Zeichen positiv: Schmerzzunahme bei Anheben
- Hodentumor (D 40.–): chronischer Verlauf, stetige Größenzunahme (Kap. 34.78)
- Hydrozele (N43.–): stetig zunehmend, nicht entzündlich, Diaphanoskopie (Kap. 34.81)
- Varikozele (I86.1): wird beim Pressen größer, nicht entzündlich
- Spermatozele (N43.4): schmerzfrei, nicht entzündlich

34.48.6 Therapie

► **Hochlagerung.** Eine Hochlagerung durch Mullkissen oder Handtuchverband zur Besserung des Lymphabflusses und Vermeidung von Zugschmerzen durch den vergrößerten Skrotalsack wird sofort als Erleichterung empfunden.

► **Antibiotika.** Bei sexuell aktiven Männern (Infektion durch Chlamydia trachomatis oder Neisseria gonorrhoeae): Ceftriaxon 500 mg i. m. einmalig oder Doxyzyklin (2 × 100 mg) über 7 Tage. Mitbehandlung des Sexualpartners. Bei älteren Männern mit aszendierender Infektion Gyrasehemmer (Ofloxacin, Ciprofloxacin) oder Cotrimoxazol.

► **Operation.** Bei eitriger Einschmelzung ist eine chirurgische Eröffnung und Drainage erforderlich.

Abwendbar gefährlicher Verlauf

- Eine „Epididymitis" bei Neugeborenen und Jugendlichen ist fast immer eine Hodentorsion und muss als Notfall behandelt werden.
- Septisches Krankheitsbild und Fluktuation deuten auf Abszess-Operation.

34.48.7 Leitlinien

Deutsche Gesellschaft für Allgemeinmedizin und Familienmedizin. AWMF-S 3-Leitlinie 053–001. **Brennen beim Wasserlassen.** Im Internet: www.awmf.org/leitlinien; Stand: 20.01.2016

Deutsche Gesellschaft für Kinderchirurgie. AWMF-S 1-Leitlinie 006–023. **Akutes Skrotum im Kindes- und Jugendalter.** Im Internet: www.awmf.org/leitlinien; Stand: 20.01.2016

34.49 Epikondylitis (M77.8)

H.-D. Klimm

34.49.1 Definition

Die Epikondylitis ist ein erworbener schmerzhafter Reizzustand der Sehnenansätze an den Epikondylen am distalen Teil des Oberarms. Es gibt 2 Formen:

- Epicondylitis radialis humeri (Tennis-Ellenbogen)
- Epicondylitis ulnaris humeri (Golfer- oder Werfer-Ellenbogen)

34.49.2 Epidemiologie

Die Erkrankung ist in der Allgemeinpraxis relativ häufig.

34.49.3 Ätiologie

Oft tritt die Epikondylitis nach anhaltender oder auch einmaliger Überlastung oder durch falsche Techniken bei Sportarten auf.

34.49.4 Leitsymptome und Diagnostik

► **Symptome.** Charakteristisch ist der typische punktuelle Dehnungs- und Spannungsschmerz. Schwellungen sind möglich.

► **Diagnostik.** Die Diagnostik erfolgt rein klinisch:
- Anamnese, z. B. funktionelle Überanspruchung
- Palpation: typischer Druckschmerz am einschlägigen Muskelursprung
- Funktionsproben: bei Funktionsprüfung wie Händedruck oder Drehbewegung spontane Schmerzangabe und Bewegungseinschränkung

Eine erweiterte Diagnostik ist in der Regel nicht notwendig. Die Röntgenuntersuchung des Ellenbogengelenks bringt meist keine diagnostischen Erkenntnisse. In schwierigen Fällen kann eine MRT des Ellenbogengelenks in Erwägung gezogen werden.

34.49.5 Differenzialdiagnostik

Mögliche Differenzialdiagnosen sind:
- Bursitis olecrani (M70.2): Kap. 34.30
- Zervikalsyndrom (M54.2): Kap. 34.199
- Kompressionssyndrom (G55.8) des N. radialis: Druckschmerzen in der Ellenbeuge mehr radialseitig
- Kompressionssyndrom des N. medianus: Druckschmerz im Ellenbogen mehr ulnar

34.49.6 Therapie

Die Literatur ist in Bezug auf die Wirksamkeit **konservativer Therapieverfahren** widersprüchlich, es gibt wenige kontrollierte Studien. Mögliche Maßnahmen sind:

- Schonen des Arms, ggf. Ruhigstellung mittels Gipsschiene für 10–14 Tage
- Epikondylitis-Bandagen
- lokale und parenterale Antiphlogistika, z. B. Diclofenac
- falls keine Besserung eintritt, lokale Infiltrationen mit Lokalanästhetika und Glukokortikoiden (***Cave:*** steriles Arbeiten!)
- Strahlentherapie (Röntgenreizbehandlung)
- Stoßwellentherapie (ESWT)
- bei chronischem rezidivierendem Schmerz von mehr als 6 Monaten Versuch mit Botulinumtoxin

Bei schweren therapieresistenten Fällen **operative Behandlung** mittels Einkerbung, Ablösung der betroffenen Strecksehnen (nach Hohmann), lokale Denervierung (nach Wilhelm), Ablösung der betroffenen Sehnenplatte (nach Nirschl) anstreben.

Die **Prognose** hinsichtlich des natürlichen Verlaufs ist günstig, wenn auch mit einer oft mehrmonatigen schmerzhaften Bewegungs- und Belastungsbeeinträchtigung gerechnet werden muss. Vermeidung der Überlastung und Fehlbelastung, ergonomische Arbeitsbedingungen sind die präventiven Maßnahmen der Wahl.

Abwendbar gefährlicher Verlauf

Sekundäre Muskelschwäche.

34.49.7 Leitlinien

Deutsche Gesellschaft für Orthopädie und orthopädische Chirurgie. AWMF-S 1-Leitlinie 033–019. **Epicondylopathia radialis humeri.** Im Internet: www.awmf.org/leitlinien; Stand: 20-01.2016

34.50 Epilepsie (G40.9)

H.-D. Klimm

34.50.1 Definition

Epilepsie ist ein zerebrales Anfallsleiden („Fallsucht") und bezeichnet ein Krankheitsbild mit mindestens einem spontan aufgetretenen Krampfanfall. Ein **Krampfanfall** ist die Folge anfallsartiger/paroxysmaler synchroner Entladungen von Neuronengruppen im Gehirn mit sekundären plötzlichen unwillkürlichen stereotypen Verhaltens-/Befindensstörungen.

Nach Definition der Internationalen Liga gegen Epilepsie (ILAE) werden Epilepsien eingeteilt in:

- fokale Anfälle (G40.1): Beginn des Anfallsgeschehens liegt in einer umschriebenen Region des Gehirns; weitere Unterteilung in:
  - einfach fokale Anfälle (Bewusstsein erhalten)
  - komplexe fokale Anfälle (mit Bewusstseinsstörungen)
  - fokale Anfälle mit Entwicklung sekundär generalisierter Anfälle
- generalisierte Anfälle (G40.3): kein Hinweis auf anatomisch begrenzte Lokalisationen oder herdförmigem Befund; weitere Unterteilung in:
  - Absencen (G40.7): kurze Bewusstseinspausen ohne Sturz (Petit Mal)
  - myoklonische Anfälle: einzelne, unregelmäßig wiederholte Zuckungen einzelner Muskelgruppen
  - klonische Anfälle
  - tonische Anfälle
  - tonisch-klonische Anfälle: typisch ist der „große Anfall" mit Bewusstseinsverlust, Sturz, Verkrampfungen (Grand Mal) (G40.6)
  - atonischer, astatischer Anfall
- nicht klassifizierbare epileptische Anfälle (eine Zuordnung nicht möglich)

34.50.2 Epidemiologie

Etwa 10 % aller Menschen haben eine erhöhte Krampfbereitschaft, die im EEG nachweisbar ist, aber nur 4–5 % aller Menschen erleiden einmal oder mehrere Male im Leben einen epileptischen Anfall, davon 90 % als Grand Mal. An einem fortschreitenden Krampfleiden leiden in der BRD ca. 0,5–1 % der Bevölkerung. Epilepsiepatienten haben gegenüber der Normalbevölkerung ein erhöhtes Risiko, vorzeitig zu versterben!

34.50.3 Leitsymptome und Diagnostik

▶ **Anfallstypen und Symptome.** Je nach Anfallstyp sind zu unterscheiden:

- generalisierte Anfälle (G40.3)
  - tonisch-klonische Anfälle (Grand Mal):
    - altersunabhängig
    - mit Bewusstlosigkeit einhergehend, 2–5 min andauernd
    - im Vorstadium motorische oder sensorische Aura (Taubheitsgefühle, Kribbeln, visuelle Halluzinationen, Konzentrationsschwierigkeiten, Vergesslichkeit)
    - klonische Streckung der Rumpf- und Extremitätenmuskulatur, zentrale Apnoe, myoklone Phase mit rhythmischen Zuckungen am Körper und Extremitäten (evtl. Zungenbiss, Tachykardie, Hypersalivation, Inkontinenz (einnässen und einkoten)
    - postiktale Bewusstseinsstörungen, Terminalschlaf bis mehrere Stunden (Anfallsamnesie)
  - Absencen
    - häufigste Form idiopathischer Epilepsie im Kindesalter
    - 5–15 min andauernde Absencen, mehrere Mal/Tag möglich
    - sekundärer Bewusstseinsverlust und Erinnerungslücken
  - Blitz-Nick-Salaam-Krämpfe (BNS) (G40.4)
    - im 1.–2. Lebensjahr auftretend
    - blitzartiges Zusammenzucken
  - myoklonisch-astatische Anfälle (G40.3)
    - meist im 2.–4. Lebensjahr
    - plötzliches Herabsinken des Kopfes und „Zusammenstürzen", bedingt durch plötzlichen Verlust der Spannung der Muskulatur
- fokale Anfälle
  - je nach Sitz der zentralen Schädigung sensible (Kribbeln, Ameisenlaufen), motorische (rhythmische Zuckungen) oder sensorische (Geruchs- und Geschmacks-, optische und akustische) Störungen
  - motorische oder Jackson-Anfälle beschränken sich auf eine Gesichtshälfte oder Extremität, von distal nach proximal zunehmend
- komplex-fokale Anfälle
  - entsprechend der betroffenen Hemisphärenbezirke sekundäre motorische, sensorische oder psychische Symptome
  - meist Übelkeit, reduziertes Reaktionsvermögen, Bewusstseinseintrübung
  - Jeder fokale Anfall kann in einen generalisierten Anfall übergehen!
- Status epilepticus (G41.9)
  - hintereinander auftretende, in Serien ablaufende Krampfanfälle, ohne dass der Betroffene sich vollständig dazwischen erholen kann, länger als 20 min anhaltend
  - je länger der Status, desto größer die Gefahr der irreversiblen Schädigung!

Besondere **Formen der Epilepsie** sind:

- Leseepilepsie: Provokation der Anfälle durch lautes Lesen
- Temporallappenepilepsie:
  - mit 27 % die häufigste Form der anatomisch klassifizierbaren lokalisationsbezogenen Epilepsien
  - „unangenehmes" Gefühl aus der Magengegend bis Bewusstseinsverlust, schmatzende, kauende Mundbewegungen
- Stirnlappenepilepsie:
  - Frontallappenepilepsie, morphologisch im Erscheinungsbild vielgestaltig
  - meist kurze, vorwiegend schlafgebundene fokale klonische oder asymmetrisch tonische Anfälle
- kryptogene Anfälle: keine konkrete Ursache auffindbar
- juvenile Absence-Epilepsie:
  - erblich bedingte Epilepsie, Beginn in der Pubertät
  - bei 80 % der Patienten auch generalisierte tonisch-klonische Anfälle, meist nach dem Aufwachen
- Reflexepilepsien: idiopathisch, meist fokal, ausgelöst durch visuelle Reize, Bildschirme, schneller Farb- und Hell-Dunkel-Wechsel
- Fieberkrämpfe: Kap. 34.57
- Gelegenheitskrämpfe: Alkoholentzug, Schlafentzug → per Definition keine Epilepsie!

▶ **Diagnostik.** Zur Diagnostik gehören:

- **Anamnese:**
  - charakteristische Beschreibung (fremdanamnestisch!) → sicherer epileptischer Anfall (▶ Abb. 34.6)?
  - erster Anfall?
  - familiär gehäuftes Auftreten
  - Risiken bei der Schwangerschaft, Probleme bei der Geburt
  - Unfälle mit Schädel-Hirn-Trauma
  - entzündliche Erkrankungen des ZNS

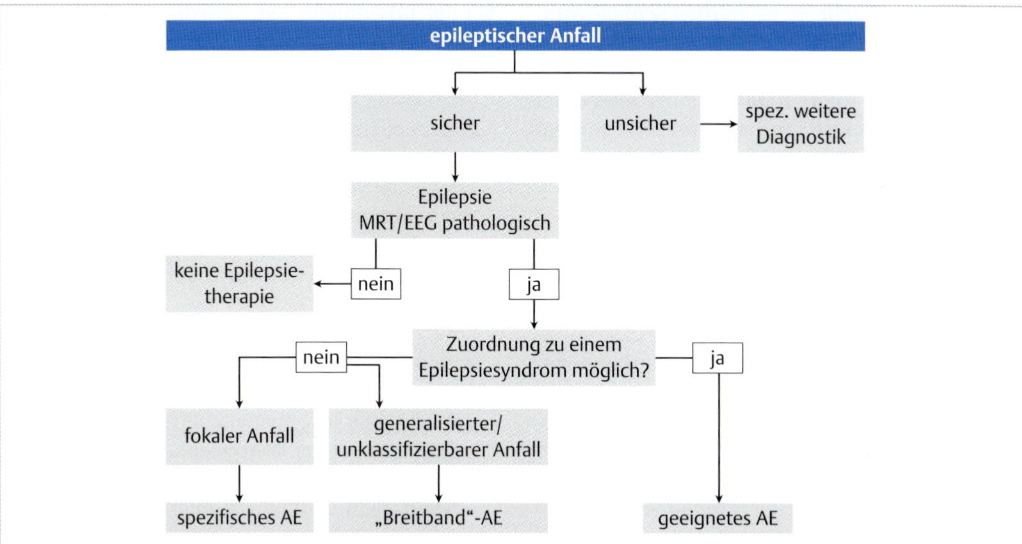

Abb. 34.6 Algorithmus für das diagnostische Vorgehen beim ersten epileptischen Anfall. AE = Antiepileptikum. (Mit freundlicher Genehmigung von Prof. Dr. med. C. E. Elger, Klinik für Epileptologie, Universität Bonn).

- **körperliche Untersuchung:**
  - Inspektion: Zungenbiss, Einkoten, Einnässen
  - Prüfung von Kraft, Sensibilität, Reflexstatus, Hirnnervenfunktion, Gleichgewicht, Koordination
- **Labor:**
  - Erkennen möglicher symptomatisch bedingter Epilepsien, z. B. Hypoglykämie, Medikamentenspiegel bei antikonvulsiver Behandlung, toxische Reaktion bei Antikonvusiva
  - Blutbild, Differenzialblutbild, Leberenzyme, Nierenfunktion, Blutgerinnung, Kalziumphosphatstoffwechsel
- Überweisung zum Neurologen: konsequente EEG-Untersuchung anstreben zur Einordnung des Anfalls durch Aufdecken typischer Anfallsmuster im EEG
- Überweisung zum Radiologen:
  - CT, MRT zum Ausschluss morphologischer Veränderungen intrazerebral, insbesondere Malignome
  - Positronenemissionstomografie (PET): zum Ausschluss epilepsieauslösender Herde
- Sonografie: bei Neugeborenen und Säuglingen durch Ultraschalluntersuchung des Gehirns vs. offener Fontanelle, Aufdecken anatomischer Abweichungen

34.50.4 Differenzialdiagnostik

Verschiedene Krankheitsbilder können mit vorübergehend anfallsartigen Erscheinungen einhergehen und einem epileptischen Anfall sehr ähnlich sein:

- Fieberkrampf (R56.0): Kap. 34.57
- Gelegenheitsanfälle (F10.3): Alkoholentzug, Schlafentzug
- psychogener Anfall (F44.88): Ursache ist meist eine Depression, Angststörung oder posttraumatische Belastungssituation; Augen sind oft geschlossen („zugekniffen"), Dauer oft mehr als 2 min, häufig atonisch, Gedächtnislücken für das Anfallsereignis möglich
- Synkopen (R55): meist bei älteren Patienten; Augen geöffnet, nach oben verdreht, asynchronie Myoklonien, variable Abläufe, rasche Reorientierung, weniger als 1 min!
- REM-Schlafverhaltensstörungen: besonders im höheren Lebensalter, Augen geschlossen, meist in der 2. Nachthälfte, oft täglich, Unruhe, periodisch, an- und abschwellend

34.50.5 Therapie

▸ **Anfallsbehandlung.** Nach dem ersten Anfall kann, nach mehreren Anfällen **muss** eine Therapie der Epilepsie begonnen werden! Bei Anfallsserien

34

und/oder Status epilepticus werden schnell wirksame Benzodiazepine i. v. oder rektal gegeben (Diazepam bis 20 mg i. v. [***Cave:*** Atemdepression]). Der Patient wird sofort stationär eingewiesen mit ärztlicher Begleitung! Eine sichere Lagerung zur Vermeidung von Aspiration und Verletzungen muss gewährleistet werden.

► **Langzeitbetreuung.** Die Langzeitbetreuung sollte stets in Zusammenarbeit mit dem Neurologen durchgeführt werden! Der Hausarzt ist bei der Behandlung stets der „Begleiter", der „Kontrolleur", stets nach Rücksprache mit dem betreuenden Neurologen.

► **Antiepileptika.** Antiepileptika wirken nicht antiepileptisch im eigentlichen Sinne, sondern sind vielmehr sog. Anfallsblocker, die die Schwelle des Gehirns für Anfälle erniedrigen sollen. Eingesetzt werden (► Tab. 34.14):

- fokale Epilepsie: Carbamazepin (A), Lamotrigin (A), Zonisamid, Phenhytoin (A)
- generalisierte oder unklassifizierbare Epilepsie: Valproat, Topiramat, Lamotrigin
- Absence-Epilepsie: Ethosuxmit, Valproat und Lamotrigin

Bei der Behandlung mit Antikonvulsiva ist zu berücksichtigen:

- Bei ca. 50 % aller Patienten ist die „Erst-Therapie" nicht erfolgreich, sodass ein „Umsetzen" auf ein 2. antiepileptisches Medikament die Folge ist. Die Umsetzung auf ein 2. Medikament hat eine Erfolgsrate von 10–15 %. ***Cave:*** Ein permanenter Wechsel zwischen verschiedenen Antikonvulsiva, insbesondere Generika, ist zu vermeiden, da Blutspiegelschwankungen bis zu 45 % möglich sind!
- ***Cave:*** Schwangerschaft. Alle jungen Frauen, die antiepileptisch behandelt werden, müssen ausführlich aufgeklärt werden über:
  - Wechselwirkungen zwischen Antikonvulsiva und hormoneller Kontrazeption
  - eine erhöhte perinatale Mortalität und Anfallsbereitschaft im Rahmen einer Schwangerschaft
  - die (nachgewiesenen) teratogenen Effekte von Antiepileptika (insbesondere bei Valproinsäure!), die allerdings nur bis zur 12. Schwangerschaftswoche bestehen
- Von **Pharmakoresistenz** kann gesprochen werden, wenn nach adäquaten Behandlungsversuchen mit 2 gut vertragenen und geeigneten

Tab. 34.14 Dosierung und Serumkonzentration der wichtigsten Antikonvulsiva.

Substanz (Abkürzung)	Eindosierungstempo (orientierend)	Zieldosis (mg) (orientierend)	Anzahl der Tagesdosen	therapeutische Serumkonzentrationen (µg/ml) (orientierend) = irrelevant
Carbamazepin (CBZ)	200 mg alle 3 Tage	400–2000	2 (retard) oder 3 (nicht retard)	3–12
Clobazam (CLB)	5 mg/d	10–40	2	
Gabapentin (GBP)	300 mg alle 1–3 Tage	1200–3 600	3	
Lamotrigin (LTG)	Monotherapie: • 25 mg für 2 Wochen • dann 50 mg für 2 Wochen • dann 50 mg pro Woche	100–600	2	2–15
Phenobarbital (PB)	25–50 mg alle 3–5 Tage	50–200	1–2	10–40
Phenytoin (PHT)	50–100 mg alle 3–5 Tage, gegen Ende in 25-mg-Schritten	200–500	2–3	5–25
Valproinsäure (VPA)	300–600 mg alle 3–5 Tage	600–3 000	1–2 (retard) oder 2–3 (nicht retard)	40–120

und auch angemessen dosierten Antiepileptika, sei es als Mono- oder Kombinationstherapie, keine Anfallsfreiheit erreicht wird.
- Nach einer langjährigen medikamentösen Therapie mit Anfallsfreiheit kann das Antikonvulsivum u. U. abgesetzt werden. Dabei ist das Rezidivrisiko 2–3-fach erhöht. Eine Chance für Anfallsfreiheit bis zu 70 % besteht dabei, wenn der Patient in den letzten 2–5 Jahren anfallsfrei war, nur 1 Anfall bekannt war und das EEG sich unter Therapie normalisierte.

▸ **Chirurgische Maßnahmen.** Wenn die medikamentöse Therapie ihre Wirkung verliert oder starke Nebenwirkungen auftreten, können chirurgische Verfahren zum Einsatz kommen wie die tiefe Hirnstimulation („deep brain stimulation" = DBS).

▸ **Psychosozialer Beratungsbedarf.** Eine Epilepsie kann die Lebensqualität des Patienten erheblich beeinträchtigen, ein erhöhter Beratungsbedarf ist gegeben bei:
- Fragen zu anfallsauslösenden Faktoren und deren Vermeidung
- Risiken von epileptischen Anfällen
- Erste-Hilfe-Maßnahmen bei Anfällen
- Dauer der Behandlung und Compliance sowie Laborkontrollen
- sozialmedizinischen Fragen wie Behindertenausweis, Fahrtauglichkeit (Begutachtungsleitlinien: www.fahrerlaubnisrecht.de); wer wiederholt unter epileptischen Anfällen leidet, ist nicht in der Lage, ein Kraftfahrzeug zu führen! Fahrerlaubnisse können wieder erteilt werden, wenn nach einjähriger Beobachtung keine Anfälle, keine motorischen, sensorischen oder kognitiven Einschränkungen bestehen, und nach 3–6-monatiger Beobachtungsphase im Anschluss an einen einmaligen Krampf
- Fragen zu Ausbildung und Beruf (www.arbeitssicherheit.de)

Abwendbar gefährlicher Verlauf

Hirnödem (G93.6) im Status epilepticus (G41.9) → hohe Lebensgefahr → sofortige Notfallbehandlung mit stationärer Einweisung

34.50.6 Leitlinien

Deutsche Gesellschaft für Neuropädiatrie. AWMF-S 2-Leitlinie 022–007. **Epilepsien im Kindesalter, diagnostische Prinzipien.** Im Internet: www.awmf.org/leitlinien; Stand: 20.01.2016

Deutsche Gesellschaft für Neuropädiatrie. AWMF-S 3-Leitlinie 022–022. **Blitz-Nick-Salaam Epilepsie (West-Syndrom): Therapie.** Im Internet: www.awmf.org/leitlinien; Stand: 20.01.2016

Deutsche Gesellschaft für Neurologie. AWMF-S 1-Leitlinie 030–041. **Erster epileptischer Anfall und Epilepsien im Erwachsenenalter.** Im Internet: www.awmf.org/leitlinien; Stand: 20.01.2016

34.51 Erysipel (A46)

F. Peters-Klimm

34.51.1 Definition

Das Erysipel ist eine in allen Alterskategorien auftretende akute Infektion der subkutanen Lymphspalten mit Rezidivneigung.

34.51.2 Epidemiologie

Zahlen für die hausärztliche Praxis liegen nicht vor. Häufig bei Kindern und alten Patienten, Gipfel im Winter.

34.51.3 Ätiologie

Ausgelöst wird das Erysipel durch das Eindringen von Streptokokken der Gruppe A (S. pyogenes), seltener auch anderer Streptokokken oder auch von Staphylococcus aureus (bei phlegmonöser Form) über die Haut. Eintrittspforten sind oft nur nach genauer Inspektion sichtbare kleine Hautmazerationen wie Rhagaden, kleine Verletzungen, gehäuft bei Tinea pedum und Ulcus cruris, Mundwinkelrhagaden und Erosionen am Naseneingang, deshalb gehäuft im Gesichts-, Fuß- und Unterschenkelbereich. Prädisponierende Faktoren sind Diabetes mellitus, chronisch venöse Insuffizienz, chronisches Lymphödem, Stauungsekzem und Immunsuppression.

34.51.4 Leitsymptome und Diagnostik

► **Symptome.** Typisch ist eine zunächst flächigrote, schmerzhafte Schwellung und Überwärmung mit scharf begrenzten, unregelmäßigen Rändern, die im weiteren Verlauf rasch an Größe zunimmt und oft Blasenbildungen mit gelegentlichen Hämorrhagien zeigt. Bei schweren Verlaufsformen können auch Phlegmonen oder ein Gangrän entstehen. Bei kleinerem Erysipel finden sich keine Allgemeinsymptome, bei zunehmender Größe und Schwere aber hohes Fieber, Schüttelfrost, Krankheitsgefühl, Nausea und regionäre Lymphadenitis.

► **Diagnostik.** Die Diagnose eines Erysipels ist zumeist eine Blickdiagnose. Es sollte nach der Eintrittspforte und regionären, schmerzhaften Lymphknoten gesucht werden! Laboruntersuchungen wie BSG-Beschleunigung, CRP oder Leukozytose sind meist nicht nötig. Der Erregernachweis (z. B. aus Blaseninhalt) gelingt nur in 20 % und sollte unterlassen werden.

34.51.5 Differenzialdiagnostik

Mögliche Differenzialdiagnosen sind:

- Stauungsekzem und abakterielle Hypodermitis bei chronisch venöser Insuffizienz
- tiefe Beinvenenthrombose, Thrombophlebitis
- Erysipeloid (Schweinerotlauf): Haut wegen Spongiose matt
- Phlegmone: teigige Schwelllung
- inzipienter Herpes zoster: besonders im Gesichtsbereich
- nekrotisierende Fasziitis: schwerste Verlaufsform bakterieller Genese mit entsprechender Klinik, in der Laienpresse „Killerkokken" genannt
- Kontaktdermatitis
- inflammatorisches (Mamma-)Karzinom

34.51.6 Therapie

Kleinere Erysipele ohne ausgeprägte Allgemeinsymptome können ambulant behandelt werden:

- Hochlagerung der betroffenen Extremität und bei Bedarf Analgetika
- **Antibiotika:**
  - orales Penicillin – z. B. für für Erwachsene 3 × 1,2–1,5 Mio. IE/d – über 10–14 Tage, bei Verdacht auf S. aureus Staphylokokken-Penicillin (z. B. Amoxicillin und Clavulansäure oder Cephalosporin)
  - bei Penicillinallergie oder rezidivierendem Verlauf alternativ Makrolide
- **Sanierung der Eintrittspforten**, z. B. Behandlung der Interdigitalmykose

Bei **größeren Erysipelen,** besonders bei ausgeprägten Allgemeinsymptomen, Blasenbildung und Verdacht auf Erysipela gangraenosum oder phlegmonosum sowie Gesichtserysipel **Klinikeinweisung** zur hochdosierten intravenösen Penicillingabe und ggf. chirurgischen Intervention.

Abwendbar gefährlicher Verlauf

- Gefürchtete **Komplikationen,** die sich durch adäquate und schnelle Therapie vermeiden lassen, sind der Übergang in die gangränöse und phlegmonöse Verlaufsform sowie eine Sepsis mit Abszessbildungen, Myokarditis (I51.4) und Poststreptokokkenglomerulonephritis (N05.9).
- Erysipele im Gesichtsbereich sind wegen der Gefahr der **Sinusthrombose** gefürchtet.
- Erysipele sind gleichzeitig Ursache für und häufigste Komplikation eines **Lymphödems!**
- Bei nicht genügend konsequenter Therapie besteht **Rezidivgefahr,** die durch Obliteration der Lymphspalten zu chronischen Lymphödemen (bis zur Elephantiasis) führen kann. Bei chronisch rezidivierenden Erysipelen ggf. prophylaktische (dauerhafte oder zyklische) Antibiotikatherapie.

34.51.7 Leitlinien

Deutsche dermatologische Gesellschaft. AWMF-S 2k-Leitlinie 013–038. **Staphylococcus aureus bedingte Infektionen der Haut und Schleimhäute, Diagnostik und Therapie.** Im Internet: www.awmf.org/leitlinien; Stand: 20.01.2016

Deutsche dermatologische Gesellschaft, Arbeitsgemeinschaft für Dermatologische Infektiologie. **Leitlinie Streptokokkeninfektionen der Haut und Schleimhäute.** Im Internet: www.derma.de/fileadmin/derma/pdfs/LL_Streptokokken_2006.10.04_.pdf; Stand: 29.06.2016

34.52 Extrauteringravidität (O00.9)

H.-D. Klimm

34.52.1 Definition

Als Extrauteringravidität wird eine Schwangerschaft bezeichnet, die sich außerhalb der Cavitas uteri entwickelt (ektope Schwangerschaft).

34.52.2 Epidemiologie

Etwa 1 % der Schwangerschaften liegen ektop, davon 99 % in der Tube.

34.52.3 Ätiologie

Mögliche Ursachen sind:

- mechanische Tubenverlegungen nach Salpingitis, Adnexitis, Appendizitis und Endometriose
- funktionelle Tubenstörungen bei Ovarialinsuffizienz und nach Uterus-Operationen
- falls es unter Intrauterinpessaren zur Schwangerschaft kommt, liegt diese gehäuft ektop (Selektionseffekt)

Bis 10 % der schwangerschaftsbedingten Mortalität beruht auf einer extrauterinen Schwangerschaft. Die Fertilitätsrate nach Extrauteringravidität liegt bei etwa 55 %, das Rezidivrisiko liegt bei 15 %. Eine Bauchhöhlenschwangerschaft (Abdominalgravidität) ist am seltensten.

34.52.4 Leitsymptome und Diagnostik

▸ **Symptome.** Die Extrauteringravidität wird in der Regel während der 5.–8. Woche nach der Menstruation symptomatisch und manifestiert sich meist als Tubarabort oder als Tubarruptur. Typisch sind:

- sekundäre Amenorrhö (evtl. nachgewiesene Frühgravidität)
- lokalisierter lateraler Unterbauchschmerz
- meist genitale Schmierblutungen
- gelegentlich Peritonismus ohne Fieber
- akuter (Ruptur-)Schmerz und Schocksymptomatik sind Zeichen einer foudroyanten intraabdominellen Blutung!

▸ **Diagnostik.** Zur Diagnostik gehören:

- genaue Zyklusanamnese
- gynäkologische Palpation (teigige Resistenzen im Adnexbereich, Portioschiebeschmerz)
- Labor:
  - Hämoglobin, Erythrozyten, Leukozyten, Hämatokrit infolge der Blutung
  - Schwangerschaftstest, β-HCG im Serum zur Kontrolle und Verlaufsbeurteilung
- Sonografie (ggf. transvaginal): komplexer Adnextumor, freie Flüssigkeit im Douglasraum
- Laparoskopie (gynäkologisch stationär)

34.52.5 Differenzialdiagnostik

Jede Blutung in der Frühgravidität ist suspekt auf Abort! Zu bedenken sind weiter Adnexitis, Appendizitis und Urolithiasis.

34.52.6 Therapie

Schon beim geringsten Verdacht auf eine Extrauteringravidität ist die sofortige stationäre Einweisung indiziert, immer mit Notarztbegleitung.

Abwendbar gefährlicher Verlauf

Bei ca. 30 % aller Fälle kommt es zu akuten intraabdominalen Blutungen mit sekundärem Blutungsschock (R57.1). Gefahr der tubaren Sterilität (N97.1) nach Salpingektomie.

34.52.7 Leitlinien

Deutsche Gesellschaft für Gynäkologie und Geburtshilfe. AWMF-S 2k-Leitlinie 015–076. **Extrauteringravidität.** Im Internet: www.awmf.org/leitlinien; Stand: 20.01.2016 (angemeldete Leitlinie)

34.53 Fazialisparese (idiopathische Form) (G51.0)

F. Peters-Klimm

34.53.1 Definition

Die Fazialisparese ist die periphere, einseitige Lähmung des N. facialis.

34.53.2 Epidemiologie

Mit einer Inzidenz von 7–40 Patienten pro Jahr und 100 000 Einwohner ist die idiopathische Fazialisparese oder Bell-Lähmung die häufigste Hirnnervenläsion, meist im mittleren Erwachsenenalter und ohne Geschlechterunterschiede auftretend.

34.53.3 Ätiologie

Derzeit wird pathophysiologisch eine Reaktivierung einer Herpes-simplex-Virus-Infektion mit Entzündung als wichtigster Ursache diskutiert, in ca. 60 % geht ein unspezifischer Virusinfekt voraus. Die Nervenschwellung im transtemporalen Verlauf des Nervs führt dann zu Kompressions- und Ausfallerscheinungen.

34.53.4 Leitsymptome und Diagnostik

Charakteristisch ist die **Lähmung der mimischen Gesichtsmuskulatur** mit hängendem Mundwinkel (Pfeifen nicht möglich) und inkomplettem Lidschluss. Das Stirnrunzeln ist auf der betroffenen Seite nicht möglich und beim Herausstecken der Zunge fällt eine Asymmetrie des Mundes auf. Die Sensibilität (N. trigeminus ist nicht betroffen!) der Gesichtshaut ist erhalten. Folgende Äste können zusätzlich (von distal nach proximal) betroffen sein:

- Chorda tympani (vordere zwei Drittel der Zunge): Schmeckstörungen
- N. stapedius: Hyperakusis (seltener)
- N. petrosus major: verminderte Tränenproduktion

34.53.5 Differenzialdiagnostik

25–40 % der erworbenen, **peripheren Fazialisparese** sind symptomatisch und haben entsprechende Ursachen:

- traumatisch
- entzündlich:
  - Borreliose (Borrelien-Serologie, insbesondere bei Kindern, Lumbalpunktion ist immer notwendig!)
  - HIV
  - Zoster oticus oder Herpes simplex (Lokalbefunde, Schmerzen, Otoskopie, Lumbalpunktion und virostatische Therapie!)
  - andere Erreger (Einzelfälle: Viren; Rickettsien, Ehrlichiose)
  - Guillain-Barré-Syndrom (weitere neurologische Ausfälle, Krankenhauseinweisung, Lumbalpunktion!)
- neoplastisch: Schwannome, Mengingeome, Glomustumor; maligne Tumoren; Cholesteatom
- metabolisch: Diabetes mellitus, Schwangerschaft (im letzten Trimenon!)
- Einzelfälle (z. B. Sarkoidose, Morbus Wegener, akute Leukämie, Gefäßdissektion)

Bei **zentraler Fazialislähmung** bleibt das Stirnrunzeln wegen der doppelseitigen supranukleären Innervation möglich, es treten keine Geschmacksstörungen auf. Bei **doppelseitiger peripherer Fazialisparese**, evtl. zusammen mit anderen Symptomen, ist an eine Polyneuritis (z. B. bei Borreliose!), Meningitis oder Meningeosis carcinomatosa zu denken. Bei abnorm starken Schmerzen sollte differenzialdiagnostisch an eine Zosterinfektion gedacht werden, auch wenn keine Herpesbläschen vorliegen (Zoster sine herpete).

Zur **Diagnostik** gehören:

- **Anamnese:** Wegleitend zur Abgrenzung von erworbener und idiopathischer Fazialisparese sind Fragen nach zusätzlichen Symptomen, insbesondere neurologischen Ausfällen und nach möglicher Borreliose (vorhergehender Zeckenbiss, Erythema migrans etc.).
- **körperliche Untersuchung:**
  - umschriebenes charakteristisches Bild:
    - beim Versuch, das gelähmte Augenlid zu schließen, wendet sich der sichtbare Bulbus nach oben (Bell-Phänomen)
    - Die Lähmung ist stets auf eine Gesichtshälfte beschränkt
  - Die Beteiligung anderer Hirnnerven ist ein Hinweis auf eine nicht idiopathische Fazialisparese, sodass eine weitergehende Abklärung indiziert ist, z. B. kraniale Bildgebung.
- **Liquoruntersuchung:** ergibt bei idiopathischer Fazialisparese in ca. 90 % einen Normalbefund, allerdings in ca. 10 % den Nachweis eines Erregers, meist ohne therapeutische Konsequenz
- **elektrophysiologische Untersuchungen** (z. B. Fazialisneurografie): können zur prognostischen Einschätzung im stationären Setting durchgeführt werden

34.53.6 Therapie

Möglichst frühzeitig entweder Prednisolon 25 mg 1–0–1 für 10 Tage oder 60 mg Prednisolon 1–0–0 für 5 Tage und dann tägliche Reduktion um 10 mg. (Eher psychologisch) wichtig sind Übungen der mimischen Gesichtsmuskulatur vor dem Spiegel, sehr wichtig ist die Verhinderung von Hornhautschäden (Augenklappe, Bepanthen und künstliche Tränen bei unvollständigem Lidschluss). Die Prognose ist schlechter, je stärker der initiale Ausfall, insgesamt jedoch gut, in 85 % der Fälle kommt es zu einer Rückbildung binnen 3 Wochen nach Symptombeginn. Durch Fehlsprossung regenerierender Nerven kann es zu Synkinesien (pathologische Mitbewegungen) und/oder autonomen Störungen (Krokodilstränen) kommen.

Abwendbar gefährlicher Verlauf

- **Hornhautulzerationen** infolge mangelnden Lidschlusses (Beurteilung durch Augenarzt empfohlen)
- Ursachen für symptomatische Fazialisparese dürfen nicht übersehen werden und erfordern bei Hinweisen ggf. die Einbeziehung des Neurologen und HNO-Arztes. Periphere Fazialisparesen bei Erwachsenen können in der Regel ambulant abgeklärt werden.

34.53.7 Leitlinien

Deutsche Gesellschaft für Neurologie. AWMF-S 2k-Leitlinie 030–013. **Idiopathische Fazialisparese (Bell's Palsy).** Im Internet: www.awmf.org/leitlinien; Stand: 20.01.2016

34.54 Fersensporn (M77.3)

H.-D. Klimm

34.54.1 Definition

Der Fersensporn (Kalkaneussporn) ist eine Insertionstendopathie mit spornartiger reaktiver Knochenbildung am Fersenbein. Man unterscheidet zwischen einem unteren und oberen Fersensporn:

- plantarer (unterer) Fersensporn: häufigste Form mit Verknöcherung im Ansatzbereich der Sehnenplatte an der unteren Seite des Fersenbeins (Plantaraponeurose), mit einer Entzündung der Plantarsehne vergesellschaftet
- dorsaler (oberer oder hinterer) Fersensporn: Verknöcherung am Fersenbeinansatz der Achillessehne

34.54.2 Epidemiologie

Fersensporne sind sehr häufig und weitverbreitet. Etwa 32 % der Menschen leiden unter Fersenbeinbeschwerden, Frauen sind häufiger als Männer betroffen, das Erkrankungsalter liegt oberhalb von 40 Jahren.

34.54.3 Ätiologie

Übergewichtigkeit und Fehlstellung des Fußes stellen wesentliche Faktoren dar.

34.54.4 Leitsymptome und Diagnostik

► **Symptome.** Typisch ist der Belastungsschmerz, d. h. Schmerzen beim Auftreten (vor allem morgens), und der umschriebene Druckschmerz (meist am inneren Vorderrand des Fersenbeins).

► **Diagnostik.** Die Diagnose wird klinisch gestellt, evtl. ist eine erweiterte Diagnostik sinnvoll:

- Röntgenuntersuchung des Fersenbeins: (Pronations-)Fehlstellung des Fußes
- MRT zum Ausschluss anderer Ursachen

34.54.5 Therapie

In einem Großteil der Fälle klingen die Beschwerden auch ohne spezifische Therapie spontan ab. Die konservative Therapie umfasst:

- Tragen hoher Absätze, Entlastung durch Fersenkissen, Einlagen zur Korrektur der Fußfehlstellung
- Gewichtsabnahme
- bei schweren rezidivierenden Verlaufsformen Kortisoninjektion mit Lokalanästhetika

Operativ können der Fersensporn abgemeißelt und die entzündeten Schleimbeutel entfernt werden. Außerdem ist eine Strahlentherapie möglich, wenn der Fersensporn stark schmerzhaft ist, die Patienten über 50 Jahre alt sind und bisherige Maßnahmen erschöpft sind. Dann ist bei 70–80 % der Fälle eine Schmerzlinderung zu erwarten.

Abwendbar gefährlicher Verlauf

- Bei größeren Injektionen sterile Kautelen beachten.
- Aseptische Nekrosen (R02) möglich!
- Ruptur (D 14.6) der Sehnenplatte!

34.55 Fettleber (K76.0)

U. Müller-Bühl

V

34.55.1 Definition

Die Fettleber (Steatosis hepatis) ist durch eine übermäßige tröpfchenförmige Fettablagerung im Leberparenchym, evtl. in Kombination mit Nekrose, Entzündung oder Fibrose, gekennzeichnet. Der Fettgehalt einer normalen Leber beträgt 2–6 %, einer mäßiggradigen Fettleber 10 %, einer ausgeprägten Fettleber 25–50 %. Nach der Ätiologie unterscheidet man die **nicht alkoholische Fettleber** von der **alkoholischen Fettleber**.

34.55.2 Epidemiologie

Etwa 25 % der erwachsenen Bevölkerung westlicher Industrienationen haben eine Fettleber. Bei Adipositas (BMI > 30) beträgt die Prävalenz einer sonografisch nachweisbaren Steatose 76–89 %, während sie bei Alkoholabhängigen 46–50 % beträgt.

34.55.3 Ätiologie

Als Ursachen für eine Fettleber kommen in Betracht:

- Noxen
  - **Alkoholabusus**
  - Medikamente
    - Steroidhormone (Glukokortikoide, Tamoxifen, synthetische Östrogene)
    - Amiodaron
    - Nifedipin, Diltiazem
    - Tetrazykline
    - Methotrexat
  - gewerbliche Schadstoffe
- Fehlernährung
  - **Adipositas**
  - Mangelernährung, Anorexie (Proteinmangel)
- Stoffwechselerkrankungen
  - Fettstoffwechselstörungen
  - Diabetes mellitus
- Virusinfektionen
  - Hepatitis C
- Schwangerschaft

34.55.4 Leitsymptome und Diagnostik

► **Symptome.** Die Fettleber ist überwiegend symptomlos. Manchmal haben die Patienten ein geringes Druckgefühl im rechten Oberbauch oder Meteorismus, in schweren Fällen können Ikterus, Aszites oder Leberhautzeichen entstehen.

► **Diagnostik.** Zur Diagnostik gehören:

- **Palpation:** diffus vergrößerte Leber
- **Sonografie:** Vergrößerung, Verplumpung, erhöhte Echogenität
- **Labor:**
  - leberspezifische Laborparameter sind bei der unkomplizierten Fettleber selten pathologisch verändert (Ausnahme evtl. γ-GT)
  - Bilirubinerhöhung, gesteigerte Transaminasenaktivität, Verschiebung des Eiweißspektrums in der Elektrophorese deuten auf einen floriden Schädigungsprozess bzw. eine schwere Leberschädigung
- **CT und MRT:** semiquantitative Bestimmung des Leberfettgehalts
- **Leberbiopsie:** exakter Nachweis entzündlicher und fibrotischer Veränderungen

34.55.5 Therapie

Kausal wirken z. B. eine Gewichtsnormalisierung, körperliche Bewegung und ggf. eine Diabetestherapie. Auslösende Medikamente sollten weggelassen oder ersetzt werden, wichtig ist die Alkoholabstinenz! Bei Ausschaltung der auslösenden Noxe besteht eine hohe Wahrscheinlichkeit einer Restitution.

Abwendbar gefährlicher Verlauf

Eine jahrelange Fettspeicherung der Leber und vor allem ihrer auslösenden Noxe führt zu entzündlichen Gewebsreaktionen: Rundzellinfiltraten, Nekrosen und Vermehrung des Bindegewebes. Es können eine **Hepatitis** (K75.9) (Kap. 34.72) und schließlich **Leberzirrhose** (K74.6) (Kap. 34.102) (bei NASH z. B. 5 %/10 Jahre) entstehen. Schwere entzündliche Schübe werden als Fettleberhepatitis bezeichnet.

34.55.6 Leitlinien

Deutsche Gesellschaft für Gastroenterologie, Verdauungs- und Stoffwechselkrankheiten. AWMF-S 2k-Leitlinie 021-025. **Nicht-alkoholische Fettlebererkrankungen.** Im Internet: www.awmf.org/leitlinien; Stand: 20.01.2016

34.56 Fibromyalgiesyndrom (M79.70)

R. Schäfert

34.56.1 Definition

Das Fibromyalgiesyndrom (FMS) ist durch chronische Schmerzen in mehreren Körperregionen charakterisiert, die regelhaft von Schlafstörungen/ Fatigue, Schwellungs-/Steifigkeitsgefühlen oder depressiven Symptomen begleitet werden.

34.56.2 Epidemiologie

Die Prävalenz in der deutschen Allgemeinbevölkerung beträgt 3,8 %; der Altersgipfel liegt bei 40–60 Jahren; Frauen sind häufiger betroffen als Männer.

34.56.3 Ätiologie

Zur Entstehung eines FMS gibt es ein bio-psycho-soziales Modell mit prädisponierenden, auslösenden und aufrechthaltenden Faktoren:

- **psychosoziale und zentrale Faktoren:** affektive Störungen, frühkindliche Traumata, inadäquate Stressantwort, zentrale Sensitivierung (zentrale Fehlregulation der Schmerzwahrnehmung und -verarbeitung) mit Dysfunktion der zentralen deszendierenden hemmenden Strukturen
- **biologische und periphere Faktoren:**
  - genetische Disposition (Genpolymorphismen des 5-HT-2-Rezeptors), positive Familienanamnese; Hyperreaktivität des ACTH und Hyporeaktivität der HHNA, wobei der erhöhte ACTH- und verminderte Kortisolspiegel mit einer verstärkten Schmerzwahrnehmung einhergehen
  - Small-Fiber-Neuropathie: bei FMS-Subgruppen morphologische Veränderungen, Störungen der elektrischen Eigenschaften und der Funktion der Aδ-Nervenfasern (dünn myelinisiert) und der C-Nervenfasern (nicht myelinisiert) (nicht spezifisch für FMS)

34.56.4 Leitsymptome und Diagnostik

► **Symptome.** Wichtige Symptome sind bereits bei der Definition genannt. Die Diagnose wird nach dem in ► Abb. 34.7 gezeigten Algorithmus gestellt; ► Abb. 34.8 zeigt die 18 Tender-Points. Der Symptomschwere-Score (mit einem Range von 0–12) ergibt sich aus:

- Summe von Müdigkeit, nicht erholsamem Schlaf und kognitiven Problemen (jeweils 0 = nicht vorhanden bis 3 = extrem ausgeprägt)
- Kopfschmerzen, Bauchschmerzen, Depression (jeweils 0 = nicht vorhanden, 1 = vorhanden)

► **Diagnostik.** Die Diagnostik umfasst:

- **Anamnese:**
  - Medikamentenanamnese
  - Begleitsymptome
  - psychosoziale Stressoren (Beruf, Familie)
  - Alltagsbeeinträchtigung
  - subjektives Erklärungsmodell
- **Komorbidität:** Depression, Angst
- **Schmerzskizze**
- **körperliche Untersuchung**
- **Labor:**
  - BSG, CRP, kleines Blutbild; CK; Ca^{2+}; TSH basal
  - ohne klinische Hinweise ist eine routinemäßige Untersuchung auf mit entzündlich-rheumatischen Erkrankungen assoziierte Autoantikörper nicht sinnvoll
  - in Abhängigkeit von der Anamnese und dem körperlichen Untersuchungsbefund ggf. weitere Laboruntersuchungen

34

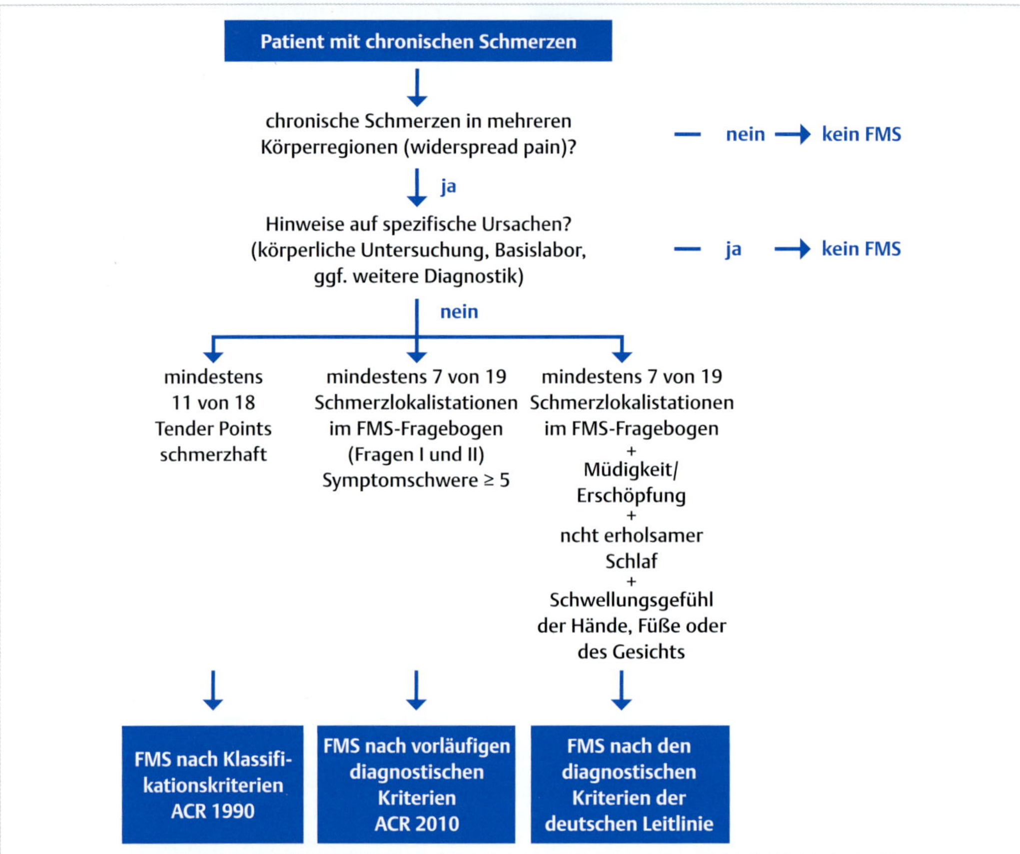

Abb. 34.7 Algorithmus zur Diagnosestellung des Fibromyalgiesyndroms (FMS) (Quelle: [63]).

- **weiterführende apparative Diagnostik** (weiterführendes Labor, Neurophysiologie, Bildgebung): nicht bei typischem Beschwerdekomplex und fehlendem klinischem Hinweis auf internistische, orthopädische oder neurologische Erkrankungen (Anamnese und klinische Untersuchung ohne Hinweis auf andere Erkrankungen als Ursachen von Schmerzen und Müdigkeit, unauffälliges Basislabor)
- **fachärztliche/fachpsychologische Untersuchung** bei folgenden Konstellationen empfohlen:
  - aktuelle schwerwiegende psychosoziale Stressoren
  - aktuelle oder frühere psychiatrische Behandlungen und/oder Einnahme von Psychopharmaka
  - schwerwiegende biografische Belastungsfaktoren
  - maladaptive Krankheitsverarbeitung

34.56.5 Differenzialdiagnostik

Die Differenzialdiagnosen des FMS sind in ▸ Tab. 34.15 aufgeführt.

34.56.6 Therapie

Bausteine der Therapie sind:

- **Diagnosemitteilung, Psychoedukation, Patientenschulung (EG A):**
  - Hinweis, dass die Beschwerden auf einer funktionellen Störung beruhen, nicht auf einer schweren organischen Krankheit

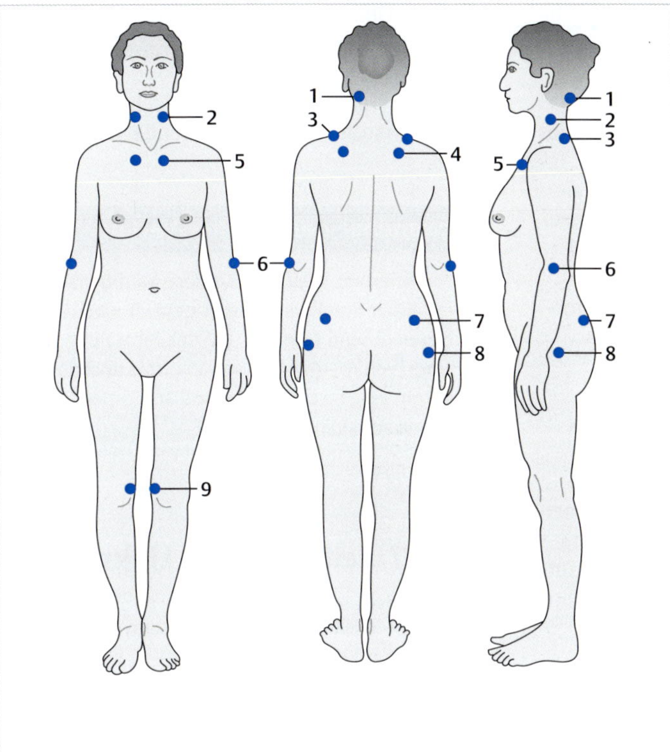

Abb. 34.8 Illustration der Fibromyalgie-Druckpunkte. Zur Etablierung der Diagnose Fibromyalgie müssen mindestens 11 der folgenden Druckpunkte positiv sein (9 Punkte je beidseits evaluiert) (Quelle: [69]):
1: Okziput, an den Insertionen der subokzipitalen Muskulatur
2: untere HWS, Querfortsätze der Halswirbel C 5–C 7 anteriorwärts
3: Mitte des Oberrandes des Trapezmuskels
4: Ursprung des Supraspinatus oberhalb der Spina scapulae
5: Knorpel-Knochen-Grenze der zweiten Rippe
6: Epicondylus lateralis humeri
7: oberer, äußerer Quadrant der Glutäalmuskulatur
8: Trochanter major dorsalwärts
9: Knie medial, über dem Fettkörper proximal des Gelenkspaltes.
Der Fingerdruck sollte mit ca. 4 kg erfolgen. Damit ein Druckpunkt positiv ist, muss er vom Patienten als druckschmerzhaft bezeichnet werden, eine Druckempfindlichkeit allein reicht nicht.

Tab. 34.15 Differenzialdiagnosen (DD) des Fibromyalgiesyndroms.

DD	klinischer Befund	typische Befunde aus der Zusatzdiagnostik
entzündlich-rheumatische Erkrankungen (z. B. RA)	Gelenkschwellung oder -rötung	Entzündungskonstellation im Labor; hochtitrige Antikörper (RF, Anti-CCP, ANA)
Polymyalgia rheumatica	akute bis subakute schmerzhafte Paresen, Allgemeinsymptome	Sturzsenkung, Hyper-CK-Ämie, prompt steroidresponsiv
Dermatomyositis/Polymyositis	akuter/subakuter Krankheitsbeginn; mit oder ohne Hautbeteiligung einhergehende, schmerzhafte proximale Paresen; Muskelatrophien	Entzündungskonstellation im Labor, Hyper-CK-Ämie; Spontanaktivität im EMG; gutes Ansprechen auf immunsuppressive Therapie
PROMM/DM2	unklare Schmerzen, evtl. Paresen und Myotonie	myotone Serien im EMG, geringes Ansprechen auf Analgetika
alkoholinduzierte Myopathie	akute schmerzhafte Paresen	Alkoholabusus in der Anamnese, Hyper-CK-Ämie, Rhabdomyolyse
Myopathie bei Hypothyreose	Lethargie, Gewichtszunahme, Myxödem	TSH basal erhöht
Hyperkalzämie (z. B. Hyperparathyreoidismus)	Polydypsie, Polyurie, Nierensteine, Appetitlosigkeit; Bauchschmerzen, Obstipation	Kalzium erhöht
metabolische Myopathien	belastungsabhängige Muskelschmerzen	Hyper-CK-Ämie, myopathisches Muster im EMG
medikamentös-toxisch		Medikamentenanamnese (z. B. Statine)
MAD-Mangelmyopathie	belastungsabhängige Muskelschmerzen	MAD-Aktivität reduziert, MAD-Histochemie im Muskel
Myasthenia gravis	Ptose; Doppelbilder; Tages- und belastungsabhängige Paresen; Schluck-, Sprechstörungen	Anti-Azetylcholin-Rezeptor-AK

34

  - Möglichkeit betonen, durch eigene körperliche und psychosoziale Aktivitäten die Beschwerden zu lindern
- **partizipative Behandlungsplanung:** Festlegen realistischer, individueller Therapieziele und des Vorgehens zusammen mit dem Patienten
- **körperbezogene Ansätze (EG A):** aerobes Training, Ausdauertraining, Funktionstraining, meditative Bewegungstherapien (Qi-Gong, Tai-Chi, Yoga); Thermalbäder
- **psychosoziale Maßnahmen:** Entspannungsverfahren (EG A), kognitive Verhaltenstherapie (EG 0)
- **medikamentöse Therapie**
  - In Deutschland ist derzeit kein Medikament für FMS zugelassen; Off-Label-Anwendung stets begründen
  - Auswahl des Präparats nach Hauptsymptomen (Schmerz, Schlafstörung, Depression, Angst), Begleiterkrankungen, Kontraindikationen, subjektiver Relevanz möglicher Nebenwirkungen (Gewichtszunahme)
  - vorsichtig beginnen:
    - Amitriptylin 10 mg/d (Ziel 10–50 mg/d) (El 2a, EG B)
    - Duloxetin 30 mg/d (Ziel 60 mg/d) (El 1a, EG B)
    - Pregabalin 50 mg zur Nacht (Ziel: 150–450 mg/d (El 1a, EG 0); ***Cave:*** Fälle von Abhängigkeit berichtet, besonders bei Drogenmissbrauch in der Vorgeschichte); vorsichtig steigern
  - Wirksamkeit und Verträglichkeit kurzfristig evaluieren; Absetzen nach 4 Wochen, falls Therapieziel nicht erreicht; bei Therapie-Respondern nach 6 Monaten Auslassversuch ansprechen
  - offene Empfehlungen (El 2a, EG 0) außerdem für Fluoxetin (20–40 mg/d) und Paroxetin (20–40 mg/d)
  - wegen unzureichender Datenlage weder positive noch negative Empfehlung für Gabapentin, Noradrenalin-Wiederaufnahmehemmer, schwache Opioide, ASS, Metamizol und Paracetamol
  - negative Empfehlungen für Cannabinoide, Flupirtin, Milnacipran, MAO-Hemmer und Muskelrelaxanzien
  - stark negative Empfehlungen für Virostatika, Anxiolytika, Dopaminagonisten, Hormonpräparate, Hypnotika, Interferone, Ketamin, Lokalanästhetika, Natriumoxybat, Neuroleptika, starke Opioide und Serotoninrezeptor (5-HT 3)-Antagonisten

Nicht empfohlen sind TENS, OP-Techniken, hyperbare Sauerstofftherapie und Tender-Point-Injektionen.

Abwendbar gefährlicher Verlauf

Chronifizierung, weil die Diagnose häufig erst nach langer Beschwerdedauer gestellt wird. Da sich zunehmend eine Störung der zentralen Schmerzverarbeitung entwickelt, ist jedoch Eile geboten, eine rasch einsetzende, multimodale Therapie zu beginnen.

34.56.7 Leitlinien und Links

Deutsche Interdisziplinäre Vereinigung für Schmerztherapie. AWMF-S 3-Leitlinie 041–004. **Fibromyalgiesyndrom: Definition, Pathophysiologie, Diagnostik und Therapie.** Im Internet: www.awmf.org/leitlinien; Stand: 20.01.2016

Lauche R, Häuser W. Fibromyalgiesyndrom-Fragebogen. Im Internet: www.researchgate.net; Stand: 20.01.2016

34.57 Fieberkrampf (R56.0)

H.-D. Klimm

34.57.1 Definition

Bei einem Fieberkrampf handelt es sich um einen generalisierten tonisch-klonischen Krampfanfall (s. a. Kap. 34.50), der im Säuglings- und Kleinkindalter (ca. 6 Monate bis 5 Jahre) in Verbindung mit einem Infekt, typischerweise in der Anfangsphase mit Fieber, auftreten kann, wobei keine ursächlichen zerebralen Störungen vorliegen. Man unterscheidet zwischen einem unkomplizierten und einem komplizierten Fieberkrampf. Von einem komplizierten Fieberkrampf spricht man, wenn der Anfall länger als 15 Minuten dauert und wenn er fokal auftritt oder wenn sich die Krampfanfälle während einer Fieberperiode wiederholen.

34.57.2 Epidemiologie

Bei etwa 1–2 % aller Kleinkinder kommt es zu einem Fieberkrampf, der jedoch nur in einem ¼ der Fälle einen komplizierten Verlauf nimmt, d. h. länger als 15 Minuten andauert. Der typische Gelegenheitsanfall ist die häufigste Form einer akuten Bewusstseinsstörung im präklinischen Setting und auch eines zerebralen Anfallsgeschehens im Kindesalter. Über ein Drittel der Kinder entwickelt erneut einen Fieberkrampf. Bei zwei Dritteln bleibt es bei dem einmaligen Ereignis.

34.57.3 Ätiologie

Genaue Ursachen für die Entstehung des Fieberkrampfes sind nicht bekannt. Neben Fieber als Voraussetzung gibt es Korrelationen zu speziellen Entwicklungsphasen des Gehirns und auffällige familiäre Häufungen (Prädisposition).

34.57.4 Leitsymptome und Diagnostik

► **Symptome.** Typische Symptome sind:
- generalisierte tonisch-klonische Krämpfe, nicht länger als 15 min
- Nachschlaf von kurzer Dauer bis zu 2 Stunden
- in der Regel schnelle Erholung nach dem Anfall

Kriterien für **komplizierte Fieberkrämpfe** sind:
- fokaler Beginn des Anfalls
- Anfallsdauer länger als 15 min
- postparoxysmale Paresen
- mehrere Anfälle in einer Fieberperiode
- Auftreten außerhalb der typischen Altersperiode
- zerebrale Vorschäden

► **Diagnostik.** Zur Diagnostik gehören:
- **Anamnese:**
  - der Hausarzt sieht den Anfall meist nicht selbst, daher ist die genaue Fremdanamnse wichtig!
  - Bewusstseinsverlust, Zusammenziehen der gesamten Muskulatur (tonische Versteifung), nach 10–13 Sekunden regelmäßig klonische Zuckungen, tonische Phase kann fehlen!
  - danach Periode von Benommenheit und Schläfrigkeit
- **klinische Untersuchung:**
  - grob orientierende klinische Untersuchung
  - Temperaturmessung
  - Versuch einer Lokalisation der möglichen Infektionsquelle
  - Ausschluss von meningealen Reizzuständen
- **Labor:**
  - spezifische Laboruntersuchungen gibt es nicht
  - wenn andere Ursachen des Anfalles diskutiert werden müssen: großes Blutbild, CRP, Kreatinin, Blutzucker

34.57.5 Differenzialdiagnostik

Differenzialdiagnostisch kommen infrage:
- Meningitis (G03.9): Kap. 34.117
- Hypoglykämie (E16.2): Kap. 34.42
- Erstmanifestation einer Epilepsie (G40.9): Kap. 34.50

34.57.6 Therapie

Die Therapie richtet sich nach dem Zustand, in dem das Kind angetroffen wird:
- Anfallsstadium bereits beendet:
  - Fiebersenkung, Behandlung des Infektherdes
  - stets Klinikeinweisung bei Erstmanifestation!
- noch bestehender Anfallstatus:
  - Schutz vor Verletzungen
  - Diazepam rektal (unter 15 kg 5 mg, über 15 kg 10 mg); alternativ Chloralhydrat rektal 100 mg/kgKG)
  - Fiebersenkung (z. B. Paracetamol)
  - stets Klinikeinweisung!
- bei Anfallspersistenz:
  - Clonazepam i. v. (0,1 mg/kgKG)
  - sofortige Klinikeinweisung!

Merke

Konsequente fiebersenkende Medikation. Ob dadurch allerdings ein Fieberkrampf verhindert werden kann, ist nicht belegt!

Abwendbar gefährlicher Verlauf

Die genaue Differenzialdiagnostik muss stets klinisch angestrebt werden: Auszuschließen sind: Meningitis, Hypoglykämie, manifeste Epilepsie.

34.57.7 Leitlinien

Deutsche Gesellschaft für Neuropädiatrie. AWMF-S 2-Leitlinie 022–007. **Epilepsien im Kindesalter, diagnostische Prinzipien.** Im Internet: www.awmf.org/leitlinien; Stand: 20.01.2016

Deutsche Gesellschaft für Neuropädiatrie. AWMF-S 1-Leitlinie 022–016. **Akute Bewusstseinsstörung jenseits der Neugeborenenperiode.** Im Internet: www.awmf.org/leitlinien; Stand: 20.01.2016

34.58 Frakturen

S. Klimm

34.58.1 Definition

Eine Fraktur ist eine mechanische Zerstörung von Knochensubstanz. Es kommt zu einer Unterbrechung der Kontinuität eines Knochens und der Bildung zweier oder mehrerer Bruchstücke (Fragmente) mit und ohne Verschiebung (Dislokation). Man unterscheidet zwischen offenen und geschlossenen Frakturen (▸ Tab. 34.16).

34.58.2 Epidemiologie

Mit am häufigsten sind Femurfrakturen (Schenkelhals und pertrochantär) (ca. 140/100 000 Einwohner), die meist ältere Patienten betreffen. Die Mortalität liegt bei ca. 30 % innerhalb eines Jahres, jeder 3. Betroffene wird dauerhaft invalide.

34.58.3 Ätiologie

Die Ursachen sind meist direkte äußere Gewalteinwirkungen, aber auch sich wiederholende Mikrotraumata, die eine Ermüdungsfraktur nach sich ziehen können. Bei pathologisch brüchiger Knochensubstanz, wie z. B. bei der Osteoporose, genügen oft normale Belastungen, um Frakturen herbeizuführen (Spontanfrakturen bei Osteoporose, Kompressionsfrakturen bei Knochentumoren und Metastasen). Manche Frakturformen erlauben einen Rückschluss auf die Art der Gewalteinwirkung, z. B.:

- Abrissfraktur: Abriss Kortikalisschale oder ganzer Knochenfragmente
- Abscherfraktur: Meißelfraktur, z. B. Radiusköpfchen
- Berstungsfraktur: z. B. knöcherner Schädel durch stumpfe Gewalteinwirkung
- Ermüdungsfraktur: durch ständige physische Belastungen, z. B. Marschfraktur
- Biegungsfraktur: durch Abknicken der Extremität an einer Kante oder Schlageinwirkung
- Spiral- oder Torsionsfraktur: durch indirekte Gewalteinwirkung Verdrehung der Extremität
- Kompressionsfraktur: Gewalteinwirkung auf die Gelenkachse eines Knochens (Sturz)
- pathologische Fraktur: kein „adäquates“ Trauma

34.58.4 Leitsymptome und Diagnostik

▸ **Symptome.** Bei geschlossenen Frakturen lassen sich sichere und unsichere **Frakturzeichen** unterscheiden:

- sichere Frakturzeichen:
  - Fehlstellung
  - abnorme Beweglichkeit
  - Krepitation
  - Stufenbildung
  - Knochenlücken
- unsichere Frakturzeichen:
  - Anschwellung
  - Hämatom
  - Schmerz
  - Funktionseinschränkung, eingeschränkte Beweglichkeit (functio laesa)

Tab. 34.16 Offene und geschlossene Frakturen.

Grad	offene Fraktur	geschlossene Fraktur
1	Durchspießung der Haut, Wundkontamination	keine Weichteilverletzung, einfache Frakturform
2	Durchtrennung der Haut, umschriebene Haut- und Weichteilkontusion, mittelschwere Wundkontamination	Hautabschürfung, Quetschung, einfache bis mittelschwere Fraktur
3	ausgedehnte Weichteildestruktion, häufig Gefäß- und Nervenverletzungen	Hautabschürfung, Kontusion, drohendes Kompartment, mittelschwere bis schwere Fraktur
4	subtotale Amputationsverletzung, ausgedehnte Verletzung von Nerven und Blutgefäßen	Hautkontusion, Zerstörung der Muskulatur, Kompartment

▸ **Diagnostik.** Die Diagnostik erfolgt anhand einer entsprechenden Röntgenuntersuchung, ergänzt durch genaue körperliche Untersuchung zur Beurteilung der Gefährdung des Zustandes des Weichteilapparats (Gefäße, Nerven, Gelenkkapseln, Sehnen, Muskulatur). Beim Verlauf der Frakturen im Röntgenbild unterscheidet man u. a.:

- Grünholzfraktur: Frakturform bei Kindern ohne Periostriss
- Querfraktur: einfache querverlaufende Fraktur
- Schrägfraktur: schräg verlaufende Frakturlinie
- Spiral- oder Torsionsfraktur
- Mehrfragment- oder Trümmerfraktur

Außerdem ist es therapierelevant, ob die Fraktur disloziert ist oder nicht und ob ggf. Gelenke beteiligt sind.

34.58.5 Therapie

Operative oder konservative Therapie

Für die Therapie ist es wichtig, ob eine operative Behandlung notwendig ist oder eine konservative Therapie ausreicht. Diese Entscheidung trifft der Chirurg, wobei festzuhalten gilt, dass eine operative Korrektur in der Regel indiziert ist bei:

- allen Frakturen mit mehreren Fragmenten
- nicht geschlossenen reponierbaren Frakturen
- anhaltender Instabilität
- Frakturen, die an Gelenke reichen

Frakturen, die überwiegend operativ vom Chirurgen behandelt werden müssen, sind z. B. Schenkelhals-, Patella-, Olekranon- und Knöchelfrakturen. Offene Frakturen müssen wegen der Infektionsgefahr ebenfalls immer fachchirurgisch versorgt werden. Viele geschlossene Frakturen können jedoch auch hausärztlich versorgt werden – aber nur nach entsprechender Röntgen- und chirurgischer Begleitdiagnostik und -therapie. Beispiele dafür sind distale Radius- (nicht disloziert oder gute Stellung nach Reposition), Mittelhand-, Phalangen-, subkapitale Humerus-, Klavikula-, Rippen-, Mittelfuß-, Wirbelkörper- oder Grünholzfrakturen).

Für das Anlegen ruhig stellender Verbände (Gipsverband, Metallschiene, Schuhversorgung) gilt:

- regelmäßige Kontrolle am ersten Tag nach Applikation, um Stauungen und Schwellungen zu erkennen
- in vorgegebenen Zeitabständen Röntgenkontrolle zum Ausschluss einer Frakturdislokation

Häufige Frakturen in der Allgemeinpraxis

Unkomplizierte Frakturen, die in der Allgemeinpraxis (nach-)behandelt werden können, sind:

- Wirbelkörperfrakturen (T 08.0):
  - häufigste Form der Wirbelkörperfrakturen ist die osteoporotisch bedingte Kompressionsfraktur, meist stark schmerzhaft und ohne Trauma entstanden
  - nach Entlastung und Analgetikatherapie ggf. Versorgung mittels Kyphoplastie anstreben
- Klavikulafraktur (S 42.00)
  - Fraktur meist im mittleren Drittel
  - Behandlung konservativ durch Rucksackverband für 4–5 Wochen (regelmäßige Kontrolle mit Nachziehen! Pulskontrolle!)
  - nur selten OP erforderlich
- Rippenfrakturen (S 22.3–):
  - häufige Fraktur bei Thoraxtraumata, Verkehrsunfall, Sturz auf den Thorax, besonders bei älteren Patienten
  - einzelne Rippenfrakturen verlaufen meist komplikationslos, Ausschluss Hämato- und Pneumothorax, regelmäßige Kontrollen
  - Therapie nur durch Analgetika
  - bei Serienfraktur von mehr als 4–5 Rippen → stationäre Behandlung!
- subkapitale Humerusfraktur (S 42.3):
  - häufig bei älteren Menschen durch Sturz auf den ausgestreckten Arm oder direkt auf die Schulter
  - ***Cave:*** mögliche Verletzung des N. axillaris!
  - Behandlung meist konservativ (nur bei stark dislozierten und Luxationsfrakturen Osteosynthese), zu Beginn 4–5 Tage Ruhigstellung durch Desault-Verband, dann intensive Krankengymnastik
- Radiusfraktur:
  - häufigste Fraktur des Radius, Schrägbruch, häufig disloziert, am distalen Radiusende, handgelenksnah (loco typico) durch Sturz auf die dorsal extendierte Hand (S 52.5)
  - Behandlung der Extensionsfraktur mittels dorsaler Gipsschiene für 4–6 Wochen nach Reposition, Kontrolle nach 2, 5 und 7 Tagen, bei

nicht reponierbarem oder Trümmerbruch sowie spätem Abrutschen operative Versorgung
  - häufige Spätkomplikation: Schädigung des N. medianus
- Handwurzelfrakturen:
  - häufigste und wichtigste Fraktur im Handwurzelbereich ist die Navicular-/Scaphoid-Fraktur (S 62.0), die durch Sturz auf die Hand entsteht
  - typischer Druckschmerz über der Tabatiere
  - Röntgen-Spezialaufnahme erforderlich, wird häufig im normalen Röntgenbild übersehen
  - Behandlung durch „Schwurhandgips“ für 12 Wochen, nach 6 Wochen Gipsabnahme, Kontrolle und erneute Ruhigstellung
  - Komplikation: Pseudarthrosenbildung, Fragmentnekrose → OP
- Mittelhand- und Phalangenfrakturen (S 62.2– bzw. S 62.3–):
  - häufige Frakturen, die meist reponiert werden müssen
  - Behandlung mit Gips für 4–6 Wochen, Anlage unter Zug in Beugestellung der Finger und leichter Dorsalflexion der Handwurzel
  - bei Fehlstellung operative Versorgung mit Kirschner-Drähten anstreben
  - ***Cave:*** Sorgfalt bei basisnahen Frakturen des Os metacarpale I (Bennett-Fraktur, S 62.21)
- Nagelkranzfraktur (S 62.63):
  - durch Quetschtrauma z. B. Lösung des Nagelkranzes (Tuberositas phalangis distalis)
  - keine Ruhigstellung nötig, evtl. Aspiration des subungualen Hämatoms durch Nageltrepanation

Zu den operationspflichtigen Frakturen gehören:
- Schenkelhalsfraktur (S 72.00):
  - häufige Hausbesuchssituation bei vorwiegend älteren Patienten mit Osteoporose nach Sturz
  - typische Folge von Patienten mit Einnahme von Tranquilizern und Schlafmitteln und dadurch vermehrter Sturzneigung!
  - schmerzhafte Schonhaltung mit Beinverkürzung und Außenrotation
  - sofortige stationäre Einweisung zur operativen Versorgung
- Malleolarfraktur (S 82.5, S 82.6, S 82.8):
  - Die Knöchelfrakturen gehören mit zu den häufigsten Traumafolgen überhaupt.
  - entsprechend der Höhe der Fibulafraktur (S 82.6) in Relation zur Syndesmose 3 Frakturtypen:
    - Typ Weber A: distal der Syndesmose
    - Typ Weber B: in Höhe der Syndesmose
    - Typ Weber C: proximal der Syndesmose
  - Malleolarfrakturen bedürfen einer schnellen, meist operativen chirurgischen Versorgung
- Fersenbeinfraktur (S 92.0):
  - Kalkaneusfraktur ist die häufigste Fraktur des Fußwurzelknochens, meist durch Sturz auf die Füße aus größeren Höhen
  - meist Trümmerbruch, Entlastung bis zu 3 Monaten
- Mittelfußfrakturen (S 92.3):
  - entstehen meist durch direkte Gewalteinwirkung, Quetschung oder Überfahrung
  - Ruhigstellung bis zum Abschwellen, Dauer 4–6 Wochen
- Zehenfrakturen (S 92.5):
  - Phalangen der Zehen haben, abgesehen vom Großzehengrundglied und -gelenk, für die Statik und das Abrollen des Fußes keine Bedeutung
  - nach evtl. Reposition Fixation durch Heftpflasterverband für meist 3 Wochen

Abwendbar gefährlicher Verlauf

- stets frühe fachchirurgische Mitbehandlung anstreben
- stets zu überprüfen gilt:
  - Verletzungen von Nerven, Gefäßen und Gelenken
  - Kompartmentsyndrom (T 79.69): Kap. 34.141
  - Volumenmangelschock (R57.1) durch äußere oder innere Blutung
  - Infektionen (posttraumatische Osteomyelitis (M86.99)
  - Pseudarthrose (M84.19)
  - Sudeck-Dystrophie (M89.09): Kap. 34.174

34.58.6 Leitlinien

Deutsche Gesellschaft für Kinderchirurgie. AWMF-S 1-Leitlinie 006–016. **Femurschaftfraktur im Kindesalter.** Im Internet: www.awmf.org/leitlinien; Stand: 20.01.2016

Deutsche Gesellschaft für Kinderchirurgie. AWMF-S 1-Leitlinie 006–040. **Oberarmfraktur proximal.** Im Internet: www.awmf.org/leitlinien; Stand: 20.01.2016

Deutsche Gesellschaft für Kinderchirurgie. AWMF-S 1-Leitlinie 006–062. **Unterarmschaftfrakturen im Kindesalter.** Im Internet: www.awmf.org/leitlinien; Stand: 20.01.2016

Deutsche Gesellschaft für Kinderchirurgie. AWMF-S 1-Leitlinie 006–131. **Tibia- und Unterschenkelschaftfraktur im Kindesalter.** Im Internet: www.awmf.org/leitlinien; Stand: 20.01.2016

Deutsche Gesellschaft für Unfallchirurgie. AWMF-S 1-Leitlinie 012–003. **Sprunggelenksfraktur.** Im Internet: www.awmf.org/leitlinien; Stand: 20.01.2016

Deutsche Gesellschaft für Unfallchirurgie. AWMF-S 1-Leitlinie 012–015. **Distale Radiusfraktur.** Im Internet: www.awmf.org/leitlinien; Stand: 20.01.2016

34.59 Frühsommermeningoenzephalitis (A84.–)

U. Müller-Bühl

34.59.1 Definition

Die Frühsommermeningoenzephalitis (FSME) ist eine von Zecken übertragene seltene Viruserkrankung mit einem erhöhten Risiko von Folgeschäden, Invalidität und Tod.

34.59.2 Epidemiologie

Das Vorkommen der FSME ist in Deutschland auf einzelne Regionen von Baden-Württemberg und Bayern sowie deren Randgebiete beschränkt. In den übrigen Bundesländern wurden bislang Infektionen nur sporadisch gemeldet. Pro Jahr wurden in der Vergangenheit in Deutschland 60–120 Fälle registriert. In Europa werden FSME-Fälle am häufigsten aus Russland, den Ostseeanrainerstaaten, Österreich und der Schweiz gemeldet.

34.59.3 Ätiologie

Das Virus wird ausschließlich von Zecken übertragen. Je nach Region sind 0,1–5 % der Zecken mit dem Virus infiziert. Der gemeine Holzbock (Ixodes ricinus) spielt dabei wegen seiner Häufigkeit und geringen Wirtsspezifität eine besondere Rolle. Er kann in allen Stadien (Larve, Nymphe, Adulte) infiziert sein und überträgt die Viren beim Saugakt auf den Menschen. Die Übertragung der FSME-Viren erfolgt innerhalb der ersten Stunden nach dem Zeckenbiss.

34.59.4 Leitsymptome und Diagnostik

▸ **Symptome.** Die weitaus häufigste Form der FSME ist die **subklinische Infektion**. Man geht davon aus, dass ca. 70 % der Infektionen ohne klinische Symptomatik ablaufen. Solche Fälle können nur anhand der Serokonversion diagnostiziert werden. Sie hinterlassen – wie die klinisch manifeste Infektion – lebenslange Immunität.

Die **Erkrankung** verläuft in 2 Phasen. Die 1. Phase geht mit uncharakteristischen Beschwerden eines grippalen Infekts einher (Temperaturanstieg, Müdigkeit, Kopf- und Gliederschmerzen). Nach einem Intervall von 4–14 Tagen folgt die 2. Phase – die Erkrankung des ZNS. Dabei sind 3 unterschiedliche **Verlaufsformen** bekannt:

- meningitischer Verlauf (56 %): Kopfschmerzen, Fieber, Lichtempfindlichkeit, Übelkeit 3–5 Tage, Ausheilung ohne Restschaden
- meningoenzephalitischer Verlauf (34 %): zusätzliche neurologische Ausfälle, von denen in ca. 20 % Restschäden verbleiben
- meningomyeloenzephalitischer Verlauf (10 %): neben dem ZNS werden Rückenmark und peripheres Nervensystem befallen, Restschäden in ca. 70 % der Fälle

▸ **Diagnostik.** Zur Diagnostik gehören:

- Anamnese: Aufenthalt in einem Risikogebiet, fakultativ erinnerlicher Zeckenbiss
- Prodromalphase mit grippeähnlichen Symptomen
- typische neurologische Symptomatik mit Fieber
- Nachweis entzündlicher Veränderungen in Blut und Liquor sowie FSME-spezifischer IgM- und IgG-Antikörper im Blut

34.59.5 Differenzialdiagnostik

In Betracht kommen:

- andere Virusmeningoenzephalitiden:
  - Enteroviren (B97.–)
  - Arboviren (A94.–)
  - Masern (B5.–)
  - Röteln (B06.–)
  - Pocken- und Rabiesschutzimpfung (Z25.–)
- bakterielle Menignoenzephalitiden:
  - Meningo-, Pneumo-, Staphylokokken (G00.–)
  - Haemophilus influenzae (G00.–)
- Borreliose (A69.2): Kap. 34.26

34.59.6 Therapie

Wie bei allen Viruserkrankungen ist eine kausale Therapie nicht möglich.

Der sicherste Schutz ist eine **präventive aktive Immunisierung**. Gefährdet sind in Endemiegebieten Angehörige land- und forstwirtschaftlicher Berufe und sonstige Personen mit besonderem Expositionsrisiko. Die Impfindikation wird daher vom Bundesgesundheitsamt als Indikationsimpfung eingestuft. Die aktive FSME-Impfung ist allen Personen im Alter über 3 Jahren mit wiederholtem Aufenthalt in Risikogebieten zu empfehlen. Seit Einführung der Impfung ist ein deutlicher Rückgang der Erkrankungsfälle zu verzeichnen.

Für Personen ohne entsprechenden Impfschutz stehen nach einem Zeckenbiss in einem Risikogebiet keine gesicherten Maßnahmen zur Verhinderung einer FSME zur Verfügung. Der Nutzen einer Postexpositionsprophylaxe mittels eines Hyperimmunglobulins konnte nie bewiesen werden und steht nicht mehr zur Verfügung.

Abwendbar gefährlicher Verlauf

Angehörige land- und forstwirtschaftlicher Berufe und Personen mit besonderem Expositionsrisiko sollten aktiv immunisiert werden. Bei Zeckenbiss an FSME und Borreliose denken.

34.59.7 Leitlinien

Deutsche Gesellschaft für Neurologie. AWMF-S 1-Leitlinie 030–035. **Frühsommer-Meningoenzephalitis (FSME).** Im Internet: www.awmf.org/leitlinien/detail/ll/030-035.html; Stand: 20.01.2016

Deutsche Gesellschaft für Neurologie. AWMF-S 1-Leitlinie 030–100. **Virale Meningoenzephalitis.** Im Internet: www.awmf.org/leitlinien/detail/ll/030-100.html; Stand: 20.01.2016

34.60 Funktionelle Störungen (F45.–)

R. Schäfert

34.60.1 Definition

Die S 3-Leitlinie zum Thema verwendet den Dreifachbegriff „nicht spezifische, funktionelle und somatoforme Körperbeschwerden (NFS)“ [41]. Sie greift damit die Parallelklassifikation funktioneller somatischer Syndrome (FSS) (somatische Fächer) und somatoformer Störungen (psychosoziale Fächer) auf und ergänzt die allgemeinmedizinische Perspektive nicht spezifischer Körperbeschwerden:

- **„nicht spezifisch“:** betont die fehlende Zuordenbarkeit vieler Beschwerden zu einer spezifischen Erkrankung und soll vorschnelle Etikettierung als „Krankheit“ und damit Medikalisierung verhindern
- **„funktionell“:** nimmt an, dass überwiegend die Funktion des betroffenen Organ(system)s gestört ist; die einzelnen somatischen Fächer definieren für spezielle Beschwerden verschiedene funktionelle somatische Syndrome (z. B. Reizdarm- [Kap. 34.159], Fibromyalgiesyndrom [Kap. 34.56])
- **„somatoforme Störung“** im engeren Sinn: Kap. 34.170

34.60.2 Epidemiologie

NFS treten in allen Altersgruppen auf (typischer Beginn zwischen 16 und 30 Jahren) und betreffen kulturübergreifend 4–10 % der Bevölkerung und 20 % der Hausarztpatienten (EL 1b); Frauen sind 1,5–3-mal häufiger betroffen als Männer. In klinischen Populationen erfüllen 50 % der Betroffenen mit einem FSS zusätzlich die Kriterien für ein oder mehrere andere FSS (EL 2a). NFS zeigen eine mit dem Schweregrad zunehmende Komorbidität mit depressiven und Angststörungen, posttraumatischer Belastungsstörung und Sucht (Medikamente, Alkohol). Bei hohem Schweregrad (Vollbild Somatisierungsstörung F45.0) bestehen häufig komorbide Persönlichkeitsstörungen (EL 2a).

34.60.3 Ätiologie

Aktuelle ätiopathogenetische Modelle gehen von komplexen Wechselwirkungen biologischer, psychosozialer, iatrogener/medizinsystemischer und soziokultureller Faktoren aus, die zu neurobiologischen Veränderungen führen können und bei Disposition, Auslösung und Chronifizierung der Beschwerden zusammenspielen.

34.60.4 Leitsymptome und Diagnostik

► **Symptome.** Nach Leitsymptomatik lassen sich 4 Beschwerde-Cluster unterscheiden:

- **muskuloskelettale Schmerzen** (Überschneidung mit Fibromyalgiesyndrom 93 %): Schmerzen in Armen oder Beinen, Muskel-, Gelenkschmerzen, Schwächegefühl, Rückenschmerzen, Taubheit oder Kribbeln
- **kardiopulmonal/autonomes Arousal** (Überschneidung mit nicht kardialem Brustschmerz 91 %): Palpitationen, Atemnot ohne Anstrengung, Hyperventilation, heißer/kalter Schweiß, trockener Mund
- **gastrointestinal** (Überschneidung mit Reizdarmsyndrom 95 %): abdominelle Schmerzen, Meteorismus/Blähungen, Durchfall, Regurgitation, Übelkeit, Magenbrennen (Reizmagen/funktionelle Dyspepsie)
- **Allgemeinsymptome** (Überschneidung mit Chronic Fatique Syndrome [CFS] 91 %): Müdigkeit, Erschöpfung, (Spannungs-)Kopfschmerzen, Schwindel, Konzentrations- und Gedächtnisprobleme
- Daneben kann auch das **Urogenitalsystem** (Reizblase, sexuelle Funktionsstörung) betroffen sein
- ebenso der **orofaziale Bereich** (temporomandibuläre Dysfunktion [TMD], atypischer Gesichtsschmerz)

Diese Symptommuster wurden als Bodily Distress Syndrome (Fink, Schröder) konzeptualisiert. Sie überlappen zu > 50 % untereinander (Multiorgantyp), isolierte Einzel-Organtypen sind eher selten.

► **Diagnostik.** Diagnostisch soll zur Früherkennung von NFS eine gestufte **Simultan-/Paralleldiagnostik** sowohl somatischer als auch psychosozialer Bedingungsfaktoren erfolgen und ggf. weitere fachärztliche und/oder psychotherapeutische Kompetenz hinzugezogen werden (EL 1b, EG A):

- Die **somatische Diagnostik** umfasst die Zusammenschau bisheriger Befunde, eine systematische Stufendiagnostik (verantwortlich begrenzen – Endpunkt festlegen, erwartbare Normalbefunde ankündigen), regelmäßige körperliche Untersuchungen und den Schutz vor unnötiger, ggf. schädigender Diagnostik.
- Die **psychosoziale Diagnostik** beinhaltet:
  - Fragen nach dem psychischen Befinden („Wie geht es Ihnen mit Ihren Beschwerden?“), nach psychosozialen Belastungen, nach der Funktionsfähigkeit im Alltag und nach positiven Hinweise auf NFS (► Tab. 34.17)
  - **Hilfsmittel**: Beschwerde-Skizze, Symptom- und Ressourcentagebuch
  - **Schweregradeinteilung**: Symptomausprägung, “yellow flags“ (► Tab. 34.17).

34.60.5 Differenzialdiagnostik

- Abgrenzung von primär somatischen Erkrankungen mit/ohne psychologischen Faktoren. Das Abwarten somatischer Ausschlussdiagnostik trotz vorliegender Hinweise auf psychosoziale Belastungen ist kontraindiziert.
- Diagnose anderer psychischer Störungen als DD (z. B. zoenästhetische Schizophrenie: bizarre Körpersensationen) oder Komorbidität (► Tab. 34.17).
- Differenzierung der funktionellen/somatoformen Störung (Schweregrad, Subtyp) (Kap. 34.170).

34.60.6 Therapie

Bei der Therapie handelt es sich um ein schweregradgestuftes, kooperatives und koordiniertes Versorgungsmodell:

- **Grundlagen und Voraussetzungen:** Aufbau einer partnerschaftlichen Arbeitsbeziehung, symptom-/bewältigungsorientierte Grundhaltung; tangentiale Gesprächsführung: Begleiten des Wechsels zwischen Beschwerdeklage (Nachfragen, ernst nehmen!) und Andeuten psychosozialer Probleme und Bedürfnisse; letztere sollen mit Alltagsbegriffen wie „Stress“, „Belastung“, „Druck“, „Anstrengung“, „Anspannung“ empathisch aufgegriffen werden.
- **leichtere Verläufe:** haus- bzw. fachärztliche Basistherapie/psychosomatische Grundversorgung: ausgehend von der subjektiven Krankheitstheorie des Patienten Erarbeiten eines Modells bio-

Tab. 34.17 Nichtspezifische, funktionelle und somatoforme Körperbeschwerden (NFS): Dimensionen der Symptomatik, Positiv-Hinweise und „yellow flags".

Dimensionen	positive Hinweise auf NFS	Charakteristika schwererer Verläufe („yellow flags"): 25 % der Fälle
Anzahl/Art der Beschwerden	• vage, diffus, wechselnd • Diskrepanz zwischen Befund und Befinden • Nichtpassen organischer Verteilungsmuster	multiple Beschwerden („multiorgan type")
Häufigkeit/Dauer der Beschwerden	persistierend	seltene/kurze/keine beschwerdefreie Intervalle
Krankheitswahrnehmung	Krankheitsängste	starke Krankheitsängste
Krankheitsverhalten	erhöhte Inanspruchnahme	sicherheitsuchendes Verhalten: • Body-Scanning, Rückversicherung • Schon- und Vermeidungsverhalten → hohe, dysfunktionale Inanspruchnahme
funktionelle Beeinträchtigung	Beeinträchtigung sozialer Funktionen (Arbeit, Familie)	Arbeitsunfähigkeit > 4 Wochen
psychosoziale (evtl. auch biografische) Belastung	Belastungen in Lebenssituation und Biografie	hohe Belastungen in Lebenssituation und Biografie (Traumatisierung)
psychische Komorbidität	psychische Komorbidität	schwerere psychische Komorbidität (Depression, Angst, PTBS, Sucht, Persönlichkeitsstörung)
Behandler-Patient-Beziehung	weitgehend unkompliziert	(von beiden) als „schwierig" erlebt, unangenehme Gegenübertragungsgefühle, häufige Behandlungsabbrüche
medizinsystemische und iatrogene Aspekte	adäquates Behandler-Verhalten	iatrogene Faktoren (invasive Maßnahmen)

psychosozialer Wechselwirkungen (Body-Mind-Interaktionen), körperliche/soziale Aktivierung

- **schwere Verläufe** (25 % der Fälle): regelmäßige/beschwerdeunabhängige Termine beim Hausarzt, gestufte Aktivierung; Hinzunahme störungs- und ressourcenorientierter Psychotherapie (vor allem kognitiv-behaviorale, daneben psychodynamisch-interpersonelle und hypnotherapeutische/imaginative Ansätze) im Einzel- oder Gruppensetting
- Innerhalb eines Gesamtbehandlungsplans bis zu multimodaler Therapie können körperorientierte/non-verbale und Entspannungsverfahren sowie befristete Medikation sinnvoll sein.
- **Pharmakotherapie:**
  - ggf. symptomorientierte Medikation (KKP)
  - bei Schmerzdominanz: zeitlich befristet Antidepressivum (Duloxetin, Amitriptylin) (EL 1a, EG A)
  - bei fehlender Schmerzdominanz: Antidepressiva (SSRI) nur bei entsprechender psychischer Komorbidität (EL 2a, EG B)

Abwendbar gefährlicher Verlauf

- Übersehen einer somatischen Erkrankung in 2–3 % der Fälle; kritisch geprüfte Ergänzungsdiagnostik bei neu auftretenden Beschwerden/Warnsymptomen (z. B. B-Symptomatik, Blut im Stuhl) – viel häufiger ist umgekehrt das **Übersehen einer funktionellen Störung**: Bis eine funktionelle/somatoforme Störung erkannt und eine spezifische Behandlung eingeleitet wird, dauert es im Mittel 5 Jahre! Vermeiden iatrogener Chronifizierung infolge Nichtberücksichtigung psychosozialer Einflussfaktoren.
- **Suizidrisiko** bei schwereren Verläufen von NFS erhöht, vor allem bei chronischen Schmerzen

34.60.7 Leitlinien

Deutsches Kollegium für Psychosomatische Medizin, Deutsche Gesellschaft für Psychosomatische Medizin und Ärztliche Psychotherapie. AWMF-S 3-Leitlinie 051–001. **Nicht-spezifische, funktionelle und somatoforme Körperbeschwerden, Umgang mit Patienten.** Im Internet: www.awmf.org/leitlinien/dfetails/ll/051-001.html; Stand: 20.01.2016

34.61 Gangrän/Nekrose (I73.–)

U. Müller-Bühl

34.61.1 Definition

Unter einer Nekrose wird ein pathologischer Zelluntergang mit mikro- und makroskopisch sichtbarer Denaturierung von Proteinen umschriebener Gewebsareale verstanden. Durch Organisation und Autolyse nekrotischen Gewebes kommt es zur Gangrän. Dabei bezeichnet die **trockene Gangrän** eine Mumifizierung, Schrumpfung und schwärzliche Verfärbung infolge von Flüssigkeitsverlust und die **feuchte Gangrän** eine Verflüssigung nekrotischen Gewebes durch Bakterien (Kolliquation).

34.61.2 Epidemiologie

Verlässliche Angaben zu Prävalenz und Inzidenz gangränöser Wunden liegen nicht vor. Diabetiker erleiden 15-mal häufiger als Nichtdiabetiker nekrotische Fußläsionen.

34.61.3 Ätiologie

Als Ursachen kommen in Betracht:

- Ischämie (Durchblutungsstörungen der Extremitäten, Mesenterialinfarkt, Dekubitus)
- Noxen (nekrotisierende Pankreatitis)
- humorale und bakterielle Entzündung (diabetische Gangrän)
- Trauma (Gangraena congelationis – Gangrän bei Erfrierungen)

34.61.4 Leitsymptome und Diagnostik

▸ **Symptome.** Leitsymptom ist die trockene oder feuchte Gangrän (s. Definition).

▸ **Diagnostik.** Die Diagnose ist oft eine Blickdiagnose:

- **Anamnese:** Grund- und Begleiterkrankungen (z. B. diabetisches Fußsyndrom, PAVK)
- **Inspektion:** Allgemeinzustand, lokale Demarkation, Infektionszeichen
- **Labor:** CRP, Blutbild
- Wundabstrich, falls antibiotische Therapie erwogen wird
- Röntgen (Osteomyelitis, -lysen)

Merke

Wichtig ist die Fotodokumentation, insbesondere in Hinblick auf Verordnung pflegerischer Hilfsdienste.

34.61.5 Therapie

Die Lokalbehandlung umfasst:

- Débridement von avitalem Gewebe, Belägen, Detritus (soweit möglich)
- **bei trockenen Nekrosen/Gangrän:**
  - trockene Behandlung, Durchfeuchtung wegen Gefahr einer mikrobiellen Besiedlung vermeiden
  - Ausnahme: offen liegende Sehnen oder Knochen
- **bei feuchten Nekrosen/Gangrän:**
  - antiseptisch behandeln
  - abtrocknen lassen,ggf. trocken föhnen
- **antiseptische Maßnahmen:** topische Behandlung mit Antiseptika (z. B. Octenidin, Polihexanid, Povidon-Jod)
- **Madentherapie** erwägen

Eine **chirurgische** Resektion kommt je nach Grundkrankheit, Lokalisation, Schweregrad und Heilungsverlauf infrage:

- minimalinvasive Nekrosektomie (Pankreatitis)
- offene Nekrosektomie
- Amputation

Abwendbar gefährlicher Verlauf

Sepsis mit letalem Ausgang durch Übertritt pathogener Bakterien in den Blutkreislauf.

34.61.6 Leitlinien

Deutsche Gesellschaft für Angiologie - Gesellschaft für Gefäßmedizin. AWMF-S 3-Leitlinie 065–003. **Periphere arterielle Verschlusskrankheit (PAVK), Diagnostik, Therapie und Nachsorge.** Im Internet: www.awmf.org/leitlinien; Stand: 20.01.2016

34.62 Gastritis (K29.7)

K.-C. Münter

V

34.62.1 Definition

Bei einer **Gastritis** handelt es sich um eine Degeneration und/oder Entzündung der Magenschleimhaut aus unterschiedlicher Ursache, beispielsweise aufgrund von toxischen Substanzen, Stress oder Medikamenten. Unterschieden werden akute, chronische und erosive (hämorrhagische) Formen. Dabei ist die **chronische Gastritis** unabdingbar eine endoskopische und histologische Diagnose:

- Typ A – Autoimmungastritis (ca. 5 % der Fälle)
- Typ B = bakterielle Gastritis (ca. 80 % der Fälle) – Helicobacter pylori
- Typ C = chemische Gastritis (ca. 15 % der Fälle)

Erosionen sind unterschiedlich tiefe Defekte der Magenmukosa, die die Muscularis mucosae nicht durchdringen und daher ohne Neubildung abheilen.

34.62.2 Ätiologie

Die **akute Gastritis** beruht auf Schleimhautschädigungen meist durch exogene Faktoren wie Medikamenteneinnahme (ASS, Antirheumatika), übermäßigen Alkohol- oder Nikotingenuss sowie durch psychische Einflüsse (Stress und Belastungssituationen), seltener durch Säuren- oder Laugeningestion.

34.62.3 Leitsymptome und Diagnostik

► **Symptome.** Das Symptomenspektrum kann von leichten Oberbauchbeschwerden mit Druckgefühl und Aufstoßen bis zum Bild des akuten Abdomens mit Übelkeit, evtl. Bluterbrechen und Teerstuhl reichen. Häufig ist der Verlauf asymptomatisch. Wird eine Gastroskopie aus anderen Gründen durchgeführt, findet sich nicht selten eine mangelnde Korrelation zwischen Beschwerden und endoskopischem Befund. Die häufigste klinische Manifestation der **erosiven Gastritis** ist die obere gastrointestinale Blutung, die nicht immer mit kaffeesatzartigem Erbrechen und Meläna auftreten muss.

► **Diagnostik.** Zur Diagnostik gehören:

- **Anamnese:**
  - bei akuter Gastritis plötzlicher Beginn mit epigastrischem Druckschmerz, Übelkeit, Appetitmangel
  - bei chronischen Gastritiden weisen nur 50 % der Patienten Beschwerden auf, wobei häufig ein epigastrisches Druck- und Völlegefühl sowie Empfindlichkeit gegenüber bestimmten, individuell unterschiedlichen Speisen bestehen
- **körperliche Untersuchung:**
  - abdominelle Untersuchung → Druckschmerz im Epigastrium
  - rektale Untersuchung mit Testung auf okkultes Blut → Bestätigung einer gastrointestinalen Blutung
  - bei der häufigen milden Form der akuten Gastritis reichen in der Regel die körperliche Untersuchung und Verlaufskontrollen aus
- **Labor:**
  - keine spezifischen Laborbefunde, evtl. aber Hinweis auf zugrunde liegende Ursachen
  - BSG, Blutbild, Transaminasen, Kreatinkinase, Lipase und Test auf okkultes Blut im Stuhl
- **EKG:** zur differenzialdiagnostischen Abklärung eines Hinterwandinfarkts

Zur weiterführenden Diagnostik gehören die **Sonografie,** die im Rahmen der Ausschluss- und Differenzialdiagnostik bei persistierenden Oberbauchbeschwerden unerlässlich ist. Obwohl der Magen, abgesehen von evtl. vorhandenen Wandverdickungen, als Hohlorgan nicht direkt beurteilt werden kann, ist eine Beurteilung des Umfelds (z. B. Leber, Gallenblase und Gallenweg, Pankreas, Nieren, Milz, Aorta, Lymphknoten) wichtig. Eine **Endoskopie** dient der Diagnosesicherung und Klärung der Differenzialdiagnose. Sie ist obligat bei therapieresistenten Oberbauchbeschwerden, die länger als 3 Wochen bestehen, und bei über 50-jährigen Patienten.

34.62.4 Differenzialdiagnostik

Differenzialdiagnostisch stehen **funktionelle Oberbauchbeschwerden** (funktionelle Dyspepsie) an erster Stelle, bei denen sich keine pathologischen Organveränderungen nachweisen lassen, die trotzdem aber für den Patienten sehr beunruhigend sind. Andere **Magen-Darm-Erkrankungen** wie peptische Ulzera, Ösophagusvarizen, gastroösophagealer Reflux, Magenkarzinom oder -perforation, virale Gastroenteritis, Erkrankungen der Gallenwege oder -blase oder des Pankreas können vorliegen. Ferner ist an die Möglichkeit eines **Hinterwandherzinfarkts** oder **Aortenaneurysmas** zu denken. Selten liegen gastrointestinale Lymphome vor.

34.62.5 Therapie

Bei schweren Formen werden medikamentös Protonenpumpeninhibitoren (PPI) in gebräuchlicher Dosierung verabreicht; jedoch können spontane Heilungen innerhalb von einer Woche auftreten, sodass ein **abwartendes Offenlassen** bei leichten Formen zunächst gerechtfertigt ist. Bei chronischen Formen mit Nachweis von Helicobacter pylori und bei gleichzeitig bestehendem Ulcus duodeni ist die Eradikation indiziert (Kap. 34.187). Der Erfolg dieser Therapie sollte 6–8 (frühestens 4!) Wochen nach Abschluss mit Endoskopie oder durch den ^{13}C-Harnstoff-Atemtest oder einen monoklonalen Stuhlantigentest überprüft werden.

Abwendbar gefährlicher Verlauf

- Beschwerden im Oberbauch, die einer Gastritis zugeordnet werden, können Hinweise auf eine andere schwere Oberbaucherkrankung sein. Besondere Bedeutung hat das **Magenkarzinom** (C 16.9), daher ist ab dem 50. Lebensjahr die Gastroskopie bei unklaren Oberbauchbeschwerden obligat.
- Stresserosionen können anhaltend und schwer bluten und die notfallmäßige Klinikeinweisung erfordern.

34.62.6 Leitlinien

Deutsche Gesellschaft für Gastroenterologie, Verdauungs- und Stoffwechselkrankheiten. AWMF-S 3-Leitlinie 021–001. **Helicobacter pylori und gastroduodenale Ulkuskrankheit.** Im Internet: www.awmf.org/leitlinien; Stand: 20.01.2016

34.63 Gastroenteritis (K52.9)

K.-C. Münter

34.63.1 Definition

Unter Gastroenteritis versteht man eine mit Schmerzen einhergehende entzündliche Erkrankung des Magen-Darm-Trakts, die von Fieber, Erbrechen und Durchfall begleitet sein kann.

34.63.2 Epidemiologie

In der allgemeinärztlichen Praxis liegen meist selbst limitierte virale Formen der akuten Gastroenteritis vor, bei denen keine weitergehende Diagnostik erforderlich ist. Alle Altersstufen und beide Geschlechter sind betroffen.

34.63.3 Ätiologie

Auslöser sind bei den akut infektiösen Erkrankungen meist **Viren**, seltener Bakterien oder Protozoen. Bei der **bakteriell verursachten Enteritis** kann eine Invasion der Darmwand mit folgender Entzündung und Exsudation (Shigellen, enteritische Salmonellen, enteropathische Escherichia coli) bestehen. Andere bakterielle Erreger können Enterotoxine (Staphylokokken, Clostridien) oder Exotoxine (Vibrio cholerae) bilden und einen starken enteralen Wasserverlust bedingen.

34.63.4 Leitsymptome und Diagnostik

► **Symptome.** Durchfall ist nicht obligat, jedoch meist vorhanden. Häufig bestehen Appetitlosigkeit, Übelkeit, Erbrechen, Bauchschmerzen und Bauchkrämpfe, evtl. Fieber (meist 1–10 Stunden nach Kontamination). Bei der körperlichen Untersuchung finden sich ein diffuser Druckschmerz des Abdomens ohne Abwehrspannung und häufig „Plätschern“ als Hinweis auf flüssigkeitsgefüllte Darmschlingen sowie meist eine lebhafte Peristaltik.

► **Diagnostik.** In 20–50 % ist kein Erregernachweis im Stuhl möglich, da dieser auf ausgeschiedene Bakterien beschränkt ist, d. h., Enterotoxine und Viren werden im Stuhl nicht erfasst. Für die Diagnostik sind in der Regel **Anamnese** und **körperliche Untersuchung** ausreichend. Erst bei persistierender Symptomatik über ca. 2 Wochen oder bei Verdacht auf einen schweren Krankheitsverlauf, Hinweise auf eine maligne Grunderkrankung, Aufenthalt in den Tropen oder Immunsuppression (Chemotherapie, HIV, Organtransplantation) sollten erweiterte Diagnostikmaßnahmen initiiert werden, z. B. Stuhl auf pathogene Keime, immunologische Untersuchungen, Blutbild und Serumelektrolyte.

34.63.5 Differenzialdiagnostik

Infektionen durch spezifische Erreger (z. B. Salmonellen, Rickettsien, Yersinien) fallen unter die Meldepflicht nach dem IfSG (Kap. 14.7). Appendizitis, Malabsorptionssyndrome, Lebensmittelallergien und andere Erkrankungen des Ober- und Unterbauchs sind Differenzialdiagnosen. Häufig kommt es im Rahmen von gastrointestinalen Infekten zu einer meist harmlosen **Begleitappendizitis**, die einer engmaschigen Verlaufskontrolle bedarf.

34.63.6 Therapie

Da der Verlauf bei den viralen Gastroenteritiden meist **selbstlimitierend** ist, reichen neben der diesbezüglichen Beratung bei unkomplizierteren Fällen eine Arbeitsunfähigkeitsbescheinigung und Nahrungskarenz für 2–3 Tage aus. Die Beratung muss auf reichliche Flüssigkeitsaufnahme, Tee und Zwieback und auf den anschließenden langsamen Kostaufbau ausgerichtet sein. Bei weiter bestehenden Beschwerden ist eine Wiedervorstellung erforderlich. Gegen Brechreiz können Antiemetika verabreicht werden. Der Wert von Adsorbenzien (Kohle oder Pektine) ist nicht erwiesen. Besonders bei **Säuglingen** und **Kindern** mit bestehendem Durchfall sind der Ausgleich von Flüssigkeits- und Elektrolytverlusten und engmaschige Verlaufsbeobachtungen wichtig.

Abwendbar gefährlicher Verlauf

- Drohende Entgleisungen des Elektrolyt- und Wasserhaushalts, die einer stationären Infusions- und ggf. antibiotischen Therapie bedürfen, sind rechtzeitig zu erkennen. Bei Säuglingen ist aus diesem Grund eine frühzeitige stationäre Einweisung vorzunehmen.
- Weitere vermeidbare Komplikationen eines anhaltenden Durchfalls können die metabolische Azidose aufgrund des Bikarbonatverlusts und ein Kreislaufkollaps sein.

34.63.7 Leitlinien

Deutsche Gesellschaft für Allgemeinmedizin und Familienmedizin. AWMF-S 1-Leitlinie 053–030. **Durchfall, akut.** Im Internet: www.awmf.org/leitlinien; Stand: 20.01.2016

Arbeitskreis Krankenhaus und Praxishygiene. AWMF-S 1-Leitlinie 029–037. **Gastroenteritis-Ausbrüche durch Noroviren: Hygienemaßnahmen.** Im Internet: www.awmf.org/leitlinien; Stand: 20.01.2016

34.64 Morbus Gilbert-Meulengracht (E80.4)

H.-D. Klimm

34.64.1 Definition

Der Morbus Gilbert-Meulengracht (Ikterus intermittens juvenilis) ist eine angeborene Störung des intrazellulären Bilirubintransports und der Bilirubinkonjugation an Glukuronsäure (Verminderung des UGD-1-Gen-Komplexes auf 10–35 % der normalen Aktivität).

34.64.2 Epidemiologie

Der Morbus Gilbert-Meulengracht ist die häufigste familiär übertragbare, nicht hämolytische Hyperbilirubinämie. Die Prävalenz liegt bei ca. 9 % der Bevölkerung, Männer sind häufiger betroffen als Frauen, das Verhältnis beträgt 2:1 bis 7:11.

34.64.3 Ätiologie

Der Morbus Gilbert-Meulengracht wird autosomal-rezessiv vererbt.

34.64.4 Leitsymptome und Diagnostik

► **Symptome.** Mögliche Symptome sind:
- rezidivierender intermittierender Sklerenikterus, besonders nach Hungerperioden
- Müdigkeit, Adynamie
- Kopfschmerzen
- depressive Verstimmung, dyspeptische Beschwerden u. a.

► **Diagnostik.** Zur Diagnostik gehören:
- Anamnese: Kombination von Müdigkeit und Sklerenikterus

- Labor:
  - Erhöhung des indirekten Bilirubins > 6 mg/dl, Anstieg des indirekten Bilirubins nach Fasten
  - übrige Laborwerte normal
  - keine Hämolysezeichen
- Nachweis der Mutation (selten nötig)
- Sonografie: unauffällig, aber Ausschluss von Leberparenchymveränderungen und Cholestase

34.64.5 Differenzialdiagnostik

Alle Erkrankungen, die mit Ikterus (Kap. 25.6) einhergehen, müssen abgeklärt bzw. ausgeschlossen werden.

34.64.6 Therapie

Eine spezifische Therapie ist nicht möglich und nötig! Die Prognose ist gut, wichtig sind Information und Aufklärung der Patienten.

Abwendbar gefährlicher Verlauf

- Gefährliche Verläufe der Erkrankung gibt es nicht und sind auch nicht zu erwarten.
- Theoretisch besteht die Möglichkeit, dass bei Kenntnis der Erkrankung und Persistenz in der Beurteilung vorliegender ikterischer Veränderungen andere zugrunde liegende Erkrankungen, die mit Ikterus einhergehen können (z. B. Tumoren), übersehen werden.

34.65 Glaukom (H40.-)

F. Peters-Klimm

34.65.1 Definition

Unter einem Glaukom (sog. „grüner Star") versteht man eine zumeist chronisch verlaufende **Optikusneuropathie**, die zu einem fortschreitenden irreversiblen Verlust von Sehnervenfasern führt und in der Erblindung enden kann.

34.65.2 Epidemiologie

Etwa 1–2 % der gesamten Bevölkerung leidet an einem Glaukom mit deutlich altersabhängigem Anstieg. Bei den über 40-Jährigen sind es bereits 2,5 %, von denen rund 5 % ein akutes (Engwinkel-) Glaukom aufweisen.

34.65.3 Ätiologie

Ein erhöhter Augeninnendruck durch behinderten Kammerwasserabfluss und/oder vermehrte Kammerwasserproduktion ist ein wichtiger, jedoch nicht obligat vorhandener **Risikofaktor** (Normaldruckglaukom, s. u.). Weitere Risikofaktoren sind Familienanamnese, Diabetes mellitus, Herz-Kreislauf-Erkrankungen und Morbus Raynaud.

Man unterscheidet:

- Primärglaukome: am häufigsten, zumeist **als primär-chronisches Offenwinkelglaukom** (Glaucoma chronicum simplex, H40.1) und seltener als **primäres Engwinkelglaukom** (H40.2, akutes Glaukom)
- kongenitale Glaukome: kindliche, angeborene Glaukome (selten)
- Sekundärglaukome: Folge von weiteren Augen- sowie Allgemeinerkrankungen (selten)

Glaukome können auch in seltenen Fällen iatrogen-medikamentös durch Parasympathikolytika, Sympathomimetika oder Kortison (Augentropfen oder systemisch) bedingt sein.

34.65.4 Leitsymptome und Diagnostik

▶ **Symptome.** Das häufige **primär-chronische Offenwinkelglaukom** ist deshalb so gefährlich, da es zu Beginn – bis über Jahre – keine oder nur leichte Beschwerden machen kann. Bei Einschränkung des Gesichtsfeldes ist schon ein Großteil (etwa 40 %) des Sehnervs irreversibel geschädigt.

Im Gegensatz dazu macht das **primäre Engwinkelglaukom** (akutes Glaukom) akute Beschwerden: starke bis rasende Kopfschmerzen, auch Übelkeit und Erbrechen, plötzliches Trübsehen, Sehen von farbigen Ringen um Lichtquellen. Es findet sich ein rotes Auge (ziliäre Injektion), grünlich trübe, ödematöse Hornhaut („grüner Star"), eine mittelweite, starre und manchmal entrundete Pupille. Der Augapfel ist bei der Palpation bei geschlossenen Lidern (einfache, richtungsweisende Notfalluntersuchung!) steinhart und schmerzhaft.

▶ **Diagnostik.** Die Diagnostik beschränkt sich in der Allgemeinpraxis zumeist auf die klinischen Leitsymptome (s. o.), die weitere Diagnostik wird im Regelfall vom Ophthalmologen durchgeführt. Wünschenswert wäre die Gesichtsfeldmessung (Gesichtsfelddefekt), Papillenbeurteilung (pathologische Exkavation) und Tonometrie (Augeninnendruck) zur groben Notfalldiagnostik. Dabei muss beachtet werden, dass Normaldruckglaukome (etwa 30 %!) auch unter der oberen Drucknormgrenze von 21 mmHg eine entsprechende Gesichtsfeldeinschränkung und Papillenveränderung aufweisen. Anderseits kann bei intaktem Gesichtsfeld und unauffälliger Papille ein Druck von 25 mmHg im Einzelfall noch toleriert werden (Normalwert des Augeninnendrucks 10–21 mmHg, Mittelwert bei etwa 15 mmHg).

34.65.5 Differenzialdiagnostik

Die folgenden Erkrankungen kommen infrage:

- **akute Konjunktivitis (K10.9):** geringe Schmerzen, keine ziliäre, sondern konjunktivale Injektion, kein Visusverlust, normaler Intraokulardruck, klare Hornhaut (Kap. 34.98)
- **akute Iritis (H20.9):** normaler oder auch erhöhter Intraokulardruck, Lichtscheu, enge bis mittelweite Pupille, ausgeprägte ziliare Injektion
- **akute Iridozyklitis (H20.9):** wegen der Möglichkeit eines Sekundärglaukoms sehr schwierige Differenzialdiagnose, die nur durch den Ophthalmologen gestellt werden sollte

34.65.6 Therapie

Therapie und Überwachung gehören in die Hand des Ophthalmologen. Der Allgemeinarzt muss jedoch die wichtigsten Medikamente und Therapiemöglichkeiten kennen. Am häufigsten kommen zur Anwendung:

- **Betablocker-Augentropfen:** z. B. Timolol 0,5 %, 2-mal/d, Reduzierung der Kammerwasserproduktion, keine Veränderung der Pupillenweite
- **Prostaglandin-Analoga:** Latanoprost (z. B. Xalatan), 1-mal abends, Steigerung des uveoskleralen Kammerwasserabflusses
- **Parasympatomimetika (Miotika):** Pilocarpin-Augentropfen zur Nacht als Öl 1 % oder 2 %, und als wässrige Lösung 1 % oder 2 %; 3-mal/d, erhöhen den Kammerwasserabfluss über Erweiterung der Abflusskanäle; Vorsicht in hoher Dosierung und Konzentration beim Winkelblockglaukom
- **lokale Karboanhydrasehemmer:** Dorzolamid (z. B. Trusopt), 3-mal/d, Reduzierung der Kammerwasserproduktion

Merke

Sympathikomimetika (Adrenalinabkömmlinge) sind beim Winkelblockglaukom bei engem Kammerwinkel kontraindiziert und können einen Glaukomanfall provozieren.

Operative Behandlungen wie Trabekulektomie sowie Laseriridotomie gehören zum therapeutischen Standardarsenal des operativ tätigen Augenarztes.

Häufig wird der Allgemeinarzt vom Ophthalmologen gebeten, zur Frage der Kontraindikation bei Betablocker-Augentropfen (Asthma bronchiale, Herzerkrankungen) Stellung zu nehmen.

Abwendbar gefährlicher Verlauf

- Da das häufige primär-chronische Offenwinkelglaukom über Jahre asymptomatisch verlaufen kann und beim Auftreten von Symptomen meist schon irreversible Schäden bestehen, sollte der Allgemeinarzt dafür Sorge tragen, dass sich Patienten mit kardiovaskulären Risikofaktoren ab dem 40. Lebensjahr in regelmäßigen Abständen einer ophthalmologischen Kontrolluntersuchung unterziehen. Auf jeden Fall sollten Brillen nur nach augenärztlicher Untersuchung getragen werden!
- Der Verdacht eines akuten Glaukoms benötigt zwingend die sofortige Klinikeinweisung.

34.65.7 Leitlinien

Berufsverband der Augenärzte Deutschlands e. V.; Deutsche Ophthalmologische Gesellschaft e. V. Referenzempfehlung der Leitlinie Nr. 15a. **Primäres chronisches Offenwinkelglaukom, Normaldruckglaukom und okuläre Hypertension.** Im Internet: augeninfo.de; Stand: 20.01.2016

Deutsche Gesellschaft für Neurologie. AWMF-S 1-Leitlinie 030–077. **Therapie des episodischen und chronischen Kopfschmerzes vom Spannungstyp und anderer chronischer täglicher Kopfschmerzen.** Im Internet: www.awmf.org/leitlinien; Stand: 23.11.2015

Deutsche Ophthalmologische Gesellschaft. AWMF-S 2k-Leitlinie 045–012. **Uveitis bei juveniler idiopathischer Arthritis: Diagnostik und antientzündliche Therapie.** Im Internet: www.awmf.org/leitlinien; Stand: 20.01.2016

34.66 Grippaler Infekt (J06.9)

H.-D. Klimm

34.66.1 Definition

Unter einem grippalen Infekt versteht man eine fieberhafte Allgemeinerkrankung, die meist durch Viren, seltener durch Bakterien, hervorgerufen wird. Betroffen ist in der Regel der Respirationstrakt, Allergie, seltener der Verdauungstrakt (s. a. Schnupfen, Kap. 24.6, Husten, Kap. 24.7, und akute Bronchitis, Kap. 34.28). Synonym werden Begriffe wie banaler Erkältungsinfekt, Infekt der oberen Luftwege, „Grippe“ oder Erkältung verwendet.

34.66.2 Epidemiologie

Grippale Infekte treten das ganze Jahr über auf, jedoch saisonal gehäuft in den Wintermonaten und nehmen in dieser Jahreszeit erheblichen Einfluss auf den Stand der Arbeitsunfähigkeitszahlen. Bei Kindern und Säuglingen sind sie insgesamt sehr häufig, mit zunehmendem Alter nimmt die Häufigkeit der Erkrankung ab. Die Inkubationszeit ist unterschiedlich und beträgt im Schnitt 1–2 Tage. Die Ansteckungsfähigkeit besteht von Beginn bis Ende der katarrhalischen Erscheinungen, eine Immunität resultiert nicht.

34.66.3 Ätiologie

Als Krankheitsursache gelten über 200 verschiedene Viren aus den unterschiedlichen Virusfamilien (Rhino-, Coxsackie-, Echo-, Adenoviren oder andere). Dies erklärt auch, warum Menschen so häufig an einer virusbedingten Erkältung erkranken können.

34.66.4 Leitsymptome und Diagnostik

▸ **Symptome.** Dominante Symptome sind:

- Abgeschlagenheit, Schmerzen in den Gelenken, besonders häufig Rückenschmerzen, allgemein schweres Krankheitsgefühl
- Fieber bis 39 °C (ein bis mehrere Tage möglich), Verläufe ohne Fieber werden jedoch ebenfalls beobachtet

Hinzu kommen Beschwerden wie Rhinitis, Pharyngitis, Laryngitis, Tracheitis, nicht selten hypotone Kreislaufdysregulationsstörungen, gelegentlich Durchfälle, in vielen Fällen lang andauernde verzögerte Rekonvaleszenz. In den meisten Fällen klingt die Erkrankung nach einer Woche ab, kann aber auch bis zu 2 Wochen andauern.

▸ **Diagnostik.** Die Diagnostik erfolgt aufgrund des „klinischen Bildes“. Sie beinhaltet stets eine eingehende körperliche Untersuchung, ergänzt durch ein Laborscreening: BSG, Hämoglobin, Erythrozyten, Leukozyten, Urinstatus, γ-GT, Kreatinin.

34.66.5 Differenzialdiagnostik

Differenzialdiagnostisch kommen infrage:

- Influenza (J11.1, Virusgrippe, Kap. 34.89):
  - rasche abrupte Verschlechterung
  - starke bis bohrende Kopfschmerzen
  - oft hohes Fieber über 41 °C, Schüttelfrost, Schweißausbrüche
  - starke Gelenk- und Muskelschmerzen
  - trockener Husten, schmerzhaft, meist ohne Schleim
  - starke Schluckbeschwerden, Halskratzen und Heiserkeit
  - schwere Abgeschlagenheit, Schwächegefühl, Kreislaufbeschwerden
  - Dauer in der Regel 7–14 Tage
- Mononukleose (B27.9): Lymphknotenvergrößerung (Kap. 34.120)

34.66.6 Therapie

Eine Kausaltherapie ist nicht möglich, die Therapie ist rein symptomatisch und besteht aus Bettruhe, Arbeitsruhe, Sportunfähigkeit für etwa 1–2 Wochen, ausreichende Flüssigkeitszufuhr, analgetische, antipyretische, bei Bedarf auch sekretolytische Therapie (ASS, Phenylbutazon, Ambroxol). Eine Antibiotikatherapie ist nicht notwendig und nur indiziert, wenn eine bakterielle Superinfektion droht oder bereits existiert, z. B. bei Sinusitis oder eitriger Bronchitis (z. B. Gyrasehemmer, Cotrimoxazol). Vorbeugend kann man den Kontakt mit erkrankten Personen meiden oder einen Mundschutz tragen.

Abwendbar gefährlicher Verlauf

Obwohl der grippale Infekt zu den sog. Bagatellerkrankungen zählt, können durch Komplikationen wie Sekundärinfekte, Kräfteverfall bei Kindern, bei alten Menschen und bei herz- und kreislaufgeschädigten Patienten letale Verlaufsformen beobachtet werden → stets gründliche, insbesondere bei persistierenden Beschwerden rezidivierende körperliche Untersuchung mit Laborscreening, um (Virus-)Pneumonien (J12.9), Myokarditis (I51.4) und Exsikkose (E86) rechtzeitig zu erkennen!

34.66.7 Leitlinien

Deutsche Gesellschaft für Allgemeinmedizin und Familienmedizin. AWMF-S 3-Leitlinie 053–013. **Husten.** Im Internet: www.awmf.org/leitlinien; Stand: 20.01.2016

34.67 Hallux valgus (M20.1)

J. Barlet

34.67.1 Definition

Die Deviation einer oder beider Großzehen von der Großzehenmittelachse nach lateral wird als Hallux valgus bezeichnet.

34.67.2 Epidemiologie

Der Hallux valgus ist eine sehr verbreitete Erkrankung, die jedoch häufig nicht therapiert wird, da sie dem Patienten keine Beschwerden bereitet. Sie ist die häufigste Fehlstellung im Vorfußbereich.

34.67.3 Ätiologie

Durch Spreizfußanlage und Aufhebung des Quergewölbes kommt es zu einem Auseinanderdriften der Mittelfußknochen mit konsekutiver Lateralabweichung des Grund- und Endgelenks der Großzehen.

34.67.4 Leitsymptome und Diagnostik

Die Diagnose stellt man in der Allgemeinarztpraxis rein visuell. In der orthopädischen Praxis wird zusätzlich jedoch immer noch eine Röntgenaufnahme durchgeführt. Es werden meistens die typischen Spreizfußbeschwerden (Schmerzen) angegeben.

34.67.5 Therapie

Im Frühstadium wird man mit Einlagenversorgung (Pelotte unter dem 2. Mittelfußköpfchen) gute Erfolge erzielen. Wenn die Deviation weiter fortschreitet und arthrotische Beschwerden vorliegen, kann durch die Hohmann-Operation eine Geradestellung der Großzehe erreicht werden.

Abwendbar gefährlicher Verlauf

- Durch die Fußfehlform kommt es häufig zu Druckstellen, die sich bei längerer Belastung zu Klavi entwickeln können (Kap. 34.93).
- Bei Diabetikern muss darauf geachtet werden, dass sich kein Ulkus entwickelt.

34.67.6 Leitlinien

Deutsche Gesellschaft für Orthopädie und Orthopädische Chirurgie. AWMF-S 2-Leitlinie 033–018. **Hallux valgus.** Im Internet: www.awmf.org/leitlinien; Stand: 20.01.2016

34.68 Halswirbelsäulenschleudertrauma (S 13.4)

J. Barlet

34.68.1 Definition

Die Schleuderverletzung der Halswirbelsäule entsteht durch äußere Gewalteinwirkung in einem Bewegungsablauf von einer primären Hyperextension zu einer sekundären Hyperflexion.

34.68.2 Epidemiologie

Durch die vermehrte Motorisierung ist dieses Krankheitsbild heute sehr häufig geworden.

34.68.3 Ätiologie

Der Bewegungsablauf von einer primären Hyperextension zu einer sekundären Hyperflexion ist besonders bei einem Auffahrunfall gegeben, wobei der Körper mit der Brustwirbelsäule durch den Gurt fixiert ist, während die Halswirbelsäule frei beweglich bleibt. Je stärker die Kräfte (Geschwindigkeit) auf die HWS gewirkt haben, desto stärker können auch die Verletzungen sein. Es kann im Extremfall zu Bandzerreißungen kommen.

34.68.4 Leitsymptome und Diagnostik

▸ **Symptome.** Da die noch erhaltenen Bandanteile unter starkem Druck stehen, kommt es zu starken Schmerzen, außerdem zu einer schmerzreflektorischen Zwangshaltung. Es bestehen Muskelhartspann und bei schweren Verletzungen auch Einblutungen. Häufig entwickelt sich das Schmerzsyndrom der HWS aber auch erst nach einem Intervall von bis zu 10–12 Stunden. Neurologische Ausfälle müssen primär ausgeschlossen werden. Man unterscheidet folgende Schweregrade der HWS-Distorsionen:

- HWS-Distorsion I:
  - Nackenschmerzen
  - geringe Bewegungseinschränkung der HWS
  - Neurologie o. B.
- HWS-Distorsion II:
  - starke Schmerzen in Ruhe und bei leichter Bewegung
  - Nackensteife
  - Parästhesien an Händen und Armen
  - evtl. Schluckbeschwerden
- HWS-Distorsion III:
  - Kopfschmerzen
  - ausstrahlende Schmerzen in Schulter und Armen
  - Zwangshaltung der HWS
  - Kribbelparästhesien in Armen und Händen
  - radikuläre Schmerzen
  - Paresen
  - sensorische Ausfälle

▸ **Diagnostik.** Diagnostisch ist eine Röntgenaufnahme der HWS immer notwendig (nicht zuletzt auch aus forensischen Gründen), weil es gelegentlich zu Frakturen kommt. Bei Hinweisen auf eine schwerwiegendere HWS-Distorsion, auf fokalneurologische Auffälligkeiten oder auf eine relevante makroskopische Weichteilverletzung oder Raumforderung sind eine spinale MRT oder CT, bei lang anhaltenden Schmerzen über einen Zeitraum von 4 Wochen ohne sonstigen Nachweis eines strukturellen Schadens eine spinale MRT zum sicheren Ausschluss einer Weichteilverletzung indiziert.

34.68.5 Therapie

Wärme mit Mikrowelle oder durch Fango ist sehr hilfreich zur Muskelentspannung; sehr wichtig ist die ausreichende, aber befristete (üblicherweise nicht länger als 4 Wochen) Analgesie durch NSAR (z. B. Diclofenac 150 mg/d), ggf. kurzfristig Muskelrelaxanzien (z. B. Flupirtin 400 mg/d oder Methocarbamol 4 × 1500 mg bis maximal zu 7 Tage). Die Anlage eines Schanz-Kragens o. Ä. ist meist überflüssig (Ausnahme: Instabilität, massivster Bewegungsschmerz) und kann eine Chronifizierung fördern. Häufig bringt eine chirotherapeutische Behandlung die Dysfunktion des Gelenkspiels wieder ins Gleichgewicht.

Abwendbar gefährlicher Verlauf

Bei ganz unglücklichem Unfallhergang kann es zu **Frakturen** (besonders im C 1/C 2-Bereich) kommen, die eine Querschnittslähmung zur Folge haben können. Bei dem geringsten Verdacht auf eine solche Fraktur muss der Patient vorsichtig mit fixierter Halswirbelsäule gelagert und danach sofort stationär eingewiesen werden. Bei allen Manipulationen am Kopf eines Patienten mit Verdacht auf instabile HWS-Verletzung immer einen nach kranial gerichteten Längszug ausüben zur Verhinderung einer sekundären Einklemmung des Rückenmarks!

34.68.6 Leitlinien

Deutsche Gesellschaft für Neurologie. AWMF-S 1-Leitlinie 030–095. **Beschleunigungstrauma der Halswirbelsäule.** Im Internet: www.awmf.org/leitlinien; Stand: 20.01.2016

34.69 Hämorrhoiden (K64.9)

J. Barlet

34.69.1 Definition

Arteriovenöse Gefäßkonvolute im Bereich des Afters sind Teil des analen Kontinenzorgans und befinden sich im Analbereich oralwärts der Linea dentata. Sie sind normalerweise weder tastbar noch sichtbar. Von Hämorrhoiden spricht man bei variköser Erweiterung dieser Gefäße. Die arteriellen Gefäße treten bei 3, 7 und 11 Uhr (bezogen auf die sog. Steinschnittlage des Patienten) hinzu und bilden die sog. Hämorrhoidalknoten.

34.69.2 Epidemiologie

Hämorrhoidalleiden stellen bei Frauen und Männern gleichermaßen die häufigsten Behandlungsanlässe im Analbereich dar. Sie sind individuell sehr unterschiedlich ausgeprägt und nehmen entsprechend der bindegewebigen Konstitution der Patienten – analog den Krampfadern – mit dem Alter zu, beginnend mit der Adoleszenz.

34.69.3 Ätiologie

In der Gravidität kommt es durch die vermehrte Durchströmung der Beckengefäße infolge der plazentaren Durchblutung zu einer verstärkten Fülle im Bereich der Hämorrhoiden. Auch die Presswehen und das Pressen während des Geburtsvorgangs fördern die Ausprägung von Hämorrhoiden.

34.69.4 Leitsymptome und Diagnostik

► **Symptome.** Viele Patienten bezeichnen irgendwelche Beschwerden im Analbereich als Hämorrhoiden bzw. „hämorrhoidale Beschwerden". Sie werden oft vor einer ärztlichen Konsultation schon im Rahmen der Selbstmedikation mit Hämorrhoidensalben und -zäpfchen behandelt. Typische Symptome sind:

- Neigung zur Blutung (bei 69 % der Patienten), die meist als hellrote (arterielle) Blutauflagerung auf dem Stuhlgang beschrieben wird
- Jucken (62 %)
- Nässen (44 %)
- Anschwellungen der Hämorrhoidalknoten beim Pressen (20 %)

Durch das vermehrte Nässen im Bereich der Perianalregion entwickeln sich Ekzeme, die Juckreiz verursachen und, wenn sie mit tieferen Rhagaden einhergehen, auch schmerzen können. Nicht selten finden sich auch mykotische Superinfektionen durch Hefepilze.

► **Stadieneinteilung.** Bei der Stadieneinteilung unterscheidet man Hämorrhoiden I., II., III. und IV. Grades:

- Hämorrhoiden I. Grades (80 % der Hämorrhoiden):
  - befinden sich immer innerhalb des Rektums
  - sind nur proktoskopisch zu diagnostizieren
- Hämorrhoiden II. Grades:
  - prolabieren z. B. bei der Defäkation beim Pressen oder Husten nach außen vor den Anus
- Hämorrhoiden III. Grades:
  - sind immer äußerlich sichtbar
  - finden sich an den Prädeliktionsstellen bei 3, 7 und/oder 11 Uhr.
- Hämorrhoiden IV. Grades:
  - nichtreponible prolabierte Hämorrhoiden, bei denen sich auch spontane Thromben im Bereich der Gefäßknoten bilden können

► **Diagnostik.** Für die Diagnostik der Hämorrhoiden gilt:

- Sie sind nicht tastbar (es sei denn, sie wurden bereits sklerosiert).
- Sie sind am sichersten mit dem Proktoskop diagnostizierbar.
- Sie sind rektoskopisch oft nicht gut sichtbar.
- Nur Hämorrhoiden III. Grades sind immer bei der Inspektion sichtbar, Hämorrhoiden II. Grades können provoziert werden: bei Aufforderung zum Pressen prolabieren sie.
- Die rektale Untersuchung schmerzt nicht.

Merke

Eine Behandlung von Hämorrhoiden ohne Untersuchung der Analregion muss als Kunstfehler gelten, auch wenn zum Teil aus Scham oder religiösen Gründen die Anal- und Intimregion ungern entblößt wird.

Zum **proktologischen Routineprogramm** gehören:

- Untersuchung des (gesamten) Abdomens
- Inspektion und Palpation der Analregion mit und ohne Bauchpresse
- digitale Untersuchung inklusive Prostata bzw. weiblicher Genitalorgane
- Proktoskopie und ggf. Analspekulumuntersuchung
- Rektosigmoidoskopie
- Test auf okkultes Blut im Stuhl, bei positivem Test Tumorsuche

Als Vorbereitung zur Diagnostik hat sich das Abführen mittels Microklist oder Practoclyss 1 Stunde vor der Untersuchung bewährt. Dadurch sind die Proktoskopie, meist auch die Rektoskopie bis 25–30 cm Höhe möglich und eine erste Behandlung kann evtl. angeschlossen werden (schriftliche Einverständniserklärung der Patienten zu den Eingriffen ist erforderlich!).

34.69.5 Differenzialdiagnostik

Differenzialdiagnostisch sind Hämorrhoiden III. Grades gegen einen **Rektum- bzw. Analprolaps** abzugrenzen. Hierbei zeigen sich immer zirkuläre Darmschleimhautfalten bei der analen Inspektion. Bei der Palpation ist der Sphinkter in der Regel sehr schlaff (Sphinkterinsuffizienz). Auch die **Perianalthrombosen** (Kap. 34.139), die sich im äußeren Venenplexus abspielen, zählen nicht zu den Hämorrhoiden. Dunkle peranale Blutungen sind bis zum Ausschluss als Leitsymptom für **kolorektale Karzinome** zu werten. Schmerzen und eitrige Absonderungen lassen an Abszesse, Fisteln und andere Erkrankungen des Analbereichs denken (Kap. 23.11).

34.69.6 Therapie

Bei der Entscheidung über das therapeutische Vorgehen sollte die Stadieneinteilung berücksichtigt werden:

- Hämorrhoiden I. Grades ohne Beschwerden: werden „zufällig" entdeckt, sind nicht behandlungsbedürftig
- Hämorrhoiden I. Grades mit Beschwerden: Sklerosierungstherapie mit 5 %igem Phenolmandelöl oder hochprozentigen Alkohollösungen (z. B. Aethoxysklerol), alternativ Infrarotkoagulation
- Hämorrhoiden II. Grades: Sklerosierung bzw. Infrarotkoagulation mit dem Ziel der Rückbildung zu Hämorrhoiden I. Grades, Gummiligaturbehandlung des prolabierenden Hämorrhoidalknotens
- Hämorrhoiden III. Grades: operative Entfernung ist hier die Methode der 1. Wahl (z. B. nach Milligan-Morgan), stationär oder ambulant in Lokalanästhesie in proktologischen Spezialpraxen, auch durch die Abschnürung mittels Gummiligaturbehandlung sollen sich prolabierende Hämorrhoiden beseitigen lassen

Bei sekundären Ekzemen ist eine symptomatische Begleittherapie erforderlich, ggf. Beseitigung der Mykose.

Abwendbar gefährlicher Verlauf

- Bei peranalen Blutungen sind **andere Blutungsquellen** wie Karzinome, Polypen, Proktokolitiden auszuschließen.
- Schmerzen bedürfen ebenfalls sorgfältiger Abklärung, da sie kein Leitsymptom der Hämorrhoiden darstellen und in der Regel durch andere Erkrankungen bedingt sind.

34.69.7 Leitlinien

Deutsche Gesellschaft für Koloproktologie. AWMF-S 1-Leitlinie 081–007. **Hämorrhoidalleiden.** Im Internet: www.awmf.org/leitlinien; Stand: 20.01.2016

34.70 Harnwegsinfekt (N30, N34)

J. Barlet

34.70.1 Definition

Der Harnwegsinfekt ist eine bakterielle Infektion der Harnwege, die sich nur selten auf einen Abschnitt begrenzt, d. h. das ganze Harnsystem von den Nierenbecken über die Ureteren zur Blase und der Harnröhre ist befallen (als Einheit zu sehen).

34.70.2 Epidemiologie

Harnwegsinfekte sind in der allgemeinärztlichen Praxis eine häufige Erkrankung. In der Antibiotikaära ist eine schwere Erkrankung mit Beteiligung der Nieren jedoch selten geworden.

34.70.3 Ätiologie

Prädisponierende Faktoren sind:

- Diabetes mellitus
- Analgetika-Abusus
- immunsuppressive Therapie
- neurogene Erkrankungen mit Blasenentleerungsstörungen
- Dauerkatheter

Bei Frauen:

- anatomische Nähe zur Genital-/Analregion
- sexuelle Aktivität
- Schwangerschaft
- Geburt

Bei Männern:

- Prostataadenom
- Harnröhrenstriktur
- Phimose

Bei Kindern:

- Fehlbildung des urogenitalen Systems
- mäßiger urethraler Reflux (bis zu 40 %)

Die häufigsten Erreger der Harnwegsinfektionen sind:

- Escherichia coli (30–70 %)
- Enterokokken (10–18 %)
- Proteus (12–30 %)
- Staphylokokken (1–5 %)
- Pseudomonas (2–7 %)

34.70.4 Leitsymptome und Diagnostik

▸ **Symptome.** Es kommt meist aus völliger Gesundheit zu ausgesprochen unangenehmen Symptomen („Brennen beim Wasserlassen") wie Dysurie, Pollakisurie, Schmerzen im Unterbauch, evtl. Schmerzen in der Lendengegend. Es können Veränderungen des Urins festgestellt werden (Trübung, Flockung). Bei einem fortgeleiteten Infekt kommt es zu Fieber, Schüttelfrost und auch zu Erbrechen.

▸ **Diagnostik.** Diagnostisch wird man in der Praxis den Urin mittels Urinstix und das Sediment im Mikroskop untersuchen. Zusätzlich wird bei rezidivierenden Harnwegsinfekten ein Uricult angelegt, bei einer Keimzahl ab 10^4–10^5 werden in einem Speziallabor die Keimdifferenzierung und Resistenzbestimmung durchgeführt. Eine Überweisung erfolgt zur speziellen Diagnostik beim Urologen.

34.70.5 Differenzialdiagnostik

In der Allgemeinpraxis ist differenzialdiagnostisch immer an eine Lumbago zu denken. Gelegentlich wird auch eine gynäkologische Erkrankung wie eine Endometritis oder Salpingitis differenzialdiagnostisch ausgeschlossen werden müssen.

34.70.6 Therapie

Bei positivem Nitur-Test und Keimnachweis mit mehr als 10^4 Keimen pro Milliliter ist stets eine Antibiotikatherapie durchzuführen; bei erstmaligen Infekten kann relativ blind eine sofortige Antibiotikatherapie begonnen werden. Es werden Präparate ausgesucht, von denen man annehmen kann, dass sie mit aller Wahrscheinlichkeit den Keim ausreichend behandeln. Aufgrund niedriger Resistenzraten und Kollateralschäden gilt die Einmalgabe von Fosfomycin (Monuril) als ein Mittel der Wahl in der empirischen Behandlung der unkomplizierten Zystitis bei ansonsten gesunden Frauen (A-Ib). Die Medikamente der ersten Wahl waren bisher Trimethoprim (TMP) oder Cotrimoxazol (Trimethoprim/Sulfamethoxazol) und Nitrofurantoin für 3 Tage. Cotrimoxazol hat gegenüber TMP keinen Vorteil, sogar höhere Allergieraten. Aufgrund heute bestehender Resistenzraten bei > 20 % für E. coli muss gemäß u.g. Leitlinien mit höherem Therapieversagen (IIb) gerechnet werden. Gemäß DEGAM können die meisten Patienten dennoch erfolgreich mit Trimethoprim behandelt werden (A-Ib). Wenn es nach 2–3 Tagen zu keiner Besserung kommt, muss nach Antibiogramm eine gezielte Antibiotikatherapie durchgeführt werden. Hier kommen dann am ehesten Cephalosporine oder Chinolone (z. B. Ciprofloxacin) infrage [23].

Das Gleiche gilt bei chronischen Harnwegsinfekten oder rezidivierenden Harnwegsinfekten und bei Dauerkatheterträgern. Hier muss immer erst klinisch zwischen Keimträger und symptomatischem Infekt unterschieden werden und ggf. ein Antibiogramm als Grundlage für eine gezielte Antibiotikatherapie durchgeführt werden.

Abwendbar gefährlicher Verlauf

Es ist wichtig, dass jeder Harnwegsinfekt ausreichend therapiert wird, damit chronische Formen vermieden werden. Bei immungeschwächten Patienten kann es zu einer ausgedehnten Erkrankung mit Erregerstreuung und Sepsis kommen.

34.70.7 Leitlinien

Deutsche Gesellschaft für Allgemeinmedizin und Familienmedizin. DEGAM-Leitlinie Nr. 1. **Brennen beim Wasserlassen.** www.degam.de/leitlinien.html; Stand: 12.12.2015

Deutsche Gesellschaft für Allgemeinmedizin und Familienmedizin. AWMF-S 3-Leitlinie 053–001. **Brennen beim Wasserlassen.** Im Internet: www.awmf.org/leitlinien; Stand: 12.12.2015

Deutsche Gesellschaft für Urologie. AWMF-S 3-Leitlinie 043–044. **Epidemiologie, Diagnostik, Therapie und Management unkomplizierter bakterieller ambulant erworbener Harnwegsinfektionen bei erwachsenen Patienten.** Im Internet: www.awmf.org/leitlinien; Stand: 12.12.2015

34.71 Hautwunden/ kleine Chirurgie (T 14.00)

H.-D. Klimm

34.71.1 Definition

Hautwunden sind mehr oder weniger stark klaffende Gewebedurchtrennungen von Haut oder Schleimhaut, evtl. mit Gewebsdefekt. Man unterscheidet:

- einfache Wunden
- zusammengesetzte Wunden: mit zusätzlicher Verletzung von Muskulatur, Nerven, Gefäßen und Knochen
- mechanische Wunden: Schnitt-, Stich-, Riss-, Biss-, Schuss-, Quetschwunden
- thermische Wunden
- chemische Wunden

34.71.2 Epidemiologie

Hautwunden sind in der hausärztlichen Praxis sehr häufig, vor allem im ländlichen Bereich. Akute Verletzungen und chronische Wunden der Haut gehören zu den 30 häufigsten Ursachen für das Aufsuchen eines Allgemeinarztes. Auf dem Land werden 90% aller Wunden primär durch den Hausarzt versorgt.

34.71.3 Ätiologie

Die häufigste Form aller Wunden ist die Riss-, Quetsch- und Platzwunde.

34.71.4 Leitsymptome und Diagnostik

► **Symptome.** Leitsymptom ist die mehr oder weniger stark klaffende oder stark blutende Durchtrennung der Haut mit mehr oder weniger Beteiligung der darunterliegenden Muskeln, Sehnen oder Knochen.

► **Diagnostik.** Zur Diagnostik gehören:

- Anamnese: Zeitpunkt und Ort der Verletzung, Unfallhergang (primäre Wundnaht nur innerhalb der ersten 6–8 Stunden); ***Cave:*** BG-Unfall (Kap. 10.3)
- Wundinspektion: Fremdkörper? Blutung venös/arteriell?
- bei Kopfverletzungen Frage nach Bewusstlosigkeit, Gedächtnisstörungen, Übelkeit, Brechreiz, Erbrechen und Schwindel (z. B. Commotio)
- Funktionsproben: bei Bewegungseinschränkung, Schmerzen und Functio laesa Verdacht auf Fraktur
- Wundinspektion: Sehnen intakt? Knochen intakt? Gefäße intakt? Nerven intakt? Wunde schmierig belegt, verunreinigt?
- Tetanus-Impfstatus?
- erweiterte Diagnostik:
  - Röntgen bei Verdacht auf Fraktur
  - Überweisung MRT bei Verdacht auf Kapsel- oder Sehnenverletzung

34.71.5 Therapie

Cave: absolut steriles Arbeiten mit sterilen Instrumenten

- Wundreinigung, Spülen mit steriler Nacl-Lösung
- Wunddesinfektion (z. B. Braunol)
- Lokalanästhesie
- Oberst-Leitungsanästhesie
- Wundrandexzision: Abtragen von devitalisiertem Gewebe

Tab. 34.18 Tetanus-Immunprophylaxe im Verletzungsfall (s. a. aktuelle STIKO-Empfehlungen) [70], [72].

Vorgeschichte der Tetanusimmunisierung*	saubere, geringfügige Wunden		alle anderen Wunden[1]	
	DTap/Tdap[2]	TIG[3]	DTap/Tdap[2]	TIG[3]
unbekannt	ja	nein	ja	ja
0–1	ja	nein	ja	ja
2	ja	nein	ja	nein[4]
3 oder mehr	nein[5]	nein	nein[6]	nein

* Anzahl der erhaltenen Tetanus-Impfungsdosen
[1] = z. B. tiefe und/oder verschmutzte (mit Staub, Erde, Speichel, Stuhl kontaminierte) Wunden, Verletzungen mit Nekrosen oder Eindringen von Fremdkörpern (z. B. Quetsch-, Riss-, Biss-, Stichwunden)
[2] = Kinder unter 6 Jahren erhalten DTaP, ältere Kinder und Erwachsene Tdap
[3] = TIG = Tetanus-Immunglobulin simultan mit aktivem Impfstoff
[4] = ja, wenn die Verletzung länger als 24 Stunden zurückliegt
[5] = letzte Impfung > 10 Jahre: eine Dosis
[6] = letzte Impfung > 5 Jahre: eine Dosis

- Wundverschluss
  - bei oberflächlichen kleinen Wunden Pflasterstreifen (Steristrip), Hautklammern oder Gewebekleber (z. B. Dermabond)
  - Naht der Wunde mit einfaserigen (monofilen) Fäden als Einzelnaht oder Knopfnaht, fortlaufende Naht oder Nadelrückstichnaht zur Adaption der Wundränder und Blutstillung
  - Abstand der Einzelknopfnähte 0,5–1 cm
- postexpositionelle Tetanus-Immunprophylaxe (▶ Tab. 34.18)
- spätestens am 2. Tag nach Wundversorgung Wundkontrolle: Rötung? Schwellung? Überwärmung? Pochen?
- bei Wundinfektion Fäden vorzeitig ziehen, sonst nach 10–14 Tagen

Abwendbar gefährlicher Verlauf

- Der chirurgischen Behandlung in der Praxis sind Grenzen gesetzt durch individuelle Erfahrung des Arztes sowie Ausstattung der Praxis; beim geringsten Zweifel oder Risiko sofortige Überweisung zum Chirurgen
- bei Sekretstau Gefahr der **Superinfektion** und Abszedierung
- ***Cave:*** „Metzger-Verletzung“: keinen primären Wundverschluss durchführen, ebenso bei Hunde- (T 14.1) und Katzenbissen (T 14.8); sofortige Antibiotikatherapie

34.71.6 Leitlinien

Arbeitskreis Krankenhaus und Praxishygiene. AWMF-S 1-Leitlinie 029–042. **Chronische und sekundär heilende Wunden: Hygieneanforderungen.** Im Internet: www.awmf.org/leitlinien; Stand: 20.01.2016

Deutsche Gesellschaft für Kinderchirurgie. AWMF-S 1-Leitlinie 006–129. **Wunden und Wundbehandlung.** Im Internet: www.awmf.org/leitlinien; Stand: 20.01.2016

34.72 Hepatitis (B15.– bis B19.–)

U. Müller-Bühl

34.72.1 Grundlagen

Definition

Unter einer Hepatitis versteht man eine Entzündung von Gefäß- und Bindegewebsstrukturen der Leber mit sekundärer Zellschädigung. Nach der Verlaufsform werden eine **akute** und **chronische Hepatitis** unterschieden. Eine chronische Hepatitis ist eine entzündliche Lebererkrankung mit mehr als 6-monatiger Dauer.

Ätiologie

Häufigste Ursache sind **virale Infektionen**. Seltener entstehen Hepatitiden durch Bakterien oder Protozoen, toxisch (Alkohol, Lösungsmittel, Medikamente) oder cholestatisch (intra-, extrahepatisch).

Als Ursache einer akuten Virushepatitis wurden bislang 5 verschiedene Erreger identifiziert, in alphabetischer Reihenfolge Hepatitis-A- bis -E-Virus benannt (▸ Tab. 34.19). Die HAV- und die HEV-Infektion sind meist mit einer akuten, ikterischen Hepatitis assoziiert und werden nicht chronisch. Dagegen können die parenteral übertragbaren Hepatitisformen B, C und D zu einer chronischen progredienten Hepatitis mit entsprechenden Folgen (Zirrhose, hepatozelluläres Karzinom) führen. Alle Virushepatitiden sind **meldepflichtig**.

Diagnostik

Generell umfasst die Diagnostik bei Verdacht auf Hepatitis:

- Anamnese (inkl. Risikofaktoren, Familien- und Partneranamnese)
- Basislabor: BB, Transaminasen, γ-GT, AP, Kalium, Natrium, Kreatinin, Gesamteiweiß, Eiweißelektrophorese, Bilirubin, TSH, Gerinnungsstatus, CHE, Quick/INR, α_1-Fetoprotein
- spezielle Hepatitisserologie (Virusnachweis, Antikörperstatus)
- Sonografie
- ggf. CT, MRT

Tab. 34.19 Überblick über die Virushepatitiden.

Kriterium	Hepatitis A	Hepatitis B	Hepatitis C	Hepatitis D	Hepatitis E
Familie	Picornavirus	Hepadnavirus	Flavivirus	Viroid	Calicivirus
Durchmesser	27–32 nm	42 nm	?	36 nm	27–32 nm
Nukleinsäure	RNA-Einzelstrang, linear	DNA-Doppelstrang, zirkulär	RNA-Einzelstrang, linear	RNA-Einzelstrang, zirkulär	RNA-Einzelstrang, linear
Inkubationsdauer	14–45d (30d)	30–180d (70d)	14–180d (50d)	*	11–60d (40d)
Übertragung fäkal-oral	ja	nein	nein	nein	ja
Blut	nein[1]	ja	ja	ja	nein[2]
vertikal	nein[1]	ja	ja	ja	nein[2]
sexuell	nein[3]	ja	ja[3]	ja	nein[2]
Antigene	HAAg	HBsAg, HBeAg	–	HDAg	HEAg
Antikörper	Anti-HAV, Anti-HAV, IgM	Anti-HBs, Anti-HBe, Anti-HBc	Anti-HCV, Anti-HCV, IgM	Anti-HDV, Anti-HDV, IgM	Anti-HEV
fulminante Hepatitis	0,001–0,5 %	0,5–1,0 %	0,5–1,0 %	1–3–25 %	2 % (25 %–?)
abheilende akute Hepatitis	> 99 %	> 90 %	10–40 %	50–80 %	> 95 %
chronisch aktive Hepatitis	0 %	< 10 % (0,5 %?)	30–90 % (< 10 %?)	20–50 %	? (< 5 %)
Leberzirrhose	< 0,1 %	1 %	5–30 %	10 %?	?
aktive Impfung	ja	ja	nein	nein	nein
passive Impfung	ja	ja	nein	nein	nein

* Inkubationsdauer lässt sich bei Simultaninfekten nicht bestimmen, da das Virus auf eine HBV-Replikation angewiesen ist. Angaben über die Inkubationsdauer bei Superinfektion liegen nicht in ausreichendem Maße vor

1 = eine parenterale Übertragung ist sehr selten, da nur Blut von einem Spender in einer kurzen Zeitspanne der Prodromalphase HAV enthält

2 = hierzu liegen keine epidemiologischen Daten vor

3 = eine Übertragung durch Geschlechtsverkehr wurde bisher nicht bewiesen, kann aber auch wegen des gehäuften Vorkommens bei Partnern von Hepatitis-A und -C-Erkrankten nicht ausgeschlossen werden

34.72.2 Hepatitis A (B15.–)

▸ **Epidemiologie.** Weltweit bestehen große Unterschiede in der Durchseuchung: Sie beträgt in Bevölkerungen mit überwiegend schlechten Hygienebedingungen bereits bei Kindern im Alter von 9 Jahren fast 100 %. In Regionen mit hohem Hygienestandard wie der EU ist die Prävalenz dagegen sehr niedrig: Im Jahr 2008 wurden 2,8 Erkrankungen/100 000 Einwohner festgestellt, am häufigsten ist die Altersgruppe der 5- bis 14-Jährigen betroffen. Deutschland liegt mit 1,5 Erkrankungen/100 000 Einwohner noch unter dem EU-Durchschnitt.

▸ **Infektion.** Die Kontagiosität (mit fäkal-oralem Übertragungsmodus) ist hoch und die Inkubationszeit mit 15–45 Tagen kurz (▸ Tab. 34.19). Die Hepatitis A ist endemisch in Ländern mit geringem hygienischem Standard. Die Erkrankung dauert 2–4 Wochen, es besteht eine lebenslange Immunität.

Am höchsten ist die Infektiosität 1–2 Wochen vor dem Ausbruch, die Ansteckungsfähigkeit bleibt bis ca. zur 1. Woche bestehen, danach sollen Erkrankte eine separate Toilette und eigenes Geschirr benutzen. Mitbewohner können durch Gammaglobuline geschützt werden. Gemeinschaftsräume sollen nach Abklingen aller Symptome wieder benutzt werden.

▸ **Laborserologie.** Mit der Anti-HAV-Bestimmung ist die Prüfung auf Immunität möglich. Der Prozentsatz der Durchseuchung und damit Anti-HAV-Positiven steigt mit dem Alter an und erreicht bei über 40-Jährigen 60–80 %.

▸ **Impfprophylaxe.** Es ist eine aktive und eine passive Immunisierung möglich:
- aktive Immunisierung: ab 2 Jahren (2 Injektionen, zuverlässiger Schutz für 10 Jahre, auch nach Exposition), auch in Kombination mit der HBV-Impfung (Kombi-Impfstoff)
- passive Immunprophylaxe (0,02 ml/kg × kg Hepatitis-A-Immunglobulin i. m.) bis max. 2 Wochen nach Exposition bzw. vor möglicher Exposition

Eine Anti-HAV-Bestimmung vor einer geplanten Hepatitis-A-Impfung ist bei älteren Erwachsenen aus Kostengründen sinnvoll. Eine Impfung bereits Immuner hat keine besonderen Nebenwirkungen.

34.72.3 Hepatitis B (B16.–)

▸ **Epidemiologie.** Mehr als 350 Millionen Menschen (5–7 % der Weltbevölkerung) weisen eine Infektion mit dem Hepatitis-B-Virus auf. Die Prävalenz ist je nach geografischer Lage, ethnischer Zugehörigkeit und Risikokonstellation sehr unterschiedlich. In Deutschland beträgt die Seroprävalenz für HBs-Ag, das eine chronische Infektion anzeigt, ca. 0,6 %, und für Anti-HBc, das auch durchgemachte Infektionen erfasst, ca. 7 %.

▸ **Infektion.** Die Übertragung ist über Körpersekrete parenteral, sexuell und perinatal möglich, die Inkubationszeit ist mit 25–180 Tagen relativ lang. Die Erkrankung dauert 3–8 Wochen, in 5–10 % geht sie in eine chronische Form über (▸ Tab. 34.19). Nach Ausheilung besteht lebenslange Immunität.

Infektiosität besteht während und bis zu 12 Wochen nach der Erkrankung. Eine besondere Isolierung ist nicht nötig. Auf die Problematik sexueller Kontakte ist hinzuweisen.

▸ **Laborserologie.** Folgende Untersuchungen sind möglich:
- HBs-Ag → Prüfung auf Infektiosität
- Anti-HBs → Prüfung auf Immunität
- Anti-HBc-IgM → Nachweis einer frischen Infektion
- Anti-HBc → Prüfung auf Immunität
- HBe-Ag → Prüfung der Infektiosität
- Anti-HBe Prüfung auf Serokonversion
- Anti-HBs-Titer → Prüfung des Impferfolgs (ausreichender Schutz ab 10 µ/l)

Als **Suchreaktion** werden die Bestimmungen von HBs-Ag und Anti-HBc (gesamt), HBV-DNA (quantitativ), HBeAg/Anti-HBe in Kombination mit Anti-HDV eingesetzt (Empfehlung A, Leitlinie 2011 [28]). Positive Antikörpernachweise bei sonst negativem Ergebnis sprechen für Immunität. Infektiosität liegt vor bei positivem Nachweis von HBs-Ag im Frühstadium der Infektion und/oder HBe-Ag in späteren Stadien. Gesunde HBs-Ag-Träger sind potenziell infektiös.

▸ **Therapie.** Eine Therapie mit (PEG) Interferon α führt bei allen Patienten mit chronischer Hepatitis-B-Infektion und kompensierter Lebererkrankung zu einer signifikanten biochemischen, virologischen und histologischen Verbesserung. Insbesondere Patienten mit fortgeschrittener Lebererkrankung benötigen eine konsequente medikamentöse Therapie. Im Gegensatz zur Behandlung mit (PEG) Interferon α mit festgesetzter Therapiedauer (48 Wochen) befolgt die Behandlung mit oralen Nukleosid-/Nukleotid-Analoga eine Langzeitstrategie und wird durch die Resistenzkonstellationen des jeweiligen Medikaments beschränkt. Unter Abwägung von Nutzen, Risiko und Serokonstellation ist eine Therapie mit oralen Nukleosid-/Nukleotid-Analoga auch bei Schwangeren, Immunsupprimierten und Dialysepatienten angezeigt. Alkohol- und Drogenkonsum stellen keine Kontraindikation gegen eine orale antivirale Therapie dar, eine Abstinenz ist keine Voraussetzung einer Therapie.

Allerdings wird bei langer Infektionsdauer und vorhandener Leberzirrhose trotz antiviraler Therapie und virologischen Ansprechens die Entwicklung von Leberzellkarzinomen und Leberdekompensationen beobachtet und erfordert daher eine entsprechende Nachverfolgung. Eine HBsAg-Positivität über mehr als 6 Monate bei normalen Leberwerten deutet auf einen chronischen Hepatitis-B-Virusträgerstatus. Bei Einhalten von Vorsichtsmaßnahmen können diese Personen in allen Berufen arbeiten. Lediglich im medizinischen Bereich mit der Möglichkeit eines Blut-zu-Blut-Kontakts sollte im Einzelfall ein Tätigkeitsverbot ausgesprochen werden.

► **Impfprophylaxe.** Die STIKO empfiehlt die Impfung gegen Hepatitis B (Empfehlungsgrad A, Leitlinie 2010) [73]:

- allen Säuglingen ab vollendetem 2. Lebensmonat
- allen noch nicht geimpften Kindern und Jugendlichen bis zum vollendeten 17. Lebensjahr, möglichst vor Beginn der Pubertät
- allen in der Indikationsliste der STIKO aufgeführten Personen mit erhöhtem Hepatitis-B-Risiko (aktuelle Empfehlungen im Epidemiologischen Bulletin)
- allen Patienten vor geplanten Transplantationen, speziell vor Lebertransplantationen

Bei geimpften Personen, die gesund und jünger als 40 Jahre sind, ist eine Erfolgskontrolle nach der Impfung nicht notwendig (Serokonversionsraten > 98 %). Eine Testung auf HBs-AK sollte aber durchgeführt werden bei:

- allen Menschen mit erhöhtem Hepatitis-B-Risiko
- immunkomprimierten Menschen
- Menschen über 40 Jahre

Merke

Nach einer Exposition mit HBV-positivem Material (Nadelstichverletzungen, sexueller Kontakt) sollte so früh wie möglich, auf jeden Fall innerhalb von 48h, eine aktiv-passive Immunisierung erfolgen.

34.72.4 Hepatitis C (B17.1)

► **Epidemiologie.** Mit dem Hepatitis-C-Virus sind nach Angaben der WHO ca. 170 Millionen Menschen (3 % der Weltbevölkerung) infiziert. Die Anti-HCV-Prävalenz in der deutschen Allgemeinbevölkerung beträgt etwa 0,4–0,5 %.

► **Infektion.** Die Ansteckung erfolgt durch Blut und Blutprodukte. Die Inkubationszeit beträgt 21–84 Tage. Die Erkrankung verläuft meist inapparent und dauert 6–12 Wochen (► Tab. 34.19). Infektiosität besteht während und bis zu 12 Wochen nach der Erkrankung. Eine besondere Isolierung ist nicht nötig.

Merke

Die akute Hepatitis C verläuft milder als andere Formen, heilt jedoch weitaus seltener und verläuft oft chronisch (60–80 %).

► **Laborserologie.** Mit der Anti-HCV-Bestimmung ist die Prüfung auf Immunität möglich. Die Ausheilung der akuten Infektion geht mit einem Verlust der HCV-Antikörper einher.

Partnern HCV-Infizierter bzw. mit diesen in Lebensgemeinschaft lebenden Personen sollte eine HCV-Diagnostik angeboten werden.

► **Therapie.** Die Indikation für eine antivirale Therapie mit Interferon ist in der **Frühphase** der Infektion bei persistierend virämischen Patienten innerhalb der ersten 3–4 Monate gegeben (Leitlinie, Empfehlungsgrad B [29]). Bei einer **chronischen HCV Infektion** wird eine hocheffektive, nebenwirkungsarme, interferonfreie Kombinationstherapie mit direkt antiviral wirksamen Medikamenten eingesetzt. Das Stadium der Lebererkrankung, der HCV-Geno-/Subtyp, das virologische Ansprechen auf eine Vortherapie und die mögliche Präsenz präexistenter HCV-Resistenzvarianten sowie potenzielle Medikamenteninteraktionen bestimmen differenzialtherapeutische Überlegungen.

► **Impfprophylaxe.** Bislang gibt es keinen Impfstoff.

34.72.5 Hepatitis D (B17.0)

► **Epidemiologie.** Das HDV ist ein natürliches Satellitenvirus des HBV, das für seine Infektiosität Hüllenproteine des HBV braucht. Es kann simultan mit dem HBV (Koinfektion, 5–12 % der Patienten) übertragen werden oder einen HBV-Träger infizieren (Superinfektion). Die Letalität der Hepatitis D ist ca. 10-mal so hoch wie die einer alleinigen HBV-Infektion.

► **Infektion.** Die Ansteckung erfolgt durch Blut und Blutprodukte, selten sexuell. Die Inkubationszeit beträgt 60–110 Tage, die Erkrankungsdauer 3–6 Wochen. Ein subfulminanter bis fulminanter Verlauf ist möglich, die Letalität liegt bei 2–20 %. In 5–50 % geht die Hepatitis D in eine chronische Form über (▸ Tab. 34.19).

Infektiosität besteht während und bis zu 12 Wochen nach der Erkrankung. Eine besondere Isolierung ist nicht nötig.

► **Laborserologie.** Mit der Anti-HDV-Bestimmung ist die Prüfung auf Immunität möglich. Die spezifische Diagnose einer HDV-Infektion basiert auf dem Nachweis von Antikörpern gegen das HD-Ag (Anti-HDV) im Serum bei gleichzeitiger Positivität für HBs-Ag.

34.72.6 Hepatitis E (B17.2)

► **Epidemiologie.** Die Infektion mit dem HEV ist weltweit häufigste Ursache akuter viraler Hepatitiden. Eine jährliche Inzidenz von etwa 100 000 HEV-Infektionen in Deutschland wird geschätzt.

► **Infektion.** Es handelt sich um eine fäkal-orale Infektion, die Inkubationszeit beträgt 30–40 Tage. Die Erkrankung verläuft kurz, gutartig und mit meist klinisch inapparentem Verlauf (in 10 % der Fälle fulminanter Verlauf). Die Letalität liegt bei 0,5–4 % (▸ Tab. 34.19).

► **Impfprophylaxe.** Es ist ein Impfstoff in Erprobung, der in China seit 2012 zugelassen ist.

34.72.7 Akute Hepatitisformen anderer Genese

Hepatische Mitreaktionen treten bei zahlreichen viralen, bakteriellen und sonstigen Erkrankungen auf (▸ Tab. 34.20).

Eine **alkoholische Hepatitis** muss vermutet werden, wenn bei einem Alkoholiker nach Trinkexzessen eine vergrößerte, druckschmerzhafte Leber, Ikterus, Fieber und Aszites auftritt. Sie kann tödlich verlaufen, Varizenblutungen, Infektionen und eine hepatische Enzephalopathie sind nicht selten (s. a. Fettleber, Kap. 34.55, Leberzirrhose, Kap. 34.102, und Alkoholkrankheit, Kap. 34.8).

Tab. 34.20 Hepatische Mitreaktionen bei verschiedenen Erkrankungen.

Ursache	Beispiele
Viren	• Mononukleose • Gelbfieber • Poliomyelitis • Herpes simplex
Rickettsien	• Fleckfieber
Spirochäten	• Morbus Weil • Rückfallfieber • Lues
Bakterien	• Tuberkulose • Brucellose • Lepra • Tularämie • Salmonellen • Streptokokken • Pneumokokken • Gonokokken • Escherichia coli
Parasiten	• Amöben • Malaria • Kala-Azar • Trypanosomen • Zestoden • Nematoden • Trematoden
Unbekannte Ursachen	• Morbus Boeck • Morbus Hodgkin

Abwendbar gefährlicher Verlauf

- **fulminanter Verlauf** (in 1–2 % bei akuter Hepatitis) → auf schwere Beeinträchtigung des Allgemeinbefindens, exzessive oder stark progrediente Transaminasenerhöhung achten → umgehende stationäre Einweisung zur intensivmedizinischen Betreuung (manchmal Lebertransplantation)
- **Entwicklung einer chronischen Hepatitis:** Hinweise sind serologische Entzündungszeichen und fehlende Serokonversion der Virusmarker länger als 6 Monate → insbesondere bei fortgeschrittenen Lebererkrankungen Möglichkeiten einer antiviralen Therapie prüfen
- **Entwicklung von Leberzellkarzinomen und -dekompensationen:** bei Patienten mit chronischen Lebererkrankungen auch bei erfolgreicher antiviraler Therapie (Serokonversion) möglich → regelmäßige Kontrolle erforderlich

34.72.8 Leitlinien

Arbeitskreis Krankenhaus und Praxishygiene. AWMF-S 1-Leitlinie 029–026. **Blutübertragbare Virusinfektionen: Prävention.** Im Internet: www.awmf.org/leitlinien; Stand: 20.01.2016

Deutsche Gesellschaft für Gastroenterologie, Verdauungs- und Stoffwechselkrankheiten. AWMF-S 3-Leitlinie 021–011. **Hepatitis-B-Virusinfektion – Prophylaxe, Diagnostik und Therapie.** Im Internet: www.awmf.org/leitlinien; Stand: 20.01.2016

Deutsche Gesellschaft für Gastroenterologie, Verdauungs- und Stoffwechselkrankheiten. AWMF-S 3-Leitlinie 021–012. **Hepatitis-C-Virus (HCV)-Infektion; Prophylaxe, Diagnostik und Therapie.** Im Internet: www.awmf.org/leitlinien; Stand: 20.01.2016

34.73 Herpes simplex (B00.9)

H.-D. Klimm, S. Klimm

34.73.1 Definition

Als Herpes simplex wird eine Erkrankung mit Bläschenbildung der Haut bezeichnet, die durch die durch Herpes-simplex-Viren hervorgerufen wird (Herpes simplex Virus 1 [HSV-1] und Herpes simplex Virus 2 [HSV-2]).

34.73.2 Epidemiologie

Die Herpes-simplex-Infektion betrifft Menschen aller Altersgruppen, unabhängig vom Geschlecht. Die Erstinfektion verläuft oft inapparent im 1.–5. Lebensjahr, nachweisbar durch Titeranstiege. Etwa 70–90 % der Menschen bleiben Virusträger, wofür die vielen lokalen Rezidive der Erkrankung sprechen.

34.73.3 Ätiologie

Herpes-simplex-Viren sind weltweit verbreitet, der Mensch ist für sie als Reservoir der einzige natürliche Wirt. In Deutschland konnten bei 84–90 % der Personen Antikörper gegen HSV-1 nachgewiesen werden. Der HSV-1 verursacht die Bläschen im Bereich der Lippen, des Mundes, des Kopfbereichs und am Oberkörper. Der HSV-2 ist der Erreger der Herpes-genitalis-Infektion. Die Inkubationszeit beträgt einige (2–7) Tage. Die Übertragung erfolgt durch Speichelkontakt und Schmierinfekte, im Mund-Rachen-Raum überwiegend HSV-1 und im Genitaltrakt überwiegend HSV-2.

34.73.4 Leitsymptome und Diagnostik

► **Symptome.** Charakteristisch ist das plötzliche Anschwellen und die seröse Bläschenbildung, verbunden mit Schmerzen (z. B. in Zusammenhang mit starkem Sonnenbad, Menstruation und begleitenden fieberhaften Infekten). Bei Superinfektionen besteht gelbes Sekret mit entzündlicher Umgebungsreaktion, ggf. auch Lymphadenitis.

► **Schweregrade und Formen.** Meist handelt es sich um harmlose Gesundheitsstörungen. Die beschreibende Bezeichnung der Erkrankungen erfolgt nach unterschiedlichen Kriterien:

- nach dem Ort der Bläschen:
  - Herpes labialis
  - Herpes nasalis
  - Herpes corneae
- nach dem auslösenden Faktor:
  - Herpes febrilis
  - Herpes solaris
  - Herpes menstrualis
  - Herpes traumaticus
- Herpes genitalis: hier ist das HSV-2 pathogen: Die Erkrankung wird durch Geschlechtsverkehr übertragen und führt bei Männern zur Balanitis herpetica, bei Frauen zur Vulvitis herpetica

34

- Ekzema herpeticatum: auf dem Boden chronischer Hauterkrankungen, z. B. Ekzem, Superinfektionen mit Herpes-simplex-Viren (HSV-1)
- Herpes-simplex-Retinitis: Infektion der Netzhaut mit sekundärer Retinanekrose und Erblindung!
- Herpes-simplex-Ösophagitis: in zwei Drittel aller Fälle distales Ösophagusdrittel, scharf begrenzte, flache Ulzerationen der Schleimhaut, meist schwere Grunderkrankung oder immunsuppressive Therapie

Selten ist eine generalisierte und lebensbedrohliche Form, die stets klinisch behandelt werden muss:

- Herpes sepsis bei Neugeborenen
- Meningoencephalitis herpetica

▸ **Diagnostik.** Meist handelt es sich um eine **Blickdiagnose!** Ein laborchemischer, serologischer oder kultureller Nachweis ist nicht nötig.

34.73.5 Differenzialdiagnostik

Die Abgrenzung gegenüber dem Zoster gelingt durch dessen halbseitiger Lokalisation mit Beschränkung auf die Dermatome. Die Windpocken verbreiten sich über den ganzen Körper (Sternenhimmelphänomen, Kap. 34.196).

34.73.6 Therapie

▸ **Virostatika.** Als Mittel der Wahl gilt Aciclovir, sowohl für die Lokaltherapie als auch systemisch (z. B. 5 × 800 mg über 7 Tage) bei ausgedehnten Infektionen, z. B. Herpes genitalis (Kap. 34.73). ***Cave:*** Durch den weitverbreiteten Einsatz von Aciclovir selbst bei banaler Symptomatik wird die Häufigkeit von Aciclovir-resistenten Herpes-simplex-Viren gesteigert! Außer Aciclovir gibt es in Deutschland noch weitere zugelassene Produkte zur Herpesbehandlung: Valganciclovir, Penciclovir und Brivudin. Im Bläschenstadium sind Trockenpinselungen mit antiseptischen Zusätzen geeignet, z. B. 1 % Clioquinol in lotio cordes. Grundsätzlich gilt, die Therapie möglichst frühzeitig zu beginnen, da der therapeutische Gewinn sonst gering ist und die leichten Formen auch spontan innerhalb von wenigen Tagen abheilen können.

▸ **Antibiotika.** Kommt es zu bakteriellen Superinfektionen Beginn der Antibiotikatherapie nach Abstrich und Resistenzprüfung mit antibiotikahaltigen Salben oder systemischer Antibiotikatherapie.

Merke

- Bei Herpes genitalis ist immer eine Partnerbehandlung erforderlich!
- Prophylaxe: UV-Strahlen meiden.

Abwendbar gefährlicher Verlauf

- Bei **Keratokonjunktivitis herpetica** (B02.3) stets Behandlung durch den Augenarzt!
- Bei **Herpes genitalis** in der Schwangerschaft muss die Genitalregion vor der Geburt unbedingt saniert sein, um eine Infektion des Neugeborenen zu verhindern.
- Ob durch eine Infektion im 2. oder 3. Schwangerschaftsmonat eine Herpesembryopathie entstehen kann, ist umstritten.
- Es gibt auch akute und generalisierte Herpes-simplex-Virusinfektionen, z. B. **Herpessepsis** (B00.7) des Neugeborenen oder die **Meningoencephalitis herpetica** (B00.4), da das pantrope Virus alle Organe befallen kann. Sofortige stationäre Einweisung erforderlich! Nur durch die Hochdosis von Virostatika und intensivmedizinischer Behandlung ist ein letaler Ausgang zu umgehen.
- **Ekzema herpeticatum** (B00.0): Auf dem Boden atopischer Ekzeme oder Schuppenflechte kann es bei einer zusätzlichen Herpes-simplex-Infektion zu großem Hautarealbefall kommen → schweres Krankheitsgefühl, Gefahr der Herpes-simplex-Enzephalitis bei immunsuffizienten Patienten
- **Herpes-simplex-Ösophagitis** (B00.8): bis zu zwei Drittel des unteren Ösophagusabschnitts können befallen sein, begünstigt bei Patienten mit Strahlentherapie, Chemotherapie, Immuninsuffizienz im Rahmen einer HIV-Infektion.

34.73.7 Leitlinien

Deutsche Gesellschaft für Mund-, Kiefer- und Gesichts-Chirurgie. AWMF-S 2-Leitlinie 007–054. **Infektiöse Mundschleimhauterkrankungen.** Im Internet: www.awmf.org/leitlinien; Stand: 20.01.2016

34.74 Herzinfarkt (I21.9)

F. Peters-Klimm

34.74.1 Definition

Von einem Herzinfarkt spricht man bei einer klinisch relevanten, irreversiblen Myokardnekrose. Entsprechend dem Versorgungsgebiet können z. B. Vorderwand, Hinterwand oder das Septum geschädigt sein. Je nach Konstellation aus Brustschmerz, EKG-Befund und Troponinnachweis unterscheidet man beim **akuten Koronarsyndrom (ACS)**:

- Nicht-ST-Streckenhebungsinfarkt (**NSTEMI**): Anstieg von Troponin, aber keine persistierende ST-Hebung (evtl. ST/T-Alterationen)
- ST-Streckenhebungsinfarkt (**STEMI**): Anstieg von Troponin plus persistierende ST-Hebung (> 20 min)
- **instabile AP**: kein Troponin-Anstieg

34.74.2 Epidemiologie

Die Inzidenz in Deutschland liegt bei ca. 300/100 000 Einwohner. Die Letalität liegt immer noch bei ca. 50 %, wobei etwa ⅔ der Patienten vor der stationären Aufnahme versterben (MONICA-Projekt). Der Beratungsanlass „Brustschmerz" in der Hausarztpraxis ergibt in ca. 3,5 % ein ACS (Kap. 23.4, Brustschmerzen).

34.74.3 Ätiologie

Ursachen des Herzinfarkts ist meist die akute Verlegung (Ruptur von Plaques und/oder Thrombose) einer oder mehrerer Koronararterien bei vorbestehender, (meist) hochgradiger, arteriosklerotisch bedingter Stenose dieser Gefäße.

34.74.4 Leitsymptome und Diagnostik

Das ACS wird oft als dringend angeforderte Hausbesuchssituation angetroffen, wobei die Diagnose bzw. Verdachtsdiagnose schnell und mit einfachen Mitteln gestellt werden muss. Die Vorgehensweise sollte sich an der DEGAM-Leitlinie Brustschmerz orientieren, da sie den epidemiologischen Besonderheiten und den zur Verfügung stehenden Mitteln der hausärztlichen Versorgungsebene gerecht wird [25].

Folgende Leitsymptome und Befunde müssen an einen akuten Infarkt denken lassen:

- **starke retrosternale Schmerzen**, Ausstrahlung wie bei AP (Kap. 23.4), keine Besserung auf Nitrogabe, evtl. nur retrosternales Druckgefühl
- **Schwächegefühl, Angst** und **vegetative Begleitsymptomatik**
- bei akuter Linksinsuffizienz (nicht obligat!) **Dyspnoe** bis hin zum Lungenödem
- meist normale Blutdruck- und Frequenzwerte, bei etwa einem Viertel **tachykarde Rhythmusstörungen** und **Blutdruckanstieg** (gehäuft bei Vorderwandinfarkt und vorbestehender Hypertonie), bei einem weiteren Viertel Blutdruckabfall (bis hin zum Schock) und bradykarde Frequenzen (gehäuft beim Hinterwandinfarkt) möglich
- **EKG**, weitere diagnostische Schritte nur, falls in der Situation möglich;
  - die diskriminatorische Fähigkeit der meisten EKG-Veränderungen ist gering, Ausnahmen:
    - typische ST-Streckenhebung: V_2 und $V_3 \geq 0{,}25$ mV bei Männern < 40 J., 0,2 mV > 40 J., ≥ 0,15 mV bei Frauen, in den übrigen Ableitungen ≥ 0,1 mV, jeweils in zwei zusammenhängenden Ableitungen
    - atypische EKG-Veränderungen bei neu aufgetretenem Linksschenkelblock
  - Ausschluss eines ACS aufgrund eines unauffälligen EKGs nicht sicher möglich → sofortige stationäre Einweisung nach **klinischer Wahrscheinlichkeit**

Merke

Der Troponin-Schnelltest in der Praxis wird nur zum Ausschluss eines Myokardinfarkts bei einer Zeitspanne seit Beginn der Symptomatik von eindeutig > 12h in klinisch nicht eindeutigen Fällen (mittlere klinische Wahrscheinlichkeit eines ACS) und bei unauffälligem EKG empfohlen. In den ersten 6–8 Stunden ist die Sensitivität zu gering.

Wichtig ist eine Risikobeurteilung nach **klinischer Wahrscheinlichkeit** für eine KHK als Ursache der Beschwerden. Nacheinander sollen Ersteindruck und pathologische Vitalzeichen und der **Marburger Herzscore** erhoben werden. Dabei wird für folgende Kriterien je ein Punkt vergeben:

Tab. 34.21 Marburger Herz-Score [3].

Punkte	Wahrscheinlichkeit für eine KHK als Ursache	
0–1	< 1 %	sehr gering
2	5 %	gering
3	25 %	mittel
4–5	65 %	hoch

- Alter (M ≥ 55 Jahre, F ≥ 65 Jahre)
- bekannte Gefäßkrankheit
- Schmerzen von körperlicher Belastung abhängig
- durch Palpation **nicht** reproduzierbare Schmerzen
- Patient vermutet Herzkrankheit als Ursache

Über den Marburger Herzscore lässt sich aus der Summe der Punkte die Wahrscheinlichkeit einer KHK als Ursache angeben (▸ Tab. 34.21).

Für die mittlere oder hohe Wahrscheinlichkeit eines ACS (weiteres Vorgehen s. Therapie) sprechen:

- mittlerer oder hoher Herzscore
- klassische **Kriterien einer instabilen AP**
- **vegetative Begleitsymptomatik** (kaltschweißig oder blass)
- **subjektiver ärztlicher Eindruck** („Der Patient ist anders als sonst", er „gefällt" Ihnen nicht)

Der negativ prädiktive Wert bei 0–2 Punkten im Herzscore liegt bei ca. 98 %, sodass eine koronare Ursache sehr unwahrscheinlich ist. Eine ambulante Diagnostik der KHK kann veranlasst werden.

34.74.5 Differenzialdiagnostik

Die möglichen Differenzialdiagnosen werden in Kap. 23.4, Brustschmerz, behandelt.

34.74.6 Therapie

Die Therapie des Hausarztes bei Verdacht auf einen akuten Herzinfarkt beschränkt sich zumeist auf die **Notfallmaßnahmen** bis zum Eintreffen des Notarztwagens:

- Lagerung mit 30° angehobenem Oberkörper; i. v. Zugang
- nach Eintreffen des Rettungswagens: Monitoring des Herzrhythmus und
- Sauerstoff (2–4 Liter/min), falls Atemnot oder andere Zeichen der Herzinsuffizienz
- ASS 500 mg i. v. oder oral, falls nicht bereits Dauermedikation
- Glyzeroltrinitrat (Spray oder Kapsel s. l.), sofern RR systolisch > 100 mmHg
- bei starken Schmerzen Morphin 5 mg i. v.; ggf. wiederholt bis Schmerzfreiheit
- bei (opiatbedingter) Übelkeit 10 mg Metoclopramid i. v. oder 62 mg Dimenhydrinat i. v.
- Heparin 5 000IE i. v. (z. B. Liquemin) oder Enoxaparin-Na (z. B. Clexane), 1 mg/kgKG s. c.
- bei Bradykardie < 45/min 1 Amp. Atropin 0,5 mg i. v.
- ggf. Diazepam (auf den Mundboden träufeln oder titrierend i. v., 2–5, ggf. bis 10 mg)
- sofern vorhanden, Defibrillationsbereitschaft sicherstellen
- möglichst Einweisung in Kardiologie mit Katheterbereitschaft!

Abwendbar gefährlicher Verlauf

- **Übersehen des Infarkts** wegen untypischer Symptome
  - bei einem Hinterwandinfarkt geben die Patienten oft nur einen Oberbauchschmerz an, zuweilen auch nur Unwohlsein, Übelkeit, Erbrechen – wie bei gastrointestinalen Oberbaucherkrankungen!
  - etwa 20 % aller Herzinfarkte verlaufen ohne Symptome (**„stummer Myokardinfarkt"**) und werden entweder gar nicht oder an den Folgesymptomen wie Rhythmusstörungen, EKG-Veränderungen im Sinne von Infarktnarben (R-Verlust, Q-Zacken, negative T-Wellen), Linksherzinsuffizienz etc. erkannt
  - 40 % aller Infarktpatienten haben keine AP-Anamnese (Infarkt = Erstmanifestation der KHK)!
- ein ACS ist per se als abwendbar gefährlicher Verlauf anzusehen, etwa 40 % der Patienten überleben nicht die ersten 48 Stunden ab Infarktbeginn; Ursachen dafür sind:
  - **Frühkomplikationen:** höhergradige bradykarde und tachykarde Herzrhythmusstörungen (inkl. Kammertachykardien und Kammerflimmern), Linksherzinsuffizienz mit ggf. kardiogenem Schock
  - **Spätkomplikationen** (> 48h): Herzwandaneurysma, arterielle Embolien, Pericarditis epistenocardica, Spätperikarditis/Pleuritis, Arrhythmien, Herzinsuffizienz, persistierende oder rezidivierende AP und Infarktrezidiv.

Die Bestimmung des Herzscores sollte es ermöglichen, kein ACS zu verpassen, Chest-Pain-Units sind auf ein stratifiziertes Vorgehen in Abhängigkeit von erfassten Risikomerkmalen (von umgehender Herzkathederdiagnostik bis zur elektiven Abklärung) eingerichtet.

34.74.7 Leitlinien

Deutsche Gesellschaft für Allgemeinmedizin und Familienmedizin. DEGAM-S 3-Leitlinie. **Brustschmerz.** Im Internet: www.degam.de/leitlinien.html; Stand: 07.11.2015

Weiterführende Leitlinien der Deutschen Gesellschaft für Kardiologie – Herz- und Kreislaufforschung, z. T. auch als Pocket-Leitlinie unter leitlinien.dgk.org:

Pocket-Leitlinie: Akutes Koronarsyndrom ohne ST-Hebung (NSTE-ACS)

ESC-Leitlinie: 2015 ESC Guidelines for the management of acute coronary syndromes in patients presenting without persistent ST-segment elevation

Pocket-Leitlinie: Akutes Koronarsyndrom mit persistierender ST-Streckenhebung (STEMI)

ESC-Leitlinie: 2012 ESC Guidelines for the management of acute myocardial infarction in patients presenting with ST-segment elevation

34.75 Herzinsuffizienz (I50.9)

F. Peters-Klimm

34.75.1 Definition

Die Herzinsuffizienz (HI) ist ein durch zahlreiche Grundkrankheiten ausgelöstes Syndrom, bei dem das Herz das benötigte Herzzeitvolumen trotz ausreichendem venösem Angebot und Ausschöpfung aller Kompensationsmechanismen nicht aufbringen kann. Die kompensatorische neuroendokrine Aktivierung (SAAS, RAAS, ADH) verschlechtert im weiteren Verlauf der HI die hämodynamische Situation und führt zu einem therapeutisch zu durchbrechenden Circulus vitiosus. Es kommt zum kardialen Remodeling (feinstrukturelle Veränderung), zur konzentrischen (eher bei Druckbelastung) oder exzentrischen (eher bei Volumenbelastung) Herzhypertrophie und im Weiteren zur Gefügedilatation des Herzens.

► **Einteilungen.** Neben der Einteilung nach Lokalisation (Links-/Rechts-/globale HI) ist zur Therapiestratifikation auch die Differenzierung der betroffenen Pumpphasen sehr wichtig: Bei **systolischer HI** ist die linksventrikuläre Ejektionsfraktion (LVEF) (bei erhöhtem enddiastolischem Volumen) vermindert. Bei **diastolischer HI** liegen klinische Zeichen der HI bei normaler LVEF, aber eine verminderte linksventrikuläre Relaxation bzw. Dehnbarkeit vor. Oft sind systolische und diastolische Störungen kombiniert.

► **Klassifikationen.** Die AHA-Klassifikation unterscheidet 4 Gruppen:

- **Gruppe A**: Risikofaktoren für eine HI (z. B. KHK, Hypertonie)
- **Gruppe B:** strukturelle Herzschädigung ohne Symptome der HI
- **Gruppe C:** wie B, aber mit Symptomen
- **Gruppe D:** terminale HI

Die funktionelle NYHA-Klassifikation ist sowohl prognostisch als auch für die therapeutische Stratifikation relevant:

- **Stadium I:** keine Symptome bei diagnostizierter HI (AHA B)
- **Stadium II:** Symptome bei mittel-/schwerer Belastung (z. B. schnelles Treppensteigen) (AHA C)
- **Stadium III:** bei leichter Belastung (z. B. Spazierengehen) (AHA C)
- **Stadium IV:** in Ruhe (AHA D)

34.75.2 Epidemiologie

Die Bevölkerungsprävalenz liegt bei ca. 2,3 % und nimmt mit dem Alter auf bis zu 10 % zu. Systolische und diastolische HI kommen etwa gleich häufig vor, die diastolische HI ist eher die Form der älteren Patienten. Die HI ist einer der Top-Ursachen für (zum Teil vermeidbare) Hospitalisierungen und verursacht ca. 3 Milliarden € Krankheitskosten jährlich.

34.75.3 Ätiologie

Die weitaus häufigsten Ursachen für eine HI in der westlichen Welt bleiben die KHK und ihre Risikofaktoren:

- **kardiale Ursachen:**
  - **KHK** (ca. ⅔ der Fälle, die Hälfte durch Hypertonie mitbegründet)
  - Myokarditis, Endokarditis
  - **Kardiomyopathie** (meist idiopathisch, auch ethyltoxisch, ca. 20 %)
  - Herzrhythmusstörungen (extreme Bradykardie, extreme Tachykardie)
  - Herzklappenfehler, Herzfehlbildungen
  - Perikarderkrankungen (Pericarditis constrictiva, Herzbeuteltamponade)
- **extrakardiale Ursachen:**
  - **arterielle Hypertonie** (ca.15 %)
  - Hyperthyreose/Hypothyreose
  - Hämochromatose, Amyloidose, Sarkoidose
  - Lungenerkrankungen mit pulmonaler Hypertonie, Lungenembolie (primäre Rechtsherzinsuffizienz)
  - Z. n. Chemotherapie

34.75.4 Leitsymptome und Diagnostik

▸ **Symptome.** Die Symptome können nur diskret ausgeprägt sein und sind für sich genommen unspezifisch. Ihre Schwere korreliert nicht mit der Schwere der Pumpfunktionsstörung. Die Symptome der **Linksherzinsuffizienz** entstehen durch:

- **Rückwärtsversagen:**
  - Dyspnoe bis hin zum Lungenödem, ggf. Orthopnoe
  - Asthma cardiale
  - Pleuraerguss
  - Zyanose
- **Vorwärtsversagen:**
  - Leistungsintoleranz, Schwächegefühl
  - zerebrale Funktionsstörungen (z. B. Verwirrtheit)
  - kalte, blasse Extremitäten, Zyanose

Die Symptome der **Rechtsherzinsuffizienz** entstehen durch:

- **Rückstauung in den großen Kreislauf:**
  - periphere Venenstauung
  - Gewichtszunahme und Ödeme
  - Stauungsleber, ggf. Aszites
  - Pleuraerguss
  - stauungsbedingte gastrointestinale Symptome
  - Nykturie durch nächtliche Rückresorption von Ödemen

▸ **Diagnostik.** Die Diagnostik der HI ruht auf 3 Säulen:

- **Anamnese:** Beratungsanlässe sind
  - das Syndrom reduzierter Belastungstoleranz (Dyspnoe, Leistungsintoleranz, AP)
  - das Syndrom der Flüssigkeitsretention (nur in ca. ⅓ der Fälle)
  - apparativer Nachweis ohne Symptome und Zeichen einer HI
- **körperliche Untersuchung:** mit besonderer Berücksichtigung der möglichen Ursachen und der Leitsymptome; dabei muss speziell geachtet werden auf:
  - Herzrhythmus, verlagerter Herzspitzenstoß (hochspezifisch, fehlt jedoch häufig), 3. Herzton = Galopprhythmus (hochspezifisch, aber wenig sensitiv)
  - erhöhten Jugularvenendruck (fehlt häufig unter Therapie, wenn vorhanden, hochprädiktiv)
  - pulmonale Rasselgeräusche, auch Giemen und Brummen (mäßig sensitiv, eher als Hinweis auf Akuität)
  - periphere Ödeme (geringe Spezifität und Vorhersagewahrscheinlichkeit)
- **technische Befunde:**
  - **EKG:** Rhythmus, Ischämiezeichen, Leitungsstörungen (bei völlig normalem EKG ist eine systolische Herzinsuffizienz unwahrscheinlich)
  - **Labor:**
    - Natrium, Kalium, Kalzium, Harnstoff, Kreatinin (GFR), Leberenzyme, Bilirubin, Ferritin und TSH zur Behandlungseinschätzung und Identifizierung behandlungsfähiger Ursachen und Komorbiditäten
    - **natriuretische Peptide** (z. B. NT-proBNP): Bestimmung wird in der DEGAM-Leitlinie nicht empfohlen, sie ist aber bei der Differenzialdiagnose Dyspnoe zum Ausschluss einer HI in Erwägung zu ziehen: falls unter dem Cut-off, ist eine HI sehr unwahrscheinlich; die Möglichkeit falsch positiver Befunde (z. B. bei Vorhofflimmern) muss aber dabei bedacht werden
  - **Echokardiografie** (diagnostischer Standard bei klinischem Verdacht auf HI) mit den Untersuchungszielen:
    - Ursache der HI: myokardial/perikardial/valvulär oder multipel (kausale Therapieoption?)
    - Art der HI: diastolische vs. systolische Funktionseinschränkung, LVEF-Bestimmung (Therapiestratifizierung)

- ◦ **Röntgen-Thorax:** bei Verdacht auf eine pulmonale Stauung, Herzgröße und -konfiguration
- ◦ **Koronarangiografie:** Diagnostik und ggf. Therapie ischämischer Ursachen

Merke

Die **Kommunikation** ist am effektivsten, wenn Informationen über Ursachen, Versorgung und Prognose der Erkrankung den Bedürfnissen des individuellen Patienten der Situation angepasst werden. Die kognitive Beeinträchtigung vieler Patienten sollte in der Kommunikation besonders beachtet werden. Nach Möglichkeit sollte die Familie des Patienten einbezogen werden!

34.75.5 Differenzialdiagnostik

In Erwägung zu ziehen sind:
- **Dyspnoe:** Kap. 24.9
- **periphere Ödeme:** Kap. 25.8

34.75.6 Therapie

Eine kausale Therapie ist der symptomatischen Therapie immer vorzuziehen. Das therapeutische Vorgehen bei chronischer Herzinsuffizienz umfasst die folgenden Bereiche:
- Kontrolle und Therapie von kardiovaskulären **Risikofaktoren**
- kardiale **kausale Therapieansätze** bei der verursachenden Erkrankung, z. B. Operation von Vitien, Bypass-Operation, Schrittmacher
- **nicht pharmakologische Ansätze**: Nikotin- und Alkoholkarenz, kardiovaskulär-protektiver Lebensstil, moderates körperliches Training bei stabiler HI, Salz- und Flüssigkeitsrestriktion (5(–7,5)g Kochsalz, 1–1,5 l bei Stadium III–IV, sonst bis 2 l/d), Prophylaxe und Therapie potenziell exazerbierender Erkrankungen
- Pharmakotherapie (s. u.)
- **apparative Therapie** für ausgewählte Patienten (s. u.)
- Impfungen (Influenza und Pneumokokken)
- Palliativtherapie bei Patienten mit terminaler HI

▸ **Pharmakotherapie.** Grundsätze der Pharmakotherapie sind:
- Medikamente mit mortalitätsreduzierendem und die Progredienz verlangsamendem Effekt sowie symptomatisch wirksame Medikamente verwenden
- schädliche Medikamente möglichst vermeiden
- **diastolische HI:**
  - ◦ für keine medikamentöse Behandlung konnte bisher eine Verbesserung der Morbidität/Mortalität gezeigt werden
  - ◦ Diuretika werden eingesetzt, um Luftnot und Stauung zu lindern
  - ◦ keine Kontraindikation für Diltiazem oder Verapamil
- **systolische HI:**
  - ◦ für die verschiedenen Stadien stehen eine Reihe wirksamer Medikamente zu Verfügung (▸ Tab. 34.22); zur Vorgehensweise s. a. ▸ Abb. 34.9
  - ◦ nur bestimmte ACE-Hemmer (bei Unverträglichkeit AT_1-Rezeptorblocker), Betablocker und Aldosteronantagonisten sollen verwendet werden
- **Nebenwirkungen:**
  - ◦ Präparatewechsel in Erwägung ziehen
  - ◦ häufigste Nebenwirkungen sind:
    - bei ACE-Hemmern: Hyperkaliämie, Husten, starker Blutdruckabfall
    - bei Angiotensinrezeptorblockern: Hyperkaliämie
    - bei Aldosteronantagonisten (Mineralokortikoidrezeptorantagonisten): Hyperkaliämie, gastrointestinale Störungen, Gynäkomastie (Spironolacton)
    - bei Schleifendiuretika: Hypokaliämie, Hyponatriämie, Verschlechterung der Glukosetoleranz, Anstieg der Harnsäure
    - bei Thiaziden: Hypokaliämie, Verschlechterung der Glukosetoleranz, Anstieg der Harnsäure
    - bei Betablockern: Bronchospasmus, Hypotonie, AV-Überleitungsstörungen, Bradykardie, Depression, erektile Dysfunktion
    - bei Digitalis (meist durch unbeabsichtigte Überdosierung): Herzrhythmusstörungen, häufig bradykarder Art, ventrikuläre Extrasystolen, AV-Block I.–III. Grades, Übelkeit, Farbensehen, zentralnervöse Störungen

Die Behandlungsoptionen für Patienten mit chronischer symptomatischer systolischer Herzinsuffizienz (NYHA-Klasse II–IV) unter Einbeziehung von Medikamenten und Aggregaten sind in ▸ Abb. 34.9 dargestellt.

Tab. 34.22 Pharmakotherapie der systolischen HI (LVEF ≤ 40 %).

	NYHA I (LV-Dysfunktion	NYHA II	NYHA III	NYHA IV (kardiologische Betreuung
ACE-Hemmer*[1]	indiziert	indiziert	indiziert	indiziert
Betablocker* (A)	• nach Herzinfarkt • bei Hypertonie	indiziert	indiziert	indiziert
Schleifendiuretika (A)	–	bei Flüssigkeitsretention	indiziert	indiziert
Thiazide (A)	bei Hypertonie	bei Flüssigkeitsretention	indiziert	indiziert
MRA* (A)	–	falls EF ≤ 35 % trotz OPT	falls EF ≤ 35 % trotz OPT	falls EF ≤ 35 % trotz OPT
Angiotensinrezeptorblocker* (A)	bei ACE-Hemmerintoleranz	bei ACE-Hemmerintoleranz	bei ACE-Hemmerintoleranz	bei ACE-Hemmerintoleranz
Ivabradin (B)		falls EF ≤ 35 % trotz OPT bei Sinusrhythmus und HF ≥ 75/min	falls EF ≤ 35 % trotz OPT bei Sinusrhythmus und HF ≥ 75/min	falls EF ≤ 35 % trotz OPT bei Sinusrhythmus und HF ≥ 75/min
Digoxin (0)	nur als Reservemittel, niedrigdosiert; ggf. als Reservemittel bei Vorhofflimmern			
Thrombembolieprophylaxe	s. Herzrhythmusstörungen, Kap. 34.76			
Amlodipin/Felodipin (0)	bei therapierefraktärer Hypertonie oder Angina pectoris			

1 gemäß ESC-Leitlinie 2016 unter bestimmten Voraussetzungen (!) ACE-Hemmer ersetzen durch Sacubitril/Valsartan [35]
*Medikamente mit mortalitätsreduzierendem Effekt; EF (= LVEF) = linksventrikuläre Ejektionsfraktion, HF = Herzfrequenz, MRA = Aldosteronantagonist (Mineralokortikoidrezeptorantagonist), NYHA = New York Heart Association, OPT = optimale Pharmakotherapie

Merke

- Es soll immer die optimale Pharmakotherapie (OPT) angestrebt werden, d. h. es soll indikationsgerecht versucht werden, die Zieldosen unter regelmäßiger Prüfung der Nebenwirkungen und Verträglichkeit zu erreichen (Einzelheiten s. DEGAM-Leitlinie, lange Fassung).
- Für das Medikamentenmanagement ist die Kenntnis der Nebenwirkungen der einzelnen Medikamente unerlässlich. Die unbedingt notwendige Beachtung der Komorbiditäten (s. u.) macht das Management aufwendig.

► **Apparative Therapie.** Voraussetzung ist immer eine Lebenserwartung über 1 Jahr mit gutem funktionellem Status:

- kardiale Resynchronisationstherapie (CRT) bei einer dauerhaft reduzierten Ejektionsfraktion trotz OPT:
  - bei NYHA III und dauerhafter EF ≤ 35 % und Sinusrhythmus und QRS-Komplex > 120 ms mit LSB-Morphologie (A)
  - bei NYHA II und dauerhafter EF ≤ 30 % und Sinusrhythmus und QRS-Komplex > 130 ms mit LSB-Morphologie (A)
  - in Erwägung zu ziehen bei o. g. Fällen auch ohne LSB-Morphologie
  - es existieren auch Empfehlungen mit niedrigerem Evidenzgrad für den Einsatz von CRT bei symptomatischer HI, dauerhaft reduzierter EF trotz OPT bei Vorhofflimmern oder bei konventioneller Schrittmacherindikation
- implantierbare Kardioverter-Defibrillatoren (ICD):
  - zur Sekundärprävention nach ventrikulärer Rhythmusstörung, die zur hämodynamischen Instabilität führt (A)
  - zur Primärprävention bei NYHA II und III und dauerhafter EF ≤ 35 % trotz OPT (A)
- Revaskularisationsmaßnahmen: s. KHK, Kap. 34.99

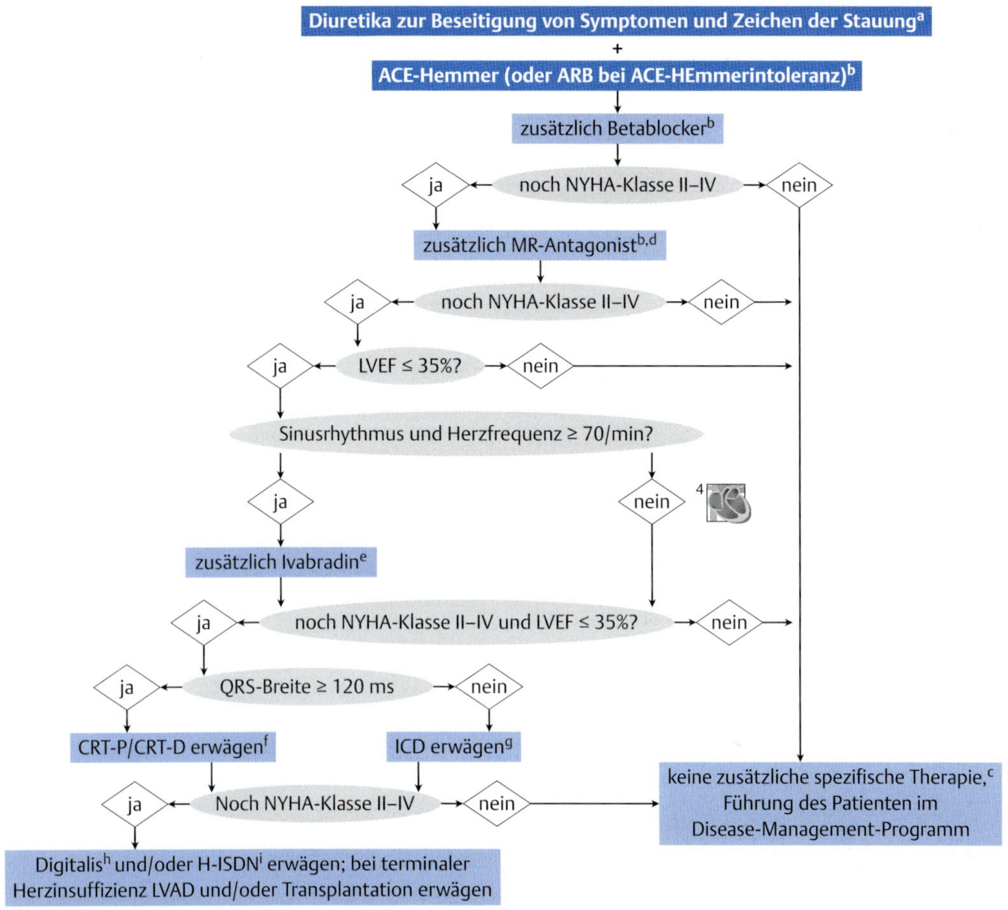

Abb. 34.9 Behandlungsalgorithmus der symptomatischen systolischen Herzinsuffizienz. (Quelle: [35]. Mit freundlicher Genehmigung der Deutschen Gesellschaft für Kardiologie-, Herz- und Kreislaufforschung e. V.)

a Diuretika werden benötigt, um Zeichen und Symptome der Stauung zu lindern, aber es liegen keine Daten vor, dass sie die Hospitalisierung oder Mortalität verringern.

b Titrierung empfohlen bis zum Erreichen der evidenzbasierten Maximaldosis oder der maximal tolerierten Dosis unterhalb der evidenzbasierten Maximaldosis.

c Bei asymptomatischen Patienten mit LVEF ≤ 35 % nach Myokardinfarkt sollte eine ICD-Implantation in Erwägung gezogen werden.

d Wenn ein Aldosteronantagonist nicht toleriert wird, kann alternativ ein Angiotensinrezeptorblocker zum ACE-Hemmer hinzugefügt werden.

e Die European Medicines Agency (EMA) hat die Zulassung für Ivabradin für Patienten mit einer Herzfrequenz ≥ 75/min erteilt; kann auch in Erwägung gezogen werden bei Patienten, bei denen Betablocker kontraindiziert sind oder eine Betablockerintoleranz besteht.

f Siehe Abschnitt 4b der Leitlinie; die Indikationsstellung ist unterschiedlich in Abhängigkeit von Herzrhythmus, NYHA-Klasse, QRS-Breite, QRS-Morphologie und Ejektionsfraktion.

g Nicht indiziert bei NYHA-Klasse IV.

h Digoxin kann auch früher eingesetzt werden bei Patienten mit Vorhofflimmern, um die Herzfrequenz zu kontrollieren, in der Regel zusammen mit einem Betablocker.

i Die Kombination von Hydralazin und Isosorbiddinitrat kann auch früher in Erwägung gezogen werden bei Patienten, die ACE-Hemmer oder Angiotensinrezeptorblocker nicht vertragen.

ARB = Angiotensinrezeptorblocker, CRT = kardiale Resynchronisationstherapie, -P (mit Schrittmacher), -D(mit Defibrillator), H-ISDN = Hydralazin-Isosorbid-Dinitrat, ICD = implantierbare Kardioverter-Defibrillatoren, LVAD = LV-Unterstützungssystem, MR = Mineralokortikoidrezeptor, NYHA = New York Heart Association (s. ► Tab. 34.22)

34

- Herztransplantation:
  - Indikationen sind Endstadium der Herzinsuffizienz mit schweren Symptomen, schlechter Prognose und ohne alternative Optionen
  - Voraussetzungen sind das Fehlen von Kontraindikationen und motivierte, gut informierte und emotional stabile Patienten mit wahrscheinlich postoperativer Compliance
  - ein links- oder biventrikuläres Unterstützungssystem kommt bei terminaler Herzinsuffizienz infrage

▸ **Verlaufskontrollen und Langzeitbehandlung.** Patienten mit einer Herzinsuffizienz müssen regelmäßig (Praxis oder Hausbesuch) kontrolliert werden, bei KHK ist angesichts des komplexen Managements eine **Einschreibung in das DMP KHK** möglich und sinnvoll, aber oft nicht ausreichend:

- funktionale Kapazität (NYHA-Klasse)
- psychosozialer Status und Lebensqualität
- Volumenstatus:
  - Gewichtsverlauf, klinische Untersuchung, Blutdruckmessung
  - Patienten mit dem Syndrom der Flüssigkeitsretention sollten täglich ihr Gewicht kontrollieren, immer morgens im selben Bekleidungszustand: Konsultation des Arztes bei Gewichtszunahme > 1 kg über Nacht oder > 2 kg innerhalb von 3 Tagen oder > 2,5 kg innerhalb von 1 Woche
- Herzrhythmus und -frequenz (Pulsmessung, ggf. EKG und Langzeit-EKG)
- eingenommene Medikation (Erfassung – Kontrolle – ggf. Anpassung, UAW)
- Laborkontrolle (Natrium, Kalium, Kreatinin bzw. geschätzte glomeruläre Filtrationsrate [eGFR])

Merke

Beachte folgende **Komorbiditäten:**

- Niereninsuffizienz: bei erheblichem GFR-Abfall Untersuchung auf reversible Ursachen (z. B. Begleitmedikation, Hypovolämie/-tension, Harnwegsinfektion); Herzrhythmus und -frequenz
- Diabetes mellitus: Metformin und Insulinsensitizer (Glitazone) bei NYHA III–IV kontraindiziert
- COPD: Betablocker auch bei begleitender COPD
- Multimedikation:
  - unbedingt vermeiden: selektive COX-2-Hemmer, negativ inotrope Kalziumkanalblocker (Diltiazem, Verapamil) bei chronischer systolischer Herzinsuffizienz; Antiarrhythmika Klasse I und III (Ausnahme Amiodaron); Trizyklika; Amphetamine; Minoxidil; Metformin und Insulinsensitizer (Glitazone) bei NYHA III–IV; Mutterkornalkaloide
  - möglichst vermeiden: NSAR, Phosphodiesterasehemmer (z. B. Sildenafil, Cilostazol); Carbamazepin; Itraconazol; Kortikosteroide; α-Blocker; Phytopharmaka

▸ **Palliativversorgung.** Gespräche über mögliche Verunsicherungen und Ängste sollten in allen Stadien der Erkrankung ermöglicht werden. Die möglichen Bedürfnisse von Patienten hinsichtlich einer palliativen Versorgung sollten rechtzeitig im Krankheitsverlauf wiederholt ermittelt werden. Die Möglichkeit der Einschaltung einer spezialisierten Palliativversorgung ist ggf. zu überprüfen.

Abwendbar gefährlicher Verlauf

Die akute Links-HI mit Lungenödem ist eine typische Notfall-Hausbesuchssituation, wobei die Diagnose schnell und mit einfachen Mitteln gestellt werden muss (wenn überhaupt möglich). Die Unterscheidung zwischen primär kardial bedingter Dyspnoe und pulmonalspastischer Ursache kann zuweilen schwierig sein, da auskultatorisch eine exakte Trennung oft nicht möglich ist. Sehr hilfreich kann die Kenntnis bzw. Kenntlichmachung der Vorgeschichte sein! In Zweifelsfällen ist als Akutmaßnahme vor Krankenhauseinweisung eine diuretische (z. B. 40 mg Furosemid i. v.) und antispastische Therapie parallel indiziert.

34.75.7 Leitlinien

Bundesärztekammer, Kassenärztliche Bundesvereinigung, Arbeitsgemeinschaft der Wissenschaftlichen Medizinischen Fachgesellschaften. Nationale VersorgungsLeitlinie (NVL). **Chronische Herzinsuffizienz.** Im Internet: www.leitlinien.de; Stand: 20.01.2016 (in Überprüfung)

Deutsche Gesellschaft für Allgemeinmedizin und Familienmedizin. DEGAM-S 3-Leitlinie. **Herzinsuffizienz.** Im Internet: www.degam.de/leitlinien.html; Stand: 20.01.2016

Deutsche Gesellschaft für Kardiologie – Herz- und Kreislaufforschung. **Pocket-Leitlinie Herzinsuffizienz.** Im Internet: leitlinien.dgk.org; Stand: 20.01.2016

European Society of Cardiology. **2016 ESC Guidelines for the diagnosis and treatment of acute and chronic heart failure.** Im Internet: eurheartj.oxfordjournals.org/content/ehj/early/2016/05/19/eurheartj.ehw128.full.pdf; Stand: 28.06.2016

34.76 Herzrhythmusstörungen (I49.9)

F. Peters-Klimm

34.76.1 Definition

Von einer Herzrhythmusstörung (HRS) spricht man bei zu langsamem, zu schnellem oder unregelmäßigem Herzschlag (Bradykardie, Tachykardie oder Arrhythmie), wobei durch Mischformen recht komplexe HRS vorkommen können. Definitionsgemäß liegt eine **Tachykardie** bei einer Herzfrequenz von mehr als 100/min, eine **Bradykardie** bei unter 60/min und eine **Arrhythmie** bei unregelmäßigem Herzschlag vor.

34.76.2 Epidemiologie

Die Inzidenz liegt nach Schätzungen bei 60–70/100 000/Jahr (davon 1 fulminant) in Deutschland.

34.76.3 Ätiologie

Als Ursachen kommen kardiale und extrakardiale Grundkrankheiten infrage (Kap. 24.10.1). Die folgende Einteilung zeigt die große Vielfalt, weshalb hier nur auf einige näher eingegangen werden kann:

- Reizbildungsstörungen
  - vom Sinusknoten ausgehend, z. B. Sinusarrhythmie
  - außerhalb des Sinusknotens, supraventrikulär oder ventrikulär, z. B. Ersatzrhythmen oder Extrasystolen
- **Reizleitungsstörungen**, also Blockbilder, z. B.
  - sinuatrialer Block (SA-Block)
  - atrioventrikulärer Block (AV-Block)
  - Schenkelblock
- Sonderformen (Sick-Sinus-Syndrom, hypersensitiver Karotissinus)
- **Tachykardien**, z. B.
  - AV-Knoten-Reentry-Tachykardie
  - atrioventrikuläre Reentry-Tachykardie
  - Vorhofflattern/Vorhofflimmern
  - Kammertachykardie
  - Kammerflattern/Kammerflimmern
- **plötzlicher Herztod** (Herz-Kreislauf-Stillstand)

Abgesehen von bedrohlichen Rhythmusstörungen, die einerseits zum Kammerflattern/-flimmern („Sekundenherztod“) und andererseits zu extremen Bradykardien führen können und eine sofortige antiarrhythmische Therapie erfordern, werden der Schweregrad bzw. die Bedrohlichkeit und damit auch die antiarrhythmische Therapieindikation durch die Schwere der Grundkrankheit bestimmt.

34.76.4 Leitsymptome und Diagnostik

► **Symptome.** 2 Gruppen von Leitsymptomen lassen sich unterscheiden:

- **direkte (Rhythmus-)Leitsymptome:** Herzstolpern und/oder Herzrasen (Kap. 24.10)
- **indirekte Leitsymptome:**
  - der Grundkrankheiten (z. B. AP, Zeichen der Herzinsuffizienz)
  - der hämodynamischen Folgen (z. B. Schwindel, Synkopen)
  - arterieller Embolien kardialer Thromben (Apoplex bei Vorhofflimmern!)

Merke

Die Klagen der Patienten korrelieren in keiner Weise mit der Bedrohlichkeit: Einerseits können harmlose, funktionelle Störungen als hochdramatisch vorgetragen werden, andererseits können bedrohliche Rhythmusstörungen völlig asymptomatisch auftreten.

► **Diagnostik.** Die Diagnostik der HRS ist z. T. in Kap. 24.10 dargestellt, zusätzlich sind ggf. pharmakologische Tests und eine invasive Diagnostik (Elektrophysiologie) indiziert.

34.76.5 Differenzialdiagnostik

Die differenzialdiagnostischen Überlegungen bei der Abklärung von Rhythmusstörungen beziehen sich auf die möglichen Grundkrankheiten (Kap. 24.10).

34.76.6 Therapie

Allgemeine Therapiegrundsätze

Aufgrund der Häufigkeit von HRS ist zu unterscheiden zwischen HRS mit bzw. ohne organische Erkrankung und mit bzw. ohne Behandlungsindikation. Die kausale Behandlung ist die wichtigste Maßnahme. Herzgesunde haben normalerweise eine gute Prognose. Behandlungsindikationen sind:

- ausgeprägte Symptomatik, beeinträchtigte Hämodynamik
- Risiko einer tachykardieinduzierten Kardiomyopathie
- Risiko eines plötzlichen Herztodes
  - bei Zustand nach Reanimation bei Kammerflimmern
  - schnelle ventrikuläre Tachykardien
  - ventrikuläre Herzrhythmusstörungen bei Patienten mit schweren myokardialen Grunderkrankungen und Einschränkung der linksventrikulären Pumpfunktion

V

Extrasystolen

► **Supraventrikuläre Extrasystolen.** SVES sind meist harmlos und funktionell bedingt und auch bei Genussmittelabusus häufig (Kaffee, Zigaretten); selten sind sie Zeichen einer degenerativen oder entzündlichen Herzerkrankung → **Therapie** der Grundkrankheit, Betablocker oder Verapamil nur bei supraventrikulären Tachykardien oder intermittierendem Vorhofflimmern.

► **Ventrikuläre Extrasystolen.** VES werden nach Lown auf Basis des Langzeit-EKGs eingeteilt (► Tab. 34.23), deren prognostische Bedeutung nicht maßgeblich ist. Wichtiger ist die Unterscheidung zwischen Fehlen und Präsenz nicht anhaltender ventrikulärer Tachykardien. Diese sind definiert als eine Folge von VES mit einer Frequenz von mehr als 120/min und einer Mindestanzahl von 6 konsekutiven VES. Auch wenn VES bei Gesunden vorkommen (z. B. Genussmittelabusus, emotionale Belastungen, meist Verschwinden unter Belastung bei der Ergometrie), sollten sie immer als mögliches Zeichen einer ernsten organischen Herzerkrankung gewertet werden (z. B. KHK, akuter oder Zustand nach Herzinfarkt, Kardiomyopathie, Vitium) → **Therapie der Grundkrankheit** steht im Vordergrund. Eine Indikation zur **antiarrhythmischen Therapie** ergibt sich bei den Lown-Klassen I–III selten, oft ist sie sogar kontraindiziert. Bei den Klassen IV und V hängt die Therapieindikation von der Schwere der Grundkrankheit und den Symptomen ab; daher ist eine kardiologische Abklärung bzw. antiarrhythmische Einstellung nötig.

Tab. 34.23 Lown-Klassen der ventrikulären Extrasystolen (VES) (ventrikuläre Rhythmusstörungen: nach Lown u. Wolf, [64]).

Klasse	VES
I	unifokale, weniger als 30 VES/h
Ia	unifokale, nicht mehr als 1 VES/min
Ib	unifokale, 2 VES/min oder mehr
II	unifokale, 30 VES/h oder mehr
III	multiforme
IIIa	multiforme
IIIb	Bigeminus
IVa	Couplets (angekoppelte VES)
IVb	Salven (ventrikuläre Tachykardie)
IV	RT* (frühzeitige VES)

* RT-VES: VES als R-auf-T-Phänomen

Bradykardien

► **Sinusbradykardien.** Sinusbradykardien sind meist physiologisch (körperlich Trainierte) oder konstitutionell bedingt, selten auch Zeichen einer kardialen Erkrankung (Myokarditis, KHK, Herzinsuffizienz), einer extrakardialen Grunderkrankung (Hypothyreose, Typhus abdominalis, Hirndruck) oder medikamentös bedingt (Betablocker, Digitalis) → **Therapie** des Grundleidens, selten Vagolytika oder Sympathikomimetika.

► **AV-Block II. Grades.** Unterschieden werden der **Typ Wenckebach (Mobitz I**, kontinuierliche Verlängerung der PQ-Zeit bis QRS-Komplex-Ausfall), der meist harmlos und häufig Zeichen einer Überdigitalisierung ist, vom **Typ Mobitz (Mobitz II**, PQ-Zeit konstant, regelmäßiger QRS-Komplex-Ausfall im Verhältnis 2:1, 3:1 usw.), der meist Zeichen einer ernsten Herzerkrankung ist → **Therapie** der Grundkrankheit, bei ernster Bradykardie kardiologische Abklärung, besonders bei zusätzlichem bifaszikulärem Block, meist Schrittmacherindikation.

► **AV-Block III. Grades.** Dabei handelt es sich um eine totale Leitungsunterbrechung mit kompletter Dissoziation von Vorhof- und Kammeraktion mit bradykardem Ersatzrhythmus, die selten kongenital vorkommt und sonst meist Zeichen einer ernsten Herzerkrankung ist → kardiologische Abklärung → **Therapie** meist Schrittmacherindikation. Gefahren beim totalen AV-Block sind:

- länger dauernde Asystolie zwischen Beginn des totalen Blocks und Einsetzen eines Kammerersatzrhythmus (= präautomatische Pause) führt zur hypodynamen Form des Adams-Stokes-Anfalls (I45.9), je nach Pausenlänge Blässe, Schwindel, Synkope bis hin zum Exitus letalis oder
- Herzinsuffizienz bei starker Bradykardie (< 40/min)

Merke

Schrittmacherversorgung

Indikation und Typauswahl durch den Kardiologen, trotzdem sollten die Codes der Schrittmachertypen zur Nachbetreuung und Beurteilung von Komplikationen bekannt sein:

- **1. Buchstabe = Ort der Stimulation:** A = Atrium, V = Ventrikel, D = Dual, d. h. Vorhof und Kammer, 0 = keine Stimulation
- **2. Buchstabe = Ort der Impulsaufnahme (Sensing):** A = Atrium, V = Ventrikel, D = Dual, d. h. Vorhof und Kammer, 0 = keine Aufnahme
- **3. Buchstabe = Betriebsart:** I = Inhibierung durch Eigenrhythmus, T = Triggerung durch Eigenrhythmus, D = Dual, d. h. Inhibierung und Triggerung durch Eigenrhythmus, 0 = keine Inhibierung und keine Triggerung
- **4. Buchstabe = Frequenzadaptation unter Belastung:** R = Frequenzadaptation ist vorhanden („rate responsive"), kein Buchstabe bei nicht vorhanden.

Ein Schrittmacher mit DDD-R-Modus ist also ein 2-Kammer-Schrittmacher mit Stimulation und Sensing sowohl im Vorhof als auch in der Kammer, der durch den Eigenrhythmus sowohl inhibiert als auch getriggert wird (wird die Vorhofstimulation über den AV-Knoten regelrecht in die Kammer weitergeleitet, Inhibition des Schrittmacher-Kammer-Impulses, sonst auch separate Kammerstimulation) mit Frequenzadaptation.

► **Sick-Sinus-Syndrom.** Das Syndrom des kranken Sinusknotens zeigt meist ein buntes EKG-Bild: Sinusbradykardien, Extrasystolen, Ersatzrhythmen; bei Vorhofflattern und Vorhofflimmern kommen auch Tachykardien vor: Bradykardie-Tachykardie-Syndrom. Meist ist das Sick-Sinus-Syndrom Zeichen einer ernsten Herzerkrankung → **Therapie** der Grundkrankheit; bei asymptomatischen Fällen keine antiarrhythmische Therapie nötig; bei Symptomen (meist durch Synkopen bedingt) kardiologische Abklärung, meist Schrittmacherindikation.

► **Karotis-Sinus-Syndrom.** Es handelt sich um überempfindliche Barorezeptoren im Bereich der Karotisgabel mit klinischen Beschwerden nach Karotisreizung, häufig bei älteren Menschen, durch einseitige Karotissinusmassage auszulösen. Unterschieden werden der kardioinhibitorische Typ (90 % d.F., Vagusreizung führt zu Asystolie oder Bradykardie), der vasodepressorische Typ (10 % d. F., RR-Abfall > 50 mmHg ohne wesentliche Bradykardie) und Mischform → **Therapie** durch Schrittmacher (nur bei Schwindel und Synkopen bei spontanen Bewegungen).

Tachykardien

► **Sinustachykardien.** Sie sind meist physiologisch (körperliche Belastung bei Untrainierten, emotional), sonst Zeichen einer kardialen (z. B. Herzinsuffizienz, Myokarditis) oder extrakardialen Erkrankung (z. B. Fieber, Anämie, Hyperthyreose, Lungenembolie); auch bei funktionellem Herzsyndrom (hyperkinetischem Herzsyndrom), nicht selten medikamentös bedingt (z. B. adrenerg oder vagolytisch wirkende Medikamente, Theophylline) oder durch Genussmittel (Kaffee, Tee, Alkohol, Zigaretten) → **Therapie** ggf. der Grundkrankheit; bei hyperkinetischem Herzsyndrom aufklärende Gespräche, u. U. Psychotherapie; als symptomatische Maßnahme Betablocker (Beginn in geringen Dosen, z. B. 25 mg Metoprolol).

► **Supraventrikuläre paroxysmale Tachykardien (PSVT).** Zu unterscheiden sind:

- **AV-Knoten-Reentry-Tachykardie (AVNRT):** häufigste Form der PSVT, meist jüngere Patienten, w > m, als angeborene Störung mit einer relativ langsam und einer schneller leitenden AV-Knoten-Leitungsbahn
- **AV-Reentry-Tachykardie (AVRT):** bei verborgener akzessorischer Leitungsbahn mit meist

schmalem QRS-Komplex, Frequenz 120–220/min, plötzlich eintretend und plötzlich aufhörend, Dauer Minuten bis Tage, meist harmlos; oft nach reichlichem Kaffee- oder Nikotingenuss, auch bei Digitalisüberdosierung; selten kardiale oder extrakardiale Grunderkrankung, bei unklaren Fällen Fokussuche

Zur Therapie gehören:
- Vagusmanöver: akut durch Patienten selbst (Valsalva-Pressversuch, kaltes Wasser trinken)
- **AVNRT:** Mittel der 1. Wahl Adenosin 6 mg rasch im Bolus i. v., sonst Verapamil 5,0 mg langsam i. v. oder Ajmalin; ggf. Therapie der Grundkrankheit
- **AVRT:** Ajmalin (Mittel der Reserve: Propafenon)
- bei drohendem kardiogenem Schock infolge Tachykardie: Elektrokardioversion
- bei Therapieresistenz und starken subjektiven Beschwerden Hochfrequenz-Katheterablation, Erfolgsrate > 95 %, Rezidivrate bis 5 %, AV-Block III. Grades bis 1 %

V

▸ **Vorhofflattern.** Dabei handelt es sich um eine noch synchrone Vorhoftätigkeit, Frequenz 250–350/min, bei konstanter Überleitung konstanter Kammerrhythmus, häufig absolute Kammerarrhythmie, fast immer Zeichen einer organischen Herzerkrankung, bedrohlich bei schneller Überleitung (2:1 oder 1:1) wegen gefährlicher Kammertachykardien → kardiologische Abklärung → **Therapie** bei noch nicht langem Bestehen → Versuch der Kardioversion (stationär) nach transösophagealer Echokardiografie, bei Erfolglosigkeit Katheterablation erwägen; ggf. Therapie der Grundkrankheit.

▸ **Vorhofflimmern.** Vorhofflimmern (VF) ist die häufigste Form der supraventrikulären Tachyarrhythmie. Die Inzidenz ist altersabhängig und beträgt im 6. Dezennium ca. 5 %, im 7. Dezennium und älter bis 10 %. Typisch sind unkoordinierte Flimmerwellen, Frequenz 350–600/min, in normalen EKG-Ableitungen normalerweise nicht darstellbar; in etwa 50 % der Fälle Zeichen einer organischen Herzerkrankung, meist als Folge einer arteriellen Hypertonie; durch „Filterfunktion“ des AV-Knotens unregelmäßige Überleitung mit meist physiologischer Kammerfrequenz (= absolute Arrhythmie bei Vorhofflimmern – häufigste Herzrhythmusstörung, besonders bei älteren Patienten!); auch Tachyarrhythmia absoluta oder Bradyarrhythmia absoluta möglich.

In Bezug auf den **Verlauf** unterscheidet man:
- erste (evtl. einmalige) Episode
- paroxysmales VF: spontane Terminierung < 7 Tage
- persistierendes VF: konvertiert nicht spontan, wohl aber durch therapeutische Intervention
- permanentes VF: therapeutisch nicht konvertierbares Dauervorhofflimmern

Mögliche **Komplikationen** sind:
- akute Linksherzinsuffizienz
- Vorhofthromben mit der Gefahr arterieller Embolien: großes Embolierisiko bei permanentem Vorhofflimmern, insbesondere wenn zusätzliche Risikofaktoren vorliegen, Beurteilung mit dem **CHA_2DS_2-VASc-Score für Hirnembolien** unter Berücksichtigung von 7 Risikofaktoren:
  - Herzinsuffizienz (linksventrikuläre Dysfunktion) = „congestive heart failure“
  - Hypertonie
  - Alter ≥ 75 Jahre (A_2 bedeutet 2 Punkte)
  - Diabetes mellitus
  - TIA oder Schlaganfall = „stroke“ (S_2 bedeutet 2 Punkte)
  - Gefäßerkrankung = „vascular disease“: Z. n. Myokardinfarkt, KHK, pAVK, venöse Thrombose
  - Alter von 65–74 Jahren
  - weibliches Geschlecht = „sex category“

Die Therapie umfasst:
- bei noch nicht langem Bestehen → Versuch der **Kardioversion** (stationär, meist jedoch wegen Alter des Patienten und langem Bestehen der Erkrankung – mehr als 6 Monate – nicht erfolgversprechend)
- medikamentöse **Frequenzkontrolle** (Betablocker, Digitalis, Verapamil) zur Verlängerung der Überleitungszeit (nicht bei Bradyarrhythmia absoluta!)
- **Thromboembolieprophylaxe** bei nicht valvulärem Vorhofflimmern unter Berücksichtigung des CHA_2DS_2-VASc-Scores:
  - Score 0: Risiko gering, keine Embolieprophylaxe
  - Score 1: OAK nach Abschätzung des Blutungsrisikos und anderer patientenindividueller Faktoren erwägen; HAS-BLED-Score zur Abschätzung des Blutungsrisikos (je 1 Punkt, die maximale Punktzahl ist 9, bei ≥ 3 Punkten ist von einem erhöhten Blutungsrisiko durch die

Antikoagulation auszugehen, dies muss gegen den präventiven Effekt abgewogen werden:
  - **H**ypertonie (> 160 mmHg)
  - **a**bnormale Nierenfunktion (Serumkreatinin ≥ 1,8 mg/dl) oder Leberfunktion (Bilirubin > 2 × oberer Normwert und Erhöhung von GOT/GPT/AP > 3 × oberer Normwert)
  - **S**chlaganfall in der Anamnese
  - **B**lutung in der Anamnese (vorausgegangene Blutung in der Anamnese oder eine Blutungsprädisposition)
  - **l**abile INR-Einstellung (instabile oder hohe INR-Werte oder nur geringe Zeitdauer [z. B. < 60 %] im therapeutischen Bereich)
  - Alter ≥ 65 („**e**lderly")
  - Medikamente oder Alkohol („**d**rugs"): gleichzeitige Einnahme von Medikamenten wie z. B. Thrombozyteninhibitoren, NSAR oder Alkoholabhängigkeit
  - ab Score 1/2: Risiko moderat/hoch (1,3/2,2 % jährlich), orale Antikoagulanzien (Phenprocoumon, Warfarin): INR 2,0–3,0 oder neue orale Antikoagulanzien (NOAK)
  - Score ≥ 2: positiver Nettoeffekt einer OAK (Empfehlungsgrad I/Evidenzgrad-A-Empfehlung)
- Therapie der meist kardialen Grundkrankheit; nur bei unklaren Fällen und nicht beherrschbarer Grundkrankheit kardiologische Abklärung nötig
- bei *valvulärem Vorhofflimmern* orale Antikoagulanzien vom Cumarintyp. Bei Vorhofflimmern plus KHK: Wenn orale Antikoagulanzien gegeben werden, kein zusätzliches ASS geben.
- **Pulmonalvenenisolation** mit Hochfrequenzstrom nur bei ausgewählten Fällen: hochsymptomatische jüngere Patienten mit paroxysmalem oder permanentem VF mit kurzer Anamnese, falls keine strukturelle Herzerkrankung, keine wesentliche Vergrößerung des linken Vorhofs und eine Kontraindikation für Antiarrhythmika vorliegt

► **Ventrikuläre Tachykardien, Kammerflattern, Kammerflimmern.** Sie entstehen meist durch Herzerkrankungen, Elektrolytstörungen, Elektrounfall, primäre elektrische Erkrankungen des Herzens (Long-QT-Syndrom, Short-QT-Syndrom, Brugada-Syndrom, katecholaminerge polymorphe Kammertachykardie). Ventrikuläre Tachykardien (Frequenz meist um 160/min) können spontan enden (paroxysmale ventrikuläre Tachykardien), sind jedoch immer als Zeichen einer ernsten organischen Herzerkrankung zu werten. Sie können in Kammerflattern (Frequenz 200–300/min) und Kammerflimmern (Frequenz nicht bestimmbar) übergehen: absoluter Herznotfall!

► **Herz-Kreislauf-Stillstand.** Zu unterscheiden sind der **tachysystolische (hyperdyname) Herzstillstand** (80 %, Kammerflimmern oder -flattern und pulslose ventrikuläre Tachykardie) vom **asystolischen (hypodynamen) Herzstillstand** (20 %, Asystolie und pulslose elektromechanische Dissoziation) → sofort Rettungsdienst/Notarzt informieren, Puls tasten, Blutdruckmessung, EKG-Registrierung u. a., Blick auf die Uhr!
- **Basismaßnahmen** (Basic Life Support = BLS):
  - Diagnose des Kreislaufstillstandes und Alarmierung von Rettungsdienst/Notarzt; präkordialer Faustschlag erlaubt
  - zuerst Herzdruckmassage (HDM); HDM-Kompressionstiefe 5 cm, Frequenz: mindestens 100/min
  - danach Herzdruckmassage: Beatmung = 30:2
- **erweiterte Maßnahmen nach EKG-Analyse:**
- Näheres unter ERC-Guidelines für Erwachsene, 2015
- sonst – auch bei paroxysmaler ventrikulärer Tachykardie – entsprechend der Schwere der Grundkrankheit kardiologische Abklärung nötig

Abwendbar gefährlicher Verlauf

s. a. Kap. 24.10

34.76.7 Leitlinien

Deutsche Gesellschaft für Pädiatrische Kardiologie. AWMF-S 2k-Leitlinie 023–023. **Bradykarde Herzrhythmusstörungen im Kindes- und Jugendalter.** Im Internet: www.awmf.org/leitlinien; Stand: 20.01.2016

Deutsche Gesellschaft für Pädiatrische Kardiologie. AWMF 023/037 S 2K. **Tachykarde ventrikuläre Herzrhythmusstörungen im Kindes- und Jugendalter - Indikationen zur ICD Therapie.** Im Internet: www.awmf.org/leitlinien; Stand: 20.01.2016

Leitlinien der Deutschen Gesellschaft für Kardiologie – Herz- und Kreislaufforschung e. V. (DGK), z. T. auch als Pocket-Leitlinie unter leitlinien.dgk.org:

- Schrittmacher- und kardiale Resynchronisationstherapie
- Leitlinien zur Herzschrittmachertherapie
- Leitlinien zur Katheterablation; Invasive elektrophysiologische Diagnostik/Katheterablation
- Leitlinien für das Management von Vorhofflimmern; Kommentar zu den Leitlinien der ESC zum Vorhofflimmern
- Pocket-Leitlinie: Kardiopulmonale Reanimation 2011
- Kommentar zu den Leitlinien 2010 des European Resuscitation Council (ERC) zur kardiopulmonalen Reanimation (CPR) des Erwachsenen und Notfallversorgung von Patienten mit akutem Koronarsyndrom
- Leitlinien des European Resuscitation Councils (ERC) zur Reanimation 2015 in Deutsch. Im Internet: www.grc-org.de/leitlinien2015; Stand: 28.06.2016

34.77 Hiatushernie (K44.9)

K.-C. Münter

34.77.1 Definition

Als Hiatushernie bezeichnet man einen Bruch im Bereich des Hiatus oesophageus als häufigste Form der Zwerchfellhernie. Diese führt zu einer Verlagerung von Magenanteilen in den Thoraxraum. Dabei ist die Funktion des unteren Ösopagussphinkters meist normal, sodass eine Hiatushernie nicht zwangsläufig einen gastroösophagealen Reflux bedeuten muss. Eine große Zahl von Hiatushernien verläuft asymptomatisch. Beschwerden entstehen erst in Zusammenhang mit einer Refluxösophagitis. Eine intraabdominale Druckerhöhung, z. B. durch Adipositas, Schwangerschaft etc. hervorgerufen, verstärkt eine derartige klinische Manifestation.

Entsprechend Magenlage und Ösophaguslänge werden unterschieden:

- **axiale Gleithernie:** durch Lagewechsel reponibel, keine Einklemmungsgefahr
- **paraösophageale Hernie:** das Extrem ist der „upside-down-stomach", bei dem die Kardia abdominell fixiert bleibt und somit die Gefahren der Strangulation, Inkarzeration und Ulkusentwicklung bestehen
- **gemischte Formen:** Kombination von axialer Gleithernie und paraösophagealer Hernie mit Prolaps von Kardia und Fundus

34.77.2 Epidemiologie

Die Häufigkeit steigt ab dem 50. Lebensjahr an: Bei ca. 50–60 % der 60-Jährigen ist eine axiale Hiatushernie nachweisbar, wobei von diesen nur 20 % Refluxbeschwerden und weniger als 2 % Symptome einer Refluxösophagitis haben.

34.77.3 Leitsymptome und Diagnostik

▸ **Symptome.** Die Beschwerden sind oft **lageabhängig**, sie treten beispielsweise in Horizontallage, beim Bücken (Schuhe schließen) oder auch nach reichhaltigen Mahlzeiten auf. Uncharakteristische Oberbauchbeschwerden, wie postprandiales Druckgefühl im Epigastrium, oder ein Blähgefühl bis zu retrosternal lokalisierten und in Rücken oder Arme ausstrahlenden Schmerzen können bestehen. Bei großen Hiatushernien kann eine Dysphagie und, bedingt durch die Herzverdrängung, eine Tachykardie und Anämie vorliegen.

▸ **Diagnostik.** Die Diagnostik umfasst:

- **Anamnese:** hinweisend sind Lebensalter, Verschlechterung nach opulenten Mahlzeiten, Besserung nach Aufsitzen oder Aufstoßen
- **körperliche Untersuchung:** ohne spezifische Befunde, eventuell findet sich ein Druckschmerz im Epigastrium und oft besteht eine Korpulenz
- **EKG, ggf. Ergometrie:** falls die Symptomatik an eine KHK denken lässt

Als weiterführende Diagnostik kommen die Endoskopie (zur Sicherung der Diagnose Hiatushernie) und die Sonografie (dient vor allem zur Klärung der Differenzialdiagnose) infrage.

34.77.4 Differenzialdiagnostik

- koronare Herzkrankheit (I25.19)
- weitere Oberbaucherkrankungen, besonders des Ösophagus (z. B. Hernie bei kurzer [Endobrachyösophagus] Speiseröhre), des Magens, des Pankreas, der Gallenwege
- Aortenaneurysma (I71.9)

34.77.5 Therapie

Die Behandlung ist zunächst **konservativ**:

- Anregung zur Gewichtsabnahme und Kopfhochlagerung
- Meidung von Nikotin, Fett und Alkohol

Die Patientenberatung hinsichtlich der Essgewohnheiten umfasst Hinweise auf die Einnahme von häufigeren kleineren Mahlzeiten mit leichter, gut verdaulicher Kost. Bei bestehendem Sodbrennen und Refluxösophagitis werden Protonenpumpenhemmer in üblicher Dosierung verabreicht.

Die **operative Behandlung** besteht aus Fundoplicatio und Gastropexie. Sie ist wegen bestehender Einklemmungsgefahr absolut indiziert bei der paraösophagealen Hernie und relativ bei Komplikationen oder Progredienz der Beschwerden und wird heute mit minimalinvasiven, endoskopischen Verfahren durchgeführt.

Abwendbar gefährlicher Verlauf

- **Einklemm- und Strangulationsgefahr** besteht bei der paraösophagealen Hernie, die daher einer operativen Behandlung zuzuführen ist.
- Als Folge der Refluxösophagitis kann es zu ulzerös-hämorrhagischer Komplikation und zum **Ösophaguskarzinom** (C 15.9) kommen. Besteht eine Refluxösophagitis, werden 2-jährige endoskopische Kontrolluntersuchungen empfohlen.

34.77.6 Leitlinien

Deutsche Gesellschaft für Gastroenterologie, Verdauungs- und Stoffwechselkrankheiten. AWMF-S 2k-Leitlinie 021–013. **Gastroösophageale Refluxkrankheit.** Im Internet: www.awmf.org/leitlinien; Stand: 20 012 016

34.78 Hodentumoren (C 62.–)

U. Müller-Bühl

34.78.1 Definition

Germinative Tumoren (entstehen aus den Keimzellen) stellen mit einem Anteil von > 90 % den Großteil der malignen Hodentumoren:

- Seminome (45 %)
- Nichtseminome (55 %):
  - embryonales Karzinom (30–50 %)
  - Dottersacktumor (5–10 %)
  - Teratom (30–50 %)
  - Chorionkarzinom (5–10 %)
  - Mischtumor (10–30 %)

Nichtgerminative Tumoren (entstehen aus dem Binde- und Stützgewebe, weniger als 10 % am Gesamtanteil) sind:

- interstitielle Leydig-Zelltumoren
- maligne Lymphome

Die Tumoren metastasieren nicht in die inguinalen, sondern in die intrapelvinen, parakavalen und paraaortalen Lymphknoten. Die Stadienbeurteilung erfolgt nach einer modifizierten TNM-Klassifikation der UICC.

34.78.2 Epidemiologie

Zwischen dem 20. und 35. Lebensjahr ist der maligne Hodentumor die häufigste Krebserkrankung des Mannes. Die jährliche Inzidenz liegt bei 5–8/100 000 Männern. Insgesamt ist der Hodentumor mit 1–2 % aller Tumorerkrankungen selten.

34.78.3 Ätiologie

Die Gefahr der Tumorentwicklung in einem retinierten Hoden bei Maldescensus testis (Kryptorchismus) ist 10–20-mal größer als beim normal deszendierten Hoden. Beim Leistenhoden kommt es in 1 von 80 Fällen (1–2 %) zur malignen Entartung, bei Bauchhoden in 1 von 20 Fällen (5–10 %). Die protektive Wirkung einer Orchidopexie vor dem 10. Lebensjahr auf das Krebsrisiko ist umstritten. Bei einem malignen Hodentumor entwickelt sich in 1–5 % der Fälle später auch ein kontralaterales Malignom (Nachsorge!).

34.78.4 Leitsymptome und Diagnostik

▶ **Symptome.** Typisch ist die schmerzlose Entwicklung einer einseitigen progredienten Hodenschwellung, evtl. mit Knotenbildung innerhalb des Hodens. Hodenschmerzen treten nur in etwa 10 % der Fälle auf. Bei hormonbildenden Hodengeschwülsten kann es zur Gynäkomastie und Potenzverlust kommen.

▶ **Diagnostik.** Zur Diagnostik gehören:

- Inspektions- und Tastbefund
- Ultraschalluntersuchung
- **Labor:**
  - BSG, Blutbild, Transaminasen, γ-GT
  - Tumormarker:
    - α_1-Fetoprotein

- humanes Choriongonadotropin (HCG)
- plazentare alkalische Phosphatase (PLAP)
- LDH
- Bildgebung (Röntgen-Thorax, MRT, CT, Szintigrafie)

Der Wert der **Tumormarker** liegt in der prognostischen Beurteilung: Die Normalisierung erhöhter Werte deutet auf einen Therapieerfolg, konstant erhöhte Werte auf eine Persistenz, ein Anstieg weist auf Metastasen hin.

34.78.5 Differenzialdiagnostik

Differenzialdiagnostisch kommen infrage:
- Epididymoorchitis (N45.9): Prehn-Zeichen negativ: Schmerzabnahme bei Anheben (Kap. 34.128)
- Hodentorsion (N44.0): Prehn-Zeichen positiv: Schmerzzunahme bei Anheben
- Skrotalhernie (N46.–): evtl. Darmgeräusch im Hodensack auskultierbar
- Hydrozele (N43.–): stetig zunehmend, nicht entzündlich, Diaphanoskopie
- Varikozele (I86.1): wird beim Pressen größer, nicht entzündlich
- Spermatozele (N43.4): schmerzfrei, nicht entzündlich

34.78.6 Therapie

Basistherapie ist die **Orchiektomie**. Je nach Stadium und histologischem Tumortyp kommen zusätzlich eine Strahlentherapie (Seminom), eine Chemotherapie (embryonales Karzinom, Nichtseminom) und selten auch eine primäre retroperitoneale Lymphadenektomie infrage. Mögliche Therapiefolgen sind:
- Als **Spätfolge** der chirurgischen und Strahlentherapie kommt es zumeist zu einer Infertilität. Je nach Familienplanung ist eine Spermakryokonservierung zu empfehlen.
- Cisplatin als Bestandteil der Chemotherapie hat eine persistierende chronische nephrotoxische Wirkung, die zu einer Einschränkung der glomerulären Nierenfunktion und z. B. chronischem Magnesiumverlust führt.
- Bei 5 % der mit Bleomycin Behandelten tritt eine pulmonale Fibrose ein.

Abwendbar gefährlicher Verlauf

- Jede unklare Hodenschwellung ist so lange malignomverdächtig, bis ein **bösartiger Charakter** mit Sicherheit ausgeschlossen ist.
- Die Nachsorge eines Hodentumors hat das Ziel, Lymphknotenrezidive und Zweitmalignome im kontralateralen Hoden frühzeitig zu erkennen. **Rezidive** treten meist innerhalb eines Jahres nach Therapieabschluss auf und sind nach 2 Jahren kaum noch zu beobachten. Die Nachsorgekontrollen erfolgen im 1. Jahr 2-monatlich, im 2. Jahr 3-monatlich, im 3.–5. Jahr alle 4 Monate und dann jährlich 1-mal mit Tumormarkerbestimmung, Röntgen-Thorax und Sonografie des Abdomens.

34.78.7 Leitlinien

Albers P, Albrecht W, Algabe F et al. **Guidelines on Testicular Cancer: 2015 Update.** Eur Urol 2015; 68: 1054–1068

Deutsche Gesellschaft für Kinderchirurgie. AWMF-S 1-Leitlinie 006–023. **Akutes Skrotum im Kindes- und Jugendalter.** Im Internet: www.awmf.org/leitlinien; Stand: 20.01.2016

Deutsche Krebsgesellschaft. AWMF-S 3-Leitlinie 032–051OL. **Psychoonkologische Diagnostik, Beratung und Behandlung von erwachsenen Krebspatienten.** Im Internet: www.awmf.org/leitlinien; Stand: 20.01.2016

34.79 Hörsturz (H91.2)

H.-D. Klimm

34.79.1 Definition

Der Hörsturz ist ein ohne erkennbare Ursache plötzlich auftretender einseitiger kochloneuraler Hörverlust von unterschiedlichem Schweregrad bis hin zur Taubheit.

34.79.2 Epidemiologie

Hörstürze sind eine relativ häufige, zunehmend zu beobachtende Problematik in der Hausarztpraxis. Betroffen sind alle Altersstufen, jedoch besonders Männer und Frauen im mittleren Lebensabschnitt.

Die Inzidenz liegt zwischen 160 und 400/100 000 pro Jahr.

34.79.3 Ätiologie

Die Ätiologie und Pathogenese des Hörsturzes sind weitgehend unbekannt. Pathogenetisch ist er wahrscheinlich Folge einer akuten Mikrozirkulationsstörung im arteriellen Endstromgebiet des Innenohrs. Oft geht dem Hörsturz eine Viruserkrankung, meist ein grippaler Infekt, voraus. Als weitere Ursachen werden diskutiert:

- Hypothyreose
- diabetische Angiopathie
- toxische und allergische Faktoren
- HWS-Schäden

Der Verlauf des Hörsturzes ist sehr unterschiedlich mit einer relativ hohen Rate von Spontanheilung.

34.79.4 Leitsymptome und Diagnostik

▸ **Symptome.** Ganz im Vordergrund steht der **akute Hörverlust**, meist einseitig, manchmal sind auch Prodromi zu beobachten wie:

- einseitiges Druckgefühl im betroffenen Ohr
- Tinnitus
- Druckgefühl im Ohr, aber niemals Ohrenschmerzen
- Schwindel, Hyper-/Diplo-/Dysakusis, pelziges Gefühl um die Ohrmuschel (periaurale Dysästhesie)

Der Hörsturz tritt in unterschiedlichen Formen auf:

- Hochtonhörverlust
- Tieftonhörverlust
- Hörverlust der mittleren Frequenzen (wannenförmige Senkenbildung der Tonwelle im mittleren Frequenzbereich)
- pantonaler Hörverlust (Funktionsbeeinträchtigung der Striae vascularis)
- Taubheit oder an Taubheit grenzende Schwerhörigkeit

▸ **Diagnostik.** Die Diagnostik umfasst neben der Anamnese die gründliche körperliche Untersuchung, hier insbesondere auch die Inspektion des Ohres. Hilfsmittel sind:

- Hörprüfung: Schallempfindungsschwerhörigkeit
- Stimmgabelversuch nach Weber (Aufsetzen der angeschlagenen Stimmgabel auf die Kopfmitte) zum Ausschluss eines Tubenkatarrhs
- Stimmgabelversuch nach Rinne zum Ausschluss einer Schallempfindungsschwerhörigkeit (Aufsetzen der angeschlagenen Stimmgabel zunächst auf den Processus mastoideus und, sobald dieser Ton nicht mehr gehört wird, Halten der Stimmgabel vor das Ohr) → wird dann noch ein Ton wahrgenommen, gilt der Testausfall als positiv
- ausführliche neurologische Untersuchung
- ausführliche Untersuchung beim Hals-Nasen-Ohren-Arzt mit Tympanometrie, Tonaudiometrie, Hirnstammaudiometrie (BERA)
- Laboruntersuchungen: BSG, Hämoglobin, Erythrozyten, Leukozyten, Urin, Risikofaktoren

34.79.5 Differenzialdiagnostik

Abgeklärt werden müssen:

- Morbus Menière (H81.0): Kap. 34.116
- Akustikusneurinom (D 33.3)
- Tubenkatarrh (H68.0)
- Multiple Sklerose (G35.9): Kap. 34.121
- Neuritis (M79.29)
- Altersschwerhörigkeit (Presbyakusis) (H91.1)
- Zerumen obturans (H61.2): Druckgefühl → Otoskopie
- Fremdkörper (T 16): Schmerz, Druckgefühl → Otoskopie
- Paukenerguss (H65.9): Wassergefühl → Otoskopie, Hörprüfung
- Barotrauma (T 70.2): Schmerzen, Schwindel -> Anamnese, Otoskopie, Hörprüfung
- Hirnstamminfarkt (I63.9): Kap. 34.17
- Zoster oticus (B02.2)
- toxische Einflüsse (T 65.9) wie Arzneimittel
- psychogene Hörstörung (F58.8)

Die Prognose ist bei isolierter Schwerhörigkeit im Tiefton- oder Mittelfrequenzbereich bzw. bei von vornherein leichtgradigen Hörverlusten günstig. Mit zunehmendem Hörverlust oder bei zusätzlichen objektivierbaren Gleichgewichtsstörungen verschlechtert sich die Prognose. Rezidive treten bevorzugt bei Hörstürzen im Tief- und Mittelfrequenzbereich auf.

34.79.6 Therapie

Ein kausaler Therapieansatz steht nicht zur Verfügung! Die Selbstheilungsrate ist hoch!

Der Stellenwert der systemischen Glukokortikosteroidtherapie wird als noch unklar eingeschätzt. Glukokortikoide niedrigdosiert sollen nicht zum Einsatz kommen, für eine hochdosierte (z. B. 3 Tage mit jeweils 250 mg Prednisolon) existieren Hinweise zur Wirksamkeit (Evidenzgrad IIc oder IIIb).

Einsatz von Rheologika, um die Durchblutung im Innenohr zu verbessern, z. B. mit Hydroxyethylstärke (HES), Pentoxifyllin: Im Hinblick auf das Nutzen-Risiko- von Hydroxyethylstärke (HES)-haltiger Lösungen sowie des Fehlens von belastbaren Studien können beide Substanzen nicht empfohlen werden.

Die hyperbare Sauerstofftherapie (HBO) beruht auf mehrfachen Aufenthalten in medizinischen Druckkammern, wobei reiner Sauerstoff unter erhöhtem Umgehungsdruck eingeatmet wird. Der Erfolg ist sehr umstritten, mit der Infusionstherapie in etwa gleichwertig, keine Evidenz.

Merke

Je eher die Therapie einsetzt, desto besser ist der Erfolg.

Abwendbar gefährlicher Verlauf

Der Hörsturz ist – auch in prognostischer Hinsicht – kein Notfall, der sofort therapiert werden muss. Es empfiehlt sich angesichts der Differenzialdiagnose, des subjektiven Leidensdrucks und der Prognoseeinschätzung ein rasches (innerhalb von wenigen Tagen) HNO-ärztliches Konsil.

34.79.7 Leitlinien

Deutsche Gesellschaft für Hals-Nasen-Ohren-Heilkunde, Kopf- und Hals-Chirurgie. AWMF-S 1-Leitlinie 017–010. **Hörsturz (Akuter idiopathischer sensorineuraler Hörverlust).** Im Internet: www.awmf.org/leitlinien; Stand: 20.01.2016

34.80 Hordeolum (H00.0)

H.-D. Klimm

34.80.1 Definition

Das Hordeolum (Gerstenkorn) ist eine meist eitrige Entzündung der Drüsen der Augenlider in Form eines Abszesses (meist Staphylokokken) der Liddrüsen. Man unterscheidet das größere Hordeolum internum der Meibom-Drüsen (Talgdrüsen am Lidrand) vom meist kleineren Hordeolum externum der Zeis- oder Moll-Drüsen (Zeis-Drüsen = Talgdrüsen, Moll-Drüsen = Schweißdrüsen).

34.80.2 Ätiologie

Die Erreger sind in 90–95 % Staphylokokken, selten Streptokokken. Bei rezidivierenden Infektionen sollte an eine Immuninsuffizienz gedacht werden. Risikofaktoren sind mangelnde Hygiene, Make-up und Tragen von Kontaktlinsen.

34.80.3 Leitsymptome und Diagnostik

Meist findet sich eine schmerzhafte, gerötete Schwellung (gerstenkornartig) im Ober- oder Unterlidbereich. Bei Spontanperforation entleert sich das Hordeolum internum nach innen oder außen, das Hordeolum externum stets nach außen zum Lidrand hin. Es handelt sich um eine Blickdiagnose!

34.80.4 Differenzialdiagnostik

Differenzialdiagnostisch kommen infrage:

- Chalazion (H00.1, Hagelkorn): Kap. 34.31
- Entzündung einer Meibomdrüse: langsamer Verlauf, nur zum Anfang Entzündungszeichen, nur geringer Schmerz
- Basalzellkarzinom (C 08.9): Verdacht bei konstanter Anschwellung, Exzision mit Histologie
- Lidabszess (H00.0): akutes Krankheitsbild mit schmerzhafter roter Schwellung des gesamten Lides
- Fibrom (D 21.9): keine akuten Entzündungszeichen

34.80.5 Therapie

Das Hordeolum wird mit Antibiotikasalbe (Neomycin, Gentamicin) und lokaler Wärmeapplikation (Kompressen) bis zur Spontanperforation behandelt. Bei Therapieresistenz, Größerwerden oder gar Fluktuation und starker Schmerzzunahme ist die Inzision durch den Augenarzt indiziert.

Abwendbar gefährlicher Verlauf

- Gefahr einer **Lidphlegmone** (H00.0) bei zu später Inzision!
- Bei konstanter Anschwellung Verdacht auf **Karzinom**, stets histologische Abklärung anstreben.
- Rezidivierende Hordeola können Hinweis auf einen bisher unentdeckten Diabetes sein.

34.81 Hydrocele testis (N43.–)

U. Müller-Bühl

34.81.1 Definition

Die Hydrocele testis ist eine Ansammlung von seröser Flüssigkeit im Hodensack (Processus vaginalis peritonei).

34.81.2 Epidemiologie

Ein persistierender Processus vaginalis wird bei 80–90 % männlicher Säuglinge nach der Geburt gefunden und stabilisiert sich nach 2 Jahren auf einem Niveau von 15–30 % im Erwachsenenalter.

34.81.3 Ätiologie

Es handelt sich um eine angeborene oder idiopathisch auftretende Ansammlung seröser Flüssigkeit im Skrotum. Man unterscheidet die normale **Hydrozele der Tunica vaginalis testis** oder in einem nicht verklebten Teil des Processus vaginalis testis von der **Hydrocele funiculi spermatici.** Eine **Begleithydrozele** kann nach Entzündungen, Traumen oder bei Hodentumoren auftreten.

34.81.4 Leitsymptome und Diagnostik

► **Symptome.** Typisch ist eine prallelastische schmerzlose Schwellung des Skrotums mit glatter Oberfläche.

► **Diagnostik.** Zur Diagnostik gehören:
- Inspektions- und Tastbefund
- Diaphanoskopie: Durchleuchtung mit einer Taschenlampe
- Ultraschalluntersuchung
- Labor: Tumormarker α_1-Fetoprotein und β-HCG

34.81.5 Differenzialdiagnostik

Differenzialdiagnostisch kommen in Betracht:
- Epididymoorchitis (N45.9): Prehn-Zeichen negativ: Schmerzabnahme bei Anheben (Kap. 34.128)
- Hodentorsion (N44.0): Prehn-Zeichen positiv: Schmerzzunahme bei Anheben
- Skrotalhernie (N46.–): evtl. Darmgeräusch im Hodensack auskultierbar
- Varikozele (I86.1): wird beim Pressen größer, nicht entzündlich
- Spermatozele (N43.4): schmerzfrei, nicht entzündlich
- Hodentumor (C62.–): chronischer Verlauf, stetige Größenzunahme (Kap. 34.78)

34.81.6 Therapie

Die **Punktion** einer Hydrozele hat immer nur einen kurzfristigen Erfolg und kann zur Infektion führen. Bei lokalen Beschwerden, Beeinträchtigung des Patienten oder Größenzunahme: **operative Resektion.**

Abwendbar gefährlicher Verlauf

Eine schmerzlose skrotale Schwellung ist immer malignomverdächtig und muss in jedem Fall abgeklärt werden.

34

34.81.7 Leitlinien

Deutsche Gesellschaft für Kinderchirurgie. AWMF-S 1-Leistenhernie 006–030. **Leistenhernie, Hydrozele.** Im Internert: www.awmf.org/leitlinien; Stand: 20.01.2016

34.82 Hyperlipidämie (E78.9)

F. Peters-Klimm

34.82.1 Definition

Von einer Hyperlipidämie (genauer Hyperlipoproteinämie) spricht man, wenn im Nüchternserum erhöhte Cholesterinwerte (Hypercholesterinämie), erhöhte Triglyzeridwerte (Hypertriglyzeridämie) oder beides (kombinierte Hyperlipidämie) gefunden werden.

34.82.2 Epidemiologie

„Hyperlipidämien" finden sich in den Wohlstandsgesellschaften sehr häufig. Der mittlere Cholesterinwert der deutschen Bevölkerung liegt bei rund 230 mg/dl. 50–90 % (Anstieg mit dem Alter) aller Deutschen haben erhöhte Cholesterinwerte (über 200 mg/dl) und etwa 20 % einen Cholesterinspiegel von über 250 mg/dl. Erhöhte Triglyzeridwerte (über 200 mg/dl) finden sich bei ungefähr 20 % der Männer und 5 % der Frauen.

34.82.3 Ätiologie

Nicht zuletzt aus therapeutischen Gründen ist es sinnvoll, zwischen primärer und sekundärer Hyperlipidämie zu unterscheiden:

- **Primäre Hyperlipidämien** haben eine genetische Grundlage: Die häufigste Form ist die **polygene (gewöhnliche) Hypercholesterinämie**, die sich meist erst in Verbindung mit fettreicher und überkalorischer Fehlernährung manifestiert. ▸ Tab. 34.24 beschreibt die monogenetisch bedingten Formen, die alle ein mindestens deutlich erhöhtes Atheroskleroserisiko aufweisen. Weitere Formen werden aus Platz- und Relevanzgründen nicht besprochen.
- **Sekundäre Hyperlipidämien** entstehen infolge einer anderen Grunderkrankung (z. B. Diabetes mellitus, metabolisches Syndrom, Niereninsuffizienz, nephrotisches Syndrom, Hypothyreose, Cholestase), durch längere Einnahme von Medikamenten, die den Lipidstoffwechsel beeinflussen (z. B. Amiodaron, Betablocker, Ciclosporin A, Kortikosteroide, Gestagene, Thiazide) oder (am häufigsten) reaktiv-physiologisch Formen infolge von Adipositas und/oder Alkoholabusus sowie während einer Schwangerschaft.

34.82.4 Leitsymptome und Diagnostik

▸ **Symptome.** Meist sind die Hyperlipidämien **asymptomatisch** und werden im Rahmen präventiver Blutuntersuchungen entdeckt. Direkte Symptome, wie Xanthome (meist symmetrisch an Ellenbogen, Knie, Achillessehne, Streckseite der Finger, Gesäß) und/oder Xanthelasmen, Arcus lipoides,

Tab. 34.24 Primäre monogenetische Hyperlipidämien (E78.0) (AkdÄ).

Form	Häufigkeit	Ursache	Lipidwerte	Symptome	klinische Manifestation
familiäre Hypercholesterinämie	heterozygot 1:500, homozygot 1:1 000 000	autosomal-dominant vererbter LDL-Rezeptordefekt	TC meist > 300 mg/dl, LDL-C > 250 mg/dl, TGL normal	Sehnenxanthome, Arcus lipoides, Xanthelasmen	homozygot: Kindesalter heterozygot: Erwachsenenalter
familiär defektes Apolipoprotein B 100	Heterozygote 1:750	autosomal-dominant, funktionelle Mutation des LDL-Rezeptorliganden	TC > 250 mg/dl, LDL-C > 200 mg/dl, TGL normal		frühes Erwachsenenalter
Apolipoprotein-E-4-Varianten	selten	homozygot vorliegende Punktmutation des Apolipoprotein E	TC > 200 mg/dl, LDL-C > 160 mg/dl, TGL normal	in der Praxis schwer von der polygenen Hypercholesterinämie zu unterscheiden	Erwachsenenalter

LDL-C = Low-Density-Lipoprotein-Cholesterin, TC = Gesamtcholesterin, TGL = Triglyzeride

abdominelle Koliken (Pankreatitis bei erhöhten TG!) sind sehr selten und unspezifisch. **Manifestationsformen der Atherosklerose** (z. B. KHK, pAVK) benötigen immer die Bestimmung des Lipidstatus.

► **Labordiagnostik.** Die Feststellung einer Hyperlipidämie ist eine Labordiagnose. Die Blutabnahme sollte wegen der Triglyzeride nüchtern nach 12-stündiger Nahrungskarenz erfolgen. Eine genaue Bestimmung des Typs der Fettstoffwechselstörung ist nur durch Lipidelektrophorese oder Ultrazentrifugation möglich, jedoch für die Praxis meist nicht nötig. Hierbei genügen die **Bestimmung der Cholesterin- und Triglyzeridwerte** und die daraus folgende Einteilung in die entsprechende Risikogruppe. Bei Cholesterinwerten von über 200 mg/dl und besonders bei Vorliegen weiterer kardiovaskulärer Risikofaktoren ist zur genaueren Risikoeinschätzung und Therapieentscheidung die Nachbestimmung von HDL und LDL nötig.

Die **empfohlenen Lipidwerte** ergeben sich aus neueren Interventionsstudien. Es muss stets beachtet werden, dass Lipiderhöhungen per se keine Erkrankung sind. Vielmehr handelt es sich um einen Risikofaktor, dessen Bedeutung (Beschleunigung der Ausbildung atherosklerotischer Folgeerkrankungen) desto größer wird, je mehr weitere Risikofaktoren vorhanden sind. Als weitere **kardiovaskuläre Risikofaktoren** gelten:

- **beeinflussbare Risikofaktoren:**
  - Bluthochdruck
  - Zigarettenkonsum
  - Diabetes mellitus
  - HDL unter 40 mg/dl (bei LDL unter 100 mg/dl keine Relevanz; mäßige Erhöhung des HDL möglich durch Steigerung der körperlichen Bewegung, Zigarettenabstinenz, Abbau von Übergewicht, Reduzierung der Triglyzeride), hormonelle Antikonzeptiva
- **nicht beeinflussbare** (für die Therapieentscheidung jedoch wichtige) **Risikofaktoren:**
  - Eigen- und Familienanamnese bezüglich KHK und peripheren Gefäßveränderungen (bei erstgradigen Familienangehörigen vor dem 55. Lebensjahr [m] bzw. 65. Lebensjahr [w])
  - männliches Geschlecht
  - Alter
  - erhöhtes Lipoprotein(a) (nur durch Östrogensubstitution mäßige Senkung)

Es sollte also für jeden Patienten das statistische individuelle Risiko (sog. Globalrisiko) ermittelt werden, bevor eine Therapieentscheidung getroffen werden kann. Die Risikoermittlung (angegeben im prozentualen Zehnjahresrisiko für ein vaskuläres Ereignis) folgt aus Interventionsstudien und ist leicht anhand von Risikorechnern oder -tabellen zu ermitteln (z. B. arriba, CARRISMA, PROCAM, QRisk2, Heart SCORE).

Für das hausärztliche Setting hat sich der arriba-Score bewährt, der sich auf Framingham-Daten stützt und weiter verbessert wird (arriba pro) und sich für alle Präventionsformen sehr gut eignet, da mit seiner anschaulichen grafischen Darstellung eine nützliche Entscheidungshilfe im Rahmen der ärztlichen Beratung vorliegt. Arzt und Patient können beide gemeinsam entscheiden, ob ein erhöhtes kardiovaskuläres Risiko durch Lebensstiländerung (d. h. Ernährungsumstellung, regelmäßige Bewegung, Raucherentwöhnung) positiv beeinflusst werden kann und/oder zusätzlich Medikamente verordnet werden sollen.

Primäre Hyperlipidämien (► Tab. 34.24) sollten bei Überschreitung der Schwellenwerte in Betracht gezogen und in Lipidambulanzen weiter klassifiziert und mit Therapievorschlägen versehen werden.

34.82.5 Therapie

Die Therapie basiert auf 4 Säulen:

- **Abbau** – falls vorhanden – der weiteren kardiovaskulären Risikofaktoren, z. B. Diabetes mellitus, Hypertonie, Zigarettenrauchen, Adipositas, körperliche Inaktivität (Kap. 31.5)
- **Vermeidung** – falls möglich – lipiderhöhender Medikamente (hormonelle Kontrazeptiva, Steroide, Thiazide, einige Betablocker)
- **Beseitigung bzw. Behandlung zusätzlicher Risikofaktoren**
- **Ernährungsumstellung** bzw. **Ernährungstherapie** (Kap. 30.11.2)
- **Lipidsenker**

Ernährungsumstellung

Durch eine konsequent durchgeführte fettreduzierte und -modifizierte Ernährung kann der überwiegende Anteil aller Hyperlipidämien erfolgreich behandelt werden (Kap. 30.11.2).

Lipidsenker

Es bleibt weiterhin unklar, bis zu welchem **Lebensalter** eine Therapie sinnvoll ist. Nach einigen Studien können Patienten mit einer stabilen KHK auch jenseits des 80. Lebensjahrs von einer Lipidsenkung profitieren. Eine medikamentöse Lipidsenkung muss aber immer indiziert und begründbar sein; reine „Laborkosmetik" sollte unterbleiben!

Statine

▸ **Sekundärprävention.** Der Nutzen der Statin-Behandlung in Bezug auf die Reduzierung von Morbidität und Mortalität ist bei Patienten mit bestehender kardiovaskulärer Erkrankung (manifeste Atherosklerose), also im Rahmen der Sekundärprävention, unbestritten und eindeutig durch diverse Studien belegt (A, I).

▸ **Primärprävention.** Der Benefit einer Statin-Behandlung für Patienten ohne kardiovaskuläre Vorerkrankung (Primärprävention) wird in Metaanalysen zum Teil sehr unterschiedlich dargestellt. Im Rahmen der Primärprävention erscheint der Einsatz von Statinen nur sinnvoll bei Hochrisikopatienten mit einem 10-Jahre-Risiko von > 20 %. Diese Patienten profitieren langfristig von einer präventiven Statintherapie. Die Gesamtsterblichkeit wird bei Patienten mit niedrigem Ausgangsrisiko durch eine präventive Statintherapie hingegen nicht beeinflusst. Diese Empfehlungen gehen konform mit der bestehenden Arzneimittelrichtlinie. Demzufolge sind Lipidsenker von der Verordnung zulasten der gesetzlichen Krankenkasse ausgeschlossen, ausgenommen es besteht:

- eine vaskuläre Erkrankung (KHK, zerebrovaskuläre Manifestation, pAVK) oder
- ein hohes kardiovaskuläres Risiko (d. h. eine ermittelte Ereignisrate von über 20 %, bezogen auf einen Zeitraum von 10 Jahren, auf Basis zur Verfügung stehender Risikokalkulatoren).

▸ **Dosierungsstrategie.** Hinsichtlich der Dosierungsstrategie stehen 2 unter schiedliche Vorgehensweisen, nämlich die „Strategie der festen Dosis" („fire and forget") vs. die „Titration auf einen LDL-Cholesterin-Zielwert" („treat to target"). Für eine „Strategie der festen Dosis" sprechen sich seit Längerem die DEGAM und neuerdings auch die amerikanischen Fachgesellschaften (AHA/ACC) aus. Für diese Strategie sprechen die Orientierung an der Evidenz aus Studien, die deutlich einfachere Handhabung und die erfahrungsgemäß nicht hilfreiche Fixierung des Patienten auf Cholesterinwerte. Als Leitsubstanzen gelten Simvastatin oder ausweichend Pravastatin mit einer festen Dosis von (20–)40 mg/d.

Merke

Wichtig ist allerdings immer die **Überprüfung von Wechselwirkungen.** Sie können u. a. auftreten bei gleichzeitiger Gabe von Arzneimitteln, die das Cytochrom-P450-System hemmen (z. B. CYP 3A4, CYP2C 9). Generell ist Vorsicht geboten bei Kombinationen von Statinen mit Arzneimitteln aus der Gruppe der Makrolidantibiotika, Azolantimykotika, HIV-Proteasehemmer, mit Gemfibrozil sowie Ciclosporin. Im Zweifelsfall sollten die Medikamente auf Wechselwirkungen überprüft werden, was mit jeder Praxisverwaltungssoftware möglich sein sollte. Evtl. kann das Statin pausiert werden oder auf ein anderes (z. B. Atorvastatin, Fluvastatin, Lovastatin, Pitavastatin, Pravastatin, Rosuvastatin) unter Prüfung des Wechselwirkungsrisikos umgestellt werden.

▸ **Hochdosierte Statintherapie.** Der Zusatznutzen einer intensivierten, d. h. hochdosierten Statintherapie wird hingegen sehr kontrovers gesehen. In den 5 groß angelegten vergleichenden Studien konnte weder eine relevante noch eine signifikante Senkung der Mortalität bei stabiler KHK bzw. akutem Koronarsyndrom erreicht werden. Die Nebenwirkungen nehmen allerdings in relevantem Ausmaß deutlich zu:

- **Muskelschmerzen** und/oder **-schwäche** ohne Erhöhung der Kreatininkinase (CK)
- **„Statin-assoziierte Myopathie"**: Muskelschmerzen meist des Gesäßes, der Oberschenkel und/oder der Waden, Muskelschwäche oder -krämpfe mit einer Erhöhung der CK-Konzentration um mehr als das 10-Fache der oberen Referenzgrenze
- **Rhabdomyolyse** ist eine seltene, aber gefährliche Ausprägung der Myopathie mit exzessiver CK-Erhöhung (> 50-facher Wert der oberen Referenzgrenze), Myoglobinurie und Nephropathie

Andere Lipidsenker

Der Vollständigkeit halber seien die 4 anderen Gruppen von Lipidsenkern erwähnt, die im Alltag aber selten eine Rolle spielen (zur Evidenzgradierung s. Pocketleitlinien der DGK):

▸ **Ionenaustauschharze.** Sie senken besonders das Gesamtcholesterin. Beispiele sind Colestyramin oder Colestipol, die Tagesdosis beträgt 8–32 g und wird auf die Mahlzeiten verteilt. Typische Nebenwirkungen sind (häufig) Völlegefühl und Übelkeit. Da Ionenaustauschharze häufig andere Medikamente binden, sollte sie immer um mindestens 2 Stunden zeitversetzt eingenommen werden.

▸ **Nikotinsäurederivate.** Sie senken besonders die Triglyzeride, aber auch das Gesamtcholesterin. Ein Beispiel ist Acipimox, von dem 500–700 mg/d gegeben werden. Als Nebenwirkungen treten häufig Gesichtsrötung und Blutdruckabfall auf. Eine einschleichende Dosierung wird empfohlen.

▸ **Fibratderivate.** Sie senken besonders die Triglyzeride, aber auch das Gesamtcholesterin. Beispiele sind Bezafibrat (400–600 mg/d), Fenofibrat (300 mg/d) oder Gemfibrozil (900 mg/d). Bei Cholelithiasis sollten Fibratderivate nicht gegeben werden, bei Niereninsuffizienz ist eine Dosisreduktion notwendig. Fibratderivate sind relativ gut verträglich, eine Wirkungsverstärkung von Phenprocoumon ist zu beachten.

Merke

Die Kombination von Statinen mit Fibraten kann zwar theoretisch sehr sinnvoll sein, wird wegen der erhöhten Gefahr der Myositis und Rhabdomyolyse jedoch nicht empfohlen.

▸ **Ezetimib (Cholesterinresorptionshemmer).** Ezetimib senkt das Gesamtcholesterin, das LDL-Cholesterin, das Apo-Lipoprotein B, die Triglyzeride und erhöht das HDL-Cholesterin (Ezetrol, Inegy). Angesichts der hohen Kosten, dem fehlenden (Zusatz-)Nutzen im Vergleich zu etablierten Therapieregimen spielt dieses Medikament höchstens als Reservemittel bei Unverträglichkeit anderer Lipidsenker eine Rolle. Die Verschreibungsraten werden in der vertragsärztlichen Versorgung statistisch erfasst und potenziell regressiert.

▸ **Neue Lipidsenker.** Die Entwicklung neuer Lipidsenker (z. B. PCSK-9-Antikörper, MTP-Inhibitoren) bedeutet für bestimmte Patienten mit primärer Hypercholesterinämie potenzielle Verbesserungen.

Verlaufskontrollen

Bei Cholesterin- und Triglyzeridwerten unter 200 mg/dl genügt eine Kontrolle nach 2 Jahren. Nach Beginn einer Ernährungsumstellung sollten – je nach Schwere der Fettstoffwechselstörung und Potenz evtl. zusätzlicher Risikofaktoren – bis 6 Monate vergehen, bevor bei Nichtansprechen eine medikamentöse Therapie verordnet wird. Nach Einsatz von Lipidsenkern oder bei besonders gefährdeten Patienten kann eine Lipidkontrolle in 3–6-monatlichem Abstand sinnvoll sein. Dies kann – wenn auch weniger häufig – insbesondere im Zusammenhang mit der **Förderung der Adhärenz** hilfreich sein. Nur ein Viertel aller Patienten nehmen ihre Lipidsenker sachgerecht ein und ein Drittel beendet die Therapie innerhalb der ersten 6 Monate. Generell ist die Therapietreue im Rahmen der Sekundärprävention aufgrund ihrer Erfahrungen und des besseren Therapieverständnisses höher als in der Primärprävention.

Abwendbar gefährlicher Verlauf

Die systematische, risikostratifizierte, stufenweise Herangehensweise sowohl in der Primär- und Sekundärprävention kann sowohl Atherothrombosemanifestationen als auch iatrogene, unerwünschte Arzneimitttelwirkungen verhindern. Der Lebensstilmodifikation sollte immer auf positive Weise Gewicht verliehen werden.

34.82.6 Leitlinien

American College of Cardiology, American Heart Association. **2013 ACC/AHA Guideline on the Treatment of Blood Cholesterol to Reduce Atherosclerotic Cardiovascular Risk in Adults.** Im Internet: circ.ahajournals.org; Stand: 20.01.2016

Deutsche Gesellschaft für Kardiologie – Herz- und Kreislaufforschung. **Pocket-Leitlinie Dyslipidämie.** Im Internet: leitlinien.dgk.org; Stand: 20.01.2016

34.83 Hyperthyreose (E05.9)

F. Peters-Klimm

34.83.1 Definition

Bei einer Hyperthyreose handelt es sich um einen Überschuss an wirksamen Schilddrüsenhormonen als Symptom verschiedener Erkrankungen.

34.83.2 Epidemiologie

Genaue Angaben zur Prävalenz fehlen. Eine ähnliche Häufigkeit wie die der Hypothyreose wird angenommen. Frauen und ältere Menschen sind überwiegend betroffen.

34.83.3 Ätiologie

Häufige Ursachen sind:

- **Basedow-Hyperthyreose**(Morbus Basedow, E05.0): Sie tritt bevorzugt bei Frauen (5:1), oft schon im mittleren Lebensalter und familiär gehäuft auf. Es handelt sich um eine Autoimmunthyreopathie mit Bildung von stimulierenden TSH-Rezeptor-Antikörpern (TR-Ak). Schubweiser, oft atypischer Verlauf ohne und mit Ophthalmopathie und ggf. Überlappung mit der Autoimmunthyreoiditis Hashimoto.
- **Funktionelle Schilddrüsenautonomie** (disseminiert, multifokal, unifokal-„autonomes Adenom"): Sie tritt im höheren Lebensalter als Folge einer lange bestehenden Jodmangelstruma auf und ist bei mehr als der Hälfte aller älteren Strumapatienten nachweisbar. Zunächst besteht meist eine kompensierte Autonomie (Szintigramm) mit latenter Hyperthyreose. Durch Jodbelastung (!Kontrastmittel, Amiodaron) oder spontan kann es zur Dekompensation mit manifester Hyperthyreose kommen.
- **Transiente Hyperthyreose** bei Thyreoiditis (Kap. 34.178)

Seltene Ursachen sind:

- Neoplasien der Schilddrüse, Struma ovarii (Teratom mit ektopem Gewebe), Neoplasien anderer Organe mit paraneoplastischem Syndrom
- Gestationshyperthyreose (transient in der 8.–20. SSW) durch hohe hCG-Spiegel
- sekundäre Hyperthyreosen bei Hypophysentumoren
- Hypertyhreosis factitia durch exogene Schilddrüsenhormonzufuhr oder durch Amiodaron

34.83.4 Leitsymptome und Diagnostik

▶ **Symptome.** In absteigender Häufigkeit treten die folgenden Symptome auf:

- Hyperaktivität, Reizbarkeit und Dysphorie
- Wärmeintoleranz und Schwitzen
- Palpitationen
- Müdigkeit und Schwäche
- Gewichtsabnahme bei gesteigertem Appetit
- Diarrhö
- Polyurie, Oligomenorrhö, Libidoverlust
- Tachykardie/Vorhofflimmern
- Tremor
- Struma (bei mind. 70 %)
- feuchtwarme Haut
- Muskelschwäche, proximale Myopathie
- Lidretraktion oder mangelnder Lidschluss
- Gynäkomastie

Oft verläuft die Hyperthyreose oligosymptomatisch, im höheren Alter gehäuft als okkulte Hyperthyreose mit den Hauptsymptomen **Apathie** und Kropf, gelegentlich psychomotorische Unruhe.

Den **Morbus Basedow** kennzeichnen:

- Ophthalmopathie: Zurückbleiben des Oberlides bei Blick nach unten, Retraktion des Oberlides, Exophthalmus, ggf. Diplopie
- prätibial lokalisiertes Myxödem (im Gegensatz zur Hypothyreose) bei diffuser Struma: auskultatorisch Schwirren, atypische Bilder sind jedoch häufig

▶ **Diagnostik.** Bei Verdacht auf eine Erkrankung der Schilddrüsen empfiehlt sich ein Vorgehen wie in ▶ Abb. 34.10 angegeben:

- TSH im Normbereich: Ausschluss einer primären Hyperthyreose
- TSH erniedrigt und fT 3 und fT 4 erhöht: Beweis einer Hyperthyreose
- TSH erniedrigt und fT 3 und fT 4 normal: Hyperthyreose, zum Beweis fakultativ TRH-Test (supprimiert)
- TSH erhöht und fT 3 und fT 4 erhöht: Verdacht auf sekundäre Hyperthyreose
- fT 3 oder Gesamt-T 3 isoliert erhöht; T 3-Hyperthyreose (z. B. bei Hepatitis)

34.83.5 Differenzialdiagnostik

Die Symptomatik ist vieldeutig, sodass viele andere Erkrankungen infrage kommen (z. B. Psychosen, Angststörungen, Tachyarrhythmien bei KHK und

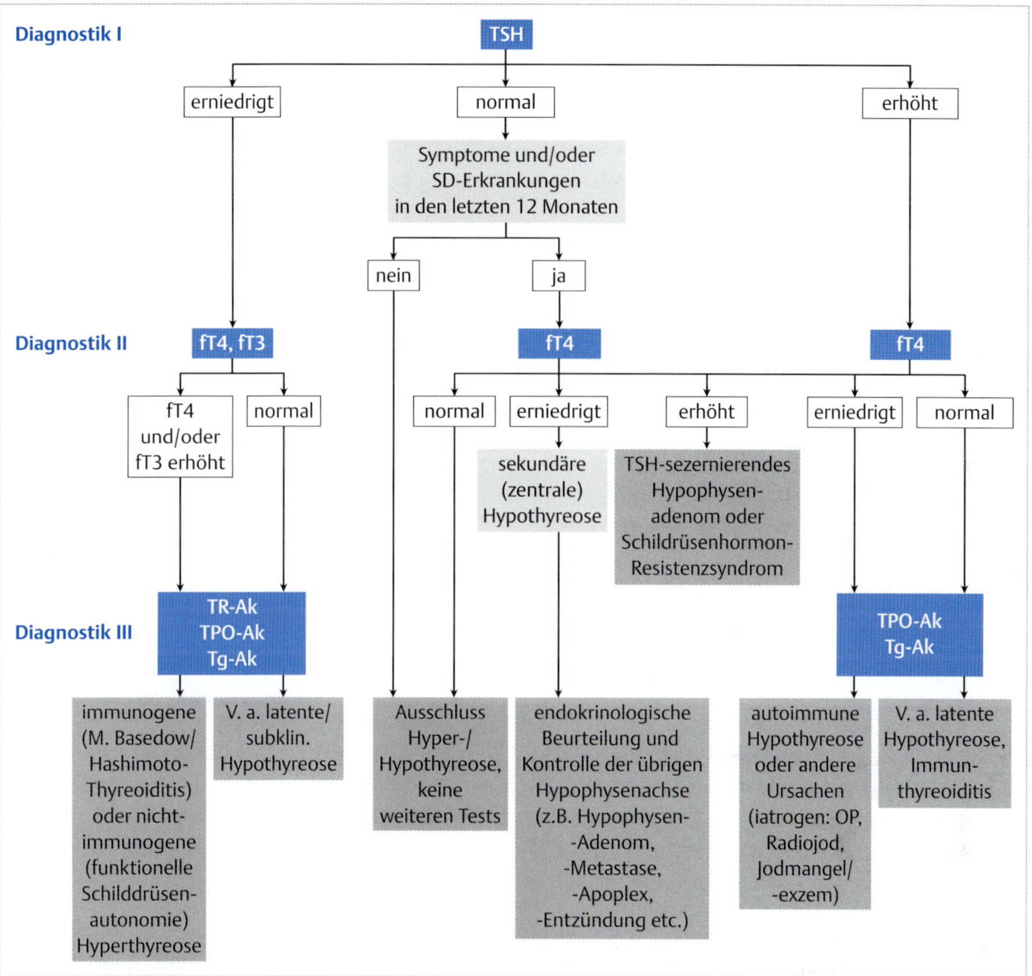

Abb. 34.10 Algorithmus Stufendiagnostik bei Verdacht auf eine Erkrankung der Schilddrüse. fT 3 = freies Trijodthyronin, fT 4 = freies Thyroxin, SD = Schilddrüse, Tg-Ak = Thyreoglobulin-Antikörper, TPO-Ak = Thyreoperoxidase-Antikörper, TR-Ak = TSH-Rezeptor-Antikörper, TSH = Thyreoidea-stimulierendes Hormon [59].

anderen Ursachen, Vitien; Intoxikationen u. a., Diarrhö bei Malignom, funktionelle Störungen, Tbc und andere konsumierende Erkrankungen, Mangelernährung). Differenzialdiagnostisch können die folgenden Methoden weiterführen:

- Sonografie
- Labor: Thyreoperoxidase-Antikörper (TPO-Ak = MAK), TSH-Rezeptor-Antikörper (TR-Ak), BSG (Kap. 34.178)
- Szintigrafie (wenn sonografisch knotig): DD fokale, multifokale Autonomie, Karzinom
- Suppressionsszintigrafie (wenn sonografisch echonormal): DD disseminierte Autonomie

Merke

Jeder Morbus Basedow muss wiederholt zur Diagnostik der endokrinen Orbitopathie durch einen Augenarzt beurteilt werden! Dort werden u. a. ggf. eine Hertel-Ophthalmometrie und evtl. eine CT zum Beweis eines Exophthalmus als weitere diagnostische Maßnahmen eingesetzt.

34.83.6 Therapie

Symptomatisch werden eingesetzt:

- Propranolol evtl. initial bei Tachykardie u. a.
- **Thyreostatika** (Thiamazol, Carbimazol, Propylthiouracil) in absteigender Dosis bis zum Erreichen der Euthyreose, dann Erhaltungsdosis:
  - initial 20 mg Thiamazol
  - auf Dauer 5–10 mg/d oder weniger
  - Laborkontrollen fT 3, fT 4 und TSH (und Blutbild [***Cave:*** Agranulozytose!] initial alle 2–4 Wochen, dann vierteljährlich

Die latente Hyperthyreose bedarf, soweit asymptomatisch, keiner Behandlung (!Jodexposition, klinische Kontrollen und Labor etwa halbjährlich genügen).

Die definitive Therapie (wenn die Erkrankung länger als 1–2 Jahre besteht oder Rezidive auftreten) umfasst:

- Radiojod (bei fokaler Autonomie, erhöhtem OP-Risiko)
- Operation (bei großer Struma, Kompressionssymptomatik, bei Jugendlichen und Schwangeren)

Abwendbar gefährlicher Verlauf

- **Thyreotoxische Krise:** Sie tritt akut auf, oft nach Jodexposition oder bei schweren Begleiterkrankungen. Symptome sind Tachykardie, Agitiertheit, Fieber und Diarrhö, später Koma. Die Letalität beträgt 30 %.
- Eine **endokrine Orbitopathie** bei Morbus Basedow darf nicht übersehen werden!

34.83.7 Leitlinien

Deutsche Gesellschaft für Allgemein- und Viszeralchirurgie. AWMF-S 2k-Leitlinie 088–002. **Maligne Schilddrüsenerkrankungen, operative Therapie.** Im Internet: www.awmf.org/leitlinien; Stand: 20.01.2016

Deutsche Gesellschaft für Allgemein- und Viszeralchirurgie. AWMF-S 2k-Leitlinie 088–007. **Benigne Schilddrüsenerkrankungen, operative Therapie.** Im Internet: www.awmf.org/leitlinien; Stand: 20.01.2016

Deutsche Gesellschaft für Kinder- und Jugendmedizin. AWMF-S 1-Leitlinie 027–041. **Hyperthyreose.** Im Internet: www.awmf.org/leitlinien; Stand: 20.01.2016

34.84 Hypertonie (I10.–)

U. Müller-Bühl

34.84.1 Definition

Nach Definition der WHO gilt ein systolischer Blutdruck von > 140 mmHg und/oder ein diastolischer Blutdruck von > 90 mmHg als Hypertonie. Die Höhe des Blutdrucks steigt mit dem Lebensalter an und korreliert mit dem Risiko kardiovaskulärer und renaler Erkrankungen (▶ Tab. 34.25).

34.84.2 Epidemiologie

Die Prävalenz der Hypertonie ist altersabhängig. In Deutschland beträgt sie bei Männern zwischen 45 und 65 Jahren 25–35 %, bei gleichaltrigen Frauen 20–30 %. Die Zielwerte für den Blutdruck werden meistens nicht erreicht: Nur maximal jeder 5. Hypertoniepatient in Deutschland hat einen Blutdruck unter 140/90 mmHg oder bei erhöhtem Risiko (z. B. Diabetes) unter 130/80 mmHg.

Tab. 34.25 Klassifizierung des Praxisblutdrucks*.

Kategorie	systolisch (mmHg)	Verknüpfung	diastolisch (mmHg)
optimal	< 120	und	< 80
normal	120–129	und/oder	80–84
hochnormal	130–139	und/oder	85–89
Hypertonie Grad 1	140–159	und/oder	90–99
Hypertonie Grad 2	160–179	und/oder	100–109
Hypertonie Grad 3	≥ 180	und/oder	≥ 110
isolierte systolische Hypertonie	≥ 140	und	< 90

* Die Blutdruckkategorie ist definiert durch den jeweilig höheren systolischen oder diastolischen Blutdruck. Der isolierte systolische Hypertonus wird in Grad 1, 2 oder 3 eingeteilt, je nachdem wie hoch die systolischen Blutdruckwerte sind.

34.84.3 Ätiologie

Unterschieden wird die **primäre, essenzielle Hypertonie** (ohne nachweisbare Ursache, ca. 90 %) von der **sekundären, symptomatischen Form** (ca. 10 %), z. B. als endokrine oder renale Hypertonie. Als Weißkittel- oder Praxishypertonie wird eine Erhöhung der Blutdruckwerte ausschließlich in Gegenwart des Arztes bezeichnet (Häufigkeit ca. 15 %). Die Abgrenzung zur fixierten arteriellen Hypertonie erfolgt durch wiederholte häusliche Messungen mit schriftlicher Dokumentation sowie durch Langzeitblutdruckmessungen.

34.84.4 Leitsymptome und Diagnostik

Die Diagnostik des Bluthochdrucks ist ausgerichtet auf:

- die Sicherung der Diagnose
- die Aufdeckung evtl. Ursachen einer sekundären Hypertonie
- eine Einschätzung des kardiovaskulären Risikos sowie von Endorganschäden und Begleiterkrankungen

Bestandteile der Diagnostik sind:

- **Anamnese:**
  - ZNS: Kopfschmerzen, Schwindel, Sehstörungen, Komplikationen (TIA, Schlaganfall, Karotis-OP)
  - Herz: Dyspnoe, Pectangina, Myokardinfarkt, ACVB-OP, Synkopen, Rhythmusstörungen, Vorhofflimmern, Palpitationen
  - Nieren: Durst, Polyurie, Nykturie, Hämaturie
  - periphere Gefäße: Claudicatio intermittens, periphere Revaskularisation
  - Atmung: Schnarchen, COPD, Schlafapnoe
  - kognitive Dysfunktion
  - Hinweise sekundäre Hypertonie: familiäre Nierenerkrankungen, Drogen, Medikamente, Lakritze
- **körperliche Untersuchung:**
  - mindestens 2 Blutdruckmessungen im Abstand von 1–2 Minuten, 24-Stunden-Messung, weitere Bestätigungsmessungen
  - Verwendung an den Armumfang angepasster Blutdruckmanschetten!
  - Messung an beiden Armen
  - Auskultation von Herz, Karotiden, Nieren- und Leistenarterien
  - immer Palpation des Ruhepulses (zur Erkennung von Arrhythmien, insbesondere Vorhofflimmern!)
  - Hinweise auf sekundäre Hypertonie: Cushing-Zeichen, Palpation der Arm-, Leisten- und Fußpulse (Aortenisthmusstenose), Hautzeichen Phäochromozytom
- **Labor:**
  - Blutbild, Natrium, Kalium, Kreatinin, Harnstoff, Harnsäure, Lipidprofil
  - Urinanalyse: Eiweiß, Glukose, Sediment
- **Zusatzuntersuchungen:**
  - Röntgen-Thorax
  - Ruhe- und Belastungs-EKG
  - Ultraschall Nieren
  - Duplexsonografie Karotiden
  - Köchel-Arm-Index
  - Funduskopie
  - 24-Stunden-Blutdruckmessung
  - Pulswellengeschwindigkeit (Gefäßsteife)

Bei schwerer Hypertonie und begründetem Verdacht auf eine sekundäre Hypertonie sind weitere Maßnahmen inkl. endokrinologischer Diagnostik (u. a. TSH, Kalzium, Renin und Aldosteron, Glukokortikoide, Katecholamine, Angiografie) erforderlich.

34.84.5 Therapie

► **Behandlungsziel.** Behandlungsziel ist grundsätzlich die Reduktion der zerebro- und kardiovaskulären sowie renalen Morbidität und Mortalität. Unter Ruhebedingungen sollten generell Blutdruckwerte unter 140/90 mmHg, bei Hochrisikopatienten (Niereninsuffizienz, KHK, Diabetes mellitus mit Mikroalbuminurie) unter 130/80 mmHg, bei Proteinurie (1 g/d) unter 125/75 mmHg angestrebt werden.

► **Nichtmedikamentöse Maßnahmen.** Eine Normalisierung oder Absenkung des Blutdrucks ist häufig bereits durch nichtmedikamentöse Maßnahmen zu erreichen (► Tab. 34.26). Sie sind die Grundlage jeglicher pharmakotherapeutischen Bemühungen.

► **Medikamentöse Therapie.** Eine medikamentöse Behandlung ist erforderlich, wenn durch die Basismaßnahmen keine optimale Einstellung der hypertonen Blutdruckwerte möglich ist oder Sekundärerkrankungen vorliegen: linksventrikuläre

Tab. 34.26 Empfohlene nichtmedikamentöse Maßnahmen, deren blutdrucksenkende Wirkung belegt ist.

Senkung des Blutdrucks (A, I)	Prävention von Folgeerkrankungen mit fehlendem oder geringem Einfluss auf den Blutdruck
• Gewichtsreduktion bei Übergewicht • vermehrte körperliche Aktivität (z. B. dynamisches Ausdauertraining ≥ 3 × 30 min/Woche • Reduktion der Kochsalzaufnahme auf 5–6 g/d • Reduktion des Alkoholkonsums (< 20–30 g/d bei Männern, < 20 g/d bei Frauen)	• Nikotinabstinenz • Cholesterinsenkung • gesundheitsfördernde Ernährung

Hypertrophie, Mikroalbuminurie, Fundus hypertonicus, zerebrovaskuläre Durchblutungsstörungen. Die Behandlungsempfehlung der Deutschen Hochdruckliga für eine stufenweise Steigerung durch Kombination geeigneter Medikamente kann ▶ Tab. 34.27 entnommen werden.

▶ **Differenzialtherapie.** Bei vielen Patienten liegen Begleiterkrankungen und Zusatzkriterien vor, die zum bevorzugten Einsatz bestimmter Substanzgruppen Anlass geben (Pocket-Leitlinie der ESC 2013) [34]:

- asymptomatische Endorganschäden:
  - linksventrikuläre Hypertrophie: ACE-Hemmer, Angiotensinrezeptorblocker, Kalziumantagonist
  - asymptomatische Atherosklerose: ACE-Hemmer, Kalziumantagonist
  - Mikroalbuminurie: ACE-Hemmer, Angiotensinrezeptorblocker
  - chronische Niereninsuffizienz (GFR 30–59 ml/min): ACE-Hemmer, Angiotensinrezeptorblocker
- klinische kardiovaskuläre oder renale Erkrankung:
  - Zustand nach Myokardinfarkt: Betablocker, ACE-Hemmer, Angiotensinrezeptorblocker
  - Zustand nach Schlaganfall: jedes wirksame Antihypertensivum
  - Herzinsuffizienz: Diuretikum, Betablocker, ACE-Hemmer, Angiotensinrezeptorblocker, Mineralkortikoidrezeptorenantagonist
  - Angina pectoris: Betablocker, Kalziumantagonist
  - Aortenaneurysma: Betablocker
  - Vorhofflimmern: Angiotensinrezeptorblocker, ACE-Hemmer, Betablocker, Mineralkortikoidrezeptorenantagonist
- andere:
  - isolierte systolische Hypertonie (ältere Patienten): Diuretikum, Kalziumantagonist
  - metabolisches Syndrom: ACE-Hemmer, Angiotensinrezeptorblocker, Kalziumantagonist
  - Diabetes: ACE-Hemmer, Angiotensinrezeptorblocker
  - Gravidität: Methyldopa,Betablocker, Kalziumantagonist
  - farbige Patienten: Diuretikum, Kalziumantagonist

Tab. 34.27 Stufentherapie bei Hypertonie.

Monotherapie	Zweierkombination	Dreierkombination
Therapeutika der 1. Wahl • Diuretikum* • Betablocker • ACE-Hemmer **Therapeutika für spezielle Indikationen** • Diuretikum • Betablocker • ACE-Hemmer • AT_1-Hemmer • Kalziumantagonist	**Diuretikum*** + • Betablocker • ACE-Hemmer • AT_1-Hemmer • Kalziumantagonist **Kalziumantagonist** + • Betablocker** • ACE-Hemmer • AT_1-Hemmer	**Diuretikum*** + • ACE-Hemmer + • Kalziumantagonist • Betablocker + • Vasodilatator*** • Antisympathotonikum + Vasodilatator

* Schleifendiuretika nur bei Niereninsuffizienz
** Kombination nur mit Dihydropyridinderivat
*** hier: Kalziumantagonist, ACE-Hemmer, α_1-Rezeptorenblocker oder Dihydralazin, Minoxidil nur bei sehr schwer einstellbarer Hypertonie, als Diuretikum dann ein Schleifendiuretikum

Abwendbar gefährlicher Verlauf

Grundsätzlich ist eine **hypertensive Krise** von einem **hypertensiven Notfall** zu unterscheiden:

- hypertensive Krise:
  - kritische Blutdrucksteigerung systolisch > 220 mmHg und diastolisch > 120 mmHg
  - uncharakteristische Beschwerden wie Schwindel, Kopfschmerzen und Klopfen im Kopf
- hypertensiver Notfall
  - kann sich aus einer hypertensiven Krise entwickeln
  - krisenhafter Blutdruckanstieg mit vitalbedrohlichen Krankheitszeichen
  - Organkomplikationen sind: Zeichen der Hochdruckenzephalopathie (Kopfschmerz, Erbrechen, Sehstörungen, Krämpfe, Somnolenz), frischer Schlaganfall, Lungenödem, Angina pectoris

Für die Sofortbehandlung hat sich Glyzeroltrinitrat 1,2 mg als Spray oder Kapsel, die sublinguale Gabe von Nifedipin 10 mg oder einer Nitrendipin 5-mg-Phiole bewährt, ggf. auch Furosemid 20 mg i. v. Ein hypertensiver Notfall erfordert eine stationäre Einweisung.

34.84.6 Leitlinien

Deutsche Gesellschaft für Kardiologie – Herz- und Kreislaufforschung. **Pocket-Leitlinie: Management der arteriellen Hypertonie.** Im Internet: leitlinien.dgk.org; Stand: 20.01.2016

Deutsche Gesellschaft für Pädiatrische Kardiologie. AWMF-S 2k-Leitlinie 023–040. **Arterielle Hypertonie im Kindes- und Jugendalter.** Im Internet: www.awmf.org/leitlinien; Stand: 20.01.2016

European Society of Hypertension (ESH), European Society of Cardiology (ESC). **ESH/ESC Guidelines for the management of arterial hypertension.** Im Internet: www.esh2013.org; Stand: 20.01.2016

34.85 Hyperurikämie (E79.0) und Gicht (M10.–)

F. Peters-Klimm

34.85.1 Definition

Von einer **Gicht** spricht man bei Erkrankungen, die durch Uratablagerungen im artikulären und periartikulären Weichteilgewebe (Synovialis, Sehnen, Sehnenscheiden, Schleimbeutel, Knorpel) und/oder im Nierenhohlraumsystem/-parenchym entstehen. Voraussetzung dafür ist eine meist jahrelang vorbestehende Erhöhung der Harnsäure im Serum über die Löslichkeitsgrenze (6,8 mg/dl, = **Hyperurikämie**) mit resultierender positiver Harnsäurebilanz. Die oberen Grenzwerte liegen für Männer bei bis 7,0 mg/dl, für Frauen bei bis 6,0 mg/dl.

34.85.2 Epidemiologie

Seit dem Ende des Zweiten Weltkriegs ist die Gichthäufigkeit auf etwa das 20-Fache angestiegen (Wohlstandserkrankung). Der mittlere Serum-Harnsäurespiegel ist seit den 1970er Jahren konstant und liegt bei Männern bei 5,9 mg/dl und bei Frauen bei 4,2 mg/dl. Nimmt man 7,0 mg/dl als Grenzwert, haben etwa 20 % der Männer und weniger als 5 % der Frauen eine Hyperurikämie. Gehäuft finden sich Hyperurikämien und Gichtanfälle bei Adipositas, Hyperlipidämie, Diabetes mellitus, arterieller Hypertonie, schwerer generalisierter Arteriosklerose und manisch depressiver Erkrankung.

34.85.3 Ätiologie

Der Harnsäurepool beträgt ca. 1 g und kann bei Gichtkranken auf 30 g und mehr ansteigen. Die endogene Synthese und exogene Purinzufur betragen täglich je ca. 350 mg. Die Harnsäureausscheidung erfolgt zu über zwei Drittel über den humanen URAT 1-Transporter in den proximalen Nierentubuli, der Rest über den Darm. Medikamente wie z. B. Azetylsalizylsäure, Diuretika oder Ciclosporin hemmen diesen Transporter. Auch Mutationen im Fruktosetransportergen SLC 2A9 können die Harnsäureexkretion vermindern. Eine Hyperurikämie/Gicht ist primär oder sekundär möglich:

- **primäre Hyperurikämie/Gicht** (etwa 90 %):
  - fast immer (99 %) bedingt durch eine Störung der tubulären Harnsäuresekretion in der Niere, die bei exogener Purinüberladung (s. Therapie) und/oder reichlichem Alkoholkonsum zu erhöhten Harnsäurewerten führt
  - sehr selten (< 1 %) liegen Enzymdefekte des Purinstoffwechsels zugrunde, die zur Überproduktion von Harnsäure führen
- **sekundäre Hyperurikämie/Gicht** (etwa 5 %) bei folgenden Grundkrankheiten:
  - mit vermehrter Harnsäurebildung: Leukämien, Polycythaemia vera, hämolytische Anämien, Tumorlysesyndrom
  - mit verminderter Harnsäureausscheidung: Nierenerkrankungen, Laktat- oder Ketoazidose (Fasten, Diabetes mellitus), Medikamente, Hypothyreose

Rasche Änderungen des Harnsäurespiegels (meist durch Ess- oder Trinkexzesse) führen zu einer (Urat-)**kristallinduzierten Synovitis.**

34.85.4 Leitsymptome und Diagnostik

Leitsymptome

Hyperurikämien sind asymptomatisch und meist Befunde im Rahmen von Präventivuntersuchungen.

Der **akute Gichtanfall** tritt zu rund ⅔ monoartikulär, in ⅓ polyartikulär auf. Bei ungefähr der Hälfte der Fälle ist das Zehengrundgelenk (Podagra) betroffen, in der Häufigkeit gefolgt vom Kniegelenk und den Gelenken der Arme und der Hände (Chiragra). Auch extraartikuläre, akute Manifestationen (z. B. Bandapparat, Insertionsstellen der Sehnen, Sehnenscheiden) sind häufig. Der akute Gichtanfall ist gekennzeichnet durch eine rote, teigige, sehr schmerzhafte Schwellung. Schwere Anfälle können mit Fieber, allgemeinem Unwohlsein, Leukozytose und BSG-Beschleunigung einhergehen. Auch unbehandelt klingt der Gichtanfall nach einigen Tagen bis 2 Wochen ab.

Die **chronische Gicht**, die sich auch ohne akute Anfälle über Jahre entwickeln kann, führt zu Gelenkdeformitäten und **Tophi** („Gichtperlen") an verschiedenen Stellen (z. B. Ohr, Synovia, Sehnen, gelenknahen Knochen, auch – jedoch selten – an Herzklappen oder Bandscheiben).

In der Niere kann eine chronische Hyperurikämie zu **harnsäurereichen Nierensteinen** (Urolithiasis) und/oder einer **Uratnephropathie** (mit Albuminurie, selten Hypertonie und Niereninsuffizienz; akutem Nierenversagen bei Zytostatikatherapie) mit entsprechenden Nierensymptomen führen.

Stadieneinteilung

Man unterscheidet die folgenden Stadien:

- **Stadium 1:** asymptomatische Hyperurikämie
- **Stadium 2:** akuter Gichtanfall (meist Arthritis urica)
- **Stadium 3:** interkritische Phase (asymptomatische Phase zwischen 2 Gichtanfällen)
- **Stadium 4:** chronische Gicht (chronisches Stadium mit Tophi, Gelenkdeformitäten, Gichtnephropathie oder Nephrolithiasis)

Merke

Die chronische Gicht kann sich auch „schleichend" über Jahre ohne akute Gichtanfälle entwickeln und ist wegen der schweren Folgeschäden besonders gefährlich.

Diagnostik

Folgende diagnostischen Schritte sind bei Gichtverdacht sinnvoll:

- **ausführliche Anamnese:**
  - familiäre Belastung, Hyperurikämie bekannt
  - frühere Gichtanfälle
  - Auslöser („Feste oder Fasten", Kälteeinwirkung, Trauma)
- **Untersuchungsbefunde:** s. Leitsymptome
- **Laborwerte:**
  - Harnsäure (kann im Anfall normal sein! Kontrollmessung 2–4 Wochen nach einem Anfall)
  - Kreatinin
  - BSG und Leukozyten (nicht obligat)
  - weiteres Labor nach vermuteter Grundkrankheit
- **Röntgenuntersuchung:** nur sinnvoll bei chronischer Gicht mit Gelenkdeformitäten
- **Gelenkpunktion:** Untersuchung auf Uratkristalle (meist nicht nötig, Infektionsgefahr!)
- **Urinuntersuchung und Ultraschall** (alternativ und/oder ergänzend i. v. Pyelogramm): bei Verdacht auf Urolithiasis

Merke

Unter Harnsäure senkender Therapie kann ein akuter Gichtanfall auch bei normalen Blutwerten auftreten.

34.85.5 Differenzialdiagnostik

Die Differenzialdiagnose – verschieden bei akutem Gichtanfall und chronischer Gicht – kann wegen der Vielzahl der möglichen Erkrankungen schwierig sein. Zu denken ist an:

- Traumata
- aktivierte Arthrosen
- alle entzündlichen (bakteriell, abakteriell, autoimmunologisch) Arthritiden und Periarthritiden (z. B. Monarthritis gonorrhoica, Tendovaginitis, rheumatisches Fieber, primär chronische Polyarthritis)
- Chondrokalzinose (Pyrophosphat-Arthropathie = Pseudogicht): Verkalkungen in Knorpel und Sehnen (gelegentlich arthroskopischer Befund), nur selten Gelenkpunktat und Nachweis von Pyrophosphat-Kristallen im Polarisationsmikroskop notwendig
- Oxalose-Arthropathie bei Langzeitdialyse

34.85.6 Therapie

▸ **Allgemeinmaßnahmen.** Zu den Allgemeinmaßnahmen bei Hyperurikämie/Gicht gehören:

- Diät (Kap. 30.11.4)
- gesteigerte Diurese durch reichliche Trinkmenge (2 l/d)
- Vermeidung – wenn möglich – Harnsäure erhöhender Medikamente
- Behandlung assoziierter Risikofaktoren (Diabetes mellitus, Hyperlipidämie, Hypertonie)

▸ **Asymptomatische Hyperurikämie.** Die asymptomatische Hyperurikämie wird zunächst mit Allgemeinmaßnahmen behandelt. Die jährliche Inzidenz eines Gichtanfalls liegt bei Werten < 7, 7–8,9 und ≥ 9 mg/dl bei 0,1 bzw. 0,5 bzw. 5 %. Nach 5 Jahren erleiden initial gesunde Menschen mit Werten ≥ 9 mg/dl in mehr als 20 % Gichtanfälle. Deshalb sollte in diesen Fällen – besonders bei positiver Familienanamnese und Vorliegen weiterer Risikofaktoren – eine Pharmakotherapie eingeleitet werden:

- Xanthinoxidasehemmer Allopurinol 100–300 mg/d oder Febuxostat 80 mg/d (teuer, ohne Vorteile)
- Mittel der Reserve: Urosurika (Probenecid, Benzbromaron, Kontraindikationen beachten!)

▸ **Akuter Gichtanfall.** Eine Soforttherapie verbessert das Ansprechen auf die Therapie: Gemäß DEGAM-S 1-Leitlinie sind unter Beachtung von Kontraindikationen folgende medikamentöse Therapiestrategien empfehlenswert [17]:

- Kortison (z. B. Prednisolon 40 mg, tgl. um 10 mg absteigend über 4 Tage) und NSAR (z. B. Naproxen 500 mg 1–0–1 für 7 Tage) oder
- Kortison alleine (z. B. Prednisolon 40 mg über 5 Tage) oder
- NSAR alleine (s. o.) oder
- Kolchizin 0,5 mg 2–4-mal/d (eine Niedrigdosistherapie hat weniger Nebenwirkungen bei ähnlich gutem Ansprechen)
- ggf. Hochlagern und Kühlen (die maximale Behandlungsdauer sollt 14 Tage nicht überschreiten, bei Beschwerdepersistenz Diagnose überdenken!)
- Allgemeinmaßnahmen

Merke

Der Beginn oder die Veränderung einer harnsäuresenkenden Therapie im Gichtanfall kann die Symptomatik verschlechtern und ist deshalb kontraindiziert! Beginn frühestens 2 Wochen nach Anfall!

Sollte es trotz Allgemeinmaßnahmen zu einem 2. Gichtanfall kommen, sollte eine harnsäuresenkende Therapie mit dem Patienten besprochen und ggf. eingeleitet werden.

▸ **Chronische Gicht/Urolithiasis bei Hyperurikämie.** Neben den Allgemeinmaßnahmen ist eine medikamentöse Therapie immer indiziert. Durch Herabsenkung des Harnsäurespiegels unterhalb des Löslichkeitsprodukts, besser auf 3–5 mg/dl, will man einen langsamen Abbau der Harnsäuredepots und Tophi erreichen. Da unter solcher „Harnsäuremobilisation" gehäuft Gichtanfälle auftreten können, kann für ca. 3 Monate eine Prophylaxe mit 0,5 mg Kolchizin (oder 500 mg Naproxen) einmal täglich durchgeführt werden. Bei Urolithiasis entsprechende urologische Therapie. Zum weiteren Vorgehen s. a. DEGAM-Leitlinie [18].

Abwendbar gefährlicher Verlauf

Eine strikte Prävention – meist diätetischer Art, seltener medikamentös – kann die Hyperurikämie und ihre Folgeerkrankungen senken. Aufklärung und Überzeugungsarbeit entfallen auf den Hausarzt.

34.85.7 Leitlinien

Deutsche Gesellschaft für Allgemeinmedizin und Familienmedizin. AWMF-S 1-Leitlinie 053–032a. **Gicht: Häufige Gichtanfälle und Chronische Gicht in der hausärztlichen Versorgung.** Im Internet: www.awmf.org/leitlinien; Stand: 12.12.2015

Deutsche Gesellschaft für Allgemeinmedizin und Familienmedizin. AWMF-S 1-Leitlinie 053–032b. **Akute Gicht in der hausärztlichen Versorgung.** Im Internet: www.awmf.org/leitlinien; Stand: 12.12.2015

34.86 Hyposphagma (H11.3)

H.-D. Klimm

34.86.1 Definition

Das Hyposphagma ist eine akute, subkonjunktivale, scharf umrissene Unterblutung der Bindehaut des Auges **ohne** Beteiligung der angrenzenden Hornhaut.

34.86.2 Epidemiologie

In der Praxis häufig zu beobachten, eher bei älteren Patienten, meist beim Pressen, Husten und Niesen provoziert.

34.86.3 Ätiologie

Die Einblutung wird begünstigt durch einen erhöhten Venendruck bei körperlicher Anstrengung wie Heben, Pressen, Wehen, Erbrechen, arterieller Hypertonie und Gerinnungsstörung, erhöhter Gefäßrhagidität bei Vitaminmangel (A und C) und Atherosklerose.

34.86.4 Leitsymptome und Diagnostik

Meist handelt es sich um eine einseitige flächige Rötung eines Teils der Sklera, die akut auftritt und sich binnen 2 Wochen spontan zurückbildet. Der Visus ist unverändert. Die Erkrankung verläuft absolut schmerzlos! Hypertonie, Gerinnungsstörung und arteriosklerotische Risikofaktoren sind abzuklären.

34.86.5 Differenzialdiagnostik

Das klinische Bild ist meist eindeutig.

34.86.6 Therapie

Aufklärung über die Harmlosigkeit des Symptoms, Beruhigung der Patienten.

34.87 Hypothyreose (E03.9)

F. Peters-Klimm

34.87.1 Definition

Bei der Hypothyreose handelt es sich um ein Defizit an wirksamen Schilddrüsenhormonen als Symptom meist erworbener Erkrankungen.

34.87.2 Epidemiologie

Genaue Angaben zur Prävalenz fehlen. Mit Berücksichtigung der leichtgradigen (latenten) Formen ist die Hypothyreose nach der Struma die wohl häufigste Schilddrüsenstörung. Sie betrifft vorwiegend Frauen (5:1).

34.87.3 Ätiologie

Man unterscheidet zwischen der angeborenen und den erworbenen Formen:

- **kongenitale Hypothyreose** (routinemäßiges Neugeborenenscreening [! Kretinismus])
- **erworbene Formen**
  - **primäre Hypothyreose:** am häufigsten durch eine **(Autoimmun-)Thyreoiditis** (Kap. 34.178)
  - **iatrogen:** nach Schilddrüsen-OP, Radiojodtherapie, Thyreostatika-Medikation
  - selten: massiver Jodmangel; Sarkoidose; Amyloidose und Neoplasien

  ◦ **sekundäre** (hypophysäre) und **tertiäre** (hypothalamische) **Formen** sind allgemeinärztlich wenig relevant

34.87.4 Leitsymptome und Diagnostik

▸ **Symptome.** In absteigender Häufigkeit kommt es zu folgenden Symptomen und Befunden, auf die in Anamnese und körperlicher Untersuchung geachtet werden sollte:

- Müdigkeit (s. Kap. 24.1; Schwäche; Konzentrationsschwierigkeiten und Gedächtnisschwäche; Obstipation; Atemnot, Parästhesien, beeinträchtigtes Hörvermögen
- trockene Haut; aufgedunsenes Gesicht, Hände und Füße (Myxödem); Alopezie; Gewichtszunahme bei schlechtem Appetit, periphere Ödeme, Bradykardie, abgeschwächte Muskeleigenreflexe, Karpaltunnelsyndrom, seröse Ergüsse der Körperhöhlen
- Anämie, Makrozytose; Cholesterin-, LDH-, CPK-Erhöhung

Die typische **schleichende Progredienz** kaschiert die Symptomatik.

▸ **Diagnostik.** Die Diagnostik umfasst (s. a. Algorithmus Stufendiagnostik Kap. 34.83):

- TSH im Normbereich: Ausschluss einer primären Hypothyreose
- TSH erhöht und fT4 erniedrigt: Beweis einer primären Hypothyreose
- TSH hochnormal oder erhöht und fT4 normal: latente Hypothyreose, zum Beweis fakultativ: TRH-Test (überschießend)
- TSH normal oder erniedrigt und fT4 erniedrigt: Verdacht auf sekundäre Hypothyreose

An weiterführender Diagnostik kommen die Sonografie und die Bestimmung der Thyreoperoxidase-Antikörper infrage (TPO-Ak = MAK; Kap. 34.173, Kap. 34.178). Für die sehr seltenen Ursachen sind bei Verdacht zur Kontrolle der Hypophysenachse ein MRT des Schädels bzw. eine endokrinologische Beurteilung notwendig (Kap. 24.1).

34.87.5 Differenzialdiagnostik

Aufgrund der vieldeutigen Symptomatik bestehen Beziehungen zu vielen Erkrankungen (Depression, Kardiomyopathie, Malignome u.v.a.). Das Low T3-/T4-Syndrom kann bei Schwerkranken auftreten (mit erhöhtem reversem T3!).

34.87.6 Therapie

Es wird L-Thyroxin in einschleichender Dosis (***Cave:*** KHK) bis zum Erreichen eines niedrignormalen TSH und hochnormaler fT4-Werte gegeben. Zur Vollsubstitution sind durchschnittlich 2 µg/kgKG/d erforderlich, Laborkontrollen werden anfangs alle 3–4 Wochen, dann halbjährlich durchgeführt. Um die Jodversorgung sicherzustellen, kann nach Ausschluss einer Thyreoiditis ein Kombinationspräparat mit 150 µg Jodidzusatz pro Tablette gegeben werden (z. B. Thyronaiod).

Die latente Hypothyreose bedarf nur bei Struma, klinischer Symptomatik oder im Rahmen einer Sterilitätsbehandlung einer hormonellen Medikation.

Abwendbar gefährlicher Verlauf

- **Induktion einer KHK** als langfristige Auswirkungen
- **hypothyreotes Koma** bei lange unbehandelter Hypothyreose → Letalität von 50 %

34.87.7 Leitlinien

Deutsche Gesellschaft für Allgemeinmedizin und Familienmedizin. DEGAM-S3-Leitlinie. **Schilddrüsenerkrankungen in der Hausarztpraxis.** Geplant.

Deutsche Gesellschaft für Allgemein- und Viszeralchirurgie. AWMF-S2k-Leitlinie 088–002. **Maligne Schilddrüsenerkrankungen, operative Therapie.** Im Internet: www.awmf.org/leitlinien; Stand: 20.01.2016

Deutsche Gesellschaft für Allgemein- und Viszeralchirurgie. AWMF-S2k-Leitlinie 088–007. **Benigne Schilddrüsenerkrankungen, operative Therapie.** Im Internet: www.awmf.org/leitlinien; Stand: 20.01.2016

Deutsche Gesellschaft für Kinder- und Jugendmedizin. AWMF-S2k-Leitlinie 027–017. **Angeborene primäre Hypothyreose: Diagnostik, Therapie und Verlaufskontrolle.** Im Internet: www.awmf.org/leitlinien; Stand: 20.01.2016

34.88 Hypotonie und Kreislaufdysregulation (I95.9)

F. Peters-Klimm

34.88.1 Definition

Von einer Hypotonie spricht man bei Blutdruckwerten von systolisch unter 100 mmHg. Es muss unterschieden werden zwischen einer **asymptomatischen Hypotonie** (konstitutionell, häufig bei jungen Frauen und Sportlern, normalerweise keine Diagnostik und Therapie erforderlich) und **Kreislaufdysregulationsstörungen**, die Beschwerden verursachen und meist aus hypotoner (seltener auch aus normotoner oder hypertoner) Blutdrucklage heraus einen weiteren Blutdruckabfall verursachen (**hypotone Dysregulation**) oder – besonders bei älteren Menschen – einen Blutdruckanstieg bedingen (**hypertone Dysregulation**).

Die hypotonen Kreislaufdysregulationen können **primär** als **essenzielle Hypotonie** oder **sekundär** als Folge einer anderen Grunderkrankung (s. u.) auftreten.

34.88.2 Epidemiologie

Genaue Zahlen liegen nicht vor. Es wird geschätzt, dass etwa 15–20 % der Patienten einer Allgemeinpraxis über Beschwerden aus dem Formenkreis der Kreislaufdysregulationen klagen. Orthostatische Hypotonien werden bei älteren Menschen über 65 Jahre in 25 % beobachtet. Am häufigsten finden sich hypotone Dysregulationen bei meist banalen Infekten, bei psychischer Labilität (psychovegetative Versagenssyndrome), bei alten, meist bettlägerigen Patienten mit ausgeprägter kardialer Insuffizienz, iatrogen (Medikamenten[neben]wirkung) sowie als hypertone Dysregulation bei beruflich oder privat belasteten Patienten.

34.88.3 Ätiologie

Hypotone Dysregulationen können sekundär bei folgenden Grundkrankheiten oder Zuständen auftreten:

- medikamentös: Antihypertensiva, Sedativa und Hypnotika, Antidepressiva, Neuroleptika
- kardial: z. B. schwere Herzinsuffizienz, Aortenstenose, extreme Herzrhythmusstörungen
- akute und chronische Infekte, Immobilisation, Bettlägerigkeit
- neurogen/Störungen des autonomen Nervensystems: z. B. diabetische autonome Neuropathie (häufig!), Polyneuropathien verschiedener Genese, Morbus Parkinson, isolierte autonome Insuffizienz
- endokrin (Nebennierenrindeninsuffizienz, Hypothyreose, Hypophyseninsuffizienz, Hypoaldosteronismus)
- Hypovolämie und Hyponatriämie unterschiedlicher Genese
- konsumierende Erkrankungen
- Intoxikationen (auch chronische, z. B. Alkohol)

34.88.4 Leitsymptome und Diagnostik

► **Unspezifische Symptome.** Pathognomonische Leitsymptome gibt es nicht, subjektive unspezifische Symptome sind:

- Benommenheit, Schwindel
- Neigung zu Ohnmachten, Abgeschlagenheit und schneller Ermüdbarkeit
- kalte Hände und Füße
- Gedächtnisstörungen
- psychische Labilität
- Atembeschwerden und Beklemmung in der Herzgegend, Herzklopfen
- Kopfschmerzen, Ohrensausen
- Appetitlosigkeit
- Leibschmerzen (besonders bei Kindern)

► **Objektivierbare Symptome.** Mehr objektivierbare Symptome sind:

- Blässe
- Schweißausbrüche
- Tachykardien und/oder Extrasystolen
- Gähnzwang
- Hyperventilation
- RR- und Frequenzabfall bzw. -anstieg beim Schellong-Test (Kap. 24.2.3)

Auch wenn die hypertonen Dysregulationsstörungen zu den gleichen Symptomen führen können, finden sich dort zusätzliche Beschwerden aus dem nervösen Bereich wie Unruhe, Bewegungsdrang und Spannungsgefühle.

► **Basisdiagnostik.** Die Basisdiagnostik gründet sich auf:

- Anamnese mit besonderer Berücksichtigung der Trigger, des Verlaufs und der psychosozialen Aspekte

- körperliche Untersuchung und EKG
- Ruheblutdruckmessung, evtl. Orthostase-Test (Kap. 24.2)

Es lassen sich 5 Formen der Kreislaufdysregulation, die unter Praxisbedingungen am besten durch den Schellong-Test (Kap. 24.2.3) diagnostiziert werden, unterscheiden:

- **sympathikotone Orthostasereaktion** (**⅔ aller Fälle**):
  - Schellong-Test: systolischer RR-Abfall > 20 mmHg bei unterschiedlichem Verhalten des diastolischen Blutdrucks, Frequenzanstieg um mehr als 16/min
  - Wertung: sympathische Gegenregulation vorhanden, Venenkonstriktion nicht ausreichend, überstarke Kompensation durch Frequenzerhöhung
- **asympathikotone Orthostasereaktion:**
  - Schellong-Test: systolischer RR-Abfall (> 20 mmHg) und diastolischer RR-Abfall (> 10 mmHg), gleichbleibend oder abfallend
  - Wertung: Dysfunktion des Sympathikus
- **vagovasale Orthostasereaktion** (Ohnmacht, „faint"):
  - Schellong-Test: systolischer RR-Abfall, diastolischer RR-Abfall, Frequenzabfall
  - Wertung: plötzlicher Vagusreiz, Volumenmangel
- **hypertone Reaktion**:
  - Schellong-Test: systolischer RR-Anstieg, diastolischer RR-Anstieg, Frequenzanstieg
  - Wertung: hoher Sympathikotonus, möglicherweise Vorstufe der essenziellen Hypertonie
- **Orthostase-Intoleranz** (posturales orthostatisches Tachykardiesyndrom):
  - Pulsanstieg > 30/min oder HF-Anstieg > 130/min ohne Hypotonie

► **Weitere Diagnostik.** Die weitere Diagnostik richtet sich nach der vermuteten Grunderkrankung (Blutbild, Schilddrüsen- und Stoffwechselparameter, Echokardiografie, erweitertes EKG-Monitoring, Kipptischuntersuchung, Ergometrie, EEG, zerebrale MRT oder CT).

34.88.5 Therapie

Bei allen Formen der primären Kreislaufdysregulation sollten zunächst **Allgemeinmaßnahmen** zur Anwendung kommen:

- aufklärendes Gespräch über die relative Harmlosigkeit der Beschwerden, dabei Betonung der positiven Aspekte von hypotonen gegenüber hypertonen Blutdruckwerten, ausreichende körperliche Bewegung
- ausreichende Flüssigkeits- und Mineralienzufuhr
- physikalische, vom Patienten selbst durchzuführende Maßnahmen
- Entspannungsübungen (bei hypertoner Dysregulation)

Medikamente sollen nur bei Versagen der Allgemeinmaßnahmen und weiterhin bestehenden Beschwerden und Leidensdruck zum Einsatz kommen:

- Sympathikomimetika (α-Adrenorezeptoragonisten), z. B. Etilefrin bei den asympathikotonen und vasovagalen Reaktionen sowie Betablocker bei hypertonen Dysregulationen
- schwere Formen der asympathikotonen Dysregulationen können das Tragen von Kompressionsstrumpfhosen und die Verordnung von Mineralokortikoiden (z. B. Fludrokortison) erfordern

Bei den relativ seltenen sekundären hypotonen Dysregulationen steht die Behandlung der Grundkrankheit im Vordergrund.

Abwendbar gefährlicher Verlauf

- Übersehen einer ernsthaften Grunderkrankung wie Hypothyreose oder Stoffwechselentgleisung (auch wenn die hypotonen Dysregulationen meist [bei Jüngeren] harmlos sind)
- Übersehen der Ursache → Synkopen müssen immer mit besonderer Sorgfalt ätiologisch zugeordnet werden
- Herzinsuffizienz → bei älteren Patienten immer ausschließen
- essenzielle Hypertonie → hypertone Dysregulation überwachen, da sie eine Vorstufe der essenzielle Hypertonie sein kann

34.88.6 Leitlinien

Deutsche Gesellschaft für Pädiatrische Kardiologie. AWMF-S2k-Leitlinie 023–004. **Synkopen im Kindes- und Jugendalter.** Im Internet: www.awmf.org/leitlinien; Stand: 20.01.2016

34.89 Influenza (Virusgrippe) (J11.1)

H.-D. Klimm

34.89.1 Definition

Influenza, auch echte Grippe oder Virusgrippe genannt, ist eine durch Viren aus den Gattungen Influenzavirus A und B ausgelöste Infektionskrankheit des Respirationstrakts.

34.89.2 Epidemiologie

Am häufigsten ist die Influenza A, die Influenza B ist seltener und die Influenza C kaum von Relevanz. Jeden Winter treten in den gemäßigten Klimazonen Epidemien mit unterschiedlicher Intensität auf (10–20 % der Bevölkerung, Dauer von 1–3 Monaten).

34.89.3 Ätiologie

Das Influenzavirus wird durch Tröpfcheninfektion übertragen, eine Infektiosität besteht über einen Inkubationszeitraum von 4–7 Tagen nach Krankheitsbeginn. Bei der Influenza A können durch Kombination der oberflächlichen Antigene Neuraminidase und Hämagglutinin neue Subtypen entstehen. Da gegen diese in der Bevölkerung keine Immunität besteht, kommt es alle 10–15 Jahre zur Pandemie (bis zu 80 % der Bevölkerung mit hoher Letalität!).

34.89.4 Leitsymptome und Diagnostik

► **Symptome.** Dominante Symptome sind:
- plötzlicher Beginn mit hohem Fieber, Kopf-, Muskel- und Gelenkschmerzen
- allgemeine Schwäche
- verstopfte Nase
- trockener Husten

Auch abdominelle Symptome wie Diarrhö, Brechreiz und Erbrechen sind möglich.

Mögliche **Komplikationen** sind:
- Pneumonie (primär durch das Influenzavirus selbst, sekundär durch Superinfektionen mit Pneumokokken, Haemophilus influenzae) vor allem bei älteren Menschen und chronisch Kranken
- Fieberanstieg am 3. und 4. Krankheitstag
- Myokarditis
- Perikarditis
- Enzephalitis

► **Diagnostik.** Die Diagnostik sollte keine routinemäßige Labordiagnostik (B, I) enthalten, sondern erfolgt aufgrund des „klinischen Bildes“:
- körperliche Untersuchung
- Labor:
  - Screening: BSG, Hämoglobin, Erythrozyten, Leukozyten, Differenzialblutbild, Urinstatus, γ-GT, CRP
  - Antigennachweis aus Rachen und/oder Nasenabstrich, in der Regel als Schnelltest auf der Basis eines ELISA: Sensivität bei Kindern 90 %, bei Erwachsenen niedriger; Spezifität mehr als 90 %
  - Genomnachweis mittels PCR aus Rachen- oder Nasenabstrich (geeignetes Transportmedium beachten!)
  - Influenza-Antikörper im Blut (erst ab der 2. Krankheitswoche bedingt aussagefähig)

34.89.5 Differenzialdiagnostik

Differenzialdiagnostisch muss der grippale Infekt (J06.9) abgegrenzt werden (Kap. 34.66).

34.89.6 Therapie

Die Therapie ist zunächst rein **symptomatisch:**
- Bettruhe, Arbeitsruhe, Sportunfähigkeit für 2–3 Wochen
- reichlich Flüssigkeitszufuhr
- analgetische/antipyretische, bei Bedarf auch sekretolytische Therapie (ASS, Phenylbutazon, Ambroxol)

Neuraminidasehemmer zur Therapie der saisonalen Influenza sollten nur in Ausnahmefällen (Risikopersonen mit z. B. chronischer Herz- oder Lungenerkrankung, Immundefekte) angewandt werden (B, I). Neuraminidasehemmer (Oseltamivir oder Zanamivir) können den Krankheitsverlauf um 1–1,5 Tage verkürzen und sollten, wenn überhaupt, dann so früh wie möglich (bis maximal 48 h nach Einsetzen der Symptome) bei gleichzeitiger labordiagnostischer Sicherung eingesetzt werden.

Mögliche **prophylaktische Maßnahmen** sind:
- Atemmasken: Verminderung des Tröpfchenausstoßes bei infizierten Personen (einfache Masken

für Mund und Nase halten teilweise übertragene Viren zurück, aber nicht zuverlässig)
- jährliche Impfung im Herbst mit einem Impfstoff mit aktueller Antigenkombination (Tot-Vakzine)

Abwendbar gefährlicher Verlauf

Sekundärinfektion (G93.7) → Pneumonien (J18.9), Myokarditis (I51.4), Perikarditis (I13.9), Pankreatitis (K85.90) und Reye-Syndrom
- besonders bei Kindern und alten, chronisch kranken Menschen
- stets gründliche rezidivierende körperliche Untersuchung in kurzen Zeitabständen erforderlich

34.89.7 Leitlinien

Deutsche Gesellschaft für Allgemeinmedizin und Familienmedizin. AWMF-S 3-Leitlinie 053–013. **Husten.** Im Internet: www.awmf.org/leitlinien; Stand: 20.01.2016

Paul-Ehrlich-Gesellschaft für Chemotherapie, Deutsche Gesellschaft für Pneumologie und Beatmungsmedizin, Deutsche Gesellschaft für Infektiologie. AWMF-S 3-Leitlinie 082–001. **Tiefe Atemwegsinfektion und Pneumonie bei Erwachsenen, ambulant erworben: Epidemiologie, Diagnostik, antimikrobielle Therapie, Management.** Im Internet: www.awmf.org/leitlinien; Stand: 20.01.2016

34.90 Karotisstenose (I65.–)

U. Müller-Bühl

34.90.1 Definition

Als Karotisstenose bezeichnet man eine Verengung der hirnversorgenden Gefäße A. carotis communis (ACC) oder der A. carotis interna (ACI).

34.90.2 Epidemiologie

Die Prävalenz einer Stenose der A. carotis steigt mit dem Lebensalter und der Zahl kardiovaskulärer Risikofaktoren an. Es wird geschätzt, dass bei 1–3 % aller Erwachsenen extrakranielle Karotisstenosen mit einem Stenosegrad von > 50 % vorliegen. Bei Menschen über 65. Jahre liegt dieser Anteil bei 6–15 %.

34.90.3 Ätiologie

Karotisstenosen werden in über 90 % der Fälle durch atherosklerotische Gefäßwandveränderungen verursacht. Seltener sind sie Folge entzündlicher Veränderungen, einer fibromuskulären Dysplasie oder Dissektion.

34.90.4 Leitsymptome und Diagnostik

▸ **Symptome.** Karotisstenosen sind in der Regel **asymptomatisch.** Das Risiko eines Schlaganfalls ist zunächst gering und beträgt bei asymptomatischen Stenosen über 50 % nur 1–2 %/Jahr. Ab einem Stenosegrad von 80 % steigt das Schlaganfallrisiko auf 2–5 %.

Bei **symptomatischen** Karotisstenosen über 70 % (TIA, Kap. 34.17) erleiden 40 % der Patienten binnen 2 Jahren einen Schlaganfall.

▸ **Diagnostik.** Diagnostische Möglichkeiten sind:
- Auskultation mit Stethoskop (Strömungsgeräusch?)
- Farbduplexsonografie: Gefäßmorphologie, Plaquestruktur, Einschätzung des Stenosegrades durch Messung der lokalen Strömungsgeschwindigkeit
- MR-Angiografie
- CT bei Verdacht auf zerebrale Ischämie

34.90.5 Therapie

Patienten mit Karotisstenosen sind als vaskuläre Risikopatienten mit ASS 100 in Kombination mit einem Statin zu behandeln. Sekundär-präventive Maßnahmen sind durch eine strikte Kontrolle kardiovaskulärer Risikofaktoren möglich.

Operative Möglichkeiten sind:
- Thrombendarteriektomie (Karotis-TEA): Das Risiko eines perioperativen Schlaganfalls oder von tödlichen Komplikationen beträgt in Deutschland für asymptomatische Stenosen 1,8 % und für symptomatische Stenosen 3,0 %.
- Stentangioplastie: Die Häufigkeit periinterventioneller Komplikationen ist vergleichbar mit der bei der chirurgischen Desobliteration.

Abwendbar gefährlicher Verlauf

Schlaganfall →

- symptomatische Patienten mit 70–99 %iger Stenose so früh wie möglich operativ oder interventionell therapieren
- Karotis-TEA in Erwägung ziehen:
  - bei Patienten mit einer symptomatischen Stenose von 50–69 %
  - bei Patienten mit einer 60–99 %igen asymptomatischen Stenose (da das Schlaganfallrisiko bei diesen Individuen gering, aber statistisch signifikant reduziert wird)

34.90.6 Leitlinien

Deutsche Gesellschaft für Gefäßchirurgie und Gefäßmedizin – Gesellschaft für operative, endovaskuläre und präventive Gefäßmedizin. AWMF-S 3-Leitlinie 004–028. **Extracranielle Carotisstenose; Diagnostik, Therapie und Nachsorge.** Im Internet: www.awmf.org/leitlinien; Stand: 10.01.2016

Deutsche Gesellschaft für Neurologie. AWMF-S 1-Leitlinie 030–117. **Zerebrovaskuläre Erkrankungen, akute, Diagnostik.** Im Internet: www.awmf.org/leitlinien; Stand: 20.01.2016

Deutsche Röntgengesellschaft. AWMF-S 3-Leitlinie 039–093. **Radiologische Diagnostik im Kopf-Hals-Bereich.** Im Internet: www.awmf.org/leitlinien; Stand: 20.01.2016

34.91 Karpaltunnelsyndrom (G56.0)

J. Barlet

34.91.1 Definition

Das Karpaltunnelsyndrom (CTS) beruht auf einer mechanischen Einengung des N. medianus im Canalis carpi der Handbeuge.

34.91.2 Epidemiologie

Die Prävalenz beträgt etwa 10 %, die Relation Frauen zu Männern beträgt 3-4:1, gerade in der Schwangerschaft ist das CTS ein häufiges Symptom. Das Prädilektionsalter liegt bei 50–70 Jahren.

34.91.3 Ätiologie

Die Ursachen sind:

- anatomische Veränderungen:
  - Verdickung des Retinaculums
  - Deformierung der Handwurzelknochen
- traumatische Ereignisse
- funktionelle Ursachen: Ödeme durch Überbelastung oder systemische Veränderungen, z. B. in der Schwangerschaft

34.91.4 Leitsymptome und Diagnostik

► **Symptome.** Es kommt anfänglich zu sensiblen Ausfallerscheinungen: die Hände kribbeln, die Patienten beschreiben ein Ameisenlaufen und das Anschwellen des Handgelenks und der Hand. Ganz im Vordergrund steht das „Einschlafen der Hände" in der Nacht (Brachialgia paraesthetica nocturna). Meist entwickeln sich die Beschwerden auf beiden Seiten, wobei jedoch unterschiedliche Stärken der Symptomatik festzustellen sind. Es ist ganz deutlich das Innervationsgebiet des N. medianus betroffen, d. h. die ersten dreieinhalb Finger der Hand. Bei fortgeschrittenem Stadium kommt es zur Atrophie des Tenars.

► **Diagnostik.** Die Diagnose kann klinisch gestellt werden, wird jedoch zur Abgrenzung und zur Stellung der Operationsindikation heute immer durch die Untersuchung der Nervenleitungsgeschwindigkeit anhand der motorischen Neurografie (distalmotorische Latenz bei 6 cm Differenz > 4,2 ms; Untersuchung immer beidseits sowie zusätzlich des N. ulnaris einer Seite). Bei grenzwertigem oder nicht eindeutigem Befund sind eine zusätzlich sensible Neurografie indiziert (sensible NLG ortho- oder antidrom vom Mittelfinger erforderlich) und weitere Untersuchungen durch den Neurologen erforderlich.

34.91.5 Differenzialdiagnostik

Differenzialdiagnostisch kommen infrage:

- häufig: zervikale Radikulopathie C 6 und C 7, Polyneuropathie
- seltener:
  - proximale Kompressionen (Pronator-Syndrom, Thoracic-Outlet-Syndrom, Skalenussyndrom)
  - spinale Läsionen (zervikale Myelopathie, Syringomyelie, spinale Muskelatrophie)

◦ nicht neurogene bzw. anderweitige Erkrankungen (Unterarm-Kompartmentsyndrom, Polymyalgie, Raynaud-Syndrom, Borreliose u. a.)

34.91.6 Therapie

Die einzige kausale Therapie besteht in der offenen oder endoskopischen Spaltung des Retinaculum carpi transversum. Diese wird fast immer ambulant von Chirurgen, Neurochirurgen oder Orthopäden durchgeführt. In Frühfällen und auch in der Schwangerschaft kann man mit nachts anzulegenden Handgelenkschienen und/oder abschwellenden Maßnahmen lokal und besser systemisch gute Erfolge erzielen (z. B. mit oralem Kortikoid für 2 Wochen). Heute sind fortgeschrittene Folgeerscheinungen eines Karpaltunnelsyndroms kaum noch zu sehen.

Abwendbar gefährlicher Verlauf

Bei längerem Bestehen des Karpaltunnelsyndroms kommt es zu **motorischen Ausfallerscheinungen** und zu einer **Atrophie**, besonders der Daumenballenmuskulatur.

34.91.7 Leitlinien

Deutsche Gesellschaft für Handchirurgie, Deutsche Gesellschaft für Neurochirurgie. AWMF-S 3-Leitlinie 005–003. **Karpaltunnelsyndrom, Diagnostik und Therapie.** Im Internet: www.awmf.org/leitlinien; Stand: 12.12.2015

34.92 Keuchhusten (A37.9)

H.-D. Klimm

34.92.1 Definition

Keuchhusten (Pertussis) ist eine durch das Bakterium Bordetella pertussis hervorgerufene Erkrankung mit Beteiligung des Kehlkopfes, der Trachea, der Bronchien und der Bronchiolen.

34.92.2 Epidemiologie

Weltweit erkranken mehr als 70 Millionen Menschen an Keuchhusten, 90 % davon in Entwicklungsländern. Pro Jahr schätzt man 280 000 Todesfälle durch Keuchhusten. In der BRD steigen in den letzten Jahren wieder die Erkrankungszahlen, wohl infolge relativer „Impfmüdigkeit“.

Die Empfänglichkeit für Pertussis von nicht immunen Personen ist unabhängig vom Alter (auch Greise), jedoch in den ersten 6 Lebensjahren am häufigsten mit mehr als 60 % der Fälle. Bei Neugeborenen und jungen Säuglingen Infektion nicht möglich (Nestschutz).

34.92.3 Ätiologie

Der Mensch ist für Bordetella pertussis das einzige Erregerreservoir. Die Übertragung erfolgt über Tröpfcheninfektion, wobei die Ansteckungsfähigkeit über etwa 40 Tage besteht. Die Inkubationszeit liegt bei 1–3 Wochen.

Nach einer Infektion ist eine Immunität für ca. 10 Jahre gegeben. Erwachsene können jedoch über ihre Kinder zum zweiten oder dritten Mal infiziert werden.

34.92.4 Leitsymptome und Diagnostik

▸ **Symptome.** 40 % der Infektionen verlaufen stumm, weitere als „einfache akute Bronchitiden“. Bei typischer Ausprägung werden die folgenden Stadien durchlaufen:

- Stadium katarrhale (Prodromalstadium): uncharakterische, grippeähnliche Symptome, meist ohne Fieber, nächtlich beginnender Husten, zunehmend stakkatoartig → größte Ansteckungsgefahr
- Stadium konvulsivum (4.–6. Woche): typische, stakkatoartige, besonders nächtliche Hustenanfälle (täglich 30–50-mal, Anzahl für die Verlaufsbeobachtung hilfreich) mit folgendem Keuchen, schneller tiefer Inspiration, Förderung von zähem Schleim, bei Säuglingen Apnoeanfälle, Brechreiz und Erbrechen; die Anfälle können mit dem typischen „Juchzen“ (Rebrise) bei der folgenden Einatmung schließen
- Stadium decrementi (2–4 Wochen): Nachlassen der Hustenanfälle, zunehmende Besserung des Allgemeinzustandes

Merke

Die Patienten sind bis zu 3 Wochen nach Beginn des Stadium konvulsivum ansteckungsfähig, daher dürfen sie frühestens 3 Wochen nach Erkrankungsbeginn Gemeinschaftseinrichtungen wieder besuchen (Kindergarten! Schule!).

► **Diagnostik.** Die Diagnose wird aufgrund der klinischen Symptomatik gestellt, auch meist erst im Stadium konvulsivum!

- Labordiagnostik: Hämoglobin, Erythrozyten, Leukozyten (Leukozytenzahl meist zwischen 15 000 und 20 000), Differenzialblutbild (Lymphozytose)
- erweiterte Diagnostik:
  - insbesondere bei Verdacht in Frühformen Nasopharyngealabstrich und Hustenplatte (Spezifität 100 %, niedrige Sensitivität)
  - Nachweis von erregerspezifischer DNA mit der Polymerasekettenreaktion (PCR) (sehr empfindliche Nachweismethode!)
  - IgA und IgM der Pertussis-Antikörper (frühestens im Stadium konvulsivum nachweisbar)

34.92.5 Differenzialdiagnostik

Andere Erkrankungen mit ähnlicher Symptomatik sind:

- Parapertussis (A37.1): kürzerer Verlauf, negativer bakteriologischer und serologischer Befund
- Mukoviszidose (B84.9): stärkerer Husten, Paroxysmen, Bronchiektasen, rezidivierende Pneumonien, reduzierter Allgemeinzustand
- stenosierende Tracheobronchitis (J05.0): Kap. 34.28

34.92.6 Therapie

► **Prävention.** Zu den präventiven Maßnahmen gehören:

- besonders im Säuglingsalter Exposition vermeiden
- aktive Immunisierung anstreben: bei Säuglingen dreimal hintereinander alle 6–8 Wochen und eine 4. Auffrischimpfung nach einem weiteren Jahr (meist kombiniert mit Diphtherie- und Tetanus-Komponenten)

Die STIKO empfiehlt Auffrischimpfungen nach 5–6 Jahren sowie für Jugendliche zwischen dem 9. und 18. Geburtstag routinemäßig, bei Erwachsenen bei der nächsten fälligen Tetanus-/Diphtherie-Impfung einmalig eine Kombinationsimpfung mit dem Impfstoff gegen Pertussis (Kap. 18.4).

► **Therapie.** Im Erkrankungsfall kommen die folgenden Maßnahmen infrage:

- Medikamente:
  - Azithromycin (3–5 Tage) oder Clarithromycin (7 Tage)
  - können den Krankheitsverlauf nur dann verkürzen oder mildern, wenn die Therapie bereits im Stadium katarrhale beginnt
- symptomatische Therapie:
  - Sekretolytika (z. B. Ambroxol)
  - Antitussiva (z. B. Kodein-Derivate)

Abwendbar gefährlicher Verlauf

- Pneumonie (J18.9)
- Enzephalopathie (G93.4) (Meldepflicht bei Todesfall!)

34.92.7 Leitlinien

Deutsche Gesellschaft für Allgemeinmedizin und Familienmedizin. AWMF-S 3-Leitlinie 053–013. **Husten.** Im Internet: www.awmf.org/leitlinien; Stand: 20.01.2016

34.93 Klavus (L 84)

H.-D. Klimm

34.93.1 Definition

Klavi sind meist dolente Hornhautschwielenbildungen im Bereich der Zehen und Ballen mit zentral ausgerichtetem Sporn.

34.93.2 Epidemiologie

Am häufigsten sind Frauen in höherem Lebensalter betroffen.

34.93.3 Ätiologie

Ursache sind Fußdeformitäten wie Hammerzehe, Hallux valgus oder ausgeprägte Senk-/Spreizfüße.

34.93.4 Leitsymptome und Diagnostik

Im Bereich der Hornschwielen entstehen starke Schmerzen, die das Gangbild beeinflussen. Zum Teil können sich auch multiple Klavi bilden, die sich nach Manipulationen infizieren können. Bei einem Klavus handelt es sich um eine Blickdiagnose!

34.93.5 Differenzialdiagnostik

Alternativ ist an eine Warze, an Ulzera anderer Ätiologie (z. B. infolge arterieller Verschlusskrankheit, Diabetes mellitus, Kap. 34.42) oder an Hauttumoren zu denken.

34.93.6 Therapie

Die Therapie umfasst:

- Salizylsäuretinkturen, Salizylvaseline 5–10 %ig oder Salizylpflaster zum Auflösen der Hornschichten
- Bäder mit Kamille, Rivanol-Lösung bei Infektionen
- bei superinfizierten Ulzerationen antibiotische Therapie
- chirurgische Entfernung des Klavus mit scharfem Löffel oder Kürette
- ggf. Deformitäten operativ beseitigen (z. B. Hammerzehe, Hallux valgus)
- Verordnung von fußadaptierten Einlagen mit Polsterung
- passendes Schuhwerk

Abwendbar gefährlicher Verlauf

- ***Cave:*** Vermeidung von chirurgischen oder ätzenden Maßnahmen bei AVK (I73.9) und diabetischem Fußsyndrom (E14.74)
- polyneuropathiebedingte Veränderungen beachten (meist schmerzlos mit sekundären primär nicht bemerkten Veränderungen wie Ulzerationen [Mal perforans])
- bei persistierenden Ulzerationen: Karzinome, Basaliome etc. in Betracht ziehen (Stanze)

34.93.7 Leitlinien

Deutsche Gesellschaft für Orthopädie und Orthopädische Chirurgie. AWMF-S 2-Leitlinie 033–018. **Hallux valgus.** Im Internet: www.awmf.org/leitlinien; Stand: 20.01.2016

34.94 Knick-Senk-Spreizfuß (Q 66.4–Q 66.8)

J. Barlet

34.94.1 Definition

Der Knick-Senk-Spreizfuß ist die häufigste Fußfehlform.

34.94.2 Epidemiologie

Sie kommt schon im Jugendalter vor, macht dann jedoch meist noch keine Beschwerden. Diese treten etwa ab dem 40. Lebensjahr auf und führen dann zum Arztbesuch.

34.94.3 Ätiologie

Der Knick-Senk-Spreizfuß ist meist rein statisch bedingt, selten durch Frakturen. Betroffen sind das Längsgewölbe (Senkfuß) und das Quergewölbe (Spreizfuß) als Folge der Schlaffheit der Bänder und Schwäche der die Gewölbe haltenden Muskeln. Häufig ist die berufliche Überlastung durch dauerndes Stehen die Ursache, auch das Übergewicht spielt eine wichtige Rolle.

34.94.4 Leitsymptome und Diagnostik

► **Symptome.** Die Patienten kommen wegen **Schmerzen beim Gehen** zum Arzt. Geklagt wird über Schmerzen am inneren Fußrand zur Fußsohle hinziehend, auch über in die Waden ausstrahlende Schmerzen und bei starkem Spreizfuß besonders über Schmerzen im Grundgelenk der 2. und 3. Zehe. Gelegentlich kann es auch zu Kniegelenkschmerzen kommen.

► **Diagnostik.** Bei der **Inspektion** mit und ohne Belastung kann das aufgehobene Fußlängs- bzw. Fußquergewölbe diagnostiziert werden. Häufig befinden sich Hornhautverdickungen, Klavi und

Plantarwarzen unter den Metakarpalphalangealgelenken des II.–IV. Strahls. Als Zeichen eines Spreizfußes fallen außerdem Hallux-valgus-Bildung und die Hammerzehenbildung der kleinen Zehe auf, die in höherem Alter als pathognomonisch angesehen wird.

34.94.5 Differenzialdiagnostik

Differenzialdiagnostisch müssen das Tarsaltunnelsyndrom, die Fasciitis plantaris, Bindegewebserkrankungen der Fußsohle (Morbus Ledderhose) und Mittelfußfrakturen (Ermüdungsfrakturen) ausgeschlossen werden.

34.94.6 Therapie

Die Therapiemaßnahmen sind:

- medikamentöse Therapie (lokal und systemisch): Antiphlogistika bei akuten Schmerzsymptomen mit Entzündungserscheinungen
- Einlagenversorgung: gezielt zusätzliche Pelotten, Erhöhungen, verlängerter Innenrand oder erhöhter Innenrand verschreiben und Einlagen nach der Herstellung beim Orthopädiemechaniker kontrollieren
- physikalische Maßnahmen: Bäder, Massage, Bewegungsübungen, manuelle Therapie; meist jedoch keine Dauererfolge
- operative Sanierung: bei Dauerschmerz und Versagen der konservativen Therapie

Abwendbar gefährlicher Verlauf

Eine Fußfehlform sollte nicht zu lange ohne Therapie belassen werden, d. h. schon im jugendlichen Alter sind Einlagen angezeigt. Bei einer zu späten Therapie kann oft auch eine Einlagenversorgung keine Linderung mehr bringen.

34.94.7 Leitlinien

Deutsche Gesellschaft für Orthopädie und Orthopädische Chirurgie. AWMF-S 2-Leitlinie 033–020. **Kindlicher Knick-Senk-Fuß.** Im Internet: www.awmf.org/leitlinien; Stand: 20.01.2016

34.95 Kolitis (A09.9)

H.-D. Klimm

34.95.1 Definition

Kolitis ist die Bezeichnung für eine entzündliche Veränderung der Dickdarmschleimhaut.

34.95.2 Epidemiologie und Ätiologie

Die folgenden Formen können unterschieden werden:

- infektiöse Kolitis: meist bakteriell bedingt, z. B. Campylobacter, Shigellen, Salmonellen, Yersinien
- antibiotikaassoziierte Kolitis: durch Antibiotikagabe induzierte pseudomembranöse Kolitis, bedingt durch Toxine wie das Clostridium difficile
- Colitis ulcerosa:
  - wichtigste chronische entzündliche Darmerkrankung
  - Inzidenz von 3–4/100 000 Einwohner in Deutschland
  - höchster Altersgipfel bei 16–25-Jährigen
  - medizinische Kosten/Jahr derzeit zwischen 2500 und 5 000 Euro, wobei 75 % der direkten Kosten alleine auf Arzneimittel entfallen (man schätzt in Deutschland ca. 2 Mrd. Euro/Jahr für die Versorgung von Patienten mit Colitis ulcerosa)
- fulminante Kolitis: bei toxischem Megakolon und als Folge eines akuten Schubes einer Colitis ulcerosa
- ischämische Kolitis: akuter dramatischer Krankheitsverlauf bei akutem Gefäßverschluss
- Kolitis bei Morbus Crohn (Kap. 34.37):
  - chronisch granulomatöse Entzündung, die im gesamten Verdauungstrakt auftreten kann
  - Inzidenz 7–8/100 000 Einwohner, in den letzten 20 Jahren deutlich gestiegen
  - beide Geschlechter gleichermaßen betroffen
  - Erkrankungsalter zwischen 15. und 35. Lebensjahr
  - genauere Genese, Entstehung und Entwicklung nicht geklärt, Autoimmunerkrankung höchstwahrscheinlich, möglicherweise erbliche Komponente?

Je nach Lokalisation und Ausprägung kann man unterscheiden zwischen:
- Kolitis (A09.9)
- Sigmoiditis (A09.9)
- Proktitis (K62.2)
- Kryptitis (K62.8)
- Papillitis (K62.8)
- Divertikulitis (K57.32)

34.95.3 Leitsymptome und Diagnostik

► **Symptome.** Meist ergibt sich ein buntes Beschwerdebild:
- Bauchschmerzen, teilweise Tenesmen (meist nach dem Essen oder vor dem Stuhlgang)
- Stuhlunregelmäßigkeiten mit Durchfällen (schleimig und/oder blutig)
- Fieber, Schüttelfrost
- Gewichtsverlust, Appetitlosigkeit, Übelkeit und Erbrechen
- bei toxischer Kolitis schwere massive Durchfälle mit Elektrolytverschiebung, sekundäre Schwäche, Adynamie, Kreislaufprobleme, Schwindel, Exsikkose
- Druckschmerz im Bereich der betroffenen Region
- Abwehrspannung und Resistenzen, vor allem bei Perforationen
- schubförmiger Verlauf
- extraintestinale Manifestationen (5 % bei Morbus-Crohn-Patienten), am häufigsten mit Beteiligung der Gelenke (Arthralgie und Arthritis)
- Erythema nodosum und/oder Pyoderma gangraenosum bei Morbus Crohn

► **Diagnostik.** Zur Diagnostik gehören:
- **Anamnese:**
  - Ausschluss infektiöser oder antibiotikainduzierter Kolitiden
  - Stuhlgangbeschreibung
- **klinischer Befund:**
  - rektale Untersuchung stets anstreben:
    - blutiger Stuhl!
    - Schmerzen bei rektaler Untersuchung: Proktitis? Papillitis? Kryptitis?
  - Fisteln bei Morbus Crohn
  - akutes Abdomen bei Perforationen, z. B. Divertikulitis oder ischämische Kolitis
- **Labor:**
  - BSG, Hb, Ery, Leukozyten, Differenzialblutbild, γ-GT, TSH, alkalische Phosphatase, CRP
  - bei chronisch blutigen Durchfällen mikrozytäre Anämie und Eisenmangel
- **erweiterte Diagnostik:**
  - Endoskopie: stets endoskopische Untersuchung anstreben mit histologischer Untersuchung (Frühstadium Schleimhautläsion, fleckige Rötung bis hin zu Ulzerationen, Fissuren und Fisteln, Stenosen)
  - Sonografie des Abdomens: typische segmentale Verdickung der Darmmukosa, entzündliche Konglomerattumoren
  - Röntgendiagnostik:
    - Abdomenübersichtsaufnahme: Ileus, Perforation?
    - CT: Fisteln, segmentale Stenosen, tumoröse Prozesse
    - Angiografie: bei Verdacht auf ischämische Kolitis
  - Aktivitätsindex: um die Krankheitsaktivität zu „quantifizieren" → Harvey-Bradshaw-Index
    - < 5 Punkte → Remission
    - 5–7 Punkte → milder Schub
    - 6–8 Punkte → vermehrte Aktivität
    - > 16 Punkte → schwerer Schub
  - Quantifizierung nach Harvey-Bradshaw-Index [54]

34.95.4 Differenzialdiagnostik

Differenzialdiagnostisch kommen infrage:
- Divertikulitis (K57.32): Kap. 34.44
- Colon irritabile (K58.9): Kap. 34.159
- Appendizitis (K37): Kap. 34.18
- Adnexitis (N70.9): Kap. 34.5
- Endometriose (N80.9): Kap. 34.191

34.95.5 Therapie

► **Therapie der Kolitis.** Die Therapie richtet sich nach Ursache, Form und Aktivität der Kolitis:
- unspezifische bakterielle fieberhafte Divertikulitis: Antibiotika stets in Kombination mit Metronidazol; bei positiven Stuhlkulturen gezielte Antibiose
- hämorrhagische Kolitis, Colitis ulcerosa, Morbus Crohn (Kap. 34.37)
- ischämische Kolitis: schwerster Notfall, sofortige stationäre Einweisung
- Schubtherapie:
  - Gukokortikoide: bei leichtem bis mittelschwerem Schub Rückgang der Beschwerden in rund 90 % der Fälle

- Salazosulfapyridin: bei leicht- bis mittelgradigem Schub
- Metronidazol und Clarithromycin bei Fisteln
- TNF-Blocker wie Infliximab und Adalimumab bei schweren therapieresistenten Fällen
- zur Remissionserhaltung: Immunsuppression mit Azathioprin, Ciclosporin und Methotrexat
- chirurgische Therapie:
  - als Standardoperation: restaurative Proktokolektomie (Evidenzgrad D), die ileoanale Pouch-Operation erreicht bestmögliche Lebensqualität mit durchschnittlich 5–6 Stuhlgängen/Tag und Erhalt der Kontinenz bei über 90 % der Patienten
  - bei freier gedeckter Perforation notfallmäßige Indikation zur Operation (Evidenzgrad A) vor Eintreten septischer Komplikationen

Merke

Therapieziel ist nicht nur die Symptomkontrolle, sondern die Abheilung der Mukosa, um Strukturschäden des Kolons, Stenosierungen und Funktionsverluste zu vermeiden.

► **Begleitende Therapie.** Als begleitende Therapie kommen infrage:

- Behandlung von sekundären Nährstoffmängeln (Eisen, Vitamin B), z. B. Trinknahrung oder Osteoporose-Prophylaxe bei Glukokortikoidlangzeittherapie
- Psychotherapie und Entspannungstherapie, vor allem, wenn Angststörungen und sekundäre Depressionen im Vordergrund stehen

Abwendbar gefährlicher Verlauf

- akutes Abdomen (R10.0), Peritonitis (K65.9) infolge perforierender oder penetrierender Entzündungen
- Stenosen und Sub-Ileus (K56.7) durch Konglomerattumoren
- toxisches Kolon (K93.6), bei Morbus Crohn eher seltener, bei Colitis ulcerosa eher häufiger
- Karzinome (C 18.9) können durch eine bestehende Kolitis häufiger induziert werden
- Fistel (K63.2) bei einem chronischem Verlauf recht häufig (mit unterschiedlicher Varianz):
  - in Verbindung mit der Körperoberfläche kutan
  - zwischen Darm und Geschlechtsorganen enteroenteritisch/enterovaginal
  - zwischen Darm und Harnblase enterovesikal
  - Abgang im Bereich des Afters peranal
- Abszess (K65.0)
- intestinale Blutungen (K92.2)
- Osteoporose/Osteopenie (M81.99), bedingt durch Malabsorption und Nebenwirkungen unter Kortison-Therapie

34.95.6 Leitlinien

Deutsche Gesellschaft für Allgemeinmedizin und Familienmedizin. AWMF-S 1-Leitlinie 053–030. **Durchfall, akut.** Im Internet: www.awmf.org/leitlinien; Stand: 20.01.2016

Deutsche Gesellschaft für Gastroenterologie, Verdauungs- und Stoffwechselkrankheiten. AWMF-S 3-Leitlinie 021–009. **Colitis ulcerosa: Diagnostik und Therapie.** Im Internet: www.awmf.org/leitlinien; Stand: 20.01.2016

34.96 Kolonkarzinom (C 18.9)

H.-D. Klimm

34.96.1 Definition

Das Kolonkarzinom ist ein von der Schleimhaut des Dickdarms ausgehendes Karzinom mit Veränderungen, bei denen atypische epitheliale Formationen in die Submukosa infiltrieren – im Gegensatz zu sog. Mukosakarzinomen oder intraepithelialen Karzinomen (PTIS), bei denen keine Metastasierung erfolgt. Als Kolonkarzinome gelten Tumoren, die mehr als 12 cm von der Linea anocutanea entfernt sind (im Gegensatz zu Rektumkarzinomen, die 12 cm und weniger von ihr entfernt sind). Histologisch handelt es sich in der Regel um Adenokarzinome, die aus Polypen hervorgegangen sind, im Bereich des Anus können auch Plattenepithelkarzinome auftreten.

34.96.2 Epidemiologie

Das kolorektale Karzinom findet sich zu 16 % im Zäkum und Colon ascendens, zu 5 % im Colon transversum, zu 9 % im Colon descendens, zu 20 % im Sigma und zu 5 % im Rektum. Es ist mit über

73 000 Neuerkrankungen und ca. 27 000 Todesfällen/Jahr in Deutschland eine der häufigsten malignen Tumoren. Die Inzidenz liegt bei 20–40 Erkrankungen/100 000/Jahr, die Letalität liegt bei 50 %, die 5-Jahres-Überlebensrate bei 90–95 % im Stadium I und II, bei 65 % im Stadium III und bei knapp 5 % im Stadium IV. Der Häufigkeitsgipfel liegt bei 65 Jahren.

34.96.3 Ätiologie

► **Familiäre Belastungen.** Als Risikofaktoren gelten familiäre Krebsbelastungen sowie familiär vermehrte Polypen. Das Risiko eines Verwandten 1. Grades eines Patienten mit kolorektalem Karzinom, ebenfalls an einem Kolonkarzinom zu erkranken, insbesondere in einem Alter unter 50 Jahren, ist stark erhöht!

In den **Amsterdam-Kriterien** wird das Risiko familiärer Belastungen bezüglich der Genese von Dickdarmtumoren bewertet:

- mindestens 3 Familienmitglieder mit HNPCC-assoziierten Karzinomen (Kolon/Rektum, Endometrium, Dünndarm, Urothel [Ureter/Nierenbecken])
- mindestens 2 aufeinanderfolgende Generationen betroffen
- 1 Familienmitglied erstgradig verwandt mit den beiden anderen
- 1 Erkrankter zum Zeitpunkt der Diagnose jünger als 50 Jahre
- Ausschluss einer familiären adenomatösen Polyposis

Alle 5 Kriterien müssen erfüllt sein, wenn ein hereditäres kolorektales Karzinom vorliegt.

► **Weitere Einflüsse.** Oft diskutiert werden auch zivilisatorische, ernährungsbedingte Einflüsse wie z. B. schlackenarme Kost, verzögerte Darmpassage und somit längerer Kontakt potenziell karzinogener Substanzen an der Schleimhaut. Eine spezifische Diätempfehlung zur Reduktion der Wahrscheinlichkeit eines Kolonkarzinoms gibt es derzeit nicht (Evidenzlevel 2b).

34.96.4 Leitsymptome und Diagnostik

► **Symptome.** Dickdarmkarzinome sind meist lange Zeit klinisch „stumm“. Leitsymptome können sein:

- Blutabgang beim Stuhlgang oder auch ohne Stuhlgang
- Wechsel zwischen Diarrhö und Obstipation
- Stenosesymptomatik mit Tenesmen und explosionsartiger Stuhlentleerung
- spontaner Stuhl- und Blutabgang in die Unterwäsche
- Anämie, Adynamie, allgemeine Leistungsschwäche

► **Diagnostik.** Diagnostische Möglichkeiten sind:

- **Anamnese:** jedes sichtbare Blut in, um oder auf dem Stuhl ist auch beim Nachweis von Hämorrhoiden stets karzinomverdächtig! (Hämorrhoidalblutung meist hellrot, bei Karzinomen meist dunkelrot mit schmierigem Kot vermischt)
- **körperliche Untersuchung:**
  - stets rektale Untersuchung!
  - konsequente Palpation des Abdomens, Tasten von Tumorresistenzen
- **Labor:**
  - BSG, Blutbild (Anämie? Eisenmangel?)
  - klinisches Labor (Hinweis auf Fernmetastasierung in Leber oder Knochen)
  - CEA (u. a. für das Staging [▶ Tab. 34.28])
- **Endoskopie:**
  - möglichst totale Koloskopie anstreben – immer mit Probeexzision
  - eine qualitätsgesicherte Koloskopie besitzt die höchste Sensitivität und Spezifität (Empfehlungsgrad B)
- **Sonografie:**
  - geeignet zur Erkennung von Lebermetastasen (Empfehlungsgrad A)
  - für das Staging relevant (▶ Tab. 34.28)

Tab. 34.28 Staging beim kolorektalen Karzinom.

Untersuchung	Kolonkarzinom	Rektumkarzinom
komplette Koloskopie	x	x
CEA	x	x
Abdomensonografie	x	x
Röntgen-Thorax	x	x
starre Rektoskopie		x
MRT/CT Becken mit Angabe des Tumorabstands zur mesorektalen Faszie		x
rektale Endosonografie bei lokal begrenztem Tumor		x

34

- **Bildgebung:**
  - CT: Erkennen von Lebermetastasen, Lungenmetastasen, Lymphknotenbefall (Empfehlungsgrad B)
  - Röntgen-Thorax
  - ggf. Knochenszintigrafie
  - ggf. PET

► **Vorsorge.** Jede Darmkrebsvorsorge/-früherkennung für das asymptomatische Stadium sollte ab dem 50. Lebensjahr begonnen werden (Kap. 19.4/Kap. 19.5). Dazu gehören:

- fäkaler okkulter Bluttest (FOBT):
  - bei Patienten mit durchschnittlichem Darmkrebsrisiko, die keine Koloskopie wünschen
  - jährlicher Test
  - positives Ergebnis → endoskopische Untersuchung!
- immunologische FOBT (i-FOBT) mit nachgewiesener hoher Spezifität (mehr als 90 %) und Sensitivität; alternativ zum Guajak-Test

► **Stadieneinteilung.** Die Stadieneinteilung des kolorektalen Karzinoms richtet sich international nach der TNM-Klassifizierung (► Tab. 34.29).

34.96.5 Differenzialdiagnostik

Mögliche Differenzialdiagnosen sind:

- Kolonpolypen (K63.5): Kap. 34.97
- Divertikulitis (K57.32): Kap. 34.44
- Morbus Crohn (K50.1): Kap. 34.37
- Adnextumoren (D 39.1)

Tab. 34.29 UICC-Klassifikation des kolorektalen Karzinoms [45], [49], [79].

UICC 2010	T	N	M
Stadium 0	Tis	N0	M0
Stadium I	T 1/T 2	N0	M0
Stadium II	T 3/T 4	N0	M0
• IIA	T 3	N0	M0
• IIB	T 4a	N0	M0
• IIC	T 4b	N0	M0
Stadium III	jedes T	N1/N2	M0
• IIIA	T 1/T 2	N1	M0
	T 1	N2a	M0
• IIIB	T 3/T 4	N1	M0
	T 2/T 3	N2a	M0
	T 1/T 2	N2b	M0
• IIIC	T 4a	N2a	M0
	T 3/T 4a	N2b	M0
	T 4b	N1/N2	M0
Stadium IV	jedes T	jedes N	M1
• IVA	jedes T	jedes N	M1a
• IVB	jedes T	jedes N	M1b

UICC = „union internationale contre le cancer“
Tis = Carcinoma in situ, frühe Form von Krebs, Krebszellen nur in den oberen Darmschleimhautschichten
T 1 = Tumor beschränkt sich auf die Darmschleimhaut
T 2 = neben Mukosa ist auch Darmwandmuskulatur betroffen
T 3 = Tumor umfasst alle Darmwandschichten
T 4 = Tumor hat sich auf benachbarte Organe bzw. in benachbartes Gewebe ausgebreitet
N0 = Lymphknoten sind frei von Tumorzellen
N1 = 1–3 Lymphknoten in der Umgebung sind befallen
N2 = ≥ 4 Lymphknoten sind befallen
M0 = keine Fernmetastasen vorhanden
M1 = Fernmetastasen vorhanden

34.96.6 Therapie

▶ **Primärtherapie.** Erster Schritt ist die sofortige stationäre Einweisung. Die primäre Therapie besteht aus:

- Tiefenentfernung des Karzinoms
- bei solitärer Lebermetastasierung Leberteilresektion
- neoadjuvante Chemotherapie vor Resektion (Downstaging/Downsizing)

▶ **Adjuvante Therapie.** Nach Abschluss der Primärtherapie (Operation) Vorstellung des Patienten in einem interdisziplinären Tumorzentrum und/oder in einer interdisziplinären Tumorkonferenz zur Planung und Einleitung weiterer notwendiger Verfahren. Für die adjuvante Chemotherapie gilt:

- Indikationen:
  - Patienten im Stadium II und III
  - nicht bei Patienten mit einem kurativ resezierten Kolonkarzinom im Stadium I
- Kontraindikationen:
  - reduzierter AZ, Infektionen, Leberzirrhose B und C
  - schwere KHK NYHA III–IV
  - präterminale und terminale Niereninsuffizienz
  - eingeschränkte Knochenmarksfunktion
- Erstlinientherapie:
  - Kombination von Fluoropyrimidinen mit Oxaliplatin oder Irinotecan → Remissionsrate von 25–40 %
  - durch Hinzunahme von monoklonalen Antikörpern Steigerung der Remissionsrate auf 60 %, für Bevacizumab bis 50 %
  - das rezidivfreie Überleben wird signifikant verlängert
- Zweitlinientherapie:
  - Kombinationen können Remissionsraten steigern
  - stärkere Nebenwirkungen

▶ **Rehabilitation.** Nach Resektion eines kolorektalen Karzinoms sollte allen rehabilitationsfähigen Patienten eine Anschlussheilbehandlung nach Abschluss der Primärtherapie angeboten werden. Wird diese Anschlussheilbehandlung unmittelbar nach der Operation begonnen, muss sichergestellt werden, dass eine indizierte adjuvante Chemotherapie zeitgerecht eingeleitet und durchgeführt wird.

▶ **Palliative Therapie.** Trotz effektiver Primärtherapie und Fortschritten in der adjuvanten Behandlung treten bei ca. 40–45 % der Kolonkarzinompatienten Fernmetastasierungen auf. Bei der meisten dieser Patienten ist dann nur eine Palliativtherapie indiziert.

▶ **Nachsorge.** Eine Kolonkarzinomnachsorge nach Diagnose und Therapie eines kolorektalen Karzinoms ist unabhängig vom Tumorstadium und entsprechender sekundärer Therapie stets sinnvoll! Nach kurativer Therapie besteht für 5 Jahre ein erhöhtes Risiko für ein lokales oder lokoregionales Rezidiv (bis 24 %), Fernmetastasen (25 %) oder einem Zweittumor (bis 10 %). Zur Nachsorge gehören (▶ Tab. 34.30):

Tab. 34.30 Programmierte Untersuchungen im Rahmen der Nachsorge bei kolorektalem Karzinom UICC II oder III.

Untersuchung	3	6	9	12	15	18	21	24	36	48	60
Anamnese, körperliche Untersuchung, CEA		x		x		x		x	x	x	x
Koloskopie		x[1]		x[2]							x[2]
Abdomensonografie[3]		x		x		x		x	x	x	x
Sigmoidoskopie (Rektoskopie)[4]		x		x		x		x			
Spiral-CT[A]	x										
Röntgen-Thorax[5]				x				x	x	x	x

[1] wenn keine vollständige Koloskopie präoperativ durchgeführt wurde
[2] bei unauffälligem Befund (kein Adenom, kein Karzinom) nächste Koloskopie nach 5 Jahren
[3] eine Metaanalyse ergab einen Vorteil für ein bildgebendes Verfahren zum Nachweis von Lebermetastasen in der Nachsorge; aus diesem Grund entschied sich die Expertenkommission, das einfachste und kostengünstigste Verfahren anzuwenden
[4] nur beim Rektumkarzinom ohne neoadjuvante oder adjuvante Radiochemotherapie
[5] nur beim Rektumkarzinom kann jährlich eine Röntgen-Thorax-Untersuchung durchgeführt werden
A = nur beim Rektumkarzinom 3 Monate nach Abschluss der tumorspezifischen Therapie (Operation bzw. adjuvante Strahlen-/Chemotherapie) als Ausgangsbefund

- symptomorientierte Anamnese und körperliche Untersuchung
- CEA alle 6 Monate für mindestens 2 Jahre, ein erhöhter CEA-Wert erfordert weitere Diagnostik
- CT:
  - zur Erkennung von Lebermetastasen oder Lokalrezidiven im kleinen Becken oder Lungenmetastasen technisch geeignet (Evidenzgrad B)
  - jährlich eine CT-Abdomen-Untersuchung über 3 Jahre
- Röntgen-Thorax: bis zum 5. Jahr einmal jährlich
- Sonografie: zur Erkennung von Lebermetastasen geeignet (Evidenzgrad A)

Nicht geeignet zur Nachsorge sind die routinemäßige Bestimmung von Laborwerten (Empfehlungsgrad B) und der Test auf okkultes Blut.

▸ **Psychosoziale Beratung.** Eine psychosoziale Beratung und Betreuung ist wünschenswert! Im Verlaufe der Krebserkrankung treten in ca. 20–35 % der Fälle behandlungsbedürftige psychische Belastungsstörungen auf, insbesondere Anpassungsstörungen (F43.12), reaktive Belastungsreaktionen (F43.0) und depressive Störungen (F32.9).

Abwendbar gefährlicher Verlauf

Durch konsequente Nachsorge frühzeitiges Entdecken eines Rezidivs oder Zweiterkrankung mit oder ohne Metastasierung und Einleitung von Second-Look-Operation und/oder Chemotherapie.

34.96.7 Leitlinien

Deutsche Gesellschaft für Allgemein- und Viszeralchirurgie. AWMF-S 3-Leitlinie 088–004. **Rektovaginale Fistel.** Im Internet: www.awmf.org/leitlinien; Stand: 20.01.2016

Deutsche Gesellschaft für Gastroenterologie, Verdauungs- und Stoffwechselkrankheiten. AWMF-S 3-Leitlinie 021–007OL. **Kolorectales Karzinom.** Im Internet: www.awmf.org/leitlinien; Stand: 20.01.2016

34.97 Kolonpolypen (K63.5)

H.-D. Klimm

34.97.1 Definition

Kolonpolypen sind vom Darmepithel des Kolons ausgehende, über das Schleimhautniveau hinausragende Veränderungen in flacher, gestielter, taillierter oder breit aufsitzender Form. Man unterscheidet neoplastische und nicht neoplastische Polypen (▸ Tab. 34.31).

34.97.2 Epidemiologie

Etwa 10 % aller Menschen mit hohem Lebensstandard in der westlichen Welt entwickeln im Lauf ihres Lebens eine oder mehrere kolorektale **Adenome.** Die Prävalenz steigt von 25 % zwischen dem 50. und 60. Lebensjahr über 35 % zwischen dem 60. und 70. Lebensjahr auf über 40 % bei Menschen zwischen dem 70. und 80. Lebensjahr. Bei den Adenomen unterscheidet man:

- tubulöse Adenome (ca. 35 %) – meist < 1 cm, leicht erhöhtes Karzinomrisiko
- villöse Adenome (ca. 10 %) – meist breitbasig aufsitzend, höchste Entartungsfrequenz
- tubulovillöse Adenome (ca. 55 %) – meist bis 2 cm, meist gestielt, im Vergleich zum tubulösen Adenom doppelt so hohes Entartungsrisiko

Kolonpolypen sind in allen Darmabschnitten zu beobachten, ca. 1 % finden sich im Zäkum, über 2 % im Colon ascendens, 5 % im Colon transversum, 6 % im Colon descendens, 24 % im Sigma und über 60 %

Tab. 34.31 Polypen.

neoplastische Polypen	nicht neoplastische Polypen	submukosale Läsionen
• benignes Adenom • tubuläres Adenom • tubulovillöses Adenom • villöses Adenom • Carcinoma in situ • intramukosales Karzinom • invasives Karzinom	• hyperplastischer Polyp • juveniler Polyp • Preutz-Jeghers-Polyp • entzündlicher Polyp	• Lipom • neuroendokriner Tumor • Kolonmetastase • Colitis cystica profunda • Pneumatosis cystoides

im Rektum. Polypen können solitär oder gehäuft (Polyposis) auftreten und betreffen selten den ganzen Dickdarm (familiäre Polyposis).

Merke

Im Schnitt vergehen 5–10 Jahre, bis aus einem Kolonpolyp ein invasives Karzinom entsteht. In vielen Studien ist bekannt, dass ca. 50 % der Patienten mit einem Polyp mindestens einen weiteren Polypen aufweisen.

34.97.3 Ätiologie

Klassische intestinale **Polyposis-Syndrome** sind durch das Auftreten zahlreicher Polypen im Darm charakterisiert. Die Syndrome sind hereditär und bergen ein hohes Karzinomrisiko!

- familiäre adenomatöse Polyposis: autosomal-dominant vererbte Erkrankung, beginnt bereits in der ersten Lebensdekade
- adenomatöse Polyposis: meist mittleres Lebensalter betreffend
- Peutz-Jeghers-Syndrom: autosomal-dominant vererbt, neben den Polypen mukokutane Pigmentierung um Mund, Nase, Analschleimhaut, Hände und Füße, Auftreten der Polypen auch im Dünndarmbereich und Magen
- juvenile Polyposis: mindestens 10 juvenile Polypen, die sich im gesamten Gastrointestinaltrakt befinden können; genetisch determiniert, meist in der ersten Lebensdekade symptomatisch

34.97.4 Leitsymptome und Diagnostik

▸ **Symptome.** In der Regel machen kleinere Polypen keinerlei Beschwerden und werden im Rahmen der Vorsorgeuntersuchung oder bei sonstigen abklärenden Maßnahmen aus anderen Gründen entdeckt. Okkultes Blut „kann" ein Hinweis auf Polypen sein, selten sind auch Stuhlirritationen möglich.

▸ **Diagnostik.** Diagnostisch sind relevant:

- **Anamnese:** insbesondere Familienanamnese mit Nachfragen, ob in der Familie früher, vor allem schon in jungen Jahren, Karzinome aufgetreten sind
- **körperliche Untersuchung:** einschließlich rektaler Untersuchung
- **okkultes Blut im Stuhl:** stets koloskopisch abklären

34.97.5 Differenzialdiagnostik

Mögliche Differenzialdiagnosen sind:

- Pseudopolypen (entzündliche hyperplastische Schleimhautreaktionen) (K51.4)
- polypöse Karzinome (C 18.9)

34.97.6 Therapie

Alle Polypen müssen abgetragen und histologisch untersucht werden. Bei breitbasig aufsitzenden Polypen Blutungsrisiko, stationäre Entfernung anstreben! Die Adenomektomie senkt das Karzinomrisiko (Evidenzgrad II/II a), die Komplikationsrate (Perforationsrisiko 0,3 %, Blutungsrisiko 1,7 %) ist relativ gering.

Eine erste Kontrolluntersuchung sollte nach 3 Jahren bei adenomfreiem Kolon durchgeführt werden. Ist sie unauffällig, dann genügen weitere Kontrolluntersuchungen im Abstand von 5 Jahren.

Abwendbar gefährlicher Verlauf

- Jeder positive Blutnachweis im Stuhl **muss** endoskopisch abgeklärt werden, da bei 35–40 % der Patienten mit positivem Hämoccult gastrointestinale Erkrankungen nachweisbar sind.
- Jeder Polyp bedarf nach Entfernung einer konsequenten Verlaufskontrolle wegen des hohen Risikos eines Lokalrezidivs!
- erblich bedingte Polyposis → Frage der prophylaktischen totalen Kolektomie
- bei familiärer Polyposis stets Umfelduntersuchung anstreben! Bei Polyposis mit Beteiligung anderer Magen-Darm-Trakt-Anteile hohes Risiko, z. B. als Präkanzerose (z. B. Peutz-Jeghers-Syndrom)

34.97.7 Leitlinien

Deutsche Gesellschaft für Allgemein- und Viszeralchirurgie. AWMF-S 3-Leitlinie 088–004. **Rektovaginale Fistel.** Im Internet: www.awmf.org/leitlinien; Stand: 20.01.2016

Deutsche Gesellschaft für Gastroenterologie, Verdauungs- und Stoffwechselkrankheiten. AWMF-S 3-Leitlinie 021–007OL. **Kolorectales Karzinom.** Im Internet: www.awmf.org/leitlinien; Stand: 20.01.2016

34.98 Konjunktivitis (H10.9)

H.-D. Klimm

34.98.1 Definition

Die Konjunktivitis ist eine entzündliche Reaktion der Bindehaut des Auges mit sekundärer Hyperämie, Exsudation und Juckreiz. Man differenziert zwischen konjunktivaler Gefäßinfektion, die nach peripher zunimmt und Blutgefäße erkennen lässt und der ziliaren Injektion, die sich zur Cornea hin verstärkt und diffus erscheint sowie von gemischten Infektionen.

V

34.98.2 Epidemiologie

Infolge der großen Zahl möglicher Ursachen ist die Konjunktivitis insgesamt in der hausärztlichen Praxis eine häufige Erkrankung. Die jährliche Inzidenz einer bakteriellen Konjunktivitis beträgt 130/10 000.

34.98.3 Ätiologie

Bei der großen Zahl möglicher Ursachen gilt zu differenzieren zwischen:

- Konjunktivitis simplex: durch eine Vielzahl von Reizen wie Staub, Rauch, Fremdkörper, chemische Dämpfe, Kosmetika, Licht (Verblitzung), durch Refraktionsfehler ausgelöst und meist beidseitig auftretend
- allergische Konjunktivitis: meist saisonal im Rahmen einer Pollinose, wohl durch andere Allergene ausgelöst
- Viruskonjunktivitis:
  - Infektion mit Adenoviren, epidemisch auftretend, meist mit schmerzhafter Beteiligung der Hornhaut und seröser Sekretion (Keratokonjunktivitis epidemica)
  - auch andere Viruserkrankungen wie Masern, Varizellen oder Herpes simplex können mit Konjunktividen einhergehen
- bakterielle Konjunktivitis:
  - Streptokokken, Staphylokokken, Pneumokokken, auch postpartale Gonokokken
  - dominantes Symptom ist die eitrige Sekretion
  - ***Cave:*** bei anderen Konjunktividen können bakterielle Superinfektionen auftreten
- Chlamydien-Konjunktivitis
  - chronische, mit typischen Knötchen der tarsalen Bindehaut einhergehende Erkrankung
  - meist parallel besteht eine genitale Chlamydieninfektion, auch kann es zu einer postpartalen Blennorrhö des Neugeborenen kommen
  - ***Cave:*** Trachom in südlichen Ländern
- Konjunktivitis sicca
  - chronische Keratokonjunktivitis infolge mangelnder Tränensekretion
  - meist ältere Patienten betroffen
  - auch Autoimmunerkrankung wie das Sjögren-Syndrom kommen kausal dafür in Betracht
- gigantopapilläre Konjunktivitis: möglicherweise allergische Reaktion gegen denaturierte Eiweiße auf der Oberfläche der Kontaktlinsen oder Fremdkörper wie Glasauge
- Konjunktivitis nodosa: toxische und/oder mechanische Infektion, bedingt durch Insekten
- Konjunktivitis phlyctaenulosa et scrofulosa:
  - periodisches Auftreten bakterieller allergischer Bindehaut- und Lidentzündungen mit sekundärer Knötchenausbildung
  - ***Cave:*** Übergang auf Hornhaut möglich
- Gonokokken-Konjunktivitis:
  - früher häufige Schmierinfektion während der Geburt auf das Neugeborene
  - früher Credé-Prophylaxe mit 1 %igem Silbernitrat, heute mit 2,5 %iger Povidon-Jodlösung
- Trachom (Konjunktivitis granulosa):
  - bakterielle Infektion mit Chlamydia trachomatis (Urlaubserinnerung-Ägypten)
  - Gefahr der Erblindung

34.98.4 Leitsymptome und Diagnostik

Die **konjunktivale Injektion** ist allen Konjunktividen gemeinsam. Liegen ziliare oder gemischte Injektionen vor, weist dies auf eine weitergehende Erkrankung hin (z. B. Iritis, Glaukom, Kap. 34.65) und bedarf einer augenärztlichen Mituntersuchung. Ein **Bindehautödem** (Chemosis) zeigt unspezifisch das Ausmaß der Entzündung an.

Weitere Leitsymptome sind Verengung der Lidspalte (Pseudooptosis), Lichtscheu (Fotophobie), kneifende Augenlider (Blepharospasmus) und Fremdkörpergefühl. Die Sekretion kann auf die Ursache hinweisen:

- eitrig: eher bakteriell
- serös: eher viral oder allergisch
- schleimig, Faden ziehend: unspezifisch oder allergisch
- gering: Sicca

Auch die mögliche **Begleitsymptomatik** kann Hinweise auf die Ursache geben:
- Pruritus, seröse Rhinitis: allergisch
- Blepharospasmus und starke Schmerzen: Keratokonjunktivitis, Verblitzung
- Pharyngitis: viral
- präaurikuläre Lymphknoten: viral

Zur weiteren Diagnostik gehören:
- Ektropionieren: Fremdkörperknötchen, Ulzerationen
- Bindehautabstrich: bakterieller und mykotischer Erregernachweis und Antibiogramme
- Labor: Differenzialblutbild (Eosinophilie), IgE

34.98.5 Differenzialdiagnostik

Es muss an die Ursachen eines sog. roten Auges gedacht werden (Kap. 25.7).

34.98.6 Therapie

Merke

Bei schwerwiegenden Formen, insbesondere bei Verdacht auf Beteiligung der Hornhaut oder Iris, sofortige Überweisung zum Augenarzt.

Je nach Ursache unterscheidet sich die Therapie:
- Konjunktivitis simplex:
  - konstringierende Augentropfen, Panthenol-Salbe bei Verblitzungen
  - Schonen des Auges
  - Schmerzmittel
  - bei beginnender Superinfektion Gentamicin-Augentropfen/Salben
- allergische Konjunktivitis:
  - weitgehende Vermeidung des auslösenden Agens
  - lokal cromoglicinsäurehaltige Tropfen
  - Antihistaminika
  - lokal wirkende Glukokortikoide (***Cave:*** nur kurzfristig) (Mykose, Herpes)
- bakterielle Konjunktivitis: nach Abstrich und Antibiogramm Gentamicin oder Tetrazyklin lokal, ggf. auch systematisch
- Konjunktivitis sicca: Tränenersatzstoffe

Abwendbar gefährlicher Verlauf

- Bei hochinfektiöser Keratokonjunktivitis epidemica (H16.2) und Chlamydien-Konjunktivitis (A74.0) besteht die **Gefahr der Erblindung** durch Hornhautläsionen!
- Seltene **Komplikationen** sind Orbitalphlegmonen (H05.0) und Sinus-cavernosus-Thrombosen (G08) bei bakterieller Entzündung.

34.98.7 Leitlinien

Deutsche Gesellschaft für Hygiene und Mikrobiologie. AWMF-S 2k-Leitlinie 067–008. **Mikrobiologische Diagnostik bei Infektionen des Auges.** Im Internet: www.awmf.org/leitlinien; Stand: 20.01.2016

34.99 Koronare Herzkrankheit (I25.9)

F. Peters-Klimm

34.99.1 Definition

Die koronare Herzkrankheit (KHK) ist eine meist atherosklerotisch, seltener durch Spasmen [Prinzmetal-Angina] bedingte Koronarinsuffizienz aufgrund flusslimitierender Koronarstenosen. Die dadurch hervorgerufene Myokardischämie hat verschiedene Manifestationsformen:
- asymptomatische KHK (stumme Ischämie)
- symptomatische KHK:
  - stabile Angina pectoris infolge reversibler Myokardischämie
  - akutes Koronarsyndrom (ACS) (Kap. 34.74)
- ischämische Herzmuskelschädigung
- Herzrhythmusstörungen (ventrikuläre Extrasystolen bis Kammerflimmern)
- plötzlicher Herztod

34.99.2 Epidemiologie

Nahezu 20 % aller Todesfälle sind hierzulande durch eine KHK verursacht (Lebenszeitprävalenz für Männer 30 %, für Frauen 15 %). Die Erstmanifestation einer KHK ist dabei zu 40 % eine Angina pectoris (AP), zu 50 % ein ACS und zu 10 % ein plötzlicher Herztod. Der Beratungsanlass „Brustschmerz“ in der Hausarztpraxis ergibt in ca. 11 % eine stabile Angina pectoris und in 3–4 % ein ACS (Brustschmerzen, Kap. 23.4).

34.99.3 Ätiologie

► **Risikofaktoren.** Die Hauptrisikofaktoren für eine beschleunigte Entwicklung der KHK sind:
- Lebensalter (m > 45 Jahre; w > 55 Jahre) und männliches Geschlecht
- Zigarettenrauchinhalation
- Hypercholesterinämie
- arterielle Hypertonie
- KHK/Herzinfarkte bei erstgradigen Familienangehörigen vor dem 55. Lebensjahr (m) bzw. 65. Lebensjahr (w)
- Diabetes mellitus

Weitere mögliche Risikofaktoren sind:
- atherogene Diät (protektiv ist die mediterrane Diät, Kap. 30)
- Adipositas, mit Betonung der abdominellen Fettspeicherung
- körperliche Inaktivität

Weitere bekannte Risikofaktoren haben für die Routinediagnostik meist keine Bedeutung.

► **Risikokalkulatoren.** Das 10-Jahres-Risiko kann mit Risikokalkulatoren errechnet werden:
- Arriba-/Framingham-Score
- PROCAM-/ESC/CARRISMA-Score

In der Hochrisikogruppe überschreitet das Risiko für kardiovaskuläre Ereignisse in 10 Jahren 20 % (Arriba/PROCAM) oder das kardiovaskuläre Letalitätsrisiko 5 % (ESC).

34.99.4 Leitsymptome und Diagnostik

Leitsymptome

Leitsymptom der Koronarinsuffizienz sind Angina-pectoris-Beschwerden (Stenokardie):
- **retrosternales Engegefühl**
- reifenförmiges **Druckgefühl** (meist kein eigentlicher Schmerz) bei Belastungen (körperlicher und/oder seelischer Art)
- mit oder ohne Ausstrahlung in Hals, Kieferbereich, linken Arm, rechten Arm, zwischen beide Schulterblätter, Oberbauch
- selten auch **Dyspnoe** als erstes Symptom

Merke

Die immer beschriebenen Schmerzen im linken Arm sind seltener als allgemein angenommen.

Kriterien und Verlaufsformen

► **Prüfung.** Die Prüfung der folgenden Kriterien und Verlaufsformen sind für das weitere Management sehr wichtig:
- Kriterien:
  - **typische AP** (alle Kriterien müssen erfüllt sein):
    - retrosternale Beschwerden charakteristischer Ausprägung (s. o.)
    - ausgelöst durch körperliche oder psychische Belastung
    - Rückgang der Beschwerden durch körperliche Ruhe und/oder nach Einnahme eines kurz wirksamen Nitrats
  - **atypische Angina pectoris** (2 der o. g. Kriterien müssen erfüllt sein)
  - **nicht kardialer Schmerz**: (nur eines oder keins der o. g. Kriterien wird erfüllt)
- Verlaufsformen:
  - stabile AP: regelmäßig auslösbare, nitrosensible AP
  - **instabile AP (I20.0)** (gehört zum ACS! Kap. 34.74)
    - primär instabile AP: jede Erstangina
    - sekundär instabile AP: Crescendo-Angina, Ruhe-Angina, Postinfarkt-Angina, zunehmender Bedarf an antianginösen Medikamenten
  - Sonderformen:
    - Prinzmetal-Angina (s. o.)
    - „Walking through-Angina“: AP wird bei weiterer Belastung besser
    - nächtliche AP

Eine KHK kann über viele Jahre **asymptomatisch** verlaufen und wird dann bei sog. Check-up-Untersuchungen mittels Ergometrie (subjektive Beschwerden und/oder relevante EKG-Veränderungen) entdeckt. Bei **symptomatischen** Patienten ist die stabile AP vom ACS zu unterscheiden!

Merke

Bei progredienter Zunahme der Beschwerden und geringer werdender Belastbarkeit spricht man von **instabiler oder Crescendoangina:** meist ernstes Symptom, fast immer invasive Diagnosik nötig (Kap. 34.74).

► **Stabile Angina pectoris.** Die häufige **stabile Angina pectoris** (Belastungsangina) lässt sich recht praxisnah mittels der CCS-Klassifikation in 4 Schweregrade unterteilen:
- **Stadium I:** AP nur bei schwerer oder plötzlicher körperlicher Anstrengung
- **Stadium II:** AP nur bei stärkerer körperlicher Anstrengung (z. B. Treppensteigen)
- **Stadium III:** AP nur bei leichterer körperlicher Anstrengung (z. B. langsames Spazierengehen)
- **Stadium IV:** AP bei geringster Anstrengung oder in Ruhe

Risikostratifiziertes Vorgehen

► **ACS.** Bei einem ACS oder Myokardinfarkt ist immer die stationäre Einweisung mit Arztbegleitung möglichst in ein Krankenhaus mit (Chest-Pain-Unit und) Herzkatheter-Bereitschaft indiziert (Kap. 34.74).

► **Verdacht auf chronisch stabile KHK.** Bei Verdacht auf chronisch stabile KHK soll anhand von Anamnese, körperlicher Untersuchung und Laboruntersuchung auf folgende Befunde mit Anschlussuntersuchungen fokussiert werden:
- Verdacht auf Herzinsuffizienz, Herzgeräusch, Q-Zacke oder komplexe ventrikuläre Herzrhythmusstörung im EKG → **Echokardiografie**
- Abklärung differenzialdiagnostischer Erwägungen notwendig (nicht kardialer Schmerz, Z. n. Herzinfarkt, Herzinsuffizienz, Perikarderguss oder aortale Erkrankungen?) → **Röntgen-Thorax**
- Suche nach **Grunderkrankungen**, die die Symptome der KHK verstärken können, z. B. Anämie, besonders akuter Hb-Abfall, Hyperthyreose, Fieber mit Tachykardien, Hypertonie, Polyzythämie, Thrombozytose
- Ermittlung der **„Vortest-Wahrscheinlichkeit“** für eine KHK in Abhängigkeit von Alter, Geschlecht, AP-Typus und Risikofaktoren (► Tab. 34.32):
  - hohe Wahrscheinlichkeit (> 90 %) → KHK kann als gesichert gelten
  - niedrige Wahrscheinlichkeit (< 10 %) → auf weitergehende Diagnostik verzichten
  - mittlere Wahrscheinlichkeit → nicht invasive Ischämie-Diagnostik (Stressuntersuchung zum Nachweis einer Koronarinsuffizienz) einleiten
- **Ergometrie** (nach Ausschluss von Gründen, die die Verwertbarkeit einschränken):
  - Indikation und Kontraindikationen (s. Leitlinie Ergometrie) müssen durch den Arzt festgelegt werden, die Durchführung kann an geschultes nichtärztliches Personal delegiert werden; Durchführung der Ergometrie → Leitlinie zur Ergometrie der DGK [33]
  - Arzt muss sich in der Nähe aufhalten, um ggf. rasch eingreifen zu können, denn auch wenn das Risiko schwerer Zwischenfälle nur bei 1–2 auf 10 000 Tests (Kammerflimmern ca. 1:15 000, Todesfall 1:42 000) liegt, muss Reanimationsbereitschaft gewährleistet sein (Defibrillator!)
  - im Ruhe-EKG:
    - Hypertrophie- oder Digitalis-Zeichen; WPW-Syndrom (Herzrhythmusstörungen, Kap. 34.76); ST-Streckensenkung > 1 mm → bildgebendes Verfahren
    - Linksschenkelblock oder Patient ist nicht körperlich belastbar oder nicht ausreichend

Tab. 34.32 „Vortest-Wahrscheinlichkeit“ für eine KHK.

Alter (Jahre)	Männer	Frauen	Männer	Frauen	Männer	Frauen
	nicht kardialer Schmerz		atypische AP		typische AP	
35	3–35	1–19	8–59	2–39	30–88	10–78
45	9–47	2–22	21–70	5–43	51–92	20–79
55	23–59	4–25	45–79	10–47	80–95	38–82
65	49–69	9–29	71–86	20–51	93–97	56–84

Die erste Zahl steht für das Risiko für Patienten ohne kardiovaskuläre Risikofaktoren, die zweite Zahl für Hochrisikopatienten mit Diabetes mellitus, Hypercholesterinämie und Nikotinabusus. Alle Aussagen gelten für Patienten mit unauffälligem Ruhe-EKG.

belastet worden → bildgebendes Verfahren mit pharmakologischer Belastung (z. B. Dobutamin-Stress-Echokardiografie)
  - Sensitivität der Ergometrie:
    - umso größer, je höher die ergometrische Belastung und die damit erreichte Herzfrequenz ist; daher möglichst Zielherzfrequenz (maximale HF = 220 – Lebensalter; submaximale HF = 200 – Lebensalter) erreichen
    - Zielherzfrequenz erreicht (leider oft nicht möglich) → Koronarinsuffizienz ist mit hinreichender Sicherheit ausgeschlossen
    - nur submaximale Belastung möglich → ca. 20 % falsch negative Testergebnisse
- **Langzeit-EKG:** z. B. bei Rhythmusstörungen
- **Laborscreening:**
  - Blutbild, Kreatinin, Blutzucker, Cholesterin
  - weiteres Labor nach vermuteter Grunderkrankung
- **diagnostische Koronarangiografie:**
  - kommt in Betracht für Patienten mit klinischem Risikoprofil (siehe Risikostratifizierung) und hoher Wahrscheinlichkeit für eine KHK, bei denen nicht invasive Verfahren keine konklusiven Ergebnisse ergeben haben oder diese nicht anwendbar sind
  - grundsätzliche Indikationnur, wenn
    - alle nicht invasiven diagnostischen Maßnahmen ausgeschöpft sind und
    - ein Patient von einer Revaskularisation profitieren könnte und
    - der Betroffene zu einer weiterführenden Therapie (PCI oder CABG) bereit ist
  - zum Outcome mit und ohne Angiografie gibt es bei Patienten mit stabiler chronischer KHK keine randomisiert kontrollierten Studien

34.99.5 Differenzialdiagnostik

s. Kap. 23.4, Brustschmerz

34.99.6 Therapie

Allgemeine Therapie

Allgemeine Therapiemaßnahmen umfassen:
- Therapie evtl. bestehender, anderer Grundkrankheiten
- konsequente Umsetzung **präventiver Maßnahmen:** verbessert Prognose und Leistungsfähigkeit der KHK-Patienten nachweislich und deutlich
- kontinuierliche Aufklärung, Beratung und Schulung: wesentlich für das Management der Risikofaktoren
- **nichtmedikamentöse Therapiestrategien** (Lebensstiländerungen) sind unverzichtbar: Nikotinentwöhnung (A), „mediterrane Kost" (B), kontrolliertes körperliches Training (B) z. B. in ambulanter Herzsportgruppe
- Therapie der Hypertonie (A) und des Diabetes mellitus
- jährliche Grippeschutzimpfung bei symptomatischer KHK

Spezifische medikamentöse Therapie

► **Prognoseverbessernde Basistherapie.** Die Basistherapie (A) umfasst:
- ASS 100 mg/d; bei ASS-Allergie, Unverträglichkeit oder Kontraindikationen Clopidogrel 75 mg/d
- Statin, z. B. Simvastatin 40 mg/d
- Betablocker, z. B. Metoprolol-Succinat
- ACE-Hemmer (bei Unverträglichkeit Angiotensinrezeporblocker): bei Herzinsuffizienz, Diabetes mellitus, arterieller Hypertonie

► **Symptomatisch-antianginöse Therapie.** Zur antianginösen Therapie gehören:
- **Nitrate** (A):
  - z. B. Isosorbidmononitrat 20–80 mg, entweder verteilt auf 2 Gaben (morgens und mittags, genügend langes therapiefreies Intervall) oder retardiert als Einmalgabe
  - bei Angina-pectoris-Anfall 0,5–1,5 mg Glyzeroltrinitrat sublingual als Spray oder Zerbeißkapsel
- **Molsidomin:** 2–3-mal 2 mg oder 1 × 8 mg als Retardpräparat (zur Nacht für nitratfreies Intervall)
- **Betablocker** (A): s. o.
- **Kalziumantagonisten vom Dihydropyridin-(Nifedipin-)Typ:**
  - zur Besserung von Angina (A) frühestens 4 Wochen nach Infarktereignis oder
  - bei mikrovaskulärer Angina (B), falls Betablocker nicht zu einer genügenden Besserung der Symptome führen oder nicht toleriert werden
  - z. B. Nifedipin 20–60 mg retardiert, bei Prinzmetal-Angina Tagesdosis bis max. 120 mg; bei Angina-pectoris-Anfall 5–10 mg als Zerbeißkapsel oder Tropfen; Amlodipin (bis zu 10 mg)

- **Ivabradin** (B):
  - Ionenkanalblocker des Sinusknotens, damit negativ inotrop, Wirkweise wie bei Betablockern
  - Ersatzpräparat für Betablocker, 2 × 5 mg/d
- **Ranolazin** (B)
  - Zusatzmedikament bei unzureichender Wirkung der anderen antianginösen Medikamente
  - Beginn mit 2 × 375 mg, nach 2 Wochen 2 × 500 mg

Wichtig ist bei der stabilen KHK das Ziel der optimalen nicht-/medikamentösen Therapie, um unnötige Koronarangiografien (ohne Prognose- oder Symptomverbesserung) zu vermeiden.

► **Nebenwirkungen.** Nebenwirkungen erfordern nicht selten einen Präparatewechsel. Die häufigsten Nebenwirkungen sind:

- **Nitrate:** Kopfschmerzen (weniger durch langsamen Dosisaufbau), Hypotonie
- **Molsidomin:** Übelkeit, Orthostase, Kopfschmerzen, insgesamt relativ wenige und seltene Nebenwirkungen
- **Betablocker:** negative Inotropie, Bronchialspasmus (auch – jedoch weniger – bei den „selektiven" Betablockern!), Bradykardie, Verstärkung bestehender AV-Blockierungen, Verschlechterung der peripheren Durchblutung (fraglich, weniger stark bei ISA-Betablockern), Hypoglykämie, Schlafstörungen mit Alpträumen, Potenzstörungen; deshalb Vorsicht bei: Herzinsuffizienz und Asthma bronchiale sowie Diabetes mellitus mit stark schwankenden Zuckerwerten
- **Ivabradin:** u. a. visuelle Symptome lichtabhängig
- **Kalziumantagonisten:**
  - bei Nifedipin/Amlodipin periphere Ödeme, Flush und Kopfschmerz, Frequenzanstieg
  - bei Diltiazem Übelkeit, Flush und Kopfschmerz, Petechien

Merke

- Unter ASS, Clopidogrel und anderen Thienopyridinen sollen keine NSAR wegen Wirkungsabschwächung verordnet werden!
- Kein Verapamil i. v. bei Betablocker-Therapie!

Revaskularisationstherapie (A)

Voraussetzung ist eine dokumentierte Ischämie unter optimaler medikamentöser Therapie.

► **Indikationen.** Bei den Indikationen ist die prognostische von der symptomatischen Indikation zu unterscheiden:

- prognostische Indikation:
  - linker Hauptstamm > 50 %
  - proximaler LAD > 50 % und 2- oder 3-Gefäßerkrankung mit eingeschränkter linksventrikulärer Funktion, bei Diabetes bevorzugt Bypass-Operation
- symptomatische Indikation: jede Stenose > 50 % mit limitierender Angina

► **Revaskularisationsart.** Die Wahl der Revaskularisationsart (PCI versus ACB-Operation) hängt von der Koronarmorphologie ab, z. B.:

- PCI bei 1- oder 2-Gefäßerkrankung sowie distaler LAD-Stenose
- Bypass-Operation bei komplexer 3-Gefäßerkrankung mit Hauptstammstenose
- in Zweifelsfällen Entscheidungsfindung in einem interdisziplinärem Herzteam

Versorgungskoordination gemäß NVL

Die **Langzeitbetreuung** des Patienten und deren Dokumentation sowie die Koordination diagnostischer, therapeutischer und rehabilitativer Maßnahmen erfolgen grundsätzlich durch den Hausarzt (z. B. im Rahmen eines strukturierten Behandlungsprogramms [**DMP**] mit ggf. daran gekoppelten Patientenschulungen).

Wenn **medizinische Gründe** es erfordern, sollte der Patient gemeinsam mit einem Facharzt für **Kardiologie** betreut werden. Indikationen zur Überweisung sind:

- Symptome, die mit der KHK in einem engen Zusammenhang stehen können und hausärztlich nicht befriedigend zu klären sind
- befriedigende symptomatische Behandlung nicht erreicht
- medikamentöse und sonstige Maßnahmen zur Verbesserung der Prognose sind unzureichend umsetzbar (z. B. Unverträglichkeiten, Interaktionen, Non-Compliance)
- deutliche Verschlechterung einer bekannten bzw. Verdacht auf neue Herzinsuffizienz
- neu aufgetretene, klinisch relevante Rhythmusstörungen

Abwendbar gefährlicher Verlauf

- innerhalb der Gruppe der symptomatischen KHK immer unterscheiden, ob es sich um eine **stabile AP** oder um eine **instabile AP** und damit um **ACS** handelt (Kap. 34.74, Herzinfarkt)
- Auch bei stabiler AP drängt sich oft die Frage der invasiven Diagnostik mit dem Ziel einer Revaskularisation auf, Nutzen und Risiken der Angiografie sollten nicht ausgeblendet, sondern mit dem Patienten besprochen werden.

34.99.7 Leitlinien und Links

Bundesärztekammer, Kassenärztliche Bundesvereinigung, Arbeitsgemeinschaft der Wissenschaftlichen Medizinischen Fachgesellschaften. Nationale VersorgungsLeitlinie (NVL). **Chronische KHK.** Im Internet: www.leitlinien.de; Stand: 20.01.2016

Deutsche Gesellschaft für Kardiologie – Herz- und Kreislaufforschung. ESC-Pocket-Guidelines. **Mangement der stabilen koronaren Herzkrankheit (KHK).** Im Internet: leitlinien.dgk.org; Stand: 20.01.2016

Deutsche Gesellschaft für Kardiologie – Herz- und Kreislaufforschung. **Leitlinien zur Ergometrie.** Im Internet: leitlinien.dgk.org; Stand: 20.01.2016

European Society of Cardiology. **2013 ESC guidelines on the management of stable coronary artery disease.** Im internet: eurheartj.oxfordjournals.org; Stand: 20.01.2016

Risiko-Score-Kalkulatoren:

Arriba: www.arriba-hausarzt.de (kostenloser Download; in HzV-Verträgen z. T. (z. B. AOK BW) implementiert)

PROCAM: www.assmann-stiftung.de

ESC: escol.escardio.org (kostenlos registrierungspflichtig)

34.100 Kostovertebrales Schmerzsyndrom (M79.18, M99.82, G58.0, R07.1, R07.2)

J. Barlet

34.100.1 Definition

Das Schmerzsyndrom im Bereich des Rippenthorax wird auch als Interkostalneuralgie 0 oder kostotransversales Schmerzsyndrom bezeichnet.

34.100.2 Ätiologie

Durch Reizungen, Dysbalancen oder leichte Verkippungen in den Gelenken kommt es zu verschiedenartigen Spannungen der Interkostalmuskulatur mit konsekutiver Reizung der Interkostalnerven. Häufig wird das Schmerzsyndrom durch eine Fehlbewegung oder durch leichte Traumata ausgelöst. Leichte Formen werden vom Arzt meist nicht gesehen.

34.100.3 Leitsymptome und Diagnostik

▶ **Symptome.** Die Patienten geben an, nicht durchatmen zu können, sich nicht bewegen und drehen zu können; oft werden Herzschmerzen und Magenschmerzen beim Schmerzsyndrom der entsprechenden Rippen geklagt.

▶ **Diagnostik.** Richtungsweisend für die Diagnostik sind Anamnese (Atem- bzw.Bewegungsabhängigkeit), Auslösbarkeit durch Mobilisierung des Brustwirbelkörpers in Bauchlage und ggf. der Druckschmerz entlang den Interkostalzwischenräumen.

34.100.4 Differenzialdiagnostik

Bei entsprechender Symptomatik muss eine kardiale und neurologische Ausschlussdiagnostik durchgeführt werden. Bei einem Unfall kann es außer zu einer Kontusion auch zu Rippenfrakturen kommen, die meist klinisch, jedoch auch röntgenologisch diagnostiziert werden. Bei metastasierenden Tumorerkrankungen steht hinter einem Schmerzsyndrom möglicherweise eine Wirbel- oder eine Rippenfraktur.

34.100.5 Therapie

Neben Antiphlogistika (lokal und systemisch) kann physikalische Therapie mit Mikrowelle, Reizstrom, Fango und Massage eine Besserung herbeiführen. Im akuten Stadium kann es hilfreich sein, eine Schmerztherapie mit einem Lokalanästhetikum (Carbostesin, Xylocain, Scandicain) durchzuführen. Sehr gute Erfolge bringen auch die chirotherapeutische Mobilisation und eventuell Manipulation.

Abwendbar gefährlicher Verlauf

Bei einem kostotransversalen Schmerzsyndrom ist immer daran zu denken, dass auch akute Herzerkrankungen wie ein Myokardinfarkt (I21.9) ähnliche Schmerzsymptome hervorrufen können (Brustschmerz, Kap. 23.4, und Myokardinfarkt, Kap. 34.74).

34.100.6 Leitlinien

Bundesärztekammer, Kassenärztliche Bundesvereinigung, Arbeitsgemeinschaft der Wissenschaftlichen Medizinischen Fachgesellschaften. AWMF-S 3-Leitlinie NVL-001E. **Nationale VersorgungsLeitlinie: Neuropathie bei Diabetes im Erwachsenenalter.** Im Internet: www.awmf.org/leitlinien; Stand: 20.01.2016

Deutsche Gesellschaft für Allgemeinmedizin und Familienmedizin. AWMF-S 3-Leitlinie 053–007. **Nackenschmerzen.** Im Internet: www.awmf.org/leitlinien; Stand: 20.01.2016

Deutsche Gesellschaft für Allgemeinmedizin und Familienmedizin. AWMF-S 3-Leitlinie 053–023. **Brustschmerz.** Im Internet: www.awmf.org/leitlinien; Stand: 20.01.2016

34.101 Laktoseintoleranz (E73.9)

P. Engeser

34.101.1 Definition

Die Laktoseintoleranz ist das klinisch bedeutendste Malabsortionssyndrom der Kohlenhydrate.

34.101.2 Epidemiologie

Das Laktasedefizit ist weltweit verbreitet. Während im nördlichen Europa nur ungefähr 5–15 % der Bevölkerung einen primären Laktasemangel haben, sind im Mittelmeerraum zwischen 60 und 85 % der Bewohner und bei Schwarzafrikanern oder Asiaten sogar 90–100 % der Bevölkerung betroffen. Etwa 75 % der Erwachsenen weltweit leiden an einem Laktasemangel.

34.101.3 Ätiologie

Die Laktoseintoleranz wird ausgelöst durch eine autosomal-rezessive vererbte Enzymopathie mit herabgesetzter oder fehlender Laktaseaktivität oder mangelnder erworbener Enzymaktivität im Bereich des Bürstensaums der Dünndarmschleimhaut. Dadurch kann das Disaccharid Laktose nicht in seine Bestandteile Glukose und Galaktose gespalten werden und es kommt zur verstärkten Gärung in den distalen Darmabschnitten. Zwei unterschiedliche Formen des Laktasemangels können unterschieden werden:

- **primärer** Laktasemangel
- **sekundärer** Laktasemangel bei Sprue oder anderen Dünndarmerkrankungen

34.101.4 Leitsymptome und Diagnostik

▸ **Symptome.** Wichtigste Symptome sind rezidivierende abdominelle Schmerzen und Durchfälle sowie Koliken und starker Meteorismus. Darüber hinaus kommt es zu Wasser- und Elektrolytverlusten, die weitere Reaktionen wie Hypotonie und allgemeine Schwäche nach sich ziehen können. Stark treten die Beschwerden nach dem Verzehr von Milch – besonders fettarmer Milch – und milchzuckerhaltigen Nahrungsmitteln auf.

Merke

Die meisten Patienten mit Laktasemangel haben nur eine geringe Symptomatik.

▸ **Diagnostik.** Diagnostische Schritte sind:

- **Anamnese:**
  - Beschwerden nach Laktoseaufnahme (z. B. Milch) – Beschwerdefreiheit unter Laktosekarenz (häufige Angaben bei gezieltem Nachfragen)

- ggf. Ernährungstagebuch führen lassen mit Expositionsversuch
- **Labor:**
  - Laktosetoleranztest oder besser Laktose-H_2-Atemtest: weisen die Laktoseintoleranz nach und sollten nur in unklaren Fällen veranlasst werden
  - bei lang anhaltenden Durchfällen: Nachweis bestimmter Mangelzustände an Vitaminen oder Spurenelementen

V

34.101.5 Differenzialdiagnostik

Mögliche Differenzialdiagnosen sind:

- Colon irritabile (K58.9)
- Morbus Crohn (K50.9): Kap. 34.37
- Colitis ulcerosa (K51.9): Kap. 34.95
- Morbus Whipple (K90.8)
- bakterielle oder virale Gastroenteritis (A09.9): Kap. 34.63
- einheimische und tropische Sprue (K90.0): Kap. 34.172
- Pankreasinsuffizienz (K86.8)

34.101.6 Therapie

Im Vordergrund der Behandlung muss die **konsequente Diät** mit Vermeidung der Aufnahme von Milchzucker stehen. Hierdurch werden die unangenehmen Symptome meistens sistieren. Erwähnt werden muss allerdings, dass besonders Fertignahrungsmittel, aber auch Brot und andere Backwaren, Würste und Süßigkeiten ebenfalls häufig sehr viel Milchzucker enthalten. Orale Substitution von Laktase (z. B. Lactrase) vor unvermeidbarer Milchzufuhr ist möglich. Ausreichende Kalziumzufuhr soll sichergestellt sein. Die weiteren Folgen einer ggf. chronischen Diarrhö wie Vitamin- oder Spurenelementmangel sowie Flüssigkeitsverluste müssen konsequent ausgeglichen werden.

Abwendbar gefährlicher Verlauf

- **klinisch relevante Exsikkose** (E86) bei lang anhaltenden Durchfällen wegen nicht erkanntem Laktasemangel
- **Mangel an Vitaminen und Spurenelementen** durch die verlängerte Passagezeit bei rezidivierender Diarrhö

34.102 Leberzirrhose (K74.–)

U. Müller-Bühl

34.102.1 Definition

Die Leberzirrhose ist eine diffuse chronische Lebererkrankung, bei der Nekrosen zu einem Parenchymuntergang mit konsekutiver nodulärer Parenchymregeneration und Bindegewebsvermehrung führen.

Histologisch sind nach auslösender Erkrankung unterschiedliche Typen zu unterscheiden (Mischformen möglich):

- portale oder septale Zirrhose bei Alkoholkrankheit
- postnekrotische Zirrhose nach Virushepatitis
- biliäre Zirrhose durch intra- oder extrahepatische Cholestase
- Sonderformen (Hämochromatose, kryptogene Zirrhose, kardiale Zirrhose)

34.102.2 Epidemiologie

Häufigste Form ist die **alkoholische Leberzirrhose** mit einer jährlichen Sterbeziffer von 8,9/100 000 Einwohner. Das Zirrhoserisiko steigt proportional zur Menge und Zeitdauer des Alkoholabusus. Alkoholiker erkranken 8-mal häufiger an einer Leberzirrhose als die Normalbevölkerung.

Aus einer **chronischen Virushepatitis** entwickelt sich in 20–25 % (Hepatitis B) bis 70–80 % (Hepatitis C) eine Leberzirrhose (Kap. 34.72).

34.102.3 Ätiologie

Mögliche Ursachen einer Leberzirrhose sind:

- Viren: Hepatitis B/D, Hepatitis C
- Fettlebererkrankungen (alkoholisch oder nicht alkoholisch)
- Autoimmunerkrankungen: Autoimmunhepatitis, primär biliäre Zirrhose, primär sklerosierende Cholangitis, IgG4-Cholangiopathie
- chronische Gallenwegserkrankungen: rezidivierende bakterielle Cholangitis, Gallenwegsstenosen
- kardiovaskuläre Ursachen: Budd-Chiari-Syndrom, Rechtsherzinsuffizienz, Morbus Osler
- Speichererkrankungen: Hämochromatose, Morbus Wilson, α_1-Antithrombin-Mangel
- seltene Ursachen: Medikamente, Porphyrie

34.102.4 Leitsymptome und Diagnostik

► **Symptome.** Oft stehen uncharakteristische Beschwerden im Vordergrund:
- Leistungsminderung
- Völlegefühl, Inappetenz
- Fettunverträglichkeit
- Obstipation, Durchfälle

Zu den typischen Leberhautzeichen gehören:
- Palmarerythem
- Lackzunge
- Weißnägel
- Spider naevi, Teleangiektasien
- Behaarungsanomalie
- Gynäkomastie
- Hodenatrophie

► **Diagnostik.** Die Diagnostik umfasst:
- **Anamnese:** Identifizierung von Risikokonstellationen
- **körperliche Untersuchung:** palpatorisch konsistenzvermehrte Leber
- **Labor:**
  - Blutbild mit Thrombozyten, Leberstatus (GOT, GPT, Bilirubin, alkalische Phosphatase, Amylase, Quick-Test, Eiweißelektrophorese)
  - Hepatitisserologie
  - evtl. Immundiagnostik (Antikörper gegen glatte Muskulatur und Mitochondrien, ANF)
  - APRI-Test („AST to Platelet Ratio Index")
- **Oberbauchsonografie:**
  - Lebergröße und -struktur, Aszites? Splenomegalie?
  - DD Metastasenleber, transiente Elastografie
- **Ösophagogastroskopie:** zum Nachweis von Ösophagus- bzw. Fundusvarizen (evtl. auch röntgenologisch)

Bei **Kontrolluntersuchungen** und bekannter Diagnose sollten das Stadium bzw. die Floridität mittels laborchemischem Leberstatus bestimmt und mit einer Oberbauchsonografie ein hepatozelluläres Karzinom ausgeschlossen werden!

34.102.5 Differenzialdiagnostik

Mögliche Differenzialdiagnosen sind:
- Fettleber (K76.–): Kap. 34.55
- chronische Hepatitis (B18.–, K73.–): Kap. 34.72
- Hämochromatose (E83.1)
- konstriktive Perikarditis (DD bei Aszites) (I31.–)

34.102.6 Therapie

Im Vordergrund der Behandlung stehen:
- Alkoholkarenz bei alkoholtoxischer Zirrhose
- vollkalorische eiweiß- und vitaminreiche Ernährung
- antivirale Therapie bei Hepatitis-B- bzw. Hepatitis-C-Virus-induzierter Zirrhose
- immunsuppressive Therapie bei Autoimmunhepatitis
- Behandlung der Eisen- bzw. Kupfer-Überladung bei Hämochromatose und Morbus Wilson

Abwendbar gefährlicher Verlauf

Die entzündlichen und degenerativen Umbauvorgänge der Leberzirrhose führen zu einer portalen Hypertonie. Hieraus entwickeln sich die bedrohlichen und häufig letal endenden Komplikationen Magen- oder Ösophagusvarizenblutung (I85.0), Leberkoma (K72.9) und Nierenversagen (N19). Da deren Therapie ebenso wie die Behandlung des Leberzellkarzinoms (C 22.0) letztlich erfolglos ist, kommt einer kontinuierlichen Kontrolle und einer gesundheitsfördernden Beratung des Zirrhosekranken durch den Hausarzt eine umso größere Bedeutung zu. In Einzelfällen ist die Vorstellung in einem Transplantationszentrum zu erwägen.

34.102.7 Leitlinien

Deutsche Gesellschaft für Gastroenterologie, Verdauungs- und Stoffwechselkrankheiten. AWMF-S 3-Leitlinie 021–017. **Aszites, spontan bakterielle Peritonitis und hepatorenales Syndrom.** Im Internet: www.awmf.org/leitlinien; Stand: 20.01.2016

Deutsche Gesellschaft für Gastroenterologie, Verdauungs- und Stoffwechselkrankheiten. AWMF-S 2k-Leitlinie 021–025. **Nicht-alkoholische Fettlebererkrankungen.** Im Internet: www.awmf.org/leitlinien; Stand: 20.01.2016

Deutsche Krebsgesellschaft, Deutsche Gesellschaft für Gastroenterologie, Verdauungs- und Stoffwechselkrankheiten. AWMF-S 3-Leitlinie 032–0530-L. **Hepatozelluläres Karzinom, Diagnostik und Therapie.** Im Internet: www.awmf.org/leitlinien; Stand: 20.01.2016

34.103 Leukämie (C 95.90)

T. Kühlein

34.103.1 Definition

Bei der Leukämie kommt es zur Vermehrung von Leukozyten bzw. ihrer funktionsuntüchtigen Vorstufen. Im Knochenmark werden andere Zellreihen verdrängt. Später werden Leber, Milz, Lymphknoten und weitere Organe infiltriert. Die Störung der Blutbildung vermindert die normalen Blutbestandteile. Es entsteht eine Anämie, eine Thrombozytopenie und ein Mangel an funktionstüchtigen Leukozyten. Man unterscheidet akute und chronische Leukämien. Akute Leukämien können unbehandelt in wenigen Wochen bis Monaten zum Tod führen. Chronische Leukämien verlaufen meist über mehrere Jahre und sind im Anfangsstadium oft symptomarm.

V

Die Klassifikation der hämatopoetischen und lymphoiden Tumoren, zu denen die Leukämie gehört, ist uneinheitlich. Die wichtigsten Leukämieformen sind:

- akute myeloische Leukämie (AML, C 92.00)
- akute lymphatische Leukämie (ALL, C 91.00)
- chronische lymphatische Leukämie (CLL; gehört zu den niedrigmalignen Non-Hodgkin-Lymphomen, C 91.10)
- chronische myeloische Leukämie (CML; gehört zu den chronischen myeloproliferativen Erkrankungen, C 92.10)

34.103.2 Epidemiologie

Die einzelnen Leukämieformen zeigen eine typische Altersverteilung. Die ALL ist die häufigste Leukämie bei Kindern. Bei Erwachsenen ist sie selten. Die AML kommt bei Kindern und bei Erwachsenen vor. Bei Erwachsenen ist sie die häufigste akute Leukämie mit einem Altersgipfel über 60 Jahren. Die CLL tritt typischerweise bei älteren Menschen auf. Auch die CML ist bei Erwachsenen wesentlich häufiger als bei Kindern.

34.103.3 Ätiologie

Die Ätiologie der Leukämien ist unklar.

34.103.4 Leitsymptome und Diagnostik

frühere Bearbeitung von M. Ehrhardt

Akute Leukämien treten plötzlich und aus völliger Gesundheit auf. Zu den Symptomen gehören Blässe, Schwäche, Blutungsneigung, Hämatome, Petechien, Infektanfälligkeit, geschwollene Lymphknoten, Milz- und Lebervergrößerung, Knochenschmerzen, Nasenbluten, Gingivitis, Gewichts- und Appetitverlust, Müdigkeit und Nachtschweiß.

Chronische Leukämien werden meist als Zufallsbefund im Blutbild diagnostiziert. Auch hier können unspezifische Symptome wie Unwohlsein, Ermüdung, Leistungsminderung, Fieber, Nachtschweiß, Gewichtsverlust, Milz- und Lymphknotenschwellungen, Juckreiz, Ausschläge und Infektanfälligkeit auffallen.

Zur Diagnostik gehören:

- **Anamnese:** Exposition gegen ionisierende Strahlen, Zytostatika, familiäre Disposition, Temperaturverlauf mit morgendlichem Fiebergipfel?
- **körperliche Untersuchung:**
  - Inspektion: Blässe, Petechien
  - Palpation: Abszesse, Lymphknotenschwellung, Hepatosplenomegalie
  - Funktionstest: neurologische Ausfälle
- **Labor:**
  - Blutbild: Anämie, Thrombopenie, Leukozytose, Leukopenie
  - Differenzialblutbild: reife Leukozyten, Blasten, die auch ohne Reifungsstufe vorkommen können (sog. Hiatus leucaemicus)
  - LDH, alkalische Phosphatase, Kalzium, γ-GT, Bilirubin, Elektrophorese, Gesamt-Eiweiß, Quick, PTT, Harnsäure, BSG
  - Serologie: EBV, HIV, Hepatitis
- **weiterführende Diagnostik:**
  - therapeutisch und prognostisch stratifizierende Klassifikation (oft inkl. genetischer Tests) stets durch hämatologisches-onkologisches Zentrum!
  - Knochenmarkpunktion zum diagnostischen Beweis nötig! Aleukämischer Verlauf = keine Blasten im Blut
  - HLA-Typisierung zur Vorbereitung eventueller Knochenmarkstransplantationen (bei Blastenkrise dann nicht mehr möglich)!

- apparative Diagnostik:
  - Sonografie: Spleno- und Hepatomegalie, Lymphknotenschwellungen
  - Röntgen-Thorax: Ausschluss Mediastinaltumor
  - CT: Lymphome, Infiltrate

34.103.5 Differenzialdiagnostik

Besonders im Anfangsstadium kommen virale Allgemeininfekte (B34.9) wie Mononukleose (B27.9), aber auch eine Sepsis (A41.9), eine aplastische Anämie (D 61.9), ein myelodyslastisches Syndrom (D 46.9) oder eine Panmyelopathie (D 61.9) infrage.

34.103.6 Therapie

Die Therapie sollte immer in Zusammenarbeit mit einem onkologischen Zentrum und Hämatologen durchgeführt werden:

- Chemotherapie: u. U. Hochdosistherapie mit nachfolgender Knochenmarktransplantation
- Strahlenbehandlung bei Meningitis leucaemica

Abwendbar gefährlicher Verlauf

- Sepsis (A41.9)
- leukämische Meningitis (G03.9)
- Aleukämie (C 95.70)
- Blastenkrise (C 94.8)

34.103.7 Leitlinien

Deutsche Gesellschaft für pädiatrische Onkologie und Hämatologie. AWMF-S 1-Leitlinie 025–013. **Non-Hodgkin-Lymphome.** Im Internet: www.awmf.org/leitlinien; Stand: 20.01.2016

Deutsche Gesellschaft für pädiatrische Onkologie und Hämatologie. AWMF-S 1-Leitlinie 025–014. **Akute lymphoblastische (ALL) und akute myeloische (AML) Leukämie im Kindesalter.** Im Internet: www.awmf.org/leitlinien; Stand: 20.01.2016

Deutsche Gesellschaft für pädiatrische Onkologie und Hämatologie. AWMF-S 1-Leitlinie 025–020. **Lymphknotenvergrößerung.** Im Internet: www.awmf.org/leitlinien; Stand: 20.01.2016

Deutsche Gesellschaft für pädiatrische Onkologie und Hämatologie. AWMF-S 1-Leitlinie 025–031. **Akute myeloische Leukämie (AML) im Kindesalter.** Im Internet: www.awmf.org/leitlinien; Stand: 20.01.2016

34.104 Lipom (D 17.9)

H.-D. Klimm

34.104.1 Definition

Ein Lipom ist ein gutartiges, in der Subkutis gelegenes, mit einer Kapsel umschlossenes Fettgewebsgeschwulst. Ein Fibrolipom liegt dann vor, wenn stärkere fibrotische Bindegewebsanteile vorhanden sind.

34.104.2 Epidemiologie

Die Prävalenz für Lipome liegt bei 2,1/100 Menschen, wobei 15–20 % im Bereich der Kopf- und Halsregion zu beobachten sind. Der Schwerpunkt liegt in der 5.–7. Lebensdekade, Lipome kommen gehäuft familiär vor.

34.104.3 Ätiologie

Die genauen Ursachen der Entstehung sind nicht gesichert.

34.104.4 Leitsymptome und Diagnostik

Meist ist ein Lipom eine eindeutige Blick- und Palpationsdiagnose. Das Lipom ist weich, schmerzfrei, kann einzeln und multipel auftreten. Bei Fibrolipomen ist die Konsistenz etwas härter. Die Größe kann beträchtlich variieren, bis kindskopfgroße Tumoren sind beschrieben worden (Lipomatose).

34.104.5 Differenzialdiagnostik

Es kommen infrage:

- Zyste (N60.8)
- Atherom (L 72.1)
- Lymphknoten (I89.8)
- Sarkom (C 49.9)
- subkutane Metastase (C 79.2)

34.104.6 Therapie

Lipome, die nicht kosmetisch stören oder funktionell beeinträchtigen, können belassen werden und müssen nicht exstirpiert werden. Ansonsten Exzision mit histologischer Untersuchung.

Abwendbar gefährlicher Verlauf

Liposarkom (C 49.9): Ausschluss durch Klinik (schnelles Wachstum, Schmerzen bei Druck) und vor allem histologische Abklärung

34.105 Lungenembolie (I26.9)

F. Peters-Klimm

V

34.105.1 Definition

Die Lungenembolie ist definiert als der Verschluss von Lungenarterien durch Thromboembolien.

34.105.2 Epidemiologie

Die Inzidenz liegt bei 60–70/100 000/Jahr (davon 1 fulminant). Nach Schätzungen sind Lungenembolien (LE) in Deutschland für ca. 20 000–30 000 Todesfälle jährlich verantwortlich. Bei ca. 10 % aller Verstorbenen werden autoptisch LE festgestellt, sie sind allerdings meist nicht die Todesursache. Bei bis zu 1–2 % aller stationären Patienten kommt es zu einer LE, bei bis zu 50 % aller Patienten mit tiefer Beinvenenthrombose (TVT) kommt es zu überwiegend asymptomatischen LE (Kap. 34.144). Operationen und Schwangerschaft sind die wichtigsten Risikofaktoren.

34.105.3 Ätiologie

In mehr als 90 % kommen die Emboli aus dem Einzugsgebiet der V. cava inferior, ansonsten aus der V. cava superior (Venenkatheter) oder dem rechten Herzen (Schrittmacherkabel). Andere Embolien können durch Fett (bei großen Frakturen), Luft (z. B. nach Thorax-OP) und auch Fruchtwasser (postpartal) ausgelöst werden (diese werden hier nicht besprochen).

Merke

Gemäß AWMF-Leitlinie beträgt die Wahrscheinlichkeit, eine vorhandene Thrombose zu diagnostizieren bei 10–20 %, wenn man lediglich Anamnese und klinische Untersuchung anwendet [26]; die Wahrscheinlichkeit, eine nicht vorhandene Thrombose fälschlicherweise zu diagnostizieren, liegt aber bei 70 %.

34.105.4 Leitsymptome und Diagnostik

► **Symptome.** Typisch sind plötzlich auftretende Symptome (wobei die einzelnen Symptome eine niedrige Spezifität haben):

- Dyspnoe (80 %), Thoraxschmerzen (60 %), evtl. infradiaphragmale Schmerzprojektion!
- Husten (20 %), Hämoptysen (2–10 %)
- Synkope, Hypotonie bis zur Schockymptomatik (15 %) bei großer LE → akutes Cor pulmonale = Rechtsherzversagen
- Angst- und Engegefühl, ggf. Vernichtungsgefühl
- Tachypnoe (70 %), Tachykardie (30 %, > 90 % bei hämodynamisch relevanter LE!), Blutdruckabfall

Infolge des breiten Spektrums möglicher betroffener Pulmonalgefäße und der mehrdeutigen klinischen Zeichen ergibt sich kein beweisender einzelner diagnostischer Befund. Ein Anteil der LE verläuft asymptomatisch.

► **Stadieneinteilung.** Leichte, fast asymptomatische Formen, wenn periphere Äste betroffen sind, bis hin zur Hypotonie und Schockzustand, wenn ein Pulmonalarterienhauptstamm verschlossen ist. Für die Klinik wird eine Stadieneinteilung (I–IV) nach *Grosser* (klinische Symptomatik, Blutdruck, der Pulmonalarteriendruck und die Sauerstoffsättigung [pO_2]) angegeben, zur Risiko-und Therapiestratifikation dienen zusätzlich die Echokardiografie und der Troponin.

► **Diagnose.** Diagnostisch wichtig sind:

- **Anamnese:** Hinweise auf größere Operationen, Immobilisation, orale Kontrazeptiva, besonders in Kombination mit Rauchen, Schwangerschaft und anderen Risikofaktoren
- **Auskultation und Perkussion:** bei Pleurabeteiligung Nachweis von Pleurareiben oder Begleit-

erguss; falls ein größerer Bezirk betroffen ist, kann auch Klopfschallverkürzung und Stimmfremitus nachweisbar sein; Rasselgeräusche sind nicht obligat
- **EKG:**
  - in 50 % der Fälle Rechtsherzbelastungszeichen:
    - S 1/QIII-Typ mit akutem P pulmonale
    - Rechtsschenkelblock und Erregungsrückbildungsstörung mit T-Negativierung beginnend in V1–V3
  - immer erforderlich zum differenzialdiagnostischen Ausschluss eines Herzinfarkts
- **D-Dimere:**
  - hohe Sensitivität (bis zu 95 %)
  - nur bei Patienten mit niedriger klinischer Wahrscheinlichkeit (KW), da der negativ prädiktive Wert bei hoher KW nicht ausreichend hoch ist

Merke

Erhöhte D-Dimere (z. B. im Point-of-care-Test) sind Ausdruck einer gesteigerten Spontanfibrinolyse (z. B. bei Z. n. Operation) und damit nicht spezifisch für eine Thrombose bzw. LE, sodass ein unkritischer Einsatz durch falsch positive Werte oft mehr zur Verwirrung als zur Klärung beiträgt.

Die klinische Wahrscheinlichkeit einer Lungenembolie kann näherungsweise anhand des **Wells-Score** (nur auf Notfallstationen validiert!) eingeschätzt werden:
- frühere TVT oder LE (1,5 Punkte)
- frische Operation oder Immobilisation (1,5 Punkte)
- Krebserkrankung (1 Punkt)
- Hämoptyse (1 Punkt)
- Herzfrequenz > 100/min (1,5 Punkte)
- Symptome einer frischen TVT (mindestens schmerzhafte Palpation der Beinvenen eines geschwollenen Beins: 3 Punkte)
- klinische Einschätzung: alternative Diagnose unwahrscheinlicher als LE (3 Punkte)

Dichotome Auswertung nach Addition der Punkte:
- > 4 Punkte → klinische Wahrscheinlichkeit hoch → CT-Angiografie
- 0–4 → D-Dimere; falls D-Dimere erhöht → CT-Angiografie

► **Ergänzende Diagnostik.** Weitere diagnostische Möglichkeiten sind:
- **CT-Angiografie oder MR-Angiografie:** Methode der 1. Wahl zur Darstellung der A. pulmonalis bis zu den Subsegmentarterien
- **Röntgen-Thorax:** LE weder sicher zu beweisen noch auszuschließen; zur Ergänzung und Indikationsstellung einer Lungenszintigrafie bei Verdacht auf periphere LE
- **Lungenszintigrafie:** Darstellung durchblutungsgeminderter Lungenbezirke, empfindlicher Nachweis für eine LE (eine normale Lungenszintigrafie schließt eine LE praktisch aus)
- **Pulmonalisangiografie** und **digitale Subtraktionsangiografie:** bei Unklarheit und therapeutischen Konsequenzen
- **weitere Diagnostik** gemäß Klinik (Blutgasanalyse und Echokardiografie)

34.105.5 Differenzialdiagnostik

In Betracht kommen alle mit akuter Dyspnoe, atemabhängigen Schmerzen und/oder Hämoptysen einhergehenden Lungenerkrankungen. Auch an den Herzinfarkt ist zu denken.

34.105.6 Therapie

Die **Akuttherapie** beinhaltet eine halbsitzende Lagerung und Sauerstoffgabe (6 l/min) und die Klinikeinweisung, In der Klinik wird eine risikostratifizierte Therapie begonnen (Heparinisierung, Thrombolyse, selten Thrombektomien). Die empfohlene Dauer der **Antikoagulanzientherapie** ist in ► Tab. 34.41 angegeben, bei zeitlich unbegrenzter Antikoagulation sollte eine wiederholte Risiko-Nutzen-Analysen durchgeführt werden.

Abwendbar gefährlicher Verlauf

- Bei klassischem klinischem Bild sofortige stationäre Einweisung, ggf. mit Notarzt.
- Die Mehrzahl der Embolien verläuft in Schüben. Typisch für rezidivierende LE sind Schwindelanfälle, kurzfristige Synkopen, unklarer Husten mit oder ohne Fieber bzw. Thoraxschmerz (Begleitpleuritis!) und Tachykardie! Die unspezifischen Symptome und Befunde und die ausreichende Häufigkeit in der Hausarztpraxis dürften ein Grund sein, weshalb einige LE verzögert festgestellt werden. Entscheidend ist, bei unklaren Fällen daran zu denken und weitere Diagnostik zu veranlassen!

34.105.7 Leitlinien

Deutsche Gesellschaft für Angiologie – Gesellschaft für Gefäßmedizin. AWMF-S 2k-Leitlinie 065–002. **Venenthrombose und Lungenembolie: Diagnostik und Therapie.** Im Internet: www.awmf.org/leitlinien; Stand: 20.01.2016

Deutsche Gesellschaft für Kardiologie – Herz- und Kreislaufforschung. **ESC-Pocket-Leitlinie Management der akuten Lungenembolie.** Im Internet: leitlinien.dgk.org; Stand: 20.01.2016

V

34.106 Lungenemphysem (J43.9)

F. Peters-Klimm

34.106.1 Definition

Das Lungenemphysem wird pathologisch-anatomisch definiert als irreversible Erweiterung und Destruktion der Lufträume distal der terminalen Bronchiolen. Es geht in der Regel mit einer funktionell relevanten Atemwegobstruktion einher. Zwischen dem Ausmaß der Destruktion im alveolären Bereich und der messbaren Atemwegsobstruktion besteht eine schlechte Korrelation. Beim Lungenemphysem sind die Gasaustauschfläche und die Elastizität vermindert, es kommt zur Überblähung.

34.106.2 Epidemiologie

Es finden sich keine validen Daten. Lungenemphyseme lassen sich in 10 % aller Obduktionen im Krankenhaus finden, aber nur bei 2–5 % stellt es eine wesentliche Todesursache dar. Der Schwerpunkt der Erkrankung liegt im 5. und 6. Lebensjahrzehnt, Männer sind häufiger betroffen als Frauen.

34.106.3 Ätiologie

Die **COPD** ist die klassische Ursache des Lungenemphysems. Beim auf Chromosom 13 autosomal ko-dominant vererbten **α_1-Antitrypsinmangel** – insbesondere der sehr seltenen homozygoten Form – werden Proteaseninhibitoren nur insuffizient synthetisiert oder freigesetzt, sodass Proteasen das Lungengerüst zerstören können. Bei Heterozygoten (7 % in der Bevölkerung) spielen zusätzliche exogene Noxen eine wichtige Rolle: Durch Zigarettenrauchen und andere chronisch rezidivierende Entzündungen (z. B. chronische Bronchitis, COPD) kommt es zur Inaktivierung von α_1-Antitrypsin und/oder verstärkter Proteasenaktivität.

34.106.4 Leitsymptome und Diagnostik

► **Symptome.** Typische Symptome sind Husten, Auswurf und Dyspnoe, insbesondere Belastungsdyspnoe.

► **Diagnostik.** Zur Diagnostik gehören:

- **Anamnese:**
  - Vorgeschichte COPD, Nikotinabusus bei Weitem häufigster Risikofaktor
  - α_1-Antitrypsinmangel bei rasch progredienter Entwicklung der Krankheit bei jüngeren Patienten
- **Perkussion und Auskultation:**
  - Emphysemthorax (Fassthorax), horizontal verlaufende Rippen
  - hypersonorer Klopfschall (Schachtelton), tief stehende, kaum atemverschiebliche Lungengrenzen, verlängertes Exspirium, giemende und brummende Nebengeräusche, abgeschwächtes Atemgeräusch, leise Herztöne
- **Inspektion:**
  - evtl. Zyanose, Uhrglasnägel, Trommelschlegelfinger
  - im Spätstadium meist abgemagerte Patienten mit hervorspringender Atemhilfsmuskulatur
- **Labor:**
  - evtl. Polyglobulie, Anstieg des Hämatokrits
  - einmalige Bestimmung des α_1-Antitrypsinspiegels (nur einmalig bei begründetem Verdacht, insbesondere bei Nachweis eines Empyhsems im Alter unter 40 Jahren oder Nieraucherstatus, Testkits gratis unter www.alpha1-deutschland.org)
- **EKG:** Zeichen vermehrter Rechtsherzbelastung, P pulmonale, Rechtschenkelblock (nicht obligat)
- **Röntgen-Thorax:**
  - abgeflachtes Zwerchfell, kaum verschiebliche betonte zentrale Pulmonalgefäße, Rarefizierung des Gefäßbaums in der Peripherie
  - beim vererbten α_1-Antitrypsinmangel betrifft das Empysem besonders die basalen Bereiche
  - mit Röntgen kann ein leichtgradiges Lungenemphysem nicht erfasst werden

- **Lungenfunktionsprüfung:**
  - Die Spirometrie in der Hausarztpraxis ist nicht ausreichend.
  - Zusätzlich zum charakteristischem Peak-Flow-Abfall und dem exspiratorischen Flussabfall mit „Emphysemknick" obliegt die Beurteilung dem Pneumologen unter Nutzung von **Bodyplethysmografie** und arterieller Blutgasanalyse (Bestimmung der Resistance, der Atemschleife, der Überblähung und der **CO-Diffusionskapazität**)
- **CT:** meist entbehrlich, die hochauflösende CT des Thorax (**HR-CT**) ist aber geeignet:
  - zur Charakterisierung (zentrilobulär bei COPD oder panlobulär bei α_1-Antitrypsinmangel)
  - insbesondere vor operativen Eingriffen (Lungenvolumenreduktion oder Resektion von Bullae)
  - zum Nachweis von Bronchiektasen (bei häufigen Exazerbationen)
- **Echokardiografie:** bei Verdacht auf ein Cor pulmonale

34.106.5 Differenzialdiagnostik

Differenzialdiagnostisch kommen infrage:

- fibrosebedingte Aveolarerweiterungen bei Lungenfibrose („Honigwabenlunge" in der CT)
- Asthma bronchiale mit Überblähung (eher nur im Anfall, reversibel)

34.106.6 Therapie

Eine Restitutio ist nicht möglich! Therapeutische Möglichkeiten sind:

- Nikotinkarenz:
  - entscheidend prognoseverbessernd
  - Maßnahmen zur Raucherentwöhnung beharrlich anbieten bzw. vermitteln!
- Behandlung der COPD → Kap. 34.35
- Atemgymnastik/Atemtherapie
- Substitutionsbehandlung eines α_1-Antitrypsinmangels mit raschem Lungenfunktionsverlust (α_1-Antitrypsinkonzentrat als wöchentliche Infusion durch den Pneumologen)
- Behandlung eines Cor pulmonale
- kontrollierte Langzeitsauerstofftherapie
- bei respiratorischer Globalinsuffizienz ggf. Beatmung, stationär
- Lungenvolumenreduktionsoperation oder Ventilimplantation bei ausgewählten Patienten
- Lungentransplantation

Abwendbar gefährlicher Verlauf

- α_1-Antitrypsinmangel, ferner
- akute Exazerbationen einer COPD, Pneumonie
- respiratorische Global-/Insuffizienz mit Atemversagen
- Verschlechterung der Rechtsherzinsuffizienz

34.106.7 Leitlinien

Bundesärztekammer, Kassenärztliche Bundesvereinigung, Arbeitsgemeinschaft der Wissenschaftlichen Medizinischen Fachgesellschaften. AWMF-S 3-Leitlinie NVL-003. **Nationale VersorgungsLeitlinie: COPD.** Im Internet: www.awmf.org/leitlinien; Stand: 20.01.2016 (in Überarbeitung, abgelaufen)

Deutsche Gesellschaft für Pneumologie und Beatmungsmedizin. AWMF-S 3-Leitlinie 020–005. **Tabakentwöhnung bei COPD.** Im Internet: www.awmf.org/leitlinien; Stand: 20.01.2016

Deutsche Gesellschaft für Pneumologie und Beatmungsmedizin. AWMF-S 2k-Leitlinie 020–017. **Spirometrie.** Im Internet: www.awmf.org/leitlinien; Stand: 20.01.2016

34.107 Lymphangitis (I89.1)

F. Peters-Klimm

34.107.1 Definition

Unter einer Lymphangitis („Blutvergiftung") versteht man eine in der Praxis recht häufig anzutreffende bakterielle Entzündung der Lymphbahnen zwischen Eintrittspforte und der regionalen Lymphknotenstation, die meist lokal entzündungslimitierend mitreagiert (Lymphadenitis).

34.107.2 Ätiologie

Die prädominanten Erreger sind Streptokokken (meist S. pyogenes), seltener auch Staphylokokken (meist S. aureus oder S. epidermis) oder E. coli; in den Tropen ist die Filariose häufig (Reiseanamnese!). Als **Eintrittspforten** dienen meist kleine, kaum sichtbare Hautverletzungen. Selten können auch Abszesse der Ausgangspunkt sein. Am häufigsten findet sich eine Lymphangitis an Armen

34

und Beinen mit den regionalen Lymphknotenstationen im Axilla- und Leistenbereich, seltener auch im Ellenbogen- und Kniekehlenbereich. Die entzündliche Beteiligung der Lymphknoten kann von einfacher Schwellung bis hin zur Abszedierung reichen.

34.107.3 Leitsymptome und Diagnostik

Es handelt sich zumeist um eine **Blickdiagnose** bei vorliegendem rotem, meist auch schmerzhaftem, überwärmtem Streifen entsprechend dem Verlauf der Lymphgefäße. Die Eintrittspforte ist meist nur nach genauer Inspektion eruierbar, seltener finden sich lokale Entzündungen oder Abszesse als Ausgangspunkt. Die regionalen Lymphknoten sind zumeist geschwollen und schmerzhaft, in schweren Verläufen auch hochgradig entzündet im Sinne einer Abszedierung. Allgemeinsymptome (z. B. Fieber, Schüttelfrost, allgemeines Krankheitsgefühl) fehlen zumeist und sind ein Zeichen für eine beginnende Sepsis. Laboruntersuchungen sind zumeist überflüssig.

34.107.4 Differenzialdiagnostik

Gelegentlich – besonders im Beinbereich – kann eine Thrombophlebitis ähnliche Symptome verursachen.

34.107.5 Therapie

Mit der Therapie muss umgehend begonnen werden:

- Ruhigstellung, kühlende, feuchte Verbände (Alkohol oder Rivanollösung)
- **Antibiotika:**
  - orales Penicillin – z. B. für Erwachsene 3 × 1,2–1,5 Mio. IE/d – über 7–10 Tage
  - bei Verdacht auf S. aureus Staphylokokken-Penicillin (z. B. Amoxicillin und Clavulansäure oder Cephalosporin)
  - bei Penicillinallergie als Alternative Makrolide
- **lokale Sanierung:** bei lokaler Entzündung oder Abszedierung als Ausgangspunkt
- **stationäre Aufnahme:** bei abszedierenden regionalen Lymphknoten sowie Sepsiszeichen (Fieber oder Hypothermie, Tachykardie, Tachypnoe, Hypotonie) zur hochdosierten i. v. Antibiotikatherapie sowie chirurgischen Versorgung

Abwendbar gefährlicher Verlauf

- **Sepsis:** konsequente Behandlung, auf klinische Zeichen einer systemischen inflammatorischen Reaktion achten
- **bakterielle Hautinfekte:** Defekten der Hautbarriere (z. B. Interdigitalmykose, Ekzem) die nötige Aufmerksamkeit schenken

34.107.6 Leitlinien

Deutsche dermatologische Gesellschaft. AWMF-S 2k-Leitlinie 013–038. **Staphylococcus – aureus – bedingte Infektionen der Haut und Schleimhäute, Diagnostik und Therapie.** Im Internet: www.awmf.org/leitlinien; Stand: 20.01.2016

Deutsche Dermatologische Gesellschaft (DDG), Arbeitsgemeinschaft für Dermatologische Infektiologie (ADI) Leitlinie Streptokokkeninfektionen der Haut und Schleimhäute. Im Internet: www.derma.de/fileadmin/derma/pdfs/LL_Streptokokken_2006.10.04_.pdf

34.108 Lymphogranulomatose (Morbus Hodgkin) (C 81.9)

T. Kühlein; frühere Bearbeitung durch K.-C. Münter

34.108.1 Definition

Beim Morbus Hodgkin handelt es sich um ein klinisch und histologisch eindeutig abgrenzbares B-Zell-Lymphom (Erstbeschreibung 1832 durch Thomas Hodgkin).

34.108.2 Epidemiologie

Die jährliche Inzidenz liegt bei ca. 3 auf 100 000 Einwohner. Sie ist damit ein in der Hausarztpraxis eher seltenes Krankheitsbild. Die Krankheit tritt mit 2 Häufigkeitsgipfeln auf: einmal um das etwa 20. Lebensjahr und einmal um das 65. Lebensjahr. Die Mehrzahl der Patienten sind jedoch junge Erwachsene.

34.108.3 Ätiologie

Die Ätiologie ist unbekannt. HIV- und EBV-Infektion, immunsuppressive Therapien und toxische

Substanzen (z. B. Holzschutzmittel) gelten als Kofaktoren.

34.108.4 Leitsymptome und Diagnostik

▶ **Symptome.** Meist sind es reizlose Lymphknotenschwellungen, vor allem im Halsbereich, die die Patienten zum Arzt führen. Die sog. B-Symptomatik mit Nachtschweiß, generalisiertem Juckreiz, Gewichtsverlust und Fieberschüben tritt häufig auf. Ein (alkoholinduzierter) Lymphknotenschmerz ist hingegen selten. Die Milz ist in 30 % der Fälle betroffen. Eine Hepatosplenomegalie findet sich im fortgeschrittenen Stadium. Prinzipiell können nahezu alle Organe infiltriert werden. Die Schwächung der zellvermittelten Abwehr des Körpers führt beispielsweise zum Auftreten von Herpes zoster.

▶ **Diagnostik.** Zu den diagnostischen Möglichkeiten gehören:

- **Anamnese:** Frage nach der B-Symptomatik
- **körperliche Untersuchung:**
  - Erfassung vergrößerter Lymphknoten: meist stammnahe schmerzlose Lymphknotenpakete, insbesondere zervikal, aber auch axillar oder inguinal (ca. in 70 % der Fälle)
  - Splenomegalie (ca. 20 %)
- **Blutbild:**
  - Anämie (in 35 %)
  - Neutrophilie und Eosinophilie sind häufig
  - im fortgeschrittenen Stadium Lymphopenie möglich (Leukozytose und Lymphopenie gelten als prognostisch ungünstige Faktoren)
- **Röntgen-Thorax:** mediastinale Lymphknotenvergrößerungen in ca. 30 % der Fälle
- **Histologie:**
  - Gewebeprobe eines Lymphknotens → Histologie → Diagnosesicherung
  - typisch sind maligne Reed-Sternberg-Zellen in unterschiedlicher (auch kleiner) Anzahl auf dem reaktiv veränderten Hintergrund von Lymphozyten, Eosinophilen und Bindegewebszellen
  - WHO-Klassifikation berücksichtigt histologische Unterschiede, vor allem die Unterscheidung zwischen dem „Nodular Lymphocyte Predominant Hodgkin Lymphoma“ und dem „Classic Hodgkin Lymphoma“ (da hier unterschiedliche klinische Erscheinungsformen und Prognosen bestehen)

▶ **Staging.** Das genaue Staging hat für die Therapieplanung und Prognose erhebliche Bedeutung. Im modifizierten Ann-Arbor-Schema unterscheidet man:

- Stadium I: Befall einer Lymphknotenregion oder Vorliegen eines extranodalen Herdes
- Stadium II: Befall von 2 oder mehr LK-Regionen oder Vorliegen lokalisierter extranodaler Herde auf einer Seite des Diaphragmas
- Stadium III: Befall von Lymphknoten-Regionen auf beiden Seiten des Diaphragmas (die Milz gilt hierbei als „Region“)
- Stadium IV: disseminierter Befall von einem oder mehreren extralymphatischen Organen

Jedes Stadium wird dabei weiter unterteilt in A oder B, je nachdem ob eine B-Symptomatik (Temperatur > 38 °C und/oder Nachtschweiß und oder Gewichtsverlust > 10 % in den letzten 6 Monaten) auftritt.

34.108.5 Differenzialdiagnostik

Differenzialdiagnostisch kommen infrage:

- bakterielle oder virale Infektionen mit LK-Vergrößerungen (z. B. auch Mononukleose)
- Non-Hodgkin-Lymphome (C 85.9): maligne Entartung von B-Lymphozyten
- Sarkoidose (D 86.9)
- Metastasen regionaler Tumoren (C 79.9)

34.108.6 Therapie

▶ **Kurative Therapie.** Die Therapie mit kurativem Ansatz richtet sich nach dem jeweiligen Stadium (limitiert, intermediär, fortgeschritten) nach Protokollen der Deutschen Hodgkin-Lymphom-Studiengruppe (www.ghsg.org) und besteht aus Chemotherapie plus ggf. Radiotherapie. Neben den akuten Nebenwirkungen der Chemotherapie kann es dabei auch zu Strahlenfolgen kommen: Pneumonitis (Therapie Kortikosteroide inhalativ oder ggf. oral), Perikarditis, neurologische Komplikationen und andere.

▶ **Rezidive.** Die Therapie von Rezidiven erfolgt in Abhängigkeit von Progress, Früh- oder Spätrezidiv (je ca. 10–15 %). Das Spätrezidiv hat eine gute Prognose.

▶ **Prognose.** Die Prognose der Erkrankung ist abhängig vom initialen Staging. Das krankheitsfreie

5-Jahres-Überleben liegt je nach Stadium bei 90 % und darüber. Leider steht der guten Prognose unter Therapie die Langzeittoxizität der Radio- und Chemotherapie gegenüber (Mammakarzinom, akute myeloische Leukämie, Non-Hodgkin-Lymphome in ca. 15 %; pulmonale, kardiale, thyroidale und gonadale Toxizität).

Abwendbar gefährlicher Verlauf

Für den Allgemeinarzt kommt es darauf an, aus der großen Anzahl der Patienten mit uncharakteristischen Beschwerden und passageren LK-Schwellungen diejenigen herauszufinden, bei denen ein Morbus Hodgkin in Betracht kommt. Das zügige Einleiten einer spezialisierten hämatologisch-onkologischen Diagnostik und Therapie sowie die Begleitung des Patienten in der Zeit der Therapie und danach gehören zu den Aufgaben des Hausarztes.

V

34.108.7 Leitlinien

Deutsche Gesellschaft für Hämatologie und medizinische Onkologie. AWMF-S 3-Leitlinie 018–029OL. **Hodgkin Lymphom; Diagnostik, Therapie und Nachsorge von erwachsenen Patienten.** Im Internet: leitlinienprogramm-onkologie.de; Stand: 20.01.2016

Deutsche Gesellschaft für pädiatrische Onkologie und Hämatologie. AWMF-S 1-Leitlinie 025–012. **Non-Hodgkin-Lymphome.** Im Internet: www.awmf.org/leitlinien; Stand: 20.01.2016

Deutsche Gesellschaft für pädiatrische Onkologie und Hämatologie. AWMF-S 1-Leitlinie 025–013. **Non-Hodgkin-Lymphome.** Im Internet: www.awmf.org/leitlinien; Stand: 20.01.2016

34.109 Magenkarzinom (C 16.–)

K.-C. Münter

34.109.1 Epidemiologie

Weltweit ist das Magenkarzinom die zweithäufigste Tumorform. In Deutschland ist seine Häufigkeit kontinuierlich zurückgegangen und beträgt nunmehr noch 2,5 %. Der Altersgipfel des Magenkarzinoms liegt zwischen dem 50. und 70. Lebensjahr.

34.109.2 Ätiologie

Ätiologisch besteht ein Einfluss exogener Faktoren bei genetischer Disposition. Als wichtigster Risikofaktor gilt der Befall mit Helicobacter pylori. Häufiger tritt das Magenkarzinom im Magenrest nach partieller Gastrektomie auf (Magenstumpfkarzinom).

34.109.3 Leitsymptome und Diagnostik

▸ **Symptome.** Die Symptome bleiben bis zum fortgeschrittenen Krankheitsstadium meist uncharakteristisch. **Malignitätsverdächtig** sind dyspeptische Symptome mit Gewichtsverlust bei über 40-jährigen Patienten, verbunden mit einer Eisenmangelanämie und/oder okkultem Blut im Stuhl. Appetitlosigkeit und epigastrische Beschwerden sind häufig anzutreffen. Symptome bei **fortgeschrittener Erkrankung** sind abhängig von Lokalisation, Beschaffenheit und Ausdehnung des Tumors: z. B. Blutungen bei Ulzeration, postprandiales Erbrechen und Pylorusstenose, Dysphagie bei Obstruktion des unteren Ösophagus. Gelegentlich werden die ersten Symptome erst durch Metastasen verursacht.

▸ **Stadieneinteilung.** Die Stadieneinteilung erfolgt entsprechend der TNM-Klassifikation.

▸ **Diagnostik.** Zur Diagnostik gehören:

- **Anamnese:**
  - uncharakteristische Vorgeschichte
  - gelegentlich sind Völlegefühl und Aversion gegen Fleisch vorhanden, dazu Gewichtsverlust und Appetitlosigkeit
- **körperliche Untersuchung:**
  - im Frühstadium meist unergiebig, selten werden Resistenzen palpiert
  - bei metastatischer Ausbreitung sind selten supraklavikuläre Lymphknoten links (**„Virchow-Drüse"**) oder umbilikale Resistenzen tastbar, ein epigastrischer Druckschmerz ist uncharakteristisch
- **Labor:**
  - Blutbild → Eisenmangelanämie
  - Test auf okkultes Blut im Stuhl: häufig positiv, aber nicht verlässlich zur Diagnostik

Merke

Erstmalig auftretende epigastrische Beschwerden mit Gewichtsverlust bei über 40 Jahre alten Patienten sollten eine Gastroskopie mit Biopsieentnahme nach sich ziehen.

► **Ergänzende Diagnostik.** Maßnahmen der ergänzenden Diagnostik sind:
- **Endoskopie**:
  - Endoskopie mit Biopsie ist hochsensitiv und obligat
  - mögliche Manifestationen
    - ulzerös mit unregelmäßigen Grenzen
    - polypoid mit pilzförmigem intraluminalem Wachstum
  - zur Beurteilung der Tiefeninfiltration kann eine Endosonografie durchgeführt werden
- **Oberbauchsonografie:** zur Abklärung von Metastasen
- **Röntgen:** Untersuchungen des Thorax, Röntgenuntersuchungen zur Lage- und Umgebungsbeurteilung, CT zum Nachweis von Fernmetastasen

34.109.4 Differenzialdiagnostik

Es kommen infrage:
- benigne Neubildungen des Magens: Polypen, Fibrome, Adenome, Leiomyome, Lipome
- maligne Lymphome
- Sarkome
- hypertrophische Gastropathie (Morbus Ménétrier)
- Karzinoide: Sonderform Zollinger-Ellison-Syndrom durch Gastrin produzierenden Pankreastumor
- peptische Ulzera und Malignome von Nachbarorganen

34.109.5 Therapie

► **Stadiengerechte Therapie.** Es erfolgt die stadiengerechte Therapie nach der S3-Leitlinie [46] mit angestrebter vollständiger Resektion und neoadjuvanter (präoperativer) bzw. adjuvanter (postoperativer) Chemotherapie. Bei fortgeschrittenem Verlauf ist ein palliativ-chirurgischer Eingriff, mit oder ohne Chemotherapie, möglich.

► **Prognose.** Die Prognose hängt direkt vom Stadium ab: Während das Carcinoma in situ eine 100 %ige Heilungsrate aufweist, hat das Magenfrühkarzinom, das auf Mukosa und/oder Submukosa beschränkt ist, noch eine relativ gute Prognose, während diese sich in fortgeschrittenen Tumorstadium, besonders beim Lymphknotenbefall, rasch verschlechtert.

► **Langzeitbetreuung durch den Allgemeinarzt.** Bei der Langzeitbetreuung von gastrektomierten Patienten ist an eine Beratung und Unterstützung bei der erforderlichen Ernährungsumstellung auf häufige, kleine Mahlzeiten und die 3-monatliche parenterale Vitamin-B_{12}-Substitution (1000 µg) zu denken. Zur Nachbetreuung zählen auch die Tumornachsorgeuntersuchungen, bei denen postoperative Funktionsstörungen oder Rezidive erfasst werden. Als Kontrolluntersuchungen kommen in Zusammenarbeit mit Gastroenterologen die Gastroskopie, Sonografie und Tumormarkerbestimmungen (CA 72–4, mit 50 %iger Sensitivität) zum Tragen. Die allgemeinärztliche Betreuung erstreckt sich bis in das Terminalstadium der Erkrankung.

Abwendbar gefährlicher Verlauf

Anzustreben ist die frühe Gastroskopie zur **Erfassung von Frühformen**, die noch kurative Eingriffe ermöglichen. Bei Magenulzera sind unbedingt gastroskopische Kontrollen mit Biopsien bis zum endgültigen Abheilen erforderlich, um ein sich dahinter verbergendes Malignom nicht zu übersehen. Tumorblutungen oder Verschlusssymptomatik bei Magenkarzinom erfordern u. U. einen palliativen chirurgischen Eingriff.

34.109.6 Leitlinien

Deutsche Krebsgesellschaft, Deutsche Gesellschaft für Gastroenterologie, Verdauungs- und Stoffwechselkrankheiten. AWMF-S 3-Leitlinie 032–009OL. **Magenkarzinom – Diagnostik und Therapie der Adenokarzinome des Magens und ösophagogastralen Übergangs.** Im Internet: www.awmf.org/leitlinien; Stand: 10.01.2016

34

34.110 Malaria (B54)

J. Barlet

34.110.1 Definition

Die Malaria ist eine Parasitose, die durch den Stich von weiblichen Moskitos (Anophelesmücken) übertragen wird.

34.110.2 Epidemiologie

Die Malaria kommt hauptsächlich im Tropengürtel vor, aber auch feuchtwarme gemäßigte Gebiete sind betroffen (bekannte Malariagebiete in Italien während des letzten Krieges). Durch die Erwärmung des Erdklimas scheint sich der Gürtel, in dem die Malaria verbreitet ist, wieder zu erweitern. So wurden in der Türkei über 100 000 Malariafälle gemeldet, ferner wurden die ersten Fälle in der Toskana und in New York festgestellt. In Deutschland werden jährlich über 1000 Malariaerkrankungen von Tropenrückreisenden gemeldet.

34.110.3 Ätiologie

Die häufigste Malariaform, die Malaria tropica (70 %), wird durch das Plasmodium falciparum übertragen, die Malaria tertiana (25 %) durch das Plasmodium vivax und ovale und die Malaria-quartana-Formen durch das Plasmodium malariae.

34.110.4 Leitsymptome und Diagnostik

► **Symptome.** Allgemeinsymptome sind meist hohes Fieber über 40 °C mit Schüttelfrost, Mattigkeit, Kopf- und Gliederschmerzen. Je nach Form kommt das Fieber alle 48 Stunden (Malaria tertiana) oder im 72-Stunden-Rhythmus (Malaria quartana) oder unspezifisch.

Bei den schweren Verlaufsformen kommen Thorakal-, Gastrointestinal- und Unterbauchsymptome hinzu:

- Thorakalsymptome:
  - Bronchitis
  - Pneumonie
  - Herzinsuffizienz
  - Myokarditis
- Gastrointestinalsymptome:
  - Erbrechen
  - Leber- und Milzvergrößerung
  - Oberbauchschmerzen
- Unterbauchsymptome:
  - Albuminurie
  - Mikrohämaturie
  - Harnstofferhöhung
  - Aborte

► **Diagnostik.** Die Diagnose wird gesichert durch die Blutbilduntersuchung. Oft sind die Malariaparasiten sehr spärlich im Blut vorhanden, man muss sich dann zum Nachweis der **Methode des „dicken Tropfens“** bedienen:

- Untersuchung im Fieberanfall, da es hierbei zum Parasitennachweis im Erythrozyten kommt
- großen Bluttropfen auf einen Objektträger aufbringen und durch Verrühren wenig ausbreiten
- gut lufttrocknen lassen
- wässrige Giemsa-Lösung auf das lufttrockene, nicht fixierte Präparat auftropfen und nach 15 Minuten vorsichtig mit Wasser abspülen
- erneut lufttrocknen lassen
- unter dem Mikroskop sieht man dann zwischen den weißen Blutkörperchen die Ringe und Halbmondformen der Malariaerreger

Während der Anfälle wird auch eine passagere Leukozytose gesehen, gefolgt von einer Leukopenie mit relativer Monozytose. Bei nicht vorliegender Erfahrung sollte die Blutprobe unverzüglich an ein geeignetes Labor oder eine tropenmedizinische Einrichtung geschickt werden (www.dtg.org/institut.html).

Malaria-Schnelltests und der Nachweis plasmodienspezifischer DNA sind in Einzelfällen weitere nützliche Methoden.

34.110.5 Differenzialdiagnostik

Differenzialdiagnostisch kommen ein grippaler Infekt, aber auch Infektionskrankheiten wie Morbus Weil, Leptospirose oder Typhus infrage. Auch andere Erkrankungen wie Bronchopneumonie, Myokarditis, akute Gastroenteritis, Hepatitis und Nephritis müssen gegenüber der Malaria abgeklärt werden.

34.110.6 Therapie

► **Prophylaxe.** Bei der Prophylaxe unterscheidet man zwischen Expositions- und medikamentöser Prophylaxe:

- Expositionsprophylaxe:
  - Schutz vor dem Mückenstich durch lange, helle Kleider, die den Körper fast ganz bedecken
  - Repellents → Mücken abweisende Mittel wie Autan
  - Moskitonetze und mückenfreie Räume
- medikamentöse Prophylaxe:
  - entsprechend der Resistenzlage gibt die WHO jährlich neue Empfehlungen heraus, die dann von der Deutschen Gesellschaft für Tropenmedizin übernommen werden (www.dtg.org/malaria.html)
  - Mefloquin (Lariam) oder Atovaquon/Proguanil (Malarone) oder Doxyzyklin (für diese Indikation in Deutschland nicht zugelassen) werden für ganz Afrika (mit Ausnahme des Nordens von Afrika und Südafrika), für das Amazonasgebiet und Neuguinea empfohlen

Merke

Um eine reisemedizinische Beratung suffizient durchführen zu können, muss der Allgemeinarzt entweder Länderlisten besitzen oder die aktuellen Empfehlungen aus dem Internet (z. B. Centrum für Reisemedizin) weitergeben.

► **Stand-by-Therapie.** Als Stand-by-Therapie wird nur in Mittelamerika Chloroquin empfohlen. Ansonsten wird überall nur noch die Notfallselbstbehandlung mit Atovaquon-Proguanil (Malarone) oder Artemether/Lumefantrin (Riamet) empfohlen. Wenn man in den Tropen Fieber bekommt und eine Diagnostik nicht möglich ist, sollten diese Medikamente hochdosiert eingenommen werden:

- 3 Tbl. zu Beginn, nach 6–8 Stunden 2 Tbl., bei einem Körpergewicht von mehr als 60 kg nach weiteren 6–8 Stunden 1 Tbl. (250 mg) oder
- täglich 4 Tbl. für 3 Tage (Malarone)

Das Medikament Halofandrin (Halfan) wird heute wegen der kardiologischen Nebenwirkungen nicht mehr als Stand-by-Therapie gegeben. Ebenso ist Resorchin heute nicht mehr gebräuchlich.

► **Therapie bei Erkrankung.** Bei gesicherter Diagnose ist die stationäre Therapie erforderlich. Sie wird hochdosiert mit Mefloquin durchgeführt.

Abwendbar gefährlicher Verlauf

Bei jedem Fieber und Erschöpfungszustand eines erst aus den Tropen zurückgekehrten Patienten muss an eine Malaria gedacht werden. Die Blutuntersuchung bringt die Abklärung. Bei Unsicherheit sollte der Patient stationär beobachtet werden. Eine Intensiv-Therapie ist meist notwendig, da trotz Therapie jedes Jahr Menschen an der Malaria-Erkrankung versterben.

34.110.7 Leitlinien

Deutsche Gesellschaft für Kinder- und Jugendmedizin. AWMF-S 1-Leitlinie 027–053. **Fieber unklarer Genese.** Im Internet: www.awmf.org/leitlinien; Stand: 20.01.2016

Deutsche Gesellschaft für Tropenmedizin und Internationale Gesundheit. AWMF-S 1-Leitlinie 042–001. **Malaria, Diagnostik und Therapie.** Im Internet: www.awmf.org/leitlinien; Stand: 20.01.2016

34.111 Malignes Melanom (C 43.9)

J. Barlet

34.111.1 Definition

Ein malignes Melanom (Melanozytoblastom), im Volksmund „Schwarzer Krebs“ genannt, ist eine maligne Proliferation entarteter Melanozyten.

34.111.2 Epidemiologie

In den letzten Jahren ist eine stark zunehmende Häufigkeit zu beobachten (bedingt auch durch die Einführung des Hautkrebs-Screenings in Deutschland im Jahr 2008). Meist sind die Patienten zwischen 30 und 60 Jahre alt; Frauen sind häufiger betroffen als Männer.

34.111.3 Ätiologie

Als Risikofaktoren gelten dysplastische Nävuszellnävi, zu Sonnenbrand neigende Hauttypen (Typ A), eine große Anzahl von Nävuszellnävi und insbesondere eine übermäßige UV-Exposition mit Sonnenbränden in der Kindheit.

34.111.4 Leitsymptome und Diagnostik

► **Formen.** Man unterscheidet die folgenden Formen:

- **Melanosis circumscripta:** Patienten über 70 Jahre, nur an lichtexponierten Stellen (fast immer im Gesicht), bogig angelegte, miteinander konfluierende, unterschiedlich pigmentierte Flecken, die sich langsam vergrößern
- **primär knotiges Melanom:** flache bzw. halbkugelige Knoten, dunkel pigmentiert mit rötlichem Umgebungsareal (amelanotisches Melanom möglich!)
- **oberflächlich spreitendes Melanom:** im Niveau der Haut sich langsam vergrößernder, unterschiedlich pigmentierter Herd
- **akrolentiginöses Melanom:** flache, hauptsächlich dunkel pigmentierte Knoten an den Phalangen und Nägeln

► **Diagnostik.** Die Verdachtsdiagnose ist eine Blickdiagnose! Zur Abgrenzung gegenüber dem gutartigen melanozytären Nävus dient die ABCD-Regel:

- A = Symmetrie
- B = Begrenzung: unscharf, unregelmäßig
- C = Color, unterschiedliche Farbnuancen, variables Farbmuster
- D = Durchmesser kleiner als 5 mm

Wichtige Kriterien für ein Melanom sind die rasche Größenzunahme, Farbveränderungen, Blutungen, Juckreiz, roter Hof und eine gespannte Oberfläche mit verstrichenen Hautlinien und Relief.

► **Früherkennungsprogramm.** Alle gesetzlich Versicherten können ab dem 35. Geburtstag alle 2 Jahre eine Früherkennungsuntersuchung auf Hautkrebs in Anspruch nehmen (Kap. 19.7).

34.111.5 Differenzialdiagnostik

Differenzialdiagnostisch kommen pigmentierte Neubildungen (z. B. pigmentierte Narben) oder Nävuszellnävi (angeboren und/oder erworben) infrage. Nävuszellnävi haben einen Durchmesser von 15–20 mm und eine jährliche Inzidenz von ca. 1 %. Erworbene Nävuszellnävi treten meist zwischen dem 12. und 30. Lebensjahr auf. Nach dem 35. Lebensjahr kommt es zu kontinuierlicher Reduktion.

34.111.6 Therapie

Bei geringstem Verdacht sofortige Überweisung zum Dermatologen zur Exzision und histologischen Abklärung. Eine zytostatische oder immunstimulierende Nachbehandlung sollte nach Rücksprache und in Zusammenarbeit mit dem dermatologischen Zentrum durchgeführt werden.

Abwendbar gefährlicher Verlauf

metastasierendes Melanom → möglichst frühzeitige Therapie

34.111.7 Leitlinien

Deutsche Krebsgesellschaft. AWMF-S 3-Leitlinie 032–024OL. **Malignes Melanom; Diagnostik, Therapie und Nachsorge.** Im Internet: www.awmf.org/leitlinien; Stand: 20.01.2016

34.112 Mammakarzinom (C 50.9)

H.-D. Klimm

34.112.1 Definition

Das Mammakarzinom ist die maligne Geschwulst der Brustdrüse und kommt hauptsächlich bei Frauen vor. Die Unterscheidung erfolgt nach:

- Differenzierungsgrad:
  - undifferenziertes Carcinoma solidum simplex, cirrhosum und medullare (mehr als 70 %)
  - hochdifferenziertes Adeno-, Gallertkarzinom
- Lokalisation:
  - duktal (ca. 80 %)
  - lobulär (ca. 10 %)
  - lymphangiös-inflammatorisch
- Invasivität
- Grading: histologische Unterteilung in G1 = gut differenziert, G2 = mäßig differenziert und G3 = gering differenziert

34.112.2 Epidemiologie

Mit einem Anteil von 32 % ist das Mammakarzinom die häufigste Krebserkrankung bei Frauen in

Deutschland. Jede 8. Frau erkrankt im Laufe ihres Lebens an Brustkrebs. Dies sind in Deutschland pro Jahr 70–75 000 Neuerkrankungen oder 171 Fälle/100 000 Einwohner und Jahr. Die brustkrebsbedingte Mortalität beträgt pro Jahr 24,0/100 000. Weltweit gibt es nach Schätzung der WHO ca. 1 050 000 Neuerkrankungsfälle/Jahr, häufiger in Industriestaaten, seltener in Ländern Afrikas und Asiens. In westlichen Ländern ist der Brustkrebs bei Frauen zwischen dem 30. und 60. Lebensjahr die häufigste Todesursache.

34.112.3 Ätiologie

Zum Risikoprofil für ein Mammakarzinom gehören:

- Mammakarzinom in der Eigenanamnese (Risikosteigerung 10-fach)
- Mammakarzinom bei Verwandten 1. Grades:
  - 5 % der Brustkrebserkrankungen sind erblich bedingt
  - bei 1 auf 500 Frauen findet man definierte krankheitsverursachende Mutationen („breast-cancer-gene“ BRCA 1 und BRCA 2): die Wahrscheinlichkeit, im Laufe ihres Lebens an Brustkrebs zu erkranken, liegt bei Trägerinnen des mutierten BRCA1 bei 65 %, bei Trägerinnen des mutierten BRCA 2 bei 45 %
- Mastopathia chronica zystica: Kap. 34.115
- Hormonsubstitution in der Postmenopause
- Raucherinnen
- Nulliparität oder Oligomenorrhö
- höheres Lebensalter!

34.112.4 Leitsymptome und Diagnostik

► **Symptome.** In frühen Stadien ist das Mammakarzinom nicht symptomatisch. In späteren Stadien können folgende Symptome auftreten:

- Retraktionsphänomene (Apfelsinenhaut, Mamilleneinziehung)
- Rötungen, Mamillenekzem (Paget-Karzinom: duktales Karzinom, in die Epidermis von Mamille und Aerola infiltrierend)
- einseitige, auch blutige Sekretion

► **Diagnostik.** Zur Diagnostik gehören:

- **Anamnese:** Abfrage des Risikoprofils, insbesondere früheres Mammakarzinom und Mammakarzinom in der Familie
- **körperliche Untersuchung:**
  - tastbarer Knoten in der Brust
  - derbe, fixierte, unbewegliche Lymphknoten in den Axillen (selten supra- oder infraklavikulär)
- **Bildgebung:**
  - Mammografie: Aussage ist bei Frauen mit dichtem Drüsengewebe begrenzt; bei extrem dichtem Gewebe können bis zu 50 % der Brusttumoren mit der Mammografie nicht entdeckt werden
  - Sonografie: insbesondere bei Frauen unter 40 Jahren und bei nicht tastbaren, jedoch in der Mammografie suspekten Befunden
  - MRT der Brust: nur empfohlen für invasive lobuläre Mammakarzinome zur Bestimmung der Resektionsgrenzen und bei Verdacht auf mehrere Tumorherde
  - Galaktografie: nur bei Sekretion aus den Brustwarzen!
- **ergänzende Diagnostik:**
  - Labor: CEA, CA15–3, Prolaktin, BSG, Blutbild, γ-GT, alkalische Phosphatase, Kalzium, LDH
  - Feinnadelpunktion, Zytologie: beim geringsten Verdacht interventionelle, vorzugsweise sonografisch gesteuerte Stanzbiopsie anstreben mit histologischer Untersuchung, einschließlich Bestimmung der Östrogen (ÖA), der „human epidermal growth factor rezeptor“ 2 (HER2)
  - Metastasendiagnostik (Staging): Röntgen-Thorax, Skelettszintigrafie, Abdomensonografie, kraniale CT, MRT

► **Risikoeinschätzung.** Für die diagnostische Beurteilung wird zwischen niedrigem, mittlerem und hohem Risiko unterschieden (► Tab. 34.33).

► **Früherkennung.** Zur Früherkennung dienen die Selbstuntersuchung der Brust und das Mammografie-Screening:

- Selbstuntersuchung der Brust: senkt aber laut Studienlage die Sterblichkeit nicht, weil 80–90 % aller Geschwulste, die durch Selbstuntersuchung von der Patientin entdeckt wurden, zum Zeitpunkt ihrer „Entdeckung“ meist relativ fortgeschritten sind
- Krebsfrüherkennung ab dem 30. Lebensjahr (Kap. 19.5), Mammografie-Screening:
  - Röntgen-Mammografie (S 3) eignet sich zur Erkennung früher Karzinome und Karzinomvorstufen
  - Frauen zwischen 50 und 69 Jahren können an einem qualitätsgesicherten Mammografie-

Tab. 34.33 Risikoeinteilung beim Mammakarzinom.

Kriterium	niedriges Risiko	mittleres Risiko	hohes Risiko
Anzahl der befallenen Lymphknoten	keiner *und* alle folgenden Kriterien	1–3 *oder* keiner, aber mindestens ein weiteres Kriterium	mehr als 4 *oder* 1–3 *und*
Tumorgröße	T 1 (max. 2 cm)	T 2 bis T 4 (größer als 2 cm)	
Differenzierung	G1	G2 und G3	
Hormonstatus	ER/PR-positiv (östrogen-/progesteronpositiv		
HER2/neu-Status	HER2/neu-negativ	HER2/neu-positiv	HER2/neu-positiv
Alter	35 Jahre und älter	*oder* jünger als 35 Jahre	

ER = Östrogenrezeptor, HER2 = „human epidermal growth factor receptor“ 2, PR = Progesteronrezeptor

Screening-Programm auf der Grundlage der europäischen Leitlinien für die Qualitätssicherung des Mammografie-Screenings teilnehmen
  - durch 3-fach-Befundung und bei Bedarf erweiterter Diagnostik soll erreicht werden, dass möglichst wenige gutartige Mammatumoren biopsiert oder gar entfernt werden
- routinemäßiger Einsatz von Gen-Tests: derzeit nicht sinnvoll

► **Stadieneinteilung.** Die Tumorstadien werden nach der TNM-Klassifikation der UICC („union internationale contre le cancer“) eingeteilt (► Tab. 34.34, ► Tab. 34.35). Bei der molekularen Tumorklassifikation sind hormonrezeptorpositive Tumoren mit geringer bzw. höherer Aggressivität (Luminal A, Luminal B), HER-2-positive Tumoren (erbB2-Phänotyp) und HER-2-negative Tumoren mit und ohne Basaleigenschaften („basal like“ und „normal like“) zu unterscheiden.

34.112.5 Differenzialdiagnostik

Zu denken ist an:
- benigne Mammatumoren (D 48.6), z. B. Adenome
- Mastitis (N61): Kap. 34.114
- Mastopathie (N64.9): Kap. 34.115

34.112.6 Therapie

► **Interdisziplinäre Therapie.** Schon bei geringstem Verdacht ist die sofortige Überweisung in ein

Tab. 34.34 TNM-Klassifikation für das Mammakarzinom [79].

T = Tumorgröße		N = Lymphknotenbefall		M = (Fern-)Metastasen	
T 0	kein Tumor nachweisbar	N0	keine	M0	keine nachweisbar
Tis	Carcinoma in situ, nicht invasiv	N1	1–3 in der Achsel	M1	nachweisbar (meist Lunge, Leber, Knochen)
T 1	bis 2 cm	N2	4–9 in der Achsel		
T 1mic	Mikroinvasion bis 0,1 cm	N3	10 der mehr in der Achsel oder unter/über dem Schlüsselbein		
T 1a	> 0,1 cm, aber ≤ 0,5 cm				
T 1b	> 0,5 cm bis 1 cm				
T 1c	> 1 cm bis 2 cm				
T 2	> 2 cm bis 5 cm				
T 3	> 5 cm				
T 4	jede Größe mit Ausdehnung auf die Brustwand oder Haut				

Tab. 34.35 Stadieneinteilung nach UICC für das Mammakarzinom [79].

Stadium	T	N	M
Stadium 0	Tis	N0	M0
Stadium I	T 1	N0	M0
Stadium IIA	T 0, T 1	N1	M0
	T 2	N0	M0
Stadium IIB	T 2	N1	M0
	T 3	N0	M0
Stadium IIIA	T 0, T 1, T 2	N2	M0
	T 3	N1, N2	M0
Stadium IIIB	T 4	N0, N1, N2	M0
Stadium IIIC	jedes T	N3	M0
Stadium IV	jedes T	jedes N	M1

Mammazentrum zur fachärztlichen Weiterdiagnostik, Beurteilung und Therapieansatz indiziert. Generell ist ein interdisziplinärer Ansatz zu verfolgen (Tumorboard) mit Chirurgie, Onkologie, Radiologie und Psychotherapie:

- **Operationen:**
  - brusterhaltende Therapie: Tumorresektion in sano, einschließlich Entfernung des Wächterlymphknotens („sentinel node")
  - modifizierte radikale Mastektomie: bei diffusen ausgedehnten Kalzifikationen vom malignen Typ, Multizentrizität
  - inkomplette Entfernung des Tumors
  - Brustrekonstruktion: Option bei Patientinnen mit Mastektomie (sofort oder später)
- **Radiotherapie** nach brusterhaltender operativer Therapie:
  - Bestrahlung der betroffenen Brust mit angrenzender Thoraxwand senkt das Risiko eines lokoregionalen Rezidivs (A, I)
  - Radiotherapie der regionalen Lymphabflüsse: Strahlentherapie nur bei Resttumor in der Axilla und nicht eindeutig erfolgter axillärer Dissektion
- **systemische adjuvante Therapie:**
  - medikamentöse Behandlung der Primärerkrankung in Form einer Chemotherapie, einer endokrinen Therapie, einer Anti-HER2-Antikörpertherapie oder einer Kombination bwz. Sequenz dieser Therapie vor und nach Operation (A, I)
  - reduziert Rezidive und Mortalität deutlich
- **endokrine Therapie:**
  - bei Patienten mit Östrogen- und/oder Progesteron-Rezeptor-positiven Tumoren
  - nach Abschluss der Chemotherapie
  - bei prämenopausalen Patientinnen ist Tamoxifen das Mittel der Wahl über eine Zeitdauer von 5 Jahren bzw. bis zum Rezidiv (A, I)
  - bei postmenopausalen Patientinnen Aromatasehemmer der 3. Generation, dem Tamoxifen überlegen: 5 Jahre Tamoxifen, 5 Jahre Aromatasehemmer oder 2–3 Jahre Tamoxifen gefolgt von Aromatasehemmer, bis zu einer Gesamtdauer von 5 Jahren
- **Chemotherapie:**
  - bei allen Patientinnen mit regional positiven Lymphknoten als simultane oder sequenzielle Therapie
  - sollte ein Taxan enthalten
  - anthrazyklin- oder taxanhaltige adjuvante Standard-Chemotherapie dauert 18–24 Wochen
- **neoadjuvante systemische Therapie:** primäre, präoperative systemische Therapie als Standardbehandlung bei Patientinnen mit lokal fortgeschrittenem, primär inoperablem oder inflammatorischem Mammakarzinom im Rahmen eines mutlimodalen Therapiekonzepts (0, I)
- **Bisphosphonate:** bei Hyperkalzämie, metastasenbedingten Knochenschmerzen und osteolytischen Metastasen

Bei Metastasierungen, insbesondere Fernmetastasierungen, wird die Therapie krankheitsadaptiert und individualisiert gewählt und die Wertvorstellung und Wünsche der Patientin berücksichtigt.

▸ **Rolle des Hausarztes.** Der Hausarzt ist „nur" Begleiter und Koordinator sowie Garant der notwendigen Termine zur Nachsorge sowie deren Durchführung:

- Sicherung der medikamentösen Langzeittherapie (Compliance, Coping)
- psychologische Führung der Patientin sowie deren Angehörigen
- rechtzeitige Einschaltung von Psychoonkologen
- Aufforderung und Unterstützung zur körperlichen Aktivität: positive Effekte durch körperliche Aktivität (Empfehlungsgrad A Level 1a)
- Anleitung und Verordnung von Physiotherapie, insbesondere Krankengymnastik zur Verbesserung der Beweglichkeit im Schultergelenk sowie Lymphdrainage bei sekundärem Lymphödem
- Verordnung von Hilfsmittel wie Spezial-BH, Mammaprothesen, Perücken
- Nachsorge: Beginn nach abgeschlossener Primärbehandlung, in den ersten 3 Jahren vierteljährlich, dann halbjährlich bis 5 Jahre, einschließlich jährlicher Mammografiekontrolle; eine intensivierte apparative CT-, MRT- und labortechnische Diagnostik ist nur bei klinischer Auffälligkeit indiziert

Patientinnen können an einem DMP teilnehmen (Kap. 20.4). Wenn die Patientinnen komplementäre Maßnahmen wünschen, sollten diese nicht verweigert, sondern möglichst ohne Abbruch der Standardtherapie und ohne Interaktionen mit der Standardtherapie integriert werden. Die im Rahmen komplementärer oder alternativmedizinischer therapeutischer Konzepte angebotenen Maßnahmen sind wissenschaftlich nicht belegt, bei Misteltherapie verbessert sich nicht die Überlebenszeit der Patientinnen, aber bei der Lebensqualität sind nachweisbare Verbesserungen zu beobachten (Level 1a).

Frauen mit einer BRCA1- oder BRCA2-Genmutation sollte eine bilaterale prophylaktische Mastektomie angeboten werden (Empfehlungsgrad B). Eine prophylaktische beidseitige Salpingo-Oophorektomie, in der Regel über dem 60. Lebensjahr, wird empfohlen.

Abwendbar gefährlicher Verlauf

- Verschlechterung der Prognose durch Verspätung in Diagnostik und Therapie oder unkritischem Ansatz bildgebender wie therapeutischer Verfahren
- reaktive Depression, sozialer Rückzug und Suizidalität (Kap. 24.24)

34.112.7 Leitlinien

Deutsche Krebsgesellschaft, Deutsche Gesellschaft für Gynäkologie und Geburtshilfe. AWMF-S 3-Leitlinie 032–045OL. **Mammakarzinom der Frau; Diagnostik, Therapie und Nachsorge.** Im Internet: www.awmf.org/leitlinien; Stand: 20.01.2016

34.113 Masern (B05.9)

H.-D. Klimm

34.113.1 Definition

Masern (Morbilli) ist eine durch das Masernvirus (Paramyxovirus) hervorgerufene, hochansteckende Infektionskrankheit mit typischem Exanthem (Masernexanthem).

34.113.2 Epidemiologie

Masern ist eine der häufigsten Infektionskrankheiten in Mitteleuropa (bis zum 16. Lebensjahr 100 % Durchseuchungsgrad, Manifestationsgipfel im 4.–7. Lebensjahr). Die Kontagiosität liegt bei nahezu 100 %. Die Ansteckungsfähigkeit beginnt 4 Tage vor und endet 4 Tage nach dem ersten Exanthemtag. Geschätzt werden weltweit 30–40 Millionen Krankheitsfälle pro Jahr, die Sterblichkeit liegt bei 200 000. In Deutschland kommt es immer wieder zu größeren Masernausbrüchen mit Todesfällen, mitprovoziert durch starke „Impfmüdigkeit".

34.113.3 Ätiologie

Erreger ist das Masernvirus. Die Übertragung erfolgt durch Tröpfcheninfektion oder auch über weitere Strecken (fliegende Infektion).

34.113.4 Leitsymptome und Diagnostik

Typisch sind die folgenden Symptome bzw. der folgende Verlauf:

- meist **katarrhalischer Beginn** mit Fieber, Husten, Schnupfen, Bindehautentzündung mit Lichtscheu („verrotzt/verheult/verquollen")
- Frühsymptom: nicht wegwischbare, kalkspritzerartige weiße bis blau-weiße Flecken an der Wangenschleimhaut (Koplik-Flecken), pathognomonisch, aber nicht obligat!
- Halslymphkotenschwellung

- nach eintägigem Fieberabfall bei erneutem Fieberanstieg **groß- bis mittelfleckiges Exanthem**, hinter den Ohren beginnend und im Gesicht konfluierend, über den Rumpf absteigend, manchmal auch hämorrhagisch
- Abblassen des Ausschlags am 4.–6. Tag
- Konjunktivitis mit Fotophobie, Enanthem, Rhinopharyngitis, Laryngotracheobronchitis, manchmal auch Otitis als typische „Begleitsymptome“

Merke

Bei Säuglingen mit Immunität durch mütterliche Antikörper oder Patienten, die Antikörper gerade erhalten haben, können Symptome unspezifisch verlaufen (mitigierte Masern). Ansonsten handelt es sich um eine Blickdiagnose bei typischer Anamnese, insbesondere, wenn in der Umgebung der Patienten noch weitere Masernfälle bekannt sind.

Als **erweiterte Diagnostik** kommen infrage:
- Blutbild: Leukopenie, Lymphozytose und Eosinophile sind vermehrt
- Serologie: IgM-Antikörper bei frischer Infektion, Labor nicht obligat!
- direkter Erregernachweis von Virus-RNA mittels RT-PCR (aufwendig, teuer)

Merke

Masern sind meldepflichtig! Infizierte Kinder dürfen nach IfSG so lange keine Gemeinschaftseinrichtung besuchen, bis sie nach Abklingen der Erkrankung keine Viren mehr ausscheiden.

34.113.5 Differenzialdiagnostik

Differenzialdiagnostisch kommen infrage:
- **allergisches Kontaktekzem** (L45.9): typische Anamnese, typische Expositionsstellen (z. B. Hände), unscharfe Begrenzung, Rötung, Papeln, Juckreiz; bei chronischem allergischem Kontaktekzem Hyperkeratosen und Rhagadenbildung
- **Arzneimittelexanthem** (L27.0): typische Anamnese, unabhängig vom Alter, Minuten bis Stunden nach Einnahme, alle Formen von Exanthemen möglich
- Virusexantheme (B09), Coxsackie-Viren, Echo- und Adenoviren
- Dreitagefieber, Exanthema subitum (B08.2) → Kap. 34.45
- Röteln (B06.9) → Kap. 34.162
- Ringelröteln, Erythema infectiosum (B08.3) → Kap. 34.161
- Scharlach (A38) → Kap. 34.166
- Mononukleose (B27.9) → Kap. 34.120

34.113.6 Therapie

Masern werden symptomatisch mit Antipyretika und Antitussiva behandelt. Bei Komplikationen wie einer Otitis oder einer Pneumonie sollten frühzeitig Breitbandantibiotika (Amoxicillin, Gyrasehemmer) gegeben werden. Nach der Erkrankung besteht eine lebenslange Immunität.

Als prophylaktische Maßnahme steht eine Impfung zur Verfügung:
- aktive Immunisierung mit Masernlebendimpfstoff, meist im Zusammenhang mit Mumps, Röteln, auch mit Windpocken als Kombinationsimpfstoff (nach einmaliger Impfung bei 95 % der Kinder ausreichender Schutz gegen Masern)
- Gegenanzeige: akute Erkrankung, HIV, Chemotherapie, Schwangerschaft
- Kinder zwischen dem 11. und 14. Lebensmonat, die 2. Impfung im Alter von 15–23 Monaten
- Nachholimpfungen (Kap. 14.2)!

Bei abwehrgeschwächten Patienten kann der Ausbruch von Masern durch eine passive Immunisierung mit humanen Immunglobulinen innerhalb von 3 Tagen verhindert werden.

Abwendbar gefährlicher Verlauf

- bakterielle Superinfektionen, z. B. Pneumonie (J18.9) → Kap. 34.147
- postinfektiöse Enzephalitis (0,1 %) mit Residualschäden (20–30 %) oder tödlichem Ausgang (10–20 %)
- Meningoenzephalitis (G04.9) → Kap. 34.117
- Exazerbierung einer Tuberkulose (A16.9) → Kap. 34.185
- subakutes sklerosierende Panenzephalitis (A81.1)
- Spätkomplikation nach Maserninfektion → generalisierte Entzündung des Gehirns mit Nervenentmarkung und schwersten Folgeschäden; die Erkrankung kann Monate bis Jahre nach einer Maserninfektion auftreten. Häufigkeit: 1:1000 bis 1:5 000 Infizierten

V

34.113.7 Leitlinien

Deutsche Gesellschaft für Kinder- und Jugendmedizin. AWMF-S 1-Leitlinie 027–053. **Fieber unklarer Genese.** Im Internet: www.awmf.org/leitlinien; Stand: 20.01.2016

34.114 Mastitis (N61)

H.-D. Klimm

34.114.1 Definition

Die Mastitis ist eine gutartige Entzündung der Brustdrüse mit Befall einzelner Bezirke oder der gesamten Drüse. Sie tritt fast ausschließlich im Wochenbett auf (Mastitis puerperalis), selten auch außerhalb der Stillzeit (Mastitis non puerperalis). Auch bei Männern kann es (selten!) zur Entzündung der Brust kommen.

34.114.2 Epidemiologie

Die Mastitis ist ein relativ seltenes Ereignis in der Hausarztpraxis.

34.114.3 Ätiologie

Die Mastitis puerperalis findet sich bei stillenden Müttern, häufig zu Beginn des Wochenbetts, bedingt durch Mamillenrhagaden und unzureichende Hygiene (Staphylococcus aureus [90 %], Streptokokken, Pseudomonas). In höherem Lebensalter ist sie häufiger, sowohl bei Frauen als auch bei Männern. Oft ist sie verbunden mit einer Hyperprolaktinämie. Auch wird ein Sekretstau für die Infektion mit verantwortlich gemacht.

34.114.4 Leitsymptome und Diagnostik

► **Symptome.** Typisch sind:

- umschriebene Rötung, Druckschmerz, Schwellung und Spannungsgefühle
- bei der Mastitis puerperalis dolente indurierte Achsellymphknoten, Fieber im Verlauf hinzutretend mit Schüttelfrost, Komplikation einer Abszedierung möglich
- bei der Mastitis non puerperalis oft Galaktorrhö (ggf. exprimierbar); Hyperprolaktinämie; prädisponierende Faktoren können sein: Tranquilizer-Einnahme, Neuroleptika, Ovulationshemmer

► **Diagnostik.** Die Diagnose wird klinisch gestellt. Labor (Blutbild, BSG, Prolaktin) und evtl. eine Mammografie und/oder Mammasonografie dienen als Basisdiagnostik. Wenn ein Malignom nicht ganz ausgeschlossen werden kann, kann ggf. eine Galaktografie, eine Exprimat- oder Punktionszytologie und eine Histologie nach Probeexzision durchgeführt werden.

34.114.5 Differenzialdiagnostik

Bei der Mastitis non puerperalis muss stets ein inflammatorisches Mammakarzinom (C 50.9) (Kap. 34.112) und bei massiver Hyperprolaktinämie (E22.1) ein Hypophysenadenom (D 35.2) ausgeschlossen werden.

34.114.6 Therapie

Bei der **Mastitis puerperalis** gibt man schon im Frühstadium Prolaktininhibitoren, außerdem wird die befallene Brust gekühlt und abgepumpt. Falls es innerhalb von 1–2 Tagen nicht zum Abklingen der Symptomatik kommt, müssen Antibiotika (Cephalosporine, Gentamicin, Oxacillin) gegeben werden. Reife Abszesse müssen in der Regel unter antibiotischer Abdeckung chirurgisch inzidiert und drainiert werden.

Bei der **Mastitis non puerperalis** ist die Therapie mit Prolaktinhemmern (z. B. Bromocriptin) die Therapie der Wahl, evtl. wird bei Bedarf mit nicht steroidalen Antiphlogistika rein symptomatisch behandelt.

Abwendbar gefährlicher Verlauf

- inflammatorisches Mammakarzinom (C 50.9): Kap. 34.112
- Hypophysenadenom
- Phlegmone (L 03.9) und Sepsis (A41.9) (selten)

34.114.7 Leitlinien

Deutsche Gesellschaft für Gynäkologie und Geburtshilfe. AWMF-S 3-Leitlinie 015–071. **Brustentzündungen in der Stillzeit: Therapie.** Im Internet: www.awmf.org/leitlinien; Stand: 20.01.2016

34.115 Mastopathie (N64.9)

H.-D. Klimm

34.115.1 Definition

Die Mastopathie ist eine gutartige dysplastische Veränderungen des Brustgewebes mit Entwicklung bindegewebiger Knoten oder Zysten (Mastopathia fibrosa zystca).

34.115.2 Epidemiologie

Betroffen sind vor allem Frauen zwischen 30 und 50 Jahren. Mastopathische Veränderungen finden sich in ca. 5 % der untersuchten Mammae, ab dem 8. Dezennium gar bei über 80 %.

34.115.3 Ätiologie

Auf dem Boden genetischer Prädispositionen (eine familiäre Häufung wird beobachtet) begünstigen **hormonelle Dysbalancen** zwischen Östrogen und Progesteron – mit relativem Östrogenüberschuss und häufig einer Hyperprolaktinämie – die Entstehung der Mastopathie. Als mögliche Ursachen werden Östrogenstimuli, Progesteronmangel, Hyperprolaktinämie, Hyperandrogenämie und Hypothyreose diskutiert.

Unter Einfluss des Östrogens kommt es zu einer verstärkten Proliferation des Drüsengewebes mit sekundärer stärkerer Sekretion, Gangerweiterung und Zystenbildung. Man unterteilt die Mastopathie in 3 **Schweregrade**:

- einfache Mastopathie (Grad I): 70 % aller Fälle ohne Epithelveränderungen
- einfache proliferierende Mastopathie (Grad II): 25 % aller Fälle, Zeichen der Aktivierung und Vermehrung der Epithelzellen
- atypisch proliferierende Mastopathie (Grad III): 5 %; starke Zellvermehrung, Präkanzerose?

34.115.4 Leitsymptome und Diagnostik

Typisch sind die Bildung von druckdolenten Knoten (klein-, mittel-, grobknotige Drüsenkörper) oder Zysten und prämenstruell verstärkte Brustschmerzen (Mastodynie).

Bei unklarer Symptomatik, umschriebener Knotenbildung oder bei Risikokonstellation für ein Mammakarzinom prinzipiell die Möglichkeit eines Malignoms ausschließen:

- Mammosonografie, Mammografie, ggf. Zystenpunktion und Zytologie
- bei suspekten Befunden Exzision und histologische Untersuchung (Kap. 34.112)
- Labor: Prolaktin, Östrogen, Progesteron in der 2. Hälfte des Zyklus, ggf. auch Tumormarker

34.115.5 Differenzialdiagnostik

Andere gutartige Tumoren der Brust wie Adenome oder Fibrome sind zu bedenken.

34.115.6 Therapie

Die Therapie der Mastopathie richtet sich nach dem klinischen Bild:

- bei leichten Formen (Stadium I) aufklärende Gespräche, symptomatisch gestagenhaltige Gele zur Minderung der subjektiven Beschwerden
- im Stadium II Versuch mit Prolaktinhemmern, gestagenbetonten Ovulationshemmern und systematisch mit Progesteron-Gel lokal
- bei fibrös-zystischer Mastopathie Ausschluss einer Präkanzerose (frühe Überweisung zum Gynäkologen)
- bei Mastopathie mit Knotenbildung Exzision und histologische Abklärung in Betracht ziehen, bei wiederholt hochgradigen Mastopathien Frage der vollständigen Entfernung des Brustdrüsenkörpers

Abwendbar gefährlicher Verlauf

Das größte Risiko besteht in der Entwicklung eines **lobulären Karzinoms** aus der Mastopathie und in der Maskierung eines Mammakarzinoms (C 50.9) → regelmäßige Kontrollen, rechtzeitige Überweisung zum Gynäkologen

34.115.7 Leitlinien

Deutsche Krebsgesellschaft, Deutsche Gesellschaft für Gynäkologie und Geburtshilfe. AWMF-S 3-Leitlinie 032–045OL. **Mammakarzinom der Frau; Diagnostik, Therapie und Nachsorge.** Im Internet: www.awmf.org/leitlinien; Stand: 20.01.2016

34.116 Menière-Erkrankung (H81.0)

H.-D. Klimm

34.116.1 Definition

Die Menière-Krankheit (Morbus Menière) ist eine Erkrankung des Innenohrs mit der Symptom-Trias Schwindel, Ohrgeräusch und Schwerhörigkeit.

V

34.116.2 Epidemiologie

Der Morbus Menière ist eine häufige, zunehmende Erkrankung im Alter zwischen 40 und 60 Jahren mit intermittierendem Verlauf, wobei Männer und Frauen gleichermaßen betroffen sind. In ca. 10–13 % der Fälle kann die Erkrankung auch beidseitig auftreten.

34.116.3 Ätiologie

Die genaue Ursache des Morbus Menière ist nicht bekannt. Vermutlich handelt es sich um einen endolymphatischen Hydrops (Hydrops cochleae).

34.116.4 Leitsymptome und Diagnostik

► **Symptome.** Im Vordergrund steht die Trias:
- **Schwindel** (Drehschwindel, auch Schwankschwindel mit Übelkeit, Brechreiz und Erbrechen, Minuten bis Stunden andauernd, Stehschwierigkeiten, Verstärkung des Schwindels bei Bewegung des Kopfes)
- einseitige **Ohrgeräusche** wie Ohrsausen, Tinnitus, verbunden mit Druck und Völlegefühl im Ohr
- **Schwerhörigkeit** (meist einseitig) des erkrankten Ohres, betroffen ist der Tieftonbereich

Die Symptome können nach dem ersten Anfall wieder verschwinden, oft bleiben jedoch Schwerhörigkeit und Tinnitus bestehen.

Hinzu kommen:
- allgemeine Beschwerden wie Schweißausbrüche, Bradykardie bis hin zu Kollapsneigung
- typisch ist der Spontannystagmus (meist zur kranken, später auch zur gesunden Seite hin möglich)

► **Diagnostik.** Zur Diagnostik gehören:
- **Anamnese:**
  - insbesondere die akute Anfallsproblematik eruieren, ebenso wie die Neigung zum Rezidiv
  - die Patienten berichten über plötzlich einsetzenden Drehschwindel, Übelkeit, Ohrgeräusche, Hörverlust, der sich in regelmäßigen Abständen wiederholt
  - ***Cave:*** Die Menière-Trias ist nicht immer vollständig vorhanden!
- Stimmgabeltest: Weber-Versuch → Ton ins gesunde Ohr lateralisiert (Schallempfindungsschwerhörigkeit)
- Nystagmus: Spontannystagmus meist zur kranken Seite hin

Die folgende erweiterte Diagnostik sollte durchgeführt werden:
- Überweisung zum HNO-Arzt zur Hörprüfung (im Anfall Hörverlust, allmählich zunehmend Schwerhörigkeit möglich)
  - Tonaudiogramm
  - otoakustische Emissionen (BERA = „brainstem evoked response audiometry“) zur Klärung, ob der Schall ohne Probleme über den Hörnerv weitergleitet werden kann oder nicht
- bildgebende Verfahren: MRT des Schädels zum Ausschluss eines Akustikusneurinoms

34.116.5 Differenzialdiagnostik

Ausgeschlossen werden sollten:
- TIA (G45.92) oder apoplektischer Insult: Kap. 34.17
- Multiple Sklerose (G35.9): Kap. 34.121
- intrazerebrale Tumoren: G43.2

34.116.6 Therapie

Symptomatisch werden der Schwindel und die Übelkeit mit Antiemetika (z. B. Meclozin) oder Dimenhydrinat sowie Psychopharmaka (z. B. Neuroleptika) behandelt. In schweren rezidivierenden Fällen sind auch durchblutungsfördernde Infusionen (z. B. Pentoxifyllin) zu überlegen. Möglich ist auch eine Labyrinthanästhesie (durch Einbringung von lokalen Anästhetika ins Mittelohr wird das Gleichgewichtsorgan betäubt und somit beruhigt).

Allgemeine Empfehlungen sind die Vermeidung und Reduktion von Stress, Nikotin, Kaffee und Alkohol. Sinnvoll ist eine Anleitung zum autogenen Training und zur Muskelentspannung nach Jacobson.

Abwendbar gefährlicher Verlauf

TIA, MS und ggf. intrazerebrale Tumoren dürfen nicht übersehen werden.

34.116.7 Leitlinien

Deutsche Gesellschaft für Hals-Nasen-Ohren-Heilkunde, Kopf- und Hals-Chirurgie. AWMF-S 1-Leitlinie 017–010. **Hörsturz (Akuter idiopathischer sensorineuraler Hörverlust).** Im Internet: www.awmf.org/leitlinien; Stand: 20.01.2016

34.117 Meningitis (G03.9)

H.-D. Klimm

34.117.1 Definition

Die Meningitis (Hirnhautentzündung) ist eine Entzündung der Hirn- und Rückenmarkshäute, meist durch Viren (z. B. Masern, Mumps, Echo-, Polio-, Arbo-, Herpes- oder Coxsackie-Viren), aber auch durch Bakterien (z. B. Meningo-Pneumokokken, Haemophilus influenzae oder andere). Unterschieden werden eitrige, seröse und tuberkulöse Formen.

34.117.2 Epidemiologie

In der hausärztlichen Praxis ist eine Meningitis selten, dafür dann aber eine dramatische Erkrankung. In den westlichen Ländern kommen ca. 3 bakterielle Meningitiden auf 100 000 Einwohner/Jahr und 11 virale Meningitiden auf 100 000 Einwohner/Jahr. Der Erkrankungsgipfel liegt im Sommer.

34.117.3 Leitsymptome und Diagnostik

► **Symptome.** Nackensteifigkeit, Kopfschmerzen und Fieber sind die klassischen **Leitsymptome** der Meningitis. Die „typische" **Trias** Nackensteifigkeit, hohes Fieber und Bewusstseinsminderung findet man nur bei 45 % aller Fälle! Brechreiz, Erbrechen, Lichtscheu, Reizbarkeit, psychische Anomalien und Apathie, Bewusstseinsstörungen und Wesensänderungen sowie eine generelle Hyperästhesie können auftreten.

Bei **Meningokokken-Meningitis** können petechiale Blutungen, masernähnliche Exantheme, eine Tonsillitis mit hohem Fieber und starkem Krankheitsgefühl bestehen. Bei **virusbedingten Meningitiden** finden sich häufig vorausgegangene unspezifische Infektionen, die mit Kopf- und Halsschmerzen verbunden waren. Die **tuberkulöse Meningitis** ist meist schleichend im Krankheitsbeginn.

Cave: Kleine Kinder zeigen häufig keine charakteristischen Symptome, sie sind meist reizbar und kränklich. Bei Kindern unter 6 Jahren kommt es zur Vorwölbung der Fontanellen, zu Schmerzen in den Beinen und zu kalten Extremitäten und Blässe.

Merke

Wegweisendes diagnostisches Zeichen der Meningitis ist die Nackensteifigkeit, verbunden mit Kopfschmerzen und hohem Fieber. Der Opisthotonus (tonischer Krampf der Rückenmuskulatur) mit Rückwärtsbeugen des Kopfes dient dem Körper als Schonhaltung zur Entlastung der Meningen.

► **Diagnostik.** Zur Diagnostik gehören:

- konsequente **körperliche Untersuchung:** insbesondere Inspektion des Nasen-Rachen-Raums und der Ohren als mögliche Infektionsquelle!
  - Kernig-Zeichen: Unfähigkeit, die Unterschenkel in sitzender Position zu strecken
  - Brudzinski-Zeichen: passive Anteflexion des Kopfes am liegenden Patienten führt zu Schmerzen und Beugen mit vorgestrecktem Kniegelenk
  - „3-Bein-Phänomen": Aufsitzen nur mit Abstützung des Armes möglich
- **Labor:** Entzündungsparameter wie BSG-Beschleunigung, Leukozytose, Linksverschiebung im Differenzialblutbild, hohes CRP
- weiterführende Diagnostik (stationär):
  - Liquorpunktion
  - CT, MRT

34.117.4 Differenzialdiagnostik

Differenzialdiagnostisch kommen infrage:

- Migräne (G43.9): mit Übelkeit und Erbrechen einhergehend, evtl. Auslösung durch Käse oder Rotwein, kein Fieber, kein Meningismus (Kap. 34.119)
- Subarachnoidalblutung (I60.9): schlagartig einsetzender, heftiger Schmerz

- Enzephalitis (G04.9): Nystagmus, Doppelbilder, Schwindel, zunehmender Stupor bis hin zum Koma
- Frühsommermeningoenzephalitis (FSME) (A84.1): Kap. 34.59
- Borreliose (A69.2) (Kap. 34.26): vorausgegangenes Erythema migrans

34.117.5 Therapie

Bei geringstem Verdacht auf eine Meningitis sofortige **stationäre Klinikeinweisung** und konsequente hochdosierte antimikrobielle intravenöse Therapie.

Bei Meningokokken- und Haemophilus-influenzae-Meningitis ist eine **Chemoprophylaxe** der im gleichen Haushalt lebenden Kontaktpersonen erforderlich (Rifampicin über 2–4 Tage 3 × 600 mg/d). Die durch Zeckenbiss übertragene Frühsommermeningoenzephalitis (FSME) lässt sich nach Zeckenbiss durch die Gabe von FSME-Immunglobulin verhindern (Kap. 34.59). Seit Einführung der Haemophilus-influenzae-Re-Impfung bei Kindern spielt die Haemophilus-bedingte Meningitis praktisch keine Rolle mehr. In Ländern, in denen eine Impfung gegen Meningokokken der Gruppe C eingeführt wurde, sinken die Fallzahlen deutlich!

Abwendbar gefährlicher Verlauf

- **Meningoenzephalitis** (G04.9): kann sich in wenigen Stunden entwickeln mit Pupillenstarre, Apathie, Bewusstseinsstörungen, Nervenlähmungen, Ataxie und Krämpfen
- **Meningokokken-Sepsis** (A39.4, Waterhouse-Friderichsen-Syndrom): Streuung im Bereich der Haut, des Endokards und Myokards, der großen Gelenke und der Nebennieren; die Letalität beträgt, trotz hoher Dosis mit Antibiotika, ca. 10–15 %

34.117.6 Leitlinien

Deutsche Gesellschaft für Neurologie. AWMF-S 1-Leitlinie 030–089. **Meningoenzephalitis, ambulant erworbene bakterielle (eitrige).** Im Internet: www.awmf.org/leitlinien; Stand: 20.01.2016

34.118 Meniskopathien (M23.39)

H.-D. Klimm

34.118.1 Definition

Unter Meniskopathie versteht man alle Erkrankungen der Menisken, seien sie durch chronische Fehlbelastungen entstanden oder traumatisch bedingt. Degenerativ bedingte Veränderungen zeigen sich in einer Auffaserung der Menisken und äußern sich oft in Stabilitätsverlusten, provoziert durch schnelle Drehung, Überbeugung oder Verdrehung des Kniegelenks. Meniskopathien sind ein Teil des Geschehens bei der Entwicklung einer Arthrose.

34.118.2 Epidemiologie

Erkrankungen der Menisken sind ein häufiges Problem in der hausärztlichen Praxis.

34.118.3 Ätiologie

Bei jüngeren Menschen sind Meniskopathien meist durch Sportverletzungen bedingt (Meniskusriss), bei älteren Menschen dominieren hingegen chronische Meniskopathien, gehäuft ab dem 30.–40. Lebensjahr. Meist entsteht entweder eine Meniskusquetschung als harmlose Variante einer Meniskusläsion oder eine Meniskusruptur, bei der der Innenmeniskus häufiger betroffen ist als der Außenmeniskus. Dabei lassen sich Längs-, Radiär-, Schräg-, Lappen-, Vertikal-, Horizontal- und Korbhenkelrisse unterscheiden und es kann dabei auch zum sog. „flipped meniscus“ kommen.

34.118.4 Leitsymptome und Diagnostik

► **Symptome.** Bei der akuten Meniskusläsion sind bewegungsabhängige Schmerzen und ein Kniegelenkerguss (tanzende Patella) typisch. Bei chronischen Erkrankungen dominieren bewegungsunabhängige Schmerzen bei Außen- und Innenrotation sowie Überstreckung im Kniegelenk.

► **Diagnostik.** Zur Diagnosestellung gehören:

- Anamnese: Anlass der Beschwerden, Dauer der Beschwerden, Unfallhergang?

- körperliche Untersuchung:
  - Deformation und ggf. Umfangsdifferenz
  - Prüfung der Beweglichkeit (Blockaden? Abnorme Beweglichkeit?)
  - Meniskuszeichen:
    - Steinmann-I-Zeichen: Schmerzen am medialen Gelenkspalt bei forcierter Außenrotation und gebeugtem Knie: Hinweis auf Läsion des Innenmeniskus – umgekehrt reagiert der Außenmeniskus auf Innenrotation
    - Steinmann-II-Zeichen: bei Kniebeugung nach dorsal wandernder Druckschmerz am Gelenkspalt
    - Payr-Zeichen: Schmerzen, wenn im Schneidersitz das Knie nach unten gedrückt wird: Hinweis auf Läsion am Hinterhorn des Innenmeniskus
- Labor: BSG, Blutbild, Harnsäure, γ-GT, CRP
- weiterführende Diagnostik: Bildgebung:
  - Röntgen zum Ausschluss von Trauma und Tumoren, Verschmälerung des Gelenkspalts
  - Magnetresonanztomografie
  - Arthroskopie

34.118.5 Differenzialdiagnostik

- Scheibenmeniskus (M23.19): angeborene Fehlbildung, Schnapp-Phänomen, beginnend mit dem 6.–7. Lebensjahr
- „Wachstumsschmerzen" in der Pubertät
- Gonarthrose (M17.9) → Kap. 34.19
- Chondropathia patellae (M22.4)
- Kreuz- und Kollateralbandruptur (S 83.50)
- Osteochondrosis dissecans (M93.29)
- entzündliche Erkrankungen: bakterielle, rheumatische Arthritis, Tuberkulose, Gonorrhö → Kap. 34.160
- unspezifische Arthritis: Psoriasis (Kap. 34.155), Gicht (Kap. 34.85), Morbus Reiter

34.118.6 Therapie

- stets fachärztliche/orthopädische Diagnostik mit anstreben
- bei akuten bzw. chronischen Meniskusläsionen Arthroskopie mit gleichzeitiger partieller Meniskektomie (histologische Untersuchung anstreben)
- Ruhigstellung, Analgetika (NSAR wie Diclofenac und Ibuprofen)
- physikalische Maßnahmen

Abwendbar gefährlicher Verlauf

Malignome, entzündliche Erkrankungen, Empyem (J86.9).

34.118.7 Leitlinien

Deutsche Gesellschaft für Orthopädie und orthopädische Chirurgie. AWMF-S 2k-Leitlinie 033–006. **Meniskuserkrankungen.** Im Internet: www.awmf.org/leitlinien; Stand: 20.01.2016

34.119 Migräne (G43.9)

H.-D. Klimm

34.119.1 Definition

Migräne ist durch einen anfallsweisen Kopfschmerz gekennzeichnet, der meist halbseitig auftritt und mit vegetativen Störungen und gelegentlichen neurologischen Symptomen infolge Störung der zerebralen Vasomotorik unklarer Genese einhergeht.

34.119.2 Epidemiologie

Rund 10 % der Bevölkerung leiden an Migräne (Frauen etwa 3-mal so oft wie Männer). Meist manifestiert sich die Erkrankung vor dem 30. Lebensjahr, ist aber auch schon im Kindes- und Jugendalter zu beobachten. Genaue Prävalenzangaben gibt es nicht.

Die Erkrankung hat eine hohe volkswirtschaftliche Bedeutung: Jährlich werden in der BRD mehr als 50 Millionen Euro an direkten Kosten für Migränepatienten ausgegeben für ärztliche und medikamentöse Behandlung. Die Kosten durch Arbeitsausfall und Produktivitätseinschränkungen liegen bei dem über 10-Fachen dieser Summe.

34.119.3 Ätiologie

Auslösende Faktoren sind:

- psychische Probleme wie Angst und Anspannung
- endokrinologische Faktoren, z. B. Beginn des Menses

- Zufuhr bestimmter Nahrungsmittel wie Alkohol, Schokolade, Käse oder Rotwein (Glutamat-, Tyramin-, Histamin- und serotoninhaltige Lebens- und Genussmittel)
- Wettereinflüsse wie z. B. Föhn
- Schlafmangel, Stress
- medikamentös: Vasodilatatoren

34.119.4 Leitsymptome und Diagnostik

► **Phasen.** Während eines Migräneanfalls können verschiedene Phasen mit unterschiedlichen charakterischen Symptomen auftreten:

- **Prodromalphase:** Mindestens 30 % aller Patienten haben eine Prodromalphase von Stunden bis 2 Tagen. Kennzeichnend ist dabei die Migräne-Aura, die bei ca. 15–20 % aller Fälle vorkommt. In ihr treten visuelle Störungen, Flimmerskotome (zackig begrenzt, manchmal homonym in beiden Gesichtsfeldern), Fortifikationen, Minderung des räumlichen Sehens, Unschärfe und Sensibilitätsstörungen sowie Kribbelempfinden in Arm, Bein und Gesicht auf – in der Regel bis zu 60 Minuten.
- **Kopfschmerzphase:** In 70 % aller Fälle ist der Kopfschmerz halbseitig, der Schwerpunkt liegt oft auf Stirn, Schläfe und Augen. Meist handelt es sich um einen pulsierenden Schmerz, der bei körperlichen Belastungen zunimmt. Weitere Symptome sind Appetitstörungen, Übelkeit und Erbrechen, Licht-, Lärm-, Geruchs- und Geräuschempfindlichkeit. Die Phase dauert ca. 60 Minuten bis zu 3 Tage.
- **Rückbildungsphase:** langsames Abklingen der Kopfschmerzen und anderen Symptome innerhalb von ca. 24 Stunden.

Während des Anfalls treten oft auch psychische Begleiterscheinungen auf wie erhöhte Reizbarkeit oder Affektlabilität. Nach Beendigung des Anfalles kommt es oft zur Polyurie.

► **Formen.** Man unterscheidet die folgenden Formen der Migräne:

- gewöhnliche/einfache Migräne: typische Anfallssymptomatik ohne neurologische Symptomatik
- Migräne mit Aura: klassische Migräne
  - typische Aura mit Migränekopfschmerz
  - typische Aura mit Nicht-Migränekopfschmerz
  - typische Aura ohne Kopfschmerz (bei Männern stark verbreitet)
- familiäre hemiplegische Migräne (gehäuft familiär auftretend, mindestens ein Verwandter I. bis II. Grades ist ebenfalls an Migräne erkrankt)
- sporadische hemiplegische Migräne
- Migräne vom Basilaristyp: meist bei jungen Erwachsenen mit Sprachstörungen und Schwindel, Tinnitus, Hörminderung
- Migraine accompagnée: Migräne mit neurologischen Ausfallerscheinungen, z. B. Hypästhesie einer Gesichtshälfte, Hemihypästhesie, Paresen, Monoplegie, auch Hemiplegie, auf der dem Kopfschmerz gegenüberliegenden Seite

Bei typischer Anamnese ist meist keine Zusatzdiagnostik erforderlich. Bei rezidivierenden Migräneattacken sollte stets eine neurologische Diagnostik angestrebt werden, z. B. EEG, Doppler-Sonografie, MRT des Schädels.

34.119.5 Differenzialdiagnostik

In die differenzialdiagnostischen Überlegungen sollten die folgenden Erkrankungen einbezogen werden (s. a. Kap. 23.1):

- Spannungskopfschmerz (G44.2): dumpfes, oft quälendes Druckgefühl bei Stress, Anspannung, Konflikten
- Trigeminusneuralgie (G50.0): Manifestationsalter meist jenseits des 50. Lebensjahrs, sekundenlange Schmerzattacken, Nervenaustrittspunkte positiv (Kap. 34.183)
- Zervikalsyndrom (M54.2): stunden- bis tagelanger Schmerz, okzipital betont
- Hirninfarkt (I63.9): Kap. 34.17
- Hirntumor (D 43.2)
- Clusterkopfschmerz (E44.0) = Erythroprosopalgie = Bing-Horton-Syndrom: mehrmals täglich über einstündige Anfälle, auch nachts; Übelkeit und Erbrechen, tränende Augen und Nasenfluss (Kap. 23.1)

Bei migräneähnlichen, insbesondere rezidivierenden und persistierenden Schmerzen müssen außerdem ausgeschlossen werden:

- intrazerebraler Tumor (D 43.2)
- Hirninfarkt (I63.9)

34.119.6 Therapie

Die Migräne ist mit medizinischen Maßnahmen nicht heilbar, jedoch kann die Intensität der Migräneanfälle und die Anfallshäufigkeit durch geeignete Medikamente deutlich reduziert werden! Wichtig ist der frühzeitige Einsatz:

- **Akuttherapie:**
  - Ibuprofen (200–400–600 mg), Azetylsalizylsäure (1000 mg), Paracetamol (zusammen mit ASS und Koffein)
  - Triptane gemäß AWMF-S 1-Leitlinie [37]
- Übelkeit und Brechreiz: Metoclopramid, Domperidon
- nicht medikamentöse Methoden: Reizabschirmung, abgedunkelter Raum, Pfefferminzöleinreibungen auf der Stirn, autogenes Training

Eine **Prophylaxe** ist angezeigt, wenn Patienten einen starken Leidensdruck haben, die Lebensqualität stark eingeschränkt ist und mehr als 3 Attacken/Monat auftreten:

- Mittel der ersten Wahl sind Betablocker (Metoprolol oder Propranolol) und Kalziumantagonisten (Flunarizin)
- sonstige Therapeutika:
  - Antidepressiva: Amtitriptylin
  - Akupunktur
  - ***Cave:*** gleichzeitige Anwendung von Sumatriptan und Arzneimittel, die den Serotoninstoffwechsel beeinflussen können: Wechselwirkungen!

Merke

Die gleichzeitige Anwendung von Sumatriptan und dehydroergotaminhaltigen Arzneimitteln sowie MAO-Hemmer ist nicht möglich!

34.119.7 Leitlinien

Deutsche Gesellschaft für Neurologie (DGN). AWMF-S 1-Leitlinie 030–057. **Migräne, Therapie.** Im Internet: www.awmf.org/leitlinien; Stand: 10.01.2016

34.120 Mononucleosis infectiosa (B27.9)

H.-D. Klimm

34.120.1 Definition

Die Mononucleosis infectiosa (Pfeiffer-Drüsenfieber), auch Monozytenangina oder Kusskrankheit genannt, ist eine durch den Epstein-Barr-Virus (EBV) hervorgerufene Infektionskrankheit des lymphatischen Gewebes mit charakteristischen Blutbildveränderungen.

34.120.2 Epidemiologie

Kinder und junge Erwachsene erkranken häufig im Frühjahr und Herbst durch Tröpfcheninfektion oder direkten Kontakt. Meist kommt es zu einem epidemieartigen Auftreten! Die Durchseuchung der Bevölkerung liegt bei 80 %.

34.120.3 Ätiologie

Der Krankheitserreger ist das Epstein-Barr-Virus (EBV-Virus), ein Gamma-Herpesvirus, das zur Familie der Herpesviridae gehört. Trotz oft monatelanger oropharyngealer Exkretion besteht keine besondere Infektiosität! Nach einer durchgemachten Infektion besteht meist eine lebenslange Immunität, wobei sich die EBV-transformierten B-Lymphozyten vermehren, aber vom intakten Immunsystem kontrolliert werden. Bei Immunsuppression (Chemotherapie) kann es zu unkontrollierten Vermehrungen kommen.

34.120.4 Leitsymptome und Diagnostik

► **Symptome.** Typisch sind ein allgemeines Krankheitsgefühl, Schweißneigung, Schüttelfrost, Appetitlosigkeit, Brechreiz und Erbrechen, Pharyngitis mit starken Schluckbeschwerden (80 % der Patienten), vergrößerte Halslymphknoten (dolent), Lymphknoten aber axillar und inguinal (generalisiert!), Angina unterschiedlicher Formen, multiformes Exanthem, Milz- und Leberschwellung.

► **Diagnostik.** Die Diagnostik umfasst:

- **Anamnese:** Infektion im Umfeld bekannt, Prodromi ca. 4–14 Tage

- **körperliche Untersuchung:**
  - Inspektion und Palpation der Mund- und der Halsregion
  - Erfassung von Milz- und Leberschwellung
- **Labor:**
  - Hämoglobin, Erythrozyten, Leukozyten (Leukozytose bis 30 000)
  - Differenzialblutbild
  - Transaminasen (Hepatitis mit Hepatomegalie, Ikterus meist selbstlimitierend nach 2–3 Wochen)
  - ca. 50 % mononukleäre Zellen
- **erweiterte Labordiagnostik:**
  - positive EBV-Serologie
  - positiver Paul-Bunnell-Test

34.120.5 Differenzialdiagnostik

Ein ähnliches Krankheitsbild kann bei den folgenden Erkrankungen entstehen:

- Angina tonsillaris (J03.9): meist beidseitig hochgerötete Tonsillen mit stippchenförmigen Eiterauflagerungen (Kap. 34.180)
- Diphtherie (A36.9): fibrinöse Beläge, bei Berührung blutend, süßlicher Mundgeruch, allgemein schwer reduzierter Allgemeinzustand
- Herpangina (B08.5): Aphthen auf den Tonsillen, hohes Fieber, Lymphknotenschwellung
- Toxoplasmose: Kap. 34.181
- Lues Stadium II (A53.9): Anamnese
- Karzinom (C 80.9): einseitig, schmierig blutig belegt

34.120.6 Therapie

Präventiv wirkt die Vermeidung der Exposition („kissing disease"). Eine Kausaltherapie ist nicht möglich, allenthalben kann symptomatisch behandelt werden mit z. B. Bettruhe, Antipyretika, Antiphlogistika, z. B. Azetylsalizylsäure, Diclofenac, Ibuprofen). In der Regel genesen die Patienten innerhalb von 6–8 Wochen. Die Erkrankung kann aber auch chronisch persistierend verlaufen und dann oft monatelang mit Fieber, Müdigkeit, Abgeschlagenheit, Antriebsschwäche und chronischer Lymphknotenschwellung einhergehen.

In ca. 10 % der Fälle kommt es zur bakteriellen Superinfektion, die eine Antibiotikatherapie benötigt. ***Cave:*** Ampicillin-Exanthem nach einer charakteristischen Latenzzeit von 7–10 Tagen (Exanthem des 10. Tages) insbesondere unter Ampicillin, Amoxicillin, aber auch anderen Penicillinabkömmlingen und Sulfonamiden.

Abwendbar gefährlicher Verlauf

Komplikationen wie:

- Milzruptur (S 96.08)
- Peri- oder Myokarditis (I13.9/I51.4)
- Agranulozytose (D 70.3), Panzytopenie
- Meningoenzephalitis (G04.9)
- Guillain-Barré-Syndrom (G61.0) (selten!)

34.120.7 Leitlinien

Deutsche Gesellschaft für Allgemeinmedizin und Familienmedizin (DEGAM). AWMF-S 3-Leitlinie 053–010. **Halsschmerzen.** Im Internet: www.awmf.org/leitlinien; Stand: 20.01.2016

34.121 Multiple Sklerose (G35.–)

K.-C. Münter

34.121.1 Definition

Die Multiple Sklerose (MS) ist eine schubweise verlaufende, chronisch entzündliche Erkrankung mit Auftreten von demyelinisierten Läsionen im zentralen Nervensystem. Die Krankheitsverläufe sind variabel. Sie reichen von schnell aufeinanderfolgenden Schüben mit frühzeitiger Invalidität bis zu gutartigen Verläufen ohne Behinderung für Jahrzehnte.

34.121.2 Epidemiologie

Multiple Sklerose ist die häufigste neurologische Erkrankung im mittleren Lebensalter (25.–45. Lebensjahr). Die mittlere Erkrankungsdauer beträgt rund 30 Jahre, die Prävalenz beträgt in Nordeuropa 50–100 Fälle pro 100 000 und die Inzidenz 4–6 Fälle pro Jahr pro 100 000 der Bevölkerung. Frauen sind von der schubförmig verlaufenden MS etwa dreimal häufiger betroffen als Männer, bei der primär progredienten (PPMS) Verlaufsform sind Männer etwa gleich häufig wie Frauen betroffen. Weiße in nördlichen Breitengraden sind besonders betroffen.

34.121.3 Ätiologie

Die Ätiologie ist unbekannt. Diskutiert wird ein multifaktorielles Geschehen, bei dem genetische Faktoren sowie Umwelteinflüsse Auslöser für immunvermittelte Schäden sind.

34.121.4 Leitsymptome und Diagnostik

▶ **Symptome.** Unterschiedliche Symptome können bestehen, je nachdem, welche ZNS-Areale (meist Hirnstamm, Kleinhirn, Rückenmark sowie N. opticus) von der Demyelinisierung betroffen sind. Initial finden sich häufig **Augensymptome** (z. B. einseitiger Visusverlust über 1–2 Wochen durch Retrobulbärneuritis, Doppelbilder durch Abduzensparese).

Merke

In der allgemeinärztlichen Praxis ist es wichtig, beim Auftreten der initialen, häufig vorübergehenden Symptome eine weitere fachneurologische Diagnostik zu veranlassen.

▶ **Diagnostik.** Die Diagnostik in der Hausarztpraxis umfasst:

- **Anamnese:** Dauer und Beginn der Beschwerden
- **körperliche Untersuchung:** orientierende neurologische Untersuchung mit grober Visus-, Motorik- und Sensibilitätsprüfung

Eine **weiterführende Diagnostik** ist mit den 2001 veröffentlichten sog. McDonald-Kriterien möglich (2005 und 2010 revidiert). Sie berücksichtigen neben klinischen Befunden MRT-Verfahren, Liquordiagnostik und veränderte Latenzzeiten evozierter Potenziale.

Die folgenden Stadien und **Verläufe** sind zu unterscheiden:

- klinisch isoliertes Syndrom (KIS)
- schubförmige MS („relapsing-remitting“, RRMS)
- sekundär progrediente MS (SPMS)
- primär progrediente MS (PPMS)

34.121.5 Differenzialdiagnostik

In erster Linie müssen andere zerebrale Erkrankungen wie z. B. raumfordernde Prozesse (Tumor, Blutung, Abszess), narbige Veränderungen, entzündliche Erkrankungen (Vaskulitiden), ferner andere Augenerkrankungen und psychogene Faktoren differenzialdiagnostisch berücksichtigt werden.

34.121.6 Therapie

Es wird zwischen der Schub- und der immunmodulierenden Therapie unterschieden:

- **Schubtherapie:**
  - sensible Schübe bedürfen häufig keiner Therapie
  - hochdosierte Glukokortikoide (1000 mg Methylprednison über 3–5 Tage) können Symptome mildern und Schübe verkürzen
- **immunmodulierende Therapie:**
  - schon nach den ersten Symptomen
  - Basistherapie (z. B. Interferone, Glatirameracetat) und Eskalationstherapie (z. B. Fingolimod, Natalizumab)

Bei der **Langzeitbetreuung** steht die Lebensqualität der Betroffenen im Vordergrund. Mobilität, Berufs- und Familienleben, sportliche Betätigung und vieles mehr können zeitweise oder dauernd durch die vielfältigen Symptome der Erkrankung eingeschränkt werden. Hier ist ein größtmögliches Maß an individueller Unabhängigkeit anzustreben, unterstützt durch das therapeutische Team, bestehend aus Patient, Familie, Neurologe, Hausarzt, Physio- und Ergotherapeuten.

Bei etwa ein Drittel der Patienten führt die MS zu vorzeitiger Berentung.

Abwendbar gefährlicher Verlauf

- aufsteigende Harnwegsinfektionen → frühzeitig und konsequent behandeln!
- akute Schübe → erkennen und schnellstmöglich neurologisch behandeln lassen

34.121.7 Leitlinien

Deutsche Gesellschaft für Neurologie. AWMF-S 2e-Leitlinie 030–050. **Multiple Sklerose, Diagnostik und Therapie.** Im Internet: www.awmf.org/leitlinien; Stand: 20.01.2016

Deutsche Gesellschaft für Neuropädiatrie. AWMF-S 2-Leitlinie 022–014. **Multiple Sklerose im Kindesalter.** Im Internet: www.awmf.org/leitlinien; Stand: 20.01.2016

34.122 Mykosen (B36.9)

S. Klimm

34.122.1 Definition

Mykosen sind definiert als durch Pilzbefall entstehende Infektionskrankheiten. Man differenziert zwischen oberflächlichen Hautmykosen, von denen alle Menschen betroffen sein können, und opportunistischen Pilzinfektionen, die primär bei immungeschwächten Patienten vorkommen.

34.122.2 Epidemiologie

In der hausärztlichen Praxis sind Mykosen häufig zu beobachtende Infektionen. Man schätzt, dass weltweit 1,5 Millionen Menschen/Jahr an Pilzinfektionen sterben!

34.122.3 Ätiologie

Bei den medizinisch relevanten Mykosen unterscheidet man folgende Erregergruppen (nach Rieth):
- Dermatophyten (70,5 %)
- Hefen (24,4 %)
- Schimmelpilze (5,1 %)

Während die Dermatophyten durch direkten Kontakt von Mensch zu Mensch oder vom Tier zu Mensch übertragen werden, entstehen opportunistische Mykosen bei geschwächtem Immunsystem, z. B. bei HIV-Patienten oder Menschen mit Chemotherapie. Letzteres trifft auch bei der Infektion mit Schimmelpilzen zu (z. B. Aspergillus), wobei die Erreger über das Blut- und Lymphsystem im Körper verteilt werden.

Typische Erreger sind:
- oberflächliche Mykosen: Dermatophyten, Candida und Malassezia furfur
- Mykosen der Schleimhäute: Candida albicans (fast nur bei immungeschwächten Patienten)
- systemische Mykosen: Aspergillus, Mucor, Candida
- Mykosen des Magen-Darm-Trakts meist Candida
- Nagelmykose: Trichophyton, Microsporum
- Interdigitalmykose: meist Trichophyton
- Windeldermatitis: Candida

34.122.4 Leitsymptome und Diagnostik

► **Oberflächliche und systemische Mykosen.** Unterscheidet man zwischen oberflächlichen und systemischen Mykosen, sind die folgenden Charakteristika und Symptome kennzeichnend:
- **oberflächliche Mykosen:** Haut und/oder Schleimhäute betroffen (B36.9)
  - ○ Mykosen der Haut und Hautanhangsgebilde:
    - Übertragung durch Hautschuppen von Mensch zu Mensch, Befall an allen Körperteilen möglich
    - Rötung, ekzematöse Veränderungen der Haut, Juckreiz, Schuppung, Rhagaden
    - prädestiniert sind intertriginöse Falten (submammär, axillar, inguinal, interdigital)
  - ○ Mykosen der Schleimhäute (B37.0):
    - weißer Belag auf den Schleimhäuten mit umschriebener Rötung (Candida)
    - Prädilektionsorte sind Mund, Scheide, oberer Verdauungstrakt
- **systemische Mykosen:**
  - ○ Ausbreitung der Mykosen bei immungeschwächten Patienten via Blutkreislauf in innere Organe
  - ○ nur schwer beherrschbar
  - ○ Symptome je nach Erreger unterschiedlich, z. B. Lungenbefall bei Aspergillose (B44.–), Histoplasmose (B39.–), Kandidose (B37.1)

Häufig wird bei der oberflächlichen Mykose vor allem die jeweilige Lokalisation genannt:
- Nagelmykose (B35.1): Verfärbung, oft Verdickung der Nägel
- Interdigitalmykose (B35.3): juckend, nässend; Risikofaktoren sind Feuchtigkeit, Wärmestau, Gemeinschaftsduschen, Schwimmbäder
- Windeldermatitis (L22): starke Rötung, schuppend bis nässend, anogenitaler Bereich (Windeldreieck)

Bei einigen Erkrankungen steht auch der Erreger im Vordergrund:
- **Pityriasis versicolor (B36.0):**
  - ○ Erreger Malassezia furfur (syn. Pityrosporum orbiculare und ovale)
  - ○ häufige Hautmykose → Kap. 34.145
- **Kandidose (B37):**
  - ○ Kandidose des Magen-Darm-Trakts (B37.8)
    - Risikofaktoren: Schwäche des Immunsystems, medikamentöse Therapie (Antibiotika, Immunsuppressiva, Glukokortikoide)

    - Mundsoor (B37.0): Brennen im Mund, weiße Beläge
    - Soor-Ösophagitis (B37.81); Schluck- und Schlingstörung
  - Genitalmykosen (B37.3):
    - Vulva, Vagina bei der Frau, Präputium und Glans beim Mann
    - gerötet, stark juckend, weißliche Beläge
  - Candida-Mykosen beim Neugeborenen (P37.5):
    - vermehrtes Wachstum von Candida-Pilzen ab der 4. Schwangerschaftswoche (35–40 %)
    - bei langer Geburt Übertragung von Candida auf die Haut und Schleimhäute des Neugeborenen (> 80 % der Fälle) → Mund- und Anogenitalkandidose innerhalb des 1. Lebensjahrs (90 % der Fälle)

► **Candida-Hypersensitivitätssyndrom.** Im alternativ-medizinischen Bereich ist dies eine häufige Diagnose mit sekundärer antimykotischer Therapie. Als Leitsymptome werden angegeben: Verdauungsstörungen wie Diarrhö, Verstopfung und Blähungen, Herzbeschwerden, Heißhungerattacken, Müdigkeit, Hauterkrankungen wie Neurodermatitis bis hin zu Depression und Asthma. Beschuldigt wird die Candidabesiedlung des Darms. Festzuhalten ist jedoch, dass bei über 80 % der Gesunden Candida im Darm nachweisbar ist, das Candida-Hypersensitivitätssyndrom ist ebenso wenig bewiesen wie Effekte sog. Anti-Pilzdiäten oder eine Behandlung mit Nystatin.

► **Diagnostik.** Die Diagnostik umfasst:
- Anamnese
- Inspektion: typische Haut- und Schleimhautveränderungen
- mikroskopischer Nachweis und Pilzkultur:
  - bei Candida Abstrich auf Spezialagar nach Nickerson, Nachweis innerhalb von 1–3 Tagen
  - bei Dermatophyten verzögerte Wachstumstendenzen bis zu 2 Wochen
- endoskopische Diagnostik mit Abstrich und Pilzkulturen: bei Verdacht auf Mykosen des Magen-Darm-Trakts

34.122.5 Differenzialdiagnostik

„Täuschend ähnlich" sind alle Formen der Ekzeme!

34.122.6 Therapie

- oberflächliche Mykosen:
  - meist alternative Behandlung mit Antimykotika, z. B. Nystatin, Miconazol (als Lösung bei nässenden Mykosen oder Creme/Salben bei intertriginösen Veränderungen)
  - Kortisonzusätze nur zu Beginn der Behandlung bei stark juckenden ekzematösen Veränderungen
  - orale Antimykotika (z. B. Itraconazol) bei ausgedehnten Mykosen der Haut und der Nägel, ***Cave:*** lebertoxische Wirkung/Interaktionsrisiko
  - bei Erkrankungen der Schleimhäute: lokal Antimykotika (z. B. Amphotericin B oder Nystatin)
  - bei Candida Suspensionen (z. B. Ampho Moronal bei Rachen- und Ösophagusbefall)
- Candida-Mykose beim Neugeborenen: bei positiven Pilzkulturen in der Scheide ab der 34. Schwangerschaftswoche antimykotische Therapie der Scheide mittels Vaginalzäpfchen und/oder Vaginalcreme
- Pityriasis versicolor: Kap. 34.145

Abwendbar gefährlicher Verlauf

- Alle Patienten mit immunsuppressiver Therapie sind gefährdet für Organmykosen mit generalisierter Infektion und Entwicklung einer Pilzsepsis (B37.7). Auf Intensivstationen beträgt die Prävalenz ca. 15 %, besonders bei älteren Menschen.
- Systemische Kandidosen enden in 70 % der Fälle tödlich! Nachweis von Candida-Erreger in der Blutkultur. In Deutschland sterben pro Jahr ca. 40 000 Menschen an einer invasiven Candida-Infektion.

34.122.7 Leitlinien

Deutsche dermatologische Gesellschaft. AWMF-S 1-Leitlinie 013–002. **Tinea der freien Haut.** Im Internet: www.awmf.org/leitlinien; Stand: 20.01.2016

Deutsche Gesellschaft für Gynäkologie und Geburtshilfe. AWMF-S 1-Leitlinie 015–028. **Bakterielle Vaginose in Gynäkologie und Geburtshilfe.** Im Internet: www.awmf.org/leitlinien; Stand: 20.01.2016

34.123 Myokarditis (I40.9)

F. Peters-Klimm

34.123.1 Definition

Unter Myokarditis versteht man eine zumeist akut, seltener auch chronisch verlaufende Entzündung des Herzmuskels (= Myokarditis), die das Perikard (Perikarditis [I30.9], Perimyokarditis [I31.9]), das Endokard (= Endomyokarditis) oder beide (= Pankarditis) einbeziehen kann.

V

34.123.2 Epidemiologie

Es liegen wegen einer recht großen Anzahl inapparent verlaufender Erkrankungen keine genauen Zahlen zur Häufigkeit vor. Es wird vermutet, dass 1–5 % aller Virusinfekte eine Myokarditis verursachen, wovon die meisten als „Begleit-Perimyokarditis“ eine exzellente Prognose haben.

34.123.3 Ätiologie

Zu unterscheiden sind infektiöse und nicht infektiöse Perimyokarditiden:

- infektiöse Perimyokarditiden (am häufigsten)
  - **viral** (ca. 80 % aller Fälle sind viral bedingt!): meist Coxsackie-B/-A-, ECHO-Viren, Influenza sowie zahlreiche weitere; bei HIV (in ca 10 %)
  - **bakteriell:** Pneumo-, Strepto-, Staphylo-, Meningokokken und weitere; Spirochäten (bis 10 % bei Lyme-Borreliose [Kap. 34.26]), Rickettsien (Q-Fieber)
  - **mykotisch:** meist Candida (z. B. bei Abwehrschwäche, AIDS, Zytostatikatherapie)
  - **Protozoen:** Trypanosoma cruzi (Chagas-Krankheit in Zentral- und Südamerika, durch zunehmende Einwanderung auch in Europa), Toxoplasma gondii
  - **parasitär:** Trichinen, Echinokokken
- nicht infektiöse Perimyokarditiden (deutlich seltener)
  - **Toxine:** Urämie; Diphtherie; Scharlach (Kap. 34.166), Kokainabusus
  - **immunologisch:** Pericarditis epistenocardica, Postmyokardinfarktsyndrom, Postkardiotomiesyndrom, systemischer Lupus erythematodes, rheumatisches Fieber, Panarteriitis nodosa, rheumatoide Arthritis, systemische Sklerodermie; Dermatomyositis; Sarkoidose
  - **allergisch:** Arzneimittel, nach Radiatio
  - **Tumorperikarditis** (durch infiltratives Wachstum oder Metastasen)

34.123.4 Leitsymptome und Diagnostik

► **Symptome.** Die Symptome sind sehr variabel. Der überwiegende Anteil verläuft entweder oligo- oder asymptomatisch, die Beschwerden stehen bei der infektiösen Myokarditis mit einem Infekt in Zusammenhang, ansonsten:

- Müdigkeit, Schwächegefühl (Leistungsknick)
- Palpitationen
- klinische Zeichen einer Herzinsuffizienz
- stechender Schmerz hinter dem Sternum, verstärkt im Liegen und Linksseitenlage, bei tiefer Inspiration und beim Husten, atemabhängig, Verbesserung beim Aufsetzen und Vorbeugen (Hinweis auf eine trockene Perikarditis)

► **Diagnostik.** Die Notwendigkeit diagnostischer Maßnahmen steigt mit der Schwere der Erkrankung:

- **Beobachtung:** bei den in der Hausarztpraxis zumeist vorkommenden leichten Fällen
- **körperliche Untersuchung:**
  - Vitalzeichen: Hypotonie, Jugularvenendruck?
  - ggf. Perikardreiben, am besten hörbar über dem Lingulabereich in Sternalnähe sowie nach Exspiration (bei trockener Perikarditis)
  - Tachyarrhythmien
  - Zeichen der Links-/Rechtsherzinsuffizienz
- **Labor:**
  - Entzündungszeichen
  - ggf. Erhöhungen von Troponin, BNP
  - erregerspezifische Antikörper (IgM), zumeist wenig aussagekräftig
- **EKG/Langzeit-EKG:**
  - häufig Sinustachykardie, AV-Block I–III, häufig Extrasystolen, Niedervoltage (bei Myokardschädigung oder Perikarderguss)
  - ggf. ST-Senkung (Innenschichtschaden) oder ST-Hebung (Außenschichtschaden) bei Perikardbeteiligung
- **Röntgen-Thorax, Echokardiografie:** bei schweren Verläufen, Zeichen der akuten Herzinsuffizienz bei Ausbildung einer dilatativen Kardiomyopathie

34.123.5 Differenzialdiagnostik

Differenzialdiagnostisch müssen letztlich alle Grundkrankheiten in Erwägung gezogen werden, die eine Herzinsuffizienz bedingen können. Im Praxisalltag ist es zumeist eine KHK, die unter gesteigerter kardialer Belastung (z. B. Infekt) zur akuten Dekompensation führen kann. Innerhalb der Myokarditiden mit akut-entzündlichen Krankheitsverläufen ist eine stationäre Ursachenabklärung (Erreger-/ggf. Gewebe- und Entzündungsdiagnostik) für die Differenzialtherapie mit spezifischen immunsuppressiven (z. B. Riesenzellmyokarditis, eosinophile Myokarditis, chronisch lymphozytäre Myokarditis und Autoimmunmyokarditiden) oder ggf. antiviralen Behandlungsregimes durchzuführen!

34.123.6 Therapie

Neben der Behandlung der Grundkrankheit ist bei den zumeist **leichten Verläufen** (Pleuroperikarditis unter oder nach „grippalem Infekt") in der Hausarztpraxis eine spezifisch kardial medikamentöse Therapie nicht nötig. NSAR können hilfreich sein.

Merke

Wichtigste Maßnahme ist die Verordnung strikter Bettruhe zur Herzentlastung!

Mittelschwere Fälle mit passageren, leichten Zeichen einer Herzinsuffizienz werden – unter Einbeziehung eines Facharztes für Kardiologie – entsprechend behandelt (Kap. 34.75); bei Rhythmusstörungen – wenn nötig – ebenfalls (Kap. 34.76).

Abwendbar gefährlicher Verlauf

- Für die Hausarztpraxis ist ungemein wichtig, dass jeder „banale" Infekt (z. B. grippaler Infekt, Enteritis) bei starker Leistungsminderung, Luftnot, Synkope, Hypotonie, evtl. auch Rhythmusstörung und peripheren Ödemen eine **Myokarditis** verursacht haben kann. Da nicht geklärt ist, inwieweit eine zu frühe Mobilisierung und körperliche Belastung die Myokarditisentwicklung verstärkt (chronische Myokarditis? lebenslange Rhythmusstörungen?), sollte jeder Infektpatient entsprechend der Schwere der Erkrankung ausreichend lange mit Bettruhe behandelt werden!
- Eine **schwere, ggf. fulminant verlaufende Myokarditis** ist ein kardialer Notfall und muss – wenn nötig unter Notarztbegleitung – schnellstens eingewiesen werden!
- Eine gelegentliche Komplikation der Perikarditis ist die **Perikardtamponade** (I31.9): Durch große Exsudatmengen kann es durch Behinderung der diastolischen Ventrikelfüllung zu einer Einflussstauung mit der Gefahr eines kardiogenen Schocks kommen.

34.123.7 Leitlinien

Deutsche Gesellschaft für Allgemeinmedizin und Familienmedizin. AWMF-S 3-Leitlinie 053–023. **Brustschmerz.** Im Internet: www.awmf.org/leitlinien; Stand: 20.01.2016

Deutsche Gesellschaft für Pädiatrische Kardiologie. AWMF-S 2k-Leitlinie 023–025. **Myokarditis im Kindes- und Jugendalter.** Im Internet: www.awmf.org/leitlinien; Stand: 20.01.2016

34.124 Nephrolithiasis (N20.0)

H.-D. Klimm; frühere Bearbeitung von M. Ehrhardt

34.124.1 Definition

Die Nephrolithiasis ist eine kristalline Ablagerung im Nierenbeckenkelchsystem mit der Gefahr sekundärer Obstruktion der ableitenden Harnwege und rezidivierender Harnleitersteine.

34.124.2 Epidemiologie

Etwa 5 % der Bevölkerung erleiden mindestens einmal während ihres Lebens eine symptomatische Nierensteinepisode mit Koliken (Männer sind doppelt so häufig betroffen wie Frauen). Am häufigsten tritt diese Episode zwischen dem 30. und 50. Lebensjahr auf. Nach einer Kolik liegt das Rezidivrisiko bei ca. 60 %.

34.124.3 Ätiologie

Die Steine werden nach ihrer Form (Ventil-, Hirschgeweih-, Korallen-, Ausgussstein) und/oder ihrer chemischen Zusammensetzung eingeteilt. Mögliche **Ursachen**, warum das Löslichkeitsprodukt eines Salzes überschritten wird, sind:

- Exsikkose
- Harnstau
- Fehlernährung, eiweißreiche Kost
- Harnwegsinfekt
- metabolische Störung, Enzymdefekte
- Fehlbildungen
- Immobilisation

V

Nach ihrer **chemischen Zusammensetzung** lassen sich unterscheiden:

- kalziumhaltige Steine (Kalziumoxalat und Phosphat):
  - ca. 65–70 % aller Konkremente, meist bei jüngeren Männern
  - evtl. übermäßiger Genuss von Tee, Milchprodukten, Schokolade, gepökelten Fleischwaren und Softdrinks
  - seltene Ursachen: Störung des Kalziumstoffwechsels, Hypoparathyreoidismus und Knochenmetastasen
- Magnesiumammoniumphosphatsteine (Struvit-Steine)
  - ca. 11–15 %, meist bei Frauen
  - meist im Zusammenhang mit Infektionen
- Urat-Steine:
  - ca. 15 % der Konkremente, meist ältere Männer
  - kausal Überangebot an purinhaltigen Nahrungsmitteln und Alkohol
- Kalziumphosphatsteine (ca. 9 %)
- Zystinsteine (ca. 1 %): autosomal rezidiv vererbtes Enzymleiden
- Xanthin-Steine (ca. 1 %)

34.124.4 Leitsymptome und Diagnostik

► **Symptome.** „Ruhende" Nierensteine sind asymptomatisch! Auch kleinere Konkremente bis unter Linsengröße bleiben ohne Symptome, wenn sie abgehen. Flankenschmerzen, Übelkeit, Brechreiz oder Erbrechen, Schweißausbrüche sind die typischen Zeichen bei einer Obstruktion der Harnwege bzw. Behinderung der Passage. Je nach dem Sitz des Konkrementes kommt zur unterschiedlichen Ausstrahlung und Verlagerung des Schmerzes in den Unterbauch, Leiste und Hoden/Schamlippen oder zu Blasentenesmen und vermehrtem Harndrang. Subileus und weitere Begleitsymptome bis hin zum vasovagalen Kollaps können beobachtet werden.

Merke

Eine Hämaturie (meist Mikrohämaturie, selten Makrohämaturie) ist zielführend beim Verdacht auf eine Kolik.

► **Diagnostik.** Zur Diagnostik gehören:

- **Anamnese:** frühere Koliken, Gicht, Miktion, Stuhl, Menses, Ernährung, familiäre Belastung
- **körperliche Untersuchung:** Nierenlager, Abdomen, rektale Untersuchung
- **Labor:**
  - Urinstatus (Streifentest/Sediment: Erythrozyten, Leukozyten, Nitrit, pH-Wert, Kalziumoxalat, Phosphat und Harnsäure im 24-Stunden-Urin)
  - Laborwerte: Kalzium, Phosphat, Harnsäure, Kreatinin, CRP, Blutbild, Differenzialblutbild
- **Sonografie:** Konkrement, Hydronephrose, Raumforderung
- **Steinanalyse** durch Infrarotspektroskopie, Röntgendiffraktionsanalyse oder Polarisationsmikroskopie bei jedem Nieren- oder Harnleiterstein als Grundlage der metabolischen Diagnostik und Metaphylaxe
- **weiterführende Diagnostik:**
  - Röntgen-Abdomenübersicht, CT
  - fachurologische Diagnostik
  - endoskopische Verfahren

34.124.5 Differenzialdiagnostik

Zu den differenzialdiagnostischen Überlegungen gehören:

- Harnwegsinfekt (N39.0): Kap. 34.69
- Pyelonephritis (N12)
- Gallenkolik (K80.20): Kap. 34.32
- Appendizitis (K35.32): Kap. 34.18
- Enteritis (A09.9): Kap. 34.95
- Divertikulitis (K57.92): Kap. 34.44
- Extrauteringravidität (O00.9): Kap. 34.52
- torquierte Ovarialzysten (N83.2)/Hoden
- Ileus (K56.7)
- Herzinfarkt (I21.9): Kap. 34.74
- dissoziiertes Aortenaneurysma (I71.6): Kap. 34.15

34.124.6 Therapie

Zur **Akutbehandlung** werden empfohlen:

- allgemeine Maßnahmen:
  - feuchtwarme Kompressen, warmes Bad
  - zur Steinpassage reichlich Flüssigkeitszufuhr, Anleitung zur Bewegung
  - Nierensteine unter 5 mm haben eine gute Chance zum spontanen Abgang
- Analgetika, z. B.
  - Pethidin 50 mg i. v.
  - bei leichten Beschwerden Diclofenac 100–150 mg/d
  - ggf. Spasmolytika (N-Butylscopolamin) mittels Infusion (Nacl 0,9 %)
- Antiemetika: Metoclopramid
- Antibiotika: bei gleichzeitiger Harnwegsinfektion

Indikationen zur **fachurologischen Mitbehandlung** (perkutane Nephrolitholapaxie [PNL], ureterorenoskopische Steinentfernung [URS], Schlingenextraktion, extrakorporale Stoßwellenlithotripsie [ESWL], Laserlithotripsie, Harnleiterschiene [Stent zum Erweitern und Offenhalten der Harnleiter für einige Tage bis Wochen]) sind gegeben bei:

- Persistenz oder Progredienz der Beschwerden oder
- Obstruktionen mit fieberhaftem Harnwegsinfekt oder Anurie oder bei Einzelniere oder bilateraler Obstruktion oder
- Z. n. Nierentransplantation

Eine **Prophylaxe (Metaphylaxe)** ist wichtig, weil das Rezidivrisiko ohne sie 60–70 % beträgt, mit konsequenter Prophylaxe jedoch wahrscheinlich unter 5 %:

- Behandlung des Grundleidens
- ausreichende Flüssigkeitszufuhr (ca. 2,5 l, ⅓ davon in der Nacht)
- Ernährungsumstellung, ggf. weitere Abklärung nach Steinanalyse (z. B. Ausschluss eines Hyperparathyreoidismus)
- Einstellung des pH-Wertes je nach Steintyp

Abwendbar gefährlicher Verlauf

- **Urosepsis** (A41.9) und Harnwegsperforation sind lebensgefährliche Komplikationen.
- Eine Nierenschädigung durch **chronische Hydronephrose** (N13.3) gilt es zu verhindern.

34.124.7 Leitlinien

Deutsche Gesellschaft für Urologie. AWMF-S 2k-Leitlinie 043–025. **Urolithiasis: Diagnostik, Therapie und Metaphylaxe.** Im Internet: www.awmf.org/leitlinien; Stand: 20.01.2016

34.125 Neurodermitis (L 28.0)

H.-D. Klimm; frühere Bearbeitung durch C. Eicher

34.125.1 Definition

Die Neurodermitis (auch atopische Dermatitis genannt) ist eine chronisch rezidivierende, schubförmig verlaufende, juckende Epidermitis.

34.125.2 Epidemiologie

Von einer Neurodermitis sind ca. 3,8 Millionen Menschen betroffen. Sie zählt zu den häufigsten Hauterkrankungen im Kindesalter. Etwa jedes 6.–12. Kind unter 6 Jahren leidet an einer Neurodermitis. Bei ca. ⅓ sistieren die Symptome im Lauf der Jahre.

34.125.3 Ätiologie

Bei der Neurodermitis ist eine familiäre Häufung bekannt. Es kommen gehäuft Überempfindlichkeitsreaktionen der Haut vor und die Erkrankung steht häufig im Zusammenhang mit allergischen Erkrankungen, daher wird die Neurodermatitis auch als atopische Dermatitis oder atopisches Ekzem bezeichnet. Das Risiko eines Kindes, an einer Neurodermitis zu erkranken, liegt bei einem betroffenen Elternteil bei 40 %, bei beiden Eltern bei mehr als 60 %. Die genauen Ursachen des atopischen Ekzems sind jedoch nicht vollständig aufgeklärt, es handelt es sich um ein komplexes Krankheitsgeschehen, resultierend aus klinischen Faktoren, immunologischen Veränderungen und Umwelteinflüssen sowie psychosomatischen Problemen.

34.125.4 Leitsymptome und Diagnostik

► **Symptome.** Typische Symptome sind:

- quälender Juckreiz (vor allem nachts)
- schuppende, trockene Haut
- Entzündung, Rötung der Haut

► **Stadieneinteilung.** Je nach Alter des Patienten unterscheidet man:

- **Milchschorf** (L21.1): ekzematoide Form in Gesicht, Stirn und behaartem Kopf, bei schweren Verlaufsformen auch an Extremitäten und am Stamm, häufiger am Handrücken und Handgelenken
- **Lichenifikation** (L28.0): vor allem im Schulalter Ekzem-Effloreszenzen an Ellenbogen, Kniekehlen mit Verdickung und Lichenifikation der Haut
- **Lichen Vidal** (L28.0) = akuter Lichen (simplex): mit zunehmendem Erwachsenenalter tritt die Kanalisierung zurück und Hauptorte sind Gesicht, Hals sowie obere Thoraxpartie mit Prurigo-Komponenten

► **Diagnostik.** Zur Diagnostik gehören:

- **Anamnese:** eigene und Familienanamnese
- **Ganzkörperinspektion:** Atopie-Stigmata = trockene Haut, dünnere seitliche Augenbrauenpartie (Herthoge-Zeichen), doppelte Lidfalte (Denni-Morgan-Falte), paradoxe Gefäßreaktionen (falscher Dermographismus)

Der Schweregrad der Erkrankung wird im europäischen Raum mit dem SCORAD („scoring atopic dermatitis") eingeschätzt (► Tab. 34.36, ► Abb. 34.11). Je nach Ausmaß des Hautbefalls, der Intensität des Befalls und der subjektiven Symptome ergibt die Auswertung:

- unter 25 Punkte: leichte Neurodermitis
- 25–60 Punkte: mittelschwere Neurodermitis
- über 60 Punkte: schwere Neurodermitis

34.125.5 Differenzialdiagnostik

Differenzialdiagnostisch muss an die folgenden Erkrankungen gedacht werden:

- Kontaktekzem: Ekzem entsteht am Eintrittsort der Noxe oder des Allergens
- seborrhoische Dermatose (L21.9): von Talgdrüsen ausgehend, an Prädilektionsorten wie behaarter Kopf, Brust und Arme kaum oder wenig juckendes Ekzem
- Scabies: Kap. 34.165
- Psoriasis: Kap. 34.155

34.125.6 Therapie

Die Therapie richtet sich nach dem Krankheitsverlauf wie Schwere der Symptome (► Tab. 34.37).

- allgemeine Maßnahmen

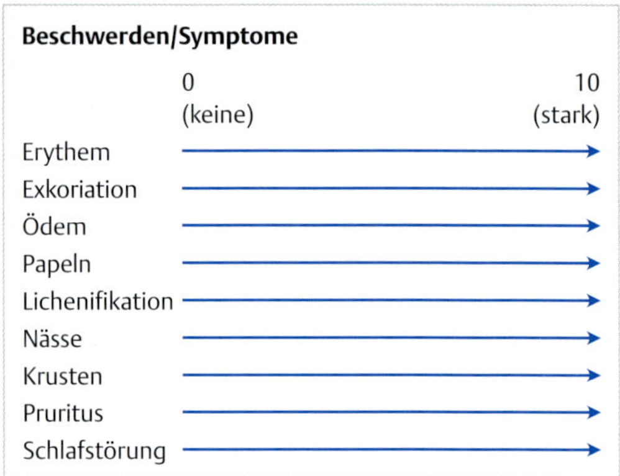

Abb. 34.11 Nach dem SCORAD („scoring atopic dermatitis") wird die Intensität der Beschwerden von 0–10 bewertet; s. a. ► Tab. 34.36 [48].

Tab. 34.36 Beurteilung der Intensität von Symptomen bei Neurodermitis nach dem SCORAD-Index [48]; s. a. ► Abb. 34.11

	Ausmaß	
	Erwachsene	Kleinkinder
Körpervorderseite		
Kopf	4,5	8,5
Abdomen	18	
Arme	4,5	
Genitalbereich	1	
Beine	9	
Körperrückseite		
Kopf	4,5	8,5
Abdomen	18	
Arme	4,5	
Genitalbereich	1	
Beinrückseite	9	6

  - Basispflege: täglich topische Behandlung der Haut als Basispflege zur Stabilisierung der Hautbarriere: Öl-in-Wasser-Emulsionen, Öl-Bäder
  - Bekleidung: Vermeiden von Wolle; Frotteewäsche, Baumwolle bevorzugen
  - Diät: gibt es nicht, jedoch sollten bei bestehenden Nahrungsmittelallergien und Unverträglichkeiten entsprechende Nahrungsmittel gemieden werden
  - Stressbewältigung: autogenes Training, Yoga, Psychotherapie

Tab. 34.37 Stufentherapie des atopischen Ekzems [12].

Stufe	Behandlung
1: trockene Haut	• topische Basispflege • Vermeidung/Reduktion von auslösenden Faktoren
2: leichte Ekzeme	• erforderliche Maßnahmen der Stufe 1 • niedrig potente topische Glukokortikosteroide und/oder topische Calcineurininhibitoren • Behandlung des Juckreizes • Behandlung mit antiseptischen Wirkstoffen
3: moderate Ekzeme	• erforderliche Maßnahmen der Stufen 1 und 2 • höher potente topische Glukokortikosteroide und/oder topische Calcineurininhibitoren
4: persistierende, schwer ausgeprägte Ekzeme	• erforderliche Maßnahmen der Stufen 1, 2 und 3 • systemische immunmodulierende Behandlung (z. B. Ciclosporin A)

  - ambulante Neurodermitis-Schulung, Selbsthilfegruppen
- glukokortikoidhaltige Externa:
  - bei Juckreiz und Entzündungen der Haut, zur Linderung schwerer Schübe
  - in der Regel Präparate der Klasse 1 (schwach wirksam, z. B. Hydrokortison, Triamcinolonacetonid, Dexamethason) und 2 (mittelstark wirksam, z. B. Hydrokortison, Betamethason, Prednicarbat)
  - in schweren Schüben Glukokortikoide der Klasse 3 (stark wirksam, z. B. Mometasonfuorat, Fluticasonpropionat, Fluocortolon) und Klasse 4 (stark wirksam, z. B. Clobetasolpropionat)
- orale Antihistaminika: Terfenadin, Clemastin, Desloratadin
- systemische Therapie, z. B. Ciclosporin A, orale Glukokortikoide (nur in Zusammenarbeit mit Dermatologen!)
- Klimatherapie: Versuch bei rezidivierenden starken Ekzemschüben (z. B. Nordsee)
- Fototherapie: UV-A-/UV-B-Bestrahlung mit einer Abheilungsquote von ca. 70 %

Merke

Das ausschließliche Stillen in den ersten 4–5 Lebensmonaten und die Einführung von Beikost nicht vor dem 4. Lebensmonat kann das Risiko der atopischen Dermatitis signifikant verringern!

Abwendbar gefährlicher Verlauf

Besiedlung mit Staphylococcus aureus, Ekzema herpeticum (L 13.0) muss stets stationär behandelt werden.

34.125.7 Leitlinien

Deutsche dermatologische Gesellschaft. AWMF-S 1-Leitlinie 013–026. **Atopische Dermatitis Erwachsener, dermatologische stationäre Rehabilitation.** Im Internet: www.awmf.org/leitlinien; Stand: 20.01.2016

Deutsche dermatologische Gesellschaft. AWMF-S 2e-Leitlinie 010–027. **Neurodermitis.** Im Internet: www.awmf.org/leitlinien; Stand: 20.01.2016

34.126 Niereninsuffizienz (N18.–)

F. Peters-Klimm

Neben der chronischen Niereninsuffizienz begegnet man (selten) dem akuten Nierenversagen.

34.126.1 Chronische Niereninsuffizienz (N18.9)

Definition und Pathophysiologie

Unter chronischer Niereninsuffizienz (CNI) versteht man eine zumeist langsam fortschreitende Funktionsminderung der Nierenleistung aufgrund von irreversibler Schädigung einzelner Nephrone (GFR < 60 ml/min/1,73m² für > 3 Monate, mit oder ohne Zeichen einer Nierenschädigung). Es kommt zur Abnahme der exkretorischen (Ausscheidung harnpflichtiger Substanzen) und inkretorischen Funktion (Erythropoetin, Renin, aktivem Vitamin D) sowie Störungen im Wasser-, Elektrolyt- und Säure-Basen-Haushalt. Die Klassifizierung der chronischen Nierenerkrankung erfolgt nach folgenden Kriterien der (KDIGO 2013): Ursache der Nierenschädigung, glomeruläre Filtrationsrate, Albuminausscheidung. Hiermit kann das Risiko für die Progression hin zu einer terminalen Niereninsuffizienz eingeschätzt werden (▶ Tab. 34.38).

V

Epidemiologie

Eine eingeschränkte Nierenfunktion (eGFR < 60 ml/min/1,73 m²) haben ca. 15 % der 60–90-Jährigen und mindestens 30 % der > 70-Jährigen. Die stadienabhängige Prävalenz ist bezogen auf alle > 20-Jährigen in ▶ Tab. 34.38 dargestellt.

Ätiologie

Hypertonie und Diabetes mellitus machen zusammen ca. 50 % der ursächlichen Erkrankungen einer Nierenersatztherapie aus. Prävention und adäquate Behandlung der **ursächlichen Grunderkrankungen** sind essenziell:

- primäre:
  - Glomerulonephritiden
  - tubulointerstitielle Nierenerkrankungen
- Folge bei Systemerkrankungen:
  - arterielle Hypertonie, Diabetes mellitus
  - systemische Vaskulitiden
  - hämolytisch-urämisches Syndrom
  - thrombotisch-thrombozytopenische Purpura
  - Sarkoidose
  - multiples Myelom
  - Amyloidose
  - Lupus erythematodes
  - Harnsäurenephropathie

Tab. 34.38 Epidemiologie, Stadieneinteilung, Risikoeinschätzung sowie Monitoring der chronischen Nierenerkrankung (nach KDIGO, [61]).

GFR-Kategorien				Albuminurie-Kategorie		
Kategorie (ICD-Code)	GFR	ml/min/ 1,73m²	Prävalenz (> 20. Lebensjahr)	A1 (normal bis leicht erhöht)	A2 (moderat erhöht)	A3 (stark erhöht)
				ACR < 30 mg/g (< 3 mg/mmol)	ACR 30–300 mg/g (3–30 mg/mmol)	ACR > 300 mg/g (> 30 mg/mmol)
G1 (N18.1)	normal oder hoch	≥ 90	3,3 %	– (1, wenn CNI)	+ (1)	+ + (2)
G2 (N18.2)	mild eingeschränkt	60–89	3,0 %	– (1, wenn CNI)	+ (1)	+ + (2)
G3a (N18.3)	mild bis moderat eingeschränkt	45–59	4,3 %	+ (1)	+ + (2)	+ + + (3)
G3b (N18.3)	moderat bis schwer eingeschränkt	30–44		+ + (2)	+ + + (3)	+ + + (3)
G4 (N18.4)	schwer eingeschränkt	15–29	0,2 %	+ + + (3)	+ + + (3)	+ + + (4 +)
G5 (N18.5)	Nierenversagen*	< 15	0,1 %	+ + + (4 +)	+ + + (4 +)	+ + + (4 +)

ACR = Albumin-to-Creatinin-Ratio; Risikoeinschätzung für die Entwicklung einer chronischen Niereninsuffizienz (– bis + + +): – = niedriges Risiko; + = moderat erhöhtes Risiko; + + = hohes Risiko; + + + = sehr hohes Risiko; () = jährlich empfohlene Anzahl an Monitorings; (1 wenn CNI) = einmal jährliches Monitoring, wenn ein zusätzlicher Faktor/Marker einer CNI (z. B. strukturelle, histologische Abnormitäten) vorhanden ist; * = beinhaltet akutes Nierenversagen

- kongenitale und hereditäre Nierenerkrankungen:
  - polyzystische Nierenerkrankungen
  - Nephronophthise
  - hereditäre Tubulopathien/Glomerulopathien
- postrenal:
  - Harnwegsobstruktion verschiedener Ursachen
  - Refluxnephropathie
- vaskulär:
  - atherosklerotisch, Nierenarterienstenose
  - fibromuskuläre Dysplasie
- infektiös:
  - chronische Pyelonephritis
  - Tuberkulose
- toxisch:
  - Analgetikaabusus, Zyklooxygenasehemmer
  - Antibiotika-UAW (Aminoglykoside)
  - Röntgen-Kontrastmittelschäden

Zur hinreichend genauen Errechnung der GFR hat sich die Verwendung einer vereinfachten MDRD-Formel durchgesetzt:
eGFR(ml/min/1,73m^2) = 186 × Serumkreatinin [mg/dl]$^{-1{,}154}$× Alter [Jahre]$^{-0{,}203}$ (× 0,742 bei Frauen)
Die Bestimmung der Kreatinin-Clearance mittels einer 24-Stunden-Urinsammlung sollte durchgeführt werden bei:
- sehr hohem und sehr niedrigem Körpergewicht (BMI < 20 und > 35)
- sehr fleischarmer Ernährung, Bodybuildern oder Leistungssportlern
- Personen mit Amputationen von Gliedmaßen, insbesondere der unteren Extremitäten
- rascher Änderung der Nierenfunktion

Leitsymptome und Diagnostik

▶ **Symptome.** Leitsymptome entstehen durch Minderung der
- exkretorischen Funktion:
  - Anstieg der **harnpflichtigen Substanzen**, besonders Kreatinin und Harnstoff
  - arterielle Hypertonie
  - Zeichen der **Wasserintoxikation** (Lungen-/Ödeme)
  - Zeichen der Elektrolytstörungen (z. B. Verwirrtheit, Herzrhythmusstörungen, Parästhesien)
- endokrinen Funktion:
  - Zeichen der **Anämie**
  - diffuse **Knochenschmerzen** (vermindertes aktives Vitamin D)

▶ **Diagnostik.** Zur Diagnostik gehören:
- **Anamnese:** Mögliche Grundkrankheit? Nephrotoxische Medikamente?
- **körperliche Untersuchung:**
  - bei Auftreten von Folge- bzw. Begleiterkrankungen wie Herzinsuffizienz, Perikarditis, hämorrhagische Gastritis
  - Blutdruckmessung!
- **Labor:**
  - Kreatinin und Harnstoff, Kalium, Natrium sowie die Urinuntersuchung auf Eiweiß (Mikroalbuminurie als qualitativer oder semiquantitativer Test, Albuminurie und Proteinurie im 2. Morgenurin als sog. „Spot-Urin“) und pathologischen Sedimentbefund für die leichteren Schweregrade.
  - Bei schwereren Formen zusätzlich Blutbild, Kalzium, Phosphat und alkalische Phosphatase
  - weiteres Labor nach Schwere und Art der Folgekrankheit und nach vermuteter Nierengrunderkrankung

Merke

Insbesondere die Beachtung der Filtrationsleistung und des Ausmaßes einer Albuminurie führt zu einer exakteren Risikoabschätzung hinsichtlich der Entwicklung einer chronischen Niereninsuffizienz (▶ Tab. 34.38).

Ergänzt werden kann die Diagnostik durch:
- **Sonografie:** Bestimmung der Nierengröße und -morphologie (meist Schrumpfnieren, nur bei Kimmelstiel-Wilson-, Plasmozytom- und Amyloidosenieren sowie Zystennieren vergrößert)
- weitere Diagnostik – falls sinnvoll – durch den Nephrologen:
  - insbesondere bei einer raschen Progredienz
  - bei einer GFR < 60 ml bei Diabetes mellitus und Nephropathie, sowie bei Patienten über 65 Jahren bei einer GFR < 45 ml (nach NVL „Nierenerkrankung bei Diabetes im Erwachsenenalter)
  - bei einer GFR < 30 ml (Stadium 4) bzw. einer Albuminurie der Kategorie A3 (nach KDIGO-Leitlinie)

Merke

Bildgebende Diagnostik mit i. v. Kontrastmittel möglichst vermeiden!

V

Therapie

Die therapeutischen Möglichkeiten gliedern sich in prophylaktische Maßnahmen zur Verlangsamung der Progredienz, in Allgemeinmaßnahmen und in die Behandlung der Folgeerkrankungen:

- prophylaktische Maßnahmen zur Verlangsamung der Progredienz:
  - Behandlung von Hypertonie (speziell ACE-Hemmer) und Diabetes
  - Vermeidung übermäßiger Eiweißbelastung
  - Behandlung von Infekten, besonders Harnweginfekten
  - Vermeidung nephrotoxischer Medikamente und Substanzen (Kap. 34.126)
- Allgemeinmaßnahmen:
  - **Flüssigkeitszufuhr:** 2–2,5 l pro Tag als Richtgröße, wenn nicht kontraindiziert (z. B. Herzinsuffizienz)
  - **Kontrolle und Korrektur des Elektrolythaushalts**
  - **Eiweiß- und Kalorienzufuhr:** Gesamtkalorien = ca. 35 kcal/kgKG/d mit 0,6 g/kgKG/d Eiweiß ohne spezielle Vitamin-Supplementation
  - **Dialyse/Nierentransplantation:** Indikationen u. a. bei einer CrCl < 7 ml oder Urämiesymptomen
- Behandlung der Folgeerkrankungen:
  - **Hypertonie, Herzinsuffizienz und Ödeme:**
    - Ab einem Kreatinin von ca. 2 mg/dl Thiaziddiuretika und Kaliumsparer wegen der Hyperkaliämiegefahr (Ausnahme Kaliumverlustniere) vermeiden!
    - bei proteinurischen (Mikroalbuminurie!) Nierenerkrankungen verzögern besonders ACE-Hemmer die Progression
    - Zielblutdruck: etwa 130/80 mmHg
  - **renale Osteopathie, Azidose, urämische Perikarditis, Wasserintoxikation, renale Anämie:**
    - Behandlung durch Nephrologen
    - Zielhämatokrit: > 33 %, entsprechend einem Hämoglobin von > 11 g/dl, je nach Begleiterkrankung (z. B. Herzinsuffizienz, COPD) sogar bei 12 g/dl
  - **Hyperurikämie und Gicht**: Behandlung mit Allopurinol, eine Dosisanpassung auf 100–200 mg/d wird erst bei schweren Funktionsstörungen (CrCl 10–20 ml/min) empfohlen

Abwendbar gefährlicher Verlauf

- Progredienz verlangsamen: prophylaktische Maßnahmen einleiten (s. o.)
- Folgeerkrankungen verhindern: frühzeitig erkennen und therapieren
- Schädigung der Niere durch die aktuelle Medikation verhindern:
  - Medikation (Wirkstoffwahl, Therapiedauer, Dosierung) an die Nierensituation anpassen (Kap. 27.12)
  - nephrotoxische Medikamente vermeiden
  - **NSAR:** keine Dauertherapie bei einer GFR < 60 ml/min, kontraindiziert bei einer GFR < 30 ml
  - **Metformin:** Off-Label-Einsatz bei einer GFR von 30–60 ml nach verschiedenen Leitlinien möglich, nach KDIGO Einsatz überdenken bei einer GFR von 30–44 ml und alle 3–6 Monate überwachen bzw. absetzen bei einer GFR < 30 ml

34.126.2 Akutes Nierenversagen (N17.9)

Definition

Unter einem akuten Nierenversagen versteht man die relativ schnell eintretende (einige Stunden bis Tage) Insuffizienz vorher nicht geschädigter Nieren mit meist vollständiger Rückbildung.

Ätiologie

Die Gründe einer akuten Niereninsuffizienz sind:

- ca. 60 % **prärenal** aufgrund jeglicher Abnahme des zirkulierenden Blutvolumens
- ca. 35 % **intrarenal:**
  - tubulotoxisch: ischämisch, medikamentös-toxisch (Aminoglykoside, NSAR), nephrotoxische Substanzen: z. B. Schwermetalle, Röntgenkontrastmittel, Pilztoxine
  - makro- oder mikrovaskuläre Erkrankungen: Vaskulitis, Athero-/Thromboembolie; rapid-progressive Glomerulonephritis, IgA-Nephritis, hämolytisch-urämisches Syndrom
  - akute tubulointerstitielle Nephritis: z. B. durch Thiazide ausgelöst

- ca. 5 % **postrenal:**
  - Harnsperre durch z. B. angeborene oder erworbene Abflusshindernisse (z. B. Prostataadenom, Tumoren)
  - oft medikamentös ausgelöst aufgrund anticholinerger medikamentöser Nebenwirkung

Leitsymptome und Diagnostik

Leitsymptome sind die **Oligurie** (weniger als 500 ml Harn/d), weniger Anurie (weniger als 100 ml Harn/d), selten auch in der polyurischen Phase, falls zuvor nicht symptomatisch, **Herzrhythmusstörungen** bei Elektrolytentgleisung sowie **Ödeme** bis hin zum Lungenödem.

Der Allgemeinarzt kann meist nur aus der Anamnese und dem Verlauf sowie dem aktuellen Zustandsbild eine Vermutungsdiagnose stellen.

Therapie

Die Behandlung muss umgehend stationär erfolgen.

34.126.3 Leitlinien

Deutsche Gesellschaft für Allgemeinmedizin und Familienmedizin. AWMF-S 1-Leitlinie 053–028. **Hämaturie, Nichtsichtbare.** Im Internet: www.awmf.org/leitlinien; Stand: 20.01.2016

34.127 Nierentumoren (C 64, C 65)

J. Barlet

34.127.1 Definition

Man unterscheidet einerseits die Nierentumoren des Kindes (u. a. den Wilms-Tumor, einen Mischtumor), andererseits die Karzinome des Erwachsenen: Hypernephrom = hypernephroides Karzinom (2 % aller Karzinome, Erkrankungsalter 40–60 Jahre. 50 % bereits metastasierend zum Zeitpunkt der Erkennung), Nierenbecken- und Plattenepithelkarzinom (1–7 %).

34.127.2 Epidemiologie

Der Wilms-Tumor kommt zu 90 % bei Kindern bis zum 7. Lebensjahr vor; das häufigste Nierenkarzinom des Erwachsenen ist das Hypernephrom, das der Niere aufsitzt, während sich die beiden anderen Karzinomarten im Nierenbecken und am Ureterabgang befinden.

34.127.3 Leitsymptome und Diagnostik

▸ **Symptome.** Beim Wilms-Tumor zeigt sich neben allgemeinen Kachexie-Zeichen ein deutlich palpabler Tumor im Oberbauch. Beim Hypernephrom und beim Nierenbeckenkarzinom dominiert als erstes Symptom die Hämaturie, meist als Makrohämaturie. Beim Plattenepithelkarzinom hingegen sind häufig zuerst der Schmerz und ein palpabler Tumor Erstsymptome.

▸ **Diagnostik.** Die Diagnose wird durch eine Ultraschalluntersuchung und das i. v. Pyelogramm erhärtet, wobei heute fast immer eine CT angeschlossen wird.

34.127.4 Differenzialdiagnostik

Durch Ultraschalluntersuchung können andere Tumoren im Bereich der Nieren und Blase wie Lipome und Nebennierentumoren festgestellt werden. Auch die direkt neben der linken Niere liegende Milz kann hier gut beurteilt bzw. abgegrenzt werden. Besonders bei Kindern wird ein Wilms-Tumor von einer Splenomegalie (bei Blutbilderkrankungen) abgegrenzt werden können.

34.127.5 Therapie

Die grundsätzliche Therapie der Tumoren im Erwachsenenalter ist die Operation, wobei häufig präoperativ eine Radiatio durchgeführt wird. Die Chemotherapie hat sich bei diesen Tumoren als nicht erfolgreich erwiesen. Beim metastasierenden Nierenzelltumor wird evtl. eine adjuvante Chemotherapie durchgeführt (Remission < 5 %). Nierentumoren können noch nach Jahren metastasieren.

Wilms-Tumoren werden generell nach pädiatrisch-onkologischen Therapieprotokollen interdisziplinär behandelt.

Abwendbar gefährlicher Verlauf

Bei klinischem (Hämaturie oder tastbarer Tumor) oder sonografischem Verdacht (unklare Strukturen an oder neben den Nieren) auf einen malignen Nierentumor muss umgehend eine radiologische Diagnostik erfolgen, um zu einer klaren Diagnose zu kommen. Ein längeres Abwarten darf es hier nicht geben.

V

34.127.6 Leitlinien

Gesellschaft für Pädiatrische Onkologie und Hämatologie. AWMF-S 1-Leitlinie 025–004. **Nephroblastom.** Im Internet: www.awmf.org/leitlinien; Stand: 20.01.2016

34.128 Orchitis (N45.–)

U. Müller-Bühl

34.128.1 Definition

Unter einer Orchitis versteht man eine Entzündung des Hodens. Häufig liegt sie in Kombination mit einer Epididymitis vor und wird dann als Epididymoorchitis bezeichnet.

34.128.2 Epidemiologie

Etwa 20 % Mumps-Erkrankter entwickeln eine Orchitis. Angaben über die Häufigkeit aszendierender bakterieller Entzündungen gibt es nicht.

34.128.3 Ätiologie

Mögliche Ursachen sind:

- **hämatogene Infektion:**
  - Viren gelangen auf dem Blutweg in den Hoden, z. B. bei der Mumps-Orchitis bei Adoleszenten: fieberhafte Orchitis mit Entzündung auch der Nebenhoden, Samenstränge und Prostata
  - häufigste Orchitis-Auslöser sind Paramyxoviren, gelegentlich sind auch Coxsackieviren, Varizellen oder Echoviren die Ursache
- **aszendierende bakterielle Entzündung:**
  - Eine Orchitis kann aus einer fortgeleiteten bakteriellen Infektion der Nebenhoden (Epididymitis), einer Urethritis oder Prostatitis entstehen
  - Erregerspektrum wie bei Harnwegsinfekten, aber auch Gonokokken und Chlamydien
- Amiodaron: Epididymoorchitis als Nebenwirkung

34.128.4 Leitsymptome und Diagnostik

► **Symptome.** Innerhalb weniger Stunden kommt es zur schmerzhaften, hochroten, glänzenden, ein- oder beidseitigen Schwellung des Hodens bzw. Skrotums. Gelegentlich klagen die Patienten auch über Symptome eines Harnweginfekts (Kap. 34.70).

► **Diagnostik.** Die Diagnose ergibt sich aus dem Inspektions- und Tastbefund. Labortechnisch wird der Urin mittels Teststreifen untersucht und eine mikrobiologische Untersuchung des Harnröhrenabstrichs 3 Stunden nach dem letzten Urinieren durchgeführt.

34.128.5 Differenzialdiagnostik

Differenzialdiagnostisch kommen infrage:

- Epididymitis (N45.9): Prehn-Zeichen negativ: Schmerzabnahme bei Anheben (Kap. 34.48)
- Hodentorsion (N44.0): Prehn-Zeichen positiv: Schmerzzunahme bei Anheben
- Hodentumor (D 40.–): chronischer Verlauf, stetige Größenzunahme (Kap. 34.78)
- Hydrozele (N43.–): stetig zunehmend, nicht entzündlich, Diaphanoskopie (Kap. 34.81)
- Varikozele (I86.1): wird beim Pressen größer, nicht entzündlich
- Spermatozele (N43.4): schmerzfrei, nicht entzündlich

34.128.6 Therapie

Eine **Hochlagerung** durch Mullkissen oder Handtuchverband zur Besserung des Lymphabflusses und Vermeidung von Zugschmerzen durch den vergrößerten Skrotalsack wird sofort als Erleichterung empfunden. **Antibiotika** sind indiziert:

- bei sexuell aktiven Männern (Infektion meist durch Chlamydophila trachomatis [etwa 60–70 %] oder Neisseria gonorrhoeae): Ceftriaxon 500 mg i. m. einmalig oder Doxyzyklin (2-mal 100 mg) über 7 Tage; Mitbehandlung des Sexualpartners

- bei älteren Männern mit aszendierender Infektion: Gyrasehemmer (Ofloxacin, Ciprofloxacin) oder Cotrimoxazol

Abwendbar gefährlicher Verlauf

- Eine akute Hodentorsion wird oft mit einer Epididymitis oder Orchitis verwechselt. Bei Neugeborenen und Jugendlichen immer daran denken und als Notfall behandeln.
- An die Möglichkeit eines Hodentumors denken! Nach Mumps-Orchitis Gefahr einer bleibenden Keimepithelschädigung mit späterer Azoospermie.

34.128.7 Leitlinien

Deutsche Gesellschaft für Allgemeinmedizin und Familienmedizin. AWMF-S 2e-Leitlinie 053–021. **Demenz.** Im Internet: www.awmf.org/leitlinien; Stand: 20.01.2016

Deutsche Gesellschaft für Kinderchirurgie. AWMF-S 1-Leitlinie 006–023. **Akutes Skrotum im Kindes- und Jugendalter.** Im Internet: www.awmf.org/leitlinien; Stand: 20.01.2016

34.129 Osgood-Schlatter-Erkrankung (M92.5)

J. Barlet

34.129.1 Definition

Der Morbus Osgood-Schlatter ist die häufigste Form der aseptischen Knochennekrose (juvenilen Osteochondrose).

34.129.2 Epidemiologie

Jugendliche im Alter von 10–15 Jahren sind betroffen, das Verhältnis Jungen zu Mädchen beträgt 4:1.

34.129.3 Ätiologie

Betroffen sind meist Sport treibende Jugendliche.

34.129.4 Leitsymptome und Diagnostik

Typisch sind Schmerzen im Kniebereich mit Punctum maximum über der Tuberositas tibiae. In der Anamnese geben die Patienten meist eine Überbelastung an und schildern eine Schmerzverstärkung bei Streckung des Kniegelenks. Die Inspektion ergibt oft eine Schwellung über der Tuberositas tibiae. Auf einer Röntgenaufnahme zeigt sich eine Rarefizierung der Knochensubstanz zwischen der Tibia und dem Ansatz des Lig. patellae. Im Zweifelsfall sollte ein Szintigramm bzw. eine MRT angefertigt werden.

34.129.5 Therapie

Die Therapie besteht aus Schonung und Sportverbot für 3–6 Monate. Es können lokale Antiphlogistika wie Diclofenac verschrieben werden.

Abwendbar gefährlicher Verlauf

- Knochentumoren müssen ausgeschlossen werden
- Bei nicht konsequenter Schonung kann es zur Verformung der Tibia kommen.

34.129.6 Leitlinien

Gesellschaft für pädiatrische Onkologie und Hämatologie. AWMF-S 2k-Leitlinie 025–032. **Muskuloskelettale Schmerzen bei Kindern und Jugendlichen: Algorithmus zur differenzialdiagnostischen Abklärung eines onkologischen Leitsymptoms.** Im Internet: www.awmf.org/leitlinien; Stand: 20.01.2016

Gesellschaft für pädiatrische Radiologie. AWMF-S 1-Leitlinie 064–008. **Bewegungsstörung - Bildgebende Diagnostik.** Im Internet: www.awmf.org/leitlinien; Stand: 20.01.2016

34.130 Osteoporose (M81.99)

T. Kühlein

34.130.1 Definition

Die Osteoporose wird als eine systemische Knochenerkrankung mit Verminderung der Knochendichte und daraus folgender Fragilität des Knochens definiert. Laut WHO liegt dann eine Osteoporose vor, wenn der Knochenmineralgehalt in einer DXA-Knochendichtemessung an der LWS und/oder am proximalen Femur um < –2,5 Standardabweichungen vom Mittelwert einer 20–29-jährigen Frau abweicht. Grundsätzlich ist die Abnahme der Knochendichte ein physiologischer Alterungsprozess. Der Mittelwert der Knochendichte 80-jähriger Frauen entspricht genau den –2,5 Standardabweichungen, unterhalb derer eine Osteoporose vorliegt. Bei pathologischen Knochenbrüchen liegt definitionsgemäß eine schwere oder manifeste Osteoporose vor.

34.130.2 Epidemiologie

Die Prävalenz der Osteoporose liegt in Deutschland für 50–60-jährige Frauen bei etwa 15 % und steigt bis zum 70. Lebensjahr auf 45 % an. Bei Männern liegt sie zwischen dem 50. und 60. Lebensjahr bei 2,4 % und steigt bis zum 70. Lebensjahr auf etwa 17 % an. Die jährliche Inzidenz von Hüftfrakturen betrug in Deutschland im Jahr 2004 bei den 50–59-jährigen Frauen bei 0,045 %, bei den 85–89-jährigen Frauen bei 2,54 %.

34.130.3 Ätiologie

Man unterscheidet die primäre von der sekundären Osteoporose. Als Hauptursachen der **primären Osteoporose** werden genannt:

- Östrogenmangel
- natürlicher Alterungsprozess der Knochen (senile Osteoporose)
- Mangel an Kalzium und Vitamin D
- Bewegungsmangel

Die **sekundäre Osteoporose** tritt infolge anderer Grunderkrankungen oder als Therapiefolge auf. Dabei werden vor allem genannt:

- Überfunktion der Nebennierenrinde
- Schilddrüsenüberfunktion
- Medikamente wie Kortison, Antiandrogene, Zytostatika, Antiepileptika, Antikoagulanzien, Immunsuppressiva und andere
- Erkrankungen des Magen-Darm-Trakts, die mit einer Mangelaufnahme von Nahrungsmitteln einhergehen
- übermäßiger Konsum von Alkohol, Zigaretten oder Kaffee
- lange Bettlägerigkeit

34.130.4 Leitsymptome und Diagnostik

► **Symptome.** Die Osteoporose selbst – als verminderte Knochendichte – weist keine klinischen Leitsymptome auf. Die alleinige Knochendichte ist ein schlechter Prädiktor für Frakturen. Deshalb versucht man gefährdete Patienten über ihr Risikoprofil zu erfassen. Dazu hat die WHO ein Werkzeug zur Abschätzung des 10-Jahre-Risikos für Frakturen bereitgestellt, das sich in elektronischer Form, aber auch in Papierform nutzen lässt (FRAX [81]). Die Leitlinie „Osteoporose" der DVO verzeichnet zudem eine lange Liste von Krankheiten und Merkmalen, die eine Basisdiagnostik zur Abklärung einer Osteoporose auslösen sollten [39].

► **Diagnostik.** Die Basisdiagnostik besteht wie immer aus einer gründlichen Anamnese und körperlichen Untersuchung:

- **Anamnese:**
  - Erfassung des BMI
  - Abschätzung von Größenverlust
  - Frage nach eigenen früheren Frakturen und nach Hinweisen auf Osteoporose in der Familienvorgeschichte
  - Frage nach Indexerkrankungen für eine sekundäre Osteoporose
- **körperliche Untersuchung:**
  - Beweglichkeit der Wirbelsäule
  - Tests zur Erfassung von Gebrechlichkeit und Sturzgefahr (z. B. „Timed-up-and-go test")

Die weitere Diagnostik umfasst:

- **Knochendichtemessung** in Form einer DXA-Messung:
  - bei Hinweisen auf eine Osteoporose
  - an 3 Stellen der LWS, Gesamtfemur und Femurhals
  - T-Wert = Standardabweichung vom Vergleichswert junger Frauen
  - Z-Wert = Vergleich zu altersgleichen Patienten
  - „trabecular bone score": bei Erniedrigung ggf. darüber hinaus in die Risikoabschätzung einbeziehen
- **Röntgen:** BWS und LWS in 2 Ebenen zur Abklärung von Wirbelkörperfrakturen (bei Verdacht)
- **Labor:**
  - Serumkalzium und -phosphat, Kreatinin-Clearance, alkalische Phosphatase, GGT, Blutbild, BSG/CRP, Eiweißelektrophorese und TSH
  - im Einzelfall zusätzlich Vitamin-D_3-Spiegel, Testosteronspiegel und Knochenumbaumarker

34.130.5 Therapie

► **Basistherapie.** Basistherapeutische Maßnahmen sind:

- ggf. Minimierung der Sturzgefahr, z. B. Geh-/Krafttraining
- Zufuhr von 1000 mg Kalzium täglich mit der Nahrung, Supplementierung nur, falls dies nicht erreicht wird. ***Cave:*** Überzufuhr > 1500 mg/d!
- mindestens 30 Minuten täglich Sonnenlichtexposition von Armen und Gesicht, wenn geringer: Vitamin D_3 (z. B. 800–2000 IE Vitamin D_3 oral/d; Spiegelmessung nur im Einzelfall)
- Nikotinverzicht (A)

► **Spezifische medikamentöse Therapie.** Die Indikation zur spezifischen medikamentösen Therapie ergibt sich aus dem errechneten Risiko für Frakturen auf der einen Seite und der zu erwartenden Effektstärke der Therapie auf der anderen Seite. Hinzu kommen Faktoren wie Komorbidität, Kontraindikationen und Lebenssituation der Patienten. Bereits stattgehabte Frakturen nach inadäquaten Traumen sind der stärkste Prädiktor für weitere Frakturen und sollten immer die Erwägung einer medikamentösen Therapie auslösen. Als Schwellenwert für eine medikamentöse Therapie wird ein 10-Jahre-Frakturrisiko von ca. 30 % und mehr angegeben. Der Effekt der Therapie auf patientenrelevante Endpunkte wie Frakturen oder Rückenschmerzen ist gesichert, aber eher klein. Die Effektstärken der verschiedenen osteoporosespezifischen Medikamente sind ähnlich. In einem Cochrane-Review von Wells et al. wird der Effekt des Bisphosphonats Alendronat folgendermaßen angegeben:

- Wirbelkörperfrakturen:
  - 12 von 100 Frauen erlitten eine Fraktur unter Placebo
  - 6 von 100 Frauen erlitten eine Fraktur unter Alendronat
- Schenkelhals- und Unterarmfrakturen:
  - 2 von 100 Frauen erlitten eine Fraktur unter Placebo
  - 1 von 100 Frauen erlitten eine Fraktur unter Alendronat
- andere Knochenbrüche:
  - 9 von 100 Frauen erlitten eine Fraktur unter Placebo
  - 7 von 100 Frauen erlitten eine Fraktur unter Alendronat

Die größte Wirksamkeit besteht also für die Verhinderung von Wirbelkörperfrakturen. Wirbelkörperfrakturen führen zu Rückenschmerzen und krankheitsbedingt zu im Bett verbrachten Tagen. In einer Studie, die diese Endpunkte bei Frauen, die bereits Wirbelkörperfrakturen erlitten hatten, untersuchte, zeigte sich über einen Zeitraum von 3 Jahren:

- im Bett verbrachte Tage: 5,1 unter Placebo gegenüber 1,9 unter Alendronat
- Tage mit verminderter körperlicher Aktivität durch Rückenschmerzen: 73,2 unter Placebo gegenüber 61,8 unter Alendronat

Die Anzahl von Tagen mit mittleren oder starken Rückenschmerzen war nicht signifikant unterschiedlich.

Abwendbar gefährlicher Verlauf

Fraktur: Ein wesentlicher Beitrag zur Frakturhäufigkeit ist die Sturzhäufigkeit. Die Erfassung und Vermeidung von Stürzen stellt deshalb ein zentrales Therapieziel zur Vermeidung von Frakturen dar. Dazu gehören neben Gehhilfen für alte Menschen auch die Elimination von Stolperfallen und die Vermeidung psychotroper sturzfördernder Medikamente.

34.130.6 Leitlinien

Deutsche Gesellschaft für Osteologie. AWMF-S 3-Leitlinie 034–003. **Osteoporose bei Frauen ab der Menopause, bei Männern ab dem 60. Lebensjahr: Prophylaxe, Diagnostik und Therapie.** Im Internet: www.awmf.org/leitlinien; Stand: 10.01.2016

Deutsche Gesellschaft für Unfallchirurgie. AWMF S 2e-Leitlinie 012–001. **Schenkelhalsfraktur des Erwachsenen.** Im Internet: www.awmf.org/leitlinien; Stand: 10.01.2016

34.131 Otitis externa (H60.9)

H.-D. Klimm

34.131.1 Definition

Die Otitis externa ist ein bakterieller Infekt des äußeren Gehörgangs.

34.131.2 Epidemiologie

Besonders im Sommer tritt die Otitis externa gehäuft auf.

34.131.3 Ätiologie

Mögliche Ursachen sind die chemische und mechanische Reizung bzw. Mazeration des Epithels des äußeren Gehörgangs („Schwimmbad-Otitis"), allergische Reaktionen sowie eine Psoriasis, die für bakterielle Superinfektionen prädisponieren (am häufigsten Pseudomonas aeruginosa, Staphylokokken).

34.131.4 Leitsymptome und Diagnostik

► **Symptome.** Typisch sind Schwerhörigkeit, putrider Ausfluss, starke Schwellung bis Zuschwellung des Gehörgangs, selten Schmerzen. Der Tragus ist druckschmerzhaft, es finden sich dolente Lymphknotenschwellungen. Zu unterscheiden gilt:

- Otitis externa: Entzündung des äußeren Ohres, vor allem des äußeren Gehörgangs
- Otitis externa diffusa: Phlegmone des Gehörgangs
- Otitis externa circumscripta: Gehörgangsfurunkel
- Otitis externa maligna: progredient nekrotisierende Otitis

► **Diagnostik.** Diagnostisch sind wichtig:

- Anamnese: 1–3 Tage sich langsam entwickelnde Beschwerden
- Inspektion:
  - starke Rötung und Schwellung bis Zuschwellung des Gehörgangs, eine direkte Inspektion des Gehörgangs oder Trommelfells ist oft nicht möglich
  - Schmerzen beim Ziehen der Ohrmuschel sowie Tragusdruckschmerz
- erweiterte Diagnostik: bei putridem Ausfluss Abstrich und bakterielle Untersuchung mit Resistenzbestimmung

34.131.5 Therapie

Im Vordergrund steht vorsichtiges Reinigen des Gehörgangs mit H_2O_2 oder NaCl-Lösung, ggf. lokal antibiotikahaltige Salben oder Tropfen (Ciprofloxacin bei Verdacht auf Pseudomonas z. B. Ciloxan, Bacitracin bei Verdacht auf Staphylokokken, z. B. Nebacetin), bei starker Schwellung auch lokal Kortikosteroide. Bei Schmerzen sind Analgetika und Antiphlogistika, z. B. Diclofenac, indiziert. Bei schweren, insbesondere rezidivierenden oder putriden Otitiden sollte eine systemische Antibiotikatherapie begonnen werden (Amoxicillin, Gyrasehemmer).

Abwendbar gefährlicher Verlauf

- **Gehörgangsfurunkel** (H60.0): starke Schmerzhaftigkeit, totale Zuschwellung des Gehörgangs mit sekundärer Schwerhörigkeit, Spontanentleerung möglich
- **Übergreifen auf das Trommelfell** (Myringitis (H73.9): Knochenmarksentzündungen der Schädelbasis

34.131.6 Leitlinien

Deutsche Gesellschaft für Allgemeinmedizin und Familienmedizin. AWMF-S 2k-Leitlinie 053–009. **Ohrenschmerzen.** www.awmf.org/leitlinien; Stand: 20.01.2016

34.132 Otitis media (H66.9)

H.-D. Klimm

34.132.1 Definition

Die Otitis media ist die akute Entzündung sämtlicher Mittelohrräume ohne Beteiligung des äußeren Gehörgangs.

34.132.2 Epidemiologie

Die Erkrankung ist im Kindesalter häufig, hier sind meist Pneumokokken und Haemophilus influenzae die Erreger. Insbesondere tritt die Otitis media als „Folgeerkrankung" bei grippalen Infekten, insbesondere von Nasen- und Rachenrauminfektionen auf.

34.132.3 Ätiologie

Erreger sind zu 90 % Streptokokken, Pneumokokken, Haemophilus influenzae, Staphylokokken, Moraxella catarrhalis, in vielen Fällen ist eine virale Otitis der Vorläufer.

34.132.4 Leitsymptome und Diagnostik

► **Symptome.** Typische Symptome sind:

- Druckempfindlichkeit am Warzenfortsatz, Fieber, allgemeines Unwohlsein, heftige Schmerzen, Schwerhörigkeit, Schwindel
- Ohrenschmerzen, zum Teil klopfend
- Trommelfelldurchbruch mit Austritt von Eiter

► **Diagnostik.** Zur Diagnostik gehören:

- Anamnese: Infekte des Nasen-Rachen-Raums in der Vorgeschichte, vorangehende Mittelohrentzündung
- klinische Untersuchung:
  - vorgewölbtes und gerötetes Trommelfell in der Otoskopie
  - nach Perforation des Trommelfells Austritt von Eiter
  - seröse oder mit Blut gefüllte Bläschen auf dem Trommelfell (Myringitis bullosa) bei Viruserkrankungen
- orientierende Hörprüfung → Schallleitungsstörung
  - Weber-Versuch → Lateralisation ins kranke Ohr
  - Rinne-Versuch → normal

34.132.5 Therapie

Mögliche therapeutische Maßnahmen sind:

- körperliche Schonung
- abschwellende Nasensprays oder Tropfen
- entzündungshemmende Schmerzmittel: z. B. Ibuprofen
- abwartendes Offenlassen bei wenig ausgeprägten Krankheitssymptomen:
  - bei Kindern im Alter von 6–24 Monaten Kontrolle nach 24 h
  - bei Kindern ab 2 Jahren Kontrolle nach 48 h
- Antibiotikum sofort bei
  - Otitis media mit Otorrhö
  - beidseitiger akuter Otitis media
  - Paukenröhrchen
  - Immunsuppression, hohem Fieber, schlechtem Allgemeinbefinden
- bei fehlender Besserung Antibiotikatherapie über 7 Tage:
  - Amoxicillin 50 mg/kgKG/d in 2–3 Einzeldosen oder
  - Cephalosporin 20–30 mg/kgKG/d oder
  - Makrolid, z. B. Erythromycin

Bei bestehender Trommelfellperforation beim Duschen oder Baden stets Gehörschutz tragen!

Abwendbar gefährlicher Verlauf

- Mastoiditis (H70.9), häufigste Komplikation bei Otitis media: Schwellung des Warzenfortsatzes, retroaurikulärer Druckschmerz, abstehende Ohrmuschel, Fieber
- Perforation mit Neigung zur Chronifizierung bei persistierender Otitis media
- Labyrinthitis (H83.0)
- Meningitis (G03.9): Kap. 34.117
- Fazialisparese (G51.0). Kap. 34.53
- Sepsis (A41.9)
- Sinusthrombose (I67.6)
- sekundäre bleibende Schallleitungsschwerhörigkeit bei häufigen Mittelohrentzündungen (durch Verwachsungen und Deformierungen der Gehörknöchelchen)

34.132.6 Leitlinien

Deutsche Gesellschaft für Allgemeinmedizin und Familienmedizin. AWMF-S 2k-Leitlinie 053–009. **Ohrenschmerzen.** www.awmf.org/leitlinien; Stand: 20.01.2016

34.133 Panaritium (L 03.02)

H.-D. Klimm

34.133.1 Definition

Bei einem Panaritium handelt es sich um eine eitrige, meist durch Staphylokokken bedingte Entzündung an einem Finger oder einer Zehe mit Einschmelzung des Gewebes. Nach der Lokalisation und den beteiligten Strukturen werden unterschieden:

- Panaritum cutaneum
- Panaritium subcutaneum
- Panaritium parunguale („Umlauf")
- Panaritium subunguale
- Panaritium tendinosum
- Panaritium periostale
- Panaritium ossale
- Panaritium articulare

34.133.2 Epidemiologie

Panaritien sind ein häufiges Problem in der Praxis.

34.133.3 Ätiologie

Meist sind sie Folge von kleinen Verletzungen der Haut und/oder auch einer „intensiven" Nagelpflege.

34.133.4 Leitsymptome und Diagnostik

► **Symptome.** Typisch sind die Rötung und Schwellung, sehr häufig am oder um den Finger- oder Zehennagel, der stechende pulsierende Schmerz und die Funktionseinschränkungen (Functio laesa). Bei fortschreitender Entzündung kommt es zur Einschmelzung und ggf. Fluktuation. Sekundär ist eine Lymphangitis mit druckdolenten Lymphknotenstationen axillär bzw. in der Leistenregion möglich.

► **Diagnostik.** Meist handelt es sich um eine Blickdiagnose:
- kutane, subkutane, parunguale, subunguale Panaritien
- ossäre Panaritien: entwickeln fistelnde Eiterungen (***Cave:*** Diabetiker)
- Sehnenscheidenpanaritien und artikuläre Panaritien: halten sich an die anatomischen Strukturen
- Panaritium periostale: Röntgendiagnostik und/oder MRT zum Ausschluss ossärer Beteiligung

► **Schweregrade.** Die Schwere der Infektion hängt von der Beteiligung der über die Hautinfektion hinausgehenden anatomischen Strukturen ab. Man unterscheidet oberflächliche und tiefe Formen von Panaritien.

34.133.5 Differenzialdiagnostik

Differenzialdiagnostisch kommen infrage:
- phlegmonöse Entzündungen anderer Genese
- Wundinfektionen
- Tier- oder Menschenbisse (auch Quetschungen) mit sekundärer Infektion bei Schlachtern (Frischfleischwaren!), Metzgern, Köchen
- Fremdkörper

34.133.6 Therapie

Nur oberflächliche, auf die Haut beschränkte Panaritien sind in der Allgemeinpraxis zu behandeln → bei über die Haut hinausgehende Panaritien Überweisung zur chirurgischen und handchirurgischen Therapie zur Eröffnung und Drainage erforderlich!
- Antiphlogistika, Ruhigstellung mittels Schienenverband
- bei Lymphangitis systemische Antibiotikatherapie
- konsequente regelmäßige Wundkontrolle

Abwendbar gefährlicher Verlauf

- bei Lymphangitis (I89.1) und Lymphadenitis (I88.9) systemische Antibiotikatherapie, engmaschige Kontrollen (Kap. 34.107)
- bei Wildtierbissen evtl. Tollwut in Betracht ziehen
- Gefahr einer Sehnenscheidenphlegmone stets beachten! Konsequente Tetanusprophylaxe!
- bei rezidivierenden Panaritien an Diabetes denken!

34.133.7 Leitlinien

Deutsche dermatologische Gesellschaft. AWMF-S 2k-Leitlinie 013–038. **Staphylococcus aureus bedingte Infektionen der Haut und Schleimhäute, Diagnostik und Therapie.** Im Internet: www.awmf.org/leitlinien; Stand: 20.01.2016

34.134 Pankreaskarzinom (C 25.–)

K.-C. Münter

34.134.1 Definition

Es handelt sich in 95 % um Adeno-, seltener um Plattenepithelkarzinome. Das Karzinom findet sich zu 75 % im Kopfbereich und zu 25 % im Körper- oder Schwanzbereich des Pankreas.

34.134.2 Epidemiologie

Pankreaskarzinome machen 3–5 % aller Malignome aus. Unter den Malignomen des Verdauungstrakts liegt das Pankreaskarzinom nach dem Kolon- und Magenkarzinom an 3. Stelle. Etwa 6 Männer und 4 Frauen pro 100 000 Einwohner sterben jährlich daran. Der Häufigkeitsgipfel liegt zwischen dem 6. und 7. Lebensjahrzehnt. Beim Auftreten von Symptomen besteht vielfach schon Inoperabilität, nur bei ca. 20 % der Operierten kann der Tumor reseziert werden. Die postoperative 5-Jahres-Überlebensquote beträgt ca. 1–5 %, die durchschnittliche Überlebenszeit nach einer Palliativoperation beträgt etwa 9 Monate.

34.134.3 Ätiologie

Die Ätiologie ist unbekannt. Raucher sind etwa 2-mal häufiger betroffen als Nichtraucher.

34.134.4 Leitsymptome und Diagnostik

▸ **Symptome.** Bedingt durch die retroperitoneale Lage fehlen Leitsymptome zur frühen Erfassung. Beim Auftreten von Symptomen sind die meisten Patienten bereits inoperabel. In den Rücken ausstrahlende Oberbauchschmerzen, Inappetenz und Gewichtsabnahme können Initialsymptome sein.

Bei Lokalisation im Pankreaskopf (periampulläres Karzinom) kann früh ein schmerzloser Verschlussikterus auftreten, gelegentlich mit palpabler Gallenblase **(Courvoisier-Zeichen)**. Dazu kommen Müdigkeit, Schwäche und dyspeptische Beschwerden oder auch Durchfälle, bedingt durch die exokrine Pankreasinsuffizienz und eventuell einen neu auftretenden Diabetes mellitus. Bei plötzlich auftretenden **Thrombophlebitiden**/Thrombosen ohne erkennbare Ursache muss an ein Pankreaskarzinom gedacht werden (paraneoplastisches Syndrom).

▸ **Diagnostik.** Die Diagnostik umfasst:
- **körperliche Untersuchung:**
  - der Tumor ist nur selten palpabel
  - evtl. Palpation der gefüllten Gallenblase und der Leber durch Metastasen oder Cholestase
  - Milzvergrößerung spricht für Milzvenenthrombose
  - Spätmanifestationen sind Ikterus, Aszites und eine Lebervergrößerung
  - selten Steatorrhö ohne Ikterus
- **Labor:**
  - sind nicht beweisend, können jedoch Begleiterscheinungen wie Anämie, Pankreasinsuffizienz, Cholestase oder diabetische Stoffwechsellage anzeigen
  - Serum-Lipase oder -Amylase sind nur gelegentlich erhöht
  - Tumormarker wie das CA19–9 und das CA50: für die Diagnostik ungeeignet, aber nach Operationen zur Kontrolle der Rezidivfreiheit

An **weiterführender Diagnostik** ist ggf. sinnvoll:
- Endosonografie und sog. „one-stop-shop"-MRT (MRT mit MRCP und MR-Angiografie) in Kombination sind die effektivsten, zeitsparendsten Verfahren
- die PET (Positronenemissionstomografie) kann bereits frühe Tumorstadien nachweisen

34.134.5 Differenzialdiagnostik

Die Abgrenzung der chronischen Pankreatitis kann schwierig sein, auch andere Oberbaucherkrankungen müssen erwogen werden.

34.134.6 Therapie

Die R0-Resektion mit Lymphadenektomie ist die einzige **Therapiemethode mit Heilungschance** (I). Sie kann allerdings nur in 15 % der diagnostizierten Fälle zur Anwendung kommen (Karzinome bis 2 cm Durchmesser ohne regionäre LK-Metastasen und ohne Fernmetastasen) Die 5-Jahre-Überlebensrate in diesen Fällen beträgt ca. 40 %.

Zum Zeitpunkt der Diagnosestellung liegt meist ein fortgeschrittenes Tumorstadium vor, sodass die Patienten inoperabel sind und nur noch eine **palliative Behandlung** möglich ist. Bei Inoperabilität kommt die Strahlentherapie als Schmerztherapie und/oder zur palliativen Bestrahlung von Hirn- und Skelettmetastasen in Betracht. Die Chemotherapie ist wenig effektiv.

Im Rahmen der hausärztlichen **Sterbebegleitung** ist auf eine ausreichende Schmerztherapie zu achten.

Abwendbar gefährlicher Verlauf

Neu aufgetretene **Oberbauch- und Rückenschmerzen** sollten diagnostische Untersuchungen auslösen, die die Diagnose eines Pankreaskarzinoms erlauben (B, III) (Sonografie, ggf. CT).

34.134.7 Leitlinien

Deutsche Krebsgesellschaft, Deutsche Gesellschaft für Gastroenterologie, Verdauungs-und Stoffwechselkrankheiten. AWMF-S 3-Leitlinie 032–010OL. **Exokrines Pankreaskarzinom.** Im Internet: www.awmf.org/leitlinien; Stand: 20.01.2016

Deutsche Krebsgesellschaft. AWMF-S 3-Leitlinie 032–051OL. **Psychoonkologische Diagnostik, Beratung und Behandlung von erwachsenen Krebspatienten.** Im Internet: www.awmf.org/leitlinien; Stand: 20.01.2016

34.135 Pankreatitis (K85.–)

K.-C. Münter

34.135.1 Definition

Unter Pankreatitis wird eine Entzündung durch Autodigestion des Pankreas und angrenzender Gewebe verstanden. Unterschieden werden akute, rezidivierende akute, chronische und chronisch rezidivierende Formen. Die chronische Pankreatitis ist eine progrediente, häufig durch akute Exazerbationen gekennzeichnete Entzündung mit zunächst exokriner, später auch endokriner Insuffizienz.

34.135.2 Epidemiologie

Der Altersgipfel liegt zwischen dem 5. und 6. Lebensjahrzehnt. Frauen sind aufgrund größerer Neigung zur Cholelithiasis etwas häufiger betroffen als Männer. In der Allgemeinpraxis hat man es zumeist mit dem Stadium I zu tun. Die fortgeschrittenen Stadien bedürfen klinischer, intensivmedizinischer Interventionen und erfordern die umgehende stationäre Einweisung.

34.135.3 Ätiologie

Wichtigste ätiologische Faktoren sind:

- bei der **akuten Pankreatitis** (als einmaligem Ereignis) und bei der **rezidivierenden akuten Pankreatitis** in ca. 40 % Gallensteinleiden, in ca. 40 % Alkoholabusus und in ca. 20 % andere Ursachen – wie beispielsweise Hyperkalzämien, Hyperlipidämien, Medikamente oder Virusinfekte
- bei **chronischen Pankreatitiden** zu 70–90 % chronischer Alkoholkonsum

Eine Einteilung in die verschiedenen Schweregrade I–IV (leicht, mittel, schwer und inkurabel) richtet sich nach pathologisch-anatomischen Kriterien und Begleitsymptomen, die von leichter Amylaseerhöhung bis zum irreversiblen Schock reichen.

34.135.4 Leitsymptome und Diagnostik

► **Symptome.** Leitsymptome der Pankreatitis sind:

- bei der **akuten Pankreatitis** der meist plötzlich einsetzende, heftigste Oberbauchschmerz mit Ausstrahlung in den Rücken, evtl. in den Thorax, Brechreiz, Erbrechen, Meteorismus, Abwehrspannung sowie Fieber, Tachykardie, Hypotonie und Zeichen des paralytischen Ileus
- bei der **chronischen Pankreatitis** rezidivierende abdominelle Schmerzattacken, postprandiales Unwohlsein oder Dauerschmerzen; Gewichtsverlust und erhöhte Stuhlfettausscheidung, Diabetes mellitus und evtl. Ikterus können bei ausgeprägten Formen hinzukommen

► **Diagnostik.** Zur Diagnostik gehören:

- **Anamnese:**
  - vorausgegangene Schmerzattacken?
  - Gallenwegserkrankungen und Alkoholkonsum?
- **körperliche Untersuchung:**
  - Druckschmerz und Abwehrspannung im Epigastrium und linken Oberbauch
  - Fieber und ggf. Zeichen des paralytischen Ileus mit dem Bild des akuten Abdomens
  - Puls- und Blutdruckmessung, Feststellung der Körpertemperatur
- **Labor:**
  - BSG-Beschleunigung und Leukozytose von 10 000–30 000
  - Erhöhung der Lipase und der Serum- und Urinamylase
  - Proteinurie
  - Glukosurie und ggf. Bilirubinerhöhung
  - Funktionsabschätzung der Bauchspeicheldrüse bei chronischer Entzündung
    - Glukosetoleranztest (inkretorische Funktion)
    - Chymotrypsinbestimmung im Stuhl
  - Nekroseindikatoren bei der akuten Pankreatitis
    - CRP und LDH
    - nicht Amylase und Lipase
- **EKG:** ST-Streckenhebungen und terminal negativen T-Wellen ohne pathologische Q-Wellen bei der akuten Pankreatitis

Mögliche weiterführende diagnostische Maßnahmen sind:

- **Endo-/Sonografie:**
  - Nachweis von Gallensteinen, Pleuraergüssen und Pankreaszysten
  - die Pankreasparenchymbeurteilung ist wegen Luftüberlagerung oft schwierig
- **Endoskopie:** ERCP bei vermuteter Gallenwegsbeteiligung und zum Nachweis von Kaliberunregelmäßigkeiten im Pankreasgang (kann bei akuter Pankreatitis zur Verstärkung der Entzündung führen)
- **Röntgen:** folgende Röntgenuntersuchungen ergänzen die Diagnostik:
  - Abdomenübersicht im Stehen oder Seitenlage mit der Frage Pankreasverkalkung, Ileuszeichen, Ausschluss einer Perforation
  - abdominelle CT mit Kontrastmittel zur differenzialdiagnostischen Abgrenzung und zum Aufspüren von Pseudozysten und Phlegmonen

34.135.5 Differenzialdiagnostik

Biliäre Erkrankungen, das **Pankreaskarzinom** und **Malabsorptionssyndrome** sind die wichtigsten differenzialdiagnostisch zu erwägenden Krankheiten. Aber es müssen auch alle Erkrankungen des Oberbauchs, die zum Bild des **akuten Abdomens** führen können, bedacht werden, z. B. penetrierendes oder perforierendes Ulkus, akute Cholezystitis, Nierensteinkolik, Mesenterialinfarkt, Milzinfarkt oder Aneurysma dissecans der Bauchaorta. Extraintestinal ist an Myokardinfarkt, Lungenembolie oder Extrauteringravidität zu denken.

34.135.6 Therapie

Akute Pankreatitis

Jede akute Bauchspeicheldrüsenentzündung ist ein **potenziell lebensbedrohliches Ereignis**, wobei die Schwere des Verlaufs initial nicht vorhersehbar ist. Deshalb ist eine frühzeitige Klinikeinweisung nötig! Wichtig sind die Schmerz- und Schockbekämpfung und die Ruhigstellung der Bauchspeicheldrüse durch Nahrungskarenz und Absaugen des Magensaftes, ggf. ist eine chirurgische Therapie (bei Autolyse, Pseudozysten) erforderlich.

Eine **akute biliäre Pankreatitis** wird durch endoskopische Sphinkterotomie der Papilla Vateri behandelt.

Chronische Pankreatitis

Die Therapie der chronischen Pankreatitis besteht aus:

- **Alkoholkarenz** und die **Reduktion von Nahrungsfett** (wichtig)
- **Analgesie:**
  - z. B. Azetylsalizylsäure, Spasmolytika (z. B. Butylscopolamin oder Paracetamol)
  - möglichst keine Opiate (wegen möglicher Kontraktion des Sphincter Oddi); teilweise sind die Schmerzen jedoch so stark, dass nicht auf zentral wirksame Analgetika, z. B. Tramadol oder Tilidin verzichtet werden kann
- **Pankreasenzympräparate:**
  - bei **exokriner Pankreasinsuffizienz** indiziert (Auftreten eines Gewichtsverlusts von mehr als 10 % des Körpergewichts, einer Steatorrhö mit Stuhlfettausscheidung von mehr als 15 g/d, dyspeptischen Beschwerden mit starkem Meteorismus oder Diarrhö)
  - während der Mahlzeit einzunehmen, wobei die Dosis für jeden Patienten individuell nach Körpergewicht, Stuhlfett und Stuhlfrequenz ermittelt werden muss (20 000–40 000 Einheiten pro Hauptmahlzeit als Einstiegsdosis) (B)
  - bei Patienten mit erhaltener Magensäuresekretion Präparate mit Säureschutz verwenden (A)
  - Defizit von Vitaminen und Spurenelementen ausgleichen (A)
  - **Blutzuckerspiegel** regelmäßig kontrollieren, ggf. Insulin substituieren

Nach vollständigem „Ausbrennen" der Drüse wird der Patient beschwerdefrei, jedoch muss die Organfunktion lebenslang substituiert werden.

Abwendbar gefährlicher Verlauf

- Jeder akute Oberbauchschmerz bedarf bei Verdacht auf eine akute Pankreatitis der umgehenden stationären Einweisung zur prognostisch-therapeutischen Beurteilung. Für den akuten Schub einer chronischen Pankreatitis gelten die gleichen Prinzipien.
- Wichtig ist die gute Patientenführung mit Alkoholkarenz, Diät etc. zur Reduzierung der hohen Letalität und Vermeidung von Komplikationen: Pseudozysten, Pankreasabszesse, Gallengangsstenosen, Maldigestion und Diabetes mellitus.

34.135.7 Leitlinien

Deutsche Gesellschaft für Ernährungsmedizin. AWMF-S 3-Leitlinie 073–025. **Klinische Ernährung in der Gastroenterologie (Teil 2) – Pankreas.** Im Internet: www.awmf.org/leitlinien; Stand: 20.01.2016

Deutsche Gesellschaft für Gastroenterologie, Verdauungs- und Stoffwechselkrankheiten. AWMF-S 3-Leitlinie 021–003. **Chronische Pankreatitis.** Im Internet: www.awmf.org/leitlinien; Stand: 20.01.2106

Deutsche Gesellschaft für Pädiatrische Radiologie. AWMF-S 1-Leitlinie 064–016. **Bauchschmerz - Bildgebende Diagnostik.** Im Internet: www.awmf.org/leitlinien; Stand: 20.01.2016

V

34.136 Parkinson-Syndrom (G20.90)

H.-D. Klimm; frühere Bearbeitung durch M. Ehrhardt

34.136.1 Definition

Parkinsonkrankheit, Parkinson-Syndrom, idiopathisches Parkinson-Syndrom, „Schüttelkrankheit" ist eine stets fortschreitende neurodegenerative Erkrankung. Die willkürlichen wie unwillkürlichen Bewegungsabläufe sind gestört durch das Ungleichgewicht zerebraler Transmitter mit relativem Dopaminmangel.

34.136.2 Epidemiologie

Beginn zwischen dem 50. und 80. Lebensjahr, selten vor dem 40. Lebensjahr. Die Prävalenz wird auf 0,2 % geschätzt, Männer sind häufiger als Frauen betroffen. Die Manifestationsrate steigt mit zunehmendem Alter bis zum 80. Lebensjahr, um dann wieder abzunehmen. In Deutschland sind derzeit 300 000–400 000 Menschen erkrankt.

34.136.3 Ätiologie

Man unterscheidet:
- idiopathisches Parkinson-Syndrom: mit 50 % das häufigste Parkinson-Syndrom
- familiäres Parkinson-Syndrom: genetisch bedingte vererbbare Form, selten!
- symptomatisches Parkinson-Syndrom:
  - medikamentös induziert: Neuroleptika
  - vaskuläres Parkinson-Syndrom: zerebrale Mikroangiopathien
  - posttraumatisch:
    - toxininduziert: z. B. Kohlenmonoxidvergiftung
    - entzündlich: Enzephalitis, HIV-Enzephalopathie
    - metabolisch: z. B. Morbus Wilson
- Parkinson-Syndrome im Rahmen anderer neurodegenerativer Erkrankungen: z. B. progressive supranukleäre Blickparese oder kortikobasale Degenerationen

34.136.4 Leitsymptome und Diagnostik

► **Symptome.** Zum Parkinson-Syndrom gehört die Kombination der **Kardinalsymptome** Brady- bzw. Akinese mit wenigstens einem der anderen Symptome wie Rigor, Tremor oder posturaler Instabilität.

Die Erkrankung beginnt schleichend und schreitet langsam voran, womit sich auch die Symptomatik „im Laufe der Zeit" verstärkt:
- Tremor (Kap. 24.19):
  - Ruhetremor durch affektive Erregungen meist verstärkt, langsames Zittern
  - zusätzlicher Haltetremor, der auch Kopf und Unterkiefer betrifft (Rabbit-Phänomen)
- Rigor:
  - Widerstand gegen passive Bewegung (Zahnradphänomen)
  - beginnt oft in Form von Muskelverspannung im Schulter-Nacken-Bereich, leichte Beugung von Ellenbogengelenk, Rumpf und Nacken, später auch der Kniegelenke
  - körpernahe Muskelgruppen sind öfter betroffen (axialer Rigor)
  - eine gekrümmte Fehlhaltung der Körperstamms durch Tonuserhöhung ist oft zu beobachten (Kamptokormie)
- Hypo-/Akinesie:
  - allgemeine Bewegungsarmut, Minderung des Muskelspiels, insbesondere der Mimik (Maskengesicht)
  - Sprechstörung (Mikrophonie)
  - Schluckstörung (Pseudohyperpersalviation)
  - Nachlassen der Geschicklichkeit der Hände (Schriftbild wird kleiner, Mikrografie)
  - Gangbild kleinschrittig und schlurfend, Verlust der allgemeinen Geschicklichkeit

- posturale Instabilität: verminderte Stabilität beim Aufrechthalten des Körpers, Gang- und Standunsicherheit, Dribbelbewegungen
- sensible Symptome:
  - Durstminderung (Hyposmie)
  - Missempfindungen (Dysästhesie)
- vegetative Störungen:
  - „Salbengesicht" (fettglänzende Gesichtshaut), vermehrte Talgproduktion, vermehrter Speichelfluss
  - Schluckstörungen
  - Blasenstörungen
  - Obstipation
  - vermehrtes Schwitzen
- psychische Veränderungen:
  - depressive Verstimmung: kann als Frühsymptom lange Jahre vorausgehen! 40 % aller Patienten
  - Bradyphrenie mit Verlangsamung der Denk- und Merkfähigkeit

Meist beginnt die Symptomatik halbseitig, später dann sind beide Seiten betroffen.

▸ **Diagnostik.** Zur Diagnostik gehören:

- **Anamnese:**
  - Vorerkrankungen: Enzephalitis, Insulte, Intoxikationen?
  - Vormedikation
  - familiäre Belastung
- **klinische Untersuchung:**
  - komplette klinisch-neurologische Untersuchung: Tremor, Rigor, Hyokinesie
  - Gangprüfung: Gangbild, Schrittgröße, Wenden auf Kommando
- rechtzeitige **Überweisung zum Neurologen** zur Basisdiagnostik (komplette klinisch-neurologische Untersuchung, Differenzialdiagnostik, ggf. MRT Schädel und weiterführende funktionelle bildgebende Verfahren des zentralen dopaminergen Systems, Staging nach Hoehn & Yahn [56])

34.136.5 Differenzialdiagnostik

Wichtige Differenzialdiagnosen sind:

- vaskulär (subkortikale vaskuläre Enzephalopathie)
- Normaldruckhydrozephalus
- essenzieller Tremor
- Depression

Bei den verschiedenen Tremorformen (Kap. 24.19) gilt es auch, den Morbus Wilson (G83.0) ebenso auszuschließen wie eine Demenz und eine Depression.

34.136.6 Therapie

Merke

Stets Zusammenarbeit mit dem Neurologen anstreben! Multimodaler Ansatz mit frühzeitiger medikamentöser Therapie, Krankengymnastik, Logopädie, psychosozialer Begleitung und operativen Maßnahmen.

Eine kausale Therapie ist nicht möglich, mit einer rein symptomatischen Behandlung ist jedoch bei vielen Patienten über Jahrzehnte ein recht unbehindertes Leben möglich:

- Anfangsstadium:
  - Versuch, den Rigor und die Hypokinesie durch krankengymnastische Bewegungsübungen auf neurophysiologischer Basis günstig zu beeinflussen
  - wenn Unbeweglichkeit, Schmerzen und Verstimmungszustände stark zunehmen, rascher Beginn einer medikamentösen Behandlung
- medikamentöse Therapie unter fachärztlicher Mitbehandlung (Neurologie)!
  - L-Dopa: gegen Rigor, Hypokinesie
  - Dopaminagonisten: Bromocriptin, α-Dihydroergocriptin, Pramipexol, Ropinirol (Rigor, Hypokinesie, Tremor)
  - Mao-B-Hemmer: Selegilin, Rasagilin (Rigor, Hypokinesie, Tremor): schwächer als L-Dopa, meist bevorzugt im Frühstadium, antriebssteigernd
  - COMT-Hemmer: Entacapon (Tolcapon): meist in Kombination mit L-Dopa beim fortgeschrittenen Parkinson
  - Glutamatantagonisten: Amantadin als Monotherapie bei leichten Formen, in Kombination mit L-Dopa in fortgeschrittenen Stadien
- Hinweise zur Therapie:
  - bei allen Medikamenten trifft zu: langsamer Beginn und langsame Steigerung bis eine ausreichende Wirkung erreicht ist
  - durch Kombination der einzelnen Substanzen kann der Effekt auf die Symptomatik gesteigert werden

  - Wirkfluktuationen können im Laufe der Zeit eintreten und erfordern einen Therapiewechsel
- operative Behandlung:
  - insbesondere bei dominantem einseitigem Parkinsonismus
  - Hirnstimulation mittels programmierbarem Impulsgenerator; der Patient kann dabei selbst durch thalamische Stimulation den Tremor unterbrechen.

Abwendbar gefährlicher Verlauf

Durch adjuvante Therapie und Kontrollen Vermeidung des oft letal verlaufenden Dopa-Spätsyndroms.

34.136.7 Leitlinien

Deutsche Gesellschaft für Neurologie. AWMF-S 2k-Leitlinie 030–010. **Parkinson-Syndrome, Diagnostik und Therapie.** Im Internet: www.awmf.org/leitlinien; Stand: 20.01.2016

34.137 Parotitis epidemica (Mumps) (B26.9)

H.-D. Klimm

34.137.1 Definition

Die Parotis epidemica (Mumps) ist eine akute generalisierte Viruserkrankung, die epidemieartig in Schulen und Kindergärten auftritt, aber auch im jungen Erwachsenenalter vorkommt.

34.137.2 Epidemiologie

Die Erkrankung ist in jedem Alter möglich, kommt jedoch gehäuft zwischen dem 5. und 15. Lebensjahr mit einer Inkubationszeit von 16–18 Tagen vor. Die Kontagiosität liegt bei 60–70 %, wobei das Virus im Speichel eine Woche vor und bis zu 9 Tage nach Parotisschwellung ausgeschieden wird. Die Übertragung erfolgt durch Tröpfcheninfektion. Sie hinterlässt in der Regel eine lebenslange Immunität und gehört zu den „klassischen Kinderkrankheiten“.

Vor Einführung der allgemein empfohlenen Impfung erkrankten die meisten Kinder zwischen dem 2. und 15. Lebensjahr, Jungen häufiger als Mädchen. Die Erkrankung verläuft umso schwerer und komplikationsreicher, je älter die Betroffenen sind. Seit Einführung der Impfung ist die Tendenz rückläufig, jedoch nach Impfmüdigkeit wieder ansteigend. Die Inzidenz liegt derzeit bei 0,8 auf 100 000 Einwohner.

34.137.3 Ätiologie

Erreger der Parotitis epidemica ist das Myxovirus parotitis.

34.137.4 Leitsymptome und Diagnostik

Der Mumps beginnt primär als einseitige (meist mit Fieber), dann jedoch beidseitige schmerzhafte Parotisschwellung mit Verdrängung der Ohrmuschel nach außen (Ziegenpeter), die Schmerzen werden durch Kauen verstärkt. Sekundär kommt es in 2–5 % der Fälle zu einer Pankreatitis. ***Cave:*** 40 % der Infektionen verlaufen symptomlos! Nach der Erkrankung besteht lebenslange Immunität.

34.137.5 Differenzialdiagnostik

Zu den differenzialdiagnostischen Möglichkeiten gehören:
- Mononucleosis infectiosa (B27.9): Kap. 34.120
- Parotistumoren (D 37.0): langsam wachsend, meist ältere Patienten, kein Fieber
- Parotissteine: Schwellung und Schmerzhaftigkeit in Abhängigkeit zum Essen
- Morbus Hodgkin (C 81.9): Kap. 34.108
- Lymphadenitis colli (I88.9): Kap. 34.107

34.137.6 Therapie

Zur Therapie gehören:
- symptomatische Behandlung mit Analgetika und Antipyretika, z. B. Azetylsalizylsäure, Phenylbutazon, Paracetamol
- Wärme- und/oder Kälteanwendung an den geschwollenen Halspartien

Merke

Mumps ist meldepflichtig, wenn es zur Mumpsmeningitis kommt.

Die Impfung ist eine aktive Immunisierung, meist mit Masern-Mumps-Röteln-Impfstoff, ggf. auch mit Windpocken (MMRRV) ab dem 11. bis zum 14. Lebensmonat. Eine passive Immunisierung, also spezielle Mumps-Immunglobuline zur passiven Immunisierung, gibt es nicht.

Abwendbar gefährlicher Verlauf

- **Orchitis** (N45.9)/Epididymitis (in 20–30 % der Fälle), besonders bei jungen Männern
- **Pankreatitis** (K85.90): Übelkeit, Brechreiz, Oberbauchbeschwerden, Diabetes
- meningeale Reizerscheinungen (Meningoenzephalitis, G04.9): Kap. 34.117
- **Ertaubung** (H91.9): bei 1 von 10 000 Infektionen kann eine Innenohrschwerhörigkeit auftreten, häufigste Ursache der Ertaubung bei Kindern!

34.137.7 Leitlinien

Deutsche Gesellschaft für Allgemeinmedizin und Familienmedizin. AWMF-S 2k-Leitlinie 053–009. **Ohrenschmerzen.** www.awmf.org/leitlinien; Stand: 20.01.2016

34.138 Pedikulose (B85.2)

H.-D. Klimm, S. Klimm

34.138.1 Definition

Die Pedikulose ist eine Parasitose, hervorgerufen durch Läuse.

34.138.2 Epidemiologie

Die Pedikulose tritt weltweit auf, unabhängig von klimatischen Zonen. Besonders in Kindergemeinschaften ist sie häufig und tritt epidemisch auf. Kopfläuse kommen in allen Gesellschaftsschichten und bei Patienten aller Altersgruppen vor.

34.138.3 Ätiologie

Man differenziert zwischen 3 menschenpathogenen Läusearten:

- Pedikulosis capitis: Kopfläuse (2–3,5 mm groß, häufig! Übertragung durch Kleidung und Bettwäsche, seltener durch Kämme oder Hüte)
- Pedikulosis pubis: Filzläuse (2 mm groß, selten, Übertragung beim Geschlechtsverkehr oder durch Kleidung und Bettwäsche)
- Pedikulosis vestimentorum: Kleiderläuse (4 mm groß, oft bei Obdachlosen! Übertragung direkt durch die Kleidung, in der die Kleiderläuse ihre Eier ablegen; Kleiderläuse übertragen die Erreger von Fleckfieber, Wolhynfieber und Rückfallfieber

34.138.4 Leitsymptome und Diagnostik

► **Symptome.** Das Leitsymptom ist der Juckreiz im Bereich des Kopfes, bei Filzläusen in der Genitalregion, hervorgerufen durch die Bisse der Läuse. Durch den starken Juckreiz kann sich sekundär ein Ekzem entwickeln.

► **Diagnostik.** Die Diagnostik umfasst:

- **Anamnese:** Kontakt zu anderen Lausträgern bei Kindern im Kindergarten, in der Schule oder familiären Bereich
- Nachweis der Läuse und/oder der Nissen (makroskopisch oder mikroskopisch):
  - **Kopfläuse** können im Haar beobachtet werden: Wenn sie saugen, imponieren sie als bräunliche (blutgefüllte) Schuppen im Nackenbereich. Die abgelegten, am Haar klebenden Eier (sog. Nissen) finden sich an den Haaren bevorzugt im Nacken und Schläfenbereich und lassen sich im Gegensatz zu Schuppen nicht abstreifen!
  - Die **Filzläuse** sind klein, sehr träge und finden sich in den Schambehaarungen sowie in der Achselregion.
  - **Kleiderläuse** leben auf den Kleidungsstücken, häufig in den Nahtbereichen. Sie findet sich an bedeckten Körperpartien, z. B. bei verwahrlosten und hilflosen Personen.

34.138.5 Differenzialdiagnostik

Differenzialdiagnostisch kommen infrage:
- Ekzeme (L 30.9): Kap. 34.46
- Insektenstiche (S 00.23)
- Erkrankungen, die mit Pruritus einhergehen

Selten entwickeln Patienten bzw. Familienangehörige eine Zoophobie (F40.2) und Juckreiz, ohne selbst Läuse zu haben!

34.138.6 Therapie

V

- Abtötung der Kopf- und Filzläuse durch Insektizide pflanzlicher oder chemischer Herkunft
  - Goldgeist forte Flüssigkeit
  - Jakutinemulsion
  - Hexachlorcyclohexan in Waschmittel, Gel oder Lotio
- Entfernung von Nissen mit Essigwasser und Läusekamm, wobei sich die Nissen meist als sehr fest haftend erweisen
- Waschen von Bettwäsche und Kleidungsstücke nach erfolgter Läusekur

Zur Beurteilung der Schulfähigkeit sollten im Zweifelsfall Haare daraufhin untersucht werden, ob die Nissen noch Läuse enthalten. Dies ist erkennbar am noch vorhandenen Nissendeckel und am dunklen Fleck, der dem Auge bzw. dem Herz der Laus entspricht.

Merke

Kinder mit Läusen werden vom Schul- bzw. Kindergartenbesuch ausgeschlossen.

Abwendbar gefährlicher Verlauf

Bei der Kleiderlaus Übertragung von **Rickettsien** (Fleckfieber) (A75.9).

34.138.7 Leitlinien

Arbeitskreis Krankenhaus und Praxishygiene. AWMF-S 1-Leitlinie 029–030. **Hausreinigung und Flächendesinfektion: Hygienische Anforderungen.** Im Internet: www.awmf.org/leitlinien; Stand: 20.01.2016

34.139 Perianalthrombose (K64.5)

J. Barlet

34.139.1 Definition

Bei der Perianalthrombose handelt es sich um eine im Bereich des äußeren Venenplexus „perianal" plötzlich auftretende, meist schmerzhafte Thrombose. Perianalthrombosen können klein sein und sich auf ein Gefäß beschränken, sie können aber auch verzweigt sein, sich auf einen großen peranalen Bezirk ausbreiten und bis zur Linea dentata heranreichen.

34.139.2 Epidemiologie

Eine Perianalthrombose tritt in allen Lebensaltern und bei beiden Geschlechtern gleichermaßen auf und zählt zu den häufigen Schmerzzuständen im Analbereich.

34.139.3 Ätiologie

Als Ursache wird oft Sitzen auf einem kalten Untergrund angegeben. Perianalthrombosen entstehen oft im Zusammenhang mit dem Pressen bei hartem Stuhlgang.

34.139.4 Leitsymptome und Diagnostik

► **Symptome.** Leitsymptome sind der plötzlich einsetzende Schmerz und die auch für den Patienten tastbare schmerzhafte Anschwellung am After. Bei spontan perforierten Perianalthrombosen besteht eine Blutung.

► **Diagnostik.** Zur Diagnostik gehören:
- Anamnese: s. o., plötzlicher Schmerz, tastbare Schwellung
- Inspektion der Analregion
- körperliche Untersuchung: schmerzhafte livide Anschwellungen von Kirschkerngröße bis hin zu erheblichen Ausmaßen (ca. 5–30 mm Durchmesser) in einem Gefäß oder verzweigt im Venenplexus

Palpation und rektale Untersuchung werden ggf. ergänzt durch die **Proktoskopie** zur Beurteilung des Ausmaßes der Perianalthrombose. Oft ist diese wegen der Schmerzen jedoch nicht durchführbar. Bei der spontanen Perforation besteht neben dem sichtbaren Thrombus eine Sickerblutung.

34.139.5 Differenzialdiagnostik

Differenzialdiagnostisch kommen infrage:
- perianale Abszesse und beginnende Fistelbildungen: wenn die Lividität des durchschimmernden Thrombus nicht vorhanden ist
- Analkarzinome: unterscheiden sich morphologisch

34.139.6 Therapie

Bei der Therapie sind das Alter der Thrombose und evtl. Komplikationen zu berücksichtigen:
- frische Thrombosen:
  - nicht verzweigte Thrombosen möglichst frühzeitig inzidieren, entweder in Form der Stichinzision (mit oder ohne Lokalanästhesie) oder mit breiterer Eröffnung (Fischmaulschnitt); zur Vermeidung von Rezidiven wird auch die Resektion der Vene empfohlen
  - verzweigte Thrombosen neigen zu Rezidiven → konservative Behandlung (Heparinsalben und -zäpfchen, z. B. Haemo-Exhirud Kombi); zur Schmerzlinderung und Abschwellung → NSAR-Präparate, Azetylsalizylsäure
- ältere Thrombose (2–7 Tage)
  - aktivierte körpereigene Lyse bzw. organisierter Thrombus → häufig Nachblutungen bei Inzisionen
- Spontanperforationen im Verlauf → Blutungen im Analbereich
  - fast immer konservative Therapie (Salbe und Suppositorien)
  - lediglich bei ausgedehntem Befund sind zusätzliche entlastende Inzisionen zur Schmerzlinderung hilfreich

Als Residuen von Perianalthrombosen können sich sog. Marisquen (Analfalten) bilden.

Merke

Im Gespräch mit den Patienten ist Beruhigung und Aufklärung erforderlich, da sie oft Krebs, eine große Blutung oder eine Embolie befürchten. Die Perianalthrombose heilt immer ab. Es besteht kein Embolie- und kein Krebsrisiko! Eine Prophylaxe ist nicht möglich.

Abwendbar gefährlicher Verlauf

Eine Perianalthrombose muss immer durch eigene Inspektion und Untersuchung diagnostisch gesichert werden, um nicht Abszesse, Analkarzinome, Fisteln o. Ä. zu übersehen. Dies gilt insbesondere auch für „Rezidive“ und peranale Blutungen.

34.139.7 Leitlinien

Deutsche Gesellschaft für Koloproktologie. AWMF-S 1-Leitlinie 081–007. **Hämorrhoidalleiden.** Im Internet: www.awmf.org/leitlinien; Stand: 20.01.2016

34.140 Periarthropathia humeroscapularis (M75.0)

H.-D. Klimm

34.140.1 Definition

Die Periarthropathia humeroscapularis (Periarthritis humeroscapularis, „frozen shoulder“, Duplay-Syndrom, Rotatorenmanschettensyndrom) ist eine schmerzbedingte weitgehende Aufhebung der Beweglichkeit des Schultergelenks. Dabei handelt es sich nicht um ein eigenständiges Krankheitsbild, sondern vielmehr um einen Sammelbegriff verschiedener anatomisch-pathologischer Krankheitszustände im Schulterbereich.

34.140.2 Epidemiologie

Schmerzen in der Schulter sind in der Hausarztpraxis häufig, wobei peri- und extraartikulär degenerative Tendopathien im Ansatzbereich der Rotatorenmanschetten dominieren. Frauen und Männer sind gleichermaßen betroffen. Der Altersgipfel liegt zwischen 40 und 60 Jahren. In bis zu 3 % der Fälle tritt die Periarthritis beidseits auf.

34.140.3 Ätiologie

Mögliche Ursachen sind:
- Impingementsyndrom: häufigste Ursache einer schmerzhaften Schultersteife, multifaktoriell
- verkalkende Schleimhautbeutelentzündung: Bursitis calcarea, calcificans

- Rotatorenmanschettenruptur: Verletzung und Risse der Rotatorenmanschette als Unfallfolge oder multifaktoriell in fortschreitendem Lebensalter
- Omarthrose (Kap. 34.19)

34.140.4 Leitsymptome und Diagnostik

▸ **Symptome und Verlauf.** Charakteristisch ist der Verlauf in 3 Stadien:

- Stadium I (Initialphase): zunehmender Bewegungsschmerz, besonders nachts, noch keine Bewegungseinschränkung
- Stadium II (Einsteifungsphase): nachlassender Schmerz, jedoch Zunahme der Bewegungseinschränkung
- Stadium III (Lösungsphase): die Schulter ist versteift, aber nicht mehr schmerzhaft und wird langsam wieder beweglicher unter Rückbildung der entzündlichen Veränderungen an der Gelenkkapsel

▸ **Diagnostik.** Zur Diagnostik gehören:

- **Anamnese:**
  - frühere Verletzungen der Schulter, aktuell auslösende Ereignisse
  - bisheriger Verlauf der Schulterproblematik
- **klinische Untersuchung:**
  - schmerzhafte Einschränkung der Abduktion zwischen 80° und 120° (schmerzhafter Bogen = „painful arc") durch Schmerzhaftigkeit oberhalb des Tuberculum majors
  - Impingementzeichen nach Hawkins: Schmerz bei passiver Innenrotation des um 90° flektierten Armes bei maximaler Außenrotation
  - Impingementzeichen nach Neer: Schmerz bei passiver Elevation des Armes in Innenrotation über 90° bei fixierter Skapula
- **Bildgebung:**
  - Nachweis von abgelagerten fein dispersen Kalziumphosphatkristallen in der Muskulatur und von verkalkten Detritusanteilen in der Bursa subacromialis
  - MRT zum Nachweis von Rissen der Rotatorenmanschette oder zur Objektivierung eines Impingementsyndroms (tragen zwar unbestritten zur Diagnosesicherung bei, können aber durch ihre hohe Sensitivität oft auch zu Befunden führen, die für den Patienten keinerlei klinische Relevanz besitzen und nur zur Verunsicherung sowohl des Patienten als auch des behandelnden Arztes beitragen)
- **Labor:** BSG zum Ausschluss entzündlicher Veränderungen

34.140.5 Differenzialdiagnostik

Zu den differenzialdiagnostischen Überlegungen gehören:

- Zervikobrachialsyndrom (M53.1) mit Wurzelneuritis (rezidivierender Schiefhals):
  - meist bei Jugendlichen und jüngeren Erwachsenen
  - oft morgens nach dem Erwachen infolge abrupter Kopfbewegung
  - bei Wurzelreizung ausstrahlende Schmerzen im Bereich des Nackens, über die Schulter bis in den Arm hineinziehend mit Parästhesien und pelzigem Gefühl, segmental bezogene Muskelatrophien in Händen bei Persistenz
- Engpass-Syndrom (G58.9) (z. B. Halsrippe, Skalenuslücke):
  - meist nach dem 30. Lebensjahr auftretend
  - beim Herabhängen des Armes Schmerzprovokation
  - neurologische Erscheinungen entsprechen denen einer unteren Plexusirritation mit Schmerzen, Sensibilitätsausfall an der kleinfingerwärtigen Seite des Unterarms und der Hand, in schweren Fällen sekundäre Atrophie der Handmuskel- und Fingerballenmuskulatur
- Plexusirritation (G54.9): segmentbegrenzte Störung, sekundäre Paresen mit Muskelatrophien

34.140.6 Therapie

Therapeutische Möglichkeiten sind:

- konservative Therapie
  - Kälteagglutination
  - Antiphlogistika (z. B. Diclofenac)
  - lokale Kortikoid-/Steroidapplikation (***Cave:*** Sepsis!)
  - intensive Krankengymnastik, z. B. zur Stärkung der Depressorenmuskulatur
  - evtl. Röntgen-Reizbestrahlung
- Operation (indiziert bei):
  - Beschwerdepersistenz
  - ausgeprägter, störender Schwäche
  - irreparablen Rupturen zur Schmerztherapie
  - einem langen Krankheitsverlauf zur arthroskopischen Kalkentfernung

  - Therapieversagen bei „frozen shoulder“: Schultermobilisierung unter Narkose oder Kapsulotomie

Abwendbar gefährlicher Verlauf

Schultersteife (M25.61) und Progredienz der Erkrankung bei nicht erfolgreicher und unsystematischer Therapie.

34.140.7 Leitlinien

Deutsche Gesellschaft für Unfallchirurgie. AWMF-S 1-Leitlinie 012–013. **Ventrale Instabilität der Schulter.** Im Internet: www.awmf.org/leitlinien; Stand: 20.01.2016

34.141 Periphere arterielle Verschlusskrankheit (PAVK) (I70.0)

U.Müller-Bühl

34.141.1 Definition

Als periphere arterielle Verschlusskrankheit (PAVK) werden Durchblutungsstörungen der die Extremitäten versorgenden Arterien bezeichnet. Die PAVK kann als Marker einer generalisierten Atherosklerose und als Indikator eines erhöhten Mortalitätsrisikos angesehen werden. Mindestens 10% aller PAVK-Patienten haben eine zerebrovaskuläre Erkrankung und 28% leiden an einer relevanten koronaren Herzkrankheit.

34.141.2 Epidemiologie

Die Prävalenz der PAVK ist altersabhängig und steigt mit höherem Lebensalter. Die Häufigkeit in der Allgemeinpraxis liegt bei ca. 7,5–8%. Epidemiologische Populationsstudien mit objektiven Untersuchungstechniken zeigen eine Gesamtprävalenz der PAVK von 3–10%. Ab einem Alter von 70 Jahren steigt die Prävalenz auf 15–20% an.

34.141.3 Ätiologie

Das Konzept einer genetischen Disposition, die durch expositionelle Risikofaktoren, insbesondere Modifikationen des Lebensstils, akzentuiert wird, gilt heute als wissenschaftlich anerkannt. Es findet in den meisten Score-Systemen zu Berechnung des kardiovaskuären Risikos Berücksichtigung (z.B. PROCAM, ARRIBA).

In > 90% der Fälle wird die PAVK durch chronische, progrediente **atherosklerotische Gefäßwandveränderungen** in ein oder mehreren Gefäßsegmenten verursacht, die sich allmählich von einer Stenose entwickeln können. Eine lokale Atherothrombose kann dann zu einem kompletten Arterienverschluss führen.

Akute periphere Durchblutungsstörungen der Extremitäten sind selten und werden durch **thrombembolische oder akute atherothrombotischen Verschlüsse** verursacht.

Primär **entzündliche Erkrankungen** der großen Gliedmaßenarterien (Angiitiden) betreffen weniger als 1% der Gefäßpatienten.

34.141.4 Leitsymptome und Diagnostik

► **Symptome.** Die Leitsymptome charakterisieren die Stadien der Einteilung nach Fontaine:

- **Stadium I** (I70.20): subjektive Beschwerdefreiheit durch Kompensation, Kollateralisation oder leistungslimitierende Grunderkrankung
- **Stadium II:** Belastungsschmerz (Claudicatio intermittens): Wadenschmerzen bei Stenosen/Verschlüssen der Femoralarterien, Oberschenkelschmerzen bei Beckenarterienstenosen/-verschlüssen:
  - **Stadium IIa** (I70.21): Gehstrecke > 200 m
  - **Stadium IIb** (I70.22): Gehstrecke < 200 m
- **Stadium III** (I70.23): Ruheschmerz („kritische Ischämie“), Patienten müssen nachts aufstehen, Besserung der Schmerzen durch Stehen, Sitzen und Gehen
- **Stadium IV** (I70.24): Gewebeschäden, Ulzera

► **Diagnostik.** Zur Diagnostik gehören:

- **Anamnese:**
  - Erfragen der Beschwerden entsprechend der Stadieneinteilung nach Fontaine
  - Erfassen kardiovaskulärer Risikofaktoren: Nikotinabusus = Angabe evtl. in „pack years“ (1 Jahr lang 20 Zigaretten/d = 1 py)

- **Inspektion:** Beobachtung von regionalen Hautveränderungen bis hin zu Nekrosen
- **Palpation und Auskultation:** Pulsverlust bzw. Strömungsgeräusche über den Arterien: A. carotis, A. subclavia, A. brachialis, A. radialis, A. ulnaris, A. femoralis, A. poplitea, A. dorsalis pedis, A. tibialis posterior

► **Erweiterte Diagnostik.** Eine erweiterte Diagnostik ist durch Funktionstests möglich:

- **Ratschow-Lagerungsprobe:**
  - Fußkreisen mit senkrecht erhobenen Beinen
  - Beurteilung der Zeit der Venenfüllung und einer reaktiven Hyperämie in sitzender Position
  - Bei einem normalen arteriellen Gefäßbefund kommt es innerhalb von 5–10 Sekunden zu einer diffusen Hautrötung, innerhalb von 10–20 Sekunden zu einer zunehmenden Venenfüllung auf dem Fußrücken.
  - Bei einer PAVK ist eine fleckförmige oder diffuse Abblassung des Fußes des betreffenden Beins auffällig. Die Venenfüllung setzt verspätet ein und wird von einer lang dauernden reaktiven Hyperämie mit leicht livider Verfärbung gefolgt.
- **Allen-Test:**
  - manuelle Kompression der A. radialis oder A. ulnaris am Handgelenk und Aufforderung an den Patienten zu rhythmischen Faustschlussbewegungen
  - Beobachtung der Farbe der Hand und damit der Durchgängigkeit der nicht komprimierten Arterie
- **kontrollierte Gehstrecke:** standardisierte Messung der schmerzfreien Gehstrecke durch kontrollierte Gehprobe mit 80 Schritten/Minute
- **Dopplerdruckmessung:**
  - dopplersonografische Druckmessung und Ermittlung des **Ankle-Brachial-Index** (ABI = Quotient aus Dopplerdruck der A. tibialis posterior bzw. A. dorsalis pedis und Dopplerdruck der A. brachialis); die ABI-Bestimmung erlaubt eine ungefähre Zuordnung des Schweregrads der PAVK (► Tab. 34.39)
  - > 90 % Sensitivität und Spezifität für die PAVK
  - ABI > 1 → PAVK ausgeschlossen; ***Cave:*** Ein ABI > 1 ist mit einer erhöhten altersjustierten Mortalität assoziiert!
  - ABI < 0,9 → PAVK vorhanden → angiologische Zusatzdiagnostik

Tab. 34.39 Bestimmung des Ankle-Brachial-Index (ABI).

ABI-Wert	Schweregrad PAVK
> 1,3	falsch hohe Werte (Verdacht auf Mediasklerose)*
> 0,9	Normalbefund
0,75–0,9	leichtes Stadium
0,5–0,75	mittelschweres Stadium
< 0,5	schweres Stadium (kritische Ischämie)

Mediasklerose (häufig bei Diabetikern): Die peripheren Arterien lassen sich durch die Manschette nicht komprimieren → der Druck wird > 240 mmHg gemessen und ist diagnostisch nicht verwertbar.

  - ABI zwischen 1 und 0,9 → PAVK fraglich → Belastungstest (30 Fußzehenstände) zur Klärung: Fällt nach Belastung der Druck weiter ab, ist das Ergebnis eindeutig pathologisch, bleibt er konstant → weitere Abklärung erforderlich
- **angiologische Zusatzdiagnostik** (Oszillografie, Duplexsonografie, MR-Angiografie) beim klinischen Bild einer PAVK, insbesondere bei einem ABI < 0,9

Merke

Mit der Ratschow-Lagerungsprobe, dem Allen-Test und der kontrollierten Gehstrecke wird zwar bei positivem Ausfall eine sichere Diagnose gestellt, viele Erkrankungen an PAVK werden jedoch nicht erkannt (Spezifität 90 %, Sensitivität jedoch nur 30–40 %).

Ist eine PAVK nachgewiesen, sollte der Patient wegen der hohen Koinzidenz zerebrovaskulärer und koronarer Durchblutungsstörungen zur entsprechenden fachärztlichen Abklärung überwiesen werden.

34.141.5 Differenzialdiagnostik

Differenzialdiagnostisch kommen infrage:

- Claudicatio spinalis (M48.–)
- Claudicatio venosa (I87.–)
- Thrombangiitis obliterans (Winiwarter-Buerger) (I73.1):
  - entzündliche, multilokuläre, segmentäre, schubweise verlaufende Gefäßerkrankung im Sinne einer Panangiitis der kleinen und mittel-

großen Arterien und Venen, die zu einer sekundären Thrombosierung des Gefäßlumens führt
  - Erstmanifestation ab dem 60. Lebensjahr, fast ausnahmslos Raucher!
  - Leitsymptome: Kältegefühl, Parästhesien, schmerzhafte Durchblutungsstörung der Füße und/oder Hände, häufig sind akrale Nekrosen erste Symptome
- Entrapment A. poplitea (I70.–)
- zystische Adventitiadegeneration (I70.–)
- kardiogene Thrombembolie (I74.–)

34.141.6 Therapie

Allgemeine Therapieziele sind [27]:
- Hemmung der Progression der PAVK
- Risikoreduktion vaskulärer Ereignisse
- Reduktion kardiovaskulärer und zerebrovaskulärer Ereignisse
- Verbesserung von Belastbarkeit, Gehleistung und Lebensqualität

In **Stadium I und II** werden empfohlen:
- konsequente Behandlung kardiovaskulärer **Risikofaktoren** (Empfehlungsgrad A)
  - Nikotinabstinenz
  - LDL-Cholesterin auf < 100 mg/dl
  - Diabetes: HBA_{1c} < 7 %
  - Zielblutdruckbereich < 140/90 mmHg, bei Patienten mit Diabetes < 130/80 mmHg, Betablocker sind nicht kontraindiziert
- **strukturiertes Gehtraining** (Gefäßsport wird allerdings im kommunalen Rahmen im Gegensatz zu Koronarsport nicht flächendeckend angeboten, Therapieadhärenz nur 10 %)
- **Medikation:**
  - Thrombozytenfunktionshemmung: zur Prävention ist ASS nicht zugelassen; jeder symptomatische AVK-Patient muss jedoch mit einem Thrombozytenfunktionshemmer behandelt werden, sofern dafür keine Kontraindikationen vorliegen (ASS oder Clopidrogel)
  - Statine
  - Vasoaktiva unter Einschränkungen (Cilostazol, Naftidrofuryl)

In **Stadium III und IV** (kritische Ischämie) werden empfohlen:
- primär invasive Maßnahmen wie PTA oder Operation
- falls konservative Therapie erforderlich: Prostanoide
- Langzeittherapie mit ASS, Statin, ggf. orale Antikoagulation

Abwendbar gefährlicher Verlauf

- akuter peripherer Gefäßverschluss
- kritische Ischämie mit Ruheschmerzen und Gewebsnekrosen (PAVK-Stadium III und IV)
- Risiko einer kardiovaskulären Erkrankung (koronar, zerebral) beachten: ABI ist ein wertvoller Marker für dieses Risiko und korreliert bei Werten < 0,9 negativ mit dem Risiko, an einem kardiovaskulären Ereignis zu versterben (Evidenz A)

34.141.7 Leitlinien

Deutsche Gesellschaft für Angiologie, Deutsche Gesellschaft für Gefäßmedizin. AWMF-S 3-Leitlinie 065–003. **Periphere arterielle Verschlusskrankheit (PAVK), Diagnostik, Therapie und Nachsorge.** Im Internet: www.awmf.org/leitlinien; Stand: 10.01.2016

34.142 Pharyngitis (J02.9)

H.-D. Klimm

34.142.1 Definition

Die Pharyngitis bezeichnet die akute Infektion der Rachenschleimhaut.

34.142.2 Epidemiologie

Die Pharyngitis ist eine der häufigsten Erkrankungen in der Hausarztpraxis. Von 1000 Patienten, die einen Hausarzt aufsuchen, zeigen ca. 200 die Symptome einer Pharyngitis. Sie ist unabhängig von Alter und Geschlecht, kommt zu jeder Jahreszeit vor, ist jedoch besonders häufig im Winterhalbjahr.

34.142.3 Ätiologie

Meist ist die Pharyngitis viraler Genese, oft aber auch sekundär bakteriell superinfiziert (Halsschmerz [Kap. 23.2], Tonsillitis [Kap. 34.142]:

- **akute Pharyngitis:** meist Virusinfekt der oberen Luftwege mit Rötung und Verdickung der Schleimhaut im Bereich der Lymphfollikel und Seitenstränge, meist Influenza-, Parainfluenza- oder Adenoviren, selten Herpes-simplex-, Coxsackie- oder Echo-Viren
- **chronische Pharyngitis:** „Sammelbegriff" für Veränderungen des Pharynx infolge chronischer Irritationen durch Noxen wie Rauch, Alkohol, trockene Luft (Klimaanlage), Hormonumstellung (Klimakterium), Allergien oder Radiatio
- **bakterielle Pharyngitis** (Kap. 34.142): seltene Form einer Pharyngitis, meist β-hämolysierende Streptokokken, Kinder sind häufiger befallen als Erwachsene
- **Pharyngitis chronica hyperplastica:** Wucherung der Lymphfollikel mit Fremdkörpergefühl, Würgereiz und Räusperzwang
- **Pharyngitis chronica sicca:** trockene, atrophische Schleimhaut, meist bedeckt durch Bildung von zähem Schleim
- **Angina lateralis** (Seitenstrangangina): bakterielle Infektion mit Befall der Lymphbahnen im Rachenraum, Ohrenschmerzen, Schluckbeschwerden, Kopfschmerzen, vor allem bei tonsillektomierten Patienten!

34.142.4 Leitsymptome und Diagnostik

▶ **Symptome.** Im Vordergrund stehen Schluckbeschwerden und ein wundes, kratzendes oder brennendes Gefühl im Hals. Oft besteht ein Zwang zum Räuspern wie zum Husten. Das Krankheitsgefühl ist meist nur gering ausgeprägt.

▶ **Diagnostik.** Zur Diagnostik gehören:

- **Anamnese:** nach Umfelderkrankungen fragen!
- **Inspektion** des Nasen-Rachen-Raums:
  - Feststellung von häufig geröteten, verdickten Schleimhäuten
  - bei chronischer Pharyngitis trockene Schleimhaut mit zähen gelben Belägen

34.142.5 Differenzialdiagnostik

Die differenzialdiagnostischen Überlegung umfassen:

- Globusgefühl (F45.8): Globus nervosus, Kap. 24.5
- bei Mundtrockenheit Stoffwechselerkrankungen ausschließen wie Diabetes mellitus, Plummer-Vinson-Syndrom (B50.1), Sjögren-Syndrom (M35.0)

34.142.6 Therapie

Es handelt sich um eine symptomatische Therapie:

- Fiebersenkung (Azetylsalizylsäure, Phenylbutazon)
- Schmerzlinderung (z. B. Diclofenac)
- Befeuchtung des Rachenraums durch Inhalation
- bei schweren Verlaufsformen, insbesondere bei Zeichen einer bakteriellen Superinfektion, Antibiotikatherapie, z. B. Penicillin, Amoxicillin (Kap. 27)
- lokale Kühlung: z. B. Eis essen oder kalte Wickel
- speichelproduzierende Maßnahmen wie z. B. Bonbon lutschen

Abwendbar gefährlicher Verlauf

Stets sind Grundkrankheiten wie ein Diabetes mellitus oder Tumoren auszuschließen.

34.142.7 Leitlinien

Deutsche Gesellschaft für Allgemeinmedizin und Familienmedizin (DEGAM). AWMF-S3-Leitlinie 053–010. **Halsschmerzen.** Im Internet: www.awmf.org/leitlinien; Stand: 20.01.2016

34.143 Phimose (N47)

T. Freund, S. Klimm

34.143.1 Definition

Phimose bezeichnet eine Verengung der Vorhaut des männlichen Gliedes. Die Vorhaut lässt sich dadurch gar nicht oder nur schwer über die Glans penis zurückziehen.

34.143.2 Epidemiologie

96 % der neugeborenen Jungen weisen eine Vorhautverklebung bzw. Phimose auf, einjährige Jungen weisen noch zu circa 50 % eine Phimose auf, Dreijährige zu 10 %. Im Alter von 16 Jahren beträgt die Prävalenz nur noch ca. 1 %.

34.143.3 Ätiologie

In den ersten Lebensmonaten ist die Vorhaut physiologisch verengt bzw. mit der Glans penis verklebt. Die Vorhaut löst sich in der Regel in den ersten 3 Lebensjahren von selbst. Persistiert die angeborene Phimose über das 3. Lebensjahr hinaus, spricht man von einer primären Phimose, kommt es im späteren Leben zu einer Phimose (aufgrund rezidivierender Entzündungen, Verletzungen durch forcierte Retraktion oder Hauterkrankungen wie Lichen sclerosus) spricht man von einer sekundären Phimose.

34.143.4 Leitsymptome und Diagnostik

Anamnestisch ist nach Harnwegsinfekten sowie Schmerzen bei Miktion oder Erektion zu fragen. Die verengte Vorhaut ist eine Blickdiagnose. Typisch ist eine Ballonierung der Vorhaut bei der Miktion. Ein Lichen sklerosus (L90.0) ist in der Regel an der typischen „marmornen" Struktur der Haut zu erkennen.

34.143.5 Therapie

In den ersten 3 Lebensjahren besteht in der Regel keine Indikation zur Therapie. Besteht darüber hinaus eine primäre Phimose oder treten gehäufte Harnwegsinfekte bzw. Schmerzen bei der Miktion oder Erektion auf, ist eine Behandlung indiziert. Diese besteht in der Regel zunächst in einer konservativen Therapie mit zweimal täglicher lokaler Applikation von 0,1 %iger Betamethasoncreme über 4–8 Wochen [33]. In ca. 70 % kommt es zu einem (initialen) Behandlungserfolg, Rezidive sind jedoch häufig. Eine Indikation zur operativen Versorgung (verschiedene Verfahren der Zirkumzision) besteht bei Lichen sklerosus, ausgeprägten Vernarbungen oder akuter Dysurie bzw. Paraphimose (akute Einschnürung mit fehlender Möglichkeit zur Retraktion der Vorhaut).

Abwendbar gefährlicher Verlauf

Eine **Paraphimose** (N47) („spanischer Kragen") mit fehlender Möglichkeit der Reposition der verengten Vorhaut zurück über die Glans penis ist ein Notfall, der umgehend einer chirurgischen Therapie zugeführt werden muss, da es sonst durch Abschnüren der Blutzufuhr der Glans penis zu Nekrosen kommen kann.

34.143.6 Leitlinien

Deutsche Gesellschaft für Kinderchirurgie. AWMF-S 1-Leitlinie 006–052. **Phimose und Paraphimose.** Im Internet: www.awmf.org/leitlinien; Stand: 10.01.2016

34.144 Phlebothrombose (I80.1)

U. Müller-Bühl

34.144.1 Definition

Die Phlebothrombose bezeichnet den kompletten oder inkompletten Verschluss einer tiefen Leit- oder Muskelvene der oberen oder unteren Extremitäten durch ein Blutgerinnsel. Auslöser einer Thrombose sind expositionelle oder dispositionelle Faktoren. Die bindegewebige Organisation der Thromben führt meist zu einer postthrombotischen Schädigung der Venenwand und des Klappenapparats mit der Folge einer Abstrombehinderung und resultierenden ambulatorischen venösen Hypertonie.

34.144.2 Epidemiologie

Die jährliche Inzidenz nimmt mit dem Lebensalter zu und liegt bei etwa 1 pro 1000 Erwachsene. In den ersten 6 Monaten nach Diagnose einer Tumorerkrankung beträgt sie mehr als 12 pro 1000 Patienten. Zwei Drittel der thrombembolischen Ereignisse manifestieren sich als tiefe Venenthrombose (TVT) und ein Drittel als Lungenembolie (s. Kap. 34.105). In der Hausarztpraxis liegt die Prävalenz bei etwa 2 neuen Thrombosepatienten pro Quartal.

34.144.3 Ätiologie

Als Ursachen gelten ein oder mehrere Faktoren der **Virchow-Trias**:

- Änderung der Blutzusammensetzung:
  - erworbene oder erblich bedingte Störung der Blutgerinnung
    - APC-Resistenz, Gerinnungsfaktor-V-Mutation, Protein-S-Mangel
    - Antiphospholipidsyndrom
  - Medikamente oder Toxine, die Einfluss auf die Blutgerinnung haben, z. B. Ovulationshemmer
  - Schwangerschaft
  - Dehydratation (erhöhte Blutviskosität)

- herabgesetzte Blutströmungsgeschwindigkeit (Hämostase, Hypozirkulation):
  - erweiterte Venen (Varizen)
  - Immobilisation (Bettlägerigkeit, Operation, Gipsverband)
  - langes Sitzen (Bus- und Flugreisen: „Economy-Class-Syndrom"), Hocken oder Knien
- Schäden der inneren Gefäßwand:
  - Trauma (Verletzungen, Quetschungen, Operationen)
  - entzündliche Veränderungen der Venenwand (Venensporn: May-Thurner-Syndrom)
  - Tumorinfiltration, -kompression

34.144.4 Leitsymptome und Diagnostik

► **Symptome. Becken- und Oberschenkelvenenthrombosen** führen zu einer deutlichen subfaszialen Schwellung sowie im Stehen zur lividen Verfärbung des Fußes. Bei **Unterschenkelvenen- und Wadenmuskelvenenthrombosen** dominieren Ruhe- und Belastungsschmerzen.

Merke

Bettlägerige weisen kaum Symptome auf, eine Lungenembolie kann das erste Zeichen sein.

► **Diagnostik.** Anamnestische Angaben und klinischer Befund sind insbesondere im gefährlichen Frühstadium oft uncharakteristisch. Im **Wells-Score** werden daher Symptome und Faktoren gewichtet und die sog. klinische Vortestwahrscheinlichkeit bestimmt (► Tab. 34.40). Weitere diagnostische Möglichkeiten sind:

- **D-Dimere:**
  - negatives Testergebnis → sicherer Ausschluss einer Thrombose
  - positives Testergebnis → keine spezifische Aussagekraft, da es Begleitphänomen vieler Reaktionszustände des Organismus sein kann (z. B. Entzündung, Trauma, Operation, Schwangerschaft, aktive Krebserkrankung oder schwere Blutung)
  - prognostische Aussagekraft: Erhöhte Werte nach 4 Wochen sind mit einer höheren Rezidivrate assoziiert!
- **Kompressionssonografie:** Methode der Wahl zum Nachweis oder Ausschluss einer TVT
- **MR- oder CT-Phlebografie:**
  - vergleichsweise aufwendig, strahlenbelastend und kostenintensiv
  - hohe Treffsicherheit
  - Darstellung begleitender pathologischer Veränderungen, z. B. im Beckenbereich

► **Thrombophiliediagnostik.** Das Risiko von Erstmanifestationen einer TVT ist bei Personen mit einer thrombophilen Diathese bis auf das 80-Fache erhöht. Die laborchemische Analyse hereditärer Thrombophilieparameter (Kap. 34.176) ist vor geplanter oraler Konzeptionshemmung bei Frauen und insbesondere in Hinblick auf ein Antiphospholipid-Antikörper-Syndrom bei Schwangeren indiziert. Vor einem Screening Gesunder wird wegen einer möglichen Stigmatisation und unklarer Konsequenzen gewarnt.

Tab. 34.40 Bestimmung der klinischen Wahrscheinlichkeit einer Venenthrombose (TVT) [78].

Klinische Ausprägung	Punktwert
aktives Tumorleiden	1
Paralyse, Parese oder kürzlich Immobilisation der Beine	1
Bettlägrigkeit (> 3 Tage) oder große Operation (< 12 Wochen)	1
Schmerz und/oder Verhärtung entlang der tiefen Venenbahnen	1
Schwellung des gesamten Beines	1
Schwellung der Wade > 3 cm gegenüber Gegenseite	1
eindrückbares Ödem am betroffenen Bein	1
nichtvariköse, oberflächliche Kollateralvenen	1
dokumentierte TVT in der Vergangenheit	1
Alternativdiagnose (mind. so wahrscheinlich wieTVT)	–2
Punktwert = 2: hohe Wahrscheinlichkeit für TVT Punktwert < 2 : keine hohe Wahrscheinlichkeit für TVT	

34.144.5 Differenzialdiagnostik

Infrage kommen die folgenden Erkrankungen:

- posttraumatische Schwellung (T 79.9)
- Venenkompression von außen:
  - Tumor, z. B. im Becken
  - Aneurysma
- Muskelfaserriss (S 86.–)
- Kompartmentsyndrom (T 79.6)
- Baker-Zyste (M71.–)
- narbige Stenose der inguinalen V. femoralis bei Fixern (I87.1)
- primäres und sekundäres Lymphödem (I89.–)
- Erysipel (A46.–)

34.144.6 Therapie

► **Sofortmaßnahmen.** Bei hoher klinischer Wahrscheinlichkeit einer TVT ist die **sofortige therapeutische Antikoagulation** (NMH, Fondaparinux) und Überweisung zur bildgebenden Diagnostik (Duplexsonografie) indiziert. Bei schwerer Niereninsuffizienz (GFR ≤ 30 ml/min) wird unfraktioniertes Heparin (UHF) gegeben. Eine stationäre Einweisung ist außer bei hämodynamisch instabilen Patienten (blass, schweißig, tachypnoisch und tachykard) oder schweren Begleitkrankheiten nicht erforderlich. Ein **elastokompressiver Verband oder Strumpf** lindert augenblicklich Spannungsschmerzen im Bein und wirkt sich langfristig positiv auf eine mögliche Entwicklung eines postthrombotischen Syndroms aus.

► **Langfristige Maßnahmen, Erhaltungstherapie, verlängerte Erhaltungstherapie.** Die orale Antikoagulation erfolgt mit Vitamin-K-Antagonisten oder mit neuen oralen Antikoagulanzien (NOAK) für 3–6 Monate (Erhaltungstherapie). Nach 3–6 Monaten soll eine Entscheidung über die Beendigung oder Fortführung der Antikoagulation getroffen werden. Die Dauer der Therapie richtet sich nach Ursache, Lokalisation und Erst- oder Rezidivereignis (► Tab. 34.41), sowie nach weiteren individuellen Faktoren, die in die Empfehlungen der neueren Leitlinie von 2015 eingegangen sind (► Tab. 34.42). Dabei haben Patienten mit einem klar identifizierbaren und passageren ursächlichen Triggerfaktor (z. B. Operation, orale Kontrazeption, Trauma) ein geringes Rezidivrisiko und werden in der Regel nicht dauerhaft antikoaguliert. Eine Erhaltungstherapie ist bei fortbestehendem Triggerfaktor (z. B. aktive Tumorerkrankung, hereditäre Thrombophilie bei positiver Familienanamnese) in Abwägung des Blutungsrisikos indiziert. Persistierend erhöhte D-Dimer-Werte stellen bei der Bewertung, ebenso wie der sonografische Nachweis substanzieller Restthromben, Prädikatoren eines Thromboserezidivs dar.

Abwendbar gefährlicher Verlauf

- Unabhängig von der Lokalisation ist prinzipiell bei jeder Venenthrombose mit einer **Lungenembolie** (Kap. 34.105) zu rechnen, insbesondere bei frischem oder instabilem, wachsenden Thrombus. In besonderen Situationen (z. B. Hausbesuch) ist bei begründetem Verdacht daher eine sofortige antikoagulatorische Therapie indiziert.

Tab. 34.41 Empfohlene Dauer der Antikoagulation nach Venenthrombose oder Lungenembolie [44], [60].

Indikation	Dauer	Empfehlung Leitlinie
erstes Ereignis (bei transientem Risikofaktor [z. B. Operation])	3 Monate	je nach Konstellation [1B] oder [2C]
bei idiopathischer Genese – distal	3 Monate	[1B]
bei idiopathischer Genese – proximal	mindestens 3 Monate bis zeitlich unbegrenzt	je nach Konstellation [1B], [2B]
TVT bei aktiver Krebskrankheit NMH	mindestens 3 Monate bis zeitlich unbegrenzt	je nach Konstellation [1B] oder [2B]
Rezidiv bei idiopathischer Genese	mindestens 3 Monate bis zeitlich unbegrenzt	je nach Konstellation [1B], [2B]
Risiko-Nutzen-Analyse bei zeitlich unbegrenzter Antikoagulation regelmäßig!		[1C]

NMH = niedermolekulares Heparin, distal = Unterschenkelvenen, proximal = V. poplitea, Oberschenkel- und Beckenvenen sowie V. cava inferior, hier Beurteilungssystem nach GRADE: Empfehlungsstärke (1 = stark, 2 = schwach) und Qualität der Evidenz (A = hoch, B = mittel, C = niedrig).

Tab. 34.42 Entscheidungskriterien über die Dauer einer Erhaltungstherapie mit Antikoagulanzien bei Beinvenenthrombose und Lungenembolie (nach S 2-Leitlinie 10/15).

	Therapie fortführen	Therapie beenden
Risikofaktor	fortbestehend	passager
Genese	unklar	getriggert
Rezidiv	ja	nein
Blutungsrisiko	gering	hoch
bisherige Antikoagulationsqualität	gut	schlecht
D-Dimere (nach Therapieende)	erhöht	normal
Residualthrombus	vorhanden	fehlend
Geschlecht	Mann	Frau
Thrombus-Ausdehnung	langstreckig	kurzstreckig
Thrombus-Lokalisation	proximal	distal
schwere Thrombophilie	ja*	nein**
Patientenpräferenz	dafür	dagegen

* z. B. Antiphospholipid-Syndrom, ** z. B. heterozygote Faktor-V- oder heterozygote Prothrombinmutation.

- perakuter Krankheitsverlauf: **Phlegmasia coerulea dolens** (I80.28): ischämisch-nekrotische Gewebeschädigung durch extreme venöse Stauung und Schwellung mit konsekutiver arterieller Durchblutungsstörung

34.144.7 Leitlinien

Deutsche Gesellschaft für Thrombose und Hämostaseforschung. AWMF-S 2k-Leitlinie 086–004. **Thrombozytopathien, Therapie.** Im Internet: www.awmf.org/leitlinien; Stand: 20.01.2016

34.145 Pityriasis versicolor (B36.0)

J. Barlet

34.145.1 Definition

Die Pityriasis versicolor ist eine oberflächliche, nicht entzündliche Pilzerkrankung.

34.145.2 Epidemiologie

Die Erkrankung kommt bei Jugendlichen und Erwachsenen, meist im Oberkörperbereich, vor.

34.145.3 Ätiologie

Der Erreger ist Malassezia furfur (syn. Pityrosporum orbiculare und ovale). Der Pilz benötigt zur Entwicklung ein feuchtwarmes Milieu, d. h. Voraussetzung ist eine Hyperhidrosis.

34.145.4 Leitsymptome und Diagnostik

Man findet scharf umschriebene, häufig nur linsengroße, manchmal auch zusammenfließende Herde von bräunlicher bis schmutziggelber Farbe. Prädilektionsstellen sind Brust- und Rückenbereich. Unter Sonnenbestrahlung kommt es einerseits zur Rückbildung, andererseits werden die ursprünglich braunen Herde dann gegenüber der sonnengebräunten Haut weiß: Pityriasis versicolor alba. Eine hobelspanartige Schuppung der Herde ist typisch. Der Nachweis erfolgt am einfachsten mit Tesafilm-Abrisspräparat.

34.145.5 Differenzialdiagnostik

Differenzialdiagnostisch müssen eine Vitiligo und die verschiedenen Pseudoleukodermen (Pseudoleucoderma psoriaticum, P. atopicum) unterschieden werden.

34.145.6 Therapie

Es steht die antimykotische topische Ganzkörperbehandlung, z. B. mit Econazol (z. B. Epi-Pevaryl PV) über einige (bis zu 10) Tage im Vordergrund. Rezidivgefahr durch Eigeninfektion vom Capilitium und äußeren Gehörgang. Eine systemische Therapie ist nicht notwendig, eine Wiederholungstherapie unproblematisch.

34.145.7 Leitlinien

Deutsche dermatologische Gesellschaft. AWMF-S 1-Leitlinie 013–002. **Tinea der freien Haut.** Im Internet: www.awmf.org/leitlinien; Stand: 20.01.2016

34.146 Plasmozytom (C 90.30)

T. Kühlein

34.146.1 Definition

Das Plasmozytom (solitäre Manifestation) oder Multiple Myelom ist eine neoplastische Proliferation von Plasmazellen, die im Knochenmark in großer Zahl monoklonale Antikörper vom Typ IgG (53 %), Typ IgA (25 %), selten IgD (1 %) oder Leichtketten (= Bence-Jones)-Myelom (20 %) produzieren. Die direkte Folge sind vor allem osteolytische Läsionen mit pathologischen Frakturen.

34.146.2 Epidemiologie

Das Multiple Myelom ist nach den Leukämien und Non-Hodgkin-Lymphomen die dritthäufigste hämatologische Neoplasie. Die Inzidenz liegt bei etwa 6 500 Neuerkrankungen pro Jahr mit einem leichten Überhang für Männer. Ab einem Alter von 50 Jahren steigt die Erkrankungshäufigkeit an. Vor dem 35. Lebensjahr ist das Plasmozytom selten. Das mittlere Erkrankungsalter liegt bei etwa 72 Jahren.

34.146.3 Ätiologie

Die Ätiologie des Plasmozytoms ist ungeklärt.

34.146.4 Leitsymptome und Diagnostik

▶ **Symptome.** Etwa 20 % der Patienten sind bei Diagnosestellung asymptomatisch. Die häufigsten Zeichen und Symptome sind in dieser Reihenfolge: extrem erhöhte BSG, Anämie, Knochenschmerzen, Kreatininerhöhung, Müdigkeit/Schwäche, Hyperkalzämie und Gewichtsverlust.

▶ **Diagnostik.** Zur Diagnostik gehört eine Serumelektrophorese mit Immunfixation zum Nachweis des M-Gradienten, der beim Leichtketten- (= Bence-Jones-)Myelom fehlt, da die Leichtketten nierengängig sind: Proteinurie mit L-Ketten-Ausscheidung (Bence-Jones-Proteinen). ***Cave:*** Urinstreifentests sind zum Nachweis von Bence-Jones-Proteinen nicht geeignet!

Merke

Die Diagnosestellung erfordert den Nachweis von ≥ 10 % klonalen Plasmazellen im Knochenmark oder Knochen- bzw. Weichteilbiopsien und zusätzlich den Nachweis einer Organschädigung durch Plasmazellen (Hyperkalzämie, Niereninsuffizienz, Anämie, Osteolysen).

34.146.5 Differenzialdiagnostik

Zu denken ist an:

- monoklonale Gammopathie unbestimmter Signifikanz (MGUS, D 47.2)
  - bis 5 % bei älteren Personen!
  - Verlaufsbeobachtung entscheidend, ca. 1 %/Jahr Übergang in ein Multiples Myelom
- sekundäre monoklonale Gammopathie bei anderen malignen Erkrankungen
- Smoldering Myeloma (C 90.0): in 50 % der Fälle Übergang in ein Multiples Myelom innerhalb von 5 Jahren

34.146.6 Therapie

Die Therapie richtet sich nicht nach Stadien, sondern nach der Behandlungsbedürftigkeit und dem Allgemeinzustand der Patienten. Sie besteht meist aus einer Kombination von hochdosierten Steroiden und Zytostatika. Bei jungen Patienten und gutem Allgemeinzustand ist über eine Hochdosistherapie mit autologer Knochenmark- oder Blutstammzelltransplantation auch ein kurativer Therapieversuch möglich. Seit Kurzem sind immunmodulatorisch wirkende Medikamente auf dem Markt, die progressionsfreie Intervalle verlängern und die Überlebenszeit der Patienten verbessern können.

Die Prognose des Plasmozytoms ist trotzdem schlecht. Die International Myeloma Working Group teilt in 3 Stadien ein:

- Patienten im Stadium I haben eine mittlere Überlebenszeit von 62 Monaten,
- im Stadium II von 44 Monaten und
- im Stadium III von 29 Monaten.

V

Abwendbar gefährlicher Verlauf

Verkennung als degenerative Skeletterkrankung oder Osteoporose kann zu einer **schlechteren Prognose** durch verspätete Therapie führen!

34.146.7 Leitlinien

Deutsche Gesellschaft für Hämatologie und medizinische Onkologie. AWMF-S 3-Leitlinie 018–029OL. **Hodgkin Lymphom; Diagnostik, Therapie und Nachsorge von erwachsenen Patienten.** Im Internet: leitlinienprogramm-onkologie.de; Stand: 20.01.2016

34.147 Pneumonie (J18.9)

T. Kühlein

34.147.1 Definition

Man unterscheidet zwischen ambulant und im Krankenhaus erworbener Pneumonie. Der Unterscheid besteht im Wesentlichen im zu erwartenden Keimspektrum und entsprechend in der Wahl der antibiotischen Therapie. Hier wird nur die ambulant erworbene Pneumonie (CAP = „community acquired pneumonia“) behandelt. Sie wird laut Leitlinie definiert als akute mikrobielle Infektion des Lungenparenchyms des erwachsenen Patienten ohne Abwehrschwäche und unter Ausschluss einer im Krankenhaus bzw. innerhalb der ersten 4 Wochen nach Entlassung erworbenen Pneumonie. Es wird hier auf die Leitlinie „Husten“ der DEGAM und auf die S 3-Leitlinie der Fachgesellschaften Bezug genommen [67],[21].

34.147.2 Epidemiologie

Die jährliche Häufigkeit der CAP in Deutschland wird auf 400 000–600 000 Patienten pro Jahr geschätzt. Davon werden etwa 200 000 Patienten stationär behandelt. Die Letalität bei stationär behandelten Patienten liegt bei etwa 13–14 %, bei ambulant behandelten Patienten dagegen bei weniger als 1 %.

34.147.3 Ätiologie

Streptococcus pneumoniae (Pneumokokken) gilt als bakterieller Haupterreger der CAP. Deutlich seltener sind Infektionen durch M. pneumoniae, Haemophilus influenzae, Enterobacteriaceae, Legionella spp., Staphylococcus aureus oder respiratorische Viren. Auch wenn die CAP in aller Regel die Indikation für eine Antibiotikatherapie darstellt, waren in ätiologischen Studien 30 % der Pneumonien viraler Genese und in bis zu 57 % der Fälle das pathogene Agens nicht identifizierbar.

34.147.4 Leitsymptome und Diagnostik

Die CAP ist klinisch nicht sicher zu diagnostizieren. Die häufigsten **Leitsymptome** sind Husten und Fieber. Kommen Kurzatmigkeit mit Frequenzen über 25/Minute, Tachykardie über 100/Minute und typische Auskultationsbefunde der Lunge (lokalisierte feinblasige Rasselgeräusche) mit und ohne Dämpfung hinzu, wird eine Pneumonie im Röntgenbild immer wahrscheinlicher. Weitere **Zeichen der Pneumonie** sind eine auffallende Mattigkeit oder Schmerzen in der Brust beim Atmen. Bei alten Patienten kann die Pneumonie symptomarm verlaufen und äußert sich manchmal nur in akuten Verwirrtheitszuständen. Diagnostiziert der Hausarzt nach Anamnese und körperlicher Untersuchung eine Pneumonie, findet sich im Röntgen bei gerade einmal 57 % ein positiver Befund (positiver prädiktiver Wert; PPV). Der negative prädiktive Wert der hausärztlichen Einschätzung für die Pneumonie lag dagegen bei 96 %. Bei den wenigen dabei von den Hausärzten unerkannten Fällen handelte es sich um sehr symptomarme Krankheitsbilder. Auch hier lässt sich – wie immer im Niedrigprävalenzbereich – besser ausschließen als diagnostizieren (Kap. 7).

Aus dem oben Gesagten ergibt sich, dass sich, wenn sich klinisch kein Verdacht auf eine CAP ergibt, getrost die Technik des **abwartenden Offen-**

lassens anwenden lässt. Für den klinischen Verdacht auf eine CAP hingegen sollten – wenn möglich – weitere diagnosesichernde Maßnahmen ergriffen werden. In einer jüngeren Studie fand sich bei Patienten, die über eine Kombination aus Fehlen von Schnupfen, Kurzatmigkeit, fokale Rasselgeräusche, vermindertes Atemgeräusch bei Auskultation, Tachykardie und Fieber und einem CRP > 30 mg/l als Hochrisikopatienten eingestuft wurden, gerade einmal in 31 % der Fälle tatsächlich eine Pneumonie. Deshalb sollte – wenn möglich – bei klinischem Verdacht auf Pneumonie ein Röntgenbild des Thorax in 2 Ebenen angestrebt werden. Röntgenkontrollen im Verlauf sind nur bei Malignomverdacht geraten. Labordiagnostik ist allenfalls zur differenzialdiagnostischen Abklärung sinnvoll. Zur Unterscheidung zwischen viralen und bakteriellen Infekten sind weder die Leukozytenzahl noch das CRP noch das Prokalzitonin besonders hilfreich.

34.147.5 Differenzialdiagnostik

Mögliche Differenzialdiagnosen sind:

- Tumor (D 48.9)
- Lungenembolie (I26.9)
- Tuberkulose (A16.9)
- Alveolitis (J84.1)

34.147.6 Therapie

Die Therapie richtet sich nicht nach dem ohnehin unbekannten Erreger, sondern nach dem in empirischen Studien ermittelten wahrscheinlichsten Therapieerfolg:

- Patienten ohne Risikofaktoren (keine schweren Begleiterkrankungen, keine Antibiotika-Vortherapien in den letzten 3 Monaten, stabiler klinischer Zustand):
  - hochdosiertes Amoxicillin (< 70 kgKG 3 × 750 mg; ≥ 70 kgKG 3 × 1000 mg) = Mittel der ersten Wahl
  - Doxyzyklin oder ein Makrolid (z. B. Roxithromycin) auf Basis von Erregerspekulationen (sog. atypische Erreger) und In-Vitro-Studien = Alternative (beide zeigten jedoch keine Überlegenheit gegenüber Amoxicillin)
- Patienten mit Begleiterkrankungen und Altenheimbewohner
  - Aminopenicilline mit erweitertem Spektrum wie Sultamicillin (2 × 750 mg) oder Amoxicillin-Clavulan (2 × 875/125 mg) empfohlen
  - Chinolone nur in Ausnahmefällen
  - in jedem Fall kurzfristige klinische Überprüfung des Therapieerfolgs

Abwendbar gefährlicher Verlauf

Grundsätzlich stellt die Pneumonie selbst einen abwendbar gefährlichen Verlauf dar. Zur Frage, ob sich die Pneumonie ambulant behandeln lässt, hilft der CRB-65-Index („confusion/respiratory rate"/„blood pressure"/„age 65") bei der Entscheidung. Für eine ambulante Therapie sprechen demnach:

- Lebensalter < 65 Jahre
- fehlende schwere Grunderkrankungen
- keine Bewusstseinsstörung
- Puls unter 120/min, Atemfrequenz unter 30/min
- systolischer Blutdruck über 90 mmHg
- Temperatur > 35 °C und < 40 °C
- keine Hinweise auf schwere Pneumonie (Dyspnoe, Hypoxämie, multilobäre Infiltration, Pleuraerguss)
- keine Suchterkrankung
- orale Therapie möglich

Hinzu kommen soziale Faktoren wie die Versorgungssituation des Patienten zu Hause. Insbesondere bei langjährigen Rauchern ist an pulmonale Malignome zu denken, die sich u. U. erst nach Abklingen der Pneumonie im Röntgen zeigen.

34.147.7 Leitlinien

Deutsche Gesellschaft für Allgemeinmedizin und Familienmedizin. AWMF-S 3-Leitlinie 053–013. **Husten.** Im Internet: www.awmf.org/leitlinien; Stand: 20.01.2016

Paul-Ehrlich-Gesellschaft für Chemotherapie. AWMF-S 3-Leitlinie 082–001. **Tiefe Atemwegsinfektion und Pneumonie bei Erwachsenen, ambulant erworben: Epidemiologie, Diagnostik, antimikrobielle Therapie, Management.** Im Internet: www.awmf.org/leitlinien; Stand: 20.01.2016

34.148 Pollinosis (J30.1)

F. Peters-Klimm

34.148.1 Definition

Unter Pollinosis (Heuschnupfen, Heufieber) versteht man eine akute allergische Überempfindlichkeitsreaktion auf pflanzliche Pollen (IgE-vermittelte Reaktion I vom Soforttyp I) der Nase (Rhinitis allergica), meist unter Beteiligung der Augen (allergische Konjunktivitis, H10.1) und weniger oft (ca. 30%) der Bronchien (allergisches Asthma bronchiale, J 45.1).

34.148.2 Epidemiologie

Genaue Zahlen zur Häufigkeit der Pollinosis liegen nicht vor. Es ist aber davon auszugehen, dass es sich um ein häufiges Beschwerdebild handelt (ca. 10–15% der Bevölkerung), das zumeist bei Kindern und Jugendlichen auftritt und sich in vielen Fällen im Erwachsenenalter von allein zurückbildet.

34.148.3 Ätiologie

Die Pollinosis tritt **saisonal** auf, da sie an den Pollenflug gebunden ist. Die Zeitspanne erstreckt sich normalerweise von Anfang Februar bis Ende September: Februar bis Mai Baumblüte, Mai bis August Gräser- und Getreideblüte, anschließend bis September Kräuterblüte (die aktuelle Pollenbelastung lässt sich online erfahren).

34.148.4 Leitsymptome und Diagnostik

▶ **Symptome.** Die Leitsymptome entsprechen denen der Rhinitis allergica und der Konjunktivitis allergica:

- **Rhinitis allergica:**
  - Juckreiz in der Nase
  - Niesanfälle
  - helles, wässriges Nasensekret bis hin zum Fließschnupfen
  - teilweise oder total verlegte Nasenatmung.
- **Konjunktivitis allergica:**
  - rote Augen durch konjunktivale Injektion
  - Juckreiz
  - Konjunktivalödem (Chemosis)
  - Schleiersehen durch Hypersekretion

Die Einteilung nach ARIA-Kriterien berücksichtigt die **Dauer** (intermittierend vs. persistierend) und den **Schweregrad der Symptome** (leicht bei geringer Beeinträchtigung im Alltag und mäßig bei Beeinträchtigung im Alltag bzw. bei störenden Symptomen, u. U. bei asthmatischen Beschwerden).

▶ **Diagnostik.** Zur Diagnostik gehören:

- **Anamnese:** wertvolle Hinweise zu
  - Ort und Zeitpunkt des Auftretens
  - vermuteten Pollen
  - familiärer Belastung
- **körperliche Untersuchung:** Inspektion und Untersuchung von Nase, Ohren, Augen, Mundhöhle und Thorax
- ggf. Spirometrie bzw. Bronchoprovokationstest (s. Kap. 34.20)
- **Tests** (HNO-Arzt oder Hautarzt):
  - Gesamt-IgE: diagnostisch wenig hilfreich
  - Intrakutantests (Prick- und/oder Scratch-Test), mindestens bei mäßigen und schweren Formen mit ergänzender Bestimmung von spezifischem IgE (RAST oder ELISA/CAP)

34.148.5 Differenzialdiagnostik

Das Erkennen einer Pollinosis ist meist einfach, da es sich um eine Blickdiagnose handelt. Die häufigsten Differenzialdiagnosen – mit verschieden starker Ausprägung im Bereich der Nasenschleimhaut oder der Konjunktiven – sind die **nicht saisonal auftretenden (perennialen) Allergien:**

- Milben (Hausstaub)
- Tierepithelien/Tierhaare
- Schimmelsporen
- Nahrungsmittelallergene (z. B. Nüsse, Äpfel, Wein, Fisch, Schalentiere, Milch)
- organische Chemikalien verschiedenster Art (z. B. Enzyme in Waschmitteln, Insektenbestandteile usw.)
- physikalische und chemische Noxen (z. B. trockene Luft, Reizgase, Rauch)

34.148.6 Therapie

Wenn möglich, ist immer eine **Allergenmeidung** anzuraten. Da dies meist nur sehr eingeschränkt möglich ist, muss eine **medikamentöse Therapie** zur Symptomerleichterung durchgeführt werden:

- **leichte Formen:** zunächst Versuch mit **Antihistaminika** (oral oder intranasal) und/oder **Cromoglicinsäure** lokal als Nasenspray und Augentropfen

- **mäßig leichte/schwerere Formen:** systemische **Antihistaminika** (z. B. Desloratadin, Cetirizin, Loratadin, Fexofenadin, Terfenadin, Ketotifen) mit verschiedenem Ansprechen der Patienten und meist geringer sedierender Wirkung (das stark sedierende Clemastin kann abends gegeben werden) und/oder intranasales **Kortikosteroid** (Budenosid, Fluticason oder Mometason; nicht über 4 Wochen); bei Besserung für 1 Monat weiterführen, dann Step down
- **schwere Formen:** zusätzlich **orales Kortikosteroid** (z. B. Methylprednisolon, Beginn mit 16 mg, dann absteigend) oder intramuskulär mit einem Depotpräparat (z. B. Triamcinolon 40 oder 80 mg)

Abgesehen von sehr leichten Formen sollte, wenn möglich (nicht zu breites Allergengenspektrum, junges Alter der Patienten), eine **Hyposensibilisierungsbehandlung** (spezifische Immuntherapie) angestrebt werden, um einen Etagenwechsel zu einem Asthma bronchiale zu vermeiden. Nach Indikationsstellung durch Facharzt Durchführung in der Hausarztpraxis möglich.

34.148.7 Leitlinien

Deutsche Gesellschaft für Allergologie und Klinische Immunologie. AWMF-S 1-Leitlinie 061–011. **Therapiemöglichkeiten bei der IgE-vermittelten Nahrungsmittel-Allergie.** Im Internet: www.awmf.org/leitlinien; Stand: 20.01.2016

Deutsche Gesellschaft für Allergologie und Klinische Immunologie. AWMF-S 1-Leitlinie 061–019. **Nahrungsmittelallergie infolge immunologischer Kreuzreaktivitäten mit Inhalationsallergenen.** Im Internet: www.awmf.org/leitlinien; Stand: 20.01.2016

Deutsche Gesellschaft für Allergologie und Klinische Immunologie. **Leitlinie Allergische Rhinokonjunktivitis, 2003.** Im Internet: www.dgaki.de/wp-content/uploads/2010/05/Leitlinie_AllergischeRhinitis2003.pdf; Stand: 29.06.2016

34.149 Polymyalgia rheumatica (M31.5)

U. Müller-Bühl

34.149.1 Definition

Die Polymyalgia rheumatica ist eine autoimmunologisch bedingte entzündliche Erkrankung mittelgroßer und kleiner Arterien mit bevorzugter Manifestation im Schultergürtelbereich, an den Temporalarterien und der A. centralis retinae. In ca. 50 % ist sie mit einer Riesenzellarteriitis (Arteriitis temporalis) vergesellschaftet.

34.149.2 Epidemiologie

Die Polymyalgia rheumatica ist eine typische Erkrankung des älteren Menschen, zu 75 % sind Frauen betroffen. Die jährliche Inzidenz beträgt 5 pro 100 000 Personen und steigt auf 50 pro 100 000 im 7. Lebensjahrzehnt.

34.149.3 Ätiologie

Es handelt sich um eine Autoimmunerkrankung mit genetischer Prädisposition. Virale und bakterielle Infekte können einen Krankheitsausbruch auslösen.

34.149.4 Leitsymptome und Diagnostik

► **Symptome.** Typische Kennzeichen der Erkrankung sind:

- Alter der Patienten über 65 Jahre
- Müdigkeit, Appetitlosigkeit, Gewichtsabnahme, depressive Verstimmung
- rheumaähnliche bilaterale Schmerzen im Nacken-Schulter-Oberarm-Bereich, evtl. auch im Beckengürtel-Oberschenkel-Bereich
- morgendliche Steifigkeit von mehr als 1 Stunde
- subfebrile Temperaturen

Bei Riesenzellarteriitis sind typisch:

- Sehstörungen (Amaurosis fugax)
- Kopf- und Schläfenschmerzen, neu aufgetreten
- Verdickung oder Pulsation der Temporalarterien oder lokaler Druckschmerz
- Belastungsschmerz des Kiefergelenks

► **Diagnostik.** Diagnostisch spielen eine Rolle:

- laborchemisch deutliche **Entzündungsreaktion:**
  - BSG- und CRP-Erhöhung
  - Leukozytose mit Linksverschiebung
  - α_2-Globulin, alkalische Phosphatase und Fibrinogen erhöht
  - ANA/ANCA/RF/Anti-CCP-AK) unauffällig
- **Biopsie der Temporalarterien:** Riesenzellarteriitis

34.149.5 Differenzialdiagnostik

Differenzialdiagnostisch kommen infrage:
- Virusinfekt
- HWS-Syndrom, Schulter-Periarthropathie: meist einseitig, keine generalisierte Schwäche, keine Laborveränderungen
- Depression: keine Laborveränderungen
- fokale Entzündungen im Kopfbereich, z. B. Sinusitis maxillaris
- rheumatoide Arthritis: symmetrische Gelenkschwellung vor allem der kleinen Gelenke, erosive Verlaufsform, Rheumafaktoren und ACPA positiv
- Fibromyalgie (M79.70): positive Tender-Points, jüngeres Alter, normale BSG/CRP (Kap. 34.56)
- Polymyositis: CK-Erhöhung, Muskelschwäche ohne Schmerzen
- SLE: Polyserositis, ANA, Leuko- oder Thrombopenie, C3c, C4
- Migräne: Kap. 34.119
- Trigeminusneuralgie: Kap. 34.183

34.149.6 Therapie

Bereits bei Verdacht einer **Arteriitis temporalis** muss umgehend mit **Kortison** behandelt werden: initial 100 mg/d in absteigender Dosierung über 3–4 Wochen.

Überwiegen die **myalgischen Beschwerden**, dann sind **nicht steroidale Antirheumatika** gerechtfertigt (z. B. Indometacin, Ibuprofen, Salizylate), notfalls Kortison in niedriger Dosierung.

Abwendbar gefährlicher Verlauf

Beim Auftreten amaurotischer **Sehstörungen** (H54.0) und begründeter Verdachtsdiagnose droht Erblindung → sofortige hochdosierte Kortisonbehandlung

34.149.7 Leitlinien

Deutsche Gesellschaft für Rheumatologie. AWMF-S 3-Leitlinie 060–003. **Axiale Spondyloarthritis inklusive Morbus Bechterew und Frühformen.** Im Internet: www.awmf.org/leitlinien; Stand: 20.01.2016

Deutsche Gesellschaft für Rheumatologie. AWMF-S 1-Leitlinie 060–004. **Rheumatoide Arthritis, Empfehlungen und Algorithmus zur medikamentösen Therapie.** Im Internet: www.awmf.org/leitlinien; Stand: 20.01.2016

Deutsche Interdisziplinäre Vereinigung für Schmerztherapie. AWMF-S 3-Leitlinie 041–004. **Fibromyalgiesyndrom: Definition, Pathophysiologie, Diagnostik und Therapie.** Im Internet: www.awmf.org/leitlinien; Stand: 20.01.2016

34.150 Polyneuropathie (G63.–)

U. Müller-Bühl

34.150.1 Definition

Bei der Polyneuropathie handelt es sich um eine Erkrankung des peripheren Nervensystems, die sowohl subjektive Beschwerden (Missempfindungen und Schmerzen) als auch objektiv nachweisbare Ausfälle verursacht.

34.150.2 Ätiologie

Häufigste Ursache einer PNP ist der Diabetes mellitus (30 %), gefolgt von ätiologisch ungeklärten (idiopathischen) PNP (16 %) und der alkoholischen PNP (12 %). Entzündliche Neuropathien unterschiedlicher Genese betreffen zusammen etwa 20 %. Ätiologisch gesehen lassen sich die PNP folgendermaßen einteilen:
- immunologisch und erregervermittelt entzündliche Polyneuropathien:
  - akutes Guillain-Barré-Syndrom
  - chronische inflammatorische demyelinierende Polyneuropathie
  - viral bzw. bakterielle induzierte Polyneuropathie
- vaskulär bedingte Polyneuropathien:
  - degenerative und entzündliche Gefäßerkrankungen
  - Diabetes mellitus
  - Kollagenosen
- exotoxische Polyneuropathien:
  - Medikamente (Zytostatika, INH, Thalidomid, Chloroquin, Statine, Biopharmazeutika)
  - toxische Substanzen (Schwermetalle, Pestizide, Lösungsmittel)
- endotoxisch-metabolische Polyneuropathien:
  - stoffwechselbedingt
  - Malabsorption
  - paraneoplastisch
  - paraproteinämisch
  - hereditär

34.150.3 Leitsymptome und Diagnostik

► **Symptome.** Die Beschwerden reichen von symmetrisch auftretenden Missempfindungen (Kribbelparästhesien, Brennen, Stechen, Pelzigkeitsgefühl) bei überwiegend sensorischen Polyneuropathien bis zu ein- oder beidseitigen Muskelparesen bei motorischen Polyneuropathien und Hirnnervenausfällen.

Häufigste Form ist die **diabetische Polyneuropathie** mit teils peripheren (trophische Ulzera, Osteoarthropathie, Anhidrosis, vasoregulative Störungen), teils viszeralen Symptomen (kardiovaskuläre Störungen, Gastroparese, Enteropathie, Blasenstörung, Impotenz).

► **Diagnostik.** Diagnostische Möglichkeiten sind:

- **Basisdiagnostik:**
  - genaue Anamnese
  - körperliche Untersuchung
  - orientierender neurologischer Status
    - Prüfung von Motorik und Reflexen
    - **Oberflächensensibilität:** Wahrnehmung kutaner Berührungsreize mit Pinsel, Wattebausch, Finger oder Monofilament (Hyper-, Hyp- oder Anästhesie), Prüfung der Schmerzempfindung mit Kanüle, Nadelrad oder Zahnstocher (Hyper-, Hyp- oder Analgesie) sowie des Temperaturempfindens mit dem Kalt-warm-Stab (Thermhyp- und -anästhesie)
    - **Tiefensensibilität:** Prüfung passiver Bewegungempfindungen und des Lagesinns bei geschlossenen Augen; die Vibrationsempfindung wird mit der Rydel-Seiffer-Gabel (128 Hz) auf Knochenvorsprüngen getestet (Pallhyp- oder Pallanästhesie)
- **Labor:**
  - Orientierung an der vermuteten Ätiologie
  - wichtig ist der Nachweis evtl. humoraler oder zellulärer Entzündungsreaktionen (z. B. BSG, Differenzialblutbild, CRP, Elektrophorese, Fibrinogen, α_2-Makroglobulin, TSH)

Die **weiterführende Diagnostik** wird vom Neurologen durchgeführt und umfasst je nach Erscheinungsbild der Neuropathie:

- elektrophysiologische Untersuchungen
- Liquor
- Nervenbiopsie
- genetische Untersuchungen

34.150.4 Therapie

Bei nutritivtoxischer Genese der Erkrankung sollte, wenn möglich, eine **kausale Therapie** eingeleitet werden (z. B. Alkoholabstinenz, strenge Diabeteseinstellung). Entzündliche und exotoxische Neuropathien bedürfen zumeist einer fachneurologischen Abklärung und Behandlung.

Die **symptomatische Behandlung** von Parästhesien und Schmerzen kann mit α_2-Liponsäure 400–600 mg/d i. v. durchgeführt werden. Bei hartnäckigen Schmerzen, Par- und Dysästhesien ist ein Behandlungsversuch mit Carbamazepin, evtl. auch Thymoleptika (z. B. Amitriptylin) angezeigt. Oft führt die Gabe von Magnesium zu einer Linderung von Muskelkrämpfen. Die **physikalische Therapie** dient der Kontrakturverhütung, Linderung von Durchblutungs- und Sensibilitätsstörungen und Förderung der motorischen Erregbarkeit.

Abwendbar gefährlicher Verlauf

- Die periphere sensomotorische Polyneuropathie ist bei Diabetikern häufigster Grund von **Druckstellen** (Malum perforans) und Läsionen im Fußbereich. Die Aufklärung des Patienten (keine heißen Bettflaschen!) und regelmäßige Fuß- und Schuhwerkkontrollen können vorbeugen.
- Nervenausfälle oder aufsteigende Extremitätenlähmungen 2–4 Wochen nach bakteriellen und Virusinfekten lassen eine **akute Polyradikuloneuritis** (Guillain-Barré) befürchten und bedürfen einer raschen Abklärung.

34.151 Prostataadenom (D 29.1, N40)

J. Barlet

34.151.1 Definition

Beim Prostataadenom handelt es sich um eine expansiv wachsende Gewebsneubildung, eine gutartige Adenomyofibromatose. Es kommt dabei zu einer Wucherung der paraurethralen Drüsen, wobei das eigentliche Prostatagewebe das Adenom schalenförmig umgibt. Es wird heute meist unter dem Begriff benignes Prostatasyndrom (BPS) sublimiert. Bei der Vergrößerung spricht man von einer benignen Prostatahyperplasie (BPH). Der Patient hat Beschwerden und allgemein ein Symptom des unteren Harntrakts (LUTS = „lower urinary tract syndrome").

34.151.2 Epidemiologie

Die ersten Veränderungen beginnen mit dem 40. Lebensjahr, mit 60 Jahren sind etwa 50% aller Männer und mit 80 Jahren 80% aller Männer betroffen.

34.151.3 Ätiologie

Es gilt als sicher, dass eine Verschiebung der Relation von Androgenen zu Östrogenen zur Entwicklung des Prostataadenoms führt. Die Relation der Testosteronausscheidung zur Östradiolausscheidung der Jugendlichen beträgt 21:1 und ändert sich bei 60- bis 70-jährigen zu einem Verhältnis von 8,5:1.

34.151.4 Leitsymptome und Diagnostik

Man teilt die benigne Prostatahyperplasie (BPH) in 4 Stadien ein:

- Stadium I: mehr oder weniger ausgeprägte Prostatavergrößerung, noch keine Miktionsstörung
- Stadium II: Vergrößerung der Prostata, wechselnde Miktionsstörung, Uroflow 5–10 ml/s, kein oder geringer Restharn (unter 50 ml)
- Stadium III: permanente Miktionsstörung (Dysurie, Pollakisurie, Nykturie), große Prostata, Uroflow unter 10 ml/s, Restharn über 50 ml
- Stadium IV: meist sehr große Prostata (bis mandarinengroß), Restharn über 100 ml

Beim rektalen Palpationsbefund ist eine prallelastische Drüse mit glatter Fläche zu tasten, die bis mandarinengroß werden kann. Mit der Uroflowmetrie kann der Harnstrahl gemessen werden (schwacher Harnstrahl, Nachtröpfeln); mit der Ultraschalluntersuchung kann die Restharnmenge gut diagnostiziert werden.

Beim Prostataadenom im Stadium III und IV kann es zu einer Erhöhung des PSA-Wertes (prostataspezifisches Antigen) kommen. Diese Untersuchung ist bei einem derben Tastbefund wichtig zur Abgrenzung des Prostatakarzinoms. Der Normwert des PSA liegt bei den einzelnen Labormethoden in verschiedener Höhe:

- sicher normal bis 3 ng/ml
- Grauzonenbereich bis 10 ng/ml
- pathologisch über 10 ng/ml

Bei einem großen Prostataadenom werden allerdings auch Werte über 30 ng/ml gefunden. Hier muss dann die transrektale Sonografie und Histologie (Punktion der Prostata) entscheiden. Als Diagnosekriterium oder auch als Verlaufskontrolle wird der IPSS (internationaler Prostata-Symptomen-Score) angewendet.

34.151.5 Differenzialdiagnostik

Differenzialdiagnostisch muss eine Prostatitis, ein Prostataabszess oder auch ein Prostatakarzinom ausgeschlossen werden. Ebenso muss man an Erkrankungen denken, die zur Obstruktion der Blasenentleerung führen können, wie Blasenhalssklerose, Harnröhrenstriktur und neurogene Blasenentleerungsstörung.

34.151.6 Therapie

Entscheidend für die Therapie ist das Stadium:

- Im Stadium I und II stehen allgemeine Maßnahmen (Vermeidung von Alkohol, Koffein sowie Kältexposition) und die zusätzliche Gabe von Phytotherapeutika (Brennnessel, Kürbis und Sägepalmfrucht) im Vordergrund (B, I).
- Im Stadium II–III wird man zu den Phytotherapeutika zusätzlich selektive α-Blocker einsetzen (Trazosin = Flotrin, Alpuzosin = UroXatral, Doxazozin = Diblocin, Cardular und Tamsulosin) (A, I). Ein anderes Wirkprinzip der Therapie wird mit einem selektiven Inhibitor der Steroid-5α-Reduktase, dem Finasterid (= Proscar) erreicht, wobei es zu einer Verkleinerung des Volumens kommt (A, I).
- Im Stadium IV, besonders wenn es zu akutem Harnverhalt gekommen ist, ist eine Operation unaufschiebbar. Hier wird meistens die transurethrale Elektroresektion (TUR) angewandt, seltener die suprasymphysäre Gesamtextraktion der Prostata (Operation nach Milligan). Andere, heute noch nicht gesicherte Verfahren, sind die Lasertherapie und die Hyperthermie-Therapie.

Abwendbar gefährlicher Verlauf

Da der akute Harnverhalt bei Prostatahypertrophie ein Notfall ist, sollte schon im Frühstadium konservativ therapiert werden. Man darf bei einem bekannten Prostataadenom nicht auf Kontrolluntersuchungen verzichten, damit nicht ein zusätzliches Prostatakarzinom übersehen wird. Über 5 ng/dl erhöhte PSA-Werte müssen immer durch eine transrektale Prostatasonografie (TPS) und ggf. durch eine Punktion abgeklärt werden.

34.151.7 Leitlinien

Deutsche Gesellschaft für Geriatrie. AWMF-S 1-Leitlinie 084–001. **Harninkontinenz.** Im Internet: www.awmf.org/leitlinien; Stand: 10.11.2015

Deutsche Gesellschaft für Urologie. AWMF-S 2e-Leitlinie 043–034. **Benignes Prostatasyndrom (BPS), Diagnostik und Differenzialdiagnostik.** Im Internet: www.awmf.org/leitlinien; Stand: 20.01.2016

Deutsche Gesellschaft für Urologie. AWMF-S 2e-Leitlinie 043–035. **Benignes Prostatasyndrom (BPS), Therapie.** Im Internet: www.awmf.org/leitlinien; Stand: 20.01.2016

34.152 Prostatakarzinom (C 61)

J. Barlet

34.152.1 Epidemiologie

Das Prostatakarzinom ist mit über 25 % sicher der häufigste Tumor beim männlichen Geschlecht. In Sektionsstudien wird bei 70-jährigen Männern eine Häufigkeit von 30–70 % beschrieben, wobei es sich jedoch meist um ein latentes Prostatakarzinom handelt.

34.152.2 Ätiologie

Es ist bekannt, dass Geschlechtshormone das Tumorwachstum deutlich beeinflussen, Androgene (Testosteron) erhöhen die Wachstumsgeschwindigkeit, während Östrogene das Tumorwachstum verringern.

34.152.3 Leitsymptome und Diagnostik

▸ **Symptome.** Oft bestehen, besonders im Frühstadium, keinerlei Symptome. Miktionsbeschwerden treten auf, wenn der Tumor die hintere Harnröhre zu verdrängen beginnt. Es kann zu einer Pollakisurie, Nykturie und Dysurie kommen.

▸ **Diagnostik.** Ganz im Vordergrund der Diagnostik steht der **rektale Palpationsbefund,** bei dem differente Konsistenzen in verschiedenen Teilen der Prostata getastet werden können. Die Prostata kann steinhart sein und hat meist eine höckrige Oberfläche. Oft ist auch die Rektumschleimhaut schlecht verschieblich. Bei einem solchen Befund wird die **histologische Untersuchung** nach Biopsie unausweichlich. Diese wird normalerweise vom Urologen durchgeführt. Die anschließende histologische Aufarbeitung lässt dann eine Stadieneinteilung I–IV zu, wonach eine gezielte Therapie möglich ist.

Gelegentlich werden bei einem okkulten Karzinom zuerst periphere Metastasen diagnostiziert. Wie alle Karzinome werden die Prostatakarzinome nach einem TNM-System eingeteilt, wobei **Stadium** I das streng in der Prostata lokalisierte Karzinom beschreibt und Stadium IV das Karzinom, das in die Umgebung infiltriert und verwachsen ist. Hinzu kommt noch die Einteilung nach der histologischen Untersuchung (Gleason-Score) und nach dem Grad der Aktivität, wobei die G3-Tumoren am bösartigsten sind.

34.152.4 Differenzialdiagnostik

Eine granulomatöse Prostatitis oder eine knotige, benigne Prostatahyperplasie können ähnliche Tastbefunde wie ein Prostatakarzinom haben. Es muss auch an die Möglichkeit der Prostatasteine und eine Prostatatuberkulose gedacht werden. Die Differenzierung dieser Erkrankungen ist nur histologisch nach Biopsie möglich.

34.152.5 Therapie

Prinzipiell gibt es folgende Behandlungsmöglichkeiten:

- radikale operative Behandlung
- palliative operative Behandlung
- operative und hormonelle Behandlung

- hormonelle Behandlung (LHRH-Analoga, z. B. Profact Depot, Enantone, Orchiektomie)
- operative und zytostatische Behandlung
- zytostatische Behandlung
- Strahlentherapie

Je nach Entwicklung des Tumors (Stadium) und nach der entsprechenden Schule werden die verschiedenen Therapiearten bevorzugt. In der Allgemeinpraxis wird man sich besonders mit der **androgenablativen Therapie** befassen müssen. Diese Behandlung wird normalerweise von der Fachabteilung bzw. dem Urologen begonnen. Als Nebenwirkung bei der androgenablativen Therapie kommt es bei Gabe von Östrogenen zu einer Feminisierung des Körpers, d. h. die Mammae werden größer, der ganze Körperbau wird etwas schwammiger, und es bilden sich weibliche Formen aus. Ganz besonders wichtig ist, darauf hinzuweisen, dass es meist zu einer Impotenz kommt.

Abwendbar gefährlicher Verlauf

- **Nichterkennen des Karzinoms** → ab dem 45. Geburtstag können Männer einmal jährlich Maßnahmen zur Früherkennung von Prostatakrebs in Anspruch nehmen (Kap. 19.4); beim geringsten Verdacht auf ein Karzinom (Tastbefund) sollte das prostataspezifische Antigen (PSA) untersucht werden → ein erhöhter Wert wird immer eine intensive weitere Diagnostik zur Folge haben
- **Nichterkennen der Metastasierung** → regelmäßige Nachsorge (festgelegte Programme in den einzelnen Kassenärztlichen Vereinigungen), um eine Metastasierung frühzeitig zu erkennen (Sonografie, Szintigramm, Tumormarker) → aggressive Therapie zur Lebensverlängerung

34.152.6 Leitlinien

Deutsche Gesellschaft für Urologie. AWMF-S 3-Leitlinie 043–022. **Prostatakarzinom; Früherkennung, Diagnose und Therapie der verschiedenen Stadien.** Im Internet: www.awmf.org/leitlinien; Stand: 20.01.2016

34.153 Prostatitis (N41.9)

J. Barlet

34.153.1 Definition

Unter dem Begriff „Prostatitis-Syndrom“ versteckt sich eine Reihe pathogenetisch und pathomorphologisch differenter Affektionen, denen eine ziemlich identische Symptomatik gemeinsam ist:

- Infektprostatitis
- Prostatopathie
- chronische Prostatitis
- chronisches Beckenschmerzsyndrom
- anogenitaler Symptomenkomplex

34.153.2 Epidemiologie

Es handelt sich hier um ein häufiges Geschehen, das jedoch aufgrund der zum Teil geringen Symptomatik in der Praxis des Allgemeinarztes keine allzu große Rolle spielt.

34.153.3 Leitsymptome und Diagnostik

Bei der **Infektprostatitis** handelt es sich um ein **akutes Entzündungsgeschehen** mit Temperatur, Miktionsbeschwerden und häufig Schüttelfrost. Ganz im Vordergrund steht hier wie bei der chronischen Prostatitis ein Druck in der Damm- und Analregion, oft Schmerzen beim Stuhlgang, ausstrahlende Schmerzen in den LWS- und Sakralbereich. Beim rektalen Palpationsbefund ist die Prostata ödematös aufgelockert, teigig, weich und vergrößert. Es besteht ein starker Druckschmerz.

Bei der **chronischen Prostatitis/chronischen Beckenschmerzsyndrom** ist die Prostata ebenfalls vergrößert, aber sehr derb und oft ohne Druckschmerz. Wichtig sind hier die Vierglässerprobe sowie die mikroskopische Untersuchung des Prostataexprimats. Als Folgezustand können später bei der Ultraschalluntersuchung Verkalkungsherde gefunden werden.

34.153.4 Differenzialdiagnostik

Differenzialdiagnostisch muss an den anogenitalen Symptomenkomplex und die Prostatopathie gedacht werden:

- Prostatopathie:
  - Symptom eines Drucks im Dammbereich, oft Missempfindungen, die auf die Prostata projiziert werden
  - kein pathologisches Korrelat
  - häufig psychsomatische Auslöser
- anogenitaler Symptomenkomplex:
  - Hämorrhoidenbeschwerden: Kap. 34.69
  - Beschwerden nach Sexualverkehr (sehr häufiger Sexualverkehr, Analverkehr)

34.153.5 Therapie

Die **akute Prostatitis** muss immer antibiotisch behandelt werden. Hier werden Fluorchinolone mit Erfolg eingesetzt. Zusätzlich ist als Adjuvans zur Antibiotikatherapie eine Mit- und Nachbehandlung mit pflanzlichen Prostatamedikamenten sinnvoll.

Bei den **chronischen Formen der Prostatitis** wird man primär mit den pflanzlichen Prostatamedikamenten therapieren. Auch eine 6-monatige Therapie mit α-Rezeptorenblockern wird empfohlen. Gelegentlich wird auch eine Langzeitantibiotikatherapie (Nitrofuradantin, Chinolone,Tetrazykline) notwendig, wenn durch die allgemeinen roborierenden Maßnahmen keine Besserung erreicht werden kann. Man wird auch zu einem geregelten (nicht zu häufigem, aber auch nicht zu seltenem) Geschlechtsverkehr raten.

Abwendbar gefährlicher Verlauf

Prostataabszess: bei der akuten Infektprostatitis → Bildgebung mittels Sonografie, fluktuierende Vorwölbung als Palpationsbefund, richtungsweisend ist der klinische Verlauf → stationäre Therapie zur chirurgischen Abszessöffnung

34.153.6 Leitlinien

Deutsche Gesellschaft für Allgemeinmedizin und Familienmedizin. AWMF-S 3-Leitlinie 053–001. **Brennen beim Wasserlassen.** Im Internet: www.awmf.org/leitlinien; Stand: 12.12.2015

34.154 Postthrombotisches Syndrom (I87.0–)

F. Peters-Klimm

34.154.1 Definition

Postthrombotisches Syndrom (PTS) ist die Bezeichnung für einen klinischen Symptomenkomplex nach tiefer Bein- oder Beckenvenenthrombose und Hauptursache für die Entwicklung einer **chronisch venösen Insuffizienz** (I87.2).

34.154.2 Epidemiologie

Die Häufigkeit der Entstehung eines PTS hängt vom Thromboseausmaß, der -lokalisation und – vor allem – von der Nachbehandlung einer Beinvenenthrombose ab (Kap. 34.144). Unterschenkelvenenthrombosen führen selten, aber Mehretagenthrombosen führen in ca. 50 % zu einem PTS nach 5 Jahren.

34.154.3 Ätiologie

Aufgrund einer postthrombotischen Schädigung des Endothels und der Klappen des tiefen Leitvenensystems entsteht eine venöse Hypertonie an Unterschenkel und Fuß mit tiefer Leitveneninsuffizienz im Oberschenkel und klinischer Manifestation vorwiegend an Unterschenkel und Fuß. Die Venendrucksteigerung bewirkt nach einem beschwerdearmen Intervall von 3–10 Jahren sekundäre Haut- und Gewebeschäden.

34.154.4 Leitsymptome und Diagnostik

► **Symptome.** Je nach **Stadium** der Erkrankung finden sich unterschiedliche Symptome:

- **postthrombotisches Frühstadium:** persistierende Ödem- und Schwellungsneigung bis in die 3./4. Krankheitswoche
- **oligosymptomatisches Intervallstadium:** jahrelang beschwerdearmes Intervall durch Kollateralisation und lymphatische Kompensation; subjektiv gelegentliche Schwellung und Schweregefühl
- **postthrombotisches Spätstadium:** Versagen der Kompensationsmechanismen, Überlastung der Kollateralvenen, sekundärer Lymphstau, chro-

34

nisches venöses Stauungssyndrom: Stauungsvarizen, Ekzem, Siderosklerose der Haut, Atrophie blanche, Ulkus (Kap. 34.186), Ulkusnarben

► **Diagnostik.** Zur Diagnostik gehören:
- **Linton-Test:**
  - Anlegen eines Stauschlauchs oder einer Manschette
  - entleeren sich die Unterschenkelvenen rasch bei Anheben des Beines, ist das tiefe Beinvenensystem frei durchgängig
- **Duplexsonografie/Phlebografie:** in unklaren Fällen
- **venöse Doppler-Sonografie:** zur Diagnose eines PTS ungeeignet

V

34.154.5 Differenzialdiagnostik

Aufgrund des Thrombosebefundes in der Vorgeschichte ist die Diagnosestellung in der Regel nicht schwierig. In Betracht kommen ansonsten:
- chronisch venöse Insuffizienz (CVI) bei langjähriger Varikose
- Erysipel
- rupturierte Baker-Zyste
- Sprunggelenkarthritis
- Varikophlebitis
- in Frühstadien: Beinödem (Ödeme, Kap. 25.8)
- in Spätstadien: Ulkus (Kap. 34.186)

34.154.6 Therapie

Der Patient muss über Sinn und Konsequenz des Tragens eines **Kompressionsstrumpfes** aufgeklärt werden. Die Adhärenz liegt bei max. 50 %. Es gibt 4 Druckklassen:
- **Klasse 1:** leichte Kompression (bei Schwere- und Müdigkeitsgefühl in den Beinen, geringe Varikosis ohne wesentliche Ödemneigung)
- **Klasse 2 (ca. 30 mmHg Knöcheldruck):** mittelkräftige Kompression (ausgeprägte Varikosis mit Ödemneigung, nach oberflächlichen Thrombophlebitiden, nach Verödung, stärkere Beschwerden)
- **Klasse 3 (ca. 40 mmHg Knöcheldruck):** kräftige Kompression (postthrombotische Veneninsuffizienz, schwere Ödemneigung, sekundäre Varikosis, Atrophie blanche, Dermatosklerose)
- **Klasse 4:** extra kräftige Kompression (bei Lymphödem und Elephantiasis); zur Therapie des Ulcus cruris venosum s. Kap. 34.186

Eine Antikoagulation mit Phenprocoumon oder die Gabe von Azetylsalizylsäure ist nicht erforderlich. Behandlung des Ulcus cruris (Kap. 34.186).

34.154.7 Leitlinien

Deutsche Gesellschaft für Angiologie – Gesellschaft für Gefäßmedizin. AWMF-S 2k-Leitlinie 065–002. **Venenthrombose und Lungenembolie: Diagnostik und Therapie.** Im Internet: www.awmf.org/leitlinien; Stand: 20.01.2016

34.155 Psoriasis (L 40)

J. Barlet

34.155.1 Definition

Bei der Psoriasis (vulgaris), auch Schuppenflechte genannt, handelt es sich um eine Parakeratose. Die Erkrankung begleitet den Patienten lebenslang und verläuft oft in Schüben.

34.155.2 Epidemiologie

Sie findet sich bei 0,5–2 % unserer Bevölkerung. Schwarzhäutige sind selten(er) betroffen. Die Erkrankung kommt bei Männern und Frauen gleich häufig vor. Sie beginnt meist im Alter von 15–25 Jahren, bei ca. 20 % jedoch erst mit 40–50 Jahren.

34.155.3 Ätiologie

Es besteht eine genetische Prädisposition mit einer multifaktoriellen und polygenen Vererbung mit einer Penetranz von 60 % bei manifester Erkrankung beider Eltern. Körperliche und seelische Belastungssituationen wie Stress, Konflikte, Traumen, Infekte, z. B. Grippe und Streptokokken-Anginen sowie eine zu starke Sonnenexposition können zu Exazerbationen der Erkrankung führen.

34.155.4 Leitsymptome und Diagnostik

► **Prädilektionsstellen und Einteilung.** Die Psoriasis ist gekennzeichnet durch silbrig schuppende, glatt begrenzte Hautareale mit einem umgebenden roten Bezirk. Die Ausbreitung ist typischerweise symmetrisch. Prädilektionsstellen sind Ellenbogen, die Knie (Streckseiten!), die Lendengegend und der Bereich des behaarten Kopfes. In ausgedehnteren Fällen kann der ganze Körper betroffen sein. Nach der vorherrschenden Effloreszenz kann man unterscheiden:

- Psoriasis punctata: tüpfelförmig
- Psoriasis guttata: so groß wie ein Tropfen
- Psoriasis geographica: landkartenähnlich anulär konfluierend
- Psoriasis generalisata: am ganzen Körper bzw. an vielen Regionen
- Erythrodermia psoriatica: fast ohne Aussparungen
- Psoriasis pustulosa (Typ von Zumbusch): generalisiert, seltenes schweres Krankheitsbild mit Fieber
- Psoriasis pustulosa palmaris et plantaris: Rötungen und Schuppung mit zahlreichen sterilen Pusteln an Handflächen und Fußsohlen

Die chronische Krankheit beschränkt sich jedoch nicht nur auf die Haut, sondern befällt auch systemisch andere Organe. So besteht bei ca. 5 % der Patienten eine Arthritis psoriatica. Hierbei werden die Patienten durch Gelenkschmerzen, besonders an den Fingern und Knien, beeinträchtigt.

▸ **Psoriasisphänomene.** Beim Abkratzen der Schuppen kommt es zu den sog. Psoriasisphänomenen:

- Kerzenfleckphänomen: die Schuppen treten beim Kratzen deutlicher hervor
- „letztes Häutchen“: punktförmige Blutung nach Entfernung der unter den Schuppen liegenden dünnen Epidermis
- Tüpfelungen (Matrixbefall) bzw. „Ölflecken“ (subungualer Befall) an den Nägeln

▸ **Beschwerden.** Die Psoriasis macht bei blandem Verlauf nur geringe Beschwerden. Bei Exazerbationen stellt sich Juckreiz ein, besonders wenn sich Herde in intertriginösen Bezirken befinden. Bei ausgedehntem Befall, insbesondere bei der Psoriasis pustulosa generalisata besteht darüber hinaus ein gestörtes Allgemeinbefinden und eine Leistungsschwäche. Die Gelenkschmerzen bei der Arthritis psoriatica führen zu schmerzhafter Bewegungseinschränkung, besonders der Hände.

▸ **Diagnostik.** Die typischen symmetrischen silbrig schuppenden Effloreszenzen erlauben in der Regel die Blickdiagnose. Die Psoriasis lässt sich durch eine typische Histologie beweisen, eine Klärung durch Biopsie ist jedoch nur selten notwendig. Bei der Arthritis psoriatica ist typischerweise der ganze Fingerstrahl mit Anschwellungen der Gelenke betroffen. Rheumafaktoren sind dabei in der Regel negativ.

34.155.5 Differenzialdiagnostik

Differenzialdiagnosch kommen infrage:

- **Ekzeme:** Kap. 34.46
- schuppende Erkrankungen, insbesondere **Mykosen:** ggf. durch Kultur ausschließen
- **seborrhoische Dermatitis**
- die **Pityriasis rosea** (häufig!): erythematosquamöse Herde
- Erkrankungen der **Parapsoriasis-Gruppe**: am häufigsten die Pityriasis lichenoides chronica
- **Lues II:** Serologie! (obwohl sie seit der erfolgreichen Antibiotikatherapie der frischen Lues eine Rarität geworden ist)

34.155.6 Therapie

▸ **Allgemeine Maßnahmen.** Die Erkrankung ist nicht ausheilbar, eine Langzeitprognose ist nicht möglich. Ob und wann es zu Schüben kommt, lässt sich nicht sicher voraussagen. Bei der Entscheidung zur Therapie muss man abwägen zwischen therapeutischem Nutzen und möglichen Nachteilen. Es ist wichtig, den Patienten mitzuteilen, dass es effektive Behandlungsmöglichkeiten zur Linderung der Schübe gibt. Blande Verläufe mit nur wenigen Herden bedürfen keiner Therapie, insbesondere da keine subjektiven Beschwerden bestehen. Der positive Effekt von Sonnenbestrahlung (Rückgang der Herde im Sommer) ist lange bekannt. Kurmaßnahmen in sonnenreichen Gegenden, zusätzlich mit Anwendung von Mineral- und Schwefelbädern mit Milieuwechsel (Entspannung und Stressentlastung) erweisen sich als hilfreich. Besonders günstig ist eine Kur am Toten Meer.

▸ **Lokale Therapie.** Die Schuppenherde können behandelt werden mit:

- Salizylsäurevaseline (3–10 %ig) 2-mal täglich zum Abschuppen
- Teersalben und -tinkturen, auch schwefelhaltige Bäder
- hochpotente Kortikoide als Salbe, Creme, Fettsalbe oder Lösung (z. B. Dermoxin) oder auch okklusiv kurzzeitig angewandt: lindern Juckreiz

und führen zu Remissionen; nach Absetzen häufig Exazerbationen, daher keine kritiklose Anwendung
- Dithranol (Antralin) 0,05–1 %ig in Vaseline oder Unguentum emulsificans (Minutentherapie, langsam ansteigend!)
- Vitamin-D-Analoga (Calcipotriol, Kalzitriol, Tacalcitol)
- Ciclosporin A (lokal)
- Biologicals lokal (Elidel, Protopic)

V

▶ **Systemische Behandlung.** Die systemische Behandlung ist meist dem Facharzt oder der Klinik vorbehalten, wobei nur 30 % der Patienten eine systemische Therapie bekommen. Allgemeinärzte werden aber in die Überwachung der Therapie einbezogen:
- Methotrexat 2-mal wöchentlich 10–12,5 mg oral
- Ciclosporin A (oral) 2–4 mg/kgKG und Tag (Nierenfunktion beachten!)
- systemische Kortikoidgabe (nur bei generalisierten Formen)
- Fumarsäurederivate (z. B. Fumaderm)
- Acitretin (nur bei schwersten Fällen)
- PUVA-Therapie (= Psoralene plus UVA-Strahlen = UV-Strahlen der Wellenlängen 320–400 nm, auch „Blacklight" genannt)
- Antikörpertherapie (zurzeit noch in Studien wie Ixekizumab, Apremolast [Otezia], Secukinumab [Cosentyx])

Bei der Arthritis psoriatica werden symptomatisch nicht steroidale Antirheumatika (NSAR) gegeben. Bei ausgedehnter Psoriasis ist eine psychologische Betreuung angezeigt.

Abwendbar gefährlicher Verlauf

- **Melanome** und andere Hautkrebsarten: als Risiko der Bestrahlungen
- sorgfältige Verlaufskontrollen bei Patienten mit Immunschwäche, insbesondere bei systemischer Therapie
- Schwangerschaftswunsch → Methotrexattherapie ein Jahr vorher beenden (bei Männern und Frauen!), um keine genetischen Schäden zu riskieren
- **psychische Beeinträchtigung** durch Hauterscheinungen:
  - in einer Partnerschaft bei Herden im Genitalbereich
  - teilweise auch im täglichen Leben, z. B. bei Festen und in Schwimmbädern
- psychische Fehlregulationen und evtl. sogar Suizidversuche insbesondere in Belastungssituationen

34.155.7 Leitlinien

Deutsche Dermatologische Gesellschaft. AWMF-S 3-Leitlinie 013–001. **Therapie der Psoriasis vulgaris.** Im Internet: www.awmf.org/leitlinien; Stand: 20.01.2016

Deutsche Dermatologische Gesellschaft. AWMF-S 2-Leitlinie 013–024. **Psychosomatische Dermatologie (Psychodermatologie).** Im Internet: www.awmf.org/leitlinien; Stand: 20.01.2016

Deutsche Dermatologische Gesellschaft. AWMF-S 1-Leitlinie 013–074. **Psoriasis des behaarten Kopfes.** Im Internet: www.awmf.org/leitlinien; Stand: 20.01.2016

34.156 Purpura (B69.2)

H.-D. Klimm, S. Klimm

34.156.1 Definition

Eine Purpura ist zunächst ein vieldeutiges Symptom und ist definiert als Exanthem aus Petechien. Petechien sind punktförmige Blutungen in der Haut, Unterhaut und den Schleimhäuten.

34.156.2 Epidemiologie

Exakte Daten über die Häufigkeit gibt es nicht.

34.156.3 Ätiologie

Die Ursache für eine Purpura liegt in einer hämorrhagischen Diathese aufgrund von Störungen:
- der Thrombozyten (ca. 70 %), z. B. Thrombozytopenien
- des plasmatischen Gerinnungssystems (ca. 20 %), Koagulopathien
- der Gefäßwand (ca. 10 %): vaskuläre hämorrhagische Diathesen (hereditär, z. B. Purpura simplex hereditaria [D 69.2] oder erworben, z. B. Purpura Schönlein-Henoch [D 69.0])

34.156.4 Leitsymptome und Diagnostik

► **Exanthem.** Das Exanthem findet sich meist an den unteren Extremitäten. Die Blutflecken sind zunächst rot, später verfärben sie sich braun bis grün zu gelb. Bei Druck mit dem Glasspatel verschwinden die Flecken nicht!

► **Formen.** Einige in der Hausarztpraxis vorkommenden Formen sind:
- idiopathische immunthrombozytopenische Purpura (idiopathische Thrombozytopenie [ITP], Morbus Werlhof, D 69.3)
  - isolierte Thrombozytopenie ohne erkennbare Ursache (Ausschlussdiagnose)
  - Autoantikörper gegen Adhäsionsmoleküle der Thrombozytenmembran (z. B. GpIIb/IIIa), in 80 % der Fälle nachweisbar
  - Helicobacter-pylori-Gastritis suchen und ggf. eradizieren!
- thrombotische Mikroangiopathie (selten):
  - thrombozytopenische Purpura (Moschkowitz-Syndrom, M31.1), angeboren oder erworben
  - hämolytisch-urämisches Syndrom (Gasser-Syndrom)
- Purpura simplex hereditaria (D 69.2)
  - bevorzugt Frauen betreffend
  - harmlos, zyklusabhängig
- Purpura senilis (D 69.2):
  - eigentlich keine Purpura
  - eher kleinflächige Hautblutungen (Ekchymosen) auf atrophischer Altershaut
- Purpura Schönlein-Henoch (Purpura anaphylaktoides), D 69.0)
  - meist bei Kindern, jedoch immer vor dem 21. Lebensjahr
  - oft nach Infekten
  - allergische Kleingefäßvaskulitis mit subendothelialer Ablagerung von IgA-haltigen Immunkomplexen
  - oft Fieber, Krankheitsgefühl, häufige Manifestationen: palpaple Purpura: Petechien und Exantheme an Gesäß und Beinen (Blick- und Tastdiagnose! schmerzhafte Gelenkschwellung, bevorzugt OSG, bei Darmtraktbefall Bauchkolik und ggf. Darmblutung; Mikro-/Makrohämaturie; Kopfschmerz oder Verhaltensauffälligkeiten als ZNS-Symptom

► **Diagnostik.** Diagnostisch sind Laboruntersuchungen entscheidend:
- Blutbild: Thrombozytopenie?
- Quick/PTT erniedrigt bzw. verlängert bei Koagulopathie
- Blutungszeit verlängert bei vaskulärer oder thrombozytärer Störung (Thrombozytenaggregationshemmer, Von-Willebrand-Syndrom), normal bei Koagulopathie
- Kapillarresistenztest (5 min Stauung mit der Blutdruckmanschette 10 mmHg über den diastolischen Druck: Auftreten von Petechien bei vaskulären und thrombozytären Störungen

34.156.5 Therapie

Abwendbar gefährlicher Verlauf

Eine echte Purpura ist selten und ein immer erklärungs- und abklärungsbedürftiges Ereignis:
- je nach vermuteter Ursache Einschaltung des Rheumatologen (Vaskulitis?) oder Hämatologen (Thrombozytopenie, Koagulopathie)
- umgehende stationäre Einweisung bei Hinweisen auf eine akute Glomerulonephritis, Verbrauchskoagulopathie z. B. bei Meningokokken- oder Streptokokkensepsis

34.156.6 Leitlinien

Deutsche Gesellschaft für Kinder- und Jugendmedizin. AWMF-S 1-Leitlinie 027–064. **Purpura-Schönlein-Henoch.** Im Internet: www.awmf.org/leitlinien; Stand: 20.01.2016

Deutsche Gesellschaft für Thrombose- und Hämostaseforschung. AWMF-S 2k-Leitlinie 086–001. **Immunthrombozytopenie im Kindes- und Jugendalter.** Im Internet: www.awmf.org/leitlinien; Stand: 20.01.2016

34.157 Reaktiver Verstimmungszustand (F34.1)

P. Engeser

34.157.1 Definition

Ein reaktiver Verstimmungszustand ist eine über die angemessene Traurigkeit, z. B. nach Verlust eines nahen Angehörigen, hinausgehende Stimmungslage.

34.157.2 Epidemiologie

Diese Störung tritt auch in der hausärztlichen Praxis mit unterschiedlichen Schweregraden auf. Sie ist ein häufiges Krankheitsbild.

34.157.3 Leitsymptome und Diagnostik

▶ **Symptome.** Der reaktive Verstimmungszustand wird von den Patienten oft als quälend empfunden. Die Traurigkeit bleibt länger als gewöhnlich bestehen. In vielen Fällen (10–40 %) ist der Verstimmungszustand mit körperlichen Beschwerden verbunden (psychosomatische Reaktionen).

▶ **Diagnostik.** Zur Diagnostik gehören:

- **Anamnese:** In der Anamneseerhebung ist besonders nach Verlusterlebnissen und belastenden Ereignissen in der Familie oder dem beruflichen Umfeld zu fragen. Der vertrauten Person des Hausarztes kommt hierbei eine wichtige Rolle zu.
- Ausschluss organischer Ursachen
  - körperliche Untersuchung
  - Labor, z. B. Blutbild, Blutzucker, Leber- und Schilddrüsenwerte
  - ggf. neurologisches Konsil

34.157.4 Differenzialdiagnostik

Andere mögliche Erkrankungen sind:

- Depression (F32, F33) und andere Psychosen (F29)
- hirnorganisches Psychosyndrom (F06.9)
- Morbus Parkinson (G20.90)
- medikamentös bedingt (u. a. Neuroleptika, Antihypertensiva, Östrogene)

34.157.5 Therapie

Von großer Bedeutung ist das vertrauensvolle hausärztliche Gespräch in Form einer akzeptierenden Zuwendung. Erst in besonders ausgeprägten Fällen ist eine spezielle Psychotherapie, ggf. auch mit medikamentöser Unterstützung erforderlich.

Merke

Cave! Keine Monotherapie mit Tranquilizern!

Abwendbar gefährlicher Verlauf

suizidale Gefährdung → eventuell stationäre Behandlung erforderlich

34.157.6 Leitlinien

Deutsche Gesellschaft für Allgemeinmedizin und Familienmedizin. AWMF-S 3-Leitlinie 053–002. **Müdigkeit.** Im Internet: www.awmf.org/leitlinien; Stand: 22.11.2015

Deutsche Gesellschaft für Psychosomatische Medizin und Ärztliche Psychotherapie. AWMF-S 3-Leitlinie 051–001. **Nicht-spezifische, funktionelle und somatoforme Körperbeschwerden, Umgang mit Patienten.** Im Internet: www.awmf.org/leitlinien; Stand: 20.01.2016

34.158 Refluxösophagitis (K21.0)

P. Engeser

34.158.1 Definition

Mit dem Begriff Refluxösophagitis werden entzündliche Veränderungen im distalen Abschnitt des Ösophagus bezeichnet, die durch Rückfluss von Magensäure bei Insuffizienz des unteren Ösophagus ausgelöst werden. Die **milde Ösophagitis** zeigt nur mikroskopische Veränderungen in der Probeexzision der Ösophagusschleimhaut. Bei der **erosiven Ösophagitis** zeigen sich makroskopisch deutliche Schleimhautschädigungen mit Rötungen, Ulzerationen, Blutspuren und Exsudationen. Bei länger bestehenden unbehandelten Entzündungen entstehen ausgeprägte Strikturen oder eine intestinale Metaplasie (Barrett-Ösophagus).

34.158.2 Epidemiologie

Die Refluxösophagitis ist weitverbreitet und einer der häufigsten Behandlungsanlässe im Bereich des Magen-Darm-Trakts in der Allgemeinpraxis. Zwischen 20 und 30 % der Bevölkerung klagen gelegentlich unter typischen Beschwerden; 15 % klagen über Sodbrennen 1-mal pro Woche und 7 % haben sogar täglich Sodbrennen.

34.158.3 Leitsymptome und Diagnostik

► **Symptome.** Im Vordergrund der Beschwerden stehen brennende retrosternale oder epigastrische Schmerzen sowie ausgeprägtes Sodbrennen. Saures und galliges Aufstoßen sind ebenfalls sehr häufig nachweisbar. Der Angina pectoris ähnliche Beschwerden können darüber hinaus wegweisend sein. Ätiologisch unklarer Husten, Asthma bronchiale oder häufige bronchopulmonale Infektionen können ebenfalls ein wichtiger Hinweis auf eine Refluxösophagitis sein. Bei ungefähr 50 % der Patienten treten wegen den Epithelveränderungen ausgeprägte Schluckbeschwerden auf. Diese Beschwerden treten verstärkt postprandial, im Liegen oder beim Bücken nach vorn auf. Seltener sind Blutungen aus den erosiven Veränderungen.

► **Diagnostik.** Die Diagnostik umfasst:

- **Anamnese:**
  - Häufigkeit und Dauer der Beschwerden
  - starke Schluckbeschwerden und Gewichtsabnahme weisen auf eine Striktur oder ein Malignom hin
  - Medikamentenanamnese → besonders Kalziumantagonisten, Anticholinergika, Nitrate, Theophyllin, Sildenafil und β-Sympathikomimetika begünstigen einen Reflux
  - Schwangerschaft? Alkohol? Nikotin? Gehen alle häufig mit einem Reflux einher
- **körperliche Untersuchung:** typischerweise deutlicher Druckschmerz im Epigastrium direkt unterhalb des Processus xiphoideus
- **instrumentelle Diagnostik:**
  - Sicherung der Diagnose durch die Endoskopie
  - sinnvoll sind eine Magen-Darm-Passage, eine Sonografie und ein EKG zur Differenzialdiagnostik
  - 24-Stunden-pH-Metrie: für spezielle Fragestellungen

34.158.4 Differenzialdiagnostik

Differenzialdiagnostisch kommen infrage:

- KHK
- Ösophagusdivertikel
- Hiatushernie
- Achalasie
- Ösophagus-/Kardiakarzinom
- Aortenaneurysma

34.158.5 Therapie

Im Mittelpunkt des therapeutischen Interesses steht die Verminderung des sauren Refluxes, der Schleimhautschutz des distalen Ösophagus und die Verbesserung der ösophagealen Mobilität. Dieses kann durch folgende Maßnahmen gelingen:

- **allgemeine Maßnahmen:**
  - Gewichtsreduktion, Schlafen mit erhöhtem Oberkörper, Beendigung des Rauchens
  - Ernährungsumstellung: Vermeiden von fetten, sauren und scharf gewürzten Speisen sowie Süßigkeiten, Reduktion kohlensäurehaltiger Getränke, Kaffee und Alkohol, Nahrungszufuhr mit häufigeren Mahlzeiten in kleinen Portionen, Vermeidung von Nahrungsaufnahme spät abends direkt vor dem Schlafengehen
  - Überprüfung des Medikamentenplans und falls notwendig entsprechende Veränderungen
- **medikamentöse Therapie:**
  - Säurehemmung am wirkungsvollsten mit einem Protonenpumpenblocker (Omeprazol oder Esomeprazol 40 mg, Lansoprazol 30 mg, Pantoprazol 40 mg oder Rabeprazol 20 mg für 4–12 Wochen je nach Schweregrad), für leichtere Formen der Refluxösophagitis aber auch H_2-Blocker (Ranitidin 300 mg, Cimetidin 300 mg, Famotidin 40 mg oder Nizatidin 300 mg für 8–12 Wochen)
  - Motilitätssteigerung des distalen Ösophagus durch Prokinetika wie Metoclopramid oder Domperidon, für leichte Beschwerden Therapie mit Sucralfat oder Antazida oft ausreichend
- **operative Maßnahmen:** bei Versagen der konservativen Therapie → laparoskopische Fundoplicatio

Abwendbar gefährlicher Verlauf

- obere **gastrointestinale Blutung** und **Ösophagusstriktur** (bei schwerer Refluxösophagitis)
- **intestinale Metaplasie** im Rahmen der Abheilung der Erosionen im erkrankten Schleimhautbezirk mit der Gefahr der Entwicklung eines distalen Ösophaguskarzinoms (Barrett-Ösophagus) bei anganhaltendem Reflux
- **Tumorbildung:** Risiko ist 30- bis 100-mal höher beim metaplastischen Ösophagus im Vergleich zur gesunden Normalbevölkerung → regelmäßige endoskopische Kontrollen notwendig
- **Gefahr der Infarzierung** → Ausschluss einer manifesten KHK

34

34.158.6 Leitlinien

Deutsche Gesellschaft für Gastroenterologie, Verdauungs- und Stoffwechselkrankheiten. AWMF-S 2k-Leitlinie 021–013. **Gastroösophageale Refluxkrankheit.** Im Internet: www.awmf.org/leitlinien; Stand: 20 012 016

34.159 Reizdarmsyndrom (K58.–)

R. Schäfert

34.159.1 Definition

Nach der S 3-Leitlinie Reizdarmsyndrom liegt ein RDS vor, wenn folgende 3 Punkte erfüllt sind [30]:

- Es liegen chronisch (> 3 Monate) anhaltende Beschwerden (Bauchschmerzen, Blähungen) vor, die von Patient und Arzt auf den Darm bezogen werden und in der Regel mit Stuhlgangsveränderungen einhergehen.
- Die Beschwerden sollen begründen, dass der Patient deswegen Hilfe sucht und/oder sich sorgt und so stark sein, dass die Lebensqualität hierdurch relevant beeinträchtigt wird.
- Voraussetzung ist, dass keine für andere Krankheitsbilder charakteristischen Veränderungen vorliegen, welche wahrscheinlich für diese Symptome verantwortlich sind.

International wird das RDS nach den Rom-(III-)Kriterien klassifiziert.

34.159.2 Epidemiologie

Die Prävalenz des RDS beträgt 7,5–15 %, wobei Frauen häufiger betroffen sind. Im Verlauf nach 7 Jahren kommt es bei 55 % der Patienten zur Chronifizierung, bei 21 % zur Symptomminderung, bei 13 % zur Beschwerdefreiheit und bei 11 % ist der Verlauf unklar. Die Mortalität ist nicht erhöht.

34.159.3 Ätiologie

Grundmechanismus für Disposition, Auslösung und Aufrechterhaltung ist das Zusammenwirken von:

- peripheren Faktoren: Barrierestörung der Darmschleimhaut durch Infektionen, Antibiotika, Dysbiosis; Nahrungsmittelunverträglichkeiten
- zentralnervösen/psychosozialen Krankheitsfaktoren: Katastrophengedanken, krankheitsbezogene Ängste, somatosensorische Amplifikation, Traumata, Stressassoziation, Vermeidungsverhalten
- Vermittlersystemen, die deren Interaktion bewirken: Mikrobiota-Darm-Hirn-Achse zwischen Darmflora, Bauchhirn/enterischem Nervensystem und Kopfhirn, verbunden über das vegetative Nervensystem; viszerale Hypersensitivität; hormonelle Stressachse: HPA-Achse; Immunsystem; Dysfunktionen dieser Prozesse werden beeinflusst
- prädisponierenden genetischen und modulierenden epigenetischen Faktoren

34.159.4 Leitsymptome und Diagnostik

Anhand der prädominanten Stuhl(gangs)veränderungen unterscheidet die S 3-Leitlinie RDS folgende **Subtypen** [30]:

- Diarrhö-Typ (RDS-D)
- Obstipationstyp (RDS-O)
- Misch-Typ/alternierender Typ (RDS-M/A)
- Außerdem werden ein schmerzdominanter und ein blähdominanter Subtyp unterschieden.

Die Leitsymptome können einzeln oder kombiniert auftreten.

Die frühe transparente **Diagnosesicherung** erfolgt durch biopsychosoziale Paralleldiagnostik (▸ Abb. 34.12). Sie hat zum Ziel, individuell wirksame periphere/gastrointestinale und zentrale/psychosoziale Krankheitsfaktoren sowie deren Interaktion zu identifizieren, um daraus die Behandlungsrationale abzuleiten.

Individuell weiterführende **Laboruntersuchungen** können sein:

- Elektrolyte (Na, K, Ca, Phosphat)
- Nierenwerte (Krea, Harnstoff, Harnsäure)
- Leberwerte (GOT, GPT, γ-GT, AP, Bilirubin)
- Lipase (Pankreas-Elastase)
- Blutzucker/HbA_{1c}
- Stuhl-Mikrobiologie (vor allem bei Diarrhö)
- Sprue-Antikörper (Gesamt-IgA, Transglutaminase-Antikörper, Gliadin-Antikörper)
- Calprocetcin, Laktasemangel

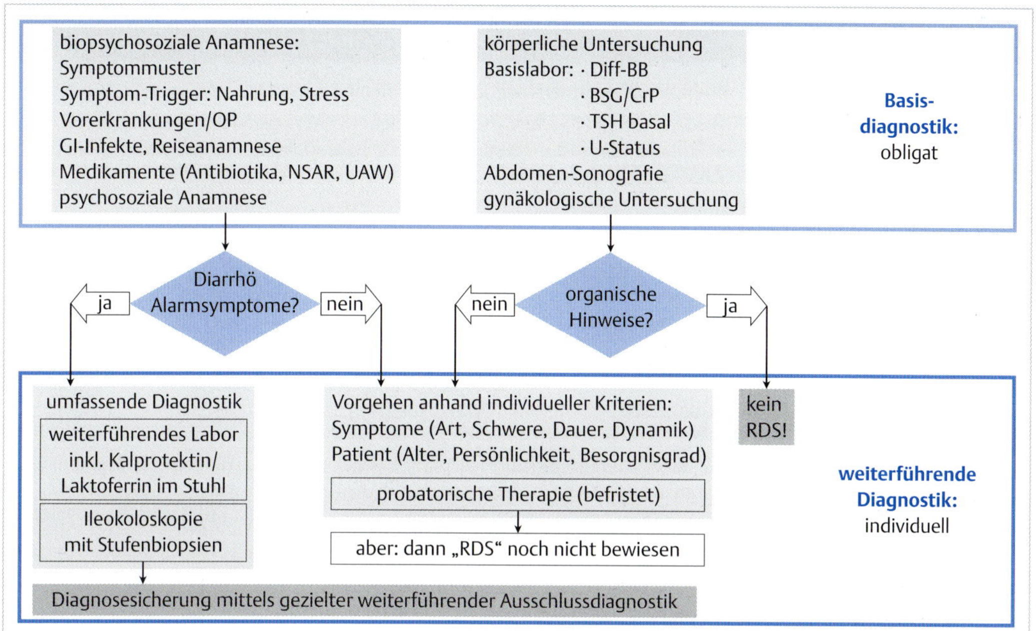

Abb. 34.12 Biopsychosoziale Paralleldiagnostik zur Diagnosesicherung beim RDS. [32].

34.159.5 Differenzialdiagnostik

Differenzialdiagnostisch kommen infrage:

- chronische Diarrhö: chronisch entzündliche Darmerkrankungen, mikroskopische (lymphozytäre/kollagene) Kolitis, erregerbezogene Diarrhö-Syndrome, Hyperthyreose, Nahrungsmittelunverträglichkeiten, gastroenteropankreatische neuroendokrine Tumoren (GEP-NET)
- chronische Obstipation: Passagestörung („slow transit constipation" [STC], kolorektales Karzinom), Hypothyreose, Medikamente
- Blähungen: Kohlenhydratmalabsorption (Laktose, Fruktose, Sorbit), „small intestinal bacterial overgrowth" [SIBO], Aerophagie
- Bauchschmerzen: Divertikulitis, intestinale Ischämie, chronische Pankreatitis, Endometriose, Porphyrie

34.159.6 Therapie

Es erfolgt eine individualisierte schweregradgestufte multimodale Therapie nach Leitsymptomen (► Tab. 34.43). An den Leitsymptomen orientiert sich auch die medikamentöse Stufentherapie (► Tab. 34.44):

Abwendbar gefährlicher Verlauf

Alarmsymptome („red flags")

- Beschwerden:
  - anhaltend schwerer Durchfall
  - fortschreitende Verschlechterung
  - Gewichtsverlust
  - Fieber, Nachtschweiß
  - Schluckstörungen
  - nächtliches Erwachen wegen Beschwerden
- Krankengeschichte:
  - Antibiotika (in den letzten 3 Monaten)
  - Reiseanamnese
  - Beginn nach 50. Lebensjahr
  - positive Familienanamnese (CED, Zoeliakie; Dickdarm-, Ovarial- oder Endometriumkarzinom < 70 Jahre)
- Befunde:
  - Blut im Stuhl
  - perianale Veränderungen (z. B. Fissuren)
  - abnormer Widerstand im Bauch

Tab. 34.43 Individualisierte schweregradgestufte multimodale Therapie des Reizdarmsyndroms.

Verlauf	Maßnahmen	Diarrhö	Obstipation	Schmerz	Blähungen
leicht (40 %)	ärztliche Führung	empathische, partnerschaftliche Arzt-Patient-Beziehung			
	Psychoedukation	Diagnosemitteilung, Aufklärung, Beruhigung; Störungsmodell: Barrierestörung, Mikrobiota-Darm-Hirn-Achse; individuelle Triggerfaktoren (Ernährungs-/Symptom-/Ressourcen-Tagebuch)			
	allgemeine Maßnahmen	Ressourcen-Aktivierung			
	Ernährung, Lebensstil	• Diätmodifikation (Nahrungsmittelintoleranzen?) • Genussmittel? • Bewegung/Sport			
	Phytotherapie	• Flohsamenschalen • Pfefferminzöl • Kümmelöl • STW-5 (z. B. Iberogast)			
	Probiotika	vor allem Bifidobakterien (B. bifidum, B. lactis, B. infantis, B. breve, B. longum) → ► Tab. 34.44			
mittel (35 %)	symptomorientierte Medikation	► Tab. 34.44			
	störungsorientierte Psychotherapie	• bauchgerichtete Hypnotherapie • kognitive Verhaltenstherapie (auch als Internettherapie/Selbsthilfetherapie) • psychodynamisch-interpersonelle Psychotherapie • Entspannungsverfahren (inkl. Stressbewältigung) • Körperpsychotherapie/funktionelle Entspannung			
schwer (25 %)	Antidepressiva	Amitriptylin	Duloxetin, Sertralin, Citalopram	Amitriptylin, Duloxetin	

Tab. 34.44 Medikamentöse Stufentherapie des Reizdarmsyndroms.

Symptom	First Line	Second Line	Third Line	Bedarfsmedikation

Diarrhö	• Flohsamenschalen (EG B)
	• Probiotika (EG A): z. B. B. bifidum MIMBb75 (Kijimea)
		• Colestyramin (EG A)
		• Phytotherapeutika:
		  ○ Iberogast (STW5) (EG A)
		  ○ Spasmolytika: Pfefferminzöl, Butylscopolamin, Mebeverin (EG A)
			• Rifaximin (in der Leitlinie noch nicht empfohlen)
			• Trizyklika: Amitriptylin (bei Depression)
				• Tannacomp (Tannin und Ethacridin)
				• Loperamid (EG A)

Obstipation	• Flohsamenschalen (EG A) • Probiotika (EG A): z. B. B. lactis (EG C) (z. B. in Darmflora plus select Dr. Welz), E. coli Nissle 1917 (EG C) (z. B. Mutaflor) • osmotische Laxanzien vom Macrogoltyp (z. B. Movicol) (EG B)	• stimulierende Laxanzien (EG C): z. B. Na-Picosulfat (Laxoberal), Bisacodyl (Dulcolax) • Spasmolytika: Pfefferminzöl, Butylscopolamin (EG A) • Phythotherapeutikum STW5 (Iberogast) (EG B)	• Antidepressiva (Sertralin, Duloxetin) (EG B) • 5-HT 4-Agonist: Prucaloprid (EG B) • Guanylatzyklase-C-Agonist Lincalotid – vor allem bei Obstipation und Schmerz	

Tab. 34.44 Fortsetzung

Symptom	First Line	Second Line	Third Line	Bedarfsmedikation
Schmerzen	• Spasmolytika: Pfefferminzöl (Butylscopolamin, Mebeverin) (EG A) • Flohsamenschalen (EG A) • Probiotika (EG A): z. B. B. infantis, B. lactis (EG B) • Phytotherapeutika: STW5 (EG A)	• Antidepressiva, insbesondere bei komorbider Depression (EG A) • bei Diarrhö Trizyklika: Amitritpylin • bei Obstipation SSRI: Duloxetin, Sertralin	• Guanylatzyklase-C-Agonist Lincalotid – vor allem bei Obstipation und Schmerz	• Metamizol (z. B. Novalgin)
Blähungen	• Probiotika (EG B): z. B. B. animalis spp. lactis (z. B. in Acitiva), Lactobacillus casei Shirota (EG B) (z. B. in Yakult) • Phytotherapeutika: z. B. STW5 (EG B)	• Rifaximin (EG A)		• Entschäumer: Simeticon (EG C)

34.159.7 Leitlinien

Deutsche Gesellschaft für Gastroenterologie, Verdauungs- und Stoffwechselkrankheiten. AWMF-S 3-Leitlinie 021–016. **Reizdarmsyndrom: Definition, Pathophysiologie, Diagnostik und Therapie.** Im Internet: www.awmf.org/leitlinien; Stand: 10.01.2016

Deutsche Gesellschaft für Gastroenterologie, Verdauungs- und Stoffwechselkrankheiten. **Reizdarmsyndrom – leitlinienbasiertes E-Learning (DGSV).** Im Internet: www.academy.de; Stand: 10.01.2016

34.160 Rheumatoide Arthritis (M08.–)

U. Müller-Bühl

34.160.1 Definition

Die rheumatoide Arthritis (RA, veraltet auch primär chronische Polyarthritis, PCP) ist eine systemische entzündlich-destruierende Gelenkerkrankung mit Beteiligung aller Gelenkstrukturen, die zu chronischen Schmerzen, Funktionseinschränkungen und eingeschränkter Lebensqualität führt.

34.160.2 Epidemiologie

Mit einer Prävalenz von 0,5–0,8 % ist die RA die häufigste entzündlich-rheumatische Erkrankung der erwachsenen Bevölkerung in westlichen Industrienationen. Die jährliche Inzidenz steigt mit dem Alter an und liegt für Männer bei 25–30 und für Frauen bei 50–60 je 100 000 Erwachsene. Der Krankheitsgipfel liegt zwischen dem 35. und 50. Lebensjahr.

34.160.3 Ätiologie

Bei der RA handelt es sich um eine Autoimmunerkrankung mit chronischer Synovitis bislang ungeklärter Genese. Prognostisch ungünstige Faktoren sind:

- positiver Rheumafaktor und/oder Antikörper gegen citrullinierte Peptide/Proteine
- höheres Alter bei Beginn der Erkrankung (> 60 Jahre)
- weibliches Geschlecht
- fehlende soziale Bezugssysteme, schlechte ökonomische Bedingungen
- niedriges Bildungsniveau
- Rauchen
- bereits eingetretene knöcherne Destruktion (Erosionen, Knochenödem)
- verzögerter Therapiebeginn mit krankheitsmodifizierenden Medikamenten

34.160.4 Leitsymptome und Diagnostik

▶ **Kriterien.** Bei Nachweis von 4 der folgenden 7 Kriterien kann die Erkrankung als gesichert gelten:

- Morgensteifigkeit über 1 Stunde (6 Wochen)
- Schwellung von 3 oder mehr Gelenken (6 Wochen)
- Schwellung des Handgelenks, der Fingergrundgelenke oder der Fingermittelgelenke (6 Wochen)
- symmetrische Schwellungen
- röntgenologische Handveränderungen (s. u.)
- subkutane Knoten
- Rheumafaktor positiv

Liegt mindestens eine sichere Synovitis in mindestens einem Prädilektionsgelenk vor, ohne dass es Hinweise auf eine andere Ursache (Trauma, andere entzündliche oder degenerative Gelenkaffektion) gibt, ist die Grundvoraussetzung für die Anwendung der ▶ Tab. 34.45 gegeben. Wenn nach den Items in der Tabelle mindestens 6 Punkte (letzte Spalte) erfüllt sind, kann die Erkrankung als RA klassifiziert werden.

▶ **Verlauf.** Die Erkrankung verläuft entweder in Schüben mit spontanen Remissionen oder chronisch linearprogredient. In abnehmender Häufigkeit werden befallen: Metakarpophalangeal-, Interphalangeal-, Zehen-, Hand-, Knie-, Ellenbogen-, Sprung-, Schulter- und Hüftgelenke. Typische Deformitäten sind ulnare Deviation sowie Knopfloch- und Schwanenhalsdeformierung der Langfinger, Subluxation verschiedener Gelenke, Handgelenkbeugekontraktur und Caput-ulnae-Vorwölbung, später Ankylosen. In bis zu 40 % ist die HWS betroffen (Spondylarthritis, Diszitis, Dornfortssatzosteolysen). Man unterscheidet die folgenden Stadien:

- **Stadium I (Frühstadium):**
  - symmetrische, weiche, palpable Gelenkschwellungen ohne Funktionseinschränkung
  - Röntgen: leichte bandförmige gelenknahe Osteoporose
  - Funktion: keine Einschränkung
- **Stadium II (mäßig fortgeschrittenes Stadium):**
  - initiale Einschränkung der Gelenkbeweglichkeit, beginnende Muskelatrophie; subkutane Knoten und chronische Tendovagitiden können vorkommen
  - Röntgen: obligate bandförmige, gelenknahe Osteoporose mit oder ohne leichte Knorpel- und Gelenkdestruktionen
  - Funktion: noch gute Beweglichkeit
- **Stadium III (fortgeschrittenes Stadium):**
  - Gelenkdeformationen wie Subluxationen, Achsendeviationen, jedoch Fehlen fibröser oder ossärer Ankylosen, deutliche Muskelatrophie; extraartikuläre Weichteilveränderungen können vorliegen
  - Röntgen: ausgeprägte Knorpel- und Gelenkdestruktionen und Osteoporose
  - Funktion: Arbeitsfähigkeit stark eingeschränkt

Tab. 34.45 ACR-/EULAR-Klassifikationskriterien der rheumatoiden Arthritis (RA) [1].

geschwollene/schmerzhafte Gelenke	Serologie	Akute-Phase-Proteine	Symptomdauer	Punkte
≤ 1 (mittel)großes	RF und ACPA negativ	CRP und BSG normal	< 6 Wochen	0
2–10 (mittel)große		CRP oder BSG erhöht	≥ 6 Wochen	1
1–3 kleine	RF oder ACPA niedrig negativ			2
4–10 kleine	RF oder ACPA hoch negativ			3
> 10 Gelenke (mit ≥ 1 kleinem Gelenk)				5

ACPA = Antikörper gegen citrullinierte Peptide/Proteine, BSG = Blutkörperchensenkungsgeschwindigkeit, CRP = C-reaktives Protein, RF = Rheumafaktor; in den Spalten gilt jeweils nur der höchste Punktwert (sind z. B. 4 kleine Gelenke [3 Punkte] und 2 mittlere Gelenke [1 Punkt] betroffen, werden trotzdem nur 3 Punkte vergeben), es wird jedoch die Summe der Spalten gebildet (sind z. B. 2 kleine Gelenke [2 Punkte] seit mehr als 6 Wochen [1 Punkt] betroffen, die RF negativ [0 Punkte] und die BSG erhöht [1 Punkt], ergeben sich 4 Punkte)

- **Stadium IV (Endstadium):**
  - fibröse oder ossäre Ankylosen
  - übrige Kriterien wie Stadium III
  - Funktion: meist Bett- oder Rollstuhlinvalidität

► **Sonderformen.** An Sonderformen kommen vor:
- **juvenile chronische Arthritis** (M08.–) (Morbus Still)
- **Felty-Syndrom** (M05.–): schwere Form bei Erwachsenen mit Lymphknoten- und Milzschwellung
- **Caplan-Syndrom** (J99.0): rheumatoide Arthritis und Silikose

► **Diagnostik.** Diagnostische Möglichkeiten sind:
- **Labor:** richtungsweisend für die RA sind: erhöhte BSG, erhöhtes CRP, Nachweis von Rheumafaktoren und/oder Nachweis von Antikörpern gegen zyklische citrullinierte Peptide/Proteine (ACPA)
- **Röntgen:**
  - im Krankheitsverlauf Verschmälerung des Gelenkspalts und gelenknahe Knochenentkalkung
  - im Spätstadium Knochendeformierung mit Usuren, subchondralen Zysten, Subluxation und Luxation
- **Arthrosonografie:** Gelenkerguss, Synovialzysten, Pannusbildung
- **MRT:** Gelenk- und Knorpelveränderungen
- **Skelettszintigrafie:** Nachweis von Zonen gesteigerten Knochenstoffwechsels

Merke

ACPA haben eine Sensitivität von ca. 80 % (vergleichbar mit RF), aber eine hohe Spezifität (> 95 %) und dienen damit der Diagnosebestätigung. Der alleinige Nachweis ist aber keine Therapieindikation, diese muss auf Basis der Klinik gestellt werden. ACPA besitzen bei gleichzeitigem Vorliegen eines RF einen hohen Vorhersagewert für die Entwicklung einer aggressiven RA.

34.160.5 Differenzialdiagnostik

Mit ähnlichen Symptomen können folgende Erkrankungen einhergehen:
- Arthritis bei Stoffwechselkrankungen (M10.–): Gicht, Morbus Wilson, Amyloidose
- Löfgren-Syndrom (D 86.–): Sarkoidose
- Psoriasisarthritis (M09.–)
- Reitersyndrom (M02.–): Arthritis, Urethritis und Konjunktivitis
- reaktive Arthritis (M01.–): 1–4 Wochen nach bakteriellen Infektionen
- rheumatisches Fieber (I00): 2–3 Wochen nach Streptokokkeninfekt

34.160.6 Therapie

Zu den **allgemeinen Maßnahmen** zählen im Akutstadium die Lagerung zur Kontrakturprophylaxe und eine Kryotherapie oder Wärmepackungen (individuell nach Effekt). Im chronischen Stadium sind ein Funktionstraining (Kap. 31.7) oder/und Physiotherapie bei Funktionseinschränkungen, eine ergotherapeutsche Beratung und eine fachgerechte Schuhversorgung indiziert.

Die individuelle **medikamentöse Therapiestrategie** muss neben der Krankheitsaktivität auch Faktoren wie radiologische Progression, Begleiterkrankungen, Sicherheits- und soziale Aspekte (z. B. Erhalt der Arbeitsfähigkeit und soziale Teilhabe) berücksichtigen. Die Leitlinie empfiehlt [42]:
- **Methotrexat:** Standard-Basistherapie bei Diagnosestellung; wird in der Regel mit niedrigdosiertem Prednisolon kombiniert
- **DMARD-Kombinationstherapie** (DMARD = „disease-modifying anti-rheumatic drugs“):
  - Methotrexat, Azathioprin, Sulfasalazin, Chloroquin/Hydroxychloroquin, Leflunomid, Cyclophosphamid, D-Penicillamin, Ciclosporin, Goldverbindungen (z. B. Auranofin)
  - bei nicht ausreichendem Ansprechen nach 12 Wochen
- **Biologikum:**
  - Abatacept, Adalimumab, Certolizumab, Etanercept, Golimumab, Infliximab, Rituximab, Tocilizumab
  - bei anhaltend hoher Krankheitsaktivität spätestens nach 6 Monaten, in Sondersituationen (z. B. frühe Destruktionen, ungünstige Prognose) ggf. früher
  - falls sich das zuerst angewendete Biologikum in einem Zeitraum von 3–6 Monaten als nicht ausreichend effektiv erweist, auf ein anderes Biologikum wechseln

Bei lang anhaltender Remission kann eine kontrollierte Reduktion der Basistherapie versucht werden.

An **Operationen** kommen eine Frühsynovektomie und Arthrodesen (im Spätstadium) infrage.

Abwendbar gefährlicher Verlauf

- **Osteoporose** (M81.89) unter Langzeittherapie mit Kortison → bei Beginn einer Glukokortikoidtherapie mit ≥ 7,5 mg Prednisolonäquivalent pro Tag und einer voraussichtlichen Therapiedauer von mindestens 3 Monaten Osteoporoseprophylaxe mit Vitamin D
- **gastroduodenale Ulzera** unter Langzeittherapie mit NSAR/Kortison → Ulkusprophylaxe mit Protonenpumpenhemmern

V

34.160.7 Leitlinien

Deutsche Gesellschaft für Rheumatologie. AWMF-S 1-Leitlinie 060–002. **Frühe rheumatoide Arthritis, Management.** Im Internet: www.awmf.org/leitlinien; Stand: 10.01.2016

Deutsche Gesellschaft für Rheumatologie. AWMF-S 1-Leitlinie 060–004. **Rheumatoide Arthritis, Empfehlungen und Algorithmus zur medikamentösen Therapie.** Im Internet: www.awmf.org/leitlinien; Stand: 10.01.2016

Deutsche Gesellschaft für Kinder- und Jugendmedizin. AWMF-S 1-Leitlinie 027–057. **Reaktive Arthritis.** Im Internet: www.awmf.org/leitlinien; Stand: 10.01.2016

34.161 Ringelröteln (B08.3)

H.-D. Klimm

34.161.1 Definition

Ringelröteln (Erythema infectiosum, „fifth disease") ist eine ansteckende Infektionskrankheit, die durch das Parvovirus B19 hervorgerufen wird und mit einem typischen Exanthem einhergeht (zumeist werden Kinder befallen, selten auch Erwachsene).

34.161.2 Epidemiologie

Die Erkrankung ist weltweit verbreitet bei allgemein geringer Durchseuchung. Die Durchseuchungsrate liegt im Vorschulalter bei 5–10 %, im Erwachsenenalter bei 60–70 %.

34.161.3 Ätiologie

Erreger ist das Parvovirus B19. Die Übertragung erfolgt als Tröpfcheninfektion (auch Schmierinfektion möglich). Die Inkubationszeit beträgt 6–14 Tage.

34.161.4 Leitsymptome und Diagnostik

Meist verläuft die Infektion symptomlos. Ein symptomatischer Verlauf äußert sich in:

- relativ typischen viralen Prodromi mit grippeähnlichen Beschwerden ohne Hautausschlag
- einem typischen Exanthem (ca. 15–20 % der Fälle): masernähnlich, im Gesicht, schmetterlingsförmige Ausbreitung auf die Wange; Kinn- und Munddreieck bleiben frei
- Befall hauptsächlich der Streckseiten der Extremitäten und Glutealregion im weiteren Verlauf (1.–3. Tag); dabei entstehen durch Konfluieren girlandenförmige Ekzeme (Ringelröteln)
- evtl. geringfügigen Temperaturerhöhungen
- einer Krankheitsdauer von 8–10 Tagen

Merke

Die Hauterscheinungen können wechselhaft und flüchtig sein und bis zu 7 Wochen andauern. Bei Erwachsenen findet sich meist eine atypische Verlaufsform mit Schwerpunkt Arthralgien, beschränkt auf Hände und Füße.

34.161.5 Differenzialdiagnostik

Weitere mögliche Erkrankungen mit ähnlichem Erscheinungsbild sind:

- **allergisches Kontaktekzem** (L45.9): typische Anamnese, typische Expositionsstellen (z. B. Hände), unscharfe Begrenzung, Rötung, Papeln, Juckreiz; bei chronischem allergischem Kontaktekzem Hyperkeratosen und Rhagadenbildung
- **Arzneimittelexanthem** (L27.0): typische Anamnese, unabhängig vom Alter, Minuten bis Stunden nach Einnahme, alle Formen von Exanthemen möglich
- Virusexantheme (B09), Coxsackie-Viren, Echo- und Adenoviren
- Dreitagefieber, Exanthema subitum (B08.2) → Kap. 34.45

- Masern (B05.9) → Kap. 34.113
- Röteln (B06.9) → Kap. 34.162
- Scharlach (A38) → Kap. 34.166
- Mononukleose (B27.9) → Kap. 34.120

34.161.6 Therapie

Eine spezielle Therapie gibt es nicht, meist wird symptomatisch behandelt. Bei frischer Infektion in der Schwangerschaft sind kurzfristige wöchentliche Kontrollen beim Gynäkologen angezeigt.

Abwendbar gefährlicher Verlauf

- Meist verläuft die Erkrankung komplikationslos, während der Schwangerschaft können Infektionen jedoch zum **Fruchttod** führen (ca. 10 %, hohes Risiko in der Zeit zwischen 10. und 22. Schwangerschaftswoche).
- Bei Schwangeren, die beruflich Umgang mit Kindern im Alter unter 6 Jahren haben, ist – vor allem während der ersten Berufsjahre – von einem leicht erhöhten Infektionsrisiko auszugehen. Die Verordnung zur arbeitsmedizinischen Vorsorge regelt die medizinischen Mindestvorsorgestandards am Arbeitsplatz für „Einrichtungen zur vorschulischen Kinderbetreuung", eine Untersuchung auf Parvovirus B19 ist anzubieten. Seronegative, schwangere Erzieherinnen sind mit einer anderen zumutbaren (Verwaltungs-)Tätigkeit ohne Infektionsrisikozu betrauen oder freizustellen.

34.161.7 Leitlinien

Deutsche Gesellschaft für Virologie. AWMF-S 2k-Leitlinie 093–001. **Labordiagnostik schwangerschaftsrelevanter Virusinfektionen.** Im Internet: www.awmf.org/leitlinien; Stand: 20.01.2016

34.162 Röteln (B06.9)

H.-D. Klimm

34.162.1 Definition

Bei Röteln (Rubella) handelt es sich um eine hochansteckende Infektionskrankheit, die durch Rötelnviren (Virus aus der RNS-Virusgruppe) hervorgerufen wird mit typischem Exanthem.

34.162.2 Epidemiologie

Das Rötelnvirus ist weltweit verbreitet, in Deutschland liegt die Prävalenz derzeit bei 0,33/100 000 Einwohner. Eine Durchseuchung besteht vorwiegend im Kindes- und Schulalter (Tröpfcheninfektion). Weltweit werden ca. 100 000 Kinder/Jahr geboren mit einer Röteln-Embryopathie. Bis zu 30 % aller gebärfähigen Frauen im Alter von 15–45 Jahren weisen jedoch keine Immunität auf! Etwa alle 5–10 Jahre kommt es zu einer Röteln-Epidemie.

Die Röteln-Embryopathie in Deutschland kommt bei 1:2000 Neugeborenen vor.

34.162.3 Ätiologie

Erreger ist das Rötelnvirus, die Erkrankung gilt als sehr ansteckend, die Ansteckungsfähigkeit ist von der 1. Woche bis zum 5. Tag nach dem ersten Exanthemtag gegeben. Die Inkubationszeit beträgt 2–3 Wochen.

34.162.4 Leitsymptome und Diagnostik

► **Symptome.** Die Patienten machen einen kaum krankhaften Eindruck, häufig ist ein subfebriles, katarrhalisches Vorstadium, dann sind die retroaurikulären Lymphknoten verdickt und es entstehen kleine, nicht konfluierende Makula. Diese sind jedoch nicht obligatorisch – 60 % der Röteln laufen ohne Exanthem ab.

► **Diagnostik.** Die Diagnose wird rein klinisch aufgrund der Symptome und Befunde gestellt.

34.162.5 Differenzialdiagnostik

Differenzialdiagnostisch kommen infrage:

- **allergisches Kontaktekzem** (L 45.9): typische Anamnese, typische Expositionsstellen (z. B. Hände), unscharfe Begrenzung, Rötung, Papeln, Juckreiz; bei chronischem allergischem Kontaktekzem Hyperkeratosen und Rhagadenbildung
- **Arzneimittelexanthem** (L 27.0): typische Anamnese, unabhängig vom Alter, Minuten bis Stunden nach Einnahme, alle Formen von Exanthemen möglich
- Virusexantheme (B09), Coxsackie-Viren, Echo- und Adenoviren
- Dreitagefieber, Exanthema subitum (B08.2) → Kap. 34.45

- Masern (B05.9) → Kap. 34.113
- Ringelröteln, Erythema infectiosum (B08.3) → Kap. 34.161
- Scharlach (A38) → Kap. 34.166
- Mononukleose (B27.9) → Kap. 34.120

34.162.6 Therapie

Röteln werden bei Bedarf symptomatisch behandelt. An prophylaktischen Maßnahmen stehen zur Verfügung:

- **Aktive Impfung:** Mit dem MMR-Impfstoff existiert eine sichere Impfung gegen Masern, Mumps und Röteln. Sie wird ab dem 12. Lebensmonat und für alle Erwachsenen empfohlen, bei denen keine IgG-Antikörper gegen das Rötelnvirus nachweisbar sind (seronegativ), insbesondere bei Frauen. Eine Wiederholungsimpfung sollte frühestens 1 Monat nach der ersten Impfung stattfinden (Kap. 18.4).
- **Postexpositionsprophylaxe:** Eine postexpositionelle aktive Impfung mit spezifischem Immunglobulin bei Schwangeren ist innerhalb von 72 Stunden nach Rötelnkontakt möglich, aber keineswegs sicher! Bei Rötelnkontakt im ersten Drittel der Schwangerschaft und fehlender Impfung sowie negativem Antikörperstatus sind eine sofortige Antikörperbestimmung und regelmäßige Kontrollen indiziert. Keine aktive Impfung in der Frühschwangerschaft!

Abwendbar gefährlicher Verlauf

- **Arthritis** (M13.99) → Kap. 34.160
- **Enzephalitis** (B04.9) → Kap. 34.117
- **Gregg-Syndrom** (P35.0): Augenschäden, Taubheit, Herzvitien, Zerebralschäden, Wachstumsstörungen bei Erkrankung der Mutter (Rötelnembryopathie) im ersten Schwangerschaftstrimenon

34.162.7 Leitlinien

Deutsche Gesellschaft für Virologie. AWMF-S 2k-Leitlinie 093–001. **Labordiagnostik schwangerschaftsrelevanter Virusinfektionen.** Im Internet: www.awmf.org/leitlinien; Stand: 20.01.2016

34.163 Rückenschmerz – Teil 2

P. Engeser, F. Peters-Klimm, S. Karstens

In diesem Kapitel werden die therapeutischen Ansätze des unspezifischen Kreuzschmerzes vorgestellt. Definition, Epidemiologie, Ätiologie, Leitsymptome und Diagnostik werden in Kap. 23.7 behandelt.

34.163.1 Therapie

Nichtspezifische Kreuzschmerzen sind in der Regel selbstlimitierend. Im Vordergrund der Therapie stehen die Ziele, die Betroffenen zu aktivieren und eine somatische Fixierung zu verhindern. Insbesondere ist auf Risikofaktoren, die eine Chronifizierung begünstigen („yellow flags"), zu achten. Die nichtmedikamentösen (▸ Tab. 34.46) und medikamentösen (▸ Tab. 34.47) Therapieansätze müssen in Abhängigkeit von Schmerzdauer und -ausprägung sowie der Patientenpräferenz ausgewählt und reevaluierend begleitet werden:

▸ **Patienten mit akuten Beschwerden.** Patienten mit akuten Beschwerden sollten zum Wesen von Rückenschmerzen **aufgeklärt werden** (Anatomie und Funktionsweise der Wirbelsäule, Schmerzmechanismen/-entstehung) und sie sollten beraten werden, möglichst aktiv zu bleiben (Selbsthilfeprogramme, Sportvereine, Gesundheitsangebote der Krankenkassen). Dabei empfiehlt es sich, Zeit darauf zu verwenden, die subjektive Krankheitstheorie des Patienten und einen evtl. vorliegenden Wunsch nach z. B. bildgebender Abklärung zu beachten und ausführlich darauf einzugehen (Kap. 23.7, Ergänzungsdiagnostik). Bettruhe ist zu vermeiden. Eine frühzeitige, kurzfristige, aber suffiziente **medikamentöse Therapie** ist in der Regel hilfreich (▸ Tab. 34.47). Von einer umfangreichen **nichtmedikamentösen Therapie** sollte in dieser Phase abgesehen werden. Sie kann aber einen Beitrag dazu leisten, dass die Betroffenen frühzeitig wieder ihre üblichen Aktivitäten aufnehmen. Sollte die Beeinträchtigung fortbestehen, kann nach 6 Wochen eine weiterführende Diagnostik erfolgen.

▸ **Patienten mit chronischen Beschwerden.** Bei chronischen Beschwerden ist **Bewegungstherapie** der primäre Behandlungsansatz. Der Patient sollte intensiv aufgeklärt werden. Nicht steroidale Anti-

Tab. 34.46 Empfehlungen zur nichtmedikamentösen Therapie bei nichtspezifischen Kreuzschmerzen.

Gruppe	Therapie	akuter Kreuzschmerz (< 6 Wochen)	chronischer Kreuzschmerz (> 12 Wochen)
Physiotherapie	Bewegungstherapie	nicht empfohlen (+ + +); stattdessen körperliche Aktivität möglichst beibehalten (+ + +)	primär empfohlen (+ + +), auch in Kombination mit anderen Therapien
	Rückenschule mit biopsychosozialem Ansatz	optional bei subakuten (> 6 Wochen) oder rezidivierenden Kreuzschmerzen (+)	empfohlen (+ +)
	Entspannungstherapie	optional bei akutem/subakutem und erhöhtem Chronifizierungsrisiko (+)	empfohlen (+ +)
	Manuelle Therapie/ Medizin	optional bei ausgeprägten Schmerzen (+)	optional in Kombination mit Bewegungstherapie (+)
physikalische Therapie	Elektrotherapie	nicht empfohlen (+ + +)	nicht empfohlen (+ + +)
	Massage	nicht empfohlen (+ + +)	optional bei subakutem/chronischem Kreuzschmerz in Kombination mit Bewegungstherapie (+)
	Thermotherapie (Wärme)	optional in Verbindung mit aktivierenden Maßnahmen (+); ***Cave*** bei Schmerzsteigerung	Verordnung nicht empfohlen (+ +); als Selbstmedikation erlaubt
sonstige	Patientenedukation (biopsychosoziales Modell)	primär empfohlen bei akutem/ subakutem Kreuzschmerz (+ + +)	primär empfohlen (+ + +)
	Akupunktur	nicht empfohlen (+ + +)	eingeschränkt empfohlen (+) in Verbindung mit aktivierenden Maßnahmen
	Ergotherapie	nicht empfohlen (+ + +)	empfohlen im Rahmen multimodaler Behandlungsprogramme (+ +)

+ + + = starke Empfehlung, + + = Empfehlung, + = Option

rheumatika sollten in der niedrigsten wirksamen Dosis und so kurzzeitig wie möglich verabreicht werden, um die Fortsetzung von Alltagsaktivitäten zu erleichtern. Sprechen die Patienten hierauf nicht an, können schwache Opioide eingesetzt werden, wobei Maßnahmen zur Reduktion des Suchtrisikos zu ergreifen sind (▸ Tab. 34.46). Ergänzend kann ein manualtherapeutischer Therapieversuch unternommen werden. Weitere evidenzbasierte Ansätze für Patienten mit chronischen Beschwerden sind Rückenschulen mit bio-psycho-sozialem Ansatz und Entspannungstherapie. Auch multimodale Therapieprogramme haben gute Ergebnisse gezeigt. Ihre Verordnung gehört aber noch nicht zur Regelversorgung.

Merke

Perkutan, intravenös oder intramuskulär applizierbare Schmerzmittel, Glukokortikoide und Mischinfusionen sollen für die Behandlung des akuten, subakuten und chronischen nichtspezifischen Kreuzschmerzes nicht angewendet werden.

Abwendbar gefährlicher Verlauf

s. a. Kap. 23.7

Tab. 34.47 Empfehlungen zur medikamentösen Therapie bei nichtspezifischen Kreuzschmerzen.

Substanz(-gruppe)	wichtige Statements und Empfehlungen in Anlehnung an die NVL
Paracetamol	• kann eingesetzt werden • *Cave:* Kontraindikationen wie Leberinsuffizienz! • nur kurzfristiger Einsatz • bei Tagesdosis von maximal 3g
traditionelle NSAR (z. B. Ibuprofen, Diclofenac, Naproxen)	• Dauerbehandlung mit NSAR möglichst vermeiden! • *Cave:* Gastrointestinales, nephrotoxisches und kardiovaskuläres Risiko! Die Risiken sollten gegeneinander abgewogen werden und beeinflussen Wahl des Schmerzmittels und die Entscheidung zum Magenschutz [62] ! • Naproxen hat das günstigste kardiovaskuläre, aber höchste gastrointestinale Risikoprofil • Thrombozytenaggregationshemmer 2h vor NSAR-Einnahme, insbesondere bei Ibuprofen!
COX-2-Hemmer (z. B. Celecoxib, Etoricoxib)	• können bei akutem und chronischem Kreuzschmerz eingesetzt werden, wenn NSAR kontraindiziert oder nicht vertragen werden • erhöhtes kardiovaskuläres Risiko • erhöhtes gastrointestinales Risiko, aber geringer als traditionelle NSAR
Metamizol (Novaminsulfon)	• aufgrund des Risikos von Agranulozytosen ein Reservemedikament für mindestens mittelstarke Schmerzen • wenn andere Maßnahmen kontraindiziert oder wirkungslos sind
Flupirtin	• in der NVL nicht empfohlen! • allenfalls kurzfristig (1–2 Wochen) zur Behandlung akuter Schmerzen zugelassen bei vorliegender Kontraindikation gegenüber NSAR oder schwach wirksamen Opioiden • *Cave:* Lebertoxizität und Kontraindikationen
Opioide der WHO-Stufe II (z. B. Tramadol, Tilidin/ Naloxon)	• bei fehlendem Ansprechen auf andere Analgetika (z. B. Paracetamol, NSAR, COX-2-Hemmer) • bei Patienten mit hohem gastrointestinalem bzw. kardiovaskulärem Risiko • Therapieoption in der *kurzfristigen* Behandlung (4–12 Wochen) von chronischen Rückenschmerzen, von einer Langzeittherapie (mehr als 26 Wochen) profitiert nur etwa jeder 4. Patient! Nur Teil einer multimodalen Therapie! • *Cave:* Kontraindikationen, Beeinträchtigung in Verkehr und Arbeitsplatz • Reevaluation des Behandlungserfolgs spätestens 4 Wochen (bei akutem Kreuzschmerz) bzw. nach spätestens 3 Monaten (bei chronischem Kreuzschmerz) [47]
starke, BtM-pflichtige Opioide der WHO-Stufe III (z. B. Buprenorphin, Fentanyl, Morphin, Tapentadol)	• nur im Rahmen eines multimodalen Therapiekonzepts • Zusammenarbeit mit Schmerztherapeuten anstreben! • transdermale Opioide sollen bei akutem oder subakutem nichtspezifischem Kreuzschmerz nicht eingesetzt werden

COX-2 = Zyklooxygenase-2, LONTS = S 3-Leitlinie Opioide bei nicht tumorbedingten Schmerzen, NSAR = nicht steroidale Antirheumatika, NVL = Nationale Versorgungsleitlinie

34.163.2 Leitlinien

Bundesärztekammer, Kassenärztliche Bundesvereinigung, Arbeitsgemeinschaft der Wissenschaftlichen Medizinischen Fachgesellschaften. **Nationale VersorgungsLeitlinie (NVL) Kreuzschmerz.** 1. Auflage. Im Internet: www.leitlinien.de; Stand: 10.01.2016

Deutsche Schmerzgesellschaft. AWMF-S 3-Leitlinie 145–003 l. **Langzeitanwendung von Opioiden bei nicht tumorbedingten Schmerzen – "LONTS".** Im Internet: www.awmf.org/leitlinien; Stand: 10.01.2016

34.164 Salmonellen/ Salmonellose (A02.9)

H.-D. Klimm

34.164.1 Definition

Salmonellosen (Erkrankung durch Salmonellen) gehören zu den Zoonosen, die mit Enteritiden einhergehen. Man unterscheidet zwischen:
- Salmonellenenteritis (A02.9)
- Typhus abdominalis (A01.0)

34.164.2 Epidemiologie

Deutschlandweit ist schätzungsweise jeder 5. Mensch Salmonellenträger, weltweit rechnet die WHO mit mehr als 16 Millionen Typhuserkrankungen jährlich, mehr als die Hälfte davon endet tödlich. Die Inkubationszeit beträgt beim Typhus abdominalis abhängig von der Zahl der aufgenommenen Keime 10–14 Tage und bei der Salmonellenenteritis 12–14 Stunden. Eine Infektion mit Salmonellen gehört zu den meldepflichtigen Erkrankungen.

34.164.3 Ätiologie

Die Salmonellenenteritis ist eine akute Infektion des unteren Dünndarms durch Enteritis-Salmonellen. Mehr als 500 Serotypen sind bekannt. Infektionsmöglichkeiten sind:

- Unsauberkeit im Lebensmittelbereich
- Ausscheidungen infizierter Menschen (Dauerausscheider)
- verunreinigte Oberflächenwasser und abgestandenes Wasser
- unhygienisch aufgeteiltes Geflügel
- rohe Eier

Es handelt sich um eine generalisierte Infektion mit zum Teil septischem lebensbedrohlichem Krankheitsbild. Bei Verletzungen durch geschwürige Veränderungen der Peyer-Plaques können Perforationen und intestinale Blutungen hervorgerufen werden. Die Ansteckungsgefahr ist groß und erfordert die Durchuntersuchung aller Kontaktpersonen!

34.164.4 Leitsymptome und Diagnostik

► **Symptome.** Leitsymptome der Salmonellenerkrankungen sind:

- Salmonellenenteritis:
  - akuter, manchmal fieberhafter Brechdurchfall mit Appetitlosigkeit und Bauchschmerzen
  - dauert ca. 2–4 Tage und heilt folgenlos ab
  - oft kann eine Salmonellenenteritis auch symptomlos verlaufen
- Sonderformen, u. a. Komplikation von bestimmten EHEC-Infektionen (Serovar O157:H7; EHEC = enterohämorrhagische Escherichia coli: toxininduzierte, insbesondere renale und zentralnervöse Mikroangiopathie mit wässrig-blutigen Durchfällen bis hin zum hämolytisch-urämischem Syndrom (HUS); meist Aufnahme der Erreger über kontaminierte Lebensmittel
- Typhus abdominalis:
  - nach 2–4 Wochen Fieber, Kopf- und Bauchschmerzen, Hepato- und Splenomegalie, Bradykardie, Bigeminus, rosafarbener Hautausschlag (Roseolen) und Leukopenie
  - selten Durchfall statt Verstopfung, selten Wesensveränderungen (Apathie bis zu deliranten Erscheinungsbildern)

► **Diagnostik.** Zur Diagnostik gehören:

- **Anamnese:** Erfragen von Unverträglichkeiten, Lebensmittelallergien, potenziell kontaminierter Nahrung und Reisegewohnheiten
- **körperliche Untersuchung:** Ganzkörperstatus und Inspektion der Haut, z. B. Roseolen und Schleimhäute, Zeichen der Exsikkose
- **Labor:** Blutbild, BSG, Stuhluntersuchung und Kulturen, Erregernachweis im Erbrochenen und Speisereste; bei septischen Verläufen Blutkulturen entnehmen!

Merke

Der Nachweis und die Erkrankung sind meldepflichtig (Kap. 14.7)!

34.164.5 Differenzialdiagnostik

Zu den differenzialdiagnostischen Überlegungen gehören:

- Durchfälle bedingt durch andere bakterielle Erreger wie Rickettsiose (A79.9), Bruzellose (A23.9)
- Viren (B97, K52.1)
- Medikamente
- Tumoren, z. B. Morbus Hodgkin (C 81.9)
- endokrine (E34.9) oder intestinale Grunderkrankungen
- inkomplette Dünndarmobstruktion (K56.6)
- Dickdarmkarzinom (C 18.9)
- Malabsorptionssyndrome (K90.9)

34.164.6 Therapie

Bei **Typhus** stationäre Einweisung zur antibiotischen Therapie und Prophylaxe septischer Krankheitsverläufe.

Bei **Salmonellenenteritis** symptomatische Maßnahmen wie Bettruhe, Flüssigkeitszufuhr, Laktulose, keine Antibiotika. ***Cave:*** Exsikkose. Bei älteren Patienten und insbesonder Kleinkindern stationäre Einweisung.

Prophylaktisch ist zu achten auf:

- verunreinigtes Oberflächenwasser, abgestandenes Wasser
- aufgetautes Geflügel
- rohe Eier
- Unsauberkeit im Lebensmittelbereich
- Kontakt zu akut Erkrankten oder „dauerausscheidenden" Menschen

Gemeinschaftseinrichtungen bzw. lebensmittelverarbeitendes Gewerbe sind zu meiden.

Abwendbar gefährlicher Verlauf

- **Exsikkose** (E86) mit metabolischer Alkalose (E87.3), insbesondere bei Personen mit geringem Widerstand (Säuglinge, Kleinkinder, ältere gebrechliche Patienten)
- **septischer Verlauf** (A41.9) bei Typhus → bakterielle Besiedlung des Endokards, der Pleura, der Meningen, der Knochen und Gelenke, auch Darmblutungen und -perforationen sind möglich
- Verdacht auf **Sonderformen** (enterohämorrhagische Escherichia coli) → direkte stationäre Einweisung!
- **Meldepflicht** → Kap. 14.7!

34.164.7 Leitlinien

Arbeitskreis Krankenhaus und Praxishygiene. AWMF-S 1-Leitlinie 029–029. **Patiententransport: Hygienemaßnahmen beim ...** Im Internet: www.awmf.org/leitlinien; Stand: 20.01.2016

Deutsche Gesellschaft für Allgemeinmedizin und Familienmedizin. AWMF-S 1-Leitlinie 053–030. **Durchfall, akut.** Im Internet: www.awmf.org/leitlinien; Stand: 20.01.2016

Deutsche Gesellschaft für Allgemeinmedizin und Familienmedizin. AWMF-S 1-Leitlinie 053–025. **EHEC/HUS.** Im Internet: www.awmf.org/leitlinien; Stand: 20.01.2016

34.165 Scabies (B86)

J. Barlet

34.165.1 Definition

Die Scabies (Synonym: Krätze) ist eine Parasitose, ausgelöst durch die 0,3 mm große Krätzmilbe (Sarcoptes scabiei). Diese gräbt sich blind endende Gänge in der Epidermis, wodurch der Juckreiz ausgelöst wird.

34.165.2 Epidemiologie

Die Krätze kommt bei Patienten beiderlei Geschlechts und in jedem Lebensalter vor.

34.165.3 Ätiologie

Die Übertragung erfolgt durch Kontakt von Mensch zu Mensch, besonders bei Bettwärme, da die Milben ihre Gänge nur bei Wärme verlassen, seltener durch Kleidung o. Ä. Bei Säuglingen wird die Krätze auch beim Saugen an der Mutterbrust übertragen.

34.165.4 Leitsymptome und Diagnostik

Der meist unerträgliche Juckreiz ist das führende Symptom. Diagnostisch wegweisend sind:

- **Anamnese:** heftiger Juckreiz
- **körperliche Untersuchung:**
  - Inspektion des ganzen (!) Körpers → Milbengänge sind oft von sekundären Kratzeffekten und Ekzemen überlagert
  - Prädilektionstellen sind die Falten an der Basis der Finger, Gelenkbeugen, Achselregionen, Nabel, auch die Genitalregion, Mammae und Füße
  - interskapulare Regionen sowie Kopf und Hals sind meist frei
  - am Ende des Ganges sind die Milben bei guter Beleuchtung mit der Lupe sichtbar (sog. Milbenhügel) und können mit einer stumpfen Nadel ausgegraben werden

34.165.5 Differenzialdiagnostik

Verschwinden die Hauterscheinungen und der Juckreiz nach der Therapie nicht, muss die Diagnose überprüft werden, ggf. den Hautarzt hinzuziehen. Differenzialdiagnostisch kommen in Betracht:

- Ekzeme
- Neurodermitis (L 28.0): Kap. 34.125
- Pilzinfektionen
- trockene Altersdermatitis

34.165.6 Therapie

Zur Verfügung stehen mehere Antiskabiosa, die allesamt Insektizide sind:

- Lindan = Jacutin-Emulsion
- Benzylbenzoat = Antiscabiosum 10 % bzw. 25 % für Kinder und Erwachsene
- Permethrin = Infectoscab 5 %

Merke

Bei Verwendung der Mittel ist exakt nach der Gebrauchsinformation des Beipackzettels zu verfahren.

Die Jacutin-Emulsion und die Antiscabiosum-Emulsion werden an 3 aufeinanderfolgenden Tagen angewendet und sorgfältig abgespült bzw. abgebadet. Auch wenn die Krätzmilben abgetötet sind, kann der Juckreiz noch einige Zeit (bis zu 2–3 Wochen anhalten).

Wichtig ist, dass nach der Scabies-Behandlung im engeren Sinne das meist begleitende Ekzem mit Pflegesalben und, wenn notwendig, Kortikoiden behandelt wird.

Abwendbar gefährlicher Verlauf

Ein starker Juckreiz kommt auch bei schweren inneren Erkrankungen vor, insbesondere bei Verschlussikterus (K83.2), Morbus Hodgkin (C 81.9) u. a., die nicht übersehen werden dürfen.

34.165.7 Leitlinien

Deutsche Dermatologische Gesellschaft. AWMF-S 2k-Leitlinie 013–048. **Chronischer Pruritus.** Im Internet: www.awmf.org/leitlinien; Stand: 23.11.2015

34.166 Scharlach (A38)

H.-D. Klimm

34.166.1 Definition

Scharlach (Scarlatina) ist eine akute Infektionskrankheit mit Angina tonsillaris und typischem Exanthem. Der Erreger ist Streptococcus pyogenes der Gruppe A, der ein erythrogenes Toxin bilden kann.

34.166.2 Epidemiologie

Meist tritt Scharlach epidemieartig auf, vorwiegend im Winterhalbjahr; befallen werden können alle Altersgruppen, vor allem jedoch Kinder zwischen 2 und 10 Jahren.

Merke

Im Gegensatz zu den „typischen Kinderkrankheiten“ kann man an Scharlach auch mehrfach erkranken.

34.166.3 Ätiologie

Erreger ist Streptococcus pyogenes der Gruppe A. Die Übertragung erfolgt durch Tröpfcheninfektion, die Inkubationszeit beträgt 2–7 Tage, unbehandelte Personen sind 1–3 Wochen ansteckungsfähig, unter Penicillin jedoch nur maximal 48 Stunden.

34.166.4 Leitsymptome und Diagnostik

► **Symptome.** Je nach Verlauf sind die folgenden Symptome typisch:

- normaler Verlauf:
  - Fieber, Halsschmerzen (Kap. 23.2), Kopfschmerzen, typischer roter Rachen und weicher Gaumen
  - mit Beginn des 2. Tages feinfleckiges, follikuläres bis diffuses Exanthem, das unter Glasspateldruck verschwindet; schwerpunktmäßig befallen sind Gelenkbeugen und das Abdomen
  - typische periorale Blässe, am 5. Tag Entstehung der „Himbeerzunge“, mit bis zu 10 Tage rot entzündeten Papillen

    - vom 6. Tag bis zur 6. Woche Desquamation an Hand- und Fußsohlen
- septischer Verlauf: phlegmonöse, nekrotische Angina als Ausdruck einer Streptokokkensepsis
- toxischer Verlauf: schlagartiger Beginn, foudroyanter Verlauf, Schocksymptomatik

► **Diagnostik.** Zur Diagnostik gehören:
- **Anamnese:** Umfelderkrankung
- **Inspektion:** Rachenhöhle und gesamtes Integument
- **Labor:** Hämoglobin, Erythrozyten, Leukozyten (Leukozytose), Differenzialblutbild (Eosinophilie), bei Entscheidungsrelevanz Rachenabstrich für Antigen-Schnelltest und/oder Kultur
- **erweiterte Labordiagnostik:** ASL-Titer im Serum, Urinkontrolle (mehrfache Kontrolle im Verlauf): Albumin als Hinweis auf Nephritis, Urobilinogen als Hinweis auf Leberbeteiligung
- **erweiterte Diagnostik:** EKG bei Endo- und Myokarditisverdacht

Merke

Bei Scharlach besteht Meldepflicht (Kap. 14.7)!

34.166.5 Differenzialdiagnostik

Differenzialdiagnostisch kommen infrage:
- **allergisches Kontaktekzem** (L45.9): typische Anamnese, typische Expositionsstellen (z. B. Hände), unscharfe Begrenzung, Rötung, Papeln, Juckreiz; bei chronischem allergischem Kontaktekzem Hyperkeratosen und Rhagadenbildung
- **Arzneimittelexanthem** (L27.0): typische Anamnese, unabhängig vom Alter, Minuten bis Stunden nach Einnahme, alle Formen von Exanthemen möglich
- toxisches Exanthem (L27.0) → Kap. 34.46
- Virusexantheme (B09), Coxsackie-Viren, Echo- und Adenoviren
- Dreitagefieber, Exanthema subitum (B08.2) → Kap. 34.45
- Röteln (B06.9) → Kap. 34.162
- Ringelröteln, Erythema infectiosum (B08.3) → Kap. 34.161
- Mononukleose (B27.9) → Kap. 34.120

34.166.6 Therapie

Neben allgemeinen Maßnahmen wie Isolierung, Bettruhe und symptomatische Behandlung (z. B. Analgetika, Antipyretika) wird frühzeitig Penicillin V gegeben (> 12 Jahre: 3 × 0,8–1 Million IE/d über 7 Tage) oder bei Penicillinallergie ein Makrolid.

Eine Exposition sollte vermieden werden, auch Kontaktpersonen müssen vorbeugend mitbehandelt werden.

Abwendbar gefährlicher Verlauf

- **septische Verlaufsformen** (A41.9) mit nekrotisierenden eitrigen Entzündungen im HNO-Bereich
- Meningitis, Osteomyelitis, Lungenabszess und Arthritiden sowie Endokarditis sind möglich
- ***Cave:*** Poststreptokokkenglomerulonephritis (A41.9), Karditis (I51.8) mit rheumatischer Endokarditis (I33.0), die etwa 4–6 Wochen nach Erkrankung auftreten können

34.166.7 Leitlinien

Deutsche Gesellschaft für Allgemeinmedizin und Familienmedizin (DEGAM). AWMF-S3-Leitlinie 053–010. **Halsschmerzen.** Im Internet: www.awmf.org/leitlinien; Stand: 20.01.2016

34.167 Schizophrenie (F20.9)

P. Engeser

34.167.1 Definition

Die Schizophrenie ist eine schwere Erkrankung, bei der die Einheitlichkeit des Erlebens verloren gegangen ist.

34.167.2 Epidemiologie

Genaue Angaben der Häufigkeit in der Allgemeinpraxis sind kaum zu erbringen. Im Allgemeinen schätzt man eine Prävalenz von 0,5 % mit einem Erkrankungsgipfel zwischen dem 15. und 30. Lebensjahr. Die Rate der Heilungen (bei einigen erst nach Rezidiven) beträgt ca. 30–35 %, in ca. 30 % erfolgt eine Chronifizierung.

34.167.3 Leitsymptome und Diagnostik

Typische, charakteristische Symptome sind **Wahnvorstellungen** und **Halluzinationen**. Es findet sich aber eine ganz bunte Ausbildung des klinischen Bildes mit auch jeweils unterschiedlichem Verlauf. Psychische Dekompensationen werden oft durch eine Veränderung des Leiberlebens oder der Wahrnehmung mit einer inadäquaten Affektivität eingeleitet. Kommt es zu einer Chronifizierung, können nach Rezidiven deutliche **Persönlichkeitsveränderungen** zurückbleiben. Häufig sind eine ängstliche Grundeinstellung sowie das Auftreten von Schlafstörungen und depressiven Stimmungen. Hier ist auf ein hohes Suizidrisiko zu achten. Mit zunehmender Antriebsstörung ist ein sozialer Rückzug verbunden.

Krankheitsdefinierende Symptome sind:

- Symptome ersten Ranges
  - Hören von Stimmen in Form von Rede und Gegenrede
  - kommentierende Stimmen, die das eigene Tun begleiten
  - Lautwerden von Gedanken
  - leibliche Beeinflussungserlebnisse
  - Gedankeneingebung, Gedankenentzug und Gedankenausbreitung
  - Willensbeeinflussung und Wahnwahrnehmung
- Symptome zweiten Ranges
  - sonstige Halluzinationen
  - Eigenbeziehungen und Wahneinfall
  - Ratlosigkeit
  - erlebte Gefühlsverarmung

Akute Stadien sind durch eine sog. Plussymptomatik gekennzeichnet: Halluzinationen, Wahn- und Denkstörungen. Bei der chronischen Schizophrenie kommt es zur sog. Minussymptomatik: Antriebslosigkeit, sozialer und affektiver Rückzug sowie Sprachverarmung. Sonderformen der Schizophrenie sind:

- **paranoid-halluzinatorische Schizophrenie** (F22.0): Halluzinationen und Wahn stehen ganz im Vordergrund
- **Katatonie** (F20.2): entweder körperliche Erregungszustände oder stupuröse Versteifung
- **Hebephrenie** (F20.1): meist Beginn im Jugendalter, läppische Stimmung

Eine Diagnosestellung sollte nur in Zusammenarbeit mit einem Psychiater erfolgen.

34.167.4 Differenzialdiagnostik

Abzugrenzen ist die Schizophrenie gegenüber Psychosen wie **manisch depressiven Krankheiten** und **schizoaffektiven Psychosen**. Bei diesen finden sich z. B. keine Denkstörungen und keine Ich-Störungen bei affektiver Ausgeglichenheit. Ausgeschlossen werden müssen auch entzündliche und degenerative **Hirnerkrankungen** sowie **Hirntumoren**, weil diese ebenfalls in seltenen Fällen zu einer organischen Psychose mit typisch schizophrener Symptomatik führen können.

34.167.5 Therapie

Durch Gabe von **Neuroleptika** ist eine deutliche Reduzierung besonders der akuten schizophrenen Symptome möglich. Bei chronisch schizophrenen Patienten ist eine **neuroleptische Rezidivprophylaxe** oral oder mit Depotneuroleptika parenteral erforderlich. Von großer Bedeutung ist aber auch eine **spezielle Psychotherapie**. In der Akutphase wird oft der Psychiater die Behandlung übernehmen, die langfristige Betreuung erfolgt dann wieder durch den Hausarzt oder auch durch eine Tagesklinik.

Abwendbar gefährlicher Verlauf

Besonders bei ausgeprägtem Wahn oder ausgeprägten Halluzinationen und katatonen Erregungszuständen ist eine stationäre Aufnahme zur Abwehr von **Selbst- oder Fremdgefährdung** erforderlich. Schwierig ist meist das Fehlen der Krankheitseinsicht.

34.167.6 Leitlinien

Deutsche Gesellschaft für Psychiatrie und Psychotherapie, Psychosomatik und Nervenheilkunde. AWMF-S 3-Leitlinie 038–009. **Schizophrenie.** Im Internet: www.awmf.org/leitlinien; Stand: 20.01.2016

34.168 Schlafapnoesyndrom (G47.39)

F. Peters-Klimm

34.168.1 Definition

Das Schlafapnoesyndrom (SAS) ist eine schlafbezogene Atmungsstörung (SBAS), die durch Tagesmüdigkeit und ggf. Kurzschlafphasen und den Nachweis periodischer Atempausen (Apnoen) im Nachtschlaf gekennzeichnet ist. Man unterscheidet:

- SBAS mit Obstruktion
  - das obstruktive SAS (OSAS)
  - das obstruktive Schnarchen
- SBAS ohne Obstruktion (u. a. zentrales SAS, z. B. bei Linksherzinsuffizienz)
- Mischformen

34.168.2 Epidemiologie

Etwa 25 % der Erwachsenen schnarchen, **„nicht erholsamer Schlaf"** besteht bei 5–10 % der Bevölkerung (Kap. 32.8), ca. 4 % der Männer und 2 % der Frauen haben ein OSAS, das gehäuft ab 40 Jahren vorkommt und mit Adipositas assoziiert ist.

34.168.3 Ätiologie

Beim OSAS (ca. 90 % der Fälle) führen eine nervale Schädigung durch Schnarchen und anatomische Prädisposition zum Kollaps der Oro- und Nasopharynxmuskulatur mit vermehrter Atemarbeit. Hypo- bzw. Apnoen werden durch eine Weckreaktion („arousal") terminiert. Hierunter entstehen Sauerstoffentsättigungen und sympathikoadrenerger Stress mit Blutdruckanstieg.

Beim zentralen SAS kommt es zu einem periodischen Ausfall des Atemantriebs infolge verminderter Stimulierbarkeit der Chemorezeptoren mit intermittierender Innervationsstörung der Atemmuskulatur.

34.168.4 Leitsymptome und Diagnostik

► **Symptome.** Typisch sind:

- nächtliches **Schnarchen**, unterbrochen von **Atempausen** besonders in Rückenlage des Patienten, oft beobachtet und berichtet vom Lebenspartner
- **Tagesmüdigkeit** bis hin zu Kurzschlafphasen

► **Diagnostik.** Zur Diagnostik gehören:

- **Anamnese und Untersuchung:**
  - durch Anamnese und spezielle Fragebögen (z. B. **Epworth-Schläfrigkeitsskala**) können differenzialdiagnostische Vorentscheidungen getroffen werden
  - Fahndung nach chronisch obstruktiver Lungenerkrankung (COPD) und Hindernissen im HNO-Bereich (z. B. Tonsillenhypertrophie), insbesondere im Nasopharynxbereich
  - Adipositas, erhöhter Halsumfang (Halsumfang größer als 43 cm bei Männern und 41 cm bei Frauen) und erhöhter Blutdruck sind zu beachten
- **EKG und Röntgen-Thoraxdiagnostik:** eher als Umgebungs- und Ausschlussdiagnostik

Merke

Bei (therapieresistenter Hypertonie) an OSAS denken!

Ergänzende diagnostische Maßnahmen sind:

- Überweisung zum HNO Arzt, ggf. Zahn-, Mund- und Kieferchirurgen oder Kieferorthopäden
- Überweisung zum Lungenfacharzt und „Somnologen" zur Überprüfung der Lungenfunktion und zum ambulanten **Polysomnografiescreening**, ggf. kardiorespiratorische **Polysomnografie** in einem akkreditierten schlafmedizinischen Labor mit der Frage, ob die Einstellung auf ein Beatmungsgerät empfehlenswert ist

34.168.5 Differenzialdiagnostik

Andere Ursachen von Schlafstörungen mit Tagesschläfrigkeit sind vorher abzuklären (s. a. Kap. 24.23). Hierbei helfen v. a. die typische Anamnese, ggf. der Therapieversuch und die Polysomnografie:

- Restless-Legs-Syndrom: periodische Beinbewegungen, Insommnien, psychiatrische Erkrankungen, Obesitas-assoziierte Hypoventilation
- Narkolepsie: imperative Schlafattacken, Kataplexie, hypnagoge Halluzinationen, Schlaflähmungen

34.168.6 Therapie

▸ **nCPAP-Therapie.** Als Standardtherapie wird die kontinuierliche nächtliche (i. d. R.) **nasale Überdruckbeatmung (nCPAP)** empfohlen (A), ggf. Varianten bei zentralem SAS. Maskenanpassung und Maskenschulung sind immer erforderlich (A). Eine engmaschige Nachbetreuung innerhalb der ersten 2 Wochen nach Therapiebeginn wird empfohlen (A). Pharmakologische Therapieverfahren sind nicht geeignet (A).

▸ **Alternativen.** Mögliche Alternativen sind:

- **intraorale Kieferschienen:** bei leichten und milden Formen, anzupassen durch erfahrene Zahnärzte oder Kieferchirurgen
- **operative Therapieformen:**
  - wenn konservative Maßnahmen keinen klinisch nachweisbaren Erfolg bringen oder nicht akzeptiert bzw. toleriert werden (D), insbesondere wenn anatomische Besonderheiten vorliegen (A)
  - muskelresezierende Operationstechniken am Weichgaumen erhöhen die Komplikationsrate und sind nicht zu empfehlen (A)

Abwendbar gefährlicher Verlauf

Beatmungstherapie senkt die **Unfallgefahr** im Straßenverkehr; bessert die „therapieresistente arterielle Hypertonie" mit Folgerisiken und die Beschwerden bei Linksherzinsuffizienz.

34.168.7 Leitlinien und Links

Deutsche Gesellschaft für Schlafforschung und Schlafmedizin. AWMF-S 3-Leitlinie 063–001. **Nicht erholsamer Schlaf – Schlafstörungen.** Im Internet: www.awmf.org/leitlinien; Stand: 20.01.2016 (in Überarbeitung)

Deutsche Gesellschaft für Schlafforschung und Schlafmedizin. Im Internet: www.dgsm.de; Stand: 20.01.2016

Deutsche Gesellschaft für Schlafforschung und Schlafmedizin. Kurzfragebogen zur Erfassung der Tagesschläfrigkeit: Epworth-Schläfrigkeitsskala www.dgsm.de; Stand: 20.01.2016

34.169 Sexuell übertragbare Krankheiten (B)

J. Barlet

34.169.1 Definition

Bei den sexuell übertragbaren Krankheiten (STD, „sexual transmitted diseases") handelt sich um eine heterogene Gruppe von Infektionskrankheiten, die fast ausschließlich durch sexuelle Kontakte (genital, oral, anal) übertragen werden.

34.169.2 Epidemiologie und Ätiologie

AIDS → Kap. 34.6, Hepatitis B → Kap. 34.72

▸ **Gonorrhö.** Die Gonorrhö (Tripper) wird durch den Diplococcus neisssseria gonorrhoeae verursacht und hat eine Inzidenz von etwa 12/100 000 Einwohnern. Nach einer Inkubationszeit von 1–14 Tagen befällt sie Urethra, Rektum und inneres Genitale – bei orogenitalem Kontakt auch den Pharynx – und verursacht die Gonoblenorrhö des Neugeborenen. Ein metastatischer Befall weiterer Organe ist möglich (chiffrierte Meldepflicht).

▸ **Syphilis.** Die Syphilis (Lues) wird durch Spirochaeta pallida verursacht und ist eine chronisch verlaufende Systemerkrankung mit einer Inzidenz von 3/100 000. Die Inkubationszeit beträgt 1–13 Wochen. Die Lues verläuft in folgenden Stadien:

- **Primärstadium:** genitales oder oropharyngeales Ulkus mit regionaler, indolenter Lymphknotenschwellung; Spontanabheilung nach 2–6 Wochen
- **Sekundärstadium:** etwa 9 Wochen nach Ansteckung Generalisation mit Exanthem, Enanthem und generalisierter, indolenter Lymphknotenschwellung, anschließend erfolgt der Übergang in die Latenzphase mit möglichen mukokutanen Rezidiven
- **Tertiärstadium:** 2–5 Jahre nach Ansteckung, granulomatöse „Gummen" in der Haut und in Organen, besonders an Nase, Pharynx, Bewegungsapparat, Gefäßen, Herz und ZNS – ein heute seltenes Bild

Durch transplazentare Infektion kann es zur **Lues connata** kommen (chiffrierte Meldepflicht).

▸ **Leicht verlaufende Infektionskrankheiten.** Neben diesen gravierenden Geschlechtskrankheiten sind in der Allgemeinpraxis eine Reihe weiterer, leichter verlaufender Infektionskrankheiten wegen ihrer Häufigkeit und ihrer Auswirkungen auf die Fertilität relevant:

- **Chlamydien**(A74.9):
  - Urethritis bei Mann und Frau, auch im Rahmen des Reiter-Syndroms, Zervizitis und Salpingitis
  - häufig klinisch asymptomatische, chronische Infektion, geschätzter Durchseuchungsgrad 2–10 %
  - Das **Lymphogranuloma inguinale**, das ebenfalls durch Chlamydozoen verursacht wird, kommt in Europa selten vor.
- **Mykoplasmen** (B96.0):
  - Urethritis, Prostatitis, Balanitis, Zervizitis, Salpingitis
  - häufiges Vorkommen bei beiden Geschlechtern
  - oft asymptomatisch
- **Trichomonaden** (A59.9):
  - Pruritus, Fluor und Kolpitis – Männer sind meist asymptomatische Träger
  - Durchseuchungsgrad etwa 10 %
- **Candida-Mykosen** (B37.9):
  - Vulvovaginitis, Balanitis
  - die häufigsten Genitalinfektionen
- **Condylomata acuminata** (A63.0):
  - Papillomavirusinfekt, Feigwarzen genital und perianal
  - geschätzter Durchseuchungsgrad 10 %
- **Herpes genitalis** (A60.0):
  - etwa 1 Woche nach Infektion Bläschen und Genitalulzerationen, die oft rezidivieren
  - geschätzter Durchseuchungsgrad 3,5 %
  - es bestehen ätiologische Beziehungen zum Zervixkarzinom (High-Risk-HPV-Typen 16 und 18)

34.169.3 Leitsymptome und Diagnostik

▸ **Symptome.** Typische Symptome für sexuell übertragbare Krankheiten sind:

- genitale oder perianale Ulzera
- Indurationen
- Pruritus
- urethraler oder vaginaler Fluor (Kap. 25.12)
- inguinale Lymphknotenschwellungen

Des Weiteren sollte der Allgemeinarzt an folgende Symptome denken:

- Alopecia areolaris, atypischem Ekzem oder Condylomata lata (Lues)
- einseitige Angina oder ulzeröse Pharyngitis (Lues oder Gonorrhö)
- Arthritis (Lues, Gonorrhö, Chlamydien, Hepatitis)
- Konjunktivits, Iritis (Gonorrhö, Lues, Chlamydien)
- unklares Fieber, Unterbauchschmerz, Lymphadenopathie, unklare BSG-Erhöhung (Lues, Gonorrhö, AIDS u. a.)

▸ **Diagnostik.** Zur Diagnostik gehören:

- **Anamnese:** kann wichtige Hinweise ergeben (Risikoverhalten, keine feste Partnerschaft, Homosexualität, Beruf, Prostitution, Symptome beim Partner), ist aber oft wenig zuverlässig
- **Labor:**
  - im Verdachtsfall indiziert, möglichst mit Zustimmung des Patienten; auf eine Partnerdiagnostik ist in jedem Falle hinzuwirken
  - Syphilis:
    - TPHA-Test als Suchtest: 4 Wochen nach Infekt positiv und kann lebenslang positiv bleiben („Seronarbe“)
    - FTA-ABS-Test zur Bestätigung
    - IgM-FTA-ABS-Test zum Nachweis einer floriden Lues und zur Therapieverlaufskontrolle
    - Dunkelfeldmikroskopie von Läsionssekret: zur Frühdiagnostik sinnvoll, aber unsicher
    - Meldepflicht!
  - Gonorrhö:
    - Direktpräparat in Methylenblaufärbung und Kultur
    - Serologie ist unsicher
    - Chlamydien und Mykoplasmen: PCR-Nachweis aus Zervixabstrich bzw. Erststrahlurin beim Mann
  - Trichomonaden und Candida albicans:
    - Nativpräparate von Sekret
    - wenn negativ, Kulturen auf spezifischen Medien
  - Herpes genitalis, Hepatitis B, AIDS: PCR-Abstrich von der Läsion bzw. Serologie

34.169.4 Differenzialdiagnostik

Die Syphilis kann nahezu jede Erkrankung nachahmen. Bei Ekzemerkrankungen, rheumatischen Erkrankungen und Anginen sowie unklarer BSG-Erhöhung ist eine sexuell übertragbare Erkrankung in Betracht zu ziehen.

34.169.5 Therapie

Aufgrund von Doppelinfektionen sind Ko-Behandlungen angezeigt. Eine Mitbehandlung durch den Gebietsarzt ist bei gravierenderen Formen dringend angeraten. Außerdem muss möglichst die Therapie der Kontaktpersonen sichergestellt werden. Folgende Standardtherapien kann der Allgemeinarzt anwenden:

- **Syphilis:** bei der Frühsyphilis einmalig mit Benzathin-Benzylpenicillin 2,4 Mio. IE i. m. (gluteal links/rechst je 1,2 Mio. IE), alternativ Doxyzyklin 200 mg oral, 2 Wochen
- **Gonorrhö:** bei Befall von Urethra, Zervix, Rektum
  - Ceftriaxon 1 g i. m./i. v. plus Azithromycin 1,5 g p. o. jeweils als Einmaldosis
  - Cefixim 800 mg oral anstelle Ceftriaxon als Einmaldosis falls Kontraindikation
  - **bei Penicillinallergie, sofern überhaupt erhältlich, kalkuliert:** Spectinomycin 2000 mg i. m. plus Azithromycin 2 g p. o. jeweils als Einmaldosis, Einnahmekontrolle
- **Chlamydien und Mykoplasmen:**
  - Doxyzyklin 200 mg oral, 2 Wochen
  - Azithromycin 1000 mg einmalig
- **Trichomonaden:** Metronidazol 2000 mg oral, einmalig
- **Candida:** Clotrimazol lokal
- **Condylomata acuminata:**
  - Podophyllotoxin-Ätzung
  - Imiquimod-Creme (Aldara) lokal
- **Herpes genitalis:**
  - Aciclovir 3-mal 400 mg
  - Valaciclovir 2-mal 1000 mg, 10 Tage
- **HIV** → Kap. 34.6

Merke

Ceftriaxon zur i. m. Anwendung löst Schmerzen aus! Nach Herstellervorgaben werden 1 g Ceftriaxon mit 3,5 ml 1 % Lidocain-Lösung (ohne Adrenalin) verdünnt und tief intramuskulär injiziert. Pro Injektionsstelle sollte nicht mehr als 1 g injiziert werden. Kontraindikationen gegen Lidocain sind zu beachten.

Abwendbar gefährlicher Verlauf

- **Peritonitis** (K65.0), Sepsis (A41.9) oder gravierende Organschädigungen sind heute seltene Extreme.
- **Sterilität** (N97.9)
- **Partnerinfektionen** und Reinfektionen verhindern! Der Hausarzt kann als Kenner des sozialen Umfelds hierzu oft effektiv beraten.

34.169.6 Leitlinien

Deutsche STI-Gesellschaft – Gesellschaft zur Förderung der Sexuellen Gesundheit. AWMF-S 2-Leitlinie 059–002. **Syphilis.** Im Internet: www.awmf.org/leitlinien; Stand: 20.01.2016

Deutsche STI-Gesellschaft – Gesellschaft zur Förderung der Sexuellen Gesundheit. AWMF-S 2-Leitlinie 059–004. **Gonorrhoe bei Erwachsenen und Adoleszenten.** Im Internet: www.awmf.org/leitlinien; Stand: 20.01.2016

34.170 Somatoforme Störungen (F45.0–9)

R. Schäfert

34.170.1 Definition

Die S 3-Leitlinie zum Thema verwendet den Dreifachbegriff „nicht-spezifische, funktionelle und somatoforme Körperbeschwerden“ (Kap. 34.60) [41]. **„Somatoforme Störungen“** im engeren Sinn liegen vor, wenn nicht hinreichend erklärte Körperbeschwerden ≥ ½ Jahr persistieren und zu einer relevanten Beeinträchtigung der Funktionsfähigkeit im Alltag führen. Soweit somatische Störungen vorliegen, erklären sie weder Art und Ausmaß der Symptome noch Leiden und innerliche Beteiligung des Patienten. Die ICD-10-Kriterien wurden wegen Inkonsistenzen, begrenzter Validität, Nichterfassens des Schweregradspektrums und fehlender psychobehavioraler Positivkriterien kritisiert. Die revidierte Begriffsbestimmung betont die mit dem Schweregrad der Körperbeschwerden zunehmende Assoziation mit psychosozialen Belastungen. Im DSM-5 (seit 05/2013) erfolgte deshalb eine weitgehende Revision der Kategorie als „Somatic Symptom Disorder (SSD)“: Das nicht valide Krite-

Tab. 34.48 Klassifikationskriterien der SSD nach DSM-5 [2].

Klasse	Kriterien	Schweregrad
A	Somatische Symptome: ≥ 1 somatische Symptome, die • als belastend erlebt werden und/oder • zu signifikanten Beeinträchtigungen im Alltag führen	• mild: 1 B-Symptom • moderat: ≥ 2 B-Symptome • schwer: ≥ 2 B-Symptome + multiple (oder 1 sehr schweres) somatische(s) Symptom(e)
B	≥ 1 psychobehaviorales Positivkriterium muss zutreffen: • unverhältnismäßige und beständige Gedanken über die Ernsthaftigkeit der eigenen Symptome • anhaltend hohes Ausmaß an Angst bezogen auf die Gesundheit oder die Symptome • übermäßig viel Zeit und Energie, die den Symptomen oder gesundheitlichen Sorgen gewidmet wird	
C	**Chronifizierung:** Gesamtsymptomatik persistiert > 6 Monate	

rium der medizinischen Unerklärtheit wurde abgeschafft, psychobehaviorale Positivkriterien und eine Schweregradeinteilung eingeführt (▶ Tab. 34.48).

34.170.2 Leitsymptome, Diagnostik und Epidemiologie

Die Leitsymptome, Diagnostik und Epidemiologie der somatoformen Störungen sind in ▶ Tab. 34.49 dargestellt.

34.170.3 Ätiologie und Behandlungsrationale

Das Vorgehen umfasst:

- bio-psychosoziale Interaktionen erarbeiten
- Bewältigungsstrategien aufbauen (▶ Tab. 34.50)

34.170.4 Leitlinien

Deutsches Kollegium für Psychosomatische Medizin, Deutsche Gesellschaft für Psychosomatische Medizin und Ärztliche Psychotherapie. AWMF-S 3-Leitlinie 051–001. **Nichtspezifische, funktionelle und somatoforme Körperbeschwerden, Umgang mit Patienten.** Im Internet: www.awmf.org/leitlinien; Stand: 20.01.2016

Tab. 34.49 Leitsymptome, Diagnostik und Epidemiologie.

ICD-10-Code, Subtyp	Prävalenz*	Charakteristika
F45.0: Somatisierungsstörung	1–2 %	≥ 6 Symptome aus ≥ 2 Bereichen über ≥ 2 Jahre
F45.1: undifferenzierte Somatisierungsstörung	7–19 %	≥ 6 Monate, Kriterien für F45.0 nicht erfüllt
F45.2 hypochondrische Störung	1 %	Krankheitsängste dominieren, ≥ 6 Monate
F45.3 somatoforme autonome Funktionsstörung	4 %	Funktionsstörungen autonom innervierter Organe: • Herz und Kreislaufsystem (F45.30) • oberes (F45.31)/unteres Verdauungssystem (F45.32) • Atmungssystem (F45.33) • Urogenitalsystem (F45.34)
F45.4: anhaltende Schmerzstörung	15 %	
• .40: anhaltende somatoforme Schmerzstörung • .41: chronische Schmerzstörung mit somatischen und psychischen Faktoren		Schmerzen; psychosoziale Faktoren bestimmen • Beginn (F45.40) • Schweregrad/Exazerbation/Aufrechterhaltung (F45.41)
F44.: dissoziative Störungen/Konversionsstörungen	3,3 %	pseudoneurologische Symptomatik: Konfliktsymbolisierung in sensorischen/motorischen Ausfällen („Ausdruckskrankheit")
F48.0: Neurasthenie (CFS)	4 %	Müdigkeit/Erschöpfung dominiert

*Prävalenz in 11 primärmedizinischen und internistischen Zentren aus 4 Kontinenten [58]

Tab. 34.50 Ätiologie und Behandlungsrationale.

Kriterium	Symptomverständnis	Bewältigungstrategien/Coping
Metakonzepte	„Body-Mind-Interactions"	Körper- und Stresskompetenz, Selbstregulation
Körper	typisches Muster belastender Körperbeschwerden	Körperwahrnehmung, dosierte Aktivierung, Entspannungstraining (progressive Muskelrelaxation, Biofeedback)
Wahrnehmung	selektive Aufmerksamkeit, sensorische Amplifizierung	Ablenkung; Achtsamkeit/Mindfulness
Gedanken	dysfunktionale (Katastrophen-)Gedanken	adaptive Gedanken (Normalisierung)
Gefühle	mangelnde Affektwahrnehmung/-differenzierung	Achtsamkeit für Gefühle als Orientierungshilfe bei Selbst- und Beziehungsregulation
Verhalten	dysfunktionales Krankheitsverhalten	Gesundheitsverhalten: gesunder Lebensstil
Beziehungen	Hoffnungs-Enttäuschungs-Zirkel	Abgrenzung, Bedürfnisse kommunizieren

34.171 Sinusitis (J32.9)

H.-D. Klimm

34.171.1 Definition

Die Sinusitis ist eine akute oder chronische Entzündung der Nasennebenhöhlen.

34.171.2 Epidemiologie

Sinusitiden sind häufige Erkrankungen, sie treten vermehrt im Winterhalbjahr auf und sind meist Folge von anderen viralen Infekten. Schwerpunktmäßig sind beim Kind die Siebbeinzellen befallen, beim Erwachsenen die Siebbeinhöhlen, selten die Keilbeinhöhle. Jeder 7. Deutsche ist einmal pro Jahr von einer Sinusitis betroffen.

34.171.3 Ätiologie

Als Erreger findet man hauptsächlich Viren, Pneumokokken und Haemophilus influenzae. Man unterscheidet:

- akute Sinusitis (Symptomatik < 8 Wochen und < 4 Episoden/Jahr): gewöhnliche akute Sinusitis (Pansinusitis) mit oder ohne sinubronchialem Syndrom („post-nasal-drip"-Syndrom)
- eitrige Ethmoiditis beim Kind: dentogene Sinusitis maxillaris
- chronische Sinusitis (Symptomatik > 8 Wochen oder > 4 Episoden/Jahr + Restsymptomatik): hyperplastische/polypöse Sinusitis (allergisches Asthma, Polypen, Infekt)
- dentogene chronische Sinusitis:
  - chronische bakterielle Sinusitis
  - länger als 8 Wochen oder mehr als 4 Episoden/Jahr mit unvollständiger Rückbildung der Symptomatik (Erwachsene) bzw. Symptomdauer von mehr als 12 Wochen (Kinder)

34.171.4 Leitsymptome und Diagnostik

Hauptsymptome sind Gesichtsschmerz, Stauungsgefühl im Gesichtsbereich, Verstopfung der Nase, eitriger Schnupfen, Hyp- oder Anosmie. Zu den **Nebensymptomen** gehören Kopf- oder Ohrenschmerzen, Fieber, Foetor, Erschöpfung, Zahnschmerzen und Husten. Für die Diagnosestellung werden gefordert:

- mindestens 2 Hauptsymptome oder
- 1 Hauptsymptom plus eitriges Nasensekret sichtbar oder
- 2 Nebensymptome

Außerdem gehören zur Diagnostik:

- **Anamnese:** Dauer der Erkrankung, Vorerkrankung bekannt, Umfelderkrankungen
- **klinische Untersuchung:**
  - ausgiebige Inspektion des Nasen-Rachen-Raums
  - ausgiebige Inspektion, Palpation und Auskultation des Thorax
  - Überprüfung der Nervenaustrittspunkte (einseitiger Klopfschmerz? Überwärmung? Schleimstraße der Rachenhinterwand?)
  - Überprüfung der Durchlassfähigkeit der Nasengänge

- **erweiterte Diagnostik**:
  - Labor:
    - Hämoglobin, Erythrozyten, Leukozyten (Leukozytose), BSG (starke Beschleunigung bei chronischer Sinusitis), CRP
    - Immunglobuline, Differenzialblutbild (Eosinophilie), RAST-Test
  - Ultraschall oder Röntgen des Schädels und der Nasennebenhöhlen

34.171.5 Therapie

V

Zur Schmerzlinderung stehen Antipyretika (Azetylsalizylsäure, Phenylbutazon), Analgetika, Antiphlogistika (z. B. Ibuprofen, Diclofenac) und ggf. Dekongestiva zur Verfügung. Weitere mögliche Maßnahmen sind:

- Dampfinhalation, Gabe von Sekretolytika (z. B. Cineol, Myrtol, Gentianaextrakte)
- Antibiotika:
  - nur bei drohenden Komplikationen (starke Kopfschmerzen, Schwellungen, Lethargie), starken Schmerzen plus CRP über 10 mg/l, positivem Nasanabstrich, Sekretnachweis (CT oder Röntgen), schweren, hochfieberhaften infektiösen Prozessen
  - Breitband-Antibiotika für 5–10 Tage
    - 1. Wahl Amoxicillin 3 × 500 mg/d oder Azithromycin 500 mg/d
    - Cephalosporin (Cefuroxim 2 × 250 mg/d)
- Verbesserung der Ausscheidung des Schleims:
  - Flüssigkeitszufuhr, hohe Luftfeuchtigkeit
  - isotonische Kochsalzlösung als Nasenspülung
  - schleimhautabschwellende Nasensprays oder Tropfen
- Kortison-Nasenspray 2-mal/d bei Allergie oder Hinweis auf chronische oder (> 4-mal/Jahr) rezidivierende Sinusitis

Bei Nichtansprechen oder bei chronisch rezidivierenden Sinusitiden Überweisung zum HNO-Arzt mit der Frage der operativen Versorgung, z. B. Fensterung oder Polypenentfernung.

Abwendbar gefährlicher Verlauf

Sehr selten (1:10 000) in der Allgemeinpraxis:

- lokale Perforationen in Weichteile, Orbita und Schädelhöhle
- Osteomyelitis (M86.99)
- Tumoren (D 48.9): sind immer auszuschließen
- Meningitis (G03.9): Kap. 34.117

34.171.6 Leitlinien

Deutsche Gesellschaft für Allgemeinmedizin und Familienmedizin (DEGAM). AWMF-S 3-Leitlinie 053–012. **Rhinosinusitis.** Im Internet: www.awmf.org/leitlinien; Stand: 20.01 102 016

Deutsche Gesellschaft für Mund-, Kiefer-, Gesichtschirurgie. AWMF-S 2-Leitlinie 007–086. **Sinusitis maxillaris.** Im Internet: www.awmf.org/leitlinien; Stand: 20.01.2016

34.172 Sprue (K90.1)

H.-D. Klimm

34.172.1 Definition

Sprue (oder Zöliakie) ist eine lebenslange, immunologisch vermittelte, chronisch entzündliche Darmerkrankung bei Patienten mit genetisch determiniertem Risiko. Sie ist Folge einer fehlgerichteten Immunantwort auf Gluten und verwandte Proteine, die in Weizen, Roggen, Gerste und anderen Getreidesorten vorkommen.

34.172.2 Epidemiologie

Die Anzahl der erkannten und die Anzahl der absoluten Erkrankungsfälle haben stark zugenommen. Die Prävalenz liegt in Deutschland bei ca. 0,3 %, es gibt Hinweise, dass zwischen 0,5 und 10 % der Bevölkerung betroffen sind. Nach Selbsteinschätzung von Erwachsenen liegt die Prävalenz bei 13–15 %. Die diagnostische Latenz liegt bei ca. 4–5 Jahren.

34.172.3 Ätiologie

Alle an Zöliakie erkrankten Patienten weisen eine genetische Prädisposition auf (HLA-DQ 2 oder -DQ 8), reagieren auf Gluten, entwickeln hochsensitive und spezifische Antikörper gegen das körpereigene Enzym Gewebstransglutaminase (TG2) mit sekundärer Apoptose der Enterozyten, die zur Mukosaatrophie und sekundären Malabsorption führt.

34.172.4 Leitsymptome und Diagnostik

▸ **Symptome.** Bei den Symptomen ist zwischen intestinalen und extraintestinalen Symptomen zu unterscheiden:
- intestinale Symptome: Motilitätsstörung, Diarrhö oder Obstipation, Übelkeit, Brechreiz und Erbrechen, chronische Bauchschmerzen
- extraintestinale Symptome: Gewichtsverlust, Wachstumsstörungen beim Kind, Anämie, Osteoporose, Zahnschmelzveränderungen, Neuropathie, Polyneuropathie, Tetanie, Muskelschwäche, Nachtblindheit, Ödeme, rezidivierende Aphthen

▸ **Diagnostik.** Die Diagnostik umfasst:
- **Anamnese:**
  - Malabsorption (K90.9)?
  - Gewichtsabnahme?
  - Bauchschmerz?
- **körperliche Untersuchung:**
  - Exsikkose (E86)?
  - reduzierter AZ und EZ?
  - Lebervergrößerung?
  - neurologische Untersuchung
- **Labor:**
  - BSG, Blutbild, Differenzialblutbild, Kalzium, Kreatinin, TSH, γ-GT, alkalische Phosphatase
  - serologische Diagnostik bei klinischem Verdacht auf Zöliakie
    - Gewebstransglutaminase-IgA-Antikörper (tTG-IgA-Ak) oder Endomysium-IgA-Antikörper (EmA-IgA-Ak)
    - Gesamt-IgA (zum Ausschluss eines IgA-Mangels, weil dann Endomysium- und Transglutaminase-IgA-Antikörper nicht nachweisbar sein können – bei weniger als 2–3 % der Zöliakie-Patienten
    - bei Nachweis eines IgA-Mangels → S 2k-Leitlinie AWMF [30]
- **Endoskopie:**
  - typische makroskopische Auffälligkeiten im proximalen Dünndarm, Verminderung der Falten, Atrophie der Schleimhaut
  - Histologie: Klassifikation nach Mash 2 oder 3
- **erweiterte Diagnostik:** Röntgen der Wirbelsäule, Osteodensitometrie zum Ausschluss einer Osteoporose

Merke

Die Diagnose Zöliakie kann sichergestellt werden bei positiver Serologie *und* Histologie *und* serologischer Besserung unter glutenfreier Diät. Erwachsene mit Typ-1-Diabetes sollten mindestens einmal serologisch auf Zöliakie untersucht werden, falls dies in Kindes- und Jugendalter nicht erfolgt ist, da ca. 9 % betroffen sind.

Nach Ergebnissen internationaler Arbeitsgruppen gilt es zu unterscheiden zwischen:
- potenzieller Zöliakie
- subklinischer Zöliakie
- symptomatischer Zöliakie
- klassischer Zöliakie
- refraktärer Zöliakie

34.172.5 Differenzialdiagnostik

Differenzialdiagnostisch kommen infrage:
- infektiöse Darmerkrankung
- chronisch ulzeröse Darmerkrankung (Morbus Crohn): Kap. 34.37

34.172.6 Therapie

Das Mittel der Wahl ist die **lebenslange** glutenfreie Diät mit Verzicht auf Weizen, Roggen, Gerste, Dinkel, Grünkern und daraus hergestellten Fertigprodukten, z. B. Nudeln. Dazu bedarf es meist einer konsequenten Diätberatung, ggf. ist die Anbindung an die Deutsche Gesellschaft für Zöliakie empfehlenswert.

Präventiv können wirken:
- Stillen (protektive Wirkung)
- Einführung kleinerer Glutenmengen zwischen dem 5. und 7. Lebensmonat, langsam steigernd, können einen Schutzfaktor darstellen

Abwendbar gefährlicher Verlauf

- im Kindesalter drohende Wachstumsstörungen und Anämien
- im Erwachsenenalter Osteomalazie/Osteoporose (M81.99)
- immer pädiatrische und gastroenterologische Fachkompetenz anstreben!

34.172.7 Leitlinien

Deutsche Gesellschaft für Allgemeinmedizin und Familienmedizin. AWMF-S 1-Leitlinie 053–030. **Durchfall, akut.** Im Internet: www.awmf.org/leitlinien; Stand: 20.01.2016

Deutsche Gesellschaft für Gastroenterologie, Verdauungs- und Stoffwechselkrankheiten. AWMF-S 2k-Leitlinie 021–021. **Zöliakie, Weizenallergie und Weizensensitivität.** Im Internet: www.awmf.org/leitlinien; Stand: 10.01.2016

V

34.173 Struma (E01.–, E04.9)

F. Peters-Klimm

34.173.1 Definition

Bei der Struma handelt es sich um eine Vergrößerung der Schilddrüse (insgesamt oder teilweise, diffus oder knotig). Sie kann mit Euthyreose, Hypothyreose oder Hyperthyreose einhergehen – immer ist die Morphologie von der Funktion getrennt zu betrachten.

34.173.2 Epidemiologie

Die Prävalenz der Struma in Deutschland (Jodmangelgebiet) liegt nach klinischem Befund bei etwa 10 %, unter Berücksichtigung sonografisch ermittelter Schilddrüsenvergrößerungen sowie Knotenbildungen mit und ohne Vergrößerung des Gesamtvolumens bei mehr als 30 %. Die Struma ist so die häufigste Schilddrüsenerkrankung.

34.173.3 Ätiologie

In absteigender Häufigkeit finden sich:
- **endemische Struma** (E01.–) (bis zu 90 %):
  - einerseits Anpassungsreaktion auf alimentär bedingten, intrathyreoidalen Jodmangel
  - andererseits gehäuft Mutationen im TSH-Rezeptorgen
  - anfangs meist euthyreot oder latent hypothyreot und diffus, bei langfristig anhaltendem Jodmangel entsteht in der Regel eine funktionelle Autonomie mit latenter oder manifester Hyperthyreose (Kap. 34.83) und oft ein Knotenkropf
  - Frauen sind weit überwiegend betroffen und es gibt familiäre Prädispositionen
- **Basedow-Struma** (E05.0): diffus, durch TSH-Rezeptor-Antikörper vermittelt (Hyperthyreose, Kap. 34.83)
- **entzündliche Struma:** überwiegend bei Hashimoto-Thyreoiditis (E06.3) oder bei anderen Thyreoiditis-Formen (Kap. 34.178)
- **iatrogene Struma:** Thyreostatika, Lithium, nach Schilddrüsenoperation

Andere Ursachen wie Einblutungen, Tumoren der Schilddrüse, Metastasen u. a. sind in der Allgemeinpraxis eher selten.

34.173.4 Leitsymptome und Diagnostik

► **Symptome.** Die Patienten klagen über Kloßgefühl und Halsumfangsvermehrung, in fortgeschrittenen Stadien auch über Schluckbeschwerden, Heiserkeit und Atemnot. Eine Struma kann
- nur sonografisch messbar vergrößert, aber nicht tastbar (**Stadium 0**),
- tastbar und bei Halsreklination eben sichtbar (**Stadium 1**) oder
- spontan sichtbar (**Stadium 2**)

sein. Bei retrosternaler Lage kann sie sich auch der Inspektion weitgehend entziehen. Knoten, Induration, Fixierung oder auch Druckdolenz (Thyreoiditis) sowie begleitende Ophthalmopathiezeichen (Morbus Basedow) sind ätiologisch richtungsweisend.

► **Diagnostik.** Bei Strumaverdacht (durch Inspektion und Untersuchung) sollten immer durchgeführt werden:
- **Sonografie:**
  - Volumen (bei Frauen > 18 ml, bei Männern > 25 ml)
  - Echomuster (homogen/echonormal: endemische Struma, echoarm: Verdacht auf Thyreoiditis, Knoten: weitere Abklärung)
- **TSH:**
  - normal: euthyreot (> 90 % der Strumen), endemische Struma
  - erniedrigt: Hyperthyreose (Kap. 34.83)
  - erhöht: Hypothyreose (Kap. 34.87)
  - grenzwertig: latente Störung
- **bei Thyreoiditisverdacht:** Antikörper, BSG, Blutbild (Kap. 34.178)

An weiterführender Diagnostik kommen infrage:

- **Szintigrafie** mit Technetium (normal 0,5–2 %) bei sonografisch echoarmem Knoten > 1 cm Durchmesser
- **Feinnadelpunktion** bei sonografisch echoarmen, szintigrafisch kaltem Knoten (> 1 cm bzw. > 1,5 cm), bei schnell wachsenden Knoten in der Jugend und im höheren Alter
- **Suppressionsszintigrafie** bei Verdacht auf fokale oder disseminierte Autonomie (nach 2 Wochen L-Thyroxin 150)
- **Röntgen:** Trachea, Ösophagusbreischluck: retrosternale Kompression?

34.173.5 Differenzialdiagnostik

Gedacht werden muss an Hals- und Mediastinaltumoren bzw. Lymphome (Kap. 25.15, Kap. 34.108).

34.173.6 Therapie

► **Prophylaxe.** Der Primärprophylaxe durch den Hausarzt kommt seit der Jodierung des Speisesalzes abgesehen von Schwangerschaft und Stillzeit eine untergeordnete Bedeutung zu (s. Kap. 30.10). Die **Sekundärprophylaxe** nach behandelter Struma ist regelhaft und häufig hausärztliche Aufgabe. Die Jodidprophylaxe bedeutet Jodspeisesalz und seefischbetonte Diät, dazu 100 µg (Kinder) bis 200 µg (Erwachsene) Jodid/d.

► **Medikamentöse Therapie.** Der mögliche Effekt tritt im 1. Behandlungsjahr ein, oberhalb des 40. Lebensjahrs zunehmend geringere Erfolgsrate:

- **diffuse, euthyreote Jodmangelstruma:**
  - 100–200 µg Jodid/d mit 10–30 % Volumenreduktion, ggf. bei latenter oder manifester Hypothyreose kombiniert mit 75–150 µg L-Thyroxin mit bis zu 20 % Volumenreduktion (z. B. Jodid, Thyrojod-Depot, Euthrox oder Thyronajod)
  - Verlaufskontrollen: Sonografie, TSH alle 4–6, Im Folgenden alle 12 Monate
  - bei ausreichendem Therapieerfolg Jodidprophylaxe (s. o.) und jährliche Kontrollen
  - abwartendes Verhalten ist geboten, solange sich keine Indikation zur definitiven Therapie ergibt
- **euthyreote Knotenstruma:**
  - Ausschluss einer funktionellen Autonomie und eines Malignoms
  - danach Behandlungsversuch wie oben

► **Definitive Therapie.** Sie ist indiziert bei Malignomverdacht, funktioneller Autonomie (auch subklinischer Hyperthyreose), unzureichendem Therapieerfolg, Strumarezidiv, Kompressionssymptomatik, und ggf. bei ausdrücklichem Wunsch des Patienten:

- **Operation:**
  - absolut indiziert bei Malignomverdacht und Kompressionssymptomatik sowie während der Gravidität
  - aufgrund individuell unterschiedlicher Schilddrüsenreste ist eine individuelle Nachbehandlung nötig (Jodidprophylaxe und ggf. zusätzlich L-Thyroxin nach Kontrollen der Schilddrüsenfunktion, nach 2 Monaten, dann alle 6–12 Monate)
- **Radiojodtherapie:**
  - bei funktioneller Autonomie das Verfahren der Wahl mit bis zu 40 % Volumenreduktion, wenn keine absolute Operationsindikation besteht
  - als Alternative zur Operation bei hohem Risiko, im höheren Alter und bei postoperativem Rezidiv (Hypothyreoserisiko 20 %/5 Jahre mit ggf. Substitution)
  - Eine **Malignominduktion durch Radiojod ist nicht bewiesen!**

Die Therapie der sonstigen Strumaformen wird im Rahmen der jeweiligen Grunderkrankungen besprochen.

Abwendbar gefährlicher Verlauf

- Kompressionskomplikationen der Hals- und Mediastinalorgane sind möglich
- Bei Knotenstruma sind die dekompensierte Autonomie mit Thyreotoxikose (Kap. 34.83) und das maskierte Karzinom die wesentlichen Risiken

34.173.7 Leitlinien

Deutsche Gesellschaft für Allgemein- und Viszeralchirurgie. AWMF-S 2k-Leitlinie 088–002. **Maligne Schilddrüsenerkrankungen, operative Therapie.** Im Internet: www.awmf.org/leitlinien; Stand: 20.01.2016

Deutsche Gesellschaft für Nuklearmedizin. AWMF-S 1-Leitlinie 031–011. **Schilddrüsenszintigraphie.** Im Internet: www.awmf.org/leitlinien; Stand: 20.01.2016

34.174 Sudeck-Dystrophie (CRPS) (M89.09)

J. Barlet

34.174.1 Definition

Unter dem Morbus Sudeck (Sudeck-Syndrom, Sudeck-Dystrophie, CRPS = „complex regional pain syndrome" = komplexes regionales Schmerzsyndrom) versteht man ein Entzündungsgeschehen, das sich im Anschluss an Traumen oder auch Bagatellverletzungen und entzündlichen Prozessen besonders an der Hand (gelegentlich auch an den Füßen) etwa 6–8 Wochen nach dem auslösenden Ereignis manifestiert.

34.174.2 Ätiologie

Die Ursache ist nicht klar. Man nimmt an, dass die entsprechenden Läsionen zu kurz ruhig gestellt werden. Wichtig ist, dass sämtliche Gewebe (Haut, Gelenke, Bindegewebe und Knochen) betroffen sind.

34.174.3 Leitsymptome und Diagnostik

Je nach Schweregrad unterscheidet sich die Symptomatik:

- Stadium I (ca. 3–6 Monate):
  - starke Schmerzhaftigkeit bei allen Finger- und Handbewegungen
  - Überwärmung der Haut, Schwellung
  - leichte Zyanose
  - Berührungsschmerz (Allodynie)
- Stadium II (Dystrophie, bis zu 1 Jahr):
  - Verstreichen der Gelenkkonturen, Schmälerwerden der Hände, Verdünnung der Haut (Glanzhaut), Störung im Wachstum der Fingernägel
  - röntgenologisch typische fleckige Knochendystrophie, besonders in den Meta- und Epiphysen
  - Knochenszintigrafie und Temperaturmessung bestätigen die Diagnose, sind aber nicht geeignet, ein CRPS auszuschließen
- Stadium III:
  - Endstadium, wobei die Beschwerden nicht mehr so stark sind
  - Hautatrophie, relativer Fett- und Muskelschwund
  - deutliche Behinderungen der Gelenkbeweglichkeit

34.174.4 Differenzialdiagnostik

Hier ist besonders an die primär chronische Polyarthritis zu denken, aber auch aktivierte Arthrosen können kurzzeitig ähnliche Krankheitssymptome zeigen. Beim Morbus Sudeck sind alle Gewebesysteme befallen!

34.174.5 Therapie

Realistische Therapieziele sind Schmerzkontrolle und weitgehende Wiedererlangung der Funktion. Die Therapie sollte immer eine Kombinationstherapie sein. Die aktive Mitarbeit der Patienten ist unerlässlich. Die wesentlichen **Bestandteile der CRPS-Therapie** sind nach derzeitigem Kenntnisstand:

- Bisphosphonate
- Glukokortikoide bei posttraumatisch-entzündlichem (Rötung, Überwärmung, Ödem) CRPS
- Physio- und Ergotherapie (inkl. Spiegeltherapie, Motor Learning) zur Wiedererlangung der Funktion
- medikamentöse Therapie neuropathischer Schmerzen
- psychotherapeutische Verfahren
- bei Therapieresistenz
  - Ketamindauerinfusion über 4 Tage zur Schmerztherapie (einmalig)
  - ca. 10 Sympathikusblockaden nach Testblockade in erfahrenen Zentren
- rückenmarknahe Elektrostimulation (SCS) bei chronischen, sonst unbehandelbaren Schmerzen (S 1-Leitlinie der AWMF [22])
- intrathekale Gabe von Baclofen bei Dystonie

Gemäß Leitlinie wird folgender **Therapiealgorithmus** vorgeschlagen [38]:

- dem Patienten die Erkrankung erklären!
- Physio-/Ergotherapie und Pharmakotherapie neuropathischer Schmerzen als Basismaßnahme
- bei entzündlichen Symptomen: Bisphosphonate oder Steroide
- weiteres Vorgehen siehe S 1-Leitlinie [38]

In die ambulante Behandlung müssen mit der Krankheit erfahrene Kollegen oder Spezial-(Schmerz-)ambulanzen eingebunden sein!

▸ **Prophylaxe.** Wichtig ist die ausreichend lange Ruhigstellung bei Extremitäten-Verletzungen. Bei nicht fixierten Gliedmaßen-Abschnitten sollte immer nur eine mäßig aktive Bewegung erfolgen, ein Vermeiden von schmerzhaften Bewegungen und keine oder eine nur sehr schonende Massage. Wesentlich ist ferner die Vermeidung jeglicher Durchblutungsstörung durch enge Verbände bzw. Gipsverbände.

Abwendbar gefährlicher Verlauf

- Ein CRPS muss möglichst schnell erkannt und diagnostiziert werden.
- Falsche Aktivierung und Bewegungsübungen können die Symptomatik aggravieren.

34.174.6 Leitlinien

Deutsche Gesellschaft für Allgemeinmedizin und Familienmedizin (DEGAM). AWMF-S 1-Leitlinie 053–036. Chronischer Schmerz. Im Internet: www.awmf.org/leitlinien; Stand: 30.9.2013

Deutsche Gesellschaft für Neurologie. AWMF-S 1-Leitlinie 030–116. **Schmerzsyndrome (CRPS), komplexe regionale, Diagnostik und Therapie.** Im Internet: www.awmf.org/leitlinien; Stand: 10.01.2016

34.175 Tendovaginitis (M65.99)

H.-D. Klimm

34.175.1 Definition

Die Tendovaginitis (Peritendinitis) ist eine Störung des Gleitvorgangs von Sehnen in der Sehnenscheide.

34.175.2 Epidemiologie

Es handelt sich um eine relativ häufige Erkrankung, meist einseitig in der Handgelenkregion und Mittelhand.

34.175.3 Ätiologie

Die Tendovaginitis ist meist Folge einer körperlichen Überanstrengung oder eines Traumas. Vor allem Frauen im jüngeren und mittleren Erwachsenenalter mit spezifischen Berufstätigkeiten sind betroffen. ***Cave:*** Berufskrankheit!

34.175.4 Leitsymptome und Diagnostik

▸ **Symptome.** Typisch sind mäßige bis mittelstarke Schmerzen im Bereich der Handgelenke und Unterarme, eine geringfügige Schwellung im Handgelenksbereich ist möglich.

▸ **Diagnostik.** Zur Diagnostik gehören:

- Anamnese: Bezug herstellbar zu besonderen Beanspruchungen und Arbeitsplatzsituation
- Inspektion: leichte Schwellung
- Palpation: mäßiggradige Druckempfindlichkeit im Verlauf der Sehnen, die sich bei Dehnung verstärkt, Crepitatio tastbar bei Bewegung
- Auskultation: bei aktiver Paddelbewegung Crepitatio hörbar
- Funktionstest: bei passiver Überstreckung der Sehne und aktiver Anspannung des Muskels gegen Widerstand Schmerz (Finkelstein-Test)

34.175.5 Differenzialdiagnostik

Differenzialdiagnostische Überlegungen sind:

- Bursitis (M71.99): Kap. 34.30
- Polyarthritis (M06.90): Kap. 34.160
- bakterielle Sehnenscheidenentzündungen (A49.9)

34.175.6 Therapie

Die Therapie ist in der Regel konservativ möglich:

- Ruhigstellung von mindestens 8–10 Tagen
- Verordnung von Arbeitsunfähigkeit
- Antiphlogistika, Antirheumatika (z. B. Diclofenac, Ibuprofen)
- bei rezidivierender Tendovaginitis, insbesondere bei Styloiditis radii, lokale Injektionsbehandlung mit Kortisol und Anästhetika

Eine Operation kommt infrage, wenn es infolge rezidivierender Tendovaginitiden zu stenosierenden Prozessen kommt.

Abwendbar gefährlicher Verlauf

- Tendovaginitis stenosans de Quervain (M65.4): durch chronisch rezidivierende entzündliche Veränderungen Einengung der gemeinsamen Sehnenscheide des Daumenstreckers und -abspreizers mit erheblicher Einschränkung der Gebrauchsfähigkeit der gesamten Hand
- Sehnenruptur (T 14.6)
- Sehnenphlegmone (L 03.01)

34.175.7 Leitlinien

Deutsche Gesellschaft für Arbeitsmedizin und Umweltmedizin. AWMF-S 1-Leitlinie 002–017. **Händigkeit – Bedeutung und Untersuchung.** Im Internet: www.awmf.org/leitlinien; Stand: 20.01.2016

Deutsche Gesellschaft für Handchirurgie, Deutsche Gesellschaft für Neurochirurgie. AWMF-S 3-Leitlinie 005–003. **Karpaltunnelsyndrom, Diagnostik und Therapie.** Im Internet: www.awmf.org/leitlinien; Stand: 12.12.2015

34.176 Thrombophilie (D 68.–)

U. Müller-Bühl

34.176.1 Definition

Unter dem Begriff Thrombophilie werden genetisch determinierte Störungen der Hämostase, die hereditäre Thrombophilie und verschiedene Formen einer erworbenen Thrombophilie subsumiert. Eine erworbene Thrombophilie kann reversibel sein und führt nicht zwangsläufig zu einer permanenten Erhöhung des Thromboserisikos.

34.176.2 Epidemiologie und Ätiologie

▸ **Antithrombin-III-Mangel.** Der hereditäre Antithrombinmangel ist selten, aber mit einem hohen Thromboserisiko assoziiert. Bei heterozygoten Merkmalsträgern können bereits im frühen Jugend- und Erwachsenenalter – bei der Hälfte der Betroffenen vor dem 25. Lebensjahr – venöse Thrombosen auftreten. Ein erworbener Antithrombinmangel kann bei Leberfunktionsstörungen und Verbrauchskoagulopathien zu Thrombosen führen. In der Regel ist eine langfristige Antikoagulation indiziert.

▸ **Protein-C-Mangel.** Der Nachweis eines Protein-C-Mangels erfolgt über die Messung der Protein-C-Aktivität, wobei diese auch durch Leberfunktionsstörungen, durch eine Behandlung mit Kumarinderivaten und im Rahmen von Verbrauchskoagulopathien reduziert sein kann. Das Ausmaß der Thrombophilie kann sehr ausgeprägt sein und korreliert mit der Aktivität. Der Erbgang ist autosomal-dominant.

▸ **Protein-S-Mangel.** Eine Thrombophilie entsteht bei einer unzureichenden Aktivität von Protein S, insbesondere bei einem Mangel an freiem Protein S. Die Mangelzustände sind schwierig zu erfassen, da das C 4-Bindungsprotein als Akut-Phase-Protein starken Schwankungen unterliegt. Ein erworbener Mangelzustand kann auch aus einer Behandlung mit Kumarinderivaten, einer Schwangerschaft oder Hormonbehandlung resultieren. Generell ist die Diagnostik sehr störempfindlich, es sind daher mehrere Untersuchungen zur Etablierung der Diagnose erforderlich. Die Thrombophilie ist schwach ausgeprägt, der Erbgang ist autosomal-dominant.

▸ **APC-Resistenz.** Sie ist die häufigste angeborene thrombophile Gerinnungsstörung, etwa 20 % aller Patienten mit Phlebothrombosen sind von dieser Veränderung betroffen. In etwa 95 % der Fälle sind Mutationen im Faktor-V-Gen für eine APC-Resistenz verantwortlich. Die Bestimmung der APC-Resistenz gilt daher als Suchtest einer nur molekulargenetisch nachweisbaren Faktor-V-Genmutation.

▸ **Faktor-V-Genmutation.** Bei der auch als Faktor-V-Leiden-Mutation (nach dem Ort der Entdeckung) bezeichneten Mutation ist das Risiko thrombembolischer Ereignisse in heterozygoter Form drei- bis achtfach erhöht. Diese Mutation tritt aus entwicklungsgeschichtlichen Gründen bei der schwarzen und asiatischen Bevölkerung praktisch nicht auf. In der Regel ist die Thrombophilie schwach ausgeprägt (statistisches Thromboserisiko um den Faktor 3–5 % erhöht bei einem Basisrisiko der Gesamtbevölkerung von 0,1 % pro Jahr).

▸ **Faktor-II-(Prothrombin-G20 210A-)Genmutation.** Die Prothrombinmutation ist mit etwa 7 % die zweithäufigste bislang bekannte Thrombophilie bei nicht ausgewählten Patienten mit venösen Thrombosen. Sie führt zu einem erhöhten Faktor-

II-Spiegel und steigert signifikant das Thromboserisiko. In Kombination mit beispielsweise einer APC-Resistenz wird das Risiko etwa verzehnfacht.

► **Antiphospholipid-Antikörpersyndrom.** Das APS ist Ursache arterieller und venöser Gefäßverschlüsse sowie von intrauterinem Fruchttod und Totgeburten. Es handelt sich um ein Autoimmunphänomen, das bei Systemerkrankungen (z. B. Kollagenose, speziell Lupus erythematodus, Morbus Crohn) oder auch isoliert auftreten kann. Es finden sich entweder erhöhte Antikörper gegen gerinnungswirksame Phospholipide (Kardiolipin-IgM/IgG, β_2-Glykoprotein I) oder bei verlängerter aPTT sog. Lupusantikoagulanzien, die durch Spezialtests nachgewiesen werden können. Dem APS kommt eine besondere Bedeutung bei Schwangeren wegen fötaler Komplikationen zu. 3 % gesunder Blutspender weisen auch – meist schwachtitrige – Antikörper auf.

► **Faktor-VIII-Erhöhung.** Eine temporäre Faktor-VIII-Erhöhung ist in der akuten Phase einer Thrombose in den meisten Fällen nachweisbar. Bei etwa 25 % aller Patienten finden sich allerdings auch noch 2 Monate nach dem Akutereignis persistierend hohe Faktor-VIII-Spiegel. Eine derartige Faktor-VIII-Erhöhung von mehr als 150 % bewirkt ein etwa fünffach erhöhtes Thromboserisiko. Familienuntersuchungen deuten zwar auf einen genetischen Einfluss hin, die Suche nach Faktor-VIII-Genvarianten mit erhöhten Faktor-VIII-Spiegeln war bislang jedoch erfolglos. Allgemein steigen die Faktor-VIII-Spiegel mit zunehmendem Alter an und sind bei Frauen höher als bei Männern.

► **Fibrinogen-Erhöhung.** Fibrinogen wird bei der Blutgerinnung in Fibrin umgewandelt, das zusammen mit zellulären Elementen des Blutes den Thrombus bildet. Bei Entzündungen im Körper kann es zu einer reaktiven Hyperfibrinogenämie („Akut-Phase-Protein") mit lokal gesteigerter Thromboseneigung kommen.

► **Homozystein.** Erhöhte Homozysteinkonzentrationen im Plasma bzw. Serum sind mit einem erhöhten Risiko für ischämische Herzerkrankungen, venöse Thrombosen, eine periphere arterielle Verschlusskrankheit oder Schlaganfall assoziiert. Durch Gabe von Folsäure (Vitamin B_9), Pyridoxin (Vitamin B_6) und Vitamin B_{12} lassen sich erhöhte Homozysteinspiegel im Blut senken. Der Nachweis einer kausalen Beziehung zwischen eine Hyperhomozystinämie und thrombophiler Diathese – nämlich eine Prävention thrombembolischer Ereignisse durch eine Therapie mit Vitaminen – konnte bislang wissenschaftlich nicht geführt werden.

34.176.3 Leitsymptome und Diagnostik

Leitsymptom sind die Phlebothrombose (Kap. 34.144) bzw. Thromboembolie. Indikationen zum Thrombophilie-Screening sind:

- Patienten mit symptomatischer Thromboembolie:
  - kein Screening nach überstandener Thromboembolie, die durch Trigger ausgelöst (provoziertes Ereignis) wurde:
    - starke Trigger: Gipsimmobilisation oder Fraktur einer Extremität, Operation mit Vollnarkose, Bettlägerigkeit von mehr als 3 Tagen und aktive Krebserkrankung
    - schwächere Trigger: Schwangerschaft, Wochenbett, östrogenhaltige Kontrazeptiva oder Flugreisen über 6 Stunden
  - kein Screening bei rezidivierten nicht provozierten Thromboembolien, Empfehlung zur zeitlich unlimitierten Antikoagulation
  - Screening bei nicht provozierter erstmaliger proximaler tiefer Beinvenenthrombose oder Lungenembolie und einem Alter unter 60 Jahren
  - kein Screening bei distaler Thrombose, Zentralvenenthrombosen (Auge) oder oberflächlicher Thrombophlebitis
- bei erstgradigen asymptomatischen Familienangehörigen unter 60 Jahren:
  - Indexpatient mit schwerer nachgewiesener Thrombophilie
    - Antithrombin-, Protein-C-, Protein-S-Mangel
    - Homozygotie für Faktor-V-Leiden *oder* Faktor II G20 210A
    - Compound Heterozygotie für Faktor-V-Leiden *und* Faktor II G20 210A
  - Frauen vor östrogenhaltiger Kontrazeption und positiver Familienanamnese (erstgradige Verwandte) für eine tiefe Venenthrombose/ Lungenembolie
  - Frauen vor östrogenhaltiger Kontrazeption und bekannter hereditärer Thrombophilie in der Familie

Tab. 34.51 Laborwerte bei einem Thrombophilie-Screening.

	Häufigkeit in Normalbevölkerung (%)	Vorkommen bei Venenthrombose (%)	Risikoerhöhung (-fach)
obligatorisch			
APC-Resistenz	7	ca. 50	
Faktor-V-Genmutation[1]	7	ca. 50	ca. 10 (heterozygot) ca. 75 (homozygot)
Faktor-II-(Prothrombin-G20 210A-)Genmutation[1]	2	ca. 12	ca. 2 (heterozygot) ca. 50 (homozygot)
Protein C	0,2	3	10
Protein S	1,0	3	10
Antithrombin III	0,02	1	30
fakultativ			
Antiphospholipid-Antikörper[2]	1–2	5–15	9
Faktor VIII (Erhöhung)	11	20–30	5
nicht erforderlich (wissenschaftlich umstritten)			
Homozystein	5	10	?
Plasminogen-Aktivator-Inhibitor-1-(PAI-1-Gen-)4G/5G-Polymorphismus			assoziiert mit arteriellen Gefäßerkrankungen

[1] molekulargenetische Bestimmung einer Faktor-V- und Faktor-II-Genmutation ist auch unter Antikoagulanzientherapie möglich
[2] obligatorisch bei Patienten mit Aborten, arteriellen Verschlüssen, Schwangerschaft, Aborten in der Anamnese, rheumatischen Erkrankungen

Welche Laborwerte bei einem Thrombophilie-Screening bestimmt werden sollten, ist in ▸ Tab. 34.51 angegeben.

34.176.4 Leitlinien

Deutsche Gesellschaft für Thrombose und Hämostaseforschung. AWMF-S 2k-Leitlinie 086–004. **Thrombozytopathien, Therapie.** Im Internet: www.awmf.org/leitlinien; Stand: 20.01.2016

34.177 Thrombophlebitis (I80.–)

U. Müller-Bühl

34.177.1 Definition

Unter einer Thrombophlebitis wird die zumeist abakterielle Entzündung oberflächlicher Venen (Thrombophlebitis superficialis) in Kombination mit lokaler Thrombose verstanden. Jede Phlebitis kann zu einer Thrombose führen, jede Thrombose verursacht eine lokale Venenentzündung.

34.177.2 Epidemiologie

In der Basler Studie bestanden bei 6 % der Männer und 14 % der Frauen von Arbeitern eines Pharmaunternehmens Hinweise auf eine akute oder durchgemachte Thrombophlebitis. Etwa 60 % der Phlebitiden treten in einer varikös veränderten Vene auf.

34.177.3 Ätiologie

Mögliche Ursachen sind:
- lokales Trauma (Spritze, Kanüle)
- Virus- und bakterielle Infekte (Zytomegalie)
- Systemerkrankungen Morbus Behçet, Sarkoidose und Morbus Bürger (Thrombangiitis obliterans)
- Thrombophilie, Gerinnungsstörungen
- tumorassoziierte Genese

34.177.4 Leitsymptome und Diagnostik

Typisch sind die lokale Rötung und Überwärmung und ein ausgeprägter Berührungsschmerz. Die Diagnostik umfasst die Inspektion und Palpation.

34.177.5 Therapie

Therapeutische Maßnahmen sind:

- **Kompressionsverband** oder **-strumpf** bis zum Abklingen der Floridität
- **nicht steroidales Antiphlogistikum/Analgetikum** (Diclofenac, Ibuprofen) sowie lokale kühlende oder Salbenverbände
- ausreichende körperliche Bewegung, keine Immobilisation
- bei **Varikophlebitis** lokale Inzision, Thrombusexpression und evtl. 1–2 Wochen niedermolekulares Heparin

Abwendbar gefährlicher Verlauf

- **Rezidivierende Thrombophlebitiden** können Begleitsymptom maligner Neoplasien oder von Systemerkrankungen sein → im Zweifelsfall abklären
- Bei einer Thrombophlebitis im Armbereich nach Venenkathetern, Dauerkanülen oder -infusionen besteht die Gefahr einer **septischen Phlebitis** durch bakterielle Superinfektion → stationäre Einweisung bei Fieber und Schüttelfrost
- Thrombophlebitiden im Beinbereich können Erstsymptom einer **Borreliose** nach Zeckenbiss sein!
- **Varikophlebitis:** Häufig Auslöser einer Varikothrombose, die durch Übergreifen auf das tiefe Venensystem zur Beinvenenthrombose und Lungenembolie führen kann → therapeutisch elastokompressiver Strumpf oder Verband, ausreichende körperliche Bewegung und niedermolekulares Heparin

34.177.6 Leitlinien

Deutsche Gesellschaft für Angiologie – Gesellschaft für Gefäßmedizin. AWMF-S 2k-Leitlinie 065–002. **Venenthrombose und Lungenembolie: Diagnostik und Therapie.** Im Internet: www.awmf.org/leitlinien; Stand: 20.01.2016

Deutsche Gesellschaft für Phlebologie. AWMF-S 2-Leitlinie 037–005. **Phlebologischer Kompressionsverband (PKV).** Im Internet: www.awmf.org/leitlinien; Stand: 20.01.2016

34.178 Thyreoiditis (E06.–)

F. Peters-Klimm

34.178.1 Definition

Bei der Thyreoiditis handelt es sich um eine entzündliche Schilddrüsenerkrankung mit heterogener Ätiologie (bakteriell, viral, autoimmunogen) und unterschiedlichem Verlauf (akut, subakut, chronisch).

34.178.2 Epidemiologie

Die chronische Hashimoto-Thyreoiditis kommt in der Allgemeinpraxis relativ häufig vor. Sie betrifft bevorzugt (auch junge) Frauen und tritt familiär gehäuft auf. Selten sind dagegen:

- die akute/subakute granulomatöse Thyreoiditis de Quervain
- die akute, eitrige Thyreoiditis
- die chronische „Riedel"-Thyreoiditis (eisenharte Struma, DD Malignom)
- die iatrogene Thyreoiditis (durch z. B. Amiodaron oder Interferon; Strahlen- oder Radiojodtherapie)
- die spezifische Thyreoiditis (Tuberkulose)

34.178.3 Ätiologie

Allgemeinmedizinische Bedeutung haben:

- **chronische Thyreoiditis Hashimoto** (lymphozytäre Thyreoiditis):
  - durch Autoimmunprozesse ausgelöst, gelegentlich assoziiert mit anderen Autoimmunerkrankungen, z. B. perniziöse Anämie, sehr selten im Rahmen eines polyglandulären Autoimmunsyndroms
  - fließende Übergänge zum **Morbus Basedow** (Kap. 34.83) und zur **Post-Partum-Thyreoiditis**, die beide ebenfalls zur Gruppe der Autoimmunthyreopathien gehören
- **akute/subakute granulomatöse Thyreoiditis de Quervain**: oft im Zusammenhang mit einem viralen Luftwegsinfekt im Frühjahr und Herbst

34.178.4 Leitsymptome und Diagnostik

▶ **Symptome. Akute und subakute Thyreoiditis** sind durch eine schmerzhafte Struma, oft mit Schmerzausstrahlung in Hals und Ohr gekennzeichnet. Die **Thyreoiditis Hashimoto** wird oft erst im Spätstadium aufgrund einer Hypothyreose oder einer Struma entdeckt, selten während der hyperthyreoten Initialphase. Ein biphasischer Verlauf mit initialer Hyperthyreose und späterer Hypothyreose ist typisch. Ein Globus- und unspezifisches Krankheitsgefühl können allgemeine Thyreoiditishinweise sein.

▶ **Diagnostik.** Bei klinischem Verdacht ist die folgende Diagnostik kurzfristig, möglichst primär indiziert:
- **Sonografie:** echoarm, homogen/inhomogen, Struma/Atrophie
- **BSG, CRP** und **Leukozyten:** akute/subakute Thyreoiditis
- **TSH:** Hypothyreose/evtl. initiale Hyperthyreose
- ggf. **fT 3, fT 4:** s. a. Algorithmus Stufendiagnostik, Kap. 34.83
- **Antikörperbestimmung:**
  - Thyroxinperoxidase-Antikörper (**TPO-Ak** = MAK): in 90 % erhöht bei Hashimoto
  - evtl. Thyreoglobulin-Antikörper (**Tg-Ak**): in 70 % erhöht bei Hashimoto, aber auch bei Gesunden
  - TSH-Rezeptor-Antikörper (**TR-Ak**): in 80 % erhöht bei Basedow-Hyperthyreose

Zur weiterführenden Diagnostik gehören die **Szintigrafie** (nur bei inhomogenem/nodösem sonografischem Befund) und die **Feinnadelbiopsie** (nur bei Verdacht auf Malignom relevant).

34.178.5 Differenzialdiagnostik

Differenzialdiagnostisch kommen in Betracht:
- Die subakute Thyreoiditis (oft inhomogenes, echoarmes Sonogramm) kann mit Schilddrüsenmalignomen verwechselt werden. Ihr Symptombild ähnelt oft einer Angina lateralis.
- Die chronische Thyreoiditis Hashimoto muss von der Basedow-Hyperthyreose und den verschiedenen Formen der Hypothyreose (Kap. 34.87) unterschieden werden.

34.178.6 Therapie

Eine **kausale Behandlung** mit Antibiotika ist nur bei der akuten bakteriellen Thyreoiditis möglich, ansonsten symptomatische Therapie entsprechend dem Verlauf:
- Propranolol (während der hyperthyreoten Phase, selten Thyreostatikaindikation)
- L-Thyroxin (bei Hypothyreose nach TSH-Verlauf)
- Kortikoide (in absteigender Dosierung ggf. bei subakuter Thyreoiditis)

Merke

Jodid in höheren Dosen, insbesondere durch Kontrastmittel, kann zu Exazerbation führen.

Abwendbar gefährlicher Verlauf

- **Thyreotoxikose:** psychotische Symptomatik, tachykarde Dysrhythmien u. a. → meist wenig ausgeprägt, von kurzer Dauer und eher selten → Kap. 34.83
- Auswirkungen der **Hypothyreose** → häufiger und relevant → Kap. 34.87

34.178.7 Leitlinien

Deutsche Gesellschaft für Allgemein- und Viszeralchirurgie. AWMF-S 2k-Leitlinie 088–002. **Maligne Schilddrüsenerkrankungen, operative Therapie.** Im Internet: www.awmf.org/leitlinien; Stand: 20.01.2016

Deutsche Gesellschaft für Nuklearmedizin. AWMF-S 1-Leitlinie 031–011. **Schilddrüsenszintigraphie.** Im Internet: www.awmf.org/leitlinien; Stand: 20.01.2016

34.179 Tietze-Syndrom (M94.0)

F. Peters-Klimm

34.179.1 Definition

Unter Tietze-Syndrom (Chondrodynia costosternalis, Costochondritis) versteht man eine stets gutartige, schmerzhafte Schwellung am Knochen-Knorpel-Übergang des Sternalansatzes der Rippen unklarer Ätiologie mit der Neigung zur Spontanremission.

34.179.2 Epidemiologie

Das Tietze-Syndrom tritt zumeist im 3. oder 4. Lebensjahrzehnt auf, eine Geschlechtsprävalenz wird nicht beobachtet.

34.179.3 Ätiologie

Die Ursache ist unklar, es wird ein Reizzustand mit Überlastungsschaden des Periosts diskutiert. Die offensichtliche Häufung mit Husten und Infekten der oberen Atemwege lässt auch an eine virale Genese denken.

34.179.4 Leitsymptome und Diagnostik

▶ **Symptome.** Die Betroffenen klagen über oft atemabhängige (auch fortlaufende), gut zu lokalisierende Schmerzen über dem sternalen Rippenansatz in Höhe der Mamillarlinie, meist im Bereich der II.– IV. Rippe. Eine Seitenbevorzugung besteht nicht; es kann nur eine Rippe oder es können mehrere betroffen sein. Der Schmerzcharakter variiert von kurz einschießend bis zu einem starken Dauerschmerz. Die Symptomatik kann einige Tagen oder bis zu mehreren Monaten anhalten.

▶ **Diagnostik.** Bei der Untersuchung imponiert ein gut zu lokalisierender Druckschmerz über dem Sternalansatz der befallenen Rippe(n). Bei längerem Verlauf sind außer einer palpaplen Schwellung keine weiteren Entzündungszeichen zu finden. Laboruntersuchungen sind unergiebig.

Bei längerem, unklarem Verlauf kann ein Röntgenbild, ggf. eine Skelettszintigrafie oder eine MRT im Sinne einer Ausschlussdiagnostik (z. B. Tumoren verschiedener Dignität) bzw. Nachweises der Chondritis sinnvoll sein. In fortgeschrittenem Stadium können radiologisch Zeichen von Sklerosierungen an den Kostosternalgelenken zu finden sein.

34.179.5 Differenzialdiagnostik

Zu denken ist an:

- Angina pectoris, Herzinfarkt (I21.9): Kap. 34.74
- Malignome (C80.9)
- Arthritis (M13.99)
- Gicht (M10.99): Kap. 34.85

34.179.6 Therapie

Der Patient sollte über die Erkrankung aufgeklärt werden, ggf. sind symptomatisch Analgetika und eventuell eine lokale Infiltrationsbehandlung indiziert.

Abwendbar gefährlicher Verlauf

Bei dem selten vorkommenden nicht eindeutigen Befund müssen eine koronare Herzkrankheit/Herzinfarkt sowie ein Malignom ausgeschlossen werden.

34.179.7 Leitlinien

Deutsche Gesellschaft für Kinder- und Jugendmedizin. AWMF-S 1-Leitlinie 027–057. **Reaktive Arthritis.** Im Internet: www.awmf.org/leitlinien; Stand: 10.01.2016

Deutsche Gesellschaft für Unfallchirurgie. AWMF-S 1-Leitlinie 012–010. **Bakterielle Gelenkinfektionen.** Im Internet: www.awmf.org/leitlinien; Stand: 20.01.2016

34.180 Tonsillitis, Pharyngitis, Tonsillopharyngitis (J03.–; J35; J06.9)

F. Peters-Klimm

34.180.1 Definition

Die Tonsillitis (Mandelentzündung) bzw. Tonsillopharyngitis zeichnet sich durch Entzündungen des lymphoepithelialen Gewebes des lymphatischen Rachenrings aus, meist beider Gaumenmandeln, selten auch der Rachenmandel, wegen der meist vorhandenen Schluckbeschwerden auch Angina tonsillaris genannt. Eine Tonsillitis kann akut oder chronisch (oder rekurrierend) auftreten. Die folgende Darstellung bezieht sich auf die akute Tonsillopharyngitis, es sei denn, es ist explizit die chronische Tonsillopharyngitis genannt.

34.180.2 Epidemiologie

Schluckbeschwerden bzw. Halsschmerzen (Kap. 23.2) sind bei ca. 2 % aller Patientenkontakte ein häufiger Beratungsanlass in der Allgemeinpraxis.

34.180.3 Ätiologie

Halsschmerzen sind in 50–80 % durch „normale“ Viren der oberen Luftwege wie Rhino-, Corona- oder Adenoviren ausgelöst und erscheinen als grippaler Infekt mit akuter Tonsillopharyngitis. Sie sind aber nicht sicher von einer bakteriellen Infektion unterscheidbar (ca. 15–30 %), deren Ursache hauptsächlich β-hämolysierende Streptokokken der Gruppe A (GAS) sind.

34.180.4 Leitsymptome und Diagnostik

► **Symptome bei akuter Tonsillopharyngitis.** Typisch sind:

- **Schluckbeschwerden**, von leichtem „Kratzen im Hals“ bis zur Unmöglichkeit, Nahrung aufzunehmen
- bei viraler Ursache meist weitere grippale Symptome wie Husten und Schnupfen
- bei bakterieller Infektion, besonders bei Kindern, häufig Allgemeinsymptome wie Fieber, Übelkeit, Erbrechen, ausgeprägtes Krankheitsgefühl und in die Umgebung ausstrahlende Schmerzen (***Cave:*** Otitis media) sowie submandibuläre Lymphknoten

► **Symptome bei chronischer Tonsillopharyngitis.** Die chronische Tonsillopharyngitis wird nicht selten im Rahmen einer Fokussuche entdeckt:

- nicht selten nur geringe Symptome (leichte Schluckbeschwerden, auffälliger Mundgeruch) oder gar lokal asymptomatisch
- Allgemeinsymptome wie Müdigkeit, anhaltende subfebrile Temperatur, Kopfschmerzen, Zahnschmerzen sowie unklare BSG-Beschleunigung

► **Diagnostik bei akuter Tonsillopharyngitis.** Zur Diagnostik gehören:

- **Anamnese:**
  - Schwere des Krankheitsgefühls, Fieber und dessen Höhe
  - Luftnot, Schluckbeschwerden, schmerzhafte Halslymphknoten
  - Husten/Heiserkeit/Schnupfen (Hinweise auf viralen Infekt)
  - Kopfschmerzen, Bauchschmerzen und Erbrechen, Hautausschlag
  - Dauer und bisheriger Verlauf, besonders Verschlimmerung
  - Umgebungsanamnese: Kontakte zu Mitmenschen mit viralen oder Streptokokkeninfekten (Kindergarten oder Schule), frühere Komplikationen, gehäufte Tonsillopharyngitiden
  - Ausschluss von Risikofaktoren (Immunsuppression, schwere Grunderkrankung, Grunderkrankungen, rheumatisches Fieber oder rheumatische Herzerkrankung und Glomerulonephritis in der Eigen- oder Familienanamnese oder im häuslichen Umfeld)
- **Untersuchung:**
  - Beurteilung des Allgemeinzustands
  - Palpation des Halses, besonders zu achten ist auf geschwollene und druckschmerzhafte Lymphknoten in den Kieferwinkeln und im Nacken
  - Inspektion von Mund und Rachen, besonders zu achten ist auf:
    - Schwierigkeiten, den Mund zu öffnen
    - Rötungen, Schwellungen und Beläge der Tonsillen und Pharynxwand
    - Vorwölbung einer oder beider Tonsillen
    - Abweichung der Uvula nach lateral
    - Erosionen oder Ulzerationen im Oropharynx
    - Petechien im Gaumenbereich
    - Zustand von Gebiss und Zahnfleisch
    - Zunge
  - Inspektion der Haut bei Angabe eines Exanthems
  - Otoskopie
  - Vorschulkinder geben oft noch keine Halsschmerzen an → erweiterter bzw. Ganzkörperstatus!
- **Labor:**
  - Streptokokken-Schnelltests sind unter Praxisbedingungen praktikabel, aber nur bei unsicheren Entscheidungssituationen hilfreich
  - Abstrich zur Keimbestimmung zumeist nur nach Versagen der Ersttherapie oder bei unklarem Bild (s. u.)
  - weiteres Labor ist nur bei Verdacht auf seltene Differenzialdiagnosen nötig

Merke

Auf vergrößerten, roten Mandeln liegende gelbe Stippchen (Angina follicularis) und gelbe Flecken über den Kryptenöffnungen (Angina lacunaris), sprechen zumeist für bakterielle Besiedlung, kann aber mit eher gräulicher Fibrinausschwitzung verwechselt werden und ist nicht zu verwechseln mit dem physiologischen Zelldetritus in Form von gelblichen Krümeln aus der Tiefe der Krypten.

▸ **Risikostratifikation.** Weil akute Tonsillopharyngitiden eine sehr hohe Spontanheilungstendenz haben (nach einer Woche sind 80–90 % der Patienten beschwerdefrei) und Komplikationen (akutes rheumatisches Fieber und akute Poststreptokokkenglomerulonephritis) in Deutschland extrem selten sind, wurden Vorhersageregeln auf der Basis von anamnestischen und klinischen Parametern entwickelt, um das Risiko einer GAS-Tonsillopharyngitis zu beurteilen und damit die Effizienz einer Antibiotikatherapie zu erhöhen:

- **Centor-Score:**
  - für Patienten ab 16 Jahren
  - basiert auf 4 gleichwertigen Parametern (jeweils 1 Punkt)
    - Fieber in der Anamnese (> 38 °C)
    - Fehlen von Husten
    - Halslymphknotenschwellung
    - Tonsillenexsudate
- **McIsaac-Score:**
  - auch für Kinder ab 3 Jahren anwendbar
  - Alter + Kriterien des Centor-Scores
    - Alter < 15 Jahre = 1 Punkt
    - Alter ≥ 45 Jahre: –1 Punkt
- **Bewertung:**
  - Hohe Score-Werte (3–4 nach Centor, 3–5 nach McIsaac) machen eine GAS-Pharyngitis deutlich wahrscheinlicher.
  - Niedrige Score-Werte (0–2 nach Centor, –1–2 nach McIsaac) schließen eine GAS-Pharyngitis mit hoher Wahrscheinlichkeit aus.

Berücksichtigung sollte der Kontakt zu Mitmenschen mit GAS-Pharyngitiden finden (z. B. Kindergarten).

Merke

Dem Patienten sollte die „Risikosituation" erläutert werden und mit ihm im Sinne einer partizipativen Entscheidungsfindung, die das Nutzen-/Schadensverhältnis einer Antibiotikatherapie einbezieht, ein Vorgehen festgelegt werden (▸ Abb. 34.13). Durch Beachtung dieser Entscheidungshilfen kann ein beträchtlicher Anteil von Patienten vor Fehl- bzw. Überversorgung mit Antibiotika geschützt werden, was auch das Risiko von Resistenzentwicklungen senkt.

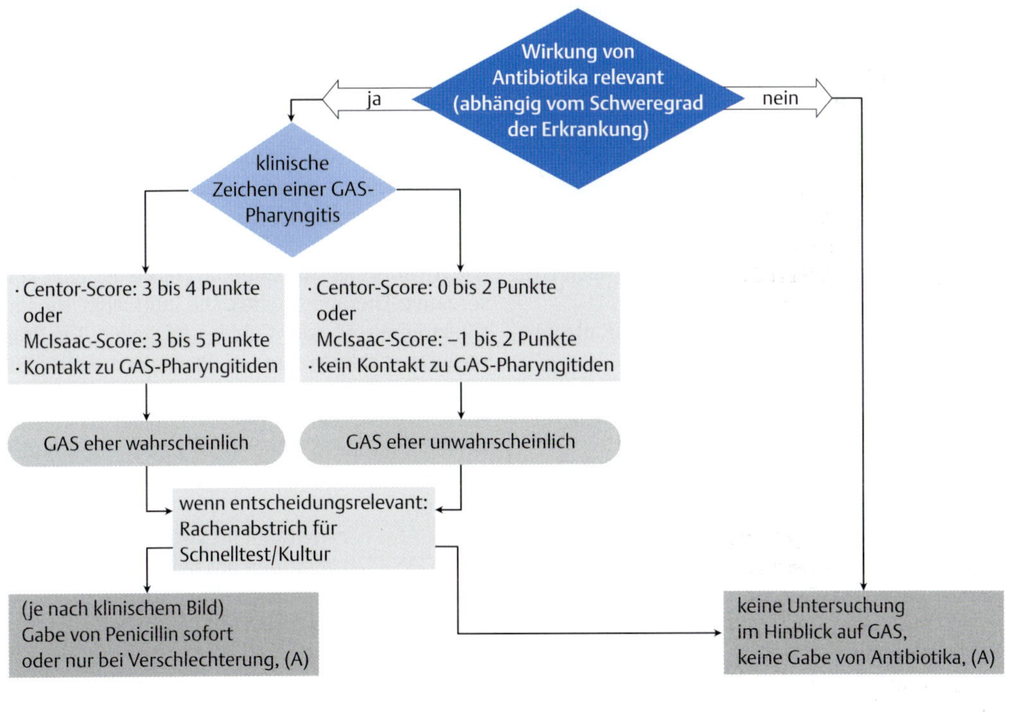

Abb. 34.13 Partizipative Entscheidungsfindung bei Patienten mit Halsschmerzen (sofern keine GAS-Epidemie oder Hinweise auf akutes rheumatisches Fieber vorliegen). A = basiert auf randomisierten kontrollierten Studien oder Metaanalysen, GAS = β-hämolysierende Streptokokken der Gruppe A [19].

▸ **Diagnostik bei chronischer Tonsillopharyngitis.** Zur Diagnostik gehören:
- Abstrich zur Keimbestimmung aus dem Kryptenexprimat (meist Mischflora mit GAS)
- Bestimmung des Antistreptolysintiters zur Erleichterung der Operationsindikation

34.180.5 Differenzialdiagnostik

Im Einzelfall sollte bei unklarem Bild an folgende weitere Formen gedacht werden:
- **Monozytenangina** (Kap. 34.120): bei Morbus Pfeiffer gerötete, vergrößerte Mandeln, Fibrinbeläge, ausgeprägte Lymphknotenschwellungen, ggf. Leber- und Milzschwellung, im Differenzialblutbild Monozytose, häufig sekundäre bakterielle Besiedlung
- **Plaut-Vincenti-Angina:** durch Spirochäten (Borrelia vincenti) und fusiforme Stäbchen (Fusobacterium Plauti-Vincenti), zumeist nur eine Tonsille befallen, ausgeprägter Lokalbefund (tiefes Ulkus, weißlicher Belag) und im Gegensatz dazu wenig Symptome
- **Scharlachangina:** dunkelrote Tonsillen mit Einbeziehung der Rachenschleimhaut, gelblich-eitrige Stippchen, „Himbeerzunge", blasses Munddreieck, feinfleckiges, dicht stehendes, flüchtiges Exanthem, bei unklarem Bild Streptokokken-Schnelltest bzw. Abstrich
- **Angina bei Diphtherie:** gräuliche Beläge, die auf die Umgebung übergreifen und auf der Unterlage haften (beim Abwischen blutiger Untergrund), süßlicher Mundgeruch
- **Herpangina:** durch Coxsackie-A-Viren, starkes allgemeines Krankheitsgefühl, Tonsillen wenig vergrößert, Bläschenbildung (Aphthen), auch an Gaumen und Wangenschleimhaut
- **Tonsillentuberkulose:** schmierig belegte, ulzeröse Mandeln
- **Angina bei Lues II:** grauer, schleierartiger Belag
- **Tonsillenkarzinom:** einseitiger Befall, schmierig belegte, ulzeröse Veränderungen
- **Angina agranulocytotica:** bei ausgeprägter Agranulozytose (selten) gleich welcher Ursache finden sich schmutzige, nekrotische Mandeln, bei Thyreo- und Zytostatikatherapie und AIDS
- **Angina bei oraler Candidose:** typische Candida-Beläge, auch im übrigen Mundbereich
- **Kawasaki-Syndrom:** fieberhafte Pharyngitis bei Kindern, kein Exsudat, gerötete oder einreißende Lippen, Himbeerzunge, zervikale Lymphadenopathie, konjunktivale Injektion, Exanthem, Ödeme und Erytheme der Hände und Füße mit späterer Schuppung; hohes Risiko von Koronaraneurysmen

34.180.6 Therapie

Die Therapie der **akuten Tonsillopharyngitis** umfasst:
- Die **akute virale Tonsillitis** wird **symptomatisch** behandelt, z. B. mit Paracetamol oder (besser) Ibuprofen, 3 × täglich für 2(–3) Tage (A), die **akute bakterielle** zusätzlich **antibiotisch über 7 Tage**, zunächst mit Penicillin (> 12 Jahre → 3 × 0,8–1 Million IE/d [A]); bei Penicillinallergie mit Erythromycin.
- Eine Wiedervorstellung ist nur bei Verschlimmerung oder Persistieren stärkerer Beschwerden notwendig. Dann wird ein Abstrich zur Keimbestimmung mit Antibiogramm entnommen und das Antibiotikum zunächst auf ein Cephalosporin umgesetzt. Die weitere Therapie wird ggf. nach Antibiogramm angepasst.
- Bei erneuter GAS-Pharyngitis wird zunächst mit Penicillin oder Cephalosporinen der 1. Generation **über 10 Tage** therapiert (Clindamycin bei Unverträglichkeit von β-Laktam-Antibiotika, erythromycinresistenten GAS und bei multiplen Episoden GAS-positiver Pharyngitis).
- Bei multiplen Episoden und Unverträglichkeit von β-Laktam-Antibiotika auch Amoxicillin/Clavlansäure.
- Die Prognose der **rekurrierenden Pharyngitis** bei Kindern ist oft günstig, s. u. rekurrierende Tonsillopharyngitis

Bei **chronischer Tonsillopharyngitis** ist eine konservative Therapie sinnlos. Die Indikation zur Tonsillektomie sollte der Gebietsarzt stellen. Die Prognose einer rekurrierenden Pharyngitis ist bei Kindern allerdings oft günstig. Die Tonsillektomie oder Adenotonsillektomie ist nur bei schwer betroffenen Kindern (Alter 3–15 Jahre) mit kulturellem GAS-Nachweis, gemäß **Paradise-Kriterien** indiziert:
- ≥ 7 GAS-Pharyngitiden im Vorjahr oder
- ≥ 5 GAS-Pharyngitiden pro Jahr in den letzten 2 Jahren oder
- ≥ 3 GAS-Pharyngitiden pro Jahr in den letzten 3 Jahren.

Abwendbar gefährlicher Verlauf

- Stridor oder **Atembeeinträchtigung** → sofortige Einweisung, keine Racheninspektion!
- Verdacht auf **Peritonsillarabszess** → notfallmäßige Überweisung zum HNO-Arzt (einseitige Schmerzen, verstärkt beim Kauen, Schlucken und Mundöffnen und einseitige Schwellung mit Vorwölbung des Gaumensegels und Verdrängen der Uvula zur Gegenseite)
- Verdacht auf **Mononukleose** (evtl. erhebliche Schluckprobleme, Krankheitsdauer 2–3 Wochen, evtl. funktionale Beeinträchtigung über Wochen bis Monate, Amoxicillin-Exanthem)
- akutes **rheumatisches Fieber** in der Eigen- oder Familienanamnese → Vorgehen nach Leitlinien der WHO
- **agranulozytäre Angina** (Medikamenten-/Anamnese!)
- **Kawasaki-Syndrom** → Vorstellung in Kinderklinik
- an seltene Erkrankungen denken → HIV, Gonorrhö, Lues, Diphtherie (bei Risikofaktoren wie relevante Grunderkrankungen und Immunsuppression oder APSGN in der Eigen- oder Familienanamnese)
- Verdacht auf **Scharlach** oder sehr hohe Inzidenz von GAS-Infektionen → Laboruntersuchungen und großzügige Antibiotika-Indikation

34.180.7 Leitlinien

Deutsche Gesellschaft für Allgemeinmedizin und Familienmedizin. AWMF-S 3-Leitlinie 053/010. **Halsschmerzen.** Im Internet: www.awmf.org/leitlinien; Stand: 12.12.2015

34.181 Toxoplasmose (B58.9)

H.-D. Klimm

34.181.1 Definition

Die Toxoplasmose ist eine durch Toxoplasma gondii verursachte Zoonose. Die Toxoplasmose verläuft bei Gesunden in der Regel „klinisch stumm", jedoch bei Erstinfektionen der Mutter in der Schwangerschaft hohes Risiko einer Erkrankung des Kindes sowie schwere generalisierte Erkrankungen bei immunsupprimierten Patienten.

34.181.2 Epidemiologie

Toxoplasma gondii ist weltweit verbreitet. In Europa nimmt die Durchseuchungsrate mit zunehmendem Lebensalter zu, in Deutschland geht man von ca. 50 % Durchseuchung aus, bei Frauen im gebärfähigen Alter wahrscheinlich meist unter 50 %. In Deutschland werden jährlich zwischen 10 und 19 konnatale Toxoplasmosefälle gemeldet, wahrscheinlich liegt die Dunkelziffer jedoch höher.

34.181.3 Ätiologie

Erreger ist das Protozoon Toxoplasma gondii, der Mensch dient als Zwischenwirt. Die Übertragung auf den Menschen erfolgt durch:

- Genuss von rohem und ungenügend behandeltem zystenhaltigem Fleisch bzw. Fleischprodukten
- Aufnahme von mit Tachyzoiten verunreinigter Nahrung oder Erde (z. B. Gartenarbeit, Katzenkot)
- transplanzentare Übertragung von Tachyzoiten auf das Ungeborene während der mütterlichen Parasitämie

Die Inkubationszeit beträgt 2–3 Wochen. Die Erreger vermehren sich intrazellulär. Nach mehreren Replikationsrunden der Toxoplasmen rupturiert die Wirtszelle und die frei werdenden Parasiten können in weitere Zellen eindringen.

34.181.4 Leitsymptome und Diagnostik

► **Symptome.** Typische Symptome sind:

- fieberhafte Erkrankung mit indolenten, zervikal betonten Lymphknotenanschwellungen
- Befall multipler Organe: Hepatosplenomegalie mit Ikterus, Myokarditis, Pneumonie
- Choreoretinitis
- Meningoenzephalitis mit Hydrozephalus und intrakraniellen Verkalkungen

► **Diagnostik.** Die Diagnostik umfasst:

- **Anamnese:** Rohes Fleisch? Kontakt zu Katzenkot? Bekannte Immunschwäche?
- **körperliche Untersuchung:** Lymphknotenschwellung?
- **Labor:**
  - Differenzialblutbild, BSG, Transaminasen
  - serologischer Nachweis von Antikörpern

  - Toxoplasma-Antikörper-Suchtest: Suchtest negativ, weitere Untersuchungen ausgeschlossen
  - Toxoplasma-IgM-Antikörpertest: Test positiv insbesondere in der Schwangerschaft = weitere Abklärungsverfahren notwendig
  - serologische Diagnostik bei Schwangerschaft:
    - Immunität kann angenommen werden bei Nachweis von IgG-Antikörpern und negativem IgM-Befund
    - um eine schwangerschaftsrelevante Infektion auszuschließen, Test möglichst 6 Monate nach Zeitpunkt der Erstinfektion oder mindestens 6 Wochen vor Eintritt der Schwangerschaft
  - serologische Diagnostik beim Neugeborenen: spezifische Antikörper der IgM- und IgA-Klasse im Blut des Neugeborenen sind ein Beweis für das Vorliegen einer pränatalen Infektion
- **weiterführende Diagnostik** bei Verdacht auf Organbefall oder bei Abwehrschwäche:
  - CT Thorax
  - Lumbalpunktion: Erregernachweis auf Liquor
  - Lymphknotenbiopsie

34.181.5 Differenzialdiagnostik

Insbesondere Lymphknotenschwellungen anderer Genese (Kap. 34.108) müssen abgeklärt werden.

34.181.6 Therapie

Bei frisch nachgewiesener Toxoplasmose Antibiotikatherapie mit Clindamycin, Spiramicin. Eine frisch in der Schwangerschaft ausgebrochene und antibiotisch behandelte Toxoplasmose ist kein Grund zur Interruptio!

Prophylaktisch sollten vor allem Schwangere und immunsupprimierte Patienten den Genuss von rohem Fleisch meiden, ebenso wie den Kontakt zu Katzenkot. Bei Gartenarbeit stets Handschuhe tragen! Gründliches Waschen von rohem Gemüse und Früchte vor dem Verzehr und konsequentes Waschen der Hände vor dem Essen sind Pflicht. Beim Halten einer Katze in der Umgebung einer Schwangeren sollte die Katze nur mit Trockenfutter ernährt werden!

Abwendbar gefährlicher Verlauf

Selten, aber gefährlich sind eine Meningoenzephalitis (G04.9, Kap. 34.117) und eine Choreoretinitis (H30.9)

34.181.7 Leitlinien

Arbeitskreis Krankenhaus und Praxishygiene. AWMF-S 1-Leitlinie 029–035. **Entbindung: Infektionsprävention unter der ...** Im Internet: www.awmf.org/leitlinien; Stand: 10.01.2016

Deutsche Gesellschaft für pädiatrische Onkologie und Hämatologie. AWMF-S 1-Leitlinie 025–020. **Lymphknotenvergrößerung.** Im Internet: www.awmf.org/leitlinien; Stand: 20.01.2016

34.182 Transitorische ischämische Attacke (TIA) (G45.–)

U. Müller-Bühl

34.182.1 Definition

Als TIA wird ein akut aufgetretenes neurologisches Defizit bezeichnet, das durch eine fokale, spinale oder retinale Ischämie ohne Evidenz einer Infarzierung in der Bildgebung verursacht wird.

34.182.2 Epidemiologie

Die geschätzte jährliche Inzidenz beträgt 5 pro 1000 Personen. 36 % der Patienten mit TIA erleiden innerhalb der folgenden 7 Jahre einen Schlaganfall, zumeist innerhalb eines Monats nach der ersten TIA.

34.182.3 Ätiologie

Als Ursachen kommen in Betracht:

- Makroangiopathie (20–40 %) der hirnversorgenden Gefäße (z. B. atherosklerotische Plaques, Stenosen, Dissektionen, fibromuskuläre Dysplasien, Vaskulitiden u. a.) mit arterioarteriellen Embolien oder hämodynamisch bedingten Infarkten
- mikroangiopathisch (20–40 %) bedingte atherosklerotische oder nicht atherosklerotische Gefäßveränderungen
- proximale Emboliequellen (25–40 %), insbesondere kardiale Thrombembolien bei Vorhofflimmern oder kardialem Thrombus, selten paradoxe Embolien bei offenem Foramen ovale (PFO)
- seltene Ursachen (Gerinnungsstörungen, hämatologische Erkrankungen)

34.182.4 Leitsymptome und Diagnostik

► **Symptome.** Je nach Ort der Durchblutungsstörung entstehen die folgenden Symptome:
- Durchblutungsstörung des **Karotiskreislaufs:**
  - flüchtige brachiofaziale Parese
  - monokuläre Amaurosis fugax, homonyme Hemianopsie
  - motorische Aphasie
- Durchblutungsstörung des **vertebrobasilären Kreislaufs:**
  - gekreuzte oder bilaterale Paresen und/oder Sensibilitätsstörungen
  - homonyme Hemianopsie, komplette Blindheit
  - Ataxie, Gleichgewichtsstörung
  - Kombinationen von Diplopie, Dysphagie und Dysarthrie

► **Diagnostik.** Die Diagnostik umfasst:
- Prüfung von Bewusstseinslage, Reflexstatus, Pyramidenbahnzeichen (Babinski-, Trömner-Reflex), Seitendifferenzen der Muskelkraft und Sensibilität
- wegen einer möglichen kardialen Thrombembolie Ausschluss einer **Herzerkrankung** (Klappenvitium, Herzinsuffizienz, Rhythmusstörungen, prothetischer Klappenersatz)
- Bestimmung der Risikofaktoren atherosklerotischer Gefäßkrankheiten (besonders Hypertonie)
- Doppler-, **Duplexsonografie** der intra- und extrakraniellen hirnversorgenden Arterien
- **CT** oder **MRT** → Rückschlüsse auf die Pathogenese (hämorrhagisch, arterioarteriell embolisch, lokal thrombotisch, Mikroangiopathie, Tumor) und Lokalisation (Grenzzoneninfarkt, Endstrominfarkt, Territorialinfarkt, Lakunen)

Wegen der hohen Schlaganfallgefahr wurden in den letzten Jahren wurden Scores zur **Risikostratifizierung** entwickelt (z. B. ABCD2-Score), um die Dringlichkeit einer stationären Abklärung und Therapie zu verifizieren.

34.182.5 Differenzialdiagnostik

Differenzialdiagnostisch kommen infrage:
- Hypoglykämie (E16.2)
- Hypotonie (I95.9), hypertone Krise (I10.90)
- Epilepsie (G40.9), z. B. Todd-Parese nach fokalem Anfall
- Hirntumor (D 43.2) oder -metastasen
- entzündliche Hirnerkrankungen (Enzephalitis, Meningitis [G03.9])
- Migräne (G43.–): halbseitiges Defizit vor Auftritt der Kopfschmerzen
- spinale Erkrankung (G95.1) oder Läsion peripherer Nerven
- Commotio cerebri (S 06.0), Contusio cerebri nach Trauma
- Intoxikationen (T 65.9)
- Elektrolytentgleisungen (E87.8), z. B. hypokaliämische Lähmung

34.182.6 Therapie

Die Ergebnisse einer raschen ätiologischen Abklärung bestimmen die therapeutischen Maßnahmen:
- Antikoagulation (mit Vitamin-K-Antagonisten oder NOAK) bei Patienten mit nachgewiesener kardialer Emboliequelle oder nicht interventionell behandelbaren hochgradigen Stenosen oder Dissektion hirnversorgender Arterien
- bei > 70 %iger Karotisstenose bis zur rasch erforderlichen operativen Desobliteration oder Stentangioplastie oder bei Inoperabilität Gabe von Azetylsalizylsäure 100 mg/d und/oder Clopidrogel 75 mg/d
- sekundär-präventive Maßnahmen durch strikte Kontrolle der kardiovaskulären Risikofaktoren

Abwendbar gefährlicher Verlauf

Die TIA ist ein Notfall. Das Risiko, in den ersten 90 Tagen nach einer TIA einen **Schlaganfall** zu erleiden, liegt bei 10–20 %. Als besonders kritisch gelten die ersten 2 Tage, in denen 25–50 % aller Rezidivereignisse auftreten.

34.182.7 Leitlinien

Deutsche Gesellschaft für Allgemeinmedizin und Familienmedizin. AWMF-S 3-Leitlinie 053–011. **Schlaganfall.** Im Internet: www.awmf.org/leitlinien; Stand: 20.01.2016

Deutsche Gesellschaft für Neurologie. AWMF-S 1-Leitlinie 030–046. **Ischämischer Schlaganfall, Akuttherapie.** Im Internet: www.awmf.org/leitlinien; Stand: 20.01.2016

34

34.183 Trigeminusneuralgie (G50.0)

K.-C. Münter

34.183.1 Definition

Es handelt sich um kurze, heftige Schmerzattacken im Versorgungsbereich des V. Hirnnerven. Man unterscheidet die idiopathische von der symptomatischen Form.

34.183.2 Ätiologie

Als anatomisches Korrelat findet sich in 70 % der untersuchten Fälle eine enge Nachbarschaft eines Gefäßes (A. cerebelli superior) zum Nerven mit Kompression desselben. Die idiopathische Form wird häufig durch Triggermechanismen ausgelöst (z. B. Zugluft, Kälte, Bewegungen der Gesichtsmuskulatur). Die symptomatische Form findet sich beispielsweise bei der Multiplen Sklerose oder bei Hirntumoren.

34.183.3 Leitsymptome und Diagnostik

Die Diagnose kann meist allein durch die Anamnese gestellt werden, da Lokalisation und Schmerzart (scharf, stechend, elektrisierend) pathognomonisch sind und es keine weiteren klinischen oder pathologischen Befunde gibt: Es besteht ein stereotyper, blitzartiger, einschießender Schmerz von Bruchteilen einer Sekunde bis zu 2 Minuten Dauer, meist im oberen mandibulären oder maxillären Versorgungsbereich des V. Hirnnervs, der manchmal in Salven auftritt und dann zur Verziehung des Gesichts führt.

34.183.4 Differenzialdiagnostik

Eine Hyperästhesie liefert Hinweise auf eine **symptomatische Trigeminusneuralgie**, daher ist eine seitenvergleichende Sensibilitätsprüfung wichtig zum Ausschluss einer anderen Grunderkrankung, z. B. eines Neoplasmas. Bei **Bing-Horton-Kopfschmerz** (Kap. 23.1), **Migräneattacken** (Kap. 34.119) und **Zahn-, Kiefer-** und **Nebenhöhlenprozessen** bestehen länger dauernde Schmerzen, die von der Trigeminusneuralgie unterschieden werden können. Der **akute Glaukomanfall** muss in die Überlegung mit eingeschlossen werden. Hierbei bestehen Übelkeit und Sehstörungen sowie ein schmerzhaftes gerötetes Auge (Kap. 25.7). Schmerzen bei **Herpesinfektionen** sind an dem vorausgegangenen Hautausschlag erkennbar (Kap. 34.73).

34.183.5 Therapie

Bei der idiopathischen Form sind Analgetika wirkungslos. Daher werden einschleichend z. B. **Carbamazepin** (***Cave:*** Wechselwirkungspotenzial!) und ggf. zusätzlich ein **Muskelrelaxans** (z. B. Baclofen) gegeben. Auch andere Medikamente wie Phenytoin oder Pregabalin und Gabapentin kommen zum Einsatz. Bei Therapieresistenz kommen operative Verfahren, z. B. eine vaskuläre Dekompression oder seltener eine perkutane Elektrokoagulation des Ganglion Gasseri in Betracht.

34.183.6 Leitlinien

Deutsche Gesellschaft für Neurologie. AWMF-S 1-Leitlinie 030–016. **Trigeminusneuralgie.** Im Internet: www.awmf.org/leitlinien; Stand: 20.01.2016

34.184 Tubenkatarrh (H68.0)

H.-D. Klimm

34.184.1 Definition

Als Tubenkatarrh wird ein Katarrh der Eustachischen Röhre mit Schwellung der Tubenschleimhaut und sekundärer Minderung der Belüftung der Paukenhöhle bezeichnet.

34.184.2 Epidemiologie

Der Tubenkatarrh kommt in allen Altersstufen vor, ist jedoch besonders bei Klein- und Schulkindern häufig, hier insbesondere bei Kindern mit Adenoiden.

34.184.3 Ätiologie

Durch fortgeleitete Entzündungen (Tonsillitis, Pharyngitis, Allergie) und Verlegung der Ausgänge (Adenoide, Tumoren) kommt es zur Schleimhautschwellung und zunehmenden Verlegung der Ohrtrompete, in der direkten Folge schließlich zur Resorption der Luft in der Paukenhöhe mit möglicher Mittelohrabszessbildung.

34.184.4 Leitsymptome und Diagnostik

Im Vordergrund stehen eine Hörminderung, ein Druckgefühl im Ohr, Ohrenrauschen und das Gefühl von „Wasser im Ohr". Zur Diagnostik gehören:

- Inspektion des Nasen-Rachen-Raums
- Otoskopie:
  - Retraktion des Trommelfells, mögliche Sekretspiegel
  - bei Kindern oft „Leimohr", milchig-trübes, vorgewölbtes Trommelfell

Die erweiterte Diagnostik umfasst:

- Weber-Versuch: Lateralisierung ins kranke Ohr
- Rinne-Versuch: Rinne normal (es liegt eine Schallleitungsschwerhörigkeit vor)

34.184.5 Therapie

Als allgemeine Maßnahmen werden Analgetika und Antiphlogistika (z. B. Azetylsalizylsäure, Phenylbutazon, Diclofenac) eingesetzt. Die Tubenbelüftung lässt sich mit abschwellenden Nasentropfen verbessern, bei Bedarf bzw. Therapieresistenz kann eine Tubendurchblasung durch Valsalva-Versuche oder die Luftdusche nach Politzer (***Cave:*** Keimverschleppung!) in Erwägung gezogen werden. Bei Rezidiven, insbesondere bei Verdacht auf Veränderungen im Nasen-Rachen-Raum, ist die Überweisung zum Hals-Nasen-Ohren-Arzt indiziert.

Abwendbar gefährlicher Verlauf

Tumoren des Nasen-Rachen-Raums sind stets auszuschließen.

34.184.6 Leitlinien

Deutsche Gesellschaft für Allgemeinmedizin und Familienmedizin. AWMF-S 2k-Leitlinie 053–009. **Ohrenschmerzen.** www.awmf.org/leitlinien; Stand: 20.01.2016

Deutsche Gesellschaft für Hals-, Nasen- und Ohrenheilkunde, Kopf- und Halschirurgie. AWMF-S 1-Leitlinie 017–074. **Chronisch mesotympanale Otitis media.** Im Internet: www.awmf.org/leitlinien; Stand: 20.01.2016

34.185 Tuberkulose (A16.9)

H.-D. Klimm

34.185.1 Definition

Die Tuberkulose ist eine weltweit verbreitete bakterielle Infektionskrankheit durch Mykobakterien, die nahezu alle Organe befallen kann, sich jedoch bevorzugt in den Atemorganen lokalisiert.

34.185.2 Epidemiologie

Etwa ein Drittel der Weltbevölkerung ist mit Tuberkulose-Erregern infiziert, weltweit gibt es 8,6 Millionen Neuinfektionen und 1,3 Millionen Todesfälle. In Deutschland werden pro Jahr 4318 Tuberkulosekranke gemeldet, darunter etwa 169 Kinder unter 15 Jahre. 2013 gab es in Deutschland 5,3 Erkrankungen auf 100000 Einwohner. Die Anzahl der Neuerkrankungen an Tuberkulose ist in Deutschland in den letzten Jahren merkbar angestiegen.

34.185.3 Ätiologie

Erreger der Tuberkulose ist das Mycobacterium tuberculosis. Davon gibt es 3 Unterformen:

- Typus humanus
- Typus bovinus
- Typus avium (selten)

Bei über 80 % der Fälle ist die Übertragung aerogen, intestinale Aufnahmen, diaplazentare oder kutane Infektionen sind heute selten.

34.185.4 Leitsymptome und Diagnostik

► **Symptome.** Anamnestisch beschreiben die Patienten Müdigkeit, Mattigkeit, Appetitlosigkeit, Reizbarkeit, Nachtschweiß, Husten, rheumatische Beschwerden. Typisch sind auch klinische Zeichen wie Lymphknotenvergrößerung, subfebrile Temperaturen und bitonaler Husten, Hämoptoe.

► **Diagnostik.** Zur Diagnostik gehören:

- **Auskultation und Perkussion:** Infektionszeichen, klickende Rasselgeräusche, tympanitischer Klopfschall bei Kavernen, Metallklang oder amphorisches Atmen bei Kavernen

- **Tuberkulintestung** (Tuberkulin-Hauttest [THT] und Interferon-γ-Release-Assay [IGRA]):
  - THT (Mendel-Mantoux-Methode sowie Interferon-γ-Tests) bei Kindern unter 5 Jahren:
    - positive Ausfälle von Tuberkulin-Reaktionen bei Kindern können Hinweis auf eine Tuberkulose geben
    - tastbare Verhärtung an der Teststelle → Zeichen einer positiven Reaktion → Tuberkulose-Infektion wahrscheinlich; auch nach Tuberkulose-Schutzimpfungen ist eine positive Testreaktion möglich!
    - unveränderte Teststelle, nur leichte Rötung → negative Testreaktion → Tuberkulose-Infektion unwahrscheinlich
  - IGRAs (z. B. TBC-Elispot) beruhen auf einem immunologischen Testverfahren, das mittels einer Blutprobe durchgeführt werden kann:
    - wenn das Immunsystem bereits Kontakt mit Tuberkulosebakterien hatte, werden bestimmte Abwehrzellen (T-Lymphozyten) nach Zugabe M.-tuberculosis-spezifischer Antigene Interferon-Gamma freisetzen
    - mittlerweile umfangreiche Evidenz (mind. gleiche Sensitivität bei besserer Spezifität, d. h. weniger falsch positive Befunde) bei Erwachsenen → initiales Testverfahren
  - ***Cave:*** Tuberkulin-Tests sind dennoch nur eingeschränkt verlässlich!
- **Röntgen-Thorax:** bei klinischem Verdacht, insbesondere bei positivem Ausfall der Tuberkulinprobe (besonders bei Kindern)
- **CT-Thorax:** Bild des Lungenbefalls
- **Labor:**
  - BSG, Hämoglobin, Erythrozyten, Leukozyten, γ-GT, alkalische Phosphatase, Kreatinin, CRP
  - erweiterte Laborparameter (bei positivem Ausfall der Tuberkulinprobe bei typischen Lungenveränderungen bei der Thoraxaufnahme):
    - mikroskopischer Nachweis der Mykobakterien (die Diagnose der Tuberkulose ist gesichert, wenn der Erreger kulturell nachgewiesen werden kann → gelingt ohne Schwierigkeiten nur bei einer offenen Tuberkulose im Sputum, Färbung von Objektträgerausstrichen nach Ziehl-Neelsen, evtl. Anreicherung)
    - Kultur: Anzucht auf Spezialnährboden, positives Ergebnis frühestens nach 8 Tagen, in der Regel nach 4–6 Wochen
    - immunologische Testverfahren: γ-Interferon-Test (Sensitivität ca. 80 %, Spezifität ca. 98 %)

34.185.5 Differenzialdiagnostik

Bei jeder doppelseitigen Hiluslymphknotenvergrößerung ist an einen Morbus Boeck (Sarkoidose, D 86.9) zu denken! Außerdem kommt eine HIV-Infektion (B24) differenzialdiagnostisch in Betracht (Kap. 34.6).

34.185.6 Therapie

Therapeutische Optionen sind:

- allgemein: körperliche Schonung durch Ruhe- und Liege-Kuren (Heilverfahren) in Abhängigkeit von der subjektiven und objektiven Verbesserung
- wenn nötig Antitussiva
- chirurgische Behandlung: Segmentresektion, Lobektomie
- Chemotherapie:
  - Tuberkulostatika, stets Kombinationstherapie anstreben (bei unkomplizierter Tuberkulose Vierfachkombination aus Isoniacid, Rifampicin, Ethambutol und Pyrazinamid für 3 Monate, dann für weitere 4 Monate Isoniacid und Rifampicin [mindestens ein halbes Jahr])
  - bei Kindern anfangs Dreifachkombination ohne Ethambutol
  - Reservemedikation: Streptomycin
  - Nebenwirkungen der wichtigsten Tuberkulostatika:
    - INH: periphere Neuritis, Allergien
    - Streptomycin: Gleichgewichtsstörungen, Hörschäden (irreversibel)
    - Rifampicin: Leberschäden
    - Ethambutol: Optikusschäden (regelmäßige ophthalmologische Kontrolle)
    - Pyrazinamid: Hyperurikämie, Leberschäden

Ein wirksamer Impfschutz gegen Tuberkulose besteht derzeit nicht. Die aktive Suche nach infizierten Personen in Form einer Umgebungsuntersuchung von Kontaktpersonen von Patienten mit offener Tuberkulose ist unverzichtbar! Systemische Untersuchung von Personen mit erhöhtem Tuberkuloserisiko (Personen mit hoher Tuberkuloserate: Obdachlose, Drogenabhängige, HIV-Positive).

Abwendbar gefährlicher Verlauf

- Sepsis acutissima (A41.9)
- Landouzy (G71.0) (negative Anergie)
- Miliartuberkulose (A19.9): massive hämotgene Aussaat, oft mit Beteiligung der Meningen, Pleura und Peritoneum
- Meningitis tuberculosa (G03.9)
- Urogenitaltuberkulose (A18.1): meist hämatogene Infektion beider Nieren und/oder Uterus, Tuben und Peritoneum
- Knochentuberkulose (A18.0): hämatogene Streuung bei Lungen-/Nieren- oder Lymphknotentuberkulose, meist bei Jugendlichen, Metaphysen, lange Röhrenknochen und Wirbel bevorzugt befallen
- Hauttuberkulose (A18.4, Skrophuloderm): käsige Nekrosen

34.185.7 Leitlinien

Arbeitskreis Krankenhaus und Praxishygiene. AWMF-S 1-Leitlinie 029–036. **Tuberkulose (Tb): Infektionsverhütung bei Verdacht auf und bei diagnostizierter ...** Im Internet: www.awmf.org/leitlinien; Stand: 20.01.2016

34.186 Ulcus cruris venosum (I83.0)

U. Müller-Bühl

34.186.1 Definition

Das Ulcus cruris venosum ist ein Integritätsdefekt der Haut im distalen Unterschenkel- und Knöchelbereich als Folge einer venösen Zirkulationsstörung. Sie wird als chronisch bezeichnet, wenn in 8 Wochen trotz fachgerechter Therapie keine Heilungstendenz auftritt.

34.186.2 Epidemiologie

Die Gesamtprävalenz in der Durchschnittsbevölkerung zwischen dem 18. und 79. Lebensjahr beträgt für das abgeheilte Ulkus 0,6 % und für das floride Ulkus 0,1 %. In 90 % der Fälle geht ein Ulcus cruris auf venöse Durchblutungsstörungen zurück, nur in 6 % ist es arteriell bedingt und in 4 % liegen andere Ursachen zugrunde.

34.186.3 Ätiologie

Ursache ist eine stauungsbedingte venöse Hypertonie des Beins. Sie ist entweder Folge eines jahrzehntelangen Krampfaderleidens (**Ulcus varicosum**) oder einer postthrombotischen Obliteration tiefer Leitvenen (**Ulcus postthromboticum**). Das variköse Ulkus tritt doppelt so häufig auf wie das postthrombotische Ulkus.

34.186.4 Leitsymptome und Diagnostik

Die Diagnostik umfasst:

- Anamnese, Inspektion
- Grund- und Begleiterkrankungen (z. B. diabetisches Fußsyndrom, periphere AVK, Varizen, postthrombotisches Syndrom)
- Wundabstrich, falls antibiotische Therapie erwogen wird
- Zweitmeinung bei 6-wöchentlicher Heilungsresistenz trotz leitliniengerechter Therapie

34.186.5 Differenzialdiagnostik

Differenzialdiagnostisch kommen infrage:

- Ulcus cruris arteriosum (I70.24): nekrotische Läsion bei arterieller Verschlusskrankheit
- Ulcus cruris mixtum (I83.2): Mischulkus bei venösen und arteriellen Durchblutungsstörungen
- neurotrophes Ulkus (L97.–): bei Schädigung des Rückenmarks oder der Spinalnervenwurzel (z. B. Querschnittslähmung, Tabes dorsalis)
- neuropathisches Ulkus bei diabetischem Fußsyndrom (E14.74)
- vaskulitische Hautdefekte autoimmunologischer Genese (L97.–) (z. B. Pyoderma gangraenosum)
- maligne Neoplasie (C44.–) (z. B. Basaliom, Plattenepithelkarzinom)
- infektiöse Geschwüre (L97.–) (z. B. Lues)

34.186.6 Therapie

Die Therapie umfasst:

- **Wunddokumentation**, insbesondere in Hinblick auf Verordnung pflegerischer Hilfsdienste
- **Tetanusschutz** → überprüfen und ggf. auffrischen
- **Kompressionsbehandlung:**
  - Unterschenkelverband → 2 Kurzzugbinden von 8 und 10 cm Breite

  - Polstermaterial wie Watte oder Schaumstoff schützen prominente Stellen (Rist, Tibia, Knöchel)
  - sog. Knöchelkulisse mit festem Schaumstoff ausfüllen, um einen ausreichenden Kompressionsdruck zu gewährleisten
- **Lokalbehandlung:**
  - Ulkusreinigung durch Débridement von avitalem Gewebe, Belägen, Detritus
  - Wundspülung mit neutralen, wirkstofffreien Lösungen (Ringer-Lösung, 0,9 %iger NaCl-Lösung)
  - physiologisches feuchtes Wundmilieu durch geeignete wirkstofffreie und -haltige Wundauflagen, die den Erfordernissen der Wundsituation, den Zielen des Patienten und der Wirtschaftlichkeit angepasst sein müssen (Konsens in S 3-Leitlinie)
- **chirurgische Maßnahmen** je nach Grundkrankheit, Lokalisation, Schweregrad und Heilungsverlauf erwägen:
  - endovenöse Therapie
  - Stripping-Operation
  - Fasziotomie, Fasziektomie
  - Hauttransplantation

Abwendbar gefährlicher Verlauf

0,21 % aller Patienten mit chronischen venösen Ulzera erkranken an einem Plattenepithelkarzinom (C 80.9) oder anderen malignen Neoplasien.

34.186.7 Leitlinien

Deutsche Gesellschaft für Phlebologie. AWMF-S 3-Leitlinie 037–009. **Diagnostik und Therapie des Ulcus cruris venosum.** Im Internet: www.awmf.org/leitlinien; Stand: 20.01.2016

34.187 Ulcus duodeni (K26.–)

K.-C. Münter

34.187.1 Definition

Unter einem Ulcus duodeni oder Zwölffingerdarmgeschwür versteht man einen tieferen, die Muscularis mucosae durchdringenden Schleimhautdefekt, der meist im Bulbus duodeni liegt. 99 % der Patienten mit Zwölffingerdarmgeschwür haben eine begleitende Helicobacter-pylori-Gastritis (Kap. 34.62).

34.187.2 Epidemiologie

In der Hausarztpraxis sind die chronisch rezidivierenden Ulkuserkrankungen wesentlich häufiger als die akuten Ulzera. Da ein Teil der Erkrankungen ohne oder nur mit sehr geringen Symptomen abläuft, sind die Schätzungen zur Häufigkeit mit hohen Dunkelziffern behaftet. Das Duodenalulkus tritt etwa dreimal häufiger auf als das Magengeschwür. Im Gegensatz zur fast gleichen Geschlechtsverteilung beim Magengeschwür sind vom Zwölffingerdarmgeschwür 2- bis 4-mal so viele Männer, bevorzugt in der Altersklasse 30–55 Jahre, betroffen. Die Inzidenz in Deutschland liegt bei 150/100 000 Erkrankungen jährlich.

34.187.3 Ätiologie

Vermutete **Risikofaktoren** sind neben einer Besiedlung mit Helicobacter pylori:

- genetische Disposition (besonders Träger der Blutgruppe 0 betroffen)
- Nikotin- und Alkoholabusus
- ulzerogene Medikamente: z. B. Azetylsalizylsäure, Antirheumatika, Glukokortikoide
- psychische Merkmale: Ängstlichkeit, Depressivität, Ich-Schwäche
- belastende Lebenssituationen

34.187.4 Leitsymptome und Diagnostik

► **Symptome.** Epigastrische Schmerzen sind häufig, aber nicht obligat. Sie treten klassischerweise **periodisch** (wochen- oder monatelange schmerzfreie Intervalle) und **rhythmisch** (Tag- und Nachtschwankungen) auf. Die Schmerzen sind dumpf, gut lokalisiert, nach Mahlzeiten oder Antazidaeinnahme gebessert („Nüchternschmerz"), um nach ca. 2 Stunden erneut aufzutreten. In der Nacht wachen die Patienten von den Schmerzen auf. Daneben treten eventuell Übelkeit, Brechreiz und Gewichtsverlust auf.

► **Diagnostik.** Zur Diagnostik gehören:

- **Anamnese:**
  - eingenommene Medikamente wie Salizylate, nicht steroidale Antiphlogistika, Steroide
  - Alkohol- und Rauchgewohnheiten

  - Appetit, Gewichtsverhalten, Stuhlgang (Teerstuhl!) und Erbrechen
- **körperliche Untersuchung:**
  - bei unkomplizierten Verläufen oft unauffällig
  - gelegentlich besteht ein lokalisierter epigastrischer Druckschmerz
- **Labor:**
  - wichtig ist der Test auf okkultes Blut im Stuhl zum Ausschluss einer asymptomatischen Ulkusblutung
  - Blutbild- und Amylasebestimmungen (Letzteres ggf. auch im Urin als Frühsymptom einer Pankreatitis)

Als weiterführende Diagnostik kommt die **Ösophagogastroduodenoskopie,** das Verfahren der Wahl bei Magen- und Zwölffingerdarmgeschwüren, in Betracht. Duodenalgeschwüre sind fast nie maligne und erfordern daher keine Biopsie.

34.187.5 Differenzialdiagnostik

Zu denken ist an alle Erkrankungen mit Oberbauchschmerzen, wie z. B.:
- Gastritis
- Refluxösophagitis
- chronische Cholezystitis
- Gallenerkrankungen

Starke Schmerzen sind, außer bei einer Penetration oder Perforation, z. B. in das Pankreas, ungewöhnlich und sollten eher an eine Pankreatitis, akute Cholezystitis, Choledocholithiasis oder eine Harnleiterkolik denken lassen.

34.187.6 Therapie

► **Akuttherapie.** Unkomplizierte Ulkuserkrankungen werden primär medikamentös behandelt, wobei die Helicobacter-pylori-Sanierung, bei mittels Urease-Schnelltest nachgewiesener Infektion an erster Stelle steht. Hierzu bestehen verschiedene Therapieschemata (► Tab. 34.52). Wichtig ist die zuverlässige Einnahme, damit die Therapie effizient ist und nicht zur Resistenzentwicklung beiträgt. Bei Patienten mit Antibiotikaallergie ist Vorsicht geboten. Bezüglich der Wirksamkeit hat sich keines der erwähnten Therapieverfahren als dem anderen überlegen gezeigt. Die Eradikationsrate liegt bei allen Methoden zwischen 80 und 90 %.

Merke

Mittlerweile gilt als erwiesen, dass durch die Eradikation von Helicobacter pylori mit sehr hoher Wahrscheinlichkeit Ulkusrezidive verhindert werden. Bei fehlender Helicobacter-pylori-Infektion kommen Protonenpumpenhemmer als Monotherapie zum Einsatz (Kap. 27).

► **Operation.** Eine chirurgische Therapie ist indiziert bei endoskopisch nicht stillbaren Blutungen, bei Perforation oder Penetration des Ulkus und bei fehlender Ulkusheilung.

► **Langzeittherapie.** Der Ernährungseinfluss auf den Ulkusverlauf ist unklar, trotzdem wird eine Diätberatung aber vom Patienten erwartet. Als Diät ist zu empfehlen, „was vertragen“ und als subjektiv angenehm empfunden wird. Als verträglich gelten z. B. Weißbrot, Milchprodukte, zarte Gemüse oder Kartoffelbrei, während stark gewürzte, gebratene, geräucherte Speisen, tierische Fette, Süßigkeiten, Alkohol und Nikotin als unverträglich gelten.

Bei vielen Patienten in der Hausarztpraxis ist der Rezidivverlauf relativ milde. Bei diesen Patienten wird keine Erhaltungstherapie, sondern eine intermittierende Behandlung empfohlen. Sind die Beschwerdeintervalle häufiger, sollte eine Erhaltungstherapie und eine antibakterielle Helico-

Tab. 34.52 Eradikation von Helicobacter pylori.

Schema	Medikament	Dosierung	Dauer	Nebenwirkung
„Italienische Tripeltherapie“	Protonenpumpenhemmer	2 × SD[1]	7 Tage	ca. 15 %
	+ Clarithromycin	2 × 250 mg/d	7 Tage	
	+ Metronidazol	2 × 400 mg	7 Tage	
„Französische Tripeltherapie“	Protonenpumpenhemmer	2 × 1 SD	7 Tage	ca. 30 %
	+ Clarithromycin	2 × 500 mg/d	7 Tage	
	+ Amoxicillin	2 × 1000 mg/d	7 Tage	

[1] SD = Standarddosis, z. B. 20 mg Omeprazol, 30 mg Lansopraxol, 40 mg Pantoprazol

bacter-pylori-Eradikation durchgeführt werden. Eine Rezidivprophylaxe ist beim seltenen Helicobacter-pylori-negativen Ulkus mittels Dauermedikation mit Protonenpumpenhemmern sinnvoll, dies gilt auch bei unverzichtbarer Therapie mit nicht steroidalen Antirheumatika.

Abwendbar gefährlicher Verlauf

- Eine maligne Entartung kommt beim Zwölffingerdarmgeschwür nicht vor, jedoch können **Komplikationen** wie Blutungen, Perforationen und Penetrationen auftreten, die sich unter dem Bild des akuten Abdomens zeigen und die sofortige, notfallmäßige Klinikeinweisung erfordern.
- Bis zu 30 % der Ulzera machen keine Beschwerden, und es kommt ohne Vorboten zum Auftreten von Komplikationen wie Blutungen oder Perforationen.

V

34.187.7 Leitlinien

Deutsche Gesellschaft für Gastroenterologie, Verdauungs- und Stoffwechselkrankheiten. AWMF-S 3-Leitlinie 021–001. **Helicobacter pylori und gastroduodenale Ulkuskrankheit.** Im Internet: www.awmf.org/leitlinien; Stand: 20.01.2016

34.188 Ulcus ventriculi (K25.–)

K.-C. Münter

34.188.1 Definition

Unter einem Ulcus ventriculi oder **Magengeschwür** versteht man einen tieferen Defekt der Magenschleimhaut, meist im Antrum oder an der kleinen Kurvatur gelegen. Das Häufigkeitsverhältnis zwischen Magen- und Zwölffingerdarmgeschwür beträgt 1:4. Beide Erkrankungen werden auch unter dem Begriff **peptische Ulzera** zusammengefasst.

34.188.2 Epidemiologie

Magengeschwüre treten seltener als Duodenalgeschwüre auf. 1,3 % der männlichen und 1,1 % der weiblichen Bevölkerung, bevorzugt in der Altersgruppe der 55- bis 70-Jährigen, leiden gegenwärtig an einem Magenulkus. Die Inzidenzrate (50/100 000 für das Ulcus ventriculi) steigt möglicherweise aufgrund der weitverbreiteten Anwendung von nicht steroidalen Antirheumatika. Die vermuteten **Risikofaktoren** (Besiedlung mit Helicobacter pylori, genetische Disposition, Nikotin- und Alkoholabusus, ulzerogene Medikamente, psychische Merkmale und belastende Lebenssituationen) stimmen mit jenen für das Ulcus duodeni (Kap. 34.187) überein.

34.188.3 Ätiologie

Die Ätiologie ist noch nicht ganz geklärt, allgemein wird ein Ungleichgewicht zwischen Schutzfaktoren der Mukosa und aggressiven intraluminalen Faktoren wie Säure oder Pepsin angenommen. In 75 % der Fälle findet sich beim Ulcus ventriculi eine chronische Helicobacter-pylori-positive Gastritis (Kap. 34.62).

34.188.4 Leitsymptome und Diagnostik

► **Symptome.** Typisch, jedoch nicht immer vorhanden ist der **essensunabhängige epigastrische Schmerz**. Appetitlosigkeit und Übelkeit sind häufig, Gewichtsverlust und anhaltendes Erbrechen jedoch selten. Es besteht generell nur eine schwache Korrelation zwischen Beschwerden und Größe des Ulkus.

► **Diagnostik.** Zur Diagnostik gehören:

- **Anamnese:**
  - Konsumgewohnheiten von Alkohol und Nikotin
  - eingenommene Medikamenten wie Salizylate, nicht steroidale Antiphlogistika oder Steroide
  - Appetit, Erbrechen, Gewichtsverhalten und Defäkation (Teerstuhl!)
- **körperliche Untersuchung:**
  - die körperliche Untersuchung ist bei unkomplizierten Verläufen oft unauffällig
  - bei tiefer Palpation können im Epigastrium eine geringfügige lokalisierte Anspannung oder auch starke Schmerzen bestehen
- **Labor:**
  - wichtig ist der Test auf okkultes Blut im Stuhl, der in ca. ⅓ positiv ausfällt
  - Blutbild- und Amylasebestimmungen zum Ausschluss von Blutungsanämien, Leukozytose oder erhöhter Amylasewerte bei Penetration in das Pankreas

Als weiterführende Diagnostik ist die **Ösophagogastroduodenoskopie** das Verfahren der Wahl bei über 40-jährigen Patienten und sollte eine bioptische Abklärung (EG A, I) beinhalten, da sich 3–5 % der als benigne erscheinenden Magengeschwüre als bösartig entpuppen.

34.188.5 Differenzialdiagnostik

Zu denken ist an andere Erkrankungen mit Oberbauchschmerzen wie z. B.:

- Gastritis
- Refluxösophagitis
- chronische Cholezystitis

Starke Schmerzen sind beim Magengeschwür, außer bei einer Penetration oder Perforation, ungewöhnlich und sollten eher an eine Pankreatitis, akute Cholezystitis, Choledocholithiasis oder eine Harnleiterkolik denken lassen. Bei postoperativen Zuständen ist das Dumping-Syndrom zu erwägen.

34.188.6 Therapie

Zur Eradikationstherapie bei Infektionen mit Helicobacter pylori s. Kap. 34.187. Mittel der Wahl für die konservative Therapie sind die Protonenpumpeninhibitoren (PPI). Nach konservativer Behandlung kommt es in der Regel innerhalb von 4 Wochen zu einer Abheilung. Bei der Hälfte der Betroffenen entwickelt sich ein Rezidiv nach einem akuten Ulkusschub, das bei jedem Fünften allerdings asymptomatisch verläuft. Bei wiederholten Rezidiven und positiven Nachweis von Helicobacter pylori ist dessen Eradikation durchzuführen (Kap. 34.187).

Abwendbar gefährlicher Verlauf

- **Komplikationen** des Magengeschwürs (Blutungen, Perforationen in die freie Bauchhöhle, Penetrationen in das Pankreas, Magenausgangsstenosen) treten insgesamt in 5 % der Fälle auf, wobei die Letalität bei nicht umgehender Behandlung immer noch sehr hoch ist.
- Das **exulzerierende Magenkarzinom** sowie die meist schmerzlose Ulkusblutung dürfen nicht übersehen werden.
- Der bioptischen Kontrolle jedes Magengeschwürs bei Erstdiagnose und endoskopischer Kontrolluntersuchung nach Therapie kommt eine besondere Bedeutung zu, da etwa zwei Drittel aller Frühkrebse unter dem Bild des „Ulkus“ verlaufen.
- Bis zu 30 % der Ulzera machen keine Beschwerden (schmerzlose Ulkusblutung) und es kommt ohne Vorboten zu Komplikationen wie Blutungen und Perforationen.

34.188.7 Leitlinien

Deutsche Gesellschaft für Allergologie und klinische Immunologie. AWMF-S 3-Leitlinie 013–028. **Therapie der Urtikaria.** Im Internet: www.awmf.org/leitlinien; Stand: 20.01.2016

Deutsche Gesellschaft für Gastroenterologie, Verdauungs- und Stoffwechselkrankheiten. AWMF-S 3-Leitlinie 021–001. **Helicobacter pylori und gastroduodenale Ulkuskrankheit.** Im Internet: www.awmf.org/leitlinien; Stand: 20.01.2016

34.189 Unguis incarnatus (L 60.0)

H.-D. Klimm

34.189.1 Definition

Der Unguis incarnatus ist definiert als eingewachsener Zehen- oder Fingernagel.

34.189.2 Epidemiologie

Das Problem ist in der Hausarztpraxis relativ häufig. Weibliche und männliche Patienten aller Altersgruppen sind davon betroffen. Die Rückfallquote ist mit bis zu über 50 % relativ hoch!

34.189.3 Ätiologie

Ursache ist meist zu enges Schuhwerk oder unzweckmäßige Nagelpflege. Der seitliche Nagelrand drückt dann tief in die Nagelfalz und führt zu schmerzhaften Beschwerden. Es ist auch möglich, dass der verbreiterte Nagelfalz den seitlichen Nagelrand überwuchert, wobei ein oder mehrere Nägel betroffen sein können. Selten finden sich beide eingewachsene Nägel an Händen und Füßen.

34

34.189.4 Leitsymptome und Diagnostik

▸ **Symptome.** Die Patienten geben Schmerzen am Nagelfalz an. Dort finden sich typische Entzündungszeichen wie Rötung und Schwellung, bei fortschreitendem Einwachsen eitrige Absonderungen und überschießende Granulation. Durch Einschmelzung kann es auch zur Fluktuation und Ausbildung eines Panaritiums kommen.

▸ **Diagnostik.** Es handelt sich in der Regel um eine Blickdiagnose!

34.189.5 Therapie

Zunächst kommt eine **konservative Therapie** infrage:
- desinfizierende Bäder (z. B. Rivanol, Betaisodona)
- antbiotische Salbenverbände (z. B. Fucidine)
- Abätzung des „wilden Fleisches" mit Argentum nitricum
- Nagelkorrekturspange (Orthonyxie): Hochziehen der lateralen Nagelseiten, je nach Wachstum bis zu 14 Monate

Wenn der Nagel chronisch eingewachsen ist, reichen konservative Maßnahmen nicht mehr aus. Ziele eine **operativen Therapie** sind:
- Entfernung überschießender Granulationen und Beseitigung der Eintrittspforte an der eingewachsenen Stelle des Nagels
- elektrochirurgische Entfernung des Granulationsgewebes: nach Leitungsanästhesie großzügige keilförmige Exzision am Nagelfalz
- Nagelentfernung in toto: in Oberst-Leitungsanästhesie Entfernung des gesamten Nagels
- Keilexzision des Nagels mit Resektion des Nagelfalzes, des lateralen Anteils des Nagels und des Nagelbettes (Emmet-Plastik)

Mit zunehmendem Alter entwickeln sich sog. hyperkeratotische „Holznägel". Nach Entfernung des gesamten Nagels ist das Rezidivrisiko hoch. Bei Nagelmykosen sollte der entfernte Nagel zur Pilzkultur eingeschickt werden.

Allgemeine Hinweise zur **Prophylaxe:**
- breites und nicht drückendes Schuhwerk tragen
- bei der Fußpflege möglichst wenig Manipulation am Nagelbett vornehmen
- Nagelecken nicht kurz oder rund, vielmehr gerade schneiden, damit der Nagel das Nagelbett überragt und nicht einwachsen kann

Abwendbar gefährlicher Verlauf

- Insbesondere bei mehreren oder rezidivierenden Zeheneiterungen an Diabetes mellitus denken!
- ***Cave:*** Zehennagelextraktionen bei AVK-Stadium III–IV wegen gestörter Wundheilung.

34.189.6 Leitlinien

Bundesärztekammer, Kassenärztliche Bundesvereinigung, Arbeitsgemeinschaft der Wissenschaftlichen Medizinischen Fachgesellschaften. AWMF-S 3-Leitlinie NVL-001C. **Nationale VersorgungsLeitlinie Typ-2-Diabetes: Präventions- und Behandlungsstrategien für Fußkomplikationen.** Im Internet: www.awmf.org/leitlinien; Stand: 10.01.2016

34.190 Urtikaria (L 50.9)

H.-D. Klimm

34.190.1 Definition

Urtikaria (Nesselsucht) beschreibt eine plötzlich auftretende, juckende Quaddelbildung der Haut unterschiedlichster Genese: allergisch (IgE), physikalisch (Druck, Kälte, Wärme, Licht), cholinergisch (Anstrengungen, Schwitzen), psychosomatisch.

34.190.2 Epidemiologie

In der hausärztlichen Praxis ist das Problem relativ häufig. Man schätzt in Deutschland 800.000–1 Million Betroffene. Etwa 10 % der Bevölkerung haben mindestens einmal im Leben Urtikaria-Probleme.

34.190.3 Ätiologie

Ursachen und Auslöser sind:
- spontane Urtikaria: akut oder chronisch, ohne erkennbare Ursache
- Nahrungsmittelallergien, Nahrungsmittelintoleranz-Reaktionen:
  - akute Urtikaria (Erdbeeren, Nüsse, Fisch und Schalentiere)

- chronische Urtikaria (z. B. Lebensmittelzusätze wie Sulfide, Sorbinsäure, Benzoesäure)
- Medikamentenallergie und Medikamentenintoleranz:
  - akute Urtikaria (z. B. Antibiotika)
  - chronische Urtikaria (z. B. Azetylsalizylsäure)
- physikalische Ursachen:
  - Kälte: Luft, Wasser, Wind
  - mechanisch: Druck und Schwerkräfte
  - Wärme: lokale Wärme, z. B. Kompressenauflage
  - Sonnen-Urtikaria
  - Sport: anstrengungsinduzierte Urtikaria
  - Kontakt mit Wasser: aquagene Urtikaria
- psychogene Urtikaria:
  - bei Stress, Aufregung

34.190.4 Leitsymptome und Diagnostik

▸ **Symptome.** Im Vordergrund steht die **Urtika (Quaddel)**, eine vorübergehende, millimeter- bis zentimetergroße Hautveränderung, die sich innerhalb von Minuten bis Stunden spontan zurückbildet. Verbunden sind die Quaddeln meist mit Juckreiz, Brennen und Hautrötung. Sie können einzeln auftreten, sich aber auch über das ganze Integument ausbreiten. Man unterscheidet:

- meist kleine, stecknadelkopfgroße Quaddeln (Urticae)
- über handflächengroße Herde (Urticaria gigantea)
- bis kastaniengroße Blasen (Urticaria bullosa)

▸ **Diagnostik.** Meist handelt es sich um eine „Blickdiagnose". Zur Diagnostik gehören:

- Anamnese: Erfassen möglicher Auslösermechanismen
- Labor: Gesamt-IgE unspezifisch, RAST-Test spezifischer, aber ***Cave:*** Schockgefahr
- Dermographismus-Test: mit Glas- oder Holzspatel Druck auf die Rückenhaut ausüben mit sekundär heftiger Reaktion → Urticaria factitia

34.190.5 Differenzialdiagnostik

Bei nicht eindeutiger „Blickdiagnose" Ausschluss von:

- Quincke-Ödem: akutes Ödem des tieferen Bindegewebes, auch der Atemwege
- histaminerges allergisches Angioödem
- nicht histaminerge Angioödeme wie HAE (hereditäres Angioödem) oder AAE (erworbenes Angioödem mit C 1-Esterase-INH-Defizienz)
- Urticaria pigmentosa (Mastozytose)
- Urtikariavaskulitis
- familiäre Kälteurtikaria (Vaskulitis)
- bullöses Pemphigoid
- Infektionskrankheiten mit eigenständigen Hautsymptomen wie Masern, Röteln, Varizellen

34.190.6 Therapie

Therapeutische Möglichkeiten sind:

- bei bekanntem auslösendem Mechanismus Kontaktmeidung
- medikamentöse Therapie
- je nach der Schwere der Symptome:
  - Antihistaminika zur Minderung des Juckreizes und Minderung neuer Quaddelentstehungen
  - Kortikosteroide oral oder parenteral bei stärkeren oder schweren Verlaufsformen
  - antiallergische Therapie

Abwendbar gefährlicher Verlauf

- Stets an Quincke-Ödem denken!
  - akute Lebensgefahr bei Larynxödem mit sekundären asthmoiden Beschwerden
  - sofortige Erstversorgung mit 100 mg Prednisolon und Antihistaminika i. v. und stationäre Einweisung zur weiteren Überwachung und Abklärung!
- ***Cave:*** anaphylaktische Reaktion (T 78.2)

34.190.7 Leitlinien

Deutsche Dermatologische Gesellschaft. AWMF-S 2-Leitlinie 013–024. **Psychosomatische Dermatologie (Psychodermatologie).** Im Internet: www.awmf.org/leitlinien; Stand: 20.01.2016

Deutsche Gesellschaft für Allergologie und klinische Immunologie. AWMF-S 3-Leitlinie 013–028. **Therapie der Urtikaria.** Im Internet: www.awmf.org/leitlinien; Stand: 20.01.2016

34.191 Uterus myomatosus (D 25.9)

H.-D. Klimm

34.191.1 Definition

Myome der Gebärmutter (Uterusmyome) sind benigne Muskelgeschwulste der Gebärmutter, die einzeln (Solitärmyome) oder auch multipel/multifokal auftreten.

34.191.2 Epidemiologie

Etwa 20 % der Frauen zwischen 30 und 50 Jahren haben Gebärmuttermyome, etwa 25 % klagen über Beschwerden. Myome entstehen und wachsen unter dem Einfluss von Östrogenen, Progesteron und Wachstumsfaktoren – allerdings nur im gebärfähigen Alter. Nach der Menopause entstehen keine neuen Myome mehr und bereits bestehende sistieren bzw. schrumpfen und verkalken.

Je nach Sitz der Myome unterscheidet man:

- submukös (direkt unter der Gebärmutterschleimhaut)
- intramural (in der Muskelschicht gelegen)
- subserös (dem Uterus außen aufliegend unter der Uterusserosa)
- intraligamentär (im Lig. latum wachsend) – selten!
- Zervixmyome (ca. 8 % der Fälle, im Zervixbereich wachsend)

34.191.3 Leitsymptome und Diagnostik

► **Symptome.** Je nach Sitz, Größe und Zahl der Myome gibt es unterschiedliche Beschwerden:

- Druckgefühl im Unterbauch, Störung der Miktion und Defäkation, Kreuzschmerzen, Kopulationsschmerzen, Orgasmusstörungen bei großen Myomen
- Blutungsstörungen: Menometrorrhagien, Hypermenorrhö bis zur Anämie (bevorzugt bei submukösen Mykomen)
- Sterilität oder Infertilität durch mechanische Verlegung der Tuben oder der Cavitas uteri bei intramuralen und submukösen Myomen
- akuter Unterbauchschmerz, ggf. Peritonismus und Schock im Fall einer Stieldrehung bei subserösen gestielten Myomen
- Obstipation durch Duck auf den Darm
- ***Cave:*** Die Mehrzahl der Frauen mit Myomen ist beschwerdefrei!

► **Diagnostik.** Die Diagnostik umfasst eine gynäkologische Untersuchung und Sonografie (ggf. transvaginal).

34.191.4 Differenzialdiagnostik

Differenzialdiagnostisch kommen infrage:

- Uterussarkome (C 55) (0,5 % der Myome)
- Endometriumkarzinom (C 54.1)
- Ovarial- und andere Unterleibstumoren (C 56)
- intrauterine Endometriose (N80.9)

34.191.5 Therapie

Die Mehrzahl der Myome ist nur therapiebedürftig, wenn klinische Beschwerden auftreten:

- konservative Therapie:
  - Entzündungshemmung (nicht steroidale Medikamente wie z. B. Ibuprofen, Naproxen)
  - Ovulationshemmer mit GNRH-Analoga mit dem Ziel, ein reversibles „Postmenopausen-Syndrom" zu entwickeln
  - selektive Progesteronrezeptormodulatoren (SPRM)
- operative Therapie:
  - Enukleation: auch laparoskopisch bei Sterilität und jüngeren Patienten
  - Hysterektomie: abdominal oder vaginal bei sehr starken Blutungsstörungen und Urge-Symptomatik sowie abgeschlossener Familienplanung
  - Myomembolisation: radiologisch, minimal invasive Behandlung der Myome mittels Mikrokatheter und Einspritzen von kleinen Gelatinen/Plastikpartikeln

Abwendbar gefährlicher Verlauf

- im Vordergrund stehen starke **Blutungsanämien** (D 50.9) bei Hypermenorrhö (N92.0)
- **Blutungsschock** (R57.1) bei Stieldrehung oder Ruptur eines Myoms sind seltene Risiken
- ***Cave:*** Sarkom (C 49.9)!
- vor Hysterektomie konsequente Aufklärung der Patientin, um sekundäre „Selbstwertkrisen" und nachhaltige psychische Störungen zu vermeiden

34.191.6 Leitlinien

Deutsche Gesellschaft für Gynäkologie und Geburtshilfe. AWMF-S 1-Leitlinie 015–064. **Die laparoskopische suprazervikale Hysterektomie (LASH).** Im Internet: www.awmf.org/leitlinien; Stand: 20.01.2016

34.192 Varikose (I83.–)

U. Müller-Bühl

34.192.1 Definition

Nach Definition der WHO sind Varizen sackförmig oder zylindrisch erweiterte, oberflächliche Venen. Die Venenerweiterung kann umschrieben oder streckenförmig sein und ist meistens mit einer Schlängelung oder Knäuelbildung verbunden.

34.192.2 Epidemiologie

In der Basler Venenstudie an Berufstätigen wurde eine Varikose bei 56 % der Männer und 55 % der Frauen mittleren Lebensalters gefunden, davon eine Stammvarikose bei 20 % bzw. 11 %.

34.192.3 Ätiologie

Die **primäre Varikose** entsteht durch eine konstitutionelle Venenwand- und Venenklappenschwäche. Sie manifestiert sich unter Mitwirkung spezifischer Faktoren (Bewegungsarmut, Stehberuf, Schwangerschaft, Hormontherapie). Eine **sekundäre Varikose** tritt als Folge einer Dilatation oberflächlicher Kollateralvenen bei postthrombotischer Obliteration tiefer Leitvenen auf.

34.192.4 Leitsymptome und Diagnostik

▸ **Einteilung.** Nach Lokalisation und Ausprägung werden 3 Formen unterschieden:

- **Stammvenenvarikose** der V. saphena magna und parva
- **Seitenastvarikose**
- **intradermale Varikose** (Retikulär- und Besenreiservarizen)

▸ **Symptome.** Retikulär- und Besenreiservarizen sind ebenso wie kleine Seitenastvarizen zumeist asymptomatisch. **Stammvenenvarizen** führen insbesondere nach jahrelangem Verlauf zu einem abendlichen Schwere- und Spannungsgefühl sowie ödematöser Schwellung der Beine. Häufig geklagt wird über ein lokales Hitzegefühl, Juckreiz und Ekzembildung. Spätstadien sind durch **trophische Hautveränderungen** gekennzeichnet: flächenhafte, intradermale Stauungsvarizen, Stauungsdermatose und -dermatitis, Dermatoliposklerose, Hämosiderose, Atrophie blanche, floride Ulzera oder Ulkusnarben.

▸ **Diagnostik.** Die diagnostischen Bemühungen konzentrieren sich auf eine Abgrenzung der primären Varikose (Operationsindikation?) von den Sekundärvarizen des postthrombotischen Syndroms (inoperabel). Von Varizentyp und -ausprägung hängt das therapeutische Konzept ab.

- **Anamnese:**
  - familiäre Disposition, Krankheitsverlauf (stationär? progredient?)
  - lokale Komplikationen (Varikophlebitiden oder -thrombosen? Ekzeme? Ulzera?)
- **klinische Untersuchung:**
  - Varizen- und Hautinspektion, arterieller Pulsstatus
  - Funktionsstests:
    - Hustentest/Perkussionstest: Am stehenden Patienten wird die durch einen kräftigen Hustenstoß oder eine Perkussion der Venenstämme des Oberschenkels entstehende Druckwelle infolge Insuffizienz der Venenklappen nach distal fortgepflanzt.
    - Perthes-Test: Anlegen einer Staubinde unterhalb des Kniegelenks. Entleeren sich die Unterschenkelvarizen beim Laufen oder bei Kniebeugen, sind die tiefen Venen durchgängig und die Vv. perforantes intakt.
    - Linton-Test: Nach Anlegen einer Staubinde unterhalb des Kniegelenks Anheben des Beines über die Horizontale, dabei entleeren sich die Varizen bei freiem tiefem Abfluss und bleiben bei blockierter tiefer Drainage weiter gefüllt.
- **venöse Doppler-Untersuchung:** durch einfache Valsalva- und manuelle Kompressions-/Dekompressionsmanöver lässt sich damit eine Stammveneninsuffizienz der V. saphena magna oder V. saphena parva rasch und sicher erkennen
- **Lichtreflexionsrheografie:** zeigt das Ausmaß einer venösen Stauung und eignet sich zur Objektivierung subjektiver Stauungsbeschwerden

- **Duplexsonografie:** Beurteilung des tiefen Leitvenensystems sowie von Art, Lokalisation und Ausmaß von Varizen
- **Phlebografie** nur in Ausnahmefällen, z. B. OP-Planung bei Rezidiveingriff

34.192.5 Therapie

▶ **Kompressionsbehandlung.** Kompressionsverbände oder -strümpfe sind die wichtigste Therapiemaßnahme bei Stauungsbeschwerden. Im Allgemeinen sind Kompressionsstrümpfe der Klasse II ausreichend. Eine Maßanfertigung sollte nur in begründeten Ausnahmefällen auf dem Rezept vermerkt werden.

Merke

Vor der Verordnung testen, ob der Patient mit den Händen seine Großzehe erreicht.

▶ **Schaumverödung.** Bei der Verödung von Besenreiser-, Retikulär- und Seitenastvarizen injiziert man aufgeschäumtes Polidocanol 0,5–3 %, Natriumjodid 4 % oder 8 % oder hochprozentige Glukoselösung. Anschließend wird über mehrere Tage ein elastokompressiver Verband angelegt und ausreichende körperliche Bewegung empfohlen.

▶ **Endovenöse Therapie.** Häufigste Methode ist die endovaskuläre Radiofrequenztherapie. In Lokalanästhesie wird ein thermisch induzierter Venenverschluss mittels Katheter durchgeführt, meist in Kombination mit einer Miniphlebektomie von Seitenästen.

▶ **Operation.** Die Stripping-Operation der Vv. saphena magna et parva ist indiziert, um trophischen Hautveränderungen, lokalen Komplikationen (Thrombose, Blutung) und einer sekundären Schädigung des tiefen Leitvenensystems vorzubeugen. Dabei wird auch eine Seitenastexhairese mit mikrochirurgischem Verfahren durchgeführt.

▶ **Pharmakotherapie.** Verordnet werden antiödematös wirkende und venotonisierende Medikamente (z. B. Flavonoide, Aescin, Ruscusderivate) adjuvant zur Kompressionstherapie auf grünem Rezept. Die topische Applikation von Venensalbe ist bei den Patienten sehr beliebt, in ihrer Wirksamkeit jedoch umstritten.

▶ **Prophylaxe.** Ein umfassendes **Aufklärungsgespräch** sollte den Patienten über auslösende und begünstigende Faktoren des Krampfaderleidens und ihre Meidung informieren. Konkrete Verhaltensmaßnahmen müssen besprochen werden (gymnastische Übungen, „Venen-Walking", Teilnahme an einer Venensportgruppe, kalte Güsse).

Das Tragen von Kompressionsstrümpfen beugt zwar trophischen Hautveränderungen und lokalen Komplikationen vor, verhindert aber nicht die Progredienz der Erkrankung.

Abwendbar gefährlicher Verlauf

Bei jahrelang bestehendem Krampfaderleiden treten ab dem 50. Lebensjahr häufig lokale Komplikationen (Varikophlebitis oder -thrombose, Blutungen, Verletzungen) und trophische Hautveränderungen auf. Die ständige Blutstauung verursacht zudem eine Dilatation des tiefen Venensystems mit der Folge einer irreparablen sekundären Leitveneninsuffizienz. Eine endovenöse oder operative Varizensanierung in diesem Stadium ist zu spät und sollte deshalb immer beizeiten angestrebt werden.

34.192.6 Leitlinien

Deutsche Gesellschaft für Phlebologie. AWMF-S 3-Leitlinie 037–009. **Diagnostik und Therapie des Ulcus cruris venosum.** Im Internet: www.awmf.org/leitlinien; Stand: 20.01.2016

Deutsche Gesellschaft für Phlebologie. AWMF-S 1-Leitlinie 037–015. **Sklerosierungsbehandlung der Varikose.** Im Internet: www.awmf.org/leitlinien; Stand: 20.01.2016

34.193 Verbrennungen und Verbrühungen (T 30)

J. Barlet

34.193.1 Definition

Bei der **Verbrennung** handelt es sich um eine durch Hitze (z. B. Feuer, Wärmestrahlung, heiße Gegenstände) entstandene Schädigung der Haut.

Bei der **Verbrühung** erfolgt die Schädigung durch heiße Flüssigkeiten (z. B. Wasser, Tee, Kaffee).

Der **Sonnenbrand** (Insolation) wird durch die physikalische Schädigung der Haut durch Ultraviolettstrahlung hervorgerufen. Beim **Stromschlag** kommt es durch elektrischen Strom zu Verbrennungen.

34.193.2 Epidemiologie

Verbrennungen und Verbrühungen ereignen sich häufig im Haushalt. Wenn es sich um eine bei der beruflichen Arbeit erworbene Verbrennung handelt, erfolgt die Behandlung obligat berufsgenossenschaftlich durch einen Unfallarzt (D-Arzt).

34.193.3 Leitsymptome und Diagnostik

Je nach Schweregrad bestehen Schmerzen, Rötung und Ödem der Haut, Blasenbildung, seröse Sekretion oder Nekrose.

► **Schweregrade.** Die **Verbrennungen** werden unter verschiedenen Aspekten eingeteilt:

- nach der Schwere der Hautschädigung:
  - 1. Grad: Rötung, Ödem, Schmerz
  - 2. Grad: zusätzlich Blasenbildung
  - 3. Grad: zusätzlich Bildung von Nekrosen
  - 4. Grad: Verkohlung mit Bildung von Muskel- und Knochennekrosen
- nach dem prozentualen Anteil der betroffenen Hautfläche: als verbindliche Regel hat sich für Erwachsene die sog. Neuner-Regel bewährt:
  - 9 % entsprechen jeweils einem Arm oder einem Bein vorn bzw. hinten, dem Kopf, dem Oberkörper vorn bzw. hinten, dem Unterkörper vorn bzw. hinten
  - 1 % für die Genitalregion

Für Säuglinge, Kleinkinder und Schulkinder gelten andere Relationen, da sich die Relation von Kopf und Rumpf im Laufe des Wachstums stark verändert:

- große Verbrennungen:
  Erwachsene über 25 %, Kinder über 20 % der Körperoberfläche
- mäßige Verbrennungen:
  Erwachsene 15–25 %, Kinder 10–20 % der Körperoberfläche
- kleine Verbrennungen:
  Erwachsene unter 15 %, Kinder unter 10 % der Körperoberfläche

Für den **Sonnenbrand** gelten diese Einteilungsprinzipien nicht. Je nach Intensität und Dauer der Strahleneinwirkung können sich hier neben den Hautsymptomen auch Kreislaufstörungen, Fieber und, infolge eines sich entwickelnden Hirnödems, Krämpfe und Bewusstlosigkeit einstellen (sog. Hitzschlag) und zum Tode führen.

Beim **Stromschlag** kann sich an der Eintrittsstelle eine Verkohlung bilden (sog. Strommarke). Gegebenenfalls findet sich auch eine Schädigung entlang des Verlaufs im Körper bis zur Austrittsstelle. Die Patienten können über die Hautschäden hinaus durch Rhythmusstörungen des Herzens akut lebensgefährdet sein. Dies gilt in besonderem Maße auch für den Blitzschlag.

► **Diagnostik.** Durch Anamnese, Feststellung des Unfallortes und Inspektion der Haut lassen sich Art und Ausmaß der physikalischen Schädigung meist zweifelsfrei zuordnen. Zur Beurteilung der Ausdehnung der Verletzung bei Kinder gilt die Handflächenregel (Handfläche mit Fingern des Kindes ist 1 % der Körperoberfläche).

34.193.4 Differenzialdiagnostik

Andere physikalische Schädigungen der Haut wie Verätzungen durch Säure bzw. Laugen oder Erfrierungen können das gleiche klinische Bild wie Verbrennungen hervorrufen, sind aber anamnestisch abzugrenzen. Die Therapie ist meist ähnlich.

34.193.5 Therapie

► **Allgemeine Grundsätze.** Kleinere Verbrennungen und Verletzungen (z. B. kochendes Wasser, Verbrennungen an Herdplatten im Haushalt) sind Domäne allgemeinärztlicher Behandlung. Das Vorgehen bei Verbrennungen und Verbrühungen ist gleich:

- Sofortmaßnahmen am Unfallort: intensive Kühlung möglichst durch kaltes fließendes Leitungswasser für 10–20 Minuten; dies sollten schon die Patienten oder die Angehörigen durchführen
- bei großflächigen Verbrennungen und Verbrühungen sofortige Einweisung möglichst in eine Spezialklinik
- Schmerzbekämpfung ggf. mit zentral wirksamen Analgetika und Sedativa, Schockbehandlung mit Elektrolytinfusion
- Lagerung und Transport in aluminiumbedampfter, antibakteriell wirkender Verbrennungsfolie, ggf. mit Notarztwagen bzw. Hubschrauber

Bei starker Sonneneinwirkung rechtzeitige Prophylaxe durch Sonnenschutzmittel mit entsprechendem Sonnenschutzfaktor. Inzwischen stehen Cremes und Lotionen mit Sonnenschutzfaktor 60 zur Verfügung. Eingeschlafene Personen möglichst rechtzeitig wecken und in den Schatten bringen.

Merke

Bei Stromschlagverletzungen als erstes den Strom abschalten.

V

▸ **Verbrennungen.** Verbrennungen werden je nach Verbrennungsgrad behandelt:

- 1. Grades:
  - Schmerzlinderung mit nicht steroidalen Antirheumatika
  - Lokaltherapie meist nicht erforderlich
  - evtl. trockene druckschützende Verbände
- 2. Grades:
  - nicht klebende (!), sterile Salbenwundverbände
  - Salbengaze, bei Superinfektion mit Jod-PVP oder antibiotischen Salben
  - kleine Blasen nicht eröffnen, größere Blasen nur eröffnen und anlegen, erst bei Infektion ganz abtragen
  - Ziel ist es, die körpereigene Wundheilung nicht zu stören
  - bei beginnender Keloidbildung können Kortisonsalben oder auch intraläsionale Infiltrationen mit Kortison sinnvoll sein
- 3. Grades:
  - meist Einweisung in die Klinik zur Abtragung der Nekrose
- 4. Grades:
  - Einweisung in die Klinik

Eine unkomplizierte Verbrennung heilt meist innerhalb von 2 Wochen durch Regeneration der Haut. Großflächige Verbrennungen (mehr als 15 % zweitgradig oder mehr als 10 % drittgradig verbrannter Körperoberfläche oder Inhalationsschaden) oder Verbrennungen an komplizierter Lokalisation (z. B. Gesicht) bedürfen wegen der sich entwickelnden Verbrennungskrankheit stets der Verlegung in ein Brandverletztenzentrum.

▸ **Sonnenbrand bzw. Insolationen.** Bei Rötung und Ödem der Haut Lokalbehandlung mit wasserhaltigen Lotionen und Cremes, um die ausgetrocknete Haut zu rehydrieren. Bei Gefahr der Blasenbildung auch Kortisonzusätze. Allgemein ist auf reichliche Flüssigkeits- und Kochsalzgabe oder Trinken von Elektrolytlösungen zu achten. Kalzium hat sich zur Gefäßabdichtung bewährt.

Bei Fieber und Schüttelfrost, Kreislaufstörungen oder sogar zerebralen Symptomen ist die Einweisung in die Klinik erforderlich (zur Infusionstherapie, Überwachung der Elektrolyte usw.).

▸ **Strom- und Blitzschlag.** Neben den lokalen Problemen an der Eintritts- und/oder Austrittsstelle des Stroms besteht die Gefährdung der Patienten durch Einwirkung des Stroms auf die inneren Organe, insbesondere das Herz. Auch wenn keine lebensbedrohenden akuten Rhythmusstörungen bestehen, müssen die Patienten eingewiesen werden, um insbesondere Herzmuskelschäden zu erfassen und behandeln zu können.

Abwendbar gefährlicher Verlauf

- Patienten mit großflächigen Verbrennungen 2. und insbesondere 3. Grades sollten sofort in Spezialabteilungen eingewiesen werden
  - zentrale Bettenvermittlung über die bundesweite zentrale Bettenvermittlung für Brandverletzte, Telefon: 040/428 51–3 998
  - Es drohen Elektrolytentgleisungen, Infektionen und Sepsis, die nur durch intensive Infusionsbehandlung und Absonderung in Sterilräume mit offener Wundbehandlung beherrschbar sind.
  - Verbrennungen von über 50 % der Körperoberfläche sind auch unter optimalen Bedingungen mit einer hohen Letalität behaftet. Durch den Eiweißzerfall kommt es zu Nierenschäden bis hin zur Urämie. Es entwickelt sich eine Anämie, im weiteren Verlauf auch toxische Organschäden (z. B. Leber).
- verschärfte Problematik bei Säuglingen und Kleinkindern, da die Flüssigkeitsvolumina insgesamt, aber auch die Relation von Blut- und Extrazellularraum ganz anders als beim Erwachsenen sind → großzügige Indikation zur stationären Behandlung
- hohe **Letalität** auch bei alten Patienten (über 60–70 Jahre), wenn großflächige Verbrennungen vorliegen
- **Hautkarzinome** im Bereich von Verbrennungsnarben
- **Hautkrebs** durch zu intensive Sonnenbestrahlung (sowohl Basaliome als auch insbesondere Melanome)

34.193.6 Leitlinien

Deutsche Gesellschaft für Kinderchirurgie. AWMF-S 2-Leitlinie 006–128. **Thermische Verletzungen im Kindesalter (Verbrennung, Verbrühung), Behandlung.** Im Internet: www.awmf.org/leitlinien; Stand: 20.01.2016

Deutsche Gesellschaft für Verbrennungsmedizin. AWMF-S 1-Leitlinie 044–001. **Thermische und chemische Verletzungen.** Im Internet: www.awmf.org/leitlinien; Stand: 20.01.2016

34.194 Verrucae (B07)

H.-D. Klimm

34.194.1 Definition

Bei den Verrucae (Warzen) handelt es sich um (meist) viral bedingte Epidermiswucherungen in der Haut mit ausgeprägter Parakeratose.

34.194.2 Epidemiologie

Warzen gehören zu den häufigsten Hautveränderungen, die alle Patienten betreffen können. Die Inkubationszeit kann Wochen bis Monate betragen. Häufig ist keine Infektionsquelle bekannt. Durch Manipulation ist Autoinokulation möglich. So können sich z. B. Warzen an den Füßen auf die Hände übrtragen oder durch Kratzen weitere Warzen bilden (sog. Kratzstrich).

34.194.3 Ätiologie

Warzen werden durch Humanpapillomaviren (HPV) hervorgerufen.

34.194.4 Leitsymptome und Diagnostik

Die verschiedenen Warzen werden durch ihr typisches Aussehen diagnostiziert. Man unterscheidet die folgenden Formen:

- Verruca vulgaris (vulgäre Warze):
  - erhabene, unregelmäßige, parakeratotische Oberfläche
  - das Aussehen ist so typisch, dass der Begriff auch für andere anatomische Strukturen beschreibend verwendet wird, z. B. für die Brustwarze
- Verruca filiformis (blätterförmige Warze):
  - blattförmige Büschel, die 3–5 mm die Hautoberfläche überragen
  - fasst man sie mit der Pinzette, lösen sich die einzelnen Blätter leicht heraus
- Verruca plantaris (Mosaikwarzen, Warzen an der Fußsohle):
  - häufig im Bereich der Schwielen
  - überragen das Niveau meist nicht oder nur gering
  - ihr in die Tiefe reichender Dorn schmerzt oft
  - Übertragung in Schwimmbädern möglich
- Verruca plana (juvenilis): im Kindes- und Jugendalter auftretende Flachwarze
- Condylomata acuminata (Synonyme: spitze Kondylome, Feigwarzen, Feuchtwarzen):
  - beetförmige, blumenkohlartige Ausbreitung auch in Schleimhautbereiche hinein
  - perianal, am Penis (Glans und Präputium) sowie im gesamten Genitalbereich der Frau, wuchern auch auf die Rektumschleimhaut und sind dort proktoskopisch zu entdecken, können ebenso auf die Urethralschleimhaut übergehen
- Mollusca contagiosa (Synonyme: Dellwarzen, Epithelioma contagiosa):
  - Infektion durch ein Quadervirus, das sog. Molluscum-contagiosum-Virus, das bei Menschen aller Rassen vorkommt
  - Epitheliome mit charakteristischer zentraler Einsenkung („Delle"), teilweise auch kleeblattförmig
- Verruca senilis (Alterswarze, wohl nicht virusbedingt): hyperkeratotische Hautareale, die häufig auch bräunlich pigmentiert sind

Warzen verursachen oft keine Beschwerden, sie werden aber als kosmetisch störend empfunden oder rufen durch Größenwachstum Behinderungen hervor. Bei plantaren Warzen kann das Gehen durch den schmerzhaften Dorn beeinträchtigt sein.

34.194.5 Differenzialdiagnostik

Pendelnde Fibrome oder Papillome können sich etwa im Bereich des Halses und der Achselregionen in Massen finden. Sie werden mit Scherenschlag oder elektrochirurgisch in Lokalanästhesie abgetragen und evtl. durch Histologie abgeklärt.

Merke

Differenzialdiagnostisch müssen Condylomata acuminata gegen Condylomata lata bei Lues abgegrenzt werden (Serologie!).

34.194.6 Therapie

Unbehandelt bestehen Warzen oft über längere Zeit (Monate bzw. Jahre), sie heilen auch spontan ab. In der Volksmedizin gibt es verschiedene Therapieriten, mit denen die Warzen zum Verschwinden gebracht werden sollen. Sie sind zum Teil auch erfolgreich. Nach chirurgischer Entfernung sollten Warzen zur Bestätigung der typischen Histologie eingeschickt werden.

- vulgäre und filiforme Warzen:
  - Verätzen mit Warzentinkturen: hochprozentige Salizyllösung, Salpetersäure (nur durch den Arzt!)
  - Virostatika (5-Fluorouracil)
  - Kryotherapie durch Betupfen mit flüssigem Stickstoff
  - Ausschaben mit scharfem Löffel
  - elektrochirurgische Entfernung und/oder Koagulation in Lokalanästhesie (der Warzendorn muss mit koaguliert werden)
- Plantarwarzen:
  - Vorbehandlung mit Salizylpflaster, dadurch Aufweichen der Hornschicht
  - dann vorsichtiges Abradieren mit dem scharfen Löffel, ohne dass es zur Blutung kommt
- Kondylome:
  - Therapie der Wahl ist Verätzung mit alkoholischer Podophyllinlösung (5–25 %ig) und ggf. Nachkauterisierung eventueller Kondylomreste
  - nach der Verätzung zerfallen die Kondylome innerhalb weniger Tage (übel riechend!)
  - die Behandlung ist erst erfolgreich abgeschlossen, wenn auch das letzte Kondylomgewebe entfernt ist, sonst entstehen Rezidive
- Dellwarzen (Mollusca contagiosa):
  - Eröffnung z. B. mit einer Blutlanzette oder Ausquetschung mit einer Pinzette (zur Entfernung der Molluskenmasse); dieses Vorgehen ist Diagnose und Therapie zugleich
  - da Dellwarzen gelegentlich in größeren Gruppen vorkommen, kann dies ein zeitraubendes Geduldspiel werden
  - bei Kindern empfiehlt sich eine Vorbehandlung mit Emla-Pflaster (Lokalanästhesie)
- Alterswarzen (seborrhoische Keratosen):
  - immer gutartig (auch bei Pigmentierung), daher keine Therapie erforderlich
  - erneute sorgfältige Inspektion, wenn die Patienten wegen der Pigmentierung und Tendenz zur Vergrößerung beunruhigt sind

Abwendbar gefährlicher Verlauf

- Bei pigmentierten Alterswarzen immer an **Melanome** und **Basaliome** denken!
- In durchblutungsgestörten Regionen (z. B. bei AVK oder diabetischem Spätsyndrom) sollten wegen zu erwartender Wundheilungsstörung keine aggressiven Therapiemaßnahmen erfolgen.

34.195 Windeldermatitis (L 22)

K.-C. Münter

34.195.1 Definition

Die Windeldermatitis ist eine besondere Form des Kontaktekzems und bezeichnet eine perigenital bzw. perianal lokalisierte verstärkte Hautirritation, begünstigt durch plastiküberzogene, okkludierende Windeln.

34.195.2 Epidemiologie

Betroffen sind meist Säuglinge und Kleinkinder, aber auch inkontinente ältere Patienten, die mit „Kontinenzhilfen“ versorgt sind.

34.195.3 Ätiologie

Auslöser können Durchfälle, seltener Windelwechsel oder zu geringe Hautpflege sein. Ätiologisch führen bei Stuhlinkontinenz Enzyme aus dem Stuhl zu einer Schädigung des Stratum corneum der Haut – in Verbindung mit Urininkontinenz kommt Ammoniak als Irritanz hinzu. Alleinige Urininkontinenz reicht zur Verursachung nicht aus.

34.195.4 Leitsymptome und Diagnostik

► **Symptome.** In den Leisten, der Rima ani und perigenital finden sich juckende rötliche oder papulomakulöse Hautveränderungen. Bei der **ammoniakalischen Kontaktdermatitis** bestehen häufig Brennen und Jucken, bei der **Soordermatitis** findet sich eine flächenhafte oder feinpapulöse Rötung mit abgesprengten Kolonien im Randbereich, die leicht erhaben sein können.

► **Diagnostik.** Die Diagnose erfolgt anhand der Vorgeschichte und der Hautveränderung im typischen Bereich.

34.195.5 Differenzialdiagnostik

Das **seborrhoische** Ekzem (L21.9) (Erythem und fettige, schuppende, makulopapulöse Effloreszenzen) ist eine chronisch entzündliche Hauterkrankung, die ebenfalls mit einem Erythem in der Genitalregion auftreten kann. Zu denken ist ferner an die **atopische Dermatitis** (L20.9) (trockene rissige Haut) und als seltene Sonderform die Erythrodermia desquamativa (L21.1) und das Granuloma glutaeale infantum.

34.195.6 Therapie

Therapeutische Möglichkeiten sind:

- regelmäßige Hautinspektion auf farbliche Veränderungen
- Schmerzen erfragen
- Ausscheidungen sofort entfernen und sofortige Trocknung der Haut
- Fernhalten von Stuhl und Urin
- starke Reibung und grobes bzw. unsanftes Abtrocknen der Haut vermeiden, weiche Materialien verwenden
- schonende Hautreinigung: keine alkalischen Seifen oder Produkte mit anionischen Tensiden nutzen; Einsatz von pH-neutralen Produkten, die die Festigkeit und Regeneration der Epidermis unterstützen
- bei starker Ausprägung ggf. Hydrokortison als Salbe bei Candida-Superinfektion, Nystatin lokal (z. B. Multilind)

34.195.7 Leitlinien

Deutsche Dermatologische Gesellschaft. AWMF-S 1-Leitlinie 013–007. **Analekzem.** Im Internet: www.awmf.org/leitlinien; Stand: 20.01.2016

Deutsche dermatologische Gesellschaft. AWMF-S 1-Leitlinie 013–026. **Atopische Dermatitis Erwachsener, dermatologische stationäre Rehabilitation.** Im Internet: www.awmf.org/leitlinien; Stand: 20.01.2016

Deutsche Dermatologische Gesellschaft. AWMF-S 1-Leitlinie 013–055. **Kontaktekzem.** Im Internet: www.awmf.org/leitlinien; Stand: 10.01.2016

34.196 Windpocken (B01.9)

H.-D. Klimm

34.196.1 Definition

Windpocken (Varizella/Varizellen) ist eine durch Tröpfcheninfektion übertragene Erkrankung, die durch das Varizella-Zoster-Virus ausgelöst wird.

34.196.2 Epidemiologie

Die Windpocken sind eine typische „Kinderkrankheit“ mit Manifestationsgipfel zwischen dem 2. und 6. Lebensjahr und hohem Durchseuchungsgrad. Die Erkrankung ist jedoch auch im Erwachsenenalter jederzeit möglich, wenn auch seltener.

34.196.3 Ätiologie

Erreger ist das Varizella-Zoster-Virus, das auch für den Zoster (Kap. 34.200) verantwortlich ist. Ansteckungsfähigkeit besteht 2 Tage vor Exanthemausbruch bis 7 Tage nach Auftreten der letzten frischen Effloreszenzen: Eine „fliegende Infektion“ über 10–15 Meter oder eine Tröpfchenübertragung sind möglich, die Kontagiosität liegt bei mehr als 90 %. Nach der Erkrankung besteht eine lebenslange Immunität.

Vor der empfohlenen Impfung waren in Deutschland 750.000 Fälle jährlich zu beobachten.

V

34.196.4 Leitsymptome und Diagnostik

▸ **Symptome.** Nach uncharakteristischen Prodromi haben die Patienten Fieber, dann entsteht das typische Exanthem zentripetal an Kopf und Stamm, bestehend aus juckenden Papeln, Vesikeln und verschorften Erosionen („Sternenhimmel"). Der Schweregrad der Läsionen kann sehr unterschiedlich sein. Nach 1–2 Wochen Abfall des Schorfes, Narben nur bei Sekundärinfektionen möglich. In seltenen Fällen auch Befall der Schleimhäute im Mund, Nase, Augen sowie Genitalien.

Windpocken bei Erwachsenen können das ganze Integument befallen, es kommt zu deutlich mehr Pockenbildung. Dauer bis zu 4 Wochen.

▸ **Diagnostik.** Es handelt sich um eine Blickdiagnose! Gegebenenfalls wird ein Nukleinsäurenachweis mittels PCR durchgeführt.

34.196.5 Differenzialdiagnostik

- generalisierter Herpes-simplex-Infekt (B00.9) → Kap. 34.73
- Insektenstiche (T 14.03)
- Impetigo contagiosa (L 01.0) → meist bei Kindern: konfluierende, rundliche, erosiv-krustöse Herde, intakte Pusteln

34.196.6 Therapie

Eine Kausaltherapie ist nicht möglich, daher wird rein symptomatisch behandelt:

- antipruriginös lokal oder systemisch mit Antihistaminika
- antipyretisch (z. B. Paracetamol, Ibuprofen)
- Virostatika wie Aciclovir oder Vidarabin bei bestehender Immunschwäche innerhalb von 24 Stunden
- postexpositionelle Prophylaxe:
  - Inkubationsimpfung mit Varizella-Zoster-Virus innerhalb von 5 Tagen nach Exposition (bei Aufenthalt über eine Stunde oder länger mit infektiöser Person in einem Raum oder „face-to-face"-Kontakt oder Haushaltskontakt) oder innerhalb von 3 Tagen nach Beginn des Exanthems beim Indexfall
  - Varizella-Zoster-Immunglobulin innerhalb der ersten 96 Stunden, besonders bei Schwangeren ohne Impfung und ohne Windpocken in der Vorgeschichte, immungeschwächte Patienten
- Impfung:
  - ab 9 bzw. 12 Monate
  - meist einzeln oder als Vierfachimpfstoff gegen Masen, Mumps, Röteln und Varizellen (MMRV)
  - s. a. Kap. 18.4

Abwendbar gefährlicher Verlauf

- **Meningoenzephalitis** (G04.9) → Kap. 34.117
- **Sepsis** (A41.9) bei Neugeborenen von an Varizellen erkrankten Müttern mit hoher sekundärer Letalität
- **Zoster** (B02.9) → Kap. 34.200
- fetales **Varizellensyndrom** (B01.8)
  - bedingt durch Übertragung der Windpockenerreger von der erkrankten Mutter über die Plazenta
  - betrifft etwa 1–2 % aller Windpockenerkrankungen in der Schwangerschaft → 30 % der Kinder versterben, bei 80 % aller fetalen Varizellensyndrome treten die Erkrankungen zwischen der 9. und 20. Schwangerschaftswoche auf mit schweren Schädigungen des Skelettsystems und Schädigung innerer Organe
- 90 % aller Patienten, die eine Infektion mit Windpocken durchgemacht haben, erkranken im weiteren Verlauf ihres Lebens mindestens einmal an einem Herpes zoster (Kap. 34.200)

34.196.7 Leitlinien

Arbeitskreis Krankenhaus und Praxishygiene. AWMF-S 1-Leitlinie 029–035. **Entbindung: Infektionsprävention unter der ...** Im Internet: www.awmf.org/leitlinien; Stand: 10.01.2016

Deutsche Gesellschaft für Virologie. AWMF-S 2k-Leitlinie 093–001. **Labordiagnostik schwangerschaftsrelevanter Virusinfektionen.** Im Internet: www.awmf.org/leitlinien; Stand: 20.01.2016

34.197 Wurmbefall (B83.9)

K.-C. Münter

34.197.1 Definition

Die bei uns häufigste Form ist der Madenwurmbefall (Oxyuriasis) durch den Erreger Enterobius vermicularis. Darüber hinaus sind der Befall mit dem

Spulwurm (Ascaris lumbricoides), dem Peitschenwurm (Trichuris trichiura), dem Hakenwurm (Ancylostoma duodenale) oder Rinder- oder Schweinebandwurm (Taenia saginata bzw. solium) möglich.

34.197.2 Epidemiologie

Der Madenwurm ist der häufigste Parasit, der in unseren Breiten meist junge Kinder befällt. Die anderen Wurmerkrankungen sind bei uns relativ selten.

34.197.3 Ätiologie

Der Madenwurm lebt im unteren Dünndarm, Wurmfortsatz und Kolon (Überlebenszeit 45–90 Tage), nachts wandert das Weibchen zur Eiablage zum After. Die Infektion erfolgt durch orale Eiaufnahme, ein Wiederbefall (Autoinfektion) ist über Fingerübertragung von der Perianalregion in den Mund möglich. Da die Eier 3 Wochen überleben, können die Larven aus den abgelegten Eiern am After schlüpfen und in das Rektum zurückwandern (Retrofektion).

34.197.4 Leitsymptome und Diagnostik

▸ **Madenwurm.** Die meisten Kinder sind symptomfrei. **Perianales Jucken** ist das Leitsymptom, es entsteht durch nächtliches Wandern des weiblichen Wurms zur Eierablage zum After. Daneben können die Kinder nervös und reizbar sein, über Schlaflosigkeit und unspezifische intestinale Beschwerden klagen.

Meist besteht eine typische Anamnese oder die Bezugsperson sieht zufällig die Würmer im Stuhl oder in der Perianalregion.

▸ **Rinder- oder Schweinebandwurm.** Beim Befall mit Rinder- oder Schweinebandwurm (Taenia saginata bzw. solium) können abdominelle Beschwerden, Heißhunger oder Appetitlosigkeit auftreten. Die bandnudelartigen Proglottiden werden in Stuhl, Bett oder Unterwäsche bemerkt.

34.197.5 Therapie

▸ **Madenwurm.** Da der Madenwurm wenig schädlich und ein Wiederbefall, aber auch eine Spontanheilung wahrscheinlich sind, ist die Behandlungsindikation relativ. Häufig wünschen die Eltern eine Behandlung. Zur Verfügung stehen Antihelminthika wie Mebendazol (z. B.Vermox) oder Pyrviniumembonat (z. B. Molevac).

▸ **Weitere Wurmerkrankungen.** Die medikamentöse Behandlung erfolgt mit Mebendazol in unterschiedlicher Dosierung.

34.197.6 Leitlinien

Arbeitskreis Krankenhaus und Praxishygiene. AWMF-S 1-Leitlinie 029–018. **Proben zur mikrobiologischen Infektionsdiagnostik: Gewinnung, Lagerung und Transport.** Im Internet: www.awmf.org/leitlinien; Stand: 20.01.2016

34.198 Zerumen (H61.2)

F. Peters-Klimm

34.198.1 Definition

Zerumen ist der sog. Ohrenschmalz. Bei Verlegung des Gehörgangs spricht man vom Cerumen obturans (Zeruminalpfropf).

34.198.2 Epidemiologie

Zerumen bzw. Cerumen obturans sind sehr häufige Diagnosen in der Allgemeinpraxis. Sie sind durch die stark variierende Zerumenbildung und die evtl. Schmutzbelastung interindividuell sehr unterschiedlich ausgeprägt.

34.198.3 Ätiologie

Das bräunlich-gelbliche Zerumen (Ohrenschmalz) entsteht aus Sekreten der Talg- und Schweißdrüsen des äußeren Gehörgangs sowie abgeschilferten Epithelien, Haaren und eingedrungenen Schmutzpartikeln mit dem Ziel der Selbstreinigung. Bei zu starker Zerumenproduktion und/oder Versagen des physiologischen Transports nach außen (häufig auch nach Eindringen von Wasser durch Quellung), wird der Gehörgang verlegt (Cerumen obturans, (Zeruminalpfropf). Ein weiterer häufiger Entstehungsmechanismus ist die Benutzung von Wattestäbchen zur Ohrreinigung.

34.198.4 Leitsymptome und Diagnostik

▸ **Symptome.** Nicht obturierendes Zerumen macht meist keine Beschwerden. Kommt es zur Verlegung, dann wird über plötzliche Schwerhörigkeit oder dumpfen Druck, selten auch über tinnitusähnliche Symptome und Schwindel geklagt.

▸ **Diagnostik.** Die Diagnose wird durch eine Otoskopie gestellt; das Bild ist meist eindeutig. Eine Trommelfellbeurteilung ist naturgemäß nicht möglich.

34.198.5 Therapie

Durch Ohrspülung mit körperwarmem Wasser (37 °C) wird der Pfropf entfernt. Ein festsitzendes, eingetrocknetes Zerumen sollte vorher mit 3 %igem Wasserstoffsuperoxid oder Ölsäure aufgeweicht werden (z. B. Cerumenex-Tropfen). Niemals bei der Ohrspülung Gewalt anwenden!

Abwendbar gefährlicher Verlauf

- Eine Ohrspülung darf nur bei intaktem Trommelfell durchgeführt werden. Da sich dieses bei totaler Verlegung der Otoskopie entzieht, ist man auf anamnestische Angaben oder die Kenntnis der Vorerkrankungen angewiesen. Deshalb bei geringstem Verdacht auf eine Trommelfellabnormität instrumentelle Entfernung unter otoskopischer Sicht, ggf. mit Unterdrucksauger durch den Gebietsarzt.
- Zur Vermeidung sollten nebenbefundlich festgestellte partielle Zeruminalpfröpfe gleich durch Ohrspülung entfernt werden.
- Patienten sollten darauf hingewiesen werden, ihre Ohren nicht (mehr) mit Wattestäbchen zu reinigen.

34.199 Zervikalsyndrom (M54.2)

J. Barlet

34.199.1 Definition

Beim Zervikalsyndrom, auch HWS-Syndrom genannt, handelt es sich um Myalgien, d. h. Muskelverspannungen der Hals- und unteren Kopfmuskulatur. Auch Ausstrahlungen vom Schultergürtelbereich gehen in dieses Syndrom mit ein. Die Sonderform mit einer Bewegungseinschränkung nach einer Seite wird Torticollis genannt.

34.199.2 Ätiologie

Ursache ist oft eine abrupte Bewegung. Wichtig ist die psychosomatische Komponente, denn viele Patienten mit chronischen Kopfschmerzen klagen ebenfalls über Nackenschmerzen.

34.199.3 Leitsymptome und Diagnostik

Die HWS wird nach Bewegungsmustern und Druckdolenzen der Muskulatur untersucht. Mit Manualdiagnostik können Blockierungen mit Verhärtungen in der Muskulatur aufgezeigt werden. Ausstrahlungen in den Schultergürtel müssen beachtet werden.

34.199.4 Differenzialdiagnostik

Differenzialdiagnostisch müssen Tumorerkrankungen (z. B. Anfangsstadium des Morbus Hodgkin, Tumoren der Halsweichteile), Wirbelfrakturen, Gefäßleiden und die Polymyalgia rheumatica ausgeschlossen werden.

34.199.5 Therapie

Bei akutem Zervikalsyndrom sind medikamentöse Therapien mit Antiphlogistika und Analgetika notwendig. Häufig können auch Muskelrelaxanzien die Symptomatik bessern. Es sollte physikalisch mit Mikrowellenbestrahlung, evtl. Fango behandelt werden. Eine Halskrawatte wird heute meist nicht mehr empfohlen, wenn dann nur für einige Tage. Bei den subakuten bis chronischen HWS

Syndromen sind krankengymnastische Übungen, ggf. mit Manipulation/Mobilisation und Entspannungsbehandlungen sinnvoll.

Chirotherapeutische Maßnahmen sind nur indiziert, wenn keine Kontraindikationen vorliegen [19], der Patient aufgeklärt und einverstanden ist und man selbst über die entsprechende Befähigung verfügt.

Abwendbar gefährlicher Verlauf

Bei einem akuten HWS-Syndrom nach Unfalleinwirkung (Kap. 34.68) sollte immer eine **Wirbelfraktur** ausgeschlossen werden. Bei radikulärer Symptomatik muss der Hals mit einer Halskrawatte geschient und eine bildgebende Diagnostik (MRT) angestrebt werden.

34.199.6 Leitlinien

Deutsche Gesellschaft für Allgemeinmedizin und Familienmedizin. AWMF-S 1-Leitlinie 053–007. **Nackenschmerzen.** Im Internet: www.awmf.org/leitlinien; Stand: 16.12.2015

Deutsche Röntgengesellschaft. AWMF-S 3-Leitlinie 039–093. **Radiologische Diagnostik im Kopf-Hals-Bereich.** Im Internet: www.awmf.org/leitlinien; Stand: 20.01.2016

Deutsche Gesellschaft für Neurologie. AWMF-S 1-Leitlinie 030–095. **Beschleunigungstrauma der Halswirbelsäule.** Im Internet: www.awmf.org/leitlinien; Stand: 20.01.2016

34.200 Zoster (B02.9)

J. Barlet

34.200.1 Definition

Zoster (Herpes zoster, umgangssprachlich Gürtelrose) ist eine Viruserkrankung der Haut, die mit Bläschenbildung einhergeht und in der Regel ein Dermatom betrifft. Im Bereich des N. trigeminus I und II wird der Zoster als Gesichtsrose bezeichnet, bei Beteiligung des Auges als Zoster ophthalmicus. Der Zoster oticus spielt sich im Gehörgang ab und verursacht einseitige Ohrschmerzen. Der Zoster generalisatus betrifft den ganzen Körper und hält sich weder an die Dermatome noch an die sonst übliche Begrenzung auf eine Körperhälfte.

34.200.2 Epidemiologie

Nach durchgemachten Windpocken („Erstinfektion“) kann der Zoster („Zweitinfektion“) in jedem Lebensalter auftreten. Durch den virushaltigen Bläscheninhalt können Windpocken übertragen werden. Zoster-Zweiterkrankungen sind selten, jedoch möglich.

Studien zur Varizellenimpfung an Kindern mit Leukämie in kompletter Remission haben jedoch ergeben, dass die Herpes-zoster-Inzidenz bei geimpften Kindern geringer war als in einer ungeimpften Kontrollgruppe (0,80 vs. 2,46/100 Personenjahre).

34.200.3 Ätiologie

Erreger ist das Varizella-Zoster-Virus, das auch für die Windpocken verantwortlich ist (Kap. 34.196). Die Zoster-Erkrankung entsteht bei Reaktivierung des Virus, das in den Ganglien des Rückenmarks geschlummert hat. Der Grund ist wohl eine allgemeine Immunschwäche zu diesem Zeitpunkt.

34.200.4 Leitsymptome und Diagnostik

▸ **Symptome.** Typischerweise bestehen beim Zoster halbseitige Schmerzen und Bläschen, die sich in ihrer Ausdehnung auf ein Dermatom beschränken und die Mittellinie des Körpers nicht überschreiten. Die Effloreszenzen gleichen denen der Windpocken (Kap. 34.196). Den Hauterscheinungen gehen die ebenfalls halbseitigen Schmerzen manchmal 2–3 Tage voraus. Allgemein gilt: Je älter der Patient ist, umso heftiger sind die Schmerzen und umso schwerer ist das Krankheitsbild.

Merke

Der Zoster kann überall am Körper immer in einem einzigen Dermatom (gelegentlich mit Nachbardermatom) auftreten. Die Dermatome von Th 3 bis L 3 sind am häufigsten betroffen.

▸ **Schweregrade.** Normalerweise handelt es sich um eine leichtere Erkrankung. Bei Abwehrschwäche kann sich allerdings auch ein schweres Krankheitsbild in Form des Zoster generalisatus entwickeln, der ein in der Allgemeinpraxis extrem seltenes Krankheitsbild darstellt. Eine Krankenhausbehandlung ist hier erforderlich.

► **Diagnostik.** Bei typischem Verlauf ist die Diagnose des Zosters eine Blickdiagnose, die oft auch schon von den Patienten selbst richtig vermutet wird. Nur in der Prodromalphase ist die Diagnose schwer zu stellen.

Diagnostische Probleme gibt es beim Zoster im Bereich der Extremitäten, da die Dermatome nicht „horizontal" verlaufen. Virusnachweis oder Labordiagnostik sind überflüssig.

34.200.5 Differenzialdiagnostik

Die Windpocken (Kap. 34.196) betreffen den ganzen Körper und finden sich meist im Kindesalter. Oft ist die Infektkette anamnestisch zu klären. Auch eine Abgrenzung gegenüber dem Herpes simplex (Kap. 34.73) ist erforderlich.

34.200.6 Therapie

Je früher die Therapie begonnen wird, umso besser ist das Behandlungsergebnis und umso kürzer ist der Krankheitsverlauf. Leichte Verlaufsformen heilen allerdings spontan innerhalb von 14–18 Tagen ab. In der Volksmedizin wurde dem „Besprechen" des Zosters ein Einfluss auf raschere Heilung beigemessen, wird aber heute nicht mehr angewendet.

Seit August 2004 ist die Varizellen-Schutzimpfung von der STIKO für alle Kinder und Jugendlichen empfohlen (Kap. 34.196, Kap. 18.4).

► **Lokaltherapie.** Symptomatisch werden eine örtliche Zinkoxid-Schüttelmixtur (z. B. Lotio alba aquosa) und eine analgetische Therapie (s. u.) eingesetzt. Topisches Aciclovir (Zovirax-Creme u. a.) ist ohne Nutzenbeleg. Bei Superinfektion haben sich eine 3 %ige Aureomycin-Zink-Schüttelmixtur oder ein Polyvidon-Jod-Antiseptikum bewährt.

► **Systemische Therapie.** Die systemische antivirale Therapie sollte möglichst frühzeitig begonnen werden:
- Aciclovir (5-mal 800 mg/d für die Dauer von 7 Tagen)
- Valaciciovir (Valtrex 3-mal 1000 mg/d über 7 Tage) oder
- Brivudin (Zostex 1-mal 125 mg/d über 7 Tage)

Damit lassen sich die Infektion und die damit assoziierte Neuralgie verkürzen. Eine postherpetische Neuralgie lässt sich mit systemischer antiviraler Therapie dämpfen, aber nicht immer verhindern. Bei Immungeschwächten oder Zoster ophthalmicus muss Aciclovir parenteral verabreicht werden.

► **Schmerztherapie.** Symptomatisch wirken nicht steroidale Antirheumatika (z. B. Diclofenac, Novaminsulfon) gegen die Schmerzen, bei Kontraindikationen können auch zentral wirksame Analgetika (z. B. Tramadol, Tilidin) eingesetzt werden, ggf. in Kombination mit Vitamin-B-Komplex.

► **Post-Zoster-Neuralgie.** Bei Post-Zoster-Neuralgie sind indiziert:
- Carbamazepin, falls keine Kontraindikationen bestehen
- ggf. Psychopharmaka zur allgemeinen Dämpfung des Schmerzerlebnisses

Die lokale Infiltration der Ganglien mit Lidocain durch erfahrene Schmerztherapeuten soll bei frühzeitiger Anwendung die Neuralgie beseitigen.

Abwendbar gefährlicher Verlauf

- Der teilweise empfohlene **Einsatz von Kortison** bedarf größter Vorsicht: nicht in der virämischen Phase und nicht beim Zoster ophthalmicus!
- Wegen möglichem **Hornhautbefall** mit Varizella-Zoster-Viren ist beim Zoster ophthalmicus immer der Augenarzt konsiliarisch hinzuzuziehen.
- Die gefürchtete **Zosterneuralgie**, die auch lange Zeit (evtl. Monate oder sogar noch länger) nach Abklingen der Hauterscheinungen bestehen bleiben kann, entwickelt sich bevorzugt bei Patienten jenseits des 60. Lebensjahres. Die chronischen Schmerzzustände können zu reaktiven Depressionen führen.
- Bei länger bestehenden Schmerzen an der Wirbelsäule müssen **Bandscheibenvorfälle** durch Röntgen, CT oder MRT und Knochenprozesse (Metastasen) durch Skelettszintigrafie ausgeschlossen werden.
- Als sehr schwere Verlaufsformen werden **Zostermeningitis, Enzephalitis** (beide meldepflichtig!) und motorische Ausfälle als Raritäten beschrieben. Generalisierter Zoster kommt bei allgemeiner Abwehrschwäche bzw. Immunschwäche vor. Hier ist eine stationäre Behandlung indiziert.

34.200.7 Leitlinien

Deutsche dermatologische Gesellschaft. AWMF-S 2-Leitlinie 013–023. **Zoster und Zosterschmerzen.** Im Internet: www.awmf.org/leitlinien; Stand: 20.01.2016 (angemeldet)

34.201 Zytomegalie (B25.9)

H.-D. Klimm

34.201.1 Definition

Zytomegalie ist eine Erkrankung, die durch humane Zytomegalie-Viren (HZMV) ausgelöst wird. Das HZMV ist für immunkompetente Erwachsene in der Regel harmlos, in der Schwangerschaft jedoch extrem gefährlich und für ungeborene Kinder sogar lebensgefährlich!

34.201.2 Epidemiologie

Der Durchseuchungsgrad ist hoch (50–75 %). Latente Virusresistenzen mit Reaktivierung bei nachlassender Immunität sind nicht selten. In 99 % der Fälle verläuft die Erstinfektion blande, bis zu 60 % der Gesunden sind Träger des HZMV. Bei Schwangeren infizieren sich ca. 1 % mit dem Virus, bei 40 % wird die Infektion auf das ungeborene Kind übertragen. Damit ist die Infektion mit dem HZMV die häufigste Infektion, die während der Schwangerschaft von der Mutter auf den Fetus übertragen wird. In Deutschland sterben jährlich ca. 60 Kinder und mehr als 1000 werden mit ZMV-bedingten Behinderungen geboren.

34.201.3 Ätiologie

Der Erreger, das humane Zytomegalievirus (HZMV), gehört zur Familie der Herpesviridae. Die Übertragung erfolgt durch Schmierinfektionen, Blut- oder Sexualkontakte. Auch nach Abklingen der Infektion verbleibt es lebenslang latent in u. a. hämatopoietischen Zellen und Monozyten, sodass eine Reaktivierung möglich ist.

34.201.4 Leitsymptome und Diagnostik

▸ **Symptome.** Die Symptome sind unspezifisch: Fieber, Gelenkschmerzen, Lymphknotenschwellung. Bei Abwehrschwäche werden multiple Organe befallen und es kommt zu Pneumonie, Hepatitis, Enteritis und Enzephalitis. Bei Neugeborenen sind eine Hepatosplenomegalie, ein Mikrozephalus, Optikusschäden, eine Anämie und eine Thrombozytopenie typisch.

▸ **Diagnostik.** Zur Diagnostik gehören:
- Anamnese: bekannte Abwehrschwäche?
- körperliche Untersuchung: ausgiebiger Ganzkörperstatus
- Labor:
  - Differenzialblutbild: Leukopenie
  - BSG
  - Transaminasen
  - serologischer Nachweis von Antikörpern: CMV-Antikörper (CMV-IgM und IgG)
- Als **weiterführende Diagnostik** kommen infrage:
  - augenärztliches Konsil: Retinitis?
  - Erregernachweis z. B. aus dem Urin, Biopsiematerial
  - Virämienachweis, z. B. bei Immunsupprimierten: quantifizierte nPCR (nested Polymerase-Kettenreaktion)

Schwere CMV-Erkrankungen gehen in der Regel mit einer CD3-Zahl > 200 einher: Die CD3-Zahl ist ein Indikator für den Behandlungsverlauf.

34.201.5 Differenzialdiagnostik

Differenzialdiagnostisch kommt eine Mononukleose (B27.9) infrage (Kap. 34.120).

34.201.6 Therapie

Eine spezifische Therapie bei sonst gesunden Patienten ist nicht erforderlich. Rein symptomatisch wird mit Analgetika und Antipyretika behandelt. Virostatika oder Antiimmunglobuline sind nur bei immungeschwächten Menschen und infizierten Neugeborenen und Frühgeborenen indiziert (z. B. Ganciclovir).

Abwendbar gefährlicher Verlauf

Retinitis bei Immunsupprimierten (besonders gefährdet sind Patienten mit Nierentransplantationen, nach Stammzellentransplantation, Therapie mit Zytostatika, HIV-Patienten, orale Chemoprophylaxe)!

34.201.7 Leitlinien

Deutsche AIDS-Gesellschaft. AWMF-S 2k_Leitlinie 005–006. **Opportunistische Infektionen bei erwachsenen HIV-infizierten Patienten, Therapie und Prophylaxe.** Im Internet: www.awmf.org/leitlinien; Stand: 20.01.2016

Deutsche Gesellschaft für Virologie. AWMF-S 2k-Leitlinie 093–001. **Labordiagnostik schwangerschaftsrelevanter Virusinfektionen.** Im Internet: www.awmf.org/leitlinien; Stand: 20.01.2016

V

34.202 Literatur

[1] Aletaha D, Neogi T, Silman AJ et al. 2010 Rheumatoid arthritis classification criteria: an American College of Rheumatology/European League Against Rheumatism collaborative Initiative. Arthritis Rheum 2010; 62: 2569–2581

[2] American Psychiatric Association (APA). Diagnostic and statistical Manual of Mental Disorders. 5. Aufl. Arlington: American Psychiatric Publishing, 2013

[3] Bösner S, Haasenritter J, Becker A et al. Ruling out coronary artery disease in primary care: development and validation of a simple prediction rule. CMAJ 2010; 182: 1295–1300

[4] Bundesärztekammer, Kassenärztliche Bundesvereinigung, Arbeitsgemeinschaft der Wissenschaftlichen Medizinischen Fachgesellschaften. AWMF-S 3-Leitlinie NVL-002. Nationale VersorgungsLeitlinie Asthma. Im Internet: www.awmf.org/uploads/tx_szleitlinien/nvl-002l_S 3_Asthma_2013-abgelaufen.pdf; Stand: 20.01.2016

[5] Bundesärztekammer, Kassenärztliche Bundesvereinigung, Arbeitsgemeinschaft der Wissenschaftlichen Medizinischen Fachgesellschaften. AWMF-S 3-Leitlinie NVL-001F. Nationale VersorgungsLeitlinie Typ-2-Diabetes: Schulung. Im Internet: www.awmf.org/uploads/tx_szleitlinien/nvl-001fl_S 3_NVL_Diabetes_Schulung_2013-07.pdf; Stand: 10.01.2016

[6] Bundesärztekammer, Kassenärztliche Bundesvereinigung, Arbeitsgemeinschaft der Wissenschaftlichen Medizinischen Fachgesellschaften. AWMF-S 3-Leitlinie NVL-001G. Nationale VersorgungsLeitlinie Typ-2-Diabetes: Therapie. Im Internet: www.awmf.org/uploads/tx_szleitlinien/nvl-001gl_S 3_Typ-2-Diabetes-Therapie_2014-11.pdf; Stand: 10.01.2016

[7] Bundesärztekammer, Kassenärztliche Bundesvereinigung, Arbeitsgemeinschaft der Wissenschaftlichen Medizinischen Fachgesellschaften. Nationale Versorgungsleitlinie Asthma, Kurzfassung. NVL-002. 2. Auflage 2009. Im Internet: www.leitlinien.de/mdb/downloads/nvl/asthma/asthma-2aufl-vers5-kurz.pdf; Stand: 10.01.2016

[8] Bundesärztekammer, Kassenärztliche Bundesvereinigung, Arbeitsgemeinschaft der Wissenschaftlichen Medizinischen Fachgesellschaften. AWMF-S 3-Leitlinie NVL-002. Nationale Versorgungsleitlinie Asthma. Im Internet: www.awmf.org/leitlinien; Stand: 20.1.2016

[9] Bundesärztekammer, Kassenärztliche Bundesvereinigung, Arbeitsgemeinschaft der Wissenschaftlichen Medizinischen Fachgesellschaften. AWMF-S 3-Leitlinie NVL-005. Nationale VersorgungsLeitlinie: Unipolare Depression. Im Internet: www.awmf.org/uploads/tx_szleitlinien/nvl-005l_Unipolare_Depression_2016-05.pdf; Stand: 28.06.2016

[10] Centers for Disease Control. 1993 revised classification system for HIV infection and expanded surveillance case definition for AIDS among adolescents and adults. MMWR MorbMortal Wkly Rep 1992; 41: 1–19

[11] Deutsche Adipositas-Gesellschaft. AWMF-S 3-Leitlinie 050–001. Prävention und Therapie der Adipositas. Im Internet: www.awmf.org/uploads/tx_szleitlinien/050–001l_S 3_Adipositas_Prävention_Therapie_2014–11.pdf; Stand: 12.12.2015

[12] Deutsche Dermatologische Gesellschaft. AWMF-S 1-Leitlinie 013-026. **Atopische Dermatitis Erwachsener, dermatologische stationäre Rehabilitation**. Im Internet: www.awmf.org/uploads/tx_szleitlinien/013-026l_S 1_Atopische_Dermatitis_Rehabilitation_2014-12.pdf. Stand: 13.06.2016.

[13] Deutsche Diabetes Gesellschaft. AWMF-S 2e-Leitlinie 057-015. Psychosoziales und Diabetes. Im Internet: www.awmf.org/leitlinien. Stand: 20.12.2012

[14] Deutsche Diabetes-Gesellschaft. AWMF-S 3-Leitlinie 057–013. Nationale VersorgungsLeitlinie Typ-2-Diabetes: Prävention und Therapie von Netzhautkomplikationen. Im Internet: www.awmf.org/uploads/tx_szleitlinien/nvl-001bl_S 3_Netzhautkomplikationen_Typ-2-Diabetes_2015–09.pdf; Stand: 10.01.2016

[15] Deutsche Diabetes-Gesellschaft. AWMF-S 3-Leitlinie 057–016. Diagnostik, Therapie und Verlaufskontrolle des Diabetes mellitus im Kindes- und Jugendalter. Im Internet: www.awmf.org/uploads/tx_szleitlinien/057–016l_S 3_Diabetes_mellitus_Kinder_Jugendliche__2015–10.pdf; Stand: 10.01.2016

[16] Deutsche Gesellschaft für Allgemein- und Viszeralchirurgie. AWMF-S 3-Leitlinie 088–001. Chirurgie der Adipositas. Im Internet: www.awmf.org/uploads/tx_szleitlinien/088–001l_S 3_Chirurgie_der_Adipositas_2010-abgelaufen.pdf; Stand: 12.12.2015

[17] Deutsche Gesellschaft für Allgemeinmedizin und Familienmedizin. AWMF-S 1-Leitlinie 053–032b. Akute Gicht in der hausärztlichen Versorgung. Im Internet: www.awmf.org/uploads/tx_szleitlinien/053_032bl_S 1_akute_Gicht_2014–05.pdf; Stand: 12.12.2015

[18] Deutsche Gesellschaft für Allgemeinmedizin und Familienmedizin. AWMF-S 1-Leitlinie 053–032a. Gicht: Häufige Gichtanfälle und chronische Gicht in der hausärztlichen Versorgung; www.awmf.org/uploads/tx_szleitlinien/053–032al_S 1_Chronische_Gicht_2014–05.pdf; Stand: 12.12.2015

[19] Deutsche Gesellschaft für Allgemeinmedizin und Familienmedizin. AWMF-S 3-Leitlinie 053–010. Halsschmerzen. Im Internet: www.awmf.org/uploads/tx_szleitlinien/053–010_S 3_Halsschmerzen_Lang_10–2009_12–2013_abgelaufen.pdf; Stand: 12.12.2015

[20] Deutsche Gesellschaft für Allgemeinmedizin und Familienmedizin. AWMF-S 1-Leitlinie 053–007. Nackenschmerzen. Im Internet: www.awmf.org/uploads/tx_szleitlinien/053–007l_S 3_Nackenschmerzen_2009_abgelaufen.pdf; Stand: 16.12.2015

[21] Deutsche Gesellschaft für Allgemeinmedizin und Familienmedizin. AWMF-S 3-Leitlinie 053–013. Husten. Im Internet: www.awmf.org/uploads/tx_szleitlinien/053–013l_S 3_Husten_2014–02.pdf; Stand: 20.01.2016

[22] Deutsche Gesellschaft für Allgemeinmedizin und Familienmedizin (DEGAM). AWMF-S 1-Leitlinie 053–036. Chronischer Schmerz. Im Internet: www.awmf.org/leitlinien; Stand: 30.9.2013

[23] Deutsche Gesellschaft für Allgemeinmedizin und Familienmedizin. DEGAM-Leitlinie Nr. 1. Brennen beim Wasserlassen. www.degam.de/files/Inhalte/Leitlinien-Inhalte/Dokumente/DEGAM-S3-Leitlinien/LL-01_Langfassung_mit_KV_ZD.pdf; Stand: 12.12.2015

[24] Deutsche Gesellschaft für Allgemeinmedizin und Familienmedizin. DEGAM-S3-Leitlinie Nr. 8. Schlaganfall. Im Internet: www.degam.de/files/Inhalte/Leitlinien-Inhalte/Dokumente/DEGAM-S3-Leitlinien/LL-08_Langfassung_Schlaganfall_final5.pdf; Stand: 02.01.2016

[25] Deutsche Gesellschaft für Allgemeinmedizin und Familienmedizin. DEGAM-S3-Leitlinie. Brustschmerz. Im Internet: www.degam.de/files/Inhalte/Leitlinien-Inhalte/Dokumente/DEGAM-S3-Leitlinien/LL-15_Langfassung_Brustschmerz.pdf; Stand: 07.11.2015

[26] Deutsche Gesellschaft für Angiologie – Gesellschaft für Gefäßmedizin. AWMF-S2k-Leitlinie 065-002. Venenthrombose und Lungenembolie: Diagnostik und Therapie. Im Internet: www.awmf.org/uploads/tx_szleitlinien/065–002l_S2k_VTE_2016–01.pdf; Stand: 20.01.2016

[27] Deutsche Gesellschaft für Angiologie – Gesellschaft für Gefäßmedizin. AWMF-S3-Leitlinie 065–003. Periphere arterielle Verschlusskrankheit (PAVK), Diagnostik, Therapie und Nachsorge. Im Internet: www.awmf.org/uploads/tx_szleitlinien/065–003l_S3_PAVK_periphere_arterielle_Verschlusskrankheitfinal-2015-11.pdf; Stand: 10.01.2016

[28] Deutsche Gesellschaft für Gastroenterologie, Verdauungs- und Stoffwechselkrankheiten. AWMF-S3-Leitlinie 021–011. Hepatitis-B-Virusinfektion – Prophylaxe, Diagnostik und Therapie. Im Internet: www.awmf.org/leitlinien; Stand: 31.01.2011 (in Überarbeitung), gültig bis 31.01.2016

[29] Deutsche Gesellschaft für Gastroenterologie, Verdauungs- und Stoffwechselkrankheiten. AWMF-S3-Leitlinie 021–012. Hepatitis-C-Virus (HCV)-Infektion; Prophylaxe, Diagnostik und Therapie. Im Internet: www.awmf.org/uploads/tx_szleitlinien/021–012l_S3_Hepatitis-C-Virus_HCV-Infektion_abgelaufen-mit-a_2015–02.pdf; Stand: 20.01.2016

[30] Deutsche Gesellschaft für Gastroenterologie, Verdauungs- und Stoffwechselkrankheiten. AWMF-S3-Leitlinie 021–016. Reizdarmsyndrom: Definition, Pathophysiologie, Diagnostik und Therapie. Im Internet: www.awmf.org/uploads/tx_szleitlinien/021–016l_S3_Reizdarmsyndrom_2011-abgelaufen.pdf; Stand: 10.01.2016

[31] Deutsche Gesellschaft für Gastroenterologie, Verdauungs- und Stoffwechselkrankheiten. AWMF-S2k-Leitlinie 021–021. Zöliakie, Weizenallergie und Weizensensitivität. Im Internet: www.awmf.org/uploads/tx_szleitlinien/021–021l_S2k_Z%C3%B6liakie_05_2014_01.pdf; Stand: 10.01.2016

[32] Deutsche Gesellschaft für Gastroenterologie, Verdauungs- und Stoffwechselkrankheiten. Reizdarmsyndrom -Leitlinienbasiertes E-Learning. Im Internet: www.academy.de/downloads/Almirall-RDS/sites/2_2_diagnostisches_vorgehen.html. Stand:13.06.2016

[33] Deutsche Gesellschaft für Kardiologie – Herz- und Kreislaufforschung. Leitlinien zur Ergometrie. Im Internet: leitlinien.dgk.org/files/2000_Leitline_Ergometrie.pdf; Stand: 20.01.2016

[34] Deutsche Gesellschaft für Kardiologie – Herz- und Kreislaufforschung. Pocket-Leitlinie: Management der arteriellen Hypertonie. Im Internet: leitlinien.dgk.org/files/2014_Pocket-Leitlinien_Arterielle_Hypertonie.pdf; Stand: 20.01.2016

[35] Deutsche Gesellschaft für Kardiologie-, Herz- und Kreislaufforschung e.V.. ESC Pocket Guidelines. Herzinsuffizienz (2013). Im Internet: leitlinien.dgk.org/files/2013_Pocket-Leitlinien_Herzinsuffizienz_Update_2012_Internet.pdf. Stand:13.06.2016

[36] Deutsche Gesellschaft für Kinderchirurgie. AWMF-S1-Leitlinie 006–052. Phimose und Paraphimose. Im Internet: www.awmf.org/uploads/tx_szleitlinien/006–052l_S1_Phimose_Paraphimose_2013-08.pdf; Stand: 10.01.2016

[37] Deutsche Gesellschaft für Neurologie. AWMF-S1-Leitlinie 030–057. Migräne, Therapie. Im Internet: www.awmf.org/uploads/tx_szleitlinien/030–057l_S1_Migraene_Therapie_2012_verlaengert.pdf; Stand: 10.01.2016

[38] Deutsche Gesellschaft für Neurologie. AWMF-S1-Leitlinie 030–116. Schmerzsyndrome (CRPS), komplexe regionale, Diagnostik und Therapie. Im Internet: www.awmf.org/uploads/tx_szleitlinien/030–116l_S1_Schmerzsyndrome_CRPS_2012–09.pdf; Stand: 10.01.2016

[39] Deutsche Gesellschaft für Osteologie. AWMF-S3-Leitlinie 034–003. Osteoporose bei Frauen ab der Menopause, bei Männern ab dem 60. Lebensjahr: Prophylaxe, Diagnostik und Therapie. Im Internet: www.awmf.org/uploads/tx_szleitlinien/034–003k_S3_Prophylaxe_Diagnostik_Therapie_Osteoporose_Erwachsenen_2009-abgelaufen.pdf; Stand: 10.01.2016

[40] Deutsche Gesellschaft für Psychiatrie und Psychotherapie, Psychosomatik und Nervenheilkunde (DGPPN), Deutsche Gesellschaft für Neurologie (DGN). Konsultationsfassung der S3-Leitlinie „Demenzen". Im Internet: www.dgn.org/images/red_leitlinien/LL_2015/PDFs_Download/Demenz/REV_S3-leiltlinie-demenzen.pdf; Stand: 10.01.2016

[41] Deutsche Gesellschaft für Psychosomatische Medizin und Ärztliche Psychotherapie. AWMF-S3-Leitlinie 051–001. Nicht-spezifische, funktionelle und somatoforme Körperbeschwerden, Umgang mit Patienten. Im Internet: www.awmf.org/uploads/tx_szleitlinien/051–001l_S3_Nicht-spezifische_funktionelle_somatoforme_Koerperbeschwerden_2012–04.pdf; Stand: 20.01.2016

[42] Deutsche Gesellschaft für Rheumatologie AWMF-S3-Leitlinie 060–003. Axiale Spondyloarthritis inklusive Morbus Bechterew und Frühformen. Im Internet: www.awmf.org/uploads/tx_szleitlinien/060–003l_S3_Axiale_Spondyloarthritis_Morbus_Bechterew_2013–11.pdf; Stand: 20.01.2016

[43] Deutsche Gesellschaft für Rheumatologie. AWMF-S1-Leitlinie 060–004. Rheumatoide Arthritis, Empfehlungen und Algorithmus zur medikamentösen Therapie. Im Internet: www.awmf.org/uploads/tx_szleitlinien/060–004l_S1_Medikamentoese_Therapie_rheumatoide_Arthritits_2012-verlaengert.pdf; Stand: 10.01.2016

[44] Deutsche Gesellschaft für Thrombose und Hämostaseforschung. AWMF-S2k-Leitlinie 086–004. Thrombozytopathien, Therapie. Im Internet: www.awmf.org/leitlinien; Stand: 20.01.2016

[45] Deutsche Krebsgesellschaft (DKG), Deutsche Krebshilfe, AWMF. S3-Leitlinie Kolorektales Karzinom. Nr. 021–007. Im Internet: www.awmf.org/uploads/tx_szleitlinien/021–007OLl_S3_KRK_2014-08.pdf

[46] Deutsche Krebsgesellschaft, Deutsche Gesellschaft für Gastroenterologie, Verdauungs- und Stoffwechselkrankheiten. AWMF-S3-Leitlinie 032–009OL. Magenkarzinom – Diagnostik und Therapie der Adenokarzinome des Magens und ösophagogastralen Übergangs. Im Internet: www.awmf.org/uploads/tx_szleitlinien/032–009l_S3_Magenkarzinom_Diagnostik_Therapie_Adenokarzinome_oesophagogastraler_Uebergang_2012-verlaengert.pdf; Stand: 10.01.2016

[47] Deutsche Schmerzgesellschaft. AWMF-S3-Leitlinie 145-003 l. Langzeitanwendung von Opioiden bei nicht tumorbedingten Schmerzen – „LONTS“. Im Internet: www.awmf.org/uploads/tx_szleitlinien/145-003l_S3_LONTS_2015-01.pdf; Stand: 10.01.2016
[48] Europäische Experten-Gruppe für Atopische Dermatitis. Severity Scoring of Atopic Dermatitis: The SCORAD Index. Dermatology 1993; 186: 23–31
[49] Felix-Burda-Stiftung, www.darmkrebs.de Staging & Grading. Im Internet: www.darmkrebs.de/frueherkennung-diagnose/Stadieneinteilung/Staging-Grading; Stand: 30.08.2016
[50] Freynhagen R, Wirz S, Rolke R. painDETECT-Schmerz-Fragebogen zum Screening auf neuropathische Schmerzen. Im Internet: www.vsao-journal.ch/de/aus-der-therapeutischen-umschau-diagnostik-bei-neuropathischen-schmerzen.html; Stand: 10.01.2016
[51] Gesellschaft für Pädiatrische Pneumologie (GPP), Gesellschaft für Pädiatrische Allergologie und Umweltmedizin (GPA), Arbeitsgemeinschaft Asthmaschulung im Kindes- und Jugendalter (AGAS), Gesellschaft für Pädiatrische Rehabilitation. Leitlinie zum Asthma bronchiale im Kindes- und Jugendalter. Monatsschr Kinderheilkd 2007; 155: 957–960
[52] Global Initiative for Asthma (GINA). The Global Strategy for Asthma Management and Prevention 2007. Im Internet: www.ginasthma.com/download.asp?intId=309; Stand: 19.10.2010
[53] GOLD Science Committee. Global Strategy for the Diagnosis, Management and Prevention of COPD, Global Initiative for Chronic Obstructive Lung Disease (GOLD) 2013. Im Internet: http://www.goldcopd.org/uploads/users/files/GOLD_Report_2015_Sept2.pdf; Stand: 03.12.2015
[54] Harvey RF, Bradshaw JM. A simple index of Crohn's-disease activity. Lancet 1980; 1: 514
[55] Hassler D. Persönliche Homepage. Im Internet: www.dieter-hassler.de; Stand: 11.08.2016
[56] Hoehn M, Yahn M. Parkinsonisme: Onset, progression and mortality. Neurology 1967; 17: 427–442
[57] Hofmann W, Aufenanger J, Hoffmann G (Hrsg.). Klinikhandbuch Labordiagnostische Pfade. 1. Aufl. Berlin: deGruyter; 2012
[58] Janka A, Tachini G, Isaak M. WHO international study of somatoform disorders: an overview of methods and preliminary results. In: Ono Y et al., Hrsg. Somatoform disorders. Tokyo: Springer, 1999: 125–131
[59] Kassenärztliche Bundesvereinigung. Laborkompendium. Im Internet: www.kbv.de/media/sp/Laborkompendium_final_web.pdf. Stand: 13:06.2016
[60] Kearon C et al. Antithrombotic therapy for VTE disease: Antithrombotic Therapy and Prevention of Thrombosis. 9. Aufl. American College of Chest Physicians. Evidence-Based Clinical Practice Guidelines. Chest 2012; 141: e419S–494S
[61] Kidney Disease Improving Global Outcomes (KDIGO). KDIGO 2012 Clinical Practice Guidelines for the Evaluation and Management of Chronic Kidney Disease. Kidney Int 2013; 3: 9
[62] Kostner S, EBM-Team der Südtiroler Akademie für Allgemeinmedizin. Magenschutz mit PPI bei NSAR-Therapie. Z Allg Med 2013; 89. Im Internet: www.online-zfa.de/media/article/2013/03/15BFDE35-EFD4-4653-B9E6-F6D7B56C5967/15BFDE35EFD44653B9E6F6D7B56C5967_kostner_ebm_magenschutz_1_original.pdf; Stand: 10.01.2016
[63] Lauche R, Häuser W. Refresher. Fibromyalgiesyndrom: Definition und Differenzialdiagnosen. zkm 2013; 1: 46–49
[64] Lown B, Wolf M. Approaches to sudden death from coronary heart disease. Circulation 1971; 44: 130–142
[65] Mann K, Hoch E, Batra A et al. Leitlinienorientierte Behandlung alkoholbezogener Störungen. Der Nervenarzt 2016; 87 (1): 13–25
[66] National Heart, Lung and Blood Institute (NHLBI). Expert Panel Report 3: Guidelines for the Diagnosis and Management of Asthma. Full Report 2007. Im Internet: www.nhlbi.nih.gov/guidelines/asthma/asthgdln.pdf; Stand: 19.10.2010
[67] Paul-Ehrlich-Gesellschaft für Chemotherapie. AWMF-S3-Leitlinie 082–001. Tiefe Atemwegsinfektion und Pneumonie bei Erwachsenen, ambulant erworben: Epidemiologie, Diagnostik, antimikrobielle Therapie, Management. Im Internet: www.awmf.org/uploads/tx_szleitlinien/082-001l_S3_Atemwegsinfektionen_Pneumonie_2009_abgelaufen.pdf; Stand: 20.01.2016
[68] Reichenbach S, Scherer M, Jüni P. Gelenkbeschwerden. In: Kochen MM, Hrsg. Duale Reihe Allgemeinmedizin. 4. Aufl. Stuttgart. Thieme; 2012.
[69] Reichenbach S, Scherer M, Jüni P. Diagnostisches Vorgehen. In: Kochen MM, Abholz HH, Altiner A et al. Hrsg. Duale Reihe Allgemeinmedizin und Familienmedizin. 4. Aufl. Stuttgart. Thieme; 2012.
[70] Robert-Koch-Institut. Empfehlungen der ständigen Impfkommission (STIKO) am RKI. Epidemiologisches Bulletin Nr. 34, Stand August 2015
[71] Rudolf S, Bermejo I, Schweiger U et al. Diagnostik depressiver Störungen. Deutsches Ärzteblatt 2006; 103: A1754–A1762
[72] STIKO-Empfehlungen, Epid Bull 2009, 33: 339–346
[73] STIKO. Empfehlungen der Ständigen Impfkommission. Im Internet: www.rki.de/DE/Content/Kommissionen/STIKO/Empfehlungen/Impfempfehlungen_node.html; Stand: 20.01.2016
[74] Suchtforschungsverbund Baden-Württemberg, Universitätsklinikum Freiburg. AUDIT-C-Fragebogen. Im Internet: http://www.bundesaerztekammer.de/fileadmin/user_upload/downloads/AlkAUDITCFragebogen.pdf; Stand: 26.08.2016
[75] Suchtforschungsverbund Baden-Württemberg, Universitätsklinikum Freiburg. AUDIT-Fragebogen. Im Internet: www.kvberlin.de/20praxis/60vertrag/10vertraege/strukturv_fruehbehandlung/alkohol_audit_auswertung.pdf; Stand: 16.12.2015
[76] Univadis. Leitlinienzusammenfassung COPD: Auszug: GOLD-Leitlinien zur Diagnostik, Management und Prävention der COPD. Im Internet: www99.univadis.de/leitlinien/production/content/COPD_v03.pdf; Stand: 13.06.2016.
[77] Wetterlin T, Veltrup C. Diagnostik und Therapie von Alkoholproblemen. Berlin: Springer; 1997. Im Internet: http://www.ambulanter-alkoholentzug.ch/alkohol_entzugssyndrom_skala.pdf; Stand: 26.08.2016
[78] Wells PS, Anderson DR, Rodger M et al. Evaluation in the diagnosis of suspected deep-vein thrombosis. New England Journal of Medicine 2003; 349: 13
[79] Wittekind C, Meyer HC, Hrsg. UICC. TNM-Klassifikation maligner Tumoren. 7. Aufl. Weinheim: Wiley-VCH; 2010
[80] Wodarz N. S3-Leitlinie: Alkoholbezogene Störungen. Screening, Diagnose und Behandlung. Bayerisches Ärzteblatt 2016; 4: 144–149
[81] World Health Organization Collaborating Centre for Metabolic Bone Diseases, University of Sheffield, UK. FRAX – WHO Fracture Risk Assessment Tool. Im Internet: www.shef.ac.uk/FRAX/tool.aspx?country=14; Stand: 10.01.2016

Sachverzeichnis

A

B

C

D

G

H

I

M

Q

R

S

T